Renate Michel (Hrsg.)

21. Kongreß von Frauen in Naturwissenschaft und Technik

25. - 28. Mai 1995, Karlsruhe

Dokumentation

Renate Michel (Hrsg.)

21. Kongreß von Frauen in Naturwissenschaft und Technik

25. - 28. Mai 1995, Karlsruhe

Dokumentation

Frauen in der Technik - FiT e.V.
Darmstadt

Herausgegeben von Renate Michel

Den Kongreß in Karlsruhe organisierten: Ulrike Ahlf, Gabi Blodau, Chris Buschhaus, Kerstin Hölzer, Rita Krukis, Ruth Maucher, Renate Michel, Maria Rebel, Benedikte Rösner, Beate Stahl, Ulrike Stein

Kontaktadresse: 21. Kongreß von Frauen in Naturwissenschaft und Technik, c/o AStA Frauenreferat, Universität Karlsruhe, Adenauerring 7, D-76131 Karlsruhe

Gesamtherstellung: Druckcooperative, Karlsruhe

Fotografien: Ruth Hofmann

Auflage: 1200
Verlag und Vertrieb: Frauen in der Technik - *FiT* e.V., Darmstadt 1995
Schloßgartenstr. 45, D-64289 Darmstadt, Fax: +49 6151/71 33 00

ISBN 3-9804855-0-1

Gedruckt auf Recycling-Papier

Der Kongreß und die Dokumentation wurden finanziell unterstützt von:

Ministerium für Familie, Frauen, Weiterbildung und Kunst Baden-Württemberg
Bundesministerium für Bildung, Wissenschaft, Forschung und Technologie
Universität Karlsruhe*
Stadt Karlsruhe*
Karlsruher Studentendienst e.V.
Wirtschaftsministerium Baden-Württemberg
Karlsruher Hochschulvereinigung e.V.
Studentisches Kulturzentrum an der Universität Karlsruhe gGmbH
Frauenbeauftragte der Universität Karlsruhe
Landeszentrale für politische Bildung Baden-Württemberg

**zum Teil mit Sachleistungen*

Danksagung:

An dieser Stelle möchten wir noch einmal allen fördernden Institutionen und Einrichtungen für die Unterstützung durch Fördermittel und Sachleistungen danken.

Der Rektor der Universität Karlsruhe, die Universitätsverwaltung und verschiedene Fakultäten unterstützten den Kongreß ideell und praktisch: die Fakultät für Bauingenieurwesen stellte von November 1994 bis Dezember 1995 einen Büroraum zur Verfügung; Kongreßräume wurden von der Universitätsverwaltung und den Fakultäten Bauingenieurwesen, Geisteswissenschaften, Informatik, Physik und Wirtschaftswissenschaften bereitgestellt. Für die Kinderbetreuung konnten wir die "Kinderkiste" an der Universität Karlsruhe nutzen.
Der UStA/AStA der Universität Karlsruhe, insbesondere das Frauenreferat, stellten ihre Infrastruktur und Räumlichkeiten für das Kongreßbüro zur Verfügung. Ein besonderer Dank geht an die Fachschaftenkonferenz und die Fachschaften Bauingenieurwesen und Physik.
Für ihre praktische Unterstützung und die gute Zusammenarbeit danken wir der Frauenbeauftragten der Universität, Frau Dr. Uta Fahrenholz, und der Leiterin der Pressestelle der Universität, Frau Dr. Elisabeth Zuber-Knost; ebenso der Frauenbeauftragten der Stadt Karlsruhe, Frau Annette Niesyto, die auch zu dem Stadtrundgang zur Geschichte Karlsruher Frauen einlud.
Weiterhin erhielten wir Unterstützung von: Druckwerkstatt Renchen, Karlsruher Liste, Städtische Galerien Prinz-Max-Palais, VVN - Bund der Antifaschisten Karlsruhe.
Für die gute Zusammenarbeit danken wir der Druckcooperative Karlsruhe, der Kinemathek Karlsruhe e.V., dem Paletti Partyservice und dem Stadtarchiv Karlsruhe.

Darüber hinaus danken wir den Bediensteten der Poststelle der Universität Karlsruhe, die jede Menge Arbeit mit der Abwicklung unserer Post hatten; allen KongreßhelferInnen; allen, die unentgeltlich Schlafplätze für die Kongreßteilnehmerinnen zur Verfügung stellten; und allen SpenderInnen.
Ganz besonders danken wir: Petra Biskup, Jörg Büttner, Lüppo Cramer, Ulrike Droll, Max Ebbers, Jorge Farinha, Kathrin Korth, Frau Moll (Inst. f. Verkehrswesen), Verena Rose, Frau Rupp-Freidinger (zib), Susanne Schönborn, Prof. Dr.-Ing. Zumkeller (Inst. f. Verkehrswesen) und allen anderen, die uns in irgendeiner Weise unterstützt und ermutigt haben!

Vorwort

"Daß wir eine Frauentagung halten, zeigt, daß wir wissenschaftlich mit unseren Interessen und Fragestellungen ausgegliedert sind aus dem normalen Wissenschaftsbetrieb. Denn wo halten Männer eine "Männertagung der Naturwissenschaftler" oder eine Tagung "Mann und Wissenschaft", eine "Ringvorlesung von Männern für Männer", "Sozialwissenschaftliche Forschung oder wie die Männerforschung der Vielfalt männlichen Lebens nachgeht", "Männer bewegen die Schule"?
Das sind Pleonasmen: Wissenschaft und Wissenschaft von Männern für Männer fällt zusammen.
Frauenforschung, Wissenschaft, die sich an der Erfahrung von Frauen orientiert, Fragen aus der Perspektive von Frauen sind in eine Nische gedrängt, werden nicht ernst genommen, werden, wenn es darauf ankommt, als unwissenschaftlich abgetan. ***Männer definieren, was Wissenschaft ist.*** *"*

(aus: Senta Trömel-Plötz: Vatersprache - Mutterland. Beobachtungen zu Sprache und Politik, München 1992, S. 62)

Diese Worte, die Senta Trömel-Plötz 1983 im Rahmen einer Frauenvorlesung an der Universität Konstanz sprach, haben bis heute nichts von ihrer Aktualität verloren.

Obwohl es heute an den Hochschulen Frauenförderpläne gibt, hat sich der Anteil von Frauen in der Wissenschaft sowohl in Forschung und Lehre, aber auch in der Industrie nicht merklich erhöht. Besonders Naturwissenschaftlerinnen, Ingenieurinnen und Technikerinnen sind nach wie vor stark unterrepräsentiert. Die Arbeitslosigkeit unter hochqualifizierten Frauen nimmt zu, nicht nur in den neuen Bundesländern, in denen nach der Wiedervereinigung Deutschlands besonders Frauen in "Männerberufen" betroffen waren und sind. Die umstrittene Frauenquote ist nach dem Urteil des Europäischen Gerichtshofes vom 17. Oktober diesen Jahres als Instrument zur Gleichstellung von Frauen in weite Ferne gerückt.

Doch das Ziel kann nicht nur die formale Gleichstellung von Frauen auch im Wissenschaftsbetrieb sein. Es gilt, die Einfluß- und Gestaltungsmöglichkeiten von Frauen besonders im Bereich Naturwissenschaft und Technik zu erhöhen, denn eine Zukunftsgestaltung, die sich an den Bedürfnissen *aller* Menschen orientiert, ist nur möglich, wenn die Interessen, Erfahrungen und Sichtweisen von Frauen in die Inhalte von Naturwissenschaften und Technik eingehen und bei deren Anwendungen berücksichtigt werden.

Der 21. *Kongreß von Frauen in Naturwissenschaft und Technik* machte die kritische Auseinandersetzung mit den Anwendungen von Naturwissenschaften und Technik aus der Sicht von Frauen zum Schwerpunkt, um Naturwissenschaftlerinnen, Ingenieurinnen und Technikerinnen zu ermuntern, sich in den aktuellen wissenschaftlichen und gesellschaftlichen Diskurs über "Neue Technologien" einzumischen, der - wie nicht anders zu erwarten - fast ausschließlich von Männern geprägt ist. Zu diesem Thema sind Beiträge zu den Bereichen Informations- und Kommunikationstechnologien, Anwendungen der Biologie, Umweltschutz und Energienutzung dokumentiert.

Ein zweiter Schwerpunkt war die Auseinandersetzung mit der Situation von Frauen im Nationalsozialismus. Wissenschaftlerinnen wurden aus den Hochschulen verdrängt, bis sie gegen Kriegsende wieder als "Reserve" entdeckt wurden; jüdische Wissenschaftlerinnen mußten vor der Verfolgung fliehen. Als Opfer nationalsozialistischer Familien- und Gesundheitspolitik und naturwissenschaftlicher Forschung wurden an Frauen Verbrechen wie Zwangssterilisation, 'Euthanasie' und medizinische Versuche verübt. In Konzentrationslagern fielen Frauen der 'Vernichtung durch Arbeit' oder dem fabrikmäßig organisierten Mord durch Gas zum Opfer. Als Trägerinnen nationalsozialistischer Ideologie waren Frauen aber auch an der Aufrechterhaltung und Durchsetzung nationalsozialistischer Politik beteiligt. Die hier dokumentierten Beiträge, von denen einige von Historikerinnen verfaßt wurden, machen deutlich, daß der Dialog und die Zusammenarbeit mit Geisteswissenschaftlerinnen notwendig und fruchtbar ist.

Ein zentrales Thema der Kongresse von Frauen in Naturwissenschaft und Technik ist die Entwicklung einer feministischen Naturwissenschafts- und Technikkritik. Über die Kritik hinausgehend werden auch Ansätze einer feministischen Naturwissenschaft diskutiert. Das Interesse an der Frage, wie sich die Inhalte von Wissenschaft durch die Beteiligung von Frauen verändern, war auf dem Kongreß in Karlsruhe sehr groß: über 150 Kongreßbesucherinnen nahmen an einer Veranstaltung teil, in der Londa Schiebinger, Professorin für *History and Women's Studies* an der Pennsylvania State University, am Beispiel der Medizin über die Veränderungen referierte, die Frauen bisher schon in der Wissenschaft bewirkt haben. Weitere naturwissenschaftskritische Ansätze und ein Ansatz zur Mathematikkritik werden ebenfalls in diesem Band dokumentiert.

Die weiteren Themen können an dieser Stelle nur kurz umrissen werden: Biographien bedeutender Frauen in Naturwissenschaft, Mathematik und Technik zeigen auf, welche Leistungen Frauen erbracht haben, für die sie jedoch oft nicht die gebührende Anerkennung erhielten. Beiträge, die sich mit der aktuellen Lebens-, Studien- und Arbeitssituation von Naturwissenschaftlerinnen, Ingenieurinnen und Technikerinnen beschäftigen, nehmen einen breiten Raum ein. Hier spielt die Auseinandersetzung mit der Arbeitslosigkeit eine große Rolle: vor allem aus der eigenen Betroffenheit heraus suchen Frauen nach Lösungsstrategien und nach persönlichen Perspektiven. Die Frage des Zugangs von Mädchen und Frauen zu Technik und Maßnahmen zur Frauenförderung in diesem Bereich werden im Kapitel "Mädchen- und Frauenförderung, Weiterbildung" behandelt. Hier zeigt sich, daß die durchgeführten Projekte zwar durchweg positiv bewertet werden, daß aber eine kontinuierliche Arbeit auf diesem Gebiet aufgrund knapper finanzieller Fördermittel oftmals nicht gewährleistet ist. Fachwissenschaftliche Beiträge wurden vor die Dokumentation der Fachgruppentreffen gestellt, um zu demonstrieren, daß das "Lernen von Frauen" eng mit dem Erfahrungsaustausch unter Frauen verknüpft ist. Um zur Vernetzung der vielfältigen Aktivitäten von Frauen in Naturwissenschaft und Technik beizutragen, haben wir schließlich alle Beiträge von Projekten und Vereinen, die sich auf dem Kongreß vorstellten, in einem Kapitel zusammengefaßt.

Am Ende der Dokumentation findet sich die ausführliche Darstellung der Ergebnisse einer Befragung zur aktuellen Situation von Naturwissenschaftlerinnen und Technikerinnen, die im Frühjahr 1995 unter früheren Kongreßteilnehmerinnen durchgeführt wurde. Sie sollte - nach 20 Kongressen von Frauen in Naturwissenschaft und Technik - auch zu einer "Standortbestimmung" für den Kongreß dienen. Die zum Teil überraschenden Ergebnisse sind als Einstieg in die Diskussion um eine Zielbestimmung des Kongresses sicherlich hilfreich.

Wir möchten nochmals allen Teilnehmerinnen und Referentinnen danken, da sie dazu beitrugen, daß auf dem Kongreß ein intensiver und spannender Austausch stattfand. Wir freuen uns, daß für die Dokumentation so viele Beiträge bei uns eingegangen sind. Sie spiegeln nicht nur das breite Themenspektrum, mit dem sich Naturwissenschaftlerinnen, Ingenieurinnen und Technikerinnen auseinandersetzen, sondern auch die Vielfalt unterschiedlicher Ansätze. Wir wünschen allen LeserInnen eine interessante Lektüre!

Karlsruhe, im November 1995

Für die Vorbereitungsgruppe:

Gabi Blodau, Renate Michel, Benedikte Rösner, Beate Stahl, Ulrike Stein

Inhaltsverzeichnis

Begrüßungsreden

Eröffnungsvorträge

Anwendungen von Naturwissenschaften und Technik

Informations- und Kommunikationstechnologien, Automatisierung

Anwendungen der Biologie

Frauen im Nationalsozialismus

Feministische Ansätze in Naturwissenschaften und Mathematik

Geschichte von Frauen in Naturwissenschaft und Technik

Lebens-, Studien- und Arbeitssituation

Mädchen- und Frauenförderung, Weiterbildung

Fachwissenschaftliche Beiträge, Fachgruppentreffen

Projektvorstellungen, Vereine

Rede von Frau Ministerin Brigitte Unger-Soyka zur Eröffnung des "21. Kongresses von Frauen in Naturwissenschaft und Technik" am 25. Mai 1995

Liebe Frauen, im Namen der Landesregierung begrüße ich Sie herzlich zu diesem 21. Kongreß von Frauen in Naturwissenschaft und Technik hier in Karlsruhe. Wir brauchen mehr Frauen in technisch-naturwissenschaftlichen Berufen, in Wirtschaft, Hochschule, aber natürlich auch in der Forschung. Benötigt wird deren Kompetenz und Innovationspotential, aber auch Kreativität für eine Zukunftsgestaltung, die komplexe soziale und ökonomische Bezüge und Folgewirkungen von Naturwissenschaft und Technik mitbedenken muß. Frauen in diesen Bereichen sind ein Potential, das das nahezu ausschließlich männliche Unternehmen Naturwissenschaft auch in Bezug auf seine männlichen Inhalte verändern kann und verändern sollte.

Bisher sind diesen Forderungen kaum Taten gefolgt. Immer noch entscheiden sich über die Hälfte der Mädchen für einen von zehn Ausbildungsberufen, unter denen sich keiner aus dem gewerblich-technichen oder gar naturwissenschaftlichen Bereich befindet. Auch in der Wahl des Studienfaches drückt sich nach wie vor eine stark geschlechtsspezifische Komponente aus.

Die Abbrecherinnenquote in diesem Berufsausbildungsbereich und in den mathematisch-naturwissenschaftlichen und ingenieurwissenschaftlichen Studiengängen ist höher als in allen anderen Bereichen. Dies führt dazu, daß Frauen in solchen Ausbildungs- und Arbeitsbereichen häufig in eine Einzelkämpferinnenposition gedrängt werden, daß die dem Druck ausgesetzt sind, sich der männlichen Berufsnorm und der männlichen Berufsbiographie unterzuordnen.

Deshalb muß nicht nur um Mädchen und Frauen, die an Naturwissenschaft und Technik interessiert sind, geworben werden, und nach deren Ausbildungs- und Berufsentschluß bleibt alles beim Alten. Nein, was wir brauchen, sind Schulen, Hochschulen und eine Wirtschaft, die bessere Zugangs-, Qualifizierungs- und berufliche Entwicklungsmöglichkeiten für Frauen bietet, und, das ist etwas sehr Wesentliches, wir brauchen frauen- und familienfreundliche Ausbildungs-, Studien- und Arbeitsbedingungen.

Es geht um nicht weniger als um die Veränderung der Arbeits- und Ausbildungswelt, damit Männer und Frauen ihre Erfahrungen, aber auch ihre Bedürfnisse und ihre Träume verwirklichen können. Es geht auch darum, dazu beizutragen, daß Männer ihre Defizite in vielen Bereichen beseitigen können, und daß sie ihre neuen, sozialen Erfahrungen auch in ihre Arbeit einfließen lassen können.

Ihr Kongreß soll Frauen Mut machen, sich in die immer noch männlich dominierte Welt hineinzuwagen und vor allem sie neu zu gestalten. Daß es im Rahmen Ihres Kongresses nicht ausschließlich um Strategien zur Erhöhung des Frauenanteils sowie die Situation von Frauen in naturwissenschaftlichen und technischen Berufen geht, zeigt die Ausstellung, die heute eröffnet wird. Die Ausstellung "Frauen im Konzentrationslager" mahnt uns und erinnert uns, daß es auch und gerade um eine neue Qualität im Umgang mit Naturwissenschaft und Technik gehen muß.

Die Entmenschlichung und Versachlichung, die grausame Grundlage der KZs war, steht, wie wir alle wissen, in einem sehr engen Zusammenhang mit einem Technikbegriff, der die Rationalität und Beherrschbarkeit zum Maß aller Dinge erhebt. Männer und Frauen tragen die Verantwortung im Umgang mit Naturwissenschaft und Technik und sollten beide niemals deren Auswirkungen aus dem Blick verlieren. Indem die Veranstalterinnen die Ausstellung mit dem Kongreß integrieren, tragen sie dazu bei, daß wir die Frage nach Werten, nach Zielen und nach Grenzen des vom Menschen Machbaren nicht übergehen und übersehen können.

Ich wünsche diesem Kongreß großen Erfolg.

Rede von Frau Dr. Uta Fahrenholz, Frauenbeauftragte der Universität Karlsruhe, zur Eröffnung des 21. Kongresses von Frauen in Naturwissenschaft und Technik am 25.5.1995

Sehr geehrte Ministerin, sehr geehrte Studentinnen,
Wissenschaftlerinnen, Teilnehmerinnen,

"Wenn ich so wenig Aussicht hätte wie Sie, je etwas zu werden, würde ich mich nicht so anstrengen." - Nein - das stammt nicht von mir! Ich zitiere einen 17-jährigen Schüler. Die Worte richtete er an "seine" Referendarin in Mathematik und Physik. Worte, die die momentane Situation von Frauen in der Wissenschaft, insbesondere in der Naturwissenschaft und Technik, nicht treffender beschreiben können. Ich möchte Sie, die aus ganz Deutschland angereist sind, nicht entmutigen. Schließlich dürfen auch an unserer Universität unter 300 Professoren fünf Professorinnen lehren und forschen.

Als Frauenbeauftragte der Universität Karlsruhe freue ich mich ganz besonders, daß der 21. Kongreß "Frauen in Naturwissenschaft und Technik" hier auf dem Campus stattfinden kann. Dabei finde ich es außerordentlich bemerkenswert, ungewöhnlich und doch hochgradig angenehm, in eine buntgemischte Menge von Frauen statt in eine vorwiegend grau-schwarze Männermenge zu schauen.

Sie sitzen heute hier im Tulla-Hörsaal der ältesten Technischen Hochschule Deutschlands. Eine Hochschule, die 1902 nach ihrem Förderer Großherzog von Baden den Namen "Fridericiana" annahm. Während zur Zeit ihrer Gründung eine Institution mit neun Lehrpersonen und 200 Studierenden existierte, gibt es heute 12 Fakultäten mit 115 Instituten, rund 2000 wissenschaftliche Angestellte und 20 000 Studierende, davon 4050 Studentinnen, also 19,7%.

Die großen Fakultäten sind Maschinenbau und Wirtschaftswissenschaften. Die Hauptströme der Studentinnen gehen allerdings in die Fakultäten Geistes- und Sozialwissenschaften und Architektur. Unter den Bereichen Mathematik, Natur- und Ingenieurwissenschaften sind die Bio- und Geowissenschaften besonders beliebt. Hätschelkinder für Frauen sind nach wie vor, und das seit Jahren, Maschinenbau und Elektrotechnik, gefolgt von Informatik.

Die Universitätsvertretung und verschiedene Organe und Gremien, also das Rektorat, die Pressestelle, der Verwaltungsrat haben im Vorfeld des Kongresses sehr unterstützend gewirkt. Einen besonderen Gruß an den Kongreß möchte ich von unserem Rektor, Prof. Wittig, überbringen. Er wünscht uns einen erfolgreichen Verlauf, rege Diskussionen und auch interessante Forschungsansätze. Ich erlaube mir zu sagen, daß auch er sich mehr Frauen in der Wissenschaft wünscht.

Ich erhoffe mir durch diesen Kongreß, daß endlich frauenrelevante Ressourcen und Aspekte, sei es in der Schule, im Wissenschaftsbereich, im Erwerbsleben, vor allem in den naturwissenschaftlich-technischen Bereichen nicht nur aufgedeckt werden, sondern in Folge in der Praxis wahrgenommen und berücksichtigt werden. Ich persönlich erhoffe mir, daß aus der Uni-Frauenwüste eine Uni-Frauen-Oase wird.

Allerdings befürchte ich, daß mir ein sarkastisches Zitat von Renate Feyl - einer Schriftstellerin der ehemaligen DDR - über Lise Meitner, leider noch oft im Gedächtnis bleibt: "Ihre Arbeit ist gekrönt worden mit dem Nobelpreis von Otto Hahn".

Einen spannenden Kongreß für uns alle.

Eröffnungsplenum

Rede von Frau Annette Niesyto, Frauenbeauftragte der Stadt Karlsruhe, zur Eröffnung des 21. Kongresses von Frauen in Naturwissenschaft und Technik am 25. Mai 1995

Liebe Frauen, sehr geehrte Frau Ministerin,

als vor über einem Jahr zwei Frauen aus der Vorbereitungsgruppe in unser Büro kamen und von den Vorarbeiten berichteten, haben wir uns sehr gefreut. Gefreut, daß nun zum 21. Mal der Kongreß von Frauen in Naturwissenschaft und Technik stattfindet, gefreut vor allem, daß dieser zum ersten Mal in seiner 18jährigen Geschichte als Veranstaltungsort Karlsruhe wählte.

Mit diesem Veranstaltungsort verbinde ich zweierlei: Einerseits war Karlsruhe früher frauenpolitisch Vorreiterin. Ich möchte hier beispielhaft drei Dinge nennen. Vor über 100 Jahren wurde hier das erste deutsche Mädchengymnasium mit einer Rede von Anita Augspurg eröffnet. In Karlsruhe waren früher als anderswo Frauen in der Kommunalverwaltung tätig. Bereits 1910 sah Baden die verpflichtende Mitarbeit von Frauen in Kommissionen vor - während anderswo Frauen noch hart darum kämpften. Schließlich schuf in Karlsruhe der badische Frauenverein wichtige Grundlagen unseres Sozialsystems und leistete damit auch einen wesentlichen Beitrag zur Aufwertung und Professionalisierung weiblicher Tätigkeitsfelder. Diese Beispiele liegen alle vor 1919, denn Karlsruhe konnte sich seine Vorreiterinnenrolle so sich nicht erhalten.

Zum zweiten: Karlsruhe ist das Zentrum der Technologieregion, die Stadt mit der höchsten ForscherInnendichte Europas. Was jedoch Frauen in Naturwissenschaft, Technologie und Technik anbelangt, ist das Bild bisher eher mager. Deshalb ist für mich der Kongreß an diesem Ort längst überfällig. All die Themen und Fragestellungen, die Sie hier in den kommenden Tagen ansprechen, müßten hier eigentlich immer thematisiert werden. Sie können heute noch vor allem auf "Sonderveranstaltungen" angesprochen werden, die nur deshalb möglich sind, weil Frauen mit einem hohen Aufwand an unbezahlter Arbeit solche Kongresse ermöglichen. Notwendig ist die strukturelle Absicherung dieser Ansätze.

Als Vertreterin institutionalisierter Frauenpolitik möchte ich ausdrücklich betonen, daß wichtige Innovationen und neue Impulse vor allem dann möglich waren, wenn Frauen diese unabhängig formuliert haben, auch außerhalb der nach wie vor männlich beherrschten Institutionen. Gerade deshalb war es mir wichtig, mit unseren bescheidenen Möglichkeiten dazu beizutragen, daß Ihre Veranstaltung stattfinden kann.

Ich wünsche Ihnen und uns allen für diesen Kongreß nicht nur produktive und spannende Diskussionen, sondern auch viel Spaß und Freude an der gemeinsamen Arbeit und am gemeinsamen Feiern.

Eröffnungsvorträge

Gertrud Müller während ihrer Ansprache zur Ausstellungseröffnung "Schwestern vergeßt uns nicht - Frauen im Konzentrationslager"

Dekonstruktion und Konstruktion. Geschlechterverhältnis und Technikgestaltung

Heidi Schelhowe
FB Informatik, Angewandte und Sozialorientierte Informatik, Universität Hamburg
Vogt-Köllnstr. 30, D-25527 Hamburg
e-mail: schelhow@informatik.uni-hamburg.de

"Die geistreiche Frau ist Würze und Beiwerk des Lebens. Sie kennt sich aus in Konversation und Kunst, weiß mit ihren Gedankenflügen sanft abzuheben von der rohen Wirklichkeit, und der Mann hat Vergnügen zuzusehen, wie sie auf den Oberflächen des Wissens geschmeidig ihre Pirouetten dreht. ... Solange sie den Mann darin bestätigt, daß er der Welt und sie ihm, ihrem Herrn, zu dienen hat, kann sie nicht geistreich genug sein. Nur dann, wenn eine(r) Frau ... das Nippen an den Honigblüten der Erkenntnis nicht mehr genügt und sie danach verlangt, hinter das Wesen der Dinge zu schauen, und gelehrte Höhen erklimmen will, dann ... gerieten Ordnungsstrukturen in Gefahr und Herrschaftsstrukturen in Unordnung. Erstreben doch die Frauen eine neue Art zu leben, das Leben vom Kopfe aus; wecken sie doch das Bedürfnis, im Denken, Erkunden, Erforschen und Erfinden einen gesteigerten Lebensgenuß zu suchen, der den Drang nach Unabhängigkeit fördert. Künftige Hausfrauen wollen sich gar in Zerstörerinnen einer Jahrtausend-Idylle verwandeln und unnötige Bewegung in das Gefüge einer Gesellschaft bringen, der es darum zu tun ist, ihr Existenzprinzip zu erhalten." (Feyl 1991, S. 129ff)

Mit ihrer feinen Ironie macht die Schriftstellerin Renate Feyl hier bewußt, daß Frauen-Emanzipation nicht nur als Gleichstellung von Frauen mit Männern unter den herrschenden Verhältnissen gedacht werden kann, sondern auch eine Veränderung, Revolutionierung existierender Herrschaftsverhältnisse bedeutet. Das Existenzprinzip dieser Gesellschaft ruht auf der Tatsache, daß es unbezahlte, geringgeachtete Frauenarbeit gibt, daß Frauen Männern den Rücken freihalten, wenn sie ausziehen, die Welt zu erobern und Schlachten zu schlagen, und daß Frauen die Technik bedienen, die Männer konstruieren. Ist es einigen von uns Frauen gelungen, in die Welt von Naturwissenschaft und Technik vorzudringen, so sollen wir uns doch die Männer dort in ihrer Überlegenheit bestätigen, uns darauf beschränken, auf der Oberfläche unsere Pirouetten zu drehen und keine unnötige Bewegung in das naturwissenschaftlich-technologische Gefüge zu bringen.

Der Kongreß Frauen in Naturwissenschaft und Technik hat sich nie damit begnügt, Frauenemanzipation nur als Gleichstellung, als gleichen Zugang, als gleiche Aufstiegs- und Karrierechancen für Frauen zu begreifen. Immer war das Bewußtsein lebendig, daß solche Forderungen aufs engste verknüpft sind und verknüpft werden müssen mit der Entwicklung von Alternativen zur gegenwärtigen Wissenschaft und Technologie, mit Visionen von einer neuen Gesellschaftsordnung und mit Demokratie. Ich möchte diesen Faden aufnehmen und ein wenig weiterspinnen.

Mit den beiden Schwerpunktthemen des Kongresses, der Situation von Frauen im Nationalsozialismus und der kritischen Auseinandersetzung mit den Anwendungen von Naturwissenschaft und Technik setzt die diesjährige Vorbereitungsgruppe einen bewußten Akzent: Sie betont die umfassend politische Dimension der Frauenfrage und hält an der Spannung zwischen Gleichstellung einerseits und gesellschaftlicher Veränderung andererseits fest. Dies ist kein einfacher Weg, wir haben viele Fragen und keine Antworten, und wir stellen fest, daß es dazu keine einheitliche Meinung unter uns Frauen gibt und in absehbarer Zeit auch nicht geben kann. Es ist ein streitbarer, kontroverser Weg. Die Welt, die es zu betrachten und zu verändern gilt, sieht aus der Perspektive privilegierter Frauen aus den Industrienationen anders aus als aus der Sicht von Frauen aus Asien, Afrika oder Lateinamerika. Lesben haben spezifische Wünsche zur Veränderung ihrer Lebensverhältnisse, ältere Frauen sehen manches anders als jüngere. Und wenn eine Ingenieurin Technik betrachtet, tut sie dies mit einem anderen Interesse als Angestellte im Büro oder Arbeiterinnen am Fließband. Von diesem letztgenannten Widerspruch wird mein kurzer Beitrag handeln. Ich will versuchen, zu einigen Überlegungen anzuregen, wie wir Naturwissenschaftlerinnen und Technikerinnen uns diesen Widersprüchen stellen können.

1. Gesellschaftliche Verantwortung

In den vergangenen Jahrzehnten ist es für uns unübersehbar geworden, daß wissenschaftlicher und technologischer Fortschritt, der lange Jahre als Garant des Reichtums galt, zwar ökonomische Vorteile für Menschen in den Industrienationen gebracht hat, aber für die meisten Völker der Welt die Zunahme von Krieg, Unterdrückung und Armut befördert. Doch selbst für uns in den Industrienationen wird immer deutlicher, daß die Anhäufung von Reichtümern auf der einen Seite mit einer Verarmung auf der anderen Seite, mit der Zerstörung unserer natürlichen Umwelt und unserer Gesundheit und einer Gefährdung sozialer Lebensbedingungen erkauft worden ist.

Die Verantwortung für die Anwendungen von Naturwissenschaft und Technik wurde lange Zeit als Frage der Technologie-Politik betrachtet oder höchstens als eine Frage gesehen, die sich im Vorfeld und Umfeld konstruierender Tätigkeit stellt. Technik selbst galt als neutral. Dies hat sich geändert. Das Bewußtsein, daß wir auch für unsere alltäglichen wissenschaftlichen und technischen Entscheidungen verantwortlich sind, ist heute stärker vorhanden. Auch in berufsbezogenen Organisationen aus Naturwissenschaft und Technik gibt es Diskussionen um Ethik-Kodizes. Oft orientieren sie sich jedoch vorwiegend auf eine Verpflichtung nach innen, auf so etwas wie Standesehre und Gruppenzugehörigkeit zu einer naturwissenschaftlich-technischen Elite und auf eine Sicherung von Seriosität der Geschäftsbeziehungen nach außen.

Mit diesem Zugehörigkeitsgefühl zur Zunft der Naturwissenschaftler und Ingenieure - darüber haben wir uns nicht nur auf diesen Treffen schon oft unterhalten - ist das für uns Frauen so eine Sache. So richtig haben wir uns nur selten aufgenommen und zugehörig gefühlt. Wir haben das oft beklagt, wir sollten dies jedoch auch als Chance sehen und aus der Not eine Tugend machen. Gesellschaftliche Verantwortung sollte für uns bedeuten, uns nicht in erster Linie unseren Auftraggebern und unseren Kollegen verpflichtet zu fühlen. Wir sollten unsere Verantwortung auch nicht als den individuellen Mut zum Märtyrertum verstehen. Vielmehr scheint es mir fruchtbarer, Verantwortung als Solidarität und als Gesprächsbereitschaft mit Frauen, die mit der von uns zu konstruierenden Technik umgehen und von ihr betroffen sind, zu begreifen. Gesellschaftliche Verantwortung heißt dann auch nicht Einschränkung, Zwänge, schlechtes Gewissen und unumstößliche moralische Prinzipien, sondern es bedeutet ein Aufeinanderzugehen, Gesprächsbereitschaft, Auseinandersetzung, Entfaltung menschlicher Beziehungen. Wir bereichern mit dieser Verpflichtung auf Kommunikation und Interaktion unsere professionellen Anforderungen. Und vielleicht ist es ja gerade eine solche Ausweitung der beruflichen Identität auf den Umgang mit Menschen, die es etlichen Frauen leichter machen würde, sich in naturwissenschaftlich-technischen Berufen zuhause zu fühlen.

Was ein solches Verständnis von Ethik und Verantwortung in den einzelnen Disziplinen bedeuten kann, wie es umgesetzt und realisiert werden kann, das wird in der Biologie anders aussehen als in der Physik, im Maschinenbau anders als in der Informatik und in der Forschung anders als in der Entwicklung. Überall wird es aber heißen, mit Kreativität und Phantasie kommunikative Kompetenzen zu entfalten und demokratische Strukturen auf allen Ebenen zu fördern. Es wird von uns vor allem auch fordern, Vertrauen zu setzen in die Kompetenz von Frauen aus allen sozialen Schichten, ihnen zuzutrauen, daß sie wissenschaftliche und technische Fragen verstehen, komplexe Zusammenhänge begreifen können und in der Lage sind, über die sie betreffenden Belange verantwortlich zu entscheiden. Dies stellt nicht zuletzt auch an uns selbst hohe Anforderungen.

2. Gestaltungsmöglichkeiten

Unser Beitrag zu einer so verstandenen gesellschaftlichen Verantwortung muß deshalb zunächst schlicht darin bestehen, daß wir das Wissen unserer Disziplin so durchdringen und systematisieren, daß es für alle oder zumindest für viele verständlich und nachvollziehbar wird.

Meine Disziplin ist die Informatik, und so möchte ich am Beispiel meines Arbeitsschwerpunktes, der Softwareentwicklung als einer sozialorientierten Gestaltung von Informationstechnik, ein wenig konkreter werden, soweit es in der kurzen Zeit möglich ist. Die Benutzung von Computerjargon ist mehr als die jeder anderen Fachsprache geprägt von dem Wunsch, sich auszuzeichnen als jemand, der zu einer Elite gehört. Begriffe kommen und gehen wieder, noch bevor ihre Bedeutung geklärt und vereinheitlicht werden kann. Für eine Informatikerin kann es recht amüsant sein, kleinen Jungs zuzuhören - und oft sitzen diese auch, mit Aktenköfferchen bewaffnet, in dunklen Anzügen im Intercity. Ihre Seifenblasen dienen oft dazu, sich gegenseitig der Zugehörigkeit zu einer auserwählten Gemeinde zu versichern. Das Dringen auf Sorgfalt im Umgang mit Begrifflichkeiten und Sprechweisen in unseren Disziplinen ist für unsere Verständigung untereinander unerläßlich, sie ist aber vor allem auch ein Beitrag zur Demokratie.

So ist dies auch eine der Voraussetzungen für das, was wir in der Informatik "partizipative Softwareentwicklung" nennen, also die Einbeziehung der späteren Nutzerinnen und Nutzer in den Prozeß der Entwicklung der Software. Wollen wir eine echte Beteiligung späterer BenutzerInnen an den Entscheidungen über technische Konzepte erreichen, müssen wir in der Lage sein, unsere wissenschaftlichen und technischen Methoden und Mittel einzuordnen und zu erklären. Mit der Entwicklung von Software für Anwendungen verändern wir nicht nur ein Arbeitsmittel, gleichzeitig beeinflussen wir mit unserer Technik die beruflichen Qualifikationen von ArbeiterInnen und Angestellten, ihre Arbeitszufriedenheit, die Arbeitsorganisation und Arbeitsteilung im Betrieb, ja schließlich auch das Privatleben vieler Menschen. Wir haben einen gewissen Einfluß darauf, ob auch Frauenarbeitsplätze in eine sogenannte humanverträgliche Technikgestaltung einbezogen werden. Wir entscheiden mit - eine solche Frage untersuche ich unter anderem auch im Rahmen meiner Dissertation -, welche Art von Kommunikation mithilfe von Computernetzen unterstützt oder behindert wird. Wir haben einen Anteil daran, wie sich das Verhältnis von Erwerbsarbeit und Freizeit entwickelt. Wir sollten unseren Einfluß geltend machen, daß dies alles nicht ohne die Einbeziehung und ohne das Einverständnis der Beteiligten getan wird!

Mir ist sehr wohl bewußt, wie schwierig es in der alltäglichen Praxis der Anwendungsentwicklung ist, dies umzusetzen. Es scheint uns, als würden wir von einer technikimmanenten Logik aufgefressen. Wir haben schon genug zu kämpfen mit den Schwierigkeiten, die eine männerdominierte Umgebung bietet; wir müssen uns tagtäglich gegenüber dem Vorurteil, daß Frauen keine technische Sachkenntnis besitzen, behaupten. Sollen wir uns noch mehr aufbürden? Vielleicht hilft uns die Klarheit darüber, daß eine Technikgestaltung, die sich auf die Interessen der Betroffenen bezieht, nicht etwas Zusätzliches ist, was zu der üblichen Technikentwicklung noch dazukommt. Vielmehr gehen in alle technologischen Entscheidungen soziale Interessen ein. So wird es einen Unterschied machen, ob wir z.B. beim Entwurf von Software für Computernetze daran denken, menschliche Kommunikation zu vermitteln und sie zu unterstützen oder ob wir sie mithilfe maschineller Prozesse möglichst überflüssig machen wollen. Wir ahnen auch und wissen aus den wenigen Untersuchungen, die dazu angestellt wurden, daß Softwareentwicklerinnen und -entwickler Unterschiede in ihren Entwürfen machen, je nachdem, ob sie an weibliche oder an männliche BenutzerInnen denken.

Dort, wo technische Konstruktion sich auf die aktuell herrschenden Interessen bezieht, fällt uns das nicht mehr auf, und es kann der Schein von Neutralität entstehen. Es kann der Eindruck entstehen, als ginge es um eine ausschließlich technische Frage. Aber: Zehrt es nicht auch an unseren Kräften, im Einklang mit einer anscheinend technologischen Rationalität gegen eine soziale Vernunft zu entscheiden, die sich an Frieden, Ökologie und Menschlichkeit orientiert? Und kann uns nicht auf der anderen Seite auch die Kommunikation und Solidarität mit denjenigen, für die wir Technik entwickeln sollen, viel Kraft und Befriedigung geben? Ich glaube, daß viele kleine Schritte auch in unserem Alltag möglich sind, wenn wir nicht nur auf die Gelegenheit großer, spektakulärer Taten von Verweigerung und Offenbarung warten. Dazu werden wir sicherlich auch die Unterstützung unserer KollegInnen, unserer Fachverbände und unserer Frauenorganisationen brauchen.

3. Dekonstruktion und Konstruktion

Wir brauchen dazu auch die Unterstützung durch eine Forschung, die uns hilft, Zusammenhänge besser zu durchschauen. Im letzten Punkt möchte ich daher noch eine Bemerkung zum Verhältnis von Frauenforschung und Frauenbewegung in Naturwissenschaft und Technik machen. Ein Problem, das ich in der gegenwärtigen Entwicklung der Frauenforschung sehe, ist, daß sie die Frauen in einer so verstandenen Alltagspraxis in Naturwissenschaft und Technik wenig unterstützt. Die Diskussionen, die in der sozialwissenschaftlichen Frauenforschung gegenwärtig geführt werden, bieten wenig Hinweise und Ansatzpunkte für eine Technikbetrachtung und Technikgestaltung, die das Geschlechterverhältnis positiv verändern könnten. In der Informatik sehen wir, daß auch Frauen, die sich in den Frauenorganisationen engagieren, zum Teil ihr Interesse an der Frauenforschung verlieren bzw. sich sogar dagegen wenden. Einerseits ist dies eine Kontroverse, die notwendigerweise schärfer wird, je mehr Frauen zu uns stoßen, deren Motivation zunächst die Durchsetzung ihrer zum Teil privilegierten Interessen an beruflicher Karriere ist (und auch an diesen Frauen sind wir doch in der Frauenbewegung interessiert). Andererseits aber wird diese Kontroverse nur dann fruchtbar ohne die Gefahr einer Spaltung der Frauenbewegung geführt werden können, wenn Frauenforschung sich durch das alltägliche Handeln von Frauen und die darin auftauchenden Probleme inspirieren und auch infrage stellen läßt.

Theoriebildung in der Frauenforschung hat sich in der neueren Zeit mehr und mehr darauf konzentriert, die Konzepte von Weiblichkeit zu kritisieren. Weiblichkeit wird in dieser Gesellschaft als Persönlichkeitsmerkmal und als Eigenschaft gesehen. Frauenforschung weist demgegenüber in den vergangenen Jahren verstärkt darauf hin, daß es sich dabei um Zuschreibungen einer patriarchalen Gesellschaft handelt, nicht um feststellbare Bedürfnisse, Eigenschaften und Verhaltensweisen. So ist z.B. in der Biologie die Übertragung von Stereotypen von Weiblichkeit und Männlichkeit auf Pflanzen und Tiere erfolgreich kritisiert und die Objektivität der herrschenden Wissenschaft damit in Zweifel gezogen worden. Am radikalsten sind geschlechtsspezifische Zuschreibungen mit der Dekonstruktionsthese, die gegenwärtig die Gemüter erhitzt, infrage gestellt worden. Judith Butler möchte den Begriff des Weiblichen sogar als eine Beschreibung für Körperlichkeit, für sex, nicht mehr gelten lassen. Die Dekonstruktion von Geschlechtszuschreibungen war und ist auch für uns Frauen in Naturwissenschaft und Technik ein wichtiger und notwendiger Schritt: Sie bewahrt uns vor der Falle, qua Geschlecht etwa sanft, emotional oder naturverbunden sein zu sollen. Sie öffnet uns die Augen für die Unterschiede zwischen uns Frauen und ermöglicht uns die Entfaltung aller unserer Fähigkeiten ohne Einschränkung durch Geschlechterstereotype.

Diese Dekonstruktion läßt uns aber gleichzeitig auch ratlos zurück: Wie gehen wir jetzt um mit den wahrgenommenen, zugestandenen und zugelassenen Unterschieden in Rasse, sozialer Schicht und kultureller Einbettung unter uns Frauen? Wie können wir diese Widersprüche sehen und dennoch gemeinsam handeln? Die gegenwärtige Debatte in der Frauenforschung gibt uns höchstens Hinweise auf die Analyse unserer Disziplinen und unserer Handlungsmuster. Vielleicht können wir mit ihrer Hilfe besser als vorher verborgene geschlechtsspezifische Stereotype im naturwissenschaftlichen Gebäude und im technologischen Handeln erkennen. Wie aber können wir Hinweise für die Richtung unseres Tuns gewinnen, für unsere alltägliche konstruierende Tätigkeit? Braucht es dafür nicht doch so etwas wie die Vorstellung einer gemeinsamen Betroffenheit aller Frauen und damit auch eines positiven Konzepts von Weiblichkeit? Besteht nicht die Gefahr, daß uns die gegenwärtige Diskussion wieder zurückwirft auf ein Nicht-Mitmachen, eine Haltung der bloßen Verweigerung, die uns im beruflichen Alltag nichts hilft und höchstens nach Feierabend stattfinden kann?

Damit wir in unserem Alltagshandeln in Naturwissenschaft und Technik von den Ergebnissen der Frauenforschung profitieren können, brauchen wir aus den Sozialwissenschaften auch Untersuchungen darüber, wie sich naturwissenschaftliche Erkenntnisse und technische Erfindungen auf das Geschlechterverhältnis auswirken und wie diese Entwicklungen positiv beeinflußt werden können.

Wenn ich auf die zunehmende Kluft hinweise, die sich zwischen den theoretischen Fragen der Frauenforschung und der Gestaltung der Anwendungen von Naturwissenschaft und Technik auftut, so habe ich doch gleichzeitig keine Antworten, wie eine Brücke zu schlagen und eine Beziehung herzustellen ist. Ich möchte allerdings die Aufmerksamkeit auf diese Lücke lenken und dafür plädieren, eine lebendige Beziehung zwischen Frauenforschung und Frauenbewegung aufrechtzuerhalten. Es besteht sonst die Gefahr, daß Frauenforschung steril und abgehoben und daß Frauenbewegung kurzsichtig und zersplittert wird.

Auf diesem Kongreß wird es viele Arbeitsgruppen zu den Anwendungen von Naturwissenschaft und Technik geben. Was ich mir wünschen würde, ist, daß vielleicht in der einen oder anderen Gruppe die Frage nach einer Beziehung zwischen den theoretischen Fragestellungen der Frauenforschung einerseits und dem praktischen Handeln von Naturwissenschaftlerinnen und Technikerinnen andererseits eine Rolle spielt.

Literatur:

Renate Feyl: Sein ist das Weib. Denken der Mann. Köln: Kiepenheuer & Witsch 1991.

Judith Butler: Das Unbehagen der Geschlechter. Frankfurt a. M.: Suhrkamp 1991.

Ausführlicher können die im Vortrag behandelten Gesichtspunkte nachgelesen werden in:

Heidi Schelhowe: Ingenieurinnen in der gesellschaftlichen Verantwortung. In: Wechselwirkung Nr. 56, Jg. 14, August 1992, S.49-52.

Heidi Schelhowe: Software-Entwicklung als sozialer Gestaltungsprozeß - Aspekte für eine Frauenforschung in der Informatik. In: Frauenarbeit und Informatik Nr. 5, März 1992, S.40-45.

Elfriede Löchel: Auf zu neuen Ufern. Tagungsbericht von der Tagung "Erfahrung und Abstraktion - Frauensichten auf die Informatik" in Hamburg, 16.-18. März 1994. In: Wechselwirkung Nr. 67, Jg. 16, Juni 1994, S.45-48.

Rede von Frau Gertrud Müller zur Eröffnung der Ausstellung "Schwestern, vergeßt uns nicht - Frauen im Konzentrationslager: Moringen, Lichtenburg, Ravensbrück 1933 - 1945"

Verehrte Anwesende, es dürfte Ihnen nicht unbekannt sein, daß es eine der zahlreichen Phrasen, bewußten Täuschungen und Lügen des Nazismus war, daß er die Achtung vor der Frau auf seine Fahnen heftete. Hitler wollte die Frau politisch entmündigen und zur Gebärmaschine herabdrücken, denn er benötigte für seinen in Vorbereitung befindlichen Krieg Soldaten. Die Frau sollte gegenüber dem Mann ein Mensch zweiter Klasse sein. Gerade in der Behandlung der Frauen und Mädchen in den Konzentrationslagern zeigte sich am deutlichsten die wahre Einstellung der Nazis zur Frau überhaupt. Ein Zug von Verworfenheit, von Sadismus und allgemeiner Willkür kennzeichnet auch hier alle sogenannten Führer des Dritten Reiches. Was wir in den KZ-Lagern an Mißhandlungen und Auswüchsen erlebt haben, kommt auf das Konto aller in Konzentrationslagern beschäftigten SS-Leute, wie Aufseherinnen, Wachmänner, SS-Ärzte und -Schwestern bis zum Lagerkommandanten und Schutzhaftlagerführer.

Die Frau war im Dritten Reich verurteilt, bei den lebenswichtigen Fragen nicht mitreden zu dürfen, das war Männersache. Und nun wagten es trotzdem Frauen, Antifaschistinnen zu sein. Sie wagten es, sich zu ihrem gesunden Instinkt zu bekennen. Die Folge war der Blutrausch der faschistischen Henkersknechte an den gefangenen Frauen aller europäischen Länder. Brutale Gewalt triumphierte über Menschlichkeit. Was wir Frauen in Konzentrationslagern erlebt haben, läßt sich mit Worten nur sehr mangelhaft ausdrücken, wenn man bedenkt, daß die Frau viel empfindsamer ist als der Mann und schon auf Eindrücke reagiert, an denen die Männer vorübergehen.

Das im Jahr 1938/39 von Männerhäftlingen des Konzentrationslagers Sachsenhausen unter Zwang erstellte Frauen-KZ Ravensbrück sollte das größte Frauenkonzentrationslager der Faschisten in Deutschland werden. Nachdem zuerst das KZ Moringen und dann die Lichtenburg für die Frauenhäftlinge zu klein wurden, erstellte man in Ravensbrück 14 Wohnbaracken mit einem jeweiligen Fassungsvermögen von 270 Häftlingen. Doch auch diese 14 Wohnbaracken reichten bald nicht mehr aus, und so mußten Frauenhäftlinge die weiteren Baracken erstellen.

Aus allen Ländern Europas wurden Frauen und Kinder in das Konzentrationslager Ravensbrück eingeliefert. Sowjetische Frauen, die in der Armee als Krankenschwestern und Ärztinnen tätig waren, wurden als Kriegsgefangene in das Konzentrationslager eingeliefert, was eindeutig gegen die Genfer Konvention verstieß. Am 4. Oktober 1943 erklärte der Reichsführer der SS, Himmler: "Daß zu Kriegsbeginn die russischen Kriegsgefangenen als Rohstoff und Arbeitskraft nicht den Wert hatten, den wir ihnen heute beimessen, und die Tatsache, daß Dutzende, Hunderte und Tausende Gefangener an Erschöpfung und Hunger gestorben sind, ist zu beklagen. Nicht aus rassischen Gesichtspunkten, sondern wegen des Verlustes an Arbeitskraft, den wir erlitten haben." Das Leben einer Gefangenen hatte nur so lange einen Wert, solange sie noch die Kraft hatte, ein Arbeitspensum vorzulegen. Nach neun Monaten, wenn die Gefangene ausgelaugt war - neun Monate wurden von der SS als Lebensdauer für einen Häftling errechnet -, also an der schweren Arbeit zugrundeging, hatte die SS noch einen Profit von 1431 Mark erwirtschaftet. Die Leichenverwertung ergab nochmals einen Gewinn von 200 Mark. Ein SS-Mann sagte einmal, daß Häftlinge billiger seien als Pferde. Erstens, man braucht sie nicht zu kaufen. Sie werden gratis ins Lager geliefert. Zweitens kosten Steckrüben weniger als Heu, und drittens liefert die Asche noch guten Dünger.

Das Frauen-KZ unterschied sich in keiner Weise von den Männerlagern. Mädchen und Frauen haben Pferde und Maschinen, LKWs und Bagger ersetzt. Sie mußten Kähne über schwankende Planken entladen. Für die Villen der SS mußte der Grund ausgehoben und die Straßen planiert werden. Die Straßenwalze zogen 10-12 Häftlinge. Immer mehr Häftlinge wurden in Ravensbrück eingeliefert: Jüdinnen, Sintis und Romas, Bibelforscherinnen, Asoziale und Kriminelle, Kommunistinnen und Sozialdemokratinnen sowie Christinnen. Aber auch Frauen, die ihre Kinder mitbrachten, aus allen okkupierten Ländern Europas. Durch das Frauen-KZ Ravensbrück gingen 132.000 Frauen und Kinder. Zehntausende konnten nicht mehr in ihre Heimat zurückkehren, weil sie von den Faschisten bestialisch ermordet wurden.

Durch die barbarischen Lagerstrafen mußten viele ihr Leben lassen. Der Kostentzug war bei dem ständigen Hunger von uns Häftlingen eine sehr schwere Strafe. Viele verhungerten. Bei kleinsten Vergehen wurde die Prügelstrafe verordnet. Sie konnte bis zu 100 Schläge sein. Verabreicht wurde sie zu je 25 Schlägen auf das nackte Gesäß, und dabei mußte noch mitgezählt werden. Der Strafblock war die Hölle in der Hölle. Dort mußten die Häftlinge die schwerste und schmutzigste Arbeit verrichten. Und wenn sie abends todmüde von der Arbeit ins Lager zurückkehrten, ihre Toten und Kranken mitschleppend, mußten sie das Lied "In meiner Heimat, da blühen die Rosen" singen. Stundenlanges Appell-Stehen bei jeder Witterung schwächte die schon halb verhungerten Frauen und Kinder. Beim Strafmarschieren mit Kostentzug fielen viele Kameradinnen tot um, weil sie keine Widerstandskraft mehr hatten. Aus dem Dunkelarrest, im Bunker bei Wasser und Brot, kamen viele nicht mehr lebend heraus. Das sind nur einige der grausamen Lagerstrafen, die die SS verhängte, und sie fand immer etwas, um uns Häftlinge zu quälen und zu bestrafen.

Unter diesen brutalen Bedingungen verstärkte sich der Widerstand, denn es ging darum, soviel Menschenleben wie möglich zu retten. Nach dreizehnmonatiger Einzelhaft in Stuttgart wurde ich von der Gestapo Stuttgart nach Ravensbrück überstellt mit dem Vermerk "Rückkehr unerwünscht". Das war also mein Todesurteil. Die Widerstandsorganisation im Lager wurde von den Kameradinnen, die auf der Kommandantur arbeiteten, unterrichtet, welche Gefahr mir droht. Es gelang ihnen, mich in einen Transport nach Geislingen an der Steige einzuschmuggeln. Ich habe also mein Überleben, wie viele andere auch, der internationalen Solidarität im Lager zu verdanken.

Die Rettung der schwächsten Häftlinge, der Kinder, war so gut wie aussichtslos. Unsagbar schwer waren die Leiden der Kinder. Viele kamen schon als Waisen ins Lager, weil ihre Eltern bereits durch Zyklon B umgebracht wurden. In Ravensbrück waren zeitweise über 400 Kinder vieler Nationen, die unter den gleichen Bedingungen leben mußten wie wir Älteren. Die faschistischen Ärzte und Schwestern organisierten den Mord an mehr als 800 im Lager Geborenen. Man experimentierte an ihnen, ja, man warf viele lebend in den Ofen. Die größeren suchten in den Aschentonnen nach ein wenig Eßbarem, fanden nichts, starben irgendwo still in einem Winkel, in dem furchtbaren Chaos übersehen. Zerlumpte Kleider, fehlende oder völlig zerfetzte Schuhe, stundenlanges Appell-Stehen in der Kälte des Winters, auf festgefrorenem Boden, in tiefem Schnee, ließen das Blut in den Adern der Kinder erstarren. Sie erfroren, wie Tausende ihrer erwachsenen Kameradinnen. Und das 200 Meter von riesigen, bis an die Decke gefüllten Hallen entfernt. Dort lagerte Beutegut, das in den überfallenen Ländern von der SS zusammengestohlen oder den Vergasten vor ihrem Gang in die Todesfabrik abgenommen wurde, wie Lebensmittel, Kleider, Schuhe, wärmende Decken. Sie wanderten aus Ravensbrück hauptsächlich in die Formationen und zu den Familien der SS. Die Häftlinge füllten indes die Öfen der Krematorien. Schon ab 12 Jahren mußten die Kinder in den SS-Werkstätten oder Rüstungsbetrieben arbeiten. Viele Mütter gaben das Alter ihrer Kinder höher an, damit sie zur Arbeit eingeteilt und nicht in die Gaskammer geschickt wurden. Kinder waren für die SS unnötige Esser. Trotz der aufopfernden Bemühungen von uns Frauen konnte das Leben nur ganz weniger Kinder gerettet werden. An den Zigeunerkindern wurden neue Methoden der Sterilisierung erprobt. Sie erhielten Einspritzungen, die zum Tode führten. Zigeunerfrauen, die im Lager ihr Kind auf die Welt bringen mußten, wurden nach der Geburt sofort sterilisiert, so daß sie ihre Säuglinge nicht mehr ernähren konnten. Sie verhungerten. 1942 wurden bei den Versuchspersonen außer den Bakterien noch Holzteilchen oder Holzsplitter und Glasscherben in die Wunden gelegt. Die Wunden vereiterten sehr rasch. Die Frauen wurden nicht weiter behandelt und starben unter furchtbaren Schmerzen. Es waren deutsche Ärzte, ich betone: deutsche Ärzte, die diese Operationen vornahmen. Um den Kindern eine kleine Freude zu bereiten und sie aufzumuntern, bastelten Kameradinnen aus verschiedenen Materialien Spielzeuge für die Kinder, obwohl sie immer todmüde von der Arbeit kamen. Jeder Papierfetzen, jedes Stückchen Holz, ein Stückchen Draht, ein zerbrochener Kamm oder Zahnbürste zauberte die Geschenke für die Kinder hervor.

Während des Krieges gegen die Sowjetunion, am 14. September 1942, hatte Justizminister Thierak eine Unterredung mit Goebbels, und über deren Inhalt heißt es in einer Aktennotiz: "Hinsichtlich der Vernichtung asozialen Lebens steht Dr. Goebbels auf dem Standpunkt, daß Juden und Zigeuner schlechthin, Polen, die etwa drei bis vier Jahre Zuchthaus zu verbüßen hätten, Tschechen und Deutsche, die zum Tode, lebenslangem Zuchthaus oder Sicherungsverwahrung verurteilt waren, vernichtet werden sollen. Der Gedanke 'Vernichtung durch Arbeit' sei der Beste." An der Vernichtung durch Arbeit hat sich nicht nur die SS bereichert, sondern zum Beispiel auch der Siemens-Konzern, der direkt neben dem Konzentrationslager Ravensbrück 20 große Werkshallen errichten ließ. Der ganz besonders auch Kinder zur Sklavenarbeit heranzog. Aber auch die Großgrundbesitzer, die in der Nähe ihre Güter hatten, sowie auch die Rüstungsbetriebe, die Frauenhäftlinge geliehen hatten, und in der Nähe ihrer Betriebe oder im Betriebsgelände Baracken errichteten. Gegen die Firma Siemens hat eine Kameradin einen Prozeß geführt, um ihren gerechten Lohn zu erhalten. Siemens lehnte ab mit der Begründung "Verjährt", dem sich das Gericht, und leider auch die Bundesregierung, anschloß. Aus völlig anderen Motiven als die Antifaschistinnen haben es die Bibelforscherinnen, auch "Zeugen Jehovas" genannt, abgelehnt, für den Krieg zu arbeiten. Viele von ihnen wurden von den Faschisten wegen Arbeitsverweigerung in den Rüstungsbetrieben zu Tode geprügelt oder erschossen.

Der Mord an den jüdischen Menschen begann nicht erst nach Beendigung der Wannsee-Konferenz am 20. Januar 1942, sondern schon mit der Machtübergabe 1933 an Hitler. Viele jüdische Menschen wurden überfallen und zu Tode geprügelt und erschossen. Viele wurden auch gleich in die Konzentrationslager gesperrt und dort schwer mißhandelt. Sie waren den Repressalien der SA und SS ausgeliefert wie die politischen Häftlinge.

Die Euthanasieopfer waren die ersten, an denen man die Massenvernichtung erprobte und durchführte. Als die Morde mit Zyklon B für die Faschisten Erfolg hatten, wurden in den KZ's Auschwitz-Birkenau, Treblinka, Majdanek und anderen sowie 1944/45 auch im KZ Ravensbrück Gaskammern errichtet. In der Gaskammer von Ravensbrück wurden noch annähernd 6000 Frauen ermordet. Ende 1944/Anfang 1945 herrschte in Ravensbrück ein großes Durcheinander. Transporte von Frauen kamen aus anderen Lagern, Transporte gingen in andere Lager. Die Wohnbaracken waren schon längst überbelegt. Kein Häftling hatte noch eine Pritsche allein, vier bis sechs Häftlinge mußten sich eine Pritsche teilen. In dem aufgestellten Zelt lagen die Frauen buchstäblich auf dem Boden, andere wiederum lagen auf der Lagerstraße und bekamen nichts zu essen und zu trinken. Nur durch die Solidarität aller Kameradinnen konnten die meisten überleben. Beginnend mit dem 24. April 1945 verließen täglich Transporte gehfähiger Frauen Ravensbrück. Wer jedoch schlapp machte und nicht mehr gehen konnte, wurde rücksichtslos erschossen. Am 30. April 1945 wurden die von den Faschisten im Lager zurückgelassenen ca. 2000 kranken Häftlinge von der Roten Armee befreit.

Im Konzentrationslager Ravensbrück haben Frauen aus 23 Nationen zwangsweise zusammen leben müssen, doch niemals wurde gefragt: Welcher Partei, Religion oder Rasse gehörst du an? Sondern: Was bist du für ein Mensch? Kann man sich auf dich verlassen? So sollte es eigentlich auch bei uns sein. Denn die vielen Terroranschläge der Neofaschisten bereiten uns große Sorgen. Acht Frauen und Kinder wurden bei lebendigem Leibe verbrannt. Das erinnert uns an die Zeit in Ravensbrück. Ausländische Bürger werden zusammengeschlagen, ja, totgeschlagen. War es vor 1933 nicht auch so, daß die SA Arbeiter niederschlug und tötete? Jetzt belästigt man sogar Behinderte, schändet jüdische Friedhöfe und KZ-Gedenkstätten, und leider spricht man immer wieder, daß dies in Trunkenheit geschah, und daß es Einzeltäter seien. Daran können wir nicht mehr glauben. Es wird Zeit, daß man die Hintermänner zur Rechenschaft zieht, die die Jugend aufhetzen und ihr, wie schon einmal, alles versprechen und nichts halten. Man muß den jungen Menschen klarmachen, wozu der Faschismus fähig war und ist. Wir müssen den jungen Menschen aber auch eine Perspektive geben und sie nicht ausgrenzen. Mit der Arbeitslosigkeit und Wohnungsnot haben die Rechtsradikalen gute Nahrung bei jungen Menschen. Und sie nützen dies auch geschickt aus mit einem kleinen demokratischen Anstrich. All dies hatten wir schon einmal.

Unsere Ausstellung "Schwestern, vergeßt uns nicht - Frauen im Konzentrationslager: Moringen, Lichtenburg, Ravensbrück" soll vom gerechten Kampf der Frauen künden, Faschismus und Krieg für immer aus dem Leben der Menschheit zu verbannen, damit die heranwachsenden Generationen einer gesicherten Zukunft entgegengehen können. Wenn Sie durch die Ausstellung gehen, dann öffnen Sie bitte Ihr Herz weit, und sehen Sie mit scharfem Auge die Zeugnisse der Vergangenheit, die Deutschlands Namen mit Schande befleckten, die wir heute, 50 Jahre nach Faschismus und Krieg immer noch zu tilgen haben. Und zum Nachdenken möchte ich Ihnen zum Schluß folgendes mit auf den Weg geben: Es hätte auch Ihre Mutter, Ihre Schwester, Ihre Freundin, Ihr Kind oder sonst ein bekanntes sein können, falls Sie zu dieser Zeit schon gelebt hätten, deren zarte Haut in Lampenschirme verwandelt, deren glänzende Haare in Fußmatten verwebt wurden. Denken Sie, daß Sie selbst ihr Leben in der Gaskammer von Ravensbrück oder im Erschießungsgang hätten lassen müssen, dann Ihre Asche im Schwedtsee versenkt oder auf der Straße verstreut worden wäre. Oder Ihre Gebeine im Massengrab vor der Lagermauer begraben liegen. Dann können Sie vielleicht verstehen, wie groß der Schmerz, wie groß das Leid aller Opfer war, die wir niemals vergessen dürfen. Ich bitte Sie daher, über die Schranken der politischen und religiösen Einstellungen hinweg, zusammenzustehen, um die brutalen Übergriffe der Neofaschisten zurückzuweisen, die wir jetzt täglich erleben, und die leider immer noch verharmlost werden. Stellen wir uns vor die Menschen, die die Neofaschisten als Prügelknaben ausgesucht haben! Zeigen wir Mut! Ich danke Ihnen.

Frau Müller ist Vorsitzende der Lagergemeinschaft Ravensbrück.
Kontakt: Lagergemeinschaft Ravensbrück/ Freundeskreis e.V.,
Frau Gertrud Müller, Werenwagstr. 2, D-70469 Stuttgart

Die Ausstellung "Schwestern, vergeßt uns nicht - Frauen im Konzentrationslager: Moringen, Lichtenburg, Ravensbrück 1933 - 1945" wurde vom 25.05.-04.06.1995 in der Tulla-Ausstellungshalle im Kollegiengebäude am Ehrenhof der Universität Karlsruhe gezeigt. Sie kann beim Studienkreis: Deutscher Widerstand, Rossertstr. 9, D-60323 Frankfurt/Main, entliehen werden.

Anwendungen von Naturwissenschaften und Technik

Informations- und Kommunikationstechnologien
Automatisierung

Infotische im Kongreß-Foyer

Vernetzte Wissenschaft ?

Walburga Gaspar-Ruppert
Institut für Soziologie, Alserstr. 33, A-1080 Wien

Anthony Giddens 1990 erschienenes Werk "Consequences of Modernity" [1)] stellt eine Art Resümee der gegenwärtigen Gesellschaftsentwicklung dar und zwar durchaus mit dem Anspruch einer globalen Sichtweise. Modernisierung endet für ihn nicht in der Proklamation der "Postmoderne" und dem damit gleichsam herbeigebeteten Stillstand gesellschaftlicher Dynamik. Vielmehr wird der allgegenwärtige Diskurs der Postmoderne für ihn - implizit - zum Beleg für die zentrale These seines Buches:

Ein wesentliches Kennzeichen der gegenwärtigen gesellschaftlichen Transformationsprozesse ist Diskontinuität, "which separates modern social institutions from the traditional social order", das heißt aber, daß Veränderungen eben nicht als kontinuierlich, sondern in gleichsam "wilden" Sprüngen ablaufend zu denken sind. Daran sind zudem - Giddens zufolge - drei Dinge besonders auffällig:

1. "The pace of change": das Tempo hat sind enorm beschleunigt.

2. "The scope of change": es wird jetzt zur Realität, was Marshall McLuhan vor reichlich 30 Jahren prophezeit hat. Weltweit werden ganz unterschiedliche, bis dato separierte Regionen (in räumlicher, politischer, ökonomischer und soziokultureller Hinsicht durch diese Transformationsprozesse miteinander verknüpft.

3. "The change in modern institutions": bestehende gesellschaftliche Institutionen verändern sich und es entwickeln sich gegenwärtig Institutionen, die es bisher einfach nicht gegeben hat und für deren Entwicklung - formal wie inhaltlich - es auch kein traditionellen Vorbilder gibt. Ganz wichtig für diesen Prozeß ist das, was Giddens "Disembedding" nennt: "The lifting out of social relations from local contexts of interaction und their reconstructuring across indefinite spans of time-space." (Giddens, S.21). Die Aufhebung des Eingebettetseins in traditionelle gesellschaftliche Strukturen geht nun nach Giddens mit einem enormen Technisierungsschub einher, den er zwar benennt, aber nicht weiter spezifiziert.

Dieser Technisierungsprozeß ist aber m.E. eine der Voraussetzungen für das, was er konstatiert. Wir erleben derzeit eine technisch getragene und wörtlich zu nehmende Vernetzung der Welt bei gleichzeitiger Loslösung der Kommunikation aus den durch Raum und Zeit bisher definierten Kontexten, zumindest potentiell. Auf der Ebene der synchronen wie asynchronen Kommunikation lassen sich seit einiger Zeit Institutionalisierungsprozesse - ganz im Sinne Giddens - nachweisen. Institutionalisierung soll als ein Vorgang der Generalisierung und Typisierung von gegenseitig aufeinander bezogenen und stark habitualisierten Handlungen definiert sein, aufgrund derer sich relativ konstante Handlungs- und Beziehungsmuster herausbilden. Abgestützt wird dieser Prozeß durch die parallel dazu verlaufende Entwicklung von Norm- und Wertsystemen, die gleichsam ein "Rückgrat" der neu entstandenen Handlungs- bzw. Kommunikationsmuster bilden und diese legitimieren. Dadurch wird es dann für die Beteiligten auch möglich, abweichendes Verhalten, Regelverletzungen und Normbrüche bewertend zu definieren und - mit Fortschreiten des Institutionalisierungsprozesses - auch entsprechende Sanktionsmöglichkeiten zu entwickeln, die von den Beteiligten akzeptiert und angewendet werden.

Traditionelle Organisationen wie Forschung und Wissenschaft sind in diesem Sinne hochinstitutionalisiert, das heißt sie weisen überaus stark verfestigte Strukturen auf und zwar sowohl auf der kognitiven als auch auf der sozialen Ebene dieser Systeme; auf beiden Ebenen normieren (z.T. äußerst restriktiv) und formalisieren diese Strukturen die Interaktions- und Kommunikationsmuster nicht nur zwischen den Beteiligten und den wissenschaftlichen Subsystemen, sondern regeln darüber hinaus auch Inhalt und Form der Außenkontakte zu den jeweils relevanten (sozialen, politischen, ökonomischen) "Umwelten".

Nun sind auch diese traditionellen Institutionen von Forschung und Wissenschaft Modernisierungsprozessen unterworfen, nicht zuletzt durch technisch induzierte Innovationen [2)], wie z.B. die Implementierung und Diffusion neuer Kommunikations- und Informationsmedien. Eines davon, nämlich das Internet soll im weiteren etwas genauer analysiert werden, da es m.E. gegenwärtig für den wissenschaftlichen Bereich das relevanteste Netzwerk ist. Darüber hinaus zeigen sich im Internet ganz deutlich Institutionalisierungsprozesse, die Parallelen zu den Kommunikations- und Kooperationsformen im wissenschaftlichen Bereich aufweisen. Durch das Aufeinandertreffen bzw. durch wechselseitige Integration beider Systeme wird eine weltweite elektronische Vernetzung der Kommunikation und der Informationsflüsse von Wissenschaft und Forschung über bisher traditionell eingespielte Interaktionsmuster hinaus möglich.

Das spezielle Netzwerk Internet, das eine Verbindung all jener Rechenanlagen bezeichnet, die über das Protokoll TCP/IP (Transmission Control Protocol/Internet Protocol) miteinander kommunizieren können, wurde vom amerikanischen Verteidigungsministerium 1972 unter dem Namen ARPANET (Advanced Research Projects Agency-Net) der Öffentlichkeit vorgestellt und bestand zunächst aus vier Computeranlagen. Die Chancen, die in diesem Datennetz liegen, wurde vom amerikanischen Wissenschafts- und Forschungsbetrieb ziemlich bald erkannt. 1992 waren bereits 727.000 Rechner weltweit eingebunden und die Anzahl der Anschlüsse verdoppelt sich ca. alle sieben Monate [3)]. Gegenwärtig haben 10 Millionen Menschen direkten Zugang zu diesem Netz. Obwohl es aus vielen, von den unterschiedlichsten Organisationen betriebenen Teilnetzen mit jeweils spezifischen Angeboten besteht, ist es generell offen, es gibt also keine übergeordnete Organisation, die für inhaltliche und formale Gestaltung verantwortlich zeichnen würde. Dennoch zeigen sich ganz klare Institutionalisierungstendenzen nach jenen Definitionsmerkmalen, die weiter oben genannt wurden, bis hin zu konsensuell von den Internet-Usern getragenen Sanktionen gegen Personen, die dem informell bestehenden Norm- und Wertsystem zuwidergehandelt haben.

Die Kommunikationsmuster, die sich im Internet in den letzten 15 Jahren eingespielt haben, ähneln in ihren Strukturen jenen, die aus Wissenschaft und Forschung bekannt sind. Eine detaillierte Analyse letzterer findet sich bei Weingart[4)] und soll, um die Chancen und Möglichkeiten, aber auch die Gefahren, die in der Vernetzung liegen könnten, etwas klarer zu sehen, hier kurz referiert werden.

Wissenschaft weist - wie bereits gesagt - auf keiner organisatorischen Ebene eine rein am Kognitiven orientierte Struktur auf, vielmehr ist sie ebenso wesentlich ein soziales Beziehungsgeflecht, in das die Teilnehmer(innen) hineinsozialisiert werden und zwar weitgehend unabhängig von den kognitiven Prozessen. Kommunikationsanalytisch lassen sich folgende Phasen nachvollziehen, wenn z.B. eine neue Idee auftaucht bzw. die Identifikation eines bisher nicht erkannten Problems o.ä. durch eine Person/eine Gruppe erfolgt. Dann müssen zunächst jene Personen/Gruppen identifiziert werden, die eventuell am selben Problem arbeiten. Es werden "Claims" abgesteckt und markiert, indem informelle Kommunikationsbeziehungen zur Elaborierung und Kritik des genannten Problems aufgenommen werden. Dies dient zugleich der Absicherung der eigenen Position: Wer arbeitet noch daran, wie weit ist die Forschung eventuell gediehen, könnte eine Kooperation sinnvoll sein etc.

Als nächster Schritt folgt Initiation, Abgrenzung und Monopolisierung: Es werden Gruppengrenzen - zumeist in Kategorien einer spezifischen kognitiven Orientierung - und Bedingungen definiert, wer dazu gehört und wer nicht, wer die "Köpfe" sind und wer das "Fußvolk". Sodann folgt Rekrutierung, wobei die Anstrengungen zur Rekrutierung von "Schüler(inne)n" und Proselyten sowohl der Kapazitätserweiterung dienen (jeweils anfallende Probleme müssen von genügend Personen auch effizient bearbeitet werden), als auch der Perpetuierung des Forschungsvorhabens über einen Generationswechsel hinweg.

Sodann - zur Absicherung des Claims - wird das Vorhaben über bestehende Medien bzw. eigens dafür geschaffene neue Medien publiziert, d.h. in der Scientific Community diffundiert; ein typisches Beispiel ist das fast exponentielle Anwachsen wissenschaftlicher Zeitschriften: für das Jahr 2000 werden im Bereich der Printmedien (also noch ohne electronic publishing) ca. 2 Millionen Journale etc. geschätzt. Die mediale Präsenz dient nicht nur der Sozialisation neuer Anhänger/Schüler(innen), sondern auch der Herstellung von "Sichtbarkeit" - über die Scientific Community hinaus - bei Wissenschaft und Forschung fördernden Institutionen und der Öffentlichkeit allgemein.

Schließlich folgt als letzter Schritt Sanktionierung, d.h. es werden institutionelle und organisatorische Mechanismen entwickelt, die die bisher geltenden Regelungen der Zugangs- und Verteilungskontrollen außer Kraft setzen, sofern sie mit den neu entwickelten konfligieren und die eigene Entwicklung des "Claims" behindern. Außerdem können "Abweichler(innen)" negativ sanktioniert werden. Es entwickeln sich also relativ schnell Macht- und Kontrollhierarchien, in denen es dann zumeist überhaupt nicht mehr um die ursprünglichen kognitiven Innovationen geht, die es abzusichern und zu verbreiten gälte. Vielmehr dienen diese Hierarchien primär der eigenen Legitimierung und "Zementierung", und zwar sowohl in sozialer, als auch ökonomischer und eventuell - darüber hinaus - auch politischer Hinsicht.

Daß Frauen in diesen sehr rigid durchorganisierten sozialen Strukturen nur mäßig bis überhaupt nicht präsent sind, ist ein bekanntes Faktum. Daß dieses sicher nicht mit den kognitiven Kapazitäten und Kompetenzen zusammenhängt, sollen die folgenden Daten kurz illustrieren. Obwohl die Zahlen nur für Österreich gelten, sind sie m.E. aber zumindest auf europäische Verhältnisse einigermaßen übertragbar [5)]:

Obwohl sich das Bildungsniveau der Frauen zunehmend verbessert hat (1951: 3,5% aller Österreicherinnen Matura, 0,5% einen Hochschulabschluß - 1992 bereits 11,6 % Matura und 4,3% einen Abschluß), ist der Frauenanteil in mittleren und höheren Positionen an den Universitäten extrem gering. Zwar waren 1993 51% aller Erstimmatrikulierten Mädchen und der Frauenanteil bei den Studienabschlüssen lag bei 44%, dennoch wird der Übergang in eine wissenschaftliche Karriere an der Universität nur in den seltensten Fällen auch geschafft. Insgesamt gibt es an den österreichischen Universitäten (um exemplarisch nur eine von vielen wissenschaftlichen Institutionen zu nennen) 2,8% ordentliche , 4,8% außerordentliche Professorinnen, 7,7% bedienstete wie nichtbedienstete Dozentinnen, 23% Lektorinnen, 22,3% Vertrags- und Universitätsassistentinnen, das heißt, daß - je niedriger die Positionierung in der Hierarchie - je höher der Anteil von Frauen ist. Innerhalb der Fakultäten nun liegt der höchste Frauenanteil in den geisteswissenschaftlichen Fächern mit 36% bzw. 10% Assistentinnen bzw. Professorinnen, bei den naturwissenschaftlichen und technischen Fakultäten bzw. Universitäten liegt der Professorinnenanteil zwischen 0 und 1,5%, der der Assistentinnen zwischen 2,5 und 13%. Als Gründe für den erschwerten Zugang zu wissenschaftlichen Karrieren und dem weitgehend der Qualifikation nicht entsprechenden Einsatz im Arbeitsprozeß, d.h. dem minimalen Anteil in höheren Positionen werden zumeist folgende Aspekte genannt:

- Vorurteile des männlich dominierten Bereichs,
- familiäre Belastungen der Frauen, und
- an den sog. männlichen "Normalbiographien" orientierte Bewertungskriterien bei der Aufnahme.

Der letztgenannten Aspekt beinhaltet nun aber auch die spezifisch männlichen Sozialisations- und Handlungsmuster, die "kompetentes" Verhalten im Sinne der oben beschriebenen Kommunikationsanalyse gewährleisten. Nun lassen sich zwar - wie bereits erwähnt - auch in den globalen elektronischen Vernetzungen Tendenzen nachweisen, die dem sozialen Beziehungsgeflecht wissenschaftlicher Institutionen auf kommunikativer Ebene ähnlich sind: es kommt auch im Netz zu "Claim"-Bildungen, "Initiationsritualen", Monopolisierungs- und Ausgrenzungsprozessen, Sanktionierungsmaßnahmen etc. Dennoch liegen in der zunehmenden Diffusion elektronischer Kommunikations- und Informationsmedien auch Chancen, andere als die traditionellen Kommunikationsstrukturen zu implementieren. Dies gilt m.E. besonders für das Internet, das - trotz einiger Hinweise auf eine Erstarrung der Strukturen - grundsätzlich offen ist und auch, so steht zu hoffen, offen bleiben wird. Wobei Offenheit nicht nur auf den freien (weitgehend kostenlosen) Zugang zu beziehen ist, sondern auch auf zukünftige Gestaltungsmöglichkeiten der Kommunikation und des Informationsflusses.

Zwar gibt es bisher nur weniges empirisches Material, das sich mit dem Einfluß elektronischer Vernetzung auf wissenschaftliche Institutionen und Organisationen auseinandersetzt, einige Befunde weisen jedoch auf Möglichkeiten hin, die besonders von Frauen verstärkt genutzt werden sollten, um die Situation zu verbessern. B. Murfin weist in seiner Studie auf die besondere Wichtigkeit der fehlenden Face-to-Face-Situations in der elektronischen Kommunikation hin. Da gleichsam "kontextfrei" interagiert wird, also Alter, Geschlecht, Rasse etc. keine unmittelbare Rolle spielen, ist die Kommunikation weitgehend frei von den gängigen Formen physischen und psychischen Dominanzbestrebungen und Machtdemonstrationen gegenüber Statusschwächeren [6)]. Darüber hinaus konnte J. Perrolle nachweisen, daß in dieser Kommunikationsform status-hohe und aggressive Teilnehmer sich keine Vorteile erwerben können- im Gegensatz zu face-to-face Situationen, bei denen im Interaktionsprozeß sofort visuelle und verbale Statusdifferenzierungen zum Tragen kommen [7]. Insgesamt neutralisiert sich das Verhältnis der Interaktionspartner.

A. Feenberg [8] konnte zeigen, daß sich durch Vernetzung die explizite Auseinandersetzung mit Normen und Werten intensivieren. Moderator(inn)en, Supervisor etc. können großen Einfluß auf die Gestaltung und Inhalte von Kommunikation nehmen und diese in Formen bringen, die bisher nur durch jene Personen bestimmt werden konnten, die im Machtgefüge wichtige Positionen einnehmen. R. Howard kommt aufgrund des Materials zum Schluß, daß Vernetzung die "kollektive Wachsamkeit" der Akteur(inn)en steigert, es kommt zu einer Verdichtung der sozialen Kontrolle durch alle Beteiligten [9], die Chancen für "Übergriffe" werden einfach geringer, da die Interaktionen vor einer wachsamen Öffentlichkeit ablaufen. Weiter konnten Sproull und Kiesler nachweisen, daß die jeweils peripherer positionierten Mitglieder in Organisationen größere Vorteile aus der elektronischen Kommunikation ziehen können als ihre zentraler positionierten Kolleg(inn)en, denn das Reglement von unmittelbaren Kontakten, das die Beachtung der Statushöhe, der Positionierung in der Machthierarchie etc. zumeist zwingend vorschreibt, fehlt [10].

Zwar mußten Carley und Wendt [11] in ihrer Studie einschränkend vermerken, daß das Medium derzeit (noch ?) nicht für die Übermittlung wichtiger wissenschaftlicher Inhalte genutzt wird, da hier das bestehende Monopol auf Information durch die Spitzen der Hierarchien verteidigt bzw. aufrechterhalten wird, daß aber generell der Austausch von organisatorischem Know-How, von persönlichen Mitteilungen deutlich gegenüber herkömmlichen Formen der Kommunikation verbessert worden ist.

Zudem erweist sich auch das alte Argument der fehlenden emotionalen Komponente im Interaktionsprozeß, das seit der Entstehung dieser Technologie als schwerwiegender Mangel dargestellt wird (ein Argument, das immer wieder speziell von Frauen in die Diskussion eingebracht wurde), als nicht mehr so recht tragfähig, wie Rice und Williams [12] zeigen konnten: Vielmehr wurde durch die Anwender(innen) neue kontextbezogene Konventionen entwickelt, Emotionen zum Ausdruck zu bringen und Kontextassoziationen einzubringen, die den Ausdruck persönlicher Befindlichkeiten ohne Probleme intersubjektiv erlaubt.

Insgesamt greifen jedoch Vernetzungstechnologien auch in institutionelle Strukturen selbst ein. I. Wagner [13] konstatiert aufgrund vorliegender organisationssoziologischer Studien, daß es dadurch zu einer Abflachung der Hierarchien und zu einer Demokratisierung der Informationsdiffusion kommt. Es könnten sich damit auf längere Sicht die traditionellen Muster der Machtverteilung über Wissen und Information verändern. Die bis dato tradierte Monopolisierung von Wissen und die restriktiven Strategien der Verteilung und der Weitergabe dieses Wissens können fraglich werden. Damit ergibt sich für Wagner auch das Problem, ob z.B. durch Wissen legitimierte Privilegien abgebaut werden können.

Einen Hinweis darauf konnten March und Sproull liefern [14], denn offensichtlich zeigen besonders die Spitzen des Managements (eine Berufsgruppe vergleichbar den professoralen Eliten an den Universitäten) Widerstände gegen Vernetzungen, da sie eine zu starke Diffusion von Informationen auch in jene Teile der Organisationen befürchten, die vorher an diesen nicht partizipieren und davon möglicherweise profitieren konnten. Der von Giddens beschriebene Prozeß des Disembeddings, d.h. die Loslösung sozialer Beziehungsgeflechte aus ihren lokalen Interaktionskontexten und deren Rekonstruktion in einem von Zeit und Raum unabhängigen Netzwerk verweist auf eine Chance hin, die verkrusteten Strukturen gegenwärtiger Wissenschaftssysteme aufzubrechen.

Die hier referierten Hinweise und Befunde sind noch nicht sehr elaboriert und verallgemeinerbar, sie geben aber die Richtung vor, in der die bestehenden Forschungsdefizite abgebaut werden sollten, indem sie relevante Fragen und Problemstellungen artikulieren.

Darüber hinaus zeigen sie aber auch sehr wohl Möglichkeiten auf, die Frauen verstärkt nutzen sollten und in konkretes Handeln umsetzen können. Der eigenverantwortlich zu leistende Erwerb der notwendigen technischen Kompetenzen darf dabei keinesfalls zum Hinderungsgrund werden. Bestehende, von Frauen organisierte und betreute Subsysteme im Netz müssen ausgebaut werden. All jene, die durch ihre professionelle Verankerung in Wissenschaft und Forschung Zugang zum Internet bereits haben (bzw. hätten, wenn sie diese Möglichkeit zu nutzen bereit sind), müssen unbedingt alles unternehmen, um möglichst schnell ihre Kolleginnen - unbesehen ihrer Positionierung im Forschungsbetrieb - in diese Vernetzung zu integrieren. In einer systematischen Aneignung der Möglichkeiten, die das Netz bietet, liegt m.E. ein nicht zu unterschätzendes Potential, jene Mechanismen, die kommunikationsanalytisch immer wieder zu erheben sind und daher auch von mir gleichsam als Warnung so ausführlich beschrieben worden sind, zu durchbrechen.

Literatur:

1. GIDDENS, A.: The Consequences of Modernity, Stanford -CA, 1990
2. vgl. dazu: SCHMUTZER, M. A. E.: Ingenium und Individuum, Wien - New York 1994
3. MAIER, G., WILDBERGER, A.: In: 8 Sekunden um die Welt, Bonn u.a. 1993
4. WEINGART, P.: Wissensproduktion und soziale Struktur, Frankfurt/M. 1976
5. Hochschulstatistik des Österr.Stat.Zentralamtes, Wien 1994
6. MURFIN, B.: An Analysis of Computer-Mediated Communication between Middle School Students a. Scientific Role Models, IPCT, Vol.2, No.3, 1994
7. PERROLLE, J.: Computermediated Conversation, National Forum, Washington 1991
8. FEENBERG, A.: A Users Guide to the Pragmatics of Computer Mediated Communication, Semiotica 75/3-4
9. HOWARD, R.: System Design a. Social Responsibility: The Political Implications of "Computer-Supported Cooperative Work"; In: Office Technology and People, 3, 1987
10. SPROULL, L.S., KIESLER, S.: Connections: New Ways of Working in the Networked Organization, Cambridge - Mass. 1992
11. CARLEY, K., WENDT, K.: Electronic Mail and Scientific Communication, Knowledge, Vol. 12. No. 4., 1991
12. RICE, R.E., WILLIAMS, F.: Theories old and New: The Study of New Media, in: E. Rice (ed), The New Media, Communication, Research and Technology, Beverly Hills 1987
13. WAGNER, I.: Kooperative Medien. Informationstechnische Gestaltung moderner Organisationen, Frankfurt/M.-New York 1993
14. MARCH,.G., SPROULL, L.S.: Technology, Management, and Competetive Advantage, in: Goodman, P.S., Sproull, L.S., Technology and Organizations, San Francisco 1990

CSCW aus feministischer Sicht: Viel Lärm um nichts?

Edeltraud Egger
Abteilung f. CSCW, Institut f. Gestaltungs- und Wirkungsforschung, TU Wien
Argentinierstr. 8/187, A-1040 Wien

Anm. der Hrsg.: Die Referentin konnte wegen Krankheit nicht am Kongreß teilnehmen. Das Referat, das sie halten wollte, wird im folgenden abgedruckt.

Kurzfassung:

Die Entwicklung von sogenannten CSCW-Systemen (Computer Supported Cooperative Work) ist eine Reaktion auf die wachsende Diskussion über Möglichkeiten, neuere Arbeitskonzepte - wie z.B. Teamarbeit, semi-autonome Gruppen, Projektgruppen, etc. - in Betriebe einzuführen. Diese technischen Systeme sollen also Gruppen in der Planung und Durchführung ihrer Arbeitsprozesse unterstützen. "Selbstbestimmung", "kooperative Entscheidungsprozesse", "steigende Kommunikation und Koordination" sind nur einige Beispiele von Aspekten, die mittels CSCW realisiert werden sollen.

Im Rahmen dieses Artikels wird insbesondere die Computerunterstützung der Planung von Arbeit - als wesentlicher Bestandteil der Erwerbstätigkeit - aus feministischer Sicht einerseits theoretisch hinterfragt und andererseits mit den empirischen Ergebnissen eines Forschungsprojektes zum "Umgang von Frauen mit Zeit" konfrontiert.

1. Einleitung

Aus empirischen Untersuchungen ist ersichtlich, daß die Einführung von semiautonomen Arbeitsgruppen zu einer höheren Identifikation mit der Arbeit führt (vgl. z.B. Ulich 1991), die sich in sinkenden Fehlzeiten und einer steigenden Produktivität äußert. Die wesentliche Grundidee der Organisation von Arbeitsprozessen in Teams ist dabei, die Gruppe mit bestimmten Entscheidungsbefugnissen und Planungs- und Kontrollaufgaben auszustatten. Parallel zu dieser Entwicklung in der Organisationstheorie bzw. Arbeitswissenschaft (vgl. auch Heidenreich 1994) hat sich in der Informatik ein neuer Forschungsbereich herauskristallisiert, der sich vor allem mit Möglichkeiten, Gruppen in ihrer Planung und Durchführung von Arbeitsprozessen mittels technischer Systeme zu unterstützen, beschäftigt.

'Computer Supported Cooperative Work' (CSCW) versteht sich vor allem als interdisziplinäres Wissenschaftsgebiet, das versucht, verschiedene theoretische und methodische Ansätze für die Gestaltung von CSCW-Systemen fruchtbar zu machen. Nachdem der Begriff der Arbeit in CSCW offensichtlich eine zentrale Rolle spielt, kann nach Marx (1867) davon ausgegangen werden, daß kooperative Arbeit - im Sinne von geplanter Arbeit (vgl. auch Schmidt et al. 1992) mehrerer Personen - aus zwei Aspekten besteht: aus dem Antizipieren der zu verrichtenden Arbeit und dem eigentlichen Arbeitsprozeß (vgl. auch Egger und Hanappi 1994). CSCW erhebt somit den Anspruch, beide Aspekte zu unterstützen: die Planung des Arbeitsprozesses (die ein 'Modell' der zu verrichtenden Tätigkeiten vorausschickt) und die Durchführung der eigentlichen

Arbeit. Da im klassischen Sinn mit 'Arbeit' im wesentlichen Erwerbstätigkeit gemeint ist, werden sich die präsentierten Überlegungen auch auf diese beschränken. Im Rahmen des Artikels wird insbesondere der Fokus auf die Planung von Arbeitsprozessen und Möglichkeiten ihrer technischen Unterstützung gerichtet. Dabei stellt sich nun die interessante Frage, ob dabei feministische Grundsätze realisiert werden können bzw. wo deren Grenzen zu sehen sind. Diese theoretischen Überlegungen werden an einigen ausgewählten empirischen Ergebnissen eines Forschungsprojektes zum Thema 'Frauen im Umgang mit Zeit' exemplarisch untersucht.

2. Computerunterstützte Planung von Arbeitsprozessen

Die - bereits auf Adam Smith zurückgehende - Zerstückelung von Arbeitsprozessen bietet vor allem die Möglichkeit, Detailaufgaben an unqualifizierte und als Folge billige Arbeitskräfte zu verteilen. Dies bildet im wesentlichen auch die Grundlage für die Automatisierung von Tätigkeiten. Ohne Zweifel impliziert diese generelle Perspektive der Organisation von Arbeit aber auch eine spezielle Planungssicht: eine zentrale, autorisierte Instanz teilt den gesamten Arbeitsprozeß in einzelne Subaufgaben und teilt diese einzelnen ArbeitnehmerInnen zu. Kern und Schuhmann (1984) haben gezeigt, daß dieses Organisationskonzept von Arbeit auch an Grenzen stößt: Zum einen stellt sich die Frage nach den für die Kontrolle notwendigen Kosten und ihre Relation zum erwarteten Nutzen. Zum anderen hat sich im Zuge der Humanisierung von Arbeit immer mehr der sozio-technische Ansatz durchgesetzt (vgl. Sydow 1985): Da sich ein Arbeitsprozeß in sehr ausgeprägtem Maße durch die Notwendigkeit dynamischer Anpassung und Änderung auszeichnet, bietet sich als Lösung an, von der sehr strikten Arbeitsorganisation mit nur sehr beschränktem Handlungsspielraum überzugehen zu flexibleren Modellen, die diesen Ansprüchen besser genügen. Da die neueren Konzepte eine umfassende Nutzung der Arbeitskräfte ermöglichen, scheint also die Einführung von Teamarbeit mit entsprechenden Planungs- und Kontrollkompetenzen eine Möglichkeit darzustellen, sowohl ArbeitnehmerInnen als auch UnternehmensleiterInnen zu Vorteilen zu verhelfen.

Während die tayloristische Organisationsform von Arbeit nur einen relativ engen Informationsraum und eine zentrale Planung erfordert, bedarf es bei flexibleren Modellen, in den ein Teil der Gruppenaufgabe die Planung des gesamten Arbeitsprozesses ist, eines wesentlich höheren Informations- und Koordinationsaufwandes für die einzelnen Gruppenmitglieder. Dies bietet nun offensichtlich Einsatzmöglichkeiten für technische Systeme, wie etwa CSCW-Systeme.

Die Planungsaufgabe besteht also für Arbeitsgruppen darin, eine Zuordnung von Personen zu Tätigkeiten und Zeiten vorzunehmen, die bestimmten extern vorgegebenen ökonomischen Randbedingungen entspricht - Egger (1994a) nennt dies die 'Zeitumgebung der Arbeitsgruppe'. Die situationale Kontextabhängigkeit von Arbeitsprozessen (vgl. z.B. Suchman 1987) wirft zwar interessante Probleme für die Modellierung - als notwendige Voraussetzung für die Implementierung - auf, tatsächlich kann aber davon ausgegangen werden, daß für die Planung kooperativer Arbeitsprozesse ein gemeinsames Verständnis der Gruppenmitglieder von den zu verrichtenden Teilarbeiten gegeben sein muß. Diese gemeinsame Sicht des Arbeitsprozesses muß möglicherweise noch diskutiert, hinterfragt oder ausgehandelt werden, das Ergebnis muß allerdings - im Sinne der Entwicklung technischer Unterstützung - ein für die Gruppenmitglieder stimmiges Bild des Arbeitsprozesses sein. Offensichtlich setzt dieser Lern- und Antizipierprozeß eine gemeinsame Sprache voraus.

Was können nun CSCW-Systeme hinsichtlich der Planung von Arbeitsprozessen für Gruppen bieten? Gemäß den Ansätzen der Handlungsregulationstheorie (vgl. z.B. Hacker 1986, Volpert 1987), in der Arbeitstätigkeit als Verwirklichung von Beziehungen zur Umwelt, zu anderen Menschen und zu Arbeitsaufgaben gesehen werden, spielt die Gestaltungsmöglichkeit von Arbeitsbedingungen nach persönlichen Bedürfnissen eine wesentliche Rolle. Für den Planungsprozeß impliziert dieser Grundsatz die Mitbestimmung der Aufteilung der Sub-Tasks nach persönlichen Präferenzen. Darunter fallen insbesondere Zeit- und Taskpräferenzen. Tatsächlich kann hierbei ein Computersystem eine Menge planungsrelevanter Daten verarbeiten. Egger (1994a) identifiziert insbesondere drei Ebenen, auf denen derartige Informationen eine Rolle spielen: während auf der individuellen Ebene persönliche Prioritäten und Vorstellungen entwickelt werden, können auf der Gruppenebene Planungskriterien ausgehandelt werden, die im Falle von Kollisionen als Lösungsstrategie herangezogen werden. Die bereits erwähnte Zeitumgebung der Arbeitsgruppe stellt meist ein Zeitgerüst dar, auf das die Gruppe selbst kaum Einfluß nehmen kann, es sei denn durch politische Maßnahmen. Dieser Gedanke wird im weiteren Verlaufe des Artikels noch genauer ausgeführt werden.

Zusammenfassend kann also festgehalten werden, daß computerunterstützte Planungssysteme durch entsprechende Speicher- und Verarbeitungskapazitäten einzureihen sind in die generelle kulturelle Aktivität der Technologieentwicklung zur Überwindung menschlicher Grenzen. Die eigene 'bounded rationality' (Simon 1982) wird mittels technischer Möglichkeiten gelockert. Die dadurch realisierbaren Planungsalgorithmen tragen der Vielschichtigkeit von Planungsaufgaben somit besser Rechnung, da sie auf einem mitunter sehr ausgereiften Planungskalkül basieren.

Wie bereits erwähnt wurde, ist das gemeinsame 'mentale Bild' des Arbeitsprozesses eine wesentliche Grundlage für die Abbildung auf ein computerunterstütztes Planungssystem. Zwar hat sich in der Analyse von Tätigkeitsfeldern gezeigt, daß die Identifikation von einzelnen Tasks mitunter sehr schwierig, weil sehr situationsbedingt ist (vgl. z.B. Shapiro et al. 1993), tatsächlich aber kann dies mit dem Granularitätsproblem gleichgesetzt werden. Für den Planungsprozeß ist es mitunter nicht erforderlich, den Arbeitsprozeß im klassischen tayloristischen Sinne bis zu den einzelnen Detailaufgaben aufzusplittern. Vielmehr ermöglicht gerade ein gewisses Abstraktionsniveau ein großes Maß an 'Echtzeitflexibilität': So mag sich für WissenschafterInnen die Aufgabe 'Projektakquisition' aus sehr unterschiedlichen einzelnen Tätigkeiten zusammensetzen, ein gemeinsames Verständnis des wesentlichen Aufgabenmerkmals kann jedoch sicher identifiziert werden.

Wird also angenommen, daß ein gemeinsames Verständnis, eine gemeinsame Vorstellung von dem zu erledigenden Arbeitsprozeß unter den Gruppenmitgliedern herrscht, kann dies in eine Modellierungssprache übersetzt werden (wie etwa in ein Petri-Netz). Diese Repräsentation des Arbeitsprozesses kann nun sehr gut als Lerntool genutzt werden. Sollen CSCW-Systeme ja gerade der dynamischen Entwicklung von Arbeitsrelationen Rechnung tragen, bietet hinsichtlich der Planungsprozesse die Abbildung des Arbeitsprozesses eine Basis für die Simulation von Planungspraktiken. In diesem Sinne kann das CSCW-System zum 'Re-Design' des Arbeitsprozesses genutzt werden, oder aber als Spiegel der eigenen Planungsstrategien.

Auf der Basis der bisherigen Argumente wird offensichtlich, daß ein wesentlicher Aspekt kooperativer Entscheidungssituationen mittels technischer Unterstützung realisiert wird: die Aushandelbarkeit von Arbeitsplänen impliziert ein entsprechendes 'information sharing'. Durch die Notwendigkeit, Prioritäten und Präferenzen offenzulegen, steigt die Transparenz der Entscheidungssituation und damit die Nachvollziehbarkeit der Entscheidungsstrukturen, die dadurch wiederum hinterfragbar - und somit gestaltbar werden.

Der soeben dargestellte kurze Abriß über Möglichkeiten der computerunterstützten Planung von Arbeitsprozessen zeigt, daß durch die kooperative Entscheidungssituation ein hoher Gestaltungs- und Handlungsspielraum geschaffen wird. Im folgenden stellt sich nun die Frage, ob es realistisch ist, diese Chancen für feministische Ansätze zu nutzen. Der Untersuchung dieser Frage wird die Darstellung eines Forschungsprojektes zum Thema 'Frauen im Umgang mit Zeit' vorangestellt.

3. Frauenspezifisch relevante Planungskriterien im Arbeitsprozeß

Im Rahmen des Forschungsprojektes "Der Umgang von Frauen mit Zeit - Zeitkonflikte in Organisationen - Möglichkeiten ihrer kooperativen Bewältigung aus feministischer Sicht", finanziert vom BM f. Wissenschaft, Forschung und Kunst (GZ: 3010/179-II/2/93) wurde untersucht, welche frauenspezifischen Zeitkonflikte in Organisationen auftreten und welche Formen der Konfliktlösung sich entwickelt haben.[1)]

Im Rahmen des Forschungsprojektes wurden die vier im folgenden präsentierten Fallstudien durchgeführt, die sich vor allem dadurch auszeichnen, daß die Verteilung und Planung von Arbeitszeit auf voneinander sehr verschiedenen Organisationsstrukturen beruhen, zumal von besonderem Interesse war, wie die zugrunde liegenden Strukturen die Aushandlungsprozesse beeinflussen, welche Konflikte hervorgerufen werden:

a) egalitäre Entscheidungsstruktur:

Ein wesentlicher Forschungsfokus war, zu untersuchen, welche Zeitkonflikte und Lösungen in einer Frauengruppe auftreten, die den Anspruch erhebt, feministische Vorstellungen nicht-hierarchischer, nicht-elitärer Organisationen zu verwirklichen, die ein hohes Maß an Zeitautonomie und -flexibilität zulassen. Die konkrete Fallstudie war eine feministische Beratungsstelle mit Sitz in Wien.

b) semi-formale hierarchische Entscheidungsstruktur:

"Projekte" (in den Bereichen Forschung, Planung usw.) weisen häufig nur teilweise formalisierte Strukturen auf und lassen darüber hinaus aber auch Bufferräume, die für autonome und flexible Arbeitszeitarrangements genutzt werden können. Welche Konflikte und Lösungsstrategien dabei auftreten, war Untersuchungsgegenstand dieser Fallstudiengruppe.

Anzumerken ist, daß es nicht möglich war, eine geeignete Frauengruppe zu finden, es wurde daher auf ein privates Forschungsinstitut mit gemischt-geschlechtlicher Besetzung zurückgegriffen.

c) formal-hierarchische Entscheidungsstruktur:

Welche Zeitkonflikte und deren Lösungen auftreten, wenn Zeitmanagement-Fragen in streng hierarchische Organisationsstrukturen eingebettet sind, war von besonderem Interesse bei dieser Fallstudie. Als konkretes Arbeitsfeld wurde der Spitalsbereich (Pflegetätigkeiten) gewählt, da eine entsprechende - nämlich hierarchische - Entscheidungsstruktur und ein extrem hoher Frauenanteil zu erwarten war. Tatsächlich hat es sich im Rahmen des Projekts ergeben, daß zwei Abteilungen am selben öffentlichen Spital in Wien untersucht wurden, die allerdings verschiedene Modelle der Dienstzeitregelung anwandten: Schichtmodell versus freier Diensteinteilung.

Als Methode wurde in allen Fallstudien mit allen Gruppenmitgliedern eine Anzahl semi-strukturierter Einzelinterviews durchgeführt und die Planungssitzungen in einem Zeitraum von 3 bis 4 Monaten begleitend beobachtet. Im folgenden werden die einzelnen Fallbeispiele nur kurz charakterisiert und dann hinsichtlich ihrer spezifischen Zeitkonflikte beschrieben.

Zeitverhalten in der feministischen Beratungsgruppe

Die feministische Beratungsgruppe bestand zum Zeitpunkt der Untersuchung aus acht Frauen (eine war karenziert), wobei eine einzige Frau nicht "gleich" ist, weil sie im Gegensatz zu allen anderen ihre Tätigkeiten nicht selbst bestimmen kann - sie übernimmt sehr stark die Rolle einer Sekretärin. Die anderen Frauen sind von ihrer Ausbildung her Therapeutinnen und bieten daher Frauen, die sich an die Beratungsstelle wenden, einzelne Informationsgespräche oder aber Einzel- oder Gruppentherapien an. Tätigkeiten außer den genannten - Erstgespräche, Einzeltherapien, Gruppentherapien - werden auf drei interne Arbeitskreise aufgeteilt (Finanzen, Organisation, Öffentlichkeitsarbeit). Der Planungshorizont der Gruppe beträgt ca. ein Jahr, wobei jede Frau das Recht hat, ihre Zeit- und Tätigkeitspräferenzen weitgehend einzubringen.

Die ehemalige Teambesprechung wurde in der Zwischenzeit in zwei verschiedene Sitzungen aufgesplittert, in eine inhaltliche (Dauer zwei Stunden) und eine organisatorische (eine Stunde), beide wöchentlich. Einmal pro Monat leistet sich die Gruppe eine Supervision, um aktuelle Gruppenprobleme zu diskutieren. Darüber hinaus gibt es immer wieder einmal einen sogenannten "Teamtag", wo generelle Planungsfragen geklärt werden. Das Zeitmanagement wird hauptsächlich so realisiert, daß Einigung darüber besteht, daß jede Frau eine bestimmte Anzahl von Stunden wöchentlich für die Beratungsstelle arbeitet, in denen auch die ausgehandelten und gültigen Leistungsrichtlinien erfüllt werden (wie z.B. zwei Erstgespräche/Woche).

Die wichtigsten empirischen Ergebnisse:

Sieben der befragten Frauen identifizierten eine im Grunde sehr deckungsgleiche informelle Hierarchie, die auf der Basis des Senioritätsprinzips entstand: Die am längsten dazugehörenden Frauen sind auch die mächtigsten. Diese informelle Struktur steht in krassem Widerspruch zur formalen - in den Vereinsstatuten definierten - Struktur, nach der alle Frauen der Beratungsstelle gleichberechtigt sind.

Zwar empfinden sich die Frauen sehr als Gruppe (was auch die monatliche Supervision unterstützt), von fast allen Frauen wird allerdings beklagt, daß es zu wenig Kooperation gibt. Dies zeigt sich einerseits dadurch, daß die inhaltlichen Teamtreffen nicht für Fallbesprechungen genutzt werden, und andererseits an den als mangelhaft empfundenen generellen inhaltlichen Richtlinien. Dadurch wird vieles ad-hoc entschieden, wie z.B. ob jemand bei einer Veranstaltung die Beratungsgruppe vertreten soll oder nicht, was dann wiederum sehr oft auf einer Beziehungsebene entschieden wird und nicht so sehr auf einer Sachebene.

Alle Frauen beurteilen die hohe Autonomie und Flexibilität, die ihnen erlaubt, auch private Umstände besser miteinzubeziehen, sehr hoch. Sie haben sehr verschiedene Zeitrhythmen[2)], die stark von den persönlichen Umständen der Frauen geprägt sind,- wie etwa Beziehungen, schulpflichtige Kinder usw. Diese Kriterien werden teilweise explizit in die Planung einbezogen.

Andererseits scheint das Ausmaß an Flexibilität bereits einen kritischen Punkt erreicht zu haben, da es bereits notwendig geworden ist, eigene Zeiten, in denen die gesamte Gruppe anwesend ist, zu reservieren. Daraus resultiert der Wunsch, mehr unstrukturierte, unverplante Zeiten zu haben. Besonders interessant war an dieser Fallstudie, daß die Delegation der Kontrollaufgabe an sich selbst hohen Leistungsdruck und ein hohes Maß an Unsicherheit, ob (im Vergleich zu den Kolleginnen) auch genug getan werde, erzeugt. Insgesamt ging von der vorhandenen starken Verstrickung der Arbeits- und Sozialbeziehungen ein Gefühl des Stresses aus.

Zeitverhalten in einem privaten Forschungsinstitut

Die MitarbeiterInnengruppe des privaten Forschungsinstituts bestand zum Zeitpunkt der Untersuchung aus zwölf Personen. Zwei Sekretärinnen arbeiten abwechselnd und sind für die Administration des Instituts zuständig. Die Gruppe der wissenschaftlichen MitarbeiterInnen besteht aus sechs Frauen und vier Männern, die in verschiedenen Projekten mit unterschiedlichem individuellen Zeitaufwand zusammenarbeiten. Bis auf fünf Personen (die ein Angestelltenverhältnis zum Institut haben) arbeiten alle halbtags (20-30 Stunden/Woche). Fallweise wird auch auf zusätzliche externe Kontaktpersonen zurückgegriffen, die aber von den InterviewpartnerInnen nicht als "zum Team gehörend" empfunden wurden.

Außer einer gewissen Basissubvention ist das Institut für die existentielle Sicherung seiner MitarbeiterInnen selbst zuständig. Das bedeutet, daß im Rahmen von Auftragsforschung für die Finanzierung des wissenschaftlichen Teams gesorgt werden muß. Da der Leiter des Instituts zusätzlich noch eine Professur an einer Universität außerhalb von Wien innehat, steht er dem Forschungsinstitut nur zwei bis drei Tage pro Woche zur Verfügung.

Die wichtigsten empirischen Ergebnisse:

Auf die Frage, wie eine graphische Darstellung der Gruppe aussehen könnte, haben fast alle befragten Personen die gleiche Meinung vertreten, nämlich, daß sich im wesentlichen um den Chef und die kompetente Nebenchefin (das ist die Stellvertreterin des Leiters) Gruppen von gleichberechtigten wissenschaftlichen MitarbeiterInnen bilden. Dieses Scharen um diese beiden Personen rührt auch daher, da die wissenschaftlichen MitarbeiterInnen des Instituts vom Leiter bzw. seiner Stellvertreterin persönlich rekrutiert wurden.

Dem Chef kommt an diesem Institut eine spezielle Rolle zu, da er neben diesem auch noch ein Universitätsinstitut, das seinen Sitz nicht in Wien hat, leitet und daher nur an speziellen Tagen anwesend ist, was offensichtlich einige Probleme in der Entscheidungsstruktur aufwirft. Im speziellen in Konfliktsituationen (z.B. bei der Ressourcenverteilung) wird die klärende Entscheidung vom Leiter erwartet, der dieser Funktion eher ungern nachkommt. Obwohl die befragten Personen eine relativ deckungsgleiche Vorstellung davon haben, wer zum Institut gehört (und wer nicht, wie z.B. die nur fallweise mitarbeitenden externen KollegInnen), ist das Gruppengefühl nicht durchgängig ausgeprägt. Viele nehmen eine strenge Hierarchie war.

Da das Institut für die Finanzierung der MitarbeiterInnen aufkommen muß, stellt sich in dieser Gruppe ganz massiv das Problem, ständig neue Projekte akquirieren zu müssen. Zeitplanung wird daher eigentlich zur Finanzplanung. Die Flexibilität und Selbstbestimmung wird daher in großem Maße von den Projektdeadlines vorstrukturiert, wenngleich innerhalb dieses Zeitrasters Raum für individuelle Gestaltung der Arbeit bleibt. Ein wesentliches Ergebnis dieser Fallstudie ist, daß aufgrund der privatwirtschaftlichen Orientierung gepaart mit der nur sehr selektiven Planung von Projekten ein großes Unsicherheitsgefühl in der Gruppe entsteht, was ihre längerfristige Existenz betrifft.

Zeitverhalten in einer Pflegegruppe mit Schichtmodell

Das Pflegeteam der untersuchten Abteilung bestand im Untersuchungszeitraum aus sechzehn Personen (dreizehn Frauen, drei Männer). Neben den beiden Stationsschwestern arbeiten sieben diplomierte Krankenschwestern bzw. -pfleger und sieben PflegehelferInnen auf dieser Station.

Die untersuchte Abteilung arbeitet nach dem Prinzip der Gruppenpflege. Zum Unterschied zur Funktionspflege, bei der ein/e Diplomierte/r den Hauptdienst versieht und ein/e HelferIn den Beidienst, die beiden sich demgemäß um alle PatientInnen einer Station zu kümmern haben, wird in der Gruppenpflege die Station in zwei Bereiche geteilt, für die jeweils ein/e Diplomierte/r und ein/e HelferIn als Team verantwortlich sind. Jeder Gruppe ist außerdem eine Stationsschwester zugeordnet. Diplomiertes und nicht diplomiertes Personal verstehen sich als Team und teilen sich die Arbeit untereinander auf. Die zu betreuende PatientInnenanzahl wird dadurch überschaubar. Für den zweiten Tagdienst werden die Gruppen getauscht, damit das Personal im darauffolgenden Nachtdienst mit beiden Gruppen der PatientInnen vertraut ist.

Die Arbeitszeit des Pflegeteams ist in einem sogenannten "6er-Rad" organisiert, was bedeutet, daß jeweils zwei Diplomierte und zwei PflegehelferInnen in einem Rad arbeiten, d.h. zwei Tagdienste à zwölf Stunden, gefolgt von einem Nachtdienst à zwölf Stunden absolvieren und danach einen "Schlaftag" und zwei freie Tage haben. Diejenigen, die gerade nicht im Rad eingeteilt sind, arbeiten nur tagsüber, dafür jeden Tag bis 14.00 oder 15.00 Uhr. Letztgenannte Dienstzeiten gelten auch für die beiden Stationsschwestern. Die Diensteinteilung wird von der 1. Stationsschwester vorgenommen, wobei das Tauschen von Diensten jederzeit möglich ist, soweit die erforderliche Anzahl von vier Diensthabenden tagsüber und zwei Diensthabenden für die Nacht gewährleistet bleibt.

Ohne hier alle Tätigkeiten des Pflegepersonals detailliert aufzulisten, läßt sich generell der Vormittag als zeitlich äußerst strukturiert und teilweise bis auf Viertelstunden genau durchgeplant beschreiben, während der Nachmittag sehr viel mehr an Flexibilität zuläßt und so auch individuelle Planungen möglich macht. Tendentiell hat die Gruppe der PflegehelferInnen nachmittags noch etwas mehr Flexibilität als das diplomierte Personal.

Die wichtigsten empirischen Ergebnisse:

Hinsichtlich der Einschätzung der Position der Stationsschwestern ist sich das Team der Interviewten einig. Diese werden als "Boß", "Chef", "Vorgesetzte" o.ä. bezeichnet und erscheinen in den graphischen Darstellungen vom restlichen Team abgehoben, manchmal einfach durch räumliche Distanz, manchmal durch eine "gehobene" Position ausgedrückt. Das Pflegepersonal wird zumeist als "gleich" oder zumindest als gleichwertig erlebt, die Funktions- und Verantwortlichkeitsunterschiede zwischen diplomiertem und nicht diplomiertem Personal werden nicht als hierarchische Unterschiede empfunden. Die gute Zusammenarbeit, die im Team vorherrschend ist, ermöglicht den Beteiligten eine hohe Motivation für ihre Arbeit und einen guten Kontakt zu den PatientInnen.

Interessanterweise wurde der Schichtdienst in keinem einzigen der geführten Interviews abgelehnt - im Gegenteil die Vorteile eines guten und sinnvollen "Rades", beispielsweise des oben erwähnten "6er Rades" hervorgehoben und einer freien Dienstzeiteinteilung eindeutig vorgezogen. Die Befragten schätzen das hohe Maß an auch längerfristiger Planbarkeit und die drei freien Tage hintereinander, da sie einen längeren freien "Block" wesentlich besser für ihre Freizeitinteressen, sonstigen Verpflichtungen und zur Entspannung nützen können als dies beispielsweise nur ein freier Tag ermöglichen würde. Ein Großteil der Arbeitseinteilung kommt durch "äußere Zwänge", wie Essenszeiten, Liefertermine der Apotheke, Anordnungen der Ärzte, Zeitpunkte, zu denen Laborergebnisse geliefert werden etc. zustande. Innerhalb dieses Rasters teilt sich das Team die täglichen Routinetätigkeiten ein.

Interessanterweise wurde das von ausnahmslos allen Befragten als gut funktionierend bezeichnete Team von einigen als keineswegs "reif" für eine "freie Dienstzeiteinteilung" befunden, die "eine gute Kommunikation und funktionierende Beziehungen" voraussetze.

Zeitverhalten in Pflegegruppe mit freier Dienstzeiteinteilung

Die Gruppe der freien Dienstzeiteinteilung bestand im Untersuchungszeitraum aus fünfzehn Personen. Zwei Stationsschwestern arbeiten täglich von 7.00 - 15.00 Uhr und leiten die Gruppe. Diese Gruppe besteht aus diplomierten Krankenschwestern (neun Schwestern) und den PflegehelferInnen (4 Pflegepersonen) mit fixer Dienstzeiteinteilung. Die diplomierten Krankenschwestern arbeiten 43 Stunden pro Woche (Jahresschnitt) im Schichtbetrieb (zweimal Tagschicht und eine Nachtschicht). Die vier PflegehelferInnen arbeiten auch 43 Stunden pro Woche (aber nur Tagschicht). Die Kontrolle der Arbeitsstunden übernehmen die Stationsschwestern.

Die Durchführung der Arbeit erfolgt durch die Bildung zweier räumlich voneinander getrennter Teams, wobei jedes Team aus einer Stationsschwester, einer diplomierten Krankenschwester und einem/einer Pflegehelfer/in gebildet wird. Jedes Arbeitsteam übernimmt die Betreuung eines Teiles der Station.

Die wichtigsten empirischen Ergebnisse:

Auf die Frage, wie die Entscheidungs- und Machtstrukturen innerhalb der Gruppe aussehen, haben fast alle befragten Personen die Meinung vertreten, daß sie alle gleichberechtigt sind, und alle in der Gruppe zusammenarbeiten. Jeder ist mit fast jedem Arbeitsvorgang vertraut, welcher unter der Führung der Stationsschwestern ausgeführt wird. Es wird also deutlich eine Hierarchie wahrgenommen, die teilweise auch der formalen Struktur entspricht. Die Gruppenpflege hat jedoch, wie auch in der Pflegegruppe mit dem Schichtmodell gezeigt wurde, die strenge Hierarchie aufgeweicht. Der Unterschied zwischen diplomierten Krankenschwestern und PflegehelferInnen ist durch die gemeinsame Betreuung der PatientInnen nicht bemerkenswert ausgeprägt.

Obwohl seitens des Projektteams erwartet wurde, einige positive Bemerkungen über die 'freie' Diensteinteilung zu erhalten, wurde von den betroffenen Personen die Art der Dienstplanung heftig kritisiert und als äußerst belastend empfunden. Eine typische Planungssitzung wird von einigen Personen dominiert, die auch die freie Dienstzeiteinteilung letztendlich zu ihren eigenen Gunsten nutzen können. Dieses Verhalten führt auf längere Sicht zu einer unregelmäßigen Zeiteinteilung, wobei immer die gleichen Personen wegen ihres streitvermeidenden Verhaltens benachteiligt werden, das heißt zu unbeliebten Diensten zugeteilt werden.

Flexibilität wurde meist mit der freien Diensteinteilung gleichgesetzt, die in den Augen der Betroffenen keine Vorteile, sondern hauptsächlich Nachteile bietet. Die Flexibilität bedeutete für die meisten, daß sie verfügbar sein müssen und dadurch in ihrer Planung für den Privatbereich sehr stark eingeschränkt werden. Ein Großteil des Tagesablaufs wird von "äußeren Zwängen", wie Essenszeiten, Liefertermine der Apotheke, Anordnungen der Ärzte, Zeitpunkte, zu denen Laborergebnisse geliefert werden etc. bestimmt. Innerhalb dieses Rasters muß sich das Team die täglichen Routinetätigkeiten einteilen.

Zusammenfassend zeigt sich in dieser Gruppe, daß freie Dienstzeiteinteilung im Sinne der Verfügbarkeit bestimmter Personen, als sehr unangenehm empfunden wird. Dies wird verstärkt durch die Tatsache, daß durch die Unvorhersehbarkeit der Dienste die Planbarkeit des Privatbereiches sehr eingeschränkt wird. Dieses Wechselspiel zwischen Beruf und Privatbereich wird sogar unter den physischen Belastungen genannt: Nachtarbeit, Koordinierung von Beruf und Haushalt, unregelmäßige Arbeitszeit, langes Stehen, viel Gehen. Dazu kommt eine starke Beanspruchung durch die Doppelbelastung durch Beruf und Haushalt.

Vergleich der Fallstudien

Generell kann festgehalten werden, daß in den Fallstudien sehr deutlich zur Geltung kam, daß Frauen tendentiell stärker in den Reproduktionsbereich eingebunden sind, und diese Verpflichtungen ganz wesentlich die Zeitpräferenzen in der Erwerbstätigkeit mitbestimmen (vgl. auch Becker-Schmidt 1982, Müller-Wichmann 1984). Insbesondere eine langfristige Perspektive der Berufsaufgaben ermöglicht es den Frauen, ihren Privatbereich mitzuplanen: eine Notwendigkeit, die aufgrund der Doppelbelastung entstanden ist. Während allerdings an dem Institutsbeispiel und der Pflegegruppe mit dem Schichtmodell illustriert werden kann, daß hier das Privatleben entlang der Erwerbstätigkeit geplant wird, bieten die Modelle der feministischen Beratungsgruppe und der Pflegegruppe mit der freien Diensteinteilung eine Anpassung der Erwerbstätigkeit an Umstände des Privatlebens. Der Unterschied dieser beiden Fallstudien liegt vor allem im Ausmaß der Aushandlungsspielräume: Während die feministische Gruppe bereits sehr viel Erfahrung im Umgang mit Zeitautonomie hat, darüber hinaus in den Tätigkeiten doch relativ lose gekoppelt ist (im Sinne von Perrow 1984) und daher ad-hoc Änderungen im Arbeitsablauf ohne großen Konsequenzen für die Kolleginnen bleiben, zeigt sich, daß die Pflegegruppe in ihrer Selbstbestimmung aufgrund der speziellen Form der Dienste sehr eingeschränkt bleibt: Im wesentlichen bezieht sich Mitbestimmung auf die Entscheidung, ob zu einem bestimmten Termin ein Tages- oder Nachtdienst verrichtet wird. Nichtsdestotrotz könnten antizipierbare Ereignisse im Privatbereich (z.B. Elternsprechtage, etc.) in der Einbringung von Dienstpräferenzen Berücksichtigung finden. Die äußerst unzufriedenstellende Planungssituation mag auch darauf zurückzuführen sein, daß die Gruppe keinerlei Schulung oder Betreuung für die doch sehr neue Situation der Aushandlung von Diensten erhalten hat. Daher funktioniert die momentane 'flexible' Zeiteinteilung eher nach dem 'first come - first serve' Prinzip. Im Gegensatz dazu hat sich die feministische Beratungsgruppe sehr viel Aufwand geleistet, auch gruppenintern gültige Planungskriterien (wie etwa private Verpflichtungen, andere zusätzliche Tätigkeiten etc.) auszuhandeln, die der Vermeidung bzw. Lösung von Konfliktsituationen dienen sollen. Welche konkreten Aspekte des Privatlebens bei der Planung der Erwerbstätigkeit eine Rolle spielen, hat generell eine stark biographisch bedingte Dimension (vgl. dazu etwa auch Brose 1982).

Besonders auffallend hat sich anhand der Untersuchungsbeispiele die Bedeutung von 'sozial sinnvoll verwendbaren' Zeitblöcken gezeigt. Während z.B. die meisten Therapeutinnen versuchten, halbtägige Blöcke von frei verfügbaren Zeiten zu schaffen, die sie als 'gut nutzbar' bewerteten, wurde seitens der Frauen der Pflegegruppen mit dem Schichtmodell als wesentlicher Vorteil die 'drei freien Tage' - auch wenn einer davon als Schlaftag definiert ist - genannt, in denen sie 'sehr viel erledigen können'.

Die starke Strukturiertheit ihrer Tagesabläufe wurde von sehr vielen Frauen als stressig empfunden, wobei Frauen mit Kindern sehr nach Zeitpunkten, Frauen ohne Kinder stärker nach Zeitintervallen planten. Auch die durch äußere Zwänge (wie z.B. Visite in der Pflegegruppe, aber auch extern vorgegebene Projektdeadlines im Forschungsinstitut) hervorgerufene Zeitstrukturiertheit erfordert ein hohes Maß an persönlicher Anpassung an fremdbestimmte Zeit- und Arbeitsbedingungen.

Zusammenfassend muß festgehalten werden, daß nur sehr selektiv einige wesentliche Aspekte aus den Ergebnissen des durchgeführten Forschungsprojektes herausgegriffen wurden. Eine detaillierte Darstellung der Fallstudien und ihre Implikationen für die Gestaltung von computerunterstützten Planungssystemen findet sich in Egger (1995). Im folgenden soll nun untersucht werden, inwieweit diese empirischen Erkenntnisse und entsprechende feministische Ansätze in konkrete Planungssysteme umgesetzt werden können.

4. CSCW: eine feministische Perspektive?

Wie bereits eingangs erwähnt, soll im Rahmen dieses Artikels weniger der Arbeitsprozeß an sich aus feministischer Sicht diskutiert werden, als vielmehr die Planung des Arbeitsprozesses. Im wesentlichen stellt sich also die Frage, inwieweit in die Modellierung von Arbeitsprozessen und den zugehörigen Zeit- und Qualifikationsfaktoren feministische Überlegungen einfließen können. Gegebenenfalls wird exemplarisch auf die in Kapitel 3 dargestellten empirischen Ergebnisse zurückgegriffen.

Zunächst soll vorausgeschickt werden, daß in der Folge mit 'Geschlecht' das soziale und nicht das biologische Geschlecht bezeichnet wird. Der folgenden Analyse liegt also der Ansatz zugrunde, daß Geschlechtlichkeit ein gesellschaftlich bedingtes Strukturmerkmal ist, das zwar häufig dem biologischen Geschlecht zugeschrieben wird, allerdings im Sinne von Hagemann-White (1993) in der gelebten Realität eine starke Orientierungs- und Identifikationskomponente aufweist. Um den v.a. auch von Adam (1994) kritisierten dualistischen Zugang (im Sinne von sich gegenseitig ausschließend, entweder-oder) zu überwinden, wird im folgenden, wenn überhaupt, nur aus didaktischen Gründen eine konkrete Unterscheidung zwischen weiblich und männlich getroffen. Im Vordergrund stehen hauptsächlich wenn auch gesellschaftlich bedingte, doch auch sehr spezifische Lebenszusammenhänge, innerhalb derer bestimmte Aspekte der Planung von Erwerbstätigkeit Bedeutung gewinnen.

In Kapitel 2 wurden Gestaltungsmöglichkeiten der Unterstützung der Planung von Arbeitsprozessen aufgezeigt, die offensichtlich stark feministischen Grundsätzen entsprechen. Im Gegensatz zu Feministinnen wie etwa Mies (1985), die jegliche Nutzung von Technologie ablehnen, da jede Technologie Ausdruck männlichen Gegenstandsbezugs sei und auf "Ausbeutung von und Herrschaft über Natur, Ausbeutung und Unterdrückung von Frauen, Ausbeutung und Unterdrückung anderer Völker" basiere, wird ein politikorientierter Ansatz vorgezogen, der die Gestaltung und Nutzung von Technologie nicht im herrschaftsfreien Raum sieht. In diesem Sinne können also Arbeitsprozesse und ihre Planung unter machtpolitischen und geschlechtsspezifischen Aspekten gesehen werden.

In den westlichen Industrieländern ist die herrschende Grundlage der Arbeitswelt die kapitalistische, also die profitorientierte, auf Effizienz ausgerichtete Form der Planung und Durchführung von Arbeit. Hand in Hand geht damit die geschlechtsspezifische Zuordnung der Bereiche Produktion und Reproduktion. Im Sinne von Mills (1992) reproduzieren sich diese gesamtgesellschaftlichen Prinzipien auf den mikroökonomischen Ebenen, also auch auf Betriebsebene. In diesem Sinne findet sich - auch empirisch belegbar - als im Erwerbsbereich vorherrschende Organisationsstruktur dic geschlechtsspezifische Hierarchie. Wie sich vor allem auch in den Fallstudien gezeigt hat, bestimmt das organisatorische Umfeld im wesentlichen das Ausmaß der Mitbestimmung der Planung von Arbeitsprozessen. Das bedeutet, daß Handlungsspielräume, die technologisch zwar eröffnet werden können, auf der organisatorischen Ebene wiederum eingeschränkt werden in Abhängigkeit von gegebenen Machtverhältnissen.

Daraus resultiert die These, daß die prinzipiellen technologischen Möglichkeiten kooperativer Entscheidungsprozesse aufgrund der geschlechtsspezifischen Betriebshierarchien nicht erschöpfend genutzt werden können. Vielmehr muß davon ausgegangen werden, daß sich die strukturell in den Betrieben verankerte ungleiche Machtverteilung in der Gestaltung von CSCW-Systemen weiterzieht. Selbst durch organisatorische Veränderungen, wie die Einführung semi-autonomer Gruppenarbeit, wird durch den Umstand, daß in der Betriebsrealität eine 'verantwortliche Person' (vgl. auch Jaques 1991) bestimmt wird, nicht dazu führen, daß es generell zu einer Stärkung der Frauen kommt, indem z.B. diese Gruppenleitungsfunktionen Frauen angeboten werden. Dies ist nach Strober (1984) darauf zurückzuführen, daß 'neu entstehende Jobs zuerst Männern angeboten werden' (vgl. auch Egger 1994b).

Die durch CSCW-Systeme induzierte höhere Transparenz eröffnet gerade in geschlechtsspezifischer Hinsicht ein nicht vernachlässigbares Konfliktpotential. Zwar macht die Nachvollziehbarkeit von Entscheidungsprozessen es möglich, im Sinne eines Lernprozesses diese zu hinterfragen. Dies bedeutet aber nicht zwangsläufig, daß sie auch nach eigenen Bedürfnissen geändert werden können. Gestaltungsmöglichkeiten hängen in hohem Maße von Machtkonstellationen ab. In Machtsituationen wiederum spielt in Hinblick auf die Erhaltung der Autonomie (nach Giddens 1984) die - der Gestaltung von CSCW-Systemen widerläufige - Freiheit zum 'information hiding' eine wichtige Rolle.

Wie auch aus den Fallstudien erkennbar, erzwingen viele Arbeitskonstellationen die Anpassung des Privatbereichs an die Erwerbstätigkeit. Der Versuch, Familie, Haushalt und Beruf zu kombinieren, erfordert ein hohes Maß an langfristiger Planbarkeit beider Bereiche, was sich im Prinzip mittels computerunterstützter Planungssysteme realisieren ließe. Allerdings ruft diese 'allumfassende' Strukturiertheit des Lebens bei vielen Frauen (und sicher auch bei Männern in ähnlichen Lebenszusammenhängen) emotionalen Streß und den Wunsch nach mehr 'spontan verfügbarer Zeit' hervor. Die Notwendigkeit der Planung des Erwerbs- wie auch des Reproduktionsbereichs steht allerdings in krassem Widerspruch zu der Tatsache, daß bei sehr vielen Tätigkeiten im Privatbereich die Voraussagbarkeit nicht oder nur sehr vage gegeben ist (vgl. auch Harding 1986). Während im Produktionsbereich Zeit sehr stark gemessen, geschätzt, eingeteilt und vom konkreten Kontext abstrahiert wird, erfordert z.B. die Betreuung von Kindern die Fähigkeit, Zeit vergehen zu lassen und die Dauer von Aufgaben je nach spezifischer Situation offen zu lassen. Darüber hinaus sind viele Ereignisse im Privatbereich (wie z.B. Krankheit, emotionale Aspekte etc.) in ihrem Auftreten nicht absehbar und können also auch nicht 'mitgeplant' werden.

Zusammenfassend kann festgehalten werden, daß es ohne Zweifel möglich sein wird, gewisse positive Veränderungen im Arbeitsbereich durch die Nutzung technologischer Systeme, wie etwa CSCW-Systeme, hervorzurufen. In Abhängigkeit von organisatorischen Verhältnissen können sicher Verbesserungen, die sowohl im Interesse von ArbeitnehmerInnen als auch von UnternehmerInnen liegen, erzielt werden (in der firmentheoretischen Literatur wird hierbei von 'Pareto-Verbesserungen' gesprochen, vgl. auch Egger und Hanappi 1995).

Es wäre allerdings wohl illusorisch, zu glauben, daß ein gesamtpolitisches System, das in hohem Maße auf geschlechtsspezifischer Arbeitsteilung und Rollenzuteilungen beruht, auf der Mikroebene eines technischen Systems wesentlich zu verändern ist. Wie deutlich wurde, hängt die konkrete Gestaltung ja gerade ganz essentiell von dem organisatorischen Umfeld (also von der Betriebshierarchie), und diese wiederum von dem gesellschaftlichen Umfeld (also in unserem Fall vom kapitalistisch-patriachalisch orientierten System) ab. Es muß also tatsächlich auf einer politischen Ebene begonnen werden, feministische Grundsätze zu realisieren, sollen sich Veränderungen nicht nur darauf beschränken, Personen mit einer starken Einbindung in den Reproduktionsbereich ein Werkzeug zu übergeben, das ihnen ermöglicht, den Privatbereich noch besser auf die Erwerbstätigkeit abzustimmen.

Anmerkungen:

1) Das Projektteam bestand aus folgenden Personen: Dipl.-Ing. Dr. Edeltraud Egger (Projektleiterin), Mag. Andrea Birbaumer, Manousha Jafroudi und Fatemeh Bagheri Pour
2) Die Frauen wurden ersucht, auf einer Zeitlinie wichtige, den Tag strukturierende Ereignisse einzutragen. In einem weiteren Schritt malte jede ein persönliches "Zeit-EKG", das Intensität und subjektiv empfundene Dauer von Zeitabschnitten ausdrückte.

Literatur:

Adam, B.(1994): Time for Feminist Approaches to Technology, 'Nature' and Work, in: Proc. of the 2nd European Feminist Research Conference: 174-181, Graz.

Becker-Schmidt, R. et al. (1982): Nicht wir haben die Minuten, die Minuten haben uns, Bonn: Verlag Neue Gesellschaft.

Brose H.G. (1982): Arbeitserfahrung und Reproduktionsrisiken im Lebenszyklus, in: Dohse K. et al. (Hg), Ältere Arbeitnehmer zwischen Unternehmensinteressen und Sozialpolitik, Frankfurt, 1982.

Egger, E. (1995): Frauen im Umgang mit Zeit - Implikationen für CSCW-Systeme, Peter Lang Verlag, Wien, in Druck.

Egger E. (1994a): The Force of Practice: Female Logistic as Innovation in CSCW-applications, Proc. of the 5th International Conference on Women, Work and Computerization, Manchester, pp. 334-354.

Egger E. (1994b): CSCW: A Trojan Horse of Feminism?, Proc. of the 2nd European Feminist Research Conference, Graz, pp. 117-123.

Egger E. and Hanappi H. (1995): Creative Contradictions, in: Proc. of the 28th International Conference on System Sciences (HICSS'28), Hawaii, pp. 871-880.

Egger E. and Hanappi H. (1994): A Network Talk on CSCW: Defining CSCW by the Use of Network Formalism, in: Proc. of the International Conference on Operations Research, Berlin.

Giddens A.(1984): The Constitution of Society, Cambridge.

Hacker W. (1986) Arbeitspsychologie, Bern.

Hagemann-White C. (1993): Die Konstrukteure des Geschlechts auf frischer Tat ertappen?, in: Feministische Studien, Heft 2, S. 68-78.

Harding, S. (1986): The Science Question of Feminism, New York: Cornell.

Heidenreich M. (1994) Gruppenarbeit zwischen Toyotismus und Humanisierung . Eine international vergleichende Perspektive, in: Soziale Welt, Jg. 45, Heft 1, München.

Jaques E. (1991): 'In Praise of Hierarchy', in: Thompson G. et al. (Eds.), Markets, Hierarchies and Networks, London, pp. 108

Kern H. and Schuhmann M. (1984): Das Ende der Arbeitsteilung?, Verlag Beck, München.

Marx K. (1967): Das Kapital, Vol. 1, Berlin, 1985.

Mies, M. (1985): Neue Technologien - Wozu brauchen wir das alles?, in: Huber und Bussfeld (Hg.), Blick nach vorn im Zorn, Weinheim, Basel, S.211-229.

Mills A. (1992): Organization, Gender, and Culture, in: Mills A. and Tancred P. (Hg.) Gendering organizational analysis, Sage, Newbury Park.

Müller-Wichmann, C. (1984): Zeitnot. Untersuchungen zum Freizeitproblem und seiner pädagogischen Zugänglichkeit, Weinheim.

Perrow C. (1984): Normale Katastrophen, Frankfurt am Main.

Schmidt K. and Bannon L. (1992): Taking CSCW Seriously. Supporting Articulation Work, CSCW, Vol. 1, pp. 7-40.

Shapiro D. et al. (1993): Visual Re-representation of database information: the flight strip in air traffic control, in: Tauber et al. (Hg) Cognitive Aspects of Visual Languages and Visual Intefaces, Amsterdam.

Simon H. (1982): Models of Bounded Rationality, Cambridge.

Strober M.H. (1984): Toward a General Theory of Occupational Sex Segregation, in: Reskin B. (Ed), Sex Segragation in the Workplace. pp. 144.

Suchman L. (1987): Plans and situated actions, The problem of human-machine communication, Cambridge.

Sydow J. (1985): Der soziotechnische Ansatz der Arbeits- und Organisationsgestaltung, Frankfurt/Main.

Ulich E. (1991): Gruppenarbeit - Arbeitspsychologische Konzepte und Beispiele, in: Friedrich J. et al. (Eds), Computergestützte Gruppenarbeit, Stuttgart, 1991.

Volpert W. (1987) Psychische Regulation von Arbeitstätigkeiten, in: Kleinbeck et al. (Hg) Arbeitspsychologie, Göttingen.

Handarbeit und Automatisierung
Technikgestaltung in der Produktion - im Interesse der Frauen

Anne Röhm, Bremen

Hochbelastete industrielle Frauenarbeitsplätze unter den Bedingungen technisch-organisatorischer Umstrukturierungen werden am Beispiel der Fischindustrie vorgestellt. Mit der Kategorie Geschlecht als Ausgangspunkt wird das Verhältnis von Handarbeit und Automatisierung herausgearbeitet. Welche Produktionstypen bilden sich im einzelnen heraus? Gibt es typisch weibliche, typisch männliche Arbeitsplätze? Unter welchen Bedingungen haben Frauen eine Chance, auch in Männerdomänen einzudringen? Welche betrieblichen Rationalisierungsstrategien und Personaleinsatzkonzepte stehen dahinter? Wie zeigen sich diese in anderen Industrieproduktionen? Können Gestaltungsempfehlungen und ihre Umsetzung eine Perspektive für Frauen auch als Rationalisierungsgewinnerinnen in der Produktion bringen?

Zu Beginn meines Vortrags stelle ich kurz eine der theoretischen Grundlagen dar, von der ausgehend ich meine empirischen Untersuchungen (1987 bis 1993) in einem typischen Frauen-Industriezweig bewertet habe (1). Danach folgt zum besseren Verständnis eine kurze Einführung in die strukturellen und ökonomischen Gegebenheiten der untersuchten Branche (2). Anhand zweier Beispiele aus der fischindustriellen Produktion werden die Umstrukturierungen durch technisch-organisatorische Maßnahmen mit samt ihren Folgen für die Arbeiterinnen dargestellt (3). Die Ergebnisse werden anschließend mit denen zweier anderer Industrieproduktionen verglichen (4). Als Fazit werden allgemeine bis konkrete Gestaltungsempfehlungen gegeben (5).

1. Theoretische Grundlage

Für die Untersuchung und Bewertung einer industriellen Produktion, deren Arbeitskräfte überwiegend weiblich sind, gehe ich von der Annahme aus, daß auch hier die **gesellschaftliche Strukturkategorie Geschlecht** zutrifft.

In der feministisch-soziologischen Debatte (vgl. Beer 1987; Cockburn 1988; Knapp 1988; Krüger 1989; Becker-Schmidt 1993) steht die Kategorie Geschlecht für diese bestimmte soziale Strukturbildungen in unserer Gesellschaft, die sowohl allgemeine Auswirkungen haben, z.B. soziale Ungleichheiten, als auch in der Erwerbswelt wirken. Ausgehend von der gesellschaftlichen, geschlechtsspezifisch geprägten Arbeitsteilung sind Frauen an erster Stelle für die Familien- und Hausarbeit zuständig, eine Arbeit, die bekanntermaßen anderen Bedingungen unterliegt als Erwerbsarbeit und insbesondere dadurch gekennzeichnet ist, daß sie nicht entlohnt wird. Die daraus abgeleitete Anbindung der weiblichen Arbeitskraft an die Hausarbeit bedeutet eine Verfügbarkeit auf dem Erwerbsmarkt, die im Vergleich zu derjenigen der männlichen Arbeitskraft eingeschränkt ist. Dies verrät eine Sichtweise innerhalb der Erwerbswelt, bei der von der vollen Verfügbarkeit der Männer für diese Art der Arbeit ausgegangen wird.

Einer Frau, die zwischen Erwerbsmarkt und Familienarbeit pendelt und zugleich die subjektiven Wünsche nach Vereinbarkeit von beiden leben will, wird von Seiten der

Betriebe unterstellt, daß sie die Erwerbstätigkeit unterbrechen werde bzw. nur für kurze Zeiträume auf dem Arbeitsmarkt verweile; aufgrund der Familienbindung biete sie eine vergleichsweise geringe Mobilität; sie verfolge eine andere Erwerbsperspektive als eine männliche Arbeitskraft. Diese Einschätzung bedingt für Frauen allgemeine Konsequenzen bezüglich der Berufsausbildung, Qualifikation und ihrer Zugänge sowie der adäquaten Anwendung und Nutzung im späteren Erwerbsleben. Im Besonderen aber zeigt sie Folgen, die durch einen anderen Umgang der Betriebe mit weiblicher Arbeitskraft gekennzeichnet sind: Frauen werden als breit und flexibel einsetzbar eingeschätzt, als disponible Arbeitskräfte ohne Langzeitperspektive für das Erwerbsleben, die den Betrieben einen hohen Auslastungsgrad ihrer Arbeitskraft bieten. Dieses bedeutet in den meisten Industriezweigen Arbeit unter Akkordbedingungen mit entsprechend hoher Leistungsverausgabung und Belastungsentwicklung sowie in der Folge kurzfristigem Verschleiß - so z.B. nachgewiesen für die Elektro- und Bekleidungsindustrie. Die Betriebe gehen von einer maximalen Nutzung und einem intensivem Einsatz aus, da die Arbeitskräfte austauschbar sind. In der Realität lassen sich so Arbeitsplätze als typisch geschlechtsspezifisch charakterisieren - mit einer geschlechtsspezifischen Zuordnung, die zur Folge hat, daß Frauen und Männer unterschiedliche Arbeitsplätze innehaben. Arbeitsfelder werden als männlich oder weiblich identifiziert, wenn es z.B. heißt, Männer verrichten die "schweren", Frauen die "leichten" Arbeiten.

Mein Ansatz nimmt diese Kategorie auf, um in einem kleinen Ausschnitt industrieller Produktion Hinweise und Befunde dafür aufzuspüren, ob das vorherrschende Geschlechterverhältnis mit seinen entsprechenden Tätigkeitszuweisungen (möglicherweise) aufgebrochen wird.

2. Strukturelle und ökonomische Gegebenheiten in der Fischindustrie

Der von mir ausgewählte Industriezweig - die Fischindustrie bzw. Fischverarbeitung - ist traditionell an der (Nord- und Ostsee-)Küste angesiedelt, mit den Zentren Bremerhaven/Cuxhaven, Mecklenburg-Vorpommern, Hamburg/Schleswig-Holstein (für das folgende vgl. Röhm 1995, 53 ff). Als Industrie prägte sich die Verarbeitung von Fisch seit Beginn dieses Jahrhunderts aus, mit der Entwicklung neuer Konservierungsmethoden und einer breiten Vermarktung der verschiedenen Produkte. Von jeher ist dieser Industriezweig als Frauenbranche ausgewiesen, d.h. quantitativ betrachtet sind mehr als 50 % der Arbeitskräfte weiblich. Qualitativ bedeutet das Tätigkeiten wie unter 1. beschrieben mit arbeitsorganisatorischen Abläufen, in denen tayloristische Ausprägung und/oder Handarbeit vorherrschend sind.

Heute sind in der Fischindustrie - als Teil der gesamten Fischwirtschaft mit ca. 48.000 Beschäftigten in der Fischerei, Fischindustrie, Fischhandel, Fischgastronomie - ca. 12.000 Arbeitskräfte beschäftigt. Wie die Abbildung verdeutlicht, handelt es sich um einen vergleichsweise sehr kleinen Industriesektor, der aber durch einen überdurchschnittlich hohen Frauenanteil geprägt ist.

	in der Fisch-Industrie	in der Nahrungs- und Genuß-mittelindustrie	im Verar-beitenden Gewerbe der BRD	in der gesamten Wirtschaft
Beschäftigte gesamt	12.050	726.349	8.724.900	22.980.949
davon Frauen	57,9%	45,5%	27,9%	41,4%
davon ausländische Beschäftigte	33,6%	8,4%	10,7%	8,0%
davon Frauen	70,4%	46,3%	32,8%	32,8%
Anteil der gewerblichen an gesamt Beschäftigten	76,9%	61,4%	67,4%	49,9%
davon Frauen	62,3%	46,3%	22,8%	26,6%
Arbeiterinnenanteil an gesamt Frauen	85,3%	43,6%	55,4%	31,6%
Anteil ausländischer Frauen an gesamt Frauen	41,3%	20,3%	18,5%	20,0%
Anteil ausländischer Frauen an Arbeiterinnen	49,4%	-	-	-

keine Angaben: Zahlen waren nicht zu ermitteln
Zahlen bis 1991, gültig für die alten Bundesländer
Quellen: FIMA 1991; ANBA 3, 1990 und 11, 1991; Stat. Bundesamt 1989

Abb. 1: Sozialversicherungspflichtig Beschäftigte in der Fischindustrie im Vergleich

Die Löhne der Produktionsbeschäftigten liegen im gesamten bundesweiten Tarifgefüge im untersten Viertel der durchschnittlichen Einkommen. Bei den tariflichen Lohngruppen gibt es zur Zeit noch - ein neuer Manteltarif wird seit Anfang 1994 verhandelt - zwei Lohngruppen, in denen fast 100 % aller Arbeiterinnen eingruppiert sind, davon der überwiegende Teil in Lohngruppe 1, die so definiert ist: "Arbeiten einfacher Art, die ohne vorherige Kenntnisse des Arbeitsablaufs nur eine kurze Einweisung erfordern." Die damit gemeinten Tätigkeiten finden in der Regel unter Akkordbedingungen statt. Nur die Frauen, die überwiegend Maschinenbedienungs- und -überwachungstätigkeiten ausführen, gelangen in die Lohngruppe 2, für die bereits von Zeitlohn ausgegangen wird. Für diese Lohngruppe 2 gilt auch das Kriterium "erhöhte körperliche Belastung", was sich auf Tätigkeiten bezieht, die Männer verrichten. Beim monatlichen Verdienst kann die Differenz zwischen diesen beiden Lohngruppen bis zu DM 800 einschließlich der Akkordzulagen betragen (Röhm 1995, 201 f).

Traditionell wird in der Fischverarbeitung nach den Sparten Frischfischverarbeitung, Herstellung von Räucherfischwaren, von Fischwaren/Fischfeinkost und Verarbeitung von Tiefkühlfisch unterschieden. Die Sparten Frischfisch und Räucherfisch sind traditionell durch Handarbeit geprägt bzw. durch den Einsatz mechanischer Bearbeitungsmaschinen. Es sind nur wenige technische Neuerungen zu verzeichnen, die selten mit organisatorischen Umstrukturierungen einhergehen.

Die Produktionsabläufe der beiden anderen Sparten mit Produktionsanteilen von 60 % bzw. 25 % sind zum größten Teil im Fließprinzip organisiert mit hohem maschinellen Verarbeitungsanteilen. Seit Mitte der 80er Jahre wurde hier von Seiten der Betriebe erhebliches Automatisierungspotential erkannt und umgesetzt. Insbesondere die Herstellung von Fischdauerkonserven (Produktionsanteil 15 %) in der Sparte Fischwaren und die von Tiefkühlfisch - mit dem höchsten Umsatz und als Massenartikel dem größten Warenausstoß - gelten als expandierend und damit attraktiv für technische Innovationen, in einem Industriezweig, der zum einen in der maschinellen Ausrüstung kapitalintensiv ist, über wenig Ausgangskapital verfügt und zum anderen von erheblichen Marktschwankungen (Konsumgewohnheiten, Kaufverhalten, Saisonschwankungen) abhängig ist. Technisch-organisatorische Umstrukturierungen wurden seit Ende der 80er Jahre nur in den Unternehmen durchgeführt, die aufgrund von Aufkäufen und/oder Konzernverflechtungen (Konzentrationsprozeß) über genügend Kapital verfügen, um umfassende Umstrukturierungen realisieren zu können.

Außerdem führte die Euronorm für Qualitätsstandard und -sicherung seit Ende der 80er Jahre dazu, daß die Unternehmen, die ihre Produkte europa- bzw. weltweit absetzen, die räumliche Ausstattung und Gestaltung, die betrieblichen Hygienevorschriften und die Qualitätssicherung verbesserten und ausbauten, und zwar überwiegend durch Modernisierungen und möglichst in Kombination mit Produktionsautomatisierungen.

3. Beispiele für Umstrukturierungen durch technisch-organisatorische Maßnahmen in der Fischindustrie

Die **Verarbeitung von Tiefkühlfisch und die Herstellung von Tiefkühlfischprodukten** ist seit ihrem Beginn durch eine rein industrielle Produktionsform gekennzeichnet, d.h. Fließorganisation mit hohem Maschinenanteil, bereits auf mechanischer Stufe mit elektrischen Antrieben soweit wie möglich automatisiert. Während in den anderen Sparten der Rohstoff Fisch (u.a. Konsistenz, Form, Verderblichkeit) und die Endprodukte (z.B. Konsistenz, Verpackungsformen) eine Barriere bei der Überwindung der Handarbeit bedeuten, hat der Ausgangsstoff in dieser Sparte bereits eine Konsistenz und/oder Form, die sich z.B. mit industriellen Schneidemaschinen (Sägen) bearbeiten läßt. Der Qualitätsanspruch, daß die Kühl- bzw. Gefrierkette nicht unterbrochen werden darf, führt zudem zu einem Produktionsablauf, der von den Transportauslegungen zwischen den einzelnen Bearbeitungsstationen dominiert wird. Technisch-organisatorische Umstrukturierungen sind nach Auffassung der Betriebe nur dann sinnvoll, wenn sie die Transportwege weiter verkürzen, die noch manuellen Tätigkeiten möglichst beseitigen und somit die Produktionsströme erhöhen und dadurch auch die Qualitätssicherung verbessern.

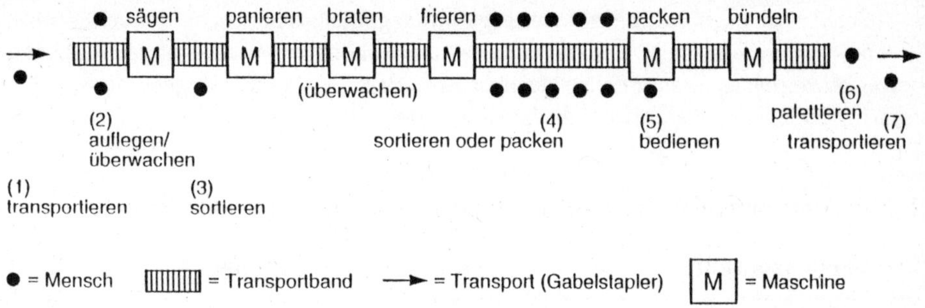

Abb. 2: Schematische Darstellung der Produktion von Tiefkühl-Fischstäbchen

Abbildung 2 verdeutlicht den Produktionsablauf einschließlich der menschlichen Tätigkeiten. Dabei sind die an den Arbeitsplätzen (1), (2) und (7) als "männliche Arbeitstypen", die an (3), (4), (5) und (6) als "weibliche Arbeitstypen" zu klassifizieren. Transportarbeiten per Gabelstapler zur Produktionslinie und der auf Paletten gestapelten Endprodukte ins Tiefkühllager vor dem Versand, der termingebunden erfolgt, sowie die Bedienung der Sägemaschinen verbunden mit körperlich schwerer Vorarbeit werden den Männern zugewiesen. Manuelles Nachsortieren der Fischstäbchen auf das Transportband (3); Stäbchen in Mulden (Haushaltspackungen) einsortieren oder in Kartons (Großabnehmer) packen (4), Bedienen von Maschinen, indem permanent manuell Material nachgefüllt werden muß (5) sowie Packen auf Paletten (6) gelten als Frauenarbeitsplätze.

Technische Innovationen führen dazu, daß sich die Tätigkeitsstrukturen beim männlichen Arbeitstyp (2) dahingehend verändern, als an den nun elektronisch gesteuerten Sägestationen gewisse Kenntnisse über die Funktionsweise und Prozeßsteuerung der Stationen benötigt werden. Da die Aufnahmekapazität des Transportbands in die Säge hinein erheblich erhöht wird, können bei gleichzeitig beschleunigtem Sägeprozeß Arbeitskräfte eingespart werden. Mit der Beschleunigung der Produktionsströme werden die Transportbänder umorganisiert und technisch umstrukturiert. Dadurch wird die menschliche Tätigkeit (4) auf Nachsortieren und Kontrollieren reduziert, was zugleich eine Einsparung von Arbeitskräften bedeutet. Dagegen wird an den Packmaschinen eine zusätzliche Arbeitskraft (weiblich oder männlich) eingesetzt, da die beiden weiblichen Arbeitskräfte (6) die Bedienung und Überwachung der vorgelagerten Maschinen wegen der erhöhten Produktionsströme nicht mehr leisten können.

Diese Produktionssparte zeigt zwar keine qualitativen Veränderungen bei der geschlechtsspezifischen Zuweisung der Tätigkeiten, aber wie Abbildung 3 verdeutlicht, eine erhebliche quantitative Reduzierung, die in erster Linie zu Lasten der Frauen gehen.

Das Ziel einer weiteren Automatisierung in der Tiefkühlfischproduktion ist die Erhöhung der Produktionsströme und zudem eine Kostenersparnis auf der personellen Ebene. Für die verbleibenden (weiblichen) Arbeitspersonen im Produktionsabschnitt Packen verschärfen sich Arbeitsdruck und physische Belastungen sowie psychische Anforderungen erheblich. Insofern ist der schon immer am meisten automatisierte Produktionsablauf in der Fischindustrie kein Beispiel dafür, daß die Tätigkeiten nicht mehr geschlechtsspezifisch zugeordnet werden - im Gegenteil: Quantitativ betrachtet werden die Frauen in dieser Produktionssparte zum Rationalisierungspotential, qualitativ bewertet werden an ihren Arbeitsplätzen die Anforderungen an die Tätigkeitsausführung zum Teil reduziert bei gleichzeitiger Zunahme des Arbeitsdrucks.

1. Fischstäbchenlinie vor technisch-organisatorischer Umstrukturierung

Produktionsschritte		Personen
		(maximal)
TK-Blöcke sägen	Sägen (kontinuierlich) bestücken und betätigen	4 Männer
sortieren	nachsortieren	2 Frauen
panieren braten nachfritieren	überwachen	1 Mann (Linienführung)
packen/schachteln	manuell packen in Kartons/ manuell in Mulden sortieren	10 Frauen
	Material nachfüllen/ überwachen	1 Frau
verschließen/bündeln	Material nachfüllen/ überwachen	1 Frau
palettieren	manuell bestücken	2 Frauen
übergreifend:	Linienführung	1 Mann
	Transportarbeiten per Gabelstapler	2 Männer
	Panadenvorbereitung	1 Mann
	Insgesamt	24 Arbeitskräfte

Abb. 3 a: Der Arbeitskräftebedarf und die Tätigkeiten vor Automatisierungen in der Tiefkühlproduktion

2. Fischstäbchenlinie nach technisch-organisatorischer Umstrukturierung

Produktionsschritte	Tätigkeiten	Personen
		(maximal)
TK-Blöcke sägen	Sägen bestücken /überwachen	2 Männer
sortieren	nachsortieren	1 Frau
panieren braten nachfrieren	überwachen	1 Mann (Linienführung)
Fischstäbchen packen	kontrollieren nachsortieren	4 Frauen
schachteln	Material nachfüllen/ überwachen	1 Frau
bündeln	Material nachfüllen/ überwachen	1 Frau/Mann
palettieren	manuell bestücken	2 Frauen
übergreifend:	Linienführung	1 Mann
	Transport per Gabelstapler	2 Männer
	Panadenvorbereitung	1 Mann
	insgesamt	15 Arbeitskräfte

Abb. 3 b: Veränderung des Arbeitskräftebedarfs und der Tätigkeiten nach Automatisierungen in der Tiefkühlproduktion

Beim zweiten Beispiel **Produktion von Fischdauerkonserven** (Heringfilets in verschiedenen Tunken, sterilisiert, damit über mehrere Jahre haltbar) handelt es sich um eine Produktionsweise, die stark durch den Rohstoff (ganze oder filetierte Heringe mit sehr weicher Konsistenz) geprägt und von den Qualitätsansprüchen an das Endprodukt (ganze Filets in der Dose) abhängig ist. Wie die schematische Darstellung wiedergibt, sind die einzelnen Arbeitsplätze in ein entsprechend ausgestaltetes, zum Teil unterbrochenes Fließtransportsystem eingefügt und an die jeweiligen Maschinen oder Transportabschnitte gebunden.

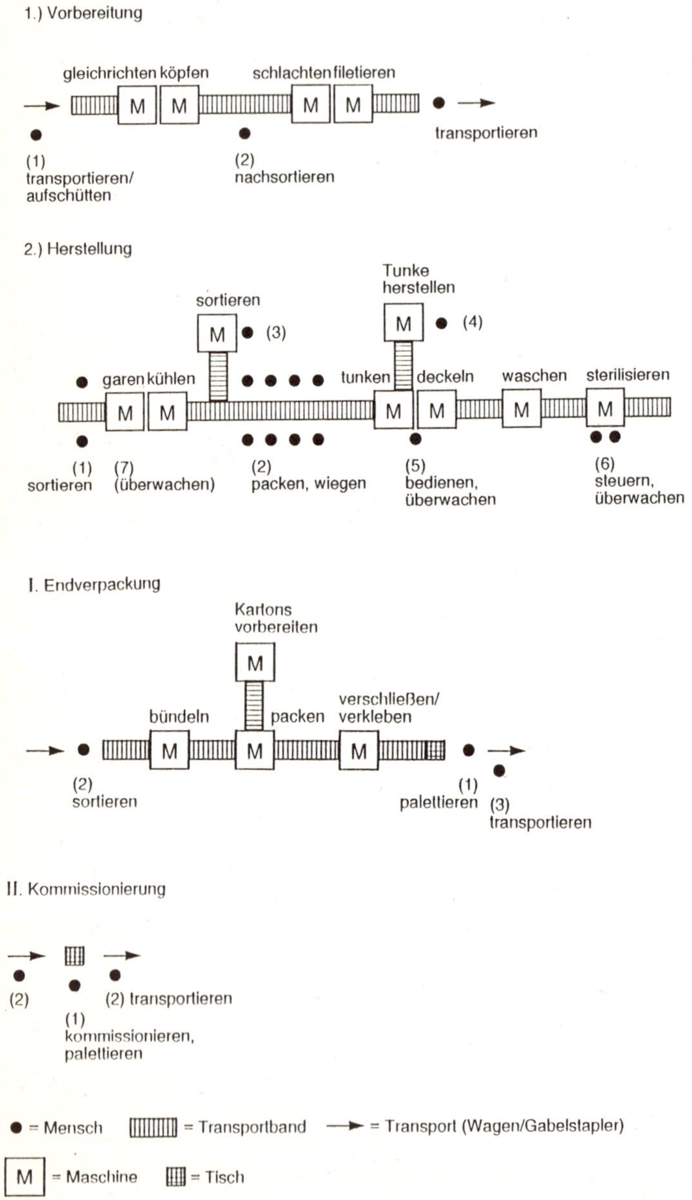

Abb. 4: Schematische Darstellung der Herstellung von Fischdauerkonserven einschließlich der Endbearbeitung

Auch hier lassen sich wieder Arbeitstypen mit geschlechtsspezifischer Zuordnung identifizieren: Die von Männern ausgeübten Tätigkeiten umfassen in der Vorbereitung Transporttätigkeiten (1) und Bedienungs-, Überwachungs- und Steuerungstätigkeiten (4;5;6;7) in der Herstellung. (1) beinhaltet zudem bei entsprechender Organisation außerdem die manuelle Vorbereitung des Fisches. Die von Frauen ausgeführten Tätigkeiten (2) in der Vorbereitung, (1;2;3) in der Herstellung sind als Sortier- und Packarbeiten unter Akkord zu charakterisieren, bei denen der Takt durch das Transportband oder die zu bedienende Maschine bestimmt wird.

In den beiden Produktionsabschnitten der Endbearbeitung sind die männlichen Arbeitstypen mit Transportieren [I: (3); II: (2)], die weiblichen mit Packen und Sortieren [I: (1), (2)] und Kommissionieren in Verbindung mit Packen (Palettieren) [II: (1)] beschäftigt.

Technische Innovationen sind in dieser Produktion immer auch mit organisatorischen Umstrukturierungen verbunden. Die Betriebe wollen dadurch die noch vorhandenen Transportlücken schließen, möglichst viele manuell ausgeführte Produktionsschritte automatisieren, die Produktionsströme beschleunigen und die Qualitätssicherung verbessern sowie standardisieren. Die modernste Umstrukturierung bedeutet für die gesamte Produktion einschließlich der vor- und nachgelagerten Verwaltungsbereiche eine radikale Umstellung, da eine Produktionsplanung und -steuerung (PPS) für den gesamten Betrieb eingeführt wird. Das ermöglicht zugleich die Erfassung und Speicherung sämtlicher Produktionsdaten in einem Betrieb und somit ständige Verfügbarkeit.

Innerhalb des Produktionsprozesses finden neben der Kopplung mit PPS an mehreren Stellen technisch-organisatorische Umstrukturierungen statt: In der eigentlichen Produktion kann die Transportlücke zwischen Vorbereitung und Herstellung geschlossen werden. Ein über die Produktionssteuerung geleitetes Transportsystem mit Gondeln, die eine bestimmte Menge vorbereiteten Fisches aufnehmen, bringt den Fisch an das Herstellungsband, die Entleerung der Gondeln erfolgt über Steuerimpulse. Die Sortiertätigkeit an dieser Stelle bleibt unverändert.

Durch die Beschleunigung der Produktionsströme ist eine Umstellung der Sortiermaschinen für die Dosen notwendig, die aber als Folge auch eine Reduzierung der Arbeitskräfte bewirkt. Die manuelle Packtätigkeit (2) durch weibliche Arbeitskräfte bleibt unverändert. Hier besteht eine Automatisierungssperre, bedingt durch die Konsum- und Qualitätsansprüche zusammen mit der Beschaffenheit des Produkts. Im Produktionsabschnitt Sterilisieren wird die noch vorhandene Transportlücke nach dem Waschen - Dosen werden in Gitterwagen gefüllt, diese werden in den Autoklav zum Sterilisieren, von da weiter in die Endverpackung transportiert - durch den Einsatz von prozeßgesteuerten Sterilisierungsautomaten (Hydroclaven) und den Einsatz von Spiraltransportbändern geschlossen. Die Dosen werden einzeln durch den entsprechend ausgelegten Hydroclaven geführt und sterilisiert.

Die sich anschließende Transportlücke zwischen den vorher getrennten Produktionen Herstellung und Endverpackung kann durch das weiterführende Transportband geschlossen werden. Zugleich erfolgt hier eine radikale Umstellung von überwiegend manueller Produktion hin zu einer vollständigen Automatisierung (Röhm 1995, 161): Die einzelnen Dosen werden nun in drei Produktionsschritten kommissioniert und palettiert. Vorsortierung, Zusammenstellung und Stapelung auf die Palette sowie Sicherung der Palette und Abtransport werden von prozeßgesteuerten Anlagen mit integriertem Transportsystem in konstanter Abfolge ausgeführt.

Damit verbleiben in der Endverarbeitung zwei Arbeitsplätze: Überwachung der Anlage, Behebung kleiner Störungen, Nachfüllen von Packmaterial; Überwachung der Palettensicherung. Die Anlagenüberwachung wird von Frauen ausgeführt, die an der Palettierstation von Männern. Zwar ist quantitativ eine erhebliche Reduzierung der Arbeitsplätze zu verzeichnen, qualitativ verändern sich die ehemaligen Pack- bzw. Kommissioniertätigkeiten jedoch in ihrem Zuschnitt und in den Anforderungen positiv. Hier ist für die Frauen, die in der Endverarbeitung verbleiben, die geschlechtsspezifische Zuweisung nur auf den ersten Blick verstetigt. Die Kategorie Geschlecht ist vor der technischen Innovation aus "Traditionsgründen" an die Arbeitsplätze in der Endbearbeitung gekoppelt. Für die Besetzung dieser Arbeitsplätze ist nach technisch-organisatorischen Umstrukturierungen aber nicht das Geschlecht, sondern vielmehr die berufliche Erfahrung in dem jeweiligen Produktionsabschnitt oder -prozeß ausschlaggebend.

Diese Gestaltung des Produktionsprozesses bedeutet für Frauen einerseits eine Chance: Die Frauen, die für die neuen Anlagen qualifiziert werden, können als "Rationalisierungsgewinnerinnen" bezeichnet werden. Andererseits haben Frauen aufgrund der "geschlechtsspezifischen Traditionen" nach wie vor keine Chance, in Bereiche vorzudringen, in denen sie vor technisch-organisatorischen Umstrukturierungen nicht tätig waren. Neben dieser Ausnahme bleibt die geschlechtsspezifisch geprägte restriktive Arbeitsteilung erhalten.

Für beide vorgestellten Herstellungsbereiche läßt sich zeigen, daß die Betriebe auch nach technisch-organisatorischen Umstrukturierungen umfassender Art möglichst an der traditionellen Form der Arbeitsorganisation festhalten, da sie dadurch die Möglichkeit haben, ihr angestammtes Personal weiter zu beschäftigen. Außerdem setzen das Produkt und die Qualitätsansprüche Grenzen für Automatisierungen, so daß Handarbeit (von Frauen) dort verbleibt, wo dies für den Herstellungsprozeß notwendig erscheint und in das Kalkül der Betriebe paßt.

Zwei klassische Arbeitstypen lassen sich für die vorgestellten Produktionsprozesse charakterisieren, die überwiegend/ausschließlich als Frauenarbeit zugeordnet werden: Handarbeit (sortieren, packen) - Bedienung von Maschinen (Verpackung). Dagegen können für Männer mindestens sechs Arbeitstypen festgestellt werden: Maschinenbedienung (Fisch sägen) - Maschinenüberwachung (Dosen verschließen) - Anlagenführung und -kontrolle (sterilisieren) - Transportieren (Gabelstapler) - Handwerker (Reparaturen) - leitende Tätigkeiten (Linien-, Schichtführer, Meister). Den Männern stehen nicht nur mehr und vielfältigere Möglichkeiten zur Auswahl, auch qualitativ befinden sich die Arbeitsinhalte auf einem vergleichsweise höheren Niveau (Röhm 1995, 183 ff).

Die unterschiedliche Nutzung der Arbeitskräfte und der geschlechtsspezifisch geprägte Einsatz sind durchaus im Kalkül der Betriebe; die Qualifikationsstruktur des Produktionspersonals ist entsprechend ausgeprägt. Es können daher in diesem Industriezweig zwei Rationalisierungstypen unter geschlechtsspezifischen Aspekten unterschieden werden (Röhm 1995, 238): Für den einen gilt nach wie vor die geschlechtsspezifische Zuweisung von Tätigkeiten im Produktionsprozeß. Damit verbunden ist eine entsprechende Einsatz- und Nutzungsstrategie weiblicher Arbeitskraft; die Betriebe, die mit diesem Typ arbeiten, gehen noch von der ausreichenden Verfügungsmöglichkeit über "billige" Produktionskräfte aus. Dieser Rationalisierungstyp herrscht dort vor, wo technisch-organisatorische Umstrukturierungen nur zu geringen Auswirkungen auf Arbeitsinhalte und -strukturen führen. Damit können die Betriebe ihre arbeitsorganisatorischen Prinzipien und die hohe Arbeitsteilung aufrechterhalten, z.T. nutzen die Betriebe die technisch-organisatorische Umstrukturierungen, um die bestehende Arbeitsteilung noch auszubauen und die vorher mehr tayloristischen Organisationsstrukturen zu fordistischen umzuwandeln bzw. aus fordistischen die letzten tayloristischen Anteile zu entfernen (Röhm 1995, 187).

Für den zweiten Rationalisierungstyp gilt eine veränderte Strategie bei der Nutzung und beim Einsatz weiblicher Arbeitskraft. Zum ersten Mal haben Frauen in der Fischindustrie Zugang zu Arbeitsplätzen mit neu entstandenen Arbeitsaufgaben (Anlagenführung), nachdem technisch-organisatorische Umstrukturierungen diese Gesamt- und Teilprozesse verändert haben. Bei der Besetzung dieser Arbeitsplätze ist nicht das Geschlecht maßgeblich, sondern die bisherige Erfahrung im Produktionsprozeß. Für diese Produktionsbereiche kann also von einer breiteren Nutzung der Arbeitskraft, vom Geschlecht unabhängig, gesprochen werden, wenn die Integration der Arbeitsaufgaben höhere Anforderungen stellt. Der Zugang von Frauen zur Anlagenführung muß zwar noch als Einzelerscheinung gewertet werden, steht aber im Widerspruch zu den Annahmen, die Frauen immer als Rationalisierungsverliererinnen sehen.

4. Vergleich mit der Elektro- und Bekleidungsindustrie

Für den Vergleich der von mir untersuchten Industrie mit anderen Branchen werden zunächst die Befunde aus der Elektro- und in der Bekleidungsindustrie vorgestellt, für die ebenfalls detaillierte Untersuchungen über betriebliche Rationalisierungsstrategien in Zusammenhang mit technischen Innovationen aus jüngster Zeit vorliegen.
Für die Bekleidungsindustrie hat Aulenbacher herausgearbeitet, daß

- Frauen keinen Zugang zu den Produktionsbereichen erlangen, die einer starken technisch-organisatorischen Umstrukturierung mit Hilfe der neuen Technologien unterliegen (CAD-gestützter Kollektionsentwurf; neue Produktionstechniken im Textil-/Bekleidungsmaschinenbau);
- sie weiterhin in den ihnen "angestammten" Produktionsabschnitten bei un- und angelernter Tätigkeit verbleiben;
- sie beim Zugang zu den Maschinen - unabhängig davon, ob diese mechanisch oder elektronisch gesteuert werden - lediglich die Bedienung übernehmen, nicht aber die Instandhaltung und Wartung;
- die Betriebe sich an den traditionellen Produktionsstrukturen mit Fließfertigung und Akkordarbeit für die zentralen Produktionsabschnitte orientieren, technisch-organisatorische Neuerungen nur in den vor- und nachgelagerten Produktionsabschnitten durchgeführt werden;
- junge Arbeiterinnen, z.B. gelernte Schneiderinnen, zu den "Flexibilitätsträgerinnen" für die zunehmende Kleinserienfertigung werden;

- Flexibilitätsanforderungen von außen u.a. durch die Flexibilisierung der Arbeits- und Betriebszeiten sowie die eben genannten "Flexibilitätsträgerinnen" erfüllt werden. Diese sind akkordmäßig gegenüber den Arbeiterinnen in der Massenfertigung schlechter gestellt, da die Kleinserienfertigung der Kollektionen von den Arbeiterinnen verlangt, daß sie sich ständig auf die neuen Anforderungen einstellen (Aulenbacher 1991 und 1992).

Für die Elektroindustrie hat Moldaschl herausgestellt, daß
- die Betriebe eine Strategie der Doppelfunktion in der Produktion betreiben, indem sie aus produktionsökonomischer Rentabilität in der Montage z.B. trotz der Einführung der automatischen Bestückung von Leiterplatten auch die Handbestückung (Frauenarbeit) - allerdings quantitativ rückgängig und abhängig von der Seriengröße - aufrechterhalten;
- die Frauen als Un- und Angelernte in den Produktionsprozessen mit Massen(Serien)-fertigung verbleiben bei gleichzeitiger Zunahme der männlichen Facharbeit in der Fertigung von kleinen Serien und in der automatischen Fertigung;
- die Massenarbeit weiterhin restriktiv bleibt und kein genereller Abbau von Belastungen an den Arbeitsplätzen der Un- und Angelernten in Sicht ist;
- Frauen nur dort eine Aufstiegschance haben, wo neue Arbeitsplätze, wie z.B. die Materialbereitstellung, entstehen oder durch die Umstrukturierung automatisierte Anlagen eingesetzt werden und sie als qualifiziert Angelernte in die Facharbeit gelangen. Hier muß allerdings von einer breiteren Nutzung des Arbeitsvermögens (Aufgabenintegration, Flexibilisierung) gesprochen werden (Moldaschl 1991).

Ein Vergleich der Befunde zwischen allen drei Branchen zeigt, daß auch bei technischen Innovationen die bisherige Arbeitsorganisation und die damit verbundene geschlechtsspezifische Arbeitsteilung erhalten bleiben. Die Betriebe halten an den herkömmlichen Produktionsstrukturen mit restriktiver Massenarbeit fest. In diesem System gelten die Frauen weiterhin als "elastisches Potential" und "billige" Arbeitskräfte schlechthin, die besondere Einsatzfähigkeit und Nutzung weiblicher Arbeitskraft behalten auch bei technischen Innovationen ihren hohen Stellenwert; das Geschlecht ist weiterhin als entscheidendes Kriterium für die Besetzung von Produktionsarbeitsplätzen in den Betrieben zu charakterisieren. Während sich für die männlichen Arbeitskräfte gleichzeitig neue Arbeitsinhalte und Tätigkeitsvarianten eröffnen, hat dies für die Frauen auf der qualitativen Ebene zur Folge, daß die Kluft zwischen den weiblichen und den männlichen Arbeitstypen noch größer wird.

Erste Abweichungen von der bisherigen geschlechtsspezifischen Zuordnung von Tätigkeiten zeigen sich in der Endbearbeitung Fischdauerkonserven und auch in Ansätzen in der Elektroindustrie, wenn die Frauen Zugang zur Anlagenführung erhalten. Das bedeutet eine veränderte Strategie bei der Nutzung und beim Einsatz weiblicher Arbeitskraft. Daher kann für diese Produktionsbereiche von einer breiteren Nutzung der Arbeitskraft in Zusammenhang mit der Integration von Aufgaben und höheren Anforderungen, unabhängig vom Geschlecht, gesprochen werden. Diese Befunde reichen jedoch nicht für eine Verallgemeinerung aus, ist die Nutzung der Arbeitskräftestruktur doch entscheidend von der jeweiligen Betriebsstruktur und dem jeweiligen Produktionskonzept geprägt, außerdem - zumindest in der Fischindustrie - auch von der Sparte, den Produktionsmengen und dem Technikniveau beeinflußt (Röhm 1995, 229 ff).

5. Gestaltungsempfehlungen

Wie die vorherigen Ausführungen zeigen, scheint die Strukturkategorie Geschlecht auch weiterhin in der industriellen Produktion für den Umgang mit weiblicher Arbeitskraft und für die Besetzung von Arbeitsplätzen durchschlagend zu sein. Technische Innovationen bzw. umfassende Produktionsautomatisierungen verfestigen - bis auf Ausnahmen - die bisherigen Strukturen und führen nicht zur Aufhebung der geschlechtsspezifischen Arbeitsteilung sowie automatisch zu Verbesserungen an den hoch belasteten Arbeitsplätzen. Nach meinen Untersuchungsergebnissen, und auch nach denen von Aulenbacher und Moldaschl, bedeuten Umstrukturierungen nicht ohne weiteres eine andere Gestaltung der Arbeitsplätze und -bedingungen im Interesse der Arbeiterinnen.

Da sich die aus der Strukturkategorie abgeleiteten Folgen und Auswirkungen in der Erwerbswelt insgesamt und nicht von allein verändern werden, erscheint es sinnvoll, exemplarisch einige allgemeine **Gestaltungsempfehlungen** zu benennen, ohne deren konkrete Umsetzung die herkömmlichen betrieblichen Strukturen weiterhin bestehen bleiben (vgl. Röhm 1995, 240 ff).

Auf der **betrieblichen Ebene** kann beispielsweise schon der Abbau der hohen Belastungen, wie sie gerade an den Frauenarbeitsplätzen auftreten, konkrete Verbesserungen erbringen, wie z.B. ergonomische Gestaltung der Arbeitstische; klimatische Verbesserungen; Lärmdämmung. Flexiblere Arbeitszeitregelungen (tägliche bis jährliche Anwesenheiten im Betrieb; Unterbrechungsdauer und -rhythmen während der täglichen Arbeit), die von den Frauen individuell und familiengerecht genutzt werden könnten, brächten konkrete Erleichterungen bei der Bewältigung der Arbeitssituation. Die Durchsetzung betrieblicher Frauenförderung, die auch die fachfremden und sogenannten ungelernten Produktionsbeschäftigten einbezieht, würde mittel- bis langfristig betriebliche Beschäftigungsstrukturen aufbrechen. Die Anreicherung von Arbeitsinhalten und das Erproben anderer Arbeitsformen sind ebenfalls mögliche Ansatzpunkte.

Auf der **überbetrieblichen Ebene** erbrächten z.B. andere Bewertungskriterien für Arbeit ein Aufbrechen des bestehenden Lohntarifgefüges, in dem die Frauenarbeit im Ansehen und in der Entlohnung an unterster Stelle steht. Wenn restriktive Arbeitsbedingungen, hohe Umgebungsbelastungen, Akkordarbeit etc. in die Bewertung von Arbeit einfließen würden, könnte bei den Tätigkeiten, die Frauen z.B. in der fischindustriellen Produktion verrichten, nicht mehr von "leichter" Arbeit gesprochen werden. Zu einem Umdenken im Tarifgefüge gehört auch die Einführung von mehr Durchlässigkeit zwischen den einzelnen Lohngruppen, so z.B. der Aufstieg in die nächst höhere Lohngruppe nach einer gewissen Zeit.

Insgesamt müßte ein Umdenken erreicht werden, wenn es um **Beteiligungs- und Entscheidungsprozesse** geht. Betriebsräte und Gewerkschaften müssen lernen, die Betroffenen zu beteiligen und sich die geschlechtsspezifischen Strukturen auch "in den eigenen Köpfen" bewußt machen. Sie müssen neue Formen finden und ausprobieren, um die betroffenen Arbeiterinnen einzubeziehen, auf ihre Wünsche und Ansprüche einzugehen und sie bei der Umsetzung zu beteiligen. Das gilt sowohl für die betriebliche Ebene und die konkreten Arbeitsstrukturen als auch für die überbetriebliche Bearbeitung, z.B. bei der Interessenvertretung der Arbeitnehmerinnen.

Nur mit einem solchen "Gesamtpaket" erscheint es möglich und sinnvoll, die geschlechtsspezifischen Strukturen aufzubrechen. Technische Innovationen als Gestaltungspotential, die insgesamt humanere Arbeitsbedingungen für die Arbeiterinnen erbringen sollen, werden ohne begleitende Gestaltungsmaßnahmen nicht dazu beitragen, die herkömmlichen Strukturen und Bedingungen zu verändern.

Literatur

AULENBACHER, Brigitte: Arbeit - Technik - Geschlecht. Industriesoziologische Frauenforschung am Beispiel der Bekleidungsindustrie. Frankfurt/New York 1991

AULENBACHER, Brigitte: Neue Rationalisierungsstrategien und Geschlecht: Das Beispiel Bekleidungsindustrie. S. 195 - 203 in: WSI-Mitteilungen Köln 45. Jahrg. Heft 4 1992

BEER, Ursula (Hrsg.): Klasse Geschlecht. Feministische Gesellschaftsanalyse und Wissenschaftskritik. Bielefeld 1987

BECKER-SCHMIDT, Regina: Geschlechterdifferenz - Geschlechterverhältnis: soziale Dimensionen des Begriffs "Geschlecht". S. 37 - 46. In: Institut Frau und Gesellschaft (Hrsg.): Zeitschrift für Frauenforschung. Hannover 11. Jahrg. Heft 1 + 2 1993

COCKBURN, Cynthia: Die Herrschaftsmaschine. Geschlechterverhältnis und technisches Know-how. Berlin/Hamburg 1988

KNAPP, Gudrun-Axeli: Das Konzept "weibliches Arbeitsvermögen" - theoriegeleitete Zugänge, Irrwege, Perspektiven. S. 8 - 19. In: Frauenforschung. Informationsdienst des Forschungsinstituts Frau und Gesellschaft. Hannover 6. Jahrg. Heft 4 1988

KRÜGER, Helga: Geschlecht ab Strukturkategorie im Bildungssystem: Alte und neue Konturen geschlechtsspezifischer Diskriminierung. S. 63 - 101. In: SAMF (Hrsg.) Arbeitskreis Sozialwissenschaftliche Arbeitsmarktforschung: Arbeitsmarkt und Frauenerwerbsarbeit. Autorinnengemeinschaft (Hrsg). o.O. SAMF Arbeitspapier 1989 - 16.

MOLDASCHL, Manfred: Frauenarbeit oder Facharbeit? Montagerationalisierung in der Elektroindustrie II. Frankfurt/New York 1991

RÖHM, Anne: Handarbeit, Automatisierung und Geschlecht. Die Umstrukturierung von hochbelasteten Frauenarbeitsplätzen am Beispiel der Fischindustrie. Frankfurt/Berlin/Bern/New York/Paris/Wien 1995

Anwendungen von Naturwissenschaften und Technik

Anwendungen der Biologie

Büchertisch während des Kongresses

Gentechnik - Manipulation der Nahrung?

Rosi Kraft, Dortmund

"Wir sind wirklich und wahrhaftig zum Wissen verdammt, dazu verurteilt, immer und immer mehr zu wissen, so daß uns keine andere Wahl bleibt, als mit den Dingen, die wir entdecken, so gut wie möglich umzugehen."

Diese Aussage von Philippe Kourilsky, Leiter des Labors für Molekularbiologie und Genetik am Pasteur Institut in Paris widerspiegelt die Position vieler WissenschaftlerInnen. Eine Position, bei der meist ein kritisches Hinterfragen unterbleibt und die auf vielen Gebieten fatale Wirkungen zeigen kann. So zum Beispiel auch im Bereich der Gentechnologie in Nahrungsmitteln.

Von der Richtigkeit ihres Standpunktes und der Unbedenklichkeit der Methode überzeugt, preisen uns deshalb GentechnikerInnen die vermeintlichen Vorzüge gentechnisch manipulierter Lebensmittelrohwaren in mehrerlei Hinsicht an. Damit könne, so die ExpertInnen, ökonomischer produziert, die Gesundheit von Pflanze und Tier verbessert und Ressourcen eingespart werden. Zudem beinhalte die Gentechnologie ein umweltschonenderes Vorgehen und die VerbraucherInnen würden mit qualitativ höherwertiger Nahrung versorgt.

Ein geradezu ideales Statement für die Lebensmittel- und Chemieindustrie, die diese Wissenschaftshörigkeit ausnutzt, um ihre eigenen Interessen durchzusetzen. Zusätzlich dazu greifen die Konzerne den Wunsch vieler Konsumenten nach vor allem kalorienarmen, dafür aber vitamin- und mineralstoffreichen Getränken und Speisen auf, wobei letztere möglichst mikrowellengerecht zubereitet sein sollen und verkünden: die Gentechnik macht's möglich. Und nichts, was wir täglich verzehren, soll von dieser modernen Technologie verschont bleiben. Ob es sich dabei um Aromen oder Farbstoffe, um Enzyme und Vitamine oder komplette Gerichte handelt - egal: für alles will die Industrie in Zukunft ein genmanipuliertes Pendant zu natürlichen, traditionell produzierten Nahrungsmitteln anbieten mit dem Ziel, letztere fast völlig zu verdrängen.

Einige gentechnisch bearbeitete Lebensmittel sind bereits auf dem Markt, hergestellt durch den Einsatz genmanipulierter Mikroorganismen oder deren Produkte, wie zum Beispiel der Chymosin-Ersatz "Maxiren" der niederländischen Firma Gist Brocades, der in und außerhalb Europas verkauft wird. Chymosin ist der Hauptwirkstoff des Labferments und zur Gewinnung fast aller Hartkäsesorten unentbehrlich. Und wer kann schon sagen, ob sie oder er nicht selbst schon mal Käse mit Gentech-Chymosin verzehrte; denn eine Kennzeichnung gentechnisch hergestellter Lebensmittel ist nicht vorgeschrieben.

Wie die manipulierten Mikroben, nachdem sie den gewünschten Stoff produziert haben, weiter verwertet werden können, führt das dänische Unternehmen Novo Nordisk vor. Nachdem die Mikroorganismen mit Hitze abgetötet und mit Kalk versetzt sind, wird diese "Suppe" als transgene Jauche kostenlos auf die umliegenden Felder der Bauern gepumpt.

Aber nicht nur Bakterien, Pilze und Hefen, auch Tiere und Pflanzen selbst sind Gegenstand der Forschungsarbeit. Weltweit wird derzeit an etwa 30 Nutzpflanzen-Arten, wie Kartoffeln, Mais, Weizen oder Zuckerrüben gentechnisch herumexperimentiert, sind Schweine, Ziegen, Kälber und Fische, wie die Forelle, Objekte der GentechnologInnen. Seit etwa einem Jahr ist das erste genmanipulierte Nahrungsmittel, die sogenannte "Anti-Matsch-Tomate" in den USA im Handel erhältlich, und in Frankreich darf seit etwa der gleichen Zeit die Firma Seita, die unter anderem Gitanes und Gaulloise produziert, genveränderten Tabak, der gegen das Unkrautvernichtungsmittel Bromoxynil unempfindlich ist, kommerziell anbauen.

Betrachtet man jedoch nur einmal konventionelle Biotechnologien, so zeigt sich, beispielsweise bei der Züchtung, daß diese sogenannte "weiche" Technik bereits nicht vermutete Gefahren in sich birgt. Durch künstliche Befruchtung, bei der Hochleistungsbullen den Samen und Superkühe die Eizellen spenden, züchtet man Rinder, die mehr Milch und besseres Fleisch geben sollen. Zunächst schien die Rechnung aufzugehen. Doch nur für kurze Zeit. Immer mehr dieser so erzeugten Tiere erweisen sich als sehr krankheitsanfällig. Antibiotikaspritzen gehören deshalb bereits mit zur Aufzucht. Außerdem zeigen sich bei diesen Rindern Verhaltensstörungen, die man insgesamt als Inzuchtdepression bezeichnet.

Negative Folgen waren auch bei einer hochgezüchteten Rapsart festzustellen. Als am Rande dieser Rapsfelder immer mehr verendetes Wild gefunden wurde, ging man dem Phänomen nach. Es stellte sich heraus, daß die Rehe und Hasen sich buchstäblich zu Tode gefressen hatten. Der Grund: Der 00-Raps - ihm wurden zwei Bitterstoffe "weggezüchtet" - war für die Tiere nun auch in großen Mengen genießbar. So fraßen sie denn, bis sie umfielen.

Wenngleich diese "weichen" Techniken, wie Züchtung oder Saatgut"verbesserung" die Entwicklungsprozesse enorm beschleunigen und die Grenzen zur "harten" Technologie, der Gentechnik, manchmal fließend sind, so besteht zwischen beiden dennoch ein gravierender Unterschied: erst mit der Gentechnik ist der Mensch in der Lage, sich über biologische Gesetze und evolutionäre Zeitabläufe hinwegzusetzen. Es ist mit Züchtung zum Beispiel unmöglich, verschiedene Arten, die fortpflanzungsfähig wären, zielgerichtet zu kreuzen. Die Nachkommen sind in der Regel steril. Anders verhält es sich mit genmanipulierten Organismen. Diese transgenen Tiere und Pflanzen sowie Kleinstlebewesen geben ihr künstlich verändertes Erbgut - ganz im Sinne der Konstrukteure - unter Umständen weiter. Hinzu kommt, daß hinsichtlich evolutionärer Abläufe, die enorme Geschwindigkeit gentechnologischer Entwicklung Risiken heraufbeschwören , die in der Regel noch nicht abschätzbar sind. Diese Gefahren zeigen sich unter anderem im ernährungswissenschaftlichen sowie im ökologischen und ökonomischen Bereich.

Wenn Gen-Ingenieure und Industrie nimmermüde beteuern, daß sowohl die Herstellung genmanipulierter Organismen sowie deren Einsatz zur Herstellung von Lebensmitteln auf die Endprodukte völlig harmlos und gesundheitlich unbedenklich seien, dann unterliegen sie dem irrsinnigen - von mir später noch näher erläuterten - Glauben, daß sich Lebewesen wie Maschinen beherrschen lassen. Wie einen Computer zum Beispiel, bei dem man weiß, was rauskommt, weil man die entsprechenden Eingaben machte.

In meinem Beitrag werde ich zunächst auf einige ernährungswissenschaftliche Aspekte gentechnisch veränderter Nahrungsmittel eingehen.

Ob es um das Backen von Brot, dem Säuern von Gemüse, der Reifung von Käse oder um das Bierbrauen geht - schon seit uralten Zeiten nutzen Menschen - ohne davon zu wissen - die enormen Fähigkeiten der allgegenwärtigen Mikroorganismen. Diese auf natürlichen Prozessen beruhenden Vorgänge wurden längst schon großtechnischen Gesichtspunkten untergeordnet. In einem Beitrag zum Buch der Verbraucher-Initiative "Genüsse aus dem Gen-Labor?" schreibt Gerd Spelsberg dazu:

"Nur noch wenige Molkereien, Brauereien, Käse- oder Backbetriebe gibt es, die sich heute ihre diversen Hefe-, Schimmelpilz- oder Milchsäurestämme selber halten und nach eigenen Bedürfnissen modifizieren oder weiterentwickeln. Solche 'Starterkulturen', gewissermaßen die Initialzündung jeder Fermentation oder Gärung, werden mittlerweile von Spezialbetrieben für jeden gewünschten Anwendungszweck hergestellt. Aus 'spontanen' natürlichen Vorgängen ist heute ein technischer Prozeß geworden. Die Mikroorganismen selbst sind Teil der maschinellen Apparatur geworden."

Durch den Einsatz der Gentechnik wird das Ganze auf die Spitze getrieben, verbunden mit unwägbaren Folgen auch für Konsumenten.

Wie bereits erwähnt, ist der mittels transgener Hefen produzierte Chymosin-Ersatz "Maxiren" seit Jahren im Handel. Zu dem Problem, das mit dem so hergestellten Käse verbunden ist, heißt es in "Genüsse aus dem Gen-Labor?":

"Das Gentech-Chymosin befindet sich in Einschlußkörpern im Mikroorganismus, der erst zerstört werden muß, um das Enzym gewinnen zu können. Teile des so veränderten Organismus könnten auch im Käseaufschnitt noch enthalten sein."

Über einen mehrstufigen Reinigungsprozeß muß das Gentechnik-Produkt also erst einmal isoliert werden. Theoretisch ist eine absolut reine Ware zwar möglich, doch in der Regel beträgt der Reinheitsgrad zwischen 99,5 und 99,8 Prozent. Diese relativ kleine Verunreinigung kann schon allergische oder andere immunologische Reaktionen auslösen. Es reichen zum Teil sogar nur wenige Moleküle aus, um ungeahnte Wirkungen zu entfalten. Zu beseitigen wäre die Gefahr dadurch, daß man das Genprodukt ständig auf seine völlige Reinheit hin überprüft. Das jedoch ist sehr zeitaufwendig und teuer. Und die Konkurrenz ist groß.

Das Beispiel L-Tryptophan zeigt, wie fatal sich eine unkontrolliert angewendete Gentechnologie auswirken kann. Diese für den Menschen essentielle Aminosäure wird als biologisches Schlafmittel sowie Antidepressivum und in den USA als Nahrungsmittelzusatz verkauft. Um die Wirkstoffausbeute zu optimieren, hat der japanische Hersteller "Showa Denko" vor einigen Jahren seine Produktion umgestellt und ließ diese Substanz nun von genmanipulierten Bakterien produzieren. Dieses Präparat ruft schwere Nebenwirkungen hervor, wie starke Gelenk- und Muskelschmerzen, Fieber oder Atemstörungen. Phänomene, die man unter dem Begriff Eosinophilie-Myalgie-Syndrom zusammenfaßt. Für einige Menschen in den USA wurde das Produkt zur tödlichen Falle.

Auch wenn bis zu diesem Zeitpunkt die Ursache noch nicht restlos aufgedeckt ist, die zu dieser fatalen Folge führte, steht dennoch außer Zweifel, daß es sich dabei um Verunreinigungen des Medikaments handelt.

Doch es geht nicht nur um die direkten toxikologischen Konsequenzen. Die sind relativ leicht nachweisbar. Es geht vielmehr um die Langzeitwirkungen, und die sind nicht unmittelbar festzustellen. Weder bei den Produkten, noch beim geplanten Einsatz der genmanipulierten Organismen selbst, wie es beispielsweise bei der Herstellung von Joghurt, beim Rötungsprozeß von Salami oder dem Brotbacken der Fall sein soll.

Ein Organismus, dem man neue Eigenschaften hinzufügt, ist nicht mehr identisch mit seinen unbehandelten Artgenossen. Es können Änderungen im Stoffwechsel auftreten, die zu neuen Produkten führen oder zu unterschiedlichen Konzentrationen bereits vorhandener. Das Manipulieren am Genom eines Lebewesens - und sei es noch so klein - kann, wie Frederik Vester es in seinem Buch "Neuland des Denkens" beschreibt, zu Kettenreaktionen führen, die weder vorhersehbar noch handhabbar sind. Zu viele Unbekannte sind hierbei im Spiel.

Trotzdem wollen uns die "Novel-Food-DesignerInnen" Glauben machen, Gentech-Nahrung sei mindestens genauso gut verträglich wie natürliche Produkte.

Was es damit auf sich hat, läßt sich sehr anschaulich am Beispiel des rekombinierten Rinderwachstumshormons, rBST genannt, zeigen. Dieses rBST der Firma Monsanto ist seit Anfang letzten Jahres in den USA im Handel. Es wird Kühen gespritzt, unter anderem mit dem Ziel, daß diese dann mehr Milch liefern. Allein schon aus Gründen des Tierschutzes dürfte dieses Hormon gar nicht auf dem Markt sein. Denn laut Beipackzettel des Herstellers kann Posilac - so der Handelsname - zu folgenden Nebenwirkungen führen, die da wären: Fruchtbarkeitsstörungen, Euterentzündungen, erhöhte Körpertemperatur, Störung der Verdauungsorgane, Erkrankungen der Gliedmaßen, Entzündungen an der Injektionsstelle, Veränderung der Blutbestandteile.

Welche Auswirkungen der Verzehr von Milch derart behandelter Kühe auf den Menschen haben könnte, beschreibt Christoph Then in den "Umweltnachrichten" vom 3. 8. 94. Diskutiert werden dabei unter anderem folgende Probleme und Risiken:

"1. Allgemeine Veränderung der Qualität der Milch. In verschiedenen Untersuchungen wird von einer Verschiebung der Fettzusammensetzung, der Fettprozente, der Proteinprozente und einer Zunahme der Zellzahl berichtet. Diese Verschiebungen müssen als Indikatoren für eine generelle Änderung der Milchzusammensetzung gesehen werden ... Die genaue Analyse der geschätzten 200 Milchbestandteile stellt uns vor wissenschaftlich und ökonomisch kaum lösbare Aufgaben. Eine Gefährdung der Verbraucher kann hier jedenfalls nach dem derzeitigen Wissen nicht ausgeschlossen werden.

2. Zunahme spezieller pharmakologisch wirksamer Inhaltsstoffe in der Milch. Dazu gehört zum Beispiel IGF 1 (Insulin like growth factor) ... IGF 1 regelt das Zellwachstum und regt Zellen zur Teilung an ... Er ist mit dem IGF 1 Faktor des Menschen weitgehend identisch. Seine Konzentration in der Milch kann durch rBST Verabreichung erhöht werden. Derzeit wird in den USA diskutiert ..., ob dieser Stoff das Risiko, an Brustkrebs zu erkranken, erhöhen könnte ...

3. Neue Inhaltsstoffe in der Milch. Ein "neuer" Inhaltsstoff in der Milch können die rBST Moleküle bzw. Bruchstücke von diesen Molekülen sein. Als "neu" kann dieser Inhaltsstoff bezeichnet werden, wenn zum Beispiel die resultierenden Bruchstücke des Ausgangsmoleküls sich in der biologischen Aktivität von den natürlichen unterscheidet. Obwohl das rBST mit dem natürlichen Wachstumshormon weitgehend identisch ist, bilden die behandelten Kühe doch Antikörper gegen das rBST. ... Auch die Abbauprodukte, Bruchstücke des rBST in der Milch, müssen erwähnt werden. Von den Bruch-

stücken des - auch des natürlichen - Wachstumshormons wird zum Teil eine höhere biologische Aktivität behauptet als vom ursprünglichen Hormon. Dabei werden Wechselwirkungen mit den IGF-Molekülen diskutiert ..."

Man muß keine Expertin, kein Experte sein, um aus diesen Informationen auf mögliche Folgen für die Gesundheit von VerbraucherInnen schließen zu können.

Jedes Nutztier mit zusätzlichen Wachstumshormonen, jeder Einsatz genmanipulierter Mikroorganismen, jede Produktionsanlage, in der veränderte Mikroben Produkte für die Lebensmittelindustrie absondern, sind grundsätzlich nichts anderes als stetige Freisetzungen gentechnisch veränderter Organismen. Ich möchte deshalb im folgenden Abschnitt auf einige Aspekte eingehen, die mit der Freisetzung transgener Pflanzen zusammenhängen.

Weltweit sind bisher etwa 1200 Freilandversuche bekannt geworden. Auch in unserem Land wurden und werden transgene Pflanzen in die Umwelt entlassen. Eine Praxis, die selbst bei WissenschaftlerInnen, die ansonsten keine Bedenken gegen gentechnisch hergestellte Lebensmittel haben, nicht unumstritten ist. Für Konzerne aber, wie beispielsweise Hoechst, stellen auch derlei Experimente kein Gefahrenpotential dar. Glaubte man ihren Verlautbarungen, wäre der Anbau gentechnisch veränderter Pflanzen ohne Risiko, verhielten sie sich in der Natur doch wie unveränderte. Eine Position, deren vermeintlicher Wahrheitsgehalt seit Jahren widerlegt ist. In dem 1988 veröffentlichten Buch "Zeitbombe Gentechnik" wird unter anderen der Kieler Molekularbiologe Berndt Heydemann erwähnt, der auf die ökologische Gefahr durch die Freisetzung stickstoffixierender Kunstbakterien einging, und dessen Aussage auch auf andere Freilandversuche zutrifft. Ich zitiere:

"'Wir wissen schon heute, daß solche Veränderungen die Stabilität des ganzen Naturhaushaltes stören und viele Arten-Veränderungen Laufmascheneffekte vielseitiger Auswirkungen nach sich ziehen.' Wir müssen, so der Wissenschaftler, die 'Reaktion der Ökosysteme auf solche Veränderungen genau verstehen' und wissen, ob sich die entsprechenden Organismen dann auch nur in den entsprechenden Ökosystemen aufhalten werden."

Ein Lern- und Erkenntnisprozeß, der, wie es im Gen-Informationsdienst vom März '88 heißt, noch mindestens 10 bis 15 Jahre dauert - unter der Voraussetzung, daß diese Forschung unterstützt wird. Derzeit aber ist nur das Gegenteil feststellbar. Und selbst wenn alle Ressourcen ausgeschöpft würden, wäre es immer noch fraglich, ob man irgendwann alle Folgen konkret vorhersagen könnte.

Bis heute jedenfalls kann kein Mensch sagen, wie und in welchem Umfang sich die Freisetzung genmanipulierter Pflanzen auswirkt. Daß diese jedoch nicht spurlos bleibt und zu einschneidenden Konsequenzen führen kann - wenngleich nicht muß -, ist erwiesen. So ist es nicht ausgeschlossen, daß ein horizontaler Gentransfer stattfindet, das heißt, ein Austausch der Erbsubstanz von transgenen auf natürliche, artverwandte Pflanzen. In dem Artikel "Manipulierte Gene - sicher unter menschlicher Kontrolle?", abgedruckt in der Zeitschrift "Biologie in unserer Zeit" Nr. 2/94 heißt es dazu:

"Für den Austausch von genetischer Information zwischen verschiedenen Arten muß eine Reihe biologischer Voraussetzungen erfüllt sein, die im Hinblick auf jedes einzelne Objekt untersucht werden müssen. So ist zum Beispiel die Wahrscheinlichkeit, daß genetische Informationen durch Pollen von der Kartoffel auf andere verwandte Arten natürlich übertragen werden, sehr gering, wenn nicht ausgeschlossen; Kartoffeln nämlich befruchten sich in fast allen Fällen selbst.

Die Zuckerrübe ist dagegen ein ausgesprochener Fremdbefruchter. Genaustausch mit Wildarten ist damit durchaus möglich, auch wenn die Pflanzen im Anbau in der Regel nicht zur Blüte kommen."

Auch beim Raps, auf den die Autoren in ihrem Beitrag besonders eingegangen sind, halten sie einen Austausch des Erbmaterials für möglich und schlußfolgern:

" ... Aufgrund der Kreuzbarkeit von Raps und seinen Verwandten und deren Vorkommen im gleichen Areal muß mit einem Gentransfer zwischen diesen Arten gerechnet werden. Es ist deutlich geworden, daß eine Abschätzung der Häufigkeit solcher Ereignisse letztlich nicht möglich ist. Ein solcher Transfer manipulierter Gene kann dann nachteilige Folgen haben, wenn Merkmale übertragen werden, die der Wildform einen selektiven Vorteil in ihrem Habitat verschaffen. Veränderungen der Artenzusammensetzung mit weiteren ökologischen Konsequenzen wären die Folge. Ein solcher Fall ist zum Beispiel denkbar, wenn Kulturpflanzen, wie der Raps, die Fähigkeit übertragen bekommen, Stickstoff direkt aus der Luft aufzunehmen. Auch eine Übertragung von Herbizidresistenzen über die Mechanismen des horizontalen Gentransfers auf die Unkrautflora würde die spezifische Wirkung eben dieser Herbizide aufheben..."

Über diese Warnungen hinweggehend, sind es gerade die gegen Unkrautvernichtungsmittel resistent gemachten Pflanzen, denen sich die Agrochemie-Industrie mit wachsendem Interesse widmet. Bereits heute machen derlei behandelter Pflanzen knapp die Hälfte der 1200 Freilandversuche aus.

In diesem Bereich tätig ist unter anderem die "Hoechst-Schering AgrEvo GmbH" - ein Zusammenschluß der Agrochemie-Sparten der Firma Hoechst und der Schering AG. Auf die gegen das Breitbandherbizid "Basta" - so der Handelsname - quasi immun gemachten Mais- und Rapssorten hat das Unternehmen auch schon ein Patent. Da ein Patent laut Definition ein patentamtlich verliehenes Recht zur alleinigen Benutzung und gewerblichen Verwertung einer Erfindung ist, geben pantentierte Pflanzen und andere Organismen ein sehr anschauliches Beispiel für den oft fehlinterpretierten und allzu wörtlich genommenen Begriff des "schöpferischen Herangehens".

Weit entfernt, sich der Tragweite dessen bewußt zu sein, zählt für die Unternehmen einzig und allein, ihre "Erfindung" und das dazu passende Herbizid zu vermarkten. So behaupten Hoechst und Schering, daß Basta, habe man erst die veränderten Sorten, in geringen Mengen gespritzt werden kann, und daß es verglichen mit anderen Unkrautvernichtungsmitteln die Umwelt kaum gefährde, weshalb es nur gut sei, wenn neue, resistente Pflanzen einen verstärkten Einsatz förderten. Eine Position, die viele Naturschutz- und andere Organisationen stichhaltig widerlegen. In dem von ihnen unterstützen Informationsblatt "Basta. Eine bittere Ernte" wird dazu unter anderem bemerkt:

"Wenn ein Bauer, wie empfohlen, solange mit der Basta-Spritze wartet, bis die lästigen Beikräuter schon zwischen den Kulturpflanzen stehen, muß er kräftiger als bisher dosieren. Denn die Wirkung von Basta hängt stark vom Entwicklungsstand der Pflanze ab: Je größer sie schon gewachsen ist, um so größer die nötige Herbizid-Menge. ... Auch wird es in der landwirtschaftlichen Praxis mit nur einer Spritzkur nicht getan sein, um das Feld bis zur Ernte 'unkrautfrei' zu halten. Hinzu kommt, daß erst durch die neuen Sorten mit gentechnischer Resistenz Herbizide auch dort einsatzfähig werden, wo sie bislang untauglich waren. Bei Kartoffeln etwa werden heute die lästigen Kräuter noch mechanisch beseitigt. ...

Wie alle Totalherbizide greift auch Basta, besonders nach wiederholter Anwendung, die Samenbanken im Boden an. Als Folge davon können einzelne Wildpflanzenarten aussterben. Totalherbizide schädigen viele Kleinstlebewesen in Feuchtgebieten und Oberflächengewässer; Basta ist fischgiftig. Anders als der Hauptwirkstoff von Basta hat sich ein Abbauprodukt des Herbizids als chemisch stabil erwiesen; es kann daher lang im Boden verbleiben und bis ins Grundwasser versickern. Auch Bodenbakterien setzt Basta zu und greift damit in das ökologische Gleichgewicht des Bodens ein. Wer behauptet, Basta und ähnliche Herbizide seien sicher und ohne Nebenwirkungen, scheint viele bittere Erfahrungen vergessen zu haben: Ob DDT oder Atrazin - was einst als sicher und als Fortschritt galt, ist nun verboten. Zu spät; denn nun sind diese Gifte bis in die letzten Poren des Ökosystems vorgedrungen."

Mit der Freisetzung genveränderter Pflanzen ebenso wie mit dem damit verbundenen Einsatz entsprechend "maßgeschneiderter" Herbizide sind also längst nicht nur die möglichen Wechselwirkungen zwischen diesen Gewächsen und ihren Wildtyp-Verwandten zu berücksichtigen, sondern zum Beispiel auch die möglichen Wechselwirkungen zwischen Pflanzen und im Boden lebenden Mikroorganismen. Zudem stellt sich die Frage, welche Auswirkungen der Verzehr solch resistenter Pflanzen auf den menschlichen Organismus hat.

Ein weiteres Problem ist, daß man noch überhaupt nicht abschätzen kann, wie sich das Einbringen eines fremden DNA-Stückes auf die Aktivität des gesamten Erbmaterials auswirkt. Da bei allen Organismen, egal ob Pflanze, Mikrobe, Tier oder Mensch, das Gleichgewicht des Erbguts fein ausbalanciert ist, kann das neu eingebrachte Fremd-Gen dieses empfindlich stören. So können bis dahin sogenannte stumme Gene - das sind Gene, deren Erbinformation nicht in Proteine umgesetzt werden, und über deren Bedeutung man nichts genaues weiß - plötzlich aktiviert werden und dafür sorgen, daß, um bei der Pflanze zu bleiben, neue pflanzliche Inhaltsstoffe entstehen, wobei Art und Wirkungsweise dieser Stoffe im Prinzip unkalkulierbar sind.

Wie sich zeigt, sind die mit der Genmanipulation verbundenen Risiken sehr vielfältig und auf verschiedenen, miteinander verflochtenen Ebenen, angesiedelt. Und die Abschätzung des Gefahrenpotentials ist durch Freilandversuche keineswegs gegeben. Die Auseinandersetzung mit dem Ökosystem, besser dem Netzwerk von Systemen aber müßte erfolgen, bevor an einzelnen Teilen unumkehrbare Fakten geschaffen werden. Treffend charakterisiert Frederik Vester das Kernproblem in seinem Buch "Neuland des Denkens":

"Die Tatsache, daß lebende Systeme immer offen sind, daher nie für sich alleine existieren, ja sich sogar gegenseitig durchdringen, hat nun nicht nur ihre Bedeutung für die Art, wie man Systeme und ihr Verhalten erfassen und verstehen kann, sondern auch dafür, welche Rolle wir selbst darin spielen. Meist sind wir uns gar nicht bewußt, wie sehr das eigene Verhalten und Wohlergehen, unsere Leistungen und Pläne mit diesen Wechselwirkungen zusammenhängen. Daß wir dennoch immer wieder glauben, das System, in dem wir leben, sozusagen von außen steuern zu können, ist wohl ebenfalls ein Überbleibsel jenes Denkfehlers, wir hätten es mit geschlossenen Systemen zu tun, mit Maschinen, die man von außen mit einem Programm steuern könne, ohne daß dieses Programm selbst davon beeinflußt würde. In Wirklichkeit sind aber Steuermann und Programm auch immer selbst Teile des Systems."

Mit dieser Aussage Frederik Vesters wird deutlich, daß die Natur, so wie wir sie vorfinden, auch Ausdruck dessen ist, was der Mensch seit Tausenden von Jahren durch Arbeit gestaltete. Zugleich beeinflußten und beeinflussen diese Veränderungen der Natur die Entwicklung des Menschen selbst. Es handelt sich also bei den Begriffen Mensch und Natur nicht um zwei voneinander losgelöste Kategorien, sondern um das Wechselspiel eines komplexen Systems, das aus mehreren Komponenten besteht.

Wenn wir nun einen Teil dieser natürlichen Zusammenhänge zerstören, wie beispielsweise die natürlichen Grundlagen unserer Ernährung - denn wir sind auch, was wir essen -, zerstören wir gleichzeitig einen Teil unserer Lebensgrundlagen und somit einen Teil von uns selbst. Wollen wir uns also nicht Stück für Stück den Boden unter den Füßen wegziehen, kommen wir nicht umhin, uns der gesamtgesellschaftlichen Verantwortung für das System - von dem wir ja ein Teil sind - zu stellen.

Dieser gesamtgesellschaftlichen Verantwortung und dem sich daraus ergebenden Handlungsauftrag aber stehen die privaten Wirtschaftsinteressen gegenüber. Interessen, die die Industrie vertritt und die auf ständig steigende Gewinne hinauslaufen. Dabei setzen die Konzerne im Lebensmittelsektor auf den Einsatz der Biotechnologien, speziell der Gentechnologie.

Der ökonomische Aspekt gentechnisch manipulierter Nahrungsmittel ist somit auch der einzige, der die Konzerne interessiert. Gelingt es, Tomaten zu konstruieren, die nur <u>ein</u> Prozent weniger Wasser enthalten, könnten Suppen-, Ketchup- und Fertiggerichthersteller jährlich ca. 50 Mio. Dollar an Transport- und Verarbeitungskosten einsparen. Um ähnliche Beträge dürfte es sich handeln, wenn es gelingt, Pommes-frites und chipgerechtere Kartoffeln zu erzeugen. Der Chemiegigant Monsanto rechnet damit, seinen Jahresumsatz durch den Einsatz des rekombinanten Rinderwachstumshormons, rBST, um über eine Milliarde Dollar zu steigern. Dasselbe Unternehmen macht mit dem in den USA gentechnisch produzierten Aspartam ein jährliches Umsatzplus von einer Milliarde DM. Diesen Süßstoff, bekannt unter dem Namen Nutra-Sweet, benutzen Coca Cola und Pepsi Cola in den Staaten zum Süßen ihrer kalorienarmen Getränke.

Weltweit rechnet man zur Jahrtausendwende mit einem Umsatzvolumen von mehr als 200 Milliarden Dollar.

Verbunden mit den riesigen Umsätzen und der daraus resultierenden Gewinnsteigerung ist ein verschärfter Arbeitsplatzabbau. Ich zitiere aus "Genüsse aus dem Gen-Labor?":

"In den USA rechnet man damit, daß infolge der gentechnischen Innovationen bis zum Jahr 2000 25 Prozent der Arbeitsplätze in der Lebensmittelindustrie entfallen werden - bei ansteigendem Umsatzvolumen. Den Rationalisierungsschub, weitere Automatisierung und Verdrängung traditioneller Techniken und Erzeugnisse in fast allen industriellen Anwendungsfeldern - diese Zukunft der Gentechnik ist am Horizont bereits klar und deutlich zu erkennen."

Mit diesen Umstellungen im Produktionsbereich - die enorm viel kosten - wird sich auch der Konkurrenzkampf erheblich verschärfen. Mittlere, insbesondere aber kleine landwirtschaftliche Betriebe werden kaum noch eine Chance haben sich zu behaupten. Geht die Entwicklung in dem bisher eingeschlagenen Tempo weiter, wird es eine Landwirtschaft im herkömmlichen Sinne bald nicht mehr geben, sondern nur noch einen Agrochemie-Produktionszweig.

Aber nicht nur hierzulande sind die Folgen industrieller Gen-Food-Produktion erschreckend. Gentechnik in der Landwirtschaft wird viele Entwicklungsländer endgültig in den Ruin treiben, wie das am Beispiel der Kakaobohne gezeigt werden kann. Dieser Rohstoff kommt ausschließlich aus Ländern der 3. Welt: aus Afrika, Lateinamerika und Asien. Sie ist einer ihrer wichtigsten Agrarprodukte. Ghana und Togo beispielsweise erwirtschaften mit Kakao über die Hälfte ihrer Exporterlöse. Mit den modernen Biotechnologien nun haben die Konzerne unter anderem die Möglichkeit, diesen traditionell agrarischen Rohstoff durch enzymatische Stoffumwandlung auf der Basis eines anderen zu ersetzen.

Im BUKO-AGRAR-Info vom September 1991 heißt es dazu:

"Kakaobutter ist ein hochwertiges und daher teueres Öl. Die Biotech-Firmen versuchen nun, den teuren Rohstoff ... aus billigen Ölen (z. B. Palmöl) herzustellen. Vor allem Firmen aus den USA und Japan forschen daran. ... So werden heute bereits auf der Basis verschiedener pflanzlicher Öle Kakaobutter-Ersatzstoffe hergestellt. Von diesen Fetten werden jährlich rund 200.000 Tonnen auf dem Weltmarkt gehandelt. Das entspricht der Kakaobutter von 500.00 Tonnen Bohnen oder einem Viertel der Weltkakaoproduktion.

Völlig neue Konkurrenzverhältnisse beginnen sich auf den Weltmärkten herauszubilden: Der ghanische Kakao-Kleinbauer konkurriert nicht mehr nur auf einem Weltkakaomarkt mit den Kakaoplantagen Indonesiens und Brasiliens, sondern auf einem Weltmarkt für den Rohstoff `Öle und Fette´ mit den Kokospalmenanbauern auf den Philippinen und den Ölpalmenplantagen in Malaysia, dem norddeutschen Rapsanbau und der amerikanischen Sojaproduktion ..."

Es liegt nahe, daß sich diese Produktionsverfahren auf die Ökonomien der Länder Afrikas, Lateinamerikas und Asiens auswirken werden. Zum einen deshalb, weil die bisherigen Exportprodukte dieser Staaten ersetzt und in den Industrieländern selbst produziert werden - womit man den Bauern der 3. Welt ihre Einkommensmöglichkeiten nimmt, da man sie dadurch passiv vom Weltmarkt abkoppelt. Zum anderen, weil bestimmte hocheffiziente tropische Nutzpflanzen als nachwachsende Rohstoffe vermehrt in der Dritten Welt angebaut werden würden. Dies bedeutete einen weiteren Auftrieb für die agrarische Exportproduktion in den Ländern der Dritten Welt und somit eine weitere Verschärfung des Hungerproblems.

Hunger ist also nicht, wie uns die Industrie einreden will, ein technologisches Problem, das man mit dem Einsatz modernen Technologien, speziell der Gentechnologie, lösen könnte. Hunger ist ein Problem der Armut, was in dem eben erwähnten BUKO-AGRAR-Info sehr anschaulich belegt ist. Zitat:

"Noch nie wurden weltweit pro Kopf der Bevölkerung so viele Nahrungsmittel produziert wie heute. Aber Ausdehnung der landwirtschaftlichen Nutzflächen für Plantagen und Exportprodukte drängen zahlreiche Klein- und Kleinstbauern und ihre Familien aus der Produktion. Die Zahl der vom Land Vertriebenen nimmt in vielen Ländern zu. Der Agrarhandel hingegen wächst weltweit schneller als die landwirtschaftliche Produktion. Landlosigkeit, verweigerte Landreform und Hunger stehen in direktem Zusammenhang."

Daraus ergibt sich die Forderung, daß die Länder der 3. Welt die Möglichkeit einer selbstbewußten nationalen Politik haben müssen, und daß sie am internationalen Entscheidungsprozeß teilhaben. Ihre Bemühungen, die eigenen Rohstoffe zu schützen, gilt es zu unterstützen.

Die Etablierung der Gentechnologie im Nahrungsmittelsektor ist dabei, wie ausgeführt, die denkbar ungeeignetste Möglichkeit, dies zu tun.

Betrachtet man all die genannten Aspekte, so läßt sich zusammenfassend sagen:

Sowohl in ökonomischer und sozialer als auch in ernährungswissenschaftlicher und ökologischer Hinsicht zeigt der Einsatz der Gentechnik im Lebensmittelbereich gesamtgesellschaftlich betrachtet nur negative Wirkungen. Nutznießer der modernen Biotechnologien, deren Anwendung letztendlich darauf hinausläuft, Tiere und Pflanzen zu reinen Protein- und Fettlieferanten verkommen zu lassen, und diesen Substanzen dann künstlich produzierte Zusatzstoffe einzuverleiben anstatt die natürliche Vielfalt zu nutzen, ist allein die Industrie.

Diese Entwicklung müssen wir stoppen, wollen wir uns nicht selbst unsere Lebensgrundlagen entziehen. Dabei geht es nicht darum, auf die Anwendung moderner Technologien zu verzichten. Es geht vielmehr um die von Ernst Bloch geprägte "Mitproduktivität", um eine partnerschaftliche Zusammenarbeit mit der Natur bzw. einer Technik, in der nicht "gegen" die Natur gearbeitet wird, sondern mit ihr. Armin von Gleich, der Autor des Artikels "Alternativen zur Gentechnik?", veröffentlicht im Gen-Informations-Dienst 5/90, hält am Ende seiner Ausführungen fest:

"Das ... eingangs geschilderte Zusammenwachsen von Wirtschaftsstruktur-, Forschungs- und Technologiepolitik ist auch aus ökologischer Sicht nicht mehr hintergehbar. Schließlich muß eine vorsorgende Umweltpolitik heute ganz wesentlich in enger Abstimmung mit - wenn nicht gar als - Forschungs-, Technologie- und Wirtschaftsstrukturpolitik betrieben werden. Nur 'technische' Alternativen reichen längst nicht mehr aus. Integrierte Konzepte der Forschungs-, Technologie- und Wirtschaftsstrukturpolitik sind gefragt."

Diese Konzepte können aber nur dann wirksam umgesetzt werden, wenn eine gesellschaftliche Kontrolle industrieller Investitionspolitik, wie die der Agrochemie, gewährleistet ist.

Let's talk about sex

Sabine Riewenherm
Gen-ethischer Informationsdienst, Schöneweider Str. 3, D-12055 Berlin

Erotik, Sexualität, Geschlecht erregen das Interesse der Naturwissenschaften, der Medien und der Öffentlichkeit. Während sich in den letzten vier Jahren besonders die Genetik hervortat mit Entdeckungen von Männlichkeits-Genen, Homo-Genen oder gar "Fremdgehen-Genen", holen nun andere biologische Disziplinen wie die Hormon- und Hirnforschung auf. Im Frühjahr dieses Jahres widmeten sich gleich zwei Zeitschriften den "biologisch" bedingten Geschlechterdifferenzen: *Der Spiegel (16/1995)* ließ sich über den "Urknall der Hormone" aus - der Mensch irre in seinem Triebleben umher, gefesselt an sein evolutionäres Erbe, gesteuert vom Diktat der Gene und Hormone. Verhaltensweisen wie Eifersucht, Untreue oder PartnerInnenwahl würden auf einem festen biologischen Fundament ruhen und seien von gesellschaftlichen Faktoren so gut wie unantastbar. Das Diktat der Hormone scheint auch auf den Autoren (oder die Autorin) gewirkt zu haben: Das "männliche" Hormon Testosteron sei ein "menschheitsprägender Wirkstoff", entfuhr es dem Magazin, doch dieser Wirkstoff stehe "in Mini-Mengen auch dem weiblichen Organismus zur Verfügung". Na immerhin.

Nicht viel anders das Magazin *Focus (14/1995).* Es stürzte sich auf die Gehirnforschung und titelte: "Warum Frauen anders denken als Männer. Neue Experimente zeigen: Es gibt geschlechtliche Unterschiede im Gehirn". Eventuell aufmüpfige Feministinnen versucht Focus mit dem Zusatz "Das Ende des männlichen Überlegenheitswahns ist in Sicht" zu beschwichtigen. Doch fast sämtliche Stereotypen für "typisch Mann" und "typisch Frau" sind - ginge es nach der Tabelle in Focus - inzwischen "wissenschaftlich" bestätigt. So wird aufgeführt, daß Männer aggressiver seien als Frauen und mühelos mathematische Aufgaben lösen könnten, die Logik erfordern würden. Frauen dagegen bewältigten "einfache Rechenaufgaben", seien "natürlich" gefühlsbetonter als Männer und ihr räumliches Vorstellungsvermögen sei darauf beschränkt, sich "Landmarken etwa während einer Autofahrt besser merken" zu können.

Die fieberhafte Suche der WissenschaftlerInnen nach dem "kleinen Unterschied" und die entsprechenden Interpretationen ihrer Fundstücke verführen manche "Männer der Tat" gleich zu pragmatischeren Überlegungen. Ungeniert können Manager im Fernsehen inzwischen wieder darüber sinnieren, daß es den Frauen eben nicht gegeben sei, bei der "Jagd" mitzuwirken, weil sie schließlich nicht nur die Kinder zur Welt bringen, sondern auch noch versorgen müßten. Viele mögen darüber noch lachen. Doch die Mißachtung von Frauen unter dem Deckmantel modernster Biologie bleibt nicht auf Fernseh-Talkshows beschränkt: Der Bielefelder Rechtsprofessor Erwin Quambusch fordert auf "biologischer" Grundlage bereits Gesetzesänderungen. Er macht sich Sorgen um das Wohlbefinden der Frauen. Schon allein die weibliche genetische Ausstattung widerspreche der "Vermutung", daß Frauen wirklich den Männern gleichberechtigt sein wollten. Aus dem Grunde hätten rechtliche Bestimmungen zur Gleichstellung von Frauen keinen Sinn und würden diese nur unglücklich machen.

Einer der ältesten - und anerkanntesten - Biologismen überhaupt ist die Konstruktion der Geschlechter. Die komplizierte Frage nach "sex" (gebraucht im englischen

Wortsinne und als biologische Kategorie verstanden) und "gender" (verstanden als kulturelle Kategorie) haben BiologInnen längst in ihrem Sinne entschieden: Sex ist biologisch determiniert - und Geschlecht auch. Geschlechtsunterschiede gibt es, das ist keine Frage. Streitereien gibt es schon lange darüber, welche Eigenschaften biologisch bedingt sind und wieviel Einfluß Umwelt und Sozialisation haben. Dabei geht es nicht nur um "Äußerlichkeiten" (Mann stark - Frau schwach; Mann größer als Frau ...), sondern auch um Verhaltensweisen (Frauen haben einen Sinn für das "Soziale und Häusliche"; haben weniger Ehrgeiz, sind friedfertiger, haben eine größere Nähe zur Natur - und Männer streiten immer, sind egoistisch und untreu ...). Für eine Klärung der Streitfälle - was ist "typisch" männlich oder weiblich - wird immer wieder gerne auf die angebliche Sachlichkeit der Biologie zurückgegriffen. Aber sind die Ansichten der BiologInnen wirklich weniger ideologisch als die der naturwissenschaftlichen Laien? Das Vertrauen der Öffentlichkeit in die Forschung ist scheinbar grenzenlos. Die gesellschaftspolitische Hinterfragung dieser "Wissenschaftsgläubigkeit" ist eine Möglichkeit der kritischen Auseinandersetzung. Eine andere ist es, den Glauben an die Wissenschaft mit kleinen Anekdoten zu erschüttern. Das schwankende Fundament der biologischen Geschlechterdifferenzierung will ich an Beispielen wie der erfolglosen Suche nach dem "Männlichkeits-Gen" und der Soziobiologie offenlegen.

Mikroskopisch kleine Männchen

Wie beurteilen BiologInnen eigentlich, wann eine Erscheinung "männlich" oder "weiblich" ist? Man sollte es sich vielleicht nicht so einfach machen wie der Forscher von Leeuwenhoek (1632-1723), der unter dem Mikroskop "exceedingly minute forms of men with arms, heads and legs complete inside sperm" zu entdecken glaubte (also er sah statt Spermien lauter kleine Männchen umherschwimmen, die er übrigens auch akribisch abzeichnete). Wie wir heute wissen, sehen Spermien nicht wie kleine Männchen aus - und bei aller Gutmütigkeit läßt sich Leeuwenhoeks Fehler in der naturwissenschaftlichen Betrachtung wohl weniger auf ein mangelhaftes Mikroskop zurückführen als auf seine "geschlechtsspezifische" Sichtweise.

Einigermaßen sicher fühlen sich BiologInnen, greifen sie auf die Keimzellendefinition für die Geschlechtskategorisierung zurück. Mit dieser Definition kann bereits bei den Algen, sogar bei einzelligen Wimpertierchen, festgelegt werden, welches Geschlecht sie haben. Auch wenn die Unterscheidung manchmal etwas "herbeigeredet" wird. So unterscheiden sich zum Beispiel bei den Wimpertierchen die Gameten morphologisch nicht. Trotzdem werden sie flott in "männlich" und "weiblich" unterschieden. Wo also glauben BiologInnen, den "kleinen Unterschied" gefunden zu haben? Nun, die Gameten unterscheiden sich einzig nur darin, daß bei der sogenannten "Konjugation" des Wimpertierchens (die beiden Wimpertierchen verschmelzen nicht miteinander, sondern legen sich aneinander und trennen sich dann wieder) ein Kern stationär und der andere mobil ist. Es dürfte nicht schwer sein zu erraten, welcher Kern hier in der Biologie die Bezeichnung "männlich" und "weiblich" bekommen hat. Beliebt ist in der Biologie auch die Bezeichnung "+" und "-": die "+-Gameten" sind die männlichen Donatoren, die "- Gameten" sind die weiblichen Rezeptoren. Diese Bezeichnungen werden dann, "bleibt der Makrogamet völlig unbeweglich", umbenannt in den Begriff der Eizelle bzw. im Falle der "beweglichen Mikrogameten" in das Spermium, womit wir das Geschlechterverständnis in der Biologie kennengelernt haben.

Die Biologin Ruth Hubbard formulierte es so: "Der Kreis ist einfach zu konstruieren: man beginnt mit dem viktorianischen Stereotyp des aktiven Mannes und der passiven Frau, dann schaut man Tiere, Algen, Bakterien, Menschen an und nennt alles passive Verhalten weiblich, aktives oder zielstrebiges Verhalten männlich. Und es funktioniert! Der viktorianische Stereotyp ist biologisch determiniert: sogar Algen verhalten sich so."

Nun produzieren die meisten Organismen, wenn wir mal vom Wimpertierchen und vielen anderen Organismen absehen, tatsächlich Keimzellen unterschiedlicher Größe. Eine Unterscheidung scheint jedenfalls in diesen Fällen durchaus legitim. Für die biologische Geschlechtsbestimmung gilt die simple Regelung: Individuen, die kleine Keimzellen (also Spermien oder Pollen) produzieren, sind Männchen; Individuen, die große Keimzellen (Eizellen) produzieren, sind Weibchen. Nun scheint damit festgelegt, daß es - laut biologischer (und zutiefst menschlicher) Definition - Individuen gibt, die Männchen sind, und die anderen sind die Weibchen. Doch so einfach ist das nicht: So gibt es zum Beispiel Fischarten, die im Verlauf ihres Lebens von der Produktion kleiner Gameten auf große Gameten umschalten (konsekutiver Hermaphroditismus). Und bei den meisten Pflanzen werden die Geschlechter "männlich" und "weiblich" gleichzeitig ausgeprägt.

Auf der Suche nach sichereren Unterscheidungskriterien stoßen wir nun auf die Geschlechtschromosomen X und Y. Doch selbst die XY-Regel kann in der Biologie oftmals nicht viel weiterhelfen: So wird bei den Säugetieren das männliche Geschlecht zwar durch das Vorhandensein eines Y-Chromosoms bestimmt, bei den Vögeln ist es jedoch genau umgekehrt: dort sind es die Weibchen, die das Y-Chromosom haben. Bei den Pflanzen gibt es gar keine Geschlechtschromosomen. Bei manchen Fischarten unterscheiden sich die X- und Y-Chromosomen überhaupt nicht, andere wiederum haben gar kein Y-Chromosom. Für die in der Öffentlichkeit immer noch akzeptierte pauschale Erklärung - Y-Chromosom = männlich, X-Chromosom = weiblich - gibt es in der Biologie viel zu viele Ausnahmen von der Regel. Ein allgemeines biologisches Kriterium für die Geschlechtsbestimmung kann nicht aufgestellt werden. Doch selbst wenn wir uns mit den menschlichen Geschlechtern bescheiden, ist kein Verlaß auf die XY-Chromosomen, wie eine kleine Geschichte zum Aufstieg und Niedergang des Y-Chromosoms beweist.

Y-Chromosom sucht Rolle

Als man im Jahre 1916 bei dem gemeinen Fruchtfliegen (Drosophila)-Männchen ein Y-Chromosom entdeckte, lag die Vermutung nahe, man sei dem Geheimnis der Geschlechtlichkeit auf die Spur gekommen. Doch die Enttäuschung war groß - denn das Y-Chromosom selbst spielte keine Rolle bei der Geschlechtsentwicklung. Ausschlaggebend war vielmehr die Anzahl der X-Chromosomen - zwei X - eine weibliche, ein X - eine männliche Drosophila. "Warum zum Teufel endet das Y-Chromosom als ein kleiner Blubbs ohne irgendeine genetische Aktivität?", fragte sich ein US-amerikanischer Evolutionsgenetiker aus Texas noch vor kurzem.[1)] Tatsächlich, selbst nach Jahrzehnten der Forschung am "männlichsten" aller Chromosomen fand sich bislang auf dem Y-Chromosom nur ein einziges Gen, während das X-Chromosom mit 24 Genen aufwarten kann *(Science, Vol. 265, 30.9.94)*.

Immerhin konnten ForscherInnen mit der These eines "hoden-determinierenden" Faktors (testis-determining factor, TDF) im Jahre 1959 eine kleine Funktion des Y-Chromosoms definieren: TDF (und damit das Y-Chromosom) würde "... die Embryonen auf den Pfad der männlichen Entwicklung führen und von dem falschen Weg zur weiblichen Entwicklung abhalten."[2)] Doch wie das genau funktionierte, wußte immer noch niemand. Erst 1981 wurde ein Protein entdeckt, das ab der sechsten Embryonalwoche die noch undifferenzierten Geschlechtsdrüsen zu Hoden reifen ließ. Und das Gen, das für dieses Protein kodieren soll, das sogenannte SYR-Gen (sex-determining region), wurde gar erst 1990 gefunden. Gleich zwei britische Arbeitsgruppen veröffentlichten den Genfund in der Zeitschrift *Nature (Vol. 346, S. 240)*. Experimente mit diesem SYR-Gen am *Imperial Cancer Research Fund* unter der Leitung von Peter Goodfellow wurden zwar in den Medien gefeiert, verliefen bei näherer Betrachtung jedoch nicht sehr erfolgreich. Bei dem Versuch, elf weiblichen Mäusen das SYR-Gen einzusetzen, entwickelten sich nur drei zu "männlichen" Mausembryonen (d.h. sie bildeten sekundäre Geschlechtsmerkmale aus). Von diesen drei Mausembryonen wurde nur ein kleiner Mäuserich lebend geboren, jedoch ließ sein "Reproduktionserfolg" zu wünschen übrig: Er - sie - es war steril *(GID67)*.

Die Macht der Beuteltiere

1987 aber sollte es endlich so weit sein, das wirklich wahre Männlichkeits-Gen war gefunden. Eine WissenschaftlerInnengruppe unter der Leitung des US-Forschers David C. Page vom *Massachusetts Institute of Technology (MIT)* untersuchte Menschen, deren biologisches Geschlecht nicht mit ihren Chromosomen korrespondierte - also Frauen mit XY-Chromosomensatz und Männer mit XX-Chromosomenpaar. In einem Chromosomenabschnitt, der den XY-Frauen fehlte und bei den XX-Männern vorhanden war, glaubten sie, das verantwortliche Gen, das sogenannte "Zinkfinger-Gen" (ZNF), gefunden zu haben. Doch bald folgte die Ernüchterung: Jenny Graves und ihre MitarbeiterInnen von der *La Trobe University* in Melbourne konnten bei männlichen Beuteltieren keine entsprechenden ZNF-Regionen auf dem Y-Chromosom entdecken. Sie fanden vielmehr ZNF-ähnliche Sequenzen auf zwei anderen Chromosomen.

Was blieb der Wissenschaft anderes übrig - sie ließ das ZNF in der Versenkung verschwinden. Denn das wirklich wahre "Männlichkeits-Gen" hat auf dem Y-Chromosom zu liegen - egal ob beim männlichen Beuteltier oder beim männlichen Menschen. Deswegen konnte man sich zweitens auch nicht vorstellen, daß vielleicht beim Beuteltier ganz andere Gene für die "Männlichkeit" agieren. Und drittens glaubte man an ein simples Schema der Wirkungsweise von Genen - nur ein einziges Gen und sonst keines durfte für Beuteltier- und Menschenmännlichkeit kodieren. Inzwischen muß man umdenken. Denn nach einer neueren Entdeckung, die Ende letzten Jahres unter anderem in der Fachzeitschrift Nature veröffentlicht wurde, soll noch ein weiteres Gen - das SOX9 - für die "Männlichkeit" kodieren. Gefunden wurde es jedoch nicht auf dem Y-Chromosom, sondern auf dem Chromosom 17.[3)] Übrigens glauben nun auch die

ForscherInnen, die den weiblichen Mäusen erfolglos das SYR-Gen einpflanzten, zu wissen, wo ihr Fehler lag: Auch bei den Mäusen wurde ein weiterer geschlechtsbestimmender Faktor auf Chromosom 11 gefunden.[4)]

Auf die Dosis kommt es an

Die Entdeckung des SOX9-Gens läßt die WissenschaftlerInnen inzwischen vermuten, daß überall im Erbgut Gene an der Entscheidung darüber beteiligt sind, ob ein Mensch männlich oder weiblich wird. Letztlich, resümiert Klaus Koch in der Süddeutschen Zeitung, wird wohl die Dosis entscheidend sein - "Frauenfraktion" versus "Männerfraktion". Mittlerweile wurden sogar noch drei weitere Stellen im Erbgut gefunden, bei denen Verdopplungen oder Genverluste die XY-Regel außer Kraft setzen - diese Stellen liegen auf den Chromosomen 9 und 10 sowie auf dem X-Chromosom *(SZ, 11.5.95)*. Die Suche nach den "Genen für das Geschlecht" kann ohnehin noch lange währen - stehen doch noch die "Weiblichkeits-Gene" aus, nach denen bisher noch gar nicht gefahndet wurde. Wen wundert`s, gilt doch in der Naturgeschichte das "Weibliche" als das "Natürliche" schlechthin, während der Mann sich aus dem Gewöhnlichen heraushebt. Da braucht es schon spezielle Männlichkeits-Gene, um "den Mann wie der Urknall das Weltall" zu schaffen *(Spiegel 16/1995)*. Peter Goodfellow, dessen Arbeitsgruppe zeitgleich mit einer Freiburger ForscherInnengruppe das SOX9-Gen entdeckte, greift angesichts der "Geschlechterverwirrung" auf seinen englischen Humor zurück. Er verspricht den armen Männern - wenn sie schon nicht den ersten Preis gewinnen - immerhin eine zweite Wahl: "Falls etwas schief geht, geht man nicht gleich völlig zugrunde, sondern wird als Frau geboren".[5)]

Sexualität - eine verzwickte Sache

Nun stellt sich die Frage, warum denn eigentlich das biologische Geschlecht so wichtig ist, daß sich Generationen von Forschern (und inzwischen auch Forscherinnen) damit beschäftigen. Die Antwort: Sexualität. Die ist bis heute für die meisten BiologInnen, um es gleich festzuhalten, "das Kardinalproblem der Evolutionsbiologie".[6)] Für andere wiederum ist sie gar kein Problem, sie sei ganz einfach "die Produktion von Keimzellen oder Gameten - gewöhnlich Spermien und Eier - sowie deren Verschmelzen, die Gametenkopulation oder Befruchtung."[7)] Rein äußerlich werden bei der Keimzellenbildung aus einer Körperzelle meist entweder ein großes Ei oder 4 kleine Spermien. Weitaus interessanter für die BiologInnen ist aber der Vorgang, der letztendlich zu Veränderungen an der Genkombinationen in den Keimzellen führt - die Meiose. Zur Zeit wohl die anerkannteste These ist, daß Sexualität nicht die Keimzellenproduktion + Befruchtung, sondern das Resultat dieses Ereignisses ist, also "die Bildung eines neuen Organismus, der genetisches Material von zwei Elternteilen enthält".[8)] Andere wiederum stellten, da sich gewöhnlich Keimzellen verschiedenen Geschlechts vereinigen, die recht gewagte These auf, daß Sexualität die Erscheinung sei, "daß die Gameten ... voneinander geschlechtsverschieden sind".[9)]

Unabhängig von diesen Definitionsschwierigkeiten, die aber in jedem Fall Sexualität mit Fortpflanzung koppelt, muß natürlich auch die Sexualität - wie alles in der

Biologie - einen Nutzen haben. Viele BiologInnen sehen den Vorteil der Sexualität darin, daß sie die Evolution beschleunigen würde. Denn durch den Vorgang der Meiose, bei der eine nahezu endlose Vielfalt von Genkombinationen produziert wird, würden auch viele neue Eigenschaften entstehen, die letztendlich - über eine lange Kette von Entwicklungsvorgängen - die Entstehung neuer Arten, ja überhaupt die Evolution ermöglichen würden. KritikerInnen weisen indessen darauf hin, daß Sexualität nicht nur günstige Genkombinationen erzeugt, sondern sie sie auch wieder auseinanderreißt. Manche BiologInnen glauben, daß der Vorteil der Sexualität die Möglichkeit ist, nachteilige Mutationen loszuwerden (Mullers Ratsche). Inzwischen wissen BiologInnen nur eines mit Sicherheit: Sexualität ist nicht das A und O unserer Lebensvielfalt, sondern mit erheblichen Kosten verbunden, von denen ich nur einige nennen will:

- Vorteilhafte Genkombinationen werden aufgelöst, unvorteilhafte Genkombinationen entstehen. So glaubte der Biologe Williams, daß Sexualität grundsätzlich schädlich sei. Schließlich sei nicht einsichtig, warum sich ein bereits in seiner Umwelt erprobtes Individuum auf ein Mischen des Erbgutes einlassen sollte - sicherer wäre es doch, dieselbe Mischung nochmal durch ungeschlechtliche Fortpflanzung zustande zu bringen. Nach seiner Überzeugung würden Organismen ihre Sexualität am liebsten bei jeder sich bietenden Gelegenheit aufgeben: Sexualität würde es also nur geben, weil die Organismen nicht anders könnten und nicht, weil es gut für sie sei.
- Die Reproduktion wird verlangsamt, da Meiose und Befruchtung länger dauern als die Mitose
- Balz und Paarungszeit bei "höheren" Organismen sind ziemlich riskant. Bei Hirschen entstehen zum Beispiel hohe "Kosten"[10)] durch die Beibehaltung eines Sexualdimorphismus - das große Geweih der Hirschmännchen ist für das einzelne Individuum ausgesprochen hinderlich.

Angesichts dieser "Kosten" ist die weite Verbreitung der Sexualität in der Organismenwelt ein ungelöstes Problem für BiologInnen. Über den langen Zeitraum evolutiver Vorgänge hinweg ist die Sexualität - da sind sie sicher - von Bedeutung gewesen. Aber bedeutet "langfristiger Evolutionsvorteil" für irgendein Populationsmitglied auch gleichzeitig höhere "Lebenstauglichkeit" oder "Vermehrungsfähigkeit"?[11)] Kurz und gut: Ist die Sexualität im Leben von Gruppen oder Individuen überhaupt wichtig?

Mit einer klaren Antwort, die ihrem eigenen Anspruch einer naturwissenschaftlichen "Objektivität" genügen würde, tun sich BiologInnen schwer. Oftmals flüchten sie in philosophische Gedankengebäude wie: Es gibt Sexualität, sie ist sogar weit verbreitet, also muß sie wichtig sein. Oder: Sexualität existiert, weil sie die Evolution beschleunigt. Diese Aussagen unterscheiden sich in nichts von Behauptungen wie "Das Gras ist da, damit Rinder, Schafe und Pferde es abweiden können" - oder: "Es regnet, damit das Gras wachsen kann". Ich habe überhaupt nichts dagegen, sich Gedanken über den Sinn des Lebens (oder der Sexualität) zu machen - bloß sollten diese Gedanken als solche auch gekennzeichnet sein. Gerade im Bereich der Sexualität gibt es viel "Glauben", aber wenig "Wissen", was wenigen auffällt, denn die Schlußfolgerungen erscheinen oft allzu "vertraut und menschlich". Besonders deutlich wird dies in der

Soziobiologie, in der aufs Heftigste philosophiert wird und Modelle gebaut werden, die das Verhalten der Organismen (einschließlich des Menschen) zu erklären versucht. Die Basis unserer Verhaltensweisen sei - so SoziobiologInnen - der Sex.

Die biologische Basis jeden sozialen Verhaltens

1953 wurde die Struktur des genetischen Materials entschlüsselt. Damit eröffneten sich ganz neue Möglichkeiten für "wissenschaftliche" Erklärungsansätze einer Vererblichkeit von Verhalten. Veteranen der Molekularbiologie wie Francis Crick, James Watson oder Joshua Lederberg behaupteten immer wieder, daß auch das Denken und das Verhalten durch Gene gelenkt und begrenzt werde.[12)] Wissenschaftliche Nachweise für diese Annahme gab es nicht. Aus einem anderen Zweig der Biologie bahnte sich Unterstützung an: 1975 schlug der Insektenforscher E.O. Wilson eine neue Definition der Soziobiologie vor. Die Soziobiologie war bis dahin nur ein begrenzter Bereich der Verhaltensforschung gewesen, der sich mit dem sozialen Verhalten bei Tieren beschäftigte. Wilson forderte nun, daß SoziobiologInnen auch das menschliche Verhalten in ihre Studien einbeziehen müßten. Außerdem müßte "das systematische Studium der biologischen Basis jeden sozialen Verhaltens" vorangetrieben werden. Für ihn war es selbstverständlich, "daß die Soziologie und die anderen sozialen Wissenschaften, auch die Geisteswissenschaften, die *letzten Zweige der Biologie* sind, die darauf warten, in die moderne Synthese aufgenommen zu werden."[13)] (Hervorhebung von mir.)

Um keine Mißverständnisse aufkommen zu lassen: Hier geht es um eine biologische Erklärung *jeden* sozialen Verhaltens. Natürlich haben Menschen die biologische Veranlagung, eher zu gehen als zu fliegen. Wenn wir ängstlich sind, schlagen unsere Herzen schneller. Doch den SoziobiologInnen geht es um viel mehr: Sie wollen der Soziologie den Rang ablaufen und deren Gesellschaftstheorien vom "Ballast eines idealistischen Menschenbildes" befreien.[14)] Aggression, soziale Schichtung und Verhaltensunterschiede zwischen Männern und Frauen - das sind die Themen, die die Humanwissenschaften vorrangig interessieren.

Wilsons Ansatz war eigentlich nicht neu. Bereits Anfang der fünfziger Jahre forderten BiologInnen, es sollten vergleichende Studien des sozialen Verhaltens aller Lebewesen durchgeführt werden, der Mensch einbezogen. Seinerzeit fehlte es aber noch an methodischem Rüstzeug. Das lieferten erst die moderne Populationsgenetik und die "Kin-Selektionstheorie".[15)] "Kin" heißt so viel wie Verwandtschaft. Nach dieser umstrittenen Theorie macht auch altruistisches Verhalten im Rahmen der Evolutionstheorie Sinn. Umstritten ist die Theorie aus vielen Gründen, unter anderem, da altruistisches Verhalten auch bei *Nicht*-Verwandten vorkommt und ein Individuum oder "egoistisches Gen" (siehe unten) aus solchem Altruismus *keinen* Vererbungsvorteil ziehen kann. Dennoch, im zweiten Anlauf und mit der Rückendeckung dieser neuen Theorien gelang der Soziobiologie der Durchbruch. Bis heute beherrscht sie das gesamte Fach der Verhaltensbiologie und auch in sämtliche anderen Bereiche der Biologie hat sie inzwischen Einzug gehalten. Selbst in der Botanik wird inzwischen das Vokabular soziobiologischen Ansätzen entnommen. Wurde früher in der Biologie stark auf die *Gruppe* als "Selektionseinheit", also Ansatzpunkt der Evolutionsmechanismen geachtet, strichen SoziobiologInnen vor allem die *individuelle* Ebene heraus. Nach einer weiteren Einschränkung sollten es dann nur noch die Gene sein, die dem Selektionsdruck unterworfen sind.

Auf die Spitze trieb es ein Jahr nach Wilsons "Sociobiology" Richard Dawkins. Er prägte die gewagte anthropomorphe Phrase der *selfish genes*, der "egoistischen Gene".[16] Gene und ihre Expression sind danach völlig unabhängig von Umwelteinflüssen, Individuen oder Gruppen werden uninteressante Betrachtungsgrößen. Das kam bei Teilen der Öffentlichkeit gut an. So zeigte das Titelblatt des *Time Magazine* zwei Puppen in einer Pose des Geschlechtsverkehrs mit dem Untertitel: "... weil unsichtbare Gene die Fäden zwischen ihnen führen".[17] Vielen SoziobiologInnen ging diese Auslegung jedoch zu weit. Bei menschlichen Verhaltensweisen würden sehr wohl auch Lernen, Kultur und Umwelt eine Rolle spielen. Doch die Frage nach der Gewichtung der einzelnen Faktoren wurde von der Soziobiologie unzweifelhaft beantwortet: Kultur müsse als "dünne Furnierauflage" betrachtet werden, während die "darunter liegende Substanz unsere Biologie" sei, stellte etwa der Soziobiologe David Barash rasch klar.[18]

Hohe Kosten

Dreh- und Angelpunkt soziobiologischer Konzepte ist, daß Verhaltensweisen darauf programmiert sind, "Reproduktionsstrategien" zu maximieren. Nach der zweiten wichtigen Grundannahme haben sich je nach Geschlecht unterschiedliche Strategien entwickelt, um die "biologische Fitneß" zu erhöhen. Der genetische Einsatz bei Männern und Frauen ist, sagen SoziobiologInnen, zunächst gleich groß. Er beträgt nämlich je 23 Chromosomen in Ei- und Samenzelle. Die Frauen würden nun für jeden Nachkommen einen *größeren Anteil* ihres reproduktiven Potentials einsetzen als Männer - eins von 400 Eiern, die ihr für das ganze Leben zur Verfügung stehen. Ihre Eizellen sind zudem 85.000mal größer als eine Spermie und somit "teurer" in der Produktion. Außerdem würden sie durch die Schwangerschaft enorm viel investieren. Darum sei es biologisch bedingt, wenn Frauen nach dem "Mehr-Einsatz" der Schwangerschaft "Nochmehr-Einsatz" zeigen würden: In der Säuglingsfürsorge, bei der Kinderbetreuung und in der "Familienphase". Die Männer dagegen machen sich statt dessen lieber aus dem Staub, um ihre sonstigen Spermien bei anderen Frauen unterzubringen. Die Geschlechterdifferenz von wenigen Ei- und vielen Samenzellen habe zur Folge, daß Frauen bei der Partnerwahl auf Qualität achten - und Männer auf Quantität. Auf den Punkt gebracht lautet die Gedankenkette: unterschiedlicher "reproduktiver" Einsatz - unterschiedliche Fortpflanzungsstrategien - unterschiedliches Geschlechterverhalten.

Die Biologin Tekla Reimers durchforstete einen "Berg zoologischer Daten (...) über sexuelle Rekombination, naturhistorische Verteilung von Elterninvestitionen und Familienbildung, Uterus- und Milchdrüsenevolution, die Selektionsmechnismen des Sexualdimorphismus, insbesondere der sexuellen Reize und der Körpergröße". Und kommt - obgleich sie selbst soziobiologische Annahmen zugrunde legt - zu ernüchternden Erkenntnissen. So zeige die menschliche Naturgeschichte keineswegs, daß die Säuglingspflege oder Kinderbetreuung den Müttern allein oder vornehmlich der Mutter des Menschenkindes übertragen wurde. Erforderlich dafür sei vielmehr ein soziales Gefüge von wenigstens 2, besser 4-6 langfristig verbundene Elternpersonen.[19]

Und wenn denn unbedingt in kapitalistischen Kategorien gedacht werden muß, sollte auch der männliche Reproduktionseinsatz nicht unterschätzt werden: Immerhin müssen Männer mehr als 300 Millionen Spermien am Tag produzieren. Und in nur drei Milliliter Ejakulat gehen 200 bis 500 Millionen Spermien verloren. Verloren, weil weniger als ein Prozent des Spermas überhaupt zur Befruchtung einer Eizelle dient. Wie kann da die Theorie vom stringent durchkonstruierten Mann gerettet werden, dessen bedeutsame Potenz in jedem einzelnen Spermium steckt? Nach einer Theorie von Robin Baker und Mark Bellis von der Manchester Universität soll der Rest - damit nichts vergeudet wird - "Kamikaze-Sperma" sein, das rivalisierendes Sperma anderer Männer zerstört.[20)] Was für ein enormer reproduktiver Aufwand, der von den Männern bei der Produktion ihrer Keimzellen betrieben wird! Eine genaue Rechnung darüber, welcher Einsatz nun im Laufe eines Lebens mehr "kostet" - der von Frau oder Mann - steht also noch aus. Abgesehen davon: Welche Frau würde ihre angeblich so aufwendigen "nur" 400 Eizellen im Laufe ihres Lebens komplett in Nachkommen umsetzen? Sind nicht beide Geschlechter letztlich einfach nach dem Prinzip "mehr als genug" ausgestattet?

Knappe Ressourcen

Die unterschiedliche Größe der Keimzellen regt die SoziobiologInnen ungeachtet solch einfacher Überlegungen zu immer anspruchsvolleren Erklärungen an. So soll die "knappe Ressource" im Lebenskampf der Frauen die Nahrung, das Essen sein. Für Männer hingegen sind es - die Frauen. Mit den Millionen von Spermien, die Menschen-Männer pro Tag produzieren, wären sie theoretisch in der Lage, "mit verschiedenen Frauen stündlich oder wenigstens täglich Nachkommen zu zeugen", haben sich SoziobiologInnen überlegt.[21)] Deshalb sei klar, daß "der weibliche Sex ausgebeutet wird."[22)] Eine Ansicht, die auch von AnthropologInnen und PsychologInnen auf dem letztjährigen "Fifth Annual Meeting of the Human Behavior and Evolution Society" an der Birmingham Universität in New York vertreten wurde.

Die Psychologin Leda Cosmides und ihr Ehemann, der Anthropologe John Tooby, wagten sich dort gar soziobiologisch an das Phänomen des Krieges heran: "Warum wäre irgendjemand so dumm, einen Krieg zu initiieren?" begann Cosmides ihren Vortrag - und lieferte die Antwort gleich dazu: "Um Frauen zu bekommen." Ihre Begründung: Männer verlassen ihre Frauen nur, wenn diese mit ausreichend Nahrung versorgt sind. Denn dann können sie sicher sein, daß ihre bereits gezeugten Nachkommen überleben. Also seien nicht Nahrungsengpässe für Kriege ausschlaggebend, sondern eine Art "Russisches Roulette" der Männer: Frau und Nachkommen "zu Hause" sind ausreichend versorgt, versuchen wir doch noch, woanders unsere Gene unterzubringen. Selbst wenn die Männer dabei umkommen - einen Teil ihrer Gene wissen sie ja gesichert. Für Cosmides und Tooby sind aggressive männliche Allianzen damit das Produkt einer natürlichen Selektion, denn sie erhöhen die männliche Chance, mehr Kinder zu zeugen. "Why fight over bananas, if you can fight over women?" brachten zwei den Thesen zugeneigte Wissenschaftler die Sache rhetorisch auf den Punkt.[23)]

Sex ohne Fortpflanzung?

SoziobiologInnen haben viele Probleme, die sie lösen müssen: Eines der größten ist Sex, der nicht der Fortpflanzung - also der Weitergabe der eigenen egoistischen Gene - dient:

1. Homosexualität:

Homosexualität in der Tierwelt wurde lange Zeit links liegen gelassen. Schließlich war der Antriebsmotor für sexuelle Aktivitäten ausschließlich das Reproduktionsbestreben. Heute sind ForscherInnen liberaler geworden und lassen zweierlei Sex gelten: Sex, um sich fortzupflanzen - und Sex aus diversen anderen Gründen wie Aggressionsabbau, Futterbetteln oder Allianzbildung. Für SoziobiologInnen dient letztendlich natürlich auch dieser Sex nur dazu, die biologische Fitneß zu maximieren. Und natürlich darf neben dem ganzen "anderen" Sex der fortpflanzungsorientierte Sex seinen Vorrang nicht verlieren. Bei den Graugänsen sind zum Beispiel die fehlenden Weibchen daran schuld, wenn sich Ganter lieben. Dies jedenfalls meinen Robert Huber und Michael Martys vom Konrad-Lorenz-Institut in Grünau. Lieber homo als ledig sei die Devise, schließlich könnten sich Ganter zu zweit viel weiter in gefährliche Wiesen wagen, um saftiges Futter zu bekommen und "vielleicht am bequemsten auf ein paarungswilliges Weibchen warten". So spekuliert zumindest ein Kommentator in der Wochenzeitung "Die Zeit".[24)] Doch unklar ist, wie häufig ein Gänserich seinen Partner verläßt, um schließlich doch eine Familie zu gründen. Manche gleichgeschlechtliche Paare halten sich mehr als fünfzehn Jahre die Treue. Trotzdem hätten es die Ganter natürlich schwierig, weil keiner auf sein männliches Gehabe verzichten wolle, schreibt die "Zeit". Und weiter: "Auch bei sexuellen Aktivitäten versucht jeder, seinen Partner in die Rolle des Weibchen zu drängen. Doch nur wenn einer eindeutig der Stärkere ist, kann er seinen schwächeren Partner nach Belieben zur Paarung nötigen." Ach so ...

Ein weiteres Beispiel für die Erklärungsversuche für Homosexualität ist das vielgepriesene Buch "Wilde Diplomaten" von Frans de Waal. Es befaßt sich mit "Versöhnung und Entspannungspolitik bei Affen und Menschen". Ein lobenswerter Ansatz, der leider an de Waals rückständiger Geschlechterideologie scheitert.[25)] Auch de Waal unterscheidet in seinem Buch zwischen Sex für die Fortpflanzung und Sex aus anderen Gründen. Letztgenannter kann hetero- oder homosexuell sein. Solange beim Sex nicht das hohe evolutionsbiologische Ziel der Fortpflanzung aus den Augen (oder Genen) verschwindet, ist die Welt für de Waal noch in Ordnung. Gegen dieses oberste Prinzip verstieß ein Schimpansenweibchen namens Puist in der von ihm beobachteten Gruppe. De Waal beschreibt sie als "ein maskulin ausschauende Weibchen, das immer verweigert hatte, sich zu paaren - und statt dessen selbst Weibchen bestiegen hatte". So viel Unbotmäßigkeit gegen Ordnung und Menschen-Sitte konnte der Wissenschaftler kaum mit ansehen. Sein Aufatmen ist förmlich zu hören, wenn er schreibt, daß Puist "infolge der Hartnäckigkeit" eines Männchens schwanger geworden sei. De Waal schließt den Absatz zufrieden: "Sie erwies sich als vollkommene Mutter."

2. Masturbation

Auch diese muß - so meinen SoziobiologInnen - doch irgendeinen reproduktionsspezifischen Zweck haben. Deshalb überlegten sich Baker und Bellis (die mit dem Kamikaze-Sperma) folgendes: Ein Mann masturbiert, damit er seinen alten Sperma los wird. Der, der dann noch verbleibt, sei zwar weniger, aber dafür kampfkräftiger. Währenddessen masturbiert die Frau, um Sperma loszuwerden. Nun wird es etwas kompliziert, auch wenn sich Baker und Bellis sehr bemühen, eine gute Erklärung zu finden. Also: Eine Frau schläft mit einem Mann am Montag. Der Sperma vom Montag stört aber den Sperma eines Liebhabers, den sie am Freitag hat. Will die Frau nun aber ein Kind von dem Freitag-Liebhaber, muß sie zwischendurch masturbieren, damit der Kamikaze-Sperma vom Montag nicht stört. Leider widersprechen sich die beiden Forscher sozusagen im gleichen Atemzug: Denn der Orgasmus einer Frau soll dazu dienen, Sperma einzusaugen. Rausschleudern (bei der Masturbation) oder Einsaugen (beim Orgasmus) - ich bin sicher, Baker und Bellis werden auch dieses Dilemma irgendwann erklären können.[26)]

3. Verhütung

Auch die "freiwillige, gezielte Reproduktionsbeschränkung" - sprich: Verhütung - ist ein Problem, das SoziobiologInnen Kopfzerbrechen bereitet. Für den Verzicht auf den eigenen genetischen Nachwuchs, insbesondere bei jungen und erfolgreichen westeuropäischen Paaren, den "DINKs" (double income, no kids) gibt es bis heute noch keine befriedigende Antwort in der Soziobiologie - außer der der Ressourcenknappheit. Doch die wiederum trifft ja nun überhaupt nicht auf die DINKs zu. Inge Schröder vom Anthropologischen Institut der Universität Kiel (Mitarbeiterin des Bevölkerungswissenschaftlers Hans W. Jürgens, der mit dem Thema "Asozialität als ökologisches Problem" habilitierte und von 1974 bis 1979 Direktor des Bundesinstituts für Bevölkerungsforschung war) weiß eine Antwort: Die Menschen sind sogenannte "K-Strategen" (Begriffe wie K- oder r-Strategie sind den ökologischen Terminologien entliehen ...). K-Strategen setzen wenig Nachwuchs in die Welt, in den sie allerdings viel investieren (anders als die r-Strategen, die wie die Kaninchen mit hohen Mengen an Nachwuchs operieren). Ungeklärt bleibt aber weiterhin, warum manche nicht nur wenig, sondern gar keinen Nachwuchs produzieren ...[27)]

Es gibt sicherlich noch viel zu tun für SoziobiologInnen, bis sämtliche "Probleme", für die ich nur beispielhaft einige nennen konnte, gelöst sind. Für mich liegt das "Kardinalproblem der Sexualität" jedoch in den soziobiologischen Annahmen selbst vergraben. Denn jedes einzelne Individuum soll - bei Strafe des Untergangs seiner erblichen Eigenschaften - die Maximierung seines je eigenen Fortpflanzungserfolges anstreben. Dabei wird scheinbar nicht an Pärchen gedacht, sondern nur an Männer. Biologen wie Maynard Smith haben schon vor Jahren hervorgehoben, daß die sexuelle Fortpflanzung für "Weibchen" wegen ihrer Kosten, die ihnen von den unproduktiven Männchen aufgedrückt werden, ein schwerer Nachteil ist. Denn die Weibchen kümmern sich "aufopfernd" um ihre eigenen und die "männlichen" Erbanlagen und nehmen dabei in Kauf, daß sie selbst nur 50 Prozent ihrer eigenen Erbanlagen durchbringen. Dagegen ist die soziobiologische Theorie ideal an den Mann angepaßt: Das Männchen erweist sich als ein "perfektes" egoistisches Individuum, das seine Gene woanders unterbringt und auch noch schlau genug, sich nicht weiter darum zu kümmern. Angesichts dieser stabilen biologischen Grundlage kann es kaum verwundern, wenn die Ökonomin Mascha Madörin bei einem Vergleich mehrerer Umfragen und Statistiken zu Geschlecht, Arbeit, Zeit und Geld feststellen muß: Männer in europäischen Ländern leisten heute pro Woche eine Minute mehr Arbeit im Haushalt als vor zehn Jahren![28]

Anmerkungen:

1) Science, Vol. 263, 14.1.1994: 171-172
2) Science, Vol. 264, 1.4.1994: 116
3) Nature, Vol. 371, 8.12.1994: 525-530
4) FAZ, 25.1.1995
5) SZ, 11.5.1995
6) Andrew Cockburn: Evolutionsökologie. - Gustav Fischer Verlag, Stuttgart 1995: 192.
7) Erich Lange, Warum eigentlich Sex? - Urania-Verlag Berlin 1989: 6.
8) Cockburn, a.a.O.
9) Lange, a.a.O.: 113
10) Ich verwende hier den Begriff "Kosten", um auf den inzwischen durchwegs gängigen Gebrauch soziabiologischer Vokabeln in der Biologie aufmerksam zu machen.
11) Das Wissen davon, daß die Evolutionstheorie des Naturforschers Darwin mit dem "Überleben des Tüchtigsten" zu tun hat, gehört zur Allgemeinbildung: Der Passendste, der der jeweiligen Situation Angepaßteste überlebt. Was viele gerne übersehen ist, daß sich Darwins Fitneßbegriff nur immer in Bezug auf eine bestimmte Umgebung definieren läßt: Fitneß ist immer situationsabhängig und läßt sich erst im nachhinein feststellen. In der Biologie entstehen viele neue Möglichkeiten durch Mutationen, das heißt durch Abweichungen oder Fehler. Die meisten Mutanten sind für die gewohnte Umgebung meist weniger fit. Nach Ansicht der Biologin Christine von Weizsäcker ist die Entstehung von "Tüchtigkeiten" aus "Fehlern" oft unvorhersehbar und überraschend. Wer von uns hätte - so führt sie an - zur Kreidezeit auf diejenigen unter den Dinosauriern gewettet, die Federn, löchrige Knochen und eine merkwürdige Tendenz hatten, mit den vorderen Gliedmaßen zu flattern. Wir hätten wohl eher auf die Dinosaurier mit mehr Zähnen, mehr Panzerung und mehr Gewicht gesetzt und damit den wichtigen Durchbruch zur Evolution der Vögel verpaßt.
12) Ludger Weß: Aktuelle Fragestellungen und Ausblick. - In: Baumunk, B.-M., Rieß, J.: Darwin und Darwinismus. Katalog zur Ausstellung. Deutsches Hygiene-Museum Dresden, Akademie Verlag Berlin, 1994.
13) E.O. Wilson: Sociobiologie: The new synthesis. Cambridge, MA: Harvard University Press, 1975, S. 4
14) Aus: Jost Herbig, Rainer Hohlfeld (Hrg.): Die zweite Schöpfung. Carl Hanser Verlag, München, Wien 1990

15) Wolfgang Wickler: Von der Ethologie zur Soziobiologie. In: Jost Herbig, Rainer Hohlfeld (Hrsg.): Die zweite Schöpfung. - Carl Hanser Verlag, München, Wien, 1990
16) Richard Dawkins: The selfish gene. New York, Oxford University Press, 1976
17) M. Midgley: Rival fatalism: the hollowness of the sociobiology debate. In A. Montagu (Ed.), Sociobiology examined. Oxford: Oxford University Press, 1980
18) D. Barash: The whisperings within. New York, Harper & Row 1979, S. 14
19) Tekla Reimers: Natürliche Evolution sexueller Unterschiede und Schlußfolgerungen für das Geschlechterverhältnis moderner Menschen. - Dokumentation Kongreß Frauen in Naturwissenschaft und Technik (Berlin 1993), 1994.
20) New Scientist, 14.8.1993
21) P.L. Van Den Berghe, D.P. Barash: Inclusive fitness and human family structure. American Anthropologist, 1977, S. 814
22) Dawkins, a.a.O.
23) Science, Vol. 261, 20.8.93
24) Die Zeit, 10.9.93
25) vgl. Sabine Riewenherm, Paschas mit Sex-Appeal. Wechselwirkung, 16.8.94
26) New Scientist, 14.8.1993
27) Inge Schröder: Freiwillige, gezielte Reproduktionsbeschränkungen beim Menschen - ein Widerspruch zur modernen Evolutionsbiologie?. - Vortragsmanuskript, Vortrag gehalten im November 1994 in Berlin-Buch im Rahmen der Bucher Zukunftswerkstatt.
28) Die Wochenzeitung (Schweiz), 30.6.1995

"Frauen-Leib-Eigenschaften" - Die Definition der Frau in der Gen- und Informationsgesellschaft

Ute Bertrand
Delmestr. 33, D-28199 Bremen

Der Beitrag von Ute Bertrand erschien bereits unter dem Titel: "Die Modellbauer oder Der Glaube an die Macht der Gene" in: Sozialwissenschaftliche Forschung und Praxis für Frauen e.V. (Hrsg.): Schöpfungsgeschichte Zweiter Teil, Neue Technologien. beiträge zur feministischen theorie und praxis, Heft 38 (1994), S. 119-130, Eigenverlag des Vereins Beiträge zur feministischen Theorie und Praxis e.V., Köln. Es sei daher an dieser Stelle darauf verwiesen.

Debating the new reproductive technologies in the media

José Van Dyck
University of Limburg, Maastricht, Department of Cultural Studies
P.O. Box 616, NL-6200 MD Maastricht

Last year, three peculiar events in Great Britain reinvigorated the discussion on new reproductive technologies. On Christmas Day, a 59-year-old British woman gave birth to healthy twins who were conceived nine months earlier as a result of IVF treatment. [IVF = In-Vitro-Fertilization, Anm. d. Hrsg.] The Italian doctor Antoniori had reimplanted an egg donated by a younger woman and fertilized it with the sperm of the British woman's husband. Just as the twins' birth spurred headlines in newspapers all over the world, another controversial reproductive 'first' became known: a black woman in Rome had given birth to a white baby after an egg donated by a white woman had been fertilized with the (white) husband's sperm. The black woman preferred a white egg donor because her child would suffer less discrimination if it were to live its life as a halfcaste. Upon hearing the news about the Italian case, a British IVF-team admitted they too had considered transracial impregnation but for a different reason: their black patient had waited in vain for an egg donated by a woman of color. Because her husband was white, she finally opted for a white egg donor, a choice fully supported by her husband and the IVF-team. The acute shortage of egg donors for IVF purposes was underscored when a British IVF team filed a petition with the Human Fertilisation and Embryology Authority (which regulates licenses for British IVF clinics) to use eggs from aborted fetuses for reimplantation in infertile women.[1)]

These three cases, which took place within a single week, not only caused headlines in most European and American newspapers, but also triggered discussions within and among national parliaments. News media debates refurbished old arguments in favor of and against the reproductive technologies; in both Britain and Holland the need for these technologies and their unpredictable results were seriously questioned. A British Member of parliament requested an immediate European ban on what he called 'custom designed babies': babies whose physical appearance (skin color, health, sex, etc.) can be made to order. The request to use eggs from aborted fetuses to create new life was hailed by doctors as a welcome solution to remedy the shortage of egg donors; detractors of this technique described it as 'a way to create life from the death.' Most news media presented the discussion on postmenopausal pregnancy, transracial impregnation and the use of eggs from aborted fetuses as a simple opposition between advocates and opponents of the new technologies. A quote from the British tabloid *The Daily Mirror* may illustrate the simple essence of the debate as it was represented by the newspapers: "What do you think? Should she have been allowed fertility treatment at age 59? If yes, phone 0891 318111. If no, phone 0891 318112."[2)]

In most news media, the public debate on new reproductive technologies has been presented as a sort of telephone poll, in which two answers are allowed: you are either for or against the technologies, for or against its applications. Unfortunately, a public debate hardly ever allows for extensive argumentation, a careful consideration of different points of view, or a critical analysis of these complex technologies which may potentially change the way our society is organized. Rather, news media's way of debating seems to push towards the manufacturing of consent: the public has to be in favor of or opposed to a specific technology or its application. If we were to believe the news media, possible positions in this debate are numerically restricted to two.

Quite typical of the public debate on in vitro fertilization is that every new incident, and every new application, is considered an isolated case - as if technology confronts us with new ethical dilemmas over and over again. However, I will argue here that the commotion over postmenopausal pregnancies and transracial impregnation did not result from a new technology; rather, through these incidences it became abundantly clear that, with the help of the new technologies, traditional limits of motherhood and reproduction were being trespassed. I therefore propose not to limit the public debate to reproductive technologies themselves or their applications, but to explore these technologies as social changes which force us to think about the 'natural' norms and limits of motherhood, pregnancy and the role of women.

In 1978, when the first test-tube baby was born, public opinion was roughly divided in euphoric supporters, who hailed IVF as the ultimate progress of science, and detractors, who rejected any human interference with procreation. Following the birth of Louise Brown, doctors and scientists pointed at the sheer endless possibilities of IVF to help infertile women obtain a genetically linked baby. On the other side religious opponents of IVF warned constantly of the moral and ethical implications of these techniques. Because IVF did not really take off until the mid-1980s, debate in these years of scarce IVF applications remained quite academic: scientists and doctors used their specialized know-how to appease alarmed opponents who in most cases could not provide more evidence to back up their arguments than science fiction scenarios like *Frankenstein* and *Brave New World*.

Around 1985, a new voice started to participate in the discussion on new reproductive technologies: the voice of feminists. The news media had depicted infertility as a major and growing health threat, and IVF was pushed as the only solution to remedy the problem of infertility, both in men and women. While success rates remained invariably low, and side effects of hormone treatments were played down in the news media, the pervasive picture of IVF in the press was that of a successful, promising technology. Understandably, the medical-technological institution was the prime target of feminist criticism, as they promoted only the bright side of IVF treatment. The radical group FINNRAGE launched a counter-attack in the news media: its members emphasized the many disadvantages of IVF and characterized new reproductive technologies as the ultimate form of capitalist-patriarchal exploitation of women.[3)] Mainstream media eagerly picked up feminist criticism as opposing male-medical discourse. Perhaps inadvertently, the debate on new reproductive technologies came to represent another 'battle of the sexes': men/doctors favored the technologies, whereas women/victims opposed it. Radical feminist critique was made to fit the conventional journalistic dichotomous frame; religious opponents, as a result, became almost superfluous in the reporting.

FINNRAGE gave an important new impulse to the discussion on new reproductive technologies; they made many women aware of the social implications of technological innovations. One of the most important effects of active participation of feminists in this debate was that social and gender implications of the new technologies were pushed into the spotlight. However, as it soon turned out, feminists did not form a uniform oppositional category; women who considered themselves feminists yet who had undergone IVF rejected the normative stance of radical feminists. FINNRAGE-supporters accused infertile women who had undergone IVF to be betrayers of their gender, and thus to be backers of the capitalist-patriarchal social structure.

As the debate proceeded, more feminists agreed that gender is not the only relevant factor in this debate; social class and race were at least as important in the discussion on new reproductive technologies. Contrary to common opinion that infertility is primarily a problem among well educated, middle class, working white women, the incidence of infertility is actually higher among nonwhite women from lower classes and minority groups.4) Class and ethnicity became important factors in the debate, next to gender. Consequently, feminist participants split on the issue, and began to take various positions.

In 1987, a technical variation of IVF added a new dimension to the discussion. Egg cell donation and transplantation of fertilized eggs created the possibility of split motherhood: genetic and gestational motherhood. Traditional surrogacy, as it was now called, had already caused difference in opinions among feminists; the possibility of split motherhood opened up a new Pandora's box, diverging feminist stances even further. Some feminists argued that egg donation and surrogacy increased reproductive options of women, other feminists called for a total ban on all further variations to reproductive technologies and surrogate motherhood, whether commercial or noncommercial. Yet another group proposed strictly regulated surrogacy and egg cell donation, only on a voluntary and nonprofit basis. Some feminists argued for traditional surrogacy and against splitting genetic and gestational motherhood. And finally, there was a group of feminists who wanted the option of split genetic/gestational motherhood only for those women whose reproductive system does not function properly, and who thus can produce viable eggs but cannot carry a foetus to term in their own womb.

At this stage of the debate, it was not just the technology that was getting complicated, but also the arguments that fed the discussion. This increased complexity of the debate, however, was not reflected in the debates covered by the news media. It became more obvious that the issue at stake was not so much the technology itself but the norms and values concerning motherhood and pregnancy. Nevertheless, the news media kept asking questions like: Are you for or against egg donation? Are you for or against gestational or genetic motherhood? Like in previous stages of the debate, doctors were pitched against ethicists, and feminists against scientists, despite the fact that the opinions of these 'groups' were far from homogeneous or uniform. Feminist stances in this debate diverged, just like the stances of doctors or researchers in the field could no longer be generalized as a group standpoint.

Underlying the public debate on new reproductive technologies lies the assumption that there is technology on the one side, and effects of applications of technologies on the other. In other words, it is generally assumed that social change is caused by technological advancements. Recent discussions on postmenopausal pregnancy, transracial impregnation and the use of eggs from aborted fetuses made this abundantly clear. None of these applications of IVF was actually new; the technique of splitting gestational and genetic motherhood had been practiced since 1988. Yet the heated debate that was triggered by these incidences was the result of the fact that three so-called 'natural' boundaries were transgressed: the 'natural' age boundaries of female fecundity, the boundaries between different races and skin colors, and the boundary between life and death. I will expand on each of these boundaries that were trespassed. The debate grew increasingly complex, now that new factors like age and race started to play a role in the debate, next to gender, ethnicity and social class.

The discussion following these three incidences did not focus on the technologies themselves, but on the question under what conditions and circumstances they ought to be allowed. In many cases, technologies are invented for a different goal than they are actually used for. IVF was initially considered to be a solution for women with blocked fallopian tubes, a kind of 'bypass' to circumvene the blockade that prevented the fertilized egg from passing down the ovaries into the uterus. In later stages of infertility treatment, IVF was used to remedy all kinds of infertility, including male infertility and infertility due to psychological causes. Egg cell donation was initially proposed for women who suffered from early menopause: women in their twenties and thirties who stopped producing viable eggs. Early menopause occurs in almost ten per cent of all women under fourty years of age. Even though these women produce very few or no viable eggs, they are still able to grow and carry a fetus to term. After extensive research on women of several age groups, it turned out that egg donation with eggs from a young donor was quite successful, even when applied to older women - women in their late thirties and early fourties. Not surprisingly, the newspapers immediately reported that age no longer formed a 'natural' barrier to motherhood. In other words: the natural age limit still applied to the production of eggs, but not to the gestation of a child. Journalists concluded that every healthy woman, regardless of age, can gestate and bear a baby.

The incidence of the 59-year-old mother of twins in Britain received a lot of attention in the news media, but coverage did not focus on the techniques that doctor Antoniori had used. The very same technique had been applied for many years on women who could not get pregnant because they suffered from early menopause. Public indignation and disapproval abounded in the news media: the British woman was called 'a grand-mummy' and in virtually every British newspaper she was described as a wealthy, almost retired business woman who wanted a child now that her career was almost over. Her desire for a baby was invariably called egoistic : 'first she wants a career and on top of that a baby; she should have made that choice earlier on' were the kind of moralistic statements made by journalists and commentators. Judged from the newspapers, doctors generally rejected the idea and pointed at the health related dangers of pregnancy and childbirth at a later age. Church leaders added to this litany that it was immoral for a mother to have at the most twenty more years to live when the child is born. In addition to religious spokespersons and medical experts, feminists were quoted to point at the drawbacks of postmenopausal pregnancies: it created the option for younger, professional women to hire an older, almost retired woman to gestate their child, so that they can dedicate their energy to building a career.

Proponents of postmenopausal pregnancy came from just as many professional and ideological groups as opponents. Feminists defending the 59-year-old mother pointed at the obvious sex discrimination at stake here: why does nobody ever raise these arguments when men become fathers when they are retired? Woody Allen and Charlie Chaplin are just two of many famous men who fathered children after the age of 60. Besides sex-discrimination, others argued, there's age discrimination involved in this case: if the techniques work for women who suffer from early menopause, is there any reason to prohibit the use of that same technique in women who suffer from so-called natural menopause? And as far as nursing capabilities of older women are concerned: haven't grandmothers and older women always been involved in child care? Women who consciously make the choice to become mothers at that age, proponents argue, are probably very aware of the consequences of such a decision.

The same 'pro-con' debate evolved after the incidence of a black woman giving birth to a white baby; the black woman preferred a white egg donor because her husband was also white. Most commentators and journalists argued against transracial impregnation. British doctors who were just about to implant an egg from a white donor, into the womb of a black woman when the news from Italy broke, explained that their case of transracial impregnation was an exception: the black woman in Britain had been waiting for three years for a black egg donor, but no donor was found. Since the black woman's husband was white, the couple decided that it did not matter to them if they received an egg from a white donor. In one of the newspapers, a doctor added that a white child would be far better off than a halfcaste, since it would experience less discrimination. The IVF team from Bourne Hall clinic, where treatment was going to take place, hasted to add that they would never allow a black couple to receive a white baby, or the other way around. Politicians in the British newspapers called for an immediate ban on transracial impregnation: the IVF clinic was apparently in danger of becoming a supermarket where the consumer decides what color, gender or physical characteristics their child would have. In the US, several 'accidents' involving white couples having a black baby after sperm or egg donation have resulted in lawsuits.

Opponents of transracial impregnation were contradicted by supporters of the 'free market' of reproductive services. Free market advocates argue that the state should under no circumstances have the power to intervene in private reproductive decisions. This liberalist stance is taken by both politicians and feminists, doctors and ethicists. They argue that the new reproductive technologies should not be regulated by the state, which consequently would impose its norms and values to individuals. The allowance of applications of the new technologies, according to the liberalists, should be left to the market.

Significantly, in this debate surrounding the new reproductive technologies, the technologies themselves are seen as the sources of political and ethical turmoil. Only one commentator in the British press noticed this crucial misperception. In the British newspaper *The Independent*, commentator Kenan Malik stated:

"The problem is not one of runaway science or technology. It is the artificial way our society grades people according to colour. If we lived in a non-racist society, it would be as immaterial whether a child was black or white as whether it had big or small feet. The logical consequence of the argument for a ban on transracial impregnation is a ban on transracial relationships."[5]

In this quote, I think we can find the reason why every debate on new reproductive technologies always results in the same pro-con discussion. We assume that new technologies 'suddenly' confront us with new ethical dilemmas, while the real problem is the way in which our society is organized by means of a hierarchical stratified structure. When we talk about transracial impregnation we are not talking about transplanting a fertilized egg from one woman to another, but we are talking about racism. When we talk about postmenopausal pregnancies we are not talking about the technique of egg donation and gestational/genetic motherhood, but we talk about agism.

The third incidence that occurred in Britain, in January of 1994, resulted in another pro-con debate: a British IVF clinic proposed to use egg cells from aborted fetuses as donor eggs, since there is a significant shortage of donors who volunteer to be operated upon to have a few viable egg cells removed. The proposal to solve this urgent shortage by using eggs from aborted fetuses triggered vehement reactions in the press. The disputed technique was immediately described as 'creating life from the death'. Yet doctors and researchers pointed at the similarity between this and other techniques which are frequently used, such as the transplantation of livers and kidneys from deceased donors. Why could egg cells from aborted fetuses not be used for egg donation to women who cannot get pregnant themselves, they argued. Again, the debate was presented as a choice between two different possibilities.

The three 'incidences' which took place within a period of three weeks in early 1994 caused public anxiety not because an application of technology was introduced, but because what used to be 'natural' boundaries were transgressed with the help of technology. As long as IVF was performed on 'normal' infertile couples with a 'natural' urge to procreate, the new technologies were considered a welcome solution to a medical problem. As long as these technologies are used to fortify the traditional nuclear family, there is no controversy whatsoever. However, when applications of technology do not fit accepted, familiar structures, the debates invariably flare up. The use of IVF for lesbian or single women to obtain a child, for instance, caused controversy. The splitting of genetic and gestational motherhood appeared not only a remedy to nature's flaws, like early menopause; the very same technique appears to be used to circumvene 'natural' barriers of age and skin color. Not surprisingly, it is at this moment that technology is considered as something that affects nature, something you can either be 'for' or 'against'. 'Natural' limits are often used as an argument for banning certain technologies, yet in fact 'nature' is used here as an argument to reinforce current patterns of sexism, racism, and agism.

The problem with the new reproductive technologies is not so much that they run counter to nature, but that they clash with culture. The various applications of technologies question our norms and values with regard to motherhood and family. In a postmodern technological culture, a family does not necessarily have to consist of one mother and one father; a child may have two mothers, a retired mother, a mother of different race, or a mother who has herself never existed. Natural barriers appear to be primarily social and cultural barriers: who decides what a mother is, who is allowed to be a mother and of which child? Nature is quite often a pretext for reinforcing the existing social and cultural order; new reproductive technologies, we often tend to forget, offer an opportunity to reconsider these 'natural' hierarchies.

In public debates on new reproductive technologies, the call for banning and tightly regulating IVF applications, is often motivated by invoking nature: technology may only be implemented if it does not affect the existing social structure. Opposing this argument, we usually find the advocates of the free market, which is supposed to automatically regulate supply and demand in reproductive services. The liberalist argument of 'choice' has been used both by feminists and doctors. Rather than invoking nature as an argument, liberalists invoke logic to back up their claims: if older men can have children, why can't older women? If kidneys and livers of deceased donors are used for transplantation, why can't eggs from aborted fetuses? It seems like the liberalist stance and argumentation explicitly prohibits boundaries imposed by nature.

However, this is not the case. Actually, the advocates of the free reproductive market impose similar boundaries and norms that the proponents of government regulation, and their theory results equally in the reinforcement of existing power hierarchies. If regulation of the new technologies is truely left to market forces, some older women who can afford it may be able to obtain a child through egg donation; by the same token, however, young girls may be exploited to produce viable eggs which can be purchased by wealthy women. Some black couples may be able to obtain a white child by means of egg donation, yet the demand for eggs from black donors is not likely to become commercially interesting. The so-called free market itself reproduces boundaries which are based on sexist, racist and other prejudices with regard to age and ethnicity.

Although the opposition between regulation and the free market is a false one, the current public debate on new reproductive technologies realigns these stances, just as it positioned feminists and doctors in an earlier stage of the debate. Of course these positions are not always depicted as extreme as I did here, but the essential nuances and refined argumentation often gets lost in the binary framework of newspaper coverage, which commonly dwells on isolated instances. The debate on new reproductive technologies has become so complex, and covers so many positions, arguments and factors, that a simple binary framework of coverage no longer applies. Ever since the commotion surrounding the birth of Louise Brown, doctors, researchers, feminists, ethicists and religious people have served to represent their professional or ideological group. However, their arguments and positions have long blended and intermingled. It is now virtually impossible to talk about 'the' feminist standpoint with regard to IVF, or 'the' medical point of view on these matters. The debate on new reproductive technologies has evolved from a discussion on a curious new technique into a socio-political debate which covers much more than the technologies themselves and their specific applications. The current public debate can no longer be reduced to a simplified, binary framework.

Unfortunately, the format and structure of this debate has not evolved as fast as the technology that is being debated. In contemporary newspaper articles on IVF and the like, experts or politicians are still asked to express their opinions on that one particular application, that specific black mother, the use of aborted fetuses, etc. According to the news media, you are either for or against the technologies, either for or against its applications. The very news media formats, in other words, impose public consent. Contributions to this debate are commonly reduced to telephone polls which force respondents to choose for one side of a false opposition. What is essential in this debate, however, is that we show the inherent coherence between isolated incidences and larger social and cultural changes, so that people can understand the real issues that are at stake in this discussion.

The public debate on new reproductive technologies would become a real debate if we would not only hear the opposing views of doctors, clergymen, politicians and such, but also the views of various feminists, older women, people from various ethnic groups, etc. This debate, as I have argued, is not just about technologies and their applications, but also about sexism, racism, agism, and other discriminatory practices. It is doubtful whether we can continue this important discussion within the conventional formats and journalistic structures that the media impose. Maybe we should look for new formats to shape this discussion, to allow different voices and to promote public dissent, rather than consent. In this new electronic and informational age, it is not unthinkable that we invent new strategies for debating: strategies that will allow diversification of opinion and argument. It seems rather peculiar that in this day and age, advanced technology and communication equipment has not yet been deployed to upgrade the parameters of debating.

Notes

1) For a detailed description of these cases, see Chapter 7 in José Van Dyck *Manufacturing Babies and Public Consent. Debating the New Reproductive Technologies.* London/Basingstoke: Macmillan, 1995.
2) *The Daily Mirror*, 28 December 1993.
3) FINNRAGE, an acronym which stands for Feminist International Network of Resistance to Reproductive and Genetic Engineering, was established in 1984.
4) Contrary to popular presentation, incidences of infertility occur mostly among the nonwhite, the poor, and the poorly educated.
   See, for instance, "Fecundity, Fertility, and Reproductive Health in the United States, 1982" data from the *National Survey of Family Growth*, National Center for Health Statistics, Hyattsville, Md. (May 1987) p. 52
5) Kenan Malik, "Children of a Confused Society" in the *Independent*, 3 January 1994, Op-Ed page.

Natur - Natürlichkeit
Ethische Fragen

Andrea Sörens
Hämmer Berg 29, D-20535 Hamburg

Bevor wir angefangen haben, hat jede Frau einen Zettel mit der Frage: " Was ist für Dich Natur? " bekommen. Jede hat den Zettel ausgefüllt.

1. Einleitung

Mein Vortragsthema heißt Natur und Natürlichkeit. Es hat eine Reihe von Unterpunkten, z.B. Natur und Naturbegriff, Ge- und Verbrauch von/der Natur sowie anthropozentrische und ökozentrische Sichtweisen von Natur und die daraus resultierende Konsequenz des Handelns.

Der Schwerpunkt meines Referates liegt auf dem Begriff Natur, Naturwahrnehmung und den daraus resultierenden Verhaltensweisen von Menschen. Mein Vortrag enthält keine ausdrücklichen feministischen Aussagen, trotzdem sollte jede sich angesprochen fühlen. Einige hochspezifisch gentechnische Fragen wie z.B. Eingriff in das menschliche Genom: ja oder nein, Keimbahnmanipulationen ethisch vertretbar? erläutere ich nicht ausführlich, denn ich bin der Meinung, daß in ethischen Fragen der Gentechnik deduktiv, d.h. vom allgemeinen auf den Einzelfall schließend, vorgegangen werden kann. Ich meine hier die schon existierenden Regeln und Gesetze der Ethik und der Moral. Ich werde kurz aufzeigen, warum viele Bemühungen um ein abgeklärtes Verhältnis zur Natur und auch zur Gentechnik scheitern.

Bevor ich fortfahre, möchte ich die Begriffe Ethik und Moral definieren, wie ich sie in meinem Vortrag verwende und die auch allgemein üblich sind.

Ethik: (gr.-lat.) die; Lehre vom sittlichen Wollen und Handeln des Menschen in verschiedenen Lebenssituationen - mehr die theoretische Sichtweise.

Moral: (lat.-fr.) die; System von auf Tradition, Gesellschaftsform, Religion beruhenden sittlichen Grundsätzen und Normen, das zu einem bestimmten Zeitpunkt das zwischenmenschliche Verhalten reguliert - mehr die angewandte Sichtweise.

2. Naturwahrnehmung in unterschiedlichen Wertesystemen

Mensch und Natur können auf vielerleiweise in Beziehung zueinander treten. Der wissenschaftlich-objektive ist nur einer von vielen. Hier einige Beispiele:

- Animistisch: Die Natur in ihrer lebenden und unbelebten Bestandteilen ist beseelt (Urzeit/Naturvölker) - Anthropologen können diese Sichtweise u.a. aus Grabbeigaben deuten
- Naiv: Einfaches Beobachten und Beschreiben der Natur (Homer / Lyrik des Mittelalters / Märchen / Altes Testament)

- Romantisch- sentimental: Natur und Kunst begegnen sich in Naturschwärmerei (Romantik), Zufluchtsuche in natürlicher Ruhe und Einsamkeit (Rousseau) - ein gutes Beispiel hierfür sind die Bilder von Caspar David Friedrich
- Mystisch: Subjektivierung der eigenen Person und Versenkung in der Natur (Brahmanismus), Verschmelzung mit der Weltseele (Mahayana-Buddhismus), mit der Naturordnung (Taoismus) oder mit der göttlichen Natur (Pantheismus)
- Individual-subjektiv: Die Natur spiegelt die eigene Seele und ihre Stimmungen wieder (z.B. moderne Kunst)
- Theistisch-religiös: Die Natur wird als Gottesschöpfung und Ausdruck seines Willens in einer ewigen Ordnung angesehen (Neues Testament, Franz von Assisi, Transzendentalisten des 19. Jh., Dichtung v. Kloppstock)
- Kultivierend: Nur durch die menschliche Vernunft gebändigte Natur besitzt einen Wert (Aufklärung); nur die als ideale Landschaft gestaltete Natur ist schön (Rokoko) - Beispiele sind viele Parkanlagen, z.B. Versailles
- Naturalistisch: Natur als Arena des "Kampfes ums Dasein" (Darwin), der gefühllose Aspekt steht im Vordergrund (Naturalismus, Sozialdarwinismus)
- Wissenschaftlich-analytisch: Natur ist wertfreies Untersuchungsobjekt, das in Teilsysteme zergliedert (Descartes) und experimentell untersucht (R. Bacon) werden muß, um seine Prinzipien zu erkennen (moderne Naturwissenschaften)
- Technisch-ökonomisch: Natur muß als Nutzungspotential den technischen Möglichkeiten des Menschen angepaßt werden (Marxismus, Materialismus)
- Kybernetisch-synthetisch: Natur ist ein kybernetisches System, dessen Komponenten durch Fraktionierung in Variablen, dessen Beziehungen in Korrelationen dargestellt werden können, und als solches planvoll genutzt und restituiert werden kann (Landschaftsplanung, Recycling, Biotechnologie)

[aus: JÜDES, U. (1988) : Naturschutzpädagogik. Grundlagen des Naturschutzes. Mit Ergänzungen und Veränderungen durch die Referentin]

Ohne die einzelnen Naturwahrnehmungen zu kommentieren, möchte ich gleich noch die Natur-Definitionen anschließen, um dann über die Konsequenzen aus Naturwahrnehmungen und Naturdefinitionen zu sprechen.

3. Natur (Natürlichkeit) - verschiedene Begriffsdefinitionen

3.1. Definition aus dem Lexikon

Natur zu lat. natura, eigentlich "Geburt"(von nasci "geboren werden, entstehen), allg. der Teil der Welt, dessen Zustandekommen und gesetzmäßige Erscheinungsform unabhängig von Eingriffen des Menschen sind bzw. gedacht werden können. In der ersten Phase der Geschichte des Naturbegriffs (bis ins 17. Jh.) wird die Natur als unabhängig von dem Menschen handelnd (Natura naturans) aufgefaßt. Während hier die Physik, d.h. die Wissenschaft von der Natur, nur das empirische Alltagswissen von der handelnden Natur konkretisieren und untermauern sollte, wird in der zweiten Phase, in der neuzeitlichen Physik, die Erklärbarkeit der Natur allein von den Bedingungen experimenteller Verfahren abhängig gemacht. In Kants (1724-1804, Anm. d. Ref.) Theorie der Erfahrung wird aus einer Metaphysik der Natur eine Methodologie der Naturwis-

senschaft. In einer dritten Phase erfolgt im Zusammenhang mit der Industrialisierung schließlich die Degradierung der Natur zum bloßen Objekt technischer Produktionsprozesse. So wird seit dem 19. Jh. ein empiristischer Naturbegriff wirksam, der das Selbstverständnis der Naturwissenschaften bis heute bestimmt: Natur wird begriffen als Gegenstand einer empiristischen Gesetzeswissenschaft. Dieser Naturbegriff, der zudem durch den Gegensatz zu Kultur gekennzeichnet ist, wird kritisiert, weil er die Geschichtlichkeit der Naturwissenschaft außer acht läßt. In der Ökologie wird heute versucht, den selbstzerstörerischen Konsequenzen einer solchen Aneignung der Natur durch den Menschen entgegenzuwirken durch wenigstens teilweise Wiederherstellung ihrer ursprünglichen Selbständigkeit (Naturschutz, auch Umweltschutz). In der bildungs- und umgangssprachlichen Verwendung von "natürlich" und Redeweisen wie "Natur des Menschen", "Natur der Sache" wird an antike Unterscheidungen (Natur als Wesen) angeknüpft, die in christlichen Traditionen von Philosophie und Theologie festgehalten wurden. In säkularisierter Form setzen sich diese Traditionen auch in den nicht auf eine Wissenschaft von der Natur bezogenen Naturbegriffen der Aufklärung und Romantik fort. Eine Sonderrolle spielen dabei das Naturrecht und die Idee des Naturzustandes.
[aus: Meyers Großes Taschenlexikon, Bd. 15, Monk-Nov, 2., neubearb. Aufl., 1987]

Begriffserklärungen:
Natura naturans: die schaffende Natur im Gegensatz zur geschaffenen Natur
Metaphysik: philosophische Lehre von den letzten Gründen und Zusammenhängen des Seins. (Bitte erstmal so hinnehmen, d. Ref.)
Säkularisierung: Loslösung aus der Bindung an die Kirche, seit dem Mittelalter

Der Naturbegriff:
Der Naturbegriff änderte sich mehrfach.
1. Phase bis zum 17. Jh.: Natur handelt unabhängig vom Menschen, der Mensch ist der Natur unterworfen, der Mensch ist Teil der Natur
2. Phase Neuzeit: Erklärbarkeit der Natur abhängig von experimentellen Verfahren
3. Phase fortschreitende Industrialisierung: Natur wird zum Objekt degradiert, der Mensch steht über der Natur, Werdegang vom Subjekt zum Objekt

3.2. Antworten der Seminarteilnehmerinnen auf die Frage: "Was ist für Sie/Dich Natur?

(T = Teilnehmerin)

T 1: Es gibt keinen Unterschied zwischen Natur/Natürlichkeit und Künstlichkeit. Denn alles, was vom Menschen generiert wird, ist letztendlich ein evolutionäres Produkt.

T 2: Natur ist die belebte und unbelebte Umwelt des Menschen, die immer stärker vom Menschen beeinflußt wird.

T 3: Es gibt unterschiedliche Naturbegriffe zu verschiedenen Zeiten für verschiedene Gesellschaften. Für mich bedeutet Natur gleich zweierlei: 1) Im Gleichgewicht befindliche Stoffkreisläufe von belebter und unbelebter Materie. 2) Natur als Utopie, der Gegenentwurf zu dem Zustand, in dem sich die Gesellschaft gerade befindet.

T 4: Ursprüngliche, vom Menschen nicht beeinflußte Umwelt: - intakte Ökosysteme, - Artenvielfalt, - Schöpfung "Gottes"

T 5: Natur ist eine Beschreibung für die Welt, aus der wir entstanden sind. Sie ist eine Hypothese für etwas geworden, was schön, richtig und gut ist, im Gegensatz zu der Unbewohnbarkeit der Städte.

T 6: Alle von selbst entstandenen und vorhandenen Objekte, leblose und lebendige, deren Entstehung und Entwicklung nicht durch den Menschen beeinflußt wird.

T 7: Für mich ist Natur "fast alles". Ein Baum genauso wie ein Legostein. Der Mensch ist Teil der Natur, also ist alles, was er macht, auch Natur. Schwierigkeiten habe ich mit dem Bewußtsein, aber da wir Natur sind, müßte es unser Bewußtsein auch sein. Es ist Teil von uns und damit auch Teil der Natur. Ich tendiere zu dieser Meinung, denn wenn wir uns aus der Natur herausevoluiert haben, also das Bewußtsein ausgeklammert wird und damit ja auch alles, was durch das Bewußtsein geschaffen wird, dann fällt für mich zuviel aus dem Begriff Natur heraus.

T 8: Natur ist die belebte, die nicht vom Menschen durch Ansiedlung oder Bebauung direkt beeinflußt wird, sondern nur indirekt durch Bepflanzung/Besatz. Auch eine Landschaft, die der Mensch durch Kultivation verändert hat, wo sich aber eine neue regulative Gemeinschaft gebildet hat.

T 9: Natur, häufig als Mutter Natur bezeichnet, ist die Zusammenfassung allen Lebens und aller dieses umgebender Dinge. Die große Ausnahme davon bildet alles vom Menschen Geschaffene, nicht Gestaltete, sonst würde es kaum noch Natur in terrestrischen Lebensräumen geben. Kulturpflanzen und Zuchttiere sind auch nicht natürlich.

4. Konsequenzen aus dem Naturbegriff / Wie gehen wir mit Natur um

Es zeigen sich bei den Definitionen und innerhalb der Definitionen die Probleme. Die Naturvorstellung und -Bewertung jedes/jeder einzelnen ist etwas anders. Die Vorstellung ist eng mit der eigenen Position verbunden. Beides ist ganz entscheidend für unseren Umgang mit der Natur und hiermit im Endeffekt ja auch im Umgang mit der Gentechnik. Die Naturwahrnehmung ist so, "daß jedes Individuum die Welt, von der es umgeben ist, in individueller und einzigartiger Weise wahrnimmt oder erfährt" (ITTELSON et al. 1977). Jedes Individuum hat sein persönliches" Wahrnehmungsfenster" für seine Umwelt, seinen individuellen "Mesokosmos" (VOLLMER 1985).

Daraus resultiert die Problematik, wie wir allgemeingültige Regeln für den Umgang mit der Natur festlegen sollen. Jede/r für sich gesehen geht mit der Natur richtig um. Wenn wir der Descartschen Version des Objektes Natur anhängen, nutzen wir die Natur aus (EICHELT 1983). Die Anthropozentrik zwingt uns allerdings auch hier zum Innehalten. Es geht um uns, um die Menschen. Wenn wir als Art weiterleben wollen, müssen wir akzeptieren, daß die Naturgesetze, die wir empirisch festgestellt haben, oder auch nicht, für uns gelten. Das fällt schwer! Die Sichtweise, daß die Natur Objektstatus hat, ist viele Jahrzehnte in unserem Kulturkreis verfestigt. Wenn wir der Natur den Subjektstatus wiedergeben, müssen wir mit Schmerzen erkennen, das viele Dinge, die wir tun, falsch sind, und wir unser Verhalten ändern müssen. Wer ändert sich schon gerne? Auf einer Umwelt- und Naturschutztagung hat ein Referent erklärt, warum uns das so schwer fällt. Das Dilemma beginnt beim Australopithecus. Menschen ändern ihr Verhalten nur, wenn um sie herum alles zusammenbricht. Die Angst vor dem Neuen, Unbekannten ist so groß, daß (zu lange?) an Bekanntem festgehalten wird, solange es geht. Wir haben dann zwar das Bewußtsein über eine Problematik, können es aber oftmals nicht in ein Handeln umsetzen.

Natur: Subjekt oder Objekt?

In dem Moment, in dem die Natur für uns mehr ist als ein ausnutzbares Potential müssen wir das, was wir tun, hinterfragen. In jedem Lebensbereich. Die Natur ist! und sie ist unschuldig, es gibt kein moralisches Sollen. Ihr ist es herzlich egal, ob auf der Erde Menschen oder Mikroben rumwuseln. Gentechnisch veränderte Mikroben werden mit ihrer Umwelt in Kontakt treten. Es entwickelt sich ein relatives ökologisches Gleichgewicht. Ob es für den Menschen bekömmlich ist, ist eine andere Frage. Ich will damit sagen, wir sagen welches ökologische Gleichgewicht für uns wünschenswert ist. Da die Natur in diesem Sinne kein Wesen ist, welches einen bestimmten Sachverhalt will, können wir auch nicht davon sprechen, das die Natur sich rächt. Rache ist zutiefst menschlich, also anthropozentrisch. Wir haben das Gefühl, daß sich die Natur rächt. Aber Rache können wir nur erwarten, wenn wir das Gefühl haben oder das Wissen, daß wir etwas falsch gemacht haben.

Anthropozentrik versus Ökozentrik

Ich persönlich lehne jegliche Ökozentrik ab. Jede hat ihre Sichtweise der Dinge. Es fällt schon schwer, die Meinung eines anderen Menschen zu verstehen, und wenn dieser Mensch aus einem anderen Land stammt, eine andere Religion hat usw. wird es immer schwieriger. Wie soll ich da die "Sichtweise und Handlungsweise" der Natur verstehen und mich als Anwalt der Natur verstehen und behaupten, meine Sichtweise sei ökozentrisch. Ich weiß nicht wie ein Oligochaet fühlt und eine Primel denkt, wenn sie es denn tut? Alles, was ich beurteile, bewerte ich aus meiner anthropozentrischen Sicht. Wenn ich etwas will oder nicht will, kann ich es tun oder lassen. Beide Wege, die der Ökozentriker und die der Anthropozentriker werden von gesellschaftlichen Normen und/oder Gesetzen beeinflußt. Diese Normen und Gesetze haben sich in jeder Gesellschaft entwickelt. Abgeleitet und differenziert wurden sie in unserem Kulturkreis vielfach aus den christlichen Geboten, aber auch der Islam und die Naturreligionen bieten entsprechende Grundlagen. Wenn die Entwicklung der Normen und Gesetze, weiter gefaßt die der Ethik und Moral, nicht Schritthalten kann mit der Entwicklung der Technik, dann hat diese Gesellschaft es nicht besser verdient. Denn jede Technik kann von Schaden oder von Nutzen sein.

Noch einmal zur Ökozentrik. Viele Menschen meinen, daß sie ökozentrisch denken, mir fällt es schwer, dies zu glauben. Wie machen sie das? Es gibt aber eine Reihe von Wissenschaftlern und Philosophen die sagen, daß sie das können. Günther Altner hat in seinem Buch "Naturvergessenheit" folgende Abbildung (ALTNER 1991): Wenn wir akzeptieren, daß es Menschen gibt, die sagen, sie denken so, dann gibt es, je nach Sichtweise, verschiedene Handlungskonsequenzen. Ich denke, dies ist der schwierigere Teil. Wie ich im Vorherigen erläuterte, haben wir aus evolutiver Sicht Probleme mit dem Ändern des Verhaltens. Aber nur dann kann eine Ökozentrik sinnvoll sein, wenn wir auch bereit sind, Einschränkungen für unsere Art hinzunehmen. Hier würde sich meiner Meinung dann auch zeigen, ob es uns um die Natur oder um uns geht. Aber auch die anthropozentrische Sichtweise ist nicht so einfach. Sie ist vielfach untergliedert: in eine christliche, naturalistische, ... (IRRGANG 1990). Für mich führt das nur zur Verwirrung und Handlungsmöglichkeiten werden auf diese Art und Weise verzögert. Eine Diskussion der verschiedenen Standpunkte ist wichtig, aber ich finde, aus diesen theoretischen Diskussionen sollten viel öfter Anregungen zum Handeln, nicht nur zum Nachdenken, erfolgen. Als letzten Punkt möchte ich die Gentechnik und die daraus resultierenden Probleme anreißen.

5. Gentechnik und besondere ethische Probleme

Aus unserem Umgang mit der Natur resultiert auch die Gentechnik. Die Gentechnik paßt gut in das Descartsche Weltbild. Wir zerstückeln die Natur, hier die Gene, und hoffen auf neue Erkenntnisse. Möglichkeiten, die in vorheriger technischer Entwicklung nicht denkbar waren, sind es jetzt. Technische Entwicklung hat eine immer rasendere Entwicklung genommen, und es ist auch diese Schnelligkeit, die uns den Überblick nimmt und uns Angst macht. Es ist immer häufiger der Ruf nach einer neuen Ethik laut geworden. Ich möchte nun erläutern, warum ich denke, daß wir keine neue Ethik brauchen.

Die Gentechnik macht es möglich, daß in das Genom eingegriffen wird und daß Medikamente von gentechnisch modifizierten Bakterien in großen Mengen hergestellt werden. Wir nutzen die Natur mit unseren Möglichkeiten für bessere Lebensbedingungen der Menschen. Nun ja, ist das ehrlich?

Die Gentechnik verfolgt eigentlich zwei Ziele. Erstens ist da der Wunsch nach mehr Wissen und im zweiten auch der Wunsch nach der Anwendung des Erfahrenen, sofern möglich. Trennen kann man dies nicht. Wenn Wissen da ist, wird es angewendet. Aber außer der Neugierde haben wir ja auch die Vernunft, und das ist nichts neues. Wir wissen also auch nach "ehemaliger" Ethik, daß Handlungen falsch sind, die wir tätigen. Brauchen wir also eine neue Ethik, um noch besser abzuwägen? Ich persönlich glaube es nicht und denke, daß wir mit der bisherigen Ethik genügend "Werkzeug" haben, um unser Handeln zu beurteilen. Daß sie alleine nicht reicht, ist ja nichts neues. Eine isolierte ethische Diskussion bringt nichts, wenn man nicht die politischen Gegebenheiten mit berücksichtigt. Was also tun? Die Suche nach dem richtigen Handeln ist eine "sensible, tastende, Alternativen und viele Interessen abwägende Steuerkunst, die von ganz anderer Art ist, als die flinken, vorschnell fixierten Fortschrittskonzepte, die immer nur >ein< Produktionsinteresse im Auge haben" (ALTNER 1991, S. 213/214).

6. Ausblick

Schlagworte aus der Diskussion:

- Durchbrechen von Artenschranken
- Identität der Arten
- Patentrecht – ist Leben patentierbar?
- Artenvielfalt der Natur - Gemeingut aller Völker

- alte Ethik reicht aus
- Ethik funktioniert nur in kleinen Gruppen
- der Genozid der Menschen ist nicht mehr aufzuhalten
- Anonymität versus Moral
- weil wir alle eigene Naturvorstellungen im Kopf haben, kommt der Naturschutz nicht voran.

Literatur:

ALTNER, G. (1991): Naturvergessenheit. Grundlagen einer umfassenden Bio-Ethik. Wissenschaftliche Buchgesellschaft, Darmstadt

BOTSCH, W. (1989): Herausforderung Gentechnologie. J.B. Metzlersche Verlagsbuchhandlung und Carl E. Poeschel Verlag, Stuttgart

CHARGAFF, E. (1981): Unbegreifliches Geheimnis. Klett-Cotta, Stuttgart

CHARGAFF, E. (1983): Kritik der Zukunft. Klett-Cotta, Stuttgart

CHARGAFF, E. (1992): Vermächtnis. Essays. Klett-Cotta, Stuttgart

DAHL, J. (1984): Der unbegreifliche Garten und seine Verwüstung. Klett-Cotta, Stuttgart

DER BUNDESMINISTER F. FORSCHUNG U. TECHNOLOGIE (Hrsg.)(1984): Ethische und rechtliche Probleme der Anwendung zellbiologischer und gentechnischer Methoden am Menschen: Dokumentation e. Fachgesprächs Im BM für Forschung und Technik. - J. Schweitzer Verlag, München

DIV.: Meyers Großes Taschenlexikon; Bd. 15. Monk-Nov. - 2., neubearb. Aufl. 1987, BI-Taschenbuchverlag, Mannheim, Wien, Zürich

GERKEN, G. (1990?): Streitschrift für eine zukünftige Ökologie. Wiener

IDEL, A. (1991): Gentechnik, Biotechnik und Tierschutz. Echo Verlag, Göttingen

IRRGANG, B. (1990): Begründung von Ethik. Verlag Könighausen-Neumann, Würzburg

IRRGANG, B. (1992): Christliche Umweltethik. UTB 1671. Ernst Reinhardt Verlag, München, Basel, Göttingen

ITTELSON, W.H. et al. (1977): Einführung in die Umweltpsychologie. Klett-Cotta, Stuttgart

JONAS, H. (1979): Das Prinzip Verantwortung. 1. Aufl., Insel Verlag, Frankfurt am Main

JÜDES, U. (1988): Naturschutzpädagogik. Grundlagen des Naturschutzes. S.34 ff

KLINGMÖLLER, W. (Hrsg.) (1986): Genforschung im Widerstreit. 2. Aufl., Wissenschaftliche Verlagsgesellschaft mbH, Stuttgart

KOTTER, L. (1993): Plädoyer für eine positiv anthropozentrische Ausweitung der "indirekten" Rechte der Natur. Gaia, Vol. 2, S. 193-198

LÖW, R. (1986/1987): Naturwissenschaft und Ethik. Scheidewege Bd. 16, S.30-45

NATURSCHUTZAKADEMIE (Hrsg.) (1993): Gentechnik contra Naturschutz. Natur und Landschaft, 68. Jg. (1993) Heft 6, S.319

REICHELT, H. (1983): Umweltschutz und rationelle Nutzung der Naturreichtümer dienen dem Wohl des Volke und effektiver Volkswirtschaft. Neues Deutschland 5./6.2.1983, S.9

VON WESTPHALEN (Hrsg.)(1988): Technikfolgenabschätzung. Oldenbourg Verlag, GmbH, München

Technische Biologie und Bionik
- Lernen von der Natur für eine Technik der Zukunft

Antonia B. Kesel
Fr. 13.4 Zoologie, Universität des Saarlandes, D-66041 Saarbrücken

Vorbemerkung

BIONIK, als verhältnismäßig junge Wissenschaftsdisziplin, kann als derzeit in der Konsolidierungsphase befindlich bezeichnet werden. Allerdings zeichnet sich ab, daß - trotz der inhaltlich-innovativen Forschungsansätze - diese Konsolidierung eher traditionell-konservativ verläuft. Heißt: Wissenschaftsdisziplinen manifestieren sich durch den Diskurs, durch die Präsentation der Inhalte und die Publikation der Forschungsergebnisse. Die traditionellen Foren dazu sind hinreichend bekannt und werden auch innerhalb dieser jungen Wissenschaftsdisziplin zunehmend genutzt. Damit wird auch das Wissen um und über die Inhalte und Möglichkeiten der BIONIK auf den althergebrachten Plattformen diskutiert. Meineserachtens ist das Potential dieser neuen, im Aufbruch befindlichen Disziplin hinreichend groß, um das kommende Jahrtausend gestalterisch mitzuprägen. Daher erscheint es mir außerordentlich wichtig, den Informationstransfer auf "traditionell unüblichere" Pfade auszuweiten, so etwa Ziele und Inhalte der BIONIK anläßlich des "Kongresses von Frauen in Naturwissenschaft und Technik" vorzustellen.

Seit wann gibt es BIONIK ?

Die Idee der TECHNISCHEN BIOLOGIE und BIONIK ist alles andere als neu. Als einer der frühesten und wohl auch bekanntesten Vertreter der Disziplin BIONIK kann Leonardo da Vinci (1452 - 1519) bezeichnet werden. In zahlreichen Skizzen und Modellen widmete er sich dem Vogelflug. Ca. 200 Jahre später ließ sich Giovanni Alfonso Borelli (1608 - 1679) durch seine mechanischen Untersuchungen der Bewegungsabläufe, unter anderem an Fischen, zu Tauchapparaten inspirieren.

Im Jahre 1939 verwendete A. Gießler den Begriff "Biotechnik" im Sinne von Informationstransfer von der Biologie in die Technik und umgekehrt. Inzwischen wurde die "Biotechnik" von der Mikrobiologie adoptiert. Innerhalb der Biotechnik oder Biotechnologie werden biologische Einheiten - seien es Organismen oder Enzymkomplexe - eingesetzt, um z.B. Produkte großtechnisch, etwa in Fermentern, herzustellen. BIONIK verfolgt dagegen ein ganz anderes Ziel.

Der Begriff "bionics" wurde erstmals 1960 anläßlich eines Kongresses in Dayton / Ohio (Thema: Lebende Prototypen - der Schlüssel zu neuen Technologien) von J. E. Steel verwendet, damals als Kunstwort aus "bio" und "electronics". Inzwischen wird unter BIONIK ein Synthesebegriff aus BIOlogie und TechNIK verstanden.

Definition des Begriffs BIONIK

Die 1993 vom Bundesministerium für Forschung und Technologie in Auftrag gegebene Technologie-Analyse lieferte im Rahmen eines Expertenworkshops folgende Definition:

Bionik als Wissenschaftsdisziplin befaßt sich systematisch mit der technischen Umsetzung und Anwendung von Konstruktionen, Verfahren und Entwicklungsprinzipien biologischer Systeme.

Zielsetzung der BIONIK

Charakteristisch ist dabei eine interdisziplinäre Vorgehensweise zur Lösung anwendungsorientierter Fragestellungen. Doch um Mißverständnissen vorzubeugen: BIONIK bedeutet nicht, die Natur zu kopieren, sie dient lediglich als Kreativitätstraining. Zielsetzung ist nicht die Kopie biologischer Vorlagen, sondern vielmehr sollten Ingenieure/Ingenieurinnen oder Naturwissenschaftler/innen, aufbauend auf die Erkenntnisse aus der Analyse biologischer Systeme, zu eigenständigen Neu- und Weiterentwicklungen gelangen.

Das heißt also, das allgemein umschriebene Aufgabengebiet der BIONIK ist es, Erkenntnisse aus der Biologie zu natürlichen Konstruktionen (Stichwort: Material- und damit Energieminimierung) und/oder Prozessen (Stichwort: Recyclierbarkeit) nach Möglichkeit in technische Bereiche zu integrieren.

Das zunehmende Interesse der Industrie an der BIONIK bzw. an bionischen Herangehensweisen, deutet einerseits daraufhin, daß technisch und ingenieurmäßig orientierte Disziplinen heute wesentlich offener gegenüber alternativen Lösungsansätzen sind und andererseits wahrscheinlich sogar gezwungen sind, alle Möglichkeiten - mögen sie auf den ersten Blick auch noch so weit hergeholt erscheinen - in Betracht zu ziehen, um die heute immer unlösbarer erscheinenden Konstruktions-, Fertigungs- und vor allem Entsorgungsprobleme zu lösen.

Inhalte der BIONIK

Der Anwendungsbereich der BIONIK erstreckt sich über ein weites Spektrum technischer und ingenieurwissenschaftlicher Bereiche. Zunächst lassen sich die Subdisziplinen Konstruktionsbionik, Verfahrensbionik und Informations-Bionik differenzieren. Diese wiederum untergliedern sich in:

<u>Materialbionik:</u>
Stichwort: Wärmedämmung, Durchlässigkeiten (Filter), rückstandsfrei abbaubar etc.
Hier werden intensive Kenntnisse der Materialwissenschaften vorausgesetzt, insbesondere chemisch-physikalische Analysemethoden. Dabei ist nicht nur die Kenntnis "biologischer Materialien" notwendig, sondern fallweise muß deren Ersatz durch künstliche Materialien überprüft werden (Bsp. Silicium- anstelle von Kohlenstoffderivaten). Hier greift die bionische Forschung weit in die Biochemie herein.

Werkstoffbionik:
Stichwort: Membranen, Sandwichstrukturen, Leichtbauwerkstoffe, Verbundwerkstoffe
Die Analyse der in der Natur häufig entwickelten Leichtbaukonstruktionen greift weit in all diejenigen technischen Disziplinen hinein, die sich mit der Entwicklung von Leichtbaustoffen und Leichtbauelementen befassen. Besonderes Interesse gilt hier auch der Oberflächenbeschaffenheit (z.B. Rauhigkeiten) von um- oder durchströmten Körpern (Flugzeuge, Schiffe, Pipelines etc.).

Bionische Prothetik:
Stichwort: Funktionsoptimierung, einwachsende Prothesen
Nach wie vor weisen die heute gebräuchlichen Hüftgelenks- oder Oberschenkelprothesen erhebliche Mängel, insbesondere im Langzeiteinsatz auf. Zur Verbesserung der Prothesen ist ein enger Zusammenschluß von BIONIK und Orthopädie sowie Biomechanik aber auch Materialforschung geradezu unerläßlich.

Bionische Robotik:
Stichwort: Greifarme, Gelenke, Gehwerkzeuge
Beschränkender Faktor aller bis dato entwickelten Fortbewegungsfahrzeuge ist die Notwendigkeit eines mehr oder weniger glatten Untergrundes, über die die Räder (und deren Derivate) zu rollen vermögen. Die Analyse der terrestrischen Lokomotion auf zwei, vier bzw. sechs Beinen und deren (u.a.) maschinenbauliche Umsetzung verspricht hinreichend Innovationspotential. Unter Einbezug der SensorBIONIK lassen sich zudem eine Vielzahl von in ihrer Greiffähigkeit und taktilen Fähigkeiten effizienteren Greifarme und Gelenke konzipieren.

Klima- und Energetobionik:
Stichwort: passive Energienutzung, künstliche Photosynthese, Energiespeicherung
Hier ergibt sich nahezu zwangsweise eine enge Beziehung zur Klima- und Anlagentechnik sowie der Bauphysik und Energietechnik. Insbesondere Untersuchungen zur passiven Energienutzung, aber auch Energiespeicherung und -wandlung in der Natur erfordern chemische und physikalische Methoden. Von besonderer Bedeutung sind die Untersuchungen zu erneuerbaren Energiequellen.

Baubionik:
Stichwort: Leichtbau, multifunk. Gestaltung, Transportnetze, Ver- und Entsorgung
Hier sind insbesondere Berührungspunkte zum Bauingenieurwesen und der Architektur gegeben, die neben den funktionalen Aspekten auch harmonische zu berücksichtigen vermögen. Von besonderem Interesse sind die Versorgungsnetzwerke der Natur, wobei gleichermaßen der stoffliche als auch der Transport von Information untersucht wird.

Sensorbionik:
Stichwort: Sensoren, Ortungssysteme
Das weite Feld der Sensorik und Ortung findet sein Pendant in dem breiten Feld der einerseits zutragenden, andererseits profitierenden Disziplinen (Elektrotechnik, Nach-

richtentechnik, etc.). Auch Überschneidungen mit dem Forschungsfeld der Biosensorik sind gegeben. Somit sind sowohl chemische als auch physikalische Methoden gefordert.

Kinematik / Dynamik:
Stichwort: Alternative Antriebsmechanismen, Gestaltung von Rohrnetzen
Sowohl die äußere Form als auch die Antriebsarten bionisch orientierter Fortbewegungsmittel stellen hier ein weites Betätigungsfeld für Luft-, Schiff- und Fahrzeugbau dar. Die Untersuchungen von Leitbahnen und deren Organisation können sowohl für wasserwirtschaftliche Anwendungen als auch innerhalb der Gefäßchirurgie neue Erkenntnisse liefern.

Neurobionik:
Stichwort: neuronale Netze, fehlertolerante Systeme, lernfähige Systeme
Neuronale Systeme selbst einfacher Lebewesen sind lernfähig, selbstprogrammierend und können hochgradig flexibel auf sich ändernde Umweltbedingungen reagieren. Damit sind sie modernen Hochleistungsrechnern nach wie vor weit überlegen. Hinsichtlich der Konzeption vergleichbarer Rechner ergeben sich hier ungezählte "Lernmöglichkeiten" über den Umgang - Organisation und Transfer - mit einzelnen Informationseinheiten.

Evolutionsbionik:
Stichwort: Evolutionsstrategie zur Optimierung von Systemen und Prozessen
Die Anwendung der Evolutionsstrategie - also die Integration mutativer und selektiver Mechanismen - als Optimierungsverfahren findet bereits breite Anwendung. Ursache dafür ist die vielseitige Anwendbarkeit der entwickelten Algorithmen.

Prozeßbionik:
Stichwort: Biokybernetik, Prozeßsteuerung, abfallfreie Prozeßgestaltung
Hier bestehen enge Berührungspunkte zur Regelungs- und Verfahrenstechnik. Gerade hinsichtlich einer optimalen Ressourcennutzung liegen besondere Interessen in der abfallfreien Prozeßgestaltung.

Organisationsbionik:
Stichwort: Selbstorganisation, teilautonome Systeme, Verkehrsleitsysteme
Untersuchungsgegenstand ist in erster Linie die Selbstorganisation, das Generieren innerer Hierarchien, die sich nicht selten durch dezentrale Organisation auszeichnen. Hier bewegt sich die BIONIK in sehr enger Nachbarschaft zur Synergetik.

Orientierung der BIONIK

In allen Punkten fällt auf, daß im Vordergrund steht, Technik nicht gegen die Natur sondern mit und vielleicht sogar für die Natur zu verwenden. Und damit letztlich auch, etwas pathetisch formuliert, aus der Technik des Menschen eine Technik für den Menschen zu konzipieren.

Innerhalb dieser Wissenschaftsdisziplin wird eine technische Weiterentwicklung also durchaus befürwortet. Heißt, die Orientierung der BIONIK an der Natur hat nichts mit "Zurück zur Natur" zu tun. Allerdings müssen sich zukünftige Technologien durch einen Strategiewandel innerhalb ihrer Gesamtkonzeption auszeichnen. Es können nicht länger Maximallösungen angestrebt werden, vielmehr sind Optimallösungen gefordert, wobei die bionisch orientierte Analyse die jeweiligen Optimierungsparameter liefern kann.

Etwas konkreter formuliert: Die Orientierung an der Natur zeigt deutlich auf, daß technische Konstruktionen meist lediglich monofunktional konstruiert und konzipiert sind. Dagegen müssen deren natürliche Pendants fast immer einem ganzen Anforderungskatalog gerecht werden. Immer ist die Struktur gefordert, dem Konstruktionsprinzip der Natur "So wenig wie möglich und so viel wie nötig" bei der Realisation einer Optimallösung gerecht zu werden. Die Integration dieser Konstruktionsvorgaben in technische Bereiche mag unter Umständen neue Lösungsansätze beinhalten, eine naturverträgliche Technik zu konzipieren.

Vorgehensweise der Technischen Biologie

Doch um Mißverständnissen vorzubeugen: um sinnvolle bionische Umsetzung zu erreichen, ist zunächst ein intensives Verständnis der biologischen "Vorlagen" erforderlich. Hierfür dient die Technische Biologie, die es ermöglicht, die biologischen Strukturen, Konstruktionen und Prozesse zu analysieren und entsprechend "aufzuarbeiten". Unter Anwendung der Methoden technischer und ingenieurwissenschaftlicher Disziplinen lassen sich natürliche Phänomene begreifen und beschreiben. Diese Vorgehensweise sei an einem Beispiel dargestellt:

Bsp.: Konstruktionsmorphologie und Biomechanik der Gräser
Gräser (*Poaceae*) als schlanke, selbsttragende Hochbaukonstruktionen, müssen einer Vielzahl von unterschiedlichen Lastfällen und Lastfallkombinationen konstruktiv Rechnung tragen. Aus energetischen Gründen muß der Materialaufwand jedoch möglichst gering gehalten werden. Diese Anforderungen resultieren in einer Verbundkonstruktion von Struktur- und Festigungselementen unterschiedlicher Materialeigenschaften (z.B. E-Modul) im hohlen Stengelquerschnitt. Dabei liegen die zugbeanspruchbaren Gewebeanteile (*Sklerenchym*) zugunsten eines hohen Flächenträgheitsmoments möglichst peripher. Um die dadurch bedingte Knickgefahr zu reduzieren, wird zusätzlich strukturstabilisierendes Material im Querschnitt eingelagert. Bei gleichem Materialaufwand lassen sich in der Anordnung der Elemente hier zwei prinzipielle Konstruktions-Strategien differenzieren: Zug- (Typ "Lolium") beziehungsweise druckresistente Stengel (Typ "Molinia") (vgl. Abb. 1).

Diese Werkstoff- und Materialanalysen der natürlichen Konstruktion Gras liefern Datenmaterial, welches nun in Modellierungen mittels Finite Element Methode eingehen. So lassen sich gegebenenfalls Übertragungsmöglichkeiten auf technische Hohlrohrkonstruktionen ermitteln.

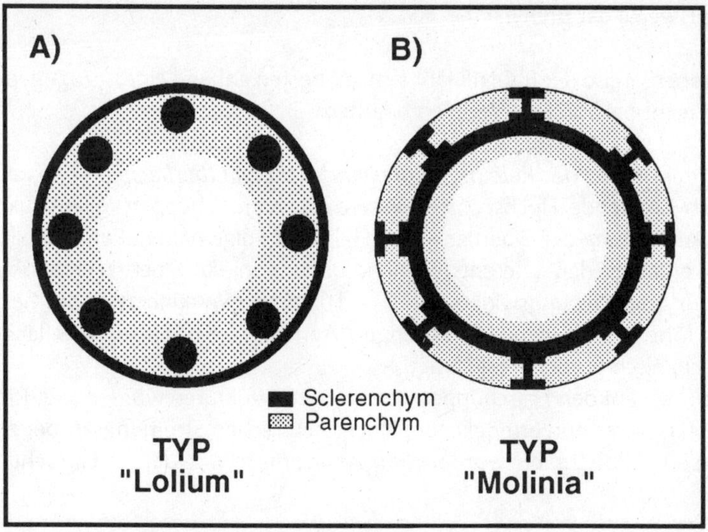

Abb. 1: Schematisierter Stengelquerschnitt des Grases A) Lolium perenne, B) Molinia coerulea. Bezogen auf die Verteilung des strukturstabilisierenden Sklerenchyms (schwarz) ist das Flächenträgheitsmoment des auf Zugfestigkeit hin konstruierten Typs "Lolium" um den Faktor 1,5 höher als das des Typs "Molinia". Molinia erzielt Stabilität durch Druckresistenz. Dazu dienen zum einen die sclerenchymatischen H-Träger-Elemente und zum anderen das durch seinen hohen Wassergehalt inkompressible Zellgewebe (Parenchym, grau). Insbesondere die durch die Lage der H-Träger verursachte Kammerung dieses Gewebes erhöht die Biegesteifigkeit der Struktur.

Bis zu diesem Punkt ist die Vorgehensweise die der Technischen Biologie. Dabei werden Konstruktionen (konstruktive Lösungen oftmals zunächst unbekannter Problemstellungen) unter Zuhilfenahme technischer Methoden analysiert. Plakativ formuliert: Die (Technische) Biologie erforscht die Problem-Stellungen (z.B. Optimierungsparameter) zu den vorliegenden (organismischen) Problem-Lösungen (z.B. Materialverteilungen). Ingenieurmäßige Fragestellungen sehen nun gänzlich anders aus. Hier ist die Problemstellung klar umrissen, der Ingenieur/die Ingenieurin sucht nach deren Lösung.

Die sich daraus (möglicherweise) ergebende, fächerübergreifende Kommunikation kann - so sie denn erfolgreich ist - als die eigentliche BIONIK verstanden werden. Die gefundenen (biologischen) Lösungen zunächst unbekannter Problemstellungen können auf bekannte (technische) Probleme mit bis dato unbekannten Lösungen passen. Kommt es zu diesem - zugegeben noch seltenen Ereignis - so ist genau darin die BIONIK zu sehen..

Vereinfachend: Während unter TECHNISCHER BIOLOGIE ein Informationstransfer von der Technik zur Biologie zu verstehen ist, findet innerhalb der BIONIK (gegebenenfalls) ein Transfer von der Biologie zur Technik statt.

Vorgehensweise der BIONIK

Die Vorgehensweise der BIONIK läßt sich am besten anhand eines - zugegebenermaßen schon recht bekannten - Beispiels erläutern:

Bsp.: Verminderung des Reibungswiderstandes durch Oberflächenrauhigkeiten
Schnellschwimmende Hochseehaie weisen auf ihren Schuppen Rillenstrukturen auf, die eine Aufrauhung der Oberfläche des Haies zur Folge haben. Funktionelle Untersuchungen ergaben, daß eine entsprechend dimensionierte Oberflächenrauhigkeit zur Verminderung des Reibungswiderstandes und damit zur Verminderung des Gesamtwiderstandes führt - entgegen der bisherigen Annahme, ein glatte Oberfläche sei strömungsmechanisch besonders günstig.

Analog zu den auf den Haischuppen gefundenen Strukturen wurden sog. Riplett-Folien hergestellt, die es nun ermöglichen, einen technischen Strömungskörper zu bekleben. In ersten Pilotstudien wurden Flugzeugrümpfe mit den entsprechenden

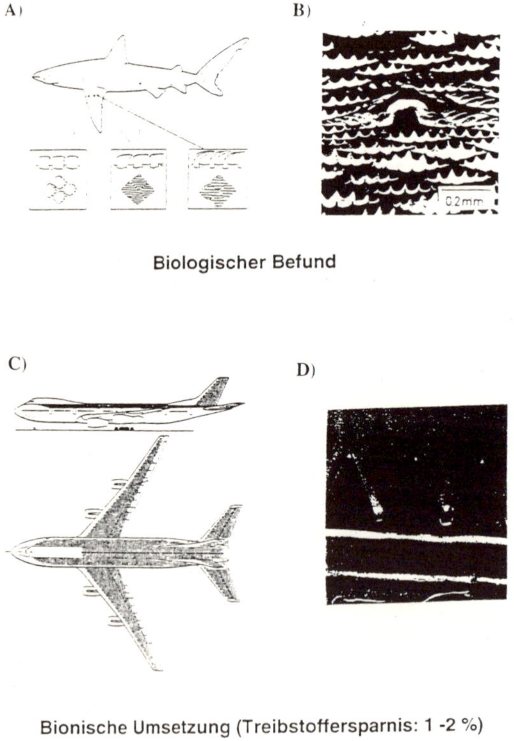

Abb. 2: Teilabbildung A) gibt die in Abhängigkeit von der Körperposition unterschiedliche Oberflächenstrukturierung der Schuppen beim Hai wieder, B) zeigt eine rasterelektronenmikroskopische Aufnahme der Schuppenoberfläche. C) Beschichtete Oberflächenareale eines Großraumflugzeugs, D) rasterelektronenmikroskopische Aufnahme der Riplett-Folie.

widerstandsvermindernden Überzügen versehen. Eines der Optimierungskriterien bei Großraumflugzeugen ist der Treibstoffverbrauch. Durch Aufbringen der Folien konnten Treibstoffersparnisse von immerhin bis zu 2 % erzielt werden. Bei einem durchschnittlichen Jahresverbrauch von ca. 60.000 Tonnen Kerosin pro Flugzeug eine durchaus relevante Größenordnung (Abb. 2).

Leider hat diese auf den ersten Blick so deutliche bionische Optimierung des technischen Strömungskörpers Flugzeug einen kleinen Schönheitsfehler: Die Rillen der Folie sind in Folge der Luftverschmutzung bereits nach wenigen Langstreckenflügen zugesetzt, quasi unwirksam. Der Kostenaufwand für das manuelle Entfernen und Neuaufbringen oder Reinigen der Riplett-Folie übersteigt die Kostenreduktion durch die Treibstoffersparnis um ein Vielfaches, womit das ökonomische Aus der Oberflächenbehandlung gesprochen war. Leider wurden keine vergleichbaren Untersuchungen hinsichtlich der ökologischen Bilanz unternommen.

Dieses Beispiel verdeutlicht, daß bionische Übertragungen von Einzelaspekten (siehe Schuppenstruktur) nur in den seltensten Fällen erfolgversprechend sein kann. Vielmehr ist ein ganzheitlicher Ansatz gefordert, der nach Möglichkeit alle (so bekannt) Aspekte berücksichtigt.

Diskussion (Ausschnitt)

Schriftführerin: Monika Junge

Einige Frauen äußerten Unbehagen darüber, daß industrielle Anwender den ganzheitlichen Ansatz innerhalb der Wissenschaftsdisziplin BIONIK vernachlässigen und aus Profitinteressen lediglich schnell und kostengünstig umsetzbare Einzelaspekte herausgreifen könnten. Allerdings zeigt das "Flugzeugbeispiel" auf, daß auf diese Art und Weise kaum Vorteile zu erwarten sind. Prinzipiell lassen sich anstehende, oftmals global vernetzte Probleme nicht durch Herausgreifen von Einzelaspekten nutz- und/oder gewinnbringend lösen.

Da die Grundlagenforschung innerhalb der einzelnen Teildisziplinen unterschiedlich weit gediehen ist, lassen sich die unterschiedlichen Teilgebiete der BIONIK auch nur bedingt in nichtbiologische Disziplinen integrieren. Dieser Einwand muß als durchaus gravierend bezeichnet werden, steht doch der unterschiedliche Wissensstand innerhalb der Teildisziplinen einem ganzheitlichen Ansatz zunächst oft noch im Wege. Hier werden strukturelle und inhaltliche Analysen der Subdisziplinen innerhalb der Bionik aufzeigen müssen, inwieweit und wo Forschungsdefizite bestehen und wie diese aufzuarbeiten sind.

Als positiv wurde empfunden, daß durch die Beschäftigung mit der BIONIK und deren oftmals eher technischen Herangehensweise nun auch wiederum Information über die natürlichen Konstruktionen und Prozesse in die biologischen Disziplinen zurückfließt. Die Biologie also nicht nur Dienstleistungsfunktion hat. Zudem erscheint die BIONIK als ideales Medium, biologische Probleme und Fragestellungen an Ingenieure/Ingenieurinnen und Techniker/Technikerinnen heranzutragen. Deren Know-how kann zur Lösung biologisch orientierter Fragestellungen unerläßlich sein. Demnach käme der BIONIK (zumindest) eine Vermittler-Rolle zu.

Gefahren wurden in der abstrahierenden Modellbildung gesehen. Diese vernachlässigt die ganzheitliche Konstruktion und stellt damit immer nur eine Halbwahrheit dar. Auch wurden Probleme darin gesehen, inwieweit Abstraktionen zulässig sein dürfen. Damit wurde nun kein bionik-eigenes Problem angesprochen, sondern ein wissenschaftsimmanentes. Nur über die Modellbildung sind wir in der Lage, Phänomene zu erfassen und zu beschreiben. Demnach ist diese beschränkende Vorgehensweise gleichsam die einzig mögliche. Zwingend notwendig ist jedoch in allen Fällen eine klare Definition der zur Modellbildung herangezogenen Parameter und Kriterien. Die zulässige Abstraktionsstufe muß innerhalb jeder biologischen, technischen oder sonstigen Wissenschaftsdisziplin jeweils neu gefunden werden.

Ein mir besonders interessant erscheinender Aspekt liegt im didaktischen Potential der BIONIK. Hier wurde die Möglichkeit gesehen, ein Heranführen an die Technik auch bei Schülern/Schülerinnen zu erreichen, die quasi mit einer Technik-Aversion behaftet sind. So ließen sich quasi zwanglos über natürliche Konstruktionen z.B. physikalische Fragestellungen und Inhalte transportieren (Bsp. Baum - Statik).

Natürlich wurde auch hier die alle betreffende Frage nach den Job-Aussichten im Bereich BIONIK aufgeworfen. Welches sind die Berufsfelder des Bionikers/der Bionikerin und wie sind die Anstellungschancen nach Studienabschluß? Existieren ernsthafte Beschäftigungsmöglichkeiten? Viele sahen hier eher Parallelen zur Ökologie, die für Biologen/Biologinnen auch keinerlei zusätzliche Stellen erbrachte. Da es sich bei der BIONIK um eine verhältnismäßig junge Wissenschaftsdisziplin handelt, können naturgemäß noch keine Prognosen hinsichtlich Anstellungswahrscheinlichkeiten erstellt werden. Zudem werden erst seit wenigen Jahren an Universitäten (TU Berlin, Prof. Rechenberg; Uni Saarbrücken, Prof. Nachtigall) Studiengänge BIONIK angeboten. Von daher fehlen diesbezüglich jegliche Erfahrungen. Leider gilt das auch für potentielle Arbeitgeber, die sich unter dem Studium der BIONIK und den damit verbundenen Qualifikationen bis dato auch noch nichts so recht vorzustellen vermögen.

Einvernehmlich wurde BIONIK als sinnvolle Zusatzqualifikation angesehen. Dazu ist jedoch auch das Einrichten von Aufbaustudiengängen, Sommerunis etc. notwendig. Während international durchaus bereits Angebote bestehen, steht die Bundesrepublik diesbezüglich jedoch noch ganz am Anfang.

Literatur zum Thema (Auswahl):

Gordon J.E. (1989): Strukturen unter Stress. Mechanische Belastbarkeit in Natur und Technik. Spektrum der Wissenschaft Verlagsgesellschaft GmbH, Heidelberg.

Lebedew J.S. (1983): Architektur und Bionik. Verlag MIR, Moskau.

Maier W., Zoglauer T. (eds) (1994): Technomorphe Organismuskonzepte, Modellübertragungen zwischen Biologie und Technik. Problemata 128. frommann-holzboog Verlag, Stuttgart.

Mattheck C. (1992): Design in der Natur. Der Baum als Lehrmeister. Rombach Verlag, Freiburg.

Nachtigall W. (1971): Biotechnik. Statische Konstruktionen der Natur. Quelle und Meyer Verlag, Heidelberg.

Nachtigall W. (1983): Bio-Strategie. Eine Überlebenschance für unsere Zivilisation. Heyne, Hamburg.

Nachtigall W., Schönbeck C. (eds) (1994): Technik und Natur. VDI-Verlag, Düsseldorf.

Nachtigall W. (ed) (1993): Biona Report 8, TECHNISCHE BIOLOGIE und BIONIK 1. Kongreß-Bericht, Fischer Verlag Stuttgart.

Nachtigall W. (ed) (1995): Biona Report 9, TECHNISCHE BIOLOGIE und BIONIK 2. Kongreß-Bericht, Fischer Verlag Stuttgart.

Otto R. (1980): Natürlich Bauen - Symposiumsbericht. Institut für leichte Flächen-Tragwerke. Nr. 27, Stuttgart.

Rechenberg I. (1994): Evolutionsstrategie ´94. Werkstatt Bionik und Evolutionsforschung. Band 1. frommann-holzboog Verlag, Stuttgart.

Stevens P.S. (1983): Formen in der Natur. Oldenburg Verlag, München.

VDI 1993. Analysen und Bewertung zukünftiger Technologien. Technologie Analyse: BIONIK. (ed. VDI-Technologiezentrum Physikalische Technologien) Band 4, Düsseldorf.

WWF (ed) (1991): BIONIK, Patente der Natur. Pro Futura Verlag, München.

WWF (ed) (1993): BIONIK, Natur als Vorbild. Pro Futura Verlag, München.

Anwendungen von Naturwissenschaften und Technik

Umweltschutz, Technikfolgenabschätzung, Landschaftsplanung

Arbeitsgruppe

Stoffe und Stoffströme in der Chemie(-politik) aus feministischer Perspektive

Ines Weller
Institut für sozial-ökologische Forschung
Hamburger Allee 45, D-60486 Frankfurt/Main

Die Chemie* scheint eine der letzten naturwissenschaftlichen Disziplinen zu sein, die in ihrem Anspruch auf Objektivität bisher kaum widerlegt ist. Noch ungebrochener als andere naturwissenschaftliche Disziplinen versteht sie sich als eine objektive Naturwissenschaft, die die Natur der Stoffe erforscht, deren Gesetzmäßigkeiten entdeckt und anwendet. Während in den letzten 20 Jahren Feministinnen den Mythos der Objektivität und Ahistorizität u.a. in der Biologie, der Physik und der Mathematik infrage stellen und feministische Kritikpunkte aufzeigen konnten, steht diese Diskussion in der Chemie noch völlig am Anfang (vgl. z.B. Fox Keller 1986, Merchant 1987, Maurer 1989, Weller 1995).

Die bisherigen Auseinandersetzungen und Kritik an der Chemie, wie sie beispielsweise in dem seit 1977 jährlich stattfindendem bundesweiten Kongreß "Frauen in Naturwissenschaft und Technik" von Chemikerinnen und Studentinnen der Chemie formuliert wurden, richten sich hauptsächlich gegen die benachteiligenden Studien- und Arbeitsbedingungen von Frauen in der Chemie. Insofern hat die feministische Kritik an der Chemie die nach wie vor geringe Beteiligung und Einflußmöglichkeiten von Frauen auf die Entwicklung der Chemie und ihrer Produkte belegt. Diese Arbeiten sind nach Marianne Rodenstein als Elemente einer feministischen "Situationsanalyse" zu verstehen, die zunächst darauf abzielen, die Benachteiligung von Frauen in den jeweiligen Bereichen aufzuzeigen (Rodenstein 1992/93). Eine "Dekonstruktionsanalyse" im Sinne von Rodenstein, das heißt eine feministische Kritik an der Chemie selbst, ihren Arbeitsmethoden und -fragestellungen hat insoweit gerade erst begonnen, daß zunächst ihr Fehlen festgestellt wurde. Wie die Fragestellungen, Ziele und Methoden der Chemie selbst durch "gender" bestimmt wurden und werden, ist noch weitgehend unklar.

Ein zentrales Thema der aktuellen Umweltdebatte, das sich auch auf die Probleme bezieht, die sich aus der Anwendung der Chemie und ihrer Produkte ergeben, ist die Diskussion von Strategien und Maßnahmen zur Verringerung der Stoff- und Energieumsätze. Sie orientiert sich hauptsächlich an dem globalen Leitbild "Sustainable Development", ins Deutsche übersetzt mit nachhaltiger, zukunftsfähiger Entwicklung, bei der im Interesse zukünftiger Generationen die Sicherung der ökologischen Leistungsfähigkeit, des sogenannten natürlichen Kapitalstocks, im Vordergrund steht (vgl. z.B. Hauff 1987). Dieses Leitbild hat auch die Enquête-Kommission "Schutz des Menschen und der Umwelt" aufgegriffen, die 1992 vom Deutschen Bundestag eingesetzt wurde, um Perspektiven der Stoffwirtschaft und allgemein des Umgangs mit Stoffen in der Industriegesellschaft zu entwickeln (Enquête-Kommission "Schutz des Menschen und der Umwelt" des Deutschen Bundestags 1993 und 1994).

In diesem Zusammenhang werden auf der Suche nach einem nachhaltigen Umgang mit Stoff- und Materialströmen die Begriffe Stoffstrom und Stoffstrommanagement definiert und diskutiert, die ich im folgenden zusammen mit dem der Wissenschaft Chemie zugrundeliegenden Begriff des "Stoffes" untersuchen möchte.

Stoffstrommanagement: Bedeutung und Ziele

Die heutigen Produktions- und Konsumweisen in den Industriestaaten sind von einem hohen Stoff- und Energieumsatz gekennzeichnet, der mit hohem Abfallaufkommen und Schadstoffeintrag in die Umwelt verbunden ist. Die Grenzen dieser Art von Produktion und Konsum resultieren sowohl aus der Endlichkeit der zur Verfügung stehenden Rohstoffe als auch aus den begrenzten Aufnahmekapazitäten des natürlichen Systems, der Ökosphäre, für Rückstände und Schadstoffe.

Unter Umweltaspekten ist es daher unbedingt erforderlich, die Menge der Stoffströme insgesamt zu reduzieren und besonders umweltrelevante Stoffe zu vermeiden bzw. zu ersetzen. Als eine Methode, mit der diese ökologische Optimierung von Stoffströmen realisiert werden kann, schlägt die Enquête-Kommission "Schutz des Menschen und der Umwelt" das Management von Stoffströmen vor. Damit sollen branchenübergreifend das Stoffvolumen, d.h. die Menge des Stoffumsatzes, und die Stoffstruktur, d.h. die Art der eingesetzten Stoffe, in Richtung auf eine nachhaltige Entwicklung beeinflußt und gelenkt werden. Die Enquête-Kommission definiert Stoffstrommanagement folgendermaßen:

"Unter dem Management von Stoffströmen der beteiligten Akteure wird das zielorientierte, verantwortliche, ganzheitliche und effiziente Beeinflussen von Stoffsystemen verstanden, wobei die Zielvorgaben aus dem ökologischen und dem ökonomischen Bereich kommen, unter Berücksichtigung von sozialen Aspekten. Die Ziele werden auf betrieblicher Ebene, in der Kette der an einem Stoffstrom beteiligten Akteure oder auf der staatlichen Ebene entwickelt." (Enquête-Kommission "Schutz des Menschen und der Umwelt" des Deutschen Bundestags 1994: 549). Dieser Definition liegt ein spezifisches Verständnis der Begriffe "Stoff" und "Stoffströme" zugrunde.

Die Diskussion des Stoffbegriffs

Die Wissenschaft von den Stoffen ist die Chemie. Der Begriff "Stoff" selbst ist vieldeutig, er wird nicht nur in der Chemie, sondern auch in der Textilindustrie und in der Philosophie verwendet. Die Chemie definiert "Stoff" in der Regel über Materie. Während aber sowohl die Physik als auch die Philosophie sich ausführlich mit dem Begriff Materie auseinandersetzen und dazu exakte Definitionen entwickeln, ist seine Klärung für die Chemie kein Thema.

Der chemische Stoffbegriff wird heute in allgemeinen Lexika wie der Brockhaus-Enzyklopädie wie folgt definiert: "Bezeichnung für jede in chemisch mehr oder weniger einheitlicher Form vorliegende Materie, unabhängig von der äußeren Gestalt, jedoch gekennzeichnet durch charakteristische physikalische und chemische Eigenschaften und Stoffkonstanten." (Brockhaus 1993: 245)

Die Fachlexika der Chemie wie das "Römpp-Chemie-Lexikon" gehen von ähnlichen Definitionen für "Stoff" aus: "In der Chemie Bezeichnung für jede Art von Materie, d.h. die Erscheinungsarten, die gekennzeichnet sind durch ihre gleichbleibenden charakteristischen Eigenschaften, unabhängig von der äußeren Form." (Falbe/Reignitz 1992: 4322)

Nach diesen Definitionen ist z.B. Wasser ein chemischer Stoff mit der Formel H_2O, der u.a. an folgenden physikalischen Eigenschaften zu erkennen ist: er schmilzt bei normalem Luftdruck bei 0 ^{0}C und siedet bei 100 ^{0}C; bei 0 ^{0}C hat Wasser eine Dichte von 0,9998 g/cm^3 und erreicht bei 4 ^{0}C ein Dichtemaximum von 1,000 g/cm^3.

Chemisch betrachtet sind flüssiges Wasser und Eis, Meer- und Flußwasser ein und derselbe Stoff. Wasser bleibt chemisch auch dann Wasser, wenn es z.B. durch minimale Konzentrationen von Erdöl belastet ist. Diese mengenmäßig äußerst geringen Verunreinigungen führen zwar dazu, daß dieses Wasser für Menschen als Trinkwasser ungenießbar wird, ändern aber nichts wesentliches an seinen physikalischen und chemischen Eigenschaften. Weder Siedepunkt, Dichte oder Lösungsverhalten z.B. werden dadurch nachweisbar beeinflußt. Die Chemie abstrahiert also ähnlich wie die Physik von den sogenannten "Störfaktoren".

Auch der Chemiker arbeitet in seinem Entwicklungslabor mit dem Stoff Wasser. Allerdings verwendet er in der Regel für seine Reaktionen "destilliertes Wasser", d.h. Trinkwasser, aus dem bestimmte Inhaltsstoffe, z.B. Calcium-, Magnesium- und Chloridionen, entfernt wurden, um "Störungen" der analytischen oder synthetischen Arbeiten im Labor zu vermeiden. Auch die anderen Stoffe, mit denen Reaktionen im Labor durchgeführt werden, sind in der Regel Industrieprodukte, die mehrere Stufen unterschiedlicher Reinigungsprozesse durchlaufen haben. Die experimentellen Ergebnisse, die mit diesen Industrieprodukten, z.B. destilliertem Wasser, erhalten wurden, werden in der Regel aber verallgemeinert. Ob und inwieweit die Ergebnisse auch auf "Nicht-Laborbedingungen" oder auch nur auf andere Labor-Bedingungen übertragen werden können, wird in der Chemie kaum diskutiert, obwohl im Laboralltag selbst die Schwierigkeiten der Reproduzierbarkeit von Ergebnissen den meisten bekannt sind.

An dem Beispiel Wasser und seiner unterschiedlicher Qualitäten, die aus der Art und Konzentrationen von zusätzlichen Inhaltsstoffen resultieren, läßt sich damit eine Abstraktion des Stoffbegriffes zeigen: der chemische Stoffbegriff abstrahiert davon, daß Stoffe in der Regel nie isoliert, sondern immer in Kombination mit anderen Stoffen auftreten. Er unterstellt die Fiktion eines Stoffes, der homogen aus einer einzigen chemischen Verbindung besteht. Selbst hochgereinigtes Wasser enthält aber immer noch geringe Konzentrationen von z.B. Natrium- oder Calciumionen. Verunreinigungen enthalten in der Regel alle natürlich vorkommenden und künstlich hergestellten Stoffe, wenn auch je nach Stoffart und Herstellungs- und Reinigungsverfahren in unterschiedlichen Konzentrationen.

Chemiker setzen bei ihren Experimenten in der Regel den Stoff, mit dem sie experimentieren, mit der chemischen Verbindung gleich. In bestimmten Bereichen erkennen sie zwar beim experimentellen Arbeiten die Existenz weiterer Inhaltsstoffe an, indem sie je nach Problemstellung im Experiment Stoffe mit unterschiedlichen Reinheitsgraden verwenden. So werden z.B. in der Wasseranalytik vier Reinheitsstufen von Reinstwasser unterschieden, die für Analysen je nach Konzentrationsbereich der untersuchten Parameter verwendet werden (vgl. z.B. Hütter 1984). Ob und welche Konsequenzen die "Fremdstoffe" bzw. der Ausschluß dieser "Fremdstoffe" auf die Auswertung und Interpretation der Ergebnisse, den Verlauf der Reaktionen hat, wird in der Chemie aber bisher nur wenig thematisiert.

Hier stellt sich die Frage, ob und inwieweit diese Abstraktion des chemischen Stoffbegriffes und seiner Anwendung in der Chemie zu den heutigen Umweltproblemen mit beigetragen haben bzw. immer noch beitragen. Zumindest haben die Ergebnisse der Umweltforschung deutlich gemacht, daß Stoffe wie Nitrat im Wasser, Ozon in der Luft oder Cadmium im Boden auch in geringen Konzentrationen keine vernachlässigbaren Größen sind, sondern zu erheblichen Belastungen der Ökosphäre führen und die natürlichen Lebensgrundlagen bedrohen können. Für diese These spricht, daß auch die Enquête-Kommission "Schutz des Menschen und der Umwelt", die in der BRD entscheidend die umweltpolitische Diskussion um Stoff- und Materialströme geprägt hat, von einem erweiterten Stoffbegriff ausgeht. Sie definiert Stoffe als "chemische Elemente oder chemische Verbindungen, wie sie natürlich vorkommen oder hergestellt werden, einschließlich der Verunreinigungen und der für die Vermarktung erforderlichen Hilfsmittel" und verweist als Quelle auf das Chemikaliengesetz (Enquête-Kommission "Schutz des Menschen und der Umwelt" des Deutschen Bundestags 1994: 718). Damit betont sie die aus Sicht der Umweltforschung auch evidente Bedeutung von Verunreinigungen und erweitert zumindest qua Definition den chemischen Stoffbegriff um diese.

Der Begriff des Stoffstromes

Der Begriff Stoffstrom verweist auf die biogeochemischen Stoffkreisläufe in der Natur, die modelliert werden, um z.B. den Weg der Elemente Kohlenstoff, Stickstoff oder Sauerstoff durch die Biogeosphäre zu beschreiben. Wichtige Begriffe zur Beschreibung der Stoffkreisläufe sind Fluß, Pool und Durchflußrate. Bilanziert werden Massen-Input und Massen-Output der Stoffe in die verschiedenen Komponenten der Biogeosphäre, den Pools (vgl. z.B. Schlesinger 1991).

Die Enquête-Kommission "Schutz des Menschen und der Umwelt" versteht in Anlehnung an die Flüsse der biogeochemischen Stoffkreisläufe und an den Begriff der Produktlinie unter Stoffstrom: "Der Weg eines Stoffes von seiner Gewinnung als Rohstoff über die verschiedenen Stufen der Veredlung bis zur Stufe des Endprodukts, den Gebrauch/ Verbrauch des Produktes, ggf. seine Wiederverwendung/Verwertung bis zu seiner Entsorgung." (Enquête-Kommission "Schutz des Menschen und der Umwelt" des Deutschen Bundestags 1994: 719)

Dieser Definition liegt zum einen der o.a. um Verunreinigungen und Hilfsstoffe erweiterte Stoffbegriff zugrunde, der auch darin zum Ausdruck kommt, daß die Enquête-Kommission von Stoff- und Materialströmen spricht. Zum anderen stellt der Begriff der Stoffströme oder -flüsse den Versuch dar, den Stoffbegriff dahingehend zu erweitern, daß der gesamte life-cycle der Stoffe von der Herstellung bis zur Entsorgung in den Blick kommt. Medien- und branchenübergreifend werden sowohl die verschiedenen Herstellungsprozesse mit ihren Neben- und Abfallprodukten, die Gebrauchsphase als auch die Post-Consuming-Phase als letzte Station der bilanzierten Stoffe in ihrem jeweiligen Gesamtzusammenhang analysiert und betrachtet. Eine solche Einbettung von Stoffen in den Kontext ihres gesamten Lebenslaufes kann man als einen ersten Schritt der Rekontextualisierung des Stoffbegriffs und zwar bezogen auf eine spezifische Problemstellung der Umweltforschung und Umweltpolitik verstehen.

Inzwischen liegen auch schon Ergebnisse erster Stoffstromanalysen vor (vgl. z.B. Baccini/Brunner 1991, Daxbeck/Brunner 1993), auch die Enquête-Kommission "Schutz des Menschen und der Umwelt" hat zu verschiedenen Einzelstoffen und Anwendungsfeldern exemplarisch Stoffströme analysiert. Als ein Beispiel eines Einzelstoffes wurde beispielsweise der Cadmium-Stoffstrom bilanziert. Diese Bilanz ist zu dem Ergebnis gekommen, daß 1986 insgesamt rund 3.200t Cadmium in die alten Bundesländer der BRD eingetragen wurden. 53% des Cadmium-Eintrages stammten danach aus cadmiumhaltigen Erzen (Zinkerzen), Brennstoffen (Steinkohle) und sonstigen Rohstoffen (Phosphaterzen). Der Rest wurde als reines metallisches Cadmium oder als Bestandteil von Halbfertigprodukten und über importierte Konsumprodukte, z.B. Kinderspielzeug mit Nickel-Cadmium-Akkus, importiert. Die Aufstellung der hauptsächlichen Cadmium-Mengenflüsse führte u.a. dazu, als mengenmäßig bedeutendsten Verwendungszweck für Cadmium die Nickel-Cadmium-Akkus identifizieren zu können (Enquête-Kommission "Schutz des Menschen und der Umwelt" des Deutschen Bundestags 1993 und 1994).

Ohne die Bedeutung dieser mengenmäßigen Bestimmung von Cadmium für die Entwicklung eines nachhaltigen Umgangs mit diesem Element bestreiten zu wollen, sollte aber nicht vergessen werden, daß der Cadmium-Massenstrom von den Eigenschaften der je unterschiedlichen Cadmium-Verbindungen abstrahiert. Die quantitative Bilanzierung eines Cadmium-Stoffstromes setzt eine ganz wesentliche Abstraktion voraus: Sie abstrahiert von den unterschiedlichen Verbindungen, in denen Cadmium gebunden vorliegt. Nicht allein elementares Cadmium, sondern auch seine verschiedenen Verbindungen wie Cadmiumoxid, -chlorid oder -sulfid fließen in dem Cadmium-Stoffstrom. Cadmiumoxid beispielsweise unterscheidet sich in seinen ökologischen und ökotoxikologischen Wirkungen deutlich von Cadmiumsulfid und diese Unterschiede sollten auch bei der ökologischen Optimierung des Cadmium-Stoffstromes mit berücksichtigt werden. Die Konzentration vor allem auf die Mengen der Stoffströme läuft Gefahr, zu kurz zu greifen.

Bisher ist aber noch weitgehend unklar, wie die stofflichen Veränderungen innerhalb der Stoffströme jenseits der Mengenbilanzierungen zu erfassen sind. Wie sind beispielsweise die stofflichen Veränderungen von Cadmium und seinen Verbindungen im Verlauf des Lebensweges von Nickel-Cadmium-Akkus, z.B. seiner Umwandlungsprozesse beim Recycling der Akkus, zu bestimmen und zu bewerten?

Darüber hinaus wird mit dem Begriff Stoffstrom über den Verweis auf den Begriff "Strom" auf die Bewegung der Stoffe hingewiesen. Damit kann aber leicht der Eindruck entstehen, daß die Stoffe sich wie der Rhein oder die Donau von selbst bewegten, ohne daß Menschen daran beteiligt seien. Außerdem erweckt der Begriff Strom auch die Vorstellung eines friedlichen, kanalisierten Flusses, d.h. daß Stoffströme beispielsweise ähnlich beherrsch- und kontrollierbar wie elektrischer Strom in vorgegebenen Leitungen oder Bahnen fließen. Ganz im Gegensatz dazu vermittelt der Begriff der Bevölkerungsflut und -explosion, ein Pendant zu den Stoffströmen in der globalen Umweltdebatte, den Eindruck einer nicht zu beherrschenden Naturgewalt (vgl. z.B. Wichterich 1995, Hummel 1995). Angesichts des Ausmaßes der tatsächlichen Chemisierung stellt sich die Frage, warum im Zusammenhang mit den Stoffen niemand von einer Stoffexplosion oder einer Produktflut spricht.

Konkrete Bilder vermitteln Stoffströme allerdings nicht, da die Verbindungen und Übergänge zwischen der Stoff-Ebene auf der einen Seite (z.B. Cadmium oder Benzol) und der Produktebene auf der anderen Seite (z.B. Nickel-Cadmium-Akkus in Kinderspielsachen oder Polystyrol-Dämmplatten) nur wenigen Experten bekannt und nicht systematisch untersucht sind. Eine umweltpolitische Diskussion über die Reduzierung einzelner Stoffströme kann danach kaum an der Alltagspraxis des Konsums dieser Stoffe bzw. der Produkte, in denen diese vorkommen, anknüpfen und ist demzufolge auch nicht mit unmittelbaren Handlungsmöglichkeiten für KonsumentInnen verbunden.

Zur Rolle der Akteure im Stoffstrommanagement

Für die Überlegungen des ökologischen Stoffstrommanagements zentral ist die relativ neue Einsicht in die Bedeutung der unterschiedlichen Akteure mit ihren je spezifischen Interessen, die Stoffströme direkt oder indirekt steuern. Sie betont, daß sich ökologische Innovationspotentiale nur dann realisieren lassen, wenn die für die jeweilige Phase des Stoffstromes entscheidenden Akteure die im Sinne einer ökologischen Optimierung von Stoffströmen richtigen Entscheidungen treffen.

Die Enquête-Kommission "Schutz des Menschen und der Umwelt" unterscheidet zwischen Akteuren, die Stoffströme zielgerichtet lenken, und Akteuren, die Stoffströme durch ihr Handeln zwar beeinflussen, aber nicht direkt steuern. Zu der ersten Gruppe gehören der Staat und die Wirtschaft, zu der zweiten u.a. KonsumentInnen, Gewerkschaften und Umweltverbände. Andere verwenden den Begriff der "Schlüsselakteure" für diejenigen Akteure, die die Stoffströme maßgeblich bestimmen (De Man 1993). Entscheidend für die Realisierung eines ökologischen Stoffstrommanagements ist nach de Man das Verhalten dieser Schlüsselakteure, das wiederum von ihrer Motivations- und Informationsbasis sowie ihren Einflußmöglichkeiten abhängt.

Wie greifen nun die Geschlechterverhältnisse in die Übernahme von Stoff- und Produktverantwortung der verschiedenen Akteure entlang der Stoffströme bzw. der jeweiligen Produktlinie ein?

Ein Ansatzpunkt nicht nur der feministischen Wissenschaftskritik richtet sich auf Abstraktionen, die in wissenschaftlichen Begriffen und Methoden implizit enthalten sind. Aus feministischer Sicht sind die Abstraktionen wissenschaftlicher Erkenntnisse herauszuarbeiten, sie sind zu "rekontextualisieren" und ihr universalistischer Anspruch, wie er seitens der Wissenschaft formuliert wird, ist in Frage zu stellen (vgl. u.a. Orland/Scheich 1995).

Die Diskussionen über "Stoffstrommanagement" erkennen auf der einen Seite über die Betonung der Akteure an, daß Stoffströme sich nicht unabhängig von Menschen bewegen. Dies läßt sich als erster Schritt einer "Rekontextualisierung" des Begriffs der Stoffe und Stoffströme verstehen. Allerdings findet diese "Rekontextualisierung" ohne Berücksichtigung des Lebensalltags und der Alltagspraxis von Frauen statt, da die Phase des Konsums und des Gebrauchs der Stoffe bzw. der Produkte nur als nachrangig für die ökologische Verbesserung von Stoffströmen angesehen wird.

Hier läßt sich noch eine zweite deutliche Schieflage feststellen: Über die Stoffströme, die mit der Herstellung der verschiedenen Gebrauchs- und Verbrauchsprodukte verbunden sind, entscheiden zur Zeit vor allem die Hersteller und zwar nach ihrer Logik und ihren Interessen. Bezogen auf die Entwicklung und den Einsatz von Stoffen, die bei der Herstellung der unterschiedlichen Ge- und Verbrauchsprodukte verwendet werden, besitzen hauptsächlich die Chemiker in den F&E-Abteilungen der chemischen Industrie die Gestaltungsmacht zur Steuerung der Stoffströme.

Daran ist zum einen problematisch, daß sie in der Regel universalistisch davon ausgehen, daß sich "ihre" Stoffe außerhalb des Labors genauso verhalten wie innerhalb und z.B. selten die Frage stellen, zu welchen Produkten diese außerhalb des Labors weiterreagieren können. So haben Untersuchungen ergeben, daß polybromierte Diphenylether, die als Flammschutzmittel Kunststoffen zugesetzt wurden und werden, im Brandfall Dioxine und Furane bilden können. Erst seitdem diese Ergebnisse über das Verhalten der polybromierten Diphenylether im "richtigen Leben" bekannt sind, setzen nun Überlegungen zur Verminderung und Vermeidung dieser Stoffgruppe ein. Zum anderen ist daran auch problematisch, daß die chemische Industrie in der Regel für die Produkte, in denen die von ihnen entwickelten Stoffe eingesetzt werden, keine Verantwortung mehr übernimmt.

Stattdessen landet die Anforderung, die Verantwortung für einen umwelt- und gesundheitsverträglichen Konsum der Ge- und Verbrauchsprodukte zu übernehmen, allzu oft bei den Konsumentinnen. Diese verfügen aber weder über die entsprechenden Informationsgrundlagen oder Einflußmöglichkeiten, um wesentlich zu einer ökologischen Stoffstromoptimierung beitragen zu können. Frauen haben sowohl als Konsumentinnen als auch als Arbeitnehmerinnen nur geringe Gestaltungsmacht, es stehen ihnen nur reduzierte Handlungsmöglichkeiten zur Verfügung, z.B. entweder Kauf oder Nicht-Kauf bzw. Produkt A oder Produkt B. Auf die Frage, welche Stoffe für welche Produkte verwendet werden, haben sie in der Regel keinen Einfluß, ihre Interessen und Ansprüche werden dabei bisher kaum angemessen berücksichtigt.

Darüber hinaus ist die Frage zu stellen, ob durch die Konzentration der umwelt- und chemiepolitischen Diskussionen auf Stoffe und Stoffströme die Gebrauchsphase und damit die Interessen von Frauen nicht von vornherein ausgeblendet werden. Die Diskussionen darüber, welche Eigenschaften Verbraucherinnen von unterschiedlichen Produkten erwarten und mit welchen chemischen Stoffen diese erreicht werden, wird unter dem Schlagwort der "Stoffströme" ebenfalls nicht geführt. Wäre dies der Fall, stünden die Konsumentinnen und Konsumenten im Zentrum der Diskussion. Ihre Erwartungen und Ansprüche müßten zusammen mit dem Stoffeinsatz, der aus den jeweiligen Anforderungen an das Produkt resultiert, diskutiert werden. Dies hieße, aus feministischer Sicht einen Perspektivenwechsel in der Stoffpolitik zu fordern.

Anmerkung:

* Unter der Chemie verstehe ich im folgenden sowohl die chemische Wissenschaft als auch die chemische Industrie.

Literatur:

Baccini, P./ Brunner, P.H., 1991: The Metabolism of the Anthroposphere. Berlin u.a.

Brockhaus, 1993: Brockhaus-Enzyklopädie, 19. Auflage, Band 21, Mannheim

Daxbeck, H./ Brunner, P.H., 1993: Stofffflußanalysen als Grundlagen für effizienten Umweltschutz. Österreichische Wasserwirtschaft, Jg. 45 (1993), Heft 3/4, 90:96

De Man, R., 1993: Stellungnahme für die öffentliche Anhörung der Enquête-Kommission "Schutz des Menschen und der Umwelt" am 16./17. März 1993, Kommissionsdrucksache 12/8. Bonn

Enquête-Kommission "Schutz des Menschen und der Umwelt" des Deutschen Bundestages (Hrsg.), 1993: Verantwortung für die Zukunft - Wege zum nachhaltigen Umgang mit Stoff- und Materialströmen. Bonn

Enquête-Kommission "Schutz des Menschen und der Umwelt" des Deutschen Bundestages (Hrsg.), 1994: Die Industriegesellschaft gestalten. Perspektiven für einen nachhaltigen Umgang mit Stoff- und Materialströmen. Bonn

Falbe, J./ M. Reignitz (Hrsg.), 1992: Römpp-Chemie-Lexikon. 9. Auflage, Band 5, Stuttgart, New York

Fox Keller, E., 1986: Liebe, Macht und Erkenntnis. Männliche oder weibliche Wissenschaft? München/Wien

Hauff, V. (Hg.), 1987: Unsere gemeinsame Zukunft. Der Brundtlandt-Bericht der Weltkommission für Umwelt und Entwicklung. Greven

Hütter, L.A., 1984: Wasser und Wasseruntersuchung. Frankfurt, Aarau

Hummel, D., 1995: "Natur" und "Fruchtbarkeit". Globale Bevölkerungsentwicklung. In: Schultz, I./ I. Weller (Hg.): Gender & Environment: Ökologie und die Gestaltungsmacht von Frauen. Frankfurt am Main, 76 - 89

Maurer, M., 1989: Feministische Kritik an Naturwissenschaft und Technik. Grundlagen und Ansätze einer feministischen Naturwissenschafts- und Technikkritik und die Frage nach einer neuen, einer alternativen, feministischen Naturwissenschaft und Technik. Hamburg

Merchant, C., 1987: Der Tod der Natur. München

Schlesinger, W.H., 1991: Biogeochemistry: an Analysis of Global Change. San Diego

Orland, B./ E. Scheich (Hrsg.), 1995: Das Geschlecht der Natur. Feministische Beiträge zur Geschichte und Theorie der Naturwissenschaften. Frankfurt am Main

Rodenstein, M., 1992/93: Feministische Stadt- und Regionalforschung - Zum Stand der Diskussion städtischer Lebensverhältnisse. FREI RÄUME, Sonderheft 1992/93, 20 - 35

Schultz, I./ I. Weller (Hg.): Gender & Environment: Ökologie und die Gestaltungsmacht von Frauen. Frankfurt am Main. Im Druck

Wichterich, Ch., 1995: Die Rückkehr der weisen Frauen. In: Schultz, I./ I. Weller (Hg.): Gender & Environment: Ökologie und die Gestaltungsmacht von Frauen. Frankfurt am Main, 106 - 130

Weller, I., 1995a: Frauen - Chemie - Umwelt. In: Schultz, I./ I. Weller (Hg.): Gender & Environment: Ökologie und die Gestaltungsmacht von Frauen. Frankfurt am Main, 46 - 62

Weller, I., 1995b: Forschungs- und Diskussionsstand zu "Gender & Environment". In: Schultz, I./I. Weller (Hg.): Gender & Environment: Ökologie und die Gestaltungsmacht von Frauen. Frankfurt am Main, 20 - 43

Frauen und Umwelt - am Beispiel der Stadt Graz

Christine Wächter
IFZ, Schlögelgasse 2, A-8010 Graz

Seit Herbst 1993 läuft am Interuniversitären Forschungszentrum für Technik, Arbeit und Kultur (IFZ) in Graz, Österreich, ein beteiligungs- und umsetzungsorientiertes Forschungsprojekt. Ziel des vom Bundesministerium für Umwelt, dem Land Steiermark und der Stadt Graz finanzierten österreichweit einzigartigen Modellprojekts ist die Erarbeitung von übertragbaren Bürgerinnenbeteiligungsmodellen, um die Bedürfnisse und Interessen nicht nur der Bürger, sondern auch der Bürgerinnen in die kommunale Umweltpolitik einfließen zu lassen. Darüber hinaus geht es um eine Vernetzung umweltaktiver Bürgerinnen durch regelmäßig stattfindende, themenspezifische Workshops. Für die AkteurInnen in der Politik und Verwaltung sollen handlungsorientiert Maßnahmenkataloge erarbeitet werden.

Das Projekt "Frauen und Umwelt - am Beispiel Graz" thematisiert die dreifache Rolle der Frauen in der Grazer Umweltpolitik:

- Frauen als für Umweltprobleme besonders sensible Bevölkerungsgruppe,
- Frauen als Hausfrauen, für die Umweltschutz mit zusätzlichen Belastungen verbunden ist,
- Frauen als mündige und engagierte Bürgerinnen, die umweltpolitische Interessen in der Öffentlichkeit vertreten.

Frauen sollen **als Expertinnen**, als Bürgerinnen mit spezifischen Kompetenzen und Zuständigkeiten angesprochen werden. Damit soll dem gängigen Trend, in welchem Männer gerade auch bei der technischen Lösung von Umweltproblemen die Experten sind und Frauen die Verantwortung entzogen und die Zuständigkeit abgesprochen wird, entgegengewirkt werden. Das Projekt will deshalb

1. Sprachrohr für umweltspezifische Bedürfnisse von Frauen bzw. frauenspezifische Umweltanliegen sein,
2. die Verlagerung von "Umwelt-Arbeit" in den Privatbereich aufzeigen und Strategien dagegen entwickeln helfen,
3. betroffene und engagierte Frauen stärker vernetzen und
4. diesbezügliche Forderungen an Politik und Verwaltung erarbeiten,
   denn Umweltschutz darf nicht länger auf dem Rücken der Frauen ausgetragen werden.

1. Warum das Thema "Umwelt und Frauen"?

Frauen stellen zwar die Mehrheit der Bevölkerung, jedoch in den Entscheidungsgremien von Politik, Wirtschaft, Wissenschaft und Verwaltung sind sie kaum vertreten. Darüber hinaus sind Frauen aber von vielen Umweltschutzmaßnahmen stärker betroffen als Männer. Frauen sind in den ihnen zugewiesenen Funktionen als Altenpflegerin,

Kinderbetreuerin, Einkäuferin, Entsorgerin, Hausbesorgerin etc. besonders und ständig betroffen von all den Unzulänglichkeiten wie:

- zu lange Intervalle bei den öffentlichen Verkehrsmitteln, schlecht erschlossene Stadtteile, keine Abendverbindungen, Einstiegsbarrieren,
- lästige Gehsteigkanten, zu kurze Ampelschaltungen für FußgängerInnen,
- unpraktische Öffnungszeiten, lange Einkaufswege,
- zu wenig Grünraum, fehlende Naherholungsmöglichkeiten, kein "5-Minuten-Grün", schlechte Luft,
- verplante Wohnungen.

Die technische Rationalisierung des Haushalts war einerseits Voraussetzung für den Einstieg von Frauen ins Berufsleben unter Beibehaltung der Doppelrolle Berufstätige/Hausfrau (und Mutter). Andererseits hat die technische Entwicklung eine Reihe von Umweltproblemen mit sich gebracht, wie

- (Verpackungs-)Müllberge,
- unverrottbare Kunststoffe,
- Schadstoffeinträge in Boden und Grundwasser,
- Allergien durch Chemikalien in Reinigungsmitteln, in Lebensmitteln, im Haushalt, im Büro,
- etc.

2. Zur Methode

2.1. Erster Schritt - Die Interviews

Ich habe mit über 50 Grazerinnen, die beruflich mit Umwelt- bzw. Frauenfragen zu tun haben, die sich politisch in Frauen- oder Umweltfragen engagieren oder auch bislang noch nicht in Umweltfragen involviert waren, qualitative Interviews geführt. Zunächst wurden Frauen gemeinsam mit MitarbeiterInnen des Amts für Umweltschutz und des Frauenreferats der Stadt Graz ausgewählt, im Schneeballsystem ergaben sich in der Folge weitere Kontakte zu zusätzlichen Interviewpartnerinnen. Das Spektrum reicht von der Politikerin bis zur Schülerin, von der Reinigungsfrau bis zur Lehrerin, von der ausländischen Frau bis zur Studentin, und es umfaßt junge Frauen gleichermaßen wie ältere. Allen Frauen gemeinsam ist, daß sie in der Stadt Graz leben und/oder arbeiten. Ich wollte wissen:

- Wo nehmen Grazerinnen Beeinträchtigungen ihrer Umwelt wahr?
- Welche Utopien haben sie für eine frauen- und umweltfreundliche Stadt Graz?
- Welche Forderungen stellen sie an die Politik und Verwaltung?

2.2. Zweiter Schritt - Der Workshop

"Ärger' di' net, ärger' di' net !?" war das Motto eines ganztägigen Workshops, der am 22. April 1994 am IFZ stattfand. Die Teilnehmerinnen des Workshops hatten die Gelegenheit, ergänzend zu den Gesprächen ihre Umweltbeeinträchtigungen zu formulieren, Visionen einer frauen- und umweltfreundliche Stadt Graz zu entwickeln und diesbezügliche Forderungen an Politik und Verwaltung zu erarbeiten. Zuvor berichtete als Gastreferentin die Leiterin des Frauenreferats der Stadt Frankfurt am Main, Renate

Krauß-Pötz, über Ansätze frauenorientierter kommunaler Umwelt- und Gesundheitspolitik. Die von den Teilnehmerinnen formulierte Kritik an der bestehenden Situation ihrer Lebens-Umwelt in Graz knüpfte nahtlos an die in den Interviews gewonnenen Erfahrungen an.

2.3. Nächste Schritte

Interviews mit Männern

Inwiefern sich die bisher vorliegenden Ergebnisse als frauenspezifische definieren lassen, kann korrekterweise erst festgestellt werden, wenn **vergleichbare Antworten von Männern** vorliegen. Deshalb werden im nächsten Schritt Interviews mit Grazern durchgeführt. Der Vergleich mit den Ergebnissen der Frauen-Interviews läßt genauere Aussagen über frauenspezifische Zugänge und Bedürfnisse bezüglich der Umweltpolitik der Stadt Graz erwarten.

Frauenspezifischer Wasser-Workshop

Das **Thema "Wasser"** mit all seinen Implikationen (Qualitätssicherung, Wassersparen, Nord-Süd-Aspekte, Abwasserproblematik, Regenwassernutzung, saubere Flüsse, etc.) ist zur Zeit sehr aktuell. Auch im Rahmen des Workshops "Ärger' di' net, ärger' di' net!?" wurde der Wunsch artikuliert, einen Folge-Workshop nur zum Thema Wasser zu organisieren.

Die Veranstalter konventioneller Wasser-Veranstaltungen weisen Frauen, sofern sie als Betroffene und Expertinnen überhaupt wahrgenommen werden, einen bescheidenen Platz am Rande des Geschehens zu. Der von uns geplante Workshop

- soll sich **ausschließlich an Frauen richten**,
- soll ausschließlich mit Referent**innen** gestaltet werden, und
- soll sich um die vielfältigen Aspekte des Themas **"Frauen und Wasser"** drehen.

Das Thema an sich ist kein frauenspezifisches. Aber es soll hier Frauen Gelegenheit und Raum gegeben werden, ohne den Druck und **frei von der Übermacht männlicher "Experten"** ihre Probleme, Zugänge, Wünsche, Forderungen darzustellen, zu erarbeiten und zu formulieren. Darüber hinaus sollen im Workshop auch sinnliche und künstlerische Zugänge ermöglicht werden.

3. Ergebnisse der Interviews

3.1. Was ist eigentlich "Umwelt"?

Um den Begriff "Umwelt" genauer zu definieren, stellte ich zu Beginn des Interviews folgende drei Fragen: Was verstehen Sie unter "Umwelt"? Was heißt für Sie "gesunde Umwelt"? Wo nehmen Sie Beeinträchtigungen Ihrer Umwelt wahr?

Die gängige Aufteilung von "Umwelt" in der gegenwärtigen Umweltforschung und Umweltschutzarbeit in: Boden, Luft, Lärm, Verkehr, Abfall, Wasser, Energie, Naturschutz, Klima, spiegelt sich nicht in dieser Schärfe in der Wahrnehmung meiner Interviewpartnerinnen wider. Umweltbereiche werden vielmehr vermittelt über Beeinträchtigungen der eigenen Lebens(um)welt wahrgenommen. Die Antworten gehen weit über das hinaus, was wir alltagssprachlich unter "Natur" und "Umwelt" verstehen und beziehen auch **ökonomische, politische und soziale Aspekte** mit ein.

Umwelt ist alles, was meinen Körper und Geist umgibt, d. h. Luft, Boden, Wasser genauso wie Gebäude und Menschen oder zwischenmenschliche Beziehungen.

Wer kann sich gute Luft leisten in Graz, oder in Nicaragua oder in Djibouti? Und wer trägt wie dazu bei, die Umwelt lebenswert und gesund zu erhalten? Umwelt ist für mich nicht trennbar von solchen sozialen oder gesamtpolitischen Fragestellungen.

Umwelt bedeutet für mich mein ganzes Lebensumfeld, das im Wohnbereich im Privatleben anfängt, mit der Verkehrssituation weitergeht, über die Büroumwelt und Arbeitswelt, bis hin zur ganzen Weltsituation.

Unter "gesunder Umwelt" verstehen die Interviewpartnerinnen ganz allgemein ein Lebensumfeld, in dem sie sich **körperlich und psychisch wohlfühlen** können.

Weit konkreter sind die Aussagen in bezug auf **Beeinträchtigungen**. Am öftesten genannt werden hier der **Verkehr, Einkaufen und Entsorgen, Grünraum**. Weniger oft genannt werden: Lärm, Wasser, Energie, Chemie, Tierschutz und Globales.
Aus den Antworten auf die Einstiegsfragen geht zweierlei hervor:

- Frauen haben einen sensuellen, körperbezogenen Zugang zu ihrer Umwelt.
- Je näher die Beeinträchtigungen dem eigenen Körper sind, desto stärker werden sie empfunden.

Dies kann anhand eines Zwiebelschalenmodells veranschaulicht werden:

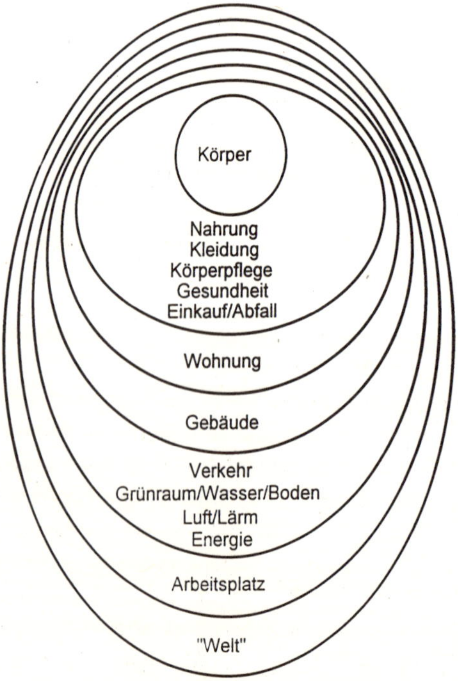

Verkehr

Der motorisierte Individualverkehr wurde als Problemfeld am öftesten genannt. Er betrifft mehrere Bereiche:

- er verursacht Lärm,
- er verschmutzt die Luft,
- er verbraucht Platz - vor allem Park-Platz,
- er verdichtet den Boden bzw. provoziert dessen Versiegelung, Grünflächen gehen verloren,
- und er gefährdet andere VerkehrsteilnehmerInnen (RadfahrerInnen, FußgängerInnen, Kinder, alte Menschen, Behinderte).

Kritisiert wird zum Teil auch der **Öffentliche Personennahverkehr** (ÖPNV). Gewünscht wird vor allem ein zeitlich und räumlich dichteres Netz, mehr Komfort und niedrigere Preise.

Frauen ärgern sich über den Platzverbrauch durch Auto-Verkehrsflächen (Fahrspuren, Parkplätze, Straßen generell), und wünschen sich durchgehend "Autos raus aus der Stadt!" Die Mehrzahl der Interviewpartnerinnen befürwortet ferner "Tempo 30" im gesamten Stadtgebiet.

Die **Einstellung zum Auto** ist nicht einheitlich. Es gibt Frauen, die bequemlichkeitsbezogene positive Aspekte des Autos hervorkehren. Diese Befürworterinnen und Nutzerinnen des Autos sind gegenüber verkehrsbeschränkenden und regulierenden Maßnahmen dennoch positiv eingestellt. Einige Frauen wiederum haben eine eher ablehnende Haltung gegenüber dem Auto entwickelt: es ist zu umständlich, zu gefährlich, zu unbequem.

Grünraum

Beeinträchtigungen registrierten die Frauen auch in der Grünraumentwicklung.
Die Frauen leiden unter

- dem Zubetonieren und Verbauen von Grünflächen,
- dem Nicht-Zulassen von sogenannten G'stätt'n (Ruderalflächen),
- der Verarmung bei der Spielplatzgestaltung und bei der Gestaltung der sogenannten "Plätze für Menschen".

Im Erholungsbereich leiden Frauen unter dem zunehmenden Waldsterben, verschmutzten Flüssen und sehnen sich nach unbeeinträchtigtem Natur-Erlebnis, nicht nur auf dem Land sondern auch in der Stadt.

3.2. Umweltbewußtes Verhalten ist zeitaufwendiger und arbeitsintensiver

Viele Frauen machen Umwege, zu Fuß oder mit dem Rad, um stark frequentierte Straßen zu vermeiden. Sie nehmen weitere Wege zu Bioläden und Bauernmärkten in Kauf, denn die Nahversorgung mit biologischen Produkten ist noch immer sehr mangelhaft. Beim Einkaufen erschweren mangelnde Produktdeklarationen umweltbewußtes Handeln.

3.3. Gängige Lösungsmodelle setzen nicht an der Wurzel an, nämlich bei Industrie und Handel, sondern beim "Konsumenten".

Und "der Konsument" ist in vielen Fällen eine Frau.

Die Idealfigur der "ökologisch verantwortungsvollen und bewußten Hausfrau"

- sorgt nicht nur für einen reibungslosen Ablauf der Reproduktion und
- geht mit dem Geld sparsam und effizient um, sie soll zusätzlich
- abfallarm, ressourcenschonend und schadstoff-frei einkaufen,
- sie soll energieeffizient haushalten,
- sie soll wiederverwerten und kompostieren, den Abfall sachgerecht trennen und ihn auch vermeiden. In extremen Varianten soll sie dann auch noch
- selbst das Getreide mahlen und das Brot backen,
- das Gemüse im eigenen Garten ziehen, natürlich ohne Pestizide,
- Stoffwindeln waschen und bügeln,
- etc. etc.

Frauen wollen ihren Beitrag leisten zu einem verbesserten Umgang mit ihrer Umwelt. Aber sie wollen mehr sein als die "globalen Haushälterinnen".

Einkaufen und Entsorgen

In bezug auf die Verpackungsverordnung herrscht ein ambivalentes Verhältnis. Die Frauen nehmen die neuen Regelungen zunächst als Erleichterungen wahr. Sie brauchen kein schlechtes Gewissen mehr zu haben, "sie tun ja eh etwas". Es gibt Handlungsanleitungen, was zu tun ist, und entsprechende Infrastruktur (Container, Sammelstellen). Die Information wird jedoch als nicht hinreichend empfunden. Vielfach herrscht noch immer Unsicherheit, was wie wo entsorgt gehört, und was mit dem getrennten Müll im Anschluß passiert.

Auch der **Platzbedarf** durch verschiedenste Sammelbehältnisse stellt für Frauen, die in kleinen Wohnungen, in beengten Wohnverhältnissen leben, ein großes Problem und eine Quelle für Ärgernis dar.

Eine Vielzahl der Frauen ist verärgert über die **Verlagerung der Müll-Trennarbeit** in ihren Zuständigkeitsbereich. Auch wenn die Männer und Kinder zum Teil mitmachen, brauchen sie mehr Zeit dafür. Viele hegen den Verdacht, daß es sich um Scheinaktivitäten und Beruhigungsaktionen, wenn nicht sogar um Beschäftigungstherapie handelt. Gefordert wird ein verstärktes Ansetzen in der Industrie und im Handel.

3.4. Auch Männer machen Mist und müssen als Verursacher stärker in den Blickpunkt gestellt werden.

Die empirische Konsumforschung schreibt Frauen Konsummacht in folgenden Bereichen zu:

- Lebensmittel,
- Damen- und Kinderkleidung,
- Kosmetik- und Hygieneartikel,
- Einbauküchen,
- Elektroherde, etc.

Männerdominierte Produktgruppen sind:
- Unterhaltungstechnik,
- Kraftfahrzeuge und Zubehör,
- Freizeit- und Sportartikel,
- Hobbyartikel im Heimwerker- und Bastelbereich.

Und gerade hier steigt das **Sondermüll-Aufkommen** kontinuierlich an, insbesondere bei Farben, Lacken und Elektronik-Schrott.

Männer sind auch Konsumenten. Und auch Männer machen Mist, "männerspezifischen Mist". Deshalb dürfen sich Kurse zu Umweltfreundlichem Putzen, Vollwertigem Kochen, Abfallarmem Einkaufen nicht länger nur an Frauen richten. Und deshalb müssen Umweltaspekte beim Autowarten und -reinigen, beim Heimwerken und Basteln etc. auch zu Themen in der Umweltberatung und -weiterbildung werden. Männer müssen auch als Akteure im Haushalt viel stärker angesprochen werden.

3.5. Frauen wünschen sich mehr Frauen in die Planungs- und Entscheidungsebenen.

Generell meinten meine Interviewpartnerinnen, daß Stadtplanung und Wohnbau anders aussehen würden, wären mehr Frauen eingebunden.

Ich habe einmal angerufen im Stadtplanungsamt und habe erfahren, daß alle Fußgängerampeln geschaltet sind auf die Gehgeschwindigkeit eines Normalmannes, d.h. das ist einer mit 40 Jahren, groß, im Vollbesitz seiner Kräfte. Das ist ein Normalmann, und nach dem sind die Ampeln eingestellt. Wo die doch alle mit dem Auto fahren!

Im Reinigungsbereich ist es meistens so, daß Frauen das reinigen müssen, was sich Männer ausgedacht haben. Es benötigt oft artistische Leistungen, das zu putzen, was einfach hingebaut worden ist. Auch von den Materialien her ist es einfach nicht zu reinigen. Ich glaube, daß eine Frau ganz andere Materialien verwenden würde als Männer das tun.

Und eine in der Bundes- und Kommunalpolitik erfahrene Politikerin meint:

Solange Frauen immer nur die Umweltpolitik und die Familienpolitik überhaben und Männer immer die Finanz- und Wirtschaftspolitik, ist das klassisches Rollenverständnis. Wenn das einmal wechselt, dann wird's normal!

4. Resümee

Übergeordnetes Ziel aus der Sicht unseres Projekts ist es, die Stadt Graz zu einem (noch) umwelt- und frauen-freundlich(er)en Lebensraum zu machen. Folgende Forderungen an die Stadt können aus den bisherigen Ergebnissen abgeleitet werden:

1. Die Stadtverwaltung soll verstärkt Mitgestaltungsmöglichkeiten für die Bürgerinnen schaffen.
2. Weitere Möglichkeiten der Artikulation der Bedürfnisse der Frauen (z.B. themenspezifische Workshops) müssen entwickelt und institutionalisiert werden.

3. Die so artikulierten Bedürfnisse müssen Eingang in die Arbeit der Kommunalverwaltung finden und dort berücksichtigt werden.
4. Dies fordert eine ämterübergreifende Vorgangsweise. Die notwendigen verfahrenstechnischen und legistischen Maßnahmen müssen identifiziert und in die Wege geleitet werden.
5. Für frauenspezifische Umweltaktivitäten sollen Infrastruktur und finanzielle Mittel (nicht nur vom Frauenreferat!) zur Verfügung gestellt werden.

Literatur:

Schultz, Irmgard; Weiland, Monika: Frauen und Müll. Frauen als Handelnde in der kommunalen Abfallwirtschaft, Frankfurt am Main, 1991.

Tornieporth, Gerda (Hg.): Arbeitsplatz Haushalt. Zur Theorie und Ökologie der Hausarbeit, Berlin, 1988.

Wächter, Christine: Frauen und Umwelt am Beispiel der Stadt Graz, Graz 1994 (Heft 22 der IFZ-Schriftenreihe).

Wajcman, Judy: Feminism confronts Technology, Oxford, 1991.

Diskussion:

In der Diskussion ging es zum einen um die Frage der Übertragbarkeit auf andere Städte und Gemeinden, zum anderen um die Anliegen des Projekts und um gangbare Umsetzungsformen.

Als Modellprojekt konzipiert, sollen die Ergebnisse auch für andere Kommunen anwendbar sein. Die Methode der qualitativen Interviews kann dabei Möglichkeiten schaffen, Multiplikatorinnen dafür zu sensibilisieren, die Einbeziehung von Frauenanliegen in ihrem alltäglichen Arbeitsumfeld zu etwas Selbstverständlichem werden zu lassen. So kämen wir dem Ideal von Modellen und Projekten, in denen Anliegen und Sichtweisen von Frauen nicht mehr extra eingefordert werden müssen und dann als Anhängsel quasi "unter ferner liefen" vorkommen, sondern von vornherein bei Planung und Konzeption automatisch miteinfließen, einen Schritt näher. Denn es kann nicht funktionieren, daß ein, zwei, drei oder mehr "Super-Frauen" von Projekt zu Projekt pilgern, dort den Zeigefinger erheben, und Frauenrechte einfordern. Dazu fehlt es unter anderem auch an personeller und zeitlicher Kapazität. Mit den Interviews und themenspezifischen Frauen-Workshops können sozusagen Keime - durchaus auch für Widerstand und Revolte - gelegt werden, die vielleicht aufgehen und umwelt- **und** frauenfreundliche Städte als Früchte tragen werden.

Themenspezifische Workshops (z.B. in Form von Zukunftswerkstätten) mit Frauen, für Frauen können eine weitere Möglichkeit bieten, Frauen zu motivieren, sich in der Kommunalpolitik stärker einzubringen, bzw. bereits engagierte Frauen zu vernetzen. Die Themen werden von Gemeinde zu Gemeinde unterschiedlich sein. Ergebnisse können sein: Erfahrungs- und Frustaustausch, Motivation, neue Projekte, Forderungskataloge an die zuständigen BeamtInnen und PolitikerInnen z.B. mit der Forderung nach anderen Schwerpunkt- bzw. Prioritätensetzungen, etc.

Frauenbewegung und Umweltschutz: Vom Kaffeekochen bis zur Rettung der Welt

Monika Ganseforth
Bundeshaus, D-53113 Bonn

1. Soziale Kompetenz der Frauen

Frauen wird eine soziale Kompetenz zugeschrieben. Daher sind ihre Einsatzgebiete in der Gesellschaft überwiegend dort, wo es um Menschen und Kommunikation geht ("Hausfrauentätigkeit im weitesten Sinne"). Da, wo es um Sachen, um naturwissenschaftliche Fakten, um Technik geht, sind die Männer gefragt.

Diese Aufteilung ist nicht biologisch bedingt, sie wird in allen Gesellschaften mit großem Einsatz durchgesetzt und aufrechterhalten. Die geschlechtsspezifische Arbeitsteilung bestimmt unser Leben. Inzwischen ist der Ausschluß der Frauen aus den Gebieten der Naturwissenschaft und Technik (und der Politik und Wissenschaft) nicht mehr lückenlos durchsetzbar. So sind Frauen als Minderheit inzwischen geduldet und sogar erwünscht. Sie verbessern das Betriebsklima (weil sich die Männer dann zivilisierter verhalten), gleichen Konflikte aus, sind Würze und Beiwerk und können Kaffee kochen.

Zitat Dipl.-Ing. Hans Peter Stihl, Präsident des Deutschen Industrie- und Handelstages an den Verband deutscher Unternehmerinnen (VdU): "Im weltweit immer schärferen Wettbewerb zählt für die Unternehmen nicht mehr allein die Qualität ihrer Produkte. Immer wichtiger wird auch die Kommunikationsfähigkeit und ´soziale Kompetenz´ der Mitarbeiter. Frauen bringen neue Formen der Führung und auch des Umgangs mit, die für die Unternehmen ein Gewinn, eine Herausforderung und ein belebendes Element zugleich sind."

2. Treibhauseffekt und drohende Klimakatastrophe als Folge der Industriegesellschaft

Seit der Industrialisierung werden mit wachsender Tendenz langlebige Treibhausgase in der Atmosphäre angereichert, die das Weltklima tiefgreifend beeinflussen und schädigen. Während man bisher geglaubt hat, daß die begrenzten Rohstoffvorkommen unser Wirtschaften begrenzen, wissen wir jetzt, daß es die Abfälle sind, die Boden, Gewässer und die Atmosphäre belasten und die Aufnahmekapazitäten der Ökosysteme überfordern. Nicht der Anfang, sondern das Ende der Produktionskette ist das Problem.

Beim Treibhauseffekt reichert sich vor allem das Gas CO_2, das bei der Verbrennung von Öl, Gas und Kohle entsteht, in der Atmosphäre an. Es trägt zu 50% zum Treibhauseffekt bei und ist weder durch Filter noch durch Katalysator zurückzuhalten. Es ist mit der Energienutzung verbunden und geht bei uns etwa zu 45% auf die Wärmebereitstellung, zu 30% auf die Stromerzeugung und zu 25% auf den Verkehr zurück.

Dazu kommen Emissionen aus der Landwirtschaft und von Mülldeponien (Methan CH_4), aus der Düngung in der Landwirtschaft (Distickstoffoxid N_2O) und der Chemie (FCKW).

Wenn keine drastische Verringerung der Emissionen stattfindet, werden sich bis zur Mitte des nächsten Jahrhunderts die Durchschnittstemperaturen um $3 \pm 1{,}5$°C erhöhen. Die Geschwindigkeit der Temperaturerhöhung wird zum Zusammenbrechen ganzer Ökosysteme und zur dramatischen Zunahme von Unwettern und von Wetterextremen führen. Es wird zu Überschwemmungen, Wüstenausdehnungen und Hungersnöten kommen. Auch wenn nicht alle Zusammenhänge bekannt sind: Wir befinden uns mit unserem Planeten in einem gefährlichen Experiment. Wegen der Komplexität und der Nichtlinearität der Ökosysteme und des Klimas ist mit dramatischen Auswirkungen zu rechnen.

Die Wissenschaft sagt, daß die Schäden bei Temperaturänderungen von 0,1°C pro Dekade oder 1-2°C im Jahrhundert noch akzeptabel wären. Das verlangt weltweit Emissionsminderungen bis zur Mitte des nächsten Jahrhunderts um 50%. Für die Industrieländer, deren pro-Kopf-Energieverbrauch 20-40 mal so groß wie der der Entwicklungsländer ist, verlangt das eine Emisssionsminderung um 80% bis Mitte des nächsten Jahrhunderts und um 30% bis 2005 bezogen auf 1990 (statt eines weiteren Anstiegs).

3. Lösungsmöglichkeiten

Das Klimaproblem ist eine der größten Herausforderungen unserer Generation. Wir brauchen eine Wirkungsgradsteigerung ("Effizienzrevolution") bei der Energienutzung und den massiven Einstieg in die Entwicklung und Nutzung erneuerbarer Energien. Atomenergie, die mit 5% zum Weltenergiebedarf und mit 10% zum Primärenergiebedarf in Deutschland beiträgt, kann nichts wesentliches zur Lösung des Klimaproblems beitragen. Im Gegenteil: Diese angebotsorientierte Großtechnologie verhindert den massiven Umstieg und bindet die Mittel für den effizienten Energieeinsatz und den Einstieg ins Solarzeitalter. Auch in der Landwirtschafts- und Verkehrspolitik bedarf es tiefgreifender Änderungen, um zu klimaverträglichen Nutzungen zu kommen.

Es bedarf eines Bündels von Maßnahmen: höhere Preise für Energie (Internalisierung externer Kosten), Subventionsabbau von Energie- und Ressorcenverschwendung, es bedarf der Beseitigung von Hemmnissen gegenüber sparsamer Ressourcennutzung, des Ordnungsrechts (Verbote, Gebote, Grenzwerte) und der Beseitigung der Wissenslücken. Es bedarf der Beratung und der staatlichen Förderung der Energie- und Verkehrswende, aber auch der Änderung unseres Wohlstandsmodells und unserer Lebensweise. Das ist möglich. Aber die praktische Politik und unsere Wirtschaftsordnung, die auf Wachstum und billiger Energie- und Verkehrsinfrastrukturbereitstellung beruht, ist weit davon entfernt.

4. Die Ökologiebewegung ist in ihren patriarchalen Strukturen steckengeblieben

Alles dieses sind Ziele der Ökologiebewegung: Effizienzsteigerung, erneuerbare Energien, Verkehrsvermeidung, Kreisläufe bei Stoffströmen.

Zwei Dinge sind mir aufgefallen: Wenn wir die Spitzen der Umweltverbände zum Gespräch einladen, sind noch weniger Frauen vertreten als bei jeder Anhörung etablierter Gruppen. Obwohl eine Vielzahl der Mitglieder in den meisten Verbänden weiblich ist, sind die Vorsitzenden ohne Ausnahmen männlich (BUND, Greenpeace, WWF, VCD, ADFC, German Watch und wie sie alle heißen). So ungeniert, wie die Männer in den Vorständen der Umweltbewegung agieren, erlebt frau selten in etablierten Verbänden.

Zweitens ist mir aufgefallen, daß die Forderungen zu umweltverträglichem Verhalten häufig an Frauen gehen. Wir sollen nicht nur unsere Kinder zu einem achtsamen Umgang mit der Umwelt erziehen, sondern keine Wegwerfwindeln verwenden, im Einkaufskorb und in Mehrweggefäßen im Bioladen einkaufen, Müll sortieren, Mehrwegflaschen nutzen, den "Zweitwagen" abschaffen, gesunde Lebensmittel und Haushaltsprodukte mit wenig Chemie wie Kernseife und Essig verwenden usw. Dazu kommt beispielsweise die Begeisterung vieler Ökomänner für Solarautos oder Liegerädern usw.

Einerseits sind diese Strukturen in den Umweltverbänden verständlich: Sie müssen sich mit der etablierten Industrie und mit den Lobbyisten der verschiedensten Bereiche auseinandersetzen. Da können sie nicht auch noch das Geschlechterverhältnis hinterfragen. Andererseits profitieren sie aber auch wie alle Männer von der geschlechtsspezifischen Arbeitsteilung und haben nur ein begrenztes Interesse, die Rollen aufzubrechen. Dadurch wird die Umweltbewegung aber immer an der Oberfläche bleiben. Sie ist nicht radikal genug. Sie müßte auch die privaten Verhältnisse hinterfragen und die geschlechtsspezifische Arbeitsteilung überwinden und viel grundsätzlichere Änderungen vorantreiben.

5. Die Krise geht tiefer

Ein Zitat aus dem Bericht der Enquete-Kommission "Schutz der Erdatmosphäre" von Prof. Meyer-Abich im Kapitel Vision 2050:

"Ein Segelboot fährt, aber es lärmt nicht, es stinkt nicht, es verschwendet keine Energie durch die Erregung von Bug- und Heckwellen. Es braucht für die Fahrt im herkömmlichen Verständnis schlechterdings gar keine Energie, nämlich in Gestalt von Energieträgern, die man in Behältern oder in Leitungen herbeischaffen muß. Trotzdem fährt es und dazu braucht es natürlich Energie. Woher hat es diese? Daß es sich um Windenergie handelt, ist auf diese Frage nur eine etwas kunstlose Antwort. Ein Segelschiff fährt nämlich nur dann, wenn es 1. durch technische Intelligenz so gestaltet und getakelt ist, daß es sich in seine natürliche Mitwelt - den Wind und das Wasser mit seinen Wellen - einfügt, und wenn 2. ein Steuermann da ist, der diese Einbettung in Gestalt der Fahrt aktualisiert. Hinzu kommt, was dem Laien in der Regel zuerst einfällt, daß auch noch der Wind wehen muß; aber für ein gutes Boot und einen guten Segler genügt bereits eine ganz geringe Brise. Das Boot fährt also dadurch, daß es durch die Kunst des Schiffbauers und die des Steuermanns in seine natürliche Mitwelt eingebettet ist. Es gewinnt der Welt, wie sie ist (insbesondere der Umgebungsenergie) vermöge dieser Einbettung eine Ordnung ab, welche es ohne die Kunst nicht gäbe. Diese Ordnung ist die gerichtete Fahrt in einer sonst keineswegs gleichermaßen geordneten Umgebung. Ein Motorschiff setzt dagegen kunstlos harte Technik: Einen Rumpf, dessen Gestalt sich den Elementen nicht einfügt, und einen Motor, der stark genug ist, auch die unförmigste Kiste noch über das Meer zu treiben, ohne Rücksicht auf Wind und Wellen. Ein extremes Beispiel bloß gewalttätiger Technik sind Tragflügelboote."

Laßt mich das an einem Beispiel unserer Wohn- und Lebenssituation klarmachen. Wenn ein Haus gebaut werden soll, wird das Grundstück planiert, alle Bäume und sonstiger Bewuchs gefällt, Gefälle eingeebnet, das Grundstück entwässert. Ohne Rücksicht auf Himmelsrichtungen, Stand zur Sonne und Wind wird das Haus gebaut, ein Garten angelegt, eine Hecke gepflanzt mit exotischen Pflanzen, ein gepflegter Rasen angelegt. Vielleicht wird noch ein Teich mit Fontaine, eine Voliere vorgesehen. Das Haus wird geheizt, gekühlt, mit Kühlschrank, Gefrierschrank, Waschmaschine, Wäschetrockner usw. ausgestattet. Das Haus liegt außerhalb am Rande des Ortes mit weiten Wegen zum Einkaufen, Arbeiten, Schule, Ämtern, Kultur, Sport. Natürlich wird ein Zweitwagen benötigt. Die Kinder müssen hin- und herkutschiert werden.

Anstatt uns einzubetten in die Natur, in das, was wir vorfinden, und die natürlichen Gegebenheiten intelligent zu nutzen, machen wir erst einmal "tabula rasa". Wir schaffen sozusagen erst einmal ein weißes Papier, ein leeres Blatt, das wir mit viel Energieaufwand füllen. Wir begreifen uns nicht als Teil des Ganzen, sondern als Schöpfer und ruinieren damit die Schöpfung. Wir wollen Herr sein über Zeit und Raum. Immer schneller, immer weiter. Telematik wird uns erlauben, uns "wie ein Fisch im Wasser" in Zeit und Raum zu bewegen.

Wir können zwar computergesteuerte Kriege mit perfekten Waffen führen, aber keinen Frieden gestalten. Wir haben Autos entwickelt, die an Perfektion wenig zu wünschen übrig lassen und uns damit einem Verkehrssystem ausgesetzt, dessen Eigendynamik die damit gewonnene Freiheit selbst zerstört. Wir haben ein Energiesystem zur Grundlage unserer Zivilisation gemacht, das uns scheinbar nur die Wahl zwischen nuklearen Risiken und dem Klimakollaps läßt.

<u>Wir</u> heißt in diesem Fall: diejenigen, die unsere Kultur- und Gesellschaftsmodelle bestimmen, die an den Hebeln der Macht sitzen, die Wissenschaft und Wirtschaft bestimmen: die Männer. Ihre "beziehungslose Intelligenz" (so die Feministin Barbelis Wigmann) als Basis für Fortschritt und Entwicklung muß überwunden werden zugunsten einer angepaßten.

Was heißt angepaßte Technik? Nicht "zurück zur Steinzeit", sondern die vorhandenen Gegebenheiten optimal, effizient und intelligent zu nutzen, uns als ein Teil des Ganzen zu sehen. Es heißt: weg vom Geschwindigkeitsrausch, Stärkung der Nähe, der regionalen Kräfte, Respektierung der Jahreszeiten, Einbeziehung der Kinder, der Alten, Behinderten, sie bei den Entscheidungen mitdenken. Wir brauchen die Langsamkeit und Muße und radikalen Wertewandel. Das hat nicht allein mehr Lebensqualität zur Folge, sondern ist der Schlüssel zur Überwindung der Krise und zur "Rettung der Welt".

Technikfolgenabschätzung - eine Möglichkeit zu Politisierung der Wissenschaft?

Bärbel Epp
Myliusstr. 23, D-26135 Oldenburg

Im Rahmen der Themensuche für meine Diplomarbeit innerhalb der Physik an der Uni Oldenburg bin ich u.a. auf die Methode der Technikfolgenabschätzung (TA) gestoßen. Ich sehe darin eine Möglichkeit, meinen Bauchschmerzen mit so manchen negativen und unkontrollierbaren Auswirkungen und Folgen von Technikentwicklung und -forschung auf den Grund zu gehen. Ich habe mich im letzten halben Jahr theoretisch mit TA auseinandergesetzt. Die Grundlage meines Vortrags ist das 1994 erschienene Buch *Technikfolgenabschätzung heute - Akzeptanzsteuerung oder Technikgestaltung* (Fenner, 1994).

Die Grundidee von TA besteht darin, Technik nicht als Maschine zu sehen, in die Energie hineingesteckt wird, damit sie irgendeine Form von Arbeit verrichtet, sondern Technik im Bezug auf die Wechselwirkung mit dem gesellschaftlichen, natürlichen und menschlichen Umfeld zu betrachten. Der Einsatz von Technik hat Auswirkungen auf das Umfeld, so wie das Umfeld Auswirkungen auf verschiedene Ausprägungen von Technik hat (Technikgeneseforschung ist der Zweig der Technikforschung, der sich mit den Umständen und bestimmenden Faktoren des Technikentstehungsprozesses auseinandersetzt). Diese Erkenntnis ist die wichtigste Voraussetzung von TA. Die beiden Begriffe Technikfolgenabschätzung (TA) und Technikbewertung (TB) werden in der Literatur oft gleichwertig benutzt. Genauer betrachtet ist die umfassende Analyse der negativen und positiven, direkten und indirekten Folgen einer Technik (TA-Studie) Voraussetzung für eine Bewertung selbiger Technik.

TA bzw. TB findet in vielen Bereichen des alltäglichen Lebens statt, z.B. wenn Fördergelder für eine bestimmte Technik bereitgestellt werden, wenn ein Industriebetrieb sich für die Weiterentwicklung einer bestimmten Technik entscheidet, wenn sich eine BürgerInneninitiative gegen eine technische Einrichtung mobilisiert oder wenn in einem Energiegutachten eine Technik aus ökologischen oder wirtschaftlichen Gründen bevorzugt wird. All dies sind Ansätze von TA, die mehr oder weniger intuitiv, unsystematisch und partiell ablaufen. TA stellt dagegen eine Methode dar, die systematisch und umfassend die Auswirkungen des Einsatzes einer Technik erfassen und anschließend zu begründeten und rationalen Entscheidungen führen soll. Die Schwierigkeiten bei einem solchen Anspruch sind vorprogrammiert: z.B. die Beschreibung und Quantifizierung der sozialen Folgen einer Technik oder die Analyse der nachhaltigen Folgen auf spätere Generationen bzw. auf BewohnerInnen anderer Erdteile sind fast unmöglich.

In meinem Vortrag werde ich die Geschichte von TA kurz darstellen und auf die Institutionalisierung in Deutschland eingehen. Anhand eines Beispiels werde ich Methoden und Vorgehensweise bei einer TA-Studie erklären. Anschließend würde ich gerne mit Euch über die Grenzen und Möglichkeiten der wissenschaftlichen Methode TA diskutieren.

1) Vom "Technology Assessment" zur Institutionalisierung von TA

"Technology Assessment" (übersetzt: Abschätzung von Technologie) ist eine Wortschöpfung von Abgeordneten des US-amerikanischen Kongreßausschusses für *Science, Technology and Development*, der sich ab 1966 mit den ungeahnten Folgen neuer Techniken befaßte (z.B. Bleivergiftungen bei Kindern in amerikanischen Großstädten als Folge des starken PKW-Verkehrs). Aus diesem Diskussionsprozeß entstand 1972 die erste Institution zu TA der Welt, das "Office of Technology Assessment" (OTA).

Ausdruck der Konflikte in den siebziger Jahren um die Kernkraft in Deutschland war die Enquete-Kommission *Zukünftige Kernenergiepolitik.* Die Studien, die im Rahmen der Enquete-Kommission durchgeführt wurden, waren Vorstudien zu TA-Studien. Es wurden vier verschiedene Zukunftsszenarien für eine mögliche Energieversorgung mit unterschiedlichen Anteilen an Kernenergie berechnet. Anschließend wurden die gesellschaftlichen Folgen anhand von vier Indikatoren untersucht: Wirtschaftlichkeit, Sozialverträglichkeit, internationale Verträglichkeit und Umweltverträglichkeit. Schwierigkeiten traten vor allem bei der Vorgehensweise der Prüfung von Sozialverträglichkeit auf, deshalb wurden zwei Detailstudien in Auftrag gegeben. Zu einer der beiden werde ich unter Punkt 5 zurückkommen.

Die vom Deutschen Bundestag 1986 eingesetzte Enquete-Kommission *Einschätzung und Bewertung von Technikfolgen; Gestaltung von Rahmenbedingungen der technischen Entwicklung* hatte zwei Arbeitsaufträge: Zum einen sollte sie die Durchführung von TA-Studien über zukunftsfähige Technologien veranlassen, das heißt über solche, die in Zukunft zur Entscheidung im Bundestag stehen würden (z.B. Expertensysteme, nachwachsende Rohstoffe, alternative landwirtschaftliche Produktionsweisen). Außerdem sollte sie ein Modell zur Institutionalisierung einer Beratungskapazität für den Deutschen Bundestag über Technikfolgenabschätzung und -Bewertung vorlegen. Ein Erfolg bis zum Ablauf der neunten Wahlperiode blieb der Enquete-Kommission versagt und sie wurde aufgelöst. Unter gleichem Namen wurde am 5.11.1987 eine neue Enquete-Kommission eingerichtet und mit den gleichen Aufgaben betraut. In ihrem Auftrag wurde eine weitere TA-Studie zum Thema *Bedingungen und Folgen von Aufbaustrategien für eine solare Wasserstoffwirtschaft* durchgeführt.

Es dauerte trotzdem noch einige Jahre, bis die Diskussion um die Bildung einer den Bundestag beratenden Institution abgeschlossen war. 1991 wurde das *Büro für Technikfolgenabschätzung des Deutschen Bundestages* (TAB) eingerichtet. Dort arbeiten allerdings nur sechs Leute, denn die eigentliche studiendurchführende Institution ist die *Abteilung für angewandte Systemforschung* (AFAS) des Kernforschungszentrums Karlsruhe. In dieser Abteilung arbeiten etwa 30 WissenschafterInnen an Auftragsstudien für den Bundestag. AFAS betreibt außerdem eine Datenbank, in der alle Forschungseinrichtungen und Projekte erfaßt werden, die sich mehr oder weniger intensiv mit TA beschäftigen. Daraus entstand ein Buch mit dem Titel *Technikfolgenabschätzung in Deutschland*, das sehr aufschlußreich sein kann, wenn frau zu bestimmten Themen genaueres wissen will (AFAS, 1993). Es tauchen Institutionen wie die Öko-Institute, das *Wuppertal Institut für Klima Umwelt Energie* oder die *Arbeitsgemeinschaft ökologischer Forschungsinstitute* auf. Eine der größten TA-Institutionen neben dem AFAS ist die im August 1992 in Stuttgart gegründete *Akademie für Technikfolgenabschätzung*. Dort arbeiten über 15 wissenschaftliche MitarbeiterInnen. Die Hauptfinanzierung kommt vom Land Baden-Württemberg. Ein Stiftungsrat und ein Kuratorium entscheiden über die Annahme von Aufträge und über die Setzung von Themenschwerpunkten.

Sowohl bei TAB als auch bei der Akademie in Stuttgart gab es vor der Gründung erheblichen Streit, um die Zielsetzung der Institutionen. Das heißt es ging im wesentlichen um zwei Fragen: Welche Anteile erhalten die Gruppierungen (PolitikerInnen, ForscherInnen und gesellschaftliche Interessensgruppen) an der Entscheidungsbefugnis? Wie wird die Umsetzung der Ergebnisse von Studien in der Politik geregelt?

Die wesentlichen Streitpositionen zwischen den Parteien waren die Forderung nach *Nähe zur Politik* (SPD), *Nähe zur Forschung* (CDU) und *Nähe zur Öffentlichkeit* (Grüne). Fazit des Diskussionsprozesses: das TAB ist sehr politiknah eingerichtet, d. h. es stellt keine neutrale Instanz dar, die unabhängig von den Interessen der Regierung Forschungsergebnisse produzieren kann. Es wurde jedoch trotz der Nähe zur Politik kein Zugang zum parlamentarischen Entscheidungsprozeß festgeschrieben, der die Umsetzung gewährleistet. Die Öffentlichkeitsbeteiligung ist nicht gesondert geregelt, sondern ergibt sich durch die Öffentlichkeit der Ausschüsse des Bundestages, in denen die Erkenntnisse von TAB diskutiert werden.

Im Planungsprozeß der Akademie in Stuttgart wurde diskutiert, das Beschlußgremium (den Stiftungsrat) mit zwei RegierungsvertreterInnen und sechs VertreterInnen der gesellschaftlichen Interessensgruppen zu besetzen. Tatsächlich wurden die Mehrheitsverhältnisse bei der Realisierung sozusagen auf den Kopf gestellt. Den elf Regierungs- und LandtagsvertreterInnen stehen nur drei VertreterInnen der gesellschaftlichen Gruppen gegenüber.

Der Institutionalisierungsprozeß wurde und wird in Deutschland sehr stark von der Regierung gesteuert und kontrolliert. Die *Gesellschaft für Technikfolgenabschätzung* (GfT), ein Zusammenschluß von unabhängigen WissenschafterInnen, die die angepaßte TA-Landschaft in Deutschland kritisch untersuchen und eigene Ergebnisse liefern, hatten erhebliche Schwierigkeiten, in die Datenbank der AFAS aufgenommen zu werden. Sie veröffentlichen regelmäßig eine Zeitschrift, die *TA-Rundschau*, die bei der Geschäftsstelle der GfT zu beziehen ist: Dipl. Pol. Gerlinde Sommer, c/o Institut für Politikwissenschaft der Martin-Luther-Universität Halle-Wittenberg, Emil-Abderhalden-Str. 7, 06108 Halle, Tel: 0345/3883111.

Zusammenfassung der wichtigen Ereignisse und Schritte:
Vom "Technology Assessment" zur Institutionalisierung von TA

ab 1966	US-amerikanischer Kongreßausschuß *Science, Technology and Development*
1972	Gründung von OTA (Office of Technology Assessment)
ab 1979	Enquete-Kommission *Zukünftige Kernenergie*
1986	1. Enquete-Kommission *Einschätzung und Bewertung von Technikfolgen*
ab 1987	2. Enquete-Kommission *Technikfolgen - Abschätzung und Bewertung*

1991 Gründung von TAB (Büro für Technikfolgenabschätzung des Deutschen Bundestages)
1991 Veröffentlichung der VDI-Richtlinie 3780 *Technikbewertung*
1992 Gründung der *Akademie für Technikfolgenabschätzung in Stuttgart*

2) Definition von Technikfolgenabschätzung

Laut TAB wird TA verstanden als ein Forschungskonzept, in praktischer, politikberatender Absicht. Die Voraussetzungen und Folgen von Techniken sollen rechtzeitig, umfassend, in mittel- bis langfristiger Perspektive, unter Einbeziehung betroffener und interessierter gesellschaftlicher Gruppen und mit dem Hinweis auf Handlungsmöglichkeiten analysiert und bewertet werden (Petermann, 1991).

Postulate der Technikfolgenabschätzung (Fenner, 1994)
1) Frühwarnsystem
2) umfassend in der Folgenabschätzung
3) entscheidungsorientiert
4) partizipatorisch
5) nachprüfbar und transparent

3) Typen von TA-Studien

Die meisten TA-Studien sind **technikinduziert**, d.h. die Folgen des Einsatzes einer bereits vorhandenen oder produktionsreifen Technik werden untersucht. Die VDI Richtlinie 3780 sieht weitere Typen von TA-Studien vor. Eine **probleminduzierte** TA-Studie z.B. geht davon aus, für gesellschaftlich vorgegebene Aufgaben geeignete technische Lösungen zu ermitteln und diese hinsichtlich ihrer Vor- und Nachteile miteinander zu vergleichen. Hier können auch nicht-technische Lösungen für bestimmte Probleme mit technischen Lösungen verglichen werden. Das ist methodisch zum Teil sehr schwierig und dementsprechend selten tauchen probleminduzierte TA-Studien in der Praxis auf.

4) Vorgehensweise bei einer TA-Studie

a) Konzeptionsphase
Die Aufgabenstellung und Vorgehensweise werden festgelegt und die zu betrachtende Technik bzw. Techniklinie abgegrenzt.

b) Folgenabschätzung
Beabsichtigte und unbeabsichtigte, indirekte und direkte, positive und negative, quantifizierbare und nicht quantifizierbare Folgen werden abgeschätzt.

c) Bewertung
Die unter zweitens ermittelten Folgen werden im Bezug auf die Erfüllung bzw. Nichterfüllung gesellschaftlicher Ziele hin als negativ oder positiv bewertet und zu einer Gesamtbewertung zusammengefügt.

d) Entscheidungsphase

Um die als positiv eingestufte Option zu fördern, werden politische Handlungsvorschläge und Gestaltungsmöglichkeiten vorgeschlagen.

5) Methoden bei der Durchführung von TA-Studien

TA-Studien haben oft die Prüfung der Folgen von in Zukunft großflächig eingesetzten neuen Technologien zum Inhalt. Anhand einer solchen technikinduzierten Studie der Arbeitsgruppe Mensch und Technik des Kernforschungszentrums Jülich unter O. Renn zur *Sozialverträglichkeit von Energieversorgungssystemen* werde ich einige der in der Richtlinie 3780 vorgeschlagenen Methoden näher erklären: **Wertbaumanalyse, Szenarienbildung, Delphimethode** und **Planungszellen**. Die Studie wurde im Rahmen der in Punkt 1 erwähnten Enquete-Kommission *Zukünftige Kernenergie* in Auftrag gegeben und in den Jahren 1982 bis 1984 durchgeführt:

a) Konzeptionsphase

Zur Strukturierung des Problems wurde die Wertbaumanalyse benutzt. Besonders wichtige gesellschaftliche Gruppen (von Gewerkschaften bis hin zu Öko-Instituten, aber auch kirchliche VertreterInnen und MitarbeiterInnen von Energieversorgungsunternehmen) wurden nach ihren Werten und Kriterien zur Beurteilung von Energiesystemen befragt. Ziel dieser Analyse war das Erstellen eines Indikatorenkataloges, der als eine Summe aller zur Zeit in unserer Gesellschaft vorherrschenden Aspekte zur Beurteilung von Energiesystemen angesehen werden kann. Die Aufstellung der Indikatoren erfolgte nach einem Baumprinzip. Unter dem Hauptwert "Gesundheit" z.B. steht der Unterwert "körperliche Gesundheit" und "psychische Gesundheit". Als unterste Ebene beschreibt ein vollständiger Satz den Indikator, nach dem die Auswirkungen der Technik beurteilt werden sollen. Die aus allen einzelnen Wertbäumen zusammengestellte Baumstruktur umfaßt insgesamt über 100 einzelne Indikatoren (Renn, 1984).

b) Folgenabschätzung

In der Phase der Folgenabschätzung wurde die Methode der **Szenarienbildung** benutzt. Es wurden die vier Hauptpfade einer möglichen technischen Energieversorgung der Enquete-Kommission *Zukünftige Kernenergie* zu Grunde gelegt (siehe Punkt 1). Die Auswirkungen der verschiedenen Szenarien auf die Indikatoren wurden durch die **Delphimethode** ermittelt. Nach VDI 3780 ist Delphi-ExpertInnenumfrage eine Ideenfindungs- und Prognosemethode, welche die Einsichten und Zukunftseinschätzungen ausgewählter Fachleute systematisch erhebt und ausmittelt. Dabei werden die Umfrageergebnisse den beteiligten ExpertInnen einmal oder mehrmals zur erneuten Urteilsbildung vorgelegt, damit sie ihre Auffassungen im Licht der anderen ExpertInnenmeinungen überprüfen und stark abweichende Positionen gegebenenfalls korrigieren können (VDI 3780). Numerisch ausgedrückt ergab die Delphimethode für jedes Szenario die Auswirkung auf die Indikatoren auf einer Skala von -3 (negativ), über 0 (wertneutral) bis +3 (positiv). Die einzelnen Indikatoren können zu einer Gesamtbewertung zusammengefaßt werden. Dabei hat die Gewichtung der Indikatoren untereinander (die sog. Präferenzstruktur) starke Auswirkungen auf das Gesamtergebnis.

c und d) Bewertung und Handlungsempfehlungen

Um die Schwierigkeiten bei der Erstellung einer Präferenzstruktur und einer Gesamtbewertung durch WissenschaftlerInnen zu entgehen, wurde in der dritten Phase der TA-Studie von O. Renn BürgerInnen zur Bewertungen der Energiesysteme herangezogen. Planungszellen sind eine beliebte Methode, um die Partizipation bei TA-Studien zu fördern. Planungszellen bestehen aus einer Gruppe von BürgerInnen, die willkürlich beim Einwohnermeldeamt herausgesucht werden. Ihnen ist freigestellt, ob sie eine Woche lang z.T. gegen Bezahlung ihren Lösungsbeitrag bezüglich der gesellschaftlichen Bewertung von verschiedenen technischen Energieversorgungsoptionen leisten wollen. Bei der Studie zur *Sozialverträglichkeit von Energieversorgungssystemen* wurden 485 Personen in Gruppen zu je 25 in verschiedenen Städten durch Anhörungen, Vorträge und Begehungen über die Problematik der Energieversorgung umfassend informiert. Anschließend gaben sie Einschätzungen u.a. zu folgenden Fragen ab:

- Welches der Hauptkriterien finden Sie am wichtigsten bei der Bewertung von Energieversorgungs-Optionen? (Zur Auswahl standen u.a.: Gesundheit und Sicherheit, volkswirtschaftliche bzw. soziale Auswirkungen und Versorgungssicherheit)
- Benennen Sie Leitbilder für die Gestaltung der Gesellschaft in der Ihre Kinder und Enkel leben können?
- Welches Szenario würden Sie als BürgergutachterInnen den PolitikerInnen empfehlen?

Die Ergebnisse der Planungszellen wurden als Handlungsempfehlungen eines Bürgergutachtens formuliert (Garbe, 1985). Planungszellen sind sehr aufwendig durchzuführen, das heißt die meisten TA-Studien werden ohne direkte Beteiligung der BürgerInnen durchgeführt. Die Abschätzung und Bewertung der technischen Optionen findet allein durch die wissenschaftlichen ExpertInnen statt.

Literatur:

AFAS, 1993: Abteilung angewandte Systemforschung, Technikfolgenabschätzung in Deutschland. Eine Dokumentation über deutsche Forschungseinrichtungen auf dem Gebiet der Technikfolgenabschätzung, Karlsruhe, 1993

Fenner, 1994: Fenner B. (Hrsg.), Technikfolgenabschätzung heute - Akzeptanzsteuerung oder Technikgestaltung? Standortbestimmung GRÜNER Forschungs- und Technologiepolitik, BdWi-Verlag, Marburg, 1994

Garbe, 1985: Garbe D., Zukünftige Energiepolitik. Ein Bürgergutachten, High Tech Verlag, München, 1985

Petermann, 1991: Petermann T. (Hrsg.), Technikfolgen-Abschätzung als Technikforschung und Politikberatung, Campus Verlag, Frankfurt, 1991

Renn, 1984: Renn O., Münch E., Häfele W., Die Wertbaumanlayse. Eine Entscheidungshilfe für die Politik, High Tech Verlag, München, 1985

VDI 3780: Verein Deutscher Ingenieure (Hrsg.), Technikbewertung Begriffe und Grundlagen, VDI-Verlag GmbH, Düsseldorf, 1991

Landschaftsplanung in der Praxis - am Beispiel des Thüringer Naturparks "Thüringer Schiefergebirge/Obere Saale"

Kerstin König
Torfstr. 22, D-13353 Berlin

Auftragsvergabe, -inhalte und BearbeiterInnen

Der Pflege- und Entwicklungsplan (PEP) für den Naturpark "Thüringer Schiefergebirge/Obere Saale" ist vom Verein "Naturpark Thüringer Schiefergebirge/Obere Saale" (Auftraggeber, AG) Ende August 1992 in Auftrag gegeben worden. Vertreten wurde der Verein durch den damaligen Landrat des ehemaligen Landkreises Lobenstein, also einem politischen Entscheidungsträger der damals noch vier Landkreise des Planungsgebietes. Vertragsgegenstand war die Erarbeitung des Pflege- und Entwicklungsplans als Grundlage für eine aufzustellende Naturparkverordnung. Als inhaltliche Vorgabe diente in weiten Teilen das Gliederungsschema: "Pflege- und Entwicklungspläne für Naturparke" vom Bayerischen Staatsministerium für Landesentwicklung und Umweltfragen vom 6.5.1991. Die Bearbeitungszeit umfaßte laut Vertragstext 16 Monate. Aufgrund der kurzen Bearbeitungsdauer und inhaltlicher Argumente (z. B. ungeklärter Eigentumsverhältnisse) wurde das Gliederungsschema in Unterpunkten stellenweise gekürzt. Andere Gliederungspunkte wurden umfangreicher als üblicherweise erarbeitet, falls die Spezifik dieses Naturpark es erforderte.

Von Seiten des Auftragnehmers (AN) "Institut für allgemeine und angewandte Ökologie" sind am Pflege- und Entwicklungsplan vier Frauen beschäftigt gewesen (als Projektleiterin eine Agraringenieurin mit Weiterbildung zur Fachkraft für Umwelt- und Naturschutz vollzeitbeschäftigt, zwei Geographinnen mit gleicher Weiterbildung, davon eine teil- und eine vollzeitbeschäftigt und eine teilzeitbeschäftigte Biologin mit gleicher Weiterbildung). Zudem sind in die Erarbeitung das "Verfahrenstechnische Institut Saalfeld", das "Zentrum für Thüringer Landeskultur" unter Leitung von Dr. B. Kolbmüller und anfangs der "Landschaftspflegehof Reschwitz", später die "Arbeitsgruppe Artenschutz Thüringen" (AAT) unter Leitung von M. Görner einbezogen worden. Es wurde die Interdisziplinarität angestrebt, die bei der Landschaftsplanung in einem Großschutzgebiet gewährleistet werden sollte. Außer den o. g. Disziplinen waren durch die einbezogenen Institutionen ein Kulturwissenschaftler, ein Forstwissenschaftler und ein Geologe hinzugekommen.

Der Naturpark "Thüringer Schiefergebirge/Obere Saale"

Der Naturpark "Thüringer Schiefergebirge/Obere Saale" hat eine Größe von ca. 800 km^2 und liegt im Südosten Thüringens (große Teile der Landkreise Schwarza-Kreis und Saale-Orla-Kreis). Im Westen grenzt unmittelbar der Naturpark "Thüringer Wald" und im Süden der Naturpark "Frankenwald" auf bayerischer Seite an. Diese Lage im Dreiländereck Thüringen, Sachsen und Bayern ermöglicht ein länderübergreifendes

Biotopmanagement. Auch wenn die Erfolge von Biotopverbundsystemen umstritten bzw. noch langfristige Beobachtungen nötig sind, besteht hier die Chance das dichte Netz von Naturparken für eine nachhaltige extensive Landentwicklung zu nutzen, sofern länderbürokratische Schranken überwunden werden und dafür ein politischer Wille besteht. Der "Naturparkverbund" reicht im Südosten in Bayern von den Naturparken (NP) "Bayerischer Wald", "Oberer Bayerischer Wald", "Oberpfälzer Wald", "Nördlicher Oberpfälzer Wald", "Hessenreuther/Manteler Wald", "Steinwald", "Fichtelgebirge", "Frankenwald" über die Naturparke in Thüringen "Thüringer Schiefergebirge/ Obere Saale", "Thüringer Wald" und das Biosphärenreservat Rhön bis nach Hessen, Bayern und Baden-Württemberg im Südwesten mit den Naturparken "Hessische Rhön", "Bayerische Rhön" "Hessischer Spessart", "Bayerischer Spessart", "Bergstraße/Odenwald" und "Neckartal/Odenwald" (vgl. BFANL 1992).

Im Naturpark "Thüringer Schiefergebirge/Obere Saale" sind ca. 50% der Fläche als Landschaftsschutzgebiet (LSG) ausgewiesen, die andere Hälfte ist als LSG einstweilig gesichert. Die derzeitig ausgewiesenen Naturschutzgebiete (NSG) liegen bei unter einem Prozent, ca. 3,5% der Fläche des NP sind als NSG einstweilig gesichert. Im Durchschnitt sind ca. 50% des NP bewaldet (überwiegend Fichtenmonokultur), im südlichen Teil liegt der Waldanteil bei ca. 80% der Fläche. Die Morphologie entspricht einer typischen Mittelgebirgslage mit Höhen von ca. 220 m über NN in den nordwestlichen Tallagen und 700 - 800 m über NN in südlichen Höhenlagen des Frankenwaldes. Im NP liegen 123 Orte, Ortsteile bzw. Ortsstellen. Die Dörfer sind jedoch recht klein (im Durchschnitt ca. 300 EinwohnerInnen). Dadurch ergibt sich eine recht hohe Besiedlung mit niedriger Bevölkerungsdichte (ca. 57 EinwohnerInnen/km^2, Thüringen gesamt ca. 160 E/km^2). Auch hier besteht wie in vielen ländlichen Räumen eine Abwanderungstendenz der Bevölkerung im erwerbsfähigen Alter und damit eine "Überalterung" der DorfbewohnerInnen.

Das Landschaftsbild des Naturparks "Thüringer Schiefergebirge/Obere Saale" ist geprägt von den Hochebenen, den Saaletalsperren und den ausgeprägten Wäldern. Die Hochflächen bieten enorme Fernblicke und werden meist landwirtschaftlich genutzt. Der steinige Boden und die Höhenlage (400 - 500 m ü. NN) schränken verstärkt durch die derzeitige Landwirtschaftspolitik die Wettbewerbsfähigkeit erheblich ein. Das trifft besonders auf die Tallagen zu, in denen immer mehr Grünland zu Grenzertragsflächen wird. Aber gerade diese Wiesentäler sind derzeit noch sehr bedeutend (nicht nur) für das Landschaftsbild. Eine Aufforstung ist daher dort unter allen Umständen zu vermeiden. Die größten zusammenhängenden Stauseen der BRD (Bleiloch- und Hohenwartetalsperre sowie die Wisentalsperre) sind sowohl für das Landschaftsbild des NP maßgeblich wie auch für den Fremdenverkehr und die Naherholung. 11 Campingplätze mit ca. 2700 Stellplätzen und zahlreiche Datschenstandorte ermöglichen den Besucherverkehr, bedeuten aber u. a. auch zusätzliche Abwasserfrachten für die Talsperren und bisher meist ungelenkte Besucherströme.

Durch seine Lage an der Bundesautobahn A 9 (München-Nürnberg-Berlin) und drei Bundesstraßen (B 45, B 90 und B 281) ist der Naturpark für Individualreisende verkehrstechnisch sehr gut erschlossen. War die Grenze Bayern/Thüringen bis 1989 ein Garant für Ruhe und Abgeschiedenheit, so ist das Verkehrsaufkommen durch Berufspendler nach Bayern und den Schwerlastverkehr nach der "Wende" so stark angestiegen, daß Ortsumgehungen teilweise nötig wurden, wodurch allerdings Flächen in Talauen versiegelt wurden. Die Orts- und Gemeindeverbindungswege können in der Regel als normal befahren gelten. Mit der Bahn ist der NP schlechter zu erreichen; jedoch gibt es in Saalfeld einen IC-Anschluß. Einige traditionsreiche Nebenstrecken können auch für den Fremdenverkehr eine Bedeutung erlangen. Momentan ist noch jeder Ort mit ÖPNV zu erreichen, die Nutzung ist aber so stark zurückgegangen, daß der Takt der Verbindungen erheblich reduziert wurde.

Aufgrund der Grenznähe zu Bayern ist die offiziell angegebene Arbeitslosigkeit im Naturpark (17,5% im Durchschnitt der vier Landkreise, Angaben stammen von den Arbeitsämtern der Landkreise) nicht so hoch wie in Thüringen im Landesdurchschnitt (18,9%). Der Anteil von erwerbslosen Frauen in Ostthüringen liegt bei ca. 70%.

Das Wasserkraftmuseum in Ziegenrück, das Museum Schloß Burgk mit einer naturkundlichen Abteilung, das Volkskundemuseum in Reitzengeschwenda und die KZ-Gedenkstätte "Lager Laura" (Außenstelle des ehemaligen KZ Buchenwald, Produktionsstätte der V 2-Raketen) gehören zu den wichtigsten klassischen Sehenswürdigkeiten. Neu eingerichtet wurde das Technische Denkmal Schieferbergbau in Lehesten, in dem die ehemalige Schiefergewinnung und -verarbeitung zu besichtigen sind. Besonders sehenswert sind auch die landschaftsbildprägenden Dorfensembles (meist Angerdöfer mit zentralem Dorfteich) mit ihren gebietstypischen Schieferfassaden, die jedoch meist nicht mehr durchgängig erhalten sind.

Planungsgrundlagen

Der Naturpark "Thüringer Schiefergebirge/Obere Saale" wurde im Juni 1990 auf der Grundlage des Umweltrahmengesetzes durch einen DDR-Ministerratsbeschluß einstweilig gesichert. Der Erarbeitung des PEP wurden folgende Gesetze und Verordnungen etc. zugrunde gelegt:

- Gesetz über Naturschutz und Landschaftspflege (BNatSchG, Bundesnaturschutzgesetz) (1987);
- Vorläufiges Thüringer Gesetz über Naturschutz und Landschaftspflege (VorlThürNatG) (1993)
- Thüringer Landesplanungsgesetz (ThLPlG) (1991)
- Thüringer Verordnung über das Landesentwicklungsprogramm (LEP) Thüringen (1993)
- Regionaler Raumordnungsplan (RROP), Entwurf (1994)
- Landschaftsprogramm (LP), Entwurf 1994
- Vorläufige Aussagen zum Landschaftsrahmenplan (LRP)
- Arten- und Biotopschutzprogramm (ABSP) Grobkonzept 1993
- Konzeption für die Gewinnung von bergfreien Bodenschätzen für die Planungsregionen Ost- und Südthüringen (1994)
- Thüringer Verordnung zur Verlängerung einstweiliger Sicherungen von Schutzgebieten (1992)
- Thüringer Waldgesetz (1993)
- Thüringer Abfallwirtschafts- und Altlastengesetz (1991)

- Programm zur Förderung von umweltgerechter Landwirtschaft, Erhaltung der Kulturlandschaft, Naturschutz und Landschaftspflege in Thüringen (KULAP), Verwaltungsvorschrift des Thüringer Ministeriums für Landwirtschaft und Forsten 1993 und 1994
- Thüringer Neugliederungsgesetz (1993).

Die wichtigsten Inhalte und Unterschiede des BNatSchG und des VorlThürNatG werden folgend kurz skizziert:
BNatSchG (1987/1993) §1 (1): Natur und Landschaft sind so zu schützen, zu pflegen und entwickeln, daß
1) die Leistungsfähigkeit des Naturhaushalts,
2) die Nutzungsfähigkeit der Naturgüter,
3) die Pflanzen- und Tierwelt sowie
4) die Vielfalt, Eigenart und Schönheit als Lebensgrundlage des Menschen und als Voraussetzung für seine Erholung in Natur und Landschaft nachhaltig gesichert sind.
§ 16 (1) und (2): Naturparke sind große, einheitlich zu entwickelnde Gebiete,
- die überwiegend LSG oder NSG sind
- sich für die Erholung eignen
- und entsprechend gegliedert und erschlossen werden sollen.

VorlThürNatG (28.1.1993) § 1 (2): Natur und Landschaft sind so zu schützen, ggf. zu pflegen, zu entwickeln und ggf. wiederherzustellen, daß
1) die Funktionsfähigkeit des Naturhaushalts,
2) die Regenerationsfähigkeit und nachhaltige Nutzungsfähigkeit der Naturgüter,
3) die Pflanzen- und Tierwelt sowie
4) die Vielfalt, Eigenart und Schönheit von Natur und Landschaft um ihrer selbst willen und als Lebensgrundlage des Menschen nachhaltig gesichert werden.

Zusätzlich zum § 16 des BNatSchG wird im §15 VorlThürNatG festgeschrieben, daß Naturparke überwiegend bewaldet sind, entsprechend ihrem Naturschutzzweck gegliedert, erschlossen und geschützt werden.

Arbeitsschritte

Wichtigste Grundlage für die Landschaftsplanung in Großschutzgebieten ist ein Leitbild, das auf den jeweiligen Schutzstatus eines Gebietes und seine spezifischen Gegebenheiten zugeschnitten ist. Während der Erarbeitung des PEP (1992 bis 1994) wurden vier Leitbildstrategien für Großschutzgebiete in der Literatur diskutiert.
1. Aufgaben des Tourismus stehen im Vordergrund der Landnutzung (z. B. in Nationalparken).
2. Aufgaben des Tourismus sollen vorrangig im Gebiet verwirklicht werden (z. B. in Naturparken).
3. Gleichberechtigung von Aufgaben des Naturschutzes und des Tourismus bzgl. der Flächennutzung (z. B. in Naturparken).
4. Entwicklung von Vorbildlandschaften bzgl. der Landnutzung in Großschutzgebieten (z. B. in Biosphärenreservaten).

Die dritte Variante wurde für den Naturpark Thüringer Schiefergebirge/Obere Saale gewählt. Einerseits bietet das Gebiet mehreren hochgradig gefährdeten Tierarten Lebensraum, der zusammenhängend, unzerschnitten und extensiv bewirtschaftet bleiben muß, um den Lebensraumschutz für diese Tierarten zu gewährleisten. Für die konkrete naturschutzrelevante Planungsarbeit erfüllten einige dieser Spezies die Voraussetzungen von Leitarten, die u. a. für eine Zonierung des Naturparks eine Rolle spielen (s. u.). Andererseits befinden sich im Naturpark z. B. die Saaletalsperren, die incl. ihrer näheren Umgebung schon zu DDR-Zeiten Naherholungs- und Feriengebiet waren. Dieses touristische Potential war eine wichtige Existenzgrundlage für die ansässige Bevölkerung, die auch zukünftig berücksichtigt werden muß.

Im ganzheitlichen Ansatz des Leitbildes für den NP Thüringer Schiefergebirge/ Obere Saale werden Grundsätze für die Schwerpunkte der eigenständigen Regionalentwicklung, Erholung, land- und forstwirtschaftlichen Nutzung sowie des Naturschutzes und der Landschaftspflege festgehalten. Das landschaftliche Leitbild greift Vorgaben des Landschaftsprogramms der Thüringer Landesanstalt für Umwelt (TLU 1994) auf und konkretisiert die Strukturierung der Landschaft in den einzelnen Naturräumen und Untereinheiten des Naturparks.

Unter eigenständiger Regionalentwicklung wird die Erschließung der endogenen Potentiale der Region verstanden. Das beinhaltet unter anderem z. B. die Verwendung heimischer Rohstoffe und Produkte, das Aufdecken von Standortvorteilen und Marktchancen gegenüber anderen Regionen, den Ausbau und die Wiederbelebung von spezifischen handwerklichen und technischen Kenntnissen. Zudem sollen Kooperationsmöglichkeiten ausgelotet und eine Steigerung der Wertschöpfung durch innerregionale Verarbeitung erzielt werden. Diese Maßnahmen können zur Entwicklung einer neuen kulturellen Identität der Bevölkerung im ländlichen Raum des NP beitragen.

Die Inhalte des landschaftlichen Leitbildes umfassen je nach Naturraum bzw. Untereinheit unterschiedliche Erhöhung des Waldanteils mit gleichzeitigem Waldumbau der Fichtenmonokulturen in Bergmischwälder. Der Erhalt und die Erhöhung des Grünlandanteils, Offenhaltung von Wiesentälern und Waldwiesen, Extensivierung der landwirtschaftlichen Nutzflächen (LN) und der Stillgewässernutzung und die Renaturierung der Fließgewässer haben ebenso hohe Bedeutung wie der Erhalt der kulturhistorischen Landschaftselemente und Ortslagen sowie die Umsetzung des Biotopverbundes für diverse Biotoptypen und die Beseitigung von Landschaftsbildschäden.

Das Leitbild, Basis des ca. 500 Seiten umfassenden PEP, sollte vom Auftraggeber ausgekoppelt und in den am Naturpark beteiligten Landkreisen bzw. Kreistagen zur Diskussion und Abstimmung vorgelegt werden. Damit kann eine Willensbekundung erzielt werden, zukünftig bei z. B. wirtschaftlichen, bauleitplanerischen und landschaftsplanerischen Entscheidungen seitens der Landkreise die Belange des Naturparks stärker zu berücksichtigen. Ohne diese Verbindlichkeit seitens kommunaler Politiker wird der Naturpark keine naturschützerische Funktion übernehmen können, was in vielen westdeutschen Naturparken ausreichend sichtbar geworden ist.

In Naturparken treten zwangsläufig Konflikte zwischen Naturschutz und der bisher üblichen touristischen Landnutzung auf. Um die Konflikte zu mindern, muß eine Karte der Konfliktpotentiale erstellt werden, die die Brennpunkte bei sich überlappender Mehrfachnutzung darstellt. Daraus kann unter Einbeziehung anderer Vorgaben (z.B. Schutzwürdigkeitsgutachten für Naturschutzgebiete etc.) eine Gliederung des Naturparkes in Zonen unterschiedlicher Nutzungsintensität vorgenommen werden. In den Thüringer Naturparken soll eine landeseinheitliche Zonierung erfolgen, die eine Drei- bzw. Vierteilung vorsieht:

A) Naturschutzrelevante Zone

B) Pufferzone

C) Zone der minimal eingeschränkten Landnutzung, angepaßte Aktivitätszone (aber LSG)

C/D) Zone der Binnenabgrenzung, die die Ortslagen der Gemeinden umfaßt, die aus dem LSG herausgenommen sind und dadurch Fragen der Bauleitplanung eigenständig entscheiden können. (Die Namen der Zonen wurden aus rechtlichen Gründen geändert).

Fazit und Ausblick

Die Zonierung kann entscheidend zur Stabilisierung der Lebensräume beitragen. Voraussetzung ist allerdings, daß in der Naturparkverordnung die Art der Nutzung in den Zonen eindeutig und ohne Ausnahmeregelungen vorgegeben wird. Eine Abstimmung u. a. mit Forst- und Landwirtschaftsämtern ist seitens der Naturparkverwaltung im Vorfeld notwendig. Ausgleichszahlungen für Mindererträge bzw. Anreize zur Extensivierung und Förderung der biologischen Landwirtschaft müssen seitens des Thüringer Ministeriums für Landwirtschaft, Naturschutz und Umwelt (TMLUN) weiterhin und verstärkt erfolgen. Eine Verordnung ist allerdings auch dann sinnlos, wenn es keine Kontrollinstanz gibt, die die Gebote für die einzelnen Zonen überwacht. Daher ist der Einsatz einer Naturwacht dringend geboten, die pädagogisch geschult wurde, Konfliktsituationen beim Verstoß gegen die Naturparkverordnung zu bewältigen. Sie sollte nicht den Charakter oder die Befugnis der Polizei haben, sondern durch Präsenz und Öffentlichkeitsarbeit den Naturpark im Bewußtsein der Bevölkerung und Gäste als Einrichtung zu vergegenwärtigen.

Die Einbeziehung der ansässigen Bevölkerung ist auch deshalb so wichtig, weil die öffentliche Meinung bezüglich des Naturparks das Entscheidungsverhalten der Kommunalpolitiker beeinflußt. Ein Naturpark, der nicht von der eigenen Bevölkerung mitgetragen wird, wird auf Dauer nur Widerstand hervorrufen. Daher sollte die Notwendigkeit und die Funktion eines Naturparks stärker durch Öffentlichkeitsarbeit, z. B. in Form einer Naturparkzeitung, von Diavorführungen etc. und Führungen durch Naturschutzgebiete und touristische Brennpunkte gefördert werden. Dafür müssen allerdings finanzielle und personelle Mittel zur Verfügung gestellt werden. Das gilt auch für die duale Aufgabe des Naturparks bzgl. des Naturschutzes und der Erholung. In der Naturparkverwaltung ist die Beschäftigung einer hauptamtlichen Fachkraft für (sanfte) Tourismusplanung in ländlichen Gebieten mit ökologischen Grundkenntnissen notwendig.

Nach Beendigung des PEP wäre eine weitere Begleitung des Naturparks bezüglich der Umsetzung der Landschaftsplanung dringend erforderlich. Die Naturparkverwaltung kann weder zeitlich noch personell eine Mediation selbst leisten. Für weitere konkrete Maßnahmenplanungen ist daher eine Auftragsvergabe mit niedrigerem Finanzvolumen für die eigentliche Planung aber einer Honorierung der anschließenden Betreuung der Umsetzung sinnvoller.

Obwohl der Träger des Naturparkes das TMLUN ist, und daher die Ausstattung der Naturparkverwaltung vergleichsweise gut ist, sind Verbesserungen bezüglich der Effizienz der Naturparkarbeit möglich. Während der zweijährigen Planungsphase sind immer wieder Fragen der Zuständigkeit für einzelne Naturparkbelange aufgetreten. Eine eindeutige Aufgabenverteilung zwischen TMLUN, TLU, LVA, den Staatlichen Umweltämtern und den jeweiligen Landratsämtern (Untere Naturschutzbehörde etc.) ist kaum erkennbar gewesen. Die Unsicherheit bezüglich der Rechtssituation des "gesetzeslosen" Übergangs in der Nachwendezeit mag zwar eine Erklärung, aber keine Entschuldigung sein, Verantwortung weiterzuschieben. Erschwerend kam häufiger Personalwechsel (z. B. kommissarische Besetzung) in den zuständigen Referaten und Abteilungen für Landschaftsplanung, Schutzgebiete etc. hinzu. Einige Planungsgrundlagen, die Voraussetzung für die Erstellung des PEP waren, sind erst zeitgleich mit dem PEP erarbeitet worden, was u. a. zur Verzögerung geführt hat. Um die Kommunikationsstrukturen zu verbessern, sollte die Arbeitsgruppe, die in unregelmäßigen Abständen während der Planungsphase des PEP getagt hat, als festes Gremium mit regelmäßigen Treffen eingerichtet werden. Allerdings sollte je ein Vertreter des Naturschutzes, der Land- und Forstwirtschaft, Landschaftsplanung, der Wirtschaftsförderung und bei Bedarf z. B. der Verkehrsplanung, Wasserwirtschaft etc. beteiligt sein.

Der Naturparkverwaltung muß seitens des TMLUN noch mehr Unterstützung zukommen, da sie die direkte Brücke zur Basis vor Ort darstellt. Diese Position der NPV obliegt der Gefahr, zwischen den Fronten zerrieben zu werden, was der Sache der Naturparke nur abträglich ist. Eine Vermittlerrolle kann die Naturparkverwaltung nur einnehmen, wenn sie genug Handlungsspielraum und Vertrauen seitens des TMLUN bekommt.

Aufgrund der Veröffentlichungsklausel im Vertrag über die Erarbeitung des PEP können hier keine konkreteren Aussagen bezüglich der Planungsmaßnahmen gemacht werden. Ansprechpartner für weitere Informationen ist die Naturparkverwaltung bzw. der Naturparkverein Thüringer Schiefergebirge/Obere Saale, Lehestener Straße 13, D-07330 Probstzella.

Literatur:

BFANL (1992): Übersichten zum Naturschutz, Neubearbeitung September 1992, jetzt Bundesamt für Naturschutz, Konstantinstr. 110, Bonn

BECK-TEXTE (1992): Gesetz über Naturschutz und Landschaftspflege (BNatSchG) in der Fassung vom 12.3.1987, BGBL. I S. 889, in: Beck-Texte Nr. 5533, Umweltrecht, dtv

GESETZES- UND VERORDNUNGSBLATT FÜR DAS LAND THÜRINGEN (1991): Thüringer Abfallwirtschafts- und Altlastengesetz vom 31.7.1991, Nr. 16, 5.8.1991, Erfurt

GESETZES- UND VERORDNUNGSBLATT FÜR DAS LAND THÜRINGEN (1991): Thüringer Landesplanungsgesetz; Nr. 14, 22.7.1991, Erfurt

GESETZES- UND VERORDNUNGSBLATT FÜR DAS LAND THÜRINGEN (1992): Thüringer Verordnung zur Verlängerung einstweiliger Sicherungen von Schutzgebieten; Nr. 6, 26.3.1992, Erfurt

GESETZES- UND VERORDNUNGSBLATT FÜR DAS LAND THÜRINGEN (1993): Thüringer Neugliederungsgesetz, Nr. 24, 16.8.1993, Erfurt

GESETZES- UND VERORDNUNGSBLATT FÜR DAS LAND THÜRINGEN (1993): Thüringer Waldgesetz, Nr. 21, 12.8.1993, Erfurt

GESETZES- UND VERORDNUNGSBLATT FÜR DAS LAND THÜRINGEN (1993): Vorläufiges Thüringer Gesetz über Naturschutz und Landschaftspflege, Nr. 4, 8.2.1993, Erfurt

GESETZES- UND VERORDNUNGSBLATT FÜR DAS LAND THÜRINGEN (1993): Thüringer Verordnung über das Landesentwicklungsprogramm Thüringen, Nr. 34, 7.12.1993, Erfurt

TLU (1994): Landschaftsprogramm Thüringen, Entwurf, Thüringer Landesanstalt für Umwelt, Jena

TMLF (1994): Programm zur Förderung von umweltgerechter Landwirtschaft, Erhaltung der Kulturlandschaft, Naturschutz und Landschaftspflege in Thüringen (KULAP), Verwaltungsvorschrift des Thüringer Ministeriums für Landwirtschaft und Forsten (jetzt TMLUN) vom 20.7.1993, Thüringer Staatsanzeiger Nr. 4, 1994, S. 165-177

TMUL (1993) in Zusammenarbeit mit der TLU (Hrsg.) (1993): Arten- und Biotopschutzprogramm Thüringen - Grobkonzept; TMUL (jetzt TMLUN), Erfurt

Altlastensanierung

Louise Stewart und Ingrid Laude, Berlin

Einleitung

Bis vor einigen Jahren wurden Altlasten durch Skandale, wie die Hamburger Deponie Georgswerder, wo Fässer mit dem Seveso-Dioxin gefunden wurden, bekannt. Sie wurden solange wie möglich geheimgehalten, kaum anzweifelbare Gefährdungen wurden vertuscht und verharmlost, bis diese Gefährdungen nicht mehr zu übersehen waren. Das war die Praxis der 70er Jahre, die bis in die 80er Jahre reichte. Auch heute gibt es für die Erfassung, Gefährdungsabschätzung und Bewertung aufgrund fehlender gesetzlicher Vorgaben und der Heterogenität von kontaminierten Standorten noch immer keine einheitliche Herangehensweise, geschweige denn Grenzwerte oder Sanierungsverfahren.

Wir möchten mit diesem Referat den aktuellen Stand in puncto Altlasten darstellen und die Teilgebiete rechtliche Vorgaben, Erfassung, Gefährdungsabschätzung und Bewertung näher beleuchten. Zudem wollen wir die großen Kategorien anhand von klassischen Schadensfällen und die gängigste Sicherungs- und (in seltenen Fällen) Sanierungspraxis aufzeigen.

1. Definition

Das Wort "Altlasten" befindet sich mittlerweile ja fast in aller Munde; jedoch verstehen wohl alle etwas anderes darunter. Um etwas Licht in das Dunkel zu bringen, kommt jetzt eine Erklärung im juristischen und naturwissenschaftlichen Sinn.

1.1 Was sind Altlasten im juristischen und naturwissenschaftlichen Sinne?

Der Bundesgesetzgeber kennt Altlasten bis heute nicht! Selbst im neuen Kreislaufwirtschafts- und Abfallgesetz, das im vergangenen Jahr (6. Oktober 1994) verabschiedet wurde, wurden Altlasten nicht erwähnt!

In den meisten **Landesabfallgesetzen** werden Altlasten definiert und in Altablagerungen und Altstandorte unterteilt:

Altablagerungen sind Flächen, auf denen vor dem 1. März 1972 (vor Erlaß des 1. Abfallbeseitungsgesetzes)

- Anlagen zum Ablagern von Abfällen betrieben wurden und
- Abfälle behandelt, gelagert oder abgelagert worden sind, incl. sonstiger Aufhaldungen und Verfüllungen.

Altstandorte sind Flächen stillgelegter Anlagen, in denen mit gefährlichen, insbesondere wassergefährdenden Stoffen umgegangen worden ist.

Altlasten sind die Flächen von Altablagerungen und Altstandorten, von denen

- **Gefahren** für die öffentliche Sicherheit und Ordnung ausgehen, insbesondere Belastungen für Wasser, Boden und Luft (Niedersächsisches Abfallgesetz von 1991, NAbfG);
- **Gefahren** für die öffentliche Sicherheit und Ordnung ausgehen (Landesabfallgesetze von Nordrhein-Westfalen und Brandenburg, LAbfG NRW, 93; LAbfG Brb 92);
- **wesentliche Beeinträchtigungen** des Wohls der Allgemeinheit festgestellt wurden (Hessisches und Thüringisches Abfallgesetz, HAbfG, 92; ThAbfG 91);
- **Gefährdungen** für die Umwelt, insbesondere für die menschliche Gesundheit ausgehen (Landesabfallgesetzes von Rheinland-Pfalz und Sachsen-Anhalt, LAbfWAG RP, 93; AbfG LSA 91);
- eine **Beeinträchtigung** des Wohls der Allgemeinheit ausgeht (Landesabfallgesetz von Baden-Württemberg von 1990, LAbfG BW);
- nach Gefährdungsabschätzung eine **Gefahr** für die öffentliche Sicherheit und Ordnung feststeht und Sanierungsmaßnahmen erforderlich sind (Landesabfall- und -altlastengesetz von Bayern und Mecklenburg-Vorpommern, BayAbfAlG, 91; AbfGAlG M-V 92);
- eine **Bodenbelastung**, das heißt eine Veränderung der Bodenbeschaffenheit, insbesondere durch stoffliche Einwirkung, bei der die Besorgnis besteht, daß die Bodenfunktionen erheblich und nachhaltig beeinträchtigt werden (erstes Gesetz zur Abfallwirtschaft und zum Bodenschutz im Freistaat Sachsen von 1991, EGAB)

Mit dieser Auflistung soll die Unterschiedlichkeit der Definitionen verdeutlicht werden. In Sachsen wird bereits bei Veränderungen der Bodenbeschaffenheit von Bodenbelastungen bzw. von Altlasten gesprochen; in Baden-Württemberg reicht eine Beeinträchtigung des Wohls der Allgemeinheit für Altlasten aus; in Hessen und Thüringen müssen es wesentliche Beeinträchtigungen sein. Die Länder Brandenburg, Niedersachsen und Nordrhein-Westfalen schreiten bei Gefahren ein; hingegen in Bayern und Mecklenburg-Vorpommern erst nach einer Gefährdungsabschätzung eine Gefahr bestehen kann. Die kleinen Bundesländer Schleswig-Holstein, Hamburg, Bremen, Berlin und Saarland haben keine Altlastenregelungen in ihren Landesabfallgesetzen!

Bei vorhandener Gefahr/Beeinträchtigung/etc. kann mittels des zuständigen Gesetzes geklagt werden; hier für zuständiges Gesetz für Sicherheit und Ordnung ist das Polizeirecht.

1.2 Entwurf des Bundes-Bodenschutzgesetzes von 1985

Seit einigen Legislaturperioden befindet sich ein Bundes-Bodenschutzgesetz in der Entwicklung, das immer noch auf seine Verabschiedung wartet. Ziel ist, den Boden als drittes Medium vorsorgend gegen schädliche Veränderungen zu schützen. Zudem wird eine bundeseinheitliche Regelung zum Umgang mit Altlasten, zu bundeseinheitlichen Verfahren zur Sanierung und Sicherung von Altlasten angestrebt. Altlasten und aktuelle Kontaminationen sollen gleichwertig behandelt werden. Außerdem soll die Haftbarkeit für VerursacherInnen, sowie die Rechtssicherheit für Betroffene verbessert werden. Ferner stellt es die Ermächtigungsgrundlage zum Erlaß einer Bodenschutzverordnung, welche die Erfassung, Untersuchung, Bewertung und Sanierung anhand von noch nicht festgelegten Grenzwerten regeln könnte, und einer TA Boden mit verbindlichen Bodenwerten dar.

Kritikpunkte sind, daß die Multifunktionalität des Boden nicht als Ziel formuliert und daß Flächenverbrauch und physikalisch-mechanische Belastungen (Erosion) nicht konkretisiert werden. Bodenfunktionen bleiben nutzungsbeschränkt. Dadurch handelt es sich eher um ein "Gesetz zur Sanierung von Altlasten" als um ein Bodenschutzgesetz. Die nächsten fault pas sind der Ausschluß von radioaktiven und militärischen Kontaminationen, sowie die Gleichstellung von Sanierungs- und Sicherungsmaßnahmen.

1.3 Gesetz zum Schutz des Bodens des Landes Baden-Württemberg von Juni 1991

Als einziges Land hat Baden-Württemberg 1991 ein Landesbodenschutzgesetz verabschiedet. Zweck des Gesetzes ist der Schutz des Boden als

- Naturkörper und Lebensgrundlage für Menschen und Tiere,
- Lebensraum für Bodenorganismen,
- Standort für die natürliche Vegetation und Kulturpflanzen,
- Ausgleichskörper im Wasserkreislauf,
- Filter und Puffer für Schadstoffe,
- landesgeschichtliche Urkunde.

Das Landesbodenschutzgesetz regelt

- die Bodenüberwachung und Maßnahmen gegen Bodenbelastungen,
- die land- und forstwirtschaftlicher Bodenbewirtschaftung,
- die Festsetzung von Bodenbelastungsgebieten,
- die Erfassung und die Überwachung der Bodenbeschaffenheit, sowie
- die Zuständigkeiten und entsprechende Ordnungswidrigkeiten.

1.4 Ausmaß (Anzahl und Kosten)

Die Anzahl der vermuteten Altlasten hat in den achtziger Jahren stark zugenommen. Im Dezember 1993 waren in den alten Bundesländern 69.029 und in den neuen Bundesländern 69.693 Altlastenverdachtsflächen erfaßt, wobei die Erfassung erst zu 50-60% abgeschlossen ist. Die offizielle Schätzung liegt derzeit bei 240.000 Altlastenverdachtsflächen im gesamten Bundesgebiet. In dieser Zahl sind die militärischen oder Rüstungsaltlasten noch nicht enthalten. [OBERHOLZ 95]

In der DDR_{ex} wurde erst 1990 mit der Altlastenerfassung begonnen. "Die Quellenlage ist problematisch, weil das alte DDR-Regime alle Land- und Stadtkarten als Geheimmaterial einstufte und Informationen zensierte" [SCHÜTT 91, S.11]. Inzwischen sind nahezu 70.000 **Altlastenverdachtsflächen** erfaßt.

Die durchschnittlichen Sanierungskosten wurden bereits 1991 auf ca. 24 Mrd. DM geschätzt. [SPIEGEL 91, S. 86] Allein die Sicherung der Großdeponien rund um Berlin (Schöneiche, Vorketzin, Rötehof, Deetz) wird mehrere Milliarden DM kosten [LUA 92]. Eine andere Quelle sagt, daß die Sanierung aller altlastenverdächtigen Standorte die derzeit im Umlauf befindliche Geldmenge überträfe.

Die altlastenverdächtigen Flächen können nach WEBER in sechs Kategorien unterteilt werden:

1. stillgelegte Ablagerungsplätze,
2. ehemalige unkontrollierte Ablagerungsplätze ("wilde" Kippen),
3. Verfüllungen mit kontaminiertem Material,
4. belastete Gelände stillgelegter industrieller Anlagen,
5. Bereiche von Schadstoffanreicherungen (durch Kriegseinwirkungen, Unfälle, defekte Abwasserkanäle oder unsachgemäße Lagerung umweltrelevanter Stoffe) und
6. militärische Altlasten. [WEBER 93, S. 39 f]

Abbildung 1 zeigt die bisher erfaßten und prognostizierten altlastenverdächtigen Flächen in Deutschland auf einer Übersichtskarte.

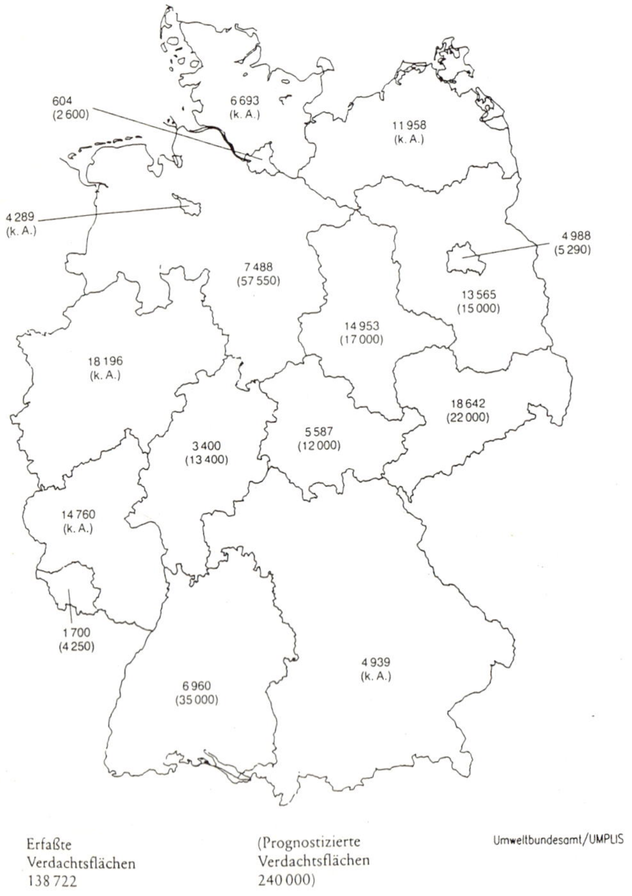

Abb. 1: Erfaßte und prognostizierte Verdachtsflächen in Deutschland (Stand 31.12.1993)

2. Erfassung und Einteilung von Altlasten

Bis vor kurzem erfolgte die Entdeckung von "Altlasten" vielfach durch Klagen aus der Bevölkerung, die sich durch Geruchsbelästigung oder verunreinigte Brunnen gefährdet sah, durch zufälliges Ausheben bei Bauarbeiten oder bei Routineüberwachungen durch Behörden. Nun wird versucht, bei der Erhebung altlastenverdächtiger Flächen systematisch vorzugehen. Ziel der systematischen Erfassung ist, sich möglichst vollständige Daten über ehemalige Deponieren und Betriebe zu beschaffen. Die Erfassung wird auf Landesebene durchgeführt und ist im Gegensatz zu den nachfolgenden Maßnahmen relativ weit fortgeschritten. Trotzdem führen die verschiedensten Auffassungen über Altlasten sowie die Intensität und Methodik der Erfassung zu unterschiedlichen Erfassungsraten.

2.1 Auffindung und Erfassung

Zur Erkennung der Verdachtsstandorte wird eine breitangelegte Suchaktion gestartet. Besonderes Augenmerk wird auf Altablagerungen, Bergehalden, ehemalige Industriestandorte, sowie Kriegsfolgelasten gelegt. Zur Ermittlung der Verdachtsstandorte werden die Bevölkerung befragt, alte Archivbestände und Dokumente, altes Kartenmaterial und Luftbilder ausgewertet: In älteren Karten sind teilweise Gruben, Kiesteiche oder Steinbrüche zu finden, die auf neueren nicht mehr auftauchen, weil diese z.B. mit Abfällen verfüllt wurden. Außerdem werden diese, wie auch die Luftbilder, auf Nutzungsänderungen hin untersucht. Durch zeitliche Veränderungen lassen sich Vegetationsschäden z.B. durch Austritt von Deponiegas oder eine Veränderung der Geländemorphologie durch "wilde" Deponien erkennen. Problematisch ist oft die große Zahl der Verdachtsflächen.

Die erfaßten Verdachtsflächen werden in einer Datensammlung, dem sog. Altlastenkataster, zusammengefaßt. In Abbildung 2 (s. nächste Seite) stellt dieser Schritt die Phase I dar.

Anhand des erstellten Altlastenkatasters erfolgt die Umfeldanalyse; das heißt alle vorhandenen Daten für eine Verdachtsfläche werden interpretiert und z.T. chemische, hydrogeologische, biologische und medizinische Untersuchungen vorgenommen, welche die vorhandenen Daten ergänzen sollen. Ziel ist, die Emissionspfade, über die die Schadstoffe in die Umgebung gelangen, herauszufinden. Die potentiellen Risiken, die langfristig vom Standort ausgehen, wie akute und chronische Gesundheitsschäden, Schadstoffanreicherung in Gewässern und der Nahrungskette, Ausdünstung von Deponiegasen etc., sollen eingeschätzt werden. Die möglichen Emissionspfade sind in Abb. 3 dargestellt. Für die Erstellung der Erstbewertung ist eine Standortbegehung sinnvoll, um ggf. aktuelle Gefahren aufzuspüren. Diese Umfeldanalyse ist wichtig zur Erstellung der Prioritätenliste.

Vereinfachtes Ablaufschema des Umgangs mit altlastverdächtigen Flächen und Altlasten

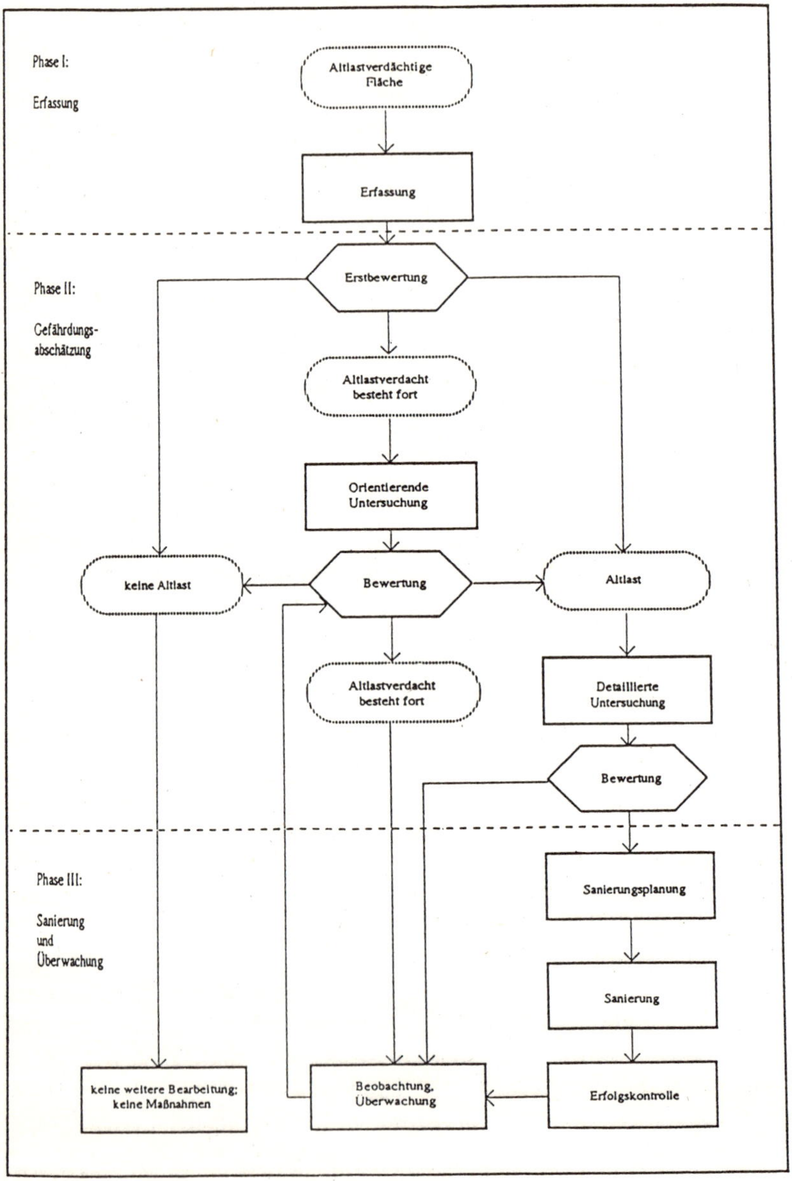

Quelle: SRU

Abb. 2: Vereinfachtes Ablaufschema des Umgangs mit altlastverdächtigen Flächen und Altlasten

1 Sickerwasseremissionen in das Grundwasser
2 Sickerwasseremissionen in Oberflächengewässer
3 Gasemissionen in die Atmosphäre
4 Seitliche Gasemissionen in den Untergrund
5 Staubemissionen durch Verwehung
6 Schadstoffemissionen über Pflanzen und die Nahrungskette
7 direkter Kontakt

Abb. 3: Emissionspfade einer Altlast [nach BARKOWSKI 93, S.46]

2.2 Erstbewertung

Je umfangreicher eine Liste von Verdachtsflächen ist, desto unmöglicher wird es, alle Flächen gleichzeitig auf ihr **Gefährdungspotential** hin zu untersuchen. Deshalb wird anhand von Kriterien eine Auswahl getroffen, aufgrund derer eine **Prioritätenliste** (Reihenfolge der Dringlichkeit) aufgestellt wird.

Wichtige Gesichtspunkte in der Erstbewertung sind:

- die unmittelbare Gefährdung von Be- und Anwohnern - ob also Sofortmaßnahmen erforderlich sind;
- die gegenwärtige und die geplante Nutzung der Fläche;
- die erwarteten Schadstoffe und Schadstoffmengen;
- die Untergrundbeschaffenheit;
- die Gefährdung von Schutzzonen (Trinkwassergewinnung u.a.);
- die in Betracht kommenden Gefährdungspfade sowie
- die Menge der vorhandenen Daten.

2.3 Gefährdungsabschätzung

Der Gefährdungsabschätzung stehen oft organisatorische und finanzielle Gründe entgegen. Gleiches gilt für den Schritt von der Gefährdungsabschätzung zur Sanierung. Daher ist eine Dringlichkeitsreihenfolge der zu untersuchenden Flächen anhand angemessener Kriterien unabdingbar [BARKOWSKI 93, S. 43].

Über die Methode der durchzuführenden Untersuchung herrscht Uneinigkeit unter den GutachterInnen. Eine Standardisierung der Vorgehensweise ist wegen der Unterschiedlichkeit der Untersuchungsflächen sehr schwierig. Zur Einschätzung der ermittelten Schadstoffkonzentrationen gibt es weder Grenzwerte noch bundeseinheitliche Richtwerte, so daß hier jedes Land seine eigenen Wege geht. Der Sachverständigenrat für Umweltfragen vertritt in seinem Sondergutachten Altlasten II die Auffassung, daß Art und Weise der Erfassung und Erstbewertung nicht notwendigerweise harmonisiert werden müssen. Demgegenüber sollten aber für die Gefährdungsabschätzung bundeseinheitliche Prüf- und Maßnahmenwerte als nutzungs- und schutzgutspezifische Orientierungswerte angegeben werden.

Allen Gefährdungsabschätzungen bzw. Einteilungen ist gemein, daß sie die reale Gefahr nicht wirklich angeben können, da die Schadstoffausbreitung und -anreicherung sowie die Auswirkungen auf Umwelt und Gesundheit ein hochkomplexes System darstellen, über das bisher wenig bekannt ist. Erst recht nicht berücksichtigt werden Summationseffekte verschiedener Schadstoffe und dauerhafte Niedrigdosisbelastungen.

Der allgemeine Ablauf der Gefährdungsabschätzung ist Abb. 2 zu entnehmen. Ist Dringlichkeit geboten, das heißt besteht beispielsweise eine unmittelbare Gefährdung der Bevölkerung, wird sofort mit detaillierten Untersuchungen begonnen und eine Behebung eingeleitet. Wenn keine Sofortmaßnahmen erforderlich sind, wird weiter untersucht und bewertet (siehe Abb. 2, Phase II). Besteht kein Altlastverdacht, wird die Fläche aus der Liste gestrichen; es erfolgt keine weitere Bearbeitung und keine weiteren Maßnahmen.

2.4 Bewertung

Zur Beurteilung der Gefahr wurden mehrere Bewertungsmodelle erarbeitet. Zur Zeit gibt es über 30 (!) verschiedene Modelle, die verschiedene Gesichtspunkte jeweils unterschiedlich gewichten und daher zu unterschiedlichen Prioritätenlisten kommen. Die meisten Länder benutzen unterschiedliche Modelle, in Hamburg differieren sogar Bau- und Umweltbehörde. Dadurch ist ein länderübergreifender, bundeseinheitlicher Vergleich von Gefährdungsabschätzungen bzw. Prioritätenlisten nur schwer möglich. Nach dieser Bewertung wird entweder eine Sicherung oder Sanierung eingeleitet oder die Verdachtsfläche wird weiter beobachtet und untersucht (siehe Abb. 2, Phase III).

3. Altlastenfälle bzw. -kategorien

3.1 Uranabbau

In der ehemaligen DDR wurden Uranerz gewonnen und verarbeitet. Bei den abgebauten Lagerstätten , aus denen sowohl im Tagebau als auch im Schichtbau gefördert wurde, sind giftige Rückstände von großen Ausmaßen noch vorhanden. Insgesamt sind 20 Verdachtsregionen (Großraum Gera, Erzgebirge, Thüringen) von den Sachverständigen für Umweltfragen genannt. Die kontaminierte Fläche hat eine Größe von 168 km^2, 1000 km^2 sind als Verdachtsflächen noch zu untersuchen. Außerdem sind 3000 Halden und 20 Schlammdeponien von großen Ausmaßen akut sanierungsbedürftig.

Die Schadstoffe aus dem Uranabbau sind erstens das Uran und seine Spaltprodukte. Abbaufähige Erze haben einem Urangehalt von 0,05% bis 0,2% Uran (der normale Gehalt liegt unter 0,0003%). Auf den Halden ist ein Uranrestgehalt von zwischen 0,0% bis 0,05% noch vorhanden. Als Spaltprodukt ist insbesondere das radioaktive Gas Radon zu nennen. Es gelangt durch die Halden und Schächte in die Atmosphäre. Andere problematische Begleitschadstoffe sind Schwermetalle (Blei, Nickel, Wolfram), Laugungsmittel, Lösemittel, Öl und Treibstoff. Durch die Anreicherung und Aufbereitung von Uran durch die Flotation und Auslaugung entsteht Schlamm (eine Tonne Erz ergibt eine Tonne Schlamm). Der Schlamm ist schwach radioaktiv und ist auch zu entsorgen bzw. zu sanieren.

Die voraussichtlichen Sanierungskosten sind 1991 auf 13 bis 15 Mrd. DM geschätzt worden. Die Sanierungszeit wird auf ca. 15 a. geschätzt.

3.2 Gaswerk

Kohlevergasungsverfahren bezwecken allgemein die (möglichst vollständige) Umwandlung von organischen Kohlenstoffen in Brenn- oder Synthesegase verschiedener Zusammensetzungen. Hierbei fällt als Nebenprodukt Teer an. Schon ab 1768 wurde Steinkohle verkokt für die Verhütung von Eisenerz. 1799 ist Leuchtgas bei der Steinkohlevergasung hergestellt worden. 1813 begann die Gasbeleuchtung in London, 1826 begann sie in Berlin.

Der als Nebenprodukt entstehende Teer wurde zuerst einfach "entsorgt" (in Flüssen, Gräben usw.). Nach einer Entwässerung durch Abdampfen in großen offenen Gefäßen konnte Teer als Dachpappe verwendet worden. 1838 wurden Bauholz und Eisenbahnschwellen mit Teer imprägniert. Erst ab 1850 ist eine fraktionierte Destillation von Teer großtechnisch gelungen. Diese ermöglichte die Herstellung von Benzol, Phenolen, Naphthalin und Anthracen. Trotzdem blieben ca. 55 % des Teers als Steinkohlepech übrig. Später wurde es zur Herstellung von Straßenbelag (Bitumen und Asphalt) verwendet.

Schadstoffe, die bei der Kohlevergasung und Teeraufbereitung erzeugt worden sind bzw. noch erzeugt werden, sind: Schwermetalle (Blei, Cadmium, Quecksilber, Arsen usw.), Polycyclische aromatische Kohlenwasserstoffe (PAK), Lösemittel, Mineralöl, Ruß, Teer und Phenolverbindungen. Die Schadstoffe sind im Boden, Gebäuden und Grund- und Oberflächenwasser um die Altstandorte verteilt. Als Beispiele für die Kontamination durch Teer sind die Berliner Imprägnieranstalt in Moabit, Berlin (schon saniert) und die Teerdestillationsanlage in Erkner bei Berlin (muß noch saniert werden) in dem Vortrag mit Dias vorgestellt worden. Außerdem sind noch in Betrieb befindliche Gaswerke, Kokereien, Teerdestillationsanlagen, Holzimprägnieranlagen und Anlagen zur Weiterverarbeitung der Teerdestillate als zukünftige Altlasten zu betrachten.

Die Bedeutung der Verarbeitung des Steinkohleteers nimmt in den westeuropäischen Industriestaaten immer mehr ab. Organische Rohstoffe der chemischen Industrie können preiswerter aus Erdöl gewonnen werden. Polycyclische aromatische Kohlenwasserstoffe, die in Altstandorte der Kohlevergasung und Teerverarbeitung vorkommen sind toxisch, mutagen und cancerogen. Die Sanierung von solchen Standorten ist längst noch nicht abgeschlossen und wird uns in den folgenden Jahrzehnten noch beschäftigen.

3.3 Deponien

Als Beispiel haben wir die schon erwähnte Deponie in Hamburg - Georgswerder ausgewählt. Bis in die 60er Jahre war das Abkippen von Abfällen auf die unzähligen wilden Müllkippen die billigste Art der Entsorgung. So geschah es auch auf der Hamburger Deponie Georgswerder, die an einem Elbearm liegt. Auf dieser Deponie wurden ab 1948 Trümmerschutt, Bodenaushub und wenig Hausmüll abgelagert. Von 1967 bis 1974 wurde dort auch Industriemüll deponiert, da Sonderabfallverbrennung viel zu teuer war: Preise für 1968 1 m^3 Sonderabfälle in der Sonderabfallverbrennungsanlage kostete 7 DM, die reine Ablagerung 3 DM.

Bis 1979 wurde Georgswerder als zentrale Beseitigungsanlage für Bauschutt, Haus- und Sperrmüll sowie Sonderabfälle genutzt; die diente jedoch bis 1984 als Reservegelände der nahegelegenen Müllverbrennungsanlage. Der Inhalt der Haldendeponie betrug anfänglich 14 Mio. m^3 Abfall, incl. 150 000 m^3 Sonderabfällen (bituminöse Rückstände, CKW, Lösemittel, Mineralölabfälle, Schmieröle, kaum Schwermetalle); er hat sich im Laufe der Zeit auf 7 Mio. m^3 verringert.

Die Größe der Deponie Georgswerder beträgt 44 ha mit einer Höhe von 43 m! Damals war diese Deponie eine der am besten überwachten Deponien, heute stellt sie eines der größten Sanierungsobjekte dar. Ins Gerede kam sie, weil 1983 Dioxine im Deponie-Sickerwasser gefunden wurden. Insgesamt 13 - 26 t PCDD, davon 4,5 kg TCDD, dem Seveso-Dioxin. Grund für diesen Schadensfall ist unter anderem, daß es bis 1972 keine gesetzliche Regelung zur Abfallbeseitigung gab. Es war geplant, daß der Hausmüll die abgekippten Flüssigkeiten wie ein Schwamm aufsaugen und festhalten sollte. Allerdings ließ die Bindungswirkung des Hausmülls nach und Regenwasser mobilisierte die Schadstoffe. Der Boden sollte die Schadstoffe aufnehmen und sich anschließend selbst reinigen! So die Meinung der Befürworter.

Allerdings waren die von Deponien ausgehenden Gefahren bereits bekannt, wie die Bildung neuer gefährlicher Stoffe durch biochemischen Abbau, die Gasentwicklung, die Sickerwasserbildung, das reduzierte Filter- und Adsorptionsvermögen des Bodens und die Schadstoffaufkonzentration in der Nahrungskette. Erster Skandal waren 149 Fässern mit E 605, aufgrund dessen 1971 das Hamburger Abfallbeseitigungsgesetz als Vorbild und Vorreiter für das Bundes-Abfallbeseitigungsgesetz von 1972 entstand.

Nach dem Fund von Dioxinen im Grundwasser wurde die Deponie gesichert: sie wurde durch vertikale Spundwände seitlich abgedichtet, Grundwasser wurde abgesenkt und abgepumpt und die Oberfläche abgedeckt. Genauer wird die Sicherung von Altlasten unter Punkt 4 erklärt. Die Deponie wartet bis heute auf ihre Sanierung! Problem waren immer die Kosten. Von 600 Sonderabfall anliefernden Firmen konnten nur 10 zur Sanierung herangezogen werden! Viele konnten nicht mehr als Anlieferer eruiert werden, andere konnten aufgrund der fehlenden Rechtslage nicht belangt werden, wieder andere haben rechtzeitig Konkurs angemeldet.

3.4 Militärische Altlasten

Die Bezeichnung ist nicht ganz einheitlich. Es wird auch von kriegsbedingte oder Rüstungsaltlasten gesprochen, wobei jedoch die Bezeichnung "militärische Altlasten" umfassender ist.

Der Untergrund bzw. die Böden von Truppenübungsplätzen, militärischen Standorten und auch Kriegsschauplätzen sind mit chemischen Kampfstoffen, Sprengstoffen, Brand-, Nebel- und Rauchstoffen, Treibmitteln und Chemikalien, die den Kampfstoffen zur Erreichung taktischer Erfordernisse zugesetzt wurden, kontaminiert. Hinzu kommen produktionsbedingte Vor- und Abfallprodukte, sowie Rückstände aus der Vernichtung konventioneller und chemischer Kampfmittel. Meist handelt es sich um folgende Schadstoffe: MKW, CKW, PAK, Blei, andere Schwermetalle und Phenole. Eine Unterteilung der verschiedenen Standortarten gibt Abbildung 4.

Rüstungsaltstandorte nach Anlagenart

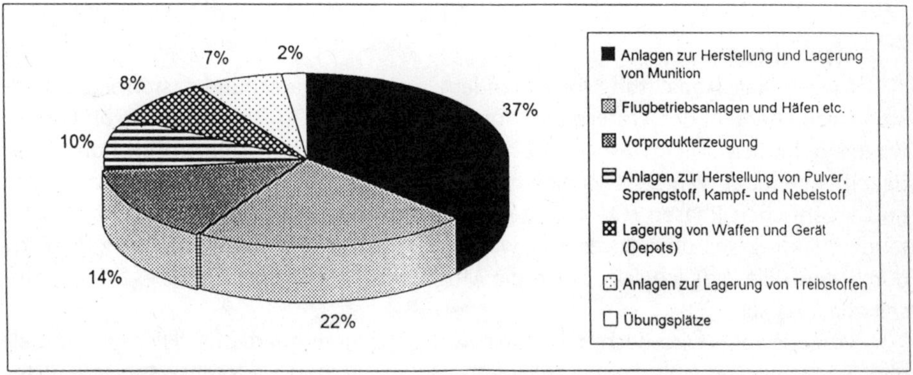

Quelle: SRU, nach PREUß, 1992

Abb. 4: Rüstungsaltstandorte nach Anlagenart [Quelle: SRU]

Die Aufgabe des Militärs ist bekanntlich nicht, naturverträglich zu handeln. Daher gibt es in allen Umweltgesetzen Ausnahmeregelungen für das Militär, solange es nachweist, daß "die Belange der Verteidigung" vorrangig sind. Die militärischen Altlasten sind erst neuerdings in der öffentlichen Diskussion: bei der westdeutschen Bundeswehr seit 1989; bei der nationalen Volksarmee der DDR (NVA) begann die Auseinandersetzung 1993, das Ausmaß wurde jedoch erst nach Abzug der sowjetischen Truppen 1994 deutlich. Gesamtfläche der militärischen Liegenschaften beträgt in den alten Bundesländern 1 Mio. ha. Das sind 3 % des Bundesgebietes, im Gegensatz dazu sind 1 % Naturschutzgebiete!

1990/1991 unternahm das Bundesumweltministerium (BMU) eine einheitliche Bestandsaufnahme von Verdachtsstandorten als Forschungsvorhaben: Bei einem Gesamterfassungsgrad von ca. 80 % wurden 4.336 Verdachtsstandorte festgelegt. Bei vollständiger Erfassung ergibt das 5.000 bis 5.500 Verdachtsstandorte. Um nun das Gefährdungspotential dieser festgelegter militärischen Altlasten einschätzen zu können, wurden Kategorien zur Charakterisierung des vermuteten Gefährdungspotentials erstellt: Kategorie 1 sind Altstandorte mit einem Verdacht auf ein hohes Gefährdungspotential. Altstandorte der Kategorie 2 besitzen einen Verdacht auf ein mittleres Gefährdungspotential und Altstandorte der Kategorie 3 haben Verdacht auf ein geringes Gefährdungspotential. Die Hälfte aller Standorte entfallen auf Kategorie 1 und 2. Eine vorsichtige Kostenschätzung besagt, daß die Sanierung bei ca. 250 DM/m^3 liegt, das wären insgesamt 18,75 Mrd. DM. Unseres Erachtens sind die Kosten allerdings viel zu niedrig angesetzt.

4. Altlastensicherung

Ziel der Altlastensicherung ist die Unterbrechung der Emissionspfade (s. Abb. 3). Um eine Sicherung zu gewährleisten reichen oft Oberflächenabdichtungen und vertikale Barrieren um die gesamte Altlast. Eine horizontale Basisabdichtung ist möglich, ist allerdings technisch sehr schwierig und kostenintensiv und in Deutschland noch nicht durchgeführt.

4.1 Dichtwände

Die vertikale Abdichtung soll verhindern, daß Sickerwasser und gasförmige Schadstoffe sich lateral in den Untergrund ausbreiten und den Zu- und Austritt von Grundwasser verhindern. Dichtwände zur Einkapselung von Altlasten müssen eine hohe Dichtigkeit gegenüber wäßrigen Medien mit anorganischen und organischen Bestandteilen und organischen Phasen (Öl, CKW) sowie gegenüber Gasen aufweisen. Die abdichtende Wirkung soll über lange Zeit wirksam sein. Die Erkennung von Leckagen soll durch Kontrolle möglich sein. Auch die Möglichkeit der Wartung und ggf. Reparatur soll gegeben sein.

Vorzugsweise wird nach dem Schlitzwandverfahren gearbeitet. Hier wird mit einem Schlitzwerkzeug ein Bodenschlitz entsprechender Stärke ausgehoben. Der entstehende Graben wird durch eine Dichtemasse verfestigt. Neben Schlitzwände werden auch das Rüttelbohlen-Schmalwandverfahren und das Stahlspundwandverfahren zur Abdichtung von Altlasten eingesetzt. Die Kosten der Abdichtung durch Dichtwände sind sehr gestiegen, so daß oft bei wenig höherem Kostenaufwand eine Dekontamination durchführbar ist.

4.2 Grundwasserabsenkung

Der Schadstoffeintrag ins Grundwasser kann oft durch eine dauerhafte Grundwasserabsenkung verhindert werden. Eine vertikalische Abdichtung ist vor der Grundwasserabsenkung notwendig. Die Auskofferung von Boden wird durch das Verfahren verhindert. Der Boden muß wasserdurchlässig sein. Das Sickerwasser wird vom tiefsten Punkt der Altlast abgepumpt, ggf. über Brunnen erfaßt. Das abgepumpte Wasser muß aufbereitet und Reststoffe entsorgt werden.

4.3 Bodenluftabsaugung

Analog der Grundwasserabsenkung können flüchtige Stoffe durch luftdurchlässigen Boden über Brunnen abgepumpt und entsorgt werden. Sowohl eine Oberflächenabdichtung als auch eine vertikale Abdichtung ist bei diesem Verfahren notwendig.

4.4 Umlagerung

Bei der Umlagerung wird der verunreinigte Boden ausgebaggert und meist ohne Behandlung auf eine Deponie gebracht. Diese Verlagerung ist bisher das gängigste Sanierungsverfahren. Das Verfahren ist heute nur bei kleinen Mengen hochkontaminierten Böden anzuwenden, da die Deponierung recht teuer geworden ist. Außerdem besteht bei dem Aushub und Transport von Boden die Gefahr zusätzlicher Emissionen.

5. Altlastensanierung

Sanierungsverfahren sind im Gegensatz zu Sicherungsverfahren (siehe Kap. 4) Verfahren, bei denen der kontaminierte Standort wirklich gereinigt (lat.: sanare: heilen, gesund machen). Damit ist eine wirkliche Dekontamination gemeint. Im Folgenden werden vier verschiedene Möglichkeiten zu Dekontamination, also zur Altlastensanierung vorgestellt. Im Ablaufschema Abb. 2 ist das jetzt Phase III: Sanierung und Überwachung, obgleich hier nicht zwischen Sicherung und Sanierung unterschieden wird.

5.1 Mikrobiologische Verfahren

Mikrobiologische Verfahren sind die einzigen Verfahren, bei denen die Schadstoffe wirklich abgebaut werden. Wichtig ist neben positiven Wechselwirkungen zwischen Mikroorganismen und Schadstoffen eine ausreichende Besiedlung mit standorteigenen Mikroorganismen, die durch Zufuhr von Sauerstoff, Nährstoffen und evtl. Co-Substraten gefördert werden kann. Um einen vollständigen Abbau gewährleisten zu können, müssen die Mikroorganismen zwei Fähigkeiten besitzen: Dehalogenierung und Ringspaltung (Abspaltung von Chlor und Aufbrechen von aromatischen Ringen, wie z.B. Benzol). Eine weitere wichtige Voraussetzung ist, daß die Kontaminanten zum mikrobiellen Abbau in wäßriger Phase vorliegen müssen!

5.1.1 Welche Schadstoffe lassen sich mikrobiell abbauen?

Allgemein kann gesagt werden, daß der mikrobielle Abbau für Mineralöl-Kohlenwasserstoffverbindungen (MKW) und aliphatische KW realisierbar, für aromatische KW eingeschränkt und für chlorierte Kohlenwasserstoffverbindungen (CKW), polycyclische aromatische Kohlenwasserstoffverbindungen (PAK), Dioxine sowie Furane schlecht ist. Die Schadstoffe werden biologisch durch Mineralisation zu CO_2 und H_2O abgebaut. Schwermetalle müssen zunächst durch Laugung mobilisiert werden: sie lösen sich im Bodenwasser, können dann abgepumpt und anschließend vom Wasser abgetrennt werden.

Der mikrobielle Schadstoffabbau kann durch stoffwechselfördernde Agentien in den Boden/ Untergrund gesteigert werden:

- Einbringen einer Sauerstoffquelle: O_2, O_3, H_2O_2, NO_3
- Einstellung der Nährstoffquelle: des Kohlenstoff-/Stickstoff-/Phosphorverhältnisses: C/N- bzw. C/N/P- Verhältnis in Bakterien 120-100:10-30: 1, im Boden 250:10:3
- Zugabe von leicht verwertbaren organischen Substanzen zur Förderung der Vermehrung von Mikroorganismen

- Zugabe von Tensiden zur Beschleunigung des Abbau von schwerlöslichen KW; das erhöht die Mobilität der Kontaminanten.

Mineralöl-Kohlenwasserstoffverbindungen (MKW) bestehen aus einem Gemisch aus Aliphaten (kettenartige) und Aromaten (ringförmige).

Aliphaten werden aerob zu Alkoholen umgesetzt (O_2-abhängige Oxigenasereaktion). Diese werden anschließend zu organischen Säuren (R-COOH) oxidiert und dann schrittweise oxidativ abgespalten (C wird in Form von CO_2 abgetrennt). Jedoch lassen sich langkettige Alkane (C_{10} - C_{40}) und Isomere schlechter abbauen, da sie aufgrund sterischer Behinderung schlechter angreifbar sind. Das gleiche gilt für höhere Cycloalkane. C_1 - C_4 werden nur von wenigen Bakterien angegriffen. Andere kurzkettige Alkane (C_5 -C_9) sind zum Teil bakterientoxisch, was sich negativ auf die Schadstoffabbauleistung auswirkt. Ebenso sind monocyclische (ein Ring) Verbindungen aufgrund ihrer Lipophilie für viele Mikroorganismen toxisch. Allgemein kann gesagt werden, daß Alkene schlechter abbaubar sind als Alkane.

Der aerobe Abbau von **Aromaten** geschieht durch Hydroxylierung zu organischen Säuren. Dabei ist zu erwähnen, daß die Spaltung von Doppelbindungen mit Epoxidbildung (Sauerstoffbrücke) erfolgt. Diese Verbindung hat negative Auswirkungen auf die Bakterien.

Chlorierte Kohlenwasserstoffverbindungen (CKW) werden langsam zu CO_2 und HCl bzw. NaCl dehalogeniert. Die Chloratome werden schrittweisen nacheinander abgespalten. Dieser Abbau geht aerob besser vor sich als anaerob. Höhere CKW (> 5 Cl-Atome) können nur mit sehr hohen Zeitbedarf, bis zu maximal 9 Cl-Atomen, abgebaut werden.

5.1.2 Probleme

Probleme beim mikrobiellen Schadstoffabbau gibt es durch:
- tonhaltige, schluffige Böden mit einem Sandanteil von < 13 %,
- schwach kontaminierte Böden mit hohem Organikanteil.

Ferner wurde festgestellt, daß der Schadstoffabbau bei abnehmender Konzentration stagniert und daß sich der Abbau von MKW bei C > 10 schwierig gestaltet. Außerdem dauert eine solche Sanierung ziemlich lange, 2 Monate bis 2 Jahre.

5.1.3 Welche Möglichkeiten zum mikrobiellen Abbau gibt es?

Bei **in situ Verfahren** wird der kontaminierte Boden auf dem Gelände und in der ursprünglichen Lage, das heißt die Kontamination wird ohne Abgrabung direkt im Untergrund behandelt. Dieses Verfahren bietet sich an, wenn bei der Abgrabung, dem Transport und/oder der Behandlung der Altlast in Reinigungsanlagen besondere Probleme zu erwarten oder nicht auszuschließen sind (Luftkontakt, leicht flüchtige Schadstoffe). Allerdings sind diese bisher kaum oder gar nicht erprobt. Sie wurden bei geringen MKW-Verunreinigungen, z.B. Tankstellenuntergrund, mit Konzentrationen von ca. 1 % MKW erfolgreich angewandt.

Hierzu werden mehrere Brunnen in den kontaminierten Standort gesetzt, über die Spülflüssigkeit eingepumpt wird. Diese enthält geeignete Mikroorganismen, Nährstoffe, Sauerstoff und ggf. noch weitere Zusätze. Über einen anderen Brunnen wird die kontaminierte Flüssigkeit wieder abgepumpt und gereinigt. Meist beinhaltet diese Reinigung auch eine Abluftbehandlung.

Wenn der kontaminierte Boden ausgebaggert wird, an Ort und Stelle, also auf dem Gelände behandelt wird, spricht man von **on site Verfahren**. Nach der Behandlung wird der gereinigte Boden wieder verfüllt. Sie werden angewandt, wenn für eine genau charakterisierte Kontamination eine einfache Behandlungsanlage (mobil oder semimobil) zur Verfügung steht und wenn die bei der Behandlung zu erwartenden Emissionen leicht beherrschbar sind. Probleme gibt es, da dieses Verfahren nur für Kontaminationen mit wenigen Schadstoffen geeignet ist und daß es zu einer Schadstofffreisetzung bei der Auskofferung kommen kann.

Off site Verfahren sind die Verfahren, bei denen der kontaminierte Boden ausgebaggert und an anderem Ort ggf. in einer speziellen Anlage behandelt wird. Die Behandlung findet somit nicht auf dem Gelände statt.

Für on- und off-site-Verfahren wird der kontaminierte Boden zu Mieten aufgesetzt. Die Mieten sollten überdacht sein, um die Abluft behandeln zu können. Die Mieten werden mit Nährstofflösungen berieselt. Nach unten hin müssen die Mieten abgedichtet sein, um erneut den Untergrund zu gefährden. Außerdem kann die Miete von unten belüftet werden. Eine Drainage fängt das Sickerwasser auf und leitet es zur Reinigung ab.

5.2 Extraktive Verfahren

Die chemisch-physikalischen Behandlungen von kontaminierten Feststoffen werden hauptsächlich mit Hilfe von dem Extraktions- bzw. Waschverfahren durchgeführt. Die Verfahren sind erprobt und gewinnen an Bedeutung für die Altlastsanierung. Die Verfahren haben im allgemeinen die folgenden Schritte:

1. Das zu reinigende Material wird vorbehandelt, indem grobe und sperrige Bestandteile wie Holzstücke, Fundamentteile, Steine und dergleichen ausgesondert, abgesiebt bzw. bei Bedarf gebrochen werden. Der Siebrückstand wird separat abgespült oder auf andere Weise gereinigt.
2. Der vorbehandelte Feststoff wird zum Lösen, Dispergieren und Abtrennen der Schadstoffe bzw. der hochverunreinigte Feinstkornfraktion mit dem Extraktionsmittel intensiv vermengt. Dieser Prozeß kann je nach Verfahren durch mechanischen Energieeintrag unterstützt werden.
3. Feststoff und Extraktionsmittel werden voneinander getrennt.
4. Der Feststoff wird mit sauberem Extraktionsmittel bzw. mit Wasser nachgewaschen.
5. Das in der Waschflüssigkeit verbliebene Feinkorn wird nachträglich separiert und gegebenenfalls nachgewaschen, oder getrocknet und als hochkontaminierte Fraktionen weiter behandelt oder entsorgt.
6. Das Extraktionsmittel wird gereinigt und regeneriert. Hierbei fallen die Schadstoffe und die Feinbestandteile des Eingangsmaterial als Schlamm an, der weiter behandelt oder entsorgt werden muß.

Als Extraktionsmittel wird hauptsächlich reines Wasser oder Wasser mit Zusätzen z. B. Säuren, Laugen oder Tensiden eingesetzt. Schadstoffe wie Schwermetalle, Cyanide, Mineralöle und PAK werden gut mobilisiert. Die Schadstoffe werden entweder im Waschwasser oder am Kleinstkorn (< 60 µm) überführt und abgetrennt. Der gröbere Boden kann nach dem Verfahren meist als gereinigt angesehen werden und wieder als Rohstoff eingesetzt werden.

5.3 Thermische Verfahren

Thermische Bodenreinigungsverfahren (Destillation, Pyrolyse, Verbrennung) befinden sich nach dem Sachverständigen für Umweltfragen (1995) in einer Phase der relativen Stagnation. Es mangelt an Akzeptanz für die entsprechenden Anlagen. Die Genehmigungs- und Planfeststellungsverfahren dauern sehr lange, ihr Ausgang ist unkalkulierbar für die Investoren. Trotzdem gibt es in vielen Fällen für organisch kontaminierte Böden keine gleichwertige Sanierungsalternative. Verbrennungsverfahren und die notwendige Abgasreinigung sind von uns in dem letzten Tagungsband ausführlich beschrieben.

Ausdampfung

Bei der Ausdampfung bzw. Destillation (Temperaturen zwischen 200° C - 500° C) werden Schadstoffe nicht oxidiert, sondern werden lediglich durch die Überschreitung ihres Siedepunktes in die Gasphase überführt. Sie werden dann auskondensiert, getrennt erfaßt und z. T. verwertet. Bei diesem Temperaturbereich werden Kohlenstoffverbindungen nicht zerstört. Das Verfahren ist erfolgreich benutzt worden, um Quecksilber aus verunreinigten Böden zu entfernen (Temp. ca. 400° C und unter Vakuum).

Pyrolyse

Die Pyrolyse ist die thermische Zersetzung von organischem Material unter Ausschluß eines Vergasungsmittels wie Luft oder Sauerstoff. Bei der Pyrolyse (400° C - 700° C) kommt es zu einer Teiloxidation der organischen Inhaltstoffe, da keine Verbrennungsluft zugeführt wird. Flüchtige Metalle werden durch die höheren Temperaturen ausgetrieben. Als Pyrolyseprodukte entstehen ein nicht vollkommen oxidiertes Pyrolysegas und der Pyrolyserückstand. Pyrolysegas (hauptsächlich CO und Wasserstoff) wird in der Nachbrennkammer bei 1.200° C nachverbrannt. Der Pyrolyserückstand bleibt bei der Sanierung bodenartig und soll nach der Pyrolyse noch fähig sein, Wasser aufzunehmen, d. h. er ist noch lebendig.

Bei der Pyrolyse sind folgende Schadstoffe in der Nachverbrennung zerstörbar: Cyanide, halogenierte organische Verbindungen, Lösemittel, Mineralöl, Benzin, Aromaten und andere organische Verbindungen. Ausdampfbare Metalle werden nicht zerstört sondern in der Abgasreinigung zurückgehalten und wiedergewonnen oder als Sonderabfall behandelt. Abdampfbare Metalle sind in diesem Temperaturbereich: Cd, Zn, Sb, As, und Hg. Andere Metalle befinden sich noch in dem Pyrolyserückstand.

Das Pyrolyseverfahren eignet sich gut, um organische Schadstoffe aus kontaminierten Böden zu entfernen. Die Pyrolyse ist für Mischkontaminationen mit hochsiedenden Metallen nicht geeignet. Die Pyrolyse hat im Vergleich zu der Verbrennung (s. u.) eine vereinfachte Abgasreinigung und wenig Abgas.

Verbrennung

Bei der Verbrennung von Böden (bei ca. 1.200° C) kommt es zu einer vollständigen Oxidation der organischen Schadstoffe. Verbrennungsluft oder Sauerstoff wird überstöchiometrisch in dem Verbrennungsraum (Drehrohr) zugegeben. Als Verbrennungsprodukte entstehen Abgase (CO_2 , flüchtige Metalle und Wasser) und Reststoffe. Das Verbrennungsabgas muß bei 1.200° C nachverbrannt und aufwendig gereinigt werden. Reststoffe sind nichtflüchtige Stoffe, die durch eine Sinterung bei ca. 1.200° C deponierfähig gemacht werden. Die Bodenmatrix wird bei diesen Temperaturen völlig zerstört. Nichtflüchtige Metalle (Pb, Fe usw.) werden in dem Sintermaterial eingebunden und sollen nicht auslaugbar sein.

Die Verbrennung eignet sich für Böden, die mit vielen Schadstoffen hoch kontaminiert sind. Nachteilig sind die hohen Kosten, die aufwendige Abgasreinigung und die Versinterung des Bodens.

5.4 Deponierückbau

Der Deponierückbau ist noch ein recht neues Verfahren, daß zur Sanierung von Altablagerungen angewandt wird. Besonders interessant wird dieses Verfahren für die vielen wilden Müllkippen in den neuen Bundesländern werden; aber auch für die vielen ungesicherten mit Sonderabfällen befüllten Altdeponien in den alten Bundesländern.

5.4.1 Ziele des Deponierückbaus

Der abgelagerte Müll wird abgegraben und anschließend behandelt, wie in Abbildung 5 ersichtlich.

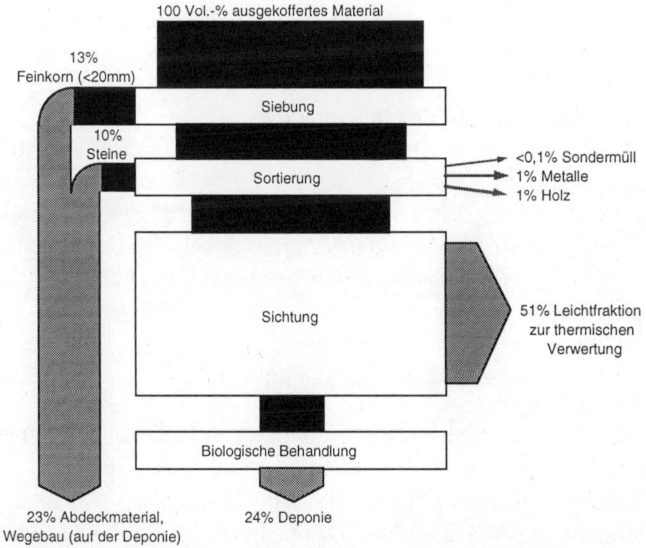

Abb. 5: Volumenströme bei der Probesanierung auf der Deponie Burghof [GÖTSCHL 95, S.34]

Das ausgekofferte Material wird zunächst gesiebt, wobei der Siebdurchlauf, das Feinkorn < 20 mm, und Steine aus der nachfolgenden Sortierung als Abdeckmaterial für die Deponie und als Wegematerial auf der Deponie verwandt werden. Bei der Sortierung werden neben Steinen auch Sonderabfälle, Metalle und Holz aussortiert: Sonderabfälle werden entsprechend behandelt und entsorgt, Metalle und Holz könne wiederverwertet werden. Das restliche Material wird gesichtet, das heißt die Leichtfraktion (Kunststoffe) werden abgetrennt. Da es bisher keine wirklich sinnvollen Verfahren zum Kunststoffrecycling gibt, werden diese verbrannt. Der nun verbleibende Rest, das sind fast nur noch organische Bestandteile, wird nachgerottet. Durch diese Schritte (Siebung, Sortierung, Sichtung) kann das Materialvolumen von 100 % auf 24 % gesenkt werden.

Ziele dieser Verfahrensschritte sind:
- die Schaffung neues Deponievolumens,
- die Entnahme, Behandlung oder Entsorgung gefährlicher Deponieinhaltsstoffe,
- die Reduzierung der Langzeitaktivität der Deponieinhaltsstoffe,
- die Erhöhung der Einbaudichte und Verminderung der Setzungsaktivität der Deponieinhaltsstoffe,
- die Verkürzung der Nachsorgezeiträume,
- die Wiederverwertung "sauberer" Bauschuttfraktionen und
- die weitestgehende Sanierung der vorhandenen Altablagerungen.

5.4.2 Quantitativer Nutzen des Deponierückbaus

Durch die Aufnahme abgelagerter Stoffe, die Wiederverwertung oder Entsorgung dieser Stoffe und den Gewinn an Sekundärrohstoffen werden Ressourcen geschont. Zudem wird durch die Nichtinanspruchnahme neuer Flächen und die Verlängerung der Entsorgungssicherheit von Altdeponien neuer Deponieraum geschaffen.

5.4.3 Qualitativer Nutzen des Deponierückbaus

Die Altdeponie wird durch Einbau einer Basisabdichtung und Errichtung eines Sikkerwasser- und Gasdrainagesystem an der Stand der Deponietechnik angepaßt. Zudem können mögliche Deponiemängel (Deponiesanierung), wie eine defekte Basisabdichtung oder Sickerwasserdrainage, fehlerhafter Einbau des Deponiegutes behoben, sowie nicht genehmigten Fehlablagerungen (Sonderabfall) entfernt werden.

6. Diskussion

6.1 Fachliche Fragen

Wo bleiben bei der Verbrennung die Schadstoffe? Bei der thermischen Behandlung der kontaminierten Böden gelangen die Schadstoffe entweder in die Schlacke oder in die Rauchgasrückstände. Problem hierbei ist auch die TA Siedlungsabfall, die einen Glühverlust von 5% vorschreibt. Das heißt auch, daß im Grunde Blumenerde deponiert werden müßte. Somit stellt die TA Siedlungsabfall eine Pflicht zur Verbrennung dar. Sie soll noch in diesem Jahr überarbeitet werden, u.a. mit der Fragestellung, ob der Glühverlust der geeignete Parameter ist. Punkt 2.4 der TA Siedlungsabfall läßt

Ausnahmen zu, wenn im Einzelfall der Nachweis erbracht wird, daß durch andere geeignete Verfahren das Wohl der Allgemeinheit nicht beeinträchtigt wird. Auf diesen Punkt beruft sich Brandenburg, das auf die sog. "kalten" Verfahren setzt.

Das Kunststoffrecycling gestaltet sich noch immer schwierig, da sie in der gelben Tonne gemischt vorliegen. In den Sortieranlagen der DSD GmbH werden Teile < ca. 20 x 20 cm aussortiert. Sie werden in der Regel verbrannt und deponiert. Nur größere Teile werden recycelt. Die Stahlwerke in Bremen wollen Kunststoffe anstelle von Kohle als Brennstoff verbrennen. Problem ist hierbei die aufwendigere Rauchgasreinigung (Dioxine, Furane).

Bei der Deponierung ist nicht die organische Fraktion, sondern der Schwermetallanteil problematisch, weil bei dem niedrigen pH-Wert in der sauren Phase (1. Stufe der Rotte) die Schwermetalle in Lösung gehen und ausgetragen werden.

Mit der Verpackungsverordnung wurde die Chance verpaßt, wirklich Abfall zu vermeiden und Müllverbrennung zu verhindern. Hier wurde der falsche Weg eingeschlagen. Die feministische Umweltforschung arbeitet an Konzepten zur Müllvermeidung, da an der Uni nur die Entsorgung, sprich die Verbrennungslobby, mächtig ist. Wir wollten nicht über Hausmüll, Sortieren und Getrenntsammeln sprechen, da Hausmüll nicht einmal 10% des gesamten Müllaufkommens ausmacht. Viel problematischer sind Industrieabfälle und alle Altlasten. Dennoch kam die Diskussion immer wieder dahin, da alle Frauen selbst etwas tun wollten.

6.2 Berufliche Fragen

Die Berufsaussichten sind mäßig, da trotz unzähliger Altlasten viel zu wenig Geld für die Sanierung zur Verfügung gestellt wird. In den USA boomt die Altlastensanierung, da dort ein Fond für Altlastensanierung besteht.

Wo wir später arbeiten wollen? Wie sind die Chancen von kleinen Ingenieurbüros? Was machen die großen Energiekonzerne? Das ist in der Tat ein großes Problem. Die großen Energiekonzerne wie RWE versuchen, überall ihre Finger drin zu haben. Jetzt hat RWE eine Abteilung für Ökobilanzen aufgemacht. Aufgrund der europaweiten Regelungen (Ökoaudit) kann das das Aus für kleine Ingenieurbüros bedeuten.

Anwendungen von Naturwissenschaft und Technik

Energie

Vorstellung einer Resolution zur Energiepolitik im Abschlußplenum

Naturwissenschaftliche Forschung im Spannungsfeld gesellschaftlicher Interessen: Die Debatte um die gesundheitlichen Auswirkungen von Nuklearanlagen

Inge Schmitz-Feuerhake
Universität Bremen, FB 1 (Physik/Elektrotechnik), Postfach 33 04 40, D-28334 Bremen

Durch eine Fernsehsendung wurde in England 1984 eine neue Debatte darüber ausgelöst, ob kerntechnische Anlagen, sozusagen im Normalbetrieb, Gesundheitsschäden in der Bevölkerung erzeugen. In dem kleinen Ort Seascale in der Nähe der Wiederaufarbeitungsanlage Sellafield (früher Windscale) war eine Erhöhung kindlicher Leukämiefälle aufgefallen. Zunächst wurde die Erhöhung von offizieller Seite wegen geringer Fallzahl abgestritten (6 Fälle wurden von 1968 bis 78 in dem gesamten Distrikt beobachtet gegenüber 1,4 erwarteten Fällen, s. Gardner 1984). Aufgrund des öffentlichen Drucks wurde jedoch eine Regierungskommission eingesetzt, die zu dem Schluß kam, daß die Erhöhung signifikant sei, aber nicht auf radioaktive Emissionen zurückzuführen, da die denkbare Strahlenbelastung für einen derartigen Effekt nicht ausreichen würde. In den folgenden Jahren wurden eine Reihe weiterer Untersuchungen in England auch bei anderen Anlagen durchgeführt, die - je nach gewählter Größe der umliegenden Region - mehr oder weniger zu dem Schluß kamen, daß erhöhte Leukämieraten vorliegen. Ein Beispiel zeigt Tab. 1. Eine Verursachung durch Strahlung wurde nirgends für möglich gehalten, obwohl natürlich Leukämie als eine klassische Strahlenfolge bekannt ist und Kinder als besonders strahlenempfindlich gelten.

<u>Tab. 1:</u> Vorkommen kindlicher Leukämien (0-14 J.) in der Nähe von Nuklearanlagen in Mittelengland (Roman u.a. 1987)

Anlage	**Erhöhung**	
Sellafield	80 %	signifikant
Dunray	220 %	" *)
Holy Loch	90 %	
Faslane	20 %	
Chapel Cross	30 %	
Hunterston	20 %	
Aldermaston/Harwell	40 %	signifikant

*) 0-24 J.

In Deutschland hatte 1988 der Kinderarzt Demuth eine zweifache Leukämieerhöhung bei Jugendlichen im Umfeld des Siedewasserreaktors Würgassen gefunden (Demuth 1989). Eine umfassende Studie über das Vorkommen kindlicher maligner Erkrankungen in der Umgebung westdeutscher Kernkraftwerke wurde 1992 in Bonn im Beisein des Bundesumweltministers Töpfer vorgestellt, der diese Untersuchung finanziert hatte (Keller 1992). Sie war von dem Institut, das das deutsche Kinderkrebsregister führt, für den Zeitraum 1980-90 durchgeführt worden. Als Ergebnis wurde mitgeteilt, daß sich im 15 km-Umkreis der Kernkraftwerke und Atomforschungsanlagen keinerlei Erhöhung gezeigt hatte. Allerdings ergab sich auch, daß im Nahbereich der Anlagen, nämlich innerhalb 5 km Umkreis, und bei Kindern unter 5 Jahren (also der strahlenempfindlichsten Gruppe) das Leukämievorkommen 3fach signifikant erhöht war, bei älteren Anlagen sogar 7fach. Die Autoren interpretierten dieses jedoch nicht als Auswirkung der Anlagen, sondern führten es auf die zufällig sehr geringe Leukämierate in den gewählten Vergleichsregionen zurück. Eine im November 1992 veröffentlichte Erhebung aus dem Krebsregister der ehemaligen DDR ergab, daß in der Umgebung der Kernkraftwerke Rheinsberg und Greifswald sowie der Kernforschungsanlage Rossendorf die Leukämieraten in der Bevölkerung bis zu 2fach erhöht waren (Möhner 1992).

Die Leukämien in Seascale hatten Gardner u. Mitarbeiter 1990 in einer großen Fallkontrollstudie als genetisch bedingt gedeutet. Es stellte sich heraus, daß alle diese Kinder Väter hatten, die in der Anlage gearbeitet hatten und auch nachweislich strahlenbelastet waren. Die Debatte um Leukämie als strahleninduziertem genetischen Effekt dauert bis heute an. Nach dem Tod Gardners im Jahr 1993 mehrten sich die Stimmen, die diesen Effekt für nicht plausibel erklärten, und in weiten Fachkreisen gilt der Effekt als inzwischen widerlegt.

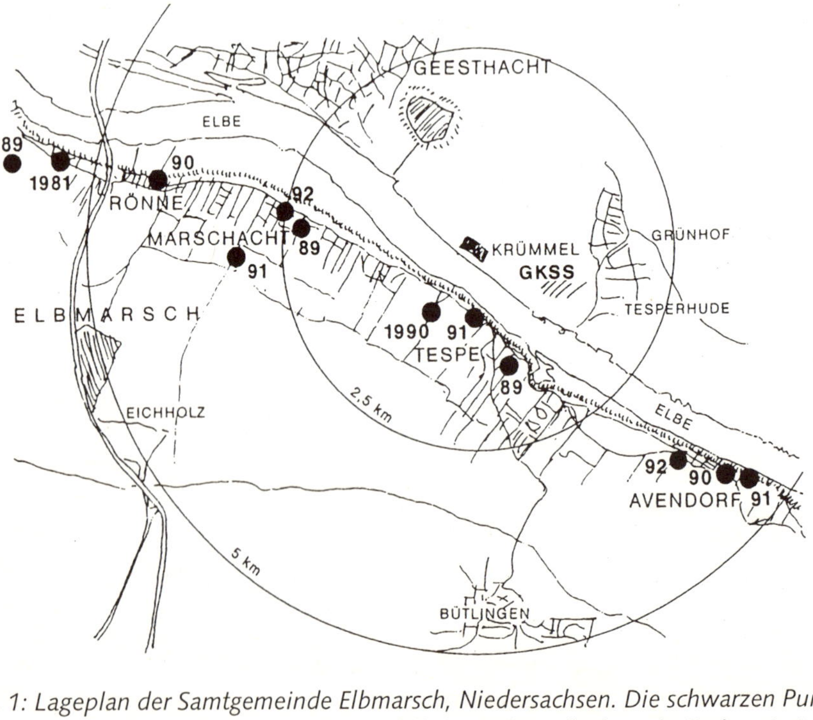

Abb. 1: Lageplan der Samtgemeinde Elbmarsch, Niedersachsen. Die schwarzen Punkte bezeichnen die Wohnorte der Leukämiefälle bzw. des Falls der aplastischen Anämie

Das Leukämieauftreten in der Elbmarsch, gegenüber dem Siedewasserreaktor Krümmel, das wir untersucht haben, war in der Studie des Mainzer Instituts noch nicht vollständig enthalten. (Krümmel liegt etwa 35 km südöstlich von Hamburg entfernt.) Dort waren zwischen November 1989 und Mai 1991 fünf Leukämien bei Kindern aufgetreten, außerdem erkrankte ein junger Erwachsener an Leukämie und ein weiteres Kind an einer aplastischen Anämie, einer ebenfalls typischen Strahlenfolge (s. Abb. 1). Das AKW war 1984 ans Netz gegangen. Der letzte registrierte Leukämiefall davor war 1981. Statistisch wäre etwa alle 20 Jahre ein Fall von kindlicher Leukämie in der Samtgemeinde zu erwarten. Der Strahlenverdacht gründet sich daher insbesondere auch auf die auffällige zeitliche Korrelation des Leukämieauftretens zum Betriebsbeginn. Abb. 2 zeigt anhand von Daten aus Hiroshima und Nagasaki, wie man sich das Latenzzeitverhalten - also das Auftreten der Leukämie über die Jahre nach dem Bestrahlungszeitpunkt - vorzustellen hat. Je höher das Bestrahlungsalter ist, desto verzögerter ist die Wahrscheinlichkeit für das Auftreten. Das Maximum der Rate erscheint jedoch etwa nach 5 Jahren. Das Fehlen von Fällen zu Anfang und der abrupte Anstieg in Abb. 2 sind allerdings ein Artefakt, da die Untersuchungen in Hiroshima und Nagasaki erst 5 Jahre nach dem Bombenabwurf einsetzten.

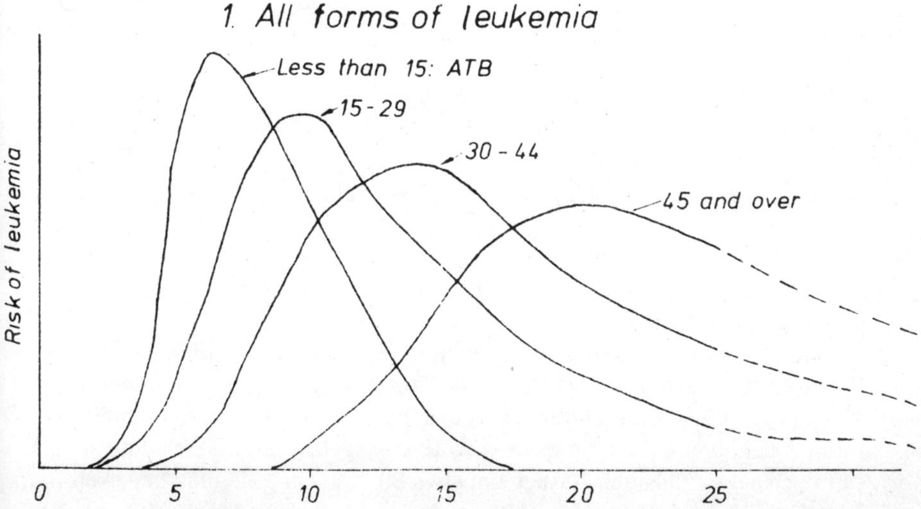

Abb.2: Latenzzeiten für Leukämieerkrankungen in Hiroshima und Nagasaki (Ichimaru 1977)

Im vorgeburtlichen Stadium sind Menschen besonders strahlenempfindlich bezüglich der Leukämieinduktion. Abb. 3 zeigt das Auftreten der Leukämie im zeitlichen Verhalten nach vorgeburtlicher Exposition, in diesem Fall durch diagnostische Röntgenstrahlen (Stewart 1970).

Auch bei diesem bislang größten und auffälligsten Leukämiecluster bei einem AKW wurden die beiden typischen Argumente vorgetragen, wonach eine Strahlenursache nicht zu vermuten sei (Betreiber und Aufsichtsbehörde hatten ungenehmigte Radioaktivitätsabgaben bestritten). Erstens lasse die geringe Fallzahl auch andere Deutungen

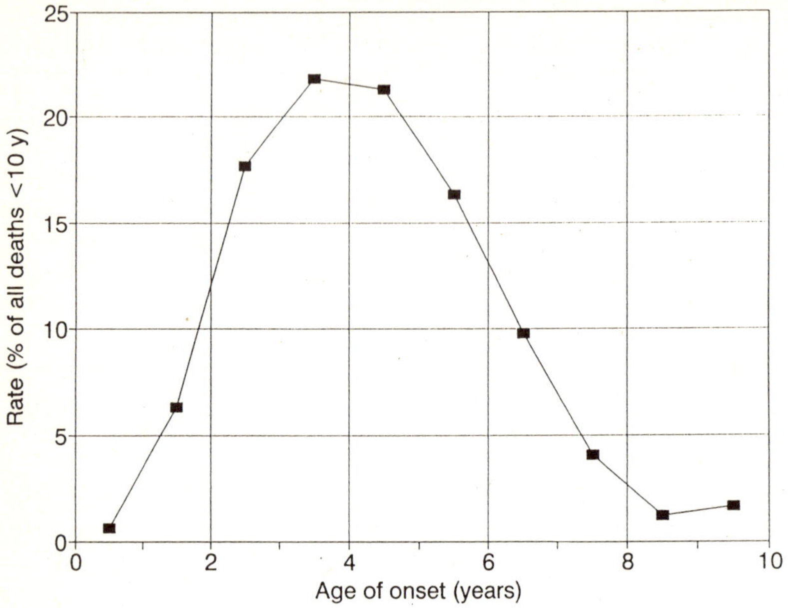

Abb.3.: Zeitliches Auftreten von Leukämie bei Kindern nach vorgeburtlicher Röntgenexposition (Stewart 1970)

zu (angeblich gibt es unerklärliche "Leukämienester" auf der ganzen Welt). Zweitens könne die durch die radioaktiven Emissionen erzeugte Strahlendosis niemals ausreichen, um den Effekt zu erklären. (Der Dosisgrenzwert für die Bevölkerung durch eine solche Anlage beträgt 0,3 mSv/Jahr. Die natürliche Strahlenbelastung ohne Radon in Häusern beträgt etwa 1 mSv/Jahr.)

Das erste Argument wurde hinfällig durch das Ergebnis einer Inzidenzstudie des Bremer Instituts für Präventionsforschung und Sozialmedizin, das im Sommer 1994 vorlag (Hoffmann 1994). Dieses hatte das Leukämievorkommen in der gesamten Bevölkerung in 3 Landkreisen, die an das Kernkraftwerksgebiet angrenzen, untersucht. Darin zeigte sich ein signifikanter Anstieg um etwa 80 % in der gesamten Bevölkerung im 5 km Umkreis um das Kernkraftwerk. Insbesondere war dieser Anstieg nur in den letzten 5 Jahren bis 1993 zu verzeichnen, also ein weiterer sehr deutlicher Hinweis auf das Kraftwerk. Es ergab sich also genau das, was man erwarten würde, wenn man die kindlichen Leukämien auf Radioaktivität zurückführen würde. In diesem Fall müßte die ganze Umgebung radioaktiv verseucht worden sein, und dann wären natürlich die Erwachsenen nicht immun dagegen, sondern nur weniger empfindlich. Dieses beunruhigende Ergebnis führte bei den zuständigen Ministern in Schleswig-Holstein aber lediglich zu der Aussage, daß man mit epidemiologischen Untersuchungen grundsätzlich keinen Kausalnachweis führen könne, und dieser wäre eben notwendig für eine auch nur vorläufige Stillegung des Kraftwerks.

Im Februar 1995 wurden in der Fernsehsendung Panorama aufgedeckt, daß in dem noch ununtersuchten südöstlichen Zipfel, den das Land Hamburg in der Umgebung des Kraftwerks bildet, nämlich bei Neuengamme, ebenfalls erhöhte kindliche Leukämieraten zu verzeichnen sind. Das Hamburger Krebsregister, dessen Vertreter zu den Sitzungen der schleswig-holsteinischen Expertenkommission zur Untersuchung der Leukämien in der Elbmarsch regelmäßig geladen ist, hatte dieses nicht untersucht, bestätigte aber die Erhöhung.

Wir selbst hatten die Strahlendosis, die den Effekt in der Elbmarsch erklären würde, zunächst zu etwa 100 mSv abgeschätzt. Ab 1991 versuchten wir, eine Strahlenbelastung, die wir in der Vergangenheit um etwa 1986 vermuteten, nachzuweisen. Wir führten bei 5 Eltern von Leukämiekindern und weiteren Erwachsenen aus der Elbmarsch sogenannte Biologische Dosimetrien aus. Die Rate dizentrischer Chromosomen in peripheren Lymphozyten ist ein Maß für die Strahlenbelastung des Menschen. Bei unbestrahlten Menschen ist diese Rate sehr niedrig, sie liegt bei 0,3 auf 1000 untersuchte Metaphasen. Eine Ganzkörperbelastung von 100 mSv erzeugt etwa 4 dizentrische Chromosomen pro 1000. Die Meßergebnisse von den 5 Elternteilen lagen im Sommer 1992 vor (s. Tab. 2). Wir fanden sie erheblich "verstrahlt", alle zeigten erhöhte Raten, die nicht durch andere Belastungen, auch nicht Strahlenbelastungen, erklärbar waren. Dieses Ergebnis führte jedoch lediglich zu der Planung und Durchführung einer großen Verbundstudie an Erwachsenen aus der Elbmarsch und einer Kontrollregion, die sich, wie schon vorher bei einer geplanten Studie an Kindern, nur unter erheblichen Schwierigkeiten und Störmanövern durch die Atomlobby vollzog.

Tab. 2: Biologische Dosimetrie an Erwachsenen aus der Samtgemeinde Elbmarsch, ausgeführt 1992/1993

Nr.		wohnhaft seit	Dizentr. Chrom. pro 1000 Zellen
1	Elternteil	< 1984	5,1
2	"	"	3,0
3	"	"	2
4	"	"	2
5	Elternteil	Mai 1988	2
6	Frau	1988	5
7	"	1987	0
8	"	Dez. 1986	4
9	"	1987	1
		Mittel	2,4
		Kontrolle	0,3 ± 0,1

Unsere eigenen Untersuchungen wurden mithilfe der Bürgerinitiative fortgesetzt. Sie zeigten zunächst (s. Tab. 2), daß auch Strahlenbelastungen in den Jahren nach 1986 aufgetreten waren. Nach Fortsetzung der Messungen fanden wir bei insgesamt 19 Erwachsenen aus der Elbmarsch eine im Mittel 6fache Erhöhung der Rate dizentrischer Chromosomen. Wenn man eine gleichmäßige Bestrahlung des gesamten Körpers unterstellt, bedeutet das eine Mindestdosis von 40 mSv. In Wirklichkeit könnte diese Dosis allerdings sehr viel höher sein, denn der Effekt ist nicht zeitstabil. Die Lymphozyten mit dizentrischen Chromosomen verlassen das System mit einer Halbwertszeit von ca. 1,5 Jahren.

Das Problem bei dieser Methode ist daher, daß die Ergebnisse nicht reproduzierbar sind, sofern die Strahlenbelastung nicht anhält. Diese Eigenschaft wurde denn auch von interessierter Seite weidlich ausgenutzt. In den zwei großen Blindstudien, die von den Kommissionen angeregt wurden, - eine an Kindern und eine an Erwachsenen - fand keine andere der beteiligten Untersuchergruppen eine Erhöhung in der Elbmarsch gegenüber der Kontrolle. Wir selbst hingegen reproduzierten an 10 Erwachsenen aus der Elbmarsch exakt den gleichen erhöhten Wert wie in unserer eigenen Messung, bei der wir die Herkunft der Proben kannten. Die Kommissionen verwarfen schließlich die Ergebnisse der beiden offiziellen Studien wegen unerklärbarer Befunde bei den sog. Kontrollen, die im Einzelfall ungewöhnlich hohe Werte aufwiesen.

Wir waren immer der Auffassung, daß sich radioaktive Emissionen, die zu solchen Strahlenbelastungen führen, auch nachweisen lassen müßten, selbst wenn sie eben in der Vergangenheit erfolgt sind. Als erstes stellten wir 1992 fest, daß Tritium in Bäumen der Umgebung des Kernkraftwerks erhöht ist (s. Tab. 3). Tritium entsteht in Siedewasserreaktoren vornehmlich als Spaltprodukt, nämlich dann, wenn der Urankern nicht in zwei sondern in drei Teile zerfällt. In das organische Material von Pflanzen wird maximal das Isotopenverhältnis eingebaut, das in der Umgebungsfeuchte vorliegt. Durch die oberirdischen Atomwaffentests war das Tritiumangebot in der Atmosphäre sehr stark angestiegen und ist seitdem über die Jahre wieder abgefallen. Es liegt zur Zeit in Norddeutschland unterhalb von 3 Bq/l. Die genehmigten Tritiumabgaben eines Kernkraftwerks dürfen zu keinen meßbaren Erhöhungen in der Umgebung führen. Die Ergebnisse in Tab. 3 waren daher ein Beleg dafür, daß ungenehmigte gasförmige Abgaben erfolgt sind. Sie führten allerdings lediglich dazu, daß ein größeres Meßprogramm von den Ländern Schleswig-Holstein und Niedersachsen in Baumringen initiiert wurde, dessen Ergebnisse noch nicht vorliegen.

Tab. 3: Ergebnisse der Tritiummessungen aus den Jahren 1992 und 1993 in 1992 gefällten Bäumen aus der Umgebung des KK Krümmel

Baumart	Standort	Jahresringe	Tritiumkonz. [Bq/kg]	Labor
Kastanie	Elbmarsch, Elbeufer gegenüber KKK, Entfernung 800 m	ca. 1984-92	14,9±0,3	1
Kastanie	Elbmarsch, Elbeufer gegenüber KKK, Entfernung 800 m	ca. 1986-92	33,0±1.0	2
Apfelbaum	Elbmarsch, Tespe Entfernung v. KKK ca. 1 km	ca. 1984-92	33,9±0,3	1

Baumart	Standort	Jahresringe	Tritiumkonz. [Bq/kg]	Labor
Fichte	Grünhof, 1,6 km östlich KKK	ca. 1984-92	5,5±0,5	2
Kastanie	Bremen	ca. 1986-92	< 4,0	2

Labor 1: Institut für Radiochemie, Technische Universität München (Prof. F. Baumgärtner)
Labor 2: Zentrallabor für Isotopentechnik, Bundesamt für Ernährung Karlsruhe (Prof. R. Schelenz)

Nachdem Aufsichtsbehörde und eine sog. Fachbeamtenkommission dem Kernkraftwerk sehr früh und sehr schnell bescheinigt hatten, daß es keinerlei Hinweise auf leukämierelevante Radioaktivitätsemissionen gäbe, blieb es der Bürgerinitiative überlassen, die von den Betreibern veröffentlichten Daten zur Umgebungsüberwachung sehr genau durchzusehen. Aus einer Reihe von Auffälligkeiten, die von Betreibern und Aufsichtsbehörde als Meßfehler oder unerklärliche Ausreißer bezeichnet wurden, entwickelten wir die Edelgasthese. Aus Neueintragungen der langlebigen Nuklide Cs 137 und Sr 90 schlossen wir, daß es zu Freisetzungen kurzlebiger Edelgasisotope gekommen sein muß, denn diese Nuklide sind Töchter von kurzlebigen Edelgasen. Daß sie den Reaktor nicht als Feststoffe verlassen haben, kann man daraus schließen, daß das Isotop Cs 134 (2,6 J.) nicht in Begleitung aufgetreten ist, wie es sonst bei frischen Reaktoremissionen der Fall sein müßte. Cs 134 ist keine Edelgastochter, sondern entsteht im Brennstab als Aktivierungsprodukt. Edelgasisotope bilden beim Reaktorbetrieb etwa ein Drittel der entstehenden Spaltproduktaktivität. Sie werden normalerweise über Verzögerungsstrecken geleitet, wodurch sie nach 30 Tagen um den Faktor 10^{-5} in der Aktivität gefallen sind. Danach können sie über den Abluftkamin abgeleitet werden, ohne daß es zu einer Grenzwertüberschreitung kommt.

Tab. 4: Zerfallketten von Spaltedelgasen mit langlebigen Folgeprodukten (aus: Schrüfer 1974)

Kernladungszahl	Kr	Rb	Sr	Y	Zr	Nb	Mo
89	3,1 min	15 min	50,5 d	stabil			
90	32 s	2,6 min	28,1 a	64,1 h	stabil		
91	8,4 s	57,4 s	9,7 h	58,8 d	stabil		
92	3,0 s	4,4 s	2,7 h	3,53 h	stabil		
93	2,0 s	5,9 s	8,3 min	10,1 h	stabil		
95	0,8 s	0,36 s	26 s	10,9 min	65,5 d	35 d	stabil
	Xe	Cs	Ba	La	Ce	Pr	Nd
137	3,9 min	30 a	2,55 min	stabil			
140	13,5 s	64 s	12,8 d	40,2 h	stabil		
141	1,7 s	24 s	18 min	3,9 h	32,5 d	stabil	
143	1 s	1,6 s	13,2 s	14,0 min	33,4 h	13,6 d	stabil
144	1 s	1,1 s	11,9 s	41 s	284 d	17,3 min	stabil

Wir konnten zeigen, daß es seit Beginn des Reaktorbetriebes mehr oder weniger regelmäßig zu Abgaben kurzlebiger Stoffe gekommen ist. Die Umgebungsüberwachung registriert nur die Gammadosisleistung an verschiedenen Orten und die langlebigen Beta-Aerosole. So können kurzlebige Folgeprodukte unentdeckt bleiben, von den gekennzeichneten Stoffen in der Tab. 4 sind jedoch alle gelegentlich aufgefunden worden. Als Ort der unkontrollierten Emissionen des Kernkraftwerks haben wir das Maschinenhaus in Verdacht. Bei Siedewasserreaktoren geht der radioaktive Dampf bis zu den Turbinen, und daß sich in dem Bereich Leckagen befinden, haben wir anhand verschiedener Indizien ausgemacht. Im Maschinenhaus herrscht während des Reaktorbetriebes ein sehr hoher Strahlenpegel durch das Aktivierungsprodukt N 16 (7 s). In der Nähe der Hochdruckturbine, die eine erlaubte Quelle für diese Strahlung ist, wurden jedoch geringere Gammadosisleistungen gemessen als auf dem 50 m hohen Maschinenhausdach. Dieses ist unserer Meinung nach ein Beleg für diffuse Quellen.

Sehr schädlich war in diesem Zusammenhang ein im Herbst 1994 fertiggestelltes Gutachten des Öko-Instituts Darmstadt, das auf Druck der Bürgerinitiative von der schleswig-holsteinischen Aufsichtsbehörde in Auftrag gegeben worden war. Diese bescheinigten den Betreibern, daß Emissionen über den Abluftkamin nicht so hoch gewesen sein können, daß eine Bevölkerungsdosis von 10 mSv/J. und zwei Größenordnungen darunter erfolgten. Immissionsseitig (in der Umgebung) vertraten sie die Ansicht, daß eine Dosis von 10 mSv/J. und eine Größenordnung darunter nicht erreicht worden sein kann. Die verschiedenen Radioaktivitätserhöhungen in der Umgebung konnten sie aber ebenfalls nicht erklären. Der schleswig-holsteinische Energieminister hat dieses Gutachten als Freibrief für den weiteren Kernkraftwerksbetrieb benutzt.

Wir sind aufgrund der Hinweise in dem Gutachten zu der Auffassung gelangt, daß der Hauptanteil der Bevölkerungsdosis in der Elbmarsch durch die Inkorporation von beta-strahlenden Nukliden wie Sr 89 (50 d) erfolgt ist, und nicht durch sog. Gammasubmersion, d.h. eine externe durchdringende Gammabestrahlung aus einer radioaktiven Wolke. Die selektive Anreicherung der Strontiumisotope im Knochen hat sowohl die Leukämien im Knochenmark ausgelöst, als auch zu einer Bestrahlung der Stammzellen der peripheren Lymphozyten geführt, deren Chromosomenaberrationen wir gefunden hatten. Schon vorher war es aufgefallen, daß die Leukämiefamilien vorzugsweise Selbstversorger sind, d.h. sich ganzjährig aus dem eigenen Garten ernähren und daher diese Isotope mit der Nahrung aufgenommen haben. Die Chromosomenaberrationen hatten zudem eine Überdispersion gezeigt, d.h. eine Abweichung von der Zufallsverteilung, wie man sie sonst bei einer Ganzkörperexposition und locker ionisierender Strahlung findet. Diese Abweichung deutet ebenfalls auf Inkorporation von Radionukliden hin. Eine Dosisangabe ist mangels fehlender Dosiswirkungsbeziehungen für diesen selektiven Fall daher aus der Biologischen Dosimetrie nicht möglich.

Nachdem der Reaktor seit Herbst 1993 wegen einer Reparatur ein Jahr stillgelegen hatte, wurde er mit der Begründung, daß das Öko-Institut Darmstadt keine Beanstandung gefunden hatte, wieder zum Betrieb zugelassen. Unser Verdacht, daß die Leckagen nicht behoben sind, bestätigte sich im Frühjahr durch Bodenmessungen, die die Bürgerinitiative veranlaßt hat. Es wurden in der Nähe der Kernkraftwerks Einträge von Cer 141 (32,5 d), Tochter von Xenon 141, sowie von Sr 89 gefunden. Diese können nur aus dem neuerlichen Betrieb des Reaktors stammen und bedeuten ebenfalls unerlaubte Emissionen.

Das angeblich unerklärliche Phänomen, das darin bestehen soll, daß die Dosis den Effekt nicht erklären kann, wird dadurch plausibel, daß wir es bei der chronischen Bestrahlung einer Bevölkerung sicherlich nicht nur mit einem somatischen Effekt zu tun haben, auf den die geschätzten 100 mSv Knochenmarksdosis abgestellt waren. Vielmehr müssen wir davon ausgehen, daß es auch zu einer präkonzeptionellen Exposition bei Eltern, und zwar sowohl bei Vätern (wie nach Gardner) als auch bei Müttern kommt. Diese Effekte sind aus der Literatur nach diagnostischer Röntgenbestrahlung bekannt. Als empfindliche Phase für die Leukämieinduktion muß dabei die kurze Periode der Spermatogenese bei Männern angesehen werden, und bei Frauen die ebenfalls sehr kurze Periode der Reifeteilung des Eis vor der Befruchtung. Der angebliche Widerspruch zu den Befunden in Hiroshima und Nagasaki, wo ein genetischer Effekt nicht feststellbar war, ist durch diese Stadien zu erklären, die bei einer Blitzbestrahlung wie von der Atombombe eben nicht erfaßt werden. Unser Edelgasszenario liefert in der Elbmarsch auch kurzlebige Yttriumisotope, und von denen ist aus der Literatur bekannt, daß sie zu einer Gonadendosis führen.

Literatur:

Demuth, M.: Leukämiemorbidität bei Kindern und Jugendlichen in der Umgebung des Kernkraftwerks Würgasse. 3500 Kassel, Hans Leistikow-Str. 15, 2. edition, 1989

Gardner, M.J., P.D. Winter, 1984: Mortality in Cumberland and during 1959-78 with reference to cancer in young people around Windscale. Lancet I, 216-217

Gardner, M.J., M.P. Snee, A.J. Hall, A.J. Powell, S. Downes, J.D. Terrell, 1990: Results of Case-control study of leukemia and lymphoma among young people near Sellafield nuclear plants in West Cumbria. Brit. Med. J. 300, 423-429

Hoffmann W., Greiser E. 1994: Retrospektive Inzidenzstudie Elbmarsch. Bremer Institut für Präventionsforschung und Sozialmedizin (BIPS), Grünenstr. 720, Bremen

Ichimaru, M., Ishimaru, T., Belsky J.L., Tomiyasu, T., Sadomori, N. Hoshino, T., Tononage, N., Shimizu, N., Okada, H.: Incidence of leukemia in atomic bomb survivors, Hiroshima and Nagasaki 1950-71, by radiation dose, years after exposure, age, and type of leukemia. RERF Technical Report 10-76, Hiroshima: Research Effect Foundation, 1977

Keller, B., Haaf, G., Kaatsch, P., Michaelis, J., 1992: Untersuchung der Häufigkeit von Krebserkrankungen im Kindesalter in der Umgebung westdeutscher kerntechnischer Anlagen 1980-1990. Institut für Medizinische Statistik und Dokumentation, Johannes-Gutenberg Universität Mainz

Möhner, M., Stabenow, R., 1992: Childhood malignancies around nuclear installations in the former GDR. In: Proceedings of an Expert Conference, Nov. 1992, Mainz, GSF-Institut für Epidemiologie

Roman, E., V. Beral, L. Carpenter, A. Watson, C. Barton, H. Ryder, D. Lynn Aston, 1987: Childhood leukaemia in the West Berkshire and Basingstoke and North Hampshire district health authorities in relation to nuclear establishments in the vicinity. Brit. Med. J. 294, 597-602

Schrüfer, E.: Strahlung und Strahlungsmeßtechnik in Kernkraftwerken. Elitera-Verlag, Berlin 1974

Stewart A.M., Kneale, G.W., 1970: Age-distribution of cancers caused by obstetric X-rays and their relevance to cancer latent periods. The Lancet i: 4-8 ()

Von Tritium bis Plutonium - Auseinandersetzung mit der Atomlobby in Karlsruhe und anderswo

Petra Seibert, Wien
email: petra@zausun1.zamg.ac.at
(vorbereitet zusammen mit Antonia Wenisch, Wien)
Protokollantin: Almut Reichel (überarbeitet von Petra)

"Wie hoch schätzt Du die Wahrscheinlichkeit ein, nochmal eine radioaktive Kontamination wie nach der Reaktorkatastrophe in Tschernobyl erleben zu müssen?" war die Einstiegsfrage, die mit roten Klebepunkten auf einer Skala beantwortet wurde. Zwischen 60 und 120%, der Durchschnitt bei etwa 95%, lag das Ergebnis. Die Antworten spiegeln unsere Einschätzung der "Sicherheit" der Atomenergie wieder und geben einen Hinweis auf die Motivation, uns mit diesem unerfreulichen Thema zu befassen.

In der Vorstellungsrunde zeigte sich, daß wir neben dem "Erlebnis Tschernobyl" verschiedene Erfahrungen mit der Atomenergie hatten: Das reichte vom Kennenlernen der Pro-Atom-Lobby an der eigenen Uni, im eigenen Studium (z.B. in der Radiochemie) über Aktivitäten gegen Atomkraft-Großprojekte (Gorleben, Wackersdorf, Zwentendorf) bis zu kritischer wissenschaftlicher Arbeit bezüglich Atomkraftprojekten und in der Radioökologie (Strahlenbelastung, Ausbreitungsrechnungen bei Reaktorunfällen).

Die Referentin Petra Seibert kommt aus Österreich und berichtete von der dortigen Situation, was Atomenergie angeht. Die österreichische Regierung hat sich eindeutig gegen Atomenergie ausgesprochen und ein atomenergiefreies Österreich per Gesetz festgeschrieben. Zumindest verbal strebt sie ein "AKW-freies Mitteleuropa" an, und hat inzwischen AtomkritikerInnen in ihre Kommission für Atomfragen geholt. Mit dem Beitritt zur EU ist das Land aber auch dem EURATOM-Vertrag beigetreten, der unter anderem "eine mächtige Kernenergieindustrie" in Europa zum Ziel hat, daneben auch die Nichtweiterverbreitung von Atomwaffen (sozusagen in Vertretung der IAEO, die aus der EG "herausgehalten" werden sollte). In naher Zukunft steht eine Neuverhandlung der EG-Verträge und damit auch von EURATOM an ("Regierungskonferenz 1996"). Wir sollten dabei die Streichung des Ziels "Kernenergieförderung" verlangen.

Warum besprechen wir dieses Thema auf einem Frauenkongreß? - Die Akzeptanz der Atomkraft ist bei Frauen geringer als bei Männern. Das hat auch die Atomlobby erkannt und daher innerhalb der letzten European Nuclear Conference eine Veranstaltung "Women in Nuclear (WIN)" organisiert. Ziel: Die Ablehnung gegen Atomkraft von Seiten der Frauen "abzubauen", mithilfe der Fachfrauen in den eigenen Reihen. Es gab und es gibt auch Frauen in der Atomforschung und -technik (z.B. Lise Meitner, heute Atomtechnikerinnen v.a. in Osteuropa und Frankreich).

In Österreich lief Anfang 1995 eine große, von zahlreichen politischen Ebenen und breiten Kreisen der Bevölkerung getragene Kampagne gegen die Fertigstellung des AKW Mochovce (Typ WWER 440, russische Bauart) in der Slowakei, woran westliche Energieversorgungsunternehmen und westliche Atomfirmen maßgeblich beteiligt sind, z.B. Electricité de France, Bayernwerke, Siemens, Framatome. Finanziert werden sollte das Projekt zu je einem Drittel durch die Europäische Bank für Wiederaufbau und Entwicklung (EBRD), die Europäische Investitionsbank (EIB, eine EG-Institution) und Eigenmittel der beteiligten Westfirmen. Die EBRD hat einige Bedingungen gestellt, die Anknüpfungspunkte für die Kampagne gegen Mochovce waren:

1. Internationales BürgerInnenbeteiligung-Verfahren,
2. Least-cost-Option (d.h. es muß der Nachweis erbracht werden, daß das AKW die billigste Lösung für die Stromversorgung der Slowakei ist),
3. "westliche Sicherheitsstandards".

Alle drei Punkte sind nicht wirklich erfüllt. So hat der Reaktor z.B. kein druckdichtes Containment.

Folgende Themen wurden im Arbeitskreis andiskutiert und teilweise in unsere Resolution, die wir dann auf dem Abschlußplenum vorgestellt haben, aufgenommen (Text der angenommen Resolution siehe Seite 558):

- Rolle der Atomenergieforschung, Atomenergie frißt Forschungsgelder, die für die Förderung regenerativer Energien und Energieeffizienzsteigerung fehlen
- verfälschte Kosten-Nutzen-Rechnung für Atomenergie unter Ausblendung wesentlicher Kosten wie Entsorgung, Abriß alter AKW's etc.
- Das Klima-Argument: "Atomenergie als Klimaretter?"
- Ist der Sofort-Ausstieg überhaupt möglich?
- Atomenergie ist nur ein Beispiel für zahlreiche Fehlentwicklungen

Welche Aktionsmöglichkeiten haben wir?

- Resolution des "Kongresses Frauen in Naturwissenschaft und Technik" gegen die weitere Nutzung und Förderung der Atomenergie (haben wir gleich umgesetzt).
- Die Idee der Siemens-Boykottkampagne, die zum Ziel hat, Siemens als wichtigsten deutschen AKW-Hersteller zum Ausstieg aus dem Atomenergiesektor zu drängen, fanden wir sinnvoll. Idee ist, diese Kampagne zu unterstützen und auf dem nächsten Kongreß vorzustellen.
- Aktion/Besuch des geplanten Endlagers für radioaktive Abfälle Schacht Konrad bei Salzgitter, in der Nähe von Braunschweig, beim nächsten Kongreß 1996.

Außerdem haben wir natürlich unsere Post- und Email-Adressen ausgetauscht und wollen weiter Kontakt halten.

Gut gedämmt ist halb geheizt

Kerstin Rosemeier
Bei den vier Linden 25, D-28207 Bremen, Tel. +49 421/ 498 6144

Prioritäten beim Energiesparen

Jeder Umgang mit Energie, Energiegewinnung, -umwandlung und -verbrauch heizt unserer Umwelt ein. Zum einen, weil Energienutzung fast immer Prozesse voraussetzt und auch zur Folge hat, bei denen Wärme frei wird. Zum anderen, weil beim Aufbrauchen der Energieträger klimaschädliche Substanzen emittiert werden. Auch die sogenannten regenerativen Energien kommen nicht ohne Umweltbelastungen aus: die Anlagen zur Energiegewinnung sind mit mehr oder weniger Energieeinsatz (Materialgewinnung, -bearbeitung, -transport) entstanden, und beeinflussen die Umwelt im Laufe ihre Lebenszeit.

Ohne Frage wäre es im Sinne der Daseinsvorsorge geboten, vorrangig in Umweltschutzmaßnahmen zu investieren. Da solche Investitionen aber erst nach langen Intervallen erkennbare Früchte tragen und dadurch mit gegenwärtigem Wohlstand konkurrieren, ist die Summe der zur Verfügung stehenden Investitionsmittel für Umweltschutzmaßnahmen in öffentlichen wie in Privathaushalten normalerweise begrenzt.

Unter dieser Prämisse muß nach der Effektivität von Energiesparmaßnahmen pro eingesetzter DM gefragt werden. Zur Auswahl stehen bei Einzelhausbebauung im wesentlichen die Investitionen in alternative Systeme zur Energieerzeugung, z.B. Solarzellen zur Stromerzeugung (Photovoltaikanlagen), Kollektoren zur Warmwassererzeugung (solarthermische Anlagen) oder konservative Maßnahmen zur Energiebewahrung. Bei gleicher Mehrinvestitionssumme (20.000,- DM) können dabei 255 (Photovoltaikanlage bei Ersatz von Kraftwerksstrom) oder 1600 Liter Öl (Niedrigenergiehaus-Standard) pro Jahr eingespart werden (Michael 1991). Die Reduktion der CO_2-Emission variiert entsprechend zwischen jährlich 0,68 und 4,27 Tonnen CO_2. Selbst wenn konstatiert wird, daß Solartechnik im Laufe der Zeit verbilligt angeboten werden kann: es muß sicherlich noch viel Rauch durch die Schornsteine ziehen, bis sich das derzeitige Verhältnis (1:6 bei Photovoltaik, 1:3-4 bei Solarthermik) harmonisiert hat.

Andere Autoren (Kukuck 1994) machen die Rechnung umgekehrt auf: um jährlich eine Tonne CO_2 einzusparen, müssen bei Photovoltaikanlagen ca. 33.000 DM, bei Wärmedämmaßnahmen dagegen nur 1.000 - 5.000 DM investiert werden.

Noch krasser wird die Relation, wenn die Lebensdauer der Maßnahmen mit in die Betrachtung einbezogen wird. Wärmedämmung hat gut die doppelte Lebenserwartung wie solartechnische Anlagen.

Energie einzusparen ist ökologisch somit sinnvoller als das Mehr an - wie auch immer -erzeugter Energie weiter schlecht zu nutzen. Im Heizenergiebedarf für Gebäude stecken dabei gigantische Einsparpotentiale, neben denen die Reserven beispielsweise bei der Stromeinsparung zur Beleuchtung geradezu verschwinden.

Wärmedämmung, als billigste und einfachste Maßnahme zur Reduzierung der Heizenergieverluste, weist niedrige energetische Rückzahlzeiten auf (unter 2 Jahre) und amortisiert sich auch monetär von allen Energiesparmaßnahmen am Bau am ehesten. Ihr großer Nachteil ist die Unsichtbarkeit (kein schönes technisches Spielzeug, kein Umweltprestige bei den NachbarInnen), und eine Reihe von hartnäckigen Vorurteilen.

Macht Wärmedämmung die Häuser zu dicht ?

Der Luftaustausch durch geschlossene Wandbauteile spielt für die Raumentlüftung keine Rolle, ob mit oder ohne Wärmedämmung. Bei einwandfreier Abdichtung aller gewollten und ungewollten Wandöffnungen (Fugen, Ritzen, Fenster und Türen) würde man, auch im ungedämmten Haus, ersticken (Feist, Klien 1992). Durch Polystyrol läßt sich genausowenig atmen wie durch Wände (durch Mineralfasern vielleicht eher, aufgrund der Faserproblematik ist das jedoch bestimmt nicht empfehlenswert). Das macht aber nichts, denn für die Raumbelüftung gibt es Fenster und Türen, die sich öffnen lassen, oder - viel komfortabler - selbsttätig regelnde Lüftungsanlagen, die auch im Störungsfall durch definierte Undichtheit die Mindestbelüftung garantieren.

Ist Wärmespeichern sinnvoller als Wärmedämmen ?

Die Diskussion um die Sinnhaftigkeit von Wärmedämmaßnahmen wird in Vorträgen und Veröffentlichungen, besonders in baubiologischen Publikationen, immer wieder in Frage gestellt. Heizenergieeinsparungen, so heißt es dort, seien kostengünstiger und effektiver durch Außenwände mit hohen Speichermassen zu erreichen. Physikalisch ist das unhaltbar. Empirische Untersuchungen widersprechen dem eindeutig. Da die eingestrahlte Wärme immer zur kalten Seite hin abfließt, kommt der Raumwärme fast nur das geänderte Temperaturgefälle zwischen Innen- und Außenoberfläche (in der bestrahlten Zeit und kurz darüber hinaus) zugute. Zur Veranschaulichung:

- Niemand käme auf die Idee, sich im Winter mit einer hoch speicherfähigen Ritterrüstung zu bekleiden. Statt dessen werden leichte, dämmende Materialien (wie z.B. Daunenjacken) bevorzugt,
- statt in der körperwarmen Badewanne (Wasser hat ja bekanntlich eine gute Speicherfähigkeit) schlafen wir lieber unter einer dämmenden Bettdecke,
- die meisten Frauen würden den Winter wahrscheinlich lieber in einem hochwärmegedämmten schwedischen Holzhaus als auf einer Burg verbringen.

"Natürliche" Wärmedämmung durch Begrünung ?

Die lebende Wärmedämmung ! Ein schöner Gedanke. Immer noch in Publikationen zitiert, ergeht es der Fassadenbegrünung ähnlich wie dem Spinat[1]: sie wird zurecht geschätzt, aber aus den falschen Gründen.

Fassadenbegrünung hat ohne Frage einen hohen Stellenwert bei der Verbesserung des Mikroklimas, als Lebensraum für Insekten, als ästhetisches Ereignis. Zur Wärmedämmung trägt sie jedoch nur bei ansonsten schlecht gedämmten Außenwänden nennenswert bei, und auch das nur, wenn nach vielen Jahren dichter Bewuchs entstanden ist. Gewissenskonflikte werden aber dann entstehen, wenn stark gestiegene Energiepreise eine wirksame Dämmung auch aus ökonomischen Gründen erforderlich machen, denn die wird am unproblematischsten außen auf die Außenwände aufgetragen, was das gehegte Grün im Regelfall zum Dahinscheiden verurteilt. Es empfiehlt sich deshalb, vor der auf sehr lange Sicht angelegten Begrünung einen optimalen Wärmeschutz der Außenwände zu realisieren.

Im Anschluß an den Vortrag haben die Teilnehmerinnen eigene Projekte zur Diskussion gestellt.

Anmerkung:

1) Spinat wird aufgrund eines Druckfehlers (das Komma war eine Stelle nach rechts verschoben) Kindern nach wie vor wegen seines vermeintlich außerordentlich hohen Eisengehalts serviert. Gern geglaubte Irrtümer halten sich fast unbegrenzt!

Literatur:

Feist, W., Klien, J.: Das Niedrigenergiehaus; Karlsruhe 1992

Kukuck, H.: "Streit um Vergütung für Strom aus Solarenergie", in: StromThemen, Heft-Nr. 9, 1994

Michael, K.: "Geld dort einsetzen, wo es sich lohnt !", in: Die Wohnungswirtschaft Heft-Nr. 4; Hamburg 1991, S. 167-169

Alternative Kraftstoffe für Autos

Petra Möser
Fuchsberg 9, D-30855 Langenhagen

Ziel dieser Veranstaltung war, über alternative Kraftstoffe und deren Fahrzeugkonzepte zu informieren und anschließend zu diskutieren. Die Veranstaltung gliederte sich in

1. Hintergründe / Situation
2. Alternative Kraftstoffe und Kraftfahrzeugkonzepte
3. Zukunftsausblick

1. Hintergründe / Situation

Verkehrsaufkommen

Ein Blick in die Vergangenheit zeigt, daß die Mobilität der Menschheit ständig angestiegen ist. Auch in Zukunft erwarten die verschiedenen Verkehrsträger erhebliche Zuwachsraten. So wird sich der Öffentliche-Personen-Nahverkehr nach den Prognosen in den nächsten 20 Jahren in der Verkehrsleistung um 41% erhöhen, die Bahn sogar um 66%. Dagegen wirkt der prognostizierte Anstieg des Kraftfahrzeugverkehrs mit 19% zwar gering, aber der heutige Status Quo ist 10fach höher als der der anderen Verkehrsträger.

Energiebedarf

Bei der Betrachtung des Energieverbrauchs zeigt sich, daß der Kraftfahrzeugverkehr ein Viertel des gesamten Energieverbrauchs in Deutschland einnimmt. Das heißt der Energiebedarf für Kraftfahrzeuge ist hoch.

Umweltbelastung

Bei den Abgasemissionen rühren über die Hälfte der Kohlenmonoxid- und Stickoxid-Emissionen vom Straßenverkehr her. Bei den Kohlenwasserstoff-Emissionen ist es annähernd die Hälfte. Der Kohlendioxidausstoß beträgt ein Fünftel. Die Belastung des Straßenverkehrs ist für uns und unsere Umwelt hoch und nach den Prognosen wird der Verkehr noch weiter steigen.

Abgasgesetzgebung (Europa)

Gesetzlich begrenzt sind die Schadstoffe CO, HC, NO_x und Partikel. Die Grenzwerte sind sowohl für CO als auch für Kohlenwasserstoffe und Stickoxide zunehmend verschärft worden, so daß z.B. der jetzige Grenzwert von CO nur noch 7% von dem von 1970 beträgt. Kohlenwasserstoffe und Stickoxide sind beide Vorläuferemissionen für die Ozonbildung. Das Ozon in der Atmosphäre (nicht in der Troposphäre, dort fehlt das Ozon) wird als Leitkomponente für die Smog-Belastung in den Städten angesehen.

Im Gegensatz zur Smog-Problematik, die ein regionales Problem darstellt, handelt es sich bei dem Treibhauseffekt um ein globales. CO_2, als ein Treibhausgas, ist weder in der europäischen Gesetzgebung noch in der kalifornischen, der strengsten Abgasgesetzgebung der Welt, limitiert.

2. Alternative Kraftstoffe und Kraftfahrzeugkonzepte

Gründe für alternative Kraftstoffe

1. Energiebedarf
   Mineralöl als der Hauptenergieträger für Kraftfahrzeuge kann langfristig den Bedarf nicht decken. Alternative Kraftstoffe, sowohl aus nichtfossilen als auch aus anderen fossilen Rohstoffen als Mineralöl, können zur Energieversorgung beitragen.
2. Reduzierung der Schadstoffemissionen
   Insbesondere in Großstädten ist die Umweltbelastung mit herkömmlichen Kraftstoffen sehr hoch. Der Einsatz von alternativen Kraftstoffen kann helfen, sowohl die Smogbelastung als auch den anthropogenen Treibhauseffekt zu mindern.
3. Politisch-wirtschaftliche Gründe, wie z.B. die Bekämpfung der Arbeitslosigkeit auf dem Land.

Alternative Kraftstoffe, deren Herstellung und Umweltbewertung

- Natur- oder Erdgas
  Nebenprodukt bei der Erdölförderung und -herstellung, wird oft nutzlos abgefakkelt.
- Methanol
  aus fossilen Rohstoffen, wie Kohle und Erdgas, aber auch aus Biomasse.
- Ethanol
  u.a. aus nachwachsenden Rohstoffen.
- Pflanzenöle
  aus nachwachsenden Rohstoffen.
- Wasserstoff
  aus verschiedensten Produkten fossiler Natur, aber auch aus Wasser durch Elektrolyse, allerdings mit hohem Energieaufwand.
- Elektrizität
  aus Kraftwerken.

Smogbelastung

Smog entsteht durch eine Zusammensetzung von stark reaktiven Gasen und die Einstrahlung von Sonne (daher die Problematik besonders in Kalifornien). Die Bewertung der Smogbelastung erfolgt über das Ozonbildungspotential der Kraftstoffe. Das Ozonbildungspotential wird aus der Reaktivität der Abgaskomponenten des jeweilig eingesetzten Kraftstoffe berechnet.

Das höchste Ozonbildungspotential weist Benzin auf. Danach folgt das Ethanol. (Dasselbe Ozonbildungspotential weist auch der auf dem amerikanischen Markt erhältliche verbesserte herkömmliche Kraftstoff "Reformulated Gasoline".) Als nächstes folgt Methanol, dann die Gaskraftstoffe, wobei Erdgas sogar ein mehr um die Hälfte geringeres Ozonbildungspotential als Benzin aufweist.

Daraus folgt, daß regional durch alternative Kraftstoffe die Smogbelastung erheblich entschärft werden kann!

Anthropogener Treibhauseffekt

Bei der Ermittlung wurden sowohl die Emissionen, die durch die Nutzung als auch durch die Herstellung entstehen, mitberücksichtigt.

Benzin steht mit seiner CO_2-Emission an oberster Stelle, sofern Methanol aus Erdgas hergestellt wird. Hergestellt aus Kohle, hat es eine wesentlich höhere CO_2-Emission. Herstellung und Nutzung von komprimiertem Erdgas und Diesel weisen eine geringere CO_2-Emission auf. Wasserstoff, zur Zeit aus Erdgas hergestellt, ein sehr unwirtschaftliches Verfahren, weist eine sehr hohe CO_2-Emission auf. Wird Wasserstoff aber durch Elektrolyse und mit Strom aus regenerativen Quellen hergestellt, hat es eine nahezu 0%ige CO_2-Emission. Bei der Biomasse ist es abhängig vom Energieträger und der Herstellungsenergie.

Zusammenfassend läßt sich sagen, daß durch Nutzung von alternativen Kraftstoffen statt Benzin, der anthropogene Treibhauseffekt gemindert werden kann.

Naturgas	Pflanzenöle
Methanol	Wasserstoff
Ethanol	Elektrizität

Fahrzeugkonzepte

Erdgas

Gasbetriebene Fahrzeuge stellen aus technischer Sicht kein Neuland dar. Bereits zu Beginn unseres Jahrhunderts wurden verschiedene gasförmige Brennstoffe eingesetzt, z.B. Stadtgas, Holzgas, Klärgas, oder auch Grubengas. Im Ruhrgebiet fuhren nach dem 2. Weltkrieg bis Mitte der 50er Jahre über 7.000 Fahrzeuge mit komprimiertem Methangas aus Kohlegruben.

Die derzeit in Europa für Erdgasbetrieb eingesetzten Autos sind durchweg Fahrzeuge, bei denen ein serienmäßiges auf Benzinbetrieb optimiertes Auto mit einer Erdgasanlage zusätzlich ausgerüstet wird. Am Motor selbst sind keine Veränderungen notwendig, nur auf der Ansaugseite müssen geringe Änderungen vorgenommen werden. Im Auto kann jederzeit zwischen Benzin und Erdgas per Knopfdruck umgeschaltet werden.

Die Speicherung von Erdgas in Kraftfahrzeugen erfolgt in Vollstahlflaschen, wobei 2 x 80 l Tanks für 250 bis 350 km reichen. Nachteil ist allerdings der Raumbedarf. Soll ein Kleinwagen erdgasbetrieben gefahren werden, wird der Raum der hinteren Sitzbank für einen Tank benötigt.

Erdgasfahrzeuge schneiden von den Abgasemissionen her sehr gut ab aufgrund der geringen Reaktivität der Abgaskomponenten, weswegen deren Einsatz vor allem die Smogbelastung in Ballungsgebieten reduzieren kann. Methan selbst ist allerdings für den Treibhauseffekt ein Problem, wenn es beim Energietransport durch Undichtigkeiten in Pipelines entweicht.

Methanol

Methanol-Fahrzeuge tragen ebenfalls zur Entschärfung der Smogproblematik bei, von daher werden einzelne Fahrzeuge insbesondere in Kalifornien eingesetzt. Diese Entwicklung ist die Folge der Situation in Kalifornien als typisches Beispiel für Großstädte. Die Luftqualität in kalifornischen Ballungsgebieten, wie z.B. in Los Angeles, ist bereits seit Beginn der 60er Jahre das wesentliche Umweltproblem, das die Öffentlichkeit beschäftigend. Entsprechend sind seit Ende der 60er Jahre die Schadstoffkomponenten gesetzlich limitiert: HC, CO und NO_x. Aber trotz ständig verschärfter Abgasgesetzgebung hat sich die Smog-Problematik nicht verbessert, da die Anzahl der Fahrzeuge ständig gestiegen ist und die Fahrzeugleistung ebenfalls. Durch den Einsatz von Methanol kann die Smogbelastung gemindert werden aufgrund der wesentlich geringeren Reaktivität der Abgaskomponenten.

Die eingesetzten Methanolfahrzeuge können mit den verschiedensten Mischungsverhältnissen von Methanol und Benzin fahren, wobei der Änderungsumpfang zum Serienfahrzeug gering ist. Ein zusätzliches Bauteil ist nur ein Kraftstoffsensor. Die ermittelte Kraftstoffzusammensetzung wird ans Motormanagement weitergegeben und zusätzlich der FahrerIn angezeigt zur Abschätzung der Reichweite, die vom Kraftstoff abhängig ist. Denn die Energiedichte von Methanol beträgt nur etwa 50% verglichen zu der von Otto-Kraftstoff. Das heißt eine volle Tankfüllung mit Methanol reicht nur halb so weit wie eine mit Benzin.

Nachteile von Methanol sind die Abgasemissionen von Formaldehyd und unverbranntem Methanol. Ansonsten weist es wesentlich geringere Emissionen von HC, CO, und NO_x auf.

Ethanol

Auch Ethanol, als Komponente in alkoholischen Getränken bekannt, kann als Kraftstoff für Motoren eingesetzt werden. Als Ausgangsbasis dienen u.a. Zuckerrohr oder Futterrüben. Der Energiegewinn liegt in Europa sehr tief, oft muß mehr an Fremdenergie in das Projekt hineingesteckt werden, als hinterher an verwertbarem Kraftstoff übrig bleibt. In Brasilien dagegen sind die klimatischen Voraussetzungen günstiger.

Das brasilianische Ethanol-Projekt, genannt Pro-Alcohol-Programm wird staatlich gefördert vor dem politisch-wirtschaftlichem Hintergrund der hohen Arbeitslosigkeit und der Landflucht. An brasilianischen Tankstellen sind nur Ethanol-Benzin-Gemische erhältlich. Reines Benzin gibt es nicht zu kaufen.

Ein Nachteil bei der Herstellung von Ethanol ist, daß pro l Ethanol 13 l Schlempe anfallen und das hat somit eine Belastung der Gewässer zu Folge.

Rapsöl

Auch Raps zählt zu den nachwachsenden Energieträgern. Doch die meisten Dieselmotoren kommen mit dem goldfarbenen Öl nicht zurecht: Schon nach wenigen tausend Kilometern verkoken die Einspritzventile, was Abgas und Verbrauch negativ beeinflußt. Die Kraftstoffzuleitungen müssen beheizt werden, weil das Öl sehr zäh ist und bereits um 0°C anfängt zu stocken.

Wird Rapsöl chemisch zu Raps-Methylesther (RME) umgewandelt, laufen auch übliche Pkw-Diesel damit. In einem Freiburger Großversuch mit Mercedes-Taxis war vorerst einziger festgestellter Haken dabei, daß sich mit der Zeit Kunststoffdichtungen und -leitungen auflösen. Dieses Problem ist jedoch technisch beherrschbar. Der Energiegewinn liegt ca. bei 50%. Auch hier spielt bei der Förderung des RMEs die Arbeitslosigkeit auf dem Land eine Rolle.

Die Abgaswerte des Bio-Diesels liegen günstiger als die des Diesels. Bei der CO_2-Bilanz muß berücksichtigt werden, daß bei RME als nichtfossiler Energieträger die CO_2-Emission ausgeglichen wird, da die Pflanze beim Wachstum wieder CO_2 aufnimmt. Berücksichtigt man den CO_2-Anteil, der bei der Herstellung anfällt, so beträgt die CO_2 Einsparung gegenüber Diesel 60%.

Wasserstoff

Wasserstoff hat eine fast dreimal größere Energiedichte je kg als Erdölkraftstoff. Im flüssigen Zustand wäre er also in bezug auf das Tankvolumen ein sehr begehrter Kraftstoff für das Auto, wenn er nicht schon bei -253°C verdampfen würde.

Wasserstoff läßt sich (als -252°C kalte) Flüssigkeit in einem sogenannten dickisolierten Cryotank speichern. Neben dem Nachteil des hohen Speichervolumens, schluckt die Verflüssigung von Wasserstoff etwa die Hälfte der in ihm enthaltenen Energie. Eine Alternative sind Metallhydridtanks, die Wasserstoff bei normalen Druck- und Temperaturverhältnissen speichern. Hier geht das Gas eine feste Verbindung mit Metall ein, aus der es mit Hilfe von Wärme wieder befreit werden kann. Der Nachteil ist das hohe Gewicht dieser Tanks: 300 kg reichen für 100 km Stadtfahrt. Auch kann Wasserstoff in Druckflaschen mitgeführt werden, allerdings ist dann mindestens ein Lkw notwendig zum Stahlflaschentransport.

Es ist daher sehr fraglich, ob Wasserstoff jemals einen Serien-Pkw mit Verbrennungsmotor antreiben wird, zumal er das Problem der Stickoxidemission eher noch verschärft.

Elektro-Fahrzeuge

Elektrofahrzeuge ohne Abgasemission würden das ideale Fortbewegungsmittel darstellen, sofern ihre Antriebsenergie vollkommen aus regenerativen Energiequellen gewonnen werden könnte und das Energiespeicherproblem im Fahrzeug selbst gelöst wäre. Aufgrunddessen wird es maximal als zukünftiges Stadtauto diskutiert.

Ein Elektroauto mit einer 500 kg schweren Blei-Gel-Batterie hat eine Höchstgeschwindigkeit von 100 km/h, es beschleunigt von 0 auf 50 km/h in 13 s und hat eine Reichweite bei einer Stadtfahrt von 56 km. Danach muß die Batterie für 6-10 Stunden an die Steckdose.

Daraus folgt schon, daß der reine Elektroantrieb als vollwertige Alternative zum heutigen mit Benzin betriebenen Pkw hauptsächlich an den schlechten Speichermöglichkeiten im Fahrzeug scheitert. Außerdem muß die Umweltbelastung durch die Herstellung des Stroms im Kraftwerk berücksichtigt werden.

Hybrid

Wie könnten die Vorteile des Elektroantrieb genutzt werden, ohne daß die Nachteile einer zu kurzen Reichweite entstehen? Bietet sich als Lösungsmöglichkeit ein Hybrid, ein Fahrzeug mit Verbrennungsmotor und Elektroantrieb, an?

Damit stände für die Stadt ein reines E-Fahrzeug ohne örtliche Schadstoffbelastung und für Überlandfahrten ein normales Verbrennungsmotor-Fahrzeug mit üblicher Reichweite zu Verfügung. Aber auch hier muß auch die Batterie geladen werden. Die Ladung über den Verbrennungsmotor hat einen zusätzlichen Verbrauch! Da diese Art von Ladung einen schlechten Wirkungsgrad hat, ist es vorteilhafter, direkt über die Steckdose zu laden. Desweiteren erhöht sich das Fahrzeuggewicht um die 300 kg schwere Batterie, das wiederum hat einen generell höheren Verbrauch und auch höhere Schadstoffemissionen zur Folge.

Somit hat der Elektrohybrid nur Zukunftsaussichten, wenn es um die Reinhaltung der Luft in den Städten geht.

Brennstoffzelle

Wasserstoff und Elektroantrieb können auch zu friedlicher Koexistenz finden. Das Stichwort heißt Brennstoffzelle. Die Brennstoffzelle wandelt kontinuierlich chemische Energie in elektrische Energie um, solange die Reaktanten Wasserstoff und Sauerstoff zugeführt werden.

Die Brennstoffzelle produziert keine Schadstoffemissionen, solange sie nur mit Wasserstoff betrieben wird. Nur Wasserdampf und Restluft fallen an. Auch werden keine Stickoxide gebildet, da es sich um eine sogenannte kalte Verbrennung handelt.

Neben Wasserstoff kann die Brennstoffzelle auch mit besser transportierbaren Kraftstoffen, wie z.B. Methanol, mit einem Reformer im Fahrzeug betrieben werden, der das Methanol zu Synthesegas umwandelt. Von der Reichweite und Leistung stellt der Brennstoffzellenantrieb eine Alternative dar zum Verbrennungsmotor.

Der Brennstoffzellenantrieb befindet sich allerdings noch im Forschungs- und Entwicklungszustand. Die Komponenten, außer der Brennstoffzelle selbst, müssen noch verbessert werden und für den mobilen Einsatz verkleinert und angepaßt werden.

3. Zukunftsausblick

Wie sieht es in der nahen Zukunft mit der Energieversorgung aus?

Bei den Ottokraftstoffen werden in Zukunft die Verbleiten herausfallen. Die herkömmlichen Kraftstoffe werden voraussichtlich verbessert bezüglich ihres Umweltverhaltens, wie es bereits in den USA mit dem "Reformulated Gasoline" getan wurde.

RME als Kraftstoff aus nachwachsenden Rohstoffen wird verstärkt eingesetzt. Es wird in Deutschland ein Anteil von 5% des Dieselkraftstoffverbrauchs erwartet. Gaskraftstoffe sind zwar bereits auf dem Markt vorhanden, aber sie werden in ihrem Anteil noch deutlich zunehmen. Alkoholkraftstoffe werden weiterhin begrenzt in bestimmten Regionen eingesetzt werden. Aber in Europa werden sie fast keinen Marktanteil erreichen. Auch könnte der verbesserte Kraftstoff "Reformulated Gasoline" in den USA den Methanolkraftstoff verdrängen.

Beim Elektroantrieb wird trotz zweifelhafter Energie- und Umweltbilanz und sehr geringer Akzeptanz noch weltweit aktiv gearbeitet. Vermutlich aufgrund des starken Drucks seitens der Regierungen, z.B. Kalifornien mit dem Zero-Emission-Programm, bei dem 1998 2% und im Jahre 2003 10% der Fahrzeuge emissionsfrei sein müssen.

In fernerer Zukunft wird es neue Impulse bezüglich alternativer Antriebe durch Fortschritte bei der Brennstoffzelle geben. Nach Berechnungen eines US-Ministeriums sollen durch eine rentable Massenproduktion bereits in ca. 10 Jahren die Kosten für einen Brennstoffzellen-Pkw dem mit einem Verbrennungsmotor entsprechen. Ob in fernerer Zukunft tatsächlich alle Verbrennungsmotoren durch Brennstoffzellenantriebe ersetzt sind, bleibt abzuwarten. Die Idee erscheint insofern attraktiv, da die Fahrzeuge nahezu keinen Schadstoffausstoß mehr hätten und das Problem der Luftbelastung in den Städten gelöst wäre. Allerdings bedarf der Brennstoffzellenantrieb einer gewissen Gewöhnung. Wir haben keinen mechanisch arbeitenden Verbrennungsmotor, sondern eine kleine chemische Fabrik unter der Motorhaube.

Frauen im Nationalsozialismus

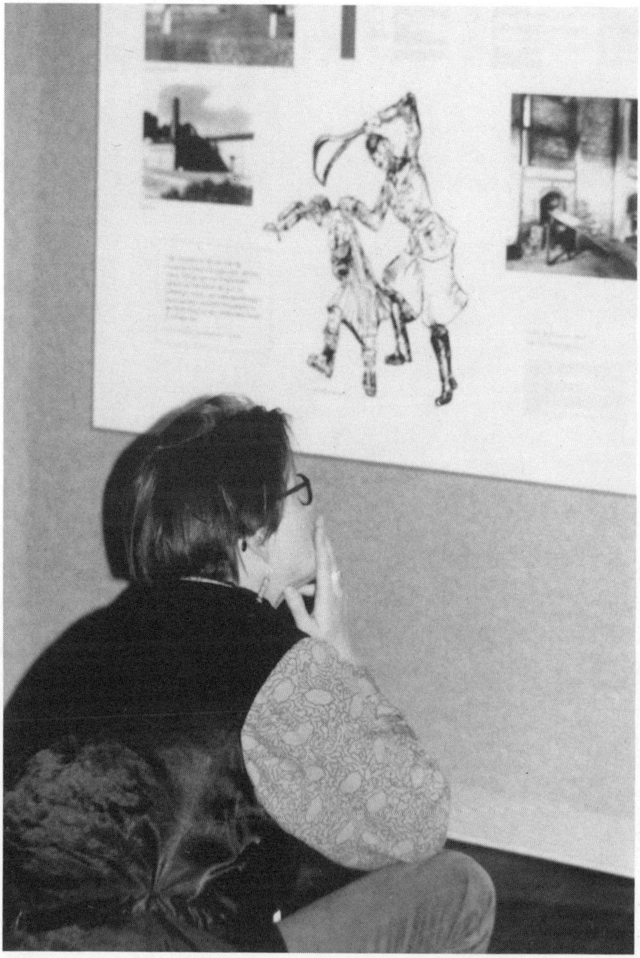

In der Ausstellung "Schwestern, vergeßt uns nicht - Frauen im Konzentrationslager: Moringen, Lichtenburg, Ravensbrück 1933-1945"

Aschenputtel an Reißbrett und Reagenzglas
Naturwissenschaftlerinnen als "Reservearmee" der deutschen Wirtschaft und Wissenschaft (1933-45)

Sibylle Nagler-Springmann
München, Telefon und Fax : 08142/58505

"L'esprit n'a pas de sexe" (Der Geist hat kein Geschlecht). Das verkündete 1673 der Cartesianer Francois Poullain de la Barre in Frankreich. Er stützte seine Argumente auf neue Erkenntnisse der Anatomie, nach denen die Gehirne von Frauen und Männern dieselbe Vorstellungs- und Geisteskraft hatten. Aufbauend auf Descartes, der in beiden Geschlechtern nur zwei verschiedene körperliche Erscheinungsweisen derselben Substanz sah ("deux différentes facons d'un même substance, qui est le corps"), versuchte er als erster historisch nachzuweisen, daß es vor allem wirtschaftliche Gegebenheiten in der frühen Menschheitsgeschichte gewesen seien, die die vermeintliche Ungleichheit der Geschlechter verursacht hätten: Erst durch die Arbeitsteilung und die damit einhergehende geschlechtsspezifische Erziehung wurde die Frau dem Mann schließlich auch sozial untergeordnet, behauptete er. Heute, mehr als 300 Jahre später, wissen wir, daß nicht allein in der Frühgeschichte, sondern bis heute in allen Epochen immer wieder wirtschaftliche Gegebenheiten auf die Benachteiligung von Frauen in Arbeit und Gesellschaft gewirkt haben.

Im Nationalsozialismus wird dies besonders deutlich. Wirtschaftliche und soziale Verhältnisse im Zusammenhang mit politischen Zielen haben binnen weniger Jahre zunächst die Behinderung der Frauenbildung und der weiblichen Berufstätigkeit bewirkt, um sie schließlich spätestens im Zusammenhang mit der Kriegsvorbereitung besonders zu fördern. Da Wirtschaftlichkeitserwägungen im Widerspruch zur aktuellen Ideologie standen, wurde diese den entsprechenden Bedürfnissen angepaßt. Sowohl behindernde als auch fördernde Maßnahmen wurden jeweils mit einem gleichbleibenden Repertoire von biologistisch-ideologischen Argumenten begründet, die die wahren Motive verschleiern sollten.

Die Naturwissenschaftlerinnen stehen dabei vor allem deshalb im Mittelpunkt des Interesses, da sie - wie schon im ersten Weltkrieg - besonders von konjunkturellen Schwankungen und durch ihre besonders "unweiblichen" Interessen von entsprechenden Ideologien betroffen waren, und übrigens heute noch sind.

Die Weimarer Republik: Das Frauenstudium etabliert sich

Schon im Ersten Weltkrieg übernehmen Frauen Aufgaben von Männern sowohl im öffentlichen Dienst als Lehrerinnen an Knabenschulen beispielsweise, als auch in den Fabriken und Büros. Die Demobilmachungsmaßnahmen jedoch schrauben die weibliche Erwerbstätigkeit 1914/18 insgesamt wieder auf ihren Vorkriegsstand zurück, das sind knapp ein Drittel aller Erwerbstätigen.

Die absolute Zahl der weiblichen Erwerbstätigen von 11,5 Millionen ändert sich im Verlauf der Weimarer Republik nur unwesentlich. Ihr Anteil an der Gesamtbeschäftigungszahl wächst jedoch stetig, da in den von Männern besetzten Berufssparten Arbeitsplätze abgebaut werden, die Diensleistungsbranche aber wächst. In der Weimarer Republik wandelt sich damit die Struktur der Frauenarbeit deutlich. Der expandierende Dienstleistungsbereich braucht die billigen weiblichen Arbeitskräfte, während in anderen Sektoren der Wirtschaft Männer entlassen werden.

Immer weniger Frauen arbeiten in Haus- und Landwirtschaft und im Textilgewerbe, immer mehr streben in die neuen Angestelltenberufe im Büro und im Verkauf. Eine kleine, aber stetig wachsende Gruppe von studierten Frauen findet als Gymnasiallehrerin, Dozentin, Ärztin oder Rechtsanwältin Zugang zur höheren, männlich dominierten Berufssphäre.

Am Beispiel der Chemie hat Christine Roloff gezeigt, wie schon in dieser Zeit gesellschaftspolitische und wirtschaftliche Umstände auf die Studien- und Arbeitsmöglichkeiten für Frauen ausgewirkt haben. Nicht nur die Erwerbstätigkeit sondern auch das Studium von Frauen hatte im Ersten Weltkrieg einen Aufschwung erfahren. Die Frauenanteile in der Chemie hatten sich von 2 auf 8 Prozent erhöht. Gegen Ende des

Kühne Begründung.

Student: „Schau mal Fritz, welch ein netter Käfer!" — Professor: „Wie sind Sie denn auf die unglückliche Idee gekommen, Naturwissenschaften zu studieren? Auf diesem Gebiete werden Sie's nie zu etwas bringen, nachdem Sie im vierten Semester noch eine Gans für einen Käfer halten."

Krieges hatte der Verein Deutscher Chemiker nach langen widersprüchlichen Diskussionen über die Anerkennung von weiblichen Chemikern die Notwendigkeit von qualifizierter Frauenarbeit in der chemischen Industrie anerkannt: Chemikerinnen durften dort an Männerarbeitsplätzen eingesetzt werden, wo kleine Maschinen und Geräte waren und wo weibliche Laboranten und Hilfskräfte arbeiteten. Der Verband hatte aber gleichzeitig darauf gedrungen, daß immer gewährleistet sein müsse, daß "einmal Frauen den Männern nicht die Stellen fortnehmen oder sie in ihrer Entlohnung kürzen."

Daß diese Konkurrenzangst völlig unbegründet war, machen die Zahlen deutlich. In den Berufszählungen von 1925 und 1933 gibt es im Reich nicht einmal 1000 Chemikerinnen. Eine Promotion in Chemie, den bis dahin eigentlich einzig anerkannten Studienabschluß, haben in der Zeit nur rund 600 Frauen gemacht.

Die wirtschaftliche Notzeit zu Anfang der Weimarer Republik dezimiert die Zahl der weiblichen Studenten insgesamt, da bei Geldmangel immer zunächst das Studium der Töchter beschränkt wird. Naturwissenschaftliche Studiengänge sind aufgrund der Kolleggelder und hohen Material- und Laborkosten sehr teuer, für junge Frauen zu Beginn der 20er Jahre folglich fast unerschwinglich. Während der Frauenanteil unter den Studierenden an den deutschen Universitäten insgesamt nur um knapp 1 Prozent sinkt, um dann zwischen 9 und 10 Prozent zu stagnieren, verringern sich die Frauenanteile in der Chemie von 10 auf 6 Prozent, an den TUs sogar von 6 auf 3. Erst in der zweiten Hälfte der 20er Jahre erfährt das Frauenstudium insgesamt einen deutlichen Aufschwung.

Schlechte Berufsaussichten für Akademikerinnen

Gegen Ende der Weimarer Republik studieren im Reich (1932) etwa 18 000 junge Frauen, das sind knapp 19 Prozent der Studierenden. Nach Berlin ist München der beliebteste Studienort. Die Studienfachwahl gibt Aufschluß über die damaligen Berufsmöglichkeiten. Hatte noch 1919 jede dritte Studentin Medizin belegt, sind es 1930 nur noch 18 Prozent, denn die Mediziner verteidigen ihren Berufsstand mit allen Mitteln. Nur gut 5 Prozent der Ärzte sind am Ende der Weimarer Republik weiblich. In der juristischen Fakultät bleiben die Frauen eine verschwindende Minderheit. Ihr Anteil steigt nie über 6 Prozent. Nach einem anfänglichen deutlichen Rückwärtstrend in den ersten Nachkriegsjahren steigt der Anteil der Studentinnen an mathematisch-naturwissenschaftlichen Fächern reichsweit von 10 auf 20 Prozent. In München liegt er immer darüber und erreicht 1933/34 sogar fast 29 Prozent.

Besonderer Beliebtheit erfreut sich wegen relativ guter Berufschancen die Chemie. 1925 steht sie nach den pädagogischen und medizinischen Berufen an dritter Stelle. Ein Drittel der Chemiestudentinnen strebt einer Umfrage an preußischen Hochschulen zufolge eine Anstellung in der Wirtschaft an. Der Grund: Ein nicht unerheblicher Teil (ein Drittel) kommt ohne Abschluß in der Industrie unter, denn als minder qualifizierte Kräfte haben diese Frauen es leichter, eine Stelle zu finden, als die nach Tarif zu bezahlenden promovierten Chemiker. Chemikerinnen mit Doktortitel erreichen in der Industrie nicht einmal einen Anteil von zwei Prozent. Viele promovierte Chemikerinnen suchen daher wie der Großteil der anderen Naturwissenschaftlerinnen in der Wissenschaft Fuß zu fassen. 1929 sind von den 46 weiblichen Hochschullehrerinnen an deutschen Universitäten knapp die Hälfte Naturwissenschaftlerinnen und Mathematikerinnen.

Gegen Ende der Weimarer Republik sind die Berufsaussichten für Akademiker insgesamt schlecht. Für die Frauen erweisen sie sich als katastrophal. Schon 1931 kommt auf jeden zweiten berufstätigen Akademiker ein stellungsloser mit abgeschlossenem Vollstudium. Folglich verschärft sich in den Jahren der Weltwirtschaftskrise ab 1929 die Polemik gegen das Frauenstudium: "Die unvermeidliche Folge des weiblichen Massenstudiums und das Eindringen der Frau in alle männlichen Berufe sind Blaustrumpfkultur und Frauenherrschaft. Zur Zeit zeigen sich nur erst die Primärerscheinungen dieser Volksentartung. Geht die Entwicklung noch ein Jahrzehnt so weiter, dann ist die Entmannung unseres Geistes- und Staatslebens in vielen Fällen Wirklichkeit geworden." So erhebt beispielsweise 1929 ein Dr. Joseph Rompel seine warnende Stimme. In seinem Pamphlet mit dem Titel "Die Frau im Lebensraum des Mannes" schreibt er weiter: "Das Übel beginnt schon bei der Koedukation und führt über die geistigen Bordelle der Weiberkollegs direkt in den Untergang des deutschen Volkes."

Auch das Studentenwerk beteiligt sich an der öffentlichen Kampagne gegen das Frauenstudium. In seiner offiziellen Zeitschrift heißt es 1932:" Man mache das Vollstudium der Frau zum Ausnahmerecht und man wird der Besinnung von Müttern und Töchtern auf die echten Aufgaben des Weibes wieder zum Durchbruch verhelfen...".

Angesichts der hohen Akademikerarbeitslosigkeit ist der Druck auf die sogenannten "Doppelverdiener" am größten. Gemeint sind natürlich wieder die Frauen. Am 30. Mai 1932 wird schließlich im "Gesetz über die Rechtsstellung der weiblichen Beamten" die Kündigung von Frauen ermöglicht, sofern ihre Versorgung gesichert sei. Frauen sind in der Beamtenschaft aber ohnedies mit 8,7 Prozent stark unterrepräsentiert. Und insgesamt gibt es unter den rund 300 000 berufstätigen Akademikern auch nur ca. 12.500 Frauen. Anhand der Berufsstatistik von 1925 hat schon Gertrud Bäumer zuvor nachgewiesen, wie unbegründet die Polemik gegen die Frauen in akademischen Berufen ist: In der Berufsgruppe der Ingenieure gibt es bei 141.000 Männern ganze 226 Frauen und die 14 000 Rechtsanwälte haben nur 54 Berufskolleginnen.

Aber mit ihrer Politik kommt die Regierung dem Ruf der männlichen Akademiker entgegen, die weibliche Konkurrenz auszuschalten. In der Depression nach 1929 ist die Frauenemanzipation - die konkret noch gar nicht stattgefunden hat - die aber doch angeblich Frauenarbeit, Zerrüttung von Familie und Gesellschaft und die Arbeitslosigkeit der Männer verursacht hat, zu einem Popanz der öffentlichen Meinung geworden. Auch Hausfrauenverbände, evangelischer Frauenbund und katholische Vereine attakkieren jetzt die Modernisierungstendenzen der Nachkriegsgesellschaft und sprechen sich deutlich für eine Segregation von männlichen und weiblichen Arbeiten, Interessen und Bedürfnissen aus. Die Idee einer Volksgemeinschaft, in der Frauen und Männer trotz unterschiedlicher Sphären gleich geachtet würden, hat eine lange Tradition.

Das Leben der meisten Frauen ist trotz politischer Rechte und neuer Arbeitsplätze im Angestelltenbereich nicht wesentlich leichter geworden. Verfassungsversprechen und konkrete Diskriminierung im Alltag in Hinblick auf Berufschancen, Entlohnung, Doppelbelastung klaffen weit auseinander. Das Gemisch aus konservativen Vorurteilen, Konkurrenzangst und verzweifelter Krisenstimmung greifen die Nationalsozialisten auf und verwenden es wirksam in ihrer Propaganda. Mit ihrer Frauenideologie bedient sich die

NSDAP - wie in anderen Bereichen auch - ausschließlich den in allen Bevölkerungsschichten vorhandenen traditionellen Überzeugungen. "Viele Frauen mögen sich von einer nationalsozialistischen Regierung eine wirkliche Verbesserung ihrer Situation versprochen haben", vermutet Ute Frevert in ihrer Frauen-Geschichte. Sie hofften auf "ein Ende der Schaukelpolitik, die Frauen je nach politischer und konjunktureller Großwetterlage in die Familie oder den Beruf - oder auch an beide Arbeitsplätze gleichzeitig verwies."

Frauenarbeit in der Ideologie des NS

Die NS-Ideologie hatte nie einen Zweifel daran gelassen, daß sie die Ziele und Ergebnisse der Frauenemanzipation ablehnte. "Emanzipation der Frau von der Frauenemanzipation" sei das Gebot der Stunde, verkündet 1930 Alfred Rosenberg, Chefideologe der Nazis, in seinem Buch "Der Mythos des 20. Jahrhunderts". Hitler selbst erklärt 1934: "Das Wort von der Frauenemanzipation ist nur ein vom jüdischen Intellekt erfundenes Wort, und der Inhalt ist vom selben Geist geprägt." Die Frauenbewegung habe Frauen gegen Männer aufgehetzt und einem "schrankenlosen Individualismus" das Wort geredet. Frauen hätten mit Männern um politische Macht, Berufe und Geld konkurriert, ihre eigentlichen Aufgaben als Mütter jedoch vernachlässigt. Erst im völkischen Staat könnten Frauen wieder echte Frauen sein und in ihrer "kleinen Welt" das Fundament legen für die "große Welt" der Männer. Wenn die Frau in der Sorge um Haus, Familie und Rasse ihre wahre Bestimmung wiedergefunden habe, überlasse sie gerne dem Mann die Verantwortung für Politik, Gemeinschaft und Erwerb.

Nicht alle Frauen der Bewegung teilen diese Auffassung. Innerhalb der politischen Rechten geht das Meinungsspektrum über die Frauen im neuen Deutschland weit auseinander. Es gibt Frauen, die für eine Gleichberechtigung männlicher und weiblicher Eliten eintreten und begabte Frauen in politischen, richterlichen und militärischen Führungspositionen sehen wollen. Da es außer ein paar Hitler- und Göbbelszitaten keine parteioffiziellen Vorgaben gibt, fließen im Programm der NS-Frauenschaft unterschiedliche Positionen zu einer bemerkenswerten Mischung zusammen. Einerseits wollen die NSDAP-Frauen den historischen Entwicklungsprozeß nicht rückgängig machen und bejahen, wie es heißt "die Eingliederung aller Frauenkräfte zum Besten der Nation", andererseits halten sie Ehe und Mutterschaft für den "nächstliegenden Dienst am Volksganzen."

Da die Mutterschaft aufgrund des Frauenüberschusses und der komplexen Wirtschaftsbeziehungen nicht für alle möglich ist, finden die Ideologen den Ausweg der "arteigenen Berufe". Im Völkischen Beobachter legt 1934 Reichsminister Wilhelm Frick das unverheiratete Mädchen auf Berufe fest, die "der weiblichen Wesensart entsprechen." Denn ungeachtet ökonomischer, sozialer oder politischer Aspekte hatten die Nazis aufgrund des biologischen Unterschieds typisch weibliche und typisch männliche Charaktereigenschaften konstruiert. In pflegerischen und sozialen Berufen und in der Landwirtschaft sollen Frauen ihre mütterlichen Instinkte umsetzen. Aufgrund ihrer minderen intellektuellen Fähigkeiten stehe die Frau dem Kind besonders nahe und sei für die Kindererziehung prädestiniert.

In Anknüpfung an die Kampagne gegen das Doppelverdienertum versprechen die Nazis in ihrer Wahlpropaganda, besonders verheiratete Frauen vom Arbeitsmarkt fernzuhalten. Mit Ehestandsdarlehen, die an berufstätige Frauen vergeben werden, die bei der Heirat ihre Erwerbstätigkeit aufgeben, versucht man den Arbeitsmarkt zu entlasten. Selbst ledige Frauen sollen nicht mit Männern um die gleichen Arbeitsplätze konkurrieren, sondern sich "wesensgemäßen Beschäftigungen" widmen. Wesensgemäß ist es nicht, sich mit Physik, Chemie oder gar Technik zu befassen.

Die gezielten Berufslenkungsversuche sind jedoch nur begrenzt erfolgreich. Von 1933 bis 1939 steigt die weibliche Erwerbsquote sogar von 34 auf 36 Prozent. Außerdem sind 1939 rund 2 Millionen mehr erwerbstätige Frauen verheiratet als 1933. Denn weder wollen Arbeitgeber die billigen weiblichen Arbeitskräfte aufgeben noch können es sich alle Familien leisten, auf das Geldeinkommen der Ehefrau zu verzichten.

Effektiver verfährt man dort, wo Staat, Länder und Kommunen als Arbeitgeber auftreten. Verheiratete Beamtinnen werden aus dem öffentlichen Dienst entlassen, Gehaltsdifferenzen zwischen männlichen und weiblichen Beamten verbindlich vorgeschrieben. Gehobene Positionen sowie berufliche Aufstiegsmöglichkeiten für Frauen werden gesperrt. In der Schule werden Frauen aus Leitungspositionen verdrängt, Lehrerinnen höherer Schulen an Volksschulen versetzt und das Verhältnis zwischen männlichen und weiblichen Referendaren auf 4:1 festgesetzt. Seit 1936 dürfen Frauen weder Richterin noch Staats- oder Rechtsanwältin werden und weibliche Ärzte bekommen kaum noch Kassenzulassungen. Um den Frauen unmißverständlich klar zu machen, daß ihr Zugang zu privilegierten Positionen nur in Maßen erwünscht ist, verfügt Reichsminister Frick bereits 1933 einen geschlechtsspezifischen Numerus Clausus von 10 Prozent. Obwohl diese Quotierung knapp zwei Jahre später wieder aufgehoben wird, sinkt die Studentinnenzahl bis 1939 um zwei Drittel.

Die ausgeprägte Rollenzuweisung durch die nationalsozialistische Propaganda und Gesetzgebung wirkt sich bis zum Krieg auch deutlich auf die Studienfachwahl der jungen Frauen aus. Das Studium der medizinischen Fächer, die am ehesten dem "Wesen der Frau" zu entsprechen scheinen, ziehen wieder die meisten Frauen an. Über 55 Prozent wählen 1938 Medizin, Pharmazie oder Zahnheilkunde, obwohl der Führer des Reichsärztebundes 1933 erklärt hatte, daß es Ziel der NSDAP sei, Deutschland von allen Ärztinnen und Medizinstudentinnen zu befreien. Naturwissenschaften dagegen studieren 1938 nur noch 7,6 Prozent. 10 Jahre zuvor sind es drei mal so viele gewesen (21 Prozent). Der Anteil der Chemiestudentinnen im Reich sinkt um die Hälfte von 14 auf 7 Prozent. 1937 gibt es nur noch 200 Studentinnen in diesem Fach.

Die Zahl der Wissenschaftlerinnen an den Hochschulen wird schon aufgrund der Nürnberger Gesetze deutlich dezimiert, da ein Großteil von ihnen jüdischer Herkunft ist. Von den 58 Dozentinnen, die 1933 an deutschen Hochschulen lehren, muß etwa die Hälfte in die Emigration fliehen. So auch Emmy Noether und Lise Meitner, denen man beiden schon im April 1933 die Lehrbefugnis entzieht.

In München können sich unter anderem zwei Wissenschaftlerinnen halten: Die Zoologin und Bienenforscherin Ruth Beutler, seit 1932 Assistentin am Zoologischen Institut, wird 1937 zur außerplanmäßigen Professorin ernannt. Und die Chemikerin und Hormonforscherin Elisabeth Dane, die sich 1934 habilitiert und 1942 apl. Professorin und Konservatorin wird. Beide Frauen sind nie Parteimitglieder, werden aber nachdrücklich von ihren Lehrern gefördert, die beide anerkannte Forscher sind (Karl v. Frisch u. Heinrich Wieland).

Doch werden Wissenschaftlerinnen auch offenbar aufgrund ihres Frauseins mit extralegalen Mitteln von ihren Positionen vertrieben. So die Zoologin und Zellforscherin Rhoda Erdmann. Sie hatte 1907 bei Richard Hertwig in München promoviert und eine neue Forschungsrichtung, die experimentelle Zellforschung, entwickelt. Als eine der ersten Frauen hatte sie sich 1920 habilitiert und ihren neuen Forschungszweig in einer eigenen Abteilung am Krebsinstitut der Charité in Berlin institutionalisiert. Das von ihr seit 1925 herausgegebene "Archiv für experimentelle Zellforschung" ist noch heute führendes Fachorgan auf diesem Gebiet. Als sie 1933 von der Gestapo aufgrund einer Denunziation verhaftet wird, kursieren an ihrem Arbeitsplatz Gerüchte, sie sei Jüdin. Keiner der Kollegen tritt für sie ein. Als sie nach zwei Wochen aus der Haft entlassen wird, teilt die Gestapo dem Dekanat mit: "Sie ist zweifellos Demokratin, aber das allein genügt ja nicht, um in irgendeiner Weise gegen sie vorzugehen." Zwei Jahre später, 1935, wird auch ihr die Lehrbefugnis entzogen, "aus prinzipiellen Gründen", so heißt es. Im selben Jahr ist sie gestorben, wie auch Emmy Noether im amerikanischen Exil.

Die Akademikerinnen bilden zwar nur einen kleinen Teil der weiblichen Bevölkerung und auch der berufstätigen Frauen, von denen der Großteil minderbezahlte und untergeordnete Berufe ausübt. Aber gerade die offene Diskriminierung dieser exponierten weiblichen Minderheit spiegelt die Einstellung und Politik der Nationalsozialisten gegenüber den Frauen besonders deutlich. Konsequent wird die Bekämpfung der Frauenarbeit nur durchgeführt, wenn es darum geht, Frauen aus attraktiven Stellungen zu verdrängen, die auch von Männern angestrebt werden. Die Motive sind wirtschaftlicher und sozialer Natur. Ideologische Argumente dienen nur deren Verschleierung.

Schulbildung: Frauenschaffen kontra logisches Denken

Ähnlich kurzatmig und inkonsequent wie die Arbeitsmarktpolitik nimmt sich auch die Schulpolitik der Nationalsozialisten aus, die zum Ziel hat, den Frauen schon frühzeitig den Weg in höhere Positionen in Wirtschaft, Wissenschaft und Gesellschaft zu verbauen. Die Bildungsplaner gehen jedenfalls von zwei völlig verschiedenen Bildungsidealen für Jungen und Mädchen aus. "Das Ziel der weiblichen Erziehung hat unverrückbar die kommende Mutter zu sein" hatte Hitler in "Mein Kampf" geschrieben. Alle Schulrichtlinien im Dritten Reich orientieren sich daran. Hauswirtschaft, Säuglingspflege, Rassenbiologie etc. sollen demnach für Mädchen obligatorische Unterrichtsfächer sein. Jedoch begnügt sich die Schulpolitik zunächst mit kleinen Modifizierungen des bestehenden Systems, die auf dem Erlaßwege eingeführt werden. Erst 1937 wird eine umfassende Schulreform durchgeführt.

An die Stelle der Lyceen und Oberlyceen tritt 1937 im Rahmen der Schulreform die Oberschule mit einem hauswirtschaftlichen und einem sprachlichen Zweig als fast alternativlosem höheren Schultyp für Mädchen. Latein, als notwendige Voraussetzung für das Studium der meisten wissenschaftlichen Disziplinen, fehlt im Unterrichtsangebot fast aller Oberschulen. Ebenso vermitteln sie nur rudimentäre naturwissenschaftliche und mathematische Kenntnisse. Der hauswirtschaftliche Zweig wird 1939 als Folge entsprechender Propaganda vom Großteil der Mädchen besucht. Biologie, Chemie,

Physik, Erdkunde und Rechnen fallen hier unter die theoretischen hauswirtschaftlichen Fächer. Sie sollen das "erforderliche naturwissenschaftliche Rüstzeug für die hauswirtschaftlich-pflegerischen und die volkskundlich-künstlerischen Fächer" vermitteln. Das sogenannte "Puddingabitur" des hauswirtschaftlichen Zweiges berechtigt nicht zum Hochschulstudium. Dazu bedarf es einer Zusatzprüfung in Geschichte, Mathe, Physik und zwei Fremdsprachen. Diese Schulpolitik und die Propaganda einer einseitigen Rollenzuweisung bewirken eine stärker rollenorientierte Berufswahl der Frauen. Das zeigen der Rückgang der Studentinnenzahlen und die Studienfachwahl.

Die Schulreform von 1937 wirkt aber den neuen Erfordernissen der Rüstungswirtschaft in Bezug auf qualifizierte Ausbildung speziell der Frauen diametral entgegen. So müssen schon ab 1938 große Teile dieser Reform wieder zurückgenommen werden.

Die Frauen werden wieder gebraucht

Bereits 1936 war mit dem Vierjahresplan und den ersten geheimen Kriegsvorbereitungen ein Arbeitskräftemangel deutlich geworden, der alle Wirtschaftssektoren - Industrie, Landwirtschaft und Dienstleistungen - erfaßte. Ende 1938 weisen die Listen der Arbeitsämter eine Million freie Stellen aus. Auch im Bereich der akademischen Berufe zeichnet sich schon früh ein Mangel ab. Für die Durchführung des Planes werden nämlich weitaus mehr Ingenieure, Chemiker und andere Wissenschaftler benötigt, als in Deutschland verfügbar sind. Daher werden auch die Studentinnen wieder "rehabilitiert". Bereits im Sommer 1936 wird in ersten Publikationen der NSDAP die tradierte und ideologisch zuerst gewollte Einteilung in männliche und weibliche Studiengebiete als "zu mechanisch" hingestellt. "Zu sagen, eine Frau studiert nicht Jura oder nicht Physik ist Unsinn." heißt es in einem Artikel von Wilhelmine Dreißig über das Frauenstudium in der Zeitschrift "Die deutsche Studentenschaft". In der NS-Studenten-Zeitschrift "Die Bewegung" spricht der Präsident der Deutschen Forschungsgemeinschaft Rudolf Mentzel im November 1941 schließlich von einer "Gesamtmangellage" in akademischen Berufen, die sich schon in den Jahren vor dem Krieg deutlich abgezeichnet habe.

Die Propaganda ist jetzt vor die Aufgabe gestellt, die Rückführung der Frauen in das Berufsleben zu unterstützen und zu rechtfertigen. Zugleich darf aber das ursprüngliche Frauenideal nicht aufgegeben werden. Das weibliche Ideal von der Mutterschaft verbindet die NS-Propaganda schließlich geschickt mit dem Aspekt des weiblichen Berufseinsatzes, indem sie im Namen der Volksgemeinschaft die Unterordnung aller Interessen unter das Gesamtwohl fordert. Dabei wird anfangs trotz unbestreitbarer wirtschaftlicher Erfordernisse immer wieder betont, daß die Erwerbsarbeit nur ein Ersatz sein kann. Denn "über allem Leben der Frau steht die Mutterschaft", so die Leiterin der NS-Frauenschaft Scholtz-Klink 1937 in einem Schulungsbrief zum Thema "Frau und Beruf". Auch das Frauenideal der "naturgemäßen Arbeit" wird weitgehend aufgeweicht, 1938 wird offiziell mitgeteilt, daß durch die Erfordernisse des Vierjahresplanes die Ansicht, "ein Hochschulstudium sei für Frauen aussichtslos", überholt sei. Frauen werden ab 1939 nicht nur für medizinische und geisteswissenschaftliche Fächer geworben, sondern auch für juristische und für naturwissenschaftlich-technische Studiengebiete. Denjenigen, die Naturwissenschaften studieren wollen, verspricht man gute Aussichten auf eine Anstellung in der Industrie. Gerade aus diesem Bereich hat man die Frauen zuvor mit Erfolg ferngehalten: Der Chemikerverband zählt 68 weibliche Mitglieder, der Biologenverband 38. Jetzt wird immer wieder betont, daß "das zwangsweise Hereinwachsen in frauenfremde Berufe" keineswegs das "Wesen der Frau" verändere. Bereits im Wintersemester 1939 sind wieder rund 500 Chemiestudentinnen an deutschen Hochschulen eingeschrieben.

Eine deutliche Wirkung zeigt die Werbung erst nach Kriegsbeginn. Ab 1940 steigt die absolute und die relative Zahl der Studentinnen. Schon 1941 liegt in München der Frauenanteil unter den Studierenden bei fast 45 Prozent. 1943/44 studieren über 28.000 junge Frauen an deutschen Hochschulen - so viele wie nie zuvor. Ihr Anteil in den Naturwissenschaften steigt auf über 60 Prozent.

Dazu haben verschiedene gezielte Maßnahmen beigetragen, die der ursprünglichen Arbeitsmarkt- und Frauenpolitik völlig entgegengesetzt sind:

Um den Anteil an Akademikerinnen zu erhöhen, wird die Arbeitsdienstpflicht ab 1939 stückweise zurückgenommen. Der Dienst muß jetzt nicht mehr unbedingt vor dem Studium abgeleistet werden, sondern kann auch auf die Semesterferien oder die Zeit nach dem Studium verschoben werden. Wer sich in einem der gefragten kriegswichtigen Fächer wie Chemie oder Physik beispielsweise einschreiben will, wird frühzeitig aus dem Arbeitsdienst entlassen. Seit dem Frühjahr 1941 werden die Abiturientinnen des hauswirtschaftlichen Zweiges der Mädchenoberschulen gleichberechtigt zum Studium zugelassen. Ihre Zusatzprüfung entfällt. Seit 1942 räumt man begabten jungen Frauen in Ausbildungsberufen die Möglichkeit zum Studium ohne Abitur ein. In einer sogenannten zweijährigen "Vorstudienausbildung" werden ausgewählten Frauen der nötige Wissensstoff und das politisch-geistige "Rüstzeug" für ein Hochschulstudium vermittelt. Die Teilnehmerinnen dieser Lehrgänge müssen sich allerdings bereit erklären, bestimmte Studiengänge zu wählen, die für den späteren "Berufseinsatz im Osten" geeignet sind, wie Medizin, Landwirtschaft und Naturwissenschaften.

In einer großen Betrachtung über akademische Frauenberufe in der Zeitschrift "Die Bewegung" bemüht sich die Reichstudentinnenführerin Anna Kottenhoff 1941 um den Spagat zwischen dem Festhalten an fraulichen Wesensmerkmalen und dem Aufweichen der ursprünglichen ideologischen Festlegung der Frau auf Mutterschaft und soziale Arbeit. Sie weist darauf hin, daß erst der ausgesprochene Mangel an akademischen Berufskräften in den letzten Jahren entscheidende Veränderungen in der Einstellung gegenüber Akademikerinnen bewirkt habe. "Die Nachfrage nach akademisch geschulten Frauen" so heißt es, " wird auf allen Gebieten immer dringlicher. Die Frage, ob die Art der jeweiligen Tätigkeit der Wesensart der Frau voll entspricht, tritt dabei mehr und mehr zurück." Kottenhoff gesteht jedoch ein, daß in künftigen Zeiten von Arbeitsmangel die Frau im Berufsleben wahrscheinlich wieder überflüssig werde. Jetzt aber gehe es um "geschichtlich übergeordnete Aufgaben", denen Mann und Frau in gleicher Weise verpflichtet seien. Daher käme es darauf an, der Berufstätigkeit der akademisch gebildeten Frauen eine "innere Ordnung" zu geben. "Wenn wir gefragt werden, worin der Nationalsozialismus diese innere Ordnung sieht, so ist die Antwort einfach: Wir sehen die Möglichkeit einer grundsätzlichen und notwendigen Ordnung darin, daß sich die akademische Frauenberufstätigkeit in erster Linie auf solche Gebiete erstreckt, die im natürlichen Lebensbereich der Frau liegen. Zu diesen Gebieten gehört unumstritten der Tätigkeitsbereich der Ärztin, insbesondere der praktischen Ärztin und der Kinderärztin; dazu gehört auch der Beruf der Erzieherin sowohl der Beruf der Volksschullehrerin wie der Assessorin und der Studienrätin..." Weiter weist sie darauf hin, daß in der Öffentlichkeit viel zu wenig bekannt sei, wie viele Akademikerinnen in der Arbeit der NS-Frauenorganisationen benötigt würden: "... und nicht nur, wie allgemein angenommen wird, philosophisch oder volkswirtschaftlich geschulte Kräfte zur Durchführung der Schulungs- und Verwaltungsarbeit, sondern auch Chemikerinnen, Juristinnen, Architektinnen, ja selbst - dies allerdings zahlenmäßig beschränkt - Ingenieurinnen." ... "Die Lenkung der Berufstätigkeit der Frau in dieser Richtung hat den entschiedenen Vorteil, daß es sich um Aufgaben handelt, an denen die Frau von sich aus interessiert ist, weil sie ihr von Natur aus nahestehen. Sie hat den weiteren, nicht zu unterschätzenden Vorteil, daß auch bei eintretenden Konjunkturschwankungen normalerweise kein Konkurrenzverhältnis zum Mann entstehen kann." Abschließend problematisiert Kottenhoff die Frage, daß aufgrund ihrer akademischen Ausbildung die Frau als Vorgesetzte des Mannes denkbar sei. "Die Tüchtigkeit der Frau," - so meint sie - "die ja dann meist auf einem männlich ausgerichteten Sachgebiet liegt, nimmt der Frau auch in den Augen ihrer Umwelt nichts von ihren fraulichen Qualitäten."

Die Wissenschaftlerin - ein kriegswichtiger Frauenberuf

Als ein kriegswichtiger Frauenberuf gilt auch die forschende Naturwissenschaftlerin. Das Reich kann sich " die Verschwendung hervorragender Begabungen" der Frauen auf wissenschaftlichem Gebiet nicht leisten", schreiben die Münchner Neuesten Nachrichten im September 1943. "Wir haben uns daran gewöhnt, ... zu bejahen, daß Frauen auf gefühlsmäßigem und menschlichem Gebiet vorwiegend begabt seien". Dabei habe man übersehen, daß schon frühe Naturforscherinnen wie Hildegard von Bingen bewiesen hätten, daß Frauen insbesondere durch ihre Ordnungsliebe und ihrem Hang zur Systematik auch für die exakten Wissenschaften geeignet seien. Außerdem werden Geduld, Unermüdlichkeit und manuelles Geschick als weibliche Eigenschaften angeführt, die speziell für die naturwissenschaftliche Forschung befähigen. Und vor allem halte sie ihre Gebundenheit an das Leben "auch in ihrer wissenschaftlichen Arbeit lebendig". "Dieser letzte Zusammenhang mit dem Lebendigen, der noch der abstraktesten naturwissenschaftlichen Arbeit anhaftet, mag einer besonderen weiblichen Neigung entgegenkommen.."

Ab 1943 müssen die Nationalsozialisten "für den Sieg" auch alle akademischen Kräfte einsetzen. "Die Aufgaben der Universitäten im Rahmen des totalen Krieges können nur die sein, den fachlich hinreichend gebildeten Nachwuchs für lebensnotwendige Gebiete zu stellen," schreibt im Februar 1943 der Regierungsreferendar Helmut Kuhnau in "Die Bewegung". Vor allem nach dem Krieg sei das Errungene zu sichern, wofür eine große Anzahl vorgebildeter Kräfte vorhanden sein müsse. "In diesem Sinne... ist die Universität jetzt kriegsnotwendig. Wenn es auch im Interesse der Wissenschaft bedauerlich ist, daß nunmehr eine Umwandlung freier wissenschaftlicher Forschung in eine kriegsbedingte Zweckforschung und -lehre erfolgen muß, so darf nicht vergessen werden, daß jedwede wissenschaftliche Betätigung in der ersten Form als unabdingbare Voraussetzung das gesicherte Dasein unseres Volkes hat."

Für viele Frauen bedeutet diese Politik eine große Chance, die sie nutzen: Sie haben die Möglichkeit, zu studieren und in Männerpositionen zu forschen und zu entscheiden. Die meisten packen diese Gelegenheit beim Schopfe, ohne zu fragen, welche politischen Ziele sie damit direkt oder indirekt unterstützen. Naturwissenschaftlerinnen werden jetzt in Forschungsprojekte der Wehrmacht einbezogen. Aufgrund des Mangels an geeignetem wissenschaftlichem Personal können sogar einige sogenannte "Halbjüdinnen" Fächer wie Physik oder Chemie weiterstudieren, wenn sie wehrmachtsrelevante Studienschwerpunkte haben. Von der Promotion bleiben sie jedoch weiterhin ausgeschlossen. So gibt es am Physikalischen Institut der Münchner Universität beispielsweise ein gemeinsames Projekt der Firma Haeraeus über Telekommunikation, an der eine diplomierte Physikerin jüdischer Herkunft beteiligt ist. Promovieren kann sie erst nach Kriegsende.

Mit dem Fortgang des Krieges werden die Frauen immer dringender benötigt. 1944 ermuntert die Leiterin der Hochschulgemeinschaft deutscher Frauen alle begabten Abiturientinnen dringend zum Studium, da keine geistige Kraft ungenützt bleiben dürfe. Es gebe bei vorhandener Eignung keinen vernünftigen Grund, ein Hochschulstudium nicht zu ergreifen, wohl aber gebe es einen entscheidenden Grund für das Studium, der allen anderen voranstehe: "das Gebot der Stunde, unser Bestes an Kraft und Können für den Endsieg einzusetzen."(Dt. Allg. Zeitung 3.1.44) Die Berliner Börsen Zeitung berichtet im Juni 1944: "Ein besonders starkes, etwa vier- bis fünffaches Anwachsen gegenüber dem Stand von 1939 verzeichnet das Frauenstudium in den Wirtschaftswissenschaften, in der Technik und den Naturwissenschaften." Selbst der Völkische Beobachter feiert im August 1944 die deutsche Frau als "ein wertvolles Mitglied der Alma mater".

Seit 1943 /44 übernehmen die Frauen in Wissenschaft und Lehre zunehmend die Männerpositionen. Unter zum Teil schwierigsten Umständen erhalten sie den Forschungsbetrieb und den akademischen Unterricht trotz Zerstörung, Materialmangel

Jahr	Studentinnenanteil (Prozent) Naturwissenschaften		Studentinnenanteil (Prozent) Gesamtstudierende	
	München	Dt. Reich	München	Dt. Reich
1904	0,7		0,5	
1909	3,3		2,3	0,7
1914	8,1		4,8	6,2
1919	15,0	8,0	11,7	10,0
1920	9,6		9,9	9,0
1933	28,0	20,0	20,0	18,6
1939	17,0	7,0	15,0	14,7
1942	68,0		46,0	0,0
1944	56,0			50,0
1946	28,0			
1949			12,2	
1957	15,0		23,0	

und Fliegeralarmen aufrecht. In den meisten Fächern sind die Studentinnen und Dozentinnen bis nach Kriegsende fast unter sich. Für viele bedeutet das eine große Chance. Zahlreiche weibliche Wissenschaftler setzen sich beim Wiederaufbau von Forschung und Lehre ein. Kaum eine von ihnen wird dafür mit der Möglichkeit zur Habilitation belohnt. Man sagt ihnen offen, dafür gebe es genügend männlichen Nachwuchs. Einige von ihnen verlassen daraufhin Deutschland und machen im Ausland eine wissenschaftliche Karriere.

Nachkriegszeit und Bundesrepublik

In der ersten Nachkriegszeit schreiben sich noch verhältnismäßig viele junge Frauen in den Naturwissenschaften ein. Ihr Anteil beträgt im Wintersemester 1945/46 28 Prozent. Aber schon gut 10 Jahre später hat der Frauenanteil in den Naturwissenschaften mit 15 Prozent einen absoluten Tiefpunkt erreicht. Das restaurative Frauenbild der Adenauerära, in der das Frauenstudium von noch rund 25 % der Professoren gänzlich abgelehnt wird, hat sicher das seine dazu beigetragen. Trotz Bildungsoffensive und Frauenbewegung können die Naturwissenschaften bis in die 70er Jahre für Frauen nicht mehr annähernd die Attraktivität erlangen, wie sie sie einmal in der der Weimarer Republik gehabt hatten.

Literatur und Quellenauswahl:

Die Bewegung, Zeitung d. dt. Studententums aus den Jahrgängen 1930 bis 1944.
Die deutsche Studentenschaft, Wissen und Dienst, Jahrgänge 1935 und 1936.
Dreißig, Wilhelmine: Frauenarbeitsdienst u. Frauenstudium, in: Die Dt. Studentenschaft. Wissen und Dienst, 19.8.1936.
Frevert, Ute: Frauen-Geschichte, Frankfurt/M. 1986.
Klinksiek, Dorothee: Die Frau im NS-Staat, Stuttgart 1982.
Mason, Tim: Zur Lage der Frauen in Deutschland 1930-40, Wohlfahrt, Arbeit u, Familie, Gesellsch. Beiträge zur Marx. Theorie 6, Frankfurt/M. 1976.
Poullain de la Barre: De L' Égalité des Sexes, 1673, zit. nach: Albistur/Armogathe, Histoire du féminisme francais, Paris 1977.
Roloff, Christine: Chemikerinnen. Zur Bildungs- und Berufsfrage in der Chemie, in: Pionierinnen Feministinnen Karrierefrauen? Zur Geschichte des Frauenstudiums in Deutschland, Pfaffenweiler 1992.
Senatsakten der Universität München, Universitätsarchiv München.
Statistik (unveröffentlicht) der Studentenzahlen der Universität München, Universitätsarchiv München.
Stieftöchter der Alma Mater? 90 Jahre Frauenstudium in Bayern, Katalog der Ausstellung, München 1993.
Tidl, Georg: Die Frau im NS, Wien 1984.
Winkler, Dörte: Frauenarbeit im Dritten Reich, Hamburg 1977.

Naturwissenschaftlerinnen in der NS-Zeit

Gudrun Fischer, Bremen

Für eine Beurteilung der Naturwissenschaften während des Nationalsozialismus ist die Biologie als ideologiefördende Wissenschaft besonders zu beachten, hieß es doch, "Nationalsozialismus ist angewandte Biologie" (zit. in Änne Bäumer, S. 133).

Als Hitler 1933 in Deutschland an die Macht kam, durften Frauen seit 23 Jahren offiziell an Universitäten studieren. 1918 waren fast 30% der immatrikulierten StudentInnen Frauen! Trotz der Demobilmachungsverordnungen von 1918 und 1920, die verheiratete Frauen aus Stellungen entfernte, immatrikulierten sich Frauen, promovierten und habilitierten. Die Habilitationserlaubnis hatte den Frauen die Philosophin Edith Stein aus Breslau erkämpft. Sie floh 1938 nach Holland, wurde dort 1942 verhaftet und im Konzentrationslager Auschwitz ermordet.

Die bevorzugten Studienfächer von Frauen waren die Naturwissenschaften. Im Wintersemester 1932/33 lag die Zahl der Studentinnen bei 18,5%. An technischen Hochschulen lag der Anteil der Frauen zu diesem Zeitpunkt bei 4,6%. 1933 wurde durch das "Reichsgesetz gegen die Überfüllung der Schulen und Hochschulen" eine Quote von 10% für Frauen eingeführt und die Studentinnenzahl sank auf 11%. Siebenundzwanzig, also die Hälfte der vierundfünfzig Frauen, die 1933 an Universitäten, technischen und sonstigen Hochschulen des Deutschen Reiches als Dozentinnen oder Professorinnen arbeiteten, wurden von den Nazis ins Exil vertrieben oder umgebracht. Leider ist über diese Frauen und andere Naturwissenschaftlerinnen aus der Zeit wenig zu erfahren. Zum Beispiel wird im Buch 'Wissenschaft im Dritten Reich' von Peter Lundgreen (1985) von keinem der zehn Autoren ein Wort zur Situation von Akademikerinnen erwähnt. Lise Meitner, für deren Arbeit Otto Hahn den Nobelpreis bekam, und Emmy Noether, die Mathematikerin, von der Albert Einstein sagte, sie sei das schöpferischste mathematische Genie, sind inzwischen in feministischen Kreisen bekannt. Emmy Noether, Jüdin, wird 1933 an der Universität Göttingen entlassen und emigriert im Oktober 1933 in die USA. Sie hält am Women College in Bryn Mawr, Pennsylvania, Vorlesungen über Algebra. 1935 stirbt sie im Alter von 53 Jahren. Lise Meitner, die seit 1922 als Professorin für experimentelle Kernphysik in Berlin Vorlesungen hält, wird im September 1933 die Lehrbefugnis entzogen. Sie setzt ihre Forschungen am Kaiser-Wilhelm-Institut (KWI) für Chemie mit Otto Hahn fort (Transuranreihe). Als Jüdin aus Wien, die nach Meinung der nazitreuen Kollegen das Institut gefährdet, muß sie nach dem Anschluß Österreichs im Juli 1938 Hals über Kopf nach Schweden fliehen.

Antisemitismus, Gesetze gegen Jüdinnen und Juden waren Grundlage für die meisten Vertreibungen und Verfolgungen. Daneben wurde aus politischen Gründen entlassen, wie zum Beispiel die Zoologin Maria von Linden. Sie wurde 1933 von der Universität Bonn wegen ihrer politischen Einstellungen in den Ruhestand versetzt.

Zwischen 1932 und 1945 emigrierten sechzehn Dozentinnen aus den Naturwissenschaften, der Mathematik und der Medizin. Die Gesamtzahl der emigrierten WissenschaftlerInnen ist unbekannt. Schätzungsweise 3.000 habilitierte Lehrkräfte, das sind ein Drittel, verließen die Universitäten Deutschlands.

Ab 1940 änderte sich das Klima gegenüber Frauen im NS-Staat. Der Krieg machte sich mit Männermangel bemerkbar, und von Frauen wurde nicht mehr nur erwartet, Kinder zu bekommen. Sie sollten auch durch ihre körperliche und geistige Arbeit dem "deutschen Volk" helfen, und ihr Beitrag wurde offen eingefordert, wie der Buchtitel "Frauen schaffen für Deutschland" von 1938 zeigt.

1941 lag die Zahl der Studentinnen bei 33%, 1944 bei 61%. Zwischen 1933 und 1940 habilitierten sich nur vier Biologinnen, eine war Ilse Schwidetzky-Roesing mit dem Thema "Rassenkunde der Altslaven". Sie ist nicht die einzige mit NS-geprägtem Forschungsthema. Elisabeth Boedeker (1935) listet unter Psychologie die Arbeit "Das persönliche Tempo-Eine erbbiologische Untersuchung" von Ida Frischeisen-Köhler auf.

Trägerinnen der NS-Ideologie
Ilse Schwidetzky(-Roesing)

Diese Wissenschaftlerin ist für mich beispielhaft für die Kontinuität von NS-geprägten naturwissenschaftlichen Erkenntnissen an Universitäten der BRD. Sie lehrte bis 1981 unbehelligt als Professorin für Anthropologie in Mainz. In ihrem Buch 'Das Menschenbild in der Biologie' von 1971 erwähnt sie unkommentiert: „Viel Mühe wurde schon in den dreißiger Jahren auf die Rassenunterschiede des 'Grundumsatzes' verwandt (...)". Egal, um welche Forschung es dabei geht, es ist bezeichnend, daß die Autorin die 30er Jahre neutral behandelt. In demselben Buch zitiert sie häufig den Rassenbiologen Otmar von Verschuer, und an einer Stelle ausführlich die Forschungsergebnisse der Biologin Adele Juda, die sich mit genetisch bedingter Hochbegabung beschäftigt hatte (s.u.). Lilli Segal schreibt, daß die neueren Bücher der Humangenetik und Anthropologie verhältnismäßig wenig aus den Werken der faschistischen Anthropologie zitieren. Meine Überprüfung hat ergeben, daß immer noch Ergebnisse aus diesen Werken genannt und verwendet werden, nur sind die Stellen mit Bedacht gewählt: sie wirken neutral - "rein wissenschaftlich'. Ilse Schwidetzky klammert in ihren Büchern die "nordische Überlegenheit" aus, eine jüdische Rasse, überhaupt Juden und Roma erwähnt sie nicht; dafür aber 'Neger'. Hier ein Zitat aus dem Buch "Das Menschenbild der Biologie" (S.145): „(...) es waren sogar die Neger einer Reihe von Nordstaaten den Weißen einiger Südstaaten überlegen. Man könnte dies zwar auch dahin deuten, daß es die intelligenteren unter den Negern waren, die nach Norden wandern. (...) Aber es ergaben sich keine Hinweise auf einen solchen Siebungsvorgang. Eine neuere Arbeit (...) kommt allerdings zu dem Ergebnis, daß 'alles zusammengenommen unausweichlich auf das Vorkommen angeborener Unterschiede zwischen Negern und Weißen hinweist', soweit es sich um Intelligenztests handelt." Frau Schwidetzky zitiert nicht weiter aus dieser Untersuchung, und so werden wir nie erfahren, welche Gruppe intelligenter war. Eine Randbemerkung zu diesem Buch: Das Kapitel über die Geschlechtsunterschiede strotzt von sexistischen Steroetypen, ein Kontrast zu dem "wissenschaftlich" gehaltenen Kontext. Noch ein Zitat: „Die neueste Phase der Frauenbewegung beruft sich gerade darauf, daß die Frau die menschlich-männliche Überspezialisierung, wie sie im Zeitalter der Technik und der industriellen Massengesellschaft oft und eindringlich geschildert wurde, mit ihrer größeren 'Instinktsicherheit', mit ihrer stärkeren Umwelt- und Menschenverbundenheit auszugleichen vermag" (S.64). Die gezeichneten

Menschenköpfe, die in diesem Buch anschaulich die 'Rassentypen' darstellen sollen, sind Männerköpfe.

Die Beteiligung von Frauen an Auslese, Selektion und Mord ist tatsächlich sehr viel geringer als die von männlichen Forschern. Zum Beispiel stehen auf den Listen der an der T4 Aktion beteiligten Ärzte (T4 steht für Tiergartenstraße 4 in Berlin) keine Ärztinnen. Von dieser Adresse gingen Fragebögen an die Heil- und Pflegeanstalten des Landes. Auf die zurückgesandten Fragebögen kam ein plus- oder minus-Zeichen (Anordnung zum Mord oder nicht). Dennoch hatten die Mediziner und Biologen, die rassistische Forschung betrieben, Frauen in ihren Arbeitsgruppen.

Zwei Punkte sind wichtig bei der Betrachtung der Naturwissenschaften während des deutschen Faschismus: Erstens gab es schon vor 1914 sechs wissenschaftliche 'rassenkundliche' Zeitschriften, das heißt, daß eugenische, rassistische Ideologien schon vor 1933 weit verbreitet waren. Auch die erste deutsche Frauenbewegung war davon geprägt. Zweitens ist wichtig, daß neben der "völkischen" Biologie an den Universitäten eine ganz konventionelle Biologie weiterbetrieben wurde, genauso wie eine konventionelle Chemie etc. Für die Physik wurde eine "deutsche" Physik propagiert (sie blieb wissenschaftlich bedeutungslos). In der Physik wurde sich von einer "jüdischen" Physik abgegrenzt, was Albert Einstein und vielen anderen jüdischen KollegInnen galt, die schon geflohen waren.

Heute haben die Arbeits- und Forschungsfelder neutrale Namen. Zur Anschauung und Beurteilung von Kontinuität hier eine Liste von Disziplinen und Berufsbezeichnungen, die mir im Zusammenhang mit rassenbiologischen und eugenischen Maßnahmen begegnet sind:

Statistik Biostatistik, medizinische Statistik (1). **Anthropologie**. Sozialanthropologie, Industrieanthropologie, Volkheitskunde, Bevölkerungswissenschaft. **Kriminalbiologie** mit dem wichtigsten Vertreter Robert Ritter. **Humangenetik,** Rassenbiologie, Rassenhygienik (=Eugenik), Sozialhygienik, Erbmedizin (es gab eine Zeitschrift mit dem Namen "Der Erbarzt", eine Beilage im "Deutschen Arztblatt"), Erbiologie, Erbpathologie.

Im folgenden liste ich Naturwissenschaftlerinnen, Technikerinnen u.ä. auf, die mir in der Literatur als Beteiligte an der Wissenschaft für den Faschismus begegneten:

Agnes Bluhm

Sie gründete 1920 mit Carl Correns und Erwin Baur den Ausschuß für Rassenhygiene und Bevölkerungsfragen.

Sophie Ehrhardt

Professorin, arbeitete mit Robert Ritter in der "Zigeuner"forschung zusammen.

Hildegard Herzer

Sie untersuchte als Psychologin Kinder für den Lebensborn(2).

Prinzessin von Isenburg

Gründerin der 'Stillen Hilfe', einer vom Vatikan unterstützten Organisation, die nach 1945 verurteilte Naziverbrecher unterstützte und ihnen zur Flucht ins Ausland verhalf.

Adele Juda

Sie war Mitarbeiterin von Prof. Rüdin (3) und untersuchte in den 30er Jahren Familien von 113 Künstlern sowie 198 Wissenschaftlern auf Psychopathie. Sie schrieb 1940 ein Buch, das erst nach ihrem Tod veröffentlicht wurde. Es ist bei Ilse Schwidetzky zitiert und heißt "Höchstbegabung. Ihre Erbverhältnisse sowie ihre Beziehung zu psychischen Anomalien". München-Berlin 1953.

Eva Justin

Arbeitete als Krankenschwester mit dem "Zigeunerforscher" Robert Ritter zusammen, lernte für diese Arbeit Romani, die Sprache der Roma, promovierte in Berlin mit der Arbeit "Lebensschicksale artfremd erzogener Zigeunerkinder und ihrer Nachkommen".

Erna Weber

Statistikerin und später am Kaiser-Wilhelm Institut für Anthropologie tätig, Expertin für Rassenhygiene. Sie schrieb vor ihrer Habilitation das Buch: "Einführung in die Variations- und Erblichkeitslehre". Sie wurde nach 1945 "entnazifiziert", d.h. sie durfte zunächst nicht arbeiten. 1959 bekam sie eine Professur.

Diese Liste ist sicherlich unvollständig. Die untersuchte Literatur problematisiert die Beteiligung von Fauen nicht. Genausowenig taucht in der Literatur der "numerus clausus" für Frauen auf. Es wird verschwiegen, daß der Ausschluß von jüdischen und linken Wissenschaftlerinnen aus den Universitäten eine sexistische Komponente hatte.

Schweigende Wissenschaftlerinnen

Es gab mit großer Wahrscheinlichkeit Naturwissenschaftlerinnen, die von der Entlassung ihrer Kolleginnen profitierten, ohne selber Faschistin oder an faschistischer Forschung beteiligt zu sein. Von männlichen Naturwissenschaftlern zumindest ist bekannt, daß sie sich ohne Selbstzweifel auf vakante Stellen bewarben, ja für freiwerdende Arbeitsplätze Schlange standen. "Schon gleich nach dem Umbruch wurden mir von verschiedensten Seiten Personen namhaft gemacht, die man gerne in dieser Anstalt an Stelle der ausgeschiedenen Juden als Stationsleiter oder als Abteilungssleiter unterbringen wollte. Auch waren schon verschiedene Leute persönlich bei mir, um sich in dieser Hinsicht bei mir als allfähige Anwärter vorzustellen" (aus einem Brief des neuen Rektors der Universität Wien, Prof. Fritz Knoll, April 1939, in: Ute Deichmann, 1992).

Auch nicht-jüdische Naturwissenschaftlerinnen, konnten seit 1932 nach dem Gesetz über die Rechtstellung der weiblichen Beamten entlassen werden, wenn sie verheiratet waren und ihr Mann verdiente.

Es könnte sein, daß sich gerade ehrgeizige Frauen in den Naturwissenschaften über freiwerdende Plätze freuten oder Stillschweigen bewahrten.

Ottilie Zeller

Stillhaltetaktik, wenn auch nicht begeistert, übte zum Beispiel die heute emeritierte Professorin für Pflanzenmorphologie Ottilie Zeller. Sie berichtete in einem Telefongespräch 1991, daß sie Mitglied im nationalsozialistischen StudentInnenbund sein mußte, aber zu ihrem Glück zu keinen militärischen Übungen eingezogen wurde, da sie die "schwere" Gartenbaulehre gemacht hätte. Sie beendet 1946 in kürzester Zeit ihr Gartenbauingenieurstudium in Ostberlin (unter russischer Verwaltung) mit dem Diplom, promoviert 1949 in Stuttgart, habilitiert sich 1959 in Hohenheim mit dem Thema "Über Assimilation und Atmung der Pflanzen bei tiefen Temperaturen" und hat dort ab 1972 eine apl. Professur. In der Botanik/Pflanzenökologie/Vegetationskunde behielten einige weitere Forscherinnen ohne Probleme ihre Stellen. In ihren Biographien und Nachrufen wird die Zeit zwischen 1933 und 1945 nicht kommentiert.

In der konventionellen Biologie, zum Beispiel der Vegetationskunde, haben Frauen (wie in anderen naturwissenschaftlich-technischen Bereichen auch) selbstverständlich mitgeforscht. Von diesen Frauen kann ich aber keine Beteiligung an Grundlagenforschung im Dienst des Nationalsozialismus belegen. Für einige Pflanzenökologen und -soziologen gibt es dahingehende Belege. Heinrich Walter, Begründer der Geobotanik, und einige andere seiner Kollegen nahmen, auch um der "Front" direkt zu entgehen, an der sogenannten "Forschungsstaffel Ost" teil. Russisch besetzte Gebiete wurden kartiert, teils aus militärischen Gründen, teils, um die östliche Vegetation systematisch zu erfassen; ich würde dieses Vorgehen heute Wissenschaftsimperialismus nennen. Es ist an den kurz nach dem Krieg veröffentlichten Werken dieser Vegetationskundler abzulesen, daß sie während des Krieges in Osteuropa forschen konnten. Mit den Ergebnissen erzielten diese Männer nicht selten Habilitationen und Lehrstühle. Auch die Naturmedizin hat beklemmende NS-Hintergründe. Heilpflanzenforschung wurde gefördert, damit Deutschland von anderen Ländern unabhängig werde.

Einspruch gegen die Verfolgung von jüdischen KollegInnen haben wenige erhoben, denn dann hätten sie selber Ausschlußmaßnahmen zu befürchten gehabt. Die Genetikerin Elisabeth Schiemann versteckte jüdische Frauen. Sie wurde 1940 "entpflichtet", weil sie sich offen gegen die Verfolgung und den Ausschluß von jüdischen KollegInnen aussprach. Trotz beruflicher Nachteile und finanzieller Nöte gelang es ihr, während der NS-Zeit in der Kulturpflanzenforschung weiterzuarbeiten. 1946 wurde sie Professorin an der Humboldt-Universität in Berlin.

Ein Grund für den unvollständigen Ausschluß von Frauen aus den Naturwissenschaften während der NS-Zeit lag in einer "reichsrechtlichen Anordnung" von 1935, wonach an Schulen über die Vererbungslehre und Rassenkunde die Biologie zur Persönlichkeitsentwicklung heranzuziehen sei. Gerade Frauen sollten den Biologieunterricht leiten (Änne Bäumer, NS-Biologie, Stuttgart 1990, S. 210), damit die Mädchen lernten, „ein Gefühl für die Verpflichtung zur Reinheit und für die Verantwortung gegenüber den kommenden Generationen“ zu entwickeln.

Bei steigenden Studentinnenzahlen konnten nicht-jüdische Naturwissenschaftlerinnen ab 1940 versuchen, wieder einen Fuß auf den Boden der Universitäten zu stellen. Gar keine Hoffnung gab es für Jüdinnen, sie fanden keine Nische. Sie wurden ab 25.4.1933 mit dem "Gesetz gegen die Überfüllung deutscher Schulen und Hochschulen" am Studium gehindert oder entlassen. Die Neuaufnahme von sogenannten "Nichtarierinnen" an Schulen und Fakultäten sollte auf deren Anteil an der deutschen Gesamtbevölkerung, 1,5%, beschränkt werden. Die Zulassungsobergrenze an den Hochschulen betrug 5% (aus Raul Hillberg, Die Vernichtung der Europäischen Juden 1994, S.175f). Für die Verfolgung jüdischer Naturwissenschaftlerinnen steht hier beispielhaft Gerta von Ubisch.

Gerta von Ubisch (1882-1965)

Gerta von Ubisch wurde 1882 in Metz geboren. Ihre Mutter ist Jüdin, ihre Erziehung protestantisch. Sie studierte Physik, danach Botanik in Straßburg. 1911 ging sie nach Berlin, um genetisch an Gerste zu forschen, ein Zeitpunkt, zu dem genetische Forschung in Deutschland wenig Anerkennung fand. Sie promovierte mit dem Thema 'Schwingungszahl und Dämpfung am leuchtenden und nichtleuchtenden Natrium-Dampfe'. Von 1912 bis 1913 war sie Assistentin an der landwirtschaftlichen Hochschule in Berlin-Potsdam, 1914 wurde sie in Münster, 1915 wieder in Berlin Assistentin am Kaiser-Wilhelm-Institut für Biologie. Während des ersten Weltkrieges übernnahm sie einen praktischen Posten als Saatzuchtleiterin an den Saatzuchtgütern Eckendorf und Pektus. Nach dem Krieg war sie Assistentin am Institut für Vererbungsforschung an der Landwirtschaftlichen Hochschule Berlin. Ab 1921 arbeitete sie an der Universität in Heidelberg, erst als Assistentin und ab 1923, nach ihrer Habilitation mit dem Thema 'Versuche über Vererbung und Fertilität bei Heterostylie und Blütenfüllung', als Privatdozentin am Botanischen Institut. Sie wurde verpflichtet, nicht nur genetisch, sondern auch physiologisch zu arbeiten. Aus dieser Zeit berichtet Heinrich Walter arrogant (damals war er junger Assistent), daß „Fräulein von Ubisch", Nachfolgerin von Prof. Lieske, gute genetische Arbeit gemacht hätte, aber nicht so beliebt gewesen wäre wie er. 1929 wurde sie zur nicht-beamteten außerordentlichen Professorin ernannt. Sie ist damit seit 130 Jahren die erste Professorin unter 750 Professoren in Heidelberg und die erste Frau, die sich in Baden habilitiert (Dagmar Drüll 1986). 1933 nahm ihre Karriere ein jähes Ende. Sie wurde aufgrund der rassistischen NS-Universitätspolitik vom Dienst 'beurlaubt'.

Das sah konkret so aus: Nach Inkrafttreten des 'Gesetzes zur Wiederherstellung des Berufbeamtentums' wurde ihr wegen 'nicht-arischer' Herkunft am 20.4.1933 gekündigt. Es setzten sich Professoren für ihren Verbleib an der Universität ein, und die Lehrbefugnis wurde ihr zurückgegeben. Daraufhin rief der nationalsozialistische Studentenbund zum Boykott ihrer Veranstaltungen auf. Der Boykott wurde von den StudentInnen befolgt, und ihre Vorlesungen fielen alle ein Semster lang aus. Sie ließ sich 1934 auf eigenen Antrag beurlauben, um auf Einladung des Akademikerinnenbundes der Niederlande an der Universität Utrecht zu arbeiten. 1935 wurde ihr nach dem Nürnberger Gesetz (Reichsbürgergesetz) offiziell die Lehrbefähigung entzogen. Sie emigrierte nach Brasilien, denn ein jüdischer Biologe, Ernst Bresslau, vermittelte ihr in Sao Paulo eine Stelle. Dort wurde sie Leiterin der Vererbungslehre-Abteilung am 'Instituto Butantan', einem weltberühmten Schlangenseruminstitut. 1936 wurde sie aus dem Vorlesungsverzeichnis der Universität Heidelberg gestrichen. 1939 erhielt sie für ein Jahr eine Stelle im Landwirtschaftsministerium in Brasilien, aber nach 1940 konnte sie sich nur noch mit Biologieunterricht und Arbeiten auf einem landwirtschaftlichen Gut in Sao Paulo über Wasser halten. 1946 zog sie zu ihrem Bruder nach Bergen in Norwegen, kehrte aber 1952 nach Heidelberg zurück. Damit ist sie eine der wenigen Jüdinnen/Juden, etwa 4%, die nach rassistischer Verfolgung und Emigration in das Land der TäterInnen zurückkommen. Mit 72 Jahren, ab 1954 wurde ihr, die inzwischen völlig mittellos war, die Rechtstellung einer beamteten Dozentin außer Dienst an der

Universität Heidelberg gewährt. Zwei Jahre hatte sie dafür gekämpft, zuerst von 120 DM, dann 150 DM monatlich gelebt. Ihre Anträge auf Rente waren mit der Begründung, sie sei nicht 'wiedergutmachungsberechtigt', abgelehnt worden. In dem Gerichtsverfahren, das sie einleitete, wurde ihre Verfolgung geleugnet, sie selbst für ihre Situation verantwortlich gemacht (da sie sich selbst hatte beurlauben lassen). Gerta von Ubisch sah ihren 'Fall' als einen Fall von Frauendiskriminierung, denn männliche, verfolgte Kollegen hatten bessere Unterstützung durch ihre Universitäten erhalten. Erst nach einer Gesetzesänderung und einem Revisionsverfahren wurde ihr 1956 rückwirkend zu 1954 ein Ruhegehalt als beamtete Dozentin a. D. gewährt. Einige Wochen später entschied die Fakultät, Gerta von Ubisch nicht in das Personalverzeichnis der Universität Heidelberg aufzunehmen. 1965 stirbt Gerta von Ubisch mit 82 Jahren in Heidelberg.

Lise Meitner an Otto Hahn

Als Beispiel für die Kritik von emigrierten jüdischen Naturwissenschaftlerinnen an ihren gebliebenen nichtverfolgten KollegInnen möchte ich hier ausführlich aus einem Brief von Lise Meitner an Otto Hahn zitieren, den sie ein paar Wochen nach der deutschen Kapitulation am 27.6.45 nach Berlin schrieb. "Das ist ja das Unglück für Deutschland, daß Ihr alle den Maßstab für Recht und Fairneß verloren habt. Du hattest mir selbst im März 1938 erzählt, daß Hörlein Dir gesagt hat, daß schreckliche Sachen gegen die Juden gemacht werden würden. Er wußte also von all den geplanten und später ausgeführten Verbrechen und war trotzdem Mitglied in der Partei, und Du hast ihn - auch trotzdem - für einen anständigen Menschen angesehen (...) Ihr habt auch alle für Nazi-Deutschland gearbeitet und habt auch nie nur einen passiven Widerstand zu machen versucht. Gewiß, um Euer Gewissen los zu kaufen, habt Ihr hie und da einem bedrängten Menschen geholfen, aber Millionen unschuldiger Menschen hinmorden lassen, und keinerlei Protest wurde laut. (...) Ich und viele andere mit mir meinen, ein Weg für Euch wäre es, eine offene Erklärung abzugeben, daß Ihr Euch bewußt seid, durch Euere Passivität eine Mitverantwortung für das Geschehen auf Euch genommen zu haben, und daß Ihr das Bedürfnis habt, soweit das Geschehene überhaupt gut gemacht werden kann, dabei mitzuwirken (...) Das klingt erbarmungslos, und doch glaube mir, es ist ehrlichste Freundschaft, warum ich Dir das alles schreibe. -Daß die übrige Welt Deutschland bedauert, könnt Ihr wirklich nicht erwarten. Was man in diesen Tagen von den unfaßbaren Greueln in den Konzentrationslagern gehört hat, übersteigt alles, wovor man sich gefürchtet hatte. Als ich im englischen Radio einen sehr sachlichen Bericht der Engländer und der Amerikaner über Belsen und Buchenwald hörte, fing ich laut an zu heulen und konnte die ganze Nacht nicht schlafen. (...) Du wirst Dich erinnern, daß ich, als ich noch in Deutschland war, (und heute weiß ich, daß es nicht nur dumm, sondern ein großes Unrecht war, daß ich nicht sofort weggegangen bin) Dir oft sagte: Solange nur wir die schlaflosen Nächte haben und nicht Ihr, solange wird es in Deutschland nicht besser werden."(4)

Anmerkungen

(1) Zum Beispiel Prof. Friedrich Zahn, Präsident des Statistischen Landesamtes von Bayern seit 1907, war ab 1935 Mitglied im Bevölkerungspolitischen Ausschuß und veröffentlichte zu dieser Zeit 'Vom Wirtschaftswert des Menschen als Gegenstand der Statistik'.

(2) Lebensborn-Heime sollten der "Aufzucht rassisch hochwertiger" Nachkommen dienen. Frauen konnten dort Kinder auf die Welt bringen und wurden voll versorgt, SS-Männer wurden ausgewählt, um mit "arischen" Frauen Kinder zu zeugen. Die Heime wurden von IG-Farben, Krupp, Deutsche Bank und hauptsächlich durch "arisiertes" jüdisches Vermögen finanziert. Heime gab es in Deutschland, Frankreich, Holland, Österreich, Belgien, Luxemburg, Frankreich und Norwegen.

(3) Ernst Rüdin war ab 1928 Direktor des KWI für Psychiatrie in München. Genauso wie Otmar von Verschuer (seit 1927 a.o. Professor für Erb- und Rassenhygiene an der Universität Frankfurt am Main) verlangte er die Sterilisation von 10% der Bevölkerung aus biologischen Gründen. Er wirkte maßgeblich an den Sterilisationsgesetzen in der Nazizeit mit, die im Unterschied zu den Gesetzen der Jahre davor Sterilisierungen ohne Einwilligung zuließen. Diese Gesetze bewirkten zwischen 1934 und 1936 die Sterilisation von ca. 200.000 Menschen. An seinem Institut wurden Versuche gemacht, wie Frauen über Röntgenstrahlen unfruchtbar würden. Er war dafür, alle sogenannten Ballastexistenzen unfruchtbar zu machen. Er wirkte, genauso wie der Rassenbiologe und Anthropologe Eugen Fischer (Rektor der Universität in Berlin), an dem 'Gesetz zur Verhütung erbkranken Nachwuchses', das am 14. Juli 1933 beschlossen wurde, mit. An den Sitzungen in der Vorbereitungsphase für das Gesetz hatte Fritz Thyssen als Vertreter der Schwerindustrie mitgewirkt (Lilli Segal, 1991, S.92). Der erwähnte Otmar von Verschuer, seit 1942 Direktor des KWI für Anthropologie in Berlin, beauftragte 1943 den Arzt Josef Mengele, eine Außenstelle des KWI für Anthropologie im Konzentrationslager Auschwitz-Birkenau einzurichten, was dieser auch tat. Mengele machte grausamste und tödliche Menschenversuche an Zwillingen und an Roma und Sinti. Die Deutsche Forschungsgemeinschaft (DFG) förderte neben ihm auch andere Forschungsprojekte in Auschwitz. 1946 konnte Verschuer fast auf seinen früheren Lehrstuhl in Frankfurt zurückkehren, nach Protesten wurden ihm aber Forschungs- und Leitungsmöglichkeiten entzogen. 1951 erhielt er den Lehrstuhl für Humangenetik an der Uni München.

(4) Zitiert aus: Ute Deichmann. Biologen unter Hitler, Frankfurt/New York1992, S.317-318. Lise Meitner vermerkte später auf dem Brief: "Ein Brief, der ihn nie erreichte". Dieser Brief befindet sich im Original im Archives Centre of Churchill College, University of Cambridge, auch zit. in Charlotte Kerner. Lise Meitner, Atomphysikerin. Die Lebensgeschichte der Lise Meitner. Weinheim 1986.

Literatur:

Änne Bäumer: NS-Biologie. Stuttgart 1990

Elisabeth Boedecker: 25 Jahre Frauenstudium in Deutschland. Verzeichnis der Doktorarbeiten von Frauen von 1908-1933. Heft 4. Mathematik, Naturwissenschaft, Technik. Hannover 1935

-dies.: Maria Meyer-Plath: 50 Jahre Habilitationen von Frauen in Deutschland. Eine Dokumentation über den Zeitraum 1920-1979. Schriften des Hochschulverbandes Heft 27, Göttingen. 1974

Theo Bruns, Ulla Penselin, Udo Sierck (HgInnen): Tödliche Ethik. Beiträge gegen Eugenik und 'Euthanasie'. Hamburg 1990

Godele von der Decken: Emanzipation auf Abwegen: Frauenkultur und Frauenliteratur im Umkreis des Nationalsozialismus, Frankfurt/Main 1988

Ute Deichmann: Biologen unter Hitler. Vertreibung, Karrieren, Forschung. Frankfurt/Main 1992

Dagmar Drüll: Heidelberger Gelehrtenlexikon 1803-1932. Berlin, Heidelberg, New York 1986

Renate Feyl: Der lautlose Aufbruch. Frauen in der Wissenschaft. Darmstadt und Neuwied 1983

Lerke Gravenhorst, Carmen Tatschmurat (Hg.): Töchter-Fragen NS-Frauengeschichte, München 1990

Florence Hervé: Studentinnen in der BRD. Eine soziologische Untersuchung. Köln 1973

-dies.: Geschichte der deutschen Frauenbewegung. 1990

Joachim S. Hohmann: Robert Ritter und die Erben der Kriminalbiologie. „Zigeunerforschung" im Nationalsozialismus und in Westdeutschland im Zeichen des Rassismus (Studien zur Tsiganologie und Folkloristik Band 4). Frankfurt/Main, Bern, New York, Paris 1991

Peter Lundgreen (Hg): Wissenschaft im Dritten Reich. Frankfurt/Main 1985

Ilse Schwidetzky: Rassen und Rassenbildung beim Menschen. Typen - Bevölkerungen - Geographische Variabilität. Stuttgart/New York 1979

-dies.: Grundlagen der Rassensystematik. Mannheim/Wien/Zürich 1974

-dies.: Das Menschenbild in der Biologie. Stuttgart/New York 1971

Lilli Segal: Die Hohenpriester der Vernichtung. Anthropologen, Mediziner und Psychiater als Wegbereiter von Selektion und Mord im Dritten Reich. Berlin 1991

Dieser Beitrag ist auch in der Koryphäe Nr. 17, Juni 1995, als Sonderbeilage erschienen.

Der Beitrag jüdischer Frauen in der deutschsprachigen Kultur und Wissenschaft

Petra Stöcker
Wittmannstr. 9, D-64285 Darmstadt

"Ich habe zu Hause ein blaues Klavier Und kenne doch keine Note."

lautet der Anfang eines Gedichtes von Else Lasker-Schüler. Wie viele jüdische Frauen ist sie eine Grenzgängerin zwischen Räumen, Zeiten und Traditionen, deren Leben durch den Nationalsozialismus eine abrupte Wende erfährt. Die Lebensgeschichte von Frauen insbesondere aus Naturwissenschaft und Technik rückt immer mehr in das öffentliche Bewußtsein. Zu diesen Frauen gehören die Mathematikerin Emmy Noether und die Physikerin Lise Meitner. Ihr Leben und ihr Werk ist nicht nur deshalb in Deutschland in Vergessenheit geraten, weil sie Frauen und Naturwissenschaftlerinnen waren, sondern weil sie als jüdische Frauen in der Zeit des Nationalsozialismus gelebt haben.

In meinem Vortrag auf dem Kongreß habe ich den Einfluß jüdischer Frauen in der alten Frauenbewegung, die 1933 durch die Selbstauflösung des 1894 gegründeten "Bundes Deutscher Frauen" (BDF) endet, und ihre Bedeutung in den Naturwissenschaften dargestellt. Damit will ich wesentliche Aspekte der deutschen Geschichte, die durch den Nationalsozialismus "vernichtet" wurden und so in Vergessenheit geraten sind, hervorheben. Der Vortrag umfaßte die markanten Strömungen in der Geschichte, an denen ich die Lebensläufe der einzelnen jüdischen Frauen gespiegelt habe. In der folgenden Zusammenfassung werde ich nur die wichtigsten Punkte wiedergeben.

Else Lasker-Schüler, Schriftstellerin
***11.2.1869, Wuppertal-Elberfeld, † 22.1.1945, Jerusalem**

1894 heiratet sie Berthold Lasker und geht mit ihm nach Berlin, 1932 erhält sie den Kleist-Preis, 1933 wird sie zur unerwünschten Künstlerin erklärt. 1933 emigriert sie in die Schweiz, 1939 geht sie nach Jerusalem.
Anhand der Biographie von Else Lasker-Schüler ergibt sich der Rahmen meines Vortrags.

- **Zeitlicher Rahmen:** Wie Ihr an der Biographie seht, endet ihr Beitrag zur deutschen Kultur in Deutschland 1933 mit der Emigration. Deshalb werde ich mich zeitlich in dem Rahmen von Mitte des 19. Jahrhunderts bis 1933 respektive 1945 bewegen. Mitte des 19ten Jahrhunderts, weil zu dieser Zeit die "alte" Frauenbewegung beginnt.
- **Örtlicher Rahmen:** Prag, Wien, Berlin, Amsterdam, Paris waren in diesem Zeitraum Knotenpunkte jüdischer Kultur, außerdem Frankfurt und Breslau (drittgrößte jüdische Gemeinde in Deutschland, Zentrum jüdischer Wissenschaft, geht 1742 an Preußen, wirtschaftliches und kulturelles Zentrum des deutschen Ostens). Da es schwierig ist, zu definieren, was damals "deutsch", bezogen auf geographische Orte war, betrachte ich den deutschsprachigen Kulturkreis.

- **Rahmen bzgl. der deutsch-jüdischen Geschichte:** Wie sich die Frage stellt, was in diesem Zusammenhang örtlich als deutsch zu betrachten ist, so ist der Begriff "deutsch-jüdische Geschichte" erst recht schwierig zu greifen (volkov S. 82ff). Diese Geschichte ist geprägt durch die Begriffe: Assimilation und Akkulturation der Juden ("die Übernahme der Kulturgüter der Umgebung, ihrer Sprache und Sitten, der Welt der Kunst, der Geistes- und Naturwissenschaften" (volkov)), Emanzipation der Juden als die gesetzliche Gleichstellung der Juden mit christlichen Mitbürgern, Reform und Neo-Orthodoxie innerhalb des Judentums, Zionismus, Antisemitismus als den "Übergang vom religiösen Haß zur rassischen Ablehnung" (volkov) und nicht zuletzt durch die Rassenideologie des Nationalsozialismus. Dazu ist vieles, teilweise auch kontrovers, diskutiert und geschrieben worden.
- **Rahmen bzgl. der Frauen:** Außer der Schriftstellerin Else Lasker-Schüler gibt es noch viele andere jüdische Frauen in dieser Zeit, die dargestellt werden sollten. Dazu verweise ich auf die beiden Quellen (dick) und (jüdische frauen). Aus dem Bereich der jüdischen Frauen habe ich zwei wesentliche Gruppen und davon einige wenige für den Vortrag ausgewählt.
- Einmal bewegte Frauen. Dazu zähle ich alle jüdischen Frauen, die in irgendeiner Weise politisch aktiv waren. Einen wesentlichen Beitrag haben jüdische Frauen zu der alten Frauenbewegung geleistet. Jedoch wäre das Bild zu einseitig, wenn ich Frauen, die in Parteien und jüdischen Organisationen tätig waren, auslassen würde.
- Zum anderen die Naturwissenschaftlerinnen, von denen es, wie Ihr euch vorstellen könnt, nicht so viele Biographien gibt.

Die bewegten jüdischen Frauen

Die Jüdinnen des 19. und 20. Jahrhunderts sind Grenzgängerinnen, die im Zuge der Akkulturation ihre traditionelle Rolle als Tochter und Mutter verlassen, um sich eine neue Identität zu suchen. In dieser Zeit engagieren sich die jüdischen Frauen aktiv in der Frauenbewegung, vor allem in den Bereichen Bildung und Sozialarbeit. Durch die politische Arbeit, nicht nur in der Frauenbewegung, können sie sowohl dem traditionellen Gebot der Wohltätigkeit dienen, als auch für die Emanzipation der Juden und der Frauen kämpfen.

Die bewegten jüdischen Frauen habe ich versucht zu gruppieren. Dabei sind die Begriffe "gemäßigt", "radikal" und "proletarisch" so zu verstehen, wie sie in den unten angegebenen Literaturangaben als politische Strömungen in der alten Frauenbewegung dargestellt werden.

- **die Gemäßigten:** Jenny Apolant, Regine Deutsch, Johanna Goldschmidt, Henriette Goldschmidt, Jenny Hirsch, Lina Morgenstern
- **die Radikalen:** Anita Augspurg, Käte Frankenthal SPD, Jeanette Schwerin, Alice Salomon
- **die Proletarischen, Sozialistischen:** Johanna Löwenherz SPD, Hedwig Wachenheim SPD, Rosi Wolfstein-Frölich SPD zusammen mit Rosa Luxemburg SPD/KPD, Mathilde Wurm, Henriette Fürth SPD

- **Deutscher Jüdinnenbund:** Bertha Pappenheim, Hannah Karminski, Jeanette Wolff SPD, Cora Berliner
- **die Zionistischen**: Siddy Wronsky
- **Österreich:** Emma Adler, Sozialistin, Therese Schlesinger-Eckstein, Frauenrechtlerin, Käthe Leichter, Soziologin, Publizistin
- **SPD/KPD Mitglieder:** Ruth Fischer KPD, Berta Jourdan SPD, Tony Sender SPD

Aus diesen Gruppen habe ich in meinem Vortrag den Lebenslauf jeweils einer Frau (Name unterstrichen) geschildert, an dem ihr Werdegang als jüdische Frau und ihre politischen Aktivitäten deutlich werden. Dabei sollten wir jedoch eine wichtige Person nicht vergessen:

Hedwig Dohm, Feministin
***20.9.1831, Berlin, † 4.5.1919, Berlin**

1853 heiratet sie Ernst Dohm. Sie veröffentlicht 1874 "Die wissenschaftliche Emancipation der Frau" und 1876 "Der Frauen Natur und Recht". Darin fordert sie: gleiche Ausbildung für beide Geschlechter, gleichen Zugang beider Geschlechter zu allen Berufen, die absolute Gleichstellung der Frauen und Männer, das Frauenstimmrecht als unabdingbare Notwendigkeit. Sie prägte den Ausdruck "Menschenrechte haben kein Geschlecht". Mit ihren Forderungen geht sie weit über die Forderungen der damaligen Frauenbewegung hinaus.

Henriette Goldschmidt, Frauenrechtlerin
***23.11.1825, Krotoschin/Posen, † 30.1.1920, Leipzig**

1853 heiratet sie den Rabbiner Goldschmidt, 1858 geht sie mit ihm nach Leipzig, 1865 ist sie Mitbegründerin des Allgemeinen Deutschen Frauenvereins (ADF), 1871 gründet sie den "Verein für Familien- und Volkserziehung", 1872 ein Seminar für Kindergärtnerinnen, 1878 das "Lyzeum für Damen", 1911 die "Leipziger Hochschule für Frauen". Ihr Ziel ist es, die Mädchen auf ihren natürlichen Beruf als Mutter incl. der geistigen Mutterschaft vorzubereiten.

Anita Augspurg, Frauenrechtlerin
***22.9.1857, Verden a.d. Aller, † 20.12.1943, Zürich**

1879 absolviert sie die Staatsprüfung für das Lehramt an höheren Mädchenschulen, 1898 promoviert sie in Zürich in Jura, um für ihre Arbeit in der Frauenbewegung die notwendigen rechtlichen Kenntnisse zu erwerben, 1902 gründet sie zusammen mit ihrer Lebensgefährtin L.G. Heymann den "Deutschen Verein für Frauenstimmrecht", sie kämpft zusammen mit ihr für Frieden, z.B. in der Internationalen Frauenliga für Frieden und Freiheit (IFFF) und gegen den Faschismus. Auf einer Auslandsreise werden sie von der Machtübernahme Hitlers überrascht und können nicht nach Deutschland zurückkehren. Ab 1933 lebt sie mit L.G. Heymann in Zürich.

Bertha Pappenheim, Frauenrechtlerin
***27.2.1859, Wien, † 28.5.1936, Isenburg**

Als "Anna O." geht sie in die Geschichte der Psychoanalyse ein. Sie ist die Patientin, deren Krankheitsgeschichte und Heilung in Josef Breuers und Sigmund Freuds "Studien der Hysterie" veröffentlicht wird. 1889 zieht sie mit ihrer Mutter nach Frankfurt a. M., 1899 veröffentlicht sie literarische Texte unter dem Pseudonym Paul Berthold, 1904 gründet sie den "Jüdischen Frauenbund" (JFB), 1907 ist sie Mitbegründerin des Erziehungsheims in Isenburg, in den 20ern beschäftigt sie sich mit dem Problem des Mädchenhandels und der Prostitution jüdischer Frauen insbesondere aus Galizien und Rußland.

Die Bedeutung der jüdischen Naturwissenschaftlerinnen

Die berufliche und wissenschaftliche Entwicklung von jüdischen Frauen ist durch die deutsch-jüdische Geschichte und den Kampf der Frauen um Zulassung zum Studium und den Karrieren an den Universitäten geprägt.

Die Frage, ob Jüdinnen und Juden zur Universitätslaufbahn ((wanda) S. 199) zugelassen werden, wird nach 1847 nach Fakultäten entschieden. In den Fächern, die man für weltanschaulich neutral hält, wie Medizin, Mathematik und Naturwissenschaften, werden sie zum akademischen Lehramt zugelassen, jedoch nur als Privatdozenten und Extraordinarien, weil mit einer ordentlichen Professur die Möglichkeit verbunden ist, zum Rektor oder Dekan gewählt zu werden, welches richterliche Befugnisse über die Studenten bedeutet. Von den philosophischen und richterlich orientierten Lehrstühlen sind sie ausgeschlossen. Das richterliche Lehramt wird deshalb ausgeschlossen, weil es mit der gleichzeitigen Promotion in Staats- und Kirchenrecht verbunden ist. In der Philosophie sind ausschließlich Themen erlaubt, die eine christliche Grundlage haben, wie frau an den Lebensläufen der Philosophinnen E. Stein und H. Arendt sehen kann.

Im frühen 20ten Jahrhundert gründet der preußische Kultusminister Friedrich Althoff Forschungsinstitute, die Wissenschaftler aufnehmen, denen der Eintritt in die etablierten Fakultäten verwehrt ist. Auch die Kaiser-Wilhelm-Institute in Berlin bieten den Jüdinnen und Juden neue Möglichkeiten. (volkov) nennt Offenheit und Begrenzung als Voraussetzung für die jüdische Kreativität und den jüdischen Erfolg, obwohl sie auch das Leid nicht verhehlt. Viele jüdische Wissenschaftler konvertieren oder haben keinen Bezug mehr zum Judentum.

Neben dieser Diskriminierung wird die oft spärliche Karriere vieler jüdischer Naturwissenschaftlerinnen durch den Nationalsozialismus zerstört, was auch die Sicherung ihrer Existenz und ihr Leben betrifft. Sie werden durch den Rassismus der Nationalsozialisten in eine Rolle gedrängt, die ihnen, wie den meisten Juden und Jüdinnen in Deutschland, aufgrund der Akkulturation kaum noch bewußt ist.

Edith Stein, Philosophin, Karmelitin
***12.10.1891, Breslau, † 9.8.1942, Auschwitz**
1911 macht sie Abitur, 1913 studiert sie Philosophie in Göttingen, 1915 meldet sie sich zum Dienst als Krankenschwester, 1916 promoviert sie und wird Assistentin in Freiburg, 1919 macht sie eine Eingabe an den Minister, um zur Habilitation zugelassen zu werden, die ihr jedoch nach wie vor verwehrt wird. 1922 konvertiert sie, 1933 verliert sie ihre Stelle und wird Karmelitin, 1938 siedelt sie nach Holland über, 1942 wird sie nach Auschwitz deportiert.

Hannah Arendt, Philosophin, Politikwissenschaftlerin
***14.10.1906, Linden bei Hannover, † 4.12.1975, New York**

Der Vater ist Ingenieur, 1924 macht sie Abitur und geht nach Marburg, um Philosophie und Theologie zu studieren, sie schreibt eine Biographie über Rahel Varnhagen, nach der erzwungenen Emigration arbeitet sie in Paris für die Jewish Agency, ab 1941 lebt sie in New York, 1961 berichtet sie über den Eichmann-Prozeß.

Clara Immerwahr, Chemikerin
***21.6.1870, Gut Polkendorf, † 2.5.1915, Berlin-Dahlem**

Ihr Vater ist Chemiker und Landwirt, sie besucht die höhere Töchterschule in Breslau, sie macht eine Ausbildung als Lehrerin, 1896 stellt sie ein Gesuch zum Besuch von Vorlesungen über Experimentalphysik, 1900 promoviert sie, 1901 heiratet sie Fritz Haber, sie mißbilligt in der Öffentlichkeit die Forschungen ihres Mannes, am 2.5.1915 erschießt sie sich mit der Dienstwaffe ihres Mannes, dieser reist noch am selben Tag an die Ostfront, um einen größeren Giftgaseinsatz vorzubereiten.

Charlotte Auerbach, Genetikerin
***14.5.1899, Krefeld**

Ihr Vater ist Chemiker, 1924 wird sie nach dem Studium Zoologie und Botanik in Berlin, Würzburg und Freiburg Lehrerin an einem Gymnasium in Berlin, 1931 beginnt sie ihre Dissertation, am 1.4.1933 wird ihr als Lehrerin gekündigt, sie emigriert nach Schottland.

Rahel Hirsch, Medizinerin, Pädagogin
***15.8.1870, Frankfurt a. M., † 6.10.1953, London**

Sie besucht die Höhere Töchterschule in Frankfurt, 1898 studiert sie an der Universität Zürich Medizin, 1903 promoviert sie in Straßburg, in Berlin engagiert sie sich in der deutschen Frauenbewegung, 1913 erhält sie als erste Jüdin den Professorentitel, 1919 läßt sie sich in Berlin als Ärztin nieder, 1933 erhält sie Berufsverbot, 1938 emigriert sie nach England.

Lise Meitner, Physikerin
***7.11.1878, Wien, † 27.10.1968, Cambridge**

Sie wird protestantisch erzogen und besucht bis 1892 die Bürgerschule, 1901 studiert sie Physik und Mathematik, 1906 promoviert sie in Wien, 1912 wird sie Assistentin am Kaiser-Wilhelm-Institut für Chemie in Berlin, 1922 habilitiert sie, 1926 wird sie außerordentliche Professorin für experimentelle Kernphysik, 1933 wird ihr die Venia legendi aberkannt, 1938 flüchtet sie nach Schweden, ab 1960 lebt sie in Cambridge

Amalie Emmy Noether
***23.5.1882, Erlangen, † 14.4.1935, Pennsylvania**

Sie stammt aus einer berühmten Mathematikerfamilie, sie besucht die Höhere Töchterschule, 1900 macht sie das Examen als Englisch- und Französichlehrerin in Ansbach, 1907 promoviert sie in Mathematik, 1919 wird die Habilitationsschrift anerkannt, 1919 tritt sie in die USPD, 1922 in die SPD ein, 1933 wird ihr die Lehrerlaubnis entzogen, 1933 geht sie in die USA und lehrt an der Frauenhochschule Bryn Mawr College.

Zusammenfassung

Die jüdischen Frauen
- sind Grenzgängerinnen zwischen Traditionen
- beeinflussen wesentlich die Frauenbewegung

Die Naturwissenschaftlerinnen
- sind auf Väter, Brüder und Ehemänner angewiesen
- streben Studium und Beruf innerhalb der deutschen Gesellschaft an
- sind Hindernissen in der Gesellschaft ausgesetzt
- gestalten grundlegend die Forschungsergebnisse

Der Nationalsozialismus
- setzt der deutschen Frauenbewegung ein Ende
- gibt dem Leben der jüdischen Frauen eine schlagartige Wende

Literatur

zum Stichwort: Deutsch-Jüdische Geschichte

(dtv1) dtv-Atlas zur Weltgeschichte Band 1, Deutscher Taschenbuch Verlag, München 1979

(dtv2) dtv-Atlas zur Weltgeschichte Band 2, Deutscher Taschenbuch Verlag, München 1981

(philo-lexikon) Philo-Lexikon, Handbuch des jüdischen Wissens, unveränderter Nachdruck der dritten, vermehrten und verbesserten Auflage, Philo Verlag 1936, Jüdischer Verlag im Suhrkamp Verlag, Frankfurt am Main 1992

(reich-ranicki) Marcel Reich-Ranicki, Die Verkehrte Krone, Ein abgeschlossenes Kapitel unserer Literatur, düster und glanzvoll, tragisch und triumphal - Die Juden, Frankfurter Allgemeine Zeitung 15.7.1995, Nr. 162

(volkov) Shulamit Volkov, Die Juden in Deutschland 1780 - 1918, Enzyklopädie Deutscher Geschichte Band 16, R. Oldenbourg Verlag, München 1994

(wanda) Wanda Kampmann, Deutsche und Juden, Die Geschichte der Juden in Deutschland vom Mittelalter bis zum Beginn des Ersten Weltkrieges, Fischer Taschenbuch Verlag, Frankfurt am Main 1994

zum Stichwort: Jüdische Frauen

(dick) Von einer Welt in die andere; Jüdinnen im 19. und 20. Jahrhundert, Jutta Dick und Barbara Hahn, Verlag Christian Brandstätter, 1993

(jüdische frauen) Jutta Dick, Marina Sassenberg (Hg.), Jüdische Frauen im 19. und 20. Jahrhundert, Lexikon zu Leben und Werk, Handbuch rororo, 1993

zum Stichwort: Frauenbewegung

(chronik) Annette Kuhn (Hg.) Die Chronik der Frauen, Chronik Verlag, 1992

(gerhard) Ute Gerhard, Frauenbewegung, in: W. Mickel (Hg.) Handlexikon zur Politikwissenschaft, Schriftenreihe der Bundeszentrale für politische Bildung, Bonn Band 237, Franz Ehrenwirth Verlag, München, 1986

(nave-herz) Rosemarie Nave-Herz, Die Geschichte der Frauenbewegung in Deutschland, Herausgegeben von der Niedersächsischen Landeszentrale für politische Bildung, Hannover 1989

(schenck) Herad Schenck, Die feministische Herausforderung, 150 Jahre Frauenbewegung in Deutschland, Verlag C.H. Beck, München 1980

zum Stichwort: Naturwissenschaftlerinnen

(feyl) Renate Feyl, Der lautlose Aufbruch, Frauen in der Wissenschaft, Verlag Kiepenheuer & Witsch, Köln 1994

(habilitationen) 50 Jahre Habilitationen von Frauen in Deutschland, Schriften des Hochschulverbandes, Bearbeitung Elisabeth Boedeker/ Maria Meyer-Plath, Verlag Otto Schwarz & Co Göttingen

Die Jahresangaben von 1849 bis 1942

deutsch-jüdische Geschichte

1859 "Die Entstehung der Arten" von C. Darwin
1869 rechtliche Gleichstellung im norddeutschen Bund

1871/72 Ausdehnung auf das deutsche Kaiserreich

1896 "Der Judenstaat" von Theodor Herzel

1897 erster zionistischer Kongreß in Basel

1918 Gründung der KPD

1919 Weimarer Verfassung
1921 Hitler 1. Vorsitzender der NSDAP
1933 Gesetz "zur Wiederherstellung des Berufsbeamtentums"
1935 "Nürnberger Gesetze"
1938 Reichskristallnacht

Frauenbewegung

1849 1. Frauenzeitung
1850 Vereinsgesetz
1865 Gründung Allgemeiner Deutscher Frauenverein (ADF)
1865 1. Arbeiterinnenverein

1874/6 Veröffentlichungen von Hedwig Dohm

1894 Gründung Bund Deutscher Frauenvereine (BDF)

1899 radikale Opposition im BDF

1900 BGB
1904 Gründung Jüdischer Frauenbund (JFB)
1908 neues Vereinsgesetz
1918 Wahlrecht für Frauen

1919 Ermordung Rosa Luxemburg
1919 Internationale Frauenliga für Frieden und Freiheit (IFFF)

1933 Selbstauflösung BDF; Verlust wichtiger Frauenrechte
1938 Zwangsauflösung JFB

Naturwissenschaftlerinnen

1860-1870 Zulassung zum Studium in Europa, USA

1876 erste Petition auf Zulassung zum Studium

1891 Frauenstudium im Reichstag diskutiert

1896 Zulassung von Frauen zum Abitur
1900 Zulassung zum Studium in Baden
1903-1909 Zulassung zum Studium in Deutschland

1919 habilitieren die ersten Frauen
1920 Erlaß zur Zulassung zur Habilitation
1933 Gesetz "gegen die Überfüllung der deutschen Hochschulen"
1942 Deportation E. Stein, C. Berliner

Frauen als Opfer der Zwangssterilisations- und "Euthanasie"-Verbrechen im Nationalsozialismus

Dagmar Stuckmann
Büro Frauenbeauftragte beim Oberbürgermeister der Landeshauptstadt Wiesbaden
Postfach 3920, D-65029 Wiesbaden

Im folgenden Beitrag wird ein sehr kurzer Abriß der im Seminar behandelten Themen gegeben. Für Interessentinnen und zur Vertiefung in das Thema ist ein umfangreiches Literaturverzeichnis beigefügt.

Seit Januar 1995 rückte in den deutschen Medien in verschiedensten Dokumentationen, Filmen, persönlichen Berichten nocheinmal das NS-Regime in das öffentliche Interesse. Parallel dazu konnten wir den "Erinnerungsmarathon" von Politikern und Politikerinnen beobachten, um recht bald überzublenden von der Befreiung der Konzentrationslager vor 50 Jahren auf das Leid der deutschen Bevölkerung in den grausamen Bombennächten, den Erfahrungen der Deutschen von Flucht und Vertreibung.

Der kritischen Beobachterin fiel außerdem auf:

- Kaum eine der großen Standesorganisationen der Mediziner, Juristen und Psychiater nahm sich tatsächlich verantwortlich dieses Themas an.
- Daß die deutschen Unternehmen sich nach wie vor ihrer Verantwortung entziehen, verwundert eigentlich kaum.
- Schmerzlich aber war, daß gerade die Opfer der Zwangssterilisation und der Euthanasie unsichtbar blieben und kaum zu Wort gekommen sind.

Daß die Naturwissenschaftlerinnen sich dieser Verantwortung stellten und im Jahr 1995 die NS-Zeit zum Thema machten, sei deshalb nocheinmal besonders positiv hervorgehoben! Belegt das doch, daß Frauen sich nicht mehr aus ihrer Verantwortung mit dem Verweis auf ihren "Opferstatus" herausstehlen wollen!

Denn das Thema "Frauen als Opfer... " verweist zunächst auf TäterInnen:

1. Deshalb befaßte sich auch der erste Teil des Seminars mit der Darstellung der Forschung zum Thema "Rassenhygiene" und Eugenik aus der Zeit vor 1933

Bis zum Jahr 1933 konnte Deutschland auf eine umfangreiche Forschungsarbeit in diesem Komplex verweisen und ebenso auf vielfältige politische Aktivitäten, die in den 20er Jahren bereits für weitere Verbreitung der Ideen von (Zwangs-)Sterilisationen und der "Tötung Lebensunwerter" sorgte.

So konnte Adolf Hitler bereits auf diese Ideen und Politikkampagnen 1924 zurückgreifen. Unter dem Stichwort "Völkischer Staat und Rassenhygiene" formulierte er sein Programm in seiner Schrift "Mein Kampf".

Weitere wichtige Beiträge für die spätere mörderische Politik lieferten die Bereiche der Sozialforschung und der Statistik. Auch die medizinische Forschung und Medizintechnik zeigten kaum Skrupel, wenn ihre wissenschaftlichen Ergebnisse von den "Rassenhygienikern" vereinnahmt wurden.

2. Im zweiten Teil des Seminars ging es um die Darstellung in der Zeit des NS-Regimes

2.1 Zwangssterilisation

"Das Gesetz zur Verhütung erbkranken Nachwuchses", das im Juli 1933 vorgelegt wurde und am 01.01.1934 Rechtskraft erlangte, war in seinen wesentlichen Zügen bereits vor 1933 formuliert worden. Mit dieser Gesetzesvorlage wurde realisiert, was Hitler bereits als Programm formuliert hatte. Es ging darum, "das Primat und die Autorität des Staates, die er sich auf dem Gebiet des Lebens, der Ehe und der Familie endgültig gesichert hat," in die Tat umzusetzen. Rassenideologie und staatliche Kontrolle bestimmten über Leben und Tod!

Damit aber rückten besonders die Frauen ins Blickfeld: Mit Massenpropaganda und systematischer Schulung wurden vor allem sie angesprochen und einbezogen. "Aufartung" ist zum Ziel des Staates geworden. Dahinter hatten individuelle Mütterlichkeit und Mutterschaft zurückzutreten. Die Polarisierung der Geschlechtscharaktere als ein besonders herausgearbeiteter Zug in der NS-Zeit gilt nur für die rassisch Wertvollen. Neben der Polarisierung der Geschlechtscharaktere existiert übergeordnet der rassische Wertunterschied zwischen Müttern.

Die Nationalsozialisten führten einen 2-Fronten-Krieg gegen die Frauen. Nicht nur als Antifeminismus gegen Frauen in intellektuellen und anderen qualifizierten Berufen, sondern auch als Gebärverbot "für minderwertige Frauen" (G. Bock, S. 137). Die Broschüre "Mütter kämpft für Eure Kinder" erschien in einer 10 Millionen Auflage und konnte für 10 Pfennige an jedem Postschalter gekauft werden!

Die "Modernisierung und Effektivierung" des Verwaltungsapparates, z.B. durch "das Gesetz zur Vereinheitlichung des Gesundheitswesens" in Verbindung mit umfangreicher Datenerfassung und Statistik machte es möglich, Leben und Gesundheit der Menschen von Staats wegen zu kontrollieren.

Die Zwangssterilisation war auch eine Chance für Mediziner, Psychiater und Juristen, neue "Führungsaufgaben" zu übernehmen, und erweiterte oder schuf neue Räume für Männermacht als Gesetzgeber, Amtsärzte, Richter, Gutachter und Operateure!

Die Opfer waren zu 50% Frauen. 350 000 Menschen (vorsichtige Schätzung des Bundesjustizministeriums) wurden gegen ihren Willen zwangssterilisiert. An den Komplikationen verstarben 367 Frauen und 70 Männer! Diese Morde und die seelischen und körperlichen Verkrüppelungen von Menschen sind bis heute weder rechtlich hinreichend anerkannt, ja, ihnen wird häufig bis heute die gesellschaftliche Anerkennung versagt.

2.2 "Euthanasie"

Der größte Krankenmord in der europäischen Geschichte, die Euthanasieaktion zwischen 1939 und 1945 ist in zwei Phasen abgelaufen und dürfte insgesamt an die 120 000 geistig Behinderten, Kindern, Altersschwachen, desorientierten Menschen das Leben gekostet haben.

Die "planwirtschaftliche Erfassung" der nationalökonomisch als unnötige Last empfundenen PatientInnen aller Heil- und Pflegeanstalten war durch einen Runderlaß des Reichsministers des Inneren vom 18. August 1939 und durch die Entwicklung eines Meldebogens im Reichsinnenministerium in Gang gesetzt worden. Auf den 1. September, den Tag des Überfalls der Hitlertruppen auf Polen, ließ Hitler seine Ermächtigung zur Euthanasie datieren.

Mehr als 70 000 Patienten sind in dieser "ersten Phase de Aktion" durch Gas oder Gift ermordet worden. Nachdem sich Widerstand in Heilanstalten regte, es auch Unruhe in der Bevölkerung gab, kam es zu einem scheinbaren Stop der Aktion. Die Ermordung von Kindern, von jüdischen Anstaltsinsassen, von Konzentrationslagerhäftlingen, vor allem auch in den besetzten Gebieten Polens und der Sowjetunion, ging aber unvermindert weiter.

Bemerkenswert auch hier, daß diese Rassenideologie und menschenverachtenden "Wert"maßstäbe den Opfern gegenüber auf "Gleichheit" bestand. Ein Unterschied zwischen den Geschlechtern wurde bezüglich der Kranken, Behinderten, der JüdInnen und ZigeunerInnen nicht gemacht! Geschlechterdifferenz war nur für die "rassisch Wertvollen" vorgesehen!

Die riesige Anzahl der Ermordeten oder an Seele und Körper schwer Geschädigten läßt aus dem Blick verschwinden, daß es sich hier um Einzelschicksale, um Menschen handelt mit Lebenserwartungen und -plänen.

Um diesem erneuten "Vergessen" in der Anonymität der Masse entgegenzuwirken, haben wir uns einzelne Biographien von Frauen, die Opfer von Zwangssterilisation und Euthanasie geworden sind, angesehen.

3. Ergebnisse des Seminars

Die hohe Teilnehmerinnenzahl (der Seminarraum war bis zum letzten Platz besetzt) bestätigte das große Interesse der Kongreßteilnehmerinnen an diesem Thema. Deshalb sollte die Behandlung des Themas "Frauen im Nationalsozialismus" nicht auf "Gedenkjahre" beschränkt bleiben.

Angesichts fortschreitender Kontrolle über und zunehmenden Zugriff auf den weiblichen Körper wächst die Verantwortung gerade auch im Bereich naturwissenschaftlicher Forschung. Am Beispiel des Nationalsozialismus kann exemplarisch die Notwendigkeit einer Wissenschaftsethik dargelegt werden.

Darüber hinaus zeigte es sich, daß diese Themen auch Frauen ansprachen, die nicht unmittelbar als Naturwissenschaftlerinnen an dem Kongreß teilnahmen, so daß mit diesem Kongreßthema auch eine Verbindung zu den Frauen in der jeweiligen Kongreßstadt hergestellt werden kann.

Literaturverzeichnis

Aly, Götz & Heim, Susanne: Auschwitz und die deutschen Pläne für eine neue europäische Ordnung. Vordenker der Vernichtung. Fischer Taschenbuch, Frankfurt/Main 1993.

Arndt, Ino: Das Frauenkonzentrationslager Ravensbrück. In: Frauen. Verfolgung und Widerstand, Dachauer Hefte, 3. Jahrg. 1987, Heft 3, S. 125-157.

Beyer, Jürgen: Alte Eugenik und Wohlfahrtspflege. Entwertung und Funktionalisierung der Fürsorge vom Ende des 19. Jh. bis zur Gegenwart.

Bock, Gisela: Die Frauen und der Nationalsozialismus. Bemerkungen zu einem Buch von Claudia Koonz. In: Geschichte und Gesellschaft 15 (1989), S. 563-579.

Dies.: Ein Historikerinnenstreit? In: Geschichte und Gesellschaft 18 (1992), S. 400-404.

Bund der "Euthanasie"-Geschädigten und Zwangssterilisierten e.V. (Hrsg.): Ich klage an. Tatsachen und Erlebnisberichte der "Euthanasie"-Geschädigten und Zwangssterilisierten. Detmold 1989.

Crips, Liliane: "National-feministische" Utopien. Pia Sophie Rogge Börner und "Die Deutsche Kämpferin" 1933-1937. In: Feministische Studien, 8. Jahrg. 1990, S. 129-137.

Czarnowski, Gabriele: Familienpolitik als Geschlechterpolitik. In: Otto, H.-U./Sünker, H. (Hrsg.): Soziale Arbeit und Faschismus. Volkspflege und Pädagogik im Nationalsozialismus. Bielefeld 1986, S. 243-267.

Dies.: Die Ehe als "Angriffspunkt der Eugenik". Zur geschlechterpolitischen Bedeutung nationalsozialistischer Ehepolitik. In: Reese, D./ Rosenhaft, E./ Sachse, C./ Spiegel, T. (Hrsg.): Rationale Beziehungen? Geschlechterverhältnisse im Rationalisierungsprozeß. Frankfurt/ Main 1993, S. 251-269.

Frauen gegen Antisemitismus: Der Nationalsozialismus als Extremform des Patriarchats. Zur Leugnung der Täterschaft von Frauen und zur Tabuisierung des Antisemitismus in der Auseinandersetzung mit dem NS. In: Beiträge zur feministischen Theorie und Praxis, Heft 35, 1993, S. 77-89.

Frauen im Nationalsozialismus (Reader): Kritische Sichtweisen zur aktuellen Diskussion. Textprogramm zum Kolloquium im SS 1994. Zu beziehen über: Koordinationsstelle Frauenstudien/Frauenforschung, Bünder Str. 34, Grundelhof, 20146 Hamburg. Tel.: 040/ 4123-4227 od. -5966.

Johe, Werner: "Frierend, hungrig und todmüde...". Frauenarbeit im Konzentrationslager Neuengamme. (Dokumentation) In: Frauen. Verfolgung und Widerstand. Dachauer Hefte, 3. Jahrg. 1987, Heft 3, S. 58-76.

Kaplan, Marion: Alltagsleben jüdischer Frauen in Deutschland 1933-1938. In: Siegele-Wenschkewitz, L./Stuchlik, G. (Hrsg.): Frauen und Faschismus in Europa. Der faschistische Körper, Pfaffenweiler 1990, S. 137-149.

Koonz, Claudia: Erwiderung auf Gisela Bocks Rezension zu "Mothers in the Fatherland". In: Geschichte und Gesellschaft 18 (1992), S. 394-399.

Dies.: Das "zweite" Geschlecht im "Dritten Reich". In: Feministische Studien, 5. Jahrg. 1986, Nr. 2, S. 14-33.

Milton, Sibyl: Deutsche und deutsch-jüdische Frauen als Verfolgte des NS-Staates. In: Frauen. Verfolgung und Widerstand. Dachauer Hefte, 3. Jahrg. 1987, Heft 3, S. 3-20.

Reese, Dagmar: Neuere Literatur zum Thema Frauen und Nationalsozialismus. ein Besprechungsessay. In: Feministische Studien, 10. Jahrg. Mai 1992, Nr. 1, S. 131-141.

Dies.: Frauen im Nationalsozialismus: Opfer oder Täterinnen? Zu einer aktuellen Auseinandersetzung in der Frauenforschung zum Nationalsozialismus. In: Berg, Ch./Ellger-Rüttgardt, S. (Hrsg.): "Du bist nichts, Dein Volk ist alles". Forschungen zum Verhältnis von Pädagogik und NS. Weinheim, 1992, S. 59-73.

Dies.: Verstrickung und Verantwortung. Weibliche Jugendliche in der Führung des Bundes Deutscher Mädel. In: Sozialwissenschaftliche Information, 20. Jahrg. 1991, S. 90-96.

Reese, Dagmar & Sachse, Carola: Frauenforschung zum Nationalsozialismus. Eine Bilanz. In: Gravenhorst, L./Tatschmurat, C. (Hrsg.): Töchter-Fragen NS-Frauen-Geschichte. Freiburg 1991, S. 73-106.

Sachse, Carola: Zwangsarbeit jüdischer und nichtjüdischer Frauen und Männer bei der Firma Siemens 1940 bis 1945. In: Internationale Korrespondenz zur Geschichte der Arbeiterbewegung, Heft 1, 1991, S. 1-12.

Saldern, Adelheid von: Opfer oder (Mit-)Täterinnen? Kontroversen über die Rolle der Frauen im NS-Staat. In: Sozialwissenschaftliche Information 20 (1991), S. 97-103.

Schmidt, Dorothea: Die peinlichen Verwandtschaften - Frauenforschung zum Nationalsozialismus. In: Gerstenberger, H./Schmidt, D. (Hrsg.): Normalität oder Normalisierung? Geschichtswerkstätten und Faschismusanalyse. Münster 1987, S. 50-67.

Schwarz, Gudrun: Verdrängte Täterinnen. Frauen im Apparat der SS (1939-1945). In: Wobbe, T. (Hrsg.): Nach Osten. Verdeckte Spuren nationalsozialistischer Verbrechen. Frankfurt/Main 1992, S. 197-223.

Steppe, Hilde (Hrsg.): Krankenpflege im Nationalsozialismus. Frankfurt/Main 1988.

Strobl, Ingrid: Vergessene Heldinnen. Jüdische Frauen im Widerstand. In: Dies.: Das Feld des Vergessens. Jüdischer Widerstand und deutsche "Vergangenheitsbewältigung". Berlin 1994, S. 45-63.

Tröger, Annemarie: Die Dolchstoßlegende der Linken: "Frauen haben Hitler an die Macht gebracht", Thesen zur Geschichte der Frauen am Vorabend des Dritten Reiches. In: Frauen und Wissenschaft. Beiträge zur Berliner Sommeruniversität für Frauen. Berlin 1977, S. 324-355.

Verlegt nach Hadamar: Die Geschichte einer NS-"Euthanasie"-Anstalt - Begleitband-. Eine Ausstellung des Landeswohlfahrtsverbandes Hessen. Katalog Band 2. Eigenverlag des LWV Kassel 1991, Ständeplatz 6-10, Kassel.

Weigel, Sigrid: "Judasfrauen". Sexualbilder im Opfer-Täter-Diskurs über den Nationalsozialismus. In: Feministische Studien, 10. Jahrg. 1992, Nr. 1, S. 121-131.

Wickert, Christl: Frauen zwischen Dissens und Widerstand. In: Benz, W./Pehle, W. H. (Hrsg.): Lexikon des deutschen Widerstandes. Frankfurt/Main 1994, S. 141-159.

Windaus-Walser, Karin: Gnade der weiblichen Geburt? Zum Umgang der Frauenforschung mit Nationalsozialismus und Antisemitismus. In: Feministische Studien, 6. Jahrg. 1988, Nr. 1, S. 102-115.

Ziege, Eva-Maria: Antisemitistische Frauen und misogyne Bilder vom Jüdischen "Anderen". In: Metis. Zeitschrift für historische Frauenforschung und feministische Praxis, 2. Jahrg. 1993, S. 66-80.

Von Kaninchen zu Königinnen

Die medizinischen Versuche an polnischen Frauen in Ravensbrück am Beispiel von drei Polinnen

Loretta Walz
Wielandstr. 32, D-10629 Berlin

Stanislawa Bafia wurde 1924 geboren. Nach dem Tod ihrer Mutter zieht sie zu ihrem Onkel nach Zamosc. Bei Kriegsbeginn, 1939, besucht sie das Gymnasium.

Maria Plater-Skassa, geboren 1913 in Warschau, ihre Eltern trennten sich zwei Jahre später. Maria bleibt bei ihrer Mutter und studiert Pharmazie. Zum Zeitpunkt des deutschen Einmarsches in Polen arbeitet sie als Leiterin eines Labors in der Nähe von Brest.

Wladyslawa Marczewska ist 1910 im östlichen Teil Kleinpolens geboren. In Lublin hat sie 1938 ihr Jurastudium beendet und im gleichen Jahr Stanislaw Marczewski geheiratet.

Weil nach der deutschen Besetzung Polens nur noch deutsche Kultur und Sprache erlaubt waren, hält der Onkel von Stanislawa Bafia in seiner Pfarrei geheime Lernzirkel ab, in denen verbotene polnische Schriften gelesen und diskutiert wurden. Stanislawa erinnert sich: "Diese geheimen Schulungen waren verboten. Darauf stand die Todesstrafe. Man durfte kein Radio hören. Den Radioempfänger mußte man abgeben. Alle Cafés waren den Deutschen vorbehalten. Die weiterführenden Schulen wurden geschlossen, Kinos und Theater zugemacht."[1)] Anfang 1941 wollte die Gestapo Stanislawas Onkel verhaften; er war nicht Zuhause und so nahmen sie die 16jährige Stanislawa mit.

Auch der Onkel und der Cousin von Maria arbeiteten in einer polnischen Untergrundbewegung im Kreis Terespol. "Sie überzeugten mich, daß ich mitmachen solle. Übrigens brauchten sie nicht viel zu reden, um mich zu überzeugen. Erzogen war ich sehr im patriotischen Sinne. Es quälte mich, daß ich nichts tue. Ich freute mich sehr darauf und legte einen Schwur ab. Also wurde ich Verbindungsfrau - Kurier." Am 12. Juni 1941 wurde Maria verhaftet.

Fast zur selben Zeit wird auch Wladyslawa in ihrer Wohnung verhaftet: Ihr Mann wurde gesucht und da er nicht Zuhause war, kam sie in Gestapohaft.

In den Gestapokellern von Zamosc und im Schloß von Lublin - dem damaligen Gestapogefängnis - wurden die Frauen grausam gefoltert. In Verhören sollten sie Namen nennen und den Aufenthalt ihrer Familie verraten. Diese Behandlung war Teil des nationalsozialistischen Programms der deutschen Besiedelung von Ostpolen: Die polnische Intelligenz sollte ausgerottet werden. Nach mehreren Monaten in der Gestapo-Haft wurden die Frauen nach Deutschland deportiert. Hier sollten sie für ein Jahr Zwangsarbeit in den Rüstungsbetrieben leisten und anschließend erschossen werden.

Stanislawa erzählt: "Und im September, am 20. oder 22. September 1941 kam ich mit einem Sondertransport nach Ravensbrück."

Wladyslawa erinnert sich an ihren Transport ins Lager: "Wir freuten uns fast schon darauf, weil Gefängnis und Gestapo schrecklich waren. Wir glaubten, daß es im Lager besser sein muß. Wir dachten, es könnte gar nicht schlimmer werden. Wir sollten nach Ravensbrück geschickt werden. Wir waren zufrieden, daß es kein Lager in Polen ist, denn wir glaubten damals, daß die Lager in Polen schlimmer sind als die in Deutschland. Zum Beispiel Auschwitz, ich glaube dort hätte ich nicht überlebt."

Maria wußte: "Nach einem Jahr sollten wir erschossen werden. In diesem Jahr sollten wir schwer arbeiten. Wir waren in den Baracken und haben schwer gearbeitet. Zum Beispiel sollten wir Steine mit einem Wagen transportieren, große Steinblöcke, Felsblöcke oder Kies auf den Wagen packen und dann ziehen."

Dennoch fanden die drei Frauen das Lager relativ erträglich, weil es keine Verhöre und keine Folter mehr gab. "Das dauerte aber nicht lange, nicht mal ein Jahr. Später hat man das Stroh in den Matratzen nicht mehr gewechselt, Bettwäsche nicht gewechselt, denn es gab nicht genügend Bettwäsche zum Wechseln. Es gab nicht genügend Häftlingskleidung, es gab nicht genügend Essen, immer kleiner wurden die Essensrationen und es mangelte an allem in Lager", erinnert sich Stanislawa.

"Wir waren dort einen ganzen Winter lang", erzählt Wladyslawa, "und im Frühling 1942 kam zu uns eine Aufseherin mit einer Liste. Sie ging in die verschiedenen Blocks und rief eine Gruppe von polnischen Frauen auf. Etwas später haben wir Schüsse gehört. Für uns war klar, daß diese Frauen erschossen wurden. Das war die erste Exekution." Maria: "Zur Erschießung wurden immer ein paar Frauen genommen. Das war während des Appells. Morgens rief man ihre Nummer auf, sie gingen in einen Bunker und abends wurden sie hinter die Mauer gebracht und erschossen."

Wladyslawa erzählt weiter: "Eines Tages kam der Befehl, daß die polnischen Häftlinge aus Lublin sich auf den Hof stellen sollen. Wir gehen raus und denken, es wird eine Massenexekution sein. Aber was solls.... wir gehen. Wir stehen auf dem Platz vor der Kommandantur und dann erschienen mehrere Männer in Uniformen. Wir denken, das sind wohl die, die uns erledigen." "Sie befehlen uns, unsere Arme auszustrecken und unsere Beine zu entblößen. Sie gehen zwischen den Reihen durch und schauen auf unsere Hände, Arme und Beine" ergänzt Stanislawa. "Das waren die Gesandten der Ärzte, die später Experimente an uns machten", sagt Wladyslawa dazu.

Maria erzählt: "Die Operationen begannen. Davor gab´s noch die Erschießungen. Jeden Tag nahm man ein paar Frauen aus unserem Transport zur Erschießung. Ich muß noch dazufügen, daß nicht weit von Ravensbrück, ich weiß nicht genau wie weit, denn ich hab ja das Lager nie verlassen, ein Sanatorium für deutsche Offiziere war, in Hohenlychen. Auf dem Territorium dieses Sanatoriums war ein sehr bekannter Arzt. Doktor Gebhardt."

Dr. Karl Gebhardt war der Leiter der Heilanstalt Hohenlychen, ein ca. 12 km von Ravensbrück entfernt gelegenes ehemaliges Lungensanatorium. Gebhardt - führender SS-Arzt - war aus zwei Gründen in Mißgunst Hitlers geraten: Erstens war der stellvertretende Reichsprotektor für Böhmen und Mähren, Reinhard Heydrich, nach einem Attentat tschechischer Widerstandskämpfer nicht an der Wirkung der Handgranate gestorben. Er starb an einer Sepsis, die durch kleine Teile seiner Mercedes-Benz Ledersitze in seinem Körper verursacht worden war. Hitler war der Meinung, sein führender Mediziner hätte Heydrich retten können und habe versagt. Zweitens war die Kriegschirurgie nach dem Überfall auf die Sowjetunion - mit vielen verwundeten Soldaten und Offizieren - nicht in der Lage, den Verletzten an der Front wirkungsvolle Heilmittel zu bieten.

Der so in Zugzwang geratene Gebhardt wollte nun seinen Ruf retten und bekam den Auftrag, kriegschirurgische Versuchsreihen zu starten. Dafür sollte er unter anderem Häftlinge des Frauenkonzentrationslagers Ravensbrück verwenden. Er bekam die ehrgeizige Lagerärztin Herta Oberhäuser zur Seite. Die Oberhäuser wußte von den Transporten aus Lublin ins Lager. Sie entschied, aus dieser Gruppe das Material für die Menschenversuche zu nehmen.

Mit Hilfe der Pharmakonzerne, die ein großes Interesse an neuen entzündungshemmenden Arzneien hatten, wurden die medizinischen Experimente gestartet und in Hohenlychen durch Gebhardt ausgewertet. Im Sommer 1942 begannen die Operationen an den polnischen Häftlingen.

Stanislawa berichtet: "Einige von uns wollten sich diesen Operationen unterziehen und dann freikommen, weil sie glaubten, daß das eintreffen wird was man ihnen sagt. Und die Anderen sagten: Wie? Ich soll als Krüppel zurückkehren, ich bin jetzt jung, mein Körper ist schön und was wird mit mir danach werden?"

Und weiter: "Ich persönlich wurde von der Arbeit geholt. Ich habe damals in der Schneiderei gearbeitet. Wir haben Anoraks genäht, aber das ist weniger interessant. Wie waren zuerst in einem großen Raum, wir waren vielleicht 12 Frauen. Drei Tage lang hat man mich betäubt, bevor man mich operiert hat. Man betäubte zum Beispiel fünf Personen und operiert wurden nur drei, weil irgendein Anruf aus Hohenlychen kam und Gebhardt dort hin mußte. Erst am dritten Tag wurde ich operiert. Ich war von diesen Ausdünstungen in der Zelle und der Narkose furchtbar erschöpft. Später kam Oberhäuser und nahm mich wieder in den Operationssaal. Man entfernte den Gips, das Knie war schrecklich angeschwollen, als wollte es den Gips sprengen. Aus dem, was sie redeten, verstand ich, daß es eigentlich hätte eine normale Operation sein sollen, aber es war eine Vergiftung entstanden, eine Infektion. Die Wunde mußte noch einmal aufgeschnitten werden, weil sie eiterte. Man wechselte den Verband, nahm den Gips herunter und danach kam ich zu meinen Kameradinnen."

Maria erzählt von ihrer Operation: "Mich nahm man im November 1942 zur Operation. Ich hatte die Nachtschicht hinter mir, war sehr müde, legte mich schlafen. Kaum war ich eingeschlafen, kam die Blockälteste und sagte mir, daß ich mich im Revier melden sollte, ich und noch ein paar andere Polinnen. Vor den Operationen lagen wir in den Betten, zwei Tage lang. Man untersuchte uns, maß die Temperatur. Man wollte wissen, ob wir nicht krank sind. Wir mußten völlig gesund sein. Wir waren glücklich, konnten uns ausschlafen. Wir hatten ein sauberes Bettuch, es war alles sehr schön." Weiter erzählt sie: "Als wir ins Krankenhaus kamen, ins Revierkrankenhaus, da war da noch Dr. Oberhäuser. Die große Hilfe des Dr. Gebhardt. Und noch andere Gehilfen wie Schidlausky und Rosenthal. Aber für uns war Dr. Oberhäuser zuständig. Sie untersuchte uns. Dann war da noch Dr. Monschka, eine Polin, die uns durchleuchtete, damit wir wirklich gesund sind und uns für die Operation eignen."

Alle Frauen erzählen, daß sie natürlich damals nicht wußten, was mit ihnen geschehen soll. Bei jeder Spritze fürchteten sie, daß es eine Todesspritze sei. Die Operationen wurden im Revier des Lagers vorgenommen.

Maria erzählt: "Zur Operation wurde ich auf einen Wagen gebracht, vor dem Operationssaal, da gab man mir eine Spritze und während die Spritze noch hinaus gezogen wurde, schlief ich schon ein. Ich erwachte erst danach in dem Raum, mit schrecklichen Schmerzen, schrecklichen Schmerzen in meinem Fuß, ein furchtbarer, reißender Schmerz, bis zur Bewußtlosigkeit. Ich begann mein Bein anzuschauen, aber ich konnte nichts sehen. Ich bekam Fieber, verlor das Bewußtsein, ich wußte nicht, was mit mir geschieht. So vergingen zwei bis drei Tage. Ich begann wieder mein Bein anzuschauen, es war geschwollen bis zur Hüfte, wie ein dicker Baumstamm. Gelb mit so blauen Flecken versehen. Dann kam Oberhäuser und sagte: es ist gut, fertig. An die zweite Operation kann ich mich schlecht erinnern. Das könnte so Ende Dezember gewesen sein, nach Weihnachten. Ich hatte an der Wade einen Schnitt, hier diese breite Narbe ist davon, und da sammelte sich Eiter und deshalb ist daneben noch ein Schnitt, damit der Eiter hinausfließen konnte."

Nach den Operationen wurden die Polinnen in einem geschlossenen Raum innerhalb des Reviers untergebracht, zu dem niemand Zutritt haben sollte. Dennoch gelang es den Häftlingskrankenschwestern, heimlich Kontakt zu den Operierten aufzunehmen.

Wladyslawa erinnert sich: "Die deutschen Häftlingskrankenschwestern waren sehr nett zu uns. Sie wollten durch ihr Mitgefühl unser Befinden bessern. Als ich aufwachte, war ich im Krankenzimmer des Reviers und verspürte einen schrecklichen Schmerz im Bein. Ich wollte sehen, was da los ist mit meinem Bein, aber es ging nicht. Die Krankenschwester wurde gerufen und gab mir eine Spritze. Ich schlief sofort ein und das war gut so. Am nächsten Tag waren die Schmerzen schon geringer." Sie erinnert sich weiter: "Die Beine waren bandagiert. Ich hatte also eine Knochenoperation. Der Knochen wurde weggeschnitten an dem rechten Bein hier und an dem anderen Bein auch. Die Wunden waren aber noch nicht infiziert. Später - nach zwei Wochen - wurde ich noch einmal geholt und sie öffneten wieder die Wunde. Und hier wurde ich mit Staphylokokken infiziert. Ich weiß nicht, ob das Zufall war oder nicht. Dann bekam ich schrecklich hohes Fieber und das Bein war so angeschwollen, daß ich mich gewundert habe, wie so viel Fleisch auf dem Knochen sein kann. Nachdem die Wunde geheilt war, hat man mir diese Stelle wieder geöffnet und ein Stück vom Schienbein entfernt."

Maria: "Den Verbandswechsel nahm man einmal in der Woche vor, und das war sehr schmerzhaft. Die ersten Verbandswechsel geschahen unter Narkose."

Später erst erfuhren die Frauen, daß an diesen Experimenten angeblich die IG-Farben Industrie ein Interesse gehabt hat. Wladyslawa: "Und sie haben tatsächlich ein Medikament gefunden, das entzündungshemmend wirkt - und das ist bis heute gebräuchlich, und zwar Sulfonamide."

In Ravensbrück wurden 71 Polinnen operiert. Neben den Experimenten mit den entzündungshemmenden Sulfonamiden wurden auch Muskeln, Nerven und Knochen transplantiert. Den Frauen wurden Fremdkörper in die Wunden eingenäht, zum Beispiel Schmutz, Holz, Leder und Bombensplitter. Man wollte ausprobieren, wie diese typischen Verletzungen von Soldaten an der Front behandelt werden können. Die erfolgreichen Behandlungsmethoden wurden dann in Hohenlychen an verwundeten Offizieren angewendet.

Der größte Teil der operierten Frauen überlebte die Experimente nicht. Mit ihren unverheilten Wunden wurden die Überlebenden zurück auf ihren Block gebracht. Sie wurden in den Arbeitskommandos zu schweren Arbeiten eingesetzt. Erst als man merkte, daß die deutlich sichtbaren Wunden und Narben für eine große Aufregung unter den Häftlingen im Lager sorgten, kamen die operierten Frauen in einen gesonderten Block und mußten "Innendienst" machen. Stanislawa erzählt: "Ich weiß nicht wie lange ich noch in dem Revier war. Auf jeden Fall ziemlich lange. Später ging ich an Krücken und dann war ich nur noch im Block. Dort haben wir Strümpfe gestrickt für die Soldaten an der Front. Niemand konnte im Lager ohne Arbeit bleiben."

Nach den Operationen gab es immer wieder Erschießungen von Polinnen und die Angst unter den operierten Frauen wuchs. Das Ende des Krieges nahte, und das wußten auch die Frauen im Lager. Detonationen waren zu hören und die Gerüchte über den Verlauf des Krieges verbreiteten sich schnell.

"Man nannte uns 'Kaninchen', und so heißen wir bis heute: 'Kaninchen'. Auf polnisch heißt das 'Kroliki'", sagt Maria. Sie erzählt auch, daß zu dieser Zeit die Polinnen einen Entschluß faßten: "Der erste Protest fand statt, als wir auf Krücken und auf Stöcke gestützt zum Kommandanten gingen und fragten, weswegen wir eigentlich operiert werden. Wir waren politische, unter uns waren keine Kriminellen. Ich glaube, es wurde noch eine Ukrainerin operiert, aber ich weiß nicht wieso. Auf jeden Fall, in unserer Gruppe waren nur Polinnen und nur politische. Wir werden ja von irgendeinem Recht geschützt, sagten wir. Sie haben kein Recht, solche Sachen durchzuführen, aber das blieb ohne Echo. Wir kehrten ohne Erfolg zurück."

Dieser erste Protest, der schlimme Strafen zur Folge hatte, führte aber zu einem wachsenden Selbstbewußtsein der jungen Frauen und zu neuer Kraft, um ihr Überleben zu kämpfen. Einige wehrten sich dagegen, zu den Operationen zu gehen. Mit Gewalt wurden sie dann aus den Blocks geholt und im Bunker des Zellenbaus operiert. Anise Vinay-Postell, eine französische Widerstandskämpferin, erinnert sich: "Die operierten Frauen waren sehr pfiffig, denn ihnen ist es gelungen, einen Fotoapparat zu organisieren. Und hinten im Lager konnten sie fotografieren. (...) Sie haben die Beine von drei Mädchen aufgenommen, weil sie alle der Meinung waren, daß sie noch vor dem Ende des Krieges hingerichtet werden. Der Film ist meiner Freundin anvertraut worden, damit sie ihn aufbewahrt. Sie wollten ihn nicht im Block der Polinnen lassen. Und ganz am Ende, als wir von den Schweden befreit worden sind, hatte sie immer noch diesen Film in der Hand und wir haben ihn aus dem Lager gebracht."[2)]

Auf allen Wegen versuchten die Polinnen Informationen aus dem Lager zu schmuggeln. In Briefen, die sie nach Hause schreiben durften, schrieben sie heimlich mit Urin Namenslisten und Berichte über die Experimente. Sie hofften, daß die Nachrichten mit dem Bügeleisen sichtbar gemacht werden konnten. In dieser Zeit entstand das Spiel mit den polnischen Worten: Aus "Kroliki" (Kaninchen) wurde "Krolowie" (König). Aus den Kaninchen wurden Königinnen. Dennoch wuchs die Gefahr, daß alle Zeuginnen der Experimente liquidiert werden sollten. Wladyslawa: "Da haben wir von anderen Häftlingen gehört, daß man uns mit einem Transport wegbringen will." Und Stanislawa dazu: "Und als eines Abends die Liste kam, daß wir uns melden sollen, wußten wir sofort, worum es geht. Wir haben festgestellt, daß die SS-Kantine eine Zusatzportion Essen und Alkohol bekam. Das war immer so, wenn eine Erschießung bevorstand. Und dann sagten die Russinnen und auch andere: Das ist das Ende des Krieges. Vielleicht versucht ihr euch zu retten, vielleicht können wir euch helfen, damit man euch nicht erschießt."

An den Rettungsversuch erinnert sich auch Anise Vinay-Postell: "Wir haben im Lager mitbekommen, wie sich diese jungen polnischen Frauen für ihre letzte Nacht vorbereiteten. Sie haben sich ihre schönsten Sachen angezogen. Die Wäsche aus der Plünderung von Warschau kam in Lastwagen ins Lager und sie konnten sich etwas organisieren. Sie haben sich schöne Nachthemden angezogen - wir haben überall etwas zu essen gesucht, Zigaretten besorgt und sie haben Kirchenlieder gesungen, sie waren alle sehr gläubig und im Grunde genommen haben sie ihre letzte Nacht angebrochen. Alle sagten, "das ist doch unmöglich, man muß doch etwas machen um sie zu retten." Das war auch die Meinung der sowjetischen Frauen. Und ihnen ist es gelungen, Kontakt aufzunehmen mit den Frauen, die Positionen im Lager hatten als Krankenschwestern, Blockälteste etc.. Und sie haben entschieden, diese Mädchen zu verstecken, aber das war nicht so einfach. Denn das schwierigste war, sie überhaupt davon zu überzeugen, daß sie sich verstecken sollten. Sie waren bereit zum Sterben, sie waren schon vertraut mit dieser Idee - und zurückzukommen, sich unter Kohlen zu verstecken, den Kampf wieder aufzunehmen in einem Moment, wo sie schon aufgegeben haben. Das war sehr schwierig und sehr langwierig."

Wladyslawa: "Sie sagten zu uns, ihr könnt doch nicht warten, bis man mit euch was anstellt. Eine von ihnen arbeitete in einem kleinen Kraftwerk in Ravensbrück. Sie sagte, sie kann den Strom ausschalten, so daß es dunkel wird und wir fliehen können. Jede sollte sich ein Versteck suchen in anderen Blocks, wo sie jemand kennt. Sie sagte: 'Ich bin sicher, alle werden euch helfen.'"

Stanislawa erinnert sich an diese Nacht: "Die Russinnen, die mit der Elektrizität befaßt waren, haben während des Zählappells den Strom ausgeschaltet, und als die SS-Männer zu unserem Block kamen, um uns zu holen - es war so gegen 4 Uhr morgens - es war Februar, es war noch ganz dunkel - da entstand ein Durcheinander, ein Kampf, weil das Licht ausgegangen ist. Einige Kolonnen schrien 'Arbeitsappell, Arbeitsappell' und Steine fielen auf die Aufseherinnen und die SS Männer. Und es entstand ein großes Durcheinander. Und sie zogen sich zurück und die anderen Operierten, die im Block blieben, sagten, daß wir nicht freiwillig zur Exekution gehen werden."

"Dann kam die Jagd auf die Kaninchen," sagt Maria, "man wollte auf jeden Fall alle herausfischen, gefilzt hieß das, um die Zeuginnen zu vernichten. Wir verteilten uns in die einzelnen Blocks. Eines Tages sind meine Freundin und ich an Leichen vorbeigekommen, die man auf die Erde geworfen hatte. Wir haben gesehen, daß sie noch ihre Lagernummern an der Kleidung hatten. Man wollte sie dann später ins Krematorium bringen. Wir trennten die Nummern ab und nähten sie an unsere Kleidung. Daraufhin hat meine Mutter die Nachricht erhalten, daß ich an Herzversagen oder so was ähnlichem gestorben sei." Die fieberhafte Suche nach den "Kaninchen" ging weiter.

Einmal fand die SS eine Gruppe inmitten anderer Häftlinge und trieb sie an der Lagermauer zusammen. Noch heute freut sich Wladyslawa über den Einfall einer Kameradin, die sie aus dieser gefährlichen Situation rettete: "Eine Polin ist auf eine gute Idee gekommen: Als sie ihre Frauen vom Appell führte, sagte sie plötzlich: "Dort gibt's Brot" und zeigte auf unsere Gruppe: "dort gibt's Brot". Eine ganze Menge Frauen stürzten in diese Richtung. Es entstand so ein Durcheinander, das niemand verfolgen oder kontrollieren konnte ... gar nichts ... das war eine tolle Idee."

Stanislawa gelang die Flucht mit einer Freundin: "Wir versteckten uns in einem Block, in dem Kranke lagen, die an Bauchthyphus erkrankt waren. Das war ein Block, der die ganze Zeit geschlossen war. Keiner von den SS Männern ging dort hinein, sie hatten Angst sich anzustecken. Am nächsten Tag kamen wir in einen anderen Block für normal Kranke. Es starb dort eine Norwegerin und noch eine andere Frau. Die Krankenschwestern haben die Verstorbenen nicht gemeldet. Wir sind also an die Stelle dieser Frauen gekommen."

Maria kommt aufgrund ihrer falschen Nummer auf einen Transport ins Nebenlager Malchow, Wladyslawa nach Neustadt-Gleve in ein Arbeitslager und Stanislawa kommt mit einem Evakuierungstransport aus Ravensbrück heraus. So erleben sie alle außerhalb des Lagers die Befreiung durch die Rote Armee. Abgemagert, krank und halbverhungert werden sie in Krankenhäusern der Alliierten so weit wieder hergestellt, daß sie sich auf die komplizierte Heimreise machen konnten.

Maria kam mit einer Freundin zusammen nach Polen zurück: "Sie hatte keine Familie mehr, niemanden. Sie war mit mir bis zum Schluß im Lager gewesen. Ich kam nach Terespol. Dort war meine Mutter. Es war natürlich eine große Freude."

Stanislawa fand Zuhause niemanden mehr vor: "Das Gebiet von Zamosc war ausgesiedelt. Meine ganze Familie, meine Geschwister, sind aus ihren Häusern geworfen worden. Alles hat man ihnen weggenommen. Das Haus ist verbrannt worden. Ich hatte also niemanden, zu dem ich zurückkehren konnte. Und so bin ich bei meiner Lagermutter in Zakopane geblieben. Dort habe ich das Abitur gemacht und begann in Krakow zu studieren."

Wladyslawa war auf dem Fürstenberger Bahnhof, als ihr Mann sie durch einen Zufall fand. Sofort nach dem Ende des Krieges war er auf die Suche nach ihr gegangen.

Im Dezember 1946 bekam Maria die Einladung zum Nürnberger Prozeß. Zu dessen Vorbereitung wurden die Frauen in Gdansk untersucht und Fotos ihrer Operationsnarben gemacht. Erst hier erfuhren die Frauen von polnischen Ärzten, für welche medizinischen Versuche man sie mißbraucht hatte. "Ich sagte als erste aus. Ich erzählte von diesen Operationen, sie schauten sich mein Bein an. Ich mußte den Gebhardt identifizieren, sollte sagen wie er aussieht. Er saß auf der Anklagebank. Auch Fischer, Oberhäuser, Rosental. Ich hab sie alle erkannt. Ich berührte fast alle Aspekte der Operation. Außerdem hatte ich alles noch gut in Erinnerung, damals 1946, jetzt sind schon 50 Jahre vergangen."

Gebhardt wurde zum Tode verurteilt. Im Juni 1948 wurde das Urteil vollstreckt. Herta Oberhäuser wurde zu 20 Jahren Haft verurteilt. Nach sieben Jahren wurde sie entlassen und eröffnete eine Praxis als Ärztin bei Plön in Holstein. Erst nach Protesten ehemaliger Häftlinge wurde ihr die Approbation entzogen. Sie wanderte aus nach Amerika.

Auf die Frage, wie sie ihre Erlebnisse verarbeiten konnte, antwortet Stanislawa: "Die ganze Verhaftung, all das, hat mir meine Freude, meine Offenheit, zumindest sehr viel von meiner Lebensfreude geraubt. Und natürlich meine Gesundheit. Vieles von der optimistischen Weltsicht, von dem Vertrauen in die Welt, in die Menschen.

Eigentlich kann ich bis heute nicht beten. Andererseits zugleich ist in mir der Glaube geblieben, daß es trotz des vielen Bösen auch Menschen auf der Welt gibt - und auch im Lager - die in solchen schwierigen Situationen gut sind. Ich muß sagen, ohne die Hilfe der ganzen internationalen Lagergemeinschaft wären wir nicht am Leben geblieben."

Maria arbeitete bis zu ihrer Pensionierung als Laborantin in Warschau. Die Folgen der Operationen haben ihr bis heute große gesundheitliche Schwierigkeiten bereitet: "Seit 4 Jahren kann ich das Haus nicht mehr verlassen. Die Hüfte tut mir sehr weh. Die Ärzte kamen hierher, sehr gute Orthopäden haben mich untersucht und haben gesagt, da hilft nichts mehr. Sie haben gesagt, keine Operation könne helfen, nur Schmerzmittel."

Wladyslawa erzählt, daß die Opfer der Experimente nie eine Wiedergutmachung erhalten haben. Die polnische Regierung zahlte ihnen eine kleine Rente, von der sie heute nicht einmal eine Kartoffel kaufen können. "Nach dem Krieg haben wir von der IG-Farben gefordert, daß sie uns in gesundheitlicher Hinsicht helfen müßten. Man sagte uns, es gibt keine IG-Farben-Werke mehr und nichts ist daraus geworden."

Die an den Polinnen erforschten Sulfonamide sind heute weltweit auf dem Markt.

Anmerkungen:

1) Alle Zitate aus Interviews von Loretta Walz mit Stanislawa Bafia, Maria-Broel Plater-Skassa und Wladyslawa Marczewska, Warschau im Juli 1993
2) Interview von Loretta Walz mit Anise Vinay-Postell, Paris 1992

Anmerkung der Hrsg.: Frau Walz hat auf dem Kongreß ihren Videofilm mit dem Titel "Man nannte uns Kaninchen" zur Diskussion gestellt. Der Film ist in der Gedenkstätte Ravensbrück (bei Fürstenberg, nördlich von Berlin) zu sehen.

Staatlicher Gebärzwang oder Rassenhygiene?
- Frauenbewegung, Bevölkerungspolitik und die 'soziale Frage'

Ute Grau
Goethestr. 23, D-76135 Karlsruhe

Staatlicher Gebärzwang oder Rassenhygiene, diese Frage stellte Helene Stöcker (1869-1943), Vorsitzende des 1905 gegründeten und dem radikalen Flügel der bürgerlichen deutschen Frauenbewegung zugerechneten Bundes für Mutterschutz und Sexualreform.[1] *Der Sinn für soziale Verantwortlichkeit*, so Stöcker, *wie er durch die Sozialreform des letzten halben Jahrhunderts sich allmählich entwickelt hat, hat sich nunmehr zu einem Sinn für Rassenverantwortlichkeit entwickelt, die ihren Ausdruck in den Aufgaben der Rassenhygiene findet, welche die Quantität des Lebens zu regeln und seine Qualität zu heben versucht.* Und weiter: *Wenn der Sozialismus eine größere Bedeutung auf das Milieu und der Individualismus noch eine größere Bedeutung auf die Vererbung legt, so werden wir heute der Meinung sein, daß beide berücksichtigt werden müssen.* Diese Worte einer meist als radikal und emanzipatorisch eingeordneten Feministin belegen die aktive Beteiligung von Frauen an den eugenischen Debatten und an der bevölkerungspolitischen Praxis der Zeit zwischen 1900 und 1933.

Rassenhygiene bzw. Eugenik - die Begriffe wurden meist synonym gebraucht - wird in diesem Beitrag, der nach dem weiblichen Anteil an der Bevölkerungspolitik fragt, herausgelöst aus dem Bann der nationalsozialistischen Praxis der Zwangssterilisationen und der 'Euthanasie'morde.[2] In den Blick genommen wird die Problematik einer wissenschaftlich-rationalen und gleichzeitig stark politisch involvierten Sozialtechnologie. Rassenhygiene war keine Erfindung der Nationalsozialisten - auch wenn die Äußerungen mancher völkisch-nationalistischer Eugeniker und deren begeisterte Reaktionen auf das neue Regime nach 1933 auf den ersten Blick einen solchen Schluß nahezulegen scheinen.

Der sozialtechnisch-medizinische Eingriff in den Privatbereich der Menschen, die Rationalisierung und Kontrolle der Sexualität fanden sich bereits in den bevölkerungspolitischen Debatten der Zeit um die Jahrhundertwende und finden sich heute wieder in den Diskussionen um die Gen- und Reproduktionstechnologien unserer Tage. Die Vielfalt eugenischer Positionen vor 1933 und ihre unterschiedliche Motivation und Begründung zeigen, daß Rechte wie Linke, Männer in den Parteien wie Frauen in der Frauenbewegung sich weitgehend darüber einig waren, daß rassenhygienische Maßnahmen notwendig seien und daß das Individuum hinter dem Konstrukt eines sogenannten Volkskörpers zurückstehen müsse, dessen Gesundheit es zu erhalten gelte. Daher konnten die nationalsozialistischen eugenischen Maßnahmen, wie beispielsweise das 1933 erlassene *Gesetz zur Verhütung erbkranken Nachwuchses* (Sterilisationsgesetz) oder das sogenannte Ehegesundheitsgesetz von 1935 (*Gesetz zum Schutze der Erbgesundheit des deutschen Volkes*), ohne nennenswerte Kritik oder Widerstand zur Durchführung gelangen. Ein Indiz hierfür ist, daß man sich nach 1945 schwer tat, diese Praktiken eindeutig zu verurteilen und die Opfer der Zwangssterilisationen zu entschädigen. Selbst eindeutig vorbelastete Rassenhygieniker konnten in der BRD wieder zu akademischen Ehren gelangen und ihre Arbeit weiterführen.

Ausgangspunkt aller bevölkerungspolitischen Konzepte war der sogenannte Demographische Übergang, d.h. die Veränderungen in der Bevölkerungsentwicklung, die man seit der Jahrhundertwende in allen Industriegesellschaften wahrzunehmen begann.[3] Die absoluten Bevölkerungszahlen, die zwischen 1800 und 1900 trotz hoher Säuglingssterblichkeit stark angestiegen waren[4], begannen zwar wegen der abnehmenden Sterblichkeitsrate noch nicht sofort zu sinken, aber die Zuwachsraten gingen merklich zurück. Auf Seiten des Staates war man an Bevölkerungswachstum interessiert und griff daher zu repressiven pronatalistischen, d.h. geburtenfördernden Maßnahmen. Man erschwerte den Zugang zu Verhütungsmitteln und verbot Abtreibung in der Hoffnung, dem Trend entgegenwirken zu können. Darüber hinaus begann man nach Erklärungen für den Rückgang der ehelichen Kinderzahl zu suchen und sammelte Daten darüber, wer, wie und warum weniger Kinder bekam. Es gab verschiedene Erklärungsansätze für das Phänomen des Geburtenrückgangs. Der steigende Wohlstand bestimmter Bevölkerungsschichten, die Verelendung der Arbeiter, Alkoholismus, Sterilität aufgrund ungesunder Arbeitsbedingungen, Religions- und Parteizugehörigkeit oder die Frauenemanzipation mußten als Begründungen herhalten. Hielt man anfangs die abnehmende Geburtenzahl für eine Folge von zunehmender Degeneration der Bevölkerung, so drehte die rassenhygienische Interpretation diesen Zusammenhang um: In der Tatsache, daß gerade wohlhabende Schichten weniger Kinder bekamen wurde die Hauptursache für eine vermeintlich zunehmende Entartung des deutschen Volkes gesehen. Eugenisch argumentierende Bevölkerungstheoretiker prangerten Luxus und Materialismus, Egoismus und Individualismus an und appellierten an den angeblich verschütteten natürlichen Fortpflanzungswunsch der Menschen und vor allem der Frauen. Der Sozialstaat mit seinen, wenn auch zunächst sehr bescheidenen, so doch immer weiterreichenden Gesetzen zum Schutz gegen Unfälle, Alter und Krankheit, die seit dem letzten Drittel des 19. Jahrhunderts auch den benachteiligten Bevölkerungsschichten ein Mindestmaß an sozialer Absicherung boten, wurde von einigen Rassenhygienikern als kontraselektorisch wahrgenommen. Damit meinten sie, daß die soziale Fürsorge es der Natur nicht mehr erlaube, sogenannte minderwertige Elemente, die ohne diese Hilfen überlebensunfähig gewesen wären, einfach zugrunde gehen zu lassen. Nicht nur Menschen mit Erbkrankheiten, sondern vor allem Alkoholiker, Obdachlose und Landstreicher, Kriminelle und Prostituierte, kurz alle, die man als krank, asozial oder moralisch verkommen einstufte, bekämen dadurch einen für die Gesundheit des Volkskörpers verhängnisvollen Vorteil bei der Fortpflanzung. Um die Dinge wieder ins Gleichgewicht zu bringen, ohne Wohlfahrtspflege und die Sozialgesetzgebung einfach wieder abzuschaffen, bot sich die Rassenhygiene mit ihrem Programm als angeblich humane Alternative an, die das Übel schon im Keim ersticken wollte.

Erste Initiativen zu einer eugenischen Debatte gab es bereits seit den 1880er Jahren.[5] Genannt sei hier der Freundeskreis um den Mediziner und Volkswirt Alfred Ploetz (1860-1940), den Erfinder des Begriffs Rassenhygiene, dem u.a. der Sozialist August Bebel und der Schriftsteller Gerhard Hauptmann angehörten. Ploetz hatte 1895 eine Schrift mit dem Titel: *Die Tüchtigkeit unserer Rasse und der Schutz der Schwachen* veröffentlicht, mit der er auf die seiner Ansicht nach katastrophalen Folgen moderner

Sozialfürsorge hinweisen wollte. Rassenhygiene sollte hier für Ausgleich sorgen und so die Grundlagen für eine wahrhaft menschliche und sozial gerechte Gesellschaft schaffen. Allgemein wird der Durchbruch rassenhygienischen Denkens in Deutschland mit einem Preisausschreiben der Firma Krupp im Jahr 1900 in Verbindung gebracht, dessen Titel *Was lernen wir aus den Prinzipien der Descendenztheorie [damit ist die Darwinsche Abstammungslehre gemeint. U.G.] in Beziehung auf die innerpolitische Entwicklung und Gesetzgebung der Staaten?* bereits darauf hinweist, daß Rassenhygiene vom Sozialdarwinismus beeinflußt war. Gewinner des Preisausschreibens war der Mediziner Wilhelm Schallmayer (1857-1919) mit seinem Beitrag *Vererbung und Auslese im Lebenslauf der Völker. Eine staatswissenschaftliche Studie auf Grund der neueren Biologie*. Er übertrug die Theorien Charles Darwins (1802-1882) über die Entstehung der Arten auf soziale Fragestellungen und interpretierte sie dabei teilweise recht frei.[6)] Dem Aufstieg der Arten vom Primitiven zum Komplexen sollte ein Aufstieg der Menschheit von der Barbarei zur Zivilisation entsprechen - nebenbei bemerkt war dies eine Interpretation, die es im Zeitalter des Imperialismus erlaubte, die angebliche zivilisatorische Überlegenheit der weißen europäischen Eroberer rassistisch zu rechtfertigen. Der Aufstieg der weißen Rasse mittels Selektion der Tüchtigsten und Wertvollsten könne nur gemäß dem darwinistischen Prinzip der sexuellen Zuchtwahl erhalten bleiben, d.h. es käme für das Überleben einer Art oder Rasse nicht nur darauf an, sich ihrer Umwelt optimal anzupassen, sondern diesen Vorteil auch erfolgreich zur Fortpflanzung zu bringen. Der sexuelle Selektionsvorteil der als minderwertig eingestuften Menschen wurde daher von den Rassenhygienikern als katastrophal empfunden.

Es gelang den deutschen Eugenikern, nachdem sie ihrem Anliegen im Krupp-Preisausschreiben zum ersten Mal nennenswert öffentliche Aufmerksamkeit verschafft hatten, nach und nach - in Ergänzung zur herkömmlichen Hygiene - zur anerkannten neuen Wissenschaft der Hygiene des Genotyps, d.h. der *Erbverfassung* zu werden. Der Weg zur wissenschaftlichen Anerkennung verlief u.a. über die Gründung rassenhygienischer Vereine und Zeitschriften, von denen die bedeutendste das Archiv für Rassen- und Gesellschaftsbiologie war, das Alfred Ploetz seit 1904 herausgab. Es erschien 40 Jahre lang, bis 1944, und bot seinen Leserinnen und Lesern vor allem wissenschaftliche Artikel und Rezensionen. Über dem Bemühen, in der Fachwelt als neue Disziplin anerkannt zu werden, vernachlässigte man aber auch nicht, die Rassenhygiene in populärwissenschaftlichen Vorträgen, Büchern und Zeitschriften publik zu machen. 1905 gründete Ploetz in Berlin die erste Ortsgruppe der Gesellschaft für Rassenhygiene. 1907 und 1909 folgten Ableger in München und Freiburg, die von dem Hygieneprofessor Max von Gruber (1853-1927) und von dem Anthropologen Eugen Fischer (1874-1967) geleitet wurden. Wollte man zu Anfang noch vor allem durch die eigene, eugenisch orientierte Lebensweise, durch Sammlung erbbiologischer Daten, Verzicht auf Alkohol und andere Drogen und die Verpflichtung, nur im Falle von Erbgesundheit zu Heiraten, wirken, so öffneten sich die Rassenhygienevereine mit der Zeit immer mehr nach außen und versuchten Verbündete in verschiedensten Bereichen zu finden. Vor allem Ärzte waren schnell für eugenische Konzepte zu begeistern. Dazu kamen Genetiker und Biologen, Anthropologen, Kriminalisten (Kriminalbiologen), Soziologen und Nationalökonomen, Bevölkerungspolitiker und Verwaltungsbeamte. Gerade die Beamten in der staatlichen Medizinalverwaltung galt es erst noch für die Rassenhygiene zu gewinnen. Sie befürchteten bei konsequenter Umsetzung rassenhygienischer Forderungen, beispielsweise bei der Freigabe von Verhütungsmitteln oder Abtreibung, einen weiteren Geburtenrückgang.

Spätestens der Erste Weltkrieg mit seinen Millionen Toten beseitigte manche konservative Vorbehalte. Deutschland sollte nicht noch einmal dem vermeintlich heimtükkischen Angriff seiner Feinde erliegen müssen - so tönte es nicht nur bei den Ultrarechten. Besonders die *slawischen Horden des Ostens*, die *in absehbarer Zeit* die Deutschen niederstampfen würden, hatten es den Rassenhygienikern angetan.[7)] Die deutsche Volkskraft, d.h. sowohl Anzahl als auch Qualität der Menschen, was auch immer man darunter verstand, sollte unbedingt gestärkt werden. Und nach einem Krieg, in dem nach allgemein verbreiteter Ansicht vor allem die wertvollen, tapferen und heldenhaften Männer hatten sterben müssen, während die Kranken und Alten, die Untauglichen überlebt hatten, sollte neben der Quantität nun auch verstärkt auf Qualität geachtet werden. Der Rassenhygiene gelang es in den Jahren nach 1918 bedeutende Fortschritte zu machen. 1923 konnte in München der erste Lehrstuhl an einer Universität eingerichtet und mit dem Mediziner Fritz Lenz (1887-1976) besetzt werden. 1927 wurde in Berlin das Kaiser-Wilhelm-Institut für Anthropologie, menschliche Erblehre und Eugenik eröffnet. Dort sollte auf hohem Niveau geforscht werden. Man erarbeitete und propagierte Vorschläge zur eugenischen Praxis. Die Leiter der drei Abteilungen waren Eugen Fischer, Otmar v. Verschuer (1896-1969) und bis 1933 der Jesuit Hermann Muckermann (1877-1962), dem dann Fritz Lenz folgte.[8)] Auch bei den Politikern wurden rassenhygienische Lösungen angesichts leerer Kassen populär. Spätestens mit dem Ausbruch der Weltwirtschaftskrise 1929 mußten die meisten wohlfahrtsstaatlichen und familienfördernden Projekte aufgegeben werden. Die Eugenik bot sich als kostengünstige Alternative zur teuren Versorgung kranker Menschen in Heil- und Pflegeheimen an. Noch in der Zeit der Weimarer Republik konnte daher 1932 ein Entwurf für ein Sterilisationsgesetz erarbeitet werden, der allerdings im Gegensatz zum nationalsozialistischen *Gesetz zur Verhütung erbkranken Nachwuchses* von 1933 noch das Einverständnis der Betroffenen vorsah.

Nicht nur die konservativen unter den Rassenhygienikern, nicht nur Arierideologen vom Schlage eines Alfred Ploetz oder eines Fritz Lenz, deren Theorien deutlich rassistisch waren, sahen Entvölkerung und Qualitätsverlust drohen. Auch für Sozialdemokraten wie den Arzt und Sozialhygieniker Alfred Grotjahn (1869-1931) oder seinen linksliberalen Karlsruher Kollegen Alfóns Fischer (1873-1936)[9)], der die Badische Gesellschaft für soziale Hygiene gegründet hatte, bedeutete Rassenhygiene - neben der Beseitigung sozialer Krankheitsursachen, der sie sich in erster Linie verschrieben hatten- eine Hoffnungsträgerin für eine gesündere Zukunft, und sie halfen mit, ihre Ideen zu verbreiten. Es gab auf Seiten der organisierten Linken allgemein wenig Neigung, diejenigen Bevölkerungsgruppen, die man als das Lumpenproletariat bezeichnete, die Obdachlosen, Alkoholiker, Prostituierten und Kriminellen zur eigenen Klientel zu rechnen. Alfred Grotjahn wollte sie alle sterilisieren und anschließend einsperren lassen, um ihren unerwünschten Nachwuchs zu verhindern und um den Rest der Bevölkerung vor ihnen zu schützen. Grotjahn, der im übrigen jedes Ehepaar auf mindestens drei Kinder verpflichten wollte, mag für die sozialistische Eugenik ein Extremfall gewesen sein, ein

Einzelfall war er - bei allen Differenzen, was beispielsweise die Fragen Verhütung und Abtreibung betraf - nicht.[10)]

Die sog. Gebärstreikdebatte von 1913, ausgelöst von den sozialdemokratischen Ärzten Julius Moses und Alfred Bernstein zeigt, daß die Sozialdemokratie in der Bevölkerungsfrage gespalten war. Sie hatten einen Gebärstreik der Arbeiterfrauen vorgeschlagen, weil sie meinten, man könne damit eine Änderung der sozialen Verhältnisse zugunsten der Arbeiterklasse erzwingen. Schließlich brauchte der Staat Arbeiter und Soldaten. Dem widersprachen große Teile der Parteiführung. Auch Clara Zetkin, die damalige Vertreterin der Parteifrauen, erblickte in einem Plädoyer für Geburtenkontrolle in Arbeiterfamilien neomalthusianische Verirrungen[11)]: nicht die vielen Kinder, sondern die sozialen Verhältnisse seien Schuld am Elend der Proletarierfamilien. Sie wies darauf hin, daß die Sozialdemokratie als Massenbewegung ihrerseits auf eine große Zahl von Parteisoldaten angewiesen sei. Die Basis stimmte mit den Vorstellungen der Parteiführung nicht überein: viele Arbeiterfrauen befürworteten und praktizierten Empfängnisverhütung; sie wurde daher stillschweigend als Privatsache der Parteimitglieder akzeptiert. In der proletarischen Frauenbewegung findet sich häufig ein Verständnis für die sozialen Ursachen sexualpolitischer Probleme wie z.B. der Prostitution. Zumeist war dies aber untrennbar verknüpft mit moralisierenden und biologistischen Argumenten. Oda Olberg (1872-1955), die, aus der bürgerlichen Frauenbewegung kommend 1896 der Sozialdemokratie beigetreten war, definierte im Gegensatz zu den bürgerlichen Rassenhygienikern die Arbeiterklasse zur eugenisch wertvolleren Gruppe und stellte sie der angeblich entarteten Oberschicht gegenüber. Die bürgerlichen Frauen sollten nach Olbergs Ansicht weiterhin verhüten und abtreiben, die Zukunft würde den Proletariern und ihren Kindern gehören. Aus dem Klassenkampf wurde - genau wie bei den konservativen Eugenikern - ein Fortpflanzungskampf, diesmal allerdings von unten nach oben! Die proletarische Sexualmoral - und das war oft eugenisch gemeint - wurde zum Unterscheidungsmerkmal zwischen Bourgeoisie und Arbeiterklasse, die damit ihren Anspruch auf die Zukunft legitimieren wollte.

Die bürgerliche Frauenbewegung[12)] mußte sich mit der neuen Geschlechterhierarchie auseinandersetzen, die die bürgerliche Gesellschaft, wenn nicht erfunden, so doch forciert hatte. Anders als die Arbeiterfrauen waren die Frauen des Bürgertums aus der Produktionssphäre und dem öffentlichen Leben weitgehend ausgeschlossen. Sie waren zum weiblichen Geschlechtscharakter[13)] geformt worden, zur Hausfrau und Mutter, die ihre Arbeit in der Familie möglichst unsichtbar, unentgeltlich und aus Liebe verrichten sollte. Weiblichkeit wurde gleichgesetzt mit Unvernunft und Gefühl, mit ungezügelter, noch zu disziplinierender Natur, mit Körper. Die aufgeklärte Vernunft nahm dagegen der männliche Geschlechtscharakter für sich in Anspruch. Fortschritt und Zivilisation war als Überwindung des Chaotischen und Weiblichen definiert, zumindest als dessen Kontrolle. Sexualität wurde weitgehend mit dem weiblichen Körper identifiziert und der Aufsicht von Ärzten und anderen Experten unterstellt. Das Verhältnis von Frauen zur Medizin war daher von Anfang an ambivalent. Es waren nicht zuletzt Mediziner gewesen, die über die angebliche Mangelhaftigkeit des weiblichen Körpers den Ausschluß der Frauen von staatsbürgerlichen Rechten zu rechtfertigen geholfen hatten. Andererseits hatte die vermeintlich typisch weibliche Begabung für Krankenpflege und Fürsorge den Frauen ein neues öffentliches Arbeitsfeld eröffnet. Nachdem sie zunächst in den eigenen Familien damit begonnen hatten, die jeweils neuesten ärztlichen Gesundheits- und Verhaltensnormen, die Leistung, Erfolg, Sittlichkeit und soziale Integration des bürgerlichen Menschen garantieren sollten, durchzusetzen, begannen die Frauen in sozialfürsorgerischen Vereinen und in der Frauenbewegung mit der *hygienischen Zivilisierung der Arbeiterfamilien*, wie es die Historikerin Ute Frevert nennt.[14)]

Als Gebärerinnen der künftigen Generationen war 'die Frau', die ganz im Geschlechtlichen aufzugehen schien, erstes Ziel rassenhygienischer Praxis. Gleichzeitig gab man den Frauen -über ihre Eigenschaft als Mütter- eine neue Verantwortung in die Hand. Eugeniker aller Couleur entwarfen neue Sexualordnungen, in denen meist ein konservatives Familienkonzept im Vordergrund stand, in dem Männer und Frauen, wenngleich verschieden von Charakter und Biologie, sich gegenseitig ergänzen und einander in lebenslanger gegenseitiger Treue anhängen sollten. Eine solche Geschlechtsmoral vertraten auch die Männer und Frauen der Sittlichkeitsbewegung, die für die Abschaffung der Prostitution kämpften. Sie wollten für Männer wie Frauen gleichermaßen rigide Moralvorschriften aufstellen. Nur wenige kleine Gruppierungen protestierten gegen die Benachteiligung und Bestrafung der Prostituierten und forderten statt sittenpolizeilicher Zwangsuntersuchungen die Übernahme der Behandlung von Geschlechtskrankheiten durch die Krankenkassen und weitere fürsorgerische Maßnahmen.

Andere Geschlechterutopien wollten die Familie zugunsten der Fortpflanzung mehr oder weniger auflösen, Frauen zu Gebärerinnen und Männer zu einer Art menschlicher Zuchtbullen machen - in ländlichen Siedlungen möglichst weit Weg vom verderblichen Sumpf der Großstadt. Moral wurde im Hinblick auf möglichst qualitätvolle und möglichst häufige Fortpflanzung definiert.

Die Frauen der bürgerlichen Frauenbewegung beteiligten sich an diesem Diskurs auf ihre Weise. Sie versuchten, die ihnen vorgegebenen Weiblichkeitsbilder aktiv mitzugestalten und innerhalb des vorgegebenen Rahmens der polaren Geschlechtscharaktere, den sie nicht grundsätzlich in Frage stellten, ihren Platz zu finden. Die bürgerliche Frauenbewegung und ihr Konzept der *organisierten Mütterlichkeit* wollte mit ihrem Engagement für mütterlich-karitative Aufgaben vor allem ein ausgleichendes Gegengewicht zur technisierten, als kalt empfundenen modernen Welt bieten. So meinte beispielsweise Helene Lange, eine ihrer führenden Persönlichkeiten: *Die Frau ist es, die den letzten, den nach unserer Überzeugung unveräußerlichen Kern der Institution der Familie gegen die seelenlosen Gewalten der technischen Entwicklung mit Leib und Seele zu schützen hat.*[15)] Mit dem Ersten Weltkrieg und der Bedeutung, die dadurch das Bevölkerungsproblem erhielt, eröffneten sich auch den Frauen neue Perspektiven. Nicht nur hofften sie sich durch ihre Mitarbeit im Nationalen Frauendienst, an dem sich mit Ausnahme einiger Kriegsgegnerinnen auch die Sozialdemokratinnen beteiligten, endlich mehr Einfluß im öffentlichen Leben und eine Anerkennung ihrer karitativen und sozialfürsorgerischen Bemühungen zu erhalten.[16)] Sie nahmen auch ihre Aufgabe als Mütter künftiger Soldaten und als Wahrerinnen des Gemeinwohls ernst. Auf seiner Kriegstagung 1916 forderte der Bund Deutscher Frauenvereine (BDF), der seit 1894 bestehende Zusammenschluß der bürgerlichen Frauenvereine, eine Bevölkerungspolitik, die sich nicht durch einen *Fanatismus der Zahl*, sondern vor allem durch *positive*

Hebung der gesamten Volksgesundheit und die Steigerung der gesamten Volksleistung[17] auszeichnen sollte. Damit waren Verbesserungen im Mutter- und Wöchnerinnenschutz, Steuervorteile für kinderreiche Familien und eine Aufhebung des Beamtinnenzölibats gemeint. Diese Fürsorgemaßnahmen wurden aber nicht als *Anspruch des Einzelnen*, sondern *unter dem Aspekt des allgemeinen staatlichen Interesses* gefordert. 1917 gab der BDF *Richtlinien zur Bevölkerungspolitik* heraus. Die Frauen befürworteten ein Verbot der Werbung und des Vertriebs von Verhütungsmitteln - lediglich deren Herstellung und Verkauf sollten weiter erlaubt sein, mit Rücksicht auf Frauen aus ärmeren Familien, denen allzuviele Geburten gesundheitlich schadeten. Man blieb beim BDF auf der Linie der staatlichen pronatalistischen Bevölkerungspolitik, hielt aber den Weg für rassenhygienische Konzepte offen.

Gleichheit der Geschlechter war für die im BDF organisierte Mehrheit der Frauenbewegung nicht erstrangiges Ziel ihrer Bemühungen: *Man hat wohl gemeint, diese Lösung [des in der Frauenfrage gestellten Problems U.G.] sei mit dem Tage gegeben, der die volle Rechtsgleichheit der Geschlechter bringt. Ich kann in dieser Rechtsgleichheit der Geschlechter nichts weiter erblicken als eine - und nicht einmal die einzige - notwendige Voraussetzung für das Ziel, keineswegs das Ziel selbst...Nicht darauf kommt es ihnen an [den Frauen U.G.], daß ihnen hier und da ein Teilgebiet der Manneswelt freigegeben wird, nicht darauf, ob sie diesen oder jenen Beruf ausüben oder nicht, sondern auf etwas viel größeres und zugleich Innerlicheres: darauf, daß die Frau aus der Welt des Mannes eine Welt schafft, die das Gepräge beider Geschlechter trägt.*[18]

Auch der konservative Badische Frauenverein, 1859 auf Anregung der badischen Großherzogin Luise (1838-1923) gegründet und von ihr unterstützt, hatte keine der heute als emanzipatorisch bezeichneten Forderungen in seinem Programm. Die dort organisierten Damen hatten sich ganz den als frauentypisch erachteten karitativen Tätigkeiten[19] verschrieben: der Kranken- und Säuglingspflege, der Tuberkulosefürsorge und der Armenpflege. Die Konfrontation mit Krankheiten (Die Anfälligkeit für Tuberkulose wurde als vererblich betrachtet) und Armut scheint auch hier die Rassenhygiene als ein Heilmittel nahegelegt zu haben. Der Verein trat 1930 in die Badische Gesellschaft für Eugenik ein, um, wie es heißt, *an der Belehrung über Erbkrankheiten und ihre Verhütung* mitzuwirken (vgl. Anm. 7). Außerdem wertete die Rassenhygiene das von den Frauen als ureigenster Bereich empfundene Gebiet der Fortpflanzung auf und gab ihnen eine neue, bedeutungsvolle Aufgabe.

Die sogenannten Radikalen, die in Teilen recht lautstark auch eine rechtliche Gleichstellung der Frauen forderten, und die Vertreterinnen der sog. *Neuen Ethik*, wie sie sich im Bund für Mutterschutz[20] fanden, griffen dieses Thema ihrerseits auf. Auch wenn die konservativen BDF-Frauen ihnen ihr angebliches Plädoyer für ein rücksichtsloses Ausleben des individuellen Trieblebens vorwarfen, so muß doch festgehalten werden, daß die Vorstellungen der verschiedenen Fraktionen der Frauenbewegung von Familienleben und weiblicher Sexualität nicht sehr weit auseinanderlagen. Im Bund für Mutterschutz, der 1905 von einer Gruppe um Helene Stöcker, der unter anderen auch die beiden Sozialdarwinistinnen Ruth Bré und Marie Lischnewska angehörten, gegründet worden war, stand weniger ein freies Ausleben von Sexualität als vielmehr eine romantische und gleichzeitig sehr rationale Vorstellung von Liebe im Vordergrund. Man mußte, um diesen Ansprüchen gerecht zu werden, ein verantwortungsbewußtes und urteilsfähiges Individuum sein. Im Mittelpunkt der sexualreformerischen Bestrebungen des Bundes und seiner Protagonistin Helene Stöcker stand eindeutig die bürgerliche Kernfamilie aus Mann, Frau und Kindern. Lediglich die negativen Auswüchse des Ehe- und Familienlebens wurden kritisiert und besonders reifen Menschen wurde auch die Ehe ohne Trauschein zugebilligt. Der Bund forderte Erleichterungen bei der Ehescheidung und eine Liberalisierung des § 218: Bei Gefahr für Mutter und Kind, bei Vergewaltigung, bei Erbkrankheiten und wenn *eine gedeihliche Aufzucht nicht zu erwarten ist* sollte eine Abtreibung durch den Arzt erlaubt sein. Außerdem plädierten die Mitglieder für die gesellschaftliche Anerkennung unehelicher Kinder und ihre rechtliche Gleichstellung, da man meinte, sich eine Vergeudung von Bevölkerungsressourcen nicht länger leisten zu können. Uneheliche Kinder machten damals immerhin 10-12% der Geburten aus.

Die Position des Bundes im Spannungsfeld zwischen staatlicher Bevölkerungspolitik und Rassenhygiene läßt sich anhand der Zeitschrift *Mutterschutz* bzw. *Die Neue Generation*, an den praktischen Aktivitäten und an der Resonanz, die der Bund für Mutterschutz in den Kreisen der Rassenhygieniker fand, nachvollziehen. Schon die Gründung des Bundes für Mutterschutz wurde 1905 von Alfred Ploetz im Archiv für Rassen- und Gesellschaftsbiologie kommentiert. Er befürwortete prinzipiell die Unterstützung unehelicher Mütter als sinnvolle Maßnahme, forderte aber, daß dabei nach eugenischen Kriterien ausgewählt werden sollte. Uneheliche Eltern seien sehr oft minderwertige Menschen - so Ploetz - und diese Eigenschaft übertrage sich auf ihren Nachwuchs. Es gelte unter den Unehelichen die *edlen Individuen* und die *Tüchtigen* auszuwählen und gezielt zu unterstützen.[21)] Ploetz und Wilhelm Schallmayer waren Mitglieder im Bund für Mutterschutz, ebenso Ernst Haeckel (1834-1919), der den Sozialdarwinismus in Deutschland populär gemacht hatte. Sozialhygieniker wie Alfred Grotjahn und Alfons Fischer nutzten die Zeitschrift Die Neue Generation als Publikationsorgan. Umgekehrt nahm aber auch Helene Stöcker an rassenhygienischen Kongressen teil.

Die bevölkerungspolitischen Positionen des Bundes standen den staatlichen Vorstellungen einer rein pronatalistischen Politik, die vor allem an der Vergrößerung der Kinderzahl interessiert war, entgegen. Als Neomalthusianer[22)] förderten die Mitglieder des Bundes für Mutterschutz Empfängnisverhütung als ein Mittel, die sozialen Verhältnisse zu verbessern, ohne sie grundlegend ändern zu müssen. In einem verantwortlichen Fortpflanzungsverhalten, zu dem sie vor allem die Frauen erziehen wollten, sahen sie die beste Voraussetzung dafür. Geburtenrückgang interpretierten sie nicht wie viele andere Bevölkerungstheoretiker als Kulturverfall, sondern als Zeichen einer beginnenden Höherentwicklung der Menschheit - vorausgesetzt man achtete dabei auf Qualität. Das Hauptunterscheidungsmerkmal zwischen den eugenischen Vorstellungen eines Alfred Ploetz und einer Helene Stöcker bestand in der Gewichtung von Milieu und Vererbung. Während die Mehrzahl der Rassenhygieniker Sozialfürsorge eher für überflüssig, wenn nicht gar für schädlich hielten, weil sie davon ausgingen, daß nicht nur Krankheiten, sondern auch Intelligenz und Charakter überwiegend erblich bedingt seien, glaubte man beim Bund für Mutterschutz an die positive Wirksamkeit solcher Hilfen. Dies schloß aber, wie die eingangs zitierten Worte Helene Stöckers zeigen, nicht aus, daß auch der Vererbung ein wichtiger Platz eingeräumt wurde.

Den bürgerlichen Frauen, auch denen, die sich im Bund für Mutterschutz organisierten, bot die Rassenhygiene ein neues Deutungsmodell für das Verhältnis der Geschlechter und für die spezifische Aufgabe als Frauen. Sie waren nun für nicht weniger zuständig als für die Höherentwicklung der Menschheit - eine Aufgabe, zu der man vor allem die Frauen der Arbeiterschicht erst noch erziehen mußte. Gleichzeitig empfand man Mutterschaft aber nicht mehr als eine das weibliche Dasein ausfüllende Tätigkeit. Die Autorinnen und Autoren, die in der Neuen Generation veröffentlichten, forderten für das weibliche Geschlecht meist beides: Mutterschaft und Beruf. Dem prompt folgenden Vorwurf, die Frauenemanzipation mache sich damit an der fortschreitenden Degeneration schuldig, widersprach beispielsweise Anita Augspurg (1857-1943), eine der bekanntesten Vertreterinnen der Radikalen in einem Vortrag zum Thema *Rassenkultur und Frauenbewegung*, den sie 1913 in Karlsruhe hielt.[23)] Gerade die Frauenbewegung tue - so Augspurg - alles, um die Menschheit körperlich und geistig zu verbessern. Durch Erwerbstätigkeit würden die Frauen nicht schwächer, sondern - das beweise die Statistik - lebensfähiger und zäher. Frauensport, gesunde Kleidung[24)] und die Ermunterung zum Stillen wirkten eindeutig rassenverbessernd. Das Engagement der Frauen gegen die Säuglingssterblichkeit und die Benachteiligung unehelicher Kinder und Mütter sei eine weibliche Variante der Bevölkerungsvermehrung, während viele Männer lediglich auf höhere Geburtenzahlen setzten, ohne die Qualität zu beachten. Sie erwähnte weiterhin den von Frauen geführten Kampf gegen die Prostitution, und ihr Vortrag endete mit einem Plädoyer für weibliche *Selektion*. Die könne aber nur von Frauen geleistet werden, die zur Persönlichkeit gereift und ausgebildet seien, wie es die Frauenbewegung fordere und unterstütze.

Die Mitglieder des Bunds für Mutterschutz arbeiteten auch in der Praxis - vor allem in den Ortsvereinen, wo man die Berliner Debatten um Sexualreform und *Neue Ethik* oft mit einem gewissen Befremden zur Kenntnis nahm und mit Rücksicht auf die konservativen Bündnispartner vor Ort auf radikale oder dem Zeitgeist anrüchig erscheinende Forderungen verzichtete.[25)] Der Bund hatte nach Ende des Ersten Weltkriegs zwölf Ortsvereine mit ca. 3.500 Mitgliedern, die vorwiegend praktische Hilfen für uneheliche Mütter und deren Kinder anboten. Sie unterhielten Beratungsstellen und Mütterheime, boten Säuglingspflegekurse an und arbeiteten - wie das Beispiel Mannheim zeigt - meist ganz pragmatisch mit Ärzten und mit Frauen aus anderen, sich familienpolitisch konservativer gebenden Organisationen zusammen. Nach dem Krieg eröffnete sich mit den Ehe- und Sexualberatungsstellen ein neuer Arbeitsbereich für den Bund für Mutterschutz. Andere Organisationen, wie beispielsweise die Arbeiterwohlfahrt, folgten diesem Beispiel. Ratsuchende Männer und vor allem Frauen wurden über Geschlechtskrankheiten und Verhütungsmittel informiert, obwohl Werbung und Vertrieb immer noch nach dem Strafgesetzbuch verboten war. Auch im Fall unerwünschter Schwangerschaften gab es Hilfen. Aber die Möglichkeiten waren eingeschränkt. Abtreibung war nach den §§ 218-220 StGB nach wie vor unter Strafe gestellt und abtreibenden Frauen bzw. deren Helferinnen und Helfern drohten bis zu 5 Jahre Zuchthaus, bei gewerblicher Beihilfe sogar bis zu 10 Jahre. Der geschätzten Zahl von 300.000 bis 1 Million Abtreibungen pro Jahr standen in den 20er Jahren jährlich zwischen 3.500 bis 7.000 Strafverfahren wegen Vergehens gegen die Abtreibungsparagraphen gegenüber.

Erst 1926 wurde eine Gesetzesänderung vorgenommen, die eine medizinische Indikation bei Gefahr für das Leben der Schwangeren vorsah.[26)]

Die Ärzte und Ärztinnen, die in den Beratungsstellen arbeiteten, warben bei ihren Patientinnen für ihre Vorstellungen von einer neuen Fortpflanzungsethik. Sie alle waren von der Bedeutung der Rassenhygiene überzeugt. In der Praxis mit dem täglichen Elend ihrer Klientel konfrontiert versuchten die Ärztinnen, sich für die Belange der bei ihnen Hilfe suchenden Frauen einzusetzen, andererseits befürworteten sie die eugenische Sterilisation und die eugenische Abtreibungsindikation. Ihre Erfahrungen legten ihnen offenbar nahe, in eugenischen Maßnahmen eine erfolgversprechende Lösung sozialer Probleme zu sehen und gleichzeitig Entartungserscheinungen, wie sie sie wahrzunehmen glaubten, entgegenzutreten.[27)] Brachten die Beratungsstellen also für viele Frauen Erleichterungen in ihren alltäglichen Problemen, so wurden sie dort gleichzeitig zu Objekten eines Erziehungsprojekts, das eine neue eugenische Sexualmoral und eine Rationalisierung des Geschlechtslebens mittels einer Trennung von Sexualität und Fortpflanzung durchzusetzen versuchte. Mutterschaft bzw. Elternschaft wurde zu einer Sache, die nicht mehr dem Belieben der einzelnen Frau bzw. der einzelnen Familie überlassen werden sollte. Wer nicht in die Kategorie der im rassenhygienischen Sinn Gesunden fiel, dem wurde das Recht dazu abgesprochen. Sexuelle Emanzipation im Sinne des Bundes für Mutterschutz bedeutete für die Frauen - und zwar vor allem für die Frauen aus der Arbeiterschicht - einerseits Freiheit von staatlich verordnetem Geburtenzwang, unterstellte sie aber, wiederum über ihre 'Biologie', neuen, eugenisch motivierten, der Höherentwicklung der Rasse oder der Menschheit dienenden Zwängen.

Eine Trennung zwischen progressiven Sexualreformerinnen, die in erster Linie das Selbstbestimmungsrecht der Frauen im Blick gehabt hätten und andererseits rassistischen, konservativen Rassenhygienikern, wie sie in der Forschungsliteratur gelegentlich gemacht wird, läßt sich für die Eugenikbewegung insgesamt nicht rechtfertigen. Zu breit ist das Spektrum rassenhygienischer Theorien und zu übereinstimmend sind andererseits die Maßnahmenkataloge: Ehegesundheitszeugnisse, eugenische Abtreibungsindikation, Sterilisationen. Vor allem läßt sich diese Trennung nicht entlang der Geschlechtergrenze ziehen. Eine Behauptung etwa wie die folgende, daß *der rassenhygienisch-eugenische Einfluß, der insbesondere von männlichen Ärzten in den Bund eingebracht wurde [...] nach 1908 zunehmend die 'reine' Moral verdrängt, bzw. sie in einer naturwissenschaftlich begründeten Verantwortung gegenüber der menschlichen 'Höherentwicklung' [hat U.G.] aufgehen lassen - eine Tendenz, die offenbar von den meisten Frauen der Mutterschutzbewegung nicht in gleichem Maße mitvollzogen wurde*[28)] wird durch die Äußerungen und die Argumente der Protagonistinnen der Frauenbewegung selbst widerlegt. Eine solche Interpretation macht darüber hinaus Frauen zu bloßen Opfern einer männlichen Sexualpolitik und entlastet sie von jeder Mitverantwortung für einen Prozeß, der eugenische Positionen zunehmend gesellschaftsfähig machte. Die Tatsache, daß alle Gruppierungen der Frauenbewegung die biologistische Unterscheidung in männliche und weibliche Geschlechtscharaktere zur Grundlage ihres Weltbildes und ihrer Politik machten und damit physische wie geistige Mutterschaft, sowie die Qualitätskontrolle ihrer Nachkommen zu einer die menschliche Zukunft entscheidend beeinflussenden weiblichen Aufgabe stilisierten, hat mit dazu beigetragen, daß die Vorstellung von hochwertigen und minderwertigen Menschen -

oft genug auch rassistisch motiviert - Eingang in die neben der Arbeiterbewegung größte soziale Bewegung des Kaiserreichs fand.

Welche Freiheiten man Frauen einräumte oder welchen Einschränkungen man sie unterwarf, ob sie Opfer medizinisch-technokratischer Sterilisationspraxis und Objekte sexualpolitischer Theorien wurden oder selbst eugenische Zukunftsvisionen entwarfen, das war mit davon abhängig, welcher gesellschaftlichen Schicht sie angehörten. Eine Einteilung in männliche Täter und weibliche Opfer hilft nicht, zu verstehen, warum die Zwangssterilisationen, von denen im sogenannten Dritten Reich etwa 350.000 Menschen - Männer und Frauen - betroffen waren, offen und praktisch ohne Widerstand durchgeführt werden konnten und nicht, wie beispielsweise die 'Euthanasie'aktionen, einer Tarnung bedurften. Es bliebe auch unklar, wie unzählige Frauen sich in den nationalsozialistischen Frauenorganisationen neben den 'frauentypischen', karitativen Tätigkeiten und der politischen Propaganda für die rassistische Frauen- und Familienpolitik dieses Systems engagieren konnten.

Anmerkungen:

1) Zitate aus: Die neue Generation. Publikationsorgan des Bundes für Mutterschutz. Hg. von Helene Stöcker. 10. Jg. 1914, Heft 3. S. 134-149.
2) Mit der Beteiligung aktiver Nationalsozialistinnen in der NS-Frauenschaft und vieler, weniger direkt parteipolitisch engagierter Frauen im Deutschen Frauenwerk beschäftigt sich der Beitrag von Anette Michel.
3) Zu Bevölkerungswachstum und Zahlen vgl.: Anna Bergmann: Die verhütete Sexualität. Die Anfänge der modernen Geburtenkontrolle. Hamburg 1992. Außerdem: Gunnar Heinsohn, Rolf Knieper, Otto Steiger: Menschenproduktion. Allgemeine Bevölkerungslehre der Neuzeit. Frankfurt/Main 1979 und Peter Marschalck: Bevölkerungsgeschichte Deutschlands im 19 und 20. Jahrhundert. Frankfurt/Main.
4) In dieser Zeit war die Zahl der Menschen in Europa von 187 auf 447 Millionen angestiegen. Allein in Deutschland von 24 Millionen (1816) auf 68 Millionen (1914). Zahlen bei Bergmann (vgl. Anmerkung 3) S. 25.
5) Einen guten Überblick zur Geschichte der Eugenik/Rassenhygiene in Deutschland bietet: Peter Weingart, Jürgen Kroll, Kurt Bayertz: Rasse, Blut und Gene. Geschichte der Eugenik und Rassenhygiene in Deutschland. Frankfurt/Main 1992. Zur Genetik vgl.: Ludger Weß (Hg.): Die Träume der Genetik. Gentechnische Utopien von sozialem Fortschritt. Nördlingen 1989. Zu Frauenbewegung und Bevölkerungspolitik vgl. auch: Marielouise Janssen-Jurreit: Nationalbiologie, Sexualreform und Geburtenrückgang - über die Zusammenhänge von Bevölkerungspolitik und Frauenbewegung um die Jahrhundertwende. In: G. Dietze (Hg.): Die Überwindung der Sprachlosigkeit. Texte aus der neuen Frauenbewegung. Darmstadt 1979. S. 139-175.
6) Zu Darwin, Sozialdarwinismus etc.: Jost Herbig und Rainer Hohlfeld (Hg.): Die zweite Schöpfung. Geist und Ungeist in der Biologie des 20. Jahrhunderts. München, Wien 1990.

7) Zitat aus: Hermann Paull: Die neue Familie. Ein Beitrag zum Bevölkerungsproblem. Stuttgart, Berlin 1916. S. 5. Paull (1867-1944) war Schularzt in Karlsruhe und gründete 1916 den Bund für Deutsche Familie und Volkskraft, der sich ab 1930 Badische Gesellschaft für Eugenik nannte. Paull war ausgesprochen konservativ, arbeitete nach 1933 mit den Nationalsozialisten zusammen und gab seine zahlreichen, inhaltlich eher politischen als wissenschaftlichen Schriften, um antisemitische Zusätze erweitert, neu heraus.
Auch Helene Stöcker, deren Engagement für pazifistische Organisationen von ihren Biographinnen und Biographen immer wieder besonders hervorgehoben wird, präsentierte ihre Kriegsgegnerschaft als eindeutig rassenhygienisch und sogar rassistisch motiviert: Der *Krieg der weißen Rassen untereinander,* so Stöcker zum Ersten Weltkrieg, sei ein *kontraselektorischer Faktor par excellence* und eine außerordentliche Gefahr für die *Herrschaft der weißen Rasse der gelben und schwarzen gegenüber. Wenn das Ziel der Rassenhygiene die Herrschaft der wertvollsten Rasse ist, als die wir bisher doch die weiße Rasse ansehen, dann erkennen wir die hohe Bedeutung einer künftigen höheren Organisation der Völker untereinander.* In : Die Neue Generation. 13. Jg. 1917 Heft 4 S. 138-142 - Stöcker faßte einen Vortrag (Titel: *Rassenhygiene und Mutterschutz*) zusammen, den sie bei einer Versammlung der Gesellschaft für Rassenhygiene im Februar 1917 gehalten hatte.

8) Zu den genannten Personen und ihrem Werdegang im Nationalsozialismus vgl. Benno Müller-Hill: Tödliche Wissenschaft. Die Aussonderung von Juden, Zigeunern und Geisteskranken 1933-1945. Reinbek 1984.

9) Alfons Fischer war Arzt und gründete 1916 in Karlsruhe die Badische Gesellschaft für soziale Hygiene. Sein Anliegen war in erster Linie die Untersuchung sozialer Krankheitsursachen. Aber auch Rassenhygiene hielt er für eine bedeutende Unterabteilung der eigenen Disziplin. Vgl.: Alfons Fischer: Grundriß der sozialen Hygiene. Für Mediziner, Nationalökonomen, Verwaltungsbeamte und Sozialreformer. Karlsruhe 1913. (Eine zweite, erweiterte Auflage erschien 1925).

10) Zur sozialistischen Rassenhygiene vgl.: Michael Schwartz: Sozialismus und Eugenik. Zur fälligen Revision eines Geschichtsbildes. In: Internationale wissenschaftliche Korrespondenz zur Geschichte der deutschen Arbeiterbewegung. 25. Jg., 1989, Heft 1. S. 465-489.

11) Neomalthusianer griffen das bevölkerungspolitische Konzept von Thomas Robert Malthus (1766-1834) auf, der errechnete, daß die Bevölkerung schneller wachse als die Nahrungsmittelmenge, und der daher der Arbeiterklasse sexuelle und politische Enthaltsamkeit predigte. Das Neue am Neomalthusianismus war, daß man statt Enthaltsamkeit Empfängnisverhütung propagierte.

12) Einen guten Überblick zur Frauenbewegung in Deutschland bietet: Ute Frevert: Frauen-Geschichte. Zwischen Bürgerlicher Verbesserung und Neuer Weiblichkeit. Frankfurt/Main 1986.

13) Karin Hausen: Die Polarisierung der "Geschlechtscharaktere" - eine Spiegelung der Dissoziation von Erwerbs- und Familienleben. In: W. Conze (Hg.): Sozialgeschichte der Familie in der Neuzeit Europas. Stuttgart 1976. S. 363-392.

14) Ute Frevert: "Fürsorgliche Belagerung". Hygienebewegung und Arbeiterfrauen im 19. und frühen 20. Jahrhundert. In: Geschichte und Gesellschaft. 11. Jg. 1985. S. 420-446.

15) Helene Lange: "Die wirtschaftlichen Ursachen der Frauenbewegung". In: dies.: Die Frauenbewegung in ihren modernen Problemen. Leipzig 1908. S. 8-16. (zitiert nach "Die Frauenfrage in Deutschland 1865-1915. Texte und Dokumente. Hg. Von Elke

Frederiksen, Stuttgart 1981 S. 311-320.)

16) Zum Ersten Weltkrieg vgl. Barbara Guttmann: Weibliche Heimarmee. Frauen in Deutschland 1914-1918. Weinheim 1989.

17) Vgl. Barbara Greven-Aschoff: Die bürgerliche Frauenbewegung in Deutschland 1894-1933. Göttingen 1981. S. 151f.

18) Helene Lange: "Das Endziel der Frauenbewegung". In: Der Internationale Frauen-Kongreß in Berlin 1904. Hg. von Marie Stritt. Berlin 1905. S. 601ff. (Zitiert nach "Die Frauenfrage in Deutschland 1865-1915. Texte und Dokumente. Hg. von Elke Frederiksen, Stuttgart 1981 S. 81.)

19) 31. und 32. Jahresbericht des Vorstandes des Badischen Frauenvereins vom Roten Kreuz über die Tätigkeit des Vereins während der Jahre 1930 und 1931. Karlsruhe 1932. S. 15. Zum Badischen Frauenverein: Susanne Asche, Barbara Guttmann, Olivia Hochstrasser, Sigrid Schambach, Lisa Sterr: Karlsruher Frauen 1715-1945. Eine Stadtgeschichte. Karlsruhe 1992. Außerdem: Barbara Guttmann: Der "friedliche Krieg zwischen den Geschlechtern". Die Frauenbewegung im Großherzogtum Baden. Teil 1. und: Susanne Asche: Fürsorge und Emanzipation - oder Rassenhygiene. Die Frauenbewegung im Großherzogtum Baden (Teil 2). Beide in: S. Jenisch (Hg.): Standpunkte. Ergebnisse und Perspektiven der Frauenforschung in Baden-Württemberg. Tübingen 1993. S. 124-142.

20) Vgl.: Bernd Nowacki: Der Bund für Mutterschutz (1905-1933). Husum 1983. Der Bund wurde 1905 als Bund für Mutterschutz gegründet und nannte sich ab 1908 Deutscher Bund für Mutterschutz und ab 1924 Deutscher Bund für Mutterschutz und Sexualreform. Zu Helene Stöcker vgl. Rolf v. Bockel: Philosophin einer "neuen Ethik": Helene Stöcker (1869-1943). Hamburg 1991 und: Christl Wickert: Helene Stöcker: 1869-1943. Frauenrechtlerin, Sexualreformerin und Pazifistin; eine Biographie. Bonn 1991. Der Bund gab bis 1907 die Zeitschrift Mutterschutz heraus, die nach internen Auseinandersetzungen 1908 in Die neue Generation umbenannt wurde. Man arbeitete international mit anderen Organisationen, z.B. mit Margaret Sanger und der American Birth Control League zusammen. Es fanden in den Jahren 1921-1933 mehrere Internationale Kongresse für Sexualreform statt, an denen auch der Bund beteiligt war. Nach dem Reichstagsbrand 1933 mußte Helene Stöcker emigrieren. Der Bund für Mutterschutz hörte auf zu existieren.

21) Vgl. Archiv für Rassen- und Gesellschaftsbiologie. 2. Jg., 1905. S. 164-166.

22) Vgl. Anmerkung 11

23) Bericht in: Badischer Landesbote Nr. 91 vom 18.2.1913, Blatt 2

24) Vereine, die sich mit der Kleidung von Frauen und deren gesundheitlichen Folgen beschäftigten, gab es in vielen Städten. In Karlsruhe existierte seit 1901 eine Niederlassung des Vereins zur Verbesserung der Frauenkleidung (später: Verband Deutsche Frauenkleidung und Frauenkultur), der in seiner Zeitschrift neben Schnittmustern zur Reformkleidung auch Frauensport und Gesundheitspflege mit Blick auf die Volkskraft behandelte.

25) Vgl.: Sabine Heißler: "Stets hab ich mir ein nahes Ziel gewählt, doch hat ein fernes mich dazu beseelt". Sexualreform, der Bund für Mutterschutz und der Kampf gegen den § 218 von 1907-1933. In: Stadt ohne Frauen? Frauen in der Geschichte Mannheims. Mannheim 1993. S. 185-200.

26) Zahlen vgl. Vera Neumann: Geburten- und Sexualpolitik in der Weimarer Republik am Beispiel des § 218. In: J.. Reulecke u.a. (Hg.): Stadt und Gesundheit. Zum Wandel von "Volksgesundheit" und kommunaler Gesundheitspolitik im 19. und frühen 20. Jahrhundert. Stuttgart 1991. S. 307-324.

27) Zu den Ehe und Sexualberatungsstellen vgl. Kristine von Soden: Die Sexualberatungsstellen der Weimarer Republik. 1919-1933. Berlin 1988. Zu den dort arbeitenden Ärztinnen vgl. Atina Grossmann: Berliner Ärztinnen und Volksgesundheit in der Weimarer Republik. Zwischen Sexualreform und Eugenik. In: C. Pross und G. Aly (Hg.): Der Wert des Menschen. Medizin in Deutschland 1918-1945. Berlin 1989. S. 100-120.

28) Zitat aus: Irene Stoehr: Fraueneinfluß oder Geschlechterversöhnung? Zur "Sexualitätsdebatte" in der deutschen Frauenbewegung um 1900. In: Geyer-Kordesch, J. u. A. Kuhn (Hg.): Frauenkörper, Medizin, Sexualität. Auf dem Wege zu einer neuen Sexualmoral. Düsseldorf 1986. S. 159-190.

Frauen in der NS-Frauenschaft und im Deutschen Frauenwerk. "Gemeinsam mit der SA wird nun auch diese Waffengattung unserer Bewegung für die Freiheit Deutschlands kämpfen".

Anette Michel, Karlsruhe

"Wenn uns're Brüder stolz für Hitler fechten
Und setzen mutig Blut und Leben ein,
Dann wollen wir als deutsche Frau'n und Mädchen
Nicht still und müßig mehr zu Hause sein!" [1)]

Bei dem oben zitierten Text handelt es sich um die erste Strophe eines Liedes, das eine Karlsruher Nationalsozialistin im Jahre 1927 Hitler widmete. Es wurde zum Kampflied des Deutschen Frauenordens, einer Vorläuferorganisation der NS-Frauenschaft.

Die deutsche Geschichtsschreibung hat lange Zeit vernachlässigt danach zu fragen, um welche Art von Institutionen es sich bei den NS-Frauenorganisationen wie der NS-Frauenschaft handelte, und welche Rolle aktive Nationalsozialistinnen im Dritten Reich spielten. Weibliche Lebens- und Arbeitsbereiche und die Organisationen von Frauen wurden als unwichtig, politisch unbedeutend und machtlos eingeschätzt. Die Forschungsstudien, die sich Ende der 70er und Anfang der 80er Jahre mit dem Thema Frauen und Nationalsozialismus beschäftigten, konzentrierten sich mehrheitlich auf die frauenfeindlichen Aspekte des nationalsozialistischen Frauenbildes und aufgrund der diskriminierenden NS-Frauenpolitik auf den Opferstatus der Frau.

Bis Mitte der 80er Jahre war im deutschsprachigen Raum keine von Historikern und Historikerinnen verfaßte komplexe Untersuchung erschienen, die das Handeln der zur Zeit des NS-Regimes lebenden deutschen nicht verfolgten Frauen explizit in den Vordergrund gestellt hätte. Erst englischsprachige Forscherinnen und dann eine von Angelika Ebbinghaus herausgegebene Arbeit aus dem Jahre 1987 untersuchten zum erstenmal ausführlich weibliche Mithilfe und Täterschaft im Nationalsozialismus.[2)]

Ich möchte nun nicht detailliert auf die Opfer-Täterinnen-Diskussion eingehen, die in den folgenden Jahren die Frauengeschichtsforschung über den Nationalsozialismus prägte. Es sollte aber festgehalten werden, daß feministisch orientierte historische oder sozialwissenschaftliche Arbeiten, die Frauen vorrangig als fremdbestimmte und willenlose Opfer betrachten, denen im patriarchalen NS-Staat nur männliche Täter gegenübergestanden hätten, alle Frauen im Dritten Reich von persönlicher Verantwortung und Schuld entlasten. Damit besteht die Gefahr, daß auch aktive, überzeugte Nationalsozialistinnen zu Opfern gemacht werden, womit gleichzeitig der Blick auf die wirklichen Opfer verwischt wird.

Meine Motivation zur Beschäftigung mit dem Thema NS-Frauenorganisationen bestand unter anderem darin, bestimmte bisherige Urteile über die NS-Frauenorganisationen zu hinterfragen, die sie macht- und bedeutungslos nannten oder die sie als "riesenhaft aufgequollene Damenkränzchen" beschrieben, die die deutschen Frauen zwischen "Bett und Bratpfanne" bannen sollten.[3)] Diese Beurteilungen folgten meiner Meinung nach unkritisch den Entlastungsriten einiger Nationalsozialistinnen, die in Interviews Jahrzehnte nach dem Ende des Dritten Reiches behaupteten, sich niemals mit der NS-Ideologie beschäftigt zu haben und an der Vermittlung der NS-Rassenpolitik nicht beteiligt gewesen zu sein.

Anhand der lokalen Aktivitäten der NS-Frauenschaft und des Deutschen Frauenwerks in Karlsruhe versuche ich unter Einbeziehung der einschlägigen Forschungsliteratur - soweit möglich - einen Teil der Handlungsspielräume von Frauen in den NS-Frauenorganisationen zu rekonstruieren. Der Vortrag greift nur den Aspekt ihrer Teilnahme am Aufstieg des Nationalsozialismus und der Propagierung rassistischer und rassenhygienischer Ideen heraus.[4)] Zuvor soll ein kurzer Überblick über einige Maßnahmen der nationalsozialistischen Frauen-, Rasse- und Bevölkerungspolitik folgen.[5)]Die nationalsozialistische Frauenpolitik im Rahmen der NS-Rassen- und Bevölkerungspolitik war keine homogene Politik, die geschlechtsspezifisch ohne Ausnahmen für alle Frauen galt. Denn die ethnische Abstammung, die soziale Herkunft, die Lebenssituation, die Religionszugehörigkeit und politische Einstellung bestimmten, ob eine Frau von den jeweiligen politischen Maßnahmen vereinnahmt oder ausgeschlossen wurde. Es existierten jedoch bevölkerungspolitische Initiativen, die bestimmte Gruppen von Frauen direkt ansprachen oder von denen Frauen in anderer Weise betroffen waren als Männer.

Die nationalsozialistische Frauen-, Rasse- und Bevölkerungspolitik

Die nationalsozialistische Bevölkerungs- und Rassenideologie nahm Frauen primär über ihren Körper, das heißt ihre Rolle als potentielle Mütter wahr. Um die rassistischen und bevölkerungspolitischen Maßnahmen durchzuführen, mußten die Frauen für eine Steigerung der Geburtenrate gewonnen werden. Dazu inszenierte der NS-Staat eine nicht nur von den nationalsozialistischen Frauenmedien mitgetragene Kampagne zur Anerkennung und verbalen Aufwertung der Mutterschaft, die teilweise Züge eines sakralisierten Mutterkultes entwickelte. Schon früh erließ das NS-Regime Gesetze und Verordnungen, die zum vermehrten Wachstum der Bevölkerung beitragen sollten. Daß es den Nationalsozialisten dabei nicht nur um eine quantitative Erhöhung der Bevölkerungszahlen ging, belegen die ab 1933 nur deutschen, "arischen" und "erbgesunden" Frauen und Familien zugestandenen Hilfen.

Zu den materiellen Anreizen gehörte das Ehestandsdarlehen, dessen Rückzahlung sich pro neugeborenen Kind um ein Viertel verringerte. Eine Steuerrevision entlastete kinderreiche Familien. Nationalsozialistische Fürsorgeeinrichtungen, wie zum Beispiel das Hilfswerk "Mutter und Kind" der Nationalsozialistischen Volkswohlfahrt und der Reichsmütterdienst des Deutschen Frauenwerks unterstützten intensiv die staatliche Geburtenpolitik. Weiterhin sollten die 1935 gegründeten Lebensbornheime innerhalb der NS-Elite den Willen zum "rassereinen Nachwuchs" fördern. Eine größere Anzahl Frauen konnte von dem 1942 eingeführten Gesetz "zum Schutz erwerbstätiger Mütter" profitieren, an dessen Zustandekommen unter anderen die Reichsfrauenführung unter Gertrud Scholtz-Klink beteiligt war.

Weniger die materiellen als die psychischen Bedürfnisse nach Integration in den NS-Staat befriedigten die pompösen Mütterehrungsfeiern mit den Mutterkreuzverleihungen. Die Nationalsozialisten verliehen bis 1941 fast fünf Millionen Frauen ein Mutterkreuz. Ausgeschlossen von den wie religiöse Gottesdienste zelebrierten Mütterfeiern waren Jüdinnen, Frauen der Sinti und Roma, Prostituierte, Mütter mit Vorfahren aus nichtdeutschen Volksgruppen und Frauen, die als "erbkrank" oder "asozial" eingestuft wurden oder behinderte Kinder geboren hatten. Unter Umständen reichte es schon aus, politisch nicht einwandfrei zu sein, um von Ortsgruppenleitern der NSDAP und NS-Frauenschaftsleiterinnen, die die Mütterzeremonien organisierten, ignoriert zu werden. Alle geburtenfördernden politischen Maßnahmen des NS-Regimes wurden von repressiven Erlassen begleitet, zu denen das Verbot der Werbung für Verhütungsmittel, das Schließen liberal eingestellter Sexualberatungsstellen und die Verschärfung der Abtreibungsbestimmungen gehörten.

Parallel zu diesen Bestrebungen der Nationalsozialisten, die Geburtenzahlen zu erhöhen, existierte eine geburtenverhindernde Bevölkerungspolitik, die mit dem Inkrafttreten des "Gesetzes zur Verhütung erbkranken Nachwuchses" im Januar 1934 ihren Anfang nahm.[6)] Die nationalsozialistische Propaganda lancierte einen breit angelegten Feldzug zur Bekanntmachung rassehygienischen Gedankenguts, der unter anderem auch von der NS-Frauenwarte, der parteiamtlichen Zeitschrift der NS-Frauenschaft tatkräftig unterstützt wurde. Ziel der nationalsozialistischen Gesetze und Erlasse zur Rassepolitik war die Schöpfung einer einzigartigen "Herrenrasse", die nach den Vorstellungen der Nationalsozialisten durch "Aufartung" und "selektive Ausmerze" erreicht werden sollte. Die diskriminierenden und Leben vernichtenden Gesetze der Nationalsozialisten richteten sich also auch gegen die sogenannten arischen Männer und Frauen, sobald sie gemäß vorher festgelegter Kriterien als "erbkrank" oder "asozial" galten.

So bestand mit Hilfe des "Gesetzes zur Verhütung erbkranken Nachwuchses" die Möglichkeit, gegen den Willen der Unfruchtbarzumachenden Sterilisationen vorzunehmen. Frauen waren davon - wie Gisela Bock in ihrer Studie über Zwangsterilisationen im Nationalsozialismus herausgearbeitet hat - besonders betroffen, da beispielsweise schon das Abweichen vom nationalsozialistischen Weiblichkeitsideal genügte, um Frauen zu sterilisieren. Zudem unterlagen weibliche Patienten einem wesentlich höheren Risiko als Männer, die Operation nicht zu überleben. Außer Zwangssterilisationen ließ der NS-Staat auch Zwangsabtreibungen durchführen, während freiwillige Abtreibungen von Frauen, deren Nachwuchs erwünscht war, unter schärfsten Strafen standen. SS-Ärzte, Mediziner und Medizinerinnen der Gesundheitsämter entschieden auch, ob zum Beispiel schwangere osteuropäische Zwangsarbeiterinnen ihr Kind austragen durften oder nicht.

Während die nationalsozialistische Propaganda die Mutterschaft "arischer" Frauen verherrlichte, wurden deutsche Jüdinnen und Frauen anderer Nationen, gerade weil sie Mütter waren und Kinder hatten, in den Vernichtungslagern sofort in den Tod geschickt.

Die NS-Frauenschaft

Was für eine Organisation war nun die NS-Frauenschaft? Welche Funktion hatte sie im Dritten Reich?

Die NS-Frauenschaft wurde am 1. Oktober 1931 von Gregor Strasser, dem Reichsorganisationsleiter der NSDAP, als alleinige parteiamtliche Frauenorganisation der NSDAP gegründet. Gleichzeitig wurden alle nationalsozialistischen Frauengruppierungen, die sich unabhängig von der männlich geführten Parteileitung der NSDAP während der 20er Jahre entwickelt hatten, aufgelöst. Dazu gehörten eine gewisse Anzahl kleiner, spontan entstandener Frauengruppen, die mit den Nationalsozialisten sympathisierten, ebenso wie größere rechtskonservative und völkische Frauenorganisationen. Unter ihnen erlangte vor allem der 1923 von Elsbeth Zander gegründete "Deutsche Frauenorden" und der ebenfalls bald darauf ins Leben gerufene "Deutsche Frauenkampfbund gegen die Entartung" große Bedeutung. Sie stellten nun im Herbst 1931 mit den weiblichen Angehörigen der NSDAP die Hauptmitgliederbasis für die neugeschaffene NS-Frauenschaft. Sie war keine selbständige Frauenorganisation, die ihre Leiterinnen selbst wählen konnte, sondern sie war männlicher Oberaufsicht unterstellt. Seitdem die NS-Frauenschaft im März 1935 zu einer Gliederung der NSDAP ernannt worden war, unterstand sie direkt Rudolf Heß, dem Stellvertreter Hitlers und erhielt den Status einer weiblichen "Eliteorganisation". Aufgabe der NS-Frauenschaft vor allem nach 1933 war, "dem Führer politisch und weltanschaulich zuverlässige Führerinnen zu erziehen."[7)]

Mitglied der NS-Frauenschaft konnte jede Frau werden, die "arischer Abstammung" und mindestens 21 Jahre alt war. Weibliche Mitglieder der NSDAP gehörten automatisch der NS-Frauenschaft an. Aber die Zugehörigkeit zur NSDAP war keine Voraussetzung für den Eintritt. Anfang der 30er Jahre wuchsen die Mitgliederzahlen der NS-Frauenschaft reichsweit rasch an. 1932 gehörten der NS-Frauenschaft bereits 100.000 Frauen an. Als 1936 eine Mitgliedersperre verhängt wurde, um den elitären Charakter der NS-Frauenschaft zu erhalten, waren in der Zwischenzeit über 2 Millionen Frauen in die NS-Frauenschaft eingetreten. Die Mitglieder der NS-Frauenschaft setzten sich vorwiegend aus Hausfrauen, Lehrerinnen und Angestellten zusammen.[8)]

Auch in Karlsruhe gab es seit 1931 Ortsgruppen der NS-Frauenschaft, die aktiv die NSDAP unterstützen wollten, so daß im Herbst 1931 ein Redakteur der nationalsozialistischen Tageszeitung in Karlsruhe über die Gründung neuer Ortsgruppen der NS-Frauenschaft schreiben konnte: "Gemeinsam mit der SA wird nun auch diese Waffengattung unserer Bewegung für die Freiheit Deutschlands kämpfen."[9)]

Auf welche Weise trugen nun die nationalsozialistisch gesinnten Frauen in der Stadt und im Kreis Karlsruhe zum Aufstieg der nationalsozialistischen Bewegung bei? Wie halfen sie bei der Verbreitung der nationalsozialistischen Ideologie und ihrer rassepolitischen Inhalte? Und welche Aufgaben übernahmen sie nach 1933, nachdem sich die NSDAP an die Spitze des Staates gestellt hatte?

In den Jahren vor der nationalsozialistischen Machtergreifung, noch während der Weimarer Republik, hatte die Reichsorganisationsleitung der NSDAP unter Strasser die Arbeit der NS-Frauenschaft in drei Schwerpunkte aufgeteilt:

- 1. "geistig-kulturelle Erziehung"
- 2. "national-volkwirtschaftlich-hauswirtschaftliche Erziehung" und
- 3. "soziale Arbeit".[10)]

Im Vordergrund der Aktivitäten stand während der Kampfzeit der NSDAP für die meisten Mitglieder der NS-Frauenschaft die fürsorgerische Betätigung für Angehörige der NSDAP und ihrer Familien. In Karlsruhe richtete die NS-Frauenschaft Hilfsküchen,

Speise- und Wärmehallen für notleidende und alleinstehende SA- und SS-Männer ein. Ununterbrochen rief sie in der Karlsruher nationalsozialistischen Tageszeitung "Der Führer" zu Lebensmittelspenden, Kleider- und Schuhsammlungen auf. Am Ende eines Jahres gestalteten die Leiterinnen der NS-Frauenschaft aufwendige Wohltätigkeitsfeste, Weihnachtsfeiern und Kinderbescherungen. 1932 gründete die NS-Frauenschaft in Karlsruhe einen NS-Wohlfahrtsdienst, der eigene Fürsorgerinnen einstellte, die sich um hilfsbedürftige Familien kümmern sollten.[11)]

Bereits mit diesen Aktionen stellte sich die NS-Frauenschaft ganz in den Dienst der nationalsozialistischen Propaganda. Denn die Hilfsaktionen sollten die große "Volksgemeinschaft" suggerieren, einen "praktischen Sozialismus in einem alternativen Sozialstaat"[12)] vermitteln und gleichzeitig der NS-Bewegung ihr negatives Image nehmen, das sie in einigen Bevölkerungskreisen durch die gewalttätigen Exzesse der SA erhalten hatte.

Die Aufgaben der NS-Frauenschaft beschränkten sich jedoch nicht nur auf diese traditionellen karitativen und sozialen Arbeiten wie sie auch von anderen weiblichen Wohltätigkeitsorganisationen Anfang der 30er Jahre ausgeübt wurden. Mit der Gründung der NS-Frauenschaft waren gleichzeitig ein Programm der NS-Frauenschaft und Richtlinien für ihre zukünftige Arbeit veröffentlicht worden. Darin wurden außer der fürsorgerischen Arbeit politisch-propagandistische Aufgaben betont:

"*Der NS-Frauenschaft ist das Ziel gestellt, im Sinne der Grundsätze der NS-Frauenschaft eine Aktivierung der deutschen Frauenwelt herbeizuführen, die Werbekraft der Frau für die politischen und kulturellen Ziele der Bewegung einzusetzen und ihre Anlagen und Fähigkeiten einer fürsorgerischen Betätigung innerhalb der Bewegung dienstbar zu machen.*"[13)]

Durch "stärkste Propaganda im Kleinen" wollten die nationalsozialistischen Frauen, wie sie selbst formulierten, zur "Aufrichtung des 3. Reiches" beitragen. Welche Ziele sie dabei verkünden wollten, veröffentlichte die badische Gaufrauenschaftsleiterin Gertrud Scholtz-Klink[14)] 1932 auf einem großen Faltblatt, das vermutlich jedes neue Mitglied der NS-Frauenschaft erhielt. Einer der Punkte lautete, daß die nationalsozialistischen Frauen für die "Reinerhaltung der arischen Rasse und für die Freimachung des deutschen Volkslebens von artfremden Einflüssen kämpfen" wollten. Damit wurde deutlich eine Unterstützung der nationalsozialistischen Rassentheorie und des Antisemitismus angekündigt.[15)]

Mehrere Mitglieder der NS-Frauenschaft in Karlsruhe setzten schließlich den Auftrag zur politischen Aktivierung der deutschen Frauenwelt in die Tat um. Vor allem seit 1932, als mehrere Wahlen anstanden, wurden auch Nationalsozialistinnen im Wahlkampf eingesetzt, obwohl die NSDAP ansonsten keine Frauen in typischen politischen Ämtern wie zum Beispiel als Ortsgruppenleiterin oder Reichstagsabgeordnete zuließ. Aus Karlsruhe ist bisher nicht belegt, daß nationalsozialistische Frauen wie in anderen Städten Flugblätter verteilten, Broschüren, Lose und Eintrittskarten verkauften oder illegal Plakate klebten. Aber es ist zu vermuten, daß auch hier Frauen diese Wahlkampfarbeiten übernahmen, da sogar mehrere Nationalsozialistinnen in Karlsruhe zu Parteirednerinnen berufen wurden. So traten die badische Gaufrauenschaftsleiterin Gertrud Scholtz-Klink, die Kreispropagandaleiterin Dora Horn-Zippelius, die stellvertretende Kreisfrauenschaftsleiterin und zwei weitere Mitglieder der NS-Frauenschaft auf zahlreichen Wahlveranstaltungen der NSDAP oder Werbeabenden der NS-Frauenschaft in Karlsruhe und Umgebung auf.

Dabei sprach beispielsweise die Rednerin Katharina Stickel über das Thema: "Die Bedeutung der Edda für die Rassefrage", in der sie die Begriffe "Erbanlagen", "Rassenvermischung" und "Blutserneuerung" erläuterte und am Schluß ihrer Ausführungen ihre Zuhörerinnen dazu aufrief, "[...] ein starkes, verantwortungsfrohes, körperlich und seelisch reines Geschlecht, einen Erben edelstes Blutes, ein Pfand der Zukunft zu erziehen!".[16] Gertrud Scholtz-Klink deutete ebenfalls in ihren vielen Wahlreden, die häufig unter dem Titel: "Die Frau im Kampf um Familie und Volk" angekündigt wurden, das an, was Hitler bereits in "Mein Kampf" als äußerste Pervertierung rassistischer Ideen gefordert hatte, die Vernichtung der Juden. Scholtz-Klinks virulenter Antisemitismus kam zutage, als sie bei einer Rede in der Karlsruher Festhalle vor mehreren hundert Frauen sagte:

"*Das deutsche Volk hat eine schlimme Krebskrankheit. Das ist der Jude. Das Geschwür ist noch zu heilen, wenn man es nicht groß werden läßt, aber nicht von einem Pfuscher, sondern von einem Arzt muß es geheilt werden.*"[17]

Sie forderte daher den Kampf gegen den "vergiftenden Einfluß des Judentums", damit es nach ihren Worten nur noch deutsche Staatsbürger gab, die "gleichen Blutes und gleicher Art" waren.[18]

Mitglieder der NS-Frauenschaft begrüßten und unterstützten die Stigmatisierung der jüdischen Bevölkerung nicht nur in Wahlreden, sondern auch im Alltag. Die Karlsruher Kreispropagandaleiterin beispielsweise beteiligte sich im März 1933 in schärfster Weise an der Durchführung des von Goebbels und Streicher angeordneten Judenboykotts, der jüdische Geschäftsinhaber diffamieren sollte. Sie forderte alle Karlsruher Ortsfrauenschaftsleiterinnen auf, ihren Einfluß in den Ortsgruppen der NS-Frauenschaft geltend zu machen, damit keine Frauen Geschenke für Kommunion, Konfirmation oder Osterwaren in jüdischen Geschäften kauften.[19] Kurz zuvor hatte Lydia Gottschewski, die damalige Reichsleiterin der NS-Frauenschaft, alle ihr untergeordneten Frauenschaftsleiterinnen mit einem Aufruf auf den geplanten Boykott vorbereitet.:

"*14 Jahre lang habt Ihr, Parteigenossinnen, Schulter an Schulter mit der braunen Front gegen die Juden, den Todfeind des deutschen Volkes gekämpft, habt jüdische Geschäfte gemieden, denn nur durch wirtschaftlichen Boykott ist der Jude niederzuringen[...]. Sorgt dafür, daß in jeder deutschen Frau der Abwehrwille erwacht und sich zum stärksten Abwehrkampf steigert [...]. Nicht allein für den Augenblick, sondern für immer muß der Jude aus Volk und Staat ausgeschaltet werden.*"[20]

Unter Lydia Gottschewski fand im Frühjahr 1933 schließlich auch auf Reichsebene die Gleichschaltung aller noch bestehenden nicht-nationalsozialistischen Frauenorganisationen statt. Sie war beauftragt worden, alle Frauenorganisationen, die sich bereit erklärten, nach der Machtergreifung der NSDAP nationalsozialistische Richtlinien zu akzeptieren, in einer Einheitsorganisation zusammenzuschließen. Voraussetzung war, daß die Frauenverbände vorher eine Nationalsozialistin in ihren Vorstand aufnahmen und alle jüdischen Mitglieder ausschlossen. Alle bürgerlichen Frauenvereine, die schließlich einverstanden waren, mit den Nationalsozialistinnen grundsätzlich zusammenzuarbeiten, wurden nicht aufgelöst, sondern in einer neuen Sammelorganisation dem sogenannten Deutschen Frauenwerk zusammengefaßt.[21]

Das Deutsche Frauenwerk stellte im Gegensatz zur NS-Frauenschaft, die als Elitekader konzipiert war, die Basis- und Massenorganisation dar, die 1938 vier Millionen Mitglieder hatte. Sie war nicht direkt an an die NSDAP angegliedert. Aber die Arbeit des Deutschen Frauenwerks war eng verknüpft mit den Tätigkeiten der NS-Frauenschaft, so daß praktisch eine Fusion zwischen beiden Organisationen stattfand. Die Leiterinnen der NS-Frauenschaft waren gleichzeitig Leiterinnen der verschiedenen Abteilungen des Deutschen Frauenwerks, die ab 1934 eingerichtet wurden. Das Deutsche Frauenwerk unterstand der Reichsfrauenführung unter Gertrud Scholtz-Klink. Ihre Mitarbeiterinnen und Leiterinnen der NS-Frauenschaft übernahmen den Führungsanspruch im Deutschen Frauenwerk und formulierten die sich an nationalsozialistischen Richtlinien orientierenden Arbeitsinhalte.[22)]

Nach 1933 rückte der Auftrag der NS-Frauenschaft, andere Frauen, die Führungsposten innerhalb der nationalsozialistischen Frauenorganisationen übernehmen sollten, weltanschaulich und rassenpolitisch zu schulen, immer mehr in den Vordergrund. Die fürsorgerischen Aspekte ihrer Arbeit traten in den Hintergrund, da die NS-Volkswohlfahrt viele der sozialen Aufgaben übernahm. Gau,- Kreis- und Ortsschulungsleiterinnen der NS-Frauenschaft unterrichteten beispielsweise Mütterschulleiterinnen, Fürsorgerinnen und Ärztinnen, die für den Reichsmütterdienst arbeiteten. Ebenso vermittelten sie weiblichen Angehörigen des Luftschutzbundes, Angestellten, die im Frauenamt der Deutschen Arbeitsfront beschäftigt waren, Führerinnen des weiblichen Arbeitsdienstes und Krankenschwestern des Roten Kreuzes die nationalsozialistische Ideologie und die Ziele der NS-Rassenpolitik. Während des Zweiten Weltkrieges sorgten sie auch für die regelmäßige weltanschauliche Indoktrination der SS- und Wehrmachtshelferinnen.[23)]

Vor allem die Mitarbeiterinnen der Abteilung "Kultur/ Erziehung/ Schulung" der NS-Frauenschaft und des Deutschen Frauenwerks waren für die Vermittlung der nationalsozialistischen Weltanschauung zuständig. Bis 1938 richtete die Reichsfrauenführung über 30 spezielle Gauschulen ein, in denen bereits aktive und zukünftige Frauenschaftsleiterinnen auf diese Aufgaben vorbereitet wurden. In der Gauschule Baden gab es beispielsweise neben den Lehrgängen Hauswirtschaft, Staats- und Heimkunde Unterricht in Erbgesundheitspflege, Fürsorgefragen und Rassenkunde. Die Vorträge der Referentinnen und Referenten trugen Titel wie "Rasse und Familienforschung", "Die Urgründe der Mutterschaft" oder "Nationalsozialismus als Weltanschauung".[24)] Ähnliche Vorträge fanden auch regelmäßig bei den einmal im Monat stattfindenden Pflichtabenden der NS-Frauenschaft in Karlsruhe statt, an denen alle Mitglieder bei Androhung von Ausschluß teilnehmen mußten. So gab es Veranstaltungen mit dem Titel: "Rasse und Weltanschauung", "Rasse und Schicksal", "Rassefrage", "Rassenpolitik", "Die Judenfrage", "Das Versailler Diktat", "Die Entstehung und Bedeutung des Hakenkreuzes", "Das Rettungswerk des Führers".[25)] Zudem hatte Gertrud Scholtz-Klink seit 1932 alle Mitglieder der NS-Frauenschaft in Baden dazu verpflichtet:

"*An den Heimabenden muß die nationalsozialistische Frau aufgeklärt werden über das Programm der NSDAP und seine weltanschauliche Auswirkung. Es wird deshalb zur Pflicht gemacht, daß jede Frauengruppe ein Exemplar des NS-Programms in Händen hat, das gelesen und erklärt wird.*"[26)]

Die Fachrednerinnen der NS-Frauenschaft in Karlsruhe informierten ihre Zuhörerinnen seit Anfang 1934 auch über konkrete eugenische Maßnahmen der NS-Regierung. So erläuterte kurz nach der Verkündigung des "Gesetzes zur Verhütung erbkranken Nachwuches" die Rechtsanwältin Ruth Kärcher den Mitgliedern der Karlsruher NS-Frauenschaft die neue Verordnung unter dem Titel: "Sterilisationsgesetz und Erbkrankheit".[27] Zur Vorbereitung solcher Vorträge empfahl die Reichsfrauenführerin in Berlin als Schulungsmaterial die Schriften von Walter Groß, dem Leiter des Rassenpolitischen Amtes der NSDAP, und die Aufsätze von Marta Heß, Leiterin des Referats Rassenpolitik der Reichsfrauenführung. Walter Groß wie Marta Heß gingen davon aus, daß nicht jeder Mensch gleich viel wert sei, und daß daher eine Selektion durch "Auslese und Ausmerze" gerechtfertigt sei. Marta Heß gab Hinweise, wie Frauen von einer Sterilisation überzeugt werden konnten. Sie verglich die Erbkrankheiten im Volk mit dem Krebs für den Einzelmenschen:

"*Indem das Volk sich von den Erbkrankheiten befreit und sich dadurch gesund erhält, tut es nichts anderes als der Einzelmensch bei Einwilligung in eine Krebsoperation. Jede erbkranke deutsche Frau wird, wenn ihr dieses klar geworden ist, diese Operation auf sich nehmen, um ihr ganzes Volk gesund zu erhalten.*"[28]

Aus welchen Gründen die Mitglieder der NS-Frauenschaft und des Deutschen Frauenwerks so häufig rassenpolitisch geschult wurden, sprach Gertrud Scholtz-Klink auf einer Frauenkundgebung in Karlsruhe offen aus. Sie sollten die durch das Gesetz der Sterilisation Betroffenen betreuen.[29] Wie diese Betreuung im einzelnen aussah, erläuterte Scholtz-Klink 1936 vor einer Versammlung männlicher Mitglieder der Deutschen Arbeitsfront:

"*Nachher, meine Männer, kommt der Schritt, die Mutter an die Hand zu nehmen, mit ihr und ihrem Kinde dann ins Krankenhaus zu gehen und dieses Kind dort letzten Endes durch Sterilisation aus dem Leben auszulöschen. Das bringt kein Mann einer deutschen Frau bei [...] - wenn sie einer Frau dieses Leben wieder wegnehmen müssen, wenn sie es ihr auslöschen müssen durch die Maßnahme, die nun eben einmal notwendig ist.*"[30]

Genauso wie über die Zwangssterilisationen war zumindest die Reichsfrauenführung auch über die Euthanasie-Aktionen unterrichtet. Denn im September 1940 fragte Gertrud Scholtz-Klink bei der NSDAP-Leitung nach, wie sie die verunsicherten Menschen, deren Angehörige getötet worden waren, beruhigen konnte, "ohne Gefahr zu laufen, der Partei irgendwie zu schaden [...]".[31]

Die Schulung in Rassenhygiene und Rassenpolitik betraf aber nicht nur die Mitglieder der NS-Frauenschaft und diverser anderer NS-Frauenorganisationen. Denn die wichtigsten eugenischen Erkenntnisse und Ziele der NS-Rassenpolitik sollten schließlich auch - zum Beispiel von den Lehrkräften an den Mütterschulen der NS-Frauenschaft und des Deutschen Frauenwerks - an die gesamte weibliche Bevölkerung weitergegeben werden. Diese Anweisung hatte Gertrud Scholtz-Klink bereits 1934 in einem Interview mit der Karlsruher NS-Tageszeitung " Der Führer" formuliert:

"*Die Fragen der Rassegesetze, der Erbgesundheit und der sich aus ihnen ergebenden staatspolitischen Notwendigkeiten müssen jeder deutschen Frau und jedem deutschen Mädchen zu einer Selbstverständlichkeit werden.*"[32]

In der Praxis sah dies so aus, daß die Teilnehmerinnen der Mütterschulkurse sich unter anderem Vorträge über "Erblehre und Erbpflege als mütterliche Aufgaben" anhören mußten und ihnen im Säuglingspflegekurs die "10 Gebote zur Gattenwahl" nahe gelegt wurden, die genau vorschrieben, nach welchen rassistischen Kriterien eine Frau ihren zukünftigen Ehemann auszuwählen hatte. Darüber hinaus standen den Lehrkräften der NS-Frauenschaft Fotos und Lichtbilder zur Verfügung, mit Hilfe derer sie die Unterschiede zwischen kranken und gesunden Menschen verdeutlichen sollten. Das Schulungsmaterial empfahl Fotos von "Negerbastarden vom Rhein, arme Irrenhäusler oder Verbrechertypen". Ihnen sollten Bilder von schönen Kindern, kraftvollen Jugendlichen und fleißigen Arbeitern gegenübergestellt werden.[33)]

Auch an der Diffamierung der jüdischen Bevölkerung, die mit den Nürnberger Rassegesetzen 1935 einen neuen Höhepunkt erreichte, beteiligten sich weiterhin die Mitglieder der NS-Frauenschaft und des Deutschen Frauenwerks. In allen Ortsgruppen der NS-Frauenschaft wurden Auszüge aus Hitlers "Mein Kampf" gelesen, in denen die Juden in abfälligster Weise als "Parasiten" verleumdet und als das Böse schlechthin angegriffen wurden.[34)]

Daher scheint es nicht verwunderlich, daß Anfang der 40er Jahre Mitglieder der NS-Frauenschaft bereitwillig als Ansiedlungsbetreuerinnen die Lebensraumpolitik der NSDAP im Osten unterstützten und an der Vertreibung und Umsiedlung von Millionen von Menschen beteiligt waren.[35)] Genauso begleiteten Schwestern des Roten Kreuzes, die zum Teil als Einzelmitglieder dem Deutschen Frauenwerk angehörten - vermutlich durch die rassenpolitischen Schulungen der NS-Frauenschaft darauf vorbereitet - die Deportationen der jüdischen Bevölkerung Badens in das Konzentrationslager Gurs im Südwesten Frankreichs,[36)] ohne daß ihnen die Unmenschlichkeit dieser Aktion bewußt zu werden schien. Oder ignorierten sie die Umstände mit ruhigem Gewissen, da es sich nach der NS-Propaganda um keine wertvollen "arischen" Menschen handelte?

Bei den Mitgliedern des Deutschen Frauenwerks wie der NS-Frauenschaft, die durch ihre Führungspositionen eng mit der gewalttätigen Politik der NSDAP verbunden waren, spiegelte sich während des Zweiten Weltkrieges die Ambivalenz ihrer Aufgabenbereiche wider. Ihre Aktivitäten bewegten sich von Mütterbelehrungen und das Abhalten von Kochkursen über rassenhygienische Erziehung bis zu Aufgaben im Überwachungsapparat der SS, da einige der NS-Frauenschaftsmitglieder auch als KZ-Aufseherinnen eingesetzt waren.[37)]

Zusammenfassung

Ohne den differenzierten Blick auf die konkrete Situation von Frauen im Nationalsozialismus, deren Wirklichkeit mit ihrer ganzen Widersprüchlichkeit rekonstruiert werden sollte, besteht die Gefahr, Legenden in der Frauengeschichtsforschung zu produzieren und dem Mythos von der friedfertigen Frau zu erliegen.

Auch wenn es sich bei den überzeugten Nationalsozialistinnen nur um eine kleine Minderheit innerhalb der weiblichen Bevölkerung handelte, sollte ihr Beitrag an der Aufrechterhaltung der nationalsozialistischen Machtstrukturen, die die Ermordung von Millionen Menschen zur Folge hatte, nicht verschwiegen werden.

Es wäre zu wünschen, wie es Ina Paul-Horn formuliert hat, daß sich in Zukunft weibliche Identität nicht über Mythen konstruieren muß, sondern sich souverän auch den destruktiven Anteilen von Weiblichkeit stellen kann.[38)]

Anmerkungen:

1) Erlebte Geschichte. Karlsruher Frauen berichten aus der Zeit des Nationalsozialismus, hrsg. v. der Arbeitsgemeinschaft Sozialdemokratischer Frauen (ASF), Karlsruhe 1983, S. 59.
2) Vgl. Jill Stephenson: The Nazi Organisation of women, London 1981; Claudia Koonz: Mütter im Vaterland,(amerikanische Originalausgabe von 1986), Freiburg im Breisgau 1991 und Angelika Ebbinghaus: Opfer und Täterinnen. Frauenbiographien des Nationalsozialismus, Nördlingen 1987.
3) Die Zitate stammen aus: Hans Peter Bleuel: Das saubere Reich. Theorie und Praxis des sittlichen Lebens im Dritte Reich, Bern - München - Wien 1972, S. 150.
4) Vgl. Anette Michel: Nationalsozialistische Frauenorganisationen: Aufbau, Führung, Struktur und Funktion. Der Deutsche Frauenorden, die NS-Frauenschaft und das Deutsche Frauenwerk in Karlsruhe. Unveröffentlichte Magisterarbeit an der Universität Karlsruhe 1995.
5) Vgl. zum folgenden Dorothee Klinksiek: Die Frau im NS-Staat, Stuttgart 1982 und Irmgard Weyrather: Muttertag und Mutterkreuz. Der Kult um die "deutsche Mutter" im Nationalsozialismus, Frankfurt a. M. 1993.
6) Grundlegend zum folgenden Gisela Bock: Zwangssterilisationen im Nationalsozialismus. Studien zur Rassenpolitik und Frauenpolitik, Opladen 1986 und dieselbe: Gleichheit und Differenz in der nationalsozialistischen Rassenpolitik, in: Geschichte und Gesellschaft, 19 (1993), S. 277-310.
7) Vgl. Hiltraud Schmidt-Waldherr: Pervertierte Emanzipation der Frau und die Organisation von weiblicher Öffentlichkeit im Nationalsozialismus, in: Schaeffer-Hegel (Hrg.): Frauen und Macht. Der alltägliche Beitrag der Frauen zur Politik des Patriarchats, Pfaffenweiler 1988, S. 10-30.
8) Vgl. Susanna Dammer: Kinder, Küche, Kriegsarbeit - Die Schulung der Frauen durch die NS-Frauenschaft, in: Mutterkreuz und Arbeitsbuch. Zur Geschichte der Frauen in der Weimarer Republik und im Nationalsozialismus, hrsg. v. der Frauengruppe Faschismusforschung, Frankfurt a. M. 1981, S. 221ff und Jill Stephenson: Nationalsozialistischer Dienstgedanke, bürgerliche Frauen und Frauenorganisationen im Dritten Reich, in: Geschichte und Gesellschaft 3/ 4 (1981), S. 555-571.
9) Der Führer vom 1. September 1931.
10) Nationalsozialistische Frauenschaft. Bearbeitet von der Presseabteilung der Reichsfrauenführung, Berlin 1937, S. 13.
11) Vgl. Der Führer vom 14. Februar 1932 und vom 7. Juli 1932. Zu den Aktivitäten der NS-Frauenschaft in Karlsruhe vgl. auch Lisa Sterr: Aufbrüche, Einschnitte und Kontinuitäten - Karlsruher Frauen in der Weimarer Republik und im "Dritten Reich", in: Susanne Asche/ Barbara Guttmann/ Olivia Hochstrasser/ Sigrid Schambach/ Lisa Sterr: Karlsruher Frauen 1715 - 1945. Eine Stadtgeschichte, Karlsruhe 1992, S. 293-390 (Veröffentlichungen des Karlsruher Stadtarchivs, Bd. 15).
12) Peter Longerich: Die braunen Bataillone. Geschichte der SA, München 1989, S. 128.
13) zitiert nach Klinksiek, S. 116f.
14) Gertrud Scholtz-Klink, die spätere Reichsfrauenführerin, lebte bis zu ihrer Berufung nach Berlin in Baden. Dort war sie seit 1929 unermüdlich für die nationalsozialistische Bewegung tätig. Vier Jahre lang leitete sie in Karlsruhe die Gaugeschäftsstelle der NS-Frauenschaft. Aufgrund ihres angepaßten, überzeugten und gleichzeitig engagierten Einsatzes für den Nationalsozialismus machte sie eine beispiellose weibliche Parteikarriere innerhalb der NSDAP.

Zu Scholtz-Klinks Lebenslauf vgl. Jill Stephenson: Gertrud Scholtz-Klink. Die NS-Musterfrau, in: Die braune Elite II, hrsg. v. Ronald Smelser u.a., Darmstadt 1993, S. 219-230.

15) Vgl. Generallandesarchiv Karlsruhe 465d/ 1460
16) Der Führer vom 12. Februar 1932.
17) Der Führer vom 8. August 1931.
18) Der Führer vom 15. Januar 1932.
19) Vgl. Der Führer vom 30. März 1933.
20) Zitiert nach Koonz, 1991, S. 228.
21) Vgl. Hans-Jürgen Arendt: Die "Gleichschaltung" der bürgerlichen Frauenorganisationen in Deutschland 1933/ 1934, in: Zeitschrift für Geschichtswissenschaft, 27 (1979), S. 619ff.
22) Vgl. Stephenson: Nationalsozialistischer Dienstgedanke, 1981, S. 561ff.
23) Vgl. Jill Stephenson: "Verantwortungsbewußtsein": Politische Schulung durch die Frauenorganisationen im Dritten Reich, in: Erziehung und Schulung im Dritten Reich, Teil 2: Hochschule, Erwachsenenbildung, hrsg. v. Manfred Heinemann, Stuttgart 1980, S. 194-205 und Michael H. Kater: Frauen in der NS-Bewegung, in: Viertesjahreshefte für Zeitgeschichte, 31 (1983), S. 202-241.
24) Der Führer vom 4. und 13. Oktober 1934.
25) Innerhalb von sechs Jahren sprach eine Karlsruher Rednerin der NS-Frauenschaft über 50 mal öffentlich über diese Themen. Vgl. Die Jahrgänge des Führer von 1933 bis 1939.
26) Generallandesarchiv Karlsruhe 465d/ 1460
27) Vgl. Der Führer vom 18. März und 15. Juli 1934.
28) Martha Heß: "Das Gesetz zur Verhütung erbkranken Nachwuchses", in: NS-Frauenwarte, Jg. 1935/ 36, H. 2, S. 35.
29) Vgl. Der Führer vom 18. April 1937.
30) zitiert nach Claudia Koonz: Reaktionen katholischer und protestantischer Frauen in Deutschland auf die nationalsozialistische Sterilisationspolitik 1933-1937, in: Frauen und Faschismus in Europa. Der faschistische Körper, hrsg. v. Leonore Siegele-Wenschkewitz u. Gerda Stuchlik, Pfaffenweiler 1990, S. 121.
31) zitiert nach Marlies Gertrud Steinert: Hitlers Krieg und die Deutschen, Stimmung und Haltung der deutschen Bevölkerung im Zweiten Weltkrieg, Düsseldorf-Wien 1970, S. 154f.
32) Der Führer vom 27. Oktober 1934.
33) Vgl. Amtswalterinnenblatt der NS-Frauenschaft, Folge 10, 15. Juni 1934, S. 178f.
34) Vgl. Nachrichtendienst der NS-Frauenschaft und des Deutschen Frauenwerks, Folge 16, August 1935, S. 308.
35) Vgl. Stephenson, 1981, S. S. 192f.
36) Vgl. Josef Werner: Hakenkreuz und Judenstern. Das Schicksal der Karlsruher Juden im Dritten Reich, 2. Aufl., Karlsruhe 1990, S. 312. (Veröffentlichungen des Karlsruher Stadtarchivs, Bd. 9)
37) Vgl. Sigrid Matzen-Stöckert: Frauen im Faschismus - Frauen im Widerstand 1933 bis 1945, in: Geschichte der deutschen Frauenbewegung, hrsg. Florence Hervé, 3. Aufl. Köln 1987, S. 180.
38) Vgl. Ina Paul-Horn: Faszination Nationalsozialismus? Zu einer politischen Theorie des Geschlechterverhältnisses, Paffenweiler 1993, S. 38. Die gleiche Meinung vertritt Andrea Böltken: Führerinnen im "Führerstaat". Gertrud Scholtz-Klink, Trude Mohr, Jutta Rüdiger und Inge Viermetz, Pfaffenweiler 1995, S. 141.

Opfer und Täterinnen im Nationalsozialismus. Zu einem Streit unter Frauen

Angelika Ebbinghaus
Hamburger Stiftung für Sozialgeschichte des 20. Jahrhunderts,
Postfach 306232, D-20328 Hamburg

Die Beziehung von Opfern und Täterinnen im Nationalsozialismus bildet ein Stück ausgeblendeter Geschichte von Frauen. Frauen waren nicht nur Opfer dieser Politik, sondern auch Mitläuferinnen, Profiteurinnen, Akteurinnen und Täterinnen. Frauen waren als Fürsorgerinnen und Krankenschwestern für die Aussonderung und Vernichtung von Menschen, die als lebensunwert klassifiziert wurden, mitverantwortlich. Sie haben als Sozialpolitikerinnen diese Politik mitgeplant und als Forscherinnen zur Aussonderung und Vernichtung von Menschen beigetragen. In den Konzentrations- und Vernichtungslagern haben Aufseherinnen wehrlose Frauen grausam und ohne jedes Mitleid behandelt. Frauen waren zwar meist in untergeordneter Position tätig, zeichneten sich aber durch hohe Arbeitsidentifikation und Pflichterfüllung aus.

In der geschichtlichen Aufarbeitung des Nationalsozialismus sind Frauen meist nur als Opfer beschrieben worden. Auch Historikerinnen, die sich der neuen Frauenbewegung verbunden fühlen und sich die Aufgabe gestellt haben, Frauen in der Geschichte und die Geschichte von Frauen sichtbar zu machen, haben das bedrückende Thema der Verfolgung von Frauen durch Frauen bislang ausgespart. Das mag damit zusammenhängen, daß Frauengeschichtsschreibung häufig mit dem Anspruch betrieben wird, zur Identitätsstiftung von Frauen beizutragen. Dieses Herangehen ist, obwohl psychologisch und politisch verständlich und in bester pädagogischer Absicht gemeint, problematisch, da es Mythologisierungen und Mystifizierungen Vorschub leistet. Da werden Frauen ganz schnell aufgrund ihres Geschlechts zur besseren Hälfte der Menschheit stilisiert, und eine neuerlich biologische Sichtweise von Frauen, die jedoch immer soziale Unterdrückung impliziert, dient im Umkehrschluß plötzlich zu ihrer Überhöhung.

Geschichte wurde schon immer gern zur Sinnstiftung benutzt, denn wie Hermann Lübbe treffend feststellte: »Wer sein, heißt eine Geschichte haben, mit der man sich identifizieren kann, und daher müssen alle, die wieder wer sein wollen, eine zustimmungsfähige Geschichte ihrer selbst vorweisen können.« Identitätsstiftende Frauengeschichtsschreibung führt schnell in eine ähnliche Sackgasse, da sie dazu neigt, zuzudecken, was aufzudecken wäre, und zu verdrängen, was aufgearbeitet werden müßte. Jede Mystifizierung gesellschaftlich benachteiligter Gruppen, auch wenn es sich um die Mehrheit der Gesellschaft handelt, endet in Erstarrung und Ideologisierungen und schadet dem beabsichtigten emanzipatorischen Anspruch.

Wenn die Historikerin Gisela Bock in ihren Studien zur Rassen- und Frauenpolitik am Beispiel der Zwangssterilisation im Nationalsozialismus schreibt, daß die Hälfte der Sterilisationsopfer zwar Frauen, die Akteure der Sterilisationspolitik aber Männer waren, blendet sie ein Stück Geschichte von Frauen, in der Frauen gegen Frauen gehandelt haben, aus. Es trifft zwar zu: Die Politik der Zwangssterilisation wurde von Männern formuliert und an den Erbgesundheitsgerichten von männlichen Ärzten und Juristen exekutiert, aber im Vorfeld dieser Politik waren viele Frauen tätig. Die »erbbiologische Erfassung« der Bevölkerung wurde über die Einrichtung des Gesundheits- und Wohlfahrtswesens organisiert, an deren vorderster Front Frauen standen. Es waren Gesundheits- und Familienfürsorgerinnen, die in die Familien gingen, Berichte anfertigten, also den unmittelbaren Kontakt mit den Betroffenen hatten und häufig die ersten Schritte zu deren Erfassung und späteren Aussonderung in die Wege leiteten.

Der Beruf der Fürsorgerin ist ein relativ junger, von der ersten Frauenbewegung geprägter Frauenberuf. Die Fürsorgerin verkörperte ihrem Selbstverständnis nach all die angeblichen Tugenden und besonderen Fähigkeiten von Müttern in ihrem Beruf. Ihren ersten gesellschaftlichen Härtetest bestanden die Fürsorgerinnen in der Weltwirtschaftskrise. In dieser Zeit lernten sie, die Armut zu verwalten und eine restriktive Sozialpolitik gegen arbeitslose, verarmte, kranke und alte Menschen durchzusetzen. Sozialdarwinistisch begründete Auslese- und Ausmerzekonzepte waren in Fürsorgekreisen der zwanziger Jahre weit verbreitet. Viele Fürsorgerinnen sahen deshalb in der von den Nazis durchgeführten erbbiologischen Erfassung der Bevölkerung und in der Zwangssterilisation kein Unrecht, sondern längst überfällige sozialhygienische Maßnahmen. Eine engagierte Frauenforschung sollte der Frage nachgehen, warum Frauen, die sich den Idealen der ersten Frauenbewegung verpflichtet fühlten, sich so bruchlos in die sexistische und rassistische Fürsorgepolitik des Nationalsozialismus einfügten, ohne nennenswerten Widerstand zu leisten.

Die alltägliche Fürsorgearbeit war nach Geschlechtern organisiert. Die Männer verrichteten in den Wohlfahrtsämtern den Innendienst, während die Frauen im Außendienst - vor Ort - eingesetzt wurden. Man hielt die Fürsorgerin, weil sie eine Frau war, für geeigneter, den Kontakt zur und die Kontrolle über die sogenannte Klientel herzustellen, insbesondere wenn es sich um Frauen, Jugendliche und Kinder handelte.

Waren Frauen geschickter und effizienter als Männer in der Kontrolle von Frauen, die sich den gesellschaftlichen Normen verweigerten oder sie nicht erfüllen konnten? Durchschauten Frauen die häufig aus weiblicher Ohnmacht geborenen Listen eher als Männer, weil sie sie ebenfalls kannten? Der Beruf der Gefährdetenfürsorgerin und die Weibliche Kriminalpolizei beispielsweise sind in den zwanziger Jahren entstanden, weil die männliche Polizei die Prostituierten nur begrenzt zu kontrollieren vermochte.

Die meisten Fürsorgerinnen haben ihrer Auffassung nach immer nur aus mütterlicher Fürsorge gehandelt. Nur aus Fürsorge haben sie vorgeschlagen, andere Frauen aufgrund ihres Lebenswandels zwangsweise entmündigen, verwahren oder sterilisieren zu lassen. Die Fürsorgerinnen zählten auf unterster Verwaltungsebene zu den vielen kleinen Rädchen, die das reibungslose Funktionieren der nationalsozialistischen Vernichtungsmaschinerie garantierten. Außer den vielen Frauen, die in untergeordneten Positionen tätig waren, gab es einige, die die nationalsozialistische Gesundheits- und Sozialpolitik konzeptionell mitgestalteten. So hat die Hamburger Senatsrätin Dr. Käthe Petersen das Verfahren der Sammelvormundschaft eingeführt, um die Kontrolle über die entmündigten Frauen selbst in der Hand zu behalten. Als Leiterin des Pflegeamtes hat sie vor allem die Prostituierten in Hamburg verfolgt. Die Zentrumspolitikerin und Fürsorgerin Helene Wessel setzte sich in der NS- und Nachkriegszeit für die zeitlich unbegrenzte Verwahrung von Frauen ein. Beide Frauen entsprachen nicht dem nazistischen Propagandabild der deutschen Frau. Sie waren unverheiratet und hatten keine Kinder. Beide Frauen waren berufsorientiert und karrierebewußt. Sie verstanden es, langfristig und zielbewußt ihre Interessen, sei es in der Politik oder im Verwaltungsapparat, durchzusetzen. Auffallend ist, daß sich beide immer wieder mit Frauen, die weder ihre Leistungsnorm erfüllten noch dem Bild der deutschen Mutter und Hausfrau entsprachen, beschäftigten und sie regelrecht verfolgten.

Der Beruf der Krankenschwester hat zu dem der Fürsorgerinnen viele Parallelen. Vierzehn Pflegerinnen der Heil- und Pflegeanstalt Meseritz-Obrawalde, eine Tötungsanstalt im Rahmen der "Euthanasie-Aktion T 4", haben mehrere hundert Patientinnen getötet. Diese Frauen sind den Schritt zur Tötung ohne nennenswerten Widerstand gegangen. Sie waren weder besonders grausame noch sadistische Pflegerinnen. Hätten sie den Beruf der Fürsorgerin gewählt, hätten sie sich eben »nur« an der erbbiologischen Erfassung beteiligt. So aber arbeiteten sie in einer psychiatrischen Anstalt, die 1942 zu einer regelrechten Tötungsanstalt wurde. Und sie haben eben dort ihre »Pflicht« erfüllt. Während der staatsanwaltschaftlichen Ermittlungen wurden die Krankenpflegerinnen immer wieder befragt, warum sie getötet hätten. Ihre Standardantwort: Ich habe es getan, weil es mir befohlen wurde und ich gar nicht auf die Idee gekommen wäre, meinen Vorgesetzten nicht zu gehorchen. Diese Antwort ist aus anderen NS-Prozessen bekannt. Viele Pflegerinnen sagten in den Vernehmungen, daß sie mit den kranken Frauen Mitleid gehabt und in deren Tod eine Erlösung gesehen hätten. Sie seien nie grob zu den Patientinnen gewesen, sondern hätten ihnen mit viel Einfühlungsvermögen einen »guten Tod« bereitet, ganz so wie es die Propaganda von der »Euthanasie« vorsah. Die angeschuldigten Frauen rekurrierten auf Klischees weiblichen Verhaltens, so als ob sie ihre Taten damit entlasten könnten, weil Frauen ja zu besonderer Grausamkeit gar nicht fähig seien. Die Angeklagten, die fast alle nach 1945 im Pflegeberuf weiter arbeiteten, bemerkten in ihrer keineswegs gespielten, sondern tatsächlichen Naivität das Abgründige ihrer eigenen Aussage nicht einmal. Hinzu kommt, daß die Aussagen von überlebenden Opfern über das tatsächliche Verhalten der Pflegerinnen keineswegs mit deren Selbstbild übereinstimmten.

Die Beschuldigten wurden gefragt, ob sie, wenn man ihnen befohlen hätte, zu stehlen, auch gestohlen hätten. Dieses Ansinnen wehrten sie voller Entsetzen ab: So etwas Unanständiges würden sie nie tun und hätten es nie getan. Die Pflegerinnen werteten, urteilten und verurteilten aus ihrer beengten Sicht der Welt, die Menschen mit anderen Verhaltensweisen wenig Handlungsspielräume und Lebensmöglichkeiten läßt. Sie wollten und konnten häufig gar nicht die Perspektive des anderen, der Patientinnen, einnehmen. Ihre Erinnerung war partiell, alles, was sie psychisch und moralisch belasten könnte, war weggedrängt. Die in diesem Schwesternprozeß angeklagten Frauen schienen gar nicht in der Lage, Verantwortung für das zu übernehmen, was sie getan hatten. Sie bedauerten immer nur sich selbst. Sie verharrten in der Rolle von Opfern, obwohl sie die Täterinnen waren.

Die Ärztin Herta Oberheuser war die einzige Frau, die im Nürnberger Ärzteprozeß wegen Verbrechen gegen die Menschlichkeit angeklagt wurde. Sie hatte an polnischen Häftlingsfrauen im Frauenkonzentrationslager Ravensbrück Menschenversuche mitorganisiert. Sie hat diese Menschenversuche nicht geplant und auch nicht wie ihre männlichen Kollegen für ihre wissenschaftliche Karriere ausgewertet, aber sie hat wesentlich zu deren Realisierung beigetragen. Sie hat die Opfer der Versuche, vor allem polnische junge Frauen aus dem Widerstand, ausgesucht. Sie hat bei den Operationen assistiert und die Narkose gemacht, und sie hat die systematische Nicht-Behandlung durchgesetzt, auch dann, wenn die männlichen Lagerärzte die Schmerzen der frischoperierten und gequälten Frauen nicht mehr mitansehen konnten. Überlebende Zeuginnen sagten aus, daß Herta Oberheuser häufig sehr brutal zu den Frauen gewesen sei und sie getreten und geschlagen habe. Sie selbst hat ihre Tatbeteiligung an diesen schrecklichen Menschenversuchen so verarbeitet: »Ich habe es als meine Pflicht aufgefaßt und gehofft, hier als Frau auch helfen zu können, weil ich in der Begnadigung der Patientinnen ein Chance sah, und da habe ich geglaubt, als Frau hier helfen zu können.« Auffallend ist, daß auch Herta Oberheuser im Kreuzverhör bewußt oder unbewußt auf den allgemeinen Konsens setzte, Frauen und damit auch sie selbst seien zu extremen Grausamkeiten doch gar nicht fähig. »Ich habe bei meiner therapeutischen Betreuung nach den schulmedizinischen Regeln als Frau in meiner Lage alles getan, was ich tun konnte.«

Die Beziehung zwischen weiblichen Opfern und Täterinnen ist noch wenig untersucht. Was mag es für die Opfer und was für die Täterin bedeutet haben, daß hier eine Frau andere Frauen mißhandelt und zu Menschenversuchen mißbraucht hat? Ob es die Opfer zusätzlich gelähmt hat? Oder ob die Opfer, weil ihr Gegenüber eine Frau war, auf weniger Grausamkeit gehofft hatten? Zwischen Januar und April 1945 hat eine Handvoll junger Frauen im Vernichtungslager Ravensbrück-Uckermark mit großer Brutalität die Vernichtung von über 3000 Frauen organisiert. Eine engagierte Frauenforschung darf sich dem Leid und Grauen, das den Häftlingsfrauen von sechs jungen Aufseherinnen angetan wurde, nicht verschließen. Sie muß sich mit dem Eingeständnis von Ingrid Müller-Münch über den Majdanek-Prozeß auseinandersetzen, weil die Täterinnen von Ravensbrück-Uckermark ähnlich gehandelt haben: Die Aufseherinnen waren genauso, »wie ich immer geglaubt hatte, daß Frauen nie sein könnten«.

Während die Mitläuferinnen, Akteurinnen und sogar die Täterinnen sich im Nachkriegsdeutschland schnell wieder einrichten und ein ganz normales Leben führen konnten, gingen die Demütigungen für die Opfer nach 1945 häufig weiter. Frauen, die während des Nationalsozialismus verfolgt wurden, mußten vor bundesdeutschen Behörden und Gerichten um ihre Anerkennung als Verfolgte und um eine minimale finanzielle Entschädigung kämpfen. Die Opfer blieben allein.

Mit diesen Worten leitete ich 1986 das Buch «Opfer und Täterinnen. Frauenbiograhien des Nationalsozialismus«[1)] ein, das eine Debatte angestoßen hat, die bis heute andauert. In dieser Debatte geht es im Kern darum, welche gesellschaftliche Rolle die Frauen im Nationalsozialismus hatten und welche (Mit)-Verantwortung sie für dieses System trugen. Diese Fragen, die von viel Aufregung und massiver Abwehr begleitet waren, haben die theoretische Selbstgewißheit der feministischen Forschung erschüttert. Noch in den achtziger Jahren sah sie in ihrer großen Mehrheit im Nationalsozialismus die extremste Zuspitzung des Patriarchats. Dabei übersieht die Patriarchatsthese - wie Claudia Heyne[2)] zu Recht betont - dreierlei: Erstens war der Nationalsozialismus auch Herrschaft von Männern über Männer; zweitens haben Millionen Frauen ihn gewollt und unterstützt, und drittens gab es eine nicht geringe Zahl von Frauen, die an mehr Macht und Einfluß durchaus interessiert waren. Doch aus der Sicht der Frauenforschung waren Frauen per se Opfer nationalsozialistischer Politik und hatten diese nicht zu verantworten. Die tatsächlichen Opfer der NS-Diktatur, jüdische Frauen und Männer, Zigeunerinnen und Zigeuner, politisch Verfolgte, psychisch Kranke und Behinderte, Millionen Frauen und Männer in den besetzten Ostgebieten waren deshalb kein Thema. Mit den Verbrechen des Nationalsozialismus, dieser Männerdiktatur, hatte »frau« nichts zu tun.

Dieses ideologische Konstrukt unterstützte die sowieso vorhandenen Abwehr- und Verdrängungsmechanismen gegenüber diesem bedrückenden Kapitel der Geschichte. Der Nutzen dieser Prämisse, daß Frauen immer Opfer von Männerherrschaft seien und für die Zeit des Nationalsozialismus dies insbesondere zutreffe, ist allerdings ambivalent. Der psychologische Vorteil dieser Unschuldsbehauptung liegt unter anderem darin, die Welt so in gute Opfer und böse Täter aufspalten zu können; wobei das Opfer per defintionem keine Verantwortung für sein Handeln übernehmen muß. Die andere Seite dieser scheinbaren psychologischen Entlastung führt jedoch zu einer Selbstentwertung mit weitgehenden Folgen für die eigene Persönlichkeitsstruktur.

Kein Wunder also, daß ein Buch mit dem Titel »Opfer und Täterinnen. Frauenbiographien des Nationalsozialismus« provozieren mußte und zu einem Stein des Anstoßes wurde. Dies schreibe ich heute - nach zehn Jahren - gelassen; damals jedoch hat mich die Form der Auseinandersetzung verletzt.

Anfangs habe ich sie gar nicht so recht begriffen, da meine Forschungsprämissen andere waren, als mir in der Entgegnung unterstellt wurden. Ich hatte zusammen mit Kolleginnen und Kollegen die sozialrassistisch begründeten Ausgrenzungsmechanismen in der nationalsozialistischen Gesundheits- und Sozialpolitik untersucht. Wir wollten wissen, wie die Politik der Zwangssterilisation und sogenannten Euthanasie vor Ort durchgeführt wurde, dafür studierten wir die Überlieferungen der Sozial- und Gesundheitsverwaltung, speziell in Hamburg. Die Ergebnisse sprachen für sich: Es waren sehr viele Frauen, Fürsorgerinnen und Krankenschwestern, die die Politik der nationalsozialistischen Ausgrenzung in bürokratisches Handeln umsetzten und anschließend gegenüber ihrem Klientel anwandten. Ohne diese Frauen wäre diese Politik schwerlich zu realisieren gewesen. Ich wollte mit dieser Arbeit keine theoretischen Prämissen über die Rolle der Frauen im Nationalsozialismus verifizieren, obwohl ich mich durchaus als parteiliche Forscherin verstehe, sondern ich wollte begreifen, wie es zu dieser Vernichtungspolitik kommen konnte und welchen spezifischen Beitrag Frauen dazu leisteten. Das Ergebnis haben wir in diesem Buch in Form von Dokumentationen und als Analysen vorgelegt, und es lautete: Frauen waren an der Umsetzung dieser Politik beteiligt.

Das Buch wurde breit rezipiert und weist heute, im Rückblick, eine interessante Wirkungsgeschichte auf, obwohl oder weil es in der kleinen akademischen Gemeinde feministischer Historikerinnen auf Ablehnung stieß. Die Kritik, auf die in diesem Kreis immer wieder verwiesen wird, haben Dagmar Reese und Carola Sachse formuliert[3)]: Verglichen mit der »Mit-Täterinnenthese« von Christina Thürmer-Rohr wirke mein Opfer-Täter-Schema sehr schlicht und ginge in juristischen Termini der Begriffe auf.

Die Mittäterschaftsthese von Thürmer-Rohr, ursprünglich in einem anderen Kontext formuliert, besagt, daß in einer patriarchalischen Gesellschaft die Mittäterschaft der Frau keine Ausnahme, sondern die Norm sei. »Mittäterschaft heißt Mit-dem-Täter:

Loyalität mit dem Mann und seiner Gesellschaft, Zustimmung zu seiner Herrschaft.«[4] Diese These wurde breit diskutiert und fand in der Frauenbewegung damals viel Akzeptanz. Inzwischen - 1995 - hat Thürmer-Rohr ihre Position revidiert und schreibt, daß sie die Mittäterschaftsthese verschärft hätte, wenn sie diese am historischen Material des Nationalsozialismus fundiert hätte.[5]

Reese und Sachse halten mir Schwarzweißmalerei vor, die mehr von meiner »fast beneidenswerten moralischen Sicherheit« gespeist sei, als daß sie den historischen Zeitumständen gerecht würde. Zu geradlinig würde ich den Trennungsstrich zwischen Opfern und Täterinnen ziehen. Opfer seien für mich nur die durch den Nationalsozialismus verfolgten, gequälten und ermordeten Frauen, wohingegen Fürsorgerinnen, Krankenschwestern, Ärztinnen und KZ-Aufseherinnen zwangsläufig auf der anderen Seite ständen, eben Täterinnen seien. Diesen schlichten Dualismus von Opfern und Täterinnen hätte ich wie eine Schablone über das historische Material gelegt.

Das Buch heißt zwar "Opfer und Täterinnen", aber der Titel war keinem theoretischen Konzept entlehnt, sondern - wie häufig in solchen Fällen - ein Vorschlag des Verlags, der mir gefiel. Entgegen der Kritik werden in dem Buch sehr breit typische Frauenarbeiten im sozialen und Gesundheitsbereich untersucht. Die beiden ausführlichen Biographien der Sozialpolitikerin Käthe Petersen und der Politikerin Helene Wessel zeichnen den schillernden Lebensweg dieser ambitionierten Karrierefrauen nach. Interessant ist das Resümee: All diese Frauen, in durchaus unterschiedlichen Positionen, haben sich relativ schnell den nationalsozialistischen Zielen der Gesundheits- und Sozialpolitik angepaßt, sei es aus Karrieregründen, sei es, weil diese mit ihren eigenen Wertvorstellungen übereinstimmten. Bedrückend und für mich auch durch neuere Literatur nicht geklärt ist, warum ein Teil dieser Frauen, zu deren Aufgabenfeld nicht nur soziale Ausgrenzung, sondern auch Töten gehörte, tatsächlich mordeten.

Ein Kapitel, das auch so benannt ist, befaßt sich mit der Konfrontation von Opfern und Täterinnen. Darin geht es um die Ärztin Herta Oberheuser, die in Nürnberg wegen Menschenversuchen an Häftlingsfrauen in Ravensbrück angeklagt wurde, und um die SS-Aufseherinnen im Vernichtungslager Ravensbrück-Uckermark, das auf dem Gelände des gleichnamigen »Jugendschutzlagers« noch im Januar 1945 errichtet wurde. Bezüglich des Ravensbrückprozesses hätte ich - so die beiden Kritikerinnen - nicht berücksichtigt, daß »Opfer und Täterinnen, Häftlinge und SS-Aufseherinnen gemeinsam auf der Anklagebank saßen und gemeinsam zum Tode verurteilt waren«. Doch die Dokumentation bezieht sich ausschließlich auf das Vernichtungslager Uckermark, dieser Komplex wurde im dritten Ravensbrückprozeß verhandelt. In diesem Verfahren waren die Angeklagten ausschließlich SS-Aufseherinnen und zwei Angehörige der Weiblichen Kriminalpolizei. Die Oberaufseherin Ruth Closius, ehemals Neudeck, wurde zum Tode verurteilt und hingerichtet, die anderen SS-Aufseherinnen zu hohen Haftstrafen verurteilt; die beiden Angehörigen der Weiblichen Kriminalpolizei wurden freigesprochen, nachdem man erkannt hatte, daß man das »Jugendschutzlager« nicht ausreichend vom Vernichtungslager Uckermark abgegrenzt hatte. Allerdings bin ich durchaus der Meinung, daß es berechtigt ist, Funktionshäftlinge als Täterinnen zu bezeichnen, die sich eigenständig verübter Verbrechen und Exzesse an Häftlingsfrauen schuldig gemacht haben - wie dies im ersten Ravensbrückprozeß Vera Salvequart und Carmen Mory nachgewiesen werden konnte.

Dieser im Rückblick nun fast zehnjährige Streit über die Rolle von Frauen im Nationalsozialismus ist zu einem Lehrstück eigener Art geworden.[6)] Die Kritik von Reese und Sachse läßt bereits das Strickmuster des späteren »Historikerinnenstreit« erkennen, den Gisela Bock, nur viel fulminanter, gegen Claudia Koonz in der Zeitschrift "Geschichte und Gesellschaft" vortrug.

Warum können Forschungsergebnisse - auch von Frauen - nicht einfach als das begriffen werden, was sie sein könnten: neue Denkanstöße, neue Einsichten aufgrund neuer Quellen, neuer Methoden etc., und diese Ergebnisse werden hoffentlich wieder aufgrund neuer Erkenntnisse umgestoßen, modifiziert oder einfach weiterentwickelt.

Die Frauenforschung ist immer noch in einer besonderen Situation, sie versucht, sich als selbständiges Fach an den Universitäten zu etablieren, und hat zu kämpfen. Die Forscherinnen stehen unter Erfolgsdruck, nicht wenige von ihnen müssen ihre Positionen verteidigen. Leider taten sie das schon bald mit Mitteln, die in der Akademikerwelt häufig anzutreffen sind: Neue Ansätze werden als unwissenschaftlich abqualifiziert. Es werden Spiegelfechtereien ausgetragen. Wenn die eigenen Anpassungsleistungen an Job und Karriere und deren mögliche Auswirkungen auf den eigenen Blick kein Thema der kritischen Reflexion mehr sind, werden neue Ansätze wohl als Störungen im eigenen Revier empfunden.

Dennoch hat die Debatte über die Rolle von Frauen im Nationalsozialismus insgesamt an Breite gewonnen, und inzwischen hat sich so etwas wie ein Paradigmenwechsel durchgesetzt. In den 70er Jahren begann in der Frauenforschung die Beschäftigung mit dem Nationalsozialismus, allerdings ohne die zentralen Fragen dieses Unrechtssystems anzugehen. Die Themen wurden entweder aus der eigenen Lebenssituation extrapoliert oder in Abgrenzung zur politischen Linken formuliert: Im Mittelpunkt stand die Analyse von Frauenarbeit im häuslichen und außerhäuslichen Bereich; gestritten wurde auch darüber, ob Frauen durch ihr Wahlverhalten Hitler an die Macht gebracht hätten. Diese Debatte wurde jedoch mit dem Vorwurf, eine »Dolchstoßlegende der Linken« zu sein, erst einmal ad acta gelegt. Da die eigene politische und soziale Identität nicht nur die Auswahl der Forschungsthemen bestimmte, sondern auch, wonach im historischen Prozeß gesucht wurde, sieht Therese Wobbe in dieser Art von Geschichtskonstruktion Ähnlichkeiten zwischen der Geschichtsschreibung der Linken und der Frauenforschung, die beide ihren Ursprung in sozialen Bewegungen haben.[7)]

In der Frauenforschung interessierte der Einschnitt 1933 vor allem als Beginn einer konservativen Frauenpolitik. Antijüdischer Rassismus, sozialrassistische Diskriminierung, Verfolgung, Okkupation und Massenmord standen nicht im Zentrum der Debatte. Die feministischen Interpretationen der ersten großen Studie zum Thema Rassenpolitik und Frauenpolitik von Gisela Bock wurden im Laufe der Auseinandersetzung zunehmend kritisch diskutiert.[8)] Gestritten wurde insbesondere über die Bedeutung der Zwangssterilisation für Frauen und Männer. Hinterfragt wurde die Interpretation, daß die Zwangssterilisationen für Frauen einschneidender als für Männer gewesen seien, denn dies würde implizieren, daß, Nachkommen zu haben, mehr zum »Frau-« als zum »Mannsein« gehöre.

Karin Windaus-Walser hat mit ihrer provokativen These »Von der Gnade der weiblichen Geburt« die Debatte über die Rolle der Frauen weiter zugespitzt.[9)] In der feministischen These, daß Frauen nicht aus eigenen Motiven der antisemitischen und sozialrassistischen Nazi-Ideologie anhingen, sondern sich nur dem männlichen Rassismus und Antisemitismus angepaßt hätten, sieht sie zu Recht vor allem Abwehr. Doch die von Margarete Mitscherlich-Nielsen in »Die friedfertige Frau« aufgestellte Behauptung, daß Antisemitismus bei Frauen nur eine Anpassung an männliche Vorurteilsstrukturen sei[10], fiel erst einmal auf fruchtbaren Boden, und das schwierige Thema des Antisemitismus mit seinen Folgen in Vergangenheit und Gegenwart konnte weiter verdrängt werden.

Frauengeschichte sollte vor allem zur Identitätsfindung der eigenen Frauengeneration dienen. Nach diesem Motto haben Annette Kuhn und Valentine Rothe eine weitverbreitete zweibändige Quellensammlung zusammengestellt und didaktisch für den Schulunterricht aufbereitet. Sie waren der Meinung, daß insbesondere unter einem Terrorregime »die gesellschaftserhaltende und sinnstiftende Qualität von Frauenarbeit« erst sichtbar würde. Gerade die unsichtbare, unpolitische »Beziehungsarbeit von Frauen, die sich der totalen Funktionalisierung und dem staatlichen Zugriff entzieht, konnte im Faschismus zu einem tragenden Moment einer politischen, antifaschistischen Kultur werden«.[11] Diese ausschließlich positive Sicht der »seperate sphere« ist inzwischen nicht nur durch neue Forschungsergebnisse widerlegt, sondern zu einem Hauptpunkt der Auseinandersetzung geworden.

In großer Zahl haben sich Frauen pro-nationalsozialistischen Frauenverbänden wie dem Deutschen Frauenwerk, der NS-Frauenschaft oder dem Nationalsozialistischen Lehrerinnenverband angeschlossen, und Claudia Koonz schreibt, daß die »Beteiligung von sechs bis neun Millionen Frauen an den nationalsozialistischen Frauenaktivitäten« nicht länger geleugnet werden kann.[12] Genausowenig wie die Tatsache, daß der Ausweisung und Ausgrenzung jüdischer Frauen aus diesen Organisationen kein nennenswerter Widerstand entgegengebracht wurde.

Ausgelöst durch den Disput zwischen Gisela Bock und Claudia Koonz über das Buch »Mothers in the Fatherland« gibt es nun auch einen Historikerinnenstreit. Fast scheint es, als ob es hier um die Aufrechterhaltung feministischer Definitionsmacht gehe. Gisela Bock: »Es gibt Geschichtsbücher mit vielen Irrtümern, die dennoch einen erhellenden theoretischen Bezugsrahmen enthalten, und es gibt Geschichtsbücher, die einen solchen nicht haben und gleichwohl wichtige und genaue Informationen enthalten. Koonz' Buch leidet an beiden Mängeln, und sie hängen offensichtlich zusammen.«[13] Unabhängig von diesem Verdikt ex cathedra wird die Studie von Claudia Koonz breit rezipiert. Inzwischen ist es fast zu einer Umkehr der Positionen gekommen. Während in den frühen Arbeiten der »weibliche Lebenszusammenhang« und typische weibliche Tätigkeiten, Beziehungsarbeiten, ausschließlich positiv bewertet wurden, werden sie nicht zuletzt aufgrund empirischer Forschungsergebnisse heute hinterfragt.

Lerke Gravenhorst hat dann versucht, eine breitere Diskussion mit dem Ziel eines Paradigmenwechsel in der Frauenforschung zu organisieren.[14] Ihre Hauptfrage hieß: Nehmen wir als Feministinnen den Nationalsozialismus und Auschwitz ausreichend als unser negatives Eigentum in Anspruch? Sie sucht nach einem neuen theoretischen Bezugsrahmen, der sowohl feministisch zutreffend sei und zugleich Auschwitz zum ausdrücklichen Bezugspunkt habe.[15] Meine Schwierigkeit mit dieser Art von Debatte ist, daß erst versucht wird, eine Theorie zu formulieren, die dann durch Empirie bestätigt werden soll. Der wichtige Vorgang ist die Bestätigung der Theorie, nicht das Bemühen, geschichtliche Vorgänge zu rekonstruieren. Insbesondere dann, wenn man bemüht ist, geschichtliche Zusammenhänge auf einen bestimmten Bezugsrahmen zu orientieren. Die Gefahr, die Fakten aufgrund der eigenen Theorie nur noch selektiv wahrzunehmen, ist groß. Dennoch bin ich der Überzeugung, daß dieser - hier nur in Umrissen wiedergegebene - Streit insgesamt zu positiven Ergebnissen geführt hat: Themen, die lange verdrängt waren, werden nun erforscht.

Anmerkungen:

1) Angelika Ebbinghaus, Opfer und Täterinnen. Frauenbiographien des Nationalsozialismus, Nördlingen 1987. Eine Taschenbuchausgabe erscheint im Frühjahr 1996 bei Fischer in der Reihe "Die Frau in der Gesellschaft".
2) Claudia Heyne, Täterinnen. Offene und versteckte Aggressionen von Frauen, Zürich 1993, S. 151.
3) Dagmar Reese/ Carola Sachse, Frauenforschung zum Nationalsozialismus. Eine Bilanz, in: Lerke Gravenhorst/ Carmen Tatschmurat (Hg.), Töchter-Fragen: NS-Frauengeschichte, Freiburg 1990, S. 73f.; in diesem Sammelband, der zentral für die gesamte Auseinandersetzung ist, kommen die unterschiedlichsten Positionen zu Wort.
4) Vgl. die Texte von Christina Thürmer-Rohr, Vagabundinnen. Feministische Essays, Berlin 1987, insb. S. 38ff. u. S. 141 ff.; dies. in: Mittäterschaft und Entdeckungslust, hg. vom Studienschwerpunkt "Frauenforschung" am Institut für Sozialpädagogik der TU Berlin, Berlin 1990.
5) dies., Abschied vom schuldlosen Geschlecht. Über die Beteiligung der Frauen am nationalsozialistischen Herrschaftssystem, in: Uni Konkret, Heft 2 1995, S. 16ff
6) Er läßt sich in den verschiedenen Frauenzeitschriften wie "Beiträge zur feministischen Theorie und Praxis", "Feministische Studien", "Metis" und inzwischen auch in "Die Philosophin" gut verfolgen.
7) Nach Osten. Verdeckte Spuren nationalsozialistischer Verbrechen, hg. von Theresa Wobbe, Frankfurt/M. 1992, S. 13ff.
8) Gisela Bock, Zwangssterilisation im Nationalsozialismus. Studien zur Rassenpolitik und Frauenpolitik, Opladen 1986.
9) Karin Windaus-Walser, Gnade der weiblichen Geburt? Zum Umgang der Frauenforschung mit Nationalsozialismus und Antisemitismus, in : Feministische Studien, 6 (1988) 1, S. 102-115.
10) Margarete Mitscherlich-Nielsen, Antisemitismus - eine Männerkrankheit? in: dies., Die friedfertige Frau, Frankfurt/ M. 1985, S. 148-160.
11) Annette Kuhn/ Valentine Rothe, Frauen im deutschen Faschismus, Band 1: Frauenpolitik im NS-Staat und Band 2: Frauenarbeit und Frauenwiderstand im NS-Staat. Eine Quellensammlung mit fachwissenschaftlichen und fachdidaktischen Kommentaren, Düsseldorf 1982; hier zit. nach Bd. 1, S. 18..
12) Claudia Koonz, Mütter im Vaterland. Frauen im Dritten Reich, Reinbek bei Hamburg 1994, S. 16.
13) Gisela Bock, Die Frauen und der Nationalsozialismus. Bemerkungen zu einem Buch von Claudia Koonz, in: Geschichte und Gesellschaft , 15 (1989) 4, S. 578f.; siehe auch die Entgegnung von Claudia Koonz, Erwiderung auf Gisela Bocks Rezension von "Mothers in the Fatherland", in: ebenda, 18 (1992) 3, S. 394ff.; Gisela Bock, Ein Historikerinnenstreit?, ebenda, S. 400ff.
14) Lerke Gravenhorst/ Carmen Tatschmurat (Anm. 2).
15) Ebenda, S. 17ff.

Feministische Ansätze in Naturwissenschaften und Mathematik

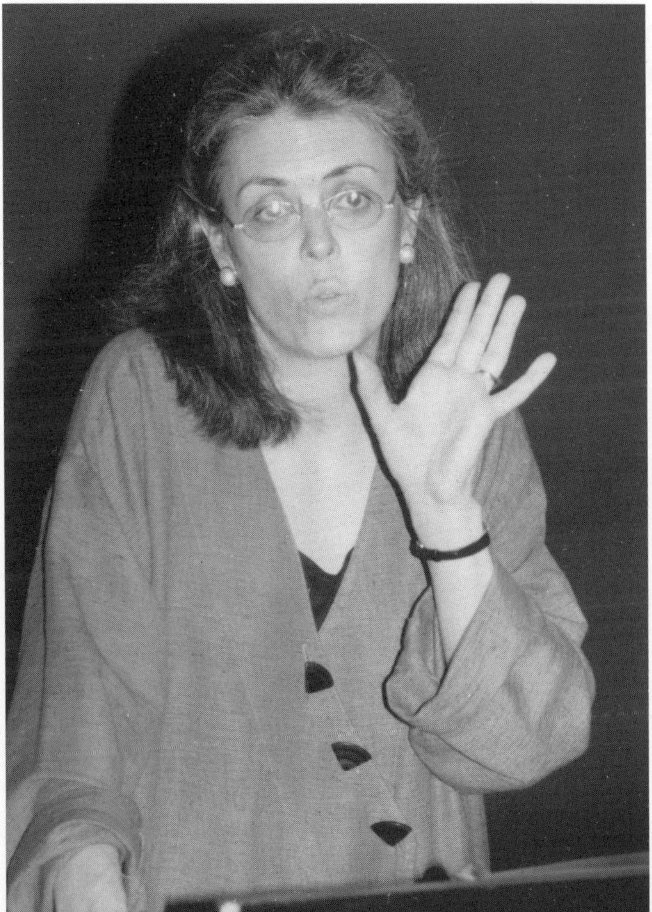

Londa Schiebinger bei ihrem Vortrag "What Changes Have Feminists Brought to Science?"

What Changes Have Feminists Brought to Science?

Londa Schiebinger
Department of History and Women's Studies Program,
Pennsylvania State University, University Park, PA 16803, USA
E-Mail: LLS10@psu.edu

In the last twenty years a whole new field of inquiry known differently as "women and science," "gender in science," or any combination of these has sprung up in the United States and in many European countries. Many books have been published on the subject; university courses are offered in it.[1)] These studies can be broken down into four basic approaches or projects: the history of women in science; scientific study of women; the critique of gendered knowledge; and rebuilding science. I will treat the first three very briefly and say more about the fourth.

1. The History of Women in Science

The first category - the history of women's contributions to the sciences - fits best under the rubric of the women's history and shares its goal of recovering the history of women's achievements. The force of recent monographs and biographies of women scientists has been to argue that women's contributions have been greater than generally recognized, and that women have made important contributions to science, whether this be the supposed early discovery of the process of distillation (by Maria the Jewess), or more recent discoveries of the mechanisms of genetic transposition (by Barbara McClintock).[2)]

Two purposes have lent urgency to this project. First is the need, especially prominent in the 1970s, to argue that there were great women scientists in order to waylay arguments that women simply cannot think scientifically; that something in the constitution of their brains impedes progress in this field. Second is the desire to create role models for young women entering science. In the United States, Albert Einstein, riding his rickety bike with his hair afloat, has served as a potent icon of genius. Marie Curie perhaps serves as a female equivalent.

The history of women in science also seeks to understand women's (limited) access to the means of scientific production. When looking at women's opportunities in science, one central fact emerges: women have never fared well in official institutions of science - past or present. Until the twentieth century, all but a few privileged women were officially barred from universities and scientific academies.

Let me take only one example. The great scientific academies of Europe were founded in the seventeenth and eighteenth centuries. Women were not to become members of these societies for over two hundred years. Why was this so? Were there no qualified women scientists when these academies first opened their doors? Evidence from the seventeenth and eighteenth centuries reveals a small but significant number of women active in science and waiting to take their place in the new institutions of science. The German astronomer Maria Winkelmann is a case in point. Winkelmann was not an exception: as extraordinary as it seems to us today, 14 percent of German astronomers in this period were women (the same is not true today). Already a well-known astronomer when her husband and Academy astronomer (Gottfried Kirch) died in 1710, Winkelmann petitioned the Berlin Akademie der Wissenschaften, founded in 1700, to appoint her assistant astronomer and calendar-maker in her husband's stead. In her letters, she reminded Akademie members that she had, in fact, made observations and published them under her husband's name while he was ill and dying. Despite the fact that the great Gottfried Wilhelm Leibniz (then President of the Akademie) was among her backers, her request was denied. In denying her request, Academy officials set an important negative precedent for women's participation in scientific institutions. The first working woman scientist to become a member of this academy was physicist Lise Meitner in the 1940s.[3)]

In addition to historical work, there is much sociological work on how the culture of science is structured to exclude women.

2. Scientific Studies of Women

No matter how many great women scientists we identify, Western culture has taught that genius is a male monopoly belonging to the white races. Charles Darwin, an advocate of this point of view, argued in respect to women: "If two lists were made of the most eminent men and women in poetry, painting, sculpture, music - comprising composition and performance, history, science, and philosophy, with half-a-dozen names under each subject, the two lists would not bear comparison." Darwin saw intellectual prowess as the chief characteristic distinguishing males from females. But for what he called the "law of equal transmission of characters," man would have become as superior in mental endowment to women, "as the peacock is in ornamental plumage to the peahen."[4)]

Darwin's vibrato aside, women have not been as prominent in the sciences as men. How do we explain these low numbers? There are two poles in this debate: nurture, that perceived sexual differences are the product of history and therefore of socialization, and nature, that something in the physical, psychological, and intellectual nature of women prohibits them from producing great science. The distinction is significant: if gender roles or personality traits are rooted in the body, traceable ultimately to congenital or genetic factors, it is easier to argue that the predominant sexual division of labor is natural, and that efforts to transform social relations between men and women are misconceived or foolhardy. If, by contrast, gender roles are rooted in culture, then they are malleable and subject to change.

Western culture has committed enormous resources to the study of sexual differences. The attempt to show that women are inferior to men in body and mind is an ancient one. Aristotle argued, for example, that women are colder and weaker than men, and that women do not have sufficient heat to cook the blood and thus purify the soul.

The search for sexual differences took on renewed urgency in the eighteenth century. The Enlightenment challenge that "All men (interpreted, at least by feminists, to include women) are by nature equal" required close scrutiny of woman's nature. In this atmosphere there emerged the first drawings of distinctively female - even feminine -

skeletons (two hundred years after the first drawings of "human" skeletons). Two parts of the body became sites of political debate - the skull as a measure of intelligence and the pelvis as a measure of womanliness (determining women for motherhood). It was immediate assumed that the female skull was smaller than the male skull, and that consequently her powers of intellect were lesser. When it became clear some years later that female skulls are generally larger in proportion to the body than male skulls, anatomists shifted the axis of comparison from the adult male and adult female to the adult female and the child, who also has a large skull in proportion to its body.5)

Scientific studies of women continued apace. At mid-nineteenth century, social Darwinists invoked evolutionary biology to argue that woman was a man whose evolution - both physical and mental - had been arrested in a primitive stage. One of my favorite arguments came in the late-nineteenth century, when women were once again seeking admission to universities. A Harvard doctor, Edward Clarke, showed that women's intellectual development would proceed only at great cost to their reproductive development. If women exercise their brains, this doctor held, their ovaries shrivel.

Today we are still inundated with the argument that biology is destiny. Sociobiologists, such as Harvard's E. O. Wilson, teach that genes dictates social inequalities. These studies aren't profoundly different from those of Aristotle or Edward Clarke. They seek to provide scientific justification for enduring divisions in power and privilege between the sexes. Studies of sexual differences in the brain is again making big news. Some studies of lateralization try to persuade us that women do poorly in math because their brains aren't as highly specialized as men's. Some, however, are inspired by what I call difference feminism (emphasizing gender difference, not sameness between the sexes) and argue that observed gender differences are the product of differing brain structures between the sexes. These are used sometimes today to argue that because women think differently, they should be included in science. The enterprise to locate gender in biology, however, is problematic.

3. Gendered Knowledge

Since the Enlightenment, science has stirred hearts and minds with its promise of a "neutral" and privileged vantage point, above and beyond the rough and tumble of political life. With respect to women, however, science is not a neutral culture. Women have been banned from rarified intellectual pursuits, their interests and concerns marginalized. They exist as second-class citizens in terms of pay, power, and prestige. The exclusion of women from the sciences, however, goes beyond injustices suffered by women. Not only have gender inequalities been built into the institutions of science, they also disfigure knowledge issuing from those institutions. A third area of gender studies looks at the consequences of gender for human knowledge more generally.

If we leave aside for the moment the interesting contributions of Christine de Pizan in the fifteenth century or Hedwig Dohm in the nineteenth century, we can say that the modern feminist critique of science and conceptions of nature emerged in the 1970s. Much of this early critique sought to identify the distinctive masculine character of Western science. Notions of objectivity, reason, and reductionism - defining traits of the dominant form of science - were seen not as neutral values but as intensely associated with Western masculinity and the public sphere. Overarching critique provided the impetus and context for more specific and detailed analyses of gender dynamics in specific scientific discoveries, theories, nomenclatures, instruments, techniques, and objects that began to emerge in the late 1980s and 1990s.

The feminist critique has enjoyed great success revealing gender inequalities in the humanities, social sciences, and life sciences, where subject matters are sexed or easily imagined to have sex and gender. We have ample examples of the gendering of plants, stories of human conception, and primates. The "exact" sciences, however, claim for themselves a special ontological and epistemological status: freedom from social imprint. Confidence in this matter is so firm that critics of feminism often play "stump the speaker." The challenge goes something like this: Is there a concrete example of gender in the substance of physics or math? Can you point to gender distortion in Newton's laws or Einstein's theory of relativity? If not, then mathematics and the physical sciences are objective and value free, as we have claimed all along. Can we, in fact, identify gender in math and physics, whose subject matters have no recognizable sex, in the same way that we have done in the life sciences?[6)]

4. Rebuilding Science: Examples of how Feminism has Changed Science

Let's turn from critique to examples of knowledge created by feminists. First, who or what are the agents of change? Women or feminism? I used to phrase the question about changes in science to emphasize women: "how have women changed science?" using the term "women" to avoid the rancor raised by the term feminist. But it is not women per se who change science. It is rarely mentioned that affirmation action is often abused by the right. Women, who consider themselves "old boys," become the darlings of conservatives. Institutions gain respectability by showcasing a few high-profile women at the same time that conservatives ensure that fundamentals do not change. Increasing the numbers of women without increasing an awareness of gender issues will have little impact on science or its institutions. Saying that women change science also has the unnecessary consequence of excluding men as potential allies. Moreover, stressing women qua women as the agents of change depoliticizes the process, overlooking and denying the contributions of feminism. It is not women but women and men who have cultivated a critical awareness of gender who have made the difference.

Here I will outline a framework for understand feminist changes in science and then give one example. This work is in progress, and I would be happy to receive comments and improvements.

Transforming Science: Levels of Gender Analysis[7)]

Absence of Feminism A. Womanless Science

Women are not present as scientists, the absence of women is not noted. And males concerns dominate.

Characteristics of scholarship in most fields until roughly the late 1960s and still true of sciences, such as physics, chemistry, or analytical philosophy.

Liberal Feminism B. Add Women/Females to "Science as Usual"

Begin including women or females as subjects and objects of scientific research: searching, for example, for the great women scientists to prove that women can do science and to provide role models for women students (providing women equivalents of Albert Einstein in the person of Marie Curie, for example).

Researching women and female subjects using the on-going paradigms of science.

Difference Feminism C. Women as a Problem, Anomaly, or Absence; Women as the Focus of Study

Women are studied as victims.

Begin analyzing gender and what is at stake in gender distinctions: understanding structural forms of discrimination.

Analyzing how traditionally feminine values and concerns have been excluded from science and its institutions and the implications of those exclusions; Begin critiquing prevailing paradigms, theories, and methods.

Starting research from women's lives and experience (stand-point theory).

Shedding positive light on the traditionally devalued "feminine" attempt to create feminist (or "feminine") science from women's experiences. Begin building foundational paradigms drawn from women's experience.

While most analyses of stages of transforming the academy culminate in a final state calling for "reconstructing research and the curriculum to include us all" (MacIntoch and Rosser), I would like to argue that we move beyond feminism (as a form of critique) to a broader base for transforming science.

D. Sustainable Science

Employs situated feminism as a tool of critique and strong objectivity as a way of joining critique to science. Joins feminism to pan-gender political movements, including environmentalism, humanism, and peace.

Feminist science theory clusters around three positions: liberal feminism, difference feminism, and what I will call sustainable science.

Liberal feminism, the dominant form of feminism in the United States sees women as intellectually and physically the potential equals of men and strives to help women realize that potential through education and special intervention programs. According to this view, women simply need the opportunity and the proper skills to make it in a man's world. Liberalism has served women well. Since Mary Wollstonecraft's vigorous call for equality in her 1792 Vindication of the Rights of Woman, liberal feminism has informed major legislation guaranteeing women fundamental rights to equal education, pay, and opportunity.

While liberalism has served as a pillar of modern feminism, it also has limitations. In the attempt to extend the rights of "man" to women, liberals have tended to deny that gender differences exist - for all practical purposes, women think and act in ways indistinguishable from men. Liberals tend to see sameness as the only ground for equality, and as we have seen, this all too often requires that women be like men - culturally or even biologically (as when expectations are that working women need not take off time to have children or when women abort embryos for fear compromising themselves professionally). A second problem with liberal feminism (sometimes also called "scientific feminism" or "feminist empiricism") is that it seeks to "stir" women without perturbation into normal science. Liberal feminists see sexism as a social bias correctable by stricter adherence to the existing methodologies of normal science; science itself is considered sex (and color) neutral.[8)]

In the early 1980s, feminists began developing what might loosely be called difference feminism (also known as stand-point theory).[9)] The many brands of "difference" feminism embrace three basic tenets. First, difference feminism diverges from liberalism in emphasizing gender differences, not sameness, between men and women. Secondly, it revalues traditionally devalued "feminine" qualities, such as subjectivity, cooperation, caring, and feeling or empathy. Thirdly, it argues that in order for women to become equally represented in science not only women but also science need to undergo fundamental transformation. This brand of feminism has fueled the notion that women will do science differently.

While some difference feminists (especially some of the French feminists fashionable in the late 1980s) are essentialists who believe that sexual character is fixed in the character of the species[10)], most emphasize that gender is socially constructed, arising from historical divisions in labor and power between the sexes. According to this analysis, Western science is founded upon and founds a series dualities: reason has been opposed to feeling, fact to value, culture to nature, science to belief, the public to the private, the masculine to the feminine. The first element in each opposition, defining simultaneously masculinity and science, were considered superior to the less highly valued feminine qualities.

The emphasis on historical importance of gender differences led to discussions of the possibility of creating a "feminist science." If gender differences cut as deeply into the cultural fabric as historians and social theorists portrayed, then the social identity of the scientist must be an important variable in determining the results of science. These discussions enlivened feminists and infuriated others. It was rather astonishing, then, as mentioned above when in the spring of 1993 Science magazine jumped rather awkwardly on the difference theory bandwagon (probably without realizing it) with its question: "Is there a female style in science?" Apparently not wanting to use the term feminist, the editors chose instead "female" style, unfortunately grounding gender in biology and placing the discussion in the essentialist camp. Nonetheless, the query was similar to that regarding feminist science: when women enter science, do they bring with them different values and priorities? And Science encountered problems similar to those faced by some feminists in the early '80s - an all too simple notion of a feminist or, in this case, female science. One could extrapolate from the articles in Science the content of this prospective female style. It is warm, it is above all fuzzy. It is caring, relational, at times holistic and nurturing. Surprisingly, of the 200 women and 30 men responding to the Science survey, more than half said they believe there is a female style in science, only one quarter said there was not.[11)] (The group answering the survey was, of course, highly self-selecting.)

The value of difference feminism has been unmasking the claim that science is gender neutral by underscoring how a set of values generally attributed to women has been excluded from science and how gender inequalities has been built into the production and structure of knowledge. The study of the historical construction of gender differences offers an important opportunity to understand what scientists have devalued and why. But difference feminism also has its limitations. First and foremost, there has been a tendency to romanticize those values traditionally devalued as feminine. Cooperation, caring, nurturing, or other stereotypical portrayals of women have been offered as a healing balm for a highly competitive and aggressive science. It should be recognized, however, that the much-touted "feminine," emerges from women's subordination and represents little more than the reverse of the culturally dominant masculine. One cannot hope to revitalize science through the simple insertion of traditional Western definitions of femininity because those qualities have been subordinate in our culture. How can a scientist (man or woman) work cooperatively in a culture that values competition? Moreover, as women become equal and no longer serve as the primary care givers in our society, they may cease to embody what many of us think of as traditional feminine characteristics.

While feminine gender traits may serve as a tool of critique, they cannot build a new science. The vision of reform is too narrow; the tools of evaluation too circumscribed. To attempt to build a science or epistemology on traditional femininity simply reverses patterns of domination without challenging that domination itself.

Secondly, as post-modernists have pointed out, difference feminism has run the risk of positing a universal woman. The positive traits of "femininity" offered to remake science have historically been associated with European-American women of the middle classes. African-American women and women of other ethnic backgrounds have rarely been attributed the positive characteristics of Western femininity. Women, after all, do not necessarily constitute a tightly-knit group with common interests, backgrounds, values, behaviors, and mannerisms, but come from distinct classes, races, generations, and countries and have diverse interests, histories, needs, and aspirations.

Thirdly, rhetoric to the contrary, there has been a tendency to essentialize gender difference by making women the agents of change. This has the unnecessary consequence of excluding men as potential allies. It is not clear that women hold a monopoly on cooperation or nurturing. Women will not change science because they are women but because they cultivated a critical awareness of gender (see also below).

While heeding these caveats, I do not want to underestimate the value of difference feminism as a tool of critique. It is possible to move beyond the "difference dilemma" of the 1980s where the fear was that "both ignoring and focusing on difference risk recreating it."[12)] The analysis of gender difference provides a powerful critique of science by throwing into bold relief prevailing distortions in the norms and methods of science. It challenges us to reverse traditional values and throw a positive light for a moment on the feminine side of the opposition. At the same time, I do want to undermine the notion that women's historically wrought gender differences can serve as an epistemological base for new philosophies and practices in the sciences. There is no ready-made "feminist" or "female" style to be plugged in at the laboratory.

This brings us to my third alternative: sustainable science. Central to many brands of feminist science studies (save the liberal) is the critique of the notion that science is value-neutral, detached from culture and its own conditions of production. The critiques of value-neutral science are by now well known (though rarely acted upon). Robert Proctor has provided a historical analysis of the deep cultural pressures to claim neutrality for science; Sandra Harding, Donna Haraway, Evelyn Fox Keller, Helen Longino, and others have provided detailed feminist analyses of the notion and its consequences.[13)]

If we are to give up the notion of value-free science, what do we put in its place? At this point people tend to throw up their hands in despair. I am suggesting we move beyond difference feminism and attempts to create a feminist science to something I will call sustainable science - sustainable in terms of cultivating humane relations between men and women, cultures, and nature that can be maintained for many generations. Sustainable science is socially responsible science, asking how our knowledge of nature has been influenced by power struggles determining who is included in science and who is excluded, which projects are pursued and which ignored, whose experiences are validated and whose are not, and who stands to gain in terms of wealth or well-being and who does not? Sustainable science is also science that is responsible to nature.

Much of what I mean by sustainable science is captured in the older notion of "socially responsible science." The movement for socially responsibility in science arose after World War II especially among physicists worried about the compromising of science goals by the militarization of science but also among physicians worried about the health effects of nuclear war and nuclear power. What I am interested in is broadening the notion to include responsibility toward nature as well as culture. The concept of sustainability comes from sustainable agriculture, which emerged in the 1970s as a challenge to conventional industrial agriculture with its emphasis on chemical fertilizers, monoagriculture, and hybrid seed. The term sustainable science was first used by Helmut Hirsch and Helen Ghiradella in a Native American science journal and incorporates the Native American notion of undertaking actions that can be sustained for many generations.[14)]

What, then, is feminist about sustainable science? In my view sustainable science shares many of the values of difference feminism but provides a new theoretical basis for those values. One might argue that feminism has to do only with women's equality, and that once that is achieved, the problem is solved. Most feminists, however, would disagree. Feminists are rarely advocates only for women, and the problem of creating equality for women's in science cannot be solved in isolation from other humanitarian and environmental concerns. What in the past has been advocated as "feminist science" offers strong elements of environmentalism and humanitarianism, having little to do with women's equality per se. Difference feminism went awry in attempting to encompass the range of women's diverse political views - environmentalism, humanism, and pacifism, in particular - within feminism. In attempting to join feminism with environmentalism, for example, difference feminism (and much of ecofeminism) faltered on the shoals of essentialism by arguing that women have a special relationship with nature or that the oppression of women is connected with the domination of nature. Instead of being seen as characteristics attached culturally to women, however, feminist concerns for the environment, etc. should be seen as political goals held in common with a number of people whose first allegiance may not be to feminism.

In order to create equitable and humane relations between men and women, sustainable science incorporates feminist critique. Here I think Donna Haraway's notion of situated feminism (as a form of critique) is useful.[15] Feminists cannot, any more than anyone else, produce a universal theory of science. In the early 1980s when the notion of a feminist science arose, feminists were challenged to state precisely what it is or might be. This cannot be done in an abstract way. Situated feminism shares with liberal feminism the goal of achieving gender equality and with difference feminism a critical awareness of how and what drives and maintains gender distinctions. Unlike difference feminism, however, it recognizes feminism as a form of critique and does not seek to ground solutions in identity politics (the tendency to attach particular qualities to socially defined groups). While cultivating a cross-cultural understanding of the problem of gender in science, situated feminists analyze gender difference as one among several important variables within concrete contexts.

But feminism is ultimately reactionary in so far as it reacts to and is structured by sexism. And it has perfected itself in this sense. Academic feminists have produced finely nuanced, intellectually impeccable critiques of knowledge, society, and much else. The critical task now is to turn critique into a resource for generating new knowledge. It is not enough to understand how science has been made, we need to produce better science.

Here Sandra Harding's notion of strong objectivity (as a way of incorporating critique into the process of science) is particularly useful.[16] Harding's notion of strong objectivity strengthens current notions of objectivity (which Harding calls "weak objectivity") by extending the concept to include the critical examination of all beliefs and interests forming a scientific project. She argues that weak objectivity prematurely cuts off the consideration of values, economics, and politics in the design of research projects. It is not enough to work on a piece of the puzzle; scientists must also analyze the origins and long-term consequences of their work. Strong objectivity requires that the critique of science be joined to the generation of knowledge, not operating merely after-the-fact.

Sustainable science focuses renewed attention on problem selection as a crucial locus of power in science, recognizing that much is determined by the questions we chose to ask and those we choose to neglect. The nature of the questions we pose determines what kinds of solutions we consider. Once a problem is set, there may be one best answer. But we need to look again at how we define problems. The process of discovery or hypothesis formulation and problem definition is often attributed to hunch or individual genius and thought to lie outside the scientific method. But it is precisely here, in the choice of questions asked, in the priorities set for science that much is determined. Once, for instance, we set the question of social equality for the sexes into the realm of biological investigation, we have determined a particular set of debates, lines of investigation, and closed off others.

Situated feminism along with strong objectivity incorporate a critical analysis of science into the methods of science producing sustainable science. Sustainable science is the best way to realize the feminist goals of both achieving equality for women in the sciences and creating a science which addresses the concerns and needs of women around the world. It also joins feminism to pan-gender political movements such as environmentalism, humanism, and peace without doing violence to the notion of feminism. The point, of course, is not what words we choose but what paths we take.

Example: Medicine[17)]

Before the 1980s much of academic medicine was "womanless" ("A" in gender analysis). Few women entered it ranks and females were often neglected as research subjects. So little thought was given to women's health and well-being that in most instances even the laboratory rats were male. Although women are tax-payers and the major consumers of health care, only about thirteen percent of the NIH budget was devoted to health issues directly related to women, such as breast and ovarian cancer, menopause, or osteoporosis.

Taking women's health seriously did not required new technical breakthroughs: It required new judgements about social worth and a new political will. These new attitudes resulted in the United States first and foremost from an active women's health movement, spearheaded by the Boston Women's Health Collective and the Black Women's Health Movement, that since the early 1970s has drawn attention to how the U.S. health care system has failed to serve women. Secondly, national interest in women's health care required a significant number of well-placed women interested in women's issues in the medical profession. Florence Haseltine, former director of the NIH's Center for Population Research, founded the Society for the Advancement of Women's Health Research. Haseltine's efforts were supported by NIH's first woman director, Bernadine Healy. Finally, reform required the emergence of powerful feminists in the Congress, such as Democrats Patricia Schroeder and Barbara Mikulski and Republican Constance Morella, who in a bipartisan show of support pressed NIH to found in 1990 the Office of Women's Health Research, mandated to include women in clinical trials, to encourage women to enter medical research, and to spur research into diseases that are more common or found only in women.

The resulting 1991 U.S. Women's Health Initiative (WHI) represents a triumph for feminism within medicine.[18)] Much of the impetus for the WHI came from liberal feminism - the notion that women should get their fair share of research dollars both as researchers and research subjects (level "B" in gender analysis). The changes have been simple in their conception (neglected females should become subjects of inquiry) but dramatic in their results. Women's right to inclusion in basic medical research is now secured by federal law. In 1986 the U. S. National Institutes of Health (NIH) initiated a requirement that grant applications include female subjects in medical testing and research; this became law in 1993. In 1993 the Food and Drug Administration revised its guidelines to allow more women of childbearing age to participate in early phase of drug trials.

Other important changes (also part of the WHI) came from the insights of difference feminism (level "C" in gender analysis). In the past, medical researchers considered the human body sex neutral, apart from reproductive organs, men's and women's bones, hearts, metabolisms, blood chemistry, were thought to follow one universal plan. (This is somewhat paradoxical given that women's physiology was seen as distinct from men's when the question of equality arose, as we have seen in section 2 above.) From this point of view, medical personnel saw no reason to include women in basic research and tended to consider sexual differences only a costly nuisance: monthly hormone fluctuations were seen merely as adding more variables, making interpretation and analysis more difficult. Medical researchers preferred to test drugs on men whom they considered to exist hormonally in a "steady-state." Average dosages were then prescribed to both men and women on the bases of weight, not hormone fluctuation.

Difference feminism and the project of revaluing traditionally devalued females has made us aware that taking women's distinctive physiology seriously can be a matter of life and death. Women's hormonal cycles can influence the absorption and efficacy of drugs. Standard drugs used to treat high blood pressure, while lowering men's mortality from heart attack, have been shown to increase deaths among women. Moreover, a women suffering a heart attack is commonly misdiagnosed as having an upset stomach or as suffering from hypochondria because symptoms present themselves differently in women than in men. Heart disease has been incorrectly considered a male disease. Traditional studies have looked at men and women of the same age, taking the male body as the norm and failing to take into account the later onset of the disease in women.[19)] Evidence is also emerging that the effect of some antidepressants (tested only on men) vary over the course of a woman's cycle, and as a result, a constant dosage of an antidepressant may be too high at some points in a woman's cycle and too low at others.

It is not enough to add women and minorities in an appropriate mix to on-going studies. New studies must be design to take into account their distinctive physiologies. The WHI focuses attention on women's unique health needs in a fourteen-year study of women's health in relation to heart disease, cancer, and osteoporosis. The NIH has earmarked $625 million for women's health (out of an approximately $7.1 billion budget). Twenty percent of the 160,000 women studied are to be minority women. Critics of the Women's Health Initiative charge that funding is insufficient, that this is a way to diffuse the explosive politics surrounding women's health. They suggest that more basic research is needed on conditions that afflict women exclusively, such as breast and ovarian cancer, dysmenorrhea, or incontinence in older women - or that express themselves differently in women, such as AIDS, cardiovascular disease, and lung cancer. Nonetheless steps to improve medical conditions for women are long overdue.

These changes in theory and practice will prove essential to women's health. Changes advocated by both liberal and difference feminism partake, however, of medicine as it is currently practiced. These feminists ask that women get their fair share of medicine care and research, and that their distinctive physiology be taken seriously. Changes at a more fundamental level, focusing on sustainable outcomes (approach "D" in gender awareness), may require deeper changes in the structure of modern medicine. To oversimplify, much of modern mainstream medicine focuses on cure rather than prevention; surgical, technological, and chemical intervention rather than healthy lifestyles. Sustainable medicine may involve alternative medicines that address the mental, emotional, and spiritual, as well as biological, aspects of each person's life. Once doctors learn, for example, to diagnose heart attacks properly in women, women may not be helped by getting their fair share of bypass surgery (though that option should be equally available to them). Other therapies may prove more useful in the long run. These therapies, developed by Dean Ornish of UCSF Medical School and others, focus on strict diet, stress management, exercise and support groups rather than on coronary bypass surgery, antioplasty, or other conventional procedures. These techniques are sustainable by the patient her- or himself, whereas bypass surgery make the patient dependent on the surgeon and a host of other experts.

A search for alternative approaches to health may be fostered by a third, and little known, mission of the Women's Health Initiative: to study community approaches to healthful behaviors (the Community Prevention Study). Many aspects of long-term sustainable health for women do not include clinical trials but healthy living and information about birth control, nutrition, the dangers of smoking, the benefits of exercise, home remedies for common ailments such as yeast infections, and relaxation techniques which have heretofore been passed along by word of mouth.[20] (For more on the Office of Alternative Medicine, see conclusion).

The women's health movement has also begun remaking the relationship between doctor and patient. It is becoming clear that women demand something different of their doctors than most men. Women, who are most often responsible for not only their own health but also the health and well-being of children and the old, are interested in nutrition and preventive care. Many want doctors who are personal and willing to answer their questions. It is significant in this regard that women physicians, many of whom are feminists, see fewer patients per day.

5. Making Sustainable Science (DRAFT)

Elements requiring consideration:

1. <u>Understanding how political, social, economic, and military goals shape the questions scientists ask.</u>

Scientists often do not reflect upon why they have asked a certain question. This is the most important level of change. Often once a question is set, there is one best answer. The question itself, however, may be deeply flawed. Asking different questions entails a reallocation of resources. Science studies need to be joined to the design of research projects to allow researchers to reflect on the social and environmental origins and consequences of their projects.

2. <u>Understanding how the structure of academia, including the structure of funding agencies, labs, and disciplines shape research.</u>

The structure of the academy has been discussed at length by historians and sociologists. We also need to look critically at the way disciplines are structured. Modern academic disciplines arose for the most part in the nineteenth century. Their structure and divisions are more a matter of history (having much to do with German university politics at the time) than of some inherently best way to organize the human mind. Feminists (and many others) currently pride themselves in doing interdisciplinary work - working across the disciplines - which, though it satisfies their immediate need to ask questions that range beyond traditional boundaries, nonetheless leaves those boundaries intact. We need a better understanding of how we are disciplined by our disciplines.

3. Critically evaluating the choice of subjects of research.

Taking women and females seriously, investigating their experiences, contributions, and needs has already yielded a revolution in knowledge in the twentieth century.

4. Critically evaluating conceptions of nature, science, and humankind.

How we conceptualize the world (nature, gender, and the goals and purposes of science) build ethical restraints or freedoms into our activities. If we consider women intelligent humans worthy of pursuing happiness and well-being, we structure science to embrace them and allocate research dollars to investigate their concerns. Situated feminism provides tools for analyzing gender relations. We also require an awareness of language and the power embedded in our foundational metaphors and theories.

5. Critical approach to theory.

Feminist critique uncovers basic assumptions that build parochial notions of gender into theory. Taking women's experience seriously may require new theories.

6. Critical approach to epistemologies and methodologies.

This area has been overvalued by positivist science and by some feminist as well. Supplanting weak objectivity with strong objectivity moves the methodological focus to how we to know to what we know (choosing appropriate research foci, #1 above).

7. Evaluating criteria used in both determining what needs explanation and what counts as an explanation.

Early on in women's studies, graduate students doing gender studies had difficulty having their work recognized as valid doctoral work. The topics were not considered "serious"; their arguments were not considered valid. Much has changed in this regard, but as we will see in the discussion of medicine (see conclusion), the attempt to judge alternative medical practices by orthodox U.S. medical practices has failed.

8. Evaluating outcomes.

A key question in creating sustainable science is: "science for whom?" How has our knowledge of nature been influenced by power struggles determining who is included in science and who is excluded, which projects are pursued and which ignored, whose experiences are validated and whose are not, what we know and what we have ignored, and who stands to gain in terms of wealth or well-being and who does not? The goal is to make science sustainable in terms of sustaining relationships with nature, between men and women, and between the Western industrialized nations and other cultures of the world.

Endnotes

Please note that many of the books listed below are available in German translation.

1) For an early review of the field see, Londa Schiebinger, "The History and Philosophy of Women in Science: A Review Essay," *Signs, Journal of Women in Culture and Society*, 12 (1987): 305-332; also my forthcoming book, *Women and Science: The Clash of Cultures*.
2) Margaret Rossiter, *Women Scientists in America: Struggles and Strategies to 1940* (Baltimore: Johns Hopkins University, 1982); Evelyn Fox Keller, *The Feeling for the Organism: The Life and Work of Barbara McClintock* (New York: W.H. Freeman, 1983); Margaret Alic, *Hypatia's Heritage* (London: Women's Press, 1986); and Pnina Abir-Am and Dorinda Outram, ed., *Uneasy Careers and Intimate Lives: Women in Science, 1789-1979* (New Brunswick: Rutgers University Press, 1987).
3) Londa Schiebinger, *The Mind Has No Sex? Women in the Origins of Modern Science* (Cambridge: Harvard University Press, 1989).
4) Darwin, *The Descent of Man*, pp. 326-329. For feminist critiques of sexual science, see among others Ruth Bleier, *Science and Gender: A Critique of Biology and Its Theories on Women* (Elmsford, N.Y.: Pergamon Press, 1984); Anne Fausto-Sterling, *Myths of Gender: Biological Theories about Women and Men* (New York: Basic Books, 1985); Ludmilla Jordanova, *Sexual Visions: Images of Gender in Science and Medicine between the Eighteenth and Twentieth Centuries* (Madison: University of Wisconsin Press, 1989); Thomas Laqueur, *Making Sex: Body and Gender from the Greeks to Freud* (Cambridge: Harvard University Press, 1990); Cynthia Russett, *Sexual Science: The Victorian Construction of Womanhood* (Cambridge: Harvard University Press, 1989); Ruth Hubbard, *The Politics of Women's Biology* (New Brunswick: Rutgers University Press, 1990); and Nancy Tuana, *The Less Noble Sex: Scientific, Religious, and Philosophical Conceptions of Woman's Nature* (Bloomington: Indiana University Press, 1993).
5) Schiebinger, *The Mind Has No Sex?* chap. 7.
6) Carolyn Merchant, *The Death of Nature: Women, Ecology and the Scientific Revolution* (San Francisco: Harper & Row, 1980); Evelyn Fox Keller, *Reflections on Gender and Science* (New Haven: Yale University Press, 1985); Donna Haraway, *Primate Visions: Gender, Race, and Nature in the World of Modern Science* (New York: Routledge, 1989); Nancy Tuana, ed. *Feminism and Science* (Bloomington: Indiana University Press, 1989); Marina Benjamin, *Science and Sensibility: Gender and Scientific Inquiry, 1780-1945* (Oxford: Blackwell, 1991); Evelyn Fox Keller, *Secrets of Life, Secrets of Death, Essay on Language, Gender, and Science* (New York: Routledge, 1992); and Londa Schiebinger, *Nature's Body: Gender in the Making of Modern Science* (Boston: Beacon Press, 1993).
7) Peggy McIntosh, "Interactive Phases of Curricular Re-Vision: A Feminist Perspective," Working Paper, no. 124, Wellesley College, Center for Research on Women, October 1983; Sue Rosser, "The Relationship between Women's Studies and Women in Science," in *Feminist Approaches to Science*, ed. Ruth Bleier (New York: Pergamon Press, 1986); and Linda Fedigan, "Is Primatology a Feminist Science?" unpublished manuscript.
8) See Sandra Harding, *The Science Question in Feminism* (Ithaca: Cornell University Press, 1986), pp. 24-25.
9) Vandana Shiva, *Staying Alive: Women, Ecology, and Development* (London: Zed Books, 1988); Sue Rosser, *Female-Friendly Science: Applying Women's Studies Methods Theo-*

ries to Attract Students (New York: Pergamon Press, 1990); Sandra Harding, *Whose Science? Whose Knowledge? Thinking from Women's Lives* (Ithaca: Cornell University Press, 1991); and Hilary Rose, *Love, Power, and Knowledge* (Bloomington: Indiana University Press, 1994).
10) The work, for example, of Hélène Cixous.
11) *Science* 261 (23 July 1993): 412.
12) Martha Minnow cited in Joan W. Scott, Deconstructing Equality-versus-Difference: Or, the Uses of Poststructuralist Theory for Feminism," *Feminist Studies*, 14 (Spring 1988): 39.
13) In addition to those cited above, see Helen Longino, *Science as Social Knowledge: Values and Objectivity in Scientific Inquiry* (Princeton: Princeton University Press, 1990); and Robert Proctor, *Value-Free Science? Purity and Power in Modern Knowledge* (Cambridge, Mass.: Harvard University Press, 1991).
14) Helmut Hirsch and Helen Ghiradella, "Educators Look at Contemporary Science Teaching," *Winds of Change* (Spring 1994): 38-42.
15) See her Donna Haraway, *Simians, Cyborgs, and Women: The Reinvention of Nature* (London: Free Association, 1991).
16) Harding, *Whose Science?* chap. 6.
17) See also Sue Rosser, *Women's Health - Missing From U.S. Medicine* (Bloomington: Indian University Press, 1994).
18) *Women's Health Report of the Public Health Service Task Force on Women's Health Issues* (Washington, D.C.: U. S. Department of Health and Human Services, 1985); Bernadine Healy, "Women's Health, Public Welfare," *Journal of the American Medical Association* 264 (1991): 566-568; Vivian Pinn and Judith LaRosa, *Overview: Office of Research on Women's Health* (Bethesda, Md: National Institutes of Health, 1992).
19) Rosser, *Women's Health*, p. 154.
20) Communication from the Department of Health and Human Services, 19 May 1995.

Protokoll zur Diskussion nach dem Vortrag "What Changes Have Feminists Brought to Science?" von Londa Schiebinger

Diskussionsleitung: Christiane Erlemann
Protokollantin: Christine Schaumann
Das Protokoll wurde von Londa Schiebinger durchgesehen, korrigiert und ergänzt.

Abkürzungen: Fr. = Frage
Disk.: = Diskussionsbeitrag
L.S.: = Londa Schiebinger
NW = Naturwissenschaften

Fragen oder Beiträge von Diskussionsteilnehmerinnen sind kursiv gedruckt.

Fr.: Wie stehst Du zu den verschiedenen Arten von Feminismus?
L.S.: Den liberalen, aber auch den Standpunkts-Feminismus benutze ich für die Praxis. Der Standpunkts-Feminismus läßt sich in der Theorie nicht halten. Er berücksichtigt zu wenig die verschiedenen Gruppierungen (Schwarze, Lateinamerikanerinnen, Deutsche, Asiatinnen, Heteras, Lesben, ... usw.).

Fr.: Gibt es in den NW nicht schon immer unterschiedliche Ansätze, nicht nur die männlich-patriarchalischen? Können nicht auch Männer einen "weiblichen" Stil verfolgen? (Öko-Landbau)
L.S.: Doch, es gab schon romantizistische und sozialistische Strömungen, die in diese Richtung gehen. Zum Beispiel gab es in den 60er Jahren Bestrebungen, die Labors ohne Hierarchien zu organisieren. Der Difference-Feminismus, der auf einer frauenspezifischen Erfahrung aufbaut, schließt Männer aus. Es ist zwar wichtig, daß Frauen ihre Standpunkte wahrnehmen und ihre spezifischen Erfahrungen untersuchen, aber sie dürfen nicht behaupten, daß Männer davon ausgeschlossen sind. Das ist keine vernünftige Politik.

Fr.: Was meinen wir mit Objektivität? Dieses Konzept läßt sich in der Teilchenphysik nicht mehr halten. Es steht im Widerspruch mit der weiblichen Lebenswelt, mit Empathie, mit anderen Denkweisen (z.B. Buddhismus).
L.S.: Sandra Hardings Unterscheidung zwischen "starker" und "schwacher" Objektivität hilft hier weiter (in: "Whose Science? Whose Knowledge?", Kap. 6; das Buch liegt in deutscher Übersetzung vor): schwache Objektivität ist die gebräuchliche; sie berücksichtigt, was wir heute keine außerhalb der NW liegenden Faktoren nennen. Starke Objektivität bringt soziale und politische Fragen in die Projekte mit ein. Beispiel: im "Human Genome Project" gibt es Leute, die sich mit den ethischen Fragen befassen (3 - 5 % des Budgets). In die naturwissenschaftlichen Abteilungen sollten auch Geschichts- und Sozialwissenschaften integriert werden, damit die jungen Generationen gleich mit der starken Objektivität aufwachsen. Außerdem muß die Politik in die NW gebracht werden. Das ist ein institutionelles Problem. Das Hauptproblem ist, welche Fragen gestellt werden. Hierin liegt v.a. ein politisches, weniger ein technisches Problem. Starke Objektivität aber wird uns weiterbringen.

Disk.: Es gibt zwar mehr Doktorinnen in der Biologie als in der Physik, vielleicht weil von der Schule her Biologie mit "lebensnah", Physik mit "neutral" assoziiert wird. Die Diskriminierung in der Biologie entdecken sie erst später, wenn überhaupt.

Fr.: Wie beziehst Du Judith Butler ein (Kritik der Kategorie Geschlecht)?
L.S.: Ich bin nicht wirklich von ihr beeinflußt. In den USA werden viele komplizierte Fragen des Geschlechts diskutiert. Anne Fausto-Sterling spricht von fünf Geschlechtern: male, female, hermaphrodite, ferms und merms. Bei der Unterscheidung sex - gender wurde sex als unveränderlich, gender als veränderlich assoziiert. Ich selbst denke, daß Natur sich stets verändert, es aber trotzdem ein biologisches Geschlecht gibt. Nicht mein Partner, sondern ich habe die Kinder bekommen und gestillt. Im 18. Jh. war allerdings die Ansicht populär, Männer könnten auch Milch geben. Als unser zweites Kind geboren war, wollte ich, daß mein Partner es stillt, aber natürlich war das nicht möglich. Die biologischen Unterschiede sollten vor dem politischen Hintergrund betrachtet werden. Institutionen, Universitäten, Regierung und Industrie sollten restruktruriert werden, um anzuerkennen, daß Frauen gebären und ernähren, und daß die Menschen für Abhängige Sorge tragen müssen. Es darf nicht sein, daß "Superfrauen" notwendig sind.

Fr.: Macht nicht die Wissenschaft das Geschlecht? Tiere sind sich ihres Geschlechtes nicht bewußt.
L.S.: Susan Kesseler berichtete 1990 in einer Studie über "intersexed children" (Kinder mit Anlagen zu beiden Geschlechtern), daß das Geschlecht, auf das hin sie behandelt wurden, davon abhing, zu wem diese Kinder kamen. Für Endokrinologen war es wegen des komplizierten Hormonspiels interessanter, Mädchen zu "machen", für Urologen waren Jungen spannender. Entsprechend verteilten sich die angestrebten Geschlechter bei ihren PatientInnen.

Fr.: Zu Deiner Forderung, Philosophie, Politik, ... sollten ins NW-Studium integriert werden: Anfang dieses Jahrhunderts war Philosophie in vielen Unis Pflicht. Hat das die Forschungen in den NW beeinflußt?
L.S.: Das Problem ist, daß es eine politisch engagierte Philosophie sein muß. Die Philosophie damals war eine analytische Philosophie, sie war stark von der Physik beeinflußt und brachte deswegen keine Kritik ein.

Fr.: Gibt es denn diese politische Philosophie heute?
L.S.: In den letzten 50-100 Jahren waren Philosophie und Ethik in politischer Sicht wenig nützlich. Es gibt aber heute Ansätze dazu, die unter dem Begriff "science studies" zusammengefaßt werden. Ziel ist: Wissenschaft bewußt machen, politische und wirtschaftliche Konsequenzen aufzeigen, geschichtliche oder ökologische Zusammenhänge darstellen. Das Programm "STS" (Science, Technology and Society) in den USA verfolgt beispielsweise dieses Ziel. Wichtig ist, daß der Lehrplan geändert werden muß, damit die WissenschaftlerInnen die Zeit finden, sich damit zu befassen. Es sollte entsprechende Pflichtkurse geben.

Disk.: In Österreich mußten sich bis vor kurzem alle NaturwissenschaftlerInnen im Studium mit Philosophie beschäftigen, die z.B. ein Bestandteil der Doktorprüfung war. Viele wählten Erkenntnistheorie, zwar keine feministische, aber beispielsweise die Theorie von T.S. Kuhn. Inzwischen ist die Philosophie für NaturwissenschaftlerInnen auf Erkenntnistheorie eingeschränkt. Mein Eindruck von der Beschäftigung mit Philosophie ist, daß dies nützlich ist, die Welt aber nicht ändert. Das Potential wird nicht ausgeschöpft.

L.S.: Philosophie kann Frauen auch schaden, besonders die von Positivismus geprägte. Sie ändert nicht per se die Politik, es kommt auf die Richtung an.

Disk.: Ähnliches spielte sich an der TU Berlin nach dem 2. Weltkrieg ab. Für TechnikerInnen wurden 2 Jahre geisteswissenschaftliches Studium eingeführt. 1949 Kürzung auf 1 Jahr, 1968/69 Streichung. Begründung: Pflichtbeschäftigung ohne Bezug zum Technikstudium bringt nichts, kritische Ansätze lieber innerhalb der Fakultät entwickeln.

Disk.: Daß NaturwissenschaftlerInnen sich mit Sozialwissenschaften beschäftigen ist zwar sinnvoll, besteht aber nicht die Gefahr einer "Expertokratie", mit der Tendenz, aus der Sicht der Wissenschaft zu entscheiden, sich von der Demokratie und jeglicher Kontrolle abzukoppeln?

L.S.: Ich sehe hier nicht so ein Problem. Es gibt sehr viele geheime Projekte (Militär), zu denen es keine öffentliche Diskussion gibt. Es ist wichtig, daß hier über Folgen nachgedacht, mehr Bewußtsein geschaffen werden kann.

Fr.: Es gibt heute einen Trend weg von biologistischen hin zu kulturalistischen Ansätzen und Begründungen. Gibt es auch in den NW diesen Trend? Ist es dann nicht wichtig, <u>wie</u> politisch argumentiert wird?

L.S.: Ja, Politik, Soziologie in den NW sind nicht die ultimative Lösung. Es gibt aber bisher fast keine Wahrnehmung sozialer und politischer Probleme. Das kritische Bewußtsein, das entwickelt werden muß, sollte in die Richtung gehen: Wer gewinnt - wer verliert? Wer profitiert von naturwissenschaftlichem Wissen? Was wurde weggelassen? Wie könnte Wissenschaft anders sein?

Fr.: Ist eine strenge Objektivität mit interdisziplinärer Integration als Kontrollinstanz in den NW sinnvoll, wenn nicht die dahinter stehenden Denkweisen hinterfragt, Muster nicht angegriffen werden?

L.S.: Die strenge Objektivität sollte das leisten. Sie hinterfragt, wer von bestimmten Forschungsideen profitieren könnte (z.B. genetische Verankerung von Krankheiten, Kriminalität) und setzt andere Ansätze dagegen (z.B. wie Armut vermindert werden kann).

Disk.: Strenge Objektivität ist in der Lage, aktiv etwas entgegenzusetzen. Bei einer Beschränkung auf weibliches Wissen würde das verloren gehen.

L.S.: Ich würde auch sagen, daß Essentialismus reaktionär ist. Die Neigung oder Fähigkeit zu Kooperation oder Fürsorge gehört nicht den Frauen. Es reicht nicht, daß wir auf Sexismen reagieren, jetzt sind Kreativität, Ideen, positive Reaktionen gefragt. "Die

Wahrheit" wird niemand finden, in der Wissenschaft wird es immer Ideologien und Metaphern geben. Doch ein neues Konzept, ein anderes Modell kann Vorteile bringen, eine höhere Erklärungskraft besitzen und insofern sinnvoll sein, auch wenn es vermutlich nicht die letzte Variante ist. Von der neuen Geschichte von "egg & sperm", in der das Ei als "energetic egg" durchaus Aktivitäten entwickelt (und die von einem Wissenschaftlerehepaar erzählt wurde), können vielleicht beide Geschlechter profitieren.

Fr.: Wie soll eine "neue Naturwissenschaft" konstruiert werden. Ist vorsorgendes Wirtschaften in der Ökonomie weiblich?
L.S.: Die Ökonomie ist schwierig: wie sind Probleme und Modell verbunden (ist das nicht schon politisch)? Die Fragen müssen anders gestellt werden: Wie soll Wohlstand verteilt, was kann gegen Armut getan werden? Dann gibt es eine andere Ökonomie, vielleicht "beyond the economic man". In Tours (Frankreich) gibt es im Juli 1995 eine internationale Konferenz über Frauen in der Ökonomie.

Disk.: Politik ist immer mit Macht assoziiert. NaturwissenschaftlerInnen sollten soziale Verantwortung übernehmen und ihre Werteverteilung überdenken!
L.S.: Ich sollte hier anmerken, daß ich "politics" ="Politik" als Abkürzung verwende. Dahinter steht ein Foucault'scher Ansatz. Macht zeigt sich mit vielen Gesichtern: Macht von/in Institutionen, wer bekommt Geld, Machtverteilung und Gesellschaftsstrukturen (Frauen werden vom Wissenschaftsbetrieb ausgeschlossen) etc. . Es gab früher schon Strömungen, die soziale Verantwortung in den NW forderten. Sie haben sich aber wieder verlaufen, vermutlich wegen der Schwierigkeit zu entscheiden, welche Werte "gut" sind.

Disk.: Solange Feminismus gebraucht wird, um die Beziehungen der Geschlechter zu verändern, solange muß es feministische NW geben!
L.S.: Prinzipiell stimme ich dem zu. Ich sehe aber die Schwierigkeit, daß Frau für eine Institutionalisierung vielleicht kein Geld bekommt. Ich würde eher ein größeres Konzept verfolgen, das alle Ziele von feministischer NW repräsentiert, sonst gibt es eine Aufsplitterung in Einrichtungen schwarzer, weißer, hispanischer ... Frauen.
Disk.: Wir brauchen das alles!

Fr.: Müssen wir nicht die Methoden der Erkenntnisgewinnung betrachten? Sind nicht oft noch Bestrebungen zu Dominanz und Kontrolle über die Natur intrinsisch?
L.S.: Ja, wir müssen uns am Anfang des Forschungsprozesses über unsere vorgängigen Annahmen bewußt werden. Ein Problem entsteht allerdings, wenn Frauen sich von ihrer Forschung zu distanzieren beginnen. Die meisten verlassen dann die Wissenschaft. Das ist verständlich, aber ein Verlust. Beispiel: Martha Crouch: sie beschäftigte sich mit der Möglichkeit, Butter durch Fett aus den Früchten genetisch veränderter Palmen zu ersetzen. Als sie aber sah, welche Folgen die damit verbundene Plantagenwirtschaft in Lateinamerika haben würde, gab sie die Forschung auf und machte etwas ganz anderes. Oder Regine Kollek: sie brauchte zehn Jahre, um wieder Einfluß auf die Wissenschaft nehmen zu können (jetzt in der Technikfolgenabschätzung an der Uni Hamburg). Frauen sollten <u>in</u> den NW Einfluß nehmen!

Disk.: Vielleicht ist Feminismus nicht mit NW vereinbar? Interessant ist schon, daß Feministinnen neue Fragen stellen. In gängigen Institutionen sind sie aber schwer zu realisieren. Vielleicht bleibt kein anderer Ausweg.

Fr.: Gibt es einen "Ehrenkodex" für Feministinnen?

L.S.: Hoffentlich nicht! Eine "nachhaltige" (sustainable) NW könnte allerdings einen ethischen Kode liefern, indem sie fragt, welche Folgen NW hat.

Disk.: Regine Kollek ist eigentlich ein positives Beispiel! Aussteigen kann auch innovativ sein. Frauen, die ein neues Bewußtsein entwickeln, gehören zur Avantgarde. Sie müssen warten, bis sich Gesellschaft und Jobmöglichkeiten soweit geändert haben, daß sie ihrem Drang zur Rückkehr folgen können.

Disk.: Viele Frauen stört, daß nicht die wissenschaftliche Fragestellung und die Forschungsqualität zählen, sondern Prestige, Machtverhältnisse, Seilschaften. Betroffen sind alle.

L.S.: Ja, NW ist politisch! Viele Frauen hassen Konkurrenz - die jetzt schlimmer wird. In den USA würde ich Frauen nicht besonders zu einer wissenschaftlichen Karriere raten, weil es zur Zeit eine hohe Arbeitslosigkeit unter Naturwissenschaftlerinnen gibt. Wie kommen wir da raus? Die Kultur in der Wissenschaft ist nicht so schnell zu ändern. Doch konnte in anderen Problemzonen, z.B. sexueller Belästigung, durch veränderte Umgangsformen, mehr Höflichkeit, etwas erreicht werden. Das Argument, Konkurrenz entstehe zwangsläufig als Folge begrenzter Ressourcen, halte ich für sozialdarwinistisch.

Disk.: Heute wird aber nach Prestige ... entschieden und nicht nach dem sozialen Wert einer Arbeit!

L.S.: Es gibt Versuche, z.B. bei der Auswahl von Frauen und Männern in der Familienphase für Förderprogramme anders hervorzugehen. Nicht die Zahl der Veröffentlichungen, sondern die fünf besten Artikel zählen. Hier wird es allerdings wieder problematisch zu entscheiden (z.B. Bewertung feministischer Wissenschaft, wie hier manchmal immer noch die Konkurrenz heraushalten). Wichtig ist, Frauen in Machtpositionen zu bringen. Beispiel Schweden: 50% Frauen im Parlament, 5% Professorinnen - es wurden 30 Stellen für Frauen geschaffen.

Disk.: Wir importieren viel Negatives aus den USA wie Konkurrenz in der Wissenschaft aber auch in der Lehre. Hier müssen wir einiges ändern!

L.S.: Die Arbeit im Klassenzimmer ist wichtig. Die Lehre wird nicht bewertet und kann miserabel sein. Die sog. "different learning styles" beinhalten alternative Methoden: sie stammen aus der feministischen Pädagogik und zielen darauf ab, beispielsweise die individuellen Lernstrategien zu berücksichtigen. Ansätze von Frauen, die Atmosphäre in ihren Labors z.B. durch kooperativere Organisation zu verbessern, waren zum Teil sehr erfolgreich.

Fr.: Wie können die drei Gruppen - Frauen in NW, in Gender Studies, Fördergremien - zusammengebracht werden?

L.S.: Das ist in der Tat schwierig. Die Stipendienfonds wissen oft nicht, warum es sinnvoll ist, bestimmte Arbeiten zu fördern, die außerhalb des Traditionellen liegen. Die

Wissenschaftlerinnen haben meistens wenig Zeit, um zu Informationen zu kommen oder für sie schwierige Literatur zu lesen (Keller, Harding). Hier möchte ich mit meinem geplanten Buch abhelfen: es soll viel Wissen zur Verfügung stellen und leicht verständlich sein, so daß Grundlagen für Begründungen schnell zugänglich sind und Aussagen belegt werden können (z.B. warum Professorinnen oft ungerechtfertigt schlechte Beurteilungen bezüglich ihrer Lehre von StudentInnen bekommen: sie sind "softer", und das wird ihnen negativ als mangelnde Fachkompetenz ausgelegt). Zentral ist das Kommunikationsproblem: wie kann das Wissen ausgetauscht werden.

Wenn ich publiziere - das muß ich - werde ich dafür belohnt und bekomme mehr Geld. Ich werde aber nicht danach beurteilt oder gar daraufhin kontrolliert, ob meine Publikation gesellschaftlich nützlich ist. Für mich ist das jedoch ein zentrales Anliegen.

Fr.: Ist der Backlash in der Wissenschaft zu bemerken?

L.S.: Ja, über die USA bricht gerade der "schlimmstmögliche Backlash" (worst possible backlash) herein, verursacht von den Republikanern im Kongress. Der Backlash richtet sich nicht nur gegen Feministinnen, sondern gegen jedes progressive, soziale Programm. Die durch Aktionen von Frauen errungenen Erfolge sind jetzt in Gefahr; große Rückschläge sind zu befürchten.

Die männliche Geburt

Dagmar Heymann, Berlin

Vor fünf Jahren stieß ich auf einen Artikel in der Wissenschaftszeitschrift Nature, der für mich der Anstoß für dieses Thema wurde: "*Enzymatische Inkorporation eines neuen Basenpaares in DNA und RNA erweitert das genetische Alphabet*" *(Nature 343, 4. Januar 1990).* In der Diskussion spekulieren die Autoren, daß zusätzliche Buchstaben im Nucleosid-Alphabet möglicherweise genützt werden könnten, um den genetischen Code künstlich zu erweitern. Dadurch würde die Anzahl der Aminosäuren vergrößert, die in Eiweißstoffe eingebaut wird. Da die DNA, geschrieben im genetischen Alphabet, heute vielen Wissenschaftlern als die Basis des Lebens schlechthin gilt, legen solche Spekulationen die Vision vom Leben schaffenden Wissenschaftler nahe. Eine solche Vision ist natürlich nicht neu, aber es hier schwarz auf weiß in einem sehr trockenen und sachlichen Artikel zu lesen, hatte für mich doch eine neue Dimension.

Das veranlaßte mich, die Idee eines Frankenstein ernst zu nehmen, zu schauen, ob diese Vision nicht doch eine starke Triebkraft in der wissenschaftlichen Arbeit ist. Da ich annehme, daß diese Triebkraft in der Regel unbewußt bleibt, kann sie vielleicht umso eher wirken und damit unbemerkt bestimmte Fragestellungen in der Forschung hervorbringen.

Seither sammle ich und gewinne immer mehr den Eindruck, daß es ein größeres Unterfangen wird, um die ganze Tragweite erfassen zu können. Deshalb wird dies keine abgerundete Geschichte, sondern erstmal "Stückwerk". Ich möchte Euch einzelne Bruchstücke und Mosaiksteine vorstellen zusammen mit den Gedanken und Querverbindungen, die ich entwickelt habe. Gleichzeitig hoffe ich auf die Diskussion mit Euch. Bisher habe ich sehr unterschiedliche Reaktionen auf diese ersten Gedanken erfahren. Naturwissenschaftlerinnen scheinen weniger bereit zu sein, dieser Grundidee zu folgen, während ich von Außenstehenden eher Zustimmung und Ermutigung erfahre. Vielleicht sind diese Widersprüche ja schon ein Hinweis, daß dieses Thema nichts "Banales" oder Selbstverständliches ist, sondern daß die Beschäftigung damit wichtig ist im Hinblick auf all die Probleme, die wir uns geschaffen haben, indem wir Wissenschaft und Technik *den* zentralen Raum in unserer Welt eingeräumt haben.

Zunächst fiel mir keine treffende und kurze Bezeichnung für mein neues Projekt ein. "Gebärneid" schien es nicht ganz zu treffen. Aber dann erinnerte ich mich an den Titel eines Essays von Francis Bacon: "Die männliche Geburt der Zeit". Evelyn Fox Keller schreibt zu diesem 1602 oder 1603 erschienenen Text:

"Der Titel soll bedeuten, daß die ältere Wissenschaft nur einen weiblichen Abkömmling darstellt, der passiv, schwach, zögernd war. Aber jetzt ist ein Sohn geboren, aktiv, männlich, schöpferisch. Gesäubert von aller Verunreinigung, kann der Geist von Gott befruchtet werden und während dieses Aktes vermännlicht werden: gestärkt und fähig, männliche Nachkommen zu zeugen in der Vereinigung mit der Natur.

Heute ist die hervorgehobene Rolle von Gott verschwunden, und die wissenschaftliche Fantasie ist eigenständiger geworden. Für die meisten Wissenschaftler gibt es nur die Natur und den Geist. Der Wissenschaftler selbst hat die zeugende Funktion übernommen. Sein Geist ist eine Einheit, sowohl Phallus wie Gebärmutter.

Hélène Cixous, Sorties, 1981:

und träumen von männlicher
Vaterschaft, träumen von Gott dem Vater
der aus sich selbst hervorgeht
in seinem Sohn - und
also keine Mutter."

Zunächst habe ich mich in der wissenschaftlichen Literatur auf die Suche nach weiteren Beispielen gemacht. Ich wurde in mehreren Gebieten fündig, die ich im folgenden kurz beschreiben möchte.

1. Gentechnik

Die Möglichkeit, durch einfache Zellspaltung menschlicher Zellen genetisch identische Kopien zu erhalten, birgt die Vision, einen Menschen aus einer einzigen Körperzelle zu klonen. Die "normale" Gentechnik beinhaltet Versprechungen:

"*Seit ungefähr einer Dekade haben Molekularbiologen willkürlich Mutationen in Gene eingeführt, um Struktur-Funktions-Zusammenhänge zu erforschen und um neue Funktionen zu entwickeln oder alte zu verbessern. (Nature 370, 1994, 324).*"

Unter dem Titel "Stress relief - Streßabbau" können wir es genauer nachlesen:

"*Botanik trifft Biochemie trifft Evolutionsbiologie trifft Gentechnik.*" In der Pflanzenfamilie der Plumbaginaceae wurden die Substanz Glycinbetain und vier andere verwandte Stoffe untersucht, die zum Schutz vor Trockenheit oder Versalzung beitragen. Es folgt eine ganz kurze Beschreibung der Befunde und dann der Satz: "*Möglichkeiten für Ernteverbesserungen mit rekombinanter DNA-Technologie werden immer subtiler.*" *(Nature 367, 1994, 221)*

Deutlicher wird es ausgesprochen: "*Gerichtete Laborevolution, die auf Wissen über Enzymmechanismen und Genstruktur zurückgreifen kann, kann jetzt benutzt werden, um Organismen zu konstruieren für den Abbau toxischer und in der Umwelt stabiler Organohalide.*"

Jeremy Rifkin: bringt es in seinem Buch "*Genesis zwei. Biotechnik - Schöpfung nach Maß*" auf den Punkt. Er schreibt: "*Lebende Materie wird um- oder neu strukturiert, bis hin zu Formen und Gestalten, wie sie auf Erden nie vorher existiert haben.*"

2. Reproduktionsmedizin

Durch diese Technologie wird meiner Ansicht nach Zeugung und Schwangerschaft nachhaltig verändert. Die Frau dient dabei häufig als "Rohmaterialreservoire" und Behältnis, ganz wie Aristoteles dies beschrieben hat. Außerdem scheint es sich bei einer lebendigen Frau auch tendenziell um ein schlechtes Behältnis zu handeln. Die einzigen Akteure in diesem Szenario sind die Wissenschaftler.

Ein italienischer Forscher führt Versuche durch mit entnommenen Gebärmüttern. Im Brutkasten versucht er, die Bedingungen für das "Halten" eines solchen Organs zu optimieren - um schließlich Schwangerschaft ohne die Schwangere bzw. Gebärende möglich zu machen. Neue Gefriertechniken ermöglichen es heute, befruchtete Eizellen oder Teile des Eierstocks einzufrieren. " *Langfristig könnte der Umgang mit Eizellen ein Szenario aus der Schönen Neuen Welt ergeben: Eier werden früh gewonnen, möglicherweise bereits von Föten vor der Geburt, nach einigen Jahrzehnten wieder aufgetaut, in Kulturen gereift, befruchtet und dann ausgetragen. Damit wäre jenes Stadium nahezu 'unsterblicher Fortpflanzungsfähigkeit' erreicht, das Männern bereits offensteht: Lange nach ihrem Tod könnten dann auch Eispenderinnen ihr Erbgut an (treuhänderisch ausgewählte) neue Partner weitergeben. Sogar Ungeborene oder frisch Verstorbene könnten als Spenderinnen dienen." (Zeit, 2.9.94)*

Was hierbei geschieht: die Herkunft eines geborenen Menschen von einer Frau wird verdrängt, abgeschnitten. Und der agierende Wissenschaftler setzt sich als den alleinigen "Vater" und "Erzeuger" ein.

3. Chemische Synthese

Der Übergang vom alltäglichen "Machen" und Nutzen unseres Wissens und unserer immer neuen Möglichkeiten hin zur Erschaffung neuer Welten ist hier sehr fließend und erscheint auch als eher harmlos. Aber wir müssen uns vor Augen halten, daß die Chemie die Welt zu einer vollkommen anderen gemacht hat als diejenige vor 100 Jahren: "Designing the Molecular World: Chemistry at the Frontier": " *Chemiker bilden Formen aus Materie, die vielleicht nirgendwo existieren, sicher nicht auf der Erde... Sie können Moleküle bauen, die sich selbst verdoppeln oder die als Finger, Zangen oder Bleistiftschalen fungieren oder als winzige Behälter für Reaktionen. .. Chemiker können Ionenkanäle imitieren und, wer weiß, vielleicht eines Tages eine Nervenzelle oder einen durchgängig organischen Computer.* "

Allerdings finden wir hier in der Chemie auch altbekannte "Kinder". Der Chemiker Emil Fischer bei der Eröffnung der Kaiser-Wilhelm-Institute für Chemie und Physikalische Chemie im Oktober 1912 in Berlin erwartete "*zuversichtlich eine ununterbrochene Schar von blühenden, hoffnungsvollen Kindern in Gestalt von glänzenden Entdeckungen und nutzbaren Erfindungen, dem Institut zum Ruhme und dem Vaterland zum Nutzen und zur Ehre.* "

Bei den Visionen, mit denen ich mich hier beschäftige, handelt es sich meist um unbewußte Motivationen, die versteckt sind und nur manchmal in Halbsätzen oder Andeutungen auftauchen. So deutlich, wie in meinem letzten Beispiel finden wir es selten.

4. "It's a boy!"

Mit diesem Satz wurde die gelungene erste atomare Kettenreaktion im Manhattan-Projekt zur Herstellung einer Atombombe in den USA gefeiert. Brian Easley vor allem hat den Gebrauch von Geburtsmetaphern in diesem Zusammenhang untersucht.

1942 erhielten die beteiligten Wissenschaftler in Chicago: "Glückwunsch an die Eltern. Kann es kaum erwarten, den Neuankömmling zu sehen." Die entwickelten Nuklearbomben erhielten später die Bezeichnungen "Oppenheimers Baby" und "Tellers Baby". Im benutzten Code stand übrigens für einen erfolgreichen Versuch "ein Junge" und für einen Blindgänger "ein Mädchen"!

All diese Mosaiksteine können wir als Teil einer Geschichte sehen: die Zeugungskraft, Gebärfähigkeit der Frau an sich zu reißen. Dies ist ein altes Thema, was anscheinend in vielen Wissenschaftsbereichen den mehr oder weniger unsichtbaren Hintergrund abgibt für die offiziellen Geschichten, die die Wissenschaftler schreiben. Um die Bedeutung und Tragweite dieser Hintergrundgeschichte ermessen zu können, müssen wir uns den vielen Geschichten zu diesem Thema, die in unserer Kultur erzählt werden, widmen.

Unser westlicher Kulturkreis kennt drei verschiedene Weisen, wie der Mensch möglicherweise künstliches Leben schaffen kann.

1. die magisch-mythische Methode, z.B. der Golem, ein stummer künstlicher Mensch aus Lehm, den fromme Meister schaffen in der jüdischen Legende. In Verfolgungszeiten galt der den Juden als Helfer, er konnte aber auch gewalttätig und furchtbar werden.

2. die mechanische Methode. Descartes, Bayle und La Mettrie bereiteten dafür den Weg, als sie Leben als physikalischen Prozeß beschrieben und psychische und physiologische Vorgänge als mechanische verstanden. Es wurden im Gefolge eine Reihe von raffinierten und komplizierten Automaten gebaut, die verschiedene tierische und menschliche Fähigkeiten imitierten.

3. die biologische Methode, die heute als einzig erfolgversprechende übriggeblieben ist. Bereits im 17. Jahrhundert hat Paracelsus ein Rezept zur Herstellung eines Homunculus beschrieben. Dabei wird menschliche Samenflüssigkeit in eine Retorte gegeben, 40 Tage bei Körpertemperatur gehalten und dann über 40 Wochen mit dem "Arcanum" des menschlichen Blutes genährt. Das entstehende Wesen sollte ganz wie ein Mensch sein, nur kleiner. "*Und wenn solche Monster erzeugt werden, muß man denken, es seien Werke der Natur, auch wenn sie verschieden vom Menschen erscheinen.*"

In ihrem Roman "Frankenstein oder der moderne Prometheus" hat Mary Shelley 1818 die Schaffung eines solchen Monsters durch einen Wissenschaftler beschrieben. (Zitate nach Ausgabe Hanserverlag 1970, München). Sie liefert uns hier auch eine Vorstellung zum Selbstverständnis und zur Motivation, die zu einer solchen "Arbeit" führen können.

So sagt Frankenstein über sich selbst: "*Allzeit war ich ja, wie ich schon gesagt habe, erfüllt von einem brennenden Verlangen, in dic Geheimnisse der Natur einzudringen." (S. 44)* In seinem Lehrer an der Universität findet er einen verwandten Geist, der das Heroische der modernen Wissenschaften betont: "*Die Naturforscher von heute, deren Hände lediglich vom Schmutz befleckt scheinen, und deren Augen nichts anderes kennen, denn das Mikroskop und den Schmelztiegel - sie haben die wahren Wunder vollbracht! Sie spüren der Natur bis in ihre verborgensten Tiefen nach und legen uns deren innere Vorgänge dar. Sie schwingen sich empor zu den Höhen des Himmels, und sie haben das Geheimnis unseres Blutkreislaufs entschleiert. Sie haben die Beschaffenheit unserer Atemluft entdeckt und sich neue, nahezu unbegrenzte Kräfte dienstbar gemacht. Sie gebieten den Donnerschlägen des Himmels, vermögen es, die Erde erbeben zu lassen, und spotten der Welt des Unsichtbaren mit deren eigenen Phantomen."*

Unser Held wird dadurch in seinem Streben bestärkt: "*So vieles also ist schon errungen worden, rief Frankensteins Seele -, ich aber will noch mehr, noch weit mehr erreichen: voranschreitend auf dem schon vorgezeichneten Pfade, will ich der Menschheit bislang unbekannte Wege erschließen, will noch unentdeckte Kräfte entdecken und der Welt das tiefste Geheimnis der Schöpfung offenbaren.*" Ein weiteres wichtiges Motiv für seine Arbeit entsteht aus der Erfahrung von Krankheit und Tod seiner Mutter: "*Welchen Ruhm würde es mir eintragen, wenn ich den menschlichen Körper von Krankheit und Siechtum befreien, wenn ich die Menschheit, bis auf das gewaltsame Umkommen, vom Tod erlösen könnte!*"

Doch hierbei bleibt er nicht stehen, seine Wünsche gehen noch weiter: "*Zahlreiche glückliche und vortreffliche Geschöpfe würden mir ihr Leben verdanken. Kein leiblicher Vater konnte so gewißlich und so absolut auf den Dank seiner Kinder rechnen, wie ich des Dankes jener Wesen gewiß sein durfte! Indem ich solchen Betrachtungen nachhing, erwog ich sogar, ob ich nicht, sobald ich erst fähig wäre, dem toten Stoffe Leben einzuhauchen, mit dem Fortschreiten der Zeit auch dort neues Leben wecken könnte, wo der Tod den Körper schon endgültig zur Verwesung verdammt hatte.*"

Aber der Ausgang der Geschichte ist, wie wir wissen, erschreckend. Frankenstein hat ein Monster geschaffen. Und jetzt wird der Roman auch zu einer Geschichte über die Verantwortung des Wissenschaftlers für seine Arbeit. Denn Frankenstein schließt angesichts des Monsters einfach die Augen und sucht sich durch Flucht zu entziehen. Er leugnet die Verbindung zwischen sich und seinem Geschöpf, seinem "Kind". Das Monster dagegen klagt diese Verbindung ein, es fühlt sich im Stich gelassen - und rächt sich schließlich auf grausame Weise für diese Vernachlässigung und Verleugnung ...

Bei der Beschäftigung mit diesem Thema frage ich mich immer wieder, ob ich nicht vieles überinterpretiere oder dem Ganzen zuviel Bedeutung beimesse. Aber eine Fußnote bei Donna Haraway (Simians, Cyborgs and Women) bestätigt mich und läßt mich weitermachen: "*Wenn ich anfange zu denken, daß ich paranoid bin, wenn ich* **wirklich** *glaube, jemand könnte von transzendentaler Entkörperung als dem Ziel von Leben und Geist träumen, finde ich Dinge wie das folgende Zitat des Computer-Designers W. Daniel Hillis in Daedalus vom Winter 1988 zur künstlichen Intelligenz: 'Natürlich weiß ich, daß dies nur ein Traum ist, und ich gebe zu, daß ich mehr durch Hoffnung als durch die Erfolgsmöglichkeit vorangetrieben werde. Aber wenn dieser künstliche Geist sich selbst erhalten kann und von selbst wachsen kann, wird der menschliche Gedanken zum ersten mal frei von Knochen und Fleisch leben, indem er diesem Geisteskind eine irdische Unsterblichkeit gibt, die uns verwehrt ist (S. 189)*".

Auch die Zeitschrift Nature hat sich Gedanken gemacht über die künstliche Intelligenz und ihren Stellenwert in unserer Welt. Zur Feier ihres 125-jährigen Bestehens veranstaltete sie im November 1994 ein Symposium mit dem Titel "Our place in nature - the evolution of our world" (Unser Platz in der Natur - die Entwicklung unserer Welt). Renommierte Wissenschaftler sprechen über folgende Themen: *Kosmologie, Sonnensystem, Materie, Erde, Ursprung des Lebens, Evolution, Egoistische Gene* und als krönender Abschluß: *Denkende Maschinen.* (Nebenbei: alle Redner waren männlich, was eine Leserin zu folgendem Kommentar veranlaßte: "Sie scheinen über eine männlich-dominierte Welt zu sprechen, die sich in den letzten 125 Jahren offensichtlich nicht entwickelt hat.")

Was die "denkenden Maschinen" angeht, träumt W. Daniel Hillis nicht allein. Träume, die wir meiner Ansicht nach Ernst nehmen müssen, da letztlich immer Träume und Phantasien der Ausgangspunkt für all die verrückten Unternehmungen sind, die in allen Bereichen Neues und Undenkbares gebracht haben. Sei es in der Wissenschaft, seien es abenteuerliche Entdeckungen, sei es die Idee, daß den Frauen der physiologische Schwachsinn nicht angeboren ist oder der Gedanke, daß die reinen und harten Naturwissenschaften etwas zu tun haben könnten mit dem Geschlecht ihrer Erfinder. Ernst nehmen müssen wir diese Träume auch angesichts der immensen Macht, die Naturwissenschaft und Technik inzwischen in unserem Leben haben.

Über Visionen in der Künstlichen-Intelligenz-Forschung hat Hans Moravec ein Buch geschrieben: "Mind Children - Der Wettlauf zwischen menschlicher und künstlicher Intelligenz." In seiner Vorstellung ist die Menschheit am Ende, sie hat abgewirtschaftet und ist auf dem besten Weg dahin, sich selbst auszulöschen. Aber er sieht eine wunderbare Chance, unsere Kultur zu erhalten (und damit unendlich fortzuentwickeln), wenn wir die Macht an unsere geistigen Kinder abgeben und in ihnen auf eine neue Art weiterleben. Damit kann der hinfällige Mensch aus Fleisch und Blut endgültig überwunden werden. In einem großen spekulativen Wurf beschreibt er ein Wesen, das sich rekonstruieren und auf diese Weise endlos existieren kann, "*sogar, wenn das Universum endlich ist.*"

Hier möchte ich an eine andere Geburtsgeschichte erinnern: die Geburt der Göttin Athene. In der bekannteren Version war sie die Tochter von Methis, der Göttin der Weisheit und von Zeus, dem Göttervater. Als Methis mit ihr schwanger ging, entsann sich Zeus einer Weissagung, nach der ein Sohn von ihm ihn entmachten würde. Da er dies fürchtete, verschlang er seine Geliebte. Als die Schwangerschaft (inzwischen eine männliche!) zu Ende ging, spaltete ein Sohn von Zeus, Hephaistos, der Gott der Schmiede, mit seinem großen Hammer das Haupt seines Vaters. Und heraus sprang Athene in voller Rüstung - die erste "Vatertochter", die keine Mutter hatte. Allerdings hat diese Geburtsgeschichte aus den Anfängen des Patriarchats in Griechenland eine frauenzentrierte ursprünglichere Version. In dieser Geschichte ist Athene einfach die Tochter von Methis, der Göttin der Weisheit. Ein Vater war damals noch unwichtig. So erzählen diese beiden Geschichten gemeinsam die Geschichte vom Patriarchat, das die Weisheit der Göttin und ihre Schöpferkraft sich einverleiben muß. Ich denke, auch diese Geschichte wird immer wieder erzählt in den verschiedenen Versionen der "Männlichen Geburt".

Was könnten nun die Gründe für diese machtvollen Inszenierungen sein? Welche Motivationen lassen uns diese Geschichten immer wieder weiter erzählen - wenn auch im Geheimen und meistens vor uns selbst verborgen. Frankenstein spricht von "*trüben, fast vergessenen Quellen*" aus denen seine Leidenschaft gespeist wird. Moravec und Hillis sprechen es relativ deutlich aus. Zum einen träumen sie von Unsterblichkeit, zum anderen verachten sie den Körper. Ich denke, daß wir es hier mit einer grundsätzlichen Unfähigkeit zur Bejahung des Lebens als einem vergänglichen Leben zu tun haben, mit der Verdrängung des eigenen Todes. Wenn wir uns auf die Zukunft konzentrieren und sie unendlich weiterdenken, können wir Ewigkeit vortäuschen. Konkret versuchen wir mit unserer Wissenschaft und Technik, die Zukunft bis ins Unendliche immer wieder herzustellen und damit Ewigkeit zu erzeugen. Diese "vorläufige" Analyse greift sicher etwas kurz, aber sie könnte uns als WissenschaftlerInnen einen ersten Weg weisen, die eigene Arbeit zu überprüfen und uns ihrer Brisanz und Gefahr zu stellen. Außerdem müssen wir uns als Frauen diesem Themenkomplex der "Männlichen Geburt" stellen. In welcher Form haben wir dies als Wissenschaftlerinnen übernommen? Was bedeutet für uns die Idee der geistigen Elternschaft? Was bedeutet geistige Mutterschaft in diesem Zusammenhang? Vor allem vor den unterschiedlichen Hintergründen, wenn wir leibliche Kinder haben, keine haben, uns eigentlich welche wünschen oder nie welche haben wollten. Und auch: was bedeutet dies für uns als Heteras oder als Lesben?

Wissenschaftsverständnis, Naturbild und Geschlechterverhältnis im Alternativen Landbau - Vorbild für naturwissenschaftskritische Ansätze in der Geschlechterforschung?

Maren Landschulze
Claudiusstr. 71, D-22043 Hamburg

1. Feministische Kritik an Naturwissenschaft und Technik

Feministische Forscherinnen kritisieren Naturwissenschaft und Technik als männlich verzerrt. Ihren Untersuchungen zufolge orientieren sich Modelle und Theorien in den Naturwissenschaften und der Technik an patriarchalen und hierarchischen Strukturen.

Carolyn MERCHANT (1985, 1987) zeigt, daß die Vorstellung von der Natur sich während der wissenschaftlichen Revolution (im 17. Jh.) grundlegend wandelte. Das Bild von der Erde als ein belebter Organismus wurde durch die Metapher eines uhrwerksartigen Mechanismus ersetzt. Da das Naturbild Merchant zufolge nicht nur eine beschreibende, sondern auch eine normative Funktion hat, wurde mit dem Umschwung im Naturbild der Weg zu einer verstärkten Ausbeutung natürlicher Ressourcen geebnet.

MERCHANT (1989b, auch 1987) gibt einen Überblick über die historische Veränderung der Naturauffassungen von der Antike bis in die Renaissance. Sie macht dabei deutlich, daß in der Geschichte die Metaphern für Natur nicht nur beschreibend waren, sondern auch normativen Charakter hatten. Im Verlauf der Weiterentwicklung der Produktivkräfte, durch die eine intensivere Naturausbeutung möglich wurde, änderten sich auch die für die Natur gebrauchten Metaphern. Mit ihnen wandelte sich auch die Ethik der Naturnutzung. Organische Vorstellungen von der Natur, in denen weibliche Elemente eine positive Rolle innehatten, wurden von mechanistischen Vorstellungen verdrängt, die die Ausbeutung des Weiblichen propagierten. Dieser Wandel in der Einstellung gegenüber der Natur wurde in dem Maße nötig, wie die Ausbeutung natürlicher Ressourcen technisch machbar wurde.

In der frühen griechisch-mediterranen Kultur wurde nur auf sehr niedrigem Niveau Technologie eingesetzt und die Natur als heilig verehrt. Bereits die römische Kultur war säkularer und merkantiler ausgerichtet. Zeitgenössische Philosophen bezeichneten aber immer noch den Bergbau als ein Sakrileg an der Erde. Für einen gewissen Zeitraum finden sich parallel sowohl Philosophien der Herrschaft über die Natur als auch solche, die z.B. von der nährenden Erde sprechen, bis dann die Herrschaftsmetaphorik die Überhand gewann.

Zuvor glaubte man, die Erde gebäre die Metalle, und Bergbau sei die vorzeitige "Abtreibung" der Frucht. Um ihre Tätigkeit überhaupt ausüben zu können, unterzogen sich die Bergleute Reinigungszeremonien. Diese Vorstellung war ein Imperativ zugunsten eines behutsamen Abbaus von Erzen und diente somit dem Schutz der Natur. Hierin erweist sich für MERCHANT (1989b) der normative Charakter der Naturmetaphern: Die metaphorisch verwendeten Begriffe wie "Mutter", "lebensspendend" u.ä. sollten die Natur bewahren, obwohl sie vordergründig nur der Beschreibung dienen. Erst wenn die Auffassungen von der Natur sich ändern, wird dieser protektive Wert der Beschreibungen deutlich, denn hinter sich wandelnden Naturbeschreibungen verbergen sich MERCHANT (1989b) zufolge veränderte gesellschaftliche Normen und kulturelle Werte, die wiederum durch neue soziale Bedürfnisse hervorgerufen werden.

Im Früh- und Mittelalter waren technologischer Fortschritt und Umweltzerstörung gleichermaßen langsam verlaufende Vorgänge. In der Renaissance wurden alle Naturerscheinungen als belebt angesehen, da sich z.B. Strukturen von Pflanzen in Kristallen widerspiegeln, Minerale Adern zu haben scheinen und Steine in menschlichen Körpern wachsen. Es konnten keine klaren Kriterien für belebt und unbelebt aufgestellt werden. Die Literatur war voll von Darstellungen der Natur, der Materie oder der Erde als weiblichen Geschlechts. Die Erde wurde mit dem menschlichen Körper verglichen, mit einer nährenden Amme oder einer gebärenden Frau, und an die Geburt der Metalle durch die Erde geglaubt. Die Beziehung des Individuums zur Erde wurde wie eine persönliche aufgefaßt und konnte deshalb die Funktion einer Vorschrift zum Schutz der Natur erfüllen.

Diese Beispiele zeigen, daß die kapitalistische Ausbeutung der Umwelt nicht die einzige ökologische Tradition in Europa darstellt. Der in der Renaissance wieder beginnende Bergbau wurde von neuen Naturmetaphern unterstützt. Diese stellen die Erde nicht mehr als nährende Mutter, sondern als verschlagene Stiefmutter dar, die den Menschen ihre Schätze verweigert, in dem sie sie in der Tiefe versteckt. Im 17. Jahrhundert zieht Francis Bacon den Vergleich zwischen Bergleuten und Technologen bzw. Wissenschaftlern, die alle die Erde penetrierten und formten. Dies sei keineswegs schlecht, im Gegenteil müsse die Natur dienstbar gemacht werden, mit dem Ziel ihrer vollständigen Unterwerfung. Mit der allgemeinen Anerkennung dieser Sichtweise war die Ausbeutung der Natur legitim geworden.

Früher wurde also die Erde buchstäblich als lebendiger, empfindsamer und reaktionsfähiger Körper angesehen, dessen Ausbeutung durch den Menschen ethische Grenzen gesetzt waren. Bis zum Ende des 17. Jahrhunderts änderte sich das Bild von der Natur mit fortschreitender Mechanisierung der Technik. Die Erde galt nun als ein totes physikalisches System. Wissenschaft und Technik sollten entdecken, was die Natur dem Menschen noch verbarg. Die seit langem (u.a. durch Platon) hergestellte Dichotomisierung von Frauen, Natur, Körper und Gefühl einerseits und Männern, Wissenschaft, Geist und Verstand andererseits wurde zur Zeit der wissenschaftlichen Revolution im 17. Jahrhundert (nochmals) mit einer Abwertung von Frauen und Natur verbunden.

Im 17. Jahrhundert kam es zu einer starken Polarisierung der Begriffe männlich und weiblich, Geist und Natur, Verstand und Gefühl. In dieser Zeit, vor der Gründung der Royal Society in England, widerstritten zwei unterschiedliche philosophische Auffassungen, die hermetische und die mechanistische. Die mechanistische Richtung obsiegte und prägte im wesentlichen die Meinung in der Royal Society. Damit hatte sie entscheidenden Einfluß auf die Entstehung der modernen Naturwissenschaft des Abendlandes.

Anhand der Debatten zwischen Hermetikern und Mechanisten verdeutlicht Evelyn Fox KELLER (1986b, S. 52), wie sich die Dichotomisierung der obengenannten Begriffe auf das heutige Wissenschaftsverständnis ausgewirkt hat. Die auf Paracelsus zurückgehende hermetische Tradition, deren zeitgenössische Vertreter die Alchimisten waren, begriff die Natur als von göttlichem Geist durchdrungen. Um die Natur zu verstehen, bedarf es Herz, Hand und Verstand zusammen. Die Metapher der Ehe, besonders in ihrer sexuellen Intimität, steht bei ihnen für das Prinzip der Harmonie von Mann und Frau, Sonne und Mond sowie Geist und Natur. Das eine galt als unvollständig ohne das andere, und beide waren einander an Bedeutung ebenbürtig. Für Thomas Vaughan z.B. hieß Erkenntnis, "mit dem Verstand des Herzens" zu hören (zit. b. KELLER, 1986b, S. 59). Die Mechanisten und Vertreter der Royal Society warnten jedoch davor, Gefühle in den Erkenntnisprozeß einzubeziehen, da Weisheit und Liebe sich ausschlössen. Es sei lediglich "die Frau in uns" (Joseph Glanville, zit. b. KELLER, 1986b, S. 60), die die Leidenschaften aufkommen läßt. Die Royal Society wollte aber eine "männliche Philosophie" entstehen lassen (KELLER, 1986b, S. 59). Materie und Geist, Herz, Hand und Verstand sollten voneinander getrennt sein. Francis Bacon nahm, so KELLER (1986b, S. 61), in mancher Hinsicht eine Mittelstellung zwischen Hermetikern und Mechanisten ein. In seinen Vorstellungen von der Macht des Menschen über die Natur und der männlichen Wissenschaft steht er aber der Royal Society nahe.

Für Francis Bacon erfolgt Erkenntnis vor allem mit Hilfe des Experiments, ihm geht es um die Erkenntnis der konkreten Erscheinungen. Er verwendet, wie Platon, sexuelle Metaphern, aber stets heterosexuelle. Bereits der berühmte Satz von Bacon: "Wissen ist Macht" deutet darauf hin, daß Bacon das Moment der Aggression in den Erkenntnisprozeß einführt. Diese Seite der Bacon'schen Wissenschaftsauffassung ist stark beachtet worden und die entsprechenden Textstellen sind gut bekannt: Bacon fordert in einer plastischen Bildsprache voller sexueller Metaphern die Herrschaft des Wissenschaftlers über die Natur (KELLER, 1986b, S. 41). Bacon bezeichnet die ältere Wissenschaft als schwächlich, weiblich und degradiert, während in der "keuschen und gesetzmäßigen Ehe" des neuen Wissenschaftlers mit der Natur als Braut "Helden und Supermänner" gezeugt werden. Die Natur soll "zur Sklavin" gemacht werden. Ein Hinweis auf die Bedeutung der experimentellen Methode ist, daß Bacon es als "natürlich" ansieht, die Natur zu formen, zu lenken, ihr nachzustellen und sie zu enthüllen. Die Natur wird jedoch nicht beherrscht, indem ihr Gewalt angetan wird, sondern indem ihren Gesetzen gehorcht wird (KELLER, 1986b, S. 42 ff).

Der Gebrauch des Genus[1)] in der Sprache Bacons unterstreicht die von ihm vorgenommene Zuordnung der Natur zum Weiblichen und der Wissenschaft zum Männlichen. Nach Ansicht KELLERS (1986b, S. 48) erkennt Bacon aber auch den hermaphroditischen Charakter wissenschaftlicher Erkenntnis. Sie belegt dies anhand von Zitaten, in denen Metaphorik und Gebrauch des Genus Natur als männlich und Wissenschaft als weiblich beschreiben. Wenn die Natur (weiblich) bei Bacon göttlich wird, wird sie zum "göttlichen Naturzustand" (männlich). Dann wird auch die Jagd nach der Natur zum harmloseren Versteckspiel. Die Wissenschaft wird in Beziehung zum göttlichen Naturzustand mit weiblichen Zügen ausgestattet (KELLER, 1986b, S. 41 ff).

Der Sieg der mechanistischen Auffassung verfestigte die Polarisierung von männlich und weiblich und führte zur Herausbildung von wissenschaftlichen Werten, die Wissen als Herrschaft und Kontrolle über die Natur propagierten. Wie eine Wissenschaft auf alchimistischer (hermetischer) Basis ausgesehen hätte, kann nicht beantwortet werden, allerdings - so Keller - ist die alchimistische (hermetische) Tradition nicht völlig ausgelöscht worden, sie wird aber durch eine vereinheitlichte Rhetorik in der Naturwissenschaft unsichtbar gemacht (KELLER, 1986b, S. 72).

Durch die o.g. Dichotomisierung und Herrschaftsmetaphorik konnte die Wissenschaft Frauen und Natur als das Andere und Nichtwissenschaftliche, zu unterwerfende, aus der wissenschaftlichen Welt ausschließen (Dies ist so gemeint, daß Frauen als zur Wissenschaft ungeeignet erklärt wurden, nicht, daß Frauen etwa gar nicht wissenschaftlich gearbeitet hätten).

Wie kann Wissenschaft nun im Sinne der hier dargestellten Kritik verändert werden: wie kann die inhärente Frauenfeindlichkeit aufgehoben und ein angemesseneres Verhältnis zur Natur entwickelt werden? Evelyn Fox KELLER plädiert für die Auflösung der obengenannten Dichotomisierung. Frauen soll also nicht länger Naturhaftigkeit und Irrationalität zugeschrieben werden, Männer und Wissenschaft sollen sich nicht länger als außerhalb der Natur stehend begreifen. Wissenschaft wäre dann "non-gendered", was ich im folgenden mit "geschlechterfrei" übersetze.

Spätestens seit den Arbeiten von Thomas Kuhn kann Naturwissenschaft nicht mehr für sich in Anspruch nehmen, objektiv zu sein. Sie muß, Keller zufolge, vielmehr als persönlicher und emotionsbehafteter Akt verstanden werden. Um dies deutlich zu machen, fordert z.B. Sarah JANSEN (1991), unbewußte, intuitive und empathische Elemente in den wissenschaftlichen Prozeß einzubeziehen. Damit sollen irrationale und verdrängte Komponenten in die Naturwissenschaft und Technik integriert werden. Sie weist dabei darauf hin, daß im frühen Stadium der Technikanwendung magische Techniken den Menschen dazu dienten, einen persönlichen Kontakt zur Natur herzustellen. Erst als diese magischen Techniken abgespalten und PriesterInnen überantwortet wurden, seien Naturzerstörungen verstärkt möglich geworden (JANSEN, 1984). Evelyn Fox KELLER bemerkt, daß in den Wissenschaften eine Vielzahl unterschiedlicher Auffassungen von Wissenschaftlichkeit existiert, die aber unter einer vereinheitlichten Rhetorik verborgen bleiben. (So seien auch alchimistische Traditionen nicht völlig verloren gegangen). Um eine feministische, "geschlechterfreie" Naturwissenschaft und Technik zu entwickeln, könne auf diese Konzepte zurückgegriffen werden.

Dieser Punkt hat mich besonders interessiert, und ich habe mich gefragt, inwiefern alternative Landbauformen außerhalb der naturwissenschaftlichen Rhetorik stehen und zur (Weiter)Entwicklung einer geschlechterfreien Naturwissenschaft und Technik beitragen können. Um mich dieser Frage zu nähern, habe ich mit den TeilnehmerInnen Texte von "Klassikern" des alternativen Landbaus unter Berücksichtigung ihres Naturbildes, ihres Wissenschaftsverständnisses und der Kategorie Geschlecht (insbesondere inwiefern eine Dichotomisierung von Frau/Natur und Mann/Wissenschaft festzustellen ist) untersucht. Die hier behandelten Formen alternativen Landbaus stelle ich im folgenden vor.

2. Alternative Landbau-Konzepte[2)]

Zwei alternative Landbaukonzepte werden untersucht:

1. Der Öko-Landbau nach Albert HOWARD (1948) und Eve BALFOUR (1943),
2. Der Natürliche Landbau von Masanobu FUKUOKA (1984).

2.1 Öko-Landbau nach Howard und Balfour

Zuerst formulierte Rudolf Steiner Gedanken zu einer alternativen Landwirtschaft, als er 1924 seine landwirtschaftlichen Vorträge vor anthroposophischen GärtnerInnen und LandwirtInnen hielt (vgl. STEINER, 1975). Die biologisch-dynamische ist somit die älteste unter den Reformbewegungen in der Landwirtschaft (KOEPF et al., 1980, S. 15 ff; SCOFIELD, 1986). Im selben Jahr nahm der Agrarwissenschaftler Sir Albert Howard, einer der BegründerInnen des Öko-Landbaus, seine Arbeit auf der von ihm gegründeten Versuchsstation in Indore (Indien) auf, wo er das Indore-Verfahren zur Kompostierung organischer Materialien entwickelte. Er hatte als Beamter des Britischen Empire in Indien die dortige traditionelle Landwirtschaft kennen und bewundern gelernt; sie diente ihm als Vorbild für seine Arbeiten über naturnahen Anbau (HOWARD, 1948, S. 22 ff und S. 48 ff).

Lady Eve Balfour, die Gründerin der Soil Association, veröffentlichte 1943 das Buch "The living soil" (BALFOUR, 1943). In Haughley (Suffolk) betrieb sie drei Versuchsfarmen, die nach unterschiedlichen Verfahren (rein organische, organisch-mineralische und rein mineralische Düngung) betrieben wurden. Das Vorhaben ist unter dem Namen "Haughley Experiment" bekannt geworden. Die Soil Association griff auch die Gedanken Howards auf (KOEPF et al., 1980, S. 14 ff).

Der Öko-Landbau nach HOWARD/BALFOUR erhielt wesentliche Impulse von der traditionellen indischen Landwirtschaft und von der Beobachtung natürlichen Pflanzenwachstums. Kurz gesagt basiert er auf der Erhaltung der Bodenfruchtbarkeit. Ein weiteres Ziel ist die Kreislaufwirtschaft von organischen und anorganische Materialien sowie von Energie auf dem landwirtschaftlichen Betrieb.

2.2 Der Natürliche Landbau von Masanobu FUKUOKA (1983)

Der Begründer der Natürlichen Landwirtschaft ist Masanobu Fukuoka, ein japanischer Landwirt. Er hatte als junger Mann einige Jahre als Agrarwissenschaftler phytopathologisch gearbeitet. Doch nach einer Krankheit und einer anschließenden persönlichen Krise befand er die Wissenschaft als ungeeignet, um Erkenntnisse über die Natur und den Landbau zu erlangen. Da ihm nach seiner Krankheit zu Bewußtsein gekommen war, daß er eine andere als die wissenschaftliche Methode, Landwirtschaft zu betreiben, finden müsse, begab er sich schließlich auf den landwirtschaftlichen Betrieb seines Vaters in der Nähe von Matsuyama auf der Insel Shikoku. Dort wollte er als praktischer Landwirt arbeiten und eine solche Methode entwickeln.

Er entwickelte den Gedanken der Nichts-Tun-Landwirtschaft. Statt, wie es üblich ist, mehr zu tun, um mehr zu erreichen, wird in der Nichts-Tun-Landwirtschaft weggelassen, was nicht notwendig ist. Fukuokas Ziel war dabei, eine "angenehme", natürliche und einfache Landbau-Methode zu entwickeln, die sich "innerhalb und in Zusammenhängen mit der natürlichen Umwelt" (FUKUOKA, 1984, S. 30 ff) befindet, statt Technologien einzusetzen, die die Natur zum Wohle des Menschen umformen.

Masanobu Fukuoka bewirtschaftet seinen kleinen Hof mit Reis und Gerste, Zitrusfrüchten und Gemüse. In langen Jahren des Veränderns seiner Anbaumethoden und des Beobachtens der erzielten Ergebnisse entwickelte er sein jetziges Konzept. Masanobu Fukuokas landwirtschaftliches Konzept basiert auf den folgenden vier Prinzipien:

1. Keine maschinelle Bodenbearbeitung (no tillage): Der Boden wird durch Pflanzenwurzeln, Mikroorganismen und andere Bodenlebewesen, z.B. Regenwürmer, bearbeitet.
2. Keine Kunstdünger: stattdessen Klee-Untersaat, Stroh und kleine Mengen Mist. Boden, der sich selbst überlassen bleibt, erhält nach Fukuokas Ansicht seine Fruchtbarkeit.
3. Keine mechanische oder chemische Wildkrautbekämpfung: Wildkräuter spielen eine Rolle bei der Erhaltung der Bodenfruchtbarkeit und des biologischen Gleichgewichts.
4. Keine Abhängigkeit von Chemikalien: Krankheiten werden kontrolliert, indem kräftige und gesunde Pflanzen in einer gesunden Umwelt herangezogen werden (FUKUOKA, 1984, S. 43 ff).

2.3 Textanalyse

Im Anschluß an die kurze Darstellung der Geschichte und wichtigsten Prinzipien von Öko-Landbau und Natürlichem Landbau habe ich mit den Teilnehmerinnen folgende Textpassagen gelesen und auf Naturbild und Wissenschaftsverständnis hin untersucht:

Howard, Albert (1948): Mein landwirtschaftliches Testament. - Berlin: Siebeneicher; Seiten: 16, 183, 216 sowie die Zitate aus Shakespeare (Romeo and Juliet) und Longfellow (The fiftieth birthday of Agassiz), die dem Vorwort vorangestellt sind.

Fukuoka, Masanobu (1994): Der große Weg hat kein Tor. Nahrung, Anbau, Leben. - 2. Auflage, Schaafheim: pala-Verlag; Seiten: 34-39, 67-69, 90,91, 94-97

Merrill, Margaret C. (1983): Eco-agriculture: a review of its history and philosophy. - Biological Agriculture and Horticulture 1: 181-210, Seiten: 181, 185-187, 196-207

Scofield, A.M. (1986): Organic farming: The origin of the name. - Biological Agriculture 4(1): 1-5, Seiten: 1-5

Eine Zusammenfassung der Texte mit einigen wörtlichen Zitaten und eine Interpretation in Hinblick auf die obengenannte Fragestellung erfolgt in den Kapiteln 2.3.1. bis 2.3.4. Sie gibt die wesentlichen Ergebnisse der gemeinsam mit den Teilnehmerinnen vorgenommenen Textanalyse wieder.

2.3.1 Das Naturbild im Öko-Landbau

Die verschiedenen "Mütter und Väter" des Öko-Landbaus betrachten die Natur als weisen und mächtigen Organismus. Albert HOWARD nennt die Natur die "höchste Landbebauerin". Die Rolle der FarmerIn ist die eines "loving caretaker", ihre DienerIn oder PartnerIn bei der Erzeugung und Erhaltung des Lebens (MERRILL, 1983). Die Natur soll nicht erobert werden, sie ist heilig und unantastbar. NORTHBOURNE (zit. in SCOFIELD, 1986), einer der frühen VerfechterInnen des Öko-Landbaus, sagt über die Natur: "Nature will not be driven. If you try, she hits back slowly, but very hard."

Auf lange Sicht widersteht - so die Öko-Landbau-VerfechterInnen - die Natur allen Versuchen, gegen ihre Gesetze zu handeln, so daß die Menschen mit ihr kooperieren müssen. Für Albert Howard ist die Natur mit "weiblichen" Eigenschaften ausgestattet, wie aus den zwei Gedichten geschlossen werden kann, die er seinem Buch:

"Mein landwirtschaftliches Testament" voranstellt. Die Gedichte beschreiben die Natur als nährende Amme und die Erde als Mutter der Natur (HOWARD, 1948):

"The Earth, that's Nature's Mother, is her tomb;
What is her burying grave, that is her womb."(Romeo and Juliet)

"And Nature, the old nurse, took
The child upon her knee,
Saying: 'Here is a story book
Thy father has written for thee' (...)."
(Longfellow; The fiftieth birthday of Agassiz.)

Die Attribute der Natur im Öko-Landbau (belebt, antwortend, Rache nehmend, "Gesetze habend") erinnern an die alchimistische, hermetische Tradition der Renaissance, wie sie von KELLER (1986) und MERCHANT (1985) beschrieben werden.

2.3.2 Das Verhältnis zur Wissenschaft im Öko-Landbau

Wissenschaft wird von den frühen VertreterInnen des Öko-Landbau als notwendiger Teil der Landwirtschaft betrachtet. Sie sollte aber durch einen ständigen Kontakt zur landwirtschaftlichen Praxis kontrolliert werden. Technologie soll ihnen zufolge ein Werkzeug sein, um Techniken und Methoden zu verbessern und darf nicht zum Selbstzweck werden.

HOWARD (1948) kritisiert die konventionelle Landbauwissenschaften fundamental: Zunächst stellt er den zunehmenden Einfluß der Naturwissenschaften auf die landwirtschaftlichen Forschungsmethoden dar. Dieser verstärkte sich durch das große Angebot an billigem mineralischen N-Dünger aus dem Haber-Bosch-Verfahren nach dem 1. Weltkrieg. Die Fabrikationsanlagen dienten erst zur Sprengstoffherstellung; in der Nachkriegszeit wurden dann Absatzmärkte für Stickstoff in der Landwirtschaft gesucht. Ergänzend waren Phosphor- und Kalisalze erhältlich. Die Anwendung der neuen NPK-Dünger machte Feldversuche nötig. Um deren Aussagekraft und Interpretierbarkeit zu erhöhen, wurden moderne statistische Verfahren eingesetzt und die Mathematik hielt Einzug in die Agrarwissenschaften. Die nun üblichen Feldversuche mit jeweils unterschiedlich behandelten Parzellen und unbehandelten Vergleichsvarianten sind nach Ansicht Howards gänzlich ungeeignet, Aussagen über ein so komplexes Geschehen wie eine Landwirtschaft zu machen:

> "Eine offensichtliche Schwäche in der Technik der Feldversuche muß noch erwähnt werden. Kleine Teilstücke und Farmen sind sehr verschiedene Dinge. Es ist unmöglich, ein kleines Teilstück als eine selbständige Einheit in der gleichen Weise zu bewirtschaften wie eine Farm. Die wichtigen Beziehungen zwischen dem Viehbestand und dem Lande sind verloren gegangen. Es gibt außerdem kein Mittel zur Aufrechterhaltung der Bodenfruchtbarkeit durch geeignete Fruchtfolgen, wie sie im guten Landbau die Regel sind. Das Teilstück und die Farm haben offensichtlich keine Beziehung zueinander." (HOWARD, 1948, S. 183)

Die Teilstücke können also niemals einen Betrieb repräsentieren, der ja über eine ganz andere räumliche und zeitliche Ausdehnung verfügt. Ferner kritisiert Howard, daß neue Methoden niemals an betrieblichen Einheiten auf alle ihre Auswirkungen bis hin zur Tierhaltung überprüft wurden. Er hält daher die Aussagekraft von solcherart in Feldversuchen gewonnenen Ergebnissen für äußerst fragwürdig (HOWARD, 1948, S. 183).

Aus der Chemie und der Physik übernahm die konventionelle Landwirtschaftswissenschaft das Prinzip der Quantifizierung von Ergebnissen. Howard weist jedoch daraufhin, daß Viehhaltung und Pflanzenproduktion biologische Vorgänge sind, die auf einer Farm nicht immer quantifiziert werden können (besonders Prozesse im Boden nicht). Feldversuche hält er daher für keine geeignete Methode, Erkenntnisse über landwirtschaftliche Produktionsweisen zu gewinnen. Howard schlägt vor, ganze Farmen als experimentelle Grundeinheiten zu behandeln. Sein Idealtyp der landwirtschaftlichen ForscherIn ist PraktikerIn ebenso wie TheoretikerIn und arbeitet in enger Kooperation mit den FarmerInnen.

MERRILL (1983) beschreibt Öko-Landbau als ganzheitlich. Der ganzheitliche Ansatz ist für Merrill der wichtigste Unterschied zwischen Öko- und konventionellem Landbau. Er erfordert nicht nur Intellekt, sondern auch intuitive Methoden der Wahrnehmung.

2.3.3 Das Naturbild im Natürlichen Landbau

Masanobu Fukuoka zufolge kennt die Menschheit die Natur nicht. Natur kann, so Fukuoka, nicht mit dem Intellekt erfaßt werden. Bereits die Klassifikation von Erscheinungen, etwa der Pflanzen, ihre Benennung und Einteilung, die isolierte Betrachtung von Einzelphänomenen, verhindert die Einsicht in die Natur. SpezialistInnen können daher die Natur nicht verstehen. Ein unbedachter Eingriff in die komplizierten Beziehungen der Natur kann daher unabsehbare und nicht beabsichtigte Folgen haben.

Natur ist unveränderlich, aber unvermeidlich ändern sich die Ansichten über die Natur von Zeitalter zu Zeitalter. Ebenso geht es Fukuokas Landbau, der Natürlichen Landwirtschaft: Zuerst wurde sie als rückständig und primitiv angesehen, jetzt gilt sie dagegen als höchst modern oder als "nostalgisch" und schick. Fukuoka steht jedoch dem dieser Bewertung zugrunde liegenden Gedanken des "Zurück zur Natur" skeptisch gegenüber, da er die Reaktion auf die zuvor erfolgte Mißachtung der Natur ist, also die Kehrseite derselben Medaille (FUKUOKA, 1984, S. 38 f).

Je größer (und "industrieller") der landwirtschaftliche Betrieb ist, den eine BäuerIn bewirtschaftet, um so mehr trennen sich Körper und Geist, es gibt keinen Raum mehr für spirituelles Leben. Das Leben auf einem kleinen Betrieb macht es möglich, "den Großen Weg (der den Pfad spiritueller Bewußtheit, der Aufmerksamkeit und Sorgfalt für die gewöhnlichen Aktivitäten des täglichen Lebens umfaßt) zu verinnerlichen." (FUKUOKA, 1984, S. 105) Natürliche Landwirtschaft steht für Fukuoka jenseits dieses Dualismus von Umweltzerstörung und Umweltschutz.

Das Leben der Tiere erscheint Fukuoka ideal: Sie gehen in den Abendstunden der Nahrungssuche nach und haben Muße. Daß die Menschen so schwer arbeiten müssen, um zu leben, kommt ihm lächerlich vor und erscheint ihm auch unnötig. Mit dem Natürlichen Landbau erreicht er, von der Fülle der Natur leben zu können, ohne so viel arbeiten zu müssen wie seine konventionell wirtschaftenden NachbarInnen (FUKUOKA, 1984, S. 105).

Worin liegt nun der Unterschied zwischen Fukuokas Landbau und dem organischen Landbau in Westeuropa oder den traditionellen Verfahren des Orients? Fukuoka weist darauf hin, daß der traditionelle Landbau in China, Korea und Japan größten Wert auf die Aufrechterhaltung eines Nährstoffkreislaufs durch die Rückführung aller organischen Stoffe auf das Feld, auf Kompostierung etc. legt. Es handelt sich dabei um ein intensives Landbauverfahren mit Fruchtwechsel, Misch- und Begleitpflanzung und Gründüngung. Auch die dortige Forschung befaßte sich hauptsächlich mit organischem Material. Dieses System betrachtet Pflanzen, Menschen und Tiere als einen Körper. An diesem jahrtausendealten Konzept orientiert sich auch die im Westen betriebene organische Landwirtschaft (FUKUOKA, 1984, S. 109 ff).

Unter den natürlichen Anbauweisen unterscheidet Fukuoka zwei Wege: Der natürliche Ackerbau im weiteren Sinne ist breit und transzendent, in buddhistischer Terminologie ein Mahayana-Landbau. Der natürliche Landbau im engeren Sinne ist der relativen Welt (wie sie vom Intellekt verstanden wird) zugehörig, ein Hinayana-Landbau[3)]. Mahayana-Anbau entsteht von selbst, wenn Mensch und Natur im Einklang sind. Der Mensch paßt sich der Natur und dem Verstand an, wie sie sind. Dabei gibt das Individuum zeitweise seinen Willen auf und erlaubt sich, von der Natur geführt zu werden. Die Natur antwortet, indem sie für den Menschen sorgt. Diese Beziehung vergleicht Fukuoka mit der idealen Ehe zwischen Mann und Frau:

"Die Ehe wird nicht gegeben, nicht empfangen. Das perfekte Paar gelangt zur Existenz durch sich selbst." (1984, S. 110)

Hierbei ist bemerkenswert, daß Fukuoka zwar eine Ehe-Metapher verwendet, aber keine Geschlechtermetaphorik, wie sie im Westen vielleicht naheliegen würde.

Der Hinayana-Anbau macht eine bewußte Willensanstrengung, den Weg der Natur zu gehen und sie zu imitieren. Zwar wird hier die Natur ehrlich geliebt und umworben; diese Anstrengung, sich der Natur zu nähern, muß aber scheitern, da bewußte Willensanstrengung dazu ungeeignet ist. Moderner industrieller Anbau dagegen begehrt die Macht des Himmels, ohne seine Bedeutung zu begreifen, und möchte gleichzeitig Nutzen aus der Natur ziehen (FUKUOKA, 1984, S. 109 ff).[4)]

In diesem Zusammenhang zieht Fukuoka einen Vergleich zum Schwertkampf (Kendo: traditionelles japanisches Fechten), aus dem ganz besonders Fukuokas Bezug auf zen-buddhistische Quellen deutlich wird: Er vergleicht die von ihm unterschiedenen Anbau-Formen mit drei Arten, einen Kampf bestehen zu wollen: Die Zwei-Schlag-Schule glaubt, daß vieles Schlagen zum Sieg führt. Sie gleicht dem industriellen Anbau. Die Ein-Schlag-Schule will durch geschickte Technik den Sieg erringen. Sie überwindet aber nicht das Ich-Bewußtsein. Sie gleicht dem Hinayana-natürlichen Ackerbau. Die Kein-Schlag-Schule geht nirgendwohin und sucht keinen Sieg. Das ist der Weg des Mahayana-natürlichen Anbaus. Nicht-Tun sollte auch die BäuerIn anstreben, denn Freude und Glück gehen verloren im Wunsch, sie zu besitzen. Das letzte Ziel des Landbaus ist für Fukuoka nicht der Anbau von Pflanzen, sondern die Vervollkommnung des menschlichen Wesens (FUKUOKA, 1984, S. 111).

2.3.4 Kritik an der Wissenschaft und der wissenschaftlichen Landwirtschaft

In der wissenschaftlichen Methode zur Erkenntnisgewinnung wird die Natur in einzelne Erscheinungen zergliedert, von denen einige wenige herausgegriffen und un-

tersucht werden. Die Ergebnisse solcher wissenschaftlichen Untersuchungen sind von sehr begrenzter Aussagekraft, wie Fukuoka an einem Beispiel erläutert:
"Sogar wenn man erklären kann, wie der Stoffwechsel auf die Produktivität des obersten Blattes einwirkt, wenn die Durchschnittstemperatur 25 Grad beträgt, gibt es doch Plätze, wo die Temperatur nicht 25 Grad beträgt. Und wenn die Temperatur dieses Jahres 25 Grad in Ehime ist, könnte sie nächstes Jahr nur 20 Grad betragen. Zu sagen, daß einfach den Stoffwechsel in die Höhe zu treiben die Stärkebildung steigert und eine große Ernte produziert, ist ein Fehler. Die Geographie und die Topographie des Landes, der Zustand der Erde, ihre Struktur, Beschaffenheit und der Wasserabfluß, Licht von der Sonne, Insektenbeziehungen, die gesäten Sorten, die Methoden der Kultivierung, - wahrhaft eine unendliche Vielzahl von Faktoren - müssen alle berücksichtigt werden. Eine wissenschaftliche Versuchsmethode, die alle relevanten Faktoren in Betracht zieht, ist unmöglich." (FUKUOKA, 1984, S. 77)

Wissenschaft ist nur deswegen erfolgreich, weil ihre Anwendung Disbalancen hervorruft, die sie mit Hilfe weiterer wissenschaftlich-technischer Maßnahmen auszugleichen versucht. Das gelingt jedoch nicht, sondern führt dazu, daß noch mehr Wissenschaft und Technik eingesetzt werden müssen. So sind "Hochleistungssorten" anfällig für Krankheiten und Schädlinge, und Pestizide müssen eingesetzt werden, um ihre Ertragsfähigkeit zu erhalten. Diese aber schädigen das Bodenleben. Dadurch leidet die Bodenfruchtbarkeit, und letztlich müssen aus diesem Grund chemische Dünger verwendet werden (FUKUOKA, 1984, S. 76). Technologie ist nur dann nötig, wenn das Gleichgewicht der Natur zuvor bereits durch Technologie gestört wurde, wie Fukuoka es am Beispiel beschnittener Zitrusbäume beobachten konnte. Die Bäume verfilzen, wenn sie nicht immer wieder beschnitten werden (FUKUOKA, 1984, S. 31).

3. Zusammenfassung

Öko-Landbau kann nicht als geschlechterfrei bezeichnet werden, jedenfalls wird die Natur mit weiblichen Eigenschaften ausgestattet. Allerdings ist das hier untersuchte Textmaterial nicht misogyn. Wie in der hermetischen Tradition der Renaissance haben die verwendeten Metaphern normativen Charakter. Wissenschaft wird prinzipiell als nützlich betrachtet, um landwirtschaftliche Praktiken zu verbessern. Der konventionelle Landbau und konventionelle Agrarwissenschaften werden für ihren Reduktionismus und ihre Praxisferne kritisiert. Daher fordern einige VertreterInnen des Öko-Landbau einen empathischen und intuitiven Weg der Kommunikation mit der Natur, ähnlich wie die Naturwissenschaftskritikerin Sarah Jansen.

Masanobu Fukuoka betont, daß menschliche Konstruktionen der Natur nicht die Natur selbst sind und nicht geeignet, Natur zu verstehen. Sein nicht-intellektueller, "nicht-unterscheidender" Weg der Wahrnehmung ist durch lesen oder denken nicht voll zugänglich. In der Begrifflichkeit von Evelyn Fox Keller kann Fukuokas Ansatz als ähnlich einer dynamischen Objektivität angesehen werden.

4. Diskussionspunkte

Diskutiert wurde zunächst über die vorgefundenen Naturbilder. Überwiegend wurde die Meinung vertreten, daß die Verbindung von Natur zu Weiblichkeit einschränkend für das Naturverständnis und vor allem für das (Selbst-)verständnis Frauen sei. Eine Teilnehmerin merkte an, daß sie Natur als nährend und fürsorglich empfände und insofern mit weiblichen Zügen ausgestattet. Die Abhängigkeit der Menschen von der Natur würde durch die Entfremdung von der Natur in modernen Gesellschaften vergessen. Dem wurde u.a. entgegengehalten, daß auch Metaphern von Männlichkeit (wie etwa der "klassische", verdienende Familienvater) Fürsorge und Ernährung symbolisieren könnten und daß nach allen politischen bzw. gesellschaftlichen Auswirkungen der Natur- und Weiblichkeitsstereotype gefragt werden müsse. Angerissen wurde auch die Frage, ob und wie eine "Nicht-Konstruktion" von Natur in den Naturwissenschaften "á la Fukuoka" möglich sei.

Heutige VertreterInnen des Öko-Landbaus an den Hochschulen neigen nach Ansicht einiger Teilnehmerinnen zu einem streng naturwissenschaftlichen Vorgehen, obwohl die Wurzeln des Öko-Landbaus intuitive Erfassung von Problemen beinhalten. Es wurde vermutet, daß dies eine Anpassung an die Kritik aus der konventionellen Landbauwissenschaft sei. Öko-Landbau wurde lange nicht an Hochschulen gelehrt und erforscht, da dieser als unwissenschaftlich und fortschrittsfeindlich und daher als nicht ernst zu nehmen galt.

Im weiteren Verlauf der Diskussion wurde der Wissenschaftsbegriff thematisiert: Die Methoden der Erkenntnisgewinnung von Masanobu Fukuoka wurden als radikal außerhalb des gängigen positivistischen Naturwissenschaftsbegriffes verstanden. Die Teilnehmerinnen halten letzteren aber für erweiterungsbedürftig. Allerdings bestehen keine entwickelten Vorstellungen darüber, wie Wissenschaft und wissenschaftliche Erkenntnis anders zu definieren seien.

Angeregt durch die Forderung Albert Howards nach einer engeren Beziehung zwischen WissenschaftlerIn und landwirtschaftlicher Praxis beschrieb eine Teilnehmerin das Beispiel einer "partizipativen" Wissenschaft, bei der die Praxis die Fragen formuliert und die Wissenschaft Methoden zur Lösung entwickelt. Ein Einwand gegen dieses Modell war allerdings, daß bestimmte Art von Grundlagenforschung dann nicht mehr möglich sei. Bestimmte Fragen könnten eben nur mit weitreichender Forschung gelöst werden, die nur noch mittelbar mit der Ausgangsfrage zu tun habe. Interdisziplinäres Arbeiten wurde als ein wichtiges Mittel angesehen, den Nachteilen von Spezialisierung entgegenzuwirken.

Anmerkungen:

1) Genus: das grammatische Geschlecht, z.B. die Natur (weiblich), der Geist (männlich)
2) Unter dem Begriff Alternativer Landbau fasse ich verschiedene Landbau-Konzepte zusammen. Öko-Landbau ist einer davon, andere sind der Natürliche Landbau und die Permakultur.
3) Zu den Begriffen Hinayana und Mahayana und zum Verständnis der zen-buddhistischen Grundlagen für Fukuokas Weltanschauung s. Suzuki, Daisetz T. (1958): Die große Befreiung. - O.W. Barth Verlag, Weilheim
4) Hier ist der Wunsch nach Gottähnlichkeit gemeint, wie er auch von feministischer Seite kritisiert wird (vgl. MAURER, 1989).

5. Literatur

Aubert, Claude (1981): Organischer Landbau. - Stuttgart: Ulmer, 248 S.

Balfour, Eve B. (1943): The living soil. - London: Faber & Faber

Fukuoka, Masanobu (1984): Der große Weg hat kein Tor. Nahrung, Anbau, Leben. - Schaafheim: pala-Verlag, 158 S.

Gregg, Evelyn Speiden (1976): The early days of Bio-Dynamics in America. - Bio-Dynamics, Summer 1976 (119): 25-39

Howard, Albert (1948): Mein landwirtschaftliches Testament. - Berlin: Siebeneicher, 253 S.

Jansen, Sarah (1984): Ritual und Technik. - In: Lutz, R. (Hg.): Frauenzukünfte. Weinheim: Beltz, 120-124

Jansen, Sarah (1991): Naturwissenschaftlerinnen und Ingenieurinnen: Von der Forderung nach Gleichstellung zur feministischen Forschung. - Wiesbaden: Feministischer Buchverlag, 92 S.

Kahnt, Günter (1986): Biologischer Pflanzenbau: Möglichkeiten und Grenzen biologischer Anbausysteme. - Stuttgart: Ulmer, 228 S.

Keller, Evelyn Fox (1983): A feeling for the organism. Life and work of Barbara McClintock. - New York: W. H. Freeman

Keller, Evelyn Fox (1986a): How gender matters, or, Why it is so hard for us to count past two. - In: Harding, Jan (Hg.): Perspectives on gender and science. - London: Falmer Press: S. 168-183

Keller, Evelyn Fox (1986b): Liebe, Macht und Erkenntnis. Männliche oder weibliche Wissenschaft. - München: Hanser, 215 S.

Koepf, Herbert H. (1984): Landbau natur- und menschengemäß. Methoden und Praxis der biologisch-dynamischen Landwirtschaft. - 2. Auflage, Stuttgart: Verlag Freies Geistesleben, 270 S.

Landschulze, Maren (im Druck): Von der Ökologiefrage bis zur Geschlechterthematik: Alternativen in den Agrar- und Biowissenschaften. Eine Bibliographie mit Kommentar. Pfaffenweiler: Centaurus-Verlag

Merchant, Carolyn (1987): Der Tod der Natur. Ökologie, Frauen und neuzeitliche Naturwissenschaft. - München: C.H. Beck, 323 S.

Merchant, Carolyn (1989b): Mining the earth's womb. - In: Rothschild, Joan (Hg.): Machina ex dea. Feminist perspectives on technology: 99-117, 4. Auflage, New York: Pergamon Press

Merrill, Margaret C. (1983): Eco-agriculture: a review of its history and philosophy. - Biological Agriculture and Horticulture 1: 181-210

Peters, Suzanne (1979): Organic farmers celebrate organic research: A sociology of popular science. - In: Nowotny, H., Rose, H. (Hg.): Counter-movements in the sciences. The sociology of the alternatives to big science: 251-276, Dordrecht: D. Reidel

Scofield, A.M. (1986): Organic farming: The origin of the name. - Biological Agriculture and Horticulture 4(1): 1-5

Wortmann, Michael (1982, zuerst 1977): Konventionelle und Biologische Landwirtschaft im Spannungsfeld von Ökonomie und Ökologie. - 4. Auflage, Darmstadt: Verlag Lebendige Erde, 449 S.

Arbeitskreis feministische Naturwissenschaftsforschung und -kritik

Heike A. Wiesner, Buntentorsteinweg 268, D-28201 Bremen (Tel. +49 421/558879)
Julia Lademann, Hastedter Osterdeich 210, D-28207 Bremen (Tel. +49 421/440567)

Wir möchten in dieser Veranstaltung unseren Arbeitskreis vorstellen und interessierte Frauen einladen, daran teilzunehmen bzw. anzuregen, weitere Arbeitskreise zu diesem Themenbereich zu bilden.

Zuerst wird Heike - zum theoretischen Einstieg - eine Bestandsaufnahme zur Diskussion feministische versus "weibliche" Wissenschaft (als zwei inhaltlich unterschiedliche Wissenschaftsentwürfe) vortragen. Danach möchten wir unseren Arbeitskreis vorstellen: wer wir im einzelnen sind, was wir machen, als was wir uns im Rahmen des Arbeitskreises verstehen, und wie wir arbeiten. Zum Schluß wollen wir herausfinden, ob es noch andere Arbeitskreise gibt: beim letzten Kongreß (Gießen 1994) gab es vielfältige Themen und Interessentinnen, die in der Dokumentation festgehalten wurden.

Feministische versus "weibliche Wissenschaft"? * Eine aktuelle Bestandsaufnahme

Heike A. Wiesner

Unser Arbeitskreis trägt den Namen Feministische Naturwissenschaftsforschung und -kritik. Da kommen Fragen auf, unterstelle ich jetzt mal meinen Zuhörerinnen. Was bedeutet eigentlich "Feministische Naturwissenschaftsforschung"? Worin besteht der Unterschied zwischen "feministischer" und "weiblicher" Naturwissenschaft?

Ich fange mit der Begriffsklärung an: Feministische Naturwissenschaftsforschung oder -analyse existiert seit ca. 20 Jahren, wenn man es unter dem Blickwinkel "Duldung bis Anerkennung" - also unter der Rubrik "Etablierung" betrachtet. Die darin enthaltene feministische Kritik läßt sich m.E. in vier Dimensionen beschreiben:

- Die erste Dimension richtet sich gegen die Institution der Wissenschaft und stellt die Frage, warum der Frauenanteil in den Naturwissenschaften so gering ist.
- Die zweite Dimension beklagt das Fehlen der Frauen in den Forschungsentwürfen. Der Mann repräsentiert die Realität - die Frau die Banalität. Der wissenschaftliche Grenzwert ist 1,85 groß, 80 Kilo schwer, zumeist weiß und "natürlich" männlich.
- Die dritte Dimension feministischer Kritik richtet sich gegen den androzentrischen Gehalt wissenschaftlicher Forschungen. Darunter fallen z.B. die Arbeiten von Evelyn Fox Keller, Ruth Hubbard, Donna Haraway, Elisabeth List, Elvira Scheich und Jenny Kien - um nur einige zu benennen. Letztere hat sich die Mühe gemacht, die androzentrischen Sichtweisen in der Gehirnforschung aufzuspüren, die Frauen "andere" Denk- und Lebensweisen unterstellen als Männern. Mal wurden genetische, mal hormonelle "Beweise" geliefert. Es wird wohl noch einige Zeit ins Land gehen, bevor solche Studien als "unseriös" überführt werden ...

- Die vierte Dimension feministischer Kritik richtet sich gegen das sog. Paradigma der Naturwissenschaft. Ihre Kritik wendet sich gegen hierarchische und dogmatische Denkstrukturen in den Naturwissenschaften. Evelyn Fox Keller hat z.B. vorgeschlagen, den Begriff Naturgesetz durch den Begriff Naturordnung zu ersetzen, da viele Naturabläufe keineswegs gesetzmäßig und hierarchisch ablaufen.

So nun komme ich zum zweiten Abschnitt meiner Ausführungen: Worin besteht der Unterschied zwischen feministischer und "weiblicher Naturwissenschaft"? Bevor ich diese Frage beantworte, ist es mir wichtig anzumerken, daß das zur Verfügung stehende Material, das sich direkt auf die Fragestellung bezieht, vorwiegend aus Privatarchiven stammt und somit der sog. "grauen Literatur" zuzuordnen ist. Daher ist es mir auch nicht gelungen, einen vollständigen Überblick über die gesamte Thematik zu liefern. Meine Intention ist es, die verschiedenen Positionen und Gedanken aufeinander zu beziehen, die sich auch im Umfeld der Frage bewegen, ob Frauen eine andere Naturwissenschaft betreiben oder nicht.

Eindeutige Stimmen zu diesem Thema lassen sich kaum ausmachen. Da die Begrifflichkeiten "weiblich" und "feministisch" keine geschützten Begriffe sind, läßt sich keine klare Grenzlinie ziehen. Die Vorwegannahme, "weiblicher Wissenschaft" von vornherein einen Dualismus bzw. einen Biologismus zu unterstellen, ist ebenso verkürzt (und unangemessen) wie der feministischen Variante "Aufgeklärtheit" zu bescheinigen.

Ein Beispiel: Auf dem "Futurologischen Wissenschaftskongreß", der 1985 in Mainz stattgefunden hat, hielt Elisabeth Lembeck einen Vortrag zum Thema "Feministische Wissenschaftskritik - Ansätze und Perspektiven einer Feministischen Wissenschaft". Als "neue Wissenschaft", die auf eigener Betroffenheit basiere, müsse feministische Wissenschaft parteilich sein und mit der Frauenbewegung leben und arbeiten. In der Dokumentation ist folgendes nachzulesen:

"Schwerpunkt ist, das bisher verdrängte Weibliche zu thematisieren, ein frauenzentrierter Blick soll eingebracht werden und der emanzipatorische Aspekt der ´menschlichen Totalität im Wissenschaftsbereich´. Auf diese Weise kommen Emotionen und Subjektivität in die Wissenschaft, was andererseits den Nachteil hat, daß auch diese Teile der menschlichen Existenz erfaßbarer, verwertbarer werden, was zu Normierung, Eingrenzung in Kriterien und somit zur Ausnutzung durch die herrschende Wissenschaft führt." [1)]

An diesem Beispiel läßt sich Anlaß, Zweck und Ziel feministischer (?) Wissenschaftskritik in der Konzeption Lembecks - bezogen auf traditionelle Wissenschaftszweige - wie die Kehrseite der Medaille ablesen. Herkömmliche - sog. männliche Wissenschaft - operiert mit den Begrifflichkeiten gesellschaftspolitische Neutralität, Objektivität, Distanz, Subjekt-Objekt-Spaltung, Mathematisierbarkeit, etc., und die "neue Wissenschaft" postuliert per se einen Gegensatzentwurf. Subjektivität tritt an die Stelle von Objektivität, Nähe versus Distanz, etc. Feministische Wissenschaftskritik beinhaltet m.E. bei Elisabeth Lembeck einen reinen Gegenentwurf zur herkömmlichen Wissenschaft. Eine Definition von feministischer Wissenschaft, die sich das Infragestellen von dualistischen Modellen zur Aufgabe gestellt hat und auf Reflexivität[2)] setzt, trifft auf dieses Beispiel nicht zu. Unter dem Begriff "weibliche Wissenschaft", die sich spiegelbildlich zur sogenannten männlichen Wissenschaft abgrenzt, würde das Konzept von Elisabeth Lembeck m.E. besser passen, da ihre Herangehensweise eine dualistische ist.

Unter dem Motto "Frauen denken, lernen, lehren und handeln anders?!" fand 1993 ein Frauenkongreß in Hannover statt. In dem Vortrag von Gudrun Axeli-Knapp "Die 'andere' Frau" warnt sie vor dem Umgang mit dualistischen Modellen. Dies führe zur Verklärung von klischeehaften Vorstellungen über weiblich und männlich.

Der Aufsatz von Jenny Kien[3)] argumentiert in eine ähnliche Richtung. Bei ihr lassen sich drei Positionen als Antwort auf die Frage, ob es eine weibliche und männliche Naturwissenschaft gibt, ausmachen. Die erste Position setze "feministisch" mit "weiblich" gleich und argumentiere biologistisch. In dieser Position werden die Polarisierungen von männlich und weiblich verbindlich übernommen, d.h. Gegensatzpaare wie z.B. rational-emotional, reduktionistisch-ganzheitlich, Naturnähe - Kulturnähe etc. werden geschlechtlich eindimensional zugeordnet. Sie vertrete nicht selten einen antiwissenschaftlichen Standpunkt, da die Naturwissenschaft, und damit auch ihre Denkstrukturen, männlich seien[4)]. Als sog. "Klassiker" dieser Richtung zählen sicherlich die Arbeiten von Maria Mies[5)]. Die zweite Position besage, daß Logik nicht unbedingt männlich sei, sondern das, was damit gemacht werde: Ziele, Nutzen und Fragestellungen in der Wissenschaft seien männlich.

Jenny Kien lehnt beide o.g. Standpunkte ab, und setzt eine dritte Position dagegen. Sie beinhaltet, daß die Wissenschaft nicht männlich im Sinne von geschlechtsgebunden, sondern patriarchalisch sei, und daß sie als Herrschaftssystem und Herrschaftsinstrument fungiere[6)]. Argumentativ stützt sie sich u.a. auf historische Analysen, die nachgewiesen haben, daß androzentrische Forschungen, die Weiblichkeit mit Passivität und Männlichkeit mit Aktivität gleichsetzen, eine Kontinuität von Aristoteles bis Thomas von Aquin aufweisen[7)].

Feministische Naturwissenschaftskritik bedeutet m.E. nicht die "bloße Umwertung", das heißt die Aufwertung des Weiblichen und die Kritik des Männlichen, sondern beinhaltet die Hinterfragung von dualistischen Denkmodellen überhaupt.

Ich halte es für sinnvoll, den Diskurs in mindestens zwei Richtungen zu unterteilen. Der Ansatz, der Frauen einen anderen Forschungszugang qua Geburt bescheinigt, sollte unter der Rubrik "weibliche Wissenschaft" geführt werden, und die wissenschaftliche Herangehensweise, die mit der Kategorie "gender" - also u.a. mit dem "sozialen Geschlecht" arbeitet, sollte unter dem Begriff "feministische Wissenschaft" subsummiert werden. Die Beiträge, die sich zwischen diesen beiden Ansätzen bewegen, könnten sich als eigenständige Richtung etablieren.

Ich persönlich bevorzuge die feministische Variante, da ich Dichotomien tendenziell "verdächtig" finde, da sie Geschlechtsunterschiede festschreiben und m.E. kontraproduktiv für Emanzipationsbewegungen sind[8)]. Bezogen auf eine philosophische Haltung des Konsensbruches[9)] bevorzuge ich einen lebendigen und pluralistischen Diskurs. Da es bislang aber keine definierte Unterscheidung zwischen "weiblicher" und "feministischer Wissenschaft" gibt, wird diese Debatte so schnell kein Ende finden. Die vielen Kongresse und Tagungen zu diesem Thema geben ein lebendiges Bild zur Aktualität dieses Diskurses ab. Die Frage "feministische" oder "weibliche" Wissenschaft bleibt also weiterhin aktueller Tagesordnungspunkt!

An dieser Stelle möchte ich den Bogen zu unserem Arbeitskreis schlagen: Unser Anliegen ist es, nicht nur die Naturwissenschaften kritisch und vor allem feministisch zu hinterfragen, sondern diese Kritik auch auf unser eigenes Denken zu beziehen. Feministische Implikationen bedeuten Reflexivität.

** Dieser Vortrag enthält Auszüge aus meiner Dissertation.*

Vorstellung des Arbeitskreises

Julia Lademann

Der Arbeitskreis besteht etwas länger als ein Jahr - wurde erstmals beim letzten Kongreß in Gießen vorgestellt. Wir sind eine regionale Gruppe (Hamburg, Bremen, Berlin) von ca. 15 Frauen aus den Bereichen: Mathematik, Chemie, Physik, Biologie, Agrarwissenschaft, Sozialgeschichte, Soziologie, Informatik, Publizistik, Philosophie. Wir arbeiten überwiegend im Zusammenhang mit feministischer Forschung (bzw. betreiben diese) - die meisten von uns sind gerade dabei zu promovieren oder wollen es noch bzw. sind es schon. Uns verbindet, daß wir Frauen sind, die mit kritischen, feministischen und z.T. interdisziplinären Ansätzen Wissenschaft betreiben, bzw. solche Ansätze in die Wissenschaft fließen lassen wollen. Wir verstehen uns nicht als "Dienstleistungsbetrieb" oder bloße Adressenkartei, sondern als Diskussionsforum, zu dem wir uns als Arbeitskreis alle zwei bis drei Monate treffen und über unsere laufenden Arbeiten bzw. über Themen aus dem Bereich feministische Naturwissenschaftskritik diskutieren.

Seit April 1994 geben wir einen Rundbrief heraus (bis jetzt fünf), der Beiträge von und für die Frauen des Arbeitskreise enthält, z.B.: Vorstellungen der beteiligten Frauen (wer sie sind, was sie machen, und mit welchen Themen sie sich im Arbeitskreis beschäftigen möchten), Überlegungen/Aufgreifen von Themen, die im Arbeitskreis diskutiert wurden, Hinweise und Tips (Veranstaltungen, Seminare, Stipendienmöglichkeiten), Adressenliste. Die Rundbriefe werden reihum herausgegeben (d.h. eine sammelt die Beiträge) und an die Beteiligten des Arbeitskreises verschickt (wird von uns selbst finanziert).

Welche Arbeitskreise gibt es noch? Soweit wir feststellen können, gibt es außer unserem Arbeitskreis noch eine Gruppe zum Thema feministische Mathematik (Christine Knipping, Hamburg). Nach dieser Veranstaltung gab es mehrere Interessentinnen für unseren Arbeitskreis. Es wurde eine Adressenliste angelegt - alle Frauen werden zum nächsten Arbeitskreistreffen eingeladen.

Anmerkungen:

1) E. Lembeck, 1985, 52
2) vgl. u.a. M. Krüger (1993), S. Harding (1994)
3) J. Kien: "Gibt es "weibliche" und "männliche" Naturwissenschaft?", in: TÜTE , (Sonderheft) Natur und Technik - Geist und Gesellschaft, hrsg. von Irene Scherer, Inka Thunecke, Tübinger Termine Verlags GmbH, Tübingen, Juli 1989, 42-46
4) vgl. J. Kien, 1989, 43

5) Maria Mies (1982), (1983). Einige Textpassagen von C. Merchant lassen sich ebenfalls unter dem o.g. Aspekt erfassen. (vgl. C. Merchant, 1994)
6) vgl. J. Kien, 1989, 43
7) vgl. J. Kien, 1989, 46
8) H.A. Wiesner, 1994, 252-255
9) vgl. Jean Francois Lyotard (1989)

Literatur:

Axeli-Knapp, Gudrun: "Die 'andere' Frau", Seite 8-9, in: Frauen denken, lernen, lehren handeln anders?!, Veranstaltungsort: Universität Hannover hrsg. vom Verein Niedersächsischer Bildungsinitiativen - Büro für Frauenbildungsarbeit, Osnabrück (Druck) 1993

Haraway, Donna: Simians, Cyborgs, and Women. The Reinvention of Nature, New York 1991

Harding, Sandra: Das Geschlecht des Wissens. Frauen denken die Wissenschaft neu, Campus Verlag Frankfurt und New York 1994

Hubbard, Ruth: The Politics of Women's Biology, New Brunswick and London 1990

Keller, Evelyn Fox: Liebe Macht und Erkenntnis. Männliche oder weibliche Wissenschaft? München Wien 1986

Kien, Jenny: "Gibt es "weibliche" und "männliche" Naturwissenschaft?", in: TÜTE , (Sonderheft) Natur und Technik - Geist und Gesellschaft, hrsg. von Irene Scherer, Inka Thunecke, Tübinger Termine Verlags GmbH, Tübingen, Juli 1989, 42-46

Krüger, Marlis:" Über die Notwendigkeit feministischer (Selbst-)Reflexion" in: Was heißt hier eigentlich feministisch? Zur theoretischen Diskussion in den Geistes- und Sozialwissenschaften, hrsg. von Marlis Krüger, Donat Verlag 1989,

Lembeck, Elisabeth: Feministische Wissenschaftskritik, Ansätze und Perspektiven einer Feministischen Wissenschaft, in: Futorologischer Wissenschaftskongreß, Perspektiven einer emanzipatorischen Gesellschaftsentwicklung, Universität Mainz, Dokumentation, hrsg. vom Asta Uni Mainz, Wiesbaden (Druck) 1985, 50-54

List, Elisabeth: "Denkverhältnisse. Feminismus als Kritik" in: Denkverhältnisse Feminismus und Kritik, hrsg. von Elisabeth List und Herlind Studer, Edition Suhrkamp, Frankfurt am Main 1989, 7-34

Lyotard, Jean Francois: Der Widerstreit, München 1989

Merchant, Carolyn: Der Tod der Natur, Ökologie, Frauen und neuzeitliche Naturwissenschaft, München 1994

Mies, Maria: Methodische Postulate der Frauenforschung, in: Beiträge zur feministischen Theorie und Praxis. Köln 1982

Mies, Maria: "Gesellschaftliche Ursprünge der geschlechtlichen Arbeitsteilung", in: Frauen, die letzte Kolonie, von Claudia von Werlhof, Marla Mies und Veronika Bennholdt-Thomsen, Reinbek 1983, 164-193

Scheich, Elvira: Naturbeherrschung und Weiblichkeit, Denkformen und Phantasmen der modernen Naturwissenschaften, Centaurus-Verlagsgesellschaft, Pfaffenweiler 1993

Wiesner, Heike A.: "Arbeitskreis Feministische Naturwissenschaftsforschung, Punkt 3: Feministische Naturwissenschaftskritik", in: Frauen in Naturwissenschaft und Technik, Dokumentation, 20. Bundesweiter Kongreß 12.-15. Mai in Gießen, Gießen 1994, 252-256

Feministische Mathematikkritik - Eine Diskussionsveranstaltung

Christine Knipping und Tina Meyer
Schäferkampsallee 61, D-20357 Hamburg

Im vergangenen Jahr hat sich auf dem Kongreß in Gießen unsere Arbeitsgruppe "Feministische Mathematikkritik" gebildet. Seitdem haben wir versucht, Ansätze einer solchen Kritik zu finden und diese zu diskutieren.

Bisher gibt es zur feministischen Kritik der Mathematik kaum Veröffentlichungen. Doch: Wie können Ansätze einer solchen Kritik aussehen? Es schien uns vielversprechend, auf möglichst unterschiedliche Weise Zugänge zu versuchen, und nicht von vornherein zu eingrenzend vorzugehen. Doch gleichzeitig war offensichtlich, wie notwendig es ist, zu bestimmen, wovon wir sprechen. So mußten wir recht bald feststellen, daß auch wir von verschiedenen Hintergründen aus auf die Mathematik schauen. Die eine spricht von ihren Erfahrungen als Studentin, die andere von ihren im Forschungsbetrieb, eine vom Bildungssystems Frankreichs und die nächste von dem in Deutschland.

Doch auch die mathematische Fachsprache differiert. So wird im Englischen von "field" gesprochen, im Deutschen von "Körper". Auf Deutsch scheint der Begriff "Geschlecht" eine stark sexuelle (für manch eine auch sexistische) Konnotation zu haben, im Französischen erinnert der Begriff "genre" eher an "Art", bzw. "Gattung", beide Begriffe bezeichnen mathematisch aber das gleiche. Soweit liegen aber vielleicht beide Begriffe doch nicht auseinander. Doch eben dies, der metaphorische und symbolische oder auch alltagssprachliche Gehalt der mathematischen Fachsprache, muß geklärt werden. Dabei ist es auch wichtig zu klären, wann und in welchem (nicht allein innermathematischen, sondern insbesondere gesellschaftlichen) Zusammenhang die Fachbegriffe entstanden sind. Die mathematische Fachsprache und ihr Zusammenhang mit der Alltagssprache haben uns im vergangenen Jahr besonders interessiert. Doch welche Begriffe scheinen für eine Analyse aus feministischer Perspektive interessant? Potenz, Wurzel, Sattel, Gebüsch, Henkel? Und wie oft sieht eine den Wald vor lauter Bäumen nicht?

Um ein wenig geordneter an eine "Feministische Mathematikkritik" heranzugehen, haben wir uns auf ein "Geländer" gestützt, das Sandra Harding (1986)[1)] zur Klärung verschiedener Herangehensweisen aufgestellt hat. Sie unterscheidet fünf verschiedene Ansätze in der feministischen Forschung, die an ihren zentralen Fragestellungen und Thesen erkennbar sind:

1. Forderung nach Partizipation von Frauen an der Wissenschaft
2. These vom Mißbrauch der Wissenschaft
3. Kritik der Wertfreiheit der Wissenschaft
4. Wissenschaft verstanden als Text
5. Auffassung vom gesellschaftlichen Charakter der Wissenschaft

In diesen unterschiedlichen Herangehensweisen wird versucht, die symbolischen, institutionellen und individuellen Ausprägungen patriarchaler Wissenschaft aufzudekken und zu kritisieren. Uns können gerade diese differenten Ansätze Anregungen und Möglichkeiten geben, auch in der Mathematik endlich mit einer feministischen Kritik zu beginnen.

Zwei deutschsprachige Aufsätze sind uns bekannt, die mit einer Mathematikkritik aus feministischer Sicht begonnen haben. Christiane Frougny/ Jeanne Peiffer (1985)[2)] versuchen durch eine historische Betrachtung der Entwicklung der Mathematik den gesellschaftlichen Charakter dieser Disziplin und den systematischen Ausschluß der Frauen zu erklären. Der zweite uns bekannte Aufsatz von Regine Boest ist in der Dokumentation nach dem 10. Treffen von Frauen in Naturwissenschaft und Technik in Stuttgart 1984 abgedruckt worden.[3)] Boest kritisiert von einem feministisch-psychoanalytischen Ansatz aus die Wertfreiheit der Mathematik und versucht, den Androzentrismus des Faches herauszuarbeiten. Beide Aufsätze sollen im folgenden kurz dargestellt werden und daran anschließend unsere weiteren Überlegungen vorgestellt werden.

Christiane Frougny und Jeanne Peiffer interpretieren die Entwicklung des mathematischen **Formalismus**, mit seinem Beginn in der Antike und seinem vorläufigem Abschluß Ende der 20er Jahre, als einer **Sehnsucht nach Ewigkeit und dem Wunsch nach Negation** der Zeit entsprungen: "*... es ist gerade dieser Wunsch [d.h. der Wunsch nach Universalität und Zeitlosigkeit],..., der die Grundlage der formalistischen Haltung in der Mathematik bildet: der Wunsch nach Ewigkeit, das Streben nach Unvergänglichkeit, das Trachten danach, der Zeit und ihrem ätzenden Wesen zu entkommen.*" (Frougny/Peiffer, 1985, S.62)

Mit Aristoteles, der als erster an der Entwicklung einer Formalisierung von Argumentationen interessiert war, beginnt nach Meinung der Autorinnen bereits dieses Streben. Beständige **Gültigkeit** von Aussagen soll garantiert werden, **Wahrheit** wird als universell begriffen. Auch die Form mathematischer Argumentation muß danach so sein, "*daß die Resultate allerorts und zu jeder Zeit mitteilbar sind*". Dieses Verhältnis zur Mathematik entspringt nach Frougny und Peiffer der Grundauffassung "***linearer Männerzeit***", die Ausdruck der patriarchal geprägten gesellschaftlichen Verhältnisse ist.

So wiederholen sich auf einer ganz abstrakten Ebene, z.B. in der mathematischen Theorie, nach ihrer Meinung **Vorgänge und Prozesse der Gesellschaft**, die in dieser zum Ausschluß von Frauen führen. Damit entwerfen sie einen Ansatz feministischer Kritik der Mathematik. Eine solche Theorie der Wiederholung gesellschaftlicher Verhältnisse in abstrahierender Form ist vielversprechend, da anders als in den Sozial- und Gesellschaftswissenschaften weder Frauen noch Männer in der Mathematik vorzukommen scheinen und damit für die feministische Kritik der Mathematik ein Ansatz entwikkelt werden muß, der diese Problematik mit erfaßt.

Frougny und Peiffers Ansatz der "abstrahierenden Wiederholung" soll am Beispiel der Entwicklungsgeschichte des mathematischen Formalismus erläutert werden. Die Autorinnen gehen davon aus, daß jedes formale System aus der "naiven Theorie" durch Abstraktion gewonnen wird. So ist zum Beispiel die aristotelische Schlußlehre dem Prinzip der biologischen Klassifikation entlehnt, auf das Aristoteles zurückgreifen konnte.[4)] Die "naive Theorie", in diesem Fall die Biologie, wird von Frougny und Peiffer nicht als "einfachere" oder "einfältigere" verstanden, sondern als diejenige, die zu dem bereits existierenden "gesellschaftlichen Wissen" gehört. Durch Abstraktion werden die Beziehungen, die zwischen den Objekten der "naiven Theorie" bestehen, getreu in der formalen Theorie abgebildet. D.h. die Ordnung der "naiven Theorie" findet sich in der formalen Theorie wieder, und wird bei Anwendungen dieser auch wieder weitergetragen.

"Naive Theorien" sind, wie bereits erwähnt, immer Teil gesellschaftlichen Wissens, und setzen sich, in Abstraktionen und neuen Theorien fort. Doch als Teil gesellschaftlichen Wissens sind sie auch immer Ausdruck der gesellschaftlichen Strukturen, d.h. insbesondere der Herrschafts- und Machtverhältnisse. Für den Fachdiskurs, der ausschließlich von Männern bestimmt ist, bedeutet dies, daß dieser insbesondere durch die Verhaltensweisen und Interessen der Männer geprägt ist. So ist z.B. auch die aristotelische Schlußlehre in einem politischen Klima im antiken Griechenland entstanden, in dem es wesentlich darum ging, Macht über die anderen zu erlangen. Diese Art der Macht brauchte über die Frauen nicht verbal erkämpft zu werden, denn schließlich waren diese von vornherein aus dem politischen Bereich ausgeschlossen. Die **"wahre" Argumentation** sollte den Gegner zum Schweigen bringen, der Sieg über ihn verbal erbracht werden. Wahrheit wurde damit bereits in seinen Anfängen als universelle ("Sieges-") Variante begriffen.

Diese Auffassung von Wahrheit prägt nach Frougny und Peiffer die gesamte westliche Tradition. Die Möglichkeit der gemeinsamen rationalen Kommunikation wird dabei gleichgesetzt mit der Kenntnis und Akzeptanz der etablierten Diskussions- bzw. Argumentationsregeln. Frauen wurden dabei von Anfang an von diesem Wissen ferngehalten. Dieser Regeln meist unkundig wurde ihnen nicht nur Rationalität generell abgesprochen, sondern sie darüber hinaus aufgrund ihres "Weiberwissens" im Namen der rationalen Wissenschaft als Hexen verfolgt und umgebracht.

Nach der Analyse von Frougny und Peiffer ist dieser "Wahrheitsabsolutismus" im wesentlichen in der christlichen Tradition fortgesetzt. Raimund Lull (1232-1316), der heute als einer der Urväter der Computerwissenschaft gilt und auch Gottfried Wilhelm Leibniz (1646-1716) traten an, um <u>die</u> Wahrheit in die Welt zu tragen. Im Kampf gegen den Islam entwickelt Lull mechanisierte Verfahren der Argumentation, um auf diese Weise mit einer absoluten Überzeugungskraft gewinnen zu können. Im **"Besitz der Wahrheit"** glaubte er seine Mission leichter führen zu können. Leibniz griff die Gedanken von Lull über 300 Jahre später wieder auf, und entwickelte, ebenfalls in einem missionarischen Auftrag, einen Kalkül in der Überzeugung, daß nur formal Handhabbares rational sei. Auf diese Weise sicherte "Formale Rationalität" den Herrschaftsdiskurs.

Frougny und Peiffer interpretieren die Geschichte der Entwicklung des Formalismus als Reaktion auf die Realität, die von Männern als unbeherrschbar und bedrohlich empfunden wurde. Die Autorinnen analysieren die Formalisierung als einen Versuch der Männer, die eigene Sicherheit und Stabilität zu erhalten. Mit Frege (1848-1925) setzte nach Auffassung der Autorinnen der vorerst letzte "Formalisierungsschub" ein. Dieser wollte die Logik aus der natürlichen Sprache "befreien" und die Anschauung durch Formalisierung abwehren. So wurde die Kluft zwischen Realität und mathematischem Diskurs größer. Hilbert (1862-1943) setzte dies weiter fort, indem er postulierte, daß Mathematiker nicht Existierendes entdeckten, sondern selbst Schöpfer des Mathematischen seien, Mathematisches zum Existieren brächten. Wahrheit versteht Hilbert als Widerspruchsfreiheit, und damit als absolute Gültigkeit. Die Mathematik ist damit vollends kontrollierbar und festlegbar. Der wahrheitsgetreue "Erhalt" mathematischer Aussagen ist gesichert, die Mathematiker legen selbst fest, was wahr ist, und sie haben das absolute Recht dazu.

Christiane Frougny und Jeanne Peiffer schließen mit vier kritischen Punkten ihre Analyse:

- Mit der Durchsetzung des syntaktischen Wahrheitsbegriffs in der Mathematik in diesem Jahrhundert und der damit garantierten "wahrheitstreuen" Überlieferung mathematischer Aussagen ist auch die Sehnsucht nach Ewigkeit befriedigt. Der "Schöpfer-Mann", der Mathemat, verewigt sich in der Zeitlosigkeit.
- Der Erkenntniswert einer Theorie, die zwar fähig ist, ihre eigenen Kontrollmechanismen zu entfalten, aber dies nur innerhalb eines Bereiches, deren Objekte sie selbst, unabhängig von der konkreten Wirklichkeit definiert, ist sehr zweifelhaft.
- Besonders problematisch ist dabei, daß die Legitimität der Übertragung von solchen mathematischen Theorien noch nicht einmal zur Debatte steht.
- Mathematische "Erfindungen" und "Entdeckungen" zeichnen sich gerade nicht durch ihren formalen Charakter aus, sondern durch Kreativität. Diese gilt in unserer Gesellschaft nun aber als typisch weiblich, sollten Frauen also potentiell im Bereich mathematischer Erfindungen besser sein als Männer?

Regine Boest kritisiert den Androzentrismus der Mathematik aus einer ganz anderen Sicht. Sie bedient sich feministisch-psychoanalytischer Methoden, und greift dabei insbesondere auf Luce Irigaray zurück. Sie entwirft eine Kritik, die zugleich den gesellschaftlichen Ausschluß der Frauen aus der Mathematik und die Ausgrenzung der Frau als Subjekt der Mathematik umfaßt.

Sie charakterisiert die klassische aristotelische Logik als eine androzentrische, in der das männliche Universalsubjekt die alleinige Definitions- und Schaffensmacht hat. "Er" legt den Subjekt- und Objektstatus fest: die Frau ist durch ihr Objektsein bestimmt, der Mann dagegen durch seinen Subjektstatus. Nach Auffassung von Boest ist aber zugleich jegliche Subjektivität und vor allem Selbstreflexivität (Reflexion auf das Subjekt) ausgegrenzt, was die Omnipotenz des Mannes noch unterstreicht, da dieser in dem ganzen Gefüge nicht mehr sichtbar und damit auch nicht greifbar ist. Damit macht er auch nicht sich selbst zum Gegenstand der Betrachtung und Forschung, bestimmt diese Forschung aber vollkommen und ist nur auf diese gerichtet. Das denkende Subjekt allein entscheidet, was ist und was nicht ist.

In der klassischen aristotelischen Logik ist nach Bocst genau dieses Subjekt-Objekt Verhältnis kodifiziert. Die aristotelische Identitätslogik ist auf ein starres Symmetrieverhältnis aufgebaut, das keine Reflexion dieses Verhältnisses zuläßt. Die männlich konstruierte Dualität ist nach ihrer Auffassung der entscheidende Grund, warum dieses formale System keine Reflexivität zuläßt. So charakterisiert sie die Axiome der klassischen Logik als Ausdruck dieses androzentrischen Denkens.

- Das Identitätsprinzip garantiert dabei die Selbstidentität des Seins, drückt also die Fixierung auf das Objekt aus.

- Das Prinzip der Widerspruchsfreiheit manifestiert den Unterschied zwischen Sein (Objekt) und Nichts (Subjekt), erhält somit die symbolische Ordnung der Geschlechter.
- Der Satz vom ausgeschlossenen Dritten verteidigt zudem die Ausschließlichkeit des Diskurses, es gibt nur die eine Ordnung, die Unterscheidung: positiv und negativ; Objekt (Frau) und Subjekt (Mann).

Aus dem Androzentrismus der Mathematik sich zu befreien, bedeutet nach Boest, die klassische aristotelische Logik zurückweisen zu müssen. Sie plädiert für die Erweiterung dieser Logik zu einer mehrwertigen Logik, die auch als Grundlage für feministische Theoriebildung herangezogen werden könnte.

Neben diesen Ansätzen haben wir in unserer Arbeitsgruppe versucht, uns einer feministischen Mathematikkritik durch die Betrachtung der mathematischen Fachsprache, sowie mathematischer Veranschaulichungen zu nähern. Es ist auffällig, wieviele alltagssprachliche Begriffe in der Mathematik verwendet werden, ohne daß dies uns häufig bewußt ist. Es "existieren" "Henkel", "Sättel", "Wurzeln", "Gebüsche" und auch "Geschlechter".

Der Wissenschaftsalltag gab uns eine erste "Anregung", uns mit dem Begriff etwas näher zu beschäftigen. Auf einer Tagung im Bereich Topologie, reichte ein Vortragender in seiner Veranstaltung über "das Geschlecht zwei" Modelle herum. "Flächen vom Geschlecht zwei haben zwei Löcher" und diese sollte auch das Publikum einmal anfassen und "richtig" zu fühlen bekommen. Abgesehen von den offensichtlichen sexistischen Doppeldeutigkeiten, welche die Botschaft des Referenten enthielten, stellten wir uns die Frage, ob nicht die mathematischen Begriffe selbst auf einen patriarchalen Gehalt verwiesen. Es scheint interessant, zu erfahren, wie Bedeutungen und Konnotationen von Begriffen aus dem alltagssprachlichen Bereich in die Mathematik, bzw. in deren Fachbegriffe hineingetragen werden. Sicher treten dabei Umdeutungen auf, doch wie weit liegen diese von den "weltlichen" männlichen Vorstellungen? Der Begriff "Geschlecht" ist höchstwahrscheinlich (umfassend konnten wir dies leider noch nicht untersuchen) von Clebsch in den sechziger Jahren des 19. Jahrhunderts geprägt worden. Riemann spricht stattdessen unseres Wissens noch von "Gattung", was dem heutigen französischen Begriff näher kommt. Die metaphorische Bedeutung dieses Begriffs, sowohl in seinem alltagssprachlichen als auch in seinem fachlichen Zusammenhang zu untersuchen, scheint uns lohnenswert. Eine eingehendere Untersuchung seiner Verwendung bei Aristoteles könnte als ein Anhaltspunkt aufschlußreich sein, was durch die Analyse von Frougny und Peiffer lohnend scheint.

Ein zweites Beispiel, was ebenfalls interessant erscheint, untersucht zu werden, ist das folgende; es kommt aus dem Bereich modelltheoretischer Spiele,[5)] in der zwei L-Strukturen miteinander verglichen werden sollen: Es existieren zwei Spieler, $\forall$ (der männliche Spieler, manchmal Abelard genannt) und $\exists$ (die weibliche Spieler, auch Eloise genannt). Der männliche Spieler $\forall$ versucht nun nachzuweisen, daß die beiden Strukturen different sind und gewinnt, falls er dies nachweisen kann. Wohingegen die weibliche Spieler gewinnt, sofern der Beweis nicht erbracht werden kann. Die Rollen der Spieler sind klar verteilt. Was sehr auffällig an diesem Beispiel ist, daß es mit anthropozentrischen Bildern arbeitet, die zudem geschlechtsspezifisch sind. Darüber hinaus sind

Abelard und Eloise gerade in "erotischer Hinsicht" berühmt. Ihre Liebe führte zur Kastration von Abelard, der seine wissenschaftliche Karriere der Liebe zu Eloise vorzog, und bedeutete für Eloise das Nonnenleben für das Ende ihres Lebens. Was aber bedeutet es, daß die beiden Gestalten in der Modelltheorie herangezogen werden? Auch die Deutung dieses Beispiels steht noch aus.

Zum Schluß möchten wir noch einmal auf Sandra Hardings Einteilung der Feministischen Wissenschaftstheorie zurückkommen und mithilfe ihres "Geländers" zusammenfassen: Der Ansatz von Frougny und Peiffer arbeitet den gesellschaftlichen Charakter der Mathematik heraus und stellt zugleich die Wertfreiheit dieser Disziplin infrage. Auch Boest argumentiert in einer solch kritischen Absicht, allerdings aus einer feministisch-psychoanalytischen Sicht. Ähnlich wie sie haben wir in unserem Arbeitskreis versucht, die "mathematischen Objekte" selbst in den Blick zu nehmen. Doch die genauere Analyse der Beispiele steht noch aus.

Anmerkungen:

1) Vgl. Sandra Harding: Feministische Wissenschaftstheorie, Hamburg 1991 (dt. 1990, engl. 1986).
2) Vgl. Christiane Frougny/ Jeanne Peiffer: Der mathematische Formalismus - eine Maschine, die Wahres aussondert, in: Feministische Studien, Heft 1, 1985.
3) Vgl. Regine Boest: Zur Theoretisierung von Erfahrung, aus: Dokumentation des 10. nationalen Treffens von Frauen in Naturwissenschaft und Technik, Stuttgart 1984.
4) Brunschvicg hat eben dies herausgearbeitet und seiner Auffassung schließen sich auch Frougny und Peiffer an. Siehe dazu auch: Léon Brunschvicg: Les étapes de la philosophie mathématique, Neuausgabe Blanchard, Paris 1981; siehe auch Frougny/Peiffer.
5) Vgl. W. Elfried Hodges: Model Theory, Cambridge University Press, Cambridge 1993.

Geschichte von Frauen in Naturwissenschaft und Technik

In der Ausstellung "Berühmte Frauen in den Naturwissenschaften" von Marianne Karotke

Dr. Marie Baum - Lebensweg einer Naturwissenschaftlerin

Susanne F. Schulz, Bützíweg 4, D - 79790 Küssaberg

Entdeckung eines Lebenslaufes

Bei der Vorbereitung auf ein Bewerbungsgespräch suchte ich in alten und neuen Zeitschriften nach Artikeln über Methoden der Ozon-Herstellung. Dabei fiel mir ganz zufällig in einer alten chemischem Zeitschrift von 1964 eine Laudatio zum 90. Geburtstag einer promovierten Chemikerin auf: Dr. Marie Baum. Wenn sie 1964 schon 90 war, dann mußte sie wohl im letzten Jahrhundert studiert haben, schloß ich. Meine Neugierde war geweckt, ob ich wohl den Lebenslauf einer der ersten deutschen Chemikerinnen entdecken würde.

Es kam ganz anders. Beim Lesen dieser Laudatio erfuhr ich, daß Marie Baum vor ziemlich genau hundert Jahren am eidgenössischen Polytechnikum in Zürich studiert hatte, also an einem Ort, an dem ich gerade meine Assistenzzeit beendet hatte. Es kam heraus, daß sie aus Danzig stammte, in Zürich Naturwissenschaften und Chemie studiert hatte und um die Jahrhundertwende in die deutsche chemische Industrie gegangen war. Dann hatte sie aber eine radikale Kehrtwende in die Sozialarbeit und Sozialwissenschaft vollzogen. Ihr in dieser Laudatio nachgezeichneter Lebenslauf endete abrupt im Jahr 1933. Aber im Jahr 1964 lebte sie ja noch. Warum hatte der Autor die letzten 30 Jahre verschwiegen? Wo stand sie in der Zeit des dritten Reiches? Wie hat sie den zweiten Weltkrieg überstanden und die Nachkriegszeit erlebt?

All diese Fragen regten mich zu weiteren Nachforschungen an und führten mich zu einer Gruppe von interessanten Frauen, die sich im letzten Jahrhundert aufgemacht haben, um den Bereich der Hochschulbildung für sich zu erschließen. Marie Baums Lebenslauf steht immer im Schatten des Lebenslaufs ihrer Freundin Ricarda Huch, die es als Schriftstellerin zu Ruhm und Ehre gebracht hat. Marie Baum jedoch knüpfte die Netze, machte die Frauen miteinander bekannt, und ermöglichte zahlreichen anderen Frauen den Weg in ein eigenes Berufsleben.

Lebensdaten der Marie Baum

23. März 1874:	geboren in Danzig; Vater: Leiter des städtischen Krankenhauses, Mutter: Hausfrau, Tochter des Mathematikers Dirichlet; mittleres von 6 Geschwistern. Schulbildung: Volksschule, Koch- und Haushaltungsschule, rechtswissenschaftliche Kurse, Realkurse für Mädchen (private Gymnasialkurse ohne Abschlußprüfung), Privatstunden
1893 - 1899:	Studium in Zürich
1893:	Maturitätsprüfung, Aufnahmeprüfung am eidgenössischen Polytechnikum, Eintritt in die Abteilung VI A (Fachlehrerkurs mathematische Sektion).
1894:	Übertritt in die Abteilung VI B (Fachlehrerkurs naturwissenschaftliche Sektion)

1896:	Erste Assistenztätigkeit im Praktikum für analytische Chemie (Vertretung)
1897:	Diplom-Abschluß als Fachlehrer in naturwissenschaftlicher Richtung
1897 - 1899:	Promotion bei Prof. Bamberger in Chemie und Assistenztätigkeit im chemisch-analytischen Praktikum des Polytechnikums
1899:	Abschluß der Promotion, Dissertation "über p-Xylylhydroxylamin - Beiträge zu Kenntnis des 1-2-Naphtalendiazooxyds", Erlangung der philosophischen Doktorwürde der Universität Zürich
1899 - 1902:	angestellte Chemikerin in der Patentabteilung (Forschungslabor) der Aktiengesellschaft für Anilinfabrikation (AGfA) in Berlin
1902 - 1907:	Fabrikinspektorin des Großherzogtums Baden in Karlsruhe
1907:	Sommersemester an der Universität Heidelberg als Gasthörerin
1907 - 1916:	Geschäftsführerin im Verein für Säuglingsfürsorge, später Kriegswohlfahrtspflege im Regierungsbezirk Düsseldorf
1915:	Aufbau der Kriegswohlfahrtspflege in Danzig
1916 - 1919:	Leitung der Sozialen Frauenschule und des sozialpädagogischen Instituts in Hamburg zusammen mit Gertrud Bäumer
1917:	Sozialarbeit an der Kriegsfront in Belgien und Frankreich
1919:	Abgeordnete in der Nationalversammlung für die Deutsche Demokratische Partei
1919 - 1926:	Referentin für Wohlfahrtspflege im Badischen Arbeitsministerium in Karlsruhe
1920:	Gründung des Kinder-Erholungsheims Heuberg
1926 - 1928:	sozialwissenschaftliche Forschungsarbeiten im Auftrag von Reichsverbänden
1928 - 1933:	Lehraufträge der Universität Heidelberg
1931:	dreimonatiger Lehraufenthalt in den USA bei Prof. Marian Whitney, Vassar College (Frauenhochschule)
1933:	Ausschluß von der Lehre wegen "nichtarischer Großmutter"
1933 - 1945:	private Hilfsleistungen für Verfolgte des Nazi-Regimes in der Gruppe um den Heidelberger Stadtpfarrer Hermann Maas, Observation durch die Gestapo
1939:	Fertigstellung des ersten Teils ihres "Rückblick auf mein Leben", Herausgabe im privaten Kreis
1946:	Einladung der Universität Zürich zum Erholungsaufenthalt in der Schweiz
1946 - 1951:	Lehraufträge an der Universität Heidelberg, bis 1956 Sitz im Verwaltungsrat der Studentenhilfe
1946:	Wiederbegründung und Leitung der Elisabeth von Thadden - Schule
1949:	Ernennung zur Ehrenbürgerin der Universität Heidelberg
1950:	Veröffentlichung ihrer um die Beschreibung der Nazi- und Nachkriegszeit erweiterten Memoiren "Rückblick auf mein Leben", ihrer Biographie "Leuchtende Spur - das Leben Ricarda Huchs" und des Vorwortes der deutschen Ausgabe des "Tagebuchs der Anne Frank"
8. August 1964:	gestorben in Heidelberg

Jugend und Ausbildung

Im letzten Jahrhundert erlebten die Naturwissenschaften einen nie dagewesenen Aufschwung. Zahlreiche Entdeckungen und Erfindungen entstammen dieser Zeit. Für Mädchen war jedoch weder an den Gymnasien noch an den Hochschulen Platz. Diejenigen, die mehr als die obligatorische Volksschule absolvieren wollten, mußten Privatstunden nehmen oder spezielle Internate besuchen. Marie Baum hatte das Glück, daß ihre Eltern sehr aufgeschlossen waren und die Berufsausbildung ihrer Töchter förderten. In Deutschland waren die Universitäten den Frauen noch bis 1908 verschlossen. Schweizer Hochschulen hatten jedoch schon ab 1864 begonnen, Frauen zum regulären Studium zuzulassen. Marie Baum wurde als Neunzehnjährige daher zum Studium nach Zürich geschickt.

Das Studium begeistert sie sehr, und sie berichtet in ihren Memoiren von vielen anregenden Diskussionen zwischen Studenten und Professoren. Sie interessiert sich im Laufe des Studiums für Chemie und kann sogar schon vor ihrem Abschluß für sechs Wochen eine Assistenz in der Betreuung des chemisch-analytischen Praktikums übernehmen. Nach ihrem Diplom-Abschluß als "Fachlehrer für Naturwissenschaften" beginnt sie eine Doktorarbeit in Chemie. Zur Finanzierung ihres Doktorates sollte sie jetzt die Praktikumsassistenz übernehmen, die sie schon einmal in Vertretung ausgeübt hatte. Erstmals stößt sie hier auf Hindernisse, denn der Schulrat genehmigt ihre Anstellung zunächst nicht, da er lieber einen "Mann, am liebsten einen Schweizerbürger" auf diesem Posten sehen würde. Aber sowohl die Praktikumsstudenten als auch ihre Professoren setzen sich für sie ein, so daß ihr die Anstellung schließlich genehmigt wird.

Freundschaften und Studentinnenleben

Während ihres Studiums lernt Marie Baum eine Reihe anderer Frauen kennen und schließt Freundschaften fürs Leben: Ricarda Huch war 1987 an die Universität Zürich gekommen. 1891 hatte sie ihr Diplom für das Höhere Lehramt erhalten und 1892 ihre Dissertation an der Philosophischen Fakultät eingereicht. Sie arbeitete danach halbtags in der Stadtbibliothek und gab Unterricht in Deutsch und Geschichte an der Höheren Töchterschule in Zürich. Sie wird später eine bekannte deutsche Schriftstellerin.

Marianne Plehn hatte ebenfalls Naturwissenschaften studiert und arbeitete neben ihrer Promotion als Assistentin in der Zoologie. Sie wird später Professorin in München. Hedwig Waser, Germanistin, heiratet nach dem Studium und engagiert sich sozial in der Schweiz. Lucia Morawitz leitet den Studentinnenverein in Zürich und gibt eine Zeitschrift heraus. Freida Duensing, Juristin, baut später in Berlin die Jugendsozialarbeit auf und leitet in München eine neugegründete soziale Frauenschule. Margarete von Uexküll, Botanikerin, heiratet einen holländischen Wissenschaftler und organisiert im ersten Weltkrieg Kinder-Erholungsreisen nach Holland. Marian Whitney wird Professorin im Vassar College, einer Frauenhochschule in den USA.

Über Marianne Plehn lernt Marie Baum während eines Ferienaufenthaltes eine Gruppe von Künstlerinnen kennen, zu denen sie auch später Kontakt hält: Rose und Maria Plehn, Mimi von Geyso, Luise von Kehler und Käthe Kollwitz.

Berufstätigkeit

Nach ihrer Dissertation sucht Marie Baum eine Anstellung in der chemischen Industrie. In der Nordschweiz spricht sie in zahlreichen aufblühenden Unternehmungen vor, wird aber mit ihrem Berufswunsch nicht ernst genommen. Sie ärgert sich über Äußerungen, daß sie für die rauhe Fabrikluft doch zu schade sei, während sich die Direktoren diese Gedanken bei den einfachen Arbeiterinnen nicht machten. Von der Agfa in Berlin erhält sie schließlich eine Zusage.

Sie siedelt nach Berlin über und arbeitet drei Jahre lang in der Patentabteilung und dem Forschungslabor dieser großen chemischen Firma. Sie arbeitet gut, doch fällt es ihr im Laufe der Zeit immer schwerer, einen Sinn in ihrer Tätigkeit zu sehen. Sie bringt kein Verständnis für den Ehrgeiz ihrer Vorgesetzten auf, die Patente der Konkurrenz mit kleinen Änderungen am Produkt zu umgehen. So beschließt sie nach drei Jahren, ihren Arbeitsvertrag vorzeitig zu lösen. Etwa gleichzeitig erfährt sie von einer anderen Frau, daß in Karlsruhe die kurz zuvor geschaffene Stelle als Fabrikinspektorin frei wird, und sie bewirbt sich erfolgreich auf diesen Posten.

Als Fabrikinspektorin reist Marie Baum durch das Land Baden und beobachtet die Arbeitsbedingungen für Frauen und Jugendliche. In dieser Zeit entstehen auch ihre ersten sozialwissenschaftlichen Veröffentlichungen. Bei einem Wechsel ihres direkten Vorgesetzten kommt es jedoch zu Konflikten, da der neue Vorgesetzte sie nicht mehr unabhängig arbeiten lassen will. In dieser Lage reicht sie schließlich ihren Rücktritt aus dem Staatsdienst ein und geht für ein Sommersemester als Gasthörerin an die Universität Heidelberg. Durch ihre Kontakte zum Deutschen Verein für öffentliche und private Fürsorge kann sie danach im Regierungsbezirk Düsseldorf eine Stelle als Geschäftsführerin im Verein für Säuglingsfürsorge antreten. Sie eröffnet anderen Frauen ein neues Berufsfeld als Familienfürsorgerin. Mit dem plötzlichen Beginn des ersten Weltkrieges beginnt eine chaotische Zeit. Sie baut an verschiedenen Orten die Kriegswohlfahrtspflege auf und organisiert mit Margerte von Uexküll Kinderreisen nach Holland. Zusammen mit Gertrud Bäumer leitet sie die soziale Frauenschule in Hamburg. Beide Frauen gehen 1919 als Abgeordnete in die Nationalversammlung.

Ihr politisches Mandat gibt Marie Baum wegen zeitlicher Überlastung wieder auf, als sie Referentin für Wohlfahrtspflege im Badischen Arbeitsministerium in Karlsruhe wird. Ein jüngerer Mitarbeiter aus ihrer früheren Karlsruher Zeit ist jetzt ihr Vorgesetzter. Sie arbeitet erfolgreich, bis das Arbeitsministerium dem Ministerium des Inneren angegliedert und ihre Arbeit stark bürokratisiert wird. Mit 52 Jahren reicht sie zum zweiten mal ihren Rücktritt aus dem öffentlichen Dienst ein. Danach geht sie wieder nach Heidelberg, bearbeitet Forschungsaufträge und erhält Lehraufträge für Sozialwissenschaften an der Universität Heidelberg.

Herausforderung im Alter

1933 ist ihre Hochschulkarriere zu Ende. Durch das "Gesetz zur Wiederherstellung des Berufsbeamtentums" vom 7. April 1993 wird der gesamte öffentliche Dienst von allen gesäubert, die keinen hundertprozentig arischen Stammbaum nachweisen oder politisch links stehen. Marie Baum, deren Vorfahren schon seit Generationen evangelisch sind, ist die Ur-Ur-Ur-Enkelin des jüdischen Philosophen Moses Mendelsohn. Das reicht. Mit ihr werden im Laufe der darauffolgenden Jahre ungefähr 70 Dozenten von der Heidelberger Universität vertrieben. Marie Baum bleibt in Heidelberg und organisiert mit dem Stadtpfarrer Hermann Maas Hilfsleistungen für andere Verfolgte und Emigranten. Ricarda Huch lebt zeitweise bei ihr. Beide führen ein gefährliches Leben, denn Ricarda Huch war öffentlich für die Juden eingetreten und nur ihr hohes Alter und ihr Bekanntheitsgrad schützten sie vor einer Verfolgung durch die Gestapo. Eine andere Bekannte von Marie Baum, Elisabeth von Thadden, welche in Heidelberg eine Mädchenschule gegründet hatte, wird von den Nazis per Volksgerichtshof ermordet.

Nach Kriegsende wird Marie Baum wieder aktiv, obwohl sie schon über 70 ist. Nach einem Erholungsaufenthalt 1946, zu dem sie von der Universität Zürich eingeladen worden war, nimmt sie wieder Lehraufträge an der Universität Heidelberg an und beteiligt sich am Wiederaufbau und der Leitung der Elisabeth von Thadden-Schule. Sie gibt Bücher heraus, betätigt sich politisch und hat bis 1956 einen Sitz im Verwaltungsrat der Studienhilfe inne. Großen Raum nimmt bei ihr in den letzten Jahren die Pflege des Andenkens an Ricarda Huch ein, die 1947 an einer Lungenentzündung gestorben war. Marie Baum stirbt 1964 als über 90-jährige in Heidelberg.

Marie Baum aus heutiger Sicht

Marie Baum und ihre Kommilitoninnen haben mit ihrem Studium schon Pionierarbeit geleistet. Ihre eigentliche Leistung lag aber darin, Frauen zusammenzubringen und so ein freundschaftliches Netzwerk aufzubauen, das auch in schwierigen Zeiten hielt. Mit der Sozialarbeit hat Marie Baum ein neues Berufsfeld für sich und für andere Frauen eröffnet und versucht, dieses auch speziell für die Frauen zu erhalten. Sie stellte jedoch fest, daß Männer in diesen Bereich eindrangen, sobald sich ein gewisser Erfolg dieses Arbeitsgebiets einstellte. Marie Baum gehörte der bürgerlichen Frauenbewegung an. Sie hat, wie ihre Freundinnen Ricarda Huch und Gertrud Bäumer, nach außen nie feministische Ansichten vertreten. Vielmehr hat sie ein freies und unabhängiges Frauenleben vorgelebt. Im Kreise ihrer Freundinnen finden sich zahlreiche ganz unterschiedliche Lebensläufe. Marie Baum erkennt alle diese Lebensläufe an und würdigt sie in ihren Veröffentlichungen. Als Maßstab für ihr eigenes Leben schaut sie nicht auf Männer-Karrieren, sondern mißt sich an anderen Frauen, speziell an Ricarda Huch. Sie selber gibt ein Vorbild einer erfolgreichen Berufsfrau ab, die jedoch nie ganz nach oben kommt. Schlußendlich zeigt sie, daß frau auch mit 52 oder 72 noch einmal neu anfangen kann.

In hohem Alter engagiert sie sich noch für ihre Sache, hat aber das Gefühl, daß es ihr nicht gelingt, "in diesem unserem neuen Staat den Platz zu finden". Die Sache der Frau und ihre Mitverantwortung im öffentlichen Leben hat tatsächlich zum Ende des 20. Jahrhunderts nicht den Stellenwert erreicht, der nach dem Aufbruch der Frauen vor 100 Jahren zu erwarten gewesen wäre. Die zwölf Jahre der Nazi-Diktatur haben die Frauenbewegung um Jahrzehnte zurückgeworfen und das 21. Jahrhundert steht mit Herausforderungen vor uns, die jetzt noch gar nicht absehbar sind. Marie Baums politisches Vermächtnis an die Frauen ist ihr Aufruf, sich zu engagieren: "Tua res agitur - es geht um deine eigene Sache."

Literaturverzeichnis und Quellen

K. H. Stuckenbrock, Chemiker-Ztg./Chem. Apparatur 88 (1964) 221

Lina Mayer-Kulenkampf, Ruperto Carola XVI Jg. 35 (1964) 223

Marie Baum, Rückblick auf mein Leben, F. H. Kerle Verlag, Heidelberg (1950)

Schweizerischer Verband der Akademikerinnen (Hrsg.), Das Frauenstudium an den Schweizer Hochschulen, Rascher & Cie. AG Verlag, Zürich (1928)

Verein Feministische Wissenschaft (Hrsg.), Ebenso neu als kühn, 120 Jahre Frauenstudium an der Universität Zürich, eFeF-Verlag, Zürich (1988)

Dorothee Mußgnug, Die vertriebenen Heidelberger Dozenten, C. Winter Universitätsverlag, Heidelberg (1988)

Birgit Knorr und Rosemarie Wehling (Hrsg.), Frauen im deutschen Südwesten, Kohlhammer Verlag, Stuttgart (1993)

Ulrich Ott und Friedrich Pfäfflin (Hrsg.), Jutta Bendt, Karin Schmidgall, Ursula Weigl, Ricarda Huch, Marbacher Kataloge 47, Deutsche Schillergesellschaft Marbach am Neckar (1994)

Semesterprogrammme des Eidgenössischen Polytechnikums Zürich, Wissenschaftshistorische Sammlung der Bibliothek der Eidgenössischen Technischen Hochschule Zürich

Archiv der Rhein-Neckar-Zeitung, Heidelberg

"Ich halte das weibliche Gehirn für ungeeignet zur mathematischen Produktion; Frl. N. halte ich aber für eine der seltenen Ausnahmen."*

Barbara Kettnaker, Mechthild Koreuber
TU Berlin, FB Informatik, FR 6-2, Franklinstr. 28/29, D-10587 Berlin

"Meeting Emmy Noether was one of the greatest things of my life." So erinnert sich Olga Taussky 1984 an ihre Lehrerin. "It was not only meeting her. She was a great teacher and she had a great urge to make people see her methods and to understand them. So I picked up a great deal from her."

Emmy Noether war ohne Zweifel die bedeutendste Mathematikerin dieses Jahrhunderts. Nimmt man die einfachen Daten, wie sie oft in Nachschlagewerken zu finden sind, so scheint ihre Biographie wenig spektakulär. Am 23. März 1882 in gutbürgerlichem jüdischem Haus geboren, ältestes Kind des Erlanger Mathematikprofessors Max Noether, machte Emmy Noether zunächst das Lehrerinnenexamen, 1903 die Matura und widmete sich von nun an der Mathematik. Sie promovierte 1907 in Erlangen im Gebiet der Invariantentheorie und arbeitete dort weiter am mathematischen Institut, bis sie 1915 einer Einladung Hilberts nach Göttingen folgte. Dort habilitierte sie 1919 und blieb bis zu ihrer Emigration als Dozentin am Göttinger Mathematischen Institut. Von 1933 bis zu ihrem unerwarteten Tod am 14. April 1935 hatte sie eine Gastprofessur am Frauencollege Bryn Mawr in den USA.

Doch diese Geradlinigkeit stimmt und stimmt auch nicht. Emmy Noethers Leben wurde durch die Mathematik bestimmt. Schon in ihrer frühsten Jugend wird sie die mathematischen Gespräche ihres Vaters mit seinen Kollegen gehört haben, und ihr gesamtes Leben war darauf ausgerichtet, ganz im Sinne der Familientradition als Mathematikerin zu arbeiten. Diese konsequente Lebensgestaltung, fast könnte man sagen Berufung, aber stand im scharfen Gegensatz zur traditionellen Frauenrolle und auch zu den formalen Möglichkeiten, die Frauen geboten wurden, wollten sie sich wissenschaftlich betätigen. So wird Emmy Noethers Biographie zu einer Beschreibung der schwierigen Situation von Wissenschaftlerinnen im ersten Drittel dieses Jahrhunderts.

Die erste Verschiebung in Emmy Noethers Biographie ist ihre Ausbildung zur Lehrerin, die sich direkt an ihre Schulzeit anschloß. Sie absolvierte 1900 die Staatsprüfung als Englisch- und Französischlehrerin. Zu dieser Zeit bedeutete die Entscheidung, als Lehrerin zu arbeiten, sich gegen die traditionelle Frauenrolle in der Familie zu wenden, da das bis 1923 geltende Beamtinnenzölibat die Vereinbarung von Berufstätigkeit und Familie ausschloß. Und tatsächlich heiratete Emmy Noether nie, und über eine Liebesbeziehung ist nichts bekannt. Auch die Matura ergab sich nicht auf selbstverständliche Art und Weise als Abschluß eines Schulbesuches, sondern konnte damals von Mädchen nur extern nach entsprechendem privaten Unterricht abgelegt werden. Doch immerhin war es Frauen schon seit 1893 gestattet, sich an bayrischen Universitäten einzuschreiben, was Emmy Noether 1900 zunächst mit kleiner Matrikel als Vorbereitung auf die Reifeprüfung tat. Trotz des Immatrikulationsrechts war zu dieser Zeit unter den 986 Studierenden an der Erlanger Universität neben ihr nur noch eine weitere Frau. In Göttingen war die Situation erheblich krasser, erhielten Frauen dort als einem der letzten europäischen Länder erst 1908 das Einschreibungsrecht und waren, wie Emmy Noether bei ihrem Gastsemester 1904, auf das Wohlwollen und die Zustimmung der einzelnen Professoren angewiesen. Zu dieser Zeit hätte Emmy Noether also problemloser in Erlangen studieren können. Möglicherweise ist ihr aber der mathematische Kreis um ihren Vater zu eng geworden, so daß sie sich entschloß, zur "Göttinger Schule" zu gehen.

Vermutlich zwang eine Krankheit sie, bereits nach einem Semester nach Erlangen zurückzukehren. Sie blieb nach ihrer Promotion in Erlangen und arbeitete ohne jede Vergütung am Mathematischen Institut. Das konnte sie sich nur leisten, da sie bei ihrer Familie lebte. Sie unterhielt bereits zu dieser Zeit eine rege Korrespondenz mit Hilbert und Klein in Göttingen über mathematische Probleme. Beide waren von Emmy Noethers mathematischen Fähigkeiten hingerissen und luden sie 1915 nach Göttingen ein, um ihnen bei mathematischen Fragen der Relativitätstheorie zu helfen. Die Zusammenarbeit gestaltete sich außerordentlich gut, und das mathematische Klima war sehr viel dichter als in Erlangen, so daß sich Emmy Noether entschloß zu bleiben.

Auf Anregung Hilberts stellte Emmy Noether 1915 den Antrag auf Habilitation. Doch das Verfahren zog sich vier Jahre hin. Ihr Gesuch wurde, obwohl ihre fachliche Kompetenz immer wieder betont und außer Frage gestellt wurde, mehrfach abgelehnt. Während dieser Zeit konnte sich Emmy Noether durch ein kleines von ihrem Vater geerbtes Vermögen finanzieren. Viele ihrer namhaften Kollegen setzten sich für ihre Habilitation vehement ein, darunter Hilbert, Klein, später auch Einstein. Emmy Noethers Habilitationsgesuch fiel in eine bewegte Zeit. Vor allem in Preußen wurde heftig diskutiert, ob Frauen überhaupt zur akademischen Laufbahn zuzulassen seien. Selbstverständlich wurde ohne Frauen diskutiert. Unverblümt äußerten überwiegend Professoren ihre Bedenken und Vorbehalte. So sei "besonders aber zur ununterbrochenen Lehrtätigkeit vor unseren Studenten eine Frau wegen der mit dem weiblichen Organismus zusammenhängenden Erscheinungen überhaupt nicht geeignet." Hinter der Angst, daß "die wissenschaftliche Höhe der deutschen Universitäten durch die fortschreitende Verweiblichung zweifellos sinken" würde, steckte wohl auch ein gewisses Bangen um die eigenen Lehrstühle. Die Herren fürchteten zurecht, daß eine Ausnahmegenehmigung für Emmy Noether ein Präzedenzfall werden könnte, durch den sich für zahlreiche studierende Frauen ein neuer Lebenslauf eröffnen würde. Hilbert, bei dem Emmy Noether in Göttingen gelehrt hat, soll dazu gesagt haben, daß er nicht recht verstehe, daß das Geschlecht bei der Habilitation eine Rolle spiele, schließlich befinde man sich an der Universität und nicht in einer Badeanstalt.

Nachdem alle bisherigen Versuche erfolglos geblieben waren, stellte Emmy Noether nach dem Krieg auf Rat Einsteins erneut den Antrag zur Habilitation. Diesem wurde im Mai 1919, also noch bevor Frauen im Februar 1920 das offizielle Habilitationsrecht zugestanden wurde, stattgegeben. Die genaue Habilitationsgeschichte ist bei Cordula Tollmien sehr schön nachzulesen. Außer Emmy Noether habilitierten sich 1918/19 im Deutschen Reich noch vier weitere Frauen. Allerdings war ihre Professur eine außerordentliche, das heißt ein "Titel ohne Mittel", für den sie keinerlei Vergütung erhielt. Erst

1923 bekam sie einen Lehrauftrag mit bescheidener Entlohnung. Daran sollte sich bis zur ihrer Emigration nichts ändern. Erst in den USA erhielt sie ein Gehalt, das ihr selbst, gemessen an den Verhältnissen in Göttingen, sehr großzügig vorkam.

"Es imponiert mir, daß man diese Dinge von so allgemeinem Standpunkt aus übersehen kann." Mit diesen einfachen Worten charakterisiert Albert Einstein 1918 in einem Brief an David Hilbert die große mathematische Begabung Emmy Noethers, die sich schon in ihren frühen Arbeiten zu mathematischen Fragen der Relativitätstheorie zeigte. Van der Waerden, ein Schüler Emmy Noethers, schreibt in seinem Nachruf: "Als charakteristische Wesenszüge haben wir gefunden: Ein unerhört energisches und konsequentes Streben nach begrifflicher Durchdringung des Stoffes bis zur restlosen methodischen Klarheit; ein hartnäckiges Festhalten an einmal als richtig erkannten Methoden und Begriffsbildungen, auch wenn diese den Zeitgenossen noch so abstrakt und unfruchtbar vorkamen; ein Streben nach Einordnung aller speziellen Zusammenhänge unter bestimmten allgemeinen begrifflichen Schemata." Doch wie schwer sich die mathematische Gemeinde zu Beginn der 20er Jahre mit diesem revolutionären Konzept einer auf Begriffen aufbauenden, sich vom Rechnen gänzlich abkehrenden Algebra tat, wird durch ein weiteres Zitat van der Waerdens deutlich. "Ihr Denken weicht in der Tat von dem der meisten anderen Mathematiker ab. Wir stützen uns doch so gern auf Figuren und Formeln. Für sie waren diese Hilfsmittel wertlos, eher störend. Es war ihr ausschließlich um Begriffe zutun, nicht um Anschauung oder Rechnung."

Emmy Noethers tatsächliche Bedeutung zu fassen, ist schwierig. Ein einfacher Verweis auf ihre wichtigsten Arbeiten wie z.B. "Idealtheorie in Ringbereichen" (1921), die schon zu Lebzeiten als klassisch galt, würde nur einen Teil ihres Wirkens beleuchten. Emmy Noether selbst schreibt 1931 in einem Brief an ihren Kollegen Helmut Hasse: "Meine Methoden sind Arbeits- und Auffassungsmethoden und daher anonym überall eingedrungen." Vielleicht läßt sich das am leichtesten verstehen, wenn wir uns ein Bild ihrer Arbeitsweise machen, wie sie sich in den Erinnerungen ihrer SchülerInnen und KollegInnen darstellt.

Seit 1923 bot sie Lehrveranstaltungen in Algebra an, die allgemein als sehr schwer galten und wohl auch von ihren Kollegen oft nicht verstanden wurden. Dies hatte sicherlich mehrere Gründe und lag nicht zuletzt an ihrem didaktisch nicht besonders ausgereiften Vortragsstil. Doch für diejenigen, die ihr inhaltlich folgen konnten, waren es außerordentlich lehrreiche, intensive Veranstaltungen, hatten sie doch unmittelbar am Forschungsgeschehen teil, entwickelte scheinbar genau in diesem Moment Emmy Noether ihre Theorien und Ergebnisse und diskutierte sie mit ihnen wie mit Gleichberechtigten. Ihre Schülerin Ruth Stauffer (später McKnee) schreibt 1983 in ihren Erinnerungen an die Zeit in Bryn Mawr: "The strange phenomena, as I look back on it, was that from our point of view, she was one of us almost as if she toe were thinking about the theorem for the first time."

Ein anderer ebenso wichtiger Aspekt ist die immerwährende Lust Emmy Noethers, über Mathematik zu reden, gemeinsam die Dinge voranzutreiben. So sind ihre ausgedehnten Spaziergänge, oft im Anschluß an ihre Veranstaltungen, legendär geworden, und viele erinnern sich mit Vergnügen an die Gesellschaften bei ihr zu Hause. Immer wurde auch und viel über Mathematik gesprochen. Ihr russischer Kollege und enger Freund Alexandroff schreibt in seinem Nachruf: "Many lively mathematical discussions were carried on at these parties, but there was also a lot of just good fun and joking, and sometimes good Rheinwine and other delicacies." Die Hilbertsche Badeanstalt gab es zu der damaligen Zeit tatsächlich. Gelegen direkt an der Leine wurde sie häufig von Mathematikern frequentiert, allerdings hatten, so schrieb Alexandroff 1969 in seinen Erinnerungen an Göttingen, nur Männer Zutritt, und zwei Frauen hatten das Recht, dieses Verbot zu überschreiten. Eine war Emmy Noether, die davon viel Gebrauch machte. Bis hierher setzten sich die mathematischen Gespräche fort, und manch eine mathematische Idee entstand dort.

Um einen Eindruck von der Hilfsbereitschaft Emmy Noethers und ihrem Interesse an dem mathematischen Wirken anderer zu vermitteln, lassen wir noch einmal van der Waerden zu Wort kommen: "Völlig unegoistisch und frei von Eitelkeit, beanspruchte sie niemals etwas für sich selbst, sondern förderte in erster Linie die Arbeiten ihrer Schüler. Sie schrieb für uns immer die Einleitungen, in denen die Leitgedanken unserer Arbeiten erklärt wurden, die wir selbst anfangs niemals in solcher Klarheit bewußt machen und aussprechen konnten." Sie gab manche Anregung zur Promotion und betreute selbst insgesamt 13 Doktorandinnen und Doktoranden. 1925 promovierte ihre erste Schülerin Grete Hermann in Göttingen.

All dies beschreibt, worin Emmy Noethers starke, für uns bis in die Gegenwart zu spürende Anziehungskraft bestand, und warum sich um sie eine mathematisch so bedeutsame Schule, die sogenannten "Noether-Knaben", entwickelte, aus der so mancher bedeutende Mathematiker hervorging.

Deutlich klingt jedoch aus dem Gespräch mit Elisabeth Siefkes (abgedruckt am Ende dieses Beitrags) durch, daß zu Beginn der zwanziger Jahre Emmy Noether eher mit einer gewissen Distanz, wenn auch ohne Zweifel an ihrer mathematischen Kompetenz, betrachtet wurde. Nachdem sich jedoch auch in den Augen traditionell denkender und arbeitender Mathematiker die Noetherschen Theorien als erfolgreich und produktiv erwiesen hatten, trug Emmy Noether erheblich zum mathematischen Weltruf Göttingens bei. Viele ausländische WissenschaftlerInnen und StudentInnen besuchten ihre Veranstaltungen, nahmen ihre Gedanken und Methoden auf und verwandten sie in ihren eigenen Gebieten. So liegt die große Bedeutung Emmy Noethers auf der einen Seite in der Gestaltung der Modernen Algebra, wie sie sich in den von ihren Schülern verfaßten Lehrbüchern verwirklichte. Es seien hier genannt "Moderne Algebra" von van der Waerden, nach dem auch heute noch gelehrt wird, und "Abstract Algebra" von Shoda in Japan. Zugleich aber fanden ihre Methoden und Denkweisen ihren Weg in viele andere mathematische Gebiete, so ist zum Beispiel die Algebraisierung der Topologie auf sie zurückzuführen.

Doch auch die Würdigung ihrer mathematischen Leistung ist nur auf den ersten Blick geradlinig. So erfuhr sie zwar allgemein fachliche Anerkennung, etwa durch die Verleihung des Ackermann-Teubner-Gedächtnispreises 1932, die Einladung, im selben Jahr einen der Hauptvorträge auf dem Internationalen Mathematikerkongreß in Zürich zu halten, und schon 1928/29 durch eine Einladung zu einer Gastprofessur in Moskau. Doch die formale und nicht zuletzt finanzielle Anerkennung, eine Professur mit Ordinariat blieb ihr versagt. Ebenso fehlte eine Anerkennung durch die wissenschaftlichen Institutionen, wie etwa, entsprechend ihren Kollegen, die Mitgliedschaft in der Göttinger Gesellschaft der Wissenschaften oder, trotz langjähriger Mitarbeit, die Aufnahme als offizielles Redaktionsmitglied der Mathematischen Annalen, der Zeitschrift, in der sie die meisten ihrer Arbeiten veröffentlichte.

Für Emmy Noether war die Mathematik ihr Leben und ihre Leidenschaft. Doch diese mathematische Leidenschaft scheint auch ihren ZeitgenossInnen nicht ganz geheuer gewesen zu sein. Ihre Gleichgültigkeit gegenüber Äußerlichkeiten wurde ihr oft als unweiblich ausgelegt. Doch muß bedacht werden, daß sie es schon allein aus finanziellen Gründen sich nicht leisten konnte, anderem, und sei es nur ihrer Kleidung, große Wichtigkeit beizumessen. Aber bei ihren SchülerInnen interessierte sie sich sehr wohl für Persönliches und genoß den Austausch mit ihnen.

Es schien für Emmy Noether keine Besonderheit zu sein, daß sie als Frau am "Unternehmen Wissenschaft" beteiligt war. Wie deutlich sie aber sich bewußt war, daß viele ihrer beruflichen Schwierigkeiten mit ihrem Geschlecht zusammenhingen, ist schwer zu ermessen. Taussky schreibt dazu in ihren Erinnerungen, daß Emmy Noether ihr den ersten Kontakt zur IFUW, der International Federation of University Women vermittelt hat. Auf der anderen Seite habe sie ihr erklärt, daß bei Einstellungen und Beförderungen Männer zu bevorzugen sein, denn diese haben schließlich Familie. Und noch eine Geschichte könnte diese Frage beleuchten. "She was in favor of career women marrying (though, I think, she did not give a moment of her time to think of the practical problems involved in this). In fact she and Ilse Brauer, Richard Brauer's wife, tried to marry all four of us off, but did not succeed."

1933 wurde Emmy Noether, wie alle ihre jüdischen Kollegen, aufgrund des "Gesetzes zur Wiederherstellung des Berufsbeamtentums" beurlaubt. Damit zerbrach innerhalb von nur wenigen Wochen die gesamte mathematische Welt Göttingens. Zum Teil wurden noch privat Seminare abgehalten, so auch von Emmy Noether, doch hatte sie keine Möglichkeit mehr, sich zu finanzieren, und jegliche offizielle Tätigkeit wurde ihr versagt. Bereits im Herbst 1933 emigrierte sie in die USA. Das Frauencollege Bryn Mawr hatte ihr eine einjährige Gastdozentur, finanziert durch die Rockefellerstiftung, die deutsche emigrierte WissenschaftlerInnen unterstützte, angeboten. Gleichzeitig hatte sie auch eine Einladung nach Oxford erhalten. Alexandroff hatte sich ebenfalls um einen Lehrstuhl für Emmy Noether in Moskau bemüht. Sie selbst hatte den Ruf nach Oxford vorgezogen, konnte ihm aber wegen verwaltungstechnischer Verzögerungen nicht nachkommen.

Ihre verhältnismäßig frühe Emigration ist sicherlich weniger durch eine frühe politische Einsicht in die Situation bestimmt, denn Emmy Noether ist kein politisch engagierter Mensch gewesen, auch wenn sie vermutlich mit sozialdemokratischen Positionen sympathisiert hat und sich nach einem Gastaufenthalt sehr begeistert über die junge Sowjetunion äußerte. Aber ihre mathematische Arbeit hatte immer Vorrang gehabt und unter denjenigen, mit denen sie zusammenarbeitete, waren sowohl Sozialisten wie ihre erste Doktorandin Grete Hermann als auch aktive Nationalsozialisten wie ihr Schüler Werner Weber. So erfuhr auch ihre langjährige freundschaftliche Zusammenarbeit mit ihrem Kollegen Helmut Hasse, der schon früh mit der Deutschnationalen Volkspartei sympathisierte und später zu einem Parteigänger der Nationalsozialisten wurde, nach 1933 keine Veränderung. Es wird sogar davon berichtet, daß an ihren nach der Entlassung privat abgehaltenem Seminar jemand in SA-Uniform teilgenommen habe und Emmy Noether, später darauf angesprochen, nur gelacht habe.

So wird sie auch nicht die Sorge um das eigene Leben, sondern eher die ungewisse finanzielle Situation, am stärksten aber ihr Ausschluß aus dem, was für sie Leben bedeutete, nämlich mit anderen Menschen und innerhalb universitärer Strukturen mathematisch zu arbeiten, zur Emigration bewegt haben. Doch sie rechnete mit einer baldigen Rückkehr und noch 1935, obschon sie ihren Haushalt im Sommer 1934 aufgelöst hatte, äußerte sie diese Hoffnung gegenüber Olga Taussky.

Das Bild zeigt Emmy Noether am Tag ihrer Abreise in die USA auf dem Göttinger Hauptbahnhof. Sie wirkt, wie sie immer auf ihre FreundInnen und KollegInnen gewirkt hat: nicht unsicher oder verbittert, sondern tatkräftig, in die Zukunft blickend, ja, fast könnte man sagen, schon bei ihrer nächsten Aufgabe, den Amerikanern ihre Mathematik beizubringen. Und so energisch hat sie auch ihre Arbeit in den USA aufgenommen. Innerhalb kürzester Zeit hatte sie eine Gruppe von meist promovierten Schülerinnen um sich. Es entwickelte sich ein intensiver und freundschaftlicher Kontakt zu Anna Pell Wheeler, der Dekanin des Mathematikfachbereichs und zu dieser Zeit bedeutendsten Mathematikerin der USA. Doch auch wenn Emmy Noethers Ruf nach Bryn Mawr als eine Würdigung ihrer fachlichen Bedeutung zu sehen ist, gehörte Bryn Mawr schließlich zu den "Sieben Schwestern", den namhaftesten Frauencolleges der USA, so war es klein und hatte nicht den Status einer Universität.

Emmy Noether, aus Göttingen kommend, einem der mathematischen Zentren der Welt - und daran hatte sie keinen geringen Anteil -, war ein anderes Umfeld gewohnt. Aber Princeton, das sich auf dem Weg zu einem solchen Zentrum befand, lag nicht weit und Emmy Noether pflegte die Kontakte zu den dortigen Mathematikern, zu denen im Laufe der Zeit einige ihrer emigrierten Kollegen wie Hermann Weyl und Richard Brauer gehörten. Sie hielt einmal in der Woche im angegliederten Flexner-Institut ein Seminar ab, über das sie im März 1934 in einem Brief an Hasse berichtet: "Princeton wird in diesem Jahr das erstemal, aber gleich gründlich, algebraisch behandelt." So hat Emmy Noether, ohne dabei ihre in Deutschland zurückgelassenen Schüler und Kollegen zu vergessen - um die sie sich sowohl mathematisch-inhaltlich wie beruflich kümmerte - begonnen, das in den USA aufzubauen, was durch die Nationalsozialisten in Göttingen von einem Tag auf den anderen zerstört worden war.

Am 14. April 1935 starb Emmy Noether unerwartet an den Folgen der Operation eines Gebärmuttertumors. Ihre Schülerin Marguerite Lehr sagte in ihrer Rede beim Begräbnisgottesdienst: "Wir erkannten nun voller Dankbarkeit, daß das, was wir sahen, der Beginn einer neuen 'Noetherschule' war." In seinem Nachruf in der New York Times vom 4. Mai 1935 schreibt Einstein: "In the judgement of the most significant competent living mathematics Fräulein Noether was the most creative genius thus far produce since the higher education of women began."

Und wie geht man heute mit dieser Mathematikerin um? Obwohl Emmy Noether nur 2 Jahre in den USA tätig war, sind die Amerikaner uns in einer angemessenen Würdigung um einiges voraus. Zu ihrem 100sten Geburtstag wurden in einem Gedenkband Arbeiten zusammengetragen, die sich mit ihrem Leben und Werk beschäftigen. Im selben Jahr veranstaltete die Association for Women in Mathematics ihr zu Ehren ein Symposium, dessen Beiträge ebenfalls in Buchform veröffentlicht wurden. In Deutschland hat immerhin die Stadt Erlangen ihre Tochter oder vielmehr die Mathematikerfamilie Noether durch die Benennung einer Straße gewürdigt. Es gibt ein nach ihr benanntes Gymnasium, und es fand eine Fünfzig-Jahr-Feier zu Ehren der Promotion Emmy Noethers statt. Göttingen, der hauptsächliche Ort ihres Wirkens, bildet ein trauriges Schlußlicht. Ein Weg, eine Tafel an ihrem letzten Wohnhaus und ein einsames, erst in den 80er Jahren im mathematischen Institut aufgehängtes Porträt erinnern an Emmy Noether. Nur zwei ausführlichere deutschsprachige Arbeiten über Emmy Noether sind bisher erschienen, eine umfassende Würdigung, insbesondere ihres mathematischen Einflusses, steht noch aus.

Innerhalb der mathematischen Gemeinde ist sicherlich den meisten der Name Emmy Noether bekannt, doch verbindet sich damit selten ein Wissen über ihre mathematischen Arbeiten, und vielen ist Sonja Kowalevskaja, ihre Ende des letzten Jahrhunderts wirkende russische Kollegin, geläufiger. Das aber hängt sicherlich nicht mit der jeweiligen mathematischen Bedeutung zusammen, sondern liegt an dem üblicherweise bei Frauenbiographien eingenommenen Betrachtungswinkel, der Orientierung an den privaten Lebensumständе - Ehe, Kinder, Liebesbeziehung -, und in diesem Sinne ist Sonja Kowalevskaja ergiebiger.

Emmy Noethers Biographie wirkt nicht dramatisch. Es scheint auch ihre eigene Haltung gewesen zu sein, die Umstände des Lebens nicht zu dramatisieren. Nur einmal ergreift sie die Initiative, als das für die Algebravorlesung gezahlte Entgelt so niedrig veranschlagt wurde, daß es zum einfachen Leben nicht mehr ausreichte und legte erfolgreich Protest ein. Auch ihrer Emigration haftet nichts Dramatisches an. Auf dem Foto am Tag ihrer Abreise aus Göttingen wirkt sie entschlossen und in die Zukunft blickend. Emmy Noethers Leben war der Mathematik gewidmet. Ihre Lust, ihre Freude mathematisch zu arbeiten, und die Konsequenz, mit der sie allen Widerständen zum Trotz dieser Lust nachkam, sind beeindruckend. Das Bild dieser nicht nur an der Mathematik teilnehmenden, sondern sie auf höchstem abstraktem Niveau mitgestaltenden Frau, bricht mit sämtlichen Klischees aus damaliger und heutiger Sicht.

** Edmund Landau 1915 in einem Gutachten zum Habilitationsantrag Emmy Noethers*

Sofern es sich nicht um eigene Recherche handelt, haben wir uns auf folgende Literatur gestützt:

Brewer, J. , Smith, M. (Hrsg.): Emmy Noether A Tribute to Her Life and Work; New York 1981

Dick, Auguste: Emmy Noether 1882-1935; Basel 1970

Srinivasan, B., Sally, J. (Hrsg.): Emmy Noether in Bryn Mawr; New York 1983

Tollmien, C.: "Sind wir doch der Meinung, daß ein weiblicher Kopf nur ganz ausnahmsweise in der Mathematik schöpferisch tätig sein kann..." Emmy Noether 1882 - 1935; aus: Göttinger Jahrbuch, 38, 1990

Dieser Beitrag ist die von Mechthild Koreuber überarbeitete Version eines in der Juni-Ausgabe 1995 der Wechselwirkung erschienenen, von Barbara Kettnaker und Mechthild Koreuber verfaßten Artikels.

Gespräch mit Elisabeth Siefkes, die in den 20er Jahren in Göttingen Mathematik studierte und u.a. Vorlesungen bei Emmy Noether besuchte

E. Siefkes: Ja, Emmy Noether. - Sie war ja grundhäßlich. So richtig vorstellen kann ich sie mir gar nicht mehr, aber ich weiß, daß sie sehr häßlich war. Bei der hat vor allem eine Freundin meiner Schwester studiert, Grete Hermann. Grete hat den Doktor bei ihr gemacht und war sehr gern bei ihr. Sie war so ziemlich die einzige Doktorandin bei ihr. Ich weiß, wie ich dann zuerst auftauchte in der Vorlesung von Emmy Noether, da hat sie die Grete Hermann gefragt, wird das auch mal eine Doktorandin? Da habe ich gesagt, nein, da habe ich kein Geld und keine Zeit für. Das traute ich mich auch nicht. Aber Grete Hermann hat sehr gern bei ihr gearbeitet und war wohl auch, wenn man so sagen kann , mit ihr befreundet.

MK: Hat sie viel von ihr erzählt ?

E. Siefkes: Sie sagte, sie hat mich gefragt, ob du nun auch bei ihr den Doktor machen wolltest.

MK: Waren Sie da stolz?

E. Siefkes: Einesteils ja. Es freute mich, doch, und ich hätte es ja auch gerne getan. Aber ich hatte ein bißchen Angst. Das war nicht einfach bei ihr, das Verstehen, aber die Kollegs habe ich gern gehört.

MK: Haben Sie es denn meistens verstanden?

E. Siefkes: Ja. Ich fand es sehr interessant bei ihr. Wir sagten immer, wenn die im Seminar vorträgt, versteht kein Professor was. Jaja, das sagten wir natürlich mit Befriedigung oder auch aus Hohn, weil wir selber auch Schwierigkeiten hatten. Und für sie war alles so selbstverständlich. Sie ging nicht so sehr darauf ein, wenn man ein dummes Gesicht machte. - Ich wandte mich dann an Grete Hermann, die hat es mir dann erklärt

MK: Durfte man denn Emmy Noether einfach fragen?

E. Siefkes: Ach, gedurft hätte man. Aber für sie war das alles so selbstverständlich, da genierte man sich auch ein bißchen, zu zeigen, wie wenig man oft mitkriegte.

MK: Sie war sehr selbstbewußt?

E. Siefkes: Ja, doch, das war sie. Wie gesagt, im mathematischen Seminar, da hatte sie nicht viel Kontakt. Wir sagten immer, die verstehen sie ja alle nicht und sie bemühte sich aber auch nicht drum. Ihre Fächer - da war sie bestimmt einzigartig, da verstanden sie sie wirklich nicht. Sie war, glaube ich auch ein bißchen isoliert bei den Professoren. Daß sie da ein besonderes Verhältnis hatte, kann ich mir nicht vorstellen. Daß sie alle anderen Professoren ziemlich verachtet hat, das hab ich auch in Erinnerung. (Beim Betrachten eines Bildes, das Emmy Noether inmitten anderer bekannter Mathematiker zeigt) Aber das ist erstaunlich. Zu meiner Zeit, sie als die führende Person in dem Kreis, das kann ich mir gar nicht vorstellen.

MK: Wie ist denn Grete Hermann Doktorandin Bei Emmy Noether geworden?

E. Siefkes: Sie hat einfach das Kolleg gehört und das interessierte sie. Sie sind wohl auch ins Gespräch gekommen, und ich glaube , das ging von Grete Hermann aus. Aber die Emmy Noether kümmerte sich auch sehr darum. Das muß sehr schön gewesen sein. Nee, wenn ich nicht gemeint hätte, ich hab keine Zeit , dann wäre ich zu Emmy Noether gegangen, lieber als zu Courant oder Landau.

Eine Frauenkarriere in der Industrieforschung
Marga Faulstich zum 80. Geburtstag *

Renate Tobies
FB Mathematik, Universität Kaiserslautern
PF 3049, D-67653 Kaiserslautern

Marga Faulstich gehört zu den wenigen Frauen, die es vermochten, relativ früh innerhalb einer männlich dominierten Industrieforschung eine anerkannte wissenschaftsleitende Position zu erlangen. Obwohl sie wegen der komplizierten Zeitverhältnisse keine akademischen Grade erringen konnte, ist ihr Name innerhalb der internationalen optischen, glastechnischen Forschung ein Begriff.[1)] Sie befaßte sich mit der Entwicklung optischer und ophthalmischer Spezialgläser. Sie publizierte zahlreiche Forschungsergebnisse und erwarb zehn eigene Patente sowie 26 weitere Patente in Gemeinschaftsarbeit mit anderen. Im Jahre 1973 wurde ihr für die Entwicklung eines Leichtgewichts-Brillenglases die IR-100-Medaille verliehen.[2)] Ihr Entwicklungsweg ist eng verbunden mit dem Jenaer Glaswerk Schott & Gen., den heutigen Schott Glaswerken, Mainz. Diesem Werk widmete sie ihr gesamtes Berufsleben. Sie arbeitete von Juli 1935 bis September 1979 festangestellt bei Schott, zuletzt als Abteilungsleiterin. Von Oktober 1979 bis zum 30. Juni 1984 übte sie dort noch eine Tätigkeit als freie Mitarbeiterin aus.[3)]

Marga Faulstich nahm bis vor kurzem Anteil an Symposien und Kolloquien der Firma Schott. Ihr 80. Geburtstag, den sie am 16. Juni 1995 beging, ist ein Anlaß, eine breitere Öffentlichkeit mit ihrer ungewöhnlich erfolgreichen Karriere vertraut zu machen. Die Würdigung der Jubilarin ist ein maßgebliches Anliegen dieses Aufsatzes. Zugleich besteht ein gegenwärtiges allgemeines Interesse, den Einflußfaktoren nachzuspüren, die eine derartige Karriere bedingten.[4)]

Marga Faulstich wurde am 16. Juni 1915 in Weimar geboren. Sie war das mittlere Kind von drei Geschwistern. Ihr Bruder wurde 1911, die Schwester 1923 geboren.[5)] Da sie während der Zeit des ersten Weltkrieges das Licht der Welt erblickte, wuchs sie zunächst ohne Vater auf, der erst 1919 nach Hause zurückkehren konnte. Die Mutter mußte den Unterhalt für die Familie allein verdienen. So wurde Marga Faulstich in einem Haushalt groß, wo - was damals noch selten war - die Mutter ständig gearbeitet hat. Die Mutter hatte in einem Rechtsanwaltbüro gelernt, wo sie auch ihren Mann (Bürovorsteher zu dieser Zeit) kennengelernt hatte. Da die Mutter während der Kriegsjahre arbeiten mußte, war Marga Faulstich in früher Kindheit bei Freunden oder in einem Kindergarten untergebracht, eine Erfahrung, die sich durchaus günstig für die Entwicklung des Kindes, für die Einbindung in eine Gemeinschaft, auswirkte.

Der Vater Marga Faulstichs wurde im Jahre 1922 nach Jena versetzt, so daß die Familie dorthin umzog, als das Mädchen sieben Jahre alt war. Diese Umsiedelung nach Jena sollte eine wichtige Voraussetzung für den späteren Weg der Marga Faulstich bilden. Hier war im 19. Jahrhundert ein Spezialglasunternehmen entstanden, welches von Beginn an Produktion und Wissenschaft eng verknüpfte. Carl Zeiß (1816-1888) hatte im Jahre 1846 eine feinmechanisch-optische Werkstätte eröffnet, in welcher er versuchte, handwerkliches Können mit wissenschaftlicher Forschung im Mikroskopbau zu verbinden. Seine "Idee eines streng *rationalen* Aufbaues der optischen Konstruktionen für das Mikroskop" konnte er ab 1871/72 gemeinsam mit dem Physiker Ernst Abbe (1840-1905) realisieren. Der weitere Aufbau des wissenschaftlichen Mikroskopbaus sowie der optischen und technischen Glasindustrie gelang schließlich in enger Verbindung mit dem Chemiker Otto Schott (1851-1935).[6)] Dieser siedelte nach längerer Vorarbeit und in Abstimmung mit Abbe am 17. Januar 1882 nach Jena über und gründete 1884 das Glastechnische Laboratorium Schott & Genossen, das spätere Jenaer Glaswerk.[7)] Im Verlaufe der nächsten Jahrzehnte nahm das Glaswerk in Jena einen beträchtlichen Aufschwung, wobei eine enge Verbindung zu Einrichtungen der Universität sowie anderen wissenschaftlichen Institutionen[8)] ein wesentliches Kennzeichen von Beginn an war.

Die schon frühen naturwissenschaftlichen Interessen der Marga Faulstich mögen aus dem gezeichneten Umfeld Nahrung gewonnen haben, welches auch den Schulunterricht beeinflußte. Spezielle Anregungen durch die häusliche Atmosphäre auf diese Interessen lassen sich weniger nachweisen. Wohl mögen es das Anhalten zu Fleiß und rationeller Arbeitsweise sowie das frühe Mittun in der Familie gewesen sein, wodurch das Wesen von Marga Faulstich geprägt wurde. Der Vater, Walter Faulstich, avancierte in Jena zum Direktor einer Verwaltungsbehörde. Die Mutter übte mehr als dreißig Jahre lang die Tätigkeit als Sekretärin in einem Anwaltsbüro beim Oberlandesgericht in Jena aus.

Marga Faulstich besuchte zunächst vier Jahre lang die Grundschule in Weimar und Jena und wechselte 1926 zum Reformrealgymnasium, welches in Jena die einzige höhere Bildungseinrichtung für Mädchen war, die zum Abitur führte. Diese stark naturwissenschaftlich orientierte Institution prägte maßgeblich die Interessen von Marga Faulstich. Sie erwarb hier Sprachkenntnisse in Latein (6 Jahre), Französisch (9 Jahre) und Englisch (3 Jahre) und vor allem theoretische und praktische Fähigkeiten und Fertigkeiten in den Naturwissenschaften. Der Chemielehrer, dessen Unterricht sie besonders gern besuchte, hatte bald ihre Neigungen erkannt. Er gehörte zu denjenigen, die, den Reformbestrebungen folgend, den Stoff nicht nur theoretisch vermittelten, sondern den Unterricht mit zahlreichen Experimenten anreicherten. Marga Faulstich wurde ausgewählt, bei der Vorbereitung der Experimente für den Schulunterricht zu helfen. Außerdem beteiligte sie sich an Praktika, welche der Chemielehrer zusätzlich zum obligatorischen Unterricht anbot. Es waren schließlich nicht überragende Noten im Abitur[9)], sondern vor allem ihre gewonnenen praktischen Fertigkeiten, welche den Start in die berufliche Karriere erleichtern sollten.

Als sie im Jahre 1934 ihr Abitur absolvierte, hatte die Zeit der nationalsozialistischen Diktatur gerade ihren Anfang genommen. Um ein Studium aufnehmen zu können, mußte zuvor ein Arbeitsdienst absolviert werden. Marga Faulstich trug sich mit der Absicht, Chemie zu studieren und unterzog sich ein viertel Jahr lang der Arbeitsdienstpflicht. Die Familie war jedoch nicht so vermögend, daß sie sich ein kostenaufwendiges Studium der Tochter hätte ohne Probleme leisten können. Die wirtschaftlichen Bedingungen des Landes insgesamt sowie private Verhältnisse führten zu dem Entschluß, doch von einem Studium abzusehen. Sie begründete ihren Entschluß selbst mit den Worten: "Sie müssen sich die wirtschaftlich schlechten Verhältnisse vorstellen! Es gab mehrere Millionen Arbeitslose. Ich konnte es meinen Eltern nicht zumuten, ein Studium zu finanzieren.. Hinzu kam die Heiratsabsicht, welche mich davon absehen ließ."

So meldete sie sich auf dem Arbeitsamt mit dem Wunsch, eine Stellung auf naturwissenschaftlichem Gebiet, möglichst eine Ausbildung als Laborantin, zu erhalten. Das Arbeitsamt verwies auf eine offene Stelle bei der Firma Jenaer Glaswerke Schott & Gen.

Die optisch-feinmechanische und glastechnische Industrie war inzwischen zum größten Arbeitgeber in Jena und Umfeld geworden. Dennoch kamen in dieser Zeit auf eine freie Stelle mindestens zehn Bewerber. Das Glaswerk Schott & Gen. hatte, auf wissenschaftlichen Grundlagen arbeitend, unter der Leitung von Otto Schott zahlreiche neue Spezialgläser entwickelt. So entstand u.a. das Borosilicatglas, welches gegenüber Temperaturwechsel und chemischen Einflüssen widerstandsfähig ist und vielfältige Verwendung sowohl in der optischen Industrie als auch bei der Herstellung von technischen Gläsern (Laborgeräten, Haushaltsgeräten[10)] u.a.) gefunden hat. Im Forschungslaboratorium der Firma wurde realisiert, was Ernst Abbe als einzigen erfolgversprechenden Weg für die Herstellung brauchbarer Gläser aufgezeigt hatte: "Meiner Überzeugung nach führt der Weg zur Bereicherung der Optik in dieser Richtung nicht in die Glashütte, sondern zuerst in das chemische Laboratorium. Denn es wird sich darum handeln, in kleinem Maßstabe die optischen Eigenschaften methodisch zu studieren, die durch verschiedene Basen und Säuren in verglasbaren Verbindungen erlangt werden..."[11)]

Die Forschungen auf diesem Gebiet hatten längst zur Entwicklung neuer optischer Gläser geführt, als sich Marga Faulstich um die freie Stelle bei der Firma Schott bewarb. Wenige Monate zuvor, im April 1935, war Dr. habil. Walter Geffcken (geb. 1904)[12)] in die Firma eingetreten, um die Forschungen auf diesem Gebiet weiter voranzubringen. Er suchte dafür eine geeignete Hilfskraft. Seiner klugen Auswahl und Prüfungsmethode ist es zu danken, daß die Fähigkeiten von Marga Faulstich erkannt und entwickelt werden konnten. Walter Geffcken beschrieb das Herangehen: "Da die wirtschaftliche Lage noch nicht allzu rosig war und es noch genügend Beschäftigungslose gab, konnte man es sich leisten, Ansprüche zu stellen und so zuckte es mich, meine Assistentenerfahrungen dazu zu benützen, um mir eine Prüfmethode auszudenken, die nicht nur Kenntnisse feststellen, sondern der ganzen Person auf den Zahn fühlen sollte."[13)]

W. Geffcken urteilte, daß schon die Prüfung den Charakter von M. Faulstich offenbart habe, "...ihr tatkräftiges Zupacken, sobald sie sich einen Überblick über die Lage verschafft hatte, keine Scheu davor, eine Arbeit selbst zu tun, auch wenn man sich dabei schmutzig macht, und den Mut, etwas anzugreifen, auch wenn Gefahr dabei ist. Und schließlich bei allem Respekt der damaligen Generation vor Vorgesetzten, die nötige Zivilcourage, um die ihr gestellten Aufgaben gegen menschliche Widerstände durchzusetzen."[14)]

Am 24. Juli 1935 begann Marga Faulstich ihre Tätigkeit als wissenschaftliche Hilfskraft im physikalisch-chemischen Labor der Firma Schott. Unter der Leitung von W. Geffcken, dessen einzige Mitarbeiterin sie zunächst war, wurde sie von Beginn an in wissenschaftliche Aufgabenstellungen einbezogen. Walter Geffcken befaßte sich in dieser Zeit insbesondere mit den chemischen Einflüssen auf optische Gläser. Dabei bestand das Ziel zunächst darin, die entsprechende Haltbarkeit der Gläser zu verbessern. In Verbindung damit wurden optische Effekte untersucht, wie die reflexionsvermindernde Wirkung der Schichten, die durch Säureangriff entstehen. Diese Arbeiten führten zu vielen wichtigen Ergebnissen[15], insbesondere zur Entwicklung eines Gaszersetzungsverfahrens für die Schichtbildung (1938/39), worauf schließlich die Produktion von Interferenzfiltern für den sichtbaren und infraroten Spektralbereich beruhte.

Die erste Aufgabe von Marga Faulstich bestand darin, "den chemischen Angriff auf Glas zu studieren", insbesondere die Zerstörung des Glases durch Laugen. Dabei lernte sie nicht nur chemisch arbeiten und drang in das "Geheimnis der Subkinetik" ein, sondern wurde auch mit den physikalischen Apparaturen vertraut.[16] Marga Faulstich meint heute, daß sie ihr gesamtes Wissen und Können der intensiven forschungsbezogenen Ausbildung von W. Geffcken zu danken habe. Angeregt durch ihn, vertiefte sie zugleich autodidaktisch ihre theoretischen Kenntnisse. Sie beschreibt: "Dr. Geffcken war ein sehr genialer Mensch. Das meiste, was er sagte, verstand ich zunächst nicht. Ich habe dann hinterher in Büchern nachgesehen und habe es mir selbst angeeignet. Die Bücher lieh ich aus verschiedenen Jenaer Bibliotheken aus."

Sie wuchs mit den Aufgaben, geprägt von dem Drang, stets allen Dingen auf den Grund zu gehen. Nach den Aussagen von W. Geffcken war sie an allen neuen Arbeiten maßgeblich beteiligt: "Damals begannen unsere Arbeiten über dünne Schichten, bei denen Sie ja in allen Stadien beteiligt waren, erst mit der Spritzpistole und Lösungen, dann über die Glaszersetzung und schließlich das Arbeiten im Hochvakuum. Immer wieder gab es ganz neuartige Aufgaben und stets stürzten Sie sich mit der gleichen unverdrossenen Energie auf das Neue und trieben es aller Mühe zum Trotz in flottem Tempo weiter. Dies Tempo habe ich immer wieder bei Ihnen bewundert."[17]

Diese Arbeitshaltung, Initiative und Ideen führten dazu, daß Marga Faulstich recht bald eine anerkannte Stellung unter ihren Kollegen errang. Sie wurde zunehmend von mehr routinemäßigen Arbeiten entlastet, die neu eingestellten jüngeren Mitarbeitern übertragen wurden. Damit wurde sie bewußt für Entwicklungsarbeiten frei gehalten und erhielt zugleich wissenschaftsleitende Aufgaben bei der Betreuung der neu hinzugekommenen Mitarbeiter. Marga Faulstich entwickelte sich neben W. Geffcken "...von der Hilfskraft zur Laborantin, weiter zur Assistentin und schließlich zur Kollegin..."[18] In der eigenen Arbeit wie auch in der Zusammenarbeit mit anderen vertrat sie eine Maxime, die sie auch heute noch mit Nachdruck verkündet: "Ich sage zu jedem: Er muß seine Arbeit mit Besessenheit verfolgen. Man kann nur etwas erreichen, wenn man alles für seine Arbeit einsetzt. Man muß immer allem auf den Grund gehen."

Obwohl sie sich in wenigen Jahren bei der Firma Schott eine anerkannte Position erarbeitet hatte, verspürte sie nun doch den Wunsch, ihre theoretischen Kenntnisse weiter zu vervollkommnen und einen akademischen Grad zu erlangen. Äußerer Anstoß für ihren Entschluß, sich nun dem Chemie-Studium an der Universität Jena zu widmen, war der Verlust ihres Verlobten, der im August 1942 während des zweiten Weltkrieges fiel. Sie schrieb sich zum Wintersemester 1942/43 an der Universität ein, besuchte Lehrveranstaltungen in Chemie und Physik und absolvierte Praktika. Wie auch sonst in ihrer Tätigkeit fiel sie durch Energie, Tempo und Umsicht auf. So absolvierte sie z.B. die für zwei Semester gestellten 26 Aufgaben im physikalisch-chemischen Praktikum bereits innerhalb eines Semesters und hatte danach Zeit, sich zusätzlichen Aufgaben zu widmen. Allerdings blieb ihr nicht die volle Zeit zum Studieren, da die Firma Schott nicht auf ihre Mitarbeit verzichten wollte und konnte. Es liegt ein Zeugnis der Personalabteilung des Jenaer Glaswerkes Schott & Gen. vor, welches für die Universität ausgestellt wurde. Das Zeugnis beschreibt die erbrachten Leistungen von Marga Faulstich und begründet ihre Unabkömmlichkeit in der Firma:

"Fräulein Faulstich hat in unserem physikalisch-chemischen Labor seit 24.7.35 als Hilfskraft und später als Assistentin gearbeitet. Sie hat sich in dieser Tätigkeit so vorzüglich eingearbeitet, daß der Leiter der Abteilung, Herr Dr. Geffcken, ihr die praktische Durchführung der Versuche sowie die Auswertung der Ergebnisse bei seinen sämtlichen Forschungs- und Entwicklungsarbeiten nahezu völlig überlassen und sich im wesentlichen auf die Planung und Leitung beschränken konnte. Zur Zeit hat Frl. Faulstich die unmittelbare Aufsicht über ein halbes Dutzend weiterer Mitarbeiterinnen, welche zum Teil in einer Fabrikation eingesetzt sind, die Herr Dr. Geffcken gemeinsam mit Frl. Faulstich aufgebaut hat und die durch sie verantwortlich betreut wird. Aus diesem Grund und weil man sich stets unbedingt auf sie verlassen kann, ist es uns auch nicht möglich, Frl. Faulstich, wie es im Interesse ihres Studiums wünschenswert wäre, vollständig freizugeben. Frl. Faulstich hat sich besonders gründliche Kenntnisse bei optischen Messungen erworben. Sie hat mit Erfolg den ganzen Gang der qualitativen Analyse durchgearbeitet und ist mit der quantitativen Massanalyse wohl vertraut."[19)]

So war sie ab Sommersemester 1943 an der Jenaer Universität nur als Gasthörerin eingeschrieben, bis der Krieg nach Deutschland zurückschlug und die Universität geschlossen wurde. Es war ihr zwar möglich gewesen, ihre Kenntnisse zu erweitern, für einen vollständigen Studienabschluß blieb jedoch keine Zeit. Die bei Schott erbrachten Leistungen wurden zwar beim Universitätsstudium durchaus anerkannt, indem das erste chemische Verbandsexamen damit als abgelegt galt. Das zweite Verbandsexamen und einige Prüfungen blieben offen. Sie hat nie die Zeit gefunden, dies nachzuholen. Erich Schott (1891-1989),[20)] der als Sohn von Otto Schott seit 1927 der Geschäftsleitung angehörte, die Forschungsabteilung leitete und die Verantwortung für die wissenschaftlich-technische Entwicklung übernommen hatte, riet später ab, Zeit damit zu verschwenden. Sie erhielt eine Dienststellung innerhalb der Firma so, als wenn sie einen akademischen Abschluß erlangt hätte.

Der Krieg und dessen Ausgang bildeten im Leben der Marga Faulstich eine maßgebliche Zäsur, so wie dies für die gesamte Entwicklung in Deutschland und speziell für den Weg der Firma Schott zutraf.

Politisch bedeutete diese Zeit für sie, wie für viele andere, ebenfalls einen Bruch. Mit engagiertem, wachen Blick durch die Welt gehend, besaß sie stets großes Interesse an sozialen und politischen Fragen. Dabei auch hier eine akzeptierbare Maxime: "Wenn mir was nicht paßt, kann ich nur etwas ändern, wenn ich an der Spitze stehe."

In ihrer Dankesrede anläßlich ihres 40jährigen Dienstjubiläums brachte sie zum Ausdruck, was ihr Denken bestimmt hatte: "Als ich mich 1935 bei Herrn Dr. Geffcken vorstellte, standen mehr als 10 neben mir, die den gleichen Lehr- und Arbeitsplatz haben wollten. Es standen nicht nur eine Million, sondern mehrere Millionen Arbeitslose vor den Arbeitsämtern und suchten Arbeit, ohne daß ihnen eine soziale Hilfe zustand wie heute. Es war eine Zeit, in der die Menschen in Deutschland aus einer tiefen Depression der Arbeitslosigkeit heraus durch einen Diktator Hoffnung schöpften und ein gewaltiger Aufbau durch Einsatz aller Arbeitskräfte begann, der leider in dem schrecklichen Krieg endete..."[21)] Ihre menschlichen Qualitäten ließen sie alle Probleme recht bald überwinden.

Im Juni 1945 wurde sie mit weiteren 40 Führungskräften der Firma Schott von der amerikanischen Besatzungsmacht veranlaßt, aus Jena wegzugehen und nach Heidenheim umzuziehen.[22)] Nach einer Übergangsphase, einer kurzen Tätigkeit im Labor von Osram, wo sie rasch wieder durch wertvolle Neuerungen auffiel[23)], ging Marga Faulstich, trotz lukrativer anderer Angebote, auch aus dem Ausland, zu ihrem alten Betrieb zurück und half, diesen ab 1949 in Landshut und ab Januar 1953 in Mainz[24)] wieder aufzubauen.

Marga Faulstich war inzwischen 37 Jahre alt, stand in der Blüte ihrer Leistungsfähigkeit, die unvermindert anhielt. Ihr Erfolg war dadurch geprägt, daß sie es verstand, drei Dinge miteinander zu vereinen: Einen unerschöpflichen Vorrat an wissenschaftlichen Ideen, die Gabe, wissenschaftlich anzuleiten und Ideen nicht unter Verschluß zu halten, sowie sicherer, auf Menschenkenntnis und Sachverständnis fußender Umgang mit Mitarbeitern und Vorgesetzten.

Die wissenschaftlichen Ideen

Marga Faulstich gibt selbst an, daß ihre Forschungsarbeit sich durch zwei wichtige Aspekte auszeichnete, eine sorgfältige, gründliche, messende Tätigkeit, verbunden mit Intuition für weitere Möglichkeiten, was man noch erreichen kann. Heute übernimmt der Computer einen Teil der messenden Arbeit, so daß Schmelzarbeit gespart werden kann. Intuition kann der Computer nicht ersetzen. Bis zu ihrem Ausscheiden waren bei Schott, maßgeblich durch sie und in Gemeinschaftsarbeit mit ihr, etwa 300 verschiedene optische Gläser entwickelt worden. Diese Gläser wurden regelmäßig in einem optischen Katalog präsentiert, welcher unter der Leitung von Dr. Berger erstmals 1923 herausgekommen war. Marga Faulstich arbeitete später ständig daran mit.[25)] Anläßlich ihres 40jährigen Dienstjubiläums 1975 erhielt sie als Geschenk eine Glasplatte, auf welcher in einer beeindruckenden Graphik die von ihr und in Gemeinschaft mit ihr entwickelten Gläser dargestellt sind. Die Geschäftsleitung bescheinigte ihr bei dieser Gelegenheit: "Sie haben sich nicht nur mit Problemen der Glasentwicklung, sondern zunehmend auch mit verfahrenstechnischen, zum Teil sehr produktionsnahen Fragestellungen beschäftigt. Aus der Fülle der von ihnen entwickelten Problemlösungen seien hier beispielhaft ihre Arbeiten auf den Gebieten der infrarotdurchlässigen Gläser, der Gläser für die Laseroptik, der Nahteile für phototrope Brillengläser, der Reinstgläser und der athermalen Gläser genannt."[26)]

Nachdem sie sich nach dem zweiten Weltkrieg entschieden hatte, weiterhin für die Firma Schott zu arbeiten, war ihr besonderes Interesse darauf gerichtet, die internationalen Entwicklungstrends zur Kenntnis zu nehmen und für die Firma Schott nutzbringend anzuwenden. Diese Tätigkeit hatte 1949 in Landshut begonnen. Im Rahmen einer Arbeitsgruppe gemeinsam mit Dr. Geffcken und Dr. Eden war Marga Faulstich beteiligt, neue Produktionsverfahren für neuartige Gläser zu entwickeln. Insbesondere wurde die Schmelztechnik im Platintiegel erprobt, da amerikanische Forschungen bekannt geworden waren, bei denen Gläser mit extremen, bisher für unerreichbar gehaltenen optischen Werten in Platin geschmolzen worden waren.[27] Diese Technik löste dann bald das alte, von Otto Schott entwickelte Verfahren ab, bei dem die optischen Gläser in gasbeheizten sauren oder basischen Keramikhäfen gewonnen worden waren. Marga Faulstich hatte hohen Anteil am Aufbau des neuen, richtungsweisenden Schmelzverfahrens für optische Gläser in Platingefäßen. Im Jahre 1953 übernahm sie auch die Leitung der Sonderschmelze. Um entsprechende Bedingungen für das Forschungslaboratorium zu schaffen, hatte sie harte Kämpfe ausfechten müssen, wie sie selbst angibt: "Ich unterstand direkt der Geschäftsleitung und mußte dort für das Labor kämpfen. Wir waren aus dem Krieg heraus vom optischen Weltmarkt verschwunden. Erste Aufgabe war, den Weltmarkt zu ergründen. Wir sahen Patentschriften vom Patentamt durch, um den Weltmarkt zu erforschen."

Auf dieser Grundlage entstanden eine Reihe von Patenten und neue weltmarktfähige Produkte, die Marga Faulstich mit Mitarbeitern entwickelte. Die Grundlagenforschungen, an denen sie maßgeblich beteiligt war, bildeten die Voraussetzung für zahlreiche neue Gläser, verwendbar für die verschiedensten optischen Geräte in Erderkundung, Photogrammetrie, Astronomie und Lasertechnik.[28]

Ihre Ergebnisse blieben nicht auf den betrieblichen oder nationalen Rahmen begrenzt, sondern erlangten internationale Aufmerksamkeit. Wie bereits eingangs erwähnt, traf besonders das von ihr entwickelte Leichtgewichts-Brillenglas auf hohe Anerkennung. Zwischen Aufgabenstellung und Lösung lagen eineinhalb Jahre und rund zweihundert Versuche. Die Aufgabe bestand darin, ein Brillenglas zu entwickeln, das - hochbrechend und leichtgewichtig - Menschen mit sehr starken Sehbehinderungen von der Belastung schwerer Brillen erlösen sollte. Unter ihrer Leitung begann die Abteilung Entwicklung Optisches Glas II im Juni 1971 mit dieser Forschungsarbeit. Die Idee von Marga Faulstich bestand darin, die bisher für hochbrechende Brillengläser benutzten schweren Metalloxide (Oxide von Blei, Barium, Lanthan) durch hochbrechende leichte Metalloxide (insbesondere von Titan) zu ersetzen. Zahlreiche Berechnungen und praktische Schmelzversuche führten schließlich zu einem Glas mit den geforderten Bedingungen. Hinzu kam, daß die nun verwendeten Ausgangsprodukte einen niedrigeren Rohstoffpreis hatten und sich gut für die Massenfabrikation eigneten.[29] Marga Faulstich erhielt dafür im Jahre 1973 die IR - 100 - Medaille, welche in Chicago für eine der 100 bedeutendsten neuen technischen Entwicklungen des Jahres 1973 verliehen wurde.[30]

Marga Faulstich war Mitglied der Glastechnischen Gesellschaft. Bereits seit den 50er Jahren besuchte sie internationale glastechnische Symposien und Kongresse, oft allein oder mit einem weiteren Kollegen von Schott. So war sie u.a. dienstlich in Brüssel (1958), London (1968), San Francisco (1979), Peking (1981) und Moskau.

Wissenschaftsleitende Tätigkeit

Nachdem W. Geffcken 1953 Sonderaufgaben auf dem Gebiet der Glasforschung übernommen hatte, war Marga Faulstich zunehmend *wissenschaftsleitend*[31] tätig. Ihr unterstand ab 10. Januar 1953 der Personalaufbau für das neue Labor, sie leitete die sog. "Sonderschmelze" bis 1969 und schließlich die Entwicklungsabteilung für optisches Glas (Abteilung Entwicklung Optisches Glas II). Rückblickend erläuterte sie: "Ich habe es leicht gehabt, weil die Männer mich 100%ig anerkannt haben. Ich habe da nie Schwierigkeiten gehabt. Das ist eine Entwicklung, die für mich schwer zu beschreiben ist. Alle, die dazu kamen, holten sich Rat bei mir. Ich habe immer eine gewisse Führungsposition gehabt. Das haben auch alle Männer anerkannt. ... Ich kenne es überhaupt nicht, daß jeder sein Kästchen für sich hat und man dem anderen nichts verrät."

Diese Haltung war gewiß eine wesentliche Voraussetzung dafür, daß bedeutende Forschungsleistungen von ihr ausgingen. Viele Publikationen, an denen sie mitwirkte, erschienen als Gemeinschaftsarbeit. Offensichtlich konnten derartige Resultate nur noch im Zusammenwirken vieler Mitarbeiter und auch unterschiedlicher Laboratorien erreicht werden. Dr. Neuroth, der mehrfach gemeinsam mit Marga Faulstich publizierte, leitete das physikalische Labor III. Neuroth beschrieb im Jahre 1970 die Zusammenarbeit:

"Wird ein neuer Glastyp entwickelt, so schmilzt Fräulein Faulstich das Glas, Herr Reitmayer mißt den Temperatureinfluß auf die Brechzahl, Herr Müller vom 'Mineralogischen Labor' bestimmt die Kristallisation und Herr Lindig die Wärmeleitung."[32)]

Mitarbeiterführung

Die Führungsqualitäten von Marga Faulstich werden in hohen Tönen gelobt. Dabei wird ersichtlich, daß sie Durchsetzungsvermögen mit allseitiger Umsicht und Fürsorge verband. Die Geschäftsleitung bestätigte ihr sowohl sog. "männliche" als auch "weibliche" Eigenschaften. Erich Schott sprach anläßlich ihres 25jährigen Betriebsjubiläums von ihrer "männlichen" Energie bei der Leitung der "hartgesottenen Männerwelt der Sonderschmelze". Im Schreiben des Geschäftsleiters zum 40jährigen Dienstjubiläum können wir lesen: "Ich möchte eigentlich das Wort "männlich" nicht akzeptieren, denn Sie haben eben nicht nur mit Push und Kraft und starkem Willen Ihre Arbeit bewältigt, sondern sind mit typisch weiblichen Attributen an die Aufgaben herangegangen, d.h. mit mehr Geduld und Verständnis und insbesondere mit mehr Einfühlungsvermögen. Gerade diese Seite von Ihnen hat Ihnen ja auch bei der Heranbildung junger Leute so viel Erfolg beschert."[33)]

Das Leben von Marga Faulstich vermittelt, daß der Erfolg nicht an das Geschlecht gebunden ist, sondern auf Sachkenntnissen beruht, die natürlich erkannt und gefördert werden müssen. Befragt, ob sie meine, daß Frauen in anderer Weise forschen als Männer, antwortete sie mit "Nein". Befragt, ob sie als Frau anders als Männer behandelt worden sei, führte sie aus: "Ich bin normal behandelt worden, nicht anders als Männer. Man kann Frauen nicht leiden, die sich in den Vordergrund rücken. Man muß ein sachliches Wissen haben, um anerkannt zu sein."

Marga Faulstich entwickelte sich zu einer international anerkannten Forscherin auf glastechnischem Gebiet, die allerdings nicht einseitig den Blick nur auf ihr Spezialgebiet richtete, sondern Zeit fand, nach rechts und links zu schauen. Als ihre Lieblingsbeschäftigungen gibt sie an: Reisen, Fotografieren, Lesen, Radfahren, Tennis und Wandern.[34)] Sie nutzte den Jahresurlaub, um große Teile von der Welt kennenzulernen. Sie fand Zeit für sportliche Betätigung und errang Urkunden bei Tennis-Meisterschaften im Rahmen des vom Unternehmen geförderten Sportvereins TSV Schott. Sie verfolgt auch gegenwärtig alle Entwicklungen mit großem Interesse und ist ständig bereit, ihre reichen Erfahrungen weiter zu vermitteln. Mit Wehmut daran denkend, was bei ihr die Zeitverhältnisse verhinderten, stellt sie fest: "Ich verfolge manches mit Neid. Welche Möglichkeiten es gibt. Auch die Ausbildungsmöglichkeiten!"

Es gilt, diese Möglichkeiten auch tatsächlich zu nutzen, wenn notwendig, Bedingungen zu ändern und, wie Marga Faulstich abschließend rät: "nicht alles nur als gegeben hinzunehmen".

Anmerkungen:

* Die Autorin widmet den Beitrag Herrn Dipl.-Chemiker Hans R. Jenemann, Hochheim, der erst das Forschungsthema ermöglichte und die Autorin mit Marga Faulstich bekannt machte.

1) Marga Faulstich steht damit in gewissem Sinne in der Tradition von Joseph Fraunhofer (1787-1826), der ohne eine akademische Ausbildung anerkannte wissenschaftliche Ergebnisse in der Glasforschung erzielte und im Rahmen des Münchener mechanisch-optischen Instituts technische Produktionsverfahren erstmals auf wissenschaftlichen Theorien begründete. Vgl. [Gerlach 1963]
2) Das ist eine Auszeichnung für die 100 bedeutendsten technischen Neuentwicklungen innerhalb eines Jahres. Vgl. [Berg 1987]
3) Nach [Berg 1987].
4) Die Autorin bearbeitet ein vom Land Rheinland-Pfalz gefördertes Projekt "Einflußfaktoren für das Studium und die berufliche Karriere von Frauen in Mathematik, Naturwissenschaften und Technik.- Eine historiographische Untersuchung von Lebensläufen erfolgreicher Frauen in Hochschulen und Industrie." Die Ausführungen basieren auf einem vierstündigen Gespräch mit Marga Faulstich am 16. Oktober 1994, auf persönlichen Unterlagen und Dokumenten der Jubilarin sowie auf Materialien des Unternehmensarchivs der Schott Glaswerke. Die Autorin bedankt sich beim Land Rheinland-Pfalz für die Förderung des Projekts, bei Frau Faulstich für das ausführliche, interessante Gespräch und bei Herrn Dr. Jürgen Steiner, Schott Glaswerke, für die Übersendung umfangreicher Materialien.
5) Der Bruder wurde als kaufmännischer Angestellter ausgebildet; die Schwester wurde Grundschullehrerin und arbeitete 35 Jahre lang in diesem Beruf.
6) Vgl. [Steiner 1993].
7) Vgl.]Kühnert 1946], [Hahland 1965], [Stolz/Wittig 1993].
8) Das breite wissenschaftliche Interesse drückte sich u.a. darin aus, daß sowohl Abbe als auch Otto Schott zahlreichen wissenschaftlichen Gesellschaften als Mitglied beitraten. Die enge Bindung an die Mathematik war damit eingeschlossen. Abbe trat der Deutschen Mathematiker-Vereinigung im Jahre 1899 bei, Otto Schott war von 1902 bis 1925 Mitglied.
9) Nach den mündlichen Ausführungen von Frau Faulstich.
10) Die hitzebeständigen Haushaltsgläser sind unter der Marke "Jenaer Glas" bekannt geworden.
11) Brief Ernst Abbes vom 20. Dez. 1880 an Otto Schott in [Kühnert 1946] S. 14.

12) W. Geffcken hatte physikalische Chemie in seiner Heimatstadt München studiert, dort auf diesem Gebiet 1929 promoviert und 1934 sich habilitiert. Er wechselte in das Forschungslabor des Jenaer Glaswerkes und befaßte sich in den ersten Jahren "mit dem chemischen Angriff optischer Gläser". Vgl. [Faulstich u.a. 1994]

13) Handschriftliche Aufzeichnungen von W. Geffcken in einem Brief an M. Faulstich vom Juli 1975. Er beschrieb detailliert: "Ein paar Bewerberinnen waren schon unverrichteter Dinge abgezogen, als Sie erschienen. Einige theoretische Fragen waren schnell beantwortet und dann nahm ich Sie mit ins Schmelzlabor, zeigte Ihnen irgendeine Maschine mit Motor, ich glaube eine transportable Rüttelmaschine und ließ sie anlaufen. Dann mußten Sie einen Moment weggehen und ich zog das Kabel mit dem Stekker, der tief unter einem Labortisch seine Dose hatte, heraus und forderte Sie dann auf, die Sache wieder in Gang zu bringen. Sie zögerten nicht eine Sekunde, besahen sich die Sache erst einmal und krochen dann sofort unter den Tisch und suchten, was dort unten los war und brachten es in Ordnung. Dann gab ich Ihnen einen großen Glasbrocken und einen Hammer, trotz Mitleid und etwas schlechtem Gewissen und Sie mußten einige Stücke davon abschlagen. Und die kleinen Hände hielten Glas und Hammer so energisch und geschickt, daß der Brocken bald kleingeklopft war. Die Hände aber, die Sie herzeigen mußten, waren ohne Schrammen geblieben. Das gefiel mir, aber ich stellte noch eine Schlinge. Ich erklärte Ihnen die Benutzung der analytischen Waage und gab Ihnen zwei Gläser mit Inhalt zum Abwiegen und als ich sah, wie Sie gerade sehr beschäftigt waren, versuchte ich unbemerkt die Gläser gegen andere zu vertauschen. Aber sofort protestierten Sie und riefen: 'Nein, das dürfen Sie nicht.' Ich wußte jetzt, daß das Persönchen die richtige Mitarbeiterin für mich war und so begann nach wenigen Tagen Ihr Start bei der Firma."

14) Ebenda.

15) Vgl. detailliert [Faulstich u.a. 1994].

16) Nach den Aufzeichnungen von W. Geffcken vom Juli 1975.

17) Ebenda

18) Ebenda

19) Abschrift des Zeugnisses für M. Faulstich von der Personalabteilung des Jenaer Glaswerkes Schott & Gen., gez. Voigt, vom 12. April 1944. Persönliche Unterlagen von M. Faulstich.

20) Vgl. zu Erich Schott [Steiner 1991].

21) Faulstich, M.: Dankrede anläßlich meines 40jährigen Dienstjubiläums im Juli 1975, S. 1. Persönliche Unterlagen von M. Faulstich.

22) Dies ist als "Zug der 41 Glasmacher" in die Firmengeschichte eingegangen. In [Von Jena...1984] wird ausführlich über diesen Umzug berichtet; Seite 16 schildert Marga Faulstich ihre persönlichen Erlebnisse bei diesem Umzug, zu dem sie auch ihre Mutter und ihre Schwester mitnehmen konnte. Der Vater befand sich in amerikanischer Kriegsgefangenschaft.

23) Nach den Aufzeichnungen von W. Geffcken, Juli 1975.

24) In Mainz waren die Glaswerke seit 1951 neu aufgebaut worden, 1952 war die Inbetriebnahme erfolgt.

25) Anläßlich des 100jährigen Jubiläums der Glaswerke beschrieb sie die historische Entwicklung der optischen Gläser in einem Aufsatz. Siehe [Faulstich 1984].

26) Schreiben der Geschäftsleitung des Glaswerks Schott & Gen. vom 24. Juli 1975 an M. Faulstich, S. 1f.

27) Vgl. [Von Jena...1984] S. 17 und 27, vgl. auch [40 Jahre...1991] S. 4.
28) Vgl. detailliert zur Entwicklung der verschiedenen Gläser, insbesondere zu Spezialgläsern auf Phosphatbasis [Faulstich 1984].
29) Vgl. hierzu [IR 100...1973] und [Neues Glas...1973].
30) Die im Besitz von M. Faulstich befindliche Medaille trägt den Text: "Award presented to Schott Optical Glass Inc. by Industrial Research Inc. for the development of S-1005 Low Density Glass. Selected by Industrial Research as One of the 100 Most Significant New Technical Products of the Year 1973."
31) Ab 1972 erhielt sie schließlich auch einen Vertrag als leitende Angestellte.
32) [Heißer Blitz...1970] S. 19.
33) Schreiben der Geschäftsleitung an M- Faulstich vom 24. Juli 1975, S. 2.
34) Siehe [Berg 1987].

Bibliographie

Berg: Was macht eigentlich Marga Faulstich? In: wir...von SCHOTT (Beilage der Schott intern), 1987, Nr. 7/8, S. 4.

Faulstich, M.: Infrarotdurchlässige Gläser. In: Beiträge zur Angewandten Glasforschung, 1959, S. 269-286.

Faulstich, M.: Mehrstoffsysteme zum Aufbau optischer Gläser, Teil II. In: Glastechnische Berichte, 34 (1961) 3, S. 102-107.

Faulstich, M.: Der Einfluß des Grundglases auf die Laseremission von Nd-dotiertem Glas. Physikalische Verhandlungen, 14 (1963) S. 163.

Faulstich, M.: Dankrede anläßlich meines 40jährigen Dienstjubiläums im Juli 1975. Persönliche Unterlagen von M. Faulstich.

Faulstich, M.; Neuroth, N.: Gläser für temperaturstabile Ultraschall-Verzögerungsleitungen. In: Radio-Mentor, 35 (1969) S.229-231.

Faulstich, M.; Reitmayer, F.: Temperaturunabhängige optische Elemente und Systeme. Forschungsbericht. BMFT-FB T 75-43 (1975).

Faulstich, M.; Krause, D.; Neuroth, N.; Reitmayer, F.: Lead glass for low optical fibres. In: Symposium Guided Fibre Optics, 2.-11.4.1975, Paris.

Faulstich, M.; Krause, D.; Neuroth, N.; Reitmayer, F.: Highly transparent glasses for producing optical fibers for telecommunication. In: Optical Fiber Transmission, 1975.

Faulstich, M.; Krolla, G.; Neuroth, N.: Low-nonlinear index fluorphosphate glasses. In: Electro-Optical Systems, 9 (1977) 11, S. 96-97.

Faulstich, M.; Krolla, G.; Neuroth, N.: Flourphosphate glasses with low non-linear index Nd-activation and without. In: proceedings Electro Optics Conference, Anaheim, Cal. October 1977.

Faulstich, M.; Jahn, W.; Krolla, G.; Neuroth, N.; Deutschbein, O.: Glasses with a large laser effect: Nd-phosphate and Nd-flourophosphate. In: Applied Optics, 17 (1978) 14, S. 2228-2232.

Faulstich, M.: Phosphatgläser. Die Hundertjährigen unter den optischen Gläsern. In: SCHOTTinformation, 1984, H. 3, S. 32-39.

Faulstich, M.: Das Drehbuch schrieb das Leben. Mainzer Schott-Seniorin: Reise nach Jena bleibt unvergeßlich. In: Der Glasmacher (Mitarbeiterzeitung der Jenaer Glaswerke GmbH, Jena), 1992, Nr. 18.

Faulstich, M.; Krause, D.; Neuroth, N.; Paquet, V.: Dr. phil. habil. Walter Geffcken 90 Jahre. In: Glastechnische Berichte, 67 (1994) 3, S. N30-N31.

Geffcken, W.: Handschriftliche Aufzeichnungen, in einem Brief vom Juli 1975 an Marga Faulstich. Persönliche Materialien von Marga Faulstich.

Gerlach, W.: Joseph Fraunhofer und seine Stellung in der Geschichte der Optik. In: Optik 20 (1963) 279.

Hahland, W.: Die Forschungen Otto Schotts und seine Zusammenarbeit mit Ernst Abbe. Mainz 1965.

Heißer Blitz aus kaltem Glas. In: Werkzeitschrift der Glaswerke Schott & Gen., Mainz, 1970, Nr. 4, S. 18-19.

IR 100 für leichtes Glas. In: Schott intern, 1973, Nr. 8, S. 4-5.

40 Jahre Schott in Mainz. Erinnerungen, Dokumente, Ansichten. Schott, Mainz 1991.

100 Jahre Schott. 100 Jahre Innovation. Spezialgläser für Zukunftstechnologien. SCHOTTinformation. 1984, H. 3.

Kühnert, H.: Der Briefwechsel zwischen Otto Schott und Ernst Abbe über das optische Glas 1879-1881. Jena 1946.

Mitarbeiter der ersten Stunde. Marga Faulstich: "Wir mußten viel improvisieren." In: Schott intern, 1977, Nr. 3, S. 3-4.

Neues Glas aus Mainz ersetzt künftig die "Bullaugen"-Brillen. In: Allgemeine Zeitung, Mainz, Mainzer Stadtnachrichten, vom 25. Oktober 1973.

Schott Stories. 50.000mal Spezialglas in 17 Kurzgeschichten. Schott Glaswerke, Mainz, o. J.

Steiner, J.: Great son of a great father - On the occasion of the 100th birthday of Erich Schott. In: Glastechnische Berichte, 64 (1991) 3, S. 57-64, deutsch: S. 65-70.

Steiner, J.: Ein Glas macht Technikgeschichte. In: SCHOTTinformation, H. 66, 1993, S. 3-7.

Steiner, J.: Otto Schott and the invention of borosilicate glass. In: Glastechnische Berichte, 66 (1993) 6/7, S.165-173.

Stolz, R.; Wittig, J. (Hrsg.): Carl Zeiß und Ernst Abbe. Leben, Wirken und Bedeutung. Wissenschaftshistorische Abhandlung. Jena 1993.

Von Jena nach Mainz. Erich Schott erinnert sich. Sonderdruck der Werkzeitschrift "Schott intern" zum 100jährigen Bestehen der Schott Glaswerke, Mainz, September 1984.

Von Jena nach Mainz - und zurück. Schott-Geschichte zwischen Kaltem Krieg und deutscher Wiedervereinigung. Hrsg. von den Schott-Glaswerken. Mainz: Satz und Druck Werum, 1995.

Naturwissenschaftlerinnen und Technikerinnen in Bewegung. Zu den Anfängen der Kongresse von Frauen in Naturwissenschaft und Technik

Helene Götschel, Hamburg

Aus meiner Dissertation "Zur Geschichte der Kongresse von Frauen in Naturwissenschaft und Technik" stellte ich ein Kapitel über die ersten Jahre der Technikerinnentreffen zur Diskussion.[1)] Im Zentrum meiner Analyse standen dabei neben inhaltlichen Themenschwerpunkten die Verantwortung für die inhaltliche Vorbereitung der Treffen und die Formulierung seiner Funktion für Naturwissenschaftlerinnen und Technikerinnen. Sowohl die damals entwickelte Vorgehensweise bei der inhaltlichen Gestaltung als auch die vom Plenum beschlossene Konzeption des Kongresses haben sich in wesentlichen Punkten über mehr als zehn Jahre bewährt.

I. Themenschwerpunkt Berufssituation

In den Anfangsjahren des Kongresses standen der Erfahrungsaustausch zur Berufs- und Ausbildungssituation von Naturwissenschaftlerinnen und Technikerinnen, die Suche nach sinnvollen Berufsperspektiven und nach Strategien zur Überwindung der Diskriminierung von Frauen in Naturwissenschaft und Technik im Zentrum des Interesses der Teilnehmerinnen. Dies ist kaum verwunderlich, da sich der Anteil der Frauen bzw. Mädchen in gewerblich-technischen Berufen in der BRD Ende der 70er Jahre gerade auf 2% und die Zahl der berufstätigen Ingenieurinnen sich ebenfalls nur auf 2,4% beliefen. In der Öffentlichkeit, selbst innerhalb der Frauenbewegung, war das Interesse an der Situation von Naturwissenschaftlerinnen und Technikerinnen äußerst gering, und daher standen damals kaum Informations- und Unterstützungsmöglichkeiten für Frauen in qualifizierten naturwissenschaftlich-technischen Berufsfeldern zur Verfügung. Vielen Teilnehmerinnen boten die Technikerinnentreffen eine erste Möglichkeit, sich über die eigenen Probleme und Utopien auszutauschen und gemeinsam nach Lösungsmöglichkeiten zu suchen.

Die Diskriminierungen, denen die Teilnehmerinnen als Frauen in einem 'Männerberuf' ausgesetzt waren, und von denen sie in den unterschiedlichen Arbeitsgruppen zum Erfahrungsaustausch über die Berufssituation berichteten, waren vielfältig. Zum Beispiel fühlten sie sich isoliert, waren sexuellen Belästigungen ausgesetzt und unsicher in Bezug auf ihr Rollenverhalten am Arbeitsplatz. Sie erhielten für ihre qualifizierte Arbeit weniger Anerkennung als ihre männlichen Kollegen und hatten kaum Karrierechancen. Oft hatten die Frauen auch Skrupel bezüglich den Inhalten und Zielen ihrer Arbeit (z.B. in der Rüstungsindustrie). Sie diskutierten die feministischen Erfolge in den USA durch die Politik der 'affirmative action' und überlegten, ähnliche Quotierungsforderungen auch für bundesdeutsche Hochschulen und Betriebe einzufordern. Wichtig war es nach Meinung der Teilnehmerinnen vor allem, näheres über die eigene Situation zu erfahren, diese Erfahrungen zu bündeln und damit an die Öffentlichkeit zu gehen. Dies geschah auf vielfältige Weise, wie aus folgenden zwei Beispielen deutlich wird.

Die "Bewerbungsaktion"

Um die Benachteiligungen bei Stellenausschreibungen konkret aufzeigen zu können und zu beweisen, daß Frauen trotz vorhandener Qualifikation eher abgelehnt wurden als männliche Mitbewerber, startete die Hamburger Programmiererin Ulla Stockhofe eine 'Bewerbungsaktion'. Auf dem Frankfurter Treffen 1978 verteilte sie ein Flugblatt, in dem die Frauen aufgefordert wurden, sich auf eine Stellenanzeige einmal als Frau und einmal mit etwas veränderten, aber vergleichbaren Voraussetzungen als Mann zu bewerben. Es konnte gezeigt werden, daß bei fast allen der 50 mit männlichem Namen verschickten Briefen (96%) um Zusendung weiterer Unterlagen gebeten wurde, bei den Briefen mit Frauennamen jedoch nur in der Hälfte der Fälle.

Fragebogenaktionen

Zwischen 1978 und 1984 wurden von Teilnehmerinnen der Treffen mehrere Fragebogenaktionen initiiert, die sich mit Berufseinstiegsmöglichkeiten, Berufsanforderungen oder Strategien für den Berufsalltag von Naturwissenschaftlerinnen und Technikerinnen beschäftigten. Viele Fragebögen wurden "nur" innerhalb der Uni-Frauengruppen ausgewertet und diskutiert. Für mehrere Aktionen allerdings wurden auch auf dem Treffen Daten erhoben oder ihre Ergebnisse wurden in die Treffen eingebracht.

1978 fertigten Moniko Greif, Kira Stein, Angelika Quandt-Stelling und Petra Stöcker eine Studie zu Studium und Ausbildung, Stellensuche und Berufsalltag an, deren Ergebnisse im großen und ganzen die Diskussionen in den Arbeitsgruppen zu Berufsperspektiven bestätigten. 1982 wollten Margarete Maurer und Dagmar Kahnes die Erzählungen berufstätiger Frauen sammeln und auswerten, um Argumente für die Öffentlichkeitsarbeit entwickeln zu können. Ihre Fragebogenaktion stieß jedoch bei vielen Frauen auf Kritik und Ablehnung. Naturwissenschafts-Studentinnen der Universität Hannover (Julia Osterhoff u.a.) hatten eine Ringvorlesung zum Karriereverhalten von Frauen in Naturwissenschaft und Technik organisiert und stellten ihre Ergebnisse auf dem Stuttgarter Treffen 1984 zur Diskussion. 1985 berichtete die Nachrichtentechnikerin und Soziologin Regine Rundnagel auf dem Gießener Treffen aus ihrer Diplomarbeit, die die individuellen Auseinandersetzungs- und Bewältigungsformen der Naturwissenschaftlerinnen und Technikerinnen zum Inhalt hatte. Bis heute ließ das Interesse einzelner Kongreßteilnehmerinnen an Forschungsarbeiten zur Berufssituation von Frauen in Naturwissenschaft und Technik nicht nach, und es entstanden weitere, oft interdisziplinäre Studien.2)

Weitere Arbeitsgruppen

Neben allgemeinen Arbeitsgruppen zu Fragen der Berufstätigkeit gab es auf mehreren Treffen auch Veranstaltungen, die die spezielle Situation berufstätiger Mütter oder berufstätiger Lesben thematisierten. Auch die Handwerkerinnen hatten eigene Veranstaltungen und machten in phantasievollen Aktionen auf sich aufmerksam. Die Suche nach sinnvollen Arbeitsmöglichkeiten außerhalb der Industrie oder staatlichen

Institutionen war ein weiterer Problemkreis, der auf den ersten Technikerinnentreffen angesprochen wurde. Darüber hinaus gab es erste Arbeitsgruppen, die sich kritisch mit den Inhalten von Naturwissenschaft und Technik auseinandersetzten.

II. Verantwortung für die inhaltliche Vorbereitung der Treffen

In der autonomen Frauenbewegung war es Ende der 70er Jahre nicht erwünscht, daß sich einzelne Frauen aus der Gruppe hervortaten, um "Monologe" vor den anderen Teilnehmerinnen zu halten. Statt dessen sollte der Umgang miteinander Hemmungen abbauen und Redeängste überwinden helfen, damit sich jede Frau in die Gespräche einbringen konnte. Daher war es auch in der Frühphase der Technikerinnentreffen üblich, daß die Teilnehmerinnen gemeinsam im Anfangsplenum die Themen der Arbeitsgruppen festlegten, zu denen ein Erfahrungsaustausch stattfinden sollte. Verantwortlich für die Organisation des Treffens fühlten sich in den ersten Jahren jedoch allein die Frauen der Vorbereitungsgruppen. Sie versuchten aber, die Teilnehmerinnen in zunehmendem Maß an der inhaltlichen Gestaltung zu beteiligen.

Die Hamburgerinnen verschickten drei Monate vor dem Treffen ein zweiseitiges Rundschreiben mit acht Themenvorschlägen an über 100 bekannte Adressen und baten um Meinungsäußerungen. Von den angeschriebenen Frauen reagierten allerdings nur sechs und diese vertraten auch noch entgegengesetzte Meinungen. Daher einigten sich die Hamburger Vorbereitungsfrauen schließlich selbst auf fünf Punkte, die im Eröffnungsplenum vorgestellt wurden und ergänzt werden konnten. Dieses Vorgehen führte jedoch zu Enttäuschungen auf beiden Seiten. Die Vorbereitungsfrauen waren viel zu sehr in die Organisation des Treffens eingespannt, als daß sie an inhaltlichen Arbeitsgruppen hätten teilnehmen können, während viele Teilnehmerinnen sich auf die inhaltliche Vorbereitung durch die Organisatorinnen verlassen hatten.

Auch die Frankfurter Vorbereitungsgruppe forderte in der Einladung zum dritten Treffen alle Frauen eindringlich auf, sich an der inhaltlichen Ausgestaltung des Treffens durch Beisteuerung von Diskussionspunkten zu beteiligen. Sie hatten die vier Tage des Treffens allerdings bereits vorstrukturiert und Rahmenthemen vorgegeben. Die Göttinger Vorbereitungsgruppe dachte sich ebenfalls ein neues Verfahren aus, um in der inhaltlichen Diskussion weiterzukommen. Die Hauptgedanken der zurückliegenden Arbeitsgruppen wurden in Kurzreferaten schriftlich zusammengefaßt, an die angemeldeten Frauen verschickt und zusätzlich im Eröffnungsplenum referiert. Damit sollte speziell den Neueinsteigerinnen die Möglichkeit gegeben werden, ihre Wissensdefizite aufzuarbeiten. Gleichzeitig sollte damit allen Teilnehmerinnen die Fortsetzung der Arbeit erleichtert werden. Aber obwohl die Göttingerinnen sich solche Mühe gegeben hatten, alle Teilnehmerinnen auf den aktuellen Stand der Diskussion zu bringen, konnte dies nicht verhindern, daß einige Arbeitsgruppen "mit ihren Ergebnissen wesentlich hinter denen aus Frankfurt zurück" blieben.[3)]

Zum Stuttgarter Treffen wurden die Frauen daher erneut aufgefordert, sich an den Inhalten des Treffens zu beteiligen. Ganz bewußt sollten diesmal allerdings neue Themen gewählt werden, um die "eingefahrenen Strukturen" aufzulockern. Die Vorschläge für Arbeitsgruppen sollten schon vor Beginn der Tagung schriftlich eingereicht werden, um damit eine Diskussion über Inhalte während des Treffens zu vermeiden. Aber erst auf dem Treffen selbst wurde "vielen Frauen klar, besonders denen, die schon öfter dabei waren, wie wichtig es ist, sich inhaltlich vorzubereiten und nicht nur mit einer Erwartungshaltung hinzufahren".[4)]

Einige wenige Referate, die auf ausdrücklichen Wunsch der Teilnehmerinnen in einzelnen Arbeitsgruppen oder im Plenum gehalten wurden, zeigten freilich bald, daß eine Arbeitsgruppe nur dann wirklich befriedigende Ergebnisse hervorbrachte, wenn sie von einer Gruppe oder von einzelnen Frauen vorbereitet worden war. Als Konsequenz daraus äußerten die Darmstädterinnen in ihrer Einladung zum sechsten Treffen 1980 daher zum ersten Mal ausdrücklich den Wunsch, daß an einem Abend im Plenum Vorträge gehalten werden könnten, sofern diese Themen von allgemeinem Interesse behandeln würden.

Auf dem Darmstädter Abschlußplenum wurde dann beschlossen, daß in Zukunft Frauengruppen und auch einzelne Frauen aufgefordert werden sollten, ihre Kompetenzen in den Kongreß einzubringen und selbst Arbeitsgruppen mit Themen ihrer Wahl anzubieten. Aufgabe der Vorbereitungsgruppe dagegen sei es, die einzelnen Beiträge der Teilnehmerinnen zu koordinieren. Dieser Beschluß ist auf allen folgenden Kongressen eingehalten worden, und viele Referentinnen machten von Anfang an umfangreich davon Gebrauch. Dennoch waren zunächst nicht alle Frauen mit der Verfahrensweise einverstanden, da sie befürchteten, die Arbeitsgruppen könnten dadurch ihren Charakter verlieren und sich zu reinen Vortragsveranstaltungen wandeln. Um dem entgegenzuwirken, sollten die Vorschläge für Arbeitsgruppen rechtzeitig bei der Vorbereitungsgruppe eingereicht werden, die dann ein Programm zusammenstellen und dieses an alle Teilnehmerinnen verschicken sollte. Für das Berliner Treffen 1982 wurde zum ersten Mal ein solches Kurzprogramm erstellt.

III. Eine Konzeption für die Treffen

Die Hamburger Vorbereitungsfrauen mußten die Erfahrung machen, daß es besser gewesen wäre, sie hätten sich nicht so sehr mit der inhaltlichen Vorbereitung der Treffen verausgabt, sondern wären sich erst einmal über ihre Aufgaben klarer gewesen und hätten ein Konzept für das Treffen entwickelt. In einem internen Papier, in dem die Hamburgerinnen ihre Erfahrungen an die Frankfurter Vorbereitungsgruppe weitergaben, benannte Rosemarie Rübsamen drei wichtige Funktionen des Treffens: den Erfahrungsaustausch von Teilnehmerinnen und Frauengruppen, zweitens das Erarbeiten gemeinsamer Forderungen und die Veröffentlichung von Materialien zur Situation von Frauen in Naturwissenschaft und Technik und schließlich die kritische Reflexion von Naturwissenschaft und Technik und die Entwicklung alternativer Vorstellungen.

Da das Göttinger Treffen 1979 trotz intensiver Bemühungen der Vorbereitungsgruppe so enttäuschend verlaufen war (s.o.), stellten die verantwortlichen Frauen die Frage nach einer Konzeption des Treffens öffentlich in der Kongreßdokumentation und boten zwei Antworten: wichtig seien der Erfahrungsaustausch der Frauen untereinander und die Formulierung und Öffentlichmachung ihrer politischen Forderungen. Der zweite Punkt schien den Göttingerinnen jedoch nur in regional begrenzten, kontinuierlich arbeitenden Gruppen möglich. Aber dennoch könnten die Treffen hier durch ihre

Öffentlichkeitsarbeit unterstützend wirken, indem sie die Gesellschaft auf Naturwissenschaftlerinnen und Technikerinnen und deren Probleme aufmerksam machten.

Auf dem folgenden Treffen in Stuttgart wurde die Frage nach der Perspektive der Technikerinnentreffen von 40 Teilnehmerinnen in einer Arbeitsgruppe aufgegriffen und auf einem Zwischentreffen in Frankfurt und in einer weiteren Arbeitsgruppe des Darmstädter Treffens fortgeführt. Die Erwartungen der einzelnen Teilnehmerinnen an die Treffen, und folglich auch die daraus resultierenden Lösungsstrategien waren sehr unterschiedlich und wurden kontrovers diskutiert. Ein Teil der Frauen wollte in regionalen Gruppen inhaltlich arbeiten und den Kongreß zum Austausch der Einzelgruppen und zur Entwicklung gemeinsamer Forderungen und politischer Aktionen nutzen. Ein anderer Teil wollte auf den Treffen inhaltlich diskutieren, sich kollektiv weiterbilden, Utopien entwickeln oder Schwerpunktthemen bearbeiten. Eine dritte Gruppe beschwerte sich über die "Kopflastigkeit" der Treffen, wollte mehr praktisch mit den Händen und dem Körper arbeiten. Wieder andere Frauen schließlich wollten mit der Unterstützung von Vereinsstrukturen konkretere Ergebnisse erhalten und umsetzen. Die Gründung eines Vereins wurde lange und breit diskutiert, und schließlich erst einmal auf einen späteren Zeitpunkt verschoben. Alle anderen Bedürfnisse sollten die Treffen in Zukunft befriedigen, lautete der Beschluß auf dem Darmstädter Abschlußplenum. Die Treffen sollten nur noch einmal jährlich am verlängerten Himmelfahrtswochenende stattfinden, um dem Erfahrungsaustausch, den unterschiedlichen Aktivitäten, der inhaltlichen Auseinandersetzung und den einzelnen Zwischentreffen genügend Raum zu geben. Den Rundbrief, der den Austausch unter Naturwissenschaftlerinnen und Technikerinnen zwischen den Treffen gewährleisten sollte, hat es allerdings nur ein einziges Mal gegeben.

Anmerkungen:

1) Im einzelnen sind dies: Hamburg 1978, Frankfurt 1978, Göttingen 1979, Stuttgart 1979, Darmstadt 1980, Hannover 1981 und Berlin 1982. Zur Entstehungsgeschichte des ersten Treffens 1977 siehe die Dokumentation von Gießen 1994.

2) Vgl. Kira Stein und Janitha Molvaer: Ingenieurin - warum nicht? Berufsbild und Berufsmotivation von zukünftigen Ingenieurinnen und Ingenieuren, Gießen 1994; Karin Kleinn, Catrin Freyer und Renate Michel: Wie stellt sich die Situation von Frauen in Naturwissenschaft und Technik heute dar?, Karlsruhe 1995.

3) Dokumentation von Göttingen 1979

4) Dokumentation von Stuttgart 1979

Lebens-, Studien- und Arbeitssituation

Vorstellung der ersten Umfrageergebnisse zur aktuellen Situation von Naturwissenschaftlerinnen und Technikerinnen

Arbeitslos - was nun? Ingenieurinnen suchen neue Tätigkeitsfelder

Brigitte Drechsel
Frauenförderwerk Dresden e.V., An der Dreikönigskirche 5, D-01097 Dresden

Der zweite Teil der Überschrift soll ein bißchen doppeldeutig klingen. Heißt das nun: Nachdem wir 40 Jahre Arbeitslosigkeit nicht kannten, endlich frei, und wir Ost-Ingenieurinnen können uns nun endlich neue Tätigkeitsfelder erschließen? Oder: Wo werde ich jetzt noch als Ingenieurin gebraucht? Ich glaube, diese Frage ist nicht so eindeutig zu beantworten.

Aber zuerst möchte ich mich kurz vorstellen. Mein Name ist Brigitte Drechsel. Ich komme aus Dresden, der Hauptstadt Sachsens also, habe drei Kinder, bin verheiratet und Diplom-Ingenieurin für Maschinenbau. Mein Studium absolvierte ich von 1972 bis 1976 an der Technischen Universität Dresden. In unserer Fachrichtung waren wir damals etwa ein Viertel Mädchen; mehr als der Jahrgang vor uns, aber weniger als der Jahrgang nach uns. Ich gebe zu, ich habe damals meine Berufswahl u.a. auch unter dem Gesichtspunkt gewählt, in keinem Frauenberuf und keinem Frauenbetrieb arbeiten zu wollen; andere wurden umgelenkt. Als ich dann als Konstrukteurin arbeitete, war ich fast enttäuscht, wie viele weibliche Konstrukteure es gab. Sehr viele Technische Zeichnerinnen qualifizierten sich zu Fachschulingenieurinnen. Weibliche Ingenieure spielten eine nicht unbeträchtliche Rolle auch in Maschinenbaubetrieben, besonders in der Konstruktion.

Durch den Zusammenbruch des Maschinenbaus traf es nach der Wende nicht nur Frauen, die sehr schnell in die Arbeitslosigkeit entlassen wurden. Aber da auch bei uns die höheren Stellen mehrheitlich von Männern besetzt waren, blieben meist auch nur diese übrig. Eine Klientin bei uns - auch Ingenieurin - erzählte: "Ich war die letzte Frau. Jetzt ist die Abteilung frauenfrei." Seitdem wird dieser Titel vom Dresdener Frauenstreikkomitee vergeben. Die Beigeordnetenkonferenz unserer Stadt kann sich beispielsweise mit diesem Attribut schmücken; von den 72 Bewerberinnen wurde keine für würdig befunden. Mit 69,8% Frauenarbeitslosigkeit ist Sachsen ja auch Spitzenreiter unter den neuen Ländern in dieser Spezifik.

Dresden als ein ehemaliges Zentrum des Maschinenbaues und der Elektro- und Elektronikbranche kann zu Ende 1994 mit 2036 arbeitslosen Ingenieuren, Chemikern, Physikern und Mathematikern aufwarten, davon sind 796 Frauen, das entspricht 39,1%.

Nachfolgend einige Zahlen für den Arbeitsamtsbezirk Dresden:

Durchschnittliche Arbeitslosenquote im Arbeitsamtsbezirk Dresden 1994

	Hauptamt	Nebenamt
Männer	9,4%	7,1%
Frauen	14,9%	17,9%
Frauenarbeitslosenquote	60,9%	69,7%
		Vgl. Sachsen: 69,8%

Als Illustration möchte ich noch einige Zahlen des Fachvermittlungsdienstes des Arbeitsamtes (FVD) für besonders qualifizierte Fach- und Führungskräfte zeigen.

Vermittlung von besonders qualifizierten Fach- und Führungskräften im Laufe des Jahres 1994, FVD Dresden

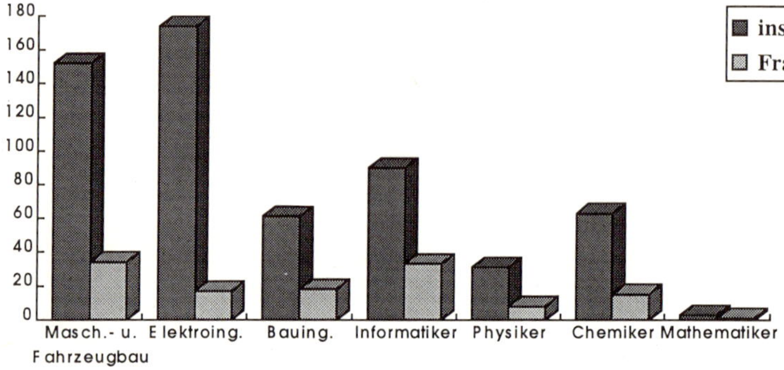

Ich möchte aber nicht weiter auf die Zahlen eingehen, denn letztendlich geht daraus nicht hervor, wohin vermittelt wurde und als was die Betroffenen jetzt arbeiten. Bei einer Stellenanalyse für 1994 durch "Umwelt und Beruf" kam heraus, daß die Frauenquote bei neu eingestellten Ingenieurinnen bei 5% lag.

Ich kann aus eigenem Erleben sagen, daß von meinen weiblichen Bekannten, die vor der Wende als Ingenieurin oder Diplomingenieurin tätig waren und im Beruf bleiben wollten, eigentlich alle diesen jetzt höchstens als ABM ausüben. Sehr viele wechselten auch die Fachrichtung gänzlich und nahmen auch einen Abstieg in Kauf, indem sie jetzt Tätigkeiten ausüben, für die auch ein Facharbeiterabschluß genügt, meist in der Finanzbranche. Ich sehe hierin einerseits eine geringe Identifikation mit dem Ingenieurberuf, aber auch den Willen, berufstätig bleiben zu wollen.

Kürzlich las ich, daß in Ostdeutschland die Zahl der in ihrem Beruf tätigen Ingenieurinnen von 30% auf 8% zurückgegangen ist. Was alles für diesen Trend verantwortlich gemacht werden muß, müßte noch genauer analysiert werden. Denn genau dieser Trend läßt sich auch an den Immatrikulationszahlen an der Technischen Universität ablesen.

Studentinnenanteil bei den Bewerbungen (Erstsemester) 1992 im Vergleich zum Immatrikulationsjahrgang 1987

Lit.: Studie zur Gleichstellung von Frau und Mann an der TU Dresden, 1994

	1987	1992
Chemie	68%	49%
Informatik	47%	10%
Mathematik	45%	5%
Maschinenwesen	30%	4%
Elektrotechnik	17%	6%

Es ist also auch hier eine starke Hinwendung zum traditionellen Rollenverhalten der Geschlechter zu beobachten. Dabei kann ja nicht festgestellt werden, daß die Frauen in den ihnen traditionell zugeordneten sozialen und geisteswissenschaftlichen Berufen bessere Arbeitsmarktchancen haben. Eher verringert sich der Konkurrenzdruck zwischen Frauen und Männern in den technischen Bereichen zugunsten der Männer. Außerdem drängen auch in die traditionellen Frauenberufe immer mehr Männer.

Ein anderes Problem scheint mir das starre Überstülpen von ehemals westdeutschen Gesetzlichkeiten auf ostdeutsche Verhältnisse. Ich muß sagen, daß ich erst einmal nicht traurig war, als ich die Möglichkeit hatte, eine Fortbildungsmaßnahme belegen zu können. Nach 15 Jahren Berufstätigkeit war das die erste größere. Alles klang sehr verlockend und 1 Jahr ist doch auch ganz schön viel. Bloß nach diesem Jahr sah alles eher noch viel schlechter aus.

Nur zu Hause sitzen und Bewerbungen schreiben und Abwarten wollte ich auch nicht. Da ich bei meiner Fortbildung verstärkt mit der Problematik Umweltschutz konfrontiert wurde, wollte ich zu genau dieser Problematik ein sogenanntes Kontaktstudium aufnehmen. Kontaktstudium - also einmal im Vierteljahr 14 Tage Vorlesung, die andere Zeit Selbststudium und frei. Daß ich damit meinen "Marktwert" erhöhte, daß ich dieses Studium selbst finanzierte - für unsere Verhältnisse durchaus nicht üblich - zählte alles nicht; nur, daß ich in besagten 14 Tagen nicht für das Arbeitsamt verfügbar war, und daß ich unter einem Jahr Arbeitslosigkeit keinen erneuten Anspruch auf eine Weiterbildungsmaßnahme habe. Letztendlich habe ich das Studium doch gemacht - wenn auch "halbillegal" - und habe noch einen zusätzlichen Abschluß.

Damit habe ich mir auch die Möglichkeit geschaffen, als Projektkoordinatorin für ökologische Probleme beim Frauenförderwerk Dresden e.V. zu arbeiten, wenn auch bloß als ABM und vorerst befristet für ein Jahr. Bereits in dem ersten halben Jahr mußte ich aber eine ganze Menge Fähigkeiten mobilisieren, die ich bisher nicht brauchte: z.B. Verhandeln mit Behörden, Anträge stellen, Öffentlichkeitsarbeit usw.

Das Anliegen unseres gemeinnützigen Vereines ist es, die soziale und insbesondere die berufliche Situation von Mädchen und Frauen aller Altersgruppen verbessern zu helfen. Das heißt, wir wollen die Realisierung der sozialen und arbeitsmarktbezogenen Integration erwerbsloser Frauen mit verschiedenen Mitteln befördern.
Dabei gliedert sich unsere Arbeit entsprechend der inhaltlichen Zielstellung in vier Arbeitsbereiche:

- Individuelle ganzheitliche Beratung
- Trainings, Kurse, Gruppentreffs
- Zielgruppenspezifische Beschäftigungsprojekte
- Serviceangebote.

Unser Verein wendet sich mit seiner Arbeit seit seiner Gründung speziell an jene Gruppe von Frauen, deren Vermittlung in Arbeit aufgrund spezifischer Faktoren wie z.B. Alter, Qualifikationsdefizite, Anzahl der Kinder, Status der Alleinerziehenden u.ä. besonders schwierig ist.

In letzter Zeit kommen aber auch verstärkt Frauen mit einem höheren Berufsabschluß zu uns in die Beratungen und Kurse. Dabei stellten sich verschiedene berufliche Situationen dar. Die größte Gruppe nahmen und nehmen aber die Frauen ein, die sagen: "Ich habe einen guten Beruf, den ich auch gern weiter ausüben möchte, der aber nicht gefragt ist." Vor allem sind das Maschinenbauingenieurinnen, aber auch Ingenieurinnen aus verschiedenen anderen Richtungen. Die Hoffnungen der Frauen, bei der Neuorientierung und Arbeitsuche auf dem Arbeitsamt Unterstützung zu finden, waren durchweg enttäuscht worden. Jetzt kommen die Fragen: Welche Möglichkeiten sind realistisch? Welche Rechte und Fördermöglichkeiten habe ich? Aber auch die Angst, sich einerseits nicht unter Wert anbieten zu wollen, andererseits aber womöglich die gestellten Erwartungen nicht erfüllen zu können.

Außerdem: Früher spielte das Aussehen nicht die Rolle, entscheidend war, daß ich meine Arbeit ordentlich machte. Aber wie soll ich durch Arbeit überzeugen, wenn ich vielleicht optisch gesehen nicht die Richtige bin? Viele Frauen wollen auch nicht bloß einen Job, sondern eine Lebensbeschäftigung im Sinne von Aufgabe; sie wollen oftmals ihre technischen Qualifikationen mit sozialer Kompetenz paaren.

Gemeinsam wurden bei uns in den Gruppen für jede Teilnehmerin mögliche berufliche Alternativen erarbeitet, die ihre Eignung, Interessen und persönlichen Randbedingungen berücksichtigen. Insbesondere das systematische Zusammentragen der bisherigen beruflichen Leistungen, kreative Methoden zum Bewußtwerden der individuellen Bedingungen für Erfolg und Mißerfolg, der objektive Leistungsvergleich bei verschiedenen Tests sowie die Rückmeldungen der Gruppe trugen sehr dazu bei, das eigene Selbstwertgefühl wiederzugewinnen. Von einigen Frauen wissen wir inzwischen, daß sie die angestrebte Arbeit bzw. Fortbildung oder Umschulung erhalten haben.

Ich vertrete hier die Ingenieurinnen, die unmittelbar im Frauenförderwerk Arbeit gefunden haben. Wir sind zwei Maschinenbauingenieurinnen und bauen ein neues Beschäftigungsprojekt auf. Dort wollen wir die Verbindung Frauen - Umwelt - Technik realisieren. Es nennt sich ganz einfach "Öko-Frauen" und hat zuerst einmal den Umweltschutz als Hauptschwerpunkt.
Im Moment beinhaltet unser Projekt drei Schwerpunkte:

- das ökologische Renovieren
- das Herstellen neuer Textilien aus alten
- das Anlegen eines Wildgartens

In erster Linie wollen wir AB-Maßnahmen für Frauen mit geringeren Qualifikationen schaffen, aber sicher werden auch Frauen dabei sein, deren Abschlüsse zur Zeit auf dem Arbeitsmarkt wenig oder gar nicht gefragt sind . Wir bereiten aber auch verschiedene Kursangebote vor, in denen wir auch mehr Ingenieurinnen ansprechen bzw. als Dozentinnen gewinnen wollen. Zum Beispiel wollen wir uns in der offenen Mädchenarbeit bzw. in der Multiplikatorinnenweiterbildung mit Solartechnik und Photovoltaik beschäftigen. Unser Ziel ist die Einrichtung einer kleinen Werkstatt, in der dann evtl. auch Modelle oder Bausätze für den Unterricht hergestellt werden.

Aber das ist noch Zukunftsmusik. Alles hängt letzten Endes davon ab, wie wir Fördergelder bekommen und ob unsere ABM verlängert wird.

Karriere: Wissenschaftler mit Reiseverbot in der DDR - Wende - Japan, USA - arbeitslose Wissenschaftlerin

Waltraud Schwarze, Berlin

Verständnis des anderen bedarf des Wissens um die Entwicklungsbedingungen des anderen. Wenn Ost und West sich annähern wollen, sich besser verstehen wollen, um letztendlich besser miteinander umgehen zu können, müssen wir mehr voneinander wissen. Keine tollen Zeitungsstories, sondern persönliche Mitteilungen über gelebtes Leben. Das wird sich dann manchmal decken mit dem, was die Medien berichten - aber es wird auch manchmal ganz schön anders sein. Um authentisch zu bleiben, werde ich von **mir** reden, von **meiner** Entwicklung in der DDR, und was daran typisch oder untypisch war - gemessen an meiner Erfahrung mit meiner Umwelt oder auch dem, was ich aus den aktuellen Medien so mitkriege. Und ich wünsche mir, daß Ihr mir dann sagt (aus Ost oder West), ja so etwa war es bei mir auch, oder, das hatte ich mir ganz anders vorgestellt, oder ... Bitte gebt Eure Erfahrung kund!

Ich bin in Sachsen aufgewachsen, war lange nicht in der Pionierorganisation, aber traf auf einen Pionierleiter, der das akzeptierte. Ich hatte dadurch keine Schwierigkeiten und kam sogar als einzige der Klasse auf die Erweiterte Oberschule, da ich die besten Leistungen hatte. Dort sollte ich zum FDJ-Sekretär der Klasse gewählt werden. Als ich sagte, daß ich (übrigens als einzige der Klasse) nicht in der FDJ sei, erntete ich die totale Ablehnung einer Mitschülerin, deren Vater an derselben Schule Staatsbürgerkundelehrer war. Er dagegen akzeptierte mich und meine (sachlich, aber auch kritisch gehaltenen) Diskussionen. Mein Mathelehrer empfahl mich an eine Mathespezialklasse in Berlin. Mein Ergebnis der schriftlichen Aufnahmeprüfung schätzte ich mit 50% erreichter Punktzahl ein - also ungenügend. Die Jungs neben mir (ca. 350 Bewerber, etwa 15 Mädchen) erzählten von 1 oder 1/2 Punkt Abzug, ansonsten hätten sie alles. Also war ich mir einer Ablehnung sicher. Ich hatte tatsächlich 13 Punkte von 23 möglichen und stand damit etwa an 4. oder 5. Stelle. Das erfuhr ich aber erst am Ende der Spezialklassenzeit.

Bei der Aufnahme in diese Klasse hatte man mir gesagt, daß ich zwar nicht den Anforderungen genüge, sie aber ein 2. Mädchen bräuchten. In der mündlichen Aufnahmeprüfung hatte ich versagt, weil ich von meinem Mathelehrer auf die Frage, warum ich erst so spät in die FDJ eingetreten sei, vorbereitet worden war, die Frage aber lautete, mit welchen mathematischen Problemen ich mich in der letzten Zeit beschäftigt hätte. Ich wußte gar nicht, daß man das überhaupt konnte, da ich zwar mit großem Spaß die Aufgaben der jedes Jahr stattfindenden Mathematikolympiade löste (und auf Kreisebene auch mehrere Preise gewann), aber außer Schulbüchern nie ein Mathematiklehrbuch gesehen hatte und auch keinen Wissenschaftler kannte. Im ersten Halbjahr hatten wir dann an dieser Mathespezialklasse überwiegend Stoff, der für die Hälfte der Klasse zum Teil Wiederholung war. Für uns zwei Mädchen war er neu, die Jungs verrieten diesen Fakt nicht, aus welchen Gründen auch immer. Wir zwei Mädchen bewohnten ein Zimmer, waren aber so verschieden, wie nur irgend möglich. Es war also nicht leicht. Heute sind wir gute Freundinnen. Ich schaffte das Abitur in dieser Klasse, indem ich meine Angst besiegte. Die Information über meine wahren Aufnahmeprüfungsergebnisse erhielt ich erst nach dem Abitur. Diese Ergebnisse wurden für mich zu einer Schlüsselerkenntnis in meinem Leben: Wann immer ich wieder Angst habe, nicht genügen zu können, erinnere ich mich an meine korrekte Leistungseinschätzung und die maßlose Überschätzung seitens der Jungs bzw. Männer. Ca. 10 Jahre habe ich für den Lernprozeß gebraucht (für die tiefe Verinnerlichung). Kraft kostet es mich aber immer noch. Seitdem erlebe ich nicht selten, daß Männer Angst vor mir haben, obwohl ich keinerlei Ambitionen habe, mich über sie stellen zu wollen, sondern nur wünsche, einen meinen Fähigkeiten entsprechenden Platz einzunehmen (auch neben oder unter jemand anderem).

Ich studierte Chemie und promovierte über die mathematische Modellierung von Enzymreaktoren. Inzwischen war ich in der FDJ und wurde nunmehr tatsächlich zum FDJ-Sekretär gewählt, obwohl es genug gleichaltrige SED-Genossen gegeben hätte. Ich wurde geworben für eine SED-Mitgliedschaft und lehnte ab. Soweit ich weiß, sind mir keine negativen Konsequenzen daraus entstanden. Jedoch wurde ich kein "Reisekader", das bedeutete, daß meine wissenschaftlichen Ergebnisse nur von meinem Chef oder anderen Kollegen auf internationalen Kongressen vorgetragen wurden, also niemals durch mich, und daß ich auch (zumindest nach Abschluß der Promotion) keine Englischkurse an der Akademie (meinem Arbeitgeber) besuchen durfte. Beides war Reisekadern vorbehalten und führte dazu, daß mich trotz interessanter Forschungsergebnisse international keiner kennt. Außerdem brauchte ich dadurch für das Erstellen des englischen Manuskriptes viel mehr Kraft als für die eigentliche Forschung. Vom Frust ganz abgesehen. Ich besuchte deshalb einen Englischkurs an der Volkshochschule, abends und auf eigene Kosten. Fachenglisch und Konferenzenglisch wurde dort jedoch nicht gelehrt. Die Hälfte des Vokabulars war wertlos für mich. Aber es war eben die einzige Möglichkeit. Einige meiner wissenschaftlichen Ideen wurden innerhalb meiner Arbeitsgruppe und vom Chef sehr belacht, dann habe ich hart gekämpft, eine Riesengeduld aufgebracht, und später konnten mein Chef und andere Kollegen mit diesen Ergebnissen international glänzen. Mein Name wurde fairerweise auch genannt. Aber ich war fast nie dabei. Den Erfolg erlebte ich nur indirekt. Aber immerhin hatte ich so meinen "Claim" abgesteckt - kein schlechter Stand für einen Nicht-Förderungs-Kader.

Irgendwann begann sich die Stasi für mich zu interessieren. Sie observierte mich auf meinem Arbeitsweg. Durch (bewußt?) auffälliges Verhalten bemerkte ich es und machte mich in meinem großen Bekanntenkreis (absichtlich) darüber lustig. Durch diese Offenheit habe ich nie wirklich Angst empfunden, zumal ich nichts zu verbergen hatte. Es hat auch einige Gespräche gegeben, von denen mir nachträglich bewußt wurde (aber auch schon zu DDR-Zeiten), daß meine Gesprächspartner Stasimitarbeiter waren. In meinem persönlichen Umfeld hat es mindestens 10 IM gegeben (Kollegen, Mitglieder des Chores und Keramikzirkels). In der Wohnung über meiner Wohnung war ein Informeller Treffpunkt der Stasi. Mit einigen der Hausbewohner habe ich mich darüber offen ausgetauscht, z.B. über auffälliges Verhalten, Treffzeiten zu Staatsfeiertagen, Lichtsignale vom Hof zum Fenster und dergleichen mehr. Wir machten uns darüber lustig und dachten uns "Spielchen" aus, um "sie" ein bißchen zu ärgern.

Nach der Wende erhielt ich Vierzigjährige zu meiner Riesenüberraschung noch ein Stipendium für Japan. Mit diesem unerwarteten Erfolg glaubte ich zukünftig alle Hürden der Marktwirtschaft nehmen zu können, glaubte ich doch nun all das nachholen zu können, was ich bisher versäumt hatte. Während der Bewerbungsrunde wurde ich in einem Begutachtungsgespräch gefragt, ob ich diesen englischen Arbeitsplan denn überhaupt selbst geschrieben habe. Ich wurde rot, allerdings nicht aus Scham, sondern aus Zorn darüber, daß man mir so etwas unterstellte. Ich hatte von der ersten Kenntnis, einen solchen Plan erstellen sowie eine Vielzahl biographischer Angaben machen zu müssen, erst montags gegen 17 Uhr erfahren und dienstags gegen 12 Uhr war alles fertig - ohne eigenen Computer und ohne die Möglichkeit, auch nur einen einzigen Menschen fragen zu können; also vom ersten bis zum letzten Gedanken einschließlich einer zweistündigen Fahrzeit zur Beschaffung der Daten eine lange Nacht nach einem vollen Arbeitstag. Eigentlich wollte ich da schon im Urlaub gewesen sein. Gerade weil dieser Professor sehr wohlwollend war, vermittelte mir diese Frage ein Gefühl dafür, wie niedrig mein Niveau als Ossi oder Frau eingestuft wurde oder zumindest wie groß die Unsicherheit bezüglich meines Niveaus war. Ähnliches erlebte ich dann noch einige Male im "Westen". Das traf mich völlig unvorbereitet. Ich war daran gewöhnt, als Mädchen/Frau mit mathematischer Begabung nicht der Durchschnitt zu sein, aber wenn ich eben so was konnte, dann wars halt in Ordnung und normal. Man ließ es mich einfach tun. Jetzt fühle ich mich in einen Beweiszwang versetzt. Das verunsichert mich und ich brauche wieder ein besonderes Maß an o.g. Kraft.

Aber zurück zu meinem Stipendium für Japan. Ich hatte wieder einmal Angst, nicht genügen zu können (Englisch, Arbeitsstreß und Kreativität in Japan). In Japan erlebte ich stattdessen an der besten Universität des Landes ein extrem niedriges wissenschaftliches Niveau (zumindest in meinem Labor, das ist natürlich keine Einschätzung der gesamten Uni) und nur ein mäßiges englisches Niveau. So wurden z.B. unsinnige (da falsch präparierte) Systeme mit komplizierter Apparatur vermessen. Die Ergebnisse waren folglich unsinnig. Es wurde alles daran gesetzt, die Wahrheit zu vertuschen. Und es wurden mir alle nach der Wende mühsam aufgebauten internationalen Kontakte zerstört. Einfach mit dreisten Lügen, um eine Verbreitung der Wahrheit über dieses Labor schon im Ansatz zu verhindern. Da ich international keinen Namen habe, ist das ganz leicht. Da ich Frau und Ossi bin, noch leichter. Männer würden über einen solchen Mißerfolg wohl sowieso den Mantel des Schweigens breiten, oder irre ich mich da? Nach einem Jahr verließ ich Japan - wissenschaftlich mit leeren Händen, aber reicher um eine ganz wesentliche Lebenserfahrung.

Unmittelbar von Japan aus flog ich nach den USA und arbeitete dort drei Monate. Ich machte Proteinstrukturmodellierung an einer Workstation. Es lief wissenschaftlich und menschlich hervorragend. Aber dort lebte ich aus der eigenen Tasche, außer Untermiete und Telefon, was bezahlt wurde, und fuhr mit einem Herrenfahrrad ohne Rücktritt zur Arbeit, ohne Krankenversicherung und nur mit Touristenvisum. Da ich schon fünf Knochenbrüche hinter mir hatte, war meine Angst riesengroß, womöglich eine Arztrechnung nicht bezahlen oder/und das Land nicht rechtzeitig verlassen zu können. Eine unglaublich harte Situation für einen ehemaligen DDR-Bürger, der ein solches Problem überhaupt nicht kennenlernen konnte. Ich brach in Tränen aus. Inzwischen weiß ich, daß ich mich damit in guter Gesellschaft mit vielen anderen befand; meist gehts ja auch gut - und wenn nicht, ja dann? Später bekam ich dafür noch ein Stipendium zuerkannt, aber es wurde nicht verlängert.

Wieder nach Deutschland zurückgekehrt, fand ich eine völlig heruntergewirtschaftete Wohnung vor, eine Ratte und mehrere Untermieter hatten dort gehaust; zwei Gerichtsverfahren hatte ich niederzuschlagen nach dem mir völlig unbekannten (west)deutschen Recht, was mir dann letztendlich 100% erfolgreich gelang, nachdem ich einen Rechtsanwalt gefunden und ein volles Monatseinkommen als Sicherheitsleistung hinterlegt hatte. Nach nunmehr zwei Jahren habe ich immer noch keine Arbeitsstelle gefunden; sieht man einmal von sechs Monaten mit einer Sonder-DFG-Stelle ab. Es sind fast keine passenden Stellen ausgeschrieben, ich bin "überqualifiziert", meine Berufserfahrungen passen gut nach Japan und USA, aber nicht nach "West" Deutschland. Weit mehr als hundert Bewerbungen und Initiativbewerbungen, Anrufe, Nachfragen, persönliches Aufsuchen - nichts hat geholfen. Arbeit gäbe es genug für meine Erfahrungen und Qualifikation, aber eben keine Gelder. Unter meiner Qualifikation darf ich nicht eingestellt werden. Betriebe müssen erst Mitarbeiter umsetzen, auch wenn sie lieber mich eingestellt hätten. Das Arbeitsamt bezahlt eine Fortbildung zum Spezialisten für geographische Informationssysteme. Fachchemiker für Medizin bin ich schon aus DDR-Zeiten. Aber immerhin, jetzt bewerbe ich mich als Wissenschaftlerin. Es ist mir suspekt, aber langsam begreife ich eine gewisse Notwendigkeit dieser Endung.

Ich kam zurück in ein drittes Ausland: Deutschland; Straßennamen, Straßenbahnlinien, Preise, Mieten, Brotsorten, Kosmetika - alles hatte sich geändert. Freundschaften und Ehen gehen jetzt verstärkt in die Brüche. Und mein erster Eindruck, schon auf dem Flughafen: Sind die Deutschen aber verbissen. Beginnen wir mit Zuhören, Aufeinanderhören, Voneinanderlernen und nicht "nur" mit Geldtransfers.

Arbeitslosigkeit - bittere Erkenntnis und/oder Chance zur Veränderung?

Andrea Weber und Anja Köhler
c/o A. Weber, Schiffenbergstr. 26, D-35415 Pohlheim

1. Was bedeutet Arbeit für mich?

Wandzeitung

- finanzielle Sicherheit
- finanzielle Unabhängigkeit
- Existenzsicherung
- Geld, um Wünsche erfüllen zu können
- Lohnarbeit <–> gesellschaftliche Arbeit
- Integration in die heutige gesellschaftliche Struktur
- Soziale Kontakte
- Anerkennung
- Wertschätzung
- Beschäftigung
- ausgefüllt sein mit sinnvollen Dingen
- mich einbringen/ mich ausprobieren
- Identifikation
- Bestätigung
- Herausforderung, evtl. auch Streß und Druck
- Weiterentwicklung
- Struktur
- Leistung
- Pflicht
- Abwechslung
- Selbständigkeit
- Verantwortung
- Erleben, was in mir steckt
- Unabhängigkeit
- Lernen, neue Anforderungen
- ärgern über mich und andere
- auf Urlaub freuen
- Menschen mit anderen Gedanken und Maßstäben akzeptieren
- geteiltes Leben
- persönliche Befriedigung, Stolz auf eigene Leistung
- etwas neues schaffen
- Überarbeitung, keine Freizeit
- Selbstwertgefühl
- eine sinnvolle gesellschaftliche Arbeit erfüllen
- Selbstverwirklichung, -entfaltung
- Rechtfertigung meines Daseins
- Kontakte zur Außenwelt
- Anregung
- eingebunden sein (zeitlich, wie gesellschaftlich)
- aktiv sein
- alleinverantwortlich
- Macht/ Machtkampf
- Durchsetzung
- Abgrenzung
- geregeltes Leben
- Alltäglichkeit
- Konkurrenzkampf
- Rädchen im Getriebe sein
- "Geborgenheit", Platz,wo ich hingehöre
- Identität
- weniger Freizeit
- persönliche Weiterentwicklung
- mich mit etwas beschäftigen, was mir Spaß macht, mich interessiert
- wachsen an Aufgaben
- Verlust an Selbstbestimmung über Zeit und Aufenthaltsort
- mich behaupten müssen
- Anstrengung
- Kampf um interessante Aufgaben
- Spannung am Forschen
- Angst, es nicht zu schaffen

- Müdigkeit
- Überleben von Machtspielchen
- Fremdbestimmung
- geregelte Zeiteinteilung
- in erster Linie ist die Arbeit für mich zum Leben da, also ich arbeite, um zu leben und lebe nicht, um zu arbeiten
- Anwendung und Erweiterung des erlernten Wissens aus Studium und Lehre

Die Arbeit zählt zu den menschlichen Grundbedürfnissen. Der Begriff "Arbeit" deutet in vielen Sprachen auf Mühsal und Lustverzicht hin. Im Germanischen läßt sich der Begriff von "arbejo" ableiten, was bedeutet: "Ich bin ein verwaistes und deshalb zu mühevoller Arbeit verdingtes Kind". Im Englischen bedeutet "labour" Mühsal und im Slavischen "roboda" ursprünglich Knecht. Andererseits gibt es das Sprichwort "Arbeit macht das Leben süß". Für die meisten wird das Empfinden für die Arbeit und die Bedeutung der Arbeit wahrscheinlich zwischen den beiden Extremen liegen.

Arbeit ist vor allem überlebensnotwendig, um die menschlichen Grundbedürfnisse zu befriedigen. Das sind Nahrung beschaffen, Unterkunft haben, Kleidung herstellen oder kaufen. In der heutigen westlich - zivilisierten Welt läßt sich dieser Sinn aufgrund der differenzierten Arbeitsteilung und der Entfremdung der Arbeitsprozesse nicht mehr so direkt nachvollziehen.

Arbeit bietet auch die Gelegenheit, soziale Kontakte zu knüpfen. Und durch den Prozeß der Arbeit ist die Möglichkeit der Persönlichkeitsfindung und Selbstverwirklichung gegeben. Hier stellt sich allerdings die Frage, ob diese Form der Persönlichkeitsfindung selbst gewählt ist. Denn in der heutigen industriellen Arbeitsgesellschaft gilt die Norm, daß nur wer arbeitet auch nützlich für die Gesellschaft ist. Daraus entsteht die Meinung, daß Arbeit für die Erhaltung des Selbstwertgefühls absolut notwendig ist.

Durch entfremdete Arbeits- und Produktionsbedingungen wird den Arbeitenden die Möglichkeit entzogen, sich im Arbeitsprozeß selbst zu verwirklichen und zu entfalten. Die Befriedigung menschlicher Bedürfnisse wie soziale Kontakte, Selbstentfaltung, Kreativität, Geborgenheit wird auf die freie Zeit (Freizeit) abgedrängt. Daraus entsteht eine Polarisation von Arbeit - Freizeit/Urlaub, in der diese beiden Bereiche voneinander abgetrennt werden. Lustvolle, sinnvolle, zufriedenstellende und selbstbestimmte Arbeit gibt es heute kaum noch. Dieses ursprüngliche Interesse an der Arbeit wird in die Bereiche Freizeit/Urlaub verschoben.

Was passiert, wenn frau arbeitslos wird?

Eine Arbeitslose hat plötzlich die Situation der Dauerfreizeit, nur, was fängt sie mit der vielen Zeit an? Zunächst tritt eine Phase der gesundheitlichen Erholung ein. Doch mit zunehmender Dauer der Arbeitslosigkeit setzt eine Zeit der Depression und Verzweiflung ein. Unzufriedenheit, Unsicherheit, Resignation, Demotivation, Apathie und Hoffnungslosigkeit sind bestimmende Gefühle.

Frauen suchen sich häufig Arbeitsersatz im Haushalt. Das hilft ihnen, sich den Tag zu gestalten und zu strukturieren. Das heißt nicht, daß für Frauen dadurch die Arbeitslosigkeit leichter zu verkraften wäre. Oft ist es für sie sogar noch schwerer, wieder einen Arbeitsplatz einzufordern. Trotzdem täuscht das nicht darüber hinweg, daß die Arbeitslosigkeit von und bei Frauen dadurch verharmlost wird.

Ein anderes großes Problem bei Arbeitslosigkeit ist, daß plötzlich viel weniger Geld da ist. Dadurch muß auch mehr Arbeit im Haushalt aufgewendet werden, um Geld zu sparen. Frauen haben aufgrund ihrer Rollen als Zuverdienerinnen häufig keinen Anspruch auf Arbeitslosenhilfe. Nur 29,9% der Bezieher/innen von Arbeitslosenhilfe sind Frauen. Sie sind dann häufig nicht mehr arbeitslos gemeldet und in die sogenannte stille Reserve abgewandert.

Psychosoziale und psychosomatische Folgen von Arbeitslosigkeit

Viele der Probleme und Verhaltensweisen von Frauen im Beruf oder während der Arbeitslosigkeit hängen eng mit biographischen Erfahrungen zusammen und sind auf eine traditionell geschlechtsspezifische Sozialisation zurückzuführen. Denn zentrale wiederkehrende sozialisierende Erfahrungen prägen Lebensmuster, die sich wesentlich auf die berufliche Biographie auswirken.

Mädchen erlernen von klein auf die Verhaltensweisen und Aufgaben der traditionellen Rolle der Mutter und Hausfrau sowie der weiblichen Berufsrolle. Trotzdem oder gerade deswegen haben Ausbildung und Lohnarbeit einen speziellen Stellenwert im Lebenszusammenhang weiblicher Jugendlicher - Berufsarbeit bedeutet für sie die Aussicht einer eigenständigen Zukunft. Mit dem Ansteigen des Bildungsgrades bei Frauen steigt auch die Attraktivität des Berufslebens, womit die Hausfrauenrolle immer weniger eine passable Alternative zu sein scheint.

In den meisten Fällen stellt nicht nur das Fehlen der Arbeit die zentrale Problematik dar, sondern die lebensgeschichtliche Verbindung von Arbeit und Identität. Arbeitslosigkeit legt die Interpretation nahe, versagt zu haben. Arbeitslose fühlen sich von der (Leistungs-)Gesellschaft ausgeschlossen. Viele sehen sich nicht in der Lage, die Konfliktsituation produktiv zu verarbeiten.

Können Arbeitslose mit Verständnis und emotionaler Unterstützung rechnen, so wirkt sich das in der Regel sehr hilfreich aus und trägt dazu bei, die Situation zu bewältigen. Männer aus höheren Schichten mit guter Bildung und einem unterstützenden sozialen Umfeld können ihre Arbeitslosigkeit am ehesten produktiv bewältigen. Bei arbeitslosen Frauen nimmt die Tendenz zu, sich passiv zu verhalten und zu leiden. Es bestehen oft massive Ängste, die die Frauen in ihrer Handlungsfähigkeit einschränken und blockieren (Zukunftsangst, Isolationsgefühle). Die mit der Arbeitslosigkeit verbundenen negativen Gefühle können auf Dauer zu massiven psychischen und somatischen Problemen führen. Dazu gehören:

- Depressionen, Unsicherheits- und Angstzustände, leichte Reizbarkeit, Resignation, Passivität
- passives Verbringen der Zeit nimmt zu
- vegetative Funktionsstörungen aufgrund des fehlenden Gleichgewichts zwischen Betätigung und Entspannung; Erschöpfungs- und Unruhezustände
- streßbedingte Erhöhung des Blutzuckerspiegels (bei Diabetes ist es chronisch) und des Blutfettes (Arterienverkalkung)

- Magen- und Darmerkrankungen
- Fettsucht; erhöhter Alkohol- und Drogenkonsum
- Herz - Kreislauferkrankungen aufgrund unphysiologischen Stresses
- Kopfschmerzen
- Menstruationsbeschwerden

Die "reine" psychosomatische Wirkung im Falle der Arbeitslosigkeit kann nie eindeutig definiert werden. Oft besteht schon in der Vergangenheit eine Veranlagung für gewisse Krankheiten. Auch psychische Schwankungen bestehen oft schon vorher und werden durch die Krisensituation verstärkt bzw. brechen aus. Hier setzen dann individuelle Bewältigungsstrategien ein, die im Laufe des Lebens erlernt wurden.

Die starke Anfälligkeit für psychische und psychosomatische Beschwerden zeigt, daß kaum gesellschaftlich anerkannte Möglichkeiten der Konfliktbewältigung existieren und daß daher die Konflikte verdrängt, also nach innen gerichtet werden.

2. Was bedeutet für mich Erwerbslosigkeit?

Wandzeitung:

- unbestimmte Rastlosigkeit und Unzufriedenheit
- kein Ziel
- vom Wohlwollen zukünftiger Arbeitgeber abhängig
- Lernen zu blöffen, um einen Arbeitsplatz zu bekommen
- unendlich viel Zeit keine Zeit zu haben
- Neuorientierung, Suche
- Krise
- Existenzängste
- wenig Geld
- Geldschwierigkeiten
- Sinnlosigkeit
- Unzufriedenheit
- außerhalb zu sein
- mangelnde Herausforderung
- Unwichtigkeit, nicht gefragt sein
- sich an den Rand gedrängt fühlen
- sich unfähig finden
- Sinnlosigkeit
- Lähmung
- sich immer wieder aufraffen
- Ausgrenzung
- finanzielle Einschränkung
- Gefühl der Nutzlosigkeit
- Gefühl der Minderwertigkeit
- mangelndes ausgefüllt sein
- Angst vor Nutzlosigkeit/Sinnlosigkeit des erlernten Berufes
- Kontakte und Neuheiten aus der Berufswelt zu verlieren
- keine existentielle Absicherung
- Senkung des Selbstwertgefühls
- Angst auf meinem Wissensstand stehen zu bleiben, obwohl sich Technik und die Berufswelt weiter entwickelt
- Freie Zeiteinteilung
- Zeit für politische und kulturelle Aktivitäten
- Rechtfertigung der Gesellschaft gegenüber
- tagsüber allein sein
- Zwang das eigene Leben zu organisieren
- Zukunftsangst
- Arbeit suchen
- Bewerbungen schreiben
- meine Berufswahl in Frage stellen
- Lebensziele überdenken
- Sorgen machen, was aus mir werden soll
- über Fort-/Weiterbildungen grübeln

- gelähmt fühlen von diesen Problemen
- glauben, dem Arbeitsleben nicht mehr gewachsen zu sein
- mich schämen
- wertlos fühlen
- auch nicht viel mehr Freizeit haben
- Angst vor dem "sozialen Abseits"
- Schuldgefühle, die Arbeitslosenhilfe in Anspruch zu nehmen
- draußen stehen
- nicht gewollt werden
- gelangweilt werden
- schlechtes Gewissen, der Gesellschaft zur Last zu fallen
- Schuldgefühle versagt zu haben
- Einsamkeit - Isolation
- Möglichkeit zur Umorientierung
- Mangel an sozialen Kontakten
- Finanzielle Bedrohung
- Bruch
- Zukunftsangst
- mehr Zeit für andere Menschen und anderes zu tun
- Ruhe
- Panik
- Zeit haben für Sachen, die sonst zu kurz kommen
- immer weniger Hoffnung auf einen Job
- fehlende berufliche Bestätigung
- Ausgrenzung
- viele Absagen auf Bewerbungen sind frustrierend
- Gefühl von nicht gebraucht sein
- Abhängigkeit von den Ämtern (keine Förderung von universitärer Weiterbildung)
- Unbestimmtheit in der Frage: Wann endet die Arbeitslosigkeit?
- Ich bin arbeitslos = gesellschaftlich funktionslos = wertlos
- Nerv mit dem Arbeitsamt-Sachbearbeiter
- endlich mehr Freizeit
- intensive Pflege sozialer Kontakte
- selbstbestimmtes Arbeiten, etwas für mich tun
- soziale Unsicherheit
- mich nicht entmutigen lassen, dagegen kämpfen
- keine Selbsterfahrung deshalb weniger Geld
- Einschränkung der materiellen Wünsche
- Depression??
- ständig etwas zu tun im Wechsel mit totaler Lethargie
- Möglichkeit über etwas ganz neues nachzudenken

3. Wirtschaft und Politik

"*Arbeitslosigkeit, Zustand der vorübergehenden Beschäftigungslosigkeit von Personen, die berufsmäßig in der Hauptsache als Arbeitnehmer tätig sind.*" (Meyer 1987)

Gemäß dieser Definition wird, wie auch im umgangsprachlichen Gebrauch, Arbeitslosigkeit mit Erwerbsarbeitslosigkeit gleichgesetzt. Wir werden im folgenden beide Begriffe in diesem Sinne übernehmen, obwohl wir der Meinung sind, daß Arbeitslose nicht ohne Arbeit sind.

Zunächst einige grundlegende Fakten über die Entwicklung und das Ausmaß der Arbeitslosigkeit für die Bundesrepublik Deutschland. Eines der größten Probleme, vor denen die westdeutsche Regierung nach dem Zweiten Weltkrieg stand, war die Arbeitslosigkeit. Während der ersten Jahre nach Kriegsende kamen Millionen von Flüchtlingen und Vertriebenen nach Westdeutschland, wo sie zunächst trotz des Wiederaufbaus keine Arbeit hatten. Die Arbeitslosenquote betrug im Jahr 1951 9,0% (Bernewitz 1982). Innerhalb der nächsten zehn Jahre stabilisierte sich die Lage trotz anhaltenden Zustroms von Flüchtlingen kontinuierlich, d.h. Zunahme der erwerbstätigen Personen. 1960 betrug die Arbeitslosenquote nur noch 1,2%.

In den 60er Jahren schien das Problem der Arbeitslosigkeit endgültig gelöst, auch die konjunkturelle Krise 1967/68 konnte mit wirtschaftspolitischen Maßnahmen überwunden werden (Fülberth 1987). 1974 stieg die Zahl der Arbeitslosen erneut stark an, ausgelöst durch die Ölkrise und den damit verbundenen wirtschaftlichen Schwierigkeiten. Die damalige Arbeitslosenquote lag bei 3,4%. Bis heute ist sie nicht mehr unter diesen Wert gesunken, sondern konstant angewachsen. In den Jahren von 1980 bis 1983 stieg sie sogar von 3,9 auf 10,0%. Hierfür gab es keinen speziellen Auslöser, sondern ein Bündel von Ursachen, wobei wirtschaftliche Flaute, Rationalisierungen und der Anstieg des Erwerbspersonenpotentials die wesentlichen Faktoren waren. In den Jahren 1989 bis 1991 fiel die Zahl der Arbeitslosen aufgrund des kurzzeitigen Aufschwungs der Wirtschaft durch die Wiedervereinigung noch einmal kurz ab, um aber bald danach wieder anzusteigen. 1992 erreichte die Arbeitslosenquote einen Stand von 9,3%. Bei allen Angaben ist zu berücksichtigen, daß die sogenannte Stille Reserve nicht in die Berechnung der Arbeitslosenquote mit einbezogen wurde. Als Stille Reserve werden diejenigen bezeichnet, die nicht arbeitslos gemeldet sind, aber dennoch Arbeit suchen, z.B. Hausfrauen und Mütter, die einige Zeit mit der Arbeit ausgesetzt haben, kein Arbeitslosengeld, keine Arbeitslosenhilfe beziehen und auf eigene Faust versuchen, einen Job zu finden, da sie sich vom Arbeitsamt keine Unterstützung versprechen.

Zur Unterstützung der arbeitslosen Arbeitnehmer/-innen gibt es verschiedene Maßnahmen. Zum einen garantiert die Arbeitslosenversicherung, die zu gleichen Teilen aus Beiträgen von Beschäftigten und Arbeitgebern/-innen finanziert wird, im Falle der Arbeitslosigkeit den Versicherten einen Anspruch auf Arbeitslosengeld, das sich aus der Dauer der vorhergehenden versicherungspflichtigen Beschäftigung errechnet. Besteht dieser Anspruch nicht oder ist die Berechtigungszeit abgelaufen, so erfolgt die Unterstützung durch Arbeitslosenhilfe. Bislang gibt es die Zahlung der Arbeitslosenhilfe zeitlich unbegrenzt bis zum 65. Lebensjahr.

Um der Arbeitslosigkeit entgegenzuwirken, gibt es spezielle Maßnahmen zur Wiedereingliederung. So sollen Erwerbslose über Arbeitsbeschaffungsmaßnahmen, Fortbildungen und Umschulungen wieder ins Berufsleben integriert werden. Das Inkrafttreten der gerade vom Bundestag verabschiedeten neuen Sparmaßnahmen kann die Unterstützungsleistungen für Arbeitslose und die strukturpolitischen Maßnahmen gegen Arbeitslosigkeit (ABM, Umschulungen etc.) allerdings schon bald massiv einschränken. Das "Sparpaket" 1994 mit einem Gesamtvolumen von 25,3 Milliarden DM belastete zu 44% die Arbeitslosen: Arbeitslosengeld und -hilfe sollten gekürzt und die Arbeitslosenhilfe auf maximal zwei Jahre begrenzt werden, das Unterhaltsgeld für Umschüler/-innen sowie Eingliederungsgeld und -hilfe sollten gekürzt und die Ausgaben für Arbeitsbeschaffungsmaßnahmen gesenkt werden (vgl. FR vom 30.6. und 1.7.1993).

Die derzeitigen Kürzungsmaßnahmen erinnern in mancher Hinsicht an die Sparpolitik gegen Ende der Weimarer Republik. Viele der Bonner Sparoperationen finden sich in den Notverordnungen "zur Sicherung von Wirtschaft und Finanzen" des damaligen Reichskanzlers Heinrich Brüning wieder.

Langzeitarbeitslosigkeit

Der Anstieg der Arbeitslosigkeit während der 80er Jahre hat sich aufgrund der damit verbundenen zunehmenden Konkurrenz auf dem Arbeitsmarkt auf viele Erwerbslose besonders ausgewirkt. Betroffen sind vor allem Personen, die aufgrund ihres hohen Alters, problematischer Gesundheit, niedriger bzw. gar keiner Qualifizierung oder längerer Berufspause (z.B. Mütter, die zur Betreuung ihrer Kinder für einige Zeit mit dem Beruf aussetzen) ohnehin schon Schwierigkeiten bei der Arbeitsuche haben. Die Wettbewerbssituation verbunden mit diesen vermittlungshemmenden Merkmalen führt dazu, daß sie, einmal arbeitslos geworden, über längere Zeit keine neue Arbeit mehr finden und so die Schwierigkeiten bei der Jobsuche immer größer werden. Auf diese Weise hat die Massenarbeitslosigkeit der 80er Jahre zum Phänomen der Langzeitarbeitslosigkeit geführt.

In der Bundesrepublik hat der Anteil der Langzeitarbeitslosen an allen Arbeitslosen von 106.000 im Jahr 1980 auf 684.000 im Jahr 1988 zugenommen (Schmid u.a. 1992). Langzeitarbeitslos ist, wer mindestens ein Jahr ohne Unterbrechung arbeitslos ist.

Ursachen von und Lösungsstrategien gegen Arbeitslosigkeit

Die Lösungsstrategien zur Beseitigung von Arbeitslosigkeit richten sich nach deren Ursachen. Es wird zwischen gesamtwirtschaftlichen und strukturellen Ursachen unterschieden. Gibt es weniger Arbeitsplätze als Arbeitnehmer/-innen, so wird von gesamtwirtschaftlicher Arbeitslosigkeit gesprochen. Sind für die vorhandenen Arbeitsplätze andere Qualifikationen oder Anforderungen nötig als die Arbeitnehmer/-innen aufweisen, so daß diese die freien Arbeitsplätze nicht besetzen können, wird dies als strukturelle Arbeitslosigkeit bezeichnet (vgl. Külp 1984).

Die gegenwärtige Arbeitslosigkeit in der Bundesrepublik ist wesentlich auf gesamtwirtschaftliche Ursachen zurückzuführen, da die Zahl der Arbeitslosen weit über der Zahl der freien Arbeitsplätze liegt (vgl. ebd.).

"*Gesamtwirtschaftliche Arbeitslosigkeit kann nun klassischer oder keynesianischer Art sein: Die Ursache der gesamtwirtschaftlichen Arbeitslosigkeit kann nämlich entweder darin liegen, daß die Reallöhne zu hoch sind (These der Klassiker), oder daß es an Absatzmöglichkeiten auf den Gütermärkten mangelt (These der Keynes-Schule).*" (ebd.)

Der klassische Ansatz geht davon aus, daß bei Lohnsteigerungen, die über den Produktivitätszuwachs hinausgehen, die Gewinne zurückgehen, und die Wirtschaftsunternehmen eher rationalisieren bzw. Erweiterungsinvestitionen einschränken; daraus folgt, daß bestehende Arbeitsplätze wegrationalisiert werden und kaum neue hinzukommen (vgl. Friedrich/Brauer 1985). Der klassische Lösungsansatz sieht also eine produktivitätsorientierte Lohnpolitik vor, das heißt, daß die Löhne nicht über den Produktivitätszuwachs steigen dürfen. Gleichzeitig sollen durch den Staat günstige Rahmenbedingungen für privatwirtschaftliche Produktion und Investition geschaffen werden, um wirtschaftliches Wachstum zu begünstigen (z.B. Kostenersparungen durch die geplanten Karenztage, Steuervergünstigungen; Subventionen, Ausbau der Infrastruktur) (vgl. ebd.).

Die keynesianische Theorie geht dagegen davon aus, daß das Ausmaß der Produktion und der damit verbundenen Beschäftigung vor allem vom Ausmaß der Gesamtnachfrage abhängig ist. Liegt die Nachfrage unter dem Angebot, können also die Produkte nicht abgesetzt werden, so reagieren die Wirtschaftsunternehmen mit der Einschränkung der Produktion, was eine Verringerung der Beschäftigtenzahl zur Folge hat (vgl. Külp 1984). Der keynesianische Ansatz empfiehlt deshalb Vergünstigungen und Anreize durch den Staat für den privaten Verbrauch, um die Nachfrage zu erhöhen, oder daß der Staat selbst als Nachfrager am Markt tätig wird. Mit der daraus folgenden Zunahme des Absatzes von Produkten werden wiederum mehr Beschäftigte benötigt (vgl. Friedrich/Brauer 1985).

Eine unabhängig von der jeweiligen wirtschaftswissenschaftlichen Theorie anerkannte zusätzliche Maßnahme zur Verringerung der Arbeitslosigkeit stellt die Arbeitszeitverkürzung dar. Die Verringerung der Arbeitszeit bedeutet, daß " *[...] das Arbeitsvolumen so umverteilt wird, daß einige oder alle weniger arbeiten als bisher, damit andere ebenfalls beschäftigt werden können.* " (Wied-Nebbeling 1984). Strittig ist allerdings, in welcher Form Arbeitszeitverkürzung verwirklicht werden soll. Diskutiert und teilweise umgesetzt werden die Möglichkeiten Verkürzung der Tages-, Wochen-, Jahres- oder Lebensarbeitszeit, das heißt konkret z.B. verlängerte Arbeitspausen, mehr Urlaub, Einführung von Bildungsurlaub oder Vorziehen des Rentenalters. Problematisch ist bei dieser Lösungsstrategie außerdem die Frage, ob die Arbeitszeitverkürzung bei vollem oder ohne Lohnausgleich stattfinden soll.

Während Arbeitslosigkeit also gesamtwirtschaftlich durch Arbeitszeitverkürzung und durch Anreize für die Produktion bzw. für die Nachfrage reduziert werden kann, wird strukturell bedingte Arbeitslosigkeit vor allem dadurch verringert, daß die Qualifikationen der Arbeitnehmer/-innen und die Anforderungen der angebotenen Arbeit aufeinander abgestimmt werden. Die Bildungspolitik soll sicherstellen, daß Arbeitnehmer/-innen möglichst schon mit ihrer Ausbildung die Qualifikationen erwerben, die sie in ihrem künftigen Berufsleben benötigen. Flankierend dazu werden Weiterbildungs-, Umschulungs- und Qualifizierungsprogramme für Erwerbslose geschaffen. Zum anderen werden durch selektive Nachfragesteuerung einzelne Wirtschaftsbereiche oder Regionen gefördert, sofern die Subventionierung die Erhaltung alter bzw. die Schaffung neuer Arbeitsplätze verspricht und wirtschaftlich rentabel erscheint (vgl. Friedrich/Brauer 1985).

Bei den hier vorgestellten Theorien und Lösungsansätzen handelt es sich um rein wirtschaftspolitische Strategien zur Verringerung der Arbeitslosigkeit. Ziel ist eine "gesunde Wirtschaft", die persönlichen Bedürfnisse der Arbeitslosen, aber auch der Erwerbstätigen, bleiben unberücksichtigt.

Teilzeitarbeit

Mit einem Anteil von über 90% bilden Frauen den Hauptteil aller Teilzeitarbeitenden. Insgesamt gehen ein Viertel aller erwerbstätigen Frauen einer Teilzeitbeschäftigung nach. Frauen weichen auf Teilzeitarbeit aus, weil die geringere Arbeitsstundenzahl und die damit verbundene zeitliche Flexibilität es ihnen ermöglicht, Geld zu verdienen und sich gleichzeitig um Hausarbeit und Erziehung zu kümmern. Viele Mütter arbeiten ausschließlich am Vormittag, da sie ihre Kinder in dieser Zeit in Kindergarten oder Schule betreut wissen. Aber auch Frauen, die eine Vollzeitbeschäftigung suchen, müssen häufig auf von ihnen nicht gewollte Beschäftigungsverhältnisse wie Teilzeitarbeit zurückgreifen. Da sie in der Regel als Zuverdienerinnen angesehen werden oder aufgrund von Erziehungspausen dem Arbeitsmarkt längere Zeit nicht zur Verfügung standen, sinken für sie die Chancen, eine Vollzeitbeschäftigung zu finden.

Teilzeitbeschäftigungsverhältnisse sind in der Regel mit vielen Nachteilen verbunden. Es handelt sich bei ihnen besonders häufig um ungeschützte Arbeitsverhältnisse in Anlern- oder Hilfsberufen. Wegen der geringen Arbeitsstundenzahl und dem niedrigen Verdienst, der oft unter der Geringfügigkeitsgrenze (derzeitig 580 DM) liegt, ist der/die Arbeitgeber/-in nämlich nicht verpflichtet, für Sozialleistungen aufzukommen. Das bedeutet für die Beschäftigten, daß sie kein Anrecht auf Arbeitslosen-, Renten- oder Krankenversicherung durch den/die Arbeitgeber/-in haben. Häufig erhalten sie nicht einmal Urlaubs-, Kranken- oder Weihnachtsgeld, obwohl diese Leistungen gesetzlich festgelegt sind. Die Angst, den Arbeitsplatz zu verlieren und keinen Anspruch auf Arbeitslosenunterstützung zu haben, läßt viele Frauen davor zurückschrecken, ihre Rechte einzuklagen. Teilzeitarbeitsplätze haben nämlich nur unzureichenden Kündigungsschutz, und zudem lassen sich die Arbeitskräfte leicht austauschen, da die Arbeit größtenteils keine besonderen Qualifikationen voraussetzt. Teilzeitarbeitskräfte müssen generell verstärkt damit rechnen, ihren Arbeitsplatz zu verlieren, weil sie, dem schwankenden Produktionsbedarf angepaßt, eingestellt und entlassen werden können. Sie sind produktiver als Vollzeitarbeitskräfte, da die kürzere Arbeitszeit es ihnen ermöglicht, im gleichen Zeitraum mehr zu leisten als Vollzeitkräfte (vgl. Heckl/Merkel 1987). Das bedeutet wiederum, daß Teilzeitarbeitskräfte durchschnittlich wesentlich stärker belastet sind als Vollzeitarbeitskräfte, weil an sie höhere Erwartungen gestellt werden. Besonders stark belastet sind die Teilzeitarbeitenden, die in Abruf Arbeitsverhältnissen stehen (vgl. DGB 1988). Für die Arbeitgeber/-innen ist Teilzeitbeschäftigung eine besonders wirtschaftliche, effektive und somit kostengünstige Alternative zur Vollzeitbeschäftigung. Besonders Vollzeitarbeitsplätze von Frauen werden verstärkt abgebaut und durch Teilzeitarbeitsplätze ersetzt (vgl. ebd.).

Aufgrund der beschriebenen Nachteile stellt Teilzeiterwerbstätigkeit keine passable Alternative zur Vollzeitbeschäftigung dar. Die Einführung von ausschließlich sozial gesicherten Teilzeitarbeitsverhältnissen oder von einer allgemein geringeren Tages- bzw. Wochenarbeitszeit für alle Beschäftigten könnte dazu beitragen, die Zeitnot abzubauen, ohne Nachteile im Beruf in Kauf nehmen zu müssen. Eine verkürzte Wochenarbeitszeit würde auch bessere Voraussetzungen für eine partnerschaftliche Teilung der Haushaltsaufgaben und der Kindererziehung schaffen (vgl. Holst 1991).

Frauenarbeitslosigkeit

Frauen gelten allgemein als eine Problemgruppe auf dem Arbeitsmarkt:

"*So ist bekannt, daß z.B. Jugendliche (bis 25 Jahre) und ältere Erwerbstätige (über 55),* ***Frauen,*** *Personen ohne berufliche Qualifikation und solche mit gesundheitlichen Einschränkungen überdurchschnittlich oft unter den Arbeitslosen vertreten sind.*" (Ludwig-Mayerhofer 1990).

Alle vorliegenden Zahlen stützen diese These. So waren 1980 z.B. nur 38% aller Erwerbstätigen Frauen, aber der Anteil der Frauen an den offiziell registrierten Arbeitslosen lag bei über 50% (vgl. Gnegel/Mohr 1982). In den letzten Jahren hat sich dieses Verhältnis allerdings zugunsten der Frauen verschoben: Frauenerwerbstätigkeit scheint immer mehr zum gesellschaftlichen Normalfall zu werden. So stieg bis 1992 der Anteil der Frauen an allen Erwerbstätigen auf 42,2%, während ihr Anteil an den Arbeitslosen auf 46,6% sank.

Trotz dieser Entwicklung ist Frauenarbeitslosigkeit immer noch ein besonderes Problemfeld. So geben die Arbeitsmarktstatistiken nur ein unzureichendes Bild vom Umfang der Frauenarbeitslosigkeit wieder. Denn viele Frauen werden in die 'Stille Reserve' abgedrängt und tauchen somit nicht mehr als Arbeitslose in den Statistiken auf (Prisching 1988). Ein Beleg dafür ist die hohe Anzahl von Frauen, die nach einer Arbeitsunterbrechung eine neue Erwerbstätigkeit aufnehmen, ohne zuvor arbeitslos gemeldet zu sein (Krebsbach-Gnath u.a. 1983).

"*Bei der Bundesanstalt für Arbeit rechnet man damit, daß [...] bis zu einem Viertel aller arbeitslosen Frauen nach Ablauf ihres Anspruchs auf Arbeitslosengeld in die sog. stille Reserve abwandern und damit aus der Arbeitslosenstatistik verschwinden.*" (Däubler-Gmelin 1979)

Das hat vor allem zwei Ursachen: Zum einen gelten Frauen mit (kleinen) Kindern oft nicht als vermittlungsfähig und somit auch nicht als arbeitsuchend/-los, wenn sie aufgrund fehlender alternativer Betreuungsmöglichkeiten (Kindergarten-, Kindertagesstättenplätze) dem Arbeitsmarkt nicht in dem Maße zur Verfügung stehen, wie es notwendig und auch von ihnen selbst gewünscht ist. Zum anderen resignieren Langzeitarbeitslose wegen fehlender Vermittlungsangebote der Arbeitsämter, und da Frauen verstärkt aus dem Leistungsbezug von Arbeitslosenhilfe herausfallen, sehen sie keinen Grund mehr, weiterhin arbeitslos gemeldet zu sein (vgl. ebd.). Frauen haben nämlich aufgrund ihrer Rolle als Zuverdienerinnen (s.o.) häufig keinen Anspruch auf Arbeitslosenhilfe. Denn im Gegensatz zum Arbeitslosengeld ist diese an die Bedürftigkeit der Empfänger/-innen gekoppelt, das heißt, wenn die Frau wegen des Einkommens ihres Ehemannes/Partners als mitversorgt gilt, wird die Gewährung der Arbeitslosenhilfe als nicht gerechtfertigt angesehen (Arbeitsförderungsgesetz, § 134, Abs.1, Nr. 3). Von allen Arbeitslosen, die länger als ein Jahr arbeitslos sind und damit ihren Anspruch auf Arbeitslosengeld verlieren, sind 47,8% Frauen. Dahingegen sind nur 29,9% aller Bezieher/-innen von Arbeitslosenhilfe weiblich.

Die Chancen auf dem Arbeitsmarkt haben sich besonders aufgrund der zunehmend besseren Qualifikation von Frauen und der Einführung der Quotierung gebessert. Das Erwerbsverhalten der Mehrzahl der Frauen ist kontinuierlicher geworden und wird nur noch kurzzeitig unterbrochen (Bilden 1991). Dennoch hat sich die Situation nicht für alle Frauen verbessert. Zu den Randgruppen, für die Arbeitslosigkeit weiterhin ein großes Problem bedeutet, gehören unter den Frauen u.a. diejenigen mit geringer oder gar keiner Berufsqualifikation und ältere Frauen. Erst einmal arbeitslos geworden, finden diese Frauen nur schwer wieder ein festes Arbeitsverhältnis (Gottschall/Müller 1987). Dabei sind ältere Frauen in der Regel wesentlich schlechter ausgebildet als jüngere und somit auf dem Arbeitsmarkt doppelt benachteiligt (Heinemann u.a. 1983).

Trotz der problematischen Situation vieler Frauen auf dem Arbeitsmarkt wird die Arbeitslosigkeit von Frauen auch weiterhin verharmlost: Arbeitslose Frauen werden schnell wieder in die traditionelle Hausfrauenrolle zurückgedrängt; diese gesellschaftliche Sichtweise prägt zugleich auch das Selbstkonzept von Frauen, die sich häufig mit ihren geringeren Chancen (zu) schnell zufriedengeben (Heinemann u.a. 1983). So sind zwar 96% der Bevölkerung der Meinung, Frauen hätten genauso das Recht, am Arbeitsleben teilzunehmen wie Männer, aber 42% aller Frauen denken, daß Frauen nicht arbeiten sollten, wenn es aus finanziellen Gründen nicht notwendig ist, und 40% glauben, es schade dem Familienleben, wenn Frauen arbeiten (Männer: jeweils 48%) (Kistler u.a. 1993). Bei der Wahl zwischen den Alternativrollen Hausfrau und Berufstätige tendiert also immer noch fast die Hälfte aller Frauen zu einer Entscheidung gegen den Beruf. Die familiären Belastungen führen dazu, daß arbeitslose Ehefrauen überdurchschnittlich oft ihren Arbeitsplatz selbst gekündigt haben - aber viele wollen nicht aus dem Erwerbsleben ausscheiden, sondern suchen eine Teilzeit- statt einer Vollzeiterwerbstätigkeit.

"*Knapp jede dritte vollzeitsuchende, aber mehr als jede zweite teilzeitsuchende arbeitslose Frau hat ihre letzte Stelle aus eigenem Antrieb gekündigt; insbesondere teilzeitsuchende arbeitslose Frauen haben überdurchschnittlich oft aus familiären Gründen [...] selbst gekündigt. [...] Diese Frauen werden durch familiäre Zusatz- bzw. Doppelbelastungen zur Aufgabe ihres Arbeitsverhältnisses gezwungen und suchen unter Inkaufnahme vorübergehender Arbeitslosigkeit eine - mit ihren familiären Verpflichtungen besser zu vereinbarende - Teilzeitbeschäftigung.*" (Krebsbach-Gnath u.a. 1983)

Solche gewünschten beruflichen Veränderungen läßt der Arbeitsmarkt aber gegenwärtig nur in sehr begrenztem Maße zu. Verheiratete Frauen mit Kindern sind somit sehr viel häufiger von Arbeitslosigkeit betroffen als alleinstehende oder auch Ehefrauen ohne Kinder (vgl. ebd.).

Auch die Neuvermittlung arbeitsloser Frauen wird durch das traditionelle Rollenbild häufig erschwert. Sowohl bei der Nachfrage nach Arbeitskräften als auch bei den betroffenen Frauen selbst herrscht immer noch eine Konzentration auf enge, traditionell weibliche Einsatzfelder vor (vgl. Däubler-Gmelin 1979). Die Nachteile beruflicher Unbeweglichkeit werden noch verschärft durch fehlende räumliche Mobilität insbesondere von Frauen mit Familie:

"*Wegen eines möglichen Berufswechsels oder der Chance der Frau irgendwo anders einen Arbeitsplatz zu erhalten, zieht die Familie in aller Regel nicht um, gibt insbesondere nicht der Ehemann seine Erwerbstätigkeit am bisherigen Ort auf. Lieber nimmt man die Arbeitslosigkeit der Frau in Kauf.*" (ebd., S.105)

Das Problem der Frauenarbeitslosigkeit kann allerdings nicht nur auf Frauen mit Familie oder in 'typischen' Frauenberufen reduziert werden. Das Risiko, arbeitslos zu werden, ist für alle Frauen in nahezu allen beruflichen Bereichen höher als für Männer.

Krebsbach-Gnath u.a. ziehen das eindeutige Resümee, "*daß Frauen unter den gegenwärtigen Arbeitsmarktbedingungen in jeder Hinsicht (Zugang in Arbeitslosigkeit, Dauer der Arbeitslosigkeit; Abdrängung vom Arbeitsmarkt) von Beschäftigungs- und Arbeitslosigkeitsrisiken stärker betroffen sind als Männer*" (Krebsbach-Gnath u.a. 1983).

(Literaturliste erhältlich auf Anfrage; dieser Text basiert im wesentlichen auf der Diplom-Arbeit von A. Geldmacher, Gießen)

4. Diskussion

Protokollantin: Ute Borchers

Für viele von uns stellte sich das Studium als Hindernis dar, in die Berufswelt einzusteigen, da es keine wirtschaftlich orientierte Ausbildung ist, sondern auf die Unikarriere hin ausgerichtet ist. So bekommen gerade BerufseinsteigerInnen ihre fehlende berufliche Erfahrung vorgeworfen. Eine andere Absage für eine Bewerbung ist die fachliche Inkompetenz, wohinter sich allerdings auch eine negative Beurteilung der Persönlichkeit verbergen kann. Eigene Schuldzuweisungen oder die Angst zu Versagen, so wurde festgestellt, sind eigentlich nicht nötig, da sich auf eine Stelle oft 200 bis 500 BewerberInnen melden. Die Arbeitslosigkeit wird also zu einem festen Bestandteil des Lebenslaufes vieler AkademikerInnen.

Wurde früher den PhysikerInnen der Einstieg ins Berufsleben durch ein Einarbeitungsjahr im Betrieb erleichtert, übernehmen heute Weiterbildungsinstitute, die vom Arbeitsamt bezahlt werden, diese Aufgabe. Die Firmen stellen daher nur noch weitergebildete oder berufserfahrene Leute ein. Dabei kam die Frage auf, wie die Personalchefs zwischen den Bewerberinnen auswählen. Ob sie eher den stromlinienförmigen Typ favorisieren oder aber eine bevorzugen, die mit Begeisterung bei der Sache ist.

Ein großes Dilemma stellte für viele die Tatsache dar, daß sie mit der Anstellung nur noch arbeiten, ohne Anstellung jedoch gar nicht mehr gefordert sind. Das weckte in uns den Wunsch nach einer geregelten Arbeitszeit, so daß Überbelastung und Unterbelastung ausgeglichen werden können. Das heißt für uns, wenn wir am Berufsleben teil haben, daß wir uns vehement gegen Zuvielarbeit wehren und darauf achten, ob die Tätigkeit teilbar ist (auch bei Ingenieurinnen).

Auf die Frage, wo wir unsere Ängste während der Erwerbsarbeitslosigkeit äußern können, wurde die Arbeitsloseninitiative (Gießen), die ein Frauencafé und eine Akademikerinnengruppe veranstaltet, und eine Selbsthilfegruppe für Akademikerinnen (Hamburg) vorgestellt. Ermutigung für eine Fortbildung steht bei dem Verein "Frauen und Arbeit e.V." in Hamburg im Vordergrund, die Kurse anbieten wie: "Jetzt habe ich einen Titel und was dann?"

Für den Zeitpunkt, an dem die Suche nach einem Job in dem gelernten Beruf aufhört und das Umsehen nach anderweitigen Tätigkeiten beginnt, gab es unter uns viele verschiedene Ideen. Wichtig war dabei vor allem die Feststellung, daß es noch andere Dinge gibt, die interessant sind.

Um den latenten Vorwürfen der Umwelt den Erwerbsarbeitslosen gegenüber, sie seien lebensuntüchtig, würden sich nicht genug und richtig bewerben, entgegenzutreten, muß die Erwerbsarbeitslosigkeit oft thematisiert werden. Vor allem müssen sich die Betroffenen untereinander Mut machen, das zu tun, was sie wollen. Daher unser Vorschlag, einen festen Erwerbsarbeitslosentreff auf den folgenden Kongressen einzurichten.

Arbeit und Zeit für Frauen

Regine Deschle
A.-Makarenko-Str. 9, D-18106 Rostock, Tel. +49 381/ 7698112

Thesen

1.

In Deutschland waren im April 1995 3.605000 Menschen arbeitslos, die Arbeitslosenquote betrug 9,4%. Sie ist regional sehr unterschiedlich und reicht von 6,3% in Südbayern bis zu 16,5% in Sachsen-Anhalt. Mehr als 60% der Arbeitslosen sind Frauen. Deshalb ist das Thema "Arbeit" für Frauen ein besonders dringliches.

Angesichts einer solchen Entwicklung geraten die derzeitige Bewertung der Arbeit, die Verteilung von Arbeit und Einkommen und nicht zuletzt das Arbeitszeitregime unter zunehmende Kritik, nicht erst seit heute.

2.

Die Initiativen von Frauen haben sich auf folgende Schwerpunkte gerichtet:

- Arbeitszeitverkürzung als ein Mittel, die knapper werdende Arbeit umzuverteilen.
- Schaffung neuer Arbeitsplätze für Frauen
- Teilzeitarbeit als beschäftigungspolitisch wenig geeignetes Instrument.

3. - 6.

Arbeitszeitverkürzung und Arbeit für Frauen sowie die dazugehörigen Exkurse wurden aus Platzgründen weggelassen. (Auf Anfrage schicke ich es gerne zu!)

7.

Teilzeitarbeit ist individuelle Arbeitszeitverkürzung ohne Lohnausgleich. Das bedeutet, daß Teilzeit eine von bestehender - kollektiv vereinbarter - Vollzeit (Normalarbeitszeit) abgeleitete Größe darstellt. Sie ist seit Jahren ungleich zwischen Männern und Frauen verteilt und in sogenannten Frauenbranchen besonders hoch. Sie wird in der Öffentlichkeit daher zumeist als Frauenproblem wahrgenommen. 1992 gab es 4,8 Mio. Teilzeitbeschäftigte (ohne Nebenbeschäftigung); 91% der Teilzeitbeschäftigten sind Frauen (West), 93% (Ost).

An Teilzeitarbeit besteht in der Gesellschaft ein unterschiedliches Interesse, daraus resultieren auch unterschiedliche Sichtweisen, die derzeit in der Öffentlichkeit miteinander vermengt werden:

- beschäftigungspolitische Sicht: vorhandene Arbeit auf mehr Personen verteilen,
- Lebensqualität der Menschen: Zeit ist mehr wert als Konsum/Geld,
- betriebswirtschaftliche Sicht: Auslastung der Kapazitäten, Produktivität,
- tarifpolitische Sicht: Gefahr für Tarifautonomie.

8.

Unter dem Druck der immens gewachsenen Arbeitslosigkeit hat die Bundesregierung, nachdem sie monatelang für verlängerte Arbeitszeiten im "Freizeitpark Deutschland" plädiert hatte, wie immer in Krisenzeiten eine "Teilzeit-Offensive" ins Leben gerufen. Sie will diese zum Bestandteil eines *"nationalen Beschäftigungspaktes zwischen Bund, Ländern und Tarifvertragsparteien"* machen.

Die theoretische Grundlage lieferte die sogenannte McKinsey-Studie, in der für Deutschland mehr als 2 Mio. zusätzliche Teilzeitstellen als realistisch angesehen werden. (McKinsey & Company, Teilen und Gewinnen, McKinsey & Company, Inc. 1994, zu erfragen möglicherweise beim Bundesministerium für Arbeit und Sozialordnung, Bonn)

9.

Obwohl in den angegebenen Zahlen in erheblichem Maße auch "erzwungene" Teilzeitwünsche enthalten sind, kann von einer wachsenden Personenzahl gesprochen werden, der "Frei"-Zeit mehr bedeutet als Konsum. In der Werteskala dieser Menschen rangieren Kultur, Familie, soziale und politische Aktivitäten u.ä. über dem materiellen Lebensstandard, der durch die marktwirtschaftlichen Gegebenheiten favorisiert und weiter angeheizt wird. Allerdings lassen sich solche Wünsche nur bei ausreichendem Einkommen realisieren, womit der potentielle Personenkreis erheblich eingeschränkt wird.

"Das ganze Gerede über mehr Teilzeitarbeit erscheint mir als - möglicherweise geplante - Irreführung. Die individuelle Verkürzung der Arbeitszeit kann das Beschäftigungsproblem nicht lösen. Es gibt nicht genug Leute, die es sich leisten können, mit einem halben Job ihr ganzes Leben und womöglich auch noch das ihrer Kinder zu finanzieren." (Ingrid Kurz-Scherf, in: DGB-Frauen-INFO-Brief 3/94, S. 16)

Schon breiter ist der Personenkreis, der für eine befristete Zeit, und zwar nach der Geburt von Kindern, bei deren Schuleintritt o.ä. Teilzeitarbeit wünscht, um das Familienleben und die Erziehungsarbeit freier organisieren zu können. Diese Mütter und Väter sind oft bereit, für eine gewisse Zeit die Nachteile der Teilzeit- gegenüber der Vollzeitarbeit in Kauf zu nehmen, um die noch größeren Nachteile eines Ausstiegs aus der Erwerbsarbeit zu vermeiden. Hierzu haben Gudrun Richter und Martina Stackelbeck ein "flexibles Elternurlaubsmodell" entwickelt, das auch Teilzeitarbeit mit einschließt und an das "schwedische Modell" anknüpft. (Gudrun Richter, Martina Stackelbeck, Beruf und Familie, 1992 S. 135ff) Allerdings gehen diese Vorschläge bereits mit wesentlichen Änderungsvorschlägen für die arbeits- und sozialrechtliche Absicherung einher.

10.

Die Gewerkschaften hatten bislang zur Teilzeitarbeit ein gespaltenes Verhältnis. Einerseits sind sie noch immer überwiegend dem traditionellen Rollenverständnis verhaftet und betrachten die "männliche" Vollzeitarbeit als "normale" existenzsichernde Erwerbsarbeit, auf deren Verbesserung ihre tarifpolitischen Kämpfe gerichtet sind. Dazu zählt auch die allgemeine Arbeitszeitverkürzung. In der individuellen Teilzeitarbeit sehen sie eine Gefahr für ihre Tarifautonomie. Andererseits sehen sie sich den unterschiedlich motivierten Teilzeitwünschen ihrer Mitglieder gegenüber zum Handeln im Sinne einer sozial verträglichen Absicherung gezwungen.

Schließlich können und wollen die Gewerkschaften den, wenn auch geringen, beschäftigungspolitischen Aspekt nicht leugnen.

Unter dem Druck der massenhaften Vernichtung von Arbeitsplätzen sind sie auch zu Zugeständnissen hinsichtlich der Arbeitszeitverkürzung mit vollem Lohnausgleich bereit, allerdings bei Tariferhalt, indem sie Beschäftigungs-Sicherung gegen weitere Arbeitszeit-Flexibilisierung eintauschen (eine Variante ist das VW-Modell). Sie wollen insbesondere negative Folgen der Teilzeitbeschäftigung für ihre Mitglieder vermeiden und fordern eine Reform des Rentenrechts, z.B. freiwillige Rentenversicherung für Teilzeitbeschäftigte mit Beteiligung von Staat und Arbeitgebern an höheren Beiträgen (IG Metall), Teilzeitarbeit auf allen Ebenen und umfassende Sozialversicherungspflicht (DGB).

11.

Mit dem Übergang von Voll- auf Teilzeitarbeit ist im allgemeinen nicht nur eine Einschränkung des Tätigkeitsbereichs verbunden, wodurch die Arbeit nicht mehr als vollwertig angesehen wird, sondern gleichzeitig ein Verlust an Sozialprestige im Betrieb (Teilzeitkräfte kriegen nicht alles mit, sind nicht genügend präsent), oder ein Wechsel in minderqualifizierte Tätigkeiten, was oft mit Dequalifizierung einhergeht. Bisher angebotene Teilzeitplätze sind auf die unteren Ränder der betrieblichen Hierarchie beschränkt: schlechte Arbeitsbedingungen, unterdurchschnittlich bezahlt, berufliches Fortkommen meist ausgeschlossen. Bei geringfügigen Verkürzungen der Arbeitszeit läuft es oft auch nur auf eine Arbeitsverdichtung hinaus. Führungspositionen werden gewöhnlich ohnehin nur Vollzeitkräften angeboten, ebenso entsprechende Trainingsmöglichkeiten. Hinzu kommen noch negative arbeitsrechtliche und erhebliche sozialrechtliche Folgen.

12. Sozialrechtliche Folgen:

12.1 Das Sozialversicherungssystem der Bundesrepublik ist darauf ausgelegt, die Vollbeschäftigten gegen die Risiken des Lebens abzusichern, d.h. es orientiert sich an einer lebenslangen (45 Jahre) vollzeitigen Erwerbstätigkeit, die dem Mann zugeschrieben wird. Die Frau wird durch den Mann "mitversorgt" und "mitversichert", eine eigenständige Existenzsicherung ist daher "nicht nötig". Daraus folgt logischerweise, daß Teilzeitbeschäftigte auch nur teilweise abgesichert sind.

12.2 Arbeitslosengeld errechnet sich zu 67%(mit Kind) bzw. 60% des um die gewöhnlichen Abzüge verminderten Bruttoarbeitsentgelts, wenn diejenige in den letzten drei Jahren ein Jahr beitragspflichtig beschäftigt war. Arbeitslosenhilfe von 57% bzw. 53% (s.o.), und wenn ALG bezogen wurde oder 150 Kalendertage beitragspflichtige oder gleichgestellte Zeit nachgewiesen wird, und wenn sie/er bedürftig ist. Die gleichen Voraussetzungen sind für den Anspruch auf arbeitsmarktpolitische Maßnahmen (ABM, FuU, ...) maßgebend.

Teilzeitarbeit führt daher zu entsprechend niedrigeren Leistungen durch die BA und wird bei teilzeitigen arbeitsmarktpolitischen Maßnahmen (ABM, FuU, ...) noch einmal gemindert (wie z.B. Maßnahmen nach §§ 242s und 249h AFG mit 80%- Beschäftigung), auch bei Teilzeitbildungsmaßnahmen (bis 25 Jahre) wird nur Teilunterhaltsgeld gezahlt.

Das Nettoprinzip führt zusätzlich dazu, daß die teilzeitbeschäftigte und damit geringer verdienende Ehefrau durch die Einordnung in die Steuerklasse V ein durch höhere Steuern zusätzlich gemindertes Einkommen hat, auf dessen Basis die Leistungen berechnet werden.

Das AFG beinhaltet damit eine Reihe von Benachteiligungen von Frauen, die zum einen in wesentlich höherem Maße arbeitslos bzw. teilzeitbeschäftigt sind und damit von den restriktiven Regelungen über Anwartschaft und Leistungsberechnung mehr betroffen sind. Hinzu kommt noch, daß Erziehungszeiten nicht wie im Rentenrecht angerechnet werden.

12.3 Die Rentenformel in der gesetzlichen Rentenversicherung beinhaltet das monatliche individuelle Einkommen und die Dauer der Erwerbstätigkeit, sie ist für alle Rentenarten maßgebend. Alle Monate mit Teilzeitarbeit gehen mit dem entsprechend geminderten Einkommen in die Berechnung ein. Wenn auch beitragsgeminderte Zeiten einer differenzierten Höherbewertung unterzogen werden, so doch nur bis zu maximal 75% des Durchschnitts aller Erwerbseinkommen. Folgende Daumenregel verdeutlicht den Zusammenhang: bei 40-jähriger Beitragszeit kostet jedes Halbtagsjahr 1,25% der Rente, bei 20-jähriger Beitragszeit 2,5%.

13.

Im eigentlichen Kern der Problematik geht es um das Aufbrechen der geschlechtsspezifischen Arbeitsteilung, wofür individuelle Teilzeitarbeit einen möglichen Ansatzpunkt bietet. Aus diesem Ansatz wurden (überwiegend von Frauen) zahlreiche Visionen und Vorschläge entwickelt, die fast immer auch Teilzeitmodelle mit einschließen.

Um der tatsächlichen Gleichberechtigung ein Stück näher zu kommen, gehen die Vorschläge in die Richtung einer Individualisierung des Sozialversicherungssystems, mit der Aussicht, daß Teilzeitarbeit für Frauen und Männer gleichermaßen wünschenswert wird. Die wesentlichen Bedingungen sind dabei:

- Verhinderung von Armut in allen Lebenslagen
- Neubewertung der Arbeit (Erwerbs- und Erziehungsarbeit)
- umfassender Versicherungsschutz
- zusätzliche soziale Flankierung der Teilzeitarbeit (mit Rückkehrrecht!)

Dabei sollten die Möglichkeiten zur Teilzeitarbeit nicht auf bestimmte (Familien-) Zusammenhänge beschränkt werden.

14.

"*Bei der geschützten Teilzeitarbeit erweist es sich als Dilemma, daß sich gerade die arbeits- und sozialpolitische Regulierung dieses Beschäftigungsverhältnisses als ein (weiteres) Beschäftigungshemmnis für Frauen auswirken kann. ... die Öffnung des Normalarbeitsverhältnisses für regulierte Möglichkeiten des befristeten Ausstiegs oder der Teilzeitarbeit sollte deswegen grundsätzlich für jede Lebensphase und aus den unterschiedlichsten persönlichen Lebensumständen heraus erfolgen können.*" (Bäker, Brigitte Stolz-Willig (Hrsg.), Kind, Beruf, Soziale Sicherheit, 1994, S. 47f)

Aus dieser Sicht greifen auch die zahlreichen Konzepte zur regulierten Teilzeitarbeit für Eltern bis hin zur "Elternversicherung" zu kurz, die von Ellen Kirner (in: Bäcker, Brigitte Stolz-Willig a.a.O. S. 81ff) weiterentwickelt wurden, vgl. auch Ingrid Kurz-Scherf: "Zeit(t)räume per Tarifvertrag" oder Geissler/Pfau: "Geschützte Teilzeitarbeit für Eltern" u.ä.

Kurzfristig kann eine breite Umwandlung von Voll- in Teilzeit die Arbeitsmarktstatistik schönen und das Sozialbudget entlasten. Langfristig wird allerdings das gesellschaftliche Spannungs- und Risikopotential vergrößert und die Rollenverteilung zementiert.

Der Sockel einer hohen Arbeitslosigkeit mindert die Chancen für eine Gleichstellungspolitik in außerordentlich starkem Maße, was uns jedoch nicht abhalten soll zu kämpfen.

Protokoll der Diskussion

Protokollantin: Doris Buck
Teilnehmerinnen: 42

Nach einer kurzen Einführung durch die Referentin und deren Vorschlag, sich auf einen der drei Schwerpunkte (s. Vortrag, Punkt 2) zu konzentrieren, folgte eine lebhafte Diskussion zur Teilzeitarbeit.

Viele Teilnehmerinnen berichteten über ihre erlebte Teilzeitarbeit. Sie nehmen sie an, und den Karriereknick in Kauf. Unternehmen erwarten oft 60 h Arbeitszeit, sie wollen sie eher erhöhen. Die Referentin machte auf den Unterschied von Arbeitszeitverkürzung (im Prinzip mit Lohnausgleich) und Teilzeitarbeit (individuell ohne Lohnausgleich) aufmerksam.

Frauen wollen variable Arbeitszeiten, sie haben auch noch andere Interessen und Bedürfnisse, außerdem haben sie die Verantwortung für Familie und Haushalt (auch ohne Kinder), Männer haben eine "Hausfrau". Mit Teilzeit wird die Rollenverteilung fester zementiert. Männer nehmen keine Teilzeit an wegen des Karriereknicks, wenn doch, dann aus Gründen ihrer Freizeitgestaltung und Weiterbildung und nicht für die Familie. Die DDR hat gezeigt, daß Beruf und Familie vereinbart werden können, das ist abhängig von äußeren Bedingungen. Da Teilzeit die Rollenverteilung verfestigt, sollten wir Arbeitszeitverkürzung (z.B. VW-Modell) fordern. Trotzdem bleibt das Problem, daß damit nicht immer neue Arbeitsplätze entstehen.

Wie kann Teilzeit für Männer attraktiv werden? Es wurden die Kriterien genannt (s. Vortrag), die Teilzeitarbeit generell akzeptabel machen würden. Wie sich das für Unternehmen rechnen kann, wurde am Beispiel der McKinsey- Studie kurz angesprochen.

Von mehreren Frauen wurde die selbstbestimmte Arbeitszeit hervorgehoben; dazu wies eine Teilnehmerin auf die Vorstellungen der Gewerkschaften zu einem Zeitkonto und auf die Modelle aus Skandinavien hin, bei denen die Arbeits- und Freizeit weitgehend für Frauen und Männer variabel ausgestaltet werden kann. Frauen wollen auch ohne Kinder weniger Arbeitszeit. Die Chancen für die Durchsetzung solcher Forderungen sind jedoch wahrscheinlich über "Familie" aussichtsreicher, da die Familienpolitik eine größere Lobby hat als Frauen.

Eigentlich könnte der öffentliche Dienst dabei Vorreiter sein, der Trend ist jedoch gegenteilig: Teilzeit wird bezahlt, aber voll gearbeitet (Hochschulwesen) oder noch schlimmere Modelle, Überstunden werden nicht bezahlt, aber aus Angst um den Arbeitsplatz geleistet. Einesteils werden Stellen abgebaut, andererseits gibt es Pflegenotstand, zu wenig Lehrerinnen, Dozentinnen, Erzieherinnen. Der Staat bezahlt Menschen ohne Arbeit, statt Arbeit zu schaffen. Ausrede/ Totschlagargument: Kein Geld ist da. Widerspruch: es gibt genug Arbeit, genug Geld (Bankengewinne), wir sind ein reiches Land.

Verkürzte Arbeit geht mit Arbeitsverdichtung einher; dazu gab es unterschiedliche Meinungen: lieber kürzer und intensiver arbeiten, dafür eher nach Hause; dagegen Pausen sind wichtig, soziale Kontakte im Betrieb, Informationsaustausch, Kollegengespräche sind wichtig, frau will sich auch auf der Arbeit wohlfühlen. Zur Zeit werden verschiedene Modelle diskutiert, Stundenzahl pro Tag, pro Woche frei aussuchen, Jahresarbeitszeit (Gefahr Abrufarbeit, Überstundenzuschläge).

Wie können Arbeitsplätze entstehen? Großes Problem für ost-(und west-)deutsche Akademikerinnen, ABM laufen dieses Jahr aus (Berlin), es gibt keine Ideen. Dieser Schwerpunkt konnte aus Zeitmangel nicht weiter diskutiert werden, es wurde auf eine Veranstaltung speziell zu dieser Thematik verwiesen.

Wie wollen wir arbeiten?

- Kompromiß zwischen Arbeitnehmerin und Arbeitgeber, daß beide in gestecktem Rahmen verfügen können,
- Gleitzeitmodelle,
- 4-Tage-Woche, Bereitschaft zu Überstunden bei interessanter Arbeit,
- angeordnete Überstunden beschränken,
- Zeitkonto mit freier Wahl für Freizeitausgleich oder Überstundenzuschlag.

Materialien zum Thema werden auf Anfrage von der Referentin zugesandt.

Zwischenauswertung der wissenschaftlichen Begleituntersuchung zum Modellversuch des BiBB "Umschulung von Frauen zu Landschaftsgärtnerinnen mit ökologischem Schwerpunkt" (Stand: September 94)

Uta Altmann, Landwirtschaftlich-Gärtnerische Fakultät,
Fakultätsschwerpunkt Frauen in der Ländlichen Entwicklung
Chausseestaße 13, D-10115 Berlin

Dieser Modellversuch wurde vom BiBB (Bundesinstitut für Berufliche Bildung) 1993 in Form einer Rahmenkonzeption für die Ausbildung unter ökologischem Schwerpunkt und zur Umgestaltung des Gutes durch den Bearbeiter Dr. Rainer Bachmann vorgelegt. Die fachliche Zuständigkeit liegt bei Helga Foster (BiBB).

Träger der Maßnahme ist das Frauenbildungs -und Beratungszentrum BALTIC e.V., Spiegelsdorfer Wende in Greifswald.

1.Zur Konzeption des Modellversuchs

Es gab bereits zwei Modellversuche ähnlicher Prägung in den alten Bundesländern in Heidelberg und Rauhfedern. Erfahrungen aus diesen Modellversuchen sind in die Konzeption dieses neuen Versuchs mit eingeflossen.

Von Dr. Rainer Bachmann Ökotekt wurden 1992/93 Vermessungen und siedlungshistorische Untersuchungen vorgenommen. Die Konzeption wurde dem Maßnahmenträger und der Gemeindevertretung vorgestellt.

"Auf der Grundlage der digitalen Vermessung und der vielen Gespräche vor Ort entstand im Juli/ August 1993 die 2. Mappe "Entwurfsplanung Groß Petershagen", in der das Umgestaltungskonzept für das Gutshaus (8,5 ha) erarbeitet wurde. Die Reduzierung auf das "Machbare Maß " der Umgestaltung des Gutshofsgeländes für die Zeit der 2-jährigen Umschulungsmaßnahme wird durch die Pläne und Kostenschätzungen demonstriert." (Zitat R. Bachmann)

Die Ausgangssituation für die Umschülerinnen stellt sich so dar, daß sie eine auf erst für eineinhalb Jahre bewilligte und auf insgesamt zwei Jahre ausgelegte berufliche Ausbildung zur Abschlußprüfung führen soll. Die Umschülerinnen kommen größtenteils nicht aus landwirtschaftlichen Berufen. Der Lehrplan ist auf bisher nicht in den Lehrplänen der Berufsausbildung berücksichtigte ökologische Gesichtspunkte ausgerichtet, die in der Ausbildung starke Berücksichtigung finden sollen, in der Facharbeiterprüfung jedoch zur Zeit in dem Umfang nicht abgefordert werden.

Der Projektplaner beschreibt die Aufgabe des Modellversuchs mit folgenden Worten: "Der Vorteil, durch einen Modellversuch einen neuen Schwerpunkt zu erproben, ohne durch neue Inhalte in Zeitdruck zu geraten, ... ist darin begründet, daß der Ausbildungsort für diese Vorhaben einzigartig ist. Das vorhandene Gelände, das das Gutshaus in Groß Petershagen umgibt, ist im jetzigen ´rohen´ Zustand eine Herausforderung für den Maßnahmeträger.

Die gesamte Praxiseinweisung und Ausführung soll auf demselben Gelände erfolgen. Vorhandene ungepflegte Teiche sind zu rekultivieren, der Baumbestand ist zu pflegen und zu sichern, Wege und Plätze sind anzulegen, Kompostierung in verschiedenen Varianten soll erprobt werden, bereits angelegte Blumenwiesen sind zu pflegen, eine Streuobstwiese soll weiter bepflanzt werden, ein Gewächshaus ist einzurichten, ein Bauerngarten ist anzulegen und mehrere Wälle sind zu errichten und zu bepflanzen. Der Lerngegenstand ist die Einrichtung selbst, in der die Frauen des Modellversuchs ihre Umschulung erhalten. Schritt für Schritt soll die Umgestaltung des Außengeländes erfolgen - alle Teilnehmerinnen werden zu Akteuren, die jeden Schritt theoretisch vorbereiten und praktisch umsetzen."

Die Umschulung war auf 40 Frauen ausgerichtet. Schon die Werbung um Teilnehmerinnen stellte ein Problem für die Projektleitung dar (die nicht mit einer Person aus Groß Petershagen besetzt wurde). Die ursprüngliche Zielgruppe "arbeitslose Frauen in Groß Petershagen und nähere Umgebung" schien es kaum zu geben. Die Umschulung begann mit 21 hart "erkämpften" Teilnehmerinnen, von denen eine aus Groß Petershagen und eine aus Jarmshagen kam.

2. Ziel der wissenschaftlichen Begleituntersuchung

Die Untersuchung führte ich zusammen mit dem amerikanischen Gastwissenschaftler des BiBB, Dr. Frenzel-Berra durch. Er ist Anthropologe und sein Interesse galt vor allem den Landfrauen und ihrem Verhältnis zu dem BALTIC -Projekt, während meine Intentionen auf die Teilnehmerinnen der Umschulung ausgerichtet waren. Das Ziel war, Motive, Einstellungen und Überzeugungen der Frauen zur Weiterbildung festzustellen, und wenn möglich deren Ursachen zu ermitteln, während und am Ende der Maßnahme.

Es sollen daraus abgeleitet Empfehlungen und Schlußfolgerungen für zukünftige Ausbildungsprogramme ähnlicher Art gemacht werden können, insbesondere solche, die auf Frauen ausgerichtet sind, um aus Fehlern und Erfolgen zu lernen.

Das Ziel der Einbeziehung der Dorffrauen in diese Untersuchung war, ihr Verhältnis zum Modellprojekt näher zu untersuchen und die soziale Lage der Frauen zu ermitteln.

Die Zielgruppenorientierung in dem Modellprojekt wurde gewählt, weil zu vermuten war, daß

- die Frauen, die überwiegend durch eine berufliche Ausbildung gewisse Vorkenntnisse mitbringen, eine erfolgreiche Absolvierung der Umschulung in 1,5 - 2 Jahren vermuten lassen und die verkürzte Ausbildungszeit so zu rechtfertigen ist,
- die psychosoziale Situation, in denen sich arbeitslose Frauen 5 Jahre nach der Vereinigung befinden, durch solche Maßnahmen aufgefangen werden kann,
- Frauen eine "besondere" Beziehung zu ökologischen Inhalten der Ausbildung vermuten lassen.

Als Antworten ließe sich vermuten, daß frauenspezifische Problemkonstellationen, wie sie durch die Vereinigung entstanden sind, mit auf ihre Bedürfnisse abgestimmte Ausbildungsinhalte und Organisationsformen besser bewältigen lassen, und die Frauen diese Ausbildungsmaßnahme als persönlichkeitsfördernd ansehen und mit einer gewissen individuellen Befriedigung reflektieren. In den alten Bundesländern ist dieses z.B. mit den in den neuen Bundesländern nicht greifenden Programmen für Berufsrückkehrerinnen geschehen.

Es ist zu berücksichtigen, daß die Arbeitsmarktsituation und -analyse für die Frauen eine reale Perspektive bieten soll.

3.Ablauf und Methoden der Untersuchung

Orientierungsphase März/April 1994:
Gespräch mit Helga Foster und Dr. Frenzel-Berra (BiBB) zu Ziel, Aufgabenstellung, Probleme, allgemeine Informationen.

April 1994	-	einwöchiger Aufenthalt in Groß Petershagen und Greifswald,
	-	Kontaktherstellung mit Projektleitung,
	-	Erkundung der örtlichen Bedingungen,
	-	erste Gespräche mit den örtlichen Autoritäten (Bürgermeister Beske, Frau Kamberg)
	-	Hospitationen im Unterricht,
	-	Kontaktherstellung zu den Teilnehmerinnen (Unterrichtsvertretung),
	-	Gespräche mit den Teilnehmerinnen,
	-	Problemlokalisierung,
	-	Zielbestimmung der eigenen Untersuchung,
	-	Hinweise für die Projektleitung zu Ausbildungsfragen
Mai /Juni 1994		weitere Diskussionen mit Dr. Frenzel-Berra zu der Anlage der Untersuchung in Greifswald
	-	Fragebogenerarbeitung
	-	Vorbereitung der Dorffrauen- und Teilnehmerinnenbefragung (Zeitungsankündigung, Gespräch mit den örtlichen Autoritäten zur Erfassung der Frauen im Alter zwischen 20 und 55 Jahren (Summe 45), Absprache der Termine und Unterstützung durch den Bürgermeister und Ankündigung der Termine in der Gemeinde, Besuch bei Dr. Rainer Bachmann zur Information)
19. -21. Juni 1994	-	Dorffrauen- und Teilnehmerinnenbefragung
Juli bis Sept. 1994	-	Auswertung des Datenmaterials (SPSS Datenbasis)
19. Oktober 1994	-	Auswertung in Groß Petershagen

weiteres Vorgehen:
Hospitationen im Unterricht der Teilnehmerinnen und Gespräche mit der Projektleitung und eine abschließende Befragung.

4. Bildungsträger BALTIC e.V.

Da die regionale Arbeitsmarktsituation in der Gegend in und um Greifswald besonders schlecht ist und sich unter den Arbeitslosen 60 v.H. Frauen befinden, (offizielle Arbeitslosenquote 13%) werden Beschäftigungsprogramme, die gut begründet eine spätere Aussicht auf dem Arbeitsmarkt haben, vorangetrieben. Dieser Aufgabe hat sich auch der BALTIC e.V. angenommen. Neben Computer- und Bewerbungskursen , die typisch für viele Bildungsträger sind, hat BALTIC e.V. die Landfrauen als eine besonders beachtenswerte Zielgruppe erkannt. Dieses Projekt als Träger zu etablieren, wurde Aufgabe von BALTIC e.V. in Groß Petershagen. Die Umschulung begann im März 1994.

In einem Werbeblatt für die Umschulungsmaßnahme heißt es: "Mit dem Modellprojekt Landschaftsgestaltung Groß Petershagen sollen erste Voraussetzungen geschaffen werden, um lokale Ökonomie neu zu entwickeln, d.h. durch geschickte Verknüpfung von wirtschaftlichen, sozialen, ökologischen und kulturellen Aspekten die Gemeinde und die umliegenden Dörfer wieder zum Leben zu erwecken und ein regionales Zentrum auf dem Lande zu entwickeln. Das Frauenbildungs- und Beratungszentrum BALTIC e.V. will diesen Prozeß begleiten und konkret unterstützen. Dabei geht es darum, die im Dorf vorhandenen Erfahrungen, Mentalitäten und ländlichen Traditionen zu berücksichtigen und möglichst viele EinwohnerInnen von der Projektfindung bis zur praktischen Umsetzung einzubeziehen."

5. Beschreibung der Ausgangssituation zu Beginn der Umschulung im März 1994

5.1. Groß Petershagen - erste Eindrücke

Als erstes wollte ich mich über die örtlichen Gegebenheiten und Bedingungen des Modellversuchs informieren. Aus diesem Grund hielt ich mich vom 13. - 17.4.1994 in Groß Petershagen auf. Das Dorf ist so, wie es typisch für die flache küstennahe Landschaft in Mecklenburg-Vorpommern ist. Es besteht aus einzelnen meist ziemlich alten Bauernhäusern, eingebettet in die vormals von der LPG bewirtschafteten Felder. Die Idylle fehlt jedoch. Das liegt nicht nur an dem Neubaublock am Ende des Dorfes, der für die nachwachsende Dorfbevölkerung von der LPG in den 70er Jahren gebaut wurde. Es fehlt die Dorfkirche und ein sichtbarer Kern z.B. in Form eines Angers.

Die Einwohnerzahl ist mit ca. 300 eher gering. Die Gemeinde besteht aus eigentlich drei separaten Kleindörfern: Groß Petershagen, Klein Petershagen und Jarmshagen, die zwei letztgenannten Ortsteile liegen jeweils 2 km vom Dorfkern Groß Petershagen entfernt. Klein Petershagen wirkt wie Groß Petershagen zerrissen und nicht sehr einladend. In Jarmshagen, wo einem der Spruch von den fünf Häusern , sieben Kötern und drei Spitzbuben einfällt, wird der Besucher durch einen schönen kleinen Dorfanger mit Kirche und Friedhof entschädigt.

Kurz hinter dem Dorfeingang von Groß Petershagen ist rechts das Gutshaus - nicht hochherrschaftlich - eher ein besseres Großbauernhaus, wie man es aus anderen Gegenden, z.B. in Brandenburg, kennt. Es ist umgeben von einfachen Stallgebäuden, die aus der Zeit der LPG stammen.

Auf dem Hof neben dem Gutshaus herrscht rege Betriebsamkeit, im Vergleich zu dem sonstigen Teil des Dorfes, das eher verschlafen wirkt. Ein neuer Stall für den einzigen Wiedereinrichter Bauer Pautsch in Groß Petershagen wird gebaut und das Dach gerade gedeckt.

Das Gutshaus und das Gelände ringsherum sind Zentrum des BALTIC e.V. Projektes Groß Petershagen. Das Reißbrettprojekt sieht erheblich besser aus als die Realität. Die Frauen der Projektleitung (5) und die Teilnehmerinnen haben mit den Gegebenheiten des Gutshauses viele Probleme: der bauliche Zustand ist eher als jämmerlich zu bezeichnen. Zwar sind die Büroräume dank des "Modellprojektes" recht gut ausgestattet, doch die Ofenheizung in allen Räumen und der allgemeine bauliche Zustand des Gebäudes sind außerordentlich sanierungsbedürftig. Und für alles wird Geld benötigt, das zwar beantragt ist über den ESF, aber bis dahin noch nicht geflossen ist. So haben die Frauen mit täglichen Problemen zu kämpfen: im geplanten Bauerngarten werden alte Fundamente gefunden, die eine Bearbeitung unmöglich machen, ein Gewächshaus, das für die Ausbildung nötig ist, kann aus Geldmangel nicht gekauft werden, ebenso Bagger oder ähnlich starkes Gerät, das für die schweren Erdarbeiten benötigt wird. Aber auch einfachere Dinge, wie Fachbücher und andere Arbeitsgeräte, sind für meine Begriffe nicht im erforderlichen Maß vorhanden.

Neben den Teilnehmerinnen und der Projektleitung gibt es noch eine Gruppe von ca. 7 ABM, die dem Projekt zugeteilt sind. Auch hier gibt es Schwierigkeiten, die dazu führen, daß vieles liegenbleibt.

5.2. Modellversuch- Problembeschreibung

Leitung in und durch Berlin:

Das BiBB hat seinen Sitz in Berlin 250 km vom Standort entfernt. Kommunikationsprobleme (neben der Ost-West-Schiene) sind vorprogrammiert, die durch mehr oder minder regelmäßige Berichts- oder Kontrollbesuche nicht abgebaut werden können.

Projektleitung in Groß Petershagen:

Die Projektleitung hat z.T. Probleme, sich sicher in den "Normalen Strukturen" der beruflichen Ausbildung auszukennen, was allein vom Qualifikationsprofil der Projektleitung gegeben ist. Andererseits könnte man viel durch marktwirtschaftliches Engagement "wettmachen". Doch woher nehmen? Vorbilder sind weit weg. Sie geben sich sehr viel Mühe (die Leiterin ist Bauingenieurin, die Ausbildungsleiterin ist Diplomgartenbauingenieurin - gerade aus der Uni -, die Ausbilderin ist selbst "nur" Landschaftsgärtnerin). Mit der Leitung eines Modellprojekts für Berufsausbildung, das mit einer IHK -Prüfung abschließen soll, sind sie zum Teil überfordert.

Einige besondere Bemerkungen möchte ich noch zu der damaligen Projektleiterin S. machen. Der Grund dafür liegt darin, daß ich denke, daß dieser Weg der Projektleiterin ein typischer sogenannter Neuanfang für die neuen Bundesländer ist, der in sich schon viele Widersprüchlichkeiten in sich birgt.

S. ist Jahrgang 59, "der Beste", wie sie sagt. Sie ist verheiratet und hat zwei Kinder im Alter von 8 und 14 Jahren. Ihr Mann ist, genau wie sie, Bauingenieur. Eigentlich, so erzählte mir S., hat alles mit der ihr eigenen inneren Unruhe begonnen, die sie schon vor der "Wende" verspürte, aber da noch nicht in zielgerichtete berufsverändernde

Bahnen lenken konnte. Durch einen mehr zufälligen Anruf wurde sie aktiv. Sie baute eine Frauengruppe in Greifswald auf und war dann schon mitten im Wahlkampf, der sie in andere Fraueninitiativen in ganz Deutschland führte. Sie wurde "fitgemacht" für die Aufgaben, die in Mecklenburg-Vorpommern auf sie warteten. In 14 Tagen Crash-Kurs ist das zwar kaum zu schaffen, aber was sie nicht erlernte, machte sie durch Hartnäckigkeit im Umgang mit ihren "Gegnern" wett. So reichte ihr dann auch ihre politische Tätigkeit nicht. Sie wollte auch ihre Arbeit auf ihre veränderten Bedürfnisse anpassen. Es gelang ihr, mit anderen Frauen die Grundlage dafür zu legen, mit der Gründung des Baltic e.V., der verschiedene Projekte für Frauen in der Gegend aufbaute. Dazu gehören das Frauenhaus in Greifswald, Projekte in Wolgast, die Geschäftsstelle in Greifswald u.a.m.. Das Projekt Groß Petershagen wurde dann mit der Etablierung des Modellprojektes auch ihre berufliche Hauptaufgabe. Im neuen Aufgabenfeld gab es viele nicht zu kalkulierenden und zu erlernenden Unwegsamkeiten. Um alles mußte sie sich kümmern: die ABM, Material, Geld. Das Setzen von Prioritäten fiel schwer.

Dann kam ein schwerer Autounfall und sie war lange Zeit eigentlich krankgeschrieben. Täglich ist sie trotzdem in Groß Petershagen gewesen. S. war ständig im Gespräch mit allen am Projekt Beteiligten. Sie versuchte den Ausbildungsablauf zu organisieren und hielt den Kontakt zu den Behörden. Das Zweite war ihr manchmal wichtiger, da davon die Finanzierung abhängt. Inzwischen hatte sie auch einen guten Stand im Arbeitsamt Greifswald. Aber das war ein langer harter Kampf mit den meist männlichen Gesprächspartnern. Sie verließ sich auf ihr Organisationstalent, und ein kleines bißchen Glück gehört auch dazu.

Ein gutes Omen für S. schienen die Störche, die sich neu erstmalig in diesem Jahr (1994) auf einer Nisthilfe niedergelassen haben. Sie mußte dennoch aufgeben: Arbeitsunfähigkeit vorerst für 1 Jahr wurde ihr verordnet.

Teilnehmerinnen an der Umschulung:

Ein Problem ist die Motivation der Teilnehmerinnen. Sie sind mehr oder weniger alle in sehr persönlichen Werbungsgesprächen für diese Umschulung geworben worden. Die Projektleitung hatte sehr wenig Unterstützung durch das Arbeitsamt.

Und es sind eben auch Grenzen bei den Frauen, die im Alter von 20-54 Jahren an dieser Umschulung teilnehmen. An manchen Tagen kamen sie mir ganz schön lethargisch vor. Aber dann auch wieder ganz bei der Sache. Diese Widersprüchlichkeit war für mich nur teilweise zu klären. So mußten sie schon nach den ersten Tagen in die überbetriebliche Ausbildung (in die Deula): "Wegearbeiten" waren dort ihr praktischer Ausbildungsgegenstand. Die schwere körperliche Arbeit sind die meisten nicht gewöhnt. Das Einrichten eines Staudenbeetes in Groß Petershagen bereitete wieder Freude. Die Arbeiten sind den Frauen neu, fremd und ungewohnt. Auch der Schulrhythmus und das erneute Lernen fallen schwer.

Aber einige der Frauen sagten auch, daß ihre Männer wieder zufriedener mit ihrem gemeinsamen Leben sind. Sie haben zu Hause etwas zu erzählen und auch wieder ihre eigene Erlebniswelt. Ob diese Umschulung allerdings eine kurzzeitige Episode ihres Lebens sein wird und sie auf diese Art und Weise zwei Jahre durch das Arbeitsamt finanziert bekommen oder zu weiteren Perspektiven führt, ist nicht abzuschätzen.

Bei Beobachtungen habe ich folgende Informationen über Meinungen und familiäre Hintergründe der Teilnehmerinnen aufgenommen:

- Früher habe ich im Kuhstall gearbeitet, 15 Jahre lang. Da habe ich gerne gearbeitet mit den Tieren. Ich hätte jetzt auch gerne mit Tieren weitergemacht. In Stralsund im Tierpark oder so. Aber da haben sie keinen gebraucht. Da mach ich das jetzt, ist auch ganz gut.
- Umschulung für 2 Jahre, ist nicht viel Zeit, aber wenigstens was. Mal sehen, ob man dann Arbeit bekommt.
- A.: Es waren 11 Kinder zu Hause. Sie ist etwas dreist und zweifelt daran, daß sie die Umschulung schafft. Eine richtige Nudel und versteht sich wohl etwas als Klassenclown. Will im Mittelpunkt stehen und macht gerne anderen etwas zum Gefallen.
  Bsp. Aussprechen botanischer Namen im Unterricht. Anscheinend hat sie schon Schwierigkeiten beim Lesen und hat wohl auch die Regeln noch nicht ganz verstanden. Sie meldet sich dennoch zur Erläuterung der Aussprache eines botanischen Namens an der Tafel. Die Antwort ist falsch, sie zuckt mit dem Schultern. Scheint ihr nichts auszumachen.
- Ihre Nachbarin ist eine ganz Eifrige, die immer alles hinterfragt, aus Interesse. Sie gibt A. während des Unterrichts Hinweise, wie sie die Aufgaben besser bewältigen kann, zum Beispiel "Sage es ein paar Mal leise vor dich hin". So etwas braucht A.. Sie läßt sich gern führen. Es ist erstaunlich, daß A. in dieser Umschulung ist. Sie erzählt auch freimütig, was sie interessiert: von ihrer Familie, gibt in der Pause Horoskope aus der Tageszeitung zum besten, holt den Kaffee aus der Küche. Sie gibt sich ziemlich zufrieden.
- Die Nachbarin hat schon mehrere Umschulungen hinter sich und scheint nach dem äußeren Erscheinungsbild sozial etwas besser gestellt zu sein als die anderen. Sie hätte auch keine Arbeitslosenhilfe bekommen. Nach dieser Aussage gucken die anderen etwas neidvoll. Sie zeigt mir Bilder von ihrer Familie: Jugendweihe der Tochter. Ihr Verhalten ist sehr offen.

6. Auswertung der Teilnehmerinnenbefragung vom Juni 1994

Zunächst möchte ich voranstellen, daß wir uns sehr schwer taten mit der Befragung zur Situation der Umschulungsteilnehmerinnen. Es war nicht gerade zu erwarten, daß sie sich freimütig äußerten. Es gab schon Probleme, bei ähnlich angelegten Befragungen von der Projektleitung überhaupt Antworten zu bekommen. Vermutungen über die Ursachen darüber sind folgende:

1. nur relativ kurzzeitige Besuche des Projektes durch Dr. Frenzel-Berra und mich,
2. die Situation, daß wir "vom BiBB kamen", ließ auch immer ein gewisses Maß an Mißtrauen mitschwingen.

Des weiteren fiel auf, daß auch die Sozialpädagogin zu den Teilnehmerinnen kein so offenes Verhältnis hatte, wie wir es uns gewünscht hätten, und wie es für die Teilnehmerinnen mit der anzunehmenden Fülle von familiären und schulischen Problemen angebracht wäre.

Deshalb beließen wir es bei einer schriftlichen Befragung der Teilnehmerinnen und der Dorfbewohnerinnen. Die vielen Gespräche, die wir führten, lassen dennoch einige Aussagen zu, die sich nicht so deutlich in der Beantwortung der Fragen zeigten. Die Befragung der Teilnehmerinnen sollte uns neben der sozialen Situation, in der sie sich befinden, auch ihre Motive, Einstellungen und Überzeugungen näher bringen.

Wir haben von 19 Teilnehmerinnen auswertbare Fragebögen erhalten.
Alter: unter 30 Jahre: 6; 30 - 39 Jahre: 10; 40 - 49 Jahre: 2; 50 und mehr: 1
Verheiratet: ja: 10; nein: 9
Kinder: keine Kinder: 4; 1 Kind: 4; 2 Kinder: 7; 3 Kinder: 3; 4 Kinder: 1
Schulabschluß: 10. Klasse: 16; 8. Klasse: 3
Arbeit vor der Wende: Landwirtschaft: 11; nicht in Landwirtschaft: 7; ohne Angaben: 1

Beschreibung der jetzigen Situation:
Hauptsächliche Aktivitäten in der Woche:
2 machten dazu keine Angaben. Haushalt, Gartenarbeit bzw. Kinderbetreuung nehmen im Bewußtsein aller Teilnehmerinnen den Hauptinhalt bzw. ausschließlichen Anteil ihrer Tätigkeiten neben der Umschulung ein. Nur wenige (2) sind sich anderer Aktivitäten bewußt. Bei ihnen sind solche Tätigkeiten wie Selbststudium, Schreibarbeiten, erholen, mit Hund spazieren, Radfahren, Fitnesscenter, Hilfe bei der Betreuung der Großmutter aufgezählt zu finden.

Die Ausgangsbedingungen der Teilnehmerinnen waren gut. Das stützen die Befragungsergebnisse zum Berufsabschluß: 7 aus landwirtschaftlichen Berufen, 8 aus nichtlandwirtschaftlichen Berufen, 4 keine Aussagen, 1 zusätzlichen Landwirtschaftlichen Beruf (ursprünglich Büroberuf), 7 eine zweite Berufsausbildung, 2 schon Umschulungen besucht (PC-Vorbereitungslehrgang, Wirtschaftsinformatikerin)

Trotzdem gibt es große Schwierigkeiten für die Frauen, das Ausbildungspensum zu bewältigen. Dafür mußten andere Erklärungen gefunden werden.

Aussagen zur Einstellung der Befragten gegenüber ihrer momentanen Situation:

12 finden ihre jetzige Tätigkeit gut, 5 mögen ihre Tätigkeit nicht, 2 gaben keine Begründung für ihre negative Äußerung an.

Es gab folgende überwiegend positiven Äußerungen:

Umgang mit anderen Frauen; abwechslungsreiche Tätigkeit; man kann viel neues lernen und erleben, die meisten beruflichen Tätigkeiten interessieren mich, Mauern, Pflastern, Garten; bin beschäftigt, erwerbe spezielles und allgemeines Wissen; ich bin unter Menschen, es ist interessant; weil man was dazu lernt; weil ich eine Abschluß erreichen kann; Anwendung am Haus; abwechslungsreich, umfangreich, reich an Wissensvermittlung.

Für die negativen Äußerungen gaben die Teilnehmerinnen folgende Gründe an: (2 ohne Begründung) gewöhnungsbedürftig, die schweren Arbeiten: Pflastern, Mauern, körperliche Arbeit; mal so mal so; entspricht nicht meinen Vorstellungen und Wünschen.

Ein Grund ist wohl die fehlende **Motivation**. So machen zwei Drittel der Frauen zwar die Aussage, daß sie mit ihrer jetzigen Tätigkeit zufrieden sind, jedoch wollen auch 75% gleichzeitig lieber die gleiche Arbeit wie vor der Wende haben. Für 68% der Frauen ist es wichtig, für die nächsten zwei Jahre abgesichert zu sein.

78% gaben an, daß die Ausbildung für sie eine Chance für die weitere berufliche Tätigkeit ist, 47% waren dennoch pessimistisch mit Blick auf eine reale Chance auf dem Arbeitsmarkt. Nur 3 (16%) wollten sich nicht zu einer Aussage entschließen. Dabei sind auch konkrete Vorstellungen für evtl. in Frage kommende Arbeitsplätze nicht vorhanden. Nur 4 der Umschülerinnen hatten konkrete Vorstellungen wie: Teufelsteinpark, 3 in benannten Gemeinden.

Fast alle Teilnehmerinnen, die ihre Arbeit jetzt nicht gut finden (5), waren auch vor der Umschulung nicht in der Landwirtschaft tätig und hätten gern ihre Arbeit vor der Wende behalten.

Für die meisten Frauen war es wichtig, für die nächsten zwei Jahre abgesichert zu sein und eine Chance für die weitere berufliche Tätigkeit zu haben. Andere Motive wie: das Arbeitsamt hat mich geschickt, mein persönliches Interesse ist in der Umschulung berücksichtigt oder mir fiel zu Hause die Decke auf den Kopf, wurden selten bestätigt. Die Mehrheit der Frauen sind an einem zusätzlichen Berufsabschluß interessiert, und auch für ihre eventuell wiederkehrende Arbeitslosigkeit sehen sie einen Vorteil für die Haus- und Gartenarbeit.

Diejenigen, die lieber die gleiche Tätigkeit wie vor der Wende haben wollten, gaben folgende Motive dafür an: sicherer Arbeitsplatz, Umschulung wäre dann unnötig; Beruf hat mir sehr gut gefallen; ich habe die Tätigkeit 20 Jahre ausgeführt; es hat mir sehr viel Spaß gemacht; entsprach meinen Neigungen; keine Arbeitslosigkeit; teilweise ja, weil ich Tiere liebe; Arbeit im Ort; war nicht schlecht, gute Verdienstmöglichkeiten; mein ein und alles; dort habe ich Sinn in meiner Arbeit gesehen; ich könnte mehr verdienen, um für die Kinder zu sorgen und besser zu leben.

Motive der Ablehnung der früheren Tätigkeit wurden so geäußert: um leben und um existieren zu können (Lebensunterhalt); zu stressig, nur teilweise Anforderungen ausrichten; man will sich ja weiterbilden und nicht immer zur Schule gehen.

Geschlechtsspezifische **Einstellungen** der Frauen bezüglich ihrer Lage auf dem Arbeitsmarkt sind nicht stark ausgeprägt. Es war keine sichtbare Tendenz zur kritischen Reflexion dieser Tatsache zu erkennen. So bestätigen 15 der 19 Frauen die Auffassung (80%), daß, wenn zwei Partner von Arbeitslosigkeit betroffen sind, es für den Mann wichtiger ist Arbeit zu bekommen. Auch war nur ein Teil der Überzeugung (50%), daß arbeitslose Frauen spezielle Programme nur für sich brauchen.

95% der Teilnehmerinnen sind der Auffassung, daß zur Zeit Frauen härter betroffen sind als Männer, 95% wollen eine gemeinsame Umschulung mit Männern, und 70% sind der Auffassung, daß auch die Männer einverstanden sind, wenn Arbeits- und Ausbildungstätigkeiten speziell für Frauen angeboten werden.

Die meisten Frauen wollten eine Umschulung mit Männern gemeinsam, gaben dann aber an, daß die Umschulung ohne Männer eher als "nicht wichtig für mich" reflektiert wird. Das zeigt die 3 mal höhere Auswahl dieser Antwort gegenüber solchen Aussagen wie "langweilig, weniger Konkurrenz untereinander oder ungezwungen".

Die Gründe für die Teilnahme an der Umschulung sind auf die soziale Absicherung für die kurze Zeit der Umschulung ausgerichtet und auf die perspektivische Möglichkeit für eine weitere berufliche Tätigkeit, die ihre persönlichen Interessen berücksichtigt. 75% der Begründungen fallen auf diese Kategorien. Undifferenzierte Motive, wie: das Arbeitsamt hat mich geschickt und mir fiel zu Hause die Decke auf den Kopf, wurden nicht als so wichtig angesehen.

Für etwa 60% der Frauen war es genauso wichtig, von der Ausbildung etwas für die Tätigkeit für Haus und Garten zu haben, wie auch einen Berufsabschluß mehr zu haben. Die Organisation der Umschulungsmaßnahme selbst spielte dabei eine weniger große Rolle.

Ich bezeichne diese hier beschriebene Haltung der Frauen als vorsichtigen Optimismus. Ein subjektives Wohlbefinden im Vergleich mit dem vorhergehenden Zustand der Arbeitslosigkeit ist festzustellen. Pläne und Hoffnungen, wenn auch zaghaft, sind von den Frauen geäußert worden, die aber noch nicht manifestiert sind. Arbeitsaussichten werden noch nicht durchgängig gesehen, müssen also z.B. durch gezielte Exkursionen gefördert werden.

Aus den Befragungen und den Beobachtungen, die bis Juli 1994 vorlagen, kann zusammengefaßt werden, daß die Umschulungsmaßnahme von allen daran Beteiligten bis jetzt als nicht optimal ablaufend eingeschätzt wird, aber durchaus erfolgreiche Aussichten bestehen.

7. Schlußfolgerungen

In Stichpunkten möchte ich einige kritische Tendenzen der Einschätzung der Untersuchung geben, die aus den bisherigen Äußerungen m.E. noch nicht so klar wurden.

Die Teilnehmerinnen kamen bei der Auswertung zu folgenden Aussagen:

- viele Arbeiten an der Gutshausanlage seien umsonst, da sie teilweise nur für die Ausbildung nötig sind und nicht in das Umgestaltungskonzept passen. Andererseits wird vieles durch die Kinder und Jugendlichen des Ortes wieder zerstört, die ihren "alten Spielplatz" nach 16.00 Uhr in Besitz nehmen.
- "die Anleitungen zur Arbeit sind teilweise widersprüchlich" (Berlin und Projektleitung)
- die ökologische Ausrichtung wird als "verbissen" bezeichnet - ohne Kompromisse
- es fehlt viel zum Wohl fühlen (kalte Räume, ordentliche Möbel für Umschülerinnen, Renovierung der Klassenräume , keine Möglichkeiten zum Mittagessen)
- Arbeitsmittel sind mangelhaft.

Die Projektleitung vor Ort

- häufiger Wechsel der Projektleitung und einiger Mitarbeiter
- sporadische Einmischung des BiBB

Berlin BiBB

- mangelhafte fachliche Kompetenz der Projektleitung
- nicht sicher, ob das Projekt erfolgreich zu Ende geführt wird

Persönliche Empfehlungen

Nach Auswertung der Dorfbefragung ist es fragwürdig, ob die touristische Nutzung des Ortes attraktiv und im Interesse der Dorfbevölkerung sein wird. Die Bevölkerung ist eher zurückhaltend und steht diesem Projekt teilweise ablehnend gegenüber. In der Projektplanung und im Projektvorlauf wurde die Dorfbevölkerung zu wenig einbezogen, so daß eine Auslegung dieses Zieles eher zeitlich verschoben, wenn nicht gar ganz aufgegeben werden müßte (Frenzel-Berra).

Es muß alles dafür getan werden, daß die Umschulung der Frauen als Ziel erreicht wird. Dafür bedarf es der Zusammenarbeit aller am Projekt Beteiligten. Die Zusammenarbeit von BiBB und der Projektleitung vor Ort muß harmonisiert werden. In der Zwischenzeit (von September 94 bis heute) haben sich einige Veränderungen positiver und negativer Art vollzogen, die in einer abschließenden Untersuchung mit erfaßt werden. Dafür laufen zur Zeit Absprachen.

Doppel-Diskriminierung der behinderten Frau? Schwierigkeiten und Probleme im Alltag der schwerbehinderten Frau und Maßnahmen, diesen entgegenzuwirken.

Antje Becker
Markgrafenstr. 23, D-76131 Karlsruhe

Warum wird zwischen der Lebenssituation von behinderten Männern und behinderten Frauen unterschieden?

Behindert-sein ist für alle gleich schwer zu bewältigen. Oder?

Mein Thema, über das ich hier referieren möchte, die Lebenssituation der schwerbehinderten Frau, hat auf den ersten Blick nicht viel zu tun mit dem Thema dieses Kongresses "Frauen in Technik und Naturwissenschaft". Jedoch möchte ich mit meinem Beitrag über die vielen Schwierigkeiten von Behinderten, speziell behinderten Frauen, einen Studiengang zu absolvieren, in ihrem erlernten Beruf einen Job zu finden und nebenbei ihren Alltag zu bewältigen, informieren.

Zuerst möchte ich auf die Lebenssituation der behinderten Frau eingehen. Im Sommer 1992 habe ich mit einer nichtbehinderten Kollegin die Studie "Zur Lebenssituation behinderter Frauen" im Rahmen der Frauenforschung erstellt. Unser Anliegen war, die Hypothese der doppelten Benachteiligung behinderter Frauen zu untersuchen und transparent zu machen. Wir sahen und sehen auch noch heute die doppelte Benachteiligung zum einen im Geschlecht der Frau und zum anderen als Behinderte, und dies ganz besonders deutlich in den gesellschaftlichen, beruflichen sowie persönlichen Bereichen. Wir haben in unserer Studie unter anderem behinderte Frauen zu ihrer persönlichen Lebenssituation befragt.

Unter anderem wurden Nachteile in der Erstausbildung behinderter Frauen in Rehabilitationseinrichtungen deutlich. Keine der von uns interviewten Frauen konnte den Beruf ihrer Neigung ergreifen, denn vom Berufsbildungswerk, in denen Behinderte ihre Berufsausbildung erlangen können, werden größtenteils typisch männlich orientierte Berufsmöglichkeiten angeboten, Berufe aus dem elektronisch-technischen Bereich. Berufe aus dem Gesundheitsbereich oder aus dem sozialen, künstlerisch-kreativen Ausbildungsspektrum fehlen völlig. Überwiegend weichen daher behinderte Frauen auf kaufmännische sowie Hilfs- und unterqualifizierte Tätigkeiten aus.

Gesellschaftliche Nachteile entstehen den behinderten Frauen schon allein aus der traditionellen Sichtweise der Gesellschaft, sie lediglich als angepaßtes, sich selbst zurücknehmendes, bescheidenes, hilfsbedürftiges und nicht zuletzt dankbares Wesen wahrzunehmen. Gesellschaftliche Sichtweise unterscheidet zwischen Männlich und Weiblich. Große persönliche Probleme der behinderten Frau ergeben sich aus der Verarbeitung ihrer Behinderung. Die zunehmende Erkenntnis im Verlaufe ihres Lebens, behindert zu sein, keine Attraktivität entwickeln zu können, familiäre und berufliche Wünsche aufstecken zu müssen, zunehmende Abhängigkeit von Hilfeleistungen Fremder, z.B. Zivis, erfordert immer wieder großen Mut und große Anstrengung, um durchzuhalten und nicht zu resignieren.

Zu diesen drei Problemkomplexen, die wir in dem Forschungsprojekt dargestellt haben, die jedoch in Wirklichkeit weitaus differenzierter und auch vielschichtiger sind, kommen nun noch die Probleme, die sich ergeben, wenn die behinderte Frau den Wunsch hat, ein Studium zu beginnen. Häufig steht im Zusammenhang mit dem Studienwunsch auch der Umzug in eine andere Stadt. Allein auf sich gestellt zu sein, in einer fremden Stadt, das ist für junge Frauen, aber ganz besonders für behinderte Frauen, erstmal ein erschreckender Gedanke.

Alles muß gut geplant und organisiert sein. Hilfreich ist, wenn einige vertraute Personen, im Regelfall die Eltern, im Hintergrund mitagieren und, falls notwendig, unterstützend zur Seite stehen. Ich sagte, im Regelfall die Eltern, weil enge soziale Kontakte zu Gleichaltrigen nur selten bestehen und gepflegt werden können, da die Behinderten häufig schon in jungen Jahren aus ihrer vertrauten Umgebung herausgelöst werden, um z.B. ihre Schulausbildung internatsmäßig zu erlangen.

Im neuen Wohn- und Studienort beginnt die Wohnungssuche, behindertengerecht sollte sie sein. Ich selbst war glücklich, eine knapp behindertenfreundliche Wohnung nach einem 3/4 Jahr Wohnaufenthalt in einem Altenheim gefunden zu haben. Danach müßte sie, falls notwendig, mit auf die Behinderung speziell ausgerichteten Hilfsmitteln versehen werden. (Daß man auf diese bis zu einem 3/4 Jahr warten muß, kann ich aus eigener Erfahrung bestätigen.)

Als weiteren Schritt sollte die behinderte Frau, sofern sie Hilfe im Alltag benötigt, sich um eine Betreuung kümmern. Diese Hilfe bekommt man meistens von Zivis. Daß die Betreuung von jungen Männern für behinderte Frauen gewöhnungsbedürftig ist, habe ich ja schon erwähnt. Wo sind die nächsten Arztpraxen und Therapiemöglichkeiten wie z.B. Logopädie, Krankengymnastik, Bewegungsbäder etc.? Wie sind diese zu erreichen, Stufen, Fahrstuhl? Wann sind Termine frei? Das überschneidet sich aber mit den Pflichtveranstaltungen. Da muß man halt Prioritäten setzen.

Irgendwann müssen auch die wichtigen Ämter besucht werden wie Sozialamt, Krankenkasse, Gesundheitsamt. (Ein erstes persönliches Gespräch mit dem zuständigen Sachbearbeiter ist angeraten. So kann bei späteren Telefonaten mit dem Namen auch das dazugehörende Gesicht in Verbindung gebracht werden.) Es ist nun mal eine Tatsache, daß gerade viele Frauen den Besuch von Ämtern scheuen. Sie fühlen sich der Bürokratie, der Argumentation der Sachbearbeiter nicht gewachsen, zumal sie ja mal wieder als Bittsteller kommen.

Das wären erstmal die wichtigsten offiziellen Schritte, die bei einem Ortswechsel zwangsläufig sind. Die nächsten Schwierigkeiten ergeben sich unweigerlich. Da sind zunächst mal die Probleme bei dem Aufbau des Bekanntenkreises. Die Treff- oder Gesellschaftspunkte sind schwerer zu erreichen. Jeder kleine Bummel, sei's durch die Stadt oder durch den Karlsruher Schloßpark, in den Hörsaal, ins Konzert oder Theater sind nicht nur zu planen, sondern auch zu organisieren mit der benötigten Hilfskraft.

Auf all diesen und anderen Wegen muß die weibliche Behinderte dem Angestarrtwerden, aus welchen Gründen auch immer, tapfer standhalten. Dazu sind sehr viel Selbstvertrauen und Selbstwertgefühl aufzubringen.

Doch gerade der enorme Wirbel, der um das heutzutage herrschende Schönheitsideal gemacht wird, verhindert bei vielen behinderten Frauen die Entwicklung derselben. Eine behinderte Frau mit den äußeren Erscheinungsmerkmalen einer Behinderung paßt nicht in das gängige Schönheitsideal. Somit hält sie sich auch für nicht attraktiv und nicht beachtenswert. Die nichtbehinderte Gesellschaft betrachtet sie überwiegend als geschlechtslos. Die Folge davon kann eine verzögerte oder gar verhinderte Entwicklung eines entsprechenden Verhaltensrepertoires sein, ein instabiles Selbstwertgefühl und damit verbunden ein Rückzug ins Private, ganz zwangsläufig.

Die nächsten Probleme betreffen das Studium selbst. Werden die Vorlesungen in einem Haus gehalten oder an verschiedenen Orten? Wie organisiert man das mit den schriftlichen Prüfungen, wenn man nicht gut schreiben kann? Und zu guterletzt die Frage nach Praktika. In naturwissenschaftlichen Fächern finden die Praktika oftmals in Laboratorien statt. Dort ist aber, aus Sicherheitsgründen, der Aufenthalt einer Rollstuhlfahrerin nicht erlaubt. Sind nun Ausnahmeregelungen möglich oder ist ein anderes Fach zu studieren?

In Anbetracht der unzähligen Probleme, die schon von vornherein zu bedenken sind, kommt die behinderte Frau unweigerlich zu der Frage: Muß es überhaupt ein Studium sein? Gibt es nicht eine bequemere Möglichkeit für eine Behinderte? Aber welche?

In unserer Studie haben wir einige Möglichkeiten aufgeführt, die den Alltag von Behinderten, speziell weiblichen, erleichtern können.

- Erweiterung der Integrationsmöglichkeiten an Regelschulen,
- Einrichten von Trainingskursen in den Ausbildungs- und Reha-Institutionen,
- Einrichten eines Wohnprojektes mit Betreuungsangebot,
- Einrichten einer Informations- und Anlaufstelle.

Ingenieurinnen und Sozialwissenschaftlerinnen
Berufliche Vorurteile und interdisziplinäre Zusammenarbeit

Kira Stein
Schloßgartenstr. 45, D-64289 Darmstadt

Zur Erinnerung an meine im Januar in Athen verstorbene Mitautorin und Freundin Dr.-phil. Dipl.-Psych. Janitha Molvear - und als ein Lebenszeichen von ihr.

1.Protokoll des Vortrages

1.1 Selbst- und Fremdbild im Beruf

Empirische Untersuchung

Die vorgetragenen Ergebnisse entstammen einer empirischen, interkulturellen Vergleichsstudie, die u. a. veröffentlicht wurde in: *Janitha Molvaer / Kira Stein: "Ingenieurin - warum nicht?" Berufsbild und Berufsmotivation von zukünftigen Ingenieurinnen und Ingenieuren. Ein interkultureller Vergleich, Campus Verlag, Frankfurt/New York, 1994.*

Ein umfangreicher Fragebogen mit 41 Fragen (z. T. mit 9 Unterfragen) wurde MaschinenbaustudentInnen (TH/TU/FH) und PsychologiestudentInnen (TH/TU) während einer Lehrveranstaltung bzw. Prüfung des Grundstudiums in den alten und neuen Bundesländern der BRD sowie in Griechenland vorgegeben. Im Rahmen des Vortrages beschränkte ich mich auf die Darstellung der Unterschiede zwischen den Maschinenbau- (MB) und PsychologiestudentInnen (Psy) der Technischen Hochschule Darmstadt (THD) und bezog mich dabei speziell auf die Antworten der Studentinnen.

Zusammensetzung der Stichproben

Studienfach und Hochschule		StudentInnen	Frauenanteil
Maschinenbau	insgesamt	654	15 %
	THD	193	7%
Psychologie	insgesamt	99	67 %
	THD	49	65 %
insgesamt		753	22%

Beruf der Eltern und Berufsvorbild

Die befragten Maschinenbaustudentinnen (THD) stammten - im Vergleich zu den Psychologiestudentinnen (THD) - aus besonders traditionellen Familien, was das Bildungsgefälle Vater - Mutter betrifft. Ihre Mütter waren mit 43% deutlich häufiger (nur) Hausfrauen, als die ihrer Kommilitoninnen aus der Psychologie mit 16%. Während die

Väter der Maschinenbaustudentinnen sehr häufig selbst Ingenieure waren, übte bei den Psychologiestudentinnen kein Elternteil den Beruf des/r PsychologIn aus. So gaben die Maschinenbaustudentinnen auch erwartungsgemäß deutlich häufiger ein männliches (14%) als ein weibliches Berufsvorbild an (1%), während das Verhältnis bei den Psychologiestudentinnen mit jeweils 13% ausgeglichen war.

Beruf der Eltern

Studienfach	Mutter Hausfrau	Vater Ingenieur	Vater Psychologe
Maschinenbaustudentinnen (THD)	43 %	29 %	-
Psychologiestudentinnen (THD)	16 %	6 %	-
Stichprobe insgesamt	29 %	30 %	0,1 %

Geschlechtsspezifische Berufseignung

Bei der direkten Frage, ob Frauen oder Männer für den jeweiligen Beruf besser bzw. beide gleich gut geeignet sind, entschied sich die deutliche Mehrheit der Befragten - im Sinne der sozialen Erwünschtheit - für die gleiche Eignung. Trotzdem zeigt sich eine deutliche Tendenz. 29% der gesamten Stichprobe hielten Männer für die "besseren IngenieurInnen" (1% Frauen) und 18 % Frauen für die "besseren PsychologInnen" (4% Männer). Dabei neigten die Studentinnen (THD) dazu, den jeweils anderen Beruf häufiger als entsprechend geschlechtsspezifisch besetzt zu empfinden als ihren eigenen.

Männer besser geeignet für Maschinenbau

MaschinenbaustudentInnen		PsychologiestudentInnen	
insgesamt	Frauen (THD)	insgesamt	Frauen (THD)
31 %	-	20 %	10 %

Frauen besser geeignet für Psychologie

MaschinenbaustudentInnen		PsychologiestudentInnen	
insgesamt	Frauen (THD)	insgesamt	Frauen (THD)
20 %	15 %	8 %	9 %

"Ingenieur" und Frau

Die Gefahr der Vermännlichung durch den Beruf des/der MaschinenbauingenieurIn schätzten die Maschinenbaustudentinnen (THD) deutlich geringer ein, als ihre Kommilitoninnen der Psychologie.

Gefahr der Vermännlichung für MB-Ingenieurinnen

Maschinenbau (THD)		Psychologie (THD)	
Studenten	Studentinnen	Studenten	Studentinnen
39 %	7 %	47 %	19 %
$\overline{x} = 2,95$	$\overline{x} = 4,21$	$\overline{x} = 2,76$	$\overline{x} = 3,38$

x = 1 ja, unbedingt ↔ x = 5 auf keinen Fall

Zur Überprüfung der Hypothese, *"daß feminin wirkende Maschinenbauingenieurinnen seltener als kompetent in ihrem Beruf eingeschätzt werden, als kumpelhaft wirkende"* wurden in einer Pilotbefragung drei Fotos aus einer Vielzahl vorgegebener ausgewählt. Diese symbolisierten laut Aussage der Befragten am Besten die folgenden Typen: *"Managerin"* - traditionell, damenhafter Typ;
"Betriebspraktikerin" - kumpelhaft, zupackender Typ;
"Alternative" - moderner, lockerer, attraktiver Typ.

Als Personalchefinnen hätten sich bei der Einstellung einer Maschinenbauingenieurin die befragten Maschinenbau- (THD) und Psychologiestudentinnen (THD) gleichermaßen für die "Betriebspraktikerin" entschieden, die Maschinenbaustudenten (THD) allerdings nicht.

Auswahl der geeigneten Bewerberin für eine Stelle als MB-Ingenieurin

Typ der Bewerberin	Maschinenbau (THD) Studenten	Maschinenbau (THD) Studentinnen	Psychologie (THD) Studenten	Psychologie (THD) Studentinnen
Managerin	26 %	36 %	13 %	55 %
Praktikerin	22 %	**50 %**	**53 %**	**55 %**
Alternative	**52 %**	14 %	33 %	7 %

Erforderliche Persönlichkeitsmerkmale zur erfolgreichen Berufsausübung

Die folgende Tabelle zeigt das Selbstbild der Maschinenbau- und Psychologiestudentinnen der THD in bezug auf ihren Beruf. Die Rangfolge der Persönlichkeitsmerkmale entsprach bei den Maschinenbaustudentinnen (THD) genau der Aussage aller befragten MaschinenbaustudentInnen. Bei den Psychologiestudentinnen (THD) galt das gleiche mit Ausnahme der Anpassungsfähigkeit, die von ihnen als unwichtiger angesehen wurde. Die Frauen schätzten die Tendenz der geschlechtsspezifischen Besetzung der Persönlichkeitsmerkmale dabei weniger männlich bzw. stärker weiblich ein als ihre Kommilitonen. Dies gilt sowohl für die einzelnen als auch die gesamte Stichprobe. Für die Maschinenbaustudentinnen (THD) waren alle Persönlichkeitsmerkmale wiederum stärker weiblich bzw. weniger männlich besetzt als für die Psychologiestudentinnen (THD).

Rangfolge der geford. Persönlichkeitsmerkmale zur erfolgreichen Berufsausübung (THD)

Selbstbild

Psychologin	*	MB-Ingenieurin	*
Kommunikationsfähigkeit	*w*	**Rationales Denken und Handeln**	**m**
Einfühlungsvermögen	*w*	**Durchsetzungsvermögen**	**m**
Rationales Denken und Handeln	**m**	*Kommunikationsfähigkeit*	*w*
Entscheidungsfreudigkeit	n	Entscheidungsfreudigkeit	n
Durchsetzungsvermögen	**m**	**Führungsbereitschaft und -fähigkeit**	**m**
Führungsbereitschaft und -fähigkeit	**m**	Leistungsorientierung	n
Anpassungsfähigkeit	*w*	*Anpassungsfähigkeit*	*w*
Leistungsorientierung	n	*Einfühlungsvermögen*	*w*
manuelles Geschick	n	manuelles Geschick	n

*) Tendenz der geschlechtsspezifischen Besetzung eher **m - männlich** *w - weiblich* n - geschlechtsneutral

Während im Selbstbild der Hinweis auf den Maschinenbau als "Männerberuf" und die Psychologie als "Frauenberuf" noch relativ schwach ausgeprägt ist, zeigt das Fremdbild des jeweils anderen Berufs bereits deutlicher die Existenz (gegenseitiger) Stereotype - auch bei den Studentinnen. Dabei sehen die betroffenen Frauen selbst ihren Beruf jeweils weniger männlich (Maschinenbau) bzw. weniger weiblich (Psychologie) als ihre jeweiligen Kommilitoninnen.

Beruf des/der MB-Ingenieurin
Sicht der Psychologiestudentinnen (THD) im Vergleich zu den MB-Studentinnen
(Differenz der jeweiligen x-Werte / x = 1 sehr wichtig ↔ x = 5 total unwichtig)*

wichtiger		
↑	Manuelles Geschick	(+ 0,46) *
	Rationales Denken und Handeln	(+ 0,13) *
	Leistungsorientierung	(+ 0,08) *
•		
	Führungsbereitschaft und -fähigkeit	(- 0,16) *
	Entscheidungsfreudigkeit	(- 0,17) *
	Durchsetzungsvermögen	(- 0,34) *
	Anpassungsfähigkeit	(- 0,52) *
	Kommunikationsfähigkeit	(- 0,57) *
↓	Einfühlungsvermögen	(- 0,61) *
unwichtiger		

Beruf des/der PsychologIn
Sicht der MB-Studentinnen (THD) im Vergleich zu den Psychologiestudentinnnen
(Differenz der jeweiligen x-Werte / x = 1 sehr wichtig ↔ x = 5 total unwichtig)*

wichtiger		
↑	Anpassungsfähigkeit	(+ 0,32) *
	Einfühlungsvermögen	(+ 0,16) *
	Kommunikationsfähigkeit	(+ 0,10) *
•		
	Leistungsorientierung	(- 0,28) *
	manuelles Geschick	(- 0,33) *
	Rationales Denken und Handeln	(- 0,70) *
	Entscheidungsfreudigkeit	(- 0,71) *
	Führungsbereitschaft und -fähigkeit	(- 0,87) *
↓	Durchsetzungsvermögen	(- 1,00) *
unwichtiger		

Die Aussagen stimmen auch mit denen der verschiedenen Signifikanzprüfungen der gesamten Stichprobe überein. Als ein Teilergebnis der Studie kann somit abschließend festgestellt werden, daß auch bei den Frauen (in Darmstadt) - wenn auch meist in abgeschwächterer Form als bei den Männern - gegenüber den Kolleginnen des jeweils anderen Studienfaches die gleichen Vorurteile und Stereotype in bezug auf das Berufsbild und das erwartete geschlechtsspezifische Verhalten deutlich werden.

1.2 Persönliche Erfahrungen

Allgemeine Erfahrungen von Natur- und Ingenieurwissenschaftlerinnen in den alten Bundesländern

Natur- und Ingenieurwissenschaftlerinnen, die sich schon lange mit dem Themenkomplex "Frauen in Naturwissenschaft und Technik" beschäftigen, machten in den alten Bundesländern bereits öfter die Erfahrung, sich von Sozialwissenschaftlerinnen als reine Forschungsobjekte "mißbraucht" zu fühlen, während ihnen das Recht auf eine aktive Beteiligung an der Forschung "über sich selbst" gänzlich abgesprochen wurde. Dies ist besonders bitter, da diese Frauen sich gerade mit der Reduzierung "ihrer Forschungsgegenstände" auf den reinen Objektstatus kritisch auseinandersetzen. Schwer ist es auch für manche zu akzeptieren, wenn die Analysen ihrer Probleme Sozialwissenschaftlerinnen zum Karriereaufstieg verhelfen. In diesem Zusammenhang ist es auch ärgerlich, daß Ideen von Ingenieurinnen zwar übernehmenswert und Passagen aus ihren Artikeln abschreibenswert sind, die Ingenieurin selbst als Urheberin allerdings nicht zitierwürdig ist.

Außer diesen Aspekten, die eher persönliche emotionale Betroffenheit auslösen, gibt es weitere eher nüchtern betrachtete Kritikpunkte. Nach der persönlichen Erfahrung der Natur- und Ingenieurwissenschaftlerinnen sind SozialwissenschaftlerInnen häufig der Auffassung:

- daß für ihre Forschung über Frauen in Naturwissenschaft und Technik keine Kenntnisse über Naturwissenschaft und Technik sowie keine Vorstellungen über die entsprechenden Berufe und industriellen Abläufe nötig sind;
- daß es für sie kein erstrebenswertes Ziel ist (Grund)Kenntnisse in diesem Bereich oder Verständnis z. B. über Technik und Industrie zu erwerben;
- daß es dagegen für jede/n IngenieurIn zur notwendigen Wissenserweiterung gehört, sich mit Sozialwissenschaften zu beschäftigen.

Zu langsam wendet sich die Forschung innerhalb der Sozialwissenschaften ab von der Analyse der "Ingenieurin als Exotin" (Was ist in *ihrer Erziehung "falsch"* gelaufen? An welcher Stelle erhielt ihr Frauenbild die "Verformung" die die Entstehung dieses "männlichen" Berufswunsches zuließ? usw.) hin zur Frage nach den konkreten Behinderungen und Hinderungsgründen für Frauen in diesen Berufsfeldern und deren Abbau (Was ist *"falsch"* in unserer *Schulausbildung* und unseren *Studiengängen* sowie an den (männlich geprägten) *Berufsbildern* und *Arbeitsbedingungen*? Wie können wir das gesellschaftliche Frauenbild so ändern, daß "Frau und Ingenieur" kein Widerspruch mehr ist? usw.). Und zu selten - aus unserer Sicht - beschäftigen sich die (etablierten) Sozialwissenschaftlerinnen mit offensiven, vorwärtsgerichteten Fragestellungen, wie z.B.:

- welche traditionellen, geschichtlichen, gesellschaftspolitischen und ökonomischen Hintergründe bewirken, daß das Ingenieurbild gerade in Westdeutschland ganz besonders "frauenfeindlich" ist? Wie können wir von anderen Ländern lernen?
- Welche Stärken besitzen Frauen (erziehungsbedingt) bezüglich der geforderten betrieblichen Veränderungen, d. h. in bezug auf die angestrebten modernen Interaktionsformen (Stichwort: Gruppen und Projektarbeit, Total Quality Management usw.)? Wie können wir das konkret für uns Frauen und für die gesamte industrielle Entwicklung nutzen?

- Was und wie können Frauen konkret - speziell als Frauen - zu einer neuen Technologieentwicklung beitragen? Welche Chancen für die Situation der Frauen sowie die technologischen und gesellschaftlichen Entwicklungen bietet die "Ingenieurin als feministische Technikgestalterin"?
- Kann durch eine Erweiterung der Anforderungsprofile an Führungskräfte durch sogenannte weibliche Eigenschaften (z. B. Verantwortung gegenüber Anderen) nicht nur eine Chance für Frauen eröffnet, sondern auch ein Mittel gegen das eklatante Mißmanagement der coolen Macher mit ihren einsamen Entscheidungen (bzw. Nichtentscheidungen) in der deutschen Wirtschaft gefunden werden?
- usw. usw.

Bei diesen Fragestellungen brauchen wir die Unterstützung der Sozialwissenschaften.

Entgegen der Erfahrung mit Frauen in etablierten sozialwissenschaftlichen Arbeitsbereichen, gibt es aber auch positive Erfahrungen gegenseitiger Akzeptanz und Bereicherung mit Sozialwissenschaftlerinnen, die konkret in Modellprojekten in den technischen Bereichen oder in gleichberechtigten (Einzel)projekten mitarbeiten.

Persönliche Erfahrungen der Referentin im Projekt

Die in 1.1 dargestellte Studie zum Themen "Berufsbild und Berufsmotivation" wurde von einer in der BRD lebenden Maschinenbauingenieurin und einer in Griechenland lebenden Psychologin als interdisziplinäres, interkulturelles Projekt durchgeführt. Die Zusammenarbeit war gleichberechtigt, da wir uns außerhalb jeglicher Institution auf privater Ebene zusammengefunden hatten, weil wir beide an einer gemeinsamen Fragestellung interessiert waren. Wir wollten wissen, ob sich unser Eindruck im Rahmen der Studie bestätigen läßt, daß sowohl der Umgang mit Ingenieurinnen in als auch deren Einstellung zu ihrem Beruf in Griechenland unproblematischer und selbstverständlicher ist als in Westdeutschland, und wo die Ursachen dafür zu suchen sind. Dabei interessierte die Psychologin vor allem der Einfluß der unterschiedlichen Traditionen, der ökonomischen und gesellschaftspolitischen Rahmenbedingungen sowie der jeweiligen geschlechtsspezifischen Erziehung auf Studienmotivation und Berufsbild von Frauen im Vergleich zu ihren Kollegen, das heißt der Erkenntnisgewinn. Die Maschinenbauingenieurin suchte besonders nach den konkreten Auswirkungen auf die Studienmotivation und das Berufsbild von zukünftigen Ingenieurinnen in beiden Ländern sowie nach Ansätzen zu Erhöhung des Frauenanteils und zur Verbesserung der Situation von Ingenieurinnen in der BRD, d. h. als persönlich Betroffene nach Veränderungsmöglichkeiten.

Die fachspezifisch eingebrachten Erkenntnisse der Psychologin bezogen sich vorwiegend auf:

- Methodik (Hypothesenbildung und Überprüfung, Fragebogenerstellung und -auswertung, Durchführung der Pilotstudie);
- psychologische (Frauen)literatur (z. B. familiärer Hintergrund/Vorbild/Motivation; Self-efficacy; Frauenbild/Vermännlichung);
- Interpretation der empirischen Ergebnisse (bezüglich der Hypothesen).

Die berufsspezifischen Schwerpunkte der Maschinenbauingenieurin lagen bei:

- Problemstellung (z. B. Widerspruch "Ingenieur" und Frau; Benachteiligung und Behinderungen aus konkreter eigener Erfahrung);
- berufliche (Frauen)literatur (z. B. aktuelle und geschichtliche Situation des Studiums und des Berufs; Frauen im Beruf des/r IngenieurIn);
- Abhilfemaßnahmen (Schlußfolgerungen und Stand der Diskussion unter und über Ingenieurinnen - speziell in Westdeutschland).

Auffällig und aufschlußreich war auch die unterschiedliche Verwendung der Literatur und die gewohnte Art des Zitierens.

Psychologin:

- Wer schreibt zu diesem Thema (d. h. häufig (nur) Hinweise zum Weiterlesen);
- Zitat innerhalb des Textes: [AutorIn, Jahrgang];
- Ordnungskriterium des Literaturverzeichnisses: Name des/r AutorIn; das Verzeichnis zeigt vor allem einen Überblick über die gelesenen und verarbeiteten Koryphäen.

Maschinenbauingenieurin:

- Was wurde zum Thema geschrieben (d. h. kurze Beschreibung im Text);
- Zitat innerhalb des Textes mit Nummern im Textfluß, d. h. der Stelle im Text zugeordnet;
- Ordnungskriterium des Literaturverzeichnisses: die Nummern; Verzeichnis ist textbezogen, d. h. unabhängig vom Text schwer lesbar und getrennt nicht aussagefähig.

Unsere unterschiedlichen Blickwinkel und Arbeitsweisen ergänzten sich zum Teil nahtlos, zum Teil ließen wir sie einfach pragmatisch nebeneinander bestehen, so daß sie auch im Text des Buches noch deutlich wurden. So erwies sich unsere Zusammenarbeit über Unterschiede und Ländergrenzen hinweg als sehr befruchtend. In dieser Richtung würde ich - als Ingenieurin - mit anderen Ingenieurinnen und Sozialwissenschaftlerinnen in der BRD gerne weiter arbeiten.

2. Protokoll der persönlichen Erfahrungshintergründe einzelner Teilnehmerinnen und ihrer Motivation zur Teilnahme

- Maschinenbaustudentin: Erfahrung der Benachteiligung als Frau erst nach Umstieg vom BauingenieurInnen- zum Maschinenbaustudium; positives Kennenlernen anderer Ansätze im Soziologieseminar.
- Diplompädagogin: Arbeit im Projekt zur Frauenförderung im Ingenieurbereich; Erfahrung, daß Ingenieurarbeit als höherwertig betrachtet wird (z. B. Frage warum sie im Projekt mitarbeitet).
- Schiffsanlagenbauingenieurin: Probleme als Frau erst nach Abschluß des Studiums in den neuen Bundesländern nach Einstieg in den Beruf in den alten Bundesländern.

- Geophysikerin: hohe Abbruchquote von Frauen im Studium; Erfahrungen mit interdisziplinärer Zusammenarbeit PhysikerInnen/IngenieurInnen und PhysikerInnen/SoziologInnen u. a. mit verschiedensten Kommunikationsproblemen und den unterschiedlichen Denkstrukturen (IngenieurInnen z. B. alles auf den Punkt bringen; Trennung Kopf und Herz).
- Ingenieurstudentin: alleinerziehend; erst seit der Geburt des Kindes Vermännlichungsprozeß und Überbetonung der (reinen) Technik bemerkt.
- Soziologin: Mitarbeit im Modellversuch zur Chancenverbesserung von Naturwissenschaftlerinnen und Ingenieurinnen. Mitarbeit im Projekt, z. B. Durchführung qualitativer Interviews mit Ingenieurstudentinnen, erwies sich als überraschend sehr spannend und ließ das Studium sehr viel attraktiver erscheinen.
- Architekturstudentin mit abgeschlossener Tischlerlehre: Benachteiligung im Beruf durch männliches Berufsbild; Auseinandersetzung mit Sozialwissenschaftlerinnen vor allem im privaten Bereich.
- Maschinenbauingenieurin: Mitarbeit in verschiedenen Projekten im sozialwissenschaftlichen Bereich; Frauenprojekte; Problem, daß ihre Leistung nicht anerkannt wird; heute: Betreuung arbeitsloser IngenieurInnen; Probleme besonders mit Lehrerinnen.
- Nachrichtentechnikerin: Studium in Frankreich; Industrietätigkeit in Deutschland; aufgrund der erlebten speziellen Frauendiskriminierung in der BRD Wunsch, nach Frankreich zurückzukehren. Austausch mit Sozialwissenschaftlerinnen vor allem im privaten Bereich.
- Metereologiestudentin: Teilnahme an einem wissenschaftlichen Seminar in der Soziologie zur "Situation der Frauen" wurde als gegenseitige Bereicherung erlebt.
- Maschinenbauingenieurin: negative Erfahrungen mit Sozialwissenschaftlerinnen im allgemeinen; positive Erfahrungen im gemeinsamen Projekt, das heißt bei der Arbeit am gemeinsamen Thema.

3. Protokoll der moderierten Gruppendiskussion

Moderatorin: Kira Stein

3.1 Themensammlung und -auswahl

Die Fragestellung der (Doppel)Kartenabfrage zum Auftakt der Diskussion lautete: "*Was stellt für Dich die wichtigste Bereicherung bzw. das größte Problem bei der Zusammenarbeit / dem Umgang mit den Frauen aus der jeweils anderen Berufsgruppe dar?*" Die Aussagen der einzelnen Karten wurden geordnet und nach längerer gemeinsamer Diskussion sieben Hauptthemen formuliert, wobei diese zum Teil ihre positive und negative Entsprechung besitzen. Anschließend bewerteten wir durch Punktung, welches der Themen wir gemeinsam an diesem Tag diskutieren wollten.

Wir entschieden uns mehrheitlich für das Thema aus dem Problembereich: "*Verknüpfung von Beruf und Geschlechteridentität und das damit verbundene eingeschränkte Frauenbild*".

Im folgenden die sieben Themen (●) mit den (grob) zugeordneten Einzelkarten (–) und ihrer Punktebewertung.

Bereicherung:

- *Ganzheitliche Sichtweise/weibliche Technik?*
  (z. B. neue Denkansätze/Austausch) (6 Punkte)
- Anregung von ansonsten Ingenieurinnen fremden Problematiken;
- neue Denkansätze;
- Erweiterung der eigenen (mehr oder weniger beschränkten) Sichtweise;
- Betonung ganzheitlicher Sichtweise;
- mehrere Sichtweisen;
- Austausch;
- Nachdenken/Austausch über Selbst- und Fremdbild;
- Wissen aus mehreren Erfahrungshintergründen;
- fachliche Impulse;
- gibt es weibliche Technik?

- *Erweiterung der Arbeitsformen (0 Punkte)*
- andere Arbeitsformen

- *Unterstützung bei der Verbesserung der konkreten Lebenssituation als Ingenieurin/Naturwissenschaftlerin (1 Punkt)*
- Unterstützung

- *Selbstwertgefühl (4 Punkte)*
- Frauen als wertvolle gleichwertige ergänzende Seite in der technischen Oberwelt;
- daß Frauen sich selber so sehen!!

Problem:

- *Unterschiedliche Sichtweise (z. B. Denkansätze, Begriffe) (4 Punkte)*
- unterschiedliche Denkstrukturen;
- unterschiedliche Begriffsdefinitionen;
- Kommunikationsschwierigkeiten (Jargon, Stereotype);
- andere Arbeitsweisen;
- Gefühle vom "sich nicht verstehen".

- *Gegenseitige Akzeptanz (5 Punkte)*
- Außen-Bewertung;
- gegenseitige Anerkennung;
- Mißtrauen.

- *Verknüpfung Beruf und Geschlechteridentität/eingeschränktes Frauenbild (20 Punkte)*
- "weibliche" Eigenschaften sind gleichberechtigt schmeißt Weltbild um;
- Kommunikations- und Durchsetzungsprobleme z. B. durch typische männliche oder weibliche Eigenschaften.

3.2 Diskussion des ausgewählten Themas "Verknüpfung von Beruf und Geschlechteridentität/eingeschränktes Frauenbild"

Frauenbild

Wir stellten fest, daß wir auf der Suche nach Erweiterungsmöglichkeiten des - in unserer Gesellschaft so stark eingeschränkten - Frauenbildes damit anfangen müssen, unterschiedliche, voneinander abweichende Frauenbilder nicht nur bei anderen, sondern auch bei uns selbst erst einmal überhaupt zuzulassen. Häufig ordnen wir uns bereits selbst einem gesellschaftlich vorgegebenen (beschränkten) Frauenbild zu. Wichtig war es uns auch darüber klar zu werden, wie wir selbst am besten ein differenzierteres Frauenbild "rüberbringen", das heißt vermitteln können. Denn nach unserer Erfahrung sind es im Personalbereich häufig auch die Frauen, die bestimmte Tätigkeiten nicht mit ihrem eigenen Frauenbild in Einklang bringen können und so den Naturwissenschaftlerinnen und Ingenieurinnen kritisch gegenüber stehen. Hier würde ein erweitertes Frauenbild auch einen Ansatzpunkt zur Verbesserung der beruflichen Chancen von Frauen in der Technik bedeuten.

Einzelne Frauen berichteten in diesem Zusammenhang über die Arbeit in bzw. mit interdisziplinären Modellprojekten zur Frauenförderung an Hoch- und Fachhochschulen im technischen Bereich, bei denen sie trotz (anfänglichen) Schwierigkeiten positive Erfahrungen mit der Zusammenarbeit gemacht haben und sich die Einstellung der Beteiligten häufig gewandelt hat. Allerdings werden diese Projekte oft innerhalb der Institutionen nicht entsprechend anerkannt. Bei dem Kampf um ihre Einführung wurde die Notwendigkeit und der Umfang der Überzeugungsarbeit nach innen meist unterschätzt. Denn die Mehrheit der Männer sieht die Frauen in der Technik immer noch als reine Störenfriede und lästige Konkurrenz an und erkennt bzw. akzeptiert nicht, daß sich durch die Beteiligung der Frauen auch eine Chance zur Bereicherung der Technik ergibt. Hier wird der Widerspruch zwischen dem, was im Sinne der sozialen Erwünschtheit heute bei uns - auch von Männern - propagiert wird, und deren realen Denken und Handeln besonders deutlich. Leider schätzen auch manche Frauen durchaus ihre Rolle als Exotin ("Bienenköniginnensyndrom") und sind an einer Änderung der Situation nicht besonders interessiert.

Sozialwissenschaftlerinnen und Ingenieurinnen - Beruf und Geschlechteridentität

Wir stellten fest, daß zur Zeit (quasi) keine gemeinsame (gleichberechtigte) Technikdiskussion stattfindet und so gut wie keine Kontakte zwischen den verschiedenen Vereinen/Berufsverbänden in diese Richtung bestehen.

Eine gute Möglichkeit für erste persönliche Kontakte und zur Erhöhung der Akzeptanz von beiden Seiten sahen wir u. a. in gemeinsamen Projekten im Studium. Denn hier stände nicht die Frau (und das Frauenbild), sondern das Thema im Mittelpunkt der Diskussion. Philosophiert wurde auch über gemeinsame Firmen mit neuen interdisziplinären Denkansätzen und Produkten. Hier gäbe es u. U. sogar eine Chance als Firmengründerinnen Geld (Zuschuß/Darlehen) vom Ministerium der Zukunft zu erhalten. Auch über die unsinnig scharfen Grenzen zwischen den Studienfächern und "gemischte Studiengänge" wurde diskutiert. In der betrieblichen Praxis ist es häufig so, daß eigentlich das Wissen aus verschiedenen Fächern auf einer Stelle gebraucht wird. So erfordert die erfolgreiche Arbeit als Qualitätsbeauftragte z. B. sowohl ausreichende technische Grundlagen als auch gute psychologische Kenntnisse.

Die anwesenden Naturwissenschaftlerinnen und Ingenieurinnen kamen während der Diskussion zu der Auffassung, daß das Bedürfnis nach Kommunikation vorwiegend einseitig von ihnen ausgeht. Als Ursache dafür wurden verschiedene Gründe genannt. So stellt für Sozialwissenschaftlerinnen die Verknüpfung von Beruf und Geschlechteridendität kein Problem dar, da ihr Berufswunsch im Einklang mit der Erwartungshaltung der Gesellschaft an Frauen steht. Naturwissenschaftlerinnen und Ingenieurinnen suchen dagegen als Außenseiterinnen sowohl Anerkennung bei Männern in ihrem Berufsfeld (Naturwissenschaftler/ Ingenieure), als auch bei Frauen in gesellschaftlich für Frauen akzeptierten Berufsfeldern (Sozialwissenschaftlerinnen). Zum anderen entspricht es ihrer Erwartungshaltung als Außenseiterin an sich selbst, durch den Dialog und die Zusammenarbeit mit Sozialwissenschaftlerinnen zu versuchen, den Widerspruch zwischen ihrem Beruf und ihrer Geschlechteridentität zu überwinden und eine ganzheitlichere Sicht von Naturwissenschaft und Technik anzustreben.

Die anwesenden Sozialwissenschaftlerinnen teilten nicht unbedingt die o. g. Auffassung und stellten die wiederum von allen als berechtigt angesehene kritische Frage, ob dieses Bedürfnis tatsächlich für alle Naturwissenschaftlerinnen und Ingenieurinnen gelten oder nur für die Anwesenden und einige andere Kongreßteilnehmerinnen. Für die anwesenden Ingenieurinnen, die auch in privaten Frauenzusammenhängen die Erfahrung gemacht haben, daß ihre Diskussionspartnerinnen regelmäßig aussteigen, wenn Probleme der Technik, der technologischen Entwicklung oder ihrer Tätigkeit angesprochen werden, bleibt die Frage, wie sie eine Teilnehmerin formuliert "wie wecke ich bei Sozialwissenschaftlerinnen ein Interesse für mich als Ingenieurin?" Gemeinsam wichtig war allen Teilnehmerinnen die Chance zur ganzheitlicheren Sicht durch eine Zusammenarbeit, deren Möglichkeiten bereits vorher (s. o.) diskutiert wurden und der Wunsch nach einer gemeinsamen Technikdiskussion.

Derzeitige Umstrukturierungsmaßnahmen in der Maschinenbaubranche - eine Chance für Frauen?

Anna Usbeck, Worms

Einführung

In den letzten Jahren wird in der Industrie viel mit dem Begriff "lean production" gearbeitet. Fast alle Unternehmen haben umstrukturiert oder sind gerade am Umstrukturieren. Dazu gehören zum einen organisatorische Änderungen (Verminderung der Schnittstellen, Optimierung der Prozesse) - Stichwort Gruppenarbeit (im Betrieb) - und Reengineering (im Engineering-Bereich).

Zum anderen werden aber auch neue Anforderungen an die Abteilungleiter(Innen?) und MitarbeiterInnen gestellt: Nach einer Umstrukturierung soll möglichst mit weniger Hierarchien ausgekommen werden. Die Entscheidungen sollen von den MitarbeiterInnen bzw. Teams getroffen werden, nicht mehr vom Abteilungsleiter. Es wird sehr viel Geld für Schulungsmaßnahmen ausgegeben, um im Unternehmen einen neuen Führungs- und auch Arbeitsstil einzuführen. Mit Schlagworten wie z. B. TQM (Total Quality Management), Corporate Identity oder auch CC (Culture Change) wird versucht, deutlich zu machen, daß in Zukunft andere Arbeitsmethoden und ein mitarbeiter- und kundenorientierter Führungsstil gefordert wird.

Von den MitarbeiterInnen wird gefordert:

- Projektleitung übernehmen
- selbständig Entscheidungen treffen
- Verantwortung für ihre Arbeit und das Gesamtprojekt übernehmen
- Probleme selbst angehen und lösen
- im Team arbeiten
- stetige Bereitschaft zum Lernen
- ...

Von den AbteilungsleiterInnen wird gefordert:

- Verantwortung delegieren
- die Probleme der MitarbeiterInnen ernst nehmen
- die MitarbeiterInnen bei ihren Entscheidungen unterstützen
- Projektleiter zu ernennen und beratend betreuen
- regelmäßige Abteilungsbesprechungen einzuberufen
- Ziele der MitarbeiterInnen in Gesprächen klären
- ...

Für die Referentin stellt sich die Frage, ob die neue Führungsphilosophie erstens den Frauen mehr liegt als die bisherige, da sie die hierarchischen Strukturen aufweicht, zweitens auch mehr Aufstiegschancen für Frauen in die Führungsebenen bietet, da

Frauen eher auf die neuen geforderten Führungsanforderungen zugeschnitten sind als Männer. (Anmerkung: Interessanterweise wurde im *Stern* kurz nach unserem Kongreß das gleiche Thema angeschnitten, wir sind mal wieder der Zeit voraus!)

Diskussion

Es wurden viele Fragen bezüglich der neuen Aufgabe der Referentin gestellt, die als Moderatorin in ihrem Betrieb für Schnittstellenprobleme und auch für die Moderation von Besprechungen zuständig ist.

Es kamen Anmerkungen, daß anscheinend von MitarbeiterInnen mehr verlangt wird als früher, ohne daß eine entsprechend höhere Entlohnung stattfindet, und daß gerade Frauen aufpassen müssen, hier nicht unbezahlte Mehrarbeit zu leisten (besonders bezüglich sozialem Puffer zwischen MitarbeiterInnen und Vorgesetzten).

In den Betrieben einiger Teilnehmerinnen wurde ähnlich wie bei der Referentin versucht, eine neue Unternehmensphilosophie einzuführen - manchen kam es eher von oben aufgesetzt vor, so daß Schlagworte benutzt werden, sich jedoch am eigenen Arbeitsplatz nichts ändert. In manchen Unternehmen wird zwar ein neuer Geist propagiert, im großen und ganzen werden jedoch nur MitarbeiterInnen abgebaut, so daß der Rest mehr arbeiten muß.

Eine Teilnehmerin meint, daß sie unter den neuen Anforderungen schon eher Lust hätte, eine Führungsposition zu bekleiden, und daß sie sich vorstellen kann, daß es Spaß macht, eine solche Chefin zu sein wie sie heutzutage (angeblich!) gesucht wird.

<u>Fazit der Diskussion:</u>

Es kommen neue Zeiten auf uns zu, bei denen angeblich eine selbständig arbeitende Mitarbeiterin und eine delegierende, teamorientierte Abteilungsleiterin gesucht werden, was sehr begrüßenswert wäre. Allerdings birgt das neue Konzept auch große Gefahren, daß Frauen ihre Fähigkeiten für den Arbeitgeber einsetzen, ohne daß sie selber davon profitieren, eventuell werden sie gar zum Sündenbock, wenn sie die propagierte Unternehmensphilosophie zu ernst nehmen und ihren Mund zu weit aufmachen (Seilschaften halten lange...).

Teamarbeit/Einzelkämpfertum in Großbetrieben

Petra Möser, Langenhagen und Margret Osterloh, Stuttgart

Die Veranstaltung lief so ab, daß wir uns kurz vorstellten und kurz unseren bisherigen Werdegang erzählten, wobei wir auch auf unsere Erfahrungen bezüglich Teamarbeit/Zusammenarbeit eingingen. Hierbei hatten wir zwei gegensätzliche Standpunkte: Auf der einen Seite den Wunsch nach mehr Zusammenarbeit und dadurch mehr Freude, Motivation und Überblick über die gesamte Arbeit, auf der anderen Seite jedoch schlechte Erfahrungen mit Teamarbeit. Dies sah so aus, daß Wissen/Informationen der gemeinsamen Arbeit vom beteiligten Kollegen für die eigene Profilierung und Karriere ausgenutzt wurde.

Wir gaben das Thema in die Runde und fragten nach
- Erfahrungen mit Teamarbeit im Berufsleben
- Wünschen in Bezug auf Zusammenarbeit

Hierbei meldeten sich viele unterschiedliche Frauen zu Wort, was die Veranstaltung sehr interessant machte. Im folgenden sind die in der Diskussion erwähnten Punkte, die auch protokolliert wurden, stichwortartig aufgeführt:

<u>positiv an Teamarbeit ist:</u>
- jede(r) kann vom anderen profitieren, gemeinsam mehr Wissen
- bessere Arbeitsergebnisse
- bessere persönliche Kontakte

<u>negativ an Teamarbeit ist:</u>
- Wissen kann ausgenutzt werden
- private Kontakte können ausgenutzt werden

Hierzu wurde jedoch auch erwähnt, daß Frau sich gegen das Ausnutzen auch wehren kann, z.B. direkt ansprechen, bzw. in der Öffentlichkeit ansprechen.

<u>Gründe für Teamarbeit in Betrieben und Formen der Teamarbeit:</u>
- gemeinsam gegen Chef und andere Abteilungen zusammenhalten
- von Firma angelegt: Arbeit in kleinen Gruppen (klappt gut)
- Chef achtet auf Zusammenarbeit
- von Firma angelegt: 2 Personen für einen Bereich verantwortlich (können sich vertreten und gemeinsam Probleme diskutieren)
- Termindruck von außen auf die Abteilung führt zu Zusammenhalt
- gute Kontakte durch gemeinsame Dienstreisen

Teamarbeit wird eingeschränkt durch:

- hierarchischen Firmenaufbau/-struktur
- viele ältere Mitarbeiter sind nur Einzelarbeit gewöhnt
- unpassende Personen
- Karrierepolitik (Förderung nur bestimmter Mitarbeiter)

Als fördernd für Teamarbeit wird befunden:
Möglichkeiten, Teamarbeit zu verbreiten:

- Gleichberechtigung (auch vor allem von Mann und Frau)
- Zusammenarbeit mit Männern, die nicht Karriere machen wollen, ohne Profilierungssucht/Konkurrenzdenken
- größerer Frauenanteil (Zusammenarbeit mit Frauen)
- gutes Gefühl für sich selbst (Selbstsicherheit)
- als Leiterin Einfluß nehmen (z.B. keine Hierarchie aufkommen lassen)
- Rotationssystem
- Frauennetzwerk innerhalb des Betriebes
- gleiche Chancen für alle MitarbeiterInnen, gefördert zu werden (karrieremäßig).

Tandemkarrieren - mobile PartnerInnen oder "....we are responsive to the needs of dual career couples"

Katharina von Salis
Geologisches Institut, ETH-Zentrum, CH-8092 Zürich
e-mail : katharina@erdw.ethz.ch

Mobilität wird heute mehr denn je von Frauen und Männern in Naturwissenschaften und Technik verlangt, und dies unabhängig davon, ob sie an einer Hochschule oder in der Industrie/Wirtschaft tätig sind. Meist wird jedoch nur der eine Teil eines Paares in ein anderes (Bundes-)Land geschickt, und die/der andere Teil kann selber schauen, was aus ihr/ihm wird.

In den USA findet man je länger je öfter in Stelleninseraten von Universitäten den obigen Satz, den man sinngemäß etwa so übersetzen könnte: "...wir werden uns bemühen, auch Ihrer/m PartnerIn eine passende Stelle zu vermitteln". In Europa hat man das Problem noch kaum erkannt, obschon es auch in der Diplomatie und bei den großen internationalen Firmen oft akut ist.

Anhand von Lebensläufen von einigen Paaren (v.a. GeologInnen an der Eidgenössischen Technischen Hochschule in Zürich) wurde den etwa 35 Teilnehmerinnen aufgezeigt, wie Paare teils zusammen, teils aber auch über längere Zeit getrennt leben können/müssen und wie wenig sie meist Einfluß haben, am neuen Arbeitsort der PartnerIn ebenfalls eine passende Stelle zu finden. In kleinen Gruppen wurde anschließend besprochen, welche Strategien Paare, die ArbeitgeberInnen und die Öffentlichkeit verfolgen könnten, um die Situation zu verbessern.

PAARE können sich z.B. folgende Gedanken machen und, je nach ihrer gegenwärtigen Situation, auch (noch) danach handeln:

- Welche Strategie bringt mehr: das gleiche Studium oder verschiedene Studiengebiete?
- Ist es besser, sich im gleichen Spezialgebiet zu engagieren (Möglichkeit des Job-Sharing) oder wäre es besser, sich komplementär auszubilden (verschiedene Spezialisation z.B. bei Ärztinnen, TierärztInnen u.a.)?
- Welche Kombinationen von Studien erlauben Paarmobilität und welche weniger? In der Schweiz z.B. konnte eine LehrerIn lange nur in dem Kanton unterrichten, in welchem sie das Lehrerseminar besuchte - sie kann eine PartnerIn also kaum in einen anderen Kanton oder in ein anderes Land begleiten. Eine Jurist aus der Schweiz wird seiner Frau, die Ingenieurin ist, kaum nach Schweden folgen wollen.
- Wo sind die Chancen größer - bei einem "gemischten Tandem", das heißt z. B. bei einer akademischen Karriere und einer Karriere z.B. in der Wirtschaft, in einem "akademischen Tandem" oder bei zwei total verschiedenen Karrieren?
- Soll Karriere bei beiden gleichzeitig vorangetrieben werden, oder verschoben, pendelnd oder "stop and go" in allen möglichen Variationen?

- Sollen Kinder eher früh oder eher spät eingeplant werden - sofern da überhaupt noch zu planen ist. Es gibt für beide Modelle gute Gründe dafür und dagegen, wird aber von Vorteil mindestens theoretisch frühzeitig besprochen.
- Soll man eher früh ins Ausland oder doch lieber erst später? Übrigens kann ich aus eigener Erfahrung mitteilen, daß meine 3 Töchter das Umziehen von der Schweiz nach England, Holland, Österreich und über nochmals England zurück in die Schweiz schadlos überstanden haben.
- Soll man zusammen oder allein ins Ausland ziehen?
- Soll man planen oder das Meiste dem Zufall überlassen?

Patentantworten, die für Jede Gültigkeit gehabt hätten, gab es natürlich keine. Zu verschieden sind wir Frauen und unsere PartnerInnen, zu verschieden unsere Prioritäten im Leben und unsere Wünsche, als daß man uns in ein solches Korsett von "neuen Normen" pressen könnte. Aber es ist wichtig, daß solche Fragen in einer Partnerschaft frühzeitig aufgegriffen werden auf daß, je nach Antworten, entsprechend gehandelt werden kann.

ARBEITGEBERiNNEN sind auch gefordert und man kann ihrem langsamen Erwachen zur Tatsache, daß die meisten MitarbeiterInnen Teil eines Paares sind, dessen Wohlergehen auch für die Arbeitgebenden von Interesse ist, ruhig etwas nachhelfen. Bei größeren, meist international tätigen Firmen, wird dies bereits schüchtern getan. So hat die SHELL eine Strategie, wonach ein Paar selber bestimmen kann, wer "lead partner" sein soll. Dieser macht dann normal Karriere, während der oder die PartnerIn auch bei der gefragten Mobilität möglichst passend beschäftigt wird. Das Paar kann sich unterwegs auch entschließen, den "lead partner" zu wechseln. Laut einer Nachfrage scheinen dabei vor allem dann Probleme aufzutreten, wenn die Frau höher steigt als der Mann - das ertragen erst die wenigsten Männer.

Die größeren ArbeitgeberInnen können mit dem zur Verfügungstellen von familienfreundlichen Infrastrukturen (Kinderkrippe und -hort, Kantinen auf für Familienmitglieder offen, flexible Arbeitszeiten, Teilzeitarbeit etc.) ein Weiteres dazu tun, daß beide Eltern - der eine Elternteil auch außerhalb des betreffenden Betriebes - Karriere machen können, wo das gewünscht wird.

Amerikanische Universitäten sind uns da schon voraus und es liegt an uns, das Gespräch darüber mit unseren Universitäten und anderen ArbeitgeberInnen aufzunehmen und nach und nach konkrete Maßnahmen zu erarbeiten und zu fordern. Angezeigt scheint z.B. auch ein Pool von Firmen einer Region, Universitäten, Administrationen, Gymnasien, Spitäler etc., die sich gegenseitig bei der Arbeitsuche von PartnerInnenn neuer MitarbeiterInnen unterstützen.

Die **ÖFFENTLICHKEIT** schlußendlich hat ein Interesse daran, daß die vielen Frauen, die heute ein Studium absolvieren und abschließen, auch langfristig im Arbeitsprozeß integriert werden und bleiben. Auch sie sollte also noch vermehrt familienfreundliche Infrastrukturen bereitstellen. Dazu müssen aber auch noch im Arbeitsrecht, bei der

Altersvorsorge u.a.m. die gesetzlichen Grundlagen geschaffen werden, daß z.B. ausländische PartnerInnen arbeiten dürfen und daß fremde/ausländische (Universitäts) Abschlüsse anerkannt werden.

Vom heute oft betriebenen leben oder gelebt werden,
vom folge mir, ich folge Dir
sollen gleiche Chancen für beide werden,
eine Karriere zu verfolgen - oder auch nicht - oder nicht ständig.

Nicht immer - aber immer öfter.

"Perspektive: Professorin an einer Fachhochschule - kreative Karrierekonzepte"

Martha Samsel-Lerch und Cosima Schmauch
FH Karlsruhe - Hochschule fürTechnik, Postfach 2440, D-76012 Karlsruhe

Die Fachhochschulen in Baden-Württemberg werden in Kürze 25 Jahre alt. Seit ihrer Gründung Anfang der 70er Jahre haben sie eine beachtliche Ausweitung erfahren und zur Zeit studieren mehr als 50.000 junge Menschen an Fachhochschulen in Baden-Württemberg. Im Zuge dieses Ausbaus der Fachhochschulen sind auch eine große Zahl von Professorenstellen neu geschaffen worden. Aus der Sicht von Frauen, die ein solches Professorenamt inne haben, soll aufgezeigt werden, wie dieser Karriereweg verläuft, wie man ihn gezielt einschlagen kann, aber es soll auch auf die Barrieren hingewiesen werden, die es zu beseitigen gilt.

In Anbetracht der Tatsache, daß Professorenämter an Fachhochschulen zur Zeit nur zu einem sehr geringen Prozentsatz überhaupt von Frauen besetzt sind, ergibt sich zudem die Frage, welche Mittel und Wege gefunden werden können, um mehr Frauen zukünftig zu motivieren, einen solchen Karriereweg einzuschlagen.

Im folgenden sollen die wesentlichen Kriterien eines solchen Karriereweges aufgezeigt werden, wobei auf die Besonderheiten des Hochschultyps "Fachhochschule", auf den vorausgeschätzten zukünftigen Bedarf an Professoren und Professorinnen an Fachhochschulen, auf die Besonderheiten des Berufungsverfahrens und auf die Fördermöglichkeiten für Frauen eingegangen wird.

Die Fachhochschulen als Hochschultyp im tertiären Bildungsbereich, unter besonderer Berücksichtigung der Fachhochschulen in Baden-Württemberg

Was ist die Besonderheit dieses Hochschultyps? Wissenschaftsminister Klaus von Trotha umschrieb die Besonderheit dieses Hochschultyps anläßlich einer Festveranstaltung zum 20-jährigen Bestehen der Fachhochschulen im Jahre 1991 wie folgt: "Die Fachhochschulen verbinden in besonderer Weise Theorie und Praxis. Das kurze Studium und die guten Berufsaussichten machen eine Ausbildung an einer Fachhochschule attraktiv." Heute bestehen in Baden-Württemberg insgesamt 40 Fachhochschulen, davon 22 staatliche, sechs Verwaltungsfachhochschulen des Landes, drei des Bundes und neun Fachhochschulen in nichtstaatlicher Trägerschaft.

Die Entwicklung der Zahl der Studierenden an Fachhochschulen ist in den vergangenen Jahren durch wachsende Attraktivität des Fachhochschulstudiums und hervorragende Berufschancen der Absolventen geprägt: 1972/73 waren rund 14.500 Studierende immatrikuliert, 1990/91 waren es bereits über 50.000 jungeMenschen, und auch in den letzten Jahren ist die Zahl weiter angestiegen. Für die Frage, ob man zukünftig an einer Fachhochschule Professorin werden möchte, ist jedoch nicht die zurückliegende Entwicklung der Fachhochschulen ausschlaggebend, sondern vielmehr die Zielvorstellung der "Fachhochschule 2000". Hierzu sind folgende Elemente herauszustellen:

Merkmale des Hochschultyps "Fachhochschule"

1.) Bildungsauftrag der Fachhochschulen

Der § 3 des Fachhochschulgesetzes regelt den Bildungsauftrag der Fachhochschulen wie folgt: "Die Fachhochschulen bereiten durch anwendungsbezogene Lehre auf berufliche Tätigkeiten vor, die die Anwendung wissenschaftlicher Erkenntnisse und wissenschaftlicher Methoden oder die Fähigkeit zu künstlerischer Gestaltung erfordern. Im Rahmen ihres Bildungsauftrags nehmen die Fachhochschulen Forschungs- und Entwicklungsaufgaben wahr. Die Fachhochschulen dienen dem weiterbildenden Studium und beteiligen sich an Veranstaltungen der Weiterbildung. Sie fördern die Weiterbildung ihres Personals. Die Fachhochschulen fördern die internationale, insbesondere die europäische Zusammenarbeit im Hochschulbereich und den Austausch zwischen deutschen und ausländischen Hochschulen".

Der Bildungsauftrag der Fachhochschulen ist somit ein dreifacher:

- anwendungsbezogene Lehre
- angewandte Forschung und Entwicklung
- Weiterbildung.

Zwar sind die Lehraufgaben vorrangig zu erfüllen - dementsprechend hoch ist die Lehrdeputatsverpflichtung, die Fachhochschulen übernehmen jedoch in zunehmendem Maße einen "Dienstleistungsauftrag" für die Region, was eine entsprechende Ausweitung der Forschungs- und Entwicklungs- sowie der Weiterbildungsaufgaben einschließt.

2.) Praxisbezug der Fachhochschulausbildung

Das Profil der Fachhochschulen ist geprägt durch die Verbindung von Wissenschaft und Praxis. Dieser Praxisbezug ist ein spezifisches Merkmal der Fachhochschulausbildung und wird auch in Zukunft seine Bedeutung behalten. Daraus ergeben sich folgende Besonderheiten für Studiumund Lehre an einer Fachhochschule:

- Organisation der Lehrveranstaltungen in Form von Kleingruppen, d.h. keine überfüllten Großveranstaltungen
- relativ großer Anteil der praktischen Übungen im Studienablauf
- verstärkte Projektarbeit
- Betreuung der praktischen Studiensemester

Diese Besonderheiten sind deshalb bei der Entscheidung, sich um ein Professorenamt an einer Fachhochschule zu bewerben, zu berücksichtigen.

3.) Kurze Studienzeiten an den Fachhochschulen

Die Fachhochschulen zeichnen sich durch kurze Studienzeiten aus. Dies kann jedoch nur dadurch erreicht werden, daß sowohl das Studium als auch die Prüfungen streng strukturiert sind. Auch dies stellt besondere Anforderungen an die Lehre, die effizient und hochschuldidaktisch aufgebaut sein muß, da nur so das hohe Ausbildungsniveau in der relativ kurzen Zeit gewährleistet sein kann.

4.) Qualität der Lehre

Wie bereits dargestellt, gehört die Qualität der Lehre zu den vorrangigen Zielsetzungen der Fachhochschulen. Hinzu kommt eine intensive Betreuung der Studierenden unter Berücksichtigung tutorieller Elemente. Es wird davon ausgegangen, daß der individuelle Kontakt zwischen Lehrenden und Lernenden dazu beiträgt, den Studierenden einen Studienabschluß in angemessenen Zeiten zu ermöglichen.

Eine hohe Qualität der Lehre setzt entsprechend pädagogisch befähigte Lehrende voraus. Da Untersuchungen darauf hinweisen, daß Frauen sich häufig stärker in der Lehre engagieren als Männer, könnte dieses Kriterium ein Grund dafür sein, mehr Professorinnen für Fachhochschulen zu gewinnen. Es zeigt sich hier jedoch auch die Schwierigkeit, in Konkurrenz zur Wirtschaft Professoren und Professorinnen mit dieser Doppelqualifikation zu gewinnen: Pädagogische Fähigkeiten einerseits, wissenschaftliche Eignung und qualifizierte Berufspraxis andererseits. Es erscheint deshalb für die Zukunft erforderlich, die Arbeitsbedingungen an den Fachhochschulen attraktiver zu gestalten.

5.) Erweitertes Fächerspektrum an Fachhochschulen

Das gegenwärtige Fächerspektrum an Fachhochschulen soll zukünftig ausgeweitet werden. Kurze berufsorientierte Studiengänge sind sicher auch in anderen als den bisher angebotenen Fachgebieten denkbar. Die Erweiterung des Fächerspektrums wird jedoch neue Möglichkeiten für die Schaffung von Professuren in zukunftsorientierten Bereichen eröffnen.

6.) Promotionsverfahren für Fachhochschulabsolventinnen und Absolventen

Für besonders qualifizierte Fachhochschulabsolventinnen und Absolventen wird zur Zeit auch der Zugang zur Promotion ermöglicht. Entsprechende Bestimmungen wurden inzwischen in das Universitätsgesetz aufgenommen. Die vorgesehene enge Zusammenarbeit zwischen der Fachhochschule des Bewerbers und der Universität eröffnet auch für die Lehrenden neue Aspekte der Zusammenarbeit.

7.) Internationalisierung der Fachhochschulen

Der Ausbau der internationalen Beziehungen der Fachhochschulen, vor allem ihre stärkere Orientierung auf Europa, ist in den letzten Jahren vorangetrieben worden. An vielen Fachhochschulen wurden internationale Studiengänge eingerichtet, die zum Teil zur Doppeldiplomierung führen. Internationale Hochschulkooperationen ermöglichen eine enge Zusammenarbeit mit den Partnerhochschulen im Ausland und damit einen Beitrag zur Europäisierung im Hochschulbereich. Für die Lehrenden ergibt sich damit ebenfalls die Möglichkeit, länderübergreifende Kontakte zu pflegen und die Hochschulkooperationen auch auf die Bereiche der Zusammenarbeit in Forschung und Lehre auszuweiten. Sprachliche Kompetenzen, die häufig gerade Frauen auszeichnen, sind hierbei von besonderem Vorteil.

Vorausschätzung des zukünftigen Bedarfs an Professorinnen

Der Anteil der Frauen an den Professorenstellen in den Fachhochschulen Baden-Württembergs ist nach wie vor außerordentlich niedrig und liegt bei ca. 5%. An der

Fachhochschule Karlsruhe, Hochschule für Technik, sind beispielsweise 147 Professoren, jedoch nur fünf Professorinnen, d.h. 3,3% Frauen, tätig. Bei den Studierenden (4757 insgesamt) sind es inzwischen immerhin schon 16% Studentinnen (Zahlen vom WS 94/95). Die folgende Graphik zeigt, daß der Anteil der Professorinnen im Bildungswesen im Vergleich zum Anteil der Abiturientinnen bzw. Studentinnen und Doktorandinnen immer noch enorm niedrig ist.

Es gibt zu wenig Professorinnen

Frauenanteile im Bildungswesen 1991

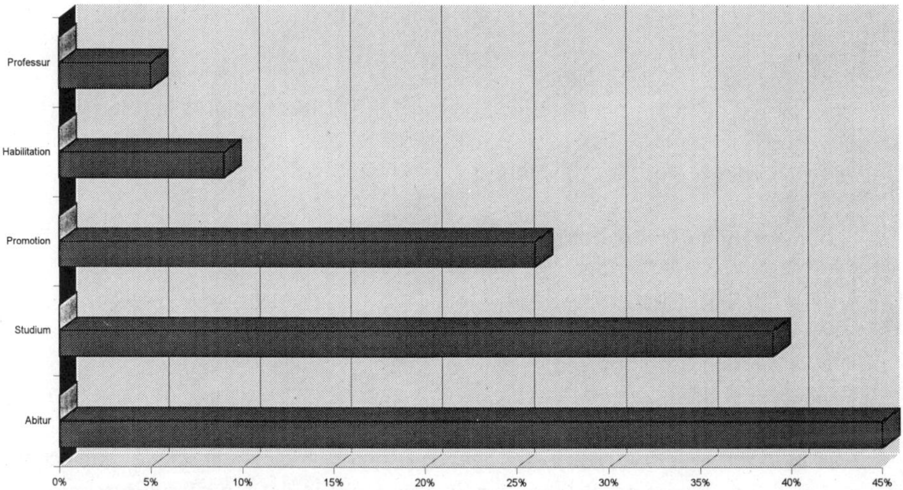

Bei den Fachhochschulen ist dies unter anderem auch darauf zurückzuführen, daß insbesondere in den technischen Fachrichtungen sich sehr wenig Frauen um ein Professorenamt bisher beworben haben. Demgegenüber hat der Wissenschaftsrat in dem Bericht zum Personalbedarf der Universitäten und Fachhochschulen bis zum Jahr 2015 dargelegt, daß in vielen Fächern in den nächsten Jahren ein rascher Generationswechsel stattfinden wird. Die Ergebnisse beruhen auf Daten zum Bestand, Alter, Beschäftigungsverhältnis und zur Qualifikation der Wissenschaftler an den Hochschulen. Der Vorsitzende des Wissenschaftsrates, Professor Dr. Karl-Heinz Hoffmann, hatte bei der Vorlage des Bandes Anfang 1995 erklärt: "Die Daten zeigen, daß sich in einigen Fächern ein weit überdurchschnittlicher Ersatzbedarf für altersbedingt ausscheidende Professoren abzeichnet."

Für die Fachhochschulen in der Bundesrepublik Deutschland kann errechnet werden, daß in den Fächergruppen insgesamt in den Jahren 1996 bis 2005 4000 Stellen neu zu besetzen sein werden. Hinzu kommt der Bedarf für den Fall eines weiteren Anstiegs der Studentenzahlen. Allein in den Ingenieurwissenschaften sowie Mathematik und Naturwissenschaften werden bis zum Jahre 2005 mehr als 2500 Professorenstellen neu zu besetzen sein. Dieser Bedarf wird nur gedeckt werden können, wenn sich auch vermehrt qualifizierte Frauen um dieses Amt bemühen. Die Hochschulen sind jedoch auch aufgefordert, im Sinne der Verwirklichung der gesetzlich gebotenen Chancengleichheit, mehr Frauen in ein Professorenamt zu berufen.

Frauenbeauftragte an Fachhochschulen

Mit der Novellierung des FH-Gesetzes wurden auch die Kompetenzen der Frauenbeauftragten an Fachhochschulen gestärkt. Der § 3a des Fachhochschulgesetzes besagt, daß die Fachhochschulen bei der Wahrnehmung ihrer Aufgaben auf die Beseitigung von für Wissenschaftlerinnen bestehenden Nachteilen hinwirken und jeweils für 5 Jahre Frauenförderpläne aufstellen. Über deren Umsetzung und Ergebnisse muß berichtet werden. Die vom Senat gewählte Frauenbeauftragte wirkt auf die Herstellung der verfassungsrechtlich gebotenen Chancengleichheit hin. Sie hat unter anderem auch das Recht auf Beteiligung an Stellenausschreibungen und auf Einsicht in Bewerbungsunterlagen.

Unter Berücksichtigung dieser Gegebenheiten ist davonauszugehen, daß in den nächsten Jahren mehr Frauen als Professorinnen an Fachhochschulen berufen werden können, und daß somit der zur Zeit noch niedrige Prozentsatz zukünftig wesentlich verbessert werden kann. Dies führt nun zu der Frage:

Wie wird man Fachhochschul-Professorin?

Die Antwort darauf lautet:

- Man muß die richtigen Qualifikationen haben
- Man muß sich richtig bewerben
- Man muß wirklich wollen!

Die Bewerbung für eine Professorinnenstelle an einer Fachhochschule unterscheidet sich nicht sehr von einer Bewerbung für eine Stelle in der Industrie. Entscheidend sind in beiden Fällen die richtige Qualifikation, gute Bewerbungsunterlagen und überzeugendes Auftreten.

Zahl der freiwerdenden Stellen an Fachhochschulen

Fächergruppe	Bestand 1990	1991-1995	1996-2005	2006-2015
Ingenieur-wissenschaften	4042	550	2200	1540
Mathematik, Natur-wissenschaften	825	90	360	252
Fächergruppen insgesamt	9167	1000	4000	2800

Schätzung auf Basis von Angaben für Altersgruppen

Qualifikation - Einstellungsvoraussetzungen

Zunächst müssen einige dienstrechtliche Voraussetzungen erfüllt sein. Diese haben mit der Übernahme in das Beamtenverhältnis zu tun und sind im Beamtengesetz festgelegt. Darüber hinaus sind die Einstellungsvoraussetzungen, die im Fachhochschulgesetz verankert sind, zu beachten: § 46 des Fachhochschulgesetzes legt dafür insbesondere folgende Voraussetzungen fest:

- ein abgeschlossenes Hochschulstudium
- pädagogische Eignung
- besondere Befähigung zu wissenschaftlicher Arbeit, die in der Regel durch Promotion nachgewiesen wird, oder eine besondere Befähigung zu künstlerischer Arbeit
- besondere Leistungen bei der Anwendung oder Entwicklung wissenschaftlicher Erkenntnisse und Methoden oder in der Kunstausübung in einer mindestens fünfjährigen beruflichen Praxis, von der mindestens drei Jahre außerhalb des Hochschulbereichs ausgeübt worden sein müssen.

Pädagogische Erfahrung heißt nicht pädagogische Ausbildung, sondern Erfahrung in Lehre und Ausbildung. Hier sollte man alle Lehraufträge an Uni/FH, Kurse für Firmen, Seminare und Kurse in akademischen oder kommerziellen Einrichtungen anführen.

Befähigung zum wissenschaftlichen Arbeiten wird durch Promotion nachgewiesen. Hat man diese nicht, so zählen die Jahre als Assistentin und die Anzahl der Veröffentlichungen. Auch hervorragende fachbezogene Leistungen in der Praxis können eine Promotion ersetzen. Von den geforderten fünf Jahren Berufspraxis müssen mindestens drei Jahre außerhalb der Hochschule liegen. Zwei Jahre Assistentinnenzeit zählt. Leider gibt es hier keine Ausnahmen für Frauen, die wegen der Betreuung ihrer Kinder nur teilzeitbeschäftigt waren. Eine entsprechende Regelung (nicht nur fürFrauen) ist im Gespräch und wird von den Frauenbeauftragten der Hochschulen gefordert.

Gerade als Frau muß man sich den vorwiegend männlichen Gutachtern gegenüber beweisen. Man ist nicht Gleiche unter Gleichen. Die Konkurrenz ist auch vorwiegend männlich, und die Wahl einer Frau bedarf besonderer Begründung, denn sie ist auch heute in den technischen Fachhochschulen noch eine Ausnahme. Paßt also das Fachgebiet der ausgeschriebenen Stelle gut oder sehr gut zur eigenen Lehr- und Berufspraxis, so hilft das nicht nur den Gutachtern, sondern einem selbst sogar noch mehr. Jc passender das Fachgebiet, desto geringer ist der Aufwand für die spätere Lehre. Dies ist bei 18 Stunden Lehrdeputat pro Woche nicht zu unterschätzen. Diese 18 Stunden zur eigenen und zur Zufriedenheit der Studierenden zu absolvieren, setzt voraus, daß man Spaß an der Lehre hat. Wichtig sind eine positive Einstellung zu den Studierenden, diese sollte nicht als anonyme Masse gesehen werden. Vielmehr sollten die Studierenden als Individuen und Ansprechpartner gesehen werden, um so ein Verhältnis zu schaffen, in dem beide Seiten sich respektieren und dadurch eine gute Lehr- und Lernsituation geschaffen wird.

Bewerbung und Berufungsverfahren

Ist eine Stelle in einem Fachbereich zu besetzen, so legt die Berufungskommission, bestehend aus ProfessorInnen und Studierenden, die Ausschreibung mit Angabe des Fachgebiets für Lehre und Forschung, den üblichen Qualifikationen und dem Endtermin für die Bewerbung fest. Die Ausschreibung wird in einschlägigen Zeitungen veröffentlicht und es ist heute üblich, Frauen explizit darauf hinzuweisen, sich zu bewerben.

Aus den eingegangenen Bewerbungen werden üblicherweise ca. fünf Personen ausgewählt und zu einem (hochschulöffentlichen) Berufungsvortrag eingeladen. Die Berufungskommission gibt meistens ein Thema für einen Vortrag im Vorlesungsstil vor und erbittet ein zweites Thema für einen weiteren Vortrag. An den Berufungsvortrag schließt sich ein Gespräch mit den Mitgliedern der Berufungskommission an. Im Anschluß an alle Berufungsvorträge erstellt die Berufungskommission eine Liste, die der Fachbereichsrat verabschiedet und an den Senat weiterreicht. Die Fachhochschule legt die vom Senat verabschiedete Liste dem Ministerium vor, das in der Regel die Person auf dem ersten Listenplatz beruft.

Wie bei allen Bewerbungen hinterläßt das Bewerbungsschreiben, bestehend aus Anschreiben, Lebenslauf, Schriftenverzeichnis, Lehrverzeichnis und Zeugnissen aus Ausbildung und Beruf, den nachhaltigsten Eindruck. Da die Ausschreibungen immer sehr knapp gehalten sind, die Chancen mit hoher Übereinstimmung der angebotenen mit den gewünschten Fähigkeiten aber steigen, sollte man sich über Verfahren, Gepflogenheiten und Erwartungen der Gutachter kundig machen. Dies ist einfach, wenn man eine Person an der betreffenden Hochschule kennt. Die Frauenbeauftragte hat das Recht, an den Sitzungen der Berufungskommission teilzunehmen und damit die Gelegenheit, auf die Herstellung der verfassungsrechtlich gebotenen Chancengleichheit und auf die Vermeidung von Nachteilen für wissenschaftlich tätige Frauen hinzuwirken.

Hat man es geschafft, zum Berufungsvortrag eingeladen zu werden, so sollte man sich reichlich mit dem Inhalt und insbesondere der Form der zwei Vorträge auseinandersetzen. Der erste Vortrag mit vorgegebenem Thema soll üblicherweise im Vorlesungsstil gehalten werden. Hier kommt es nicht so sehr auf ein hohes wissenschaftliches Niveau, als vielmehrauf die didaktischen Fähigkeiten an, darauf, die ZuhörerInnen anzusprechen, sie vom Thema zu überzeugen, zu fesseln und ein gewisses Verständnis zu erzeugen. Die Gutachter achten hier vor allem auf die verständliche und verständnisfördernden Darstellungen. Der zweite Vortrag muß professionell sein, er muß zeigen, daß man ein wissenschaftliches Thema beherrscht und souverän vortragen kann. Bei beiden Vorträgen werden Inhalt und Gliederung des Vortrags, Arbeit mit der Tafel, dem Overhead- oder Diaprojektor, Bildmaterial, Umdrucke, Gestik, Sprachgestaltung, Lebendigkeit und auch Zeiteinteilung beurteilt.

Das anschließende Gespräch mit den Mitgliedern der Berufungskommission dient eher dazu, die Gründe, Ernsthaftigkeit und das Engagement der BewerberIn festzustellen. Hier kommen einem die zuvor eingeholten Informationen über den Fachbereich oder die Hochschule im allgemeinen zugute. Vorsicht ist geboten bei bestimmten Fragen nach der Familiensituation. Männliche Gutachter fragen Bewerberinnen gern, ob der Partner einen eventuellen Wohnungswechsel, der vom Ministerium verlangt wird, mitmacht. Diese Frage wird männlichen Bewerbern in der Regel nicht gestellt.

Wille zum Erfolg

Ist man im wissenschaftlichen Umfeld aufgewachsen, als Assistentin an einer Universität, hat man Spaß am Unterrichten und auch die erforderliche Praxis in der Industrie, so hat man die besten Voraussetzungen zur FH-Professorin. Der Weg dahin kann einfacher sein als eine Karriere in der Industrie.

Die erste Hürde, die es zu überwinden gilt, ist die Promotion. Verzichtet man auf eine Universitätslaufbahn, so hat man hierbei wohl zum letzten Mal mit einem Mentorensystem, dazu noch mit einem männlichen, zu tun. Wartet man hier nicht, bis man wegen einer Promotionsstelle gefragt wird, sondern fordert diese, den männlichen Kollegen gleichgestellt, an, so sollte einem erfolgreichen Abschluß nicht viel im Wege stehen. Sucht man sich auch noch den richtigen Partner (einen, der die Gleichstellung akzeptiert und zur kooperativen Familienplanung bereit ist), sind die notwendigen Jahre an Berufserfahrung außerhalb der Hochschule leicht zu erreichen.

Eine Bewerbung um eine Professorinnenstelle schließt sich dann an und wird in Zukunft durch die große Zahl freiwerdender Professorenstellen im Fachhochschulbereich erleichtert werden. Die Vereinbarkeit von Familie und Beruf erscheint im Hochschulbereich leichter als in der Industrie heute realisierbar zu sein. Der Beruf der FH-Professorin ist, wie man sieht, somit ein Beruf, für den Frauen geradezu prädestiniert sind.

Workshop "Berufswegplanung"

Christine Großmann
Initial e.V., Steinstr. 23, D-76133 Karlsruhe

Teilnehmerinnenzahl: ca. 50

Themen:

- berufliche und persönliche Stärken und Schwächen
- Fern- und Nahziele
- Lebenskurve

Wichtige Voraussetzung für eine sinnvolle Berufswegplanung ist meines Erachtens herauszufinden, wo unsere persönlichen und beruflichen Stärken und Schwächen liegen. Dazu habe ich die Teilnehmerinnen gebeten, einer Sitznachbarin mitzuteilen, welche drei wichtigen Stärken sie kennt, und woran sie erkennt, daß dies ihre Stärken sind. Dazu konnten sie die Formulierung benutzen: "Ich bin tolerant, weil ....", "Ich bin ein Organisationstalent, weil ....". Für diese Partnerarbeit benötigten die Teilnehmerinnen ca. 10 Minuten.

Darauf folgte eine Diskussion über die Frage, wie wir die Stärken nutzen können, wie in unserer Gesellschaft mit Stärken und Schwächen umgegangen wird. Für einige der teilnehmenden Frauen war es eine ganz neue Erfahrung, überhaupt darüber zu sprechen.

Danach fanden wir zusammen heraus, wie Ziele sein müssen, um für die Berufswegplanung effektiv zu sein. Ergebnis: Ziele müssen realistisch, zeitlich festgelegt, in meiner Verantwortung, flexibel, schriftlich festgehalten und realisierbar sein. Die Teilnehmerinnen teilten sich gegenseitig Ihre Fernziele (in 1 - 5 Jahren), mittelfristige Ziele (in einem Monat) und ihre Nahziele (in einem Tag) mit. Danach erfolgte eine Aussprache.

Das letzte Thema war die Lebenskurve. Die Teilnehmerinnen erhielten ein Arbeitsblatt, auf dem in einem Koordinatensystem die Lebensjahre eingetragen sind. Bewertungsgrundlage waren wichtige Lebensabschnitte, die mit "es ging mir gut, es ging mir schlecht" usw. gekennzeichnet werden sollten. Zweck dieser Übung war es, Ressourcen zu wecken, das heißt, positive Erfahrungen in Erinnerung zu rufen und Fähigkeiten, die einmal vorhanden waren, wach zu rütteln.

Workshop "Zeitmanagement"

Claudia Deufel
Initial e.V., Steinstr. 23, D-76133 Karlsruhe

Teilnehmerinnenzahl: ca. 60

"Die Zeit rast an mir vorbei und wieder habe ich es versäumt, sie sinnvoll zu nutzen." Diesen Gedanken kennt bestimmt jede von uns.

Um der Zeit "auf die Schliche" zu kommen, habe ich die Teilnehmerinnen eine Selbstanalyse machen lassen, um die wichtigsten Zeitdiebe für sich persönlich herauszufinden. Um mit meiner Zeit gut umzugehen, muß ich erst einmal wissen, wer oder was stiehlt sie mir. Als zusätzliche Anregung habe ich ein Arbeitsblatt (für zu Hause) verteilt, mit dem Titel "Was werden Sie ab heute tun, um 3 Ihrer Zeitdiebe zu fassen?"

Im weiteren Verlauf habe ich die Erfolgsaussichten erläutert, die mir das Zeitmanagement bieten kann. Wenn ich sie tatsächlich für mich realisieren möchte, muß ich gewisse Voraussetzungen beachten. Dazu gehören die Ziele in meinem Leben. Ich habe die Vorteile der Ziele und die Kriterien für effektive Ziele erklärt.

Neben den Zielen brauche ich eine Prioritätensetzung. Ich kann meine Arbeit in A-, B- oder C- Aufgaben einteilen. Die Teilnehmerinnen sollten sich mit Hilfe eines Aktionsplanes überlegen: "Was sind meine A-Aufgaben in meiner augenblicklichen Situation?" sowie "Was werde ich ab heute tun, um mindestens jeden Tag eine A-Aufgabe in Angriff zu nehmen.?"

Hierbei erkannten viele Teilnehmerinnen, wie wichtig das Prinzip der Schriftlichkeit ist, um eine gute Zeitplanung zu realisieren. Desweiteren entdeckten einige Teilnehmerinnen, daß sie viel zu viele C-Aufgaben haben, mit denen sie ihre Zeit verbringen oder "verbummeln". Der Tag ist die kleinste Einheit einer systematischen Zeitplanung. Es ist wichtig, meinen Tagesablauf in den Griff zu bekommen.

Deshalb habe ich zum Abschluß zusammen mit den Teilnehmerinnen einen Tagesplan aufgestellt, so wie er für einen "normalen" Büroalltag aussehen könnte. Mit Berücksichtigung des jeweiligen Zeitaufwandes und der Prioritätensetzung. Als Anregung konnten dic Teilnehmerinnen einen solchen Tagesplaner mit nach Hause nehmen.

Mädchen- und Frauenförderung, Weiterbildung

Infotische im Kongreß-Foyer
(Foto: Sibylle Nägle)

"... und immer wieder Schiß vor Mathe..." Mädchen und Mathematikunterricht

Marion Schirling, Langenbrettach

Das Thema Mädchen und ihr Zugang zur Mathematik ist schon seit einiger Zeit das Ziel verschiedener Analysen und Recherchen. Auch für die SchülerInnen ist das Thema Mathematikunterricht eine "unendliche Geschichte". Dementsprechend war der spontane Kommentar eines Schülers zum Titel dieser Studie "... und immer wieder Schiß vor Mathe ... Mädchen und Mathematikunterricht": "Ich hab' doch auch Schiß vor Mathe!". Worauf ihm eine Schülerin kurz und prägnant entgegnete: "Stimmt schon. Aber ich fühle mich dabei auch noch beschissen!"

Auch heute noch wird das Desinteresse und die Zurückhaltung von Schülerinnen durch die Öffentlichkeit oft damit begründet, daß diese Wissensgebiete Mädchen "halt einfach nicht liegen", daß dies auch ja gar nicht so wichtig sei, denn "Mädchen brauchen sie ja im späteren Leben sowieso nicht," und da ihr räumliches Denken nun einfach einmal weniger ausgeprägt sei, als bei den Jungen, sei diese Zurückhaltung auch gut erklärbar. Als Folge davon konzentriert sich denn auch die Mehrheit der Mädchen in ihrer beruflichen Orientierung auf die sprachlichen Begabungen und gesellschaftliche Wissensgebiete.

Etwa gleichviel Mädchen wie Jungen durchlaufen heute eine höhere Schulbildung und schließen sie mit dem Abschluß der Mittleren Reife oder Hochschulreife ab. Die Abiturergebnisse der Mädchen in Baden-Württemberg übertreffen diejenigen ihrer Mitschüler. "Die Bildungsbenachteiligung der Mädchen liegt also heute nicht mehr darin, daß sie einen geringen formalen Bildungsabschluß am Ende ihrer Schullaufbahn erhalten, sondern in der Fächerwahl, die sie präferieren." (Brehmer, 1991, S. 63)

Mädchen entschließen sich seltener als Jungen für einen Leistungskurs in Mathematik, Physik oder Chemie in der Oberstufe. Sie stellen nur ein Drittel der SchülerInnen in den Leistungskursen Mathematik und Naturwissenschaften. Dieser Trend setzt sich fort in der Wahl ihrer Studienfächer, bei denen sie wiederum im Fachbereich Mathematik etwa 33% ausmachen und im Fach Physik sogar nur etwa 10% (Faulstich-Wieland, S.79-80). Überraschend ist allerdings hierbei die Tatsache, daß in vielen anderen Ländern der Welt kein vergleichbarer Trend auszumachen ist. Im Gegenteil: Für das Land Portugal besagen die Statistiken im Fach Physik eine Belegung von 35%, und dementsprechend hoch ist auch der Anteil an Naturwissenschaftlerinnen. "Entgegen dem gängigen Vorurteil bilden in Sachen Technik und Naturwissenschaften also nicht die Frauen der südlichen und lateinischen EG-Länder das Schlußlicht, sondern die deutschen Frauen (Portugal 24,1%, Frankreich 16%, Deutschland 6,8%)." (Quelle: Eurydice, Europ. Informationsstelle, zitiert von der Zeitschrift "Wirtschaft und Erziehung", 5/92)

Eberhardt Todt hat in seiner Untersuchung "Interesse männlich - Interesse weiblich", die 1992 im Auftrag des Jugendwerks der Deutschen Shell erstellt wurde, herausgefunden, daß schon im Alter von 13 - 15 Jahren nur noch 26% der Mädchen (West) Mathematik als Lieblingsfach angeben und daß im Alter von 26 Jahren selbst dieser bescheidene Prozentsatz auf unter 20% sinkt. Für die Mädchen im Osten Deutschlands ergibt sich für dieses Alter ein ähnlicher Prozentsatz, wobei Mädchen zwischen 19 und 21 Jahren noch zu 40% angeben, Mathematik als Lieblingsfach zu haben.

GrundschullehrerInnen stellen immer wieder fest, daß in den ersten beiden Schuljahren die Grundorientierung und Öffnung zur Mathematik bei beiden Geschlechtern gleichermaßen vorhanden ist. Welche Gründe führen Mädchen dann dazu, insbesondere mit Eintritt in die Pubertät "Null Bock auf" und "Schiß vor Mathe" zu haben? Wie kommt bei den Schülerinnen die Rangfolge der Leistungskursfächer Biologie, Fremdsprachen, Deutsch, Mathematik zustande, im Gegensatz zu den Schülern mit Mathematik, Biologie, Fremdsprachen und Deutsch?

Es sind mehrere Faktoren, die hier ineinandergreifend die ursprüngliche Freude und unerschrockene Hinwendung der Mädchen zur Mathematik einschränken oder gar zunichte machen. Diese Faktoren lassen sich aufgliedern in

1. Sozialisationsprozesse,
2. Lehrforschung,
3. Geschlechtsspezifische Arbeitsteilung und deren Auswirkungen auf die berufliche Orientierung der Mädchen.

1.Sozialisation

Schon frühzeitig werden Mädchen mittels der ihnen angebotenen Spielzeuge auf ihre spätere Rolle im Reproduktionsbereich vorbereitet, mit all ihren Perspektiven der Fürsorge für andere, Kommunikationsbereitschaft und sozialer Kompetenz. Barbiepuppen, Gesellschafts- und Familienspiele, Puppenstuben, -geschirr, -wagen, Pferde- und Tierbücher, Frisier- und Kosmetiksets stehen dann auch meist zuvorderst auf den Wunschzetteln der Mädchen. Erst an weiterer Stelle folgen Bauklötze, Würfelspiele und Computerspiele, wobei die Mädchen hierbei solche Computerspiele auswählen, die einen deutlichen Bezug zum sozialen Geschehen haben, während Jungen sich für Computerspiele interessieren, deren Inhalte Konstruktion, Dekonstruktion und Zerstörung betonen (Brehmer, S.65). Jungen dagegen entscheiden sich eher für Spiele, die keinen Bezug zur eigenen persönlichen, emotionalen Befindlichkeit haben. Eisenbahn, Spielzeugautos, Experimentierkasten, mechanische Bausätze, Computer werden dagegen meist den Jungen angeboten und stehen auch auf ihren Wunschlisten.

Wer mit Schraubenzieher, Bunsenbrennern und Transformatoren aufwächst, hat später eher auch eine ungehemmte, furchtlosere Art, mit diesen Geräten umzugehen. Somit lernen Jungen schon recht früh, "spielend" und angstungebunden, Einsichten und Fähigkeiten zu entwickeln, die ihnen im späteren Mathematikunterricht nützlich sein können. Das räumlich-mathematische Denken wird "spielend" bestätigt und angeregt.

Eberhardt Todt weist in seiner Untersuchung "Interesse - männlich, Interesse - weiblich" nach, daß das Interesse und die Orientierung für Spiele - und später auch für Lieblingsfächer - geprägt wird durch die Geschlechtsidentität. Das Interesse der Mädchen für ein Spiel oder später für die Bedeutsamkeit eines Schulfaches ist also geknüpft an ihre Lebenssituation und ihre Lebensziele. "Die Geschlechtsidentität ist offensichtlich der zentrale Organisationsaspekt individueller Interessen." (Todt, S.315)

Die amerikanische Wissenschaftlerin Kelly hat in einer Untersuchung an 11-12 jährigen amerikanischen Schülerinnen festgestellt, daß diese nach einem 12wöchigen, intensiven, praxis- und lebensnahen Handwerkskurs eine deutliche Verbesserung in mechanischen und räumlichen Textaufgaben zeigten. Der Weg über die erfahrungsnahe Übung setzte die Wegpfeiler für die Meisterin!

Ein weiterer Sozialisationsfaktor besteht darin, daß Mädchen kaum positive, weibliche Vorbilder und Identifikationsmodelle im Bereich der Naturwissenschaften erleben. Meist sind es die Väter, die bei den Mathematikaufgaben zu Hause die Betreuung übernehmen, obwohl dies ansonsten überwiegend die Aufgabe der Mutter für die restlichen Fächer ist. Ein von der Berufstätigkeit gestresster und ermüdeter Vater wird dann oftmals von den Töchtern in seinen Reaktionen als ungeduldig und unangemessen erlebt, was ihren Rückzug aus dem lustvollen Umgang mit mathematischen Fragen zur Folge hat.

Befragungen von mathematikbegeisterten Schülerinnen haben jedoch auch ergeben, daß sie von ihren Vätern ermutigt und gefördert wurden, sich für technische und mathematische Inhalte zu interessieren und dafür Zuwendung und Anerkennung erhielten. Mütter dagegen neigen gelegentlich dazu, ihre eigenen mathematischen Fähigkeiten gering einzuschätzen. Sie fühlen sich auf diesem Gebiet dann wenig kompetent und übertragen diese vermeintliche Inkompetenz bewußt oder unbewußt auf ihre Töchter.

Auch in der Schule selbst haben Schülerinnen wenig Gelegenheit, sich an weiblichen Vorbildern bzgl. ihrer Einstellung zu den Naturwissenschaften zu orientieren. In einem Alter, in dem laut wissenschaftlichen Untersuchungen das Desinteresse an Mathematik besonders kraß auffällt, nämlich ab der 9. Klasse, treffen sie wenig Mathematiklehrerinnen als Rollenvorbilder an und auch der Unterricht erwähnt kaum oder gar nicht die Leistungen und Errungenschaften bedeutender Naturwissenschaftlerinnen, wie die der zweifachen Nobelpreisträgerin Marie Curie. Die Errungenschaften auf dem Gebiet der Algebra von Emmy Noether, auf dem Gebiet der Quantenmechanik von Grete Hermann bleiben unerwähnt, ganz zu schweigen von Lise Meitner, Milewa Einstein oder Maria Goeppert-Mayer, die 1963 den Nobelpreis für ihre Entdeckungen über die Struktur des Atomkerns erhielt und deren Vater ihr allerdings auch einschärfte: "Werde nie eine Frau, wenn Du groß bist." Londa Schiebinger hat in ihrem Beitrag zu diesem Kongreß darauf hingewiesen, daß um das Jahr 1700 der Frauenanteil in der deutschen Astronomiewissenschaft bei 14% lag, eine Tatsache, die als Leitbildfunktion noch in keinem Schulbuch Einzug gefunden hat.

Das Fehlen positiver Leitbilder kann Schülerinnen dazu bringen, sich bewußt oder unbewußt "als nicht dazugehörend" zu empfinden, bei Schwierigkeiten leicht zu kapitulieren und schließlich abzuschalten und die guten oder befriedigenden Noten in Mathematik anderen zu überlassen. In Amerika und Frankreich wird zur Zeit versucht, diesem Desinteresse entgegenzusteuern, indem sogenannte "role models", als Ingenieurinnen, Computerfachfrauen, Technikerinnen und Mathematikerinnen in die Klassenzimmer eingeladen werden.

Diesem Fehlen an positiven Leitbildern korreliert eine verinnerlichte geringe Erwartungshaltung vieler LehrerInnen und auch mancher Eltern in bezug auf die Erfolge und Leistungen der Schülerinnen in den naturwissenschaftlichen Fächern.

MathematiklehrerInnen entmutigen Schülerinnen zwar nicht explizit, sich mit mathematischen Inhalten zu befassen, aber sie unterstützen sie auch nicht in besonderem Maße, hat Bettina Srocke in ihrer Studie herausgefunden. (Zit. n. Faulstich-Wieland, H. "Koedukation - Enttäuschte Hoffnungen? S.91)

Joachim Tiedemann von der Universität Hannover recherchierte, daß LehrerInnen die Tendenz haben, Mädchen eine Logik- und Mathematikschwäche zu attestieren, auch wenn deren Leistungen genauso gut sind, wie die der Jungen. In diesem Zusammenhang gilt es auch zu hinterfragen, welche eigenen Auffassungen bzgl. Mädchen und Mathematikunterricht viele LerhrerInnen auf ihre Schülerinnen übertragen, und welche eigene bewußte oder unbewußte Einstellung zu ihrer Geschlechtsidentität insbesondere Lehrerinnen haben, die sie dann in die Klassenzimmer weitertragen.

Das Forschungen der australischen Wissenschaftlerin Dale Spender zu diesem Komplex haben gezeigt, daß Mädchen im Unterricht weniger häufiger aufgerufen werden (und zwar genau zu 30%), daß zwar einwandfreie Heftführung selbstverständlich von ihnen erwartet wird ("denn ein Mädchen lerne beizeiten ordentlich und sauber zu arbeiten"), aber kein mutiges, vielleicht auch zunächst fehlerhaftes Experimentieren mit verschiedenen Lösungswegen an der Tafel, geschweige denn am Labortisch.

Geschlechtsspezifische Sozialisation hält insbesondere Mädchen dann davon ab, ihre Interessen an naturwissenschaftlichen Fächern zu entwickeln und auszubauen, wenn sie verinnerlicht haben, daß dies ihnen als unweiblich ausgelegt wird. (Ausgenommen, sie werden dazu geradezu ermutigt, wie Goeppert-Mayer, deren Vater nicht wollte, daß sie eine Frau werde.)

Es scheint auch heute noch einen unausgesprochenen Konsens zu geben, daß Mathematik eine männliche Domäne ist und ein entsprechendes Interesse oder gar eine Begabung ihre Akzeptanz unter den Gleichaltrigen (Mädchen und Jungen) schwächen könnte. Gute Mathematikschülerinnen werten ihre Leistungen deswegen auch oft ab, erwähnen sie höchstens beiläufig, fungieren als Helferinnen der schwächeren Jungen und Mädchen, sorgfältig darauf bedacht, kein Aufsehen zu erregen, keine Neidgefühle zu provozieren oder gar ins harte Konkurrenzfeld ihrer Mitschüler zu geraten. Dieses Verhalten paßt dann auch wieder ins verinnerlichte Bild ihrer Identität, in welchem sich Mädchen zuständig fühlen für das Funktionieren auf der Beziehungsebene (personenzentriert), während sich Jungen schon frühzeitig als sachzentriert erleben, ein Phänomen, das Rosemarie Rübsamen auf die "unsymmetrische Identitätsentwicklung von Mädchen und Jungen" sowie die Polarität von Kontextbezogenheit versus Abgrenzung zurückführt (s. Rübsamen, R. "Die Physik von Frauen betrachtet", Vortrag im Rahmen des "2. Heilbronner Mädchen und Techniktags" an der FH Heilbronn, Dez. 1993 sowie die Arbeiten von Chodorow, Gilligan, Flaake und Keller).

2. Lehrforschung

Als wichtige Aspekte sind hier die Unterrichtsmaterialien und Schulbücher im Fachbereich Mathematik, Physik und Chemie zu erwähnen. Sie spiegeln nur allzu oft die traditionellen Rollenbilder der Gesellschaft wider, sowohl in bezug auf die oben genannte tatsächliche Unterrepräsentanz von Frauen in den Naturwissenschaften, als auch in der Unsichtbarkeit von Frauen im täglichen beruflichen - dem produktiven Leben.

Männliche Tätigkeitsbereiche, männliche Jugendliche, wenig Mädchen und noch weniger Frauen bestimmen die Bilder und Texte der Schulbücher. Trotz mehrerer vorliegender, publizierter Analysen zum Thema "heimlicher" Lehrplan in den mathematischen und naturwissenschaftlichen Schulbüchern, trotz Belegung der zahlenmäßigen Unterrepräsentanz von Mädchen und Frauen, hat sich in den Schulbüchern bisher nur wenig geändert.

Zwar wurden inzwischen manche Jungennamen durch Mädchennamen ersetzt und in Textaufgaben fährt nun auch die Geschäftsreisende Frau Eilig mit 150 km je h auf der Autobahn oder der Sohn ersetzt die Tochter beim Einkaufen, doch diese Änderungen bleiben Makulatur und simple Textveränderungen. Denn nach wie vor fehlen die Gruppen von neugierigen, zupackenden Mädchen wie auch die erfolgreichen Frauen. Wenn eine weibliche Vorbildfigur - z.B. eine Mathematiklehrerin (allerdings ohne Namen) dargestellt wird, dann mit folgendem Zusatz: Sie wird etikettiert als "gute Frau". Hierzu ein Beispiel: "Aufgabe 14: Die Mathematiklehrerin korrigiert die Hefte der 8c. Während einer Verschnaufpause stellt sie beim Betrachten der Strichliste fest, daß der Durchschnitt nicht mehr schlechter als 3,8 werden kann, selbst wenn alle restlichen Schüler 6 schreiben sollten. Wieviel Hefte muß die **gute Frau** höchstens noch korrigieren?" (Hervorhebungen d. A.) Aus: Behrens, Berger u.a.: "Mathematik am Gymnasium," Verlag Diesterweg, 1986, S. 170. Sicherlich rein zufällig behandelt die anschließende Textaufgabe im Gegensatz zu der sich verschnaufenden Lehrerin und "guten Frau" einen Herrn Pfiffig und seine erfolgreichen Bankgeschäfte. In vielen Schulbüchern der Fachbereiche Mathematik und Physik werden Schülerinnen durchweg unter der Bezeichnung Schüler subsumiert; die Berufswelt der Frauen erscheint weniger vielfältig als die der Männer; Mädchen und Frauen sind in Bild und Text quantitativ unterrepräsentiert.

Ein besonders krasses Frauenbild in einem Schulbuch wird in einer Studie von Lopatecki und Lücking erwähnt. (Zitiert nach Brehmer, S. 32) "Am 26. Februar 1981 hat die oben abgebildete kaufmännische Angestellte ihrem neunjährigen Kind, einem Mädchen, das unehelich geboren wurde, mit Schlägen so zugesetzt, daß dem Kind das Nasenbein brach. Die Mutter fiel nicht nur durch solche Brutalität, sondern auch durch häufige Kaufhausdiebstähle auf." Die Aufgabenstellung beinhaltete mehrere mathematische Fragen.

Hier sind MathematiklehrerInnen aufgefordert, die Lehrbücher kritisch unter die Lupe zu nehmen und wann immer möglich, mit der Klasse gemeinsam die in den Aufgaben aufgeführten Personen so in die Lebenswelt einzufügen, daß sie positive weibliche Lebensentwürfe ins Zentrum rücken.

Bei der Durchsicht von naturwissenschaftlichen Lehrbüchern, insbesondere Physikbüchern fällt zudem auf, daß ihre Sprache, Syntax und Grammatik nicht nur häufig schlichtweg falsch sind, sondern dazuhin auch noch zu Mißverständnis und Unverständnis führen. Stellvertretend hierfür ein Beispiel aus Dorn-Bader, "Physik in einem Band", Schroedel, S. 386: Überschrift des Arbeitsinhalts ist die Frage: "Wie effektiv ist Wechselspannung? Lampe und Hitzdrahtstrommesser (S. 186) sprechen auf die Wärmeleistung P=U*I an. Bei Wechselstrom ändert **sie** (Hervorhebung d. A.) sich ständig." Aufgrund der verschiedenen, angesprochenen Signalsubstantive wie Wechselspannung, Lampe, Hitzdrahtstrommesser und Wärmeleistung stellt sich die Frage, was genau sich denn nun ändert. Nicht nur die Sprache, Grammatik und Syntax der naturwissenschaftlichen Schulbücher ist oftmals unklar und abgehoben, auch die dargestellte Lebenswelt ist immer noch überwiegend männlich orientiert.

Doch auch die Sprache der Medien bei Inhalten zu naturwissenschaftlichen Themenbereichen ist überwiegend männlich gefaßt. Da werden immer noch "Wissenschaftler der Zukunft, Mathematik im Kopf, Neugier im Herzen" beschwört (Heilbronner Stimme) und selbst bei Berichten über die Ergebnisse einer w./m. Kommission, die an einer Studie zur möglichen Veränderung des männlich orientierten Mathematikunterrichts arbeitete, fungiert die Überschrift: "Forscher für getrennten Unterricht in Mathematik" (Heilbronner Stimme, 27.11.93, S.6).

3. Geschlechtsspezifische Arbeitsteilung

Die im öffentlichen Denken (inkl. Werbung, Film, Medien) und Handeln immer noch vorherrschende geschlechtsspezifische Arbeitsteilung (Frauen sind vor allem für Haus und Heim, Männer für die "Arbeitswelt" zuständig), kann die Abwendung der Schülerinnen von einem echten Interesse für die Naturwissenschaften im Sinne einer Berufsorientierung verstärken. Diese geschlechtsspezifische Arbeitsteilung legt Mädchen und Frauen auch heute noch nahe, daß ihr Platz überwiegend im Familien- und Reproduktionsbereich, das heißt im fürsorglichen Bereich liege, wohingegen derjenige der Jungen und Männer im Produktionsbereich, d.h. im "eigentlich wertvollen" Herstellungsbereich liege.

Nährende und fürsorgliche Tätigkeiten wie Hausarbeit, Kinderaufzucht, Pflege der Kranken und Alten werden auch heute noch überwiegend als weibliche Tätigkeiten erfaßt und damit gesamtgesellschaftlich abqualifiziert. Viele Dienstleistungsberufe werden nicht gemäß ihres Aufwands finanziell vergütet. Dennoch stehen gerade solche Tätigkeiten bei der Lebensplanung der Mädchen auch heute noch im Vordergrund. Lebenslange, befriedigende und erfüllende Berufstätigkeit von Frauen wird auch von den meisten Politikern und Arbeitgebern - und auch von vielen Frauen selbst - eher als zweitrangig angesehen und die Berufstätigkeit von Frauen oftmals als Zuarbeit und Teilzeitarbeit klassifiziert.

Immer mehr Schülerinnen haben jedoch heute den Wunsch, eine qualifizierte, befriedigende Berufstätigkeit zu ergreifen, die sie auch mit ihrer Familienarbeit vereinbaren können. Im Gegensatz zu ihren gleichaltrigen Mitschülern, für die der Beruf und seine Karrierechancen Priorität bei den Vorstellungen zum Lebensentwurf einnimmt, wünschen sich Mädchen für ihre beruflichen Vorstellungen immer noch vor allem die Vereinbarkeit von Beruf und zukünftiger Familie. Interessant ist hierbei auch die Vorstellung der Mädchen nach paritätischer Aufteilung der zukünftigen Hausarbeit, die von den Jungen allgemein so nicht geteilt wird.

Die Realität der Lebenswelt entspricht dem Bedürfnis der Mädchen nach Vereinbarkeit von Beruf und Familie sowie paritätischer Aufteilung der Hausarbeit in keinster Weise. Es gibt zu wenig oder - in ländlichen Gebieten - gar keine Kindertagesstätten; betriebliche Kindertagheime sind nicht die Regel; Ganztagesschulen sind nicht flächendeckend eingerichtet. Mögliche Kinderwünsche sind Hinderungsgründe für Einstellungen und betriebliche Förderungen sowie für die Karriere von Frauen.

Solche Mädchen, die sich motiviert fühlten, aufgrund einer der in manchen Bundesländern durchgeführten Kampagnen "Mädchen und Technik", einen technischen Beruf zu ergreifen, finden sich eher wieder in einem der technischen Arbeitsbereiche, die von Männern schon längst nicht mehr als attraktiv eingestuft wurden, z.B. Laborassistentin, Bauzeichnerin, Gärtnerin. Noch immer gibt es viel zu wenig Frauen in den gut dotierten oberen Rängen von Industrie, Wirtschaft und Verwaltung oder Universität. Ohne Seilschaft und ohne männliches Wohlwollen ist es für Frauen schwierig, in die Führungsetagen zu gelangen. Dieses Phänomen bewegte Jutta Limbach, Präsidentin des Bundesverfassungsgerichts, zu einem Ausspruch über die Situation von Professorinnen, der sich auch auf die Situation vieler Naturwissenschaftlerinnen und Technikerinnen übertragen läßt: "Mehr oder minder offen wird in illustren Zünften die Furcht thematisiert, daß mit der Teilhabe von Frauen der Berufsstand an sozialem Ansehen verliert." (Zitat aus "Die Zeit", Nr. 48, 25.11.94, S.41)

**Welche Lösungswege gibt es,
um Mädchen dennoch für den Mathematikunterricht zu motivieren?**

1.Zeitlich begrenzte Trennung von Mädchen und Jungen in den naturwissenschaftlichen Fächern und Informatik, um die Motivation und das Selbstvertrauen zu fördern. Bestätigung findet dieses Ziel durch das Ergebnis des Projektes "Mädchen in Naturwissenschaften" des Kultusministeriums Baden-Württemberg, bei dem Arbeitsgemeinschaften speziell für Mädchen während eines bestimmten Zeitraumes geschaffen wurden.

Eine Alternative hierzu wäre, statt jahrelang in der Ko-Instruktion zu verharren, eine wirkliche Öffnung zur echten Ko-Edukation zu betreiben! Für die Pädagogik, auch in den naturwissenschaftlichen Fächern, würde dies bedeuten, daß Jungen angeleitet werden, ihre soziale Kompetenz und Kommunikationsbereitschaft zu entwickeln.

2.Bewußtseinsbildung und Fortbildungen von LehrerInnen, aber auch von Eltern und SchülerInnen über die besonderen Gegebenheiten der Einstellung von Schülerinnen in bezug auf den naturwissenschaftlichen Unterricht. In diesem Zusammenhang ist ein Projekt hervorzuheben, das an der University of California für LehrerInnen entwikkelt wurde. Dabei werden, jeweils in fünf Seminareinheiten pro Jahr, die LehrerInnen über die Erkenntnisse und Forschungen bzgl. geschlechtsspezifischer Sozialisationsprozesse und ihre Auswirkungen im mathematisch-naturwissenschaftlichen Bereich unterrichtet. Auf dem Hintergrund dieses Wissens lernen die Lehrkräfte dann, wie sie ihre Schülerinnen fördern können und neue Vermittlungsformen in ihre Unterrichtseinheiten einbringen können. Es wird außerdem von ihnen erwartet, das erworbene Wissen als MultiplikatorInnen an ihre KollegInnen weiterzuleiten. Dies würde auch bedeuten, Mädchen und Frauen als eigenständig handelnde und denkende Subjekte in den Unterrichtsinhalt einzubeziehen, hierarchische Strukturen zu benennen und aufzubrechen und soziologische mit naturwissenschaftlichen Inhalten zu vernetzen.

3.Veränderung der Lehrbuchinhalte mit Hinsicht auf **aktive** Bilder von Mädchen und Frauen, die in der technischen und naturwissenschaftlichen Welt ihren Platz einnehmen und behaupten.

4.Eine Neufassung von Sprache, Syntax und Grammatik der Mathematik- und Physikbücher; Vermeidung von Abwertungen und Sexismen beiderlei Geschlechter; Herstellung von lebensnahen Bezügen und Gebrauch von Alltagsbegriffen.

5.Der Schwerpunkt des Mathematikunterrichts sollte auf der Vermittlung eines Verständnisses für den **Gesamtzusammenhang** eines mathematischen Problems liegen und nicht nur auf dem Erlernen und Anwenden von Regeln. Diese käme dann sicherlich nicht nur Mädchen zugute, sondern auch den Jungen. Die Aufgabenstellungen sollten immer auch an die Lebenswelt, ihre Zukunftsvorstellungen und Geschlechtsidentität geknüpft werden. Erprobungen hierzu gibt es auch wiederum im amerikanischen Raum. Hier wurden Lehrbücher und Programme erstellt, die das Erlernen des Fragenstellens, des bildlichen oder gegenständlichen Visualisierens von Problemen, des Ausprobierens unterschiedlicher Angehensweisen an ein Problem, das Entwickeln von Strategien sowie das Arbeiten in Kleingruppen einbeziehen.

Alle Lösungsansätze zur Motivation von Mädchen für den Mathematik- und naturwissenschaftlichen Unterricht dürfen keine Utopien bleiben, denn auch hier in Deutschland können wir uns keinen Unterricht mehr leisten, der Frauen und Mädchen nicht interessiert und motiviert. Vielmehr muß ihnen ein Mathematikunterricht angeboten werden, der sie einbezieht, stärkt und ermutigt.

Literatur

Brehmer, Ilse: Schule im Patriarchat - Schulung fürs Patriarchat, Beltz Verlag, Weinheim 1991

Chodorow, Nancy: Das Erbe der Mütter, Psychoanalyse und Soziologie der Geschlechter, München 1985

Flaake, Karin; King, Vera (Hg.): Weibliche Adoleszenz; Zur Sozialisation junger Frauen, Campus Verlag, Frankfurt 1992

Faulstich-Wieland, Hannelore: Koedukation - Enttäuschte Hoffnungen? Wissenschaftl. Buchgesellschaft, Darmstadt

Gilligan, Carol: Die andere Stimme, Lebenskonflikte und Moral der Frau, München 1984

dies. und Brown Lyn: Die verlorene Stimme; Wendepunkt in der Entwicklung von Mädchen und Frauen, Campus Verlag, Frankfurt 1994

Keller, E.F.: Reflections on Gender and Sciences, New Haven, Yale University Press, 1985

Rübsamen, Rosemarie, Vortrag "Die Physik von Frauen betrachtet", "2. Heilbronner Mädchen und Techniktag", 12/1993

dies.: "Patriarchat - der (un-) heimliche Inhalt der Naturwissenschaft und Technik" in Pusch, L. (Hg.): Feminismus. Inspektion der Herrenkultur; Suhrkamp 1983

Schiebinger, Londa: Vortrag "What Changes Have Feminists Brought to Science?" 21. Kongreß von Frauen in Naturwissenschaft und Technik, 25.-28.5.1995, Universität Karlsruhe

Spender, Dale: Frauen kommen nicht vor. Sexismus im Bildungswesen. Frankfurt 1985

Todt, Eberhardt: "Interesse männlich - Interesse weiblich", in Jugendwerk der Deutschen Shell, 1992

Zeitschrift "Wirtschaft und Erziehung", 5/92

Studentinnen an die Schulen - Schülerinnen an die Uni

Vorstellung und Diskussion des Projektes: "Ingenieur- und Naturwissenschaften für Schülerinnen - ein Schulversuch mit Orientierungsmöglichkeiten für Mädchen, Eltern und Lehrerinnen"

Karin Diegelmann, Eva Kalix, Elke Ratzel
c/o FiT (Frauen in der Technik e.V.), Schloßgartenstr. 45, D-64289 Darmstadt

Das vorgestellte Projekt wurde im Sommersemester 1994 und im Wintersemester 1994/1995 in der Region Darmstadt durchgeführt. **Ziel des Projekts** war es, Schülerinnen zur Aufnahme eines ingenieur- oder naturwissenschaftlichen Studiums zu motivieren, bzw. sie in der Entscheidung für ein solches Studium zu unterstützen. Für die Schülerinnen sollten durch den Kontakt mit Studentinnen und wissenschaftlichen Mitarbeiterinnen der Natur- und Ingenieurwissenschaften Vorbilder sichtbar gemacht werden. Sie sollten durch die persönliche Konfrontation mit dem Thema "Frauen in technischen Berufen" und durch Frauen, die in solchen Feldern tätig sind, Anstöße bekommen, ihre Vorstellungen von Studium und Beruf zu überprüfen und ihr Bild von Technik und Naturwissenschaft zu hinterfragen. Wichtiger Bestandteil des Projektes war auch die Arbeit mit MultiplikatorInnen wie LehrerInnen und BerufsberaterInnen.

Die **Projektinitiatorinnen** Karin Diegelmann (Bauingenieurin, FiT e.V.) und Dr. Cornelia Denz (Physikerin, TH Darmstadt) sowie einige der späteren Projektmitarbeiterinnen hatten bereits an der Ausstellung "Von der Antike bis zur Neuzeit - der verleugnete Anteil der Frauen an der Physik" mitgearbeitet. In diesem Zusammenhang wurden Führungen mit Schulklassen durchgeführt und Kontakte zu Lehrkräften geknüpft. Außerdem hatte Karin Diegelmann bereits Erfahrung mit Berufsberatungsgesprächen auch in Kooperation mit Arbeitsämtern. Weitere Anregungen ergaben sich aus der von FiT herausgegebenen Zusammenstellung von Projekten und Modellversuchen zur Förderung von Frauen in natur- und ingenieurwissenschaftlichen Studiengängen in der Bundesrepublik (Heft 4 der FiT-Schriftenreihe).

Innerhalb der Technischen Hochschule Darmstadt fand sich ein **Projektteam** von interessierten Frauen zusammen. Es handelte sich um Studentinnen und wissenschaftliche Mitarbeiterinnen aus verschiedenen ingenieur- und naturwissenschaftlichen Studiengängen, die Frauenbeauftragte der TH Darmstadt, eine Vertreterin der Studienberatung sowie die Initiatorinnen. Die Motivation für die Mitarbeit an diesem Projekt ergab sich aus dem Wunsch, anderen Frauen den Einstieg in technisch-naturwissenschaftliche Studiengänge und Berufsfelder leichter zu machen. Sie entsprang den eigenen Erfahrungen, als Frauen in einer Männerdomäne zu studieren und zu arbeiten, den positiven wie negativen Schulerlebnissen im naturwissenschaftlichen Unterricht wie auch den Erfahrungen im Berufsfindungsprozeß einschließlich der Berufsberatung.

Das Projekt lebte wesentlich vom Engagement der Studentinnen und der wissenschaftlichen Mitarbeiterinnen. Die Inhalte der Veranstaltungen und das Vorgehen im Projekt wurden gemeinsam erarbeitet und abgestimmt. Alle fühlten sich mitverantwortlich für das Gelingen, und das Interesse, die selbsterarbeiteten Konzepte umzusetzen, war groß. Hinzu kam das Bedürfnis, die Freude am gewählten Fach zu vermitteln. Fast alle Projektmitarbeiterinnen waren von Anfang bis Ende dabei, außerdem konnten auch noch neue Frauen dazugewonnen werden. So war es möglich, mit der gleichen Gruppe intensiv ein dreiviertel Jahr zu arbeiten.

Die **Trägerschaft** für das Projekt lag beim Verein *FiT* - Frauen in der Technik e.V.. Der Verwaltungsaufwand war relativ gering, es gab kurze Wege hinsichtlich Absprachen und Koordination, und so entstanden wenig Reibungsverluste.

Alle Projektmitarbeiterinnen erhielten die gleiche Vergütung - den Stundensatz für studentische Hilfskräfte. Entstandene Kosten für Fahrten, Sachmittel und Material wurden direkt vergütet. Die **Finanzierung** erfolgte über den Verein *F i T* - Frauen in der Technik e.V., die TH Darmstadt, die Bundesanstalt für Arbeit (ABM), und - im Rahmen einer Fehlbedarfsfinanzierung - durch das Hessische Ministerium für Wissenschaft und Kunst.

Während dieses Projektes wurden im einzelnen folgende **Aktivitäten** durchgeführt:
- ein Kompaktseminar in Zusammenarbeit mit dem Hessischen Institut für Lehrerfortbildung (HILF),
- Teilnahme an Fachkonferenzen in Schulen,
- ca. 20 vom Projektteam gestaltete Unterrichtsstunden, bei denen insgesamt etwa 350 Schülerinnen erreicht wurden,
- eine Arbeitsgruppe während eines Schul-Projekttages zum Thema "Mann - Frau - Mädchen - Junge",
- je ein Schnuppertag an den Fachbereichen Physik, Maschinenbau und Mathematik der THD,
- Nachbereitung mit Schülerinnen und Lehrkräften.

Obwohl das **Kompaktseminar** sehr kurzfristig angesetzt worden war, fanden sich 15 interessierte Lehrkräfte aus dem mathematisch-naturwissenschaftlichen Bereich, die auch engagiert an der Veranstaltung teilnahmen. Zwei Drittel davon beteiligten sich anschließend im Projekt an unterschiedlichen Aktivitäten.

Schwerpunkt des Projektes waren die durchgeführten **Unterrichtsstunden**, in denen Schülerinnen der Klassen 9 bis 13 sich mit ihrem Verhältnis zu Naturwissenschaften und Technik auseinandersetzten. Es handelte sich bei diesen Schulbesuchen um jeweils eine Doppelstunde, die von zwei Studentinnen gestaltet und abgehalten wurde. Der Unterricht trat anstelle einer regulären Schulstunde in einem naturwissenschaftlichen Fach. Bei der Auswertung der Schulbesuche wurden für die Weiterarbeit folgende Punkte herausgearbeitet: Als Zielgruppe empfehlen wir Schülerinnen, die in der Oberstufe freiwillig Grund- und Leistungskurse in Mathematik oder einem naturwissenschaftlichen Fach gewählt haben - hier besteht großes Interesse an Informationen und Vorbildern. Voraussetzung für gelungene Unterrichtsstunden ist, daß weder LehrerInnen noch Jungen daran teilnehmen. Wichtig sind konkrete Vorinformationen für die Schülerinnen, damit keine falschen Erwartungen geweckt werden. Und schließlich wäre mehr als die in einer Doppelstunde zur Verfügung stehende Zeit nötig, damit sinnvoll gearbeitet werden kann.

Im Rahmen des **Projekttages** wurde Schülerinnen einer 10. Klasse Gelegenheit gegeben, Spaß an der Physik direkt zu erleben und ein Erfolgserlebnis mit nach Hause zu nehmen. Neben der Diskussion über das eigene Verhältnis zu Naturwissenschaft und Technik stand die praktische Arbeit im Vordergrund. Es wurde von jeder Schülerin ein kleiner Elektromotor gebaut (Bauanleitung in der Dokumentation des 20. Kongresses 1994 in Gießen oder beim Projekt zur Verbesserung der Chancen von Frauen in den Ingenieurwissenschaften an der Gesamthochschule Kassel). Obwohl die Mitarbeit in dieser Arbeitsgruppe für die meisten Schülerinnen nicht die erste Wahl darstellte und die wenigsten besonders interessiert an Physik waren, beteiligten sich alle mit Begeisterung und zeigten großes Interesse an weiteren Veranstaltungen - z.B. den Schnuppertagen an der THD.

Während der **Schnuppertage** sollte den Schülerinnen der Oberstufe ermöglicht werden, erste Kontakte zum universitären Bereich zu knüpften. An den Fachbereichen Maschinenbau, Mathematik und Physik stellten Wissenschaftlerinnen und Studentinnen sich und ihre Arbeitsplätze vor. Darüber hinaus konnten die Schülerinnen selbst Versuche durchführen oder sich mit mathematischen Problemen auseinandersetzen.

Es zeigte sich, daß dort das Interesse groß war, wo Schule und LehrerInnen die Mädchen intensiver betreuten und ihnen Hilfestellungen beispielsweise bei der Organisation einer gemeinsamen Fahrt anboten. Für Schülerinnen, die sich außerhalb einer Gruppe angemeldet hatten, erwiesen sich die Hemmschwellen für den Besuch der TH Darmstadt häufig als zu hoch. Alle Schülerinnen beurteilten die Veranstaltungen für sich als informativ, wichtig und auch spannend.

Außerhalb der durchgeführten Veranstaltungen standen die Mitarbeiterinnen des Projektes den Schülerinnen, LehrerInnen und BerufsberaterInnen jederzeit als Ansprechpartnerinnen zur Verfügung. In der **Nachbereitung** des Projektes wurden so Rückmeldungen empfangen, weitere Hilfen bei Rückfragen gegeben und mögliche Fortsetzungsaktivitäten an einzelnen Schulen beraten.

Ergebnisse des Projektes

Die Unterrichtseinheiten zeigten, daß es möglich ist, Mädchen und junge Frauen für eine aktive Mitarbeit im naturwissenschaftlichen Unterricht zu gewinnen. Insbesondere der Projekttag und die Schnuppertage machten deutlich, daß es möglich ist, die sogenannte Technik-Distanz von Schülerinnen aufzubrechen. Auch wenn die Schülerinnen den Unterricht zunächst von einer zukünftigen Studienfachwahl entkoppelten, konnten sie bei den Schnuppertagen das soziale Umfeld von Ingenieurinnen an der Technischen Hochschule kennenlernen und damit verbundene Vorurteile abbauen.

Gleichwohl wurde den Mitarbeiterinnen des Modellprojekts deutlich, daß die Ursachen für die Ablehnung von natur- und ingenieurwissenschaftlichen Studiengängen sehr komplex sind. Aus diesem Grunde war die Zusammenarbeit mit den Lehrerinnen und Lehrern eine der wichtigen Aufgaben des Projekts. Als MultiplikatorInnen können diese zur Verdeutlichung der bestehenden Berufsstereotypen und zur Vermittlung differenzierter Berufsbilder für Schülerinnen in der Schule beitragen. So wurde ein bescheidener Beitrag geleistet, die immer noch vorhandene Geschlechterhierarchie und die daraus resultierenden geschlechtsspezifischen Orientierungen, die auch über die Lehrerinnen und Lehrer bei den Schülerinnen tradiert werden, zu reflektieren.

Gleichzeitig wurde mit einem solchen Ansatz die Möglichkeit aufgezeigt, an der Hochschule selbst Kontaktnetze aufzubauen, die es Frauen erleichtern können, ein solches Studium erfolgreich zu absolvieren. Dieses Netz könnte ein Informations- und Kommunikationsforum bieten, das es ihnen ermöglicht, sich mit anderen Frauen über ihre spezifischen Probleme auseinanderzusetzen und sich gegenseitig Hilfestellung zu leisten. Dies scheint insbesondere unter dem Gesichtspunkt der Vereinzelung und der damit verbundenen Schwierigkeiten der Studentinnen in technischen Fächern wichtig zu sein, um den Exotinnenstatus ein Stück weit zu überwinden. Die Leitung der Technischen Hochschule Darmstadt hat die Entwicklung des Projektes mit großem Interesse verfolgt und begrüßt die positive Resonanz, die dieses Projekt bei den Schulen in Darmstadt und dem Hessischen Institut für Lehrerfortbildung erfahren hat. Auch innerhalb der Hochschule selbst stieß das Projekt auf großes Interesse. Die Sensibilisierung der ingenieurwissenschaftlichen Fachbereiche im Hinblick auf die notwendige Erhöhung der Zahl der Studentinnen schlägt sich mittlerweile in hochschulöffentlichen Diskussionen nieder.

Mit dem Ziel, das Projekt fortzusetzen und an der Hochschule zu verankern, wurde ein Fortsetzungsantrag beim Hessischen Ministerium für Wissenschaft und Kunst gestellt. Das neue Projekt ist am Institut für Berufspädagogik der THD, Frau Prof. Dr. Paul-Kohlhoff bzw. Christel Walter, angebunden.

Auf dem **Kongreß in Karlsruhe** wurde im Anschluß an die Projektvorstellung über dieses und ähnliche Projekte lebhaft diskutiert. Inhaltlich wurde zu den Unterrichtsbesuchen der Studentinnen vermerkt, daß das "Selbermachen" der Schülerinnen zu kurz kam. Die Motivation über eigenes Ausprobieren und Experimentieren sei fundamental wichtig, um Mädchen für natur- und ingenieurwissenschaftliche Fragestellungen zu interessieren. Es war aber im Rahmen der ohnehin schon zu kurzen Doppelstunden nicht möglich, mehr praktische Arbeit aufzunehmen. Diese fand nur während des einen Projekttages statt und war ansonsten das Fundament der Schnuppertage an der Technischen Hochschule. Allerdings sollte die Möglichkeit genutzt werden, Lehrkräfte auf Seminaren wie dem unseren zu einer Reflexion des eigenen Unterrichts zu bewegen und so zu versuchen, größere praktische Blocks in den normalen Fachunterricht einzubauen und diesen dadurch auch für jüngere Mädchen interessanter zu gestalten.

Als ein heikler Punkt wurden die knappen Fördermittel angesprochen, welche die Arbeit der Projekte häufig erschweren und beschränken.

Schließlich wurde in der Diskussion noch die Frage aufgeworfen, wie damit umgegangen werden kann, wenn die Veranstalterinnen solcher Schulbesuche von den Schülerinnen beargwöhnt werden, weil sie sich "feministisch" engagieren. Dies ist in den Augen mancher Mädchen ein Makel, den sie sich nicht anheften lassen wollen. Unter solchen Voraussetzungen ist eine Sensibilisierungsarbeit, wie sie den Projektfrauen vorschwebte, oft kaum zu leisten.

Trotz allem sind wir der Meinung, daß unser Projekt an den verschiedenen Schulen und an der TH Darmstadt ein Erfolg war. Wir hoffen, daß unsere Veranstaltung auf dem Karlsruher Kongreß sowie dieser Bericht dazu beitragen, daß ähnliche Projekte häufiger durchgeführt und Initiativen in dieser Richtung verstärkt angegangen werden.

Eine ausführliche Dokumentation des Projektes incl. aller verwendeten Materialien ist erschienen im Januar 1995 in der FiT-Schriftenreihe, Heft 5:
Mädchen in Naturwissenschaften und Technik
- Dokumentation eines Schulprojektes
Sie umfaßt 84 Seiten und ist zum Preis von 8.- DM zuzgl. Versandkosten erhältlich bei: FiT - Frauen in der Technik e.V., Schloßgartenstraße 45, D-64289 Darmstadt.

Erfahrungsbericht über eine Informationsveranstaltung für Abiturientinnen: "Berufsbilder von Naturwissenschaftlerinnen"

Regina Knitter
IG Wissenschaftlerinnen im Forschungszentrum Karlsruhe
Postfach 3640, D-76021 Karlsruhe

Einleitung

Obwohl mehr Mädchen als Jungen das Abitur erreichen, sind Frauen in naturwissenschaftlichen und technischen Studienfächern noch immer unterrepräsentiert. Häufig fehlen den Schülerinnen, die vor der Entscheidung stehen, welche Fachrichtung sie studieren wollen, Informationen über die Arbeitsmöglichkeiten, Einblicke in den Arbeitsalltag und nicht zuletzt auch die "Vorbilder", die ihnen Mut machen könnten.

Um Schülerinnen die Studienfachwahl zu erleichtern und mögliche Hemmschwellen abzubauen, hat die Interessengemeinschaft der Wissenschaftlerinnen im Forschungszentrum Karlsruhe interessierten Schülerinnen der 12. und 13. Jahrgangsstufe bereits zum zweiten Mal die Möglichkeit gegeben, einen Tag lang in die Arbeitswelt "hineinzuschnuppern". Vormittags wurden in Vorträgen und Posterausstellung persönlicher Werdegang und jetziges Arbeitsgebiet verschiedener Wissenschaftlerinnen vorgestellt; betont wurden dabei gerade auch frauenspezifische Aspekte wie Chancengleichheit oder die Vereinbarkeit von Beruf und Familie. Anschließend konnten verschiedene Laborarbeitsplätze und Großanlagen besichtigt werden. Wie auch am Vormittag sollte hier nicht die Wissensvermittlung, sondern der Einblick in die persönliche Arbeitswelt und die Möglichkeit, vielerlei Fragen zu stellen im Vordergrund stehen.

Durchführung

Die Einladungen wurden an 18 Schulen im Stadtgebiet Karlsruhes und in den Nachbargemeinden verschickt. Von den 80 Anmeldungen konnten nur 60 berücksichtigt werden, da die Teilnehmerzahl wegen der Besichtigungen in Kleingruppen aus maximal 6 Schülerinnen auf diese Höhe begrenzt worden war.

Um wirklich nur interessierte Schülerinnen und keine "Klassenabordnung" mit der Veranstaltung zu erreichen, wurde in der Einladung und dem Anschreiben an die Schulen dieser Punkt besonders betont. Es zeigte sich bei der ersten Veranstaltung dieser Art, daß eine persönliche Kontaktaufnahme zu den Schulleitungen und/oder FachlehrerInnen notwendig war, damit die Einladungen auch gezielt (und entsprechend motivierend) an die Schülerinnen weitergegeben wurden. (Auffallend war die in beiden Jahren schnelle und große Resonanz von dem im Umkreis einzigen Mädchengymnasium. Sie scheint die zahlreichen Untersuchungen, die den positiven Einfluß des nichtkoedukativen Unterrichtes u. a. auf das technisch/naturwissenschaftliche Interesse von Schülerinnen gezeigt haben, zu bestätigen.)

Im Laufe des Vormittags wurden sechs Kurzvorträge von 15 Minuten + 5 Minuten Diskussionszeit angeboten, unterbrochen von einer einstündigen Pause mit Posterausstellung. Sowohl die Vorträge als auch die Poster stellten eine Mischung aus fachlichen und persönlichen Informationen zu Arbeitsgebiet und Werdegang dar. Es wurde Wert darauf gelegt, daß in Vorträgen, Postern und Besichtigungen, die am Nachmittag stattfanden, jeweils die Fachgebiete Chemie, Physik, Biologie, Materialwissenschaften und Mikrosystemtechnik inhaltlich durch Teilaspekte vertreten waren.

Während der Abschlußdiskussion wurde unter den Teilnehmerinnen ein Fragebogen verteilt, der uns die Möglichkeit geben sollte, Informationen über Studien-/Berufswünsche, deren Auswahlkriterien und vor allem eine detaillierte Resonanz bezüglich der durchgeführten Veranstaltung von den Schülerinnen zu erhalten.

An der Planung und Durchführung der Veranstaltung waren 14 Naturwissenschaftlerinnen beteiligt. Zusätzlich konnten wir sowohl im Vorfeld als auch während der Durchführung auf die technische Infrastruktur incl. Personal des Forschungszentrums zurückgreifen.

Auswertung der Fragebögen

(Zur Gestaltung und Auswertung der Fragebögen sollte man anmerken, daß keine der beteiligten Frauen Erfahrungen in der Erhebung, Erfassung und Auswertung von Meinungsumfragen besaß. Die Antworten können schon von daher und nicht nur aufgrund der geringen Gesamtmenge (33) lediglich eine Tendenz aufzeigen.)

82% der Schülerinnen gaben an, ein naturwissenschaftlich/technisches Studium anzustreben, und sie wählen dieses nach Neigung/Interesse (100%) und den zu erwarteten Berufsaussichten aus (84%). Der existierende Frauenanteil im angestrebten Studienfach spielt für 93% der Schülerinnen keine Rolle; Studienort, Einflüsse der Eltern oder Freunde und die Dauer des Studiums spielen für die meisten nur eine untergeordnete Rolle (33 - 41%).

Die Schülerinnen zeigten sich von der Themenvielfalt beeindruckt, vor allem die Besichtigungen in kleinen Gruppen und die persönlichen "Gespräche am Rande" wurden sehr geschätzt, und die vielen verschiedenen Eindrücke des Tages zwar als anstrengend, aber auch als äußerst informativ beurteilt. Mit Ausnahme der Posterausstellung (21%) wurden alle anderen Veranstaltungsteile zu über 90% positiv beurteilt.

Obwohl drei Schülerinnen die Veranstaltung als etwas "zu feministisch" empfanden, gaben 78% der Teilnehmerinnen an, auch sehr an frauenspezifischen Aspekten, wie der Chancengleichheit in Studium und Beruf und den Problemen bei der Vereinbarkeit von Beruf und Familie interessiert zu sein, und über die Hälfte der Teilnehmerinnen sah den Tag als Ermutigung für die eigene Zukunft an. Alle Teilnehmerinnen sprachen sich dafür aus, daß die Veranstaltung für andere Schülerinnen wiederholt werden sollte und zwei Drittel waren der Meinung, daß auch den Schülern die Teilnahme ermöglicht werden sollte. Bei einer Wiederholung der Veranstaltung sollten nach Meinung von 41% der Schülerinnen auch männliche Referenten mitwirken.

Die Antworten des ersten Fragenkomplexes zu den Studienwünschen entsprach unseren Erwartungen, da wir mit der Einladung ganz bewußt nur Schülerinnen ansprechen wollten, die sich für Naturwissenschaften interessieren. Die recht negative Einschätzung der Posterausstellung gerade im Gegensatz zu den anderen Veranstaltungsteilen, führen wir darauf zurück, daß den Schülerinnen diese Art der Präsentation nicht vertraut ist. Da sie insbesondere die persönlichen "Gespräche am Rande" sehr positiv beurteilen, gehen wir davon aus, daß sie lediglich den Informationsgehalt der Poster beurteilt und die Posterpräsentation nicht als "Hilfsmittel" zur Kommunikation aufgefaßt haben.

Erstaunt haben uns die drei Schülerinnen, die die Veranstaltung als zu "feministisch" beurteilten, da sie unserer Meinung nach in diesem Sinne sehr gemäßigt war. Das ansonsten jedoch große Interesse an frauenspezifischen Aspekten deutet darauf hin, daß auch heute für die Abiturientinnen *Frau + Beruf* und insbesondere *Frau + Naturwissenschaft* nicht selbstverständliche Kombinationen sind, über die nicht mehr gesprochen werden muß.

Wirklich verblüfft haben uns jedoch die Antworten, die wir erhalten haben zur Auswahl der TeilnehmerInnen und ReferentInnen. Für uns war im Vorfeld klar, daß wir nur Schülerinnen ansprechen wollten und selbstverständlich nur Referentinnen einladen. Auch bei der Auswahl der Besichtigungsstationen haben wir großen Wert darauf gelegt, daß der Arbeitsplatz nicht nur von einer Frau vorgestellt wird, sondern nach Möglichkeit auch weitere Frauen in den Laborgebäuden "sichtbar" waren, und die Großanlagen nicht nur von Männern betreut wurden. Und nun wollen 2/3 der Schülerinnen ihre Mitschüler mitbringen und fast die Hälfte die Berufswelt auch von Männern gezeigt bekommen? Wenn die Befragung letztlich auch dazu dienen sollte, eine mögliche Folgeveranstaltung den Wünschen der Schülerinnen anzupassen, so werden wir in diesem Punkt sicher keine Änderung vornehmen. Wir sind der Überzeugung, daß die Schülerinnen, die zumeist (80%) aus gemischten Klassen kamen, einerseits die Teilnahme ihrer Mitschüler "gewohnheitsgemäß" als selbstverständlich empfinden und andererseits sich ihrer spezifischen Probleme und Benachteiligungen (noch?) nicht bewußt sind. Zumeist nehmen Frauen Benachteiligungen erst während des Studiums oder sogar erst bei Eintritt in die Berufswelt wahr. In der gemischten Klasse sind, wie zahlreiche Untersuchungen belegen, weder den SchülerInnen noch den LehrerInnen die Bevorzugung der Schüler bewußt und die Welt noch scheinbar in Ordnung. Die Teilnahme von Schülern würde unserer Meinung nach einerseits den Charakter der Veranstaltung völlig ändern und ein offenes Gespräch über frauenspezifische Probleme erschweren, andererseits befürchten wir, daß insbesondere bei den Besichtigungen die Jungen das Gespräch dominieren würden.

Auch würde der von uns angestrebte "Vorbildeffekt" verloren gehen, wenn wir auch Referenten einladen würden, denn wir wollen den Schülerinnen ja gerade *die Frau in der Naturwissenschaft* nahe bringen. Uns ist zwar bewußt, daß wir den Schülerinnen an diesem Tag durch das Auftreten ausschließlich weiblicher Referenten nicht die real existierende Berufswelt vorstellen. Aber wir wollen ja gerade zeigen, daß es auch nicht mehr nur einige wenige, ganz begnadete Frauen sind, die in dieser noch immer männlich dominierten Berufswelt manchmal gefrustet, aber fast immer mit großer Freude und Begeisterung selbstverständlich ihren Weg gehen, auch wenn jede einzelne in ihrem normalen Arbeitsalltag und auf Tagungen noch immer eine Minderheit repräsentiert.

Zusammenfassung

Zusammenfassend kann man die durchgeführte Veranstaltung wohl als vollen Erfolg werten. Einerseits war es für alle beteiligten Frauen eine motivierende Erfahrung, eine solche Veranstaltung von der Idee bis zur Realisierung durchzusetzen, zumal die von uns anfangs befürchteten betriebsinternen Schwierigkeiten bei der Genehmigung und Durchführung der Veranstaltung nicht auftraten. Wir haben im Gegenteil viel Zustimmung und Unterstützung sowohl innerhalb des Forschungszentrums als auch außerhalb beim Schulamt und bei den Schulen erhalten. Andererseits haben wir unser Ziel erreicht, wenn wir auch nur einigen Schülerinnen Mut gemacht und sie in ihrer Absicht, einen naturwissenschaftlich/technischen Beruf anzustreben, ermutigt haben.

Gestaltung und Anwendung praktisch-technischer Bausteine zur technischen Studienorientierung junger Frauen

Ingeborg Wender
Technische Universität Braunschweig, FB 10,
Bültenweg 74/75, D-38106 Braunschweig

1. Zur Einführung

Die Problemlage ist bekannt: Frauen nehmen in naturwissenschaftlich-technischen Bereichen seit eh und je eine Minderheitenposition ein. Daran konnten auch die Gleichstellungsbemühungen der letzten Jahre an den Hochschulen wenig ändern. Die Technik, der für die Zukunftsentwicklung unserer Gesellschaft eine bedeutende Schlüsselfunktion zukommt, wird vorrangig von Männern, ihren Positionsbestimmungen, Problemstellungen und Wertvorstellungen geprägt. Die männliche Dominanz erzwingt Arbeitsbedingungen, die männlichen Lebensentwürfen und -rhythmen angepaßt sind.

Im Studium führt die marginale Beteiligung von Frauen in den Technik- und "harten" Naturwissenschaften dazu, daß sich ein "Kasernierungseffekt im Sinne einer männerbündischen Strukturierung des Studiums, einer androzentrischen Prägung der Studieninhalte, der Vermittlungsformen und Kommunikationsstrukturen" ausbreitet (Niedersächsisches Ministerium für Wissenschaft und Kultur 1994, S.40).

Darüber hinaus werden die Interessen der Studierenden eher auf spezifisch technische Probleme gelenkt, ohne den Kontextzusammenhang zu berücksichtigen. Dies entspricht offenbar wenig den Neigungen und Zugangsweisen der Studentinnen bzgl. Technik. Weiterhin erleichtert die männliche Dominanz den Männern sexistische Übergriffe gegenüber den wenigen Frauen.

Die weibliche Marginalstellung führt somit leicht zu einem Exotinnenstatus, der durch Ambivalenz gekennzeichnet ist. Einerseits werden die wenigen Frauen bewundert, andererseits werden sie ausgegrenzt. Folge ist häufig eine Überanpassung der wenigen Frauen an vorhandene Strukturen.

Diese vorgefundene Situation schreckt Frauen vielfach ab. Mögliche Technikpotentiale können nicht ausgelotet, sich nicht entfalten und somit nicht von der Gesellschaft als kreative Kräfte genutzt werden. Wie immer die theoretische Position auch sein mag (Frau als Defizit- oder Differenzwesen, weibliche Technikdistanz als Sozialisationsprodukt aufgrund von Geschlechterstereotypen und -rollen oder patriarchale Verweigerung des weiblichen Zugangs zur Technikgestaltung) Einigkeit besteht darin, daß ein möglicher und pragmatischer Weg der Veränderung darin besteht, durch spezifische positive Maßnahmen, den Frauen den Technikzugang zu erschließen.

2. Initiativen zur Frauenförderung

So wurde bereits 1978 vom Bundesminister für Bildung und Wissenschaft die Modellversuchsreihe zur "Erschließung gewerblich-technischer Ausbildungsberufe für

Mädchen" gestartet. Heute kann festgestellt werden, daß die Maßnahmen bedingt erfolgreich waren. Die Frauenanteile konnten in einigen 1977 männlich dominierten Ausbildungsberufen erheblich gesteigert werden (z.B. Konditor/in von 19,4% (1977) auf 62,1% (1991), Tischler/in von 1,3% (1977) auf 10,5% (1991). Im Gegensatz zu den o.g. Berufen konnten Frauen in den Metall- und Elektroberufen, die den Kern technischen Wirkens darstellen, nur wenig Terrain gewinnen (z.B. Elektroberufe von 0,5% (1977) auf 3,3% (1991); vgl. Ostendorf 1994). Die genannten Zahlenzuwächse deuten an, daß die Erhöhung der Frauenanteile in männertypischen Berufen ein zu differenzierender Prozeß ist, vieler unterschiedlicher Maßnahmen bedarf und ein langwieriges Unterfangen beinhaltet.

Seit einigen Jahren weiteten sich die Bemühungen auch auf den gymnasialen und Studienbereich aus. So gibt es bereits eine größere Anzahl von Projekten unterschiedlicher Schwerpunktsetzungen mit verschiedenen Programmanteilen, die auf den Hochschulbereich abzielen. Eine aktuelle Übersicht findet sich in FiT 1994 (Diegelmann et. al. 1994).

Unter dem Motto "Frauen geben Technik neue Impulse" wurde im Mai 1994 von dem damaligen Bundesbildungsminister Laermann in Zusammenarbeit mit der Bundesanstalt für Arbeit und Telekom beim Bundesinstitut für Berufsbildung in Bonn eine Koordinierungsstelle zur Frauenförderung in den verschiedenen gewerblichen, technischen und naturwissenschaftlichen Bereichen eingerichtet (Bundesinstitut für Berufsbildung 1995). Sie veranstaltet regelmäßig Workshops bzw. Expertengespräche und hat bereits am 19.11.94 in Köln einen bundesweiten Frauen-Technik-Tag durchgeführt.

Einige der zur Zeit laufenden Projekte im Hochschulbereich haben sich zur Arbeitsgemeinschaft EUROWIN (European Women in Technology and Science) mit Sitz in Bielefeld zusammengeschlossen, um gegenseitig Erfahrungen auszutauschen und eine die BRD übergreifende europäische Vernetzung der Projekte mit ähnlicher Zielsetzung aufzubauen (Schwarze 1994).

3. Überblick über Gestaltungselemente

Es lassen sich verschiedene Arten von Initiativen unterscheiden:

(1) Ein- oder zweitägige Mädchen-Technik-Tage an Hochschulen oder sonstigen öffentlichen Einrichtungen in Kooperation mit Betrieben von Wirtschaft und Industrie für Schülerinnen

(2) Schnupperstudienwochen oder "Sommeruniversitäten" mit jeweils mehrtägigen Veranstaltungs- und Kursangeboten in Hochschulen neuerdings in Kombination mit Betriebserkundungen für Abiturientinnen

(3) Projekte mit mehrjährigen Laufzeiten, die sich an Schülerinnen der Sekundarstufe II richten und verschiedene Angebote in zeitlichen Sequenzfolgen anbieten; z.B. spezifische Betriebspraktika, Schnupperkurse, Laborworkshops, Betriebserkundungen, diverse Informations- und Diskussionsangebote

(4) Projekte zur Unterstützung der Studentinnen während ihres Studiums, die die besonderen Zugangs-, Lern- und Raumnutzungsweisen von jungen Frauen analysieren und die Ergebnisse insbesondere im Bereich Technik exemplarisch umzusetzen versuchen

(5) Projekte zur Unterstützung der Studentinnen höherer Semester beim Berufseinstieg mit Schwerpunkt auf Netzwerkbildung zwischen Hochschule und Betrieben, zwischen Studentinnen und Ingenieurinnen zur Initiierung von Berufseinstiegspraktika (z.B. Traineeprogramme).

Einige der bereits durchgeführten oder laufenden Initiativen konzentrieren sich auf ein spezifisches Projekt, wie z.B. das Projekt der Sommeruniversität von der Universität Duisburg; andere verbinden mehrere Initiativen zu einer komplexeren Sequenzfolge, wie z.B. das Modellprojekt der TU Hbg./ Harbg. "Technik entdecken".

Die oben genannten Aktivitäten verfolgen das Ziel, die Thematik "Frauen und Technik" nach verschiedenen Gesichtspunkten wissenschaftlich zu untersuchen und Problemlagen aufzudecken. Auf dieser Basis werden Interventionsprogramme entwikkelt, die sich bemühen, die weiblichen Lernformen und Zugänge zur Technik und Naturwissenschaft zu berücksichtigen. Die Wirksamkeit der durchgeführten Maßnahmen wird nach Möglichkeit evaluiert, um längerfristig einen höheren Frauenanteil im Natur- und Technikbereich sicherzustellen.
Dabei werden vielfältige Maßnahmen angeboten:

- Orientierungseinheiten für Studienanfängerinnen
- Informationseinheiten
- Erkundungseinheiten in Hochschulen und Betrieben
- Probeteilnahme an regulären Lehrveranstaltungen
- Kurse zum Erwerb von Schlüsselqualifikationen
- Experimentaleinheiten in Form von Zur-Verfügung-stellen von Laborplätzen oder Werkstätten bzw. Durchführung spezifischer Praktika und Technikexperimentierkurse
- Betreuungs- und Beratungsangebote von Studentinnen höherer Semester und/oder Ingenieurinnen
- Diskussionsrunden mit Expertinnen und Experten aus Hochschule und Betrieb
- frauenspezifische Vor- und Nachbereitung von Veranstaltungen
- soziale Netzwerkbildung

4. Akzeptanz der technischen Bausteine bei den Schülerinnen

Als erstes Fazit dieser Modellprojekte und Initiativen im Schul- und Studienbereich kann festgehalten werden, daß die Programmteile, die technische Stütz- und praktische Labor- bzw. Werkstattangebote beinhalten und als Ergänzung zu den normalen Veranstaltungen zur Vertiefung des Lehrstoffs beitragen, von den jungen Frauen in hohem Maße akzeptiert wurden und recht erfolgreich waren, Technikinteresse zu wekken. Weiterhin wurde der Erfahrungsaustausch mit Studierenden der höheren Semester und bereits im Beruf stehenden Ingenieurinnen besonders geschätzt.

Darüber hinaus fanden die Angebote zum Erwerb sog. Schlüsselqualifikationen wie Rhetorik und Präsentationstechniken regen Zuspruch. Bevorzugt wurden die Informationen von Studiengängen abgefragt, die die "harten" Technikwissenschaften mit "weicheren" Wissenschaften kombinieren, wie z.B. Biotechnologie, Wirtschaftsingenieurwesen, Geoökologie, Medizintechnik.

Angebote, die auf die Betonung der spezifischen Situation und Marginalstellung der Frauen in den Natur- und Technikwissenschaften abhoben, diese problematisierten, auf die Benachteiligungen hinwiesen und Frauenfördermaßnahmen diskutierten, fanden hingegen weniger Anklang. Ein Feminismus, der die besondere Lage von Frauen hervorhebt, wird mehrheitlich abgelehnt. Immer wieder werden Forderungen von Schülerinnen laut, die darauf abzielen, die "interessanten" Technikangebote auch Jungen zu öffnen, für die die Angebote in besonderem Maße attraktiv sein würden.

Obgleich vordergründig die besondere Thematisierung der Vereinbarkeit von Familien- und Erwerbsarbeit von den jungen Frauen abgelehnt wurde, spielt sie offenbar dennoch hintergründig in den Überlegungen zur Berufsorientierung und -wahl eine erhebliche Rolle. Berufsorientierung ist bewußt oder unbewußt bei jungen Frauen mit einer umfassenden Lebensplanung verknüpft, auch wenn diese vorerst verdrängt und nicht immer offen zugegeben wird. Die jungen Frauen verweilen häufig lieber in einem Zustand des "Moratoriums", d.h. in einem Schwebezustand, der noch keine eindeutige Entscheidung in die eine oder andere Richtung abverlangt. Die jungen Frauen lassen sich aber von Ingenieurinnen und Naturwissenschaftlerinnen beeindrucken, die es erfolgreich geschafft haben, Beruf und Familie trotz vieler Mühen und Anstrengungen zu verbinden. Diese Positivbeispiele bergen jedoch die Gefahr, daß das Problem der familiären Betreuungssleistungen als ein individuelles Problem angesehen wird, daß durch persönliche Tüchtigkeit gemeistert werden kann. Die Diskriminierung der Frauen als gesellschaftlich verankertes Phänomen bleibt so unentdeckt. Auf eine entsprechende Diskussion kann somit nicht verzichtet werden.

5. Erzielte Wirkungen der technischen Bausteine

Wegen der positiven Resonanz, die die technischen Angebote bei den jungen Frauen fanden bzw. finden, ist es sinnvoll, die technischen Bausteine einer genaueren Diskussion zuzuführen, um ihre Effizienz zu prüfen.

Was kann durch die Bereitstellung von z.B. Betriebspraktika, Mädchen-Technik-Tagen und Betriebserkundungen bewirkt werden? Die begleitende Evaluierung des Modellprojektes "Technik zum Be-Greifen speziell für junge Frauen" an der Technischen Universität Braunschweig erbrachte Anzeichen für folgende Veränderungen (s. Wender & Bade 1995):

Bei den Schülerinnen

- Zunahme der Kenntnisse über ingenieurtechnische Ausbildungswege und Berufe
- Erkennen der Wichtigkeit einiger Fächer wie Mathematik, Informatik und Physik für Studium und Beruf
- positive subjektive Erfahrungen im Umgang mit Technik
- Initiierung von Imitations- und Identifikationsprozessen mittels verschiedener Formen des sozialen Lernens
- Zuschreibung von mehr Technikkompetenz und Selbstwirksamkeit in technischen Berufszweigen

Bei den Schülerinnen, Eltern und Mitgliedern der beteiligten technischen Institutionen

- Hinterfragung und Abbau der Geschlechterstereotype und - rollenmuster als Verhaltensleitbilder
- erste Ansätze zur Öffnung einiger Institutionen und Betriebe für weibliche Interessenlagen und Lebensentwürfen (wie z.B. Vereinbarkeit von Familie und Beruf, Einbettung der technischen Probleme in gesellschaftliche Zusammenhänge).

Allerdings können bislang zur Stabilität dieser Veränderungen kaum Aussagen getroffen werden. Es ließen sich erste Hinweise finden, daß eineinhalb Jahre nach dem spezifischen Praktikum bei den Leistungskurswahlen die Mädchen des Modellprojektes im Vergleich zu Mädchen, die ein "normales" Praktikum absolviert haben, in stärkerem Maße naturwissenschaftliche Ausrichtungen wählten und ihre Berufsorientierung deutlicher in technische Richtungen wies (s. Schade 1995).

6. Schlußfolgerungen und Ausblick

Leider sind die Laufzeiten der Projekte größtenteils begrenzt. Vieles, was sich als erfolgreich hinsichtlich der Frauenförderung im Bereich der Natur- und Technikwissenschaften gezeigt hat, verschwindet häufig wieder nach einem mühsamen Aufbau der Organisationsstrukturen, weil Finanzmittel zur Fortsetzung der Maßnahmen nicht zur Verfügung stehen. Eine langfristige Laufbahnberatung der an den Projekten beteiligten Schülerinnen kann nur dann aufgebaut werden, wenn eine längerfristige Perspektive entwickelt werden kann und genügend für den Zweck ausgebildetes Personal zur Verfügung steht. Es ist deshalb dringend geboten, diese "Patchwork"-Situation aufzubrechen. Entweder sind Sondermittel vom Bund und den Ländern zur Verfügung zu stellen, oder aber es müssen diverse Anreize gesetzt werden, damit die frauenspezifischen Programme in den Natur- und Technikwissenschaften längerfristig von den Hochschulen übernommen werden.

Als besonderes Problemfeld stellt sich der Berufsübergang von der diplomierten Ingenieurin zur qualifizierten Führungsposition dar. Wirtschaft und Industrie müßten sich weitaus stärker den Frauen gegenüber öffnen und sie nicht als Reservearmee betrachten, die jeweils nach Bedarf abrufbar ist. Arbeitslose Physikerinnen und Ingenieurinnen mit den besten Zeugnissen lassen die Projekte ins Leere laufen. Sinnvoll scheint es deshalb, ein Gesamtkonzept zur Frauenförderung zu entwickeln, das die verschiedenen Stufen der Ausbildung, Berufs- und Beschäftigungsfindung sowie Weiterqualifikation miteinander verzahnt und in eine aufeinanderaufbauende Zeitfolge von positiven, aktiven Maßnahmen bringt. Streng genommen haben die einzelnen Projekte nur dann einen Sinn, wenn sie in einem Gesamtförderkonzept von Schule, Hochschule und Betrieb eingebettet sind.

7. Literaturhinweise

Bundesinstitut für Berufsbildung (Hrsg.) (1995): Frauen geben Technik neue Impulse. Berlin: Hoch Drei.

Diegelmann, K., Moser, A. & Bauer, A. (1994): Projekte und Modellversuche zur Förderung von Frauen in ingenieur- und naturwissenschaftlichen Studiengängen an bundesdeutschen Hochschulen. FiT - Frauen in Naturwissenschaft und Technik, Heft 4.

Nds. Ministerium für Wissenschaft und Kultur (Hrsg.) (1994): Frauenförderung ist Hochschulreform - Frauenforschung ist Wissenschaftskritik. Hannover: novuprint.

Ostendorf, H. (1994): Öffnung von Männnerberufen für Frauen. WSI - Mitteilungen, 12, 752-761.

Schade, U. (1995): Auswirkungen der Intervention auf die Schülerinnen eineinhalb Jahre später. In: Wender, I. & Bade, A. 1995. Frauen erobern die Technik. Braunschweig: Technische Universität.

Schwarze, B. (1994): Arbeitskreis EUROWIN: Konkurrenz für das "Old-Boys-Network"? Zweiwochendienst, 12, 9, VIII-IX.

Wender, I. & Bade, A. (1995): Frauen erobern die Technik. Zwischenbericht II. Braunschweig: Technische Universität.

Ergebnisse des qualitativ ausgerichteten Teils der Untersuchung "Studienmotivation und Studienbarrieren für Frauen in technischen Studiengängen." Ein Forschungsprojekt der Fachhochschule Rheinland-Pfalz in Kooperation mit der Universität Kaiserslautern*

Käthe Schneider und Andrea Schmelter

A. Studienzugang von Frauen zu "harten" technischen Disziplinen

Käthe Schneider
FH Rheinland-Pfalz, Abteilung Bingen, Fb. Verfahrenstechnik
Rochusallee 4, D-55411 Bingen
Tel.: +49 6721/409201, Fax: +49 6721/409112

1. Einleitung

"Es scheint, daß das Leben für keinen von uns leicht ist. Doch was nützt das, man muß Ausdauer haben und insbesondere Selbstvertrauen haben. Man muß daran glauben, für eine bestimmte Sache begabt zu sein, und diese Sache muß man erreichen, koste es, was es wolle" (Marie Curie).

Die Nobelpreisträgerin für Physik und Chemie, Marie Curie-Sklodowska, die diese Gedanken äußerte, betonte dieses irrationale, emotionale Moment des Glaubens an Sich als Motor für die Bewältigung von Schwierigkeiten. Es liegt nahe anzunehmen, daß dieser Glaube an sich selbst nicht nur zum Durchhalten anspornt, sondern auch zur Aufnahme einer Auseinandersetzung, einer nicht einfachen Auseinandersetzung, einer "harten". Die Beantwortung der Frage, was zu einer schwierigen Auseinandersetzung antreibt, oder konkret: welche Faktoren den Studienentschluß, eine "harte" ingenieurwissenschaftliche Disziplin zu studieren, begünstigen, und in welcher Relation diese Faktoren zueinander stehen, wird Gegenstand dieses Vortrages sein.

In Anlehnung an Walter Herzog (1994, 89) gilt eine Wissenschaft dann als "hart", "wenn die *Sprache* im Erkenntnisprozeß eine geringe Rolle spielt". Zur Beantwortung der oben formulierten Frage wird neben einschlägigen Untersuchungsergebnissen in erster Linie auf qualitative Daten rekurriert, die in dem rheinland-pfälzischen Forschungsprojekt "Studienmotivation und Studienbarrieren für Frauen in technischen Studiengängen" erhoben wurden. Interviewt wurden u.a. Studentinnen und Studenten "harter" ingenieurwissenschaftlicher Disziplinen. Als Erhebungsmethode wurde das narrative-unstrukturierte Interview gewählt, das lediglich eine allgemeine Eingangsfrage durch die Interviewerin bzw. den Interviewer vorsieht; Zwischenfragen der Interviewerin bzw. des Interviewers beziehen sich auf das Erzählte und dienen als Erzählstimulus. Die von uns formulierte Eingangsfrage lautet wie folgt:

"Bitte erzählen Sie, wie sich die Vorgeschichte und Geschichte Ihres Studiums zugetragen haben. Sie können sich dafür Zeit nehmen, auch für Einzelheiten, denn mich interessiert alles das, was Ihnen wichtig ist".

Ausgewertet wurden die Interviews mit Hilfe von Kategorien, die aus dem Material generiert und als Fragen formuliert wurden. Die aus sämtlichen Interviews gewonnenen Kategorien wurden zusammengestellt und bilden das Instrument zur Auswertung jedes Interviews. Als Beispiel für eine Kategorie sei folgende Frage genannt: "Welche Faktoren werden von der Erzählerin/dem Erzähler für die Studienentscheidung als relevant erachtet?"

Die Studienfachentscheidung als eine Funktion aus "gewachsenen" stabilen Persönlichkeitsmerkmalen und aus situativen Umweltmomenten (vgl. Thomas Bäumer u.a. 1994, 175) wird nur vor dem Hintergrund subjektiver Wahrnehmungen und Erlebensformen der interviewten Personen untersucht; die objektiven Studienzugangsfaktoren werden mit diesem Erhebungsinstrument nicht erfaßt.

2. Auswertungsergebnisse der qualitativen Interviews

2.1 Welche Faktoren "harter" ingenieurwissenschaftlicher Disziplinen erachten Sie für die Studienentscheidung als relevant?

Das Interesse an Mathematik, Physik, Chemie und/oder Technik sowie ein positives Selbstbild von mathematischen, technischen und/oder physikalischen Fähigkeiten bzw. Fertigkeiten werden von den interviewten Studentinnen "harter" ingenieurwissenschaftlicher Disziplinen für die Studienentscheidung als bedeutungsvoll angesehen. Ein Teil dieser, aus den Erzählungen gewonnenen Studienmotive wurde in quantitativ ausgerichteten Untersuchungen ebenso herausgearbeitet. Beispielsweise ermitteln die Forscherinnen Steffani Engler und Hannelore Faulstich-Wieland in der Begleitstudie eines Modellversuchs an der TU Hamburg-Harburg und der FH Hamburg folgendes Ergebnis: "Präferenzen für mathematisch-naturwissenschaftliche Schulfächer sind bei den Ingenieurstudentinnen ... unverkennbar. (...) Mathematik ist das Schulfach, das in der Präferenzskala bei den befragten Studentinnen an beiden Hochschulen (FH und TU - K. Sch.) den ersten Platz einnimmt". (Engler/Faulstich-Wieland 1994, 36) Dazu sei angemerkt, daß Schulfachpräferenzen einen Indikator für Interessen darstellen.

Carol Auster gelangt in ihrer Studie, in der sie im Jahre 1980 in den USA die Studienzugangsfaktoren von Studentinnen der Ingenieurwissenschaften mit denen von Studenten vergleicht, zu folgendem Ergebnis: "These women engineers have an interest in math and science and recognize their superior capabilities..." (Auster 1984, 323) Diese Resultate korrespondieren ebenso mit der von Bettina Hannover (1991, 171) gewonnenen Gesetzmäßigkeit, daß mit zunehmender subjektiver Mathematikkompetenz die Attitüden der Jugendlichen gegenüber einem naturwissenschaftlich-technischen Beruf positiver werden. Positive Attitüden wiederum begünstigen entsprechende Intentionen.

Das Selbstbild, hier von den Fähigkeiten und den Interessen, scheint nach Thomas Bäumer, Reinhold Scheller und Jutta von Maurice (1994, 175) als eine Bewertungsinstanz für situative Zufallserfahrungen, wie z.B. für einen zufällig erfahrenen, neuen ingenieurwissenschaftlichen Studiengang, zu sein. Ob eine zufällig gemachte Erfahrung für die Studienentscheidung relevant wird, hängt davon ab, ob sich der Zufallsfaktor mit wesentlichen Konstituentien des Selbstbildes verträgt. Die Art der Beziehung zwischen stabilen Persönlichkeitsmerkmalen und situativen Zufallsfaktoren sei nachstehend an Beispielen qualitativ erhobener Daten der "Rheinland-Pfalz-Studie" dokumentiert.

Vor dem Hintergrund eines positiven Selbstbildes von mathematischen und physikalischen Fähigkeiten und eines Interesses an Mathematik, Physik und Technik stellt der in einem Interview geäußerte Zufallsfaktor "Abhalten der Erzählerin von einem Maschinenbaustudium durch den Freund" einen zusätzlichen Motor für die Erzählerin dar, die Disziplin "Maschinenbau" zu studieren. Hohe subjektive Erfolgserwartungen, die mit dem positiven Leistungsselbstbild einhergehen, motivieren die Erzählerin, in einen Leistungswettbewerb mit ihrem Freund zu treten.

"Mein damaliger Freund wollte halt Maschinenbau studieren. Dann habe ich gedacht, weil ich in Mathe und in Physik im Leistungskurs eigentlich ziemlich gut war, das müßte ich jetzt auch einmal probieren. (15 ff.) Ja das war dann eher eine Herausforderung, daß ich halt gedacht habe, was der kann, das kann ich auch. Das war mehr so die Herausforderung für mich selbst, nicht irgendeine Einflußnahme von ihm... Im Gegenteil, ich glaube, der hat es (das Maschinenbaustudium - K. Sch.) mir damals eher ausgeredet" (Studentin der Disziplin Maschinenbau, Universität Kaiserslautern 76 ff.).

Der situative Zufallsfaktor, der bei Passung mit dem Selbstbild zu einem Studienmotiv wird, kann ebenso antizipierte Handlungsergebniskonsequenzen (Folgen des Studienabschlusses) betreffen, nämlich z. B. die Option, nach erfolgreichen Studium den expandierenden, elterlichen Betrieb zu übernehmen.

"Zwischenzeitlich ist der Betrieb immer größer geworden... (...) Es wurde also immer umfangreicher, und immer mehr Nachfragen für das Gerät sind gekommen aus dem Ausland, Amerika, Österreich und Frankreich. Und dann haben meine Mutter und ich ... beschlossen..., ich mache Maschinenbau".
(Studentin der Disziplin Maschinenbau, Fachhochschule Rheinland-Pfalz 24 ff.)

Daß die erfahrenen schulischen Leistungen sowie die von Lehrenden erhaltenen Beurteilungen die Schülerin/den Schüler nicht notwendigerweise dazu befähigen, sich in bezug auf berufliche Anforderungen angemessen einschätzen zu können, belegen nachstehend aufgewiesene Zusammenhänge. Eine Erzählerin, die zunächst nach Erlangung der Allgemeinen Hochschulreife eine Ausbildung zur BTA absolviert, erfährt in dieser Tätigkeit, daß ihre Fähigkeiten über dem Anspruchsniveau dieser technischen nicht-akademischen Ausbildung liegen. Die Erzählerin ist aufgrund eines Vergleiches mit erfahrenen Anforderungen in einem technischen, nicht-akademischen Beruf in der Lage, ihr Leistungsselbstbild präziser einzuschätzen, und aufgrund dessen wählt sie eine berufliche Aufgabe mit einem höheren Anspruchsniveau.

"Ich habe gemerkt, daß ... ich etwas brauche, wo ich auch einmal etwas zusammenbauen kann, oder wo ein bißchen mehr dahinter ist, als nur etwas zu analysieren.." (Studentin der Disziplin Maschinenbau, Fachhochschule Rheinland-Pfalz 469 ff.)

2.2 Wodurch können die Faktoren, die Studentinnen "harter" ingenieurwissenschaftlicher Disziplinen für den Studienzugang als relevant erachten, ausgebildet bzw. gefördert werden?

Im folgenden werden die Momente dargestellt, die zur Ausbildung des oben gezeichneten Selbstbildes der Studentinnen "harter" ingenieurwissenschaftlicher Disziplinen beitragen. Aus den qualitativ erhobenen Daten konnte die These gewonnen werden, daß die Wahl eines Mathematik-, Technik- und/oder eines naturwissenschaftlichen Leistungskurses bzw. eines entsprechenden naturwissenschaftlichen oder technischen schulischen Schwerpunktes den Zugang zu einer "harten" ingenieurwissenschaftlichen Disziplin positiv beeinflußt (vgl. auch Hildegard Zimmermann 1987, 90). Dies wurde auch in der von Tino Bargel, Gerhild Framhein-Peisert und Johann-Ulrich Sandberger (1989, 62) durchgeführten quantitativen Erhebung festgestellt.

Anhand der qualitativ erhobenen Daten wurde die Frage zu beantworten gesucht, welche Bedingungen dazu beitragen, daß eine solche Leistungskurswahl in den Entschluß einmündet, ein "hartes" ingenieurwissenschaftliches Studium aufzunehmen. Langandauernde positive Erfahrungen in den Fächern Mathematik, Physik und/oder Technik, insbesondere in Form von Leistungskursen, scheinen eine wichtige Bedingung für die Aufnahme eines "harten" ingenieurwissenschaftlichen Studiums zu sein. Folgende Faktoren, so die Ergebnisse der Datenauswertung, tragen zu positiven Gefühlen in den o.g. Leistungskursen bei:

- Die Studentinnen nennen im Zusammenhang mit den als positiv erfahrenen Leistungskursen in Mathematik, Naturwissenschaften und Technik die von ihnen erzielten konstanten, guten bis sehr guten Leistungen.
- Es wird ebenso deutlich, daß die guten Leistungen mit einem von den Erzählerinnen als relativ gering erlebten Anstrengungsaufwand erbracht wurden.

> *"... auf dem technischen Gymnasium mußte ich eigentlich nie lernen. Ja, ich habe für das Abitur zwei Wochen vorher gelernt. Das hat trotzdem immer so gut geklappt" (Studentin der Disziplin Maschinenbau, Fachhochschule Rheinland-Pfalz 429 ff.).*

Entsprechend werden gute bis sehr gute Leistungen mit der Variable "Fähigkeiten" begründet.

- Das Interesse am Fach, das von Manfred Prenzel, Andreas Krapp und Hans Schiefele (1979, 166) "durch eine insgesamt als anregend und angenehm erlebte emotionale Tönung des gegenstandsbezogenen Erlebens gekennzeichnet ist", trägt selbstredend zu einem positiven Erleben bei.
- Die Haltung der Lehrpersonen beeinflußt die Leistungsmotivation der Lernenden beispielsweise dadurch positiv, daß die Lehrenden die Lernenden kontinuierlich dazu anregen, sich über den Unterricht hinaus mit dem Fach Physik auseinanderzusetzen, z.B. in Form von durch Lehrende geleitete Arbeitsgemeinschaften über Teildisziplinen, wie z.B. Astronomie. Das hier von der Erzählerin positiv Erlebte mag einerseits in der Organisationsform des Lernens, hier der Arbeitsgemeinschaft, begründet sein, andererseits in dem Themengebiet. Nach einer Untersuchung von Lore Hoffmann und Manfred Lehrke (1986) zählt nämlich die Astrophysik zu den vier Bereichen der Physik, die Schülerinnen als am interessantesten beurteilen.

- Die Lehrenden vermitteln den Schülerinnen die Wichtigkeit dieser Fächer, möglicherweise für spätere Berufe. Die Lehrenden verstehen es, die Schülerinnen für die Inhalte zu begeistern. Es wird für die Studienfachwahl und für das Interesse am Fach als bedeutungsvoll vermerkt, daß die Lehrenden das Fach positiv besetzen.
- Die Möglichkeit, bereits während der Schulzeit Vorlesungen im Bereich der Physik, Mathematik, Technik und/oder Chemie sowie in den entsprechenden Randgebieten zu hören, wird positiv herausgestellt. Dieses Erleben mag mit den folgenden angenommenen Faktoren zusammenhängen:
- Eine mögliche positive Besetzung der Institution Hochschule durch Schülerinnen und Schüler wird auf die Partizipation an Vorlesungen übertragen.
- Durch die vertiefte und systematische Auseinandersetzung mit einem Gegenstand mag der Schülerin deutlich werden, daß eine solche zum besseren Verstehen eines Sachverhaltes notwendig ist.
- Die Schülerin erfährt ein tieferes Verstehen.
- Das Breiten- und Tiefenwissen in einem Fach, für das man sich interessiert, wird erweitert.
- Außerdem wird die geringe Anzahl an Lernenden in Leistungskursen als positiv hervorgehoben. Hier sei auf Untersuchungsergebnisse von Tore Skinningsrud (1984) verwiesen, die in Schulen beobachtet hat, daß Mädchen eher als Jungen jene Settings bevorzugen, in denen sie das Gefühl von Privatheit haben. Dieses Gefühl ist eher in Gruppen mit wenigen Mitgliedern gegeben.

Neben dem positiven Selbstbild von den mathematischen, naturwissenschaftlichen Leistungen und neben einem Interesse an entsprechend theoretischer Auseinandersetzung fördert das Interesse an praktischen technischen Tätigkeiten den Zugang zu einem "harten" ingenieurwissenschaftlichen Studium.
Das Interesse an handwerklichen Tätigkeiten wird, so die Untersuchungsergebnisse, durch folgende Erfahrungen ausgebildet bzw. gesteigert:
- Kontinuität technischer Erfahrungen
- Zuschauen (des Vaters) bei handwerklichen Tätigkeiten
- Erklärungen zu Geräten, technischen Prozessen (durch den Vater) anhand von Literatur und/oder anhand von Geräten und sichtbaren Abläufen
- Selbsttätigsein im (elterlichen) Handwerksbetrieb, in einer Ausbildung (zur BTA)
- Partizipieren am Technikunterricht
- Zuschauen von Motorradrennen

Nach Bettina Hannover und Susanne Bettge (1993, S. 45) muß einschränkend gesagt werden, daß *positiv* erlebte Technikerfahrungen zu einer positiven Attitüde beitragen. Die nachstehende Vermutung einer Erzählerin zeigt, daß eine von ihr angenommene negative Technikerfahrung nicht eine solche Studienwahl begünstigt hätte.

> "*Wir sind also .. zwei Schwestern, kein Junge, der mir etwas erklären konnte, sondern wir haben dabei hinter (unserem Vater - K. Sch.) gestanden und ihm zugeguckt*" *(Studentin der Disziplin Elektrotechnik-Ingenieurinformatik, Fachhochschule Rheinland-Pfalz 8 ff.)*

Ein nicht dozierendes Verhalten der Schwester gegenüber der Erzählerin, die beide Lernende im Lernfeld Technik sind, wird von der Erzählerin für den Aufbau einer Beziehung zum Gegenstand "Technik" als förderlich und angenehm erfahren. Das hier ausgedrückte Fremdbild der Erzählerin von einem männlichen Lernenden im Lernfeld Technik macht deutlich, daß das möglicherweise erfahrene Gebaren von Jungen, sich gegenüber den weiblichen Lernenden als wissend und dozierend zu präsentieren, als hinderlich für den Aufbau eines Technikinteresses von der Erzählerin gesehen wird. Aufgrund der Tatsache, daß die vermittelnde Person ein Mann ist und dies nicht negativ erlebt wird, scheint es das oben genannte, erfahrene Gehabe von Lernenden zu sein, das als negativ erlebt wird. In eine ähnliche Richtung weist auch die Äußerung einer anderen Erzählerin. Sie erachtet es für die Ausbildung von Technikbezügen als positiv, daß ihr Bruder nicht älter als sie ist. Sie nimmt an, daß technische Fähigkeiten, Fertigkeiten und technisches Interesse eines fiktiven älteren Bruders die Erzählerin davon abgehalten hätten, ein Interesse an Technik zu entwickeln und ein entsprechendes Studium zu wählen.

> *"Ich glaube, ich hatte auch das Glück, daß ich keinen älteren Bruder hatte, weil mein Vater mir öfter mal irgend etwas erklärt hatte. ... wenn mein kleiner Bruder älter gewesen wäre und hätte das Feld schon richtig besetzt, dann hätte ich da wahrscheinlich überhaupt keinen Bock mehr darauf gehabt, dann hätte ich mir irgend etwas anderes gesucht". (Studentin der Disziplin Maschinenbau, Universität Kaiserslautern, 23 ff.)*

Möglicherweise aktiviert ein älterer Bruder, der sich für Technik interessiert und diese Aufgaben erfolgreich bewältigt, in der Frau die erlernte Assoziation "Männlichkeit und Technik", die gleichzeitig zum Abrufen des Komplementärstereotypes "Frauen interessieren sich nicht für Technik und sind dafür nicht geeignet" führen. Es scheint jedoch, so die Interviews, daß die Stärke der erlernten Assoziation "Männlichkeit und Technik" mit dem Ausmaß, dieses kognitiv zu repräsentieren, interagiert. Neben dem Interesse an technischen Tätigkeiten scheint ebenso ein positives Selbstbild von technischen Fähigkeiten und Fertigkeiten die Aufnahme einer "harten" ingenieurwissenschaftlichen Disziplin zu begünstigen.

Eine weitere These, die sich aus den Interviewdaten generieren läßt, lautet: In Abhängigkeit von der Qualität der gemachten technischen Erfahrungen variiert das Selbstbild der Erzählerinnen von handwerklichen Fertigkeiten. Die Erzählungen der im Rahmen unserer Untersuchung interviewten Studentinnen legen die Vermutung nahe, daß rezeptive Lernhaltungen, wie z.B. dem Vater bei handwerklichen Tätigkeiten zusehen und das Stellen von Fragen, nicht nennenswert zu einem positiv gezeichneten Selbstbild von handwerklichen Fertigkeiten beitragen. Das fehlende Selbsttätigsein und in erster Linie gemachte Sekundärerfahrungen (Vermittlung des Wissens über Sprache und Symbole) im technischen Bereich scheinen sogar die Erfolgszuversicht bezüglich des Studiums einer "harten" technischen Disziplin zu beeinträchtigen, wie das nachstehende Zitat verdeutlicht:

> *"Ich hatte halt Angst, weil ich nicht mein Mofa drei Male auseinandergenommen und zusammengeschraubt hatte und auch sonst eigentlich nicht soviel gebastelt hatte. Der (der Berufsberater) hat gemeint, daß es halt im wesentlichen Mathe und Physik wären, (die für das Maschinenbaustudium wichtig sind. - K. Sch.) ...*

Also, das sehe ich auch bei mir so im Umfeld immer wieder. Leute mit Mathe- und Physikleistungskurs finde ich, daß die besser zurechtkommen" (Studentin der Disziplin Maschinenbau, Universität Kaiserslautern, 83 ff.).

Die Erfahrung, die die oben zitierte Erzählerin im technischen Bereich gewonnen hat, zeigt sich beispielsweise darin, daß ihr Vater, der ein Motorrad besitzt, sie mit zu Motorradrennen nimmt. Die Erzählerin lernt einen Teil der Technikkultur vor allem durch Beobachtungen und durch das Stellen von Fragen kennen. Ferner erwirbt sie technische Erfahrung, indem der Vater ihr in einem Alter von zehn Jahren anhand von Zeitschriften Funktionsweisen eines Ottomotors erklärt. Die von dieser Erzählerin gemachten technischen Erfahrungen, die sich in erster Linie in Beobachtungen, im Zuhören und im Stellen von Fragen erschöpfen, führen nicht zu einem positiven Selbstbild von technischen Fertigkeiten.

Im Unterschied dazu geht das positive Selbstbild von technischen Fähigkeiten und Fertigkeiten einer anderen Erzählerin mit relativ langandauernden, praktischen Technikerfahrungen einher, die von anfänglichen Assistenztätigkeiten über selbständiges Reparieren von Gegenständen bis zum selbständigen Lösen komplexer technischer Probleme reichen. Das folgende Zitat der Erzählerin dokumentiert die Art der Tätigkeiten.

"Dann stand ich halt dabei, Schraubenzieher hingehalten, gib mir mal das, gib mir mal jenes, und dann habe ich halt da ein bißchen mitgemacht. Dann war einmal das Auto kaputt, dann das repariert, dann ... ein erstes Fahrrad zusammengebaut..., und so kam das Interesse" (Studentin der Disziplin Maschinenbau, Fachhochschule Rheinland-Pfalz 451 ff.)

Das positive Selbstbild von technischen Fähigkeiten und Fertigkeiten der Erzählerin wird darüber hinaus noch dadurch begünstigt, daß der ehemalige Chef der Erzählerin vermittelt, daß er sie als Sachautorität zur Bewältigung von technischen Problemen schätzt.

"Während meiner Berufsausübung kam ... mein damaliger Chef auf mich zu. Ach, Frau X.., Ihr Vater macht doch da solche Sachen. Wir haben das und das Problem. Wie könnten wir das lösen? Und dann, dann habe ich gemerkt, wie mir das Spaß macht. Das waren simple Sachen; wie schrauben wir am besten? Was für eine Schraube nehmen wir, ... die Schraube muß Belastung aushalten. Ach, sie muß .... noch lösbar sein und nicht zu teuer. Und dann habe ich halt angefangen und ... ein bißchen mitgemacht. (...) ... und dann kam halt .. mein Chef immer, Frau X., das Problem, Frau X., was können wir denn da machen. Und dann habe ich gemerkt, ich brauche etwas, ... wo ich auch einmal etwas zusammenbauen kann und wo ein bißchen mehr dahinter ist als nur etwas zu analysieren" (Studentin der Disziplin Maschinenbau, Fachhochschule Rheinland-Pfalz 460 ff.)

Es wird deutlich, daß die Erzählerin durch die erfahrene Bestätigung ihrer technischen Fähigkeiten und Fertigkeiten erfolgszuversichtlicher wird und den Leistungsgütemaßstab erhöht.

3. Schlußbemerkung

Wie bedeutsam die Assoziation "Männlichkeit und Technik" für die Unterrepräsentanz von Frauen in "harten" ingenieurwissenschaftlichen Disziplinen ist, sei abschließend verdeutlicht:

Robinson-Stavely und Cooper (1990) weisen nach, daß Männer und Frauen, die über ein vergleichbares Wissen und über vergleichbar wenige Erfahrungen im Umgang mit dem Computer verfügen, vergleichbare Reaktionen beim Bewältigen von Anforderungen zeigen. Unter der Anwesenheit einer Person jedoch zeigen Männer bessere Leistungen, positivere Haltungen dem Computer gegenüber und weniger Angstgefühle als Frauen. Die Präsenz einer Person im Raum führt dazu, daß sowohl von den weiblichen als auch von den männlichen Versuchspersonen das Stereotyp abgerufen wird, Männern seien ein Interesse an Computern und entsprechende Fähigkeiten eigen.

B. Studienverlauf von Frauen in "harten" technischen Disziplinen

Andrea Schmelter, Kaiserslautern

Im folgenden möchte ich auf einige von den Studentinnen angesprochene Aspekte des Studiums näher eingehen. Es handelt sich dabei um eine Auswahl, das heißt nicht alles, was von den Befragten thematisiert wurde, kann hier aufgegriffen werden. Die Auswahl erfolgte primär hinsichtlich zweier Kriterien:

a) was wurde von den Interviewten häufig angesprochen
b) was ist hinsichtlich der Fragestellung und Zielsetzung des Forschungsprojektes von besonderer Relevanz

Studienbeginn

Die hohen fachlichen Anforderungen des Grundstudiums, Stoffülle und Leistungsdruck bereiteten mehreren der von uns interviewten Technikstudentinnen anfangs Probleme. Sie erlebten Leistungseinbrüche, die sie an ihrer Eignung für das Studium zweifeln ließen. Frauen, denen der fachliche Einstieg eher leicht fiel, führen das insbesondere auf ihre gute schulische Vorbildung aus entsprechenden Leistungskursen (Mathematik und Physik) zurück.

Neben den fachlichen Anfangshürden hatten die Studentinnen gerade zu Studienbeginn aber auch mit einer ganzen Reihe anderer Schwierigkeiten zu kämpfen. Der Einstieg in die neue Umgebung, die Trennung von Eltern und Freunden fiel einigen nicht leicht. Der soziale Einstieg wurde auch durch das von den Studentinnen teilweise unterschätzte quantitative Übergewicht der Männer (d.h. es gibt wenig potentielle Freundinnen) und das negative Bild, das manche der befragten Frauen anfangs von dem "typischen Ingenieurstudenten" hatten, erschwert (Kontakt zu den Kommilitonen wird aufgrund dieses Klischees eher gemieden denn gesucht).

Soziale Beziehungen

Nicht nur zu Beginn des Studiums, auch im weiteren Studienverlauf scheint die Studienzufriedenheit mit der Qualität der sozialen Beziehungen zu den Mitstudierenden und Lehrenden positiv zu korrelieren.

Die Beziehungen zu Kommilitonen und Lehrenden wurden von den meisten Studentinnen zunächst überwiegend positiv beurteilt. Erst im Verlauf vieler Interviews kristallisierten sich vielfältige Formen der Diskriminierung heraus, unter denen die Frauen zu leiden hatten. Die Studentinnen erlebten beispielsweise,

- daß sich Hochschullehrende negativ über die Anwesenheit von Frauen in ingenieurwissenschaftlichen Studiengängen äußerten ("Frauen haben in dem Studiengang nichts verloren, man muß sie halt hinnehmen"),
- daß sie Hörsäle nur unter Klatschen und Johlen ihrer Kommilitonen betreten konnten,
- daß man sie in Gesprächen unterbrach und nicht ernst nahm,
- daß man sie fachlich für weniger kompetent und für nachhilfebedürftig hielt,
- daß sie an der Hochschule keine GesprächspartnerInnen fanden, mit denen sie sich über sie interessierende Themen unterhalten konnten,
- daß sich Kommilitonen negativ über die guten Leitungen von Frauen äußerten ("karrieregeil"),
- daß sie sich durch die maßlos übertriebene Selbstdarstellung ihrer Kommilitonen bezüglich ihrer eigenen fachlichen Fähigkeiten verunsichern ließen.

Häufig sich die Benachteiligungen von Frauen in technischen Studiengängen sehr subtil und - selbst von den Betroffenen - nicht auf Anhieb erkenn- und verbalisierbar.

Wir hatten bei der Auswertung der Interviews den Eindruck, daß die Unterrepräsentanz von Frauen gerade in "harten" technischen Disziplinen für die Studentinnen eine Beeinträchtigung im Studium darstellt. Das Bekanntsein, das Anderssein als die Majorität wurde von vielen irgendwann einmal als Belastung erlebt, auch wenn der "Exotinnenstatus" für einige Frauen zeitweise auch positive Aspekte ("Umschwärmtsein") hatte.

Frauen, die ein positives Selbstbild von ihren fachlichen Fähigkeiten haben, scheinen, so ergab die Auswertung des qualitativen Untersuchungsteils, dabei weniger Probleme mit ihrem Sonderstatus zu haben als ihre Kommilitoninnen.

Anmerkung:

*) Zweck dieser Studie, die vom Ministerium für Bildung, Wissenschaft und Weiterbildung des Landes Rheinland-Pfalz gefördert wird, ist es, auf der Basis empirisch gewonnener Erkenntnisse die Studienfachfindung von Frauen zu unterstützen und die Studienbedingungen für Frauen in "harten" ingenieurwissenschaftlichen Disziplinen zu verbessern.

Literatur

Auster, Carol: Nontraditional Occupational Choice: A comparative study of women and men in engineering.- Princeton 1984 (Phil. Diss.)

Bäumer, Thomas; Reinhold Scheller u. Jutta von Maurice: Der Einfluß von Zufallserfahrungen auf die Studienfachwahl.- Swiss Journal of Psychology 53, 1994, 3, 166-177.

Bargel, Tino; Gerhild Framhein-Peisert u. Johann-Ulrich Sandberger: Studienerfahrungen und studentische Orientierungen in den 80er Jahren. Drei Erhebungen an Universitäten und Fachhochschulen.- Bonn 1989 (Hg. Bundesminister für Bildung und Wissenschaft)

Curie, Eve: Madame Curie. Eine Biographie.- Frankfurt/M. 1994.

Engler, Steffani u. Hannelore Faulstich-Wieland: "Um sich ein genaueres Bild von uns 'Technik'-Studentinnen zu machen, sollten Sie vielleicht wissen, daß wir alle ganz 'normal' sind und somit auch unsere 'weiblichen' Eigenschaften haben". Wissenschaftliche Begleitung Modellversuch "Technik-entdecken" - zur Verbesserung der Zugangs- und Studienbedingungen von Frauen in den Ingenieurwissenschaften.- Münster 1994.

Hannover, Bettina: Zur Unterrepräsentanz von Mädchen in Naturwissenschaften und Technik: Psychologische Prädiktoren der Fach- und Berufswahl.- Zeitschrift für Pädagogische Psychologie 5, 1991, 3, 169-1986.

Hannover, Bettina u. Susanne Bettge: Mädchen und Technik.- Göttingen 1993.

Herzog, Walter: Von der Koedukation zur Koinstruktion. Ein Weg zur Förderung der Mädchen im naturwissenschaftlichen Unterricht.- Die Deutsche Schule 86, 1994, 1, 78-95.

Hoffmann, Lore: Mädchen und Physik - ein aktuelles, ein drängendes Thema. - Naturwissenschaften im Unterricht - Physik 1, 1990, 1, 4-11.

Hoffmann, Lore u. M. Lehrke: Eine Untersuchung über Schülerinteressen an Physik und Technik.- Zeitschrift für Pädagogik 32, 1986, 189-204.

Prenzel, Manfred; Krapp, Andreas u. Hans Schiefele: Grundzüge einer pädagogischen Interessentheorie.- Zeitschrift für Pädagogik 32, 1986, 163-173.

Robinson-Stavely; K. u. J. Cooper: Mere presence, gender, and reactions to computers: Studying human computer interaction in the social context.- Journal of Experimental Social Psychology 26, 1990, 2, 168-183.

Schmied, Dieter: Fächerwahl, Fachwahlmotive und Schulleistungen in der reformierten gymnasialen Oberstufe.- Zeitschrift für Pädagogik, 28, 1982, 11-30.

Skinningsrud, Tore: Mädchen im Klassenzimmer: warum sie nicht sprechen.- Frau + Schule 1984, 21-23.

Zimmermann, Hildegard: Die Überformung von Orientierungen und Verhaltensweisen in Schulzeit und Adoleszenz.- In: Janshen, Doris u. Hedwig Rudolph (Hg.): Ingenieurinnen. Frauen für die Zukunft.- Berlin 1987, 85-128.

Von der Vision in die Aktion - Hochschulstrukturänderungen statt "Frauenförderung"?

Corina Hartmann und Ute Sanner
TU Berlin, Fachbereich 2, Sekr. FR 4-8, Franklinstr. 28/29, D-10587 Berlin
E-Mail: corina@cs.tu-berlin.de Fax: +49 30/-314 211 17 Tel: +49 30/-314 259 74

Seit dem 1.1.1994 gibt es an der TU Berlin ein Studienreformprojekt mit dem Titel *Koordinationsstelle zur Etablierung von Frauentutorien an der TU Berlin*. Ein Jahr wurde mit dem Ziel gearbeitet, in natur - und ingenieurwissenschaftlichen Studiengängen Frauentutorien zum Teil mit den Lehrveranstaltern gemeinsam, z.T. gegen erhebliche Widerstände der Lehrenden einzurichten. Die Erfahrungen daraus zeigen, daß Frauentutorien sowohl von Veranstaltern als auch von Studentinnen zwiespältig gesehen werden. Studentinnen wollen meist keine Extrawurst.

Frauentutorien sind eine Möglichkeit, Frauen an der Universität eine bessere Lernatmosphäre zu bieten. Sie zeigen positive Ergebnisse, wenn sie von den Studentinnen gewollt werden und bilden dadurch eine wichtige Bereicherung in der Lehre. Dem geringen Studentinnenanteil in diesen Fächern ist mit Frauentutorien natürlich nicht beizukommen.

Die Aussagen von Julia Kuark zum Thema Frauenförderung an der Hochschule können folgendermaßen zusammengefaßt werden: **"Wenn wir mehr Frauen wollen, müssen wir uns von männlich-militärisch geprägten Strukturen lösen"** (Julia Kuark, 1995).

Deshalb ist unsere Vision, das Grundstudium in natur- und ingenieurwissenschaftlichen Fächern von männlich-militärisch geprägten Strukturen zu befreien und stattdessen in einer problemorientierten interdisziplinären Weise zu strukturieren. Damit wird vor allem Frauen, letztendlich natürlich auch Männern, eine Herangehensweise möglich, die von einem komplexen Zusammenhang ausgehend Detailwissen erschließt. Die umfassenderen Aufgaben in Wirtschaft und Gesellschaft erfordern immer weniger Spezialistentum, sondern vielmehr die *allround-Frau* bzw. den *allround-Mann*, salopp formuliert, Menschen, die über den Tellerrand ihres Faches hinausschauen können und wollen.

Wenn wir uns zum Ziel setzen, den Frauenanteil zu erhöhen, dann müssen komplexe Maßnahmen ergriffen werden. Die Frage ist, welche?
Hierzu haben wir folgende Untersuchungen angestellt:

1. Inwieweit unterscheiden sich Studieninhalte und -formen an Universitäten mit höherem Studentinnenanteil in natur- und ingenieurwissenschaftlichen Fächern von der TU Berlin? Wir stellen die Stanford University (USA) und die Universität Roskilde (Dänemark) vor.
2. Welche Maßnahmen wurden im Modellversuch *Förderung von Studentinnen im Grundstudium in natur- und ingenieurwissenschaftlichen Fächern* an der Universität - Gesamthochschule Paderborn erprobt, und könnten diese ein erster Schritt in ein frauenfreundlicheres Studium sein?

3. Welche Fähigkeiten erwarten Leute aus der Industrie von Ingenieurinnen und Ingenieuren und welche Empfehlungen gibt der *Verein Deutscher Elektroingenieure* (VDE) für die Ausbildung an den Universitäten?

Die Untersuchungsergebnisse dieser unterschiedlichen Bereiche war überraschend, weil wir nicht erwarteten, daß sich unsere Forderungen mit denen aus der Industrie decken, natürlich aus verschiedenen Interessen heraus. In den folgenden Abschnitten wird versucht, die vorgenannten Fragen zu beantworten.

Studium an der Stanford University

Wenn wir uns den Frauenanteil der Abschlußklasse an der Stanford University ansehen (vgl. Abb. 1), stellen wir uns sofort die Frage: Was unterscheidet die Stanford University von der Eidgenössischen Technischen Hochschule Zürich?

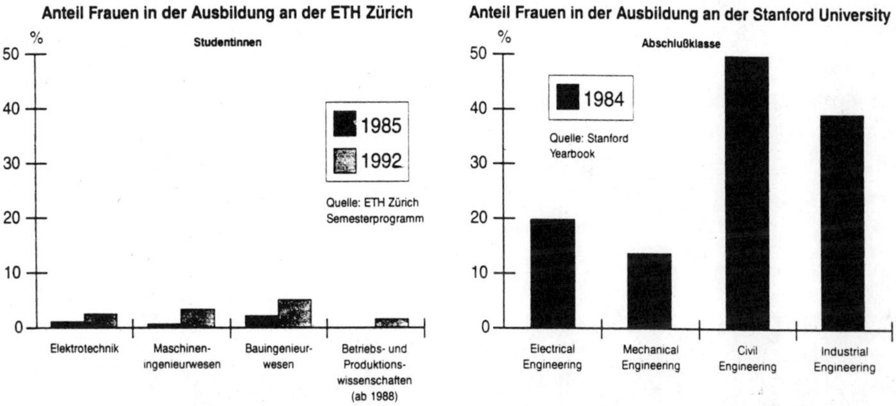

Abb. 1: Anteil der Frauen in der Ausbildung an der ETH Zürich (Studentinnen) und an der Stanford University (Abschlußklasse). Quelle: Julia Kuark, 1995

Julia Kuark beschreibt den Aufbau des Studiums, und dabei fällt folgendes auf: Das erste Studienjahr ist dem Studium generale gewidmet. Dabei werden Veranstaltungen u.a. aus verschiedenen Bereichen der Kultur, Literatur, Soziologie, Sprach- und Naturwissenschaften angeboten, beispielsweise ist *Westliche Kultur und Technologie* für Studierende der Ingenieurwissenschaften verbindlich. (Julia Kuark, 1995)

Außerdem werden die Veranstaltungen von Studierenden verschiedener Fachrichtungen besucht, um das fachübergreifende Denken zu entwickeln, beispielsweise besuchen Physikerinnen und Medizinerinnen gemeinsam Physikveranstaltungen. Der Besuch anderer ingenieurwissenschaftlicher Fächer führt u.a. dazu, Querverbindungen zu anderen Fächern herzustellen, ist jedoch gleichzeitig eine Einführung für Nichtingenieurinnen. In Vertiefungsfächern müssen kreativitäts- und innovationsfördernde Fächer besucht werden. Das Fach *Visual Thinking* wird z.B. von Ingenieurinnen und Produktdesignerinnen besucht, welche **gemeinsam** eine Designaufgabe zu bearbeiten haben. Eine weitere Besonderheit des Studiums ist die flexible Gestaltung des Stundenplanes. Ein individueller Stundenplan kann von Studierenden zusammengestellt und bewilligt und der Abschluß eines *General Engeneer* erworben werden.

Julia Kuark stellt heraus, daß für sie besonders wichtig war, Frauen als Lehrende vorzufinden. Diese gaben ihr Motivation und hatten eine Vorbildfunktion. Die Lehre und Forschung an der Stanford University zeigt, daß Generalistinnenausbildung und Forschung auf hohem Niveau miteinander vereinbar sind. Gern wird jedoch von Professoren in der Bundesrepublik Deutschland behauptet, daß ein hohes Forschungsniveau mit hoher Spezialisierung einhergehen müsse.

Studium an der Universität Roskilde

Die Universität Roskilde wurde 1972 mit problemorientierten und projekt-organisierten Konzepten gegründet. Die Hälfte der Studienzeit wird mit Projektarbeit ausgefüllt, der Rest mit traditionellen Veranstaltungen. In Roskilde gibt es ein zweijähriges generelles Basisstudium. Projektstudium an dieser Universität heißt experimentelles Lernen, es ist dem *learning by doing* oder *learning by experience* ähnlich, jedoch nicht ganz das Gleiche. Problemorientiert arbeiten heißt, ein Problem an den Anfang zu stellen. Ausgehend von diesem Problem erarbeiten sich die Studentinnen im Rahmen von Kleingruppenarbeit Kenntnisse und müssen diese in Berichten zusammenfassen sowie am Ende des Projekts eine Präsentation geben. Ergänzend zur Kleingruppenarbeit werden entsprechende Vorlesungen und Seminare besucht. Den Schwerpunkt im Projekt bestimmen die Studentinnen weitgehend selbst.

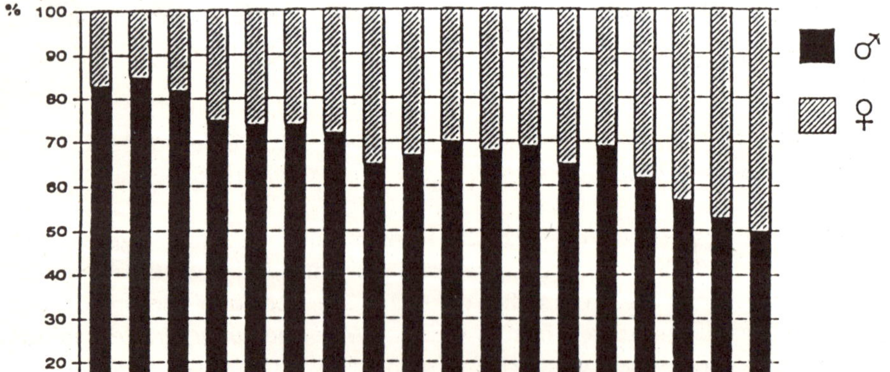

Abb. 2: StudentInnenanteile (1. und 2. Studienjahr) an der Universität Roskilde von 1972 bis 1989 (RUC-Administration, 1991). Quelle: Karin Beyer, 1994

Eine derartige Projektarbeit fordert von Studierenden und Lehrenden gleichermaßen viel Engagement. Um solche Konzepte annähernd zu verwirklichen, müssen an der TU Berlin und das kann sicher für die gesamte Bundesrepublik verallgemeinert werden, Weiterbildungsmöglichkeiten für Lehrende in breitem Umfang geschaffen bzw. ausgebaut werden. Nähme man eine solche Umgestaltung des Grundstudiums vor, so ist das sicher nicht von heute auf morgen möglich.

In Roskilde ist bemerkenswert, daß während des Studiums über Lern-, Lehr- und Arbeitsformen reflektiert wird. Wir halten das für ausgesprochen wichtig, weil die Fähigkeit, wie beispielsweise in Kleingruppen (3-5 Studentinnen) zu arbeiten, nicht vorausgesetzt werden kann. Es soll nicht verschwiegen werden, daß diese Form des Projektstudiums durchaus nicht von allen Studentinnen als gut empfunden wird, weil hier von Studentinnen ein hoher Grad an Eigeninitiative und Engagement vorausgesetzt wird. Wirft man jedoch einen Blick auf die Entwicklung des Studentinnenanteils im Zeitraum zwischen 1972 und 1989, dann ist ein stetiger Aufwärtstrend zu verzeichnen (vgl. Abb.2).

Modellversuch Paderborn

Ein sehr sinnvolles Konzept scheinen uns die Maßnahmen zu sein, die in Paderborn im Rahmen eines Modellversuches erarbeitet wurden. Das Herausragende dieses Modellversuchs ist, daß die Angebote teilweise fachübergreifend sind. Im Mittelpunkt standen die Fächer Elektrotechnik, Maschinenbau, Informatik und Physik.

Die Organisationsform der Angebote reicht von der Studieneinführung über Frauentutorien und fachübergreifende Blockkurse und dem eigens eingerichteten Projektlabor bis hin zu Veranstaltungen für Schülerinnen (Erlemann/Möller/Windt 1994).

Was ist an der TU Berlin zu tun?

Wir wollen Maßnahmen, die sich in Paderborn bewährt haben, in unsere Fachbereiche übertragen. Das sind in erster Linie:

- Einführungswoche für Studentinnen zum Studiumsbeginn
- Projektlabor mit fachübergreifenden Kursen (z.B. Programmierkurse)
- Rhetorikkurse, Selbstbehauptung, Selbstreflexion
- Schülerinnen - Orientierungstage

Und wir wollen Maßnahmen, die wir bereits an der TU durchgeführt haben, weiterführen und ausbauen. Das sind:

- Didaktikseminare für Tutorinnen, Tutoren und den akademischen Mittelbau
- Workshops für Lehrende aller Statusgruppen eines Instituts

Vorgenannte Maßnahmen werden unserer Meinung nach sehr stark dazu beitragen den Frauenanteil zu erhöhen und die festgefahrenen Studienabläufe nach und nach ändern. Die Idee ist dabei, mit einem konkreten Projekt zu beginnen und die Arbeitsweise in diesem Projekt als Muster vorzuführen, um nach und nach die Grundstudiengänge umzugestalten.

Begleitend ist dazu auf alle Fälle folgendes nötig:
- Unterstützung durch die Dekane und die Hochschulleitung
- Frauenbeauftragte, sofern vorhanden
- Lehrende, Professoren, wenigstens einige
- Presse, Öffentlichkeitsarbeit
- Weiterbildung für Lehrende (z.B. Organisation von Projektarbeit)

Vorstellungen des *Vereins Deutscher Elektroingenieure* (VDE) und des *Zentralverbandes Elektrotechnik- und Elektronikindustrie* (ZVEI) von einer Universitätsausbildung

In dem Papier *Der Strukturwandel in der Elektroindustrie* (VDE/ZVEI, 1994) beschreiben die Autoren den wirtschaftlich schlechten Stand der deutschen Elektroindustrie. Sie ziehen in dem Papier den Schluß, daß ein tiefgreifender Strukturwandel im Beschäftigungs- und Ausbildungssystem notwendig ist, um wettbewerbsfähig zu bleiben. Ihrer Meinung nach ist das starke Trennen der jeweiligen Disziplinen, in denen deutsche Ingenieure arbeiten, nicht mehr zeitgemäß. Neue Produkte und neue Problemstellungen erfordern eine Zusammenarbeit über die Fach- und Bereichsgrenzen hinweg, so die beiden Verbände. Diese Veränderungen müssen auch in die Ausbildung einfließen.

Hierzu schlagen die Autoren folgende Punkte vor:

1. <u>Anpassung des Fachwissens</u>
   Es wird betont, daß sich die Studieninhalte zwar der technischen Entwicklung anpassen müssen, daß es aber nicht nötig sei, die Spezialisierung zu erhöhen.
2. <u>Methoden-Kompetenz</u>
   Unter diesem Stichwort wird das Vermitteln von Methodenkenntnissen zur Technikbewertung, Technikfolgenabschätzung und Umwelttechnik in der Ausbildung eingefordert.
   Außerdem sollen die Studierenden Methoden und Werkzeuge zur zielgerichteten Planung und Durchführung der eigenen Arbeit unter Beachtung von Terminen, Kosten und Qualität lernen, sowie zur eigenen Weiterbildung befähigt werden.

Protokoll zum teilnehmerinnenaktiven Teil der Veranstaltung

Um die vielen Informationen zu vertiefen, führten wir nach dem Vortrag ein Rollenspiel durch. Die Teilnehmenden konnten sich entscheiden, ob sie Professoren, Studentinnen oder Beobachterinnen spielen wollten. Hierbei sollten die Studentinnen eine Gruppe von Professoren für ein interdisziplinäres Projekt gewinnen.

Bei dem Rollenspiel ging es darum, daß eine Gruppe Studentinnen eine Gruppe von Professoren für ein interdisziplinäres Projekt gewinnen sollte. Das Thema lautete *Ursachen und Wirkungen des bodennahen Ozons.* Die Teilnehmerinnen vertraten dabei jeweils ihr eigenes authentisches Fachgebiet. Es saßen sich drei Professoren und drei Studentinnen gegenüber, die übrigen Teilnehmerinnen waren Beobachterinnen. Interessant ist in diesem Zusammenhang, daß die Frauen für die Professorenrolle sehr schnell gefunden waren, für die Besetzung der Studentinnenrolle brauchte es doch erheblich längere Zeit.

Das typische Argument gegen das Projekt von seiten der Professoren war Geldmangel; wozu brauchen wir das, warum Frauengruppen, der Aufwand ist zu hoch, wieso brauchen wir Frauenförderung und Männer können nicht ausgeschlossen werden. Auffallend oft wurde von den Studentinnen Wortgruppen gebraucht, die eine eher zögerliche, vorsichtige Haltung signalisieren, wie: man könnte doch, vielleicht wäre es möglich, daß...,meiner Meinung nach usw.

Nach dem Spiel berichteten die Teilnehmerinnen über ihre Befindlichkeit. Die "Professoren" fühlten sich stark und souverän, zwei "Studentinnen" ebenso. Sie hatten den Eindruck, gute Argumente vorgebracht zu haben und räumten sich reale Chancen ein, dieses Projekt durchzusetzen. Erst nachdem die Beobachterinnen ihren Eindruck widerspiegelten, daß die "Studentinnen" zwar sehr engagiert, aber eher unstrukturiert und leicht irritierbar auftraten, den Hochschullehrern somit Angriffspunkte boten und durch ihre Formulierungen häufig unsicher wirkten, wurden die Studentinnen nachdenklich. Auch die "Professoren" räumten den "Studentinnen" keine Chancen ein.

Für uns bedeutet dies, daß es bei solchen Verhandlungen sehr wichtig ist, einen klaren Kopf zu behalten und Argumente klar darzulegen und vor darüber zu reflektieren, welche Vorteile die Hochschullehrer aus so einem Projekt ziehen können. Diese Tatsache wird häufig vernachlässigt. Das Fazit, das wir daraus ziehen, ist, daß es sehr sinnvoll und empfehlenswert ist, wenn "umstürzlerische" Aktionen mit Hochschullehrern geplant werden, dies vorher durchzuspielen.

Literatur

Beyer, Karin (1992): Project Organized University Studies in Science: Gender, Metacognition and Quality of Learning. Contribution to European GASAT Conference 1992, IMFUFA, Roskilde University, P.O.Box 260, DK-4000 Roskilde

Kuark, Julia (1995): Ingenieurinnen: Frauen in der männlichen Tradition des Ingenieurwesens. In: Ute Amann (Hrsg.) Reform der Ausbildung von Ingenieurinnen und Ingenieuren - Hochschule, Industrie und Frauenforschung im Dialog. Dokumentation des internationalen Symposiums an der Technischen Universität Hamburg - Harburg am 9. und 10. Juni 1994. Bestelladresse: Modellversuch "Technik entdecken", Fachhochschule Hamburg, Stiftstr. 69, D-20099 Hamburg.

VDE/ZVEI (1994): Strukturwandel in der Elektroindustrie. Entwurf vom 31.8.94, VDE Ausschuß Ingenieurausbildung, Stresemannallee 15, D-60596 Frankfurt/M.

FrAUeN förderung ade?

Christine Schaumann, Zürich

Die Idee zu dieser Veranstaltung entstand als Folge der Lektüre von Butler aus der Frage heraus, wie sich ihre Thesen auf die feministische Politik und Kritik in den Naturwissenschaften auswirken könnten, ob z.B. eine Förderung von Frauen als Kategorie nach der vor ihr angeheizten Diskussion noch möglich ist.

Butler stellt ihrem Buch einige Fragen voran: Ist die heterosexuelle Norm möglicherweise nicht "natürlich"? Wie kommen die Geschlechts(identitäts)kategorien zustande? Welche Machtbeziehungen wirken dabei? Wie kommt ein Mensch zu seiner (Geschlechts)identität?

Im ersten Teil versuche ich ihre Antworten zu skizzieren. Dazu beziehe ich mich vor allem auf das erste Kapitel und auf den letzten Teil ihres Buches, ab Abschnitt 4 des dritten Kapitels.

Im zweiten Teil werden die Konsequenzen für die FrAUeNförderung diskutiert. Dabei fließen die Ergebnisse der Diskussion aus der Veranstaltung mit ein.

I. Thesen aus "Das Unbehagen der Geschlechter"

1. Die Diskussion

In ihrem Buch "Das Unbehagen der Geschlechter" befaß sich Judith Butler hauptsächlich mit zwei Punkten: zum einen mit der Diskussion über das Geschlecht und die Geschlechtsidentität (*sex* und *gender*, hier synonym gebraucht)[1)], zum anderen mit der Frage, ob die Kategorie "Frau(en)" noch haltbar ist.

Die Unterscheidung sex/gender gibt es schon länger, um zwischen **biologischem** und **sozialem** Geschlecht zu differenzieren. Sie wurde als quasi naturgegeben bzw. kulturgegeben behandelt. Frauen und Männern wurden aufgrund dieser Unterscheidung bestimmte, meist gegensätzliche Eigenschaften zugeschrieben.

Dann trat das Problem auf, daß sich diese einfache Unterscheidung nicht mehr halten ließ, sondern daß Hautfarbe, sexuelle Orientierung, Religion o.a. eine Rolle spielten und mit der geschlechtlichen Unterscheidung interferierten. Es war nicht länger zu übersehen, daß Frauen nicht alle gleich waren. Daraus entstanden zwei Fragen:

- Was soll mit der Kategorie "Frau(en)" geschehen, muß sie aufgelöst werden?
- Wie kommt es dazu, daß Weiblichkeit und Männlichkeit so eng definiert sind? Welche Strukturen, Mechanismen und Machtgefüge stehen hinter dieser Zweiteilung oder ist sie eine "natürliche Tatsache"?

Butler versucht, von der theoretischen Seite her Antworten auf diese Fragen zu geben. Außerdem überlegt sie, wie eine neue, damit im Einklang stehende feministische Politik begründet werden kann.

Im einzelnen stellt sie u.a. folgende Hypothesen auf:

- Die Unterscheidung von zwei Geschlechtern/Geschlechtsidentitäten ist kulturell konstruiert (s. II.2).

- Die alte, essentialistische Kategorie "Frau(en)", die sich über spezifisch Weibliches definiert, resultiert aus dieser Konstruktion. Sie ist als ein Produkt binären und hierarchischen Denkens abzulehnen (s. II.3).
- eine neue Kategorie "Frau(en)" ist aber in pluralisierter Form für feministische Politik nützlich bis notwendig. Die feministische Politik muß sich auf diese Umstände einstellen, kann davon ihrer Meinung nach aber nur profitieren (s. II.4).

Sich den Hintergrund ihrer Arbeit immer wieder zu vergegenwärtigen, erscheint mir wichtig: Sie möchte zeigen, daß auch das soziale Geschlecht kein Schicksal ist und dazu beitragen, die Zweiheit der Geschlechter aufzuheben. Dabei geht sie durchaus von den realen Gegebenheiten, einem Leben unter zahlreichen Zwängen, aus und auch davon, daß es Personen gibt, die sich als "Frau(en)" verstehen.

2. Die kulturelle Konstruktion von Geschlecht und Geschlechtsidentität

Nach der "traditionellen" gesellschaftlichen Vorstellung ist das biologische Geschlecht eine von der Natur gegebene, festgelegte Tatsache, aus der ebenso klar die Geschlechtsidentität folgt. Verbreitete modernere Ansichten sind mit der Natürlichkeit des Geschlechts einverstanden, sie bezeichnen Geschlecht in Anlehnung an Foucault als vordiskursiv - d.h. keinem Einfluß von Diskursen unterliegend sowie gesellschafts- und kontextunabhängig. Sie sehen Geschlechtsidentität aber mindestens zu einem großen Teil als Ergebnis kultureller Konventionen und Konstruktionen an. Butler geht noch einen Schritt weiter und behauptet, auch das (biologische) Geschlecht sei diskursiv konstruiert.

In "Unbehagen der Geschlechter" befaßt sie sich allerdings vor allem damit, wie ihrer Meinung nach der Vorgang der Konstruktion von Geschlechtsidentität zu verstehen ist.

">Männer< und >Frauen< sind politische Kategorien und keine natürlichen Tatsachen" (S. 172).

Butler hält **maskuline Herrschaft** und **Zwangsheteorsexualität** für die verantwortlichen Strukturen bei der Produktion der Geschlechterdualität. Dabei gehen die Regulierungsverfahren besonders raffiniert vor, um sich einer Analyse und darauf stützbaren Angriffen zu entziehen. Sie verschleiern den Vorgang der diskursiven Produktion, indem sie die Geschlechtsidentität (*gender*) als vordiskursiv und natürlich erscheinen lassen. Diese scheinbare Selbstverständlichkeit und Natürlichkeit von Geschlecht und Geschlechtsidentität verstellt uns den Blick für andere Möglichkeiten.

Wie vollzieht sich nun diese diskursive Produktion oder Konstruktion der Geschlechtsidentität? Nach Butlers Vorstellung sind die Merkmale der Geschlechtsidentität performativ[2)], das heißt Darstellung einer von außen vorgegebenen Rolle, eine konstruierte Handlung. Die Ansicht, Geschlechtsidentität sei "expressiv", das heißt Ausdruck, Wiedergabe einer inneren "natürlichen" Vorlage, lehnt sie ab (s.a. S. 200-208). Die "Geschlechtsidentität selbst (ist) eine Art Werden oder Tätigkeit", weniger eine "statische kulturelle Markierung", eher "eine Art unablässig wiederholter Handlung" (S. 167).

Die individuellen Körper müssen diese Handlungen in einer gesellschaftlichen Inszenierung wiederholt darstellen. Der Entwurf ihrer Geschlechtsidentität ist dabei nicht frei. Die Subjekte können sich ihre Identität nicht wählen. Ihre Strategie, um das kulturelle Überleben zu sichern und Strafmaßnahmen zu vermeiden, besteht darin, bestimmte Normen der kulturellen Matrix zu befolgen.

Die Normen, die diese Inszenierungen regulieren, legen fest, was kulturell "intellegibel" ist: "Intellegible" Geschlechtsidentitäten stimmen mit dem regulierenden Gesetz überein. Sie garantieren so die vom Gesetz vorgeschriebene "Kohärenz und Kontinuität zwischen dem anatomischen Geschlecht (*sex*), der Geschlechtsidentität (*gender*), der sexuellen Praxis und dem Begehren ... . Diskontinuität und Inkohärenz in diesen Zuordnungen werden ständig von jenen Gesetzen gebannt und dadurch aber zugleich produziert ..." (S. 38). Oder anders: das Verbotene wird erst durch das Gesetz zu dem, was es ist; ohne das Verbot wäre es vielleicht kaum beachtet und kein Feld von Machtkämpfen.

Trotz der Regeln und Gesetze treten spontane Abweichungen auf, Diskontinuitäten, bei denen die Geschlechtsidentität nicht zwangsläufig aus dem Geschlecht, das Begehren oder die Sexualität nicht unbedingt aus der Geschlechtsidentität folgen. Wo diese regelwidrigen Diskontinuitäten auftreten zeigen sie, daß die Kontinuität, die sich als natürlich ausgibt, ein diskursives Konstrukt ist (S. 199/200).

3. Gründe gegen ein Festhalten an der Kategorie "Frau(en)"

"Das Subjekt >Frau(en)< wird nicht länger in festen oder unvergänglichen Begriffen beschrieben" (S. 16).
"Vielleicht stellt sich paradoxerweise heraus, daß die Repräsentation als Ziel des Feminismus nur dann sinnvoll ist, wenn das Subjekt >Frau(en)< nirgendwo vorausgesetzt wird" (S. 22).

Butler lehnt eine essentialistische Kategorie "Frau(en)", die als feststehend und unabänderlich definiert ist, als Grundlage für feministische Politik ab. Sie begründet dies mit mehreren Argumenten:

- Die erzwungene Einheit übersieht die kulturelle Vielfalt weiblichen Lebens, die Überschneidungen und Gegensätze.
- Dadurch wird eine feministische Repräsentationspolitik möglicherweise gerade verhindert.
- Weiblicher Essentialismus und die Berufung auf eine Kategorie "Frau(en)" existieren nur unter einer binären Wirklichkeitsauffassung, die sie gleichzeitig wieder verstärken. Das Bestehen darauf führt einerseits zur paradoxen Opposition von Frauen, die sich der Kategorisierung widersetzen (S. 20). Andererseits werden dadurch gerade Phallogozentrismus und Zwangsheterosexualität verstärkt, die für die Aufrechterhaltung der binären Wirklichkeitsauffassung sorgen.
- Die Festlegung auf eine starre Kategorie behindert Offenheit und Kreativität in der Politik. Wenn nicht gleichzeitig noch die Identität artikuliert werden muß, sind schnellere und gezieltere Aktionen denkbar, die (trotzdem?) mehr Frauen ansprechen.

- Aktionen, welche die Schranken der Identitätskonzepte durchbrechen oder diesen Bruch zumindest als explizites politisches Ziel anstreben, werden möglicherweise gerade ausgeschlossen (S. 36).

Die alternative Perspektive liegt für Butler in einer Kategorie "Frau(en)", die desaggregiert, bunter, pluraler ist als eine standardisierte Einheitskategorie.

Wenn Butler die alte, essentialistische Kategorie "Frau(en)" hinter sich lassen will, stellt sich die Frage, wie für sie feministische Politik danach aussehen könnte und an welchen Stellen, mit welchen Mitteln aus der Geschlechtsrollenmatrix ausgebrochen werden kann. Butlers Stellungnahmen hierzu sollen in den letzten drei Abschnitten von Teil II dieser Arbeit vorgestellt werden.

4. Perspektiven für die feministische Politik

Ihre grundsätzliche Aussage:
"*Das feministische "Wir" ist stets nur eine phantasmatische*[3)] *Konstruktion" (S. 209)*

Ihr Wunsch für die Politik:
Zu wünschen wäre "eine Politik, die die veränderlichen Konstruktionen von Identität als methodische und normative Voraussetzung begreift, wenn nicht gar als politisches Ziel anstrebt." (S. 21)

In Bezug auf die zukünftige Kategorie "Geschlecht" schließt sie sich der Utopie von Monique Wittig an: die Kategorie ad absurdum zu führen, indem die Zahl der Geschlechter so weit vervielfältigt wird, daß sie derjenigen der Individuen entspricht (S. 172).

In der aktuellen feministischen Politik würde sie noch nicht auf die von ihr akzeptierten pluralen Kategorien verzichten. Als Perspektive schwebt ihr eine Bündnispolitik vor, die sich die Anerkennung von Widersprüchen und definitorische Unvollständigkeit als normative Ideale setzt. Nur eine Vervielfältigung von Geschlecht und Geschlechtsidentität dadurch, daß "man die Geschlechter-Binarität in Verwirrung bringt und ihre grundlegende Unnatürlichkeit enthüllt", kann zu einer neuen Politik führen, die nicht durch Festsetzen starrer Kategorien zahlreiche Frauen abschreckt, ausschließt oder übergeht. (S. 218)

Eine solche Bündnispolitik setzt weder eine "Identität" voraus, noch daß die Koalitionsvereinbarungen vor ihrem Zustandekommen geklärt werden (S. 36). Sie verlangt also maximale Offenheit. Da bei einer solchen Offenheit Identitäten nicht abgegrenzt, artikuliert und definiert werden müssen, brauchen sie nicht mehr statisch zu sein. Sie werden dynamisch, lebendig und können entstehen, wachsen und sich wieder auflösen. Dadurch soll die feministische Politik der Vielfalt weiblichen Lebens gerecht werden, mehr "Frauen" repräsentieren, flexibler und kreativer werden und dazu beitragen, die Identitätskonzepte zu erweitern.

Bei den Überlegungen, welche Methoden für eine feministische Politik geeignet sind, ist zu beachten, daß der Feminismus an den Wiederholungsverfahren teilhaben, die Spielräume ausnutzen und lokale Möglichkeiten der Intervention suchen soll. Doch darf er sich nicht außerhalb der konstruierten Identitäten stellen, dies ist Butler sehr wichtig (S. 216): Es gibt keine Position außerhalb des zeitgenössischen Feldes der Macht (S. 20/21).

Sie lehnt sich damit an Foucault an, nach dessen Vorstellung Machtbeziehungen immer wechselseitig sind. (S. 141). Er vertritt die Ansicht, daß es keinen Widerstand außerhalb des Diskurses, der Machtbeziehungen gibt. Eine Widerstands- oder Befreiungsbewegung, die das verkennt, steht immer vor der Gefahr, ungewollt das Bekämpfte zu reproduzieren und zu festigen. So sieht Butler in der Utopie eines Lesbentums jenseits der Heterosexualität, wie sie Wittig vertritt, die Gefahr, daß der Name Lesbierin keine Befreiung bedeutet, sondern seinerseits zu einer zwanghaften Kategorie wird (S. 188).

Wenn es also keine Position außerhalb der Regulierungsmechanismen geben kann, stellt sich die Frage, wie überhaupt etwas verändert werden kann. Butler zeigt einige Ansätze auf. Die Abschnitte 5. und 6. dieser Arbeit befassen sich damit.

5. Ansätze zum Ausbrechen aus der Matrix

Nach dem letzten Abschnitt können Veränderungen nur subversiv[4)] erfolgen, das heißt sie müssen das Regelsystem sozusagen mit seinen eigenen Mitteln schlagen. Und zwar muß die Subversion von den Möglichkeiten ausgehen, die zutage treten, sobald das Gesetz unerwartete Permutationen seiner selbst erzeugt.

"*Die Geschlechtsidentitäten können weder wahr noch falsch, weder wirklich noch scheinbar, weder ursprünglich noch abgeleitet sein. Als (scheinbar)*[5)] *glaubwürdige Träger (ihrer) Attribute können sie jedoch gründlich und radikal* ***unglaubwürdig*** *gemacht werden.*" *(S. 208)*

Die Reproduktion der Geschlechtsidentitäten durch die Individuen kann nie ohne "Fehler" und "Abweichungen" (aus der Sicht der Regeln) ablaufen. In diesen Ungenauigkeiten aber liegt die Chance zur Veränderung. Sie sind von den Betroffenen und den Regulierungsmechanismen nicht unbedingt beabsichtigt, können aber auch absichtsvoll dazu eingesetzt werden, die Regeln zu unterlaufen.

Die Produktion der Geschlechtsidentität - und auch die Verfehlungen, Abweichungen - finden auf verschiedensten Ebenen des Lebens statt (berufliche, Eltern-, PartnerInnenrollen), die alle Orte von Neubestimmungen werden können. "Dann wird der kulturell konstruierte Körper befreit sein, allerdings weder für seine "natürliche" Vergangenheit, noch für seine ursprünglichen Lüste, sondern für eine offene Zukunft kultureller Möglichkeiten" (S. 141/42).

6. Travestie als subversive Technik

"*Indem die Travestie die Geschlechtsidentität imitiert, offenbart sie implizit die Imitationsstruktur der Geschlechtsidentität als solcher - wie auch ihre Kontingenz*" *(S. 202).*

"Es geht um den Versuch, zur Geschlechter-Verwirrung anzustiften" (S. 62).
*"Denn Schwulsein verhält sich zum Normalen **nicht** wie die Kopie zum Original, sondern eher wie die Kopie zur Kopie. Die parodistische Wiederholung des >Originals< ... offenbart, daß das Original nichts anderes als eine Parodie der Idee des Natürlichen und Ursprünglichen ist (S. 58).*

Diese Zitate verdeutlichen, warum Butler Travestie als *die* subversive Technik ansieht. Die Wiederholung heterosexueller Konstrukte vor allem in den homosexuellen Sexualkulturen stellt für Butler den unumgänglichen Schauplatz für die Denaturalisierung und Mobilisierung der Geschlechterkategorien dar. Bei der Produktion der Geschlechtsidentität durch die einzelnen Individuen bleibt Raum für Selbstparodie, Selbstkritik und Verzerrungen "des Natürlichen", dessen kulturelle Konstruktion gerade durch die Übertreibungen offenbart wird. Dadurch öffnen sich dem Bewußtsein Möglichkeiten der Identitätsgestaltung, die ihm zuvor durch die "natürlichen" Gesetze verschlossen wurden.
Butler liefert noch weitere Argumente, warum sich Travestie ihrer Meinung nach besonders gut als subversive Technik eignet:
- Die Performanz der Travestie spielt mit drei kategorialen Dimensionen: dem anatomischen Geschlecht (*sex*), der geschlechtlich bestimmten Identität (*gender identity*) und der Performanz der Geschlechtsidentität (*gender performance*). Da, wo nach herkömmlichem Verständnis eindeutige Zuordnungen festgelegt waren, wird nun nach Belieben frei kombiniert.
- Travestie unterläuft die Unterscheidung zwischen seelischem Innen- und Außenraum: die Vorstellung von Identität und der Ausdruck dieser Vorstellung lösen sich voneinander (S. 201).
- Durch die Aufhebung der Geschlechterfixierung entsteht "eine fließende Ungewißheit der Identitäten ..., die ein Gefühl der Offenheit für deren Re-Signifizierung und Re-Kontextualisierung vermittelt" (S. 203).
- Feminismus kritisiert oft die Travestie als Herabsetzung der weiblichen Geschlechtsidentität bzw. unkritische Aneignung und Übernahme der Geschlechtsstereotypen. Butler ist jedoch der Ansicht, daß das frauenverachtende mancher Parodien gerade durch die Parodie deutlich wird (S. 202).

Sie weist darauf hin, daß bei der Ausführung einer Parodie Kontext und Rezeption berücksichtigt werden müssen, damit sie nicht ohne Wirkung bleibt oder sogar die hegemonialen Strukturen wieder verstärkt, da Parodie an sich nicht subversiv sei. Sie erläutert aber nicht, welche Umstände konkret zu beachten sind.

II. Diskussion

Die Diskussion fasse ich zusammen, indem ich einige Leitfragen herausgreife und die dazu vorgetragenen Gedanken wiedergebe. Die Vielfalt ist leider etwas reduziert. Dort, wo *meine eigenen Ideen* im Vordergrund stehen oder ich sie angehängt habe, verwende ich *kursive* Schrift.

Was ist neu bei Butler? Die Ansicht, daß auch gender veränderlich sei, gibt es doch schon länger?

Ihrer Ansicht nach ist nicht nur gender, sondern auch sex diskursiv: eher wird sex aus den gesellschaftlichen Konventionen über gender definiert als umgekehrt. Außerdem versucht sie, eine Erklärung dafür zu geben, wie sex und gender konstruiert werden, die tiefer geht als bisherige (vgl. I.2., "Performativität").

Widerlegt sie sich nicht selbst, wenn sie die Kategorie "Frau(en)" abschaffen will, sich aber gleichzeitig an sie wendet?

Nach dem, was frau indirekt aus ihren Schriften schließen kann, geht sie davon aus, daß jetzt diese Kategorie noch existiert. Sie betont ja immer wieder, wie stark wir in die Regelsysteme eingebunden sind. Die Kategorie abzuschaffen sieht sie als Zukunftsvision, die auf der Erkenntnis der kulturellen Konstruktion von Geschlecht und Geschlechtsidentität aufbaut.

Wie könnte Travestie in den Natur- oder Ingenieurwissenschaften aussehen?

Eine wörtliche Übertragung von Butler bedeutete, eine Travestieshow zu veranstalten, die typisch "männliches" Wissenschaftlerverhalten als Zielscheibe hat. Darin müßte gezeigt werden, daß dieses Verhalten nicht geschlechtsgebunden ist.

Besonders geeignet erschiene mir dafür das Sozialverhalten von Wissenschaftlern auf Tagungen, bei Seminaren und Diskussionen, mit anderen Worten überall, wo sich die Forscher nach außen wenden. Dort finden sich alle Schattierungen von Konkurrenzmechanismen, Imponiergehabe oder Bildung von Seilschaften etc. Die damit verbundenen Werte werden in der Wissenschaftsgemeinde vorwiegend positiv bewertet. Diese Bewertung würde ebenfalls in Frage gestellt.

Fraglich bleibt, ob die Angesprochenen verstehen würden, worum es geht und sich darauf einlassen könnten. Auf der anderen Seite: sind Frauen in diesen Bereichen, wo Eigenschaften der "männlichen" Geschlechtsidentität erwartet und gelehrt werden, nicht selbst schon Parodien? Sie durchbrechen mit ihrer Tätigkeit die gängigen Schemata, wie frau zu sein hat. Vielleicht sind die beruflichen Identitäten von Naturwissenschaftlerinnen und Technikerinnen gar als transsexuell zu bezeichnen?

Auch in Naturwissenschaft und Technik (NW+T) werden Abweichungen von "intellegiblen" Geschlechtsidentitäten sanktioniert. Wer von den Geboten Rationalität, Objektivität, Distanz abweicht, gerät leicht in die Gefahr, aus der Wissenschafts"gesellschaft" ausgestoßen zu werden. Es ist für mich jedoch schwer vorstellbar, was Subversivität in NW +T konkret bedeuten könnte.

Wo zeigt sich in NW+T "männliche" und "weibliche" Geschlechtsidentität?

"Männliche" Eigenschaften zeigen sich z.B. im naturwissenschaftlichen Denken (Rationalität, Objektivität, Distanz...) oder in der sozialen Struktur der Wissenschaften. Diese Frage ist seit langem Gegenstand feministischer Forschung (feministische Wissenschaftstheorie, Forschungen zu gender in NW+T wie sexistische/hierarchische Modelle in der Biologie) und Kritik. Sie ist sehr umfangreich, so daß sie hier nicht beantwortet werden kann.

Brauchen wir die Kategorie "Geschlecht" in der Frauenförderung?

Eine Psychologin berichtete aus ihrer persönlichen Erfahrung: in den 70er Jahren war sie der Überzeugung, daß diese Kategorie zu verallgemeinernd sei und der weiblichen Vielfalt nicht gerecht würde. Mit der zunehmenden Diskussion um Frauenförderung und die Benachteiligung von Frauen änderte sie jedoch ihre Einstellung dahingehend, daß sie die Kategorie zur Orientierung noch für nötig hält.

Auch die meisten anderen Diskussionsteilnehmerinnen waren dieser Meinung, denn es ließe sich nicht ignorieren, daß unsere Identität von der Zuordnung zu einem Geschlecht zu stark dominiert sei, als daß dieser Faktor vernachlässigt werden könnte. Solange Frauen noch unter Gewalt und Unterdrückung leiden, die von Männern ausgeht, muß es die Kategorie "Frau(en)" noch geben.

Wie sollte die Kategorie "Frau(en)" - künftig - verstanden werden?

Sie muß die Vielfalt weiblichen Lebens berücksichtigen.

Dies bedeutet, daß Frauenförderprogramme sehr offen gestaltet werden müssen. Diesen liegt bisher oft das traditionelle Bild von Frauen in der Kleinfamilie zugrunde, andere Lebensformen und Einflüsse bleiben unberücksichtigt (z.B. Alleinerziehende, Lesben, Farbige). Frauen in solchen Situationen haben mit anderen oder zusätzlichen Problemen zu kämpfen, die sich letztlich auch im Lebenslauf bemerkbar machen. In eine FrAUeN*förderung, die über die traditionellen Vorstellungen hinaus von einer pluralistischen Kategorie ausgehen will, müssen daher Kenntnisse über die o.g. Vielfalt einfließen. Dazu gehört die Sensibilität für die vielfältigen Formen, in denen sich die Benachteiligung von* FrAUeN *in ihren verschiedenen Lebensbedingungen auswirken kann. Eine pluralistische Kategorie spricht zudem mehr* FrAUeN *an, indem sie die individuellen Unterschiede zuläßt.*

So kann frau als Frauenbeauftragte durchaus Butler-Anhängerin sein. Der pluralistische Blick öffnet die Augen für andere Benachteiligungen, z.B. von Flüchtlingen. Die ausschließliche Förderung und Bevorzugung von Frauen ist ebenfalls ethisch bedenklich.

Wie steht die FrAUeNförderung zur Kooperation mit MäNnErN?

Diese Frage wurde in der Diskussion nur kurz behandelt. Der Meinung, es könne durchaus fruchtbar sein, mit entsprechend gesinnten MäNnEr zusammenzuarbeiten, standen die Bedenken aus den Erfahrungen entgegen, daß frauenfreundliches Verhalten ganz anders wirken oder nur vordergründig gemeint sein kann.

Wenn frau Butlers Thesen konsequent weiterentwickelt, dürften Bündnisse im Rahmen feministischer Politik nicht FrAUeN vorbehalten sein. Diese Frage wird meiner Meinung nach zunehmend wichtig, je mehr MäNnEr sich verbal für FrAUeNförderung einsetzen, sei es aus Überzeugung oder aus politischer Kalkulation. Es wird unter Feministinnen keine einheitliche Antwort auf diese Frage geben, aber brauchen wir nicht am Ende doch beide Seiten, wenn wir auf eine wirkliche Gleichberechtigung außerhalb der Zwänge der Geschlechtsrollen hinarbeiten wollen?

Die FrAUeN förderung hat zwar schon viel erreicht, doch braucht sie viel Kraft für jeden kleinen Schritt, weil die Anstrengungen und Maßnahmen immer wieder offen oder verdeckt insbesondere von männlicher Seite torpediert werden. Mir erscheint es für weitere Fortschritte unumgänglich, daß auch die MäNnEr für Veränderungen gewonnen werden müssen. FrAUeN förderung kann nur bei einer Beteiligung der gesamten Gesellschaft greifen. Dazu müssen die Nachteile der starken Stereotypisierung und die Vorteile flexibler Geschlechtsrollen, besonders auch für die männliche Hälfte der Gesellschaft, herausgearbeitet und in die Diskussionen eingebracht werden. Danach kann sich der Blick für neue Denk- und Lebensweisen öffnen; und nicht für eine, denn ein Weg ist nicht genug für alle, es muß viele geben können.

Anmerkungen:

1) Ich verwende die Ausdrücke der deutschen Übersetzung. Nach den Anmerkungen der Übersetzerin wird in der deutschen Ausgabe *sex* mit "Geschlecht", *gender* mit "Geschlechtsidentität" übersetzt. Mit *sex* wird das biologische Geschlecht bezeichnet, *gender* meinte ursprünglich das grammatische Geschlecht und steht heute für eine kulturell bedingte Identitätsauffassung. "Geschlecht" und "biologisches Geschlecht" verwende ich synonym.
2) *performativ* bzw. *Performanz* bezeichnet eine Aussage, mit der zugleich eine Handlung begangen wird.
3) *Phantasma* = Sinnestäuschung, Trugbild (psychol.), aus: Duden Fremdwörterbuch
4) *subversiv* = 1. umstürzlerisch, 2. zerstörend, aus: Duden Fremdwörterbuch
5) mein Zusatz zur Verdeutlichung.

Literatur

Judith Butler: Das Unbehagen der Geschlechter, Frankfurt/M.: Suhrkamp 1991.

Judith Butler: Körper von Gewicht, Berlin: Berlin Verlag 1995.

Artikel aus der Frankfurter Rundschau vom 4.5. (B. Vinken), 18.5. (A. Weir), 15.6. (G. Lindemann), 29.6. (H. Nagl-Docekal)und 27.7.93 (J. Butler).

Feministische Studien "Kritik der Kategorie Geschlecht" 2/1993, Weinheim: Deutscher Studien Verlag.

Glossar

Englisch:	Deutsch:	Deutsch (Butler-Übersetzung):
sex	biologisches Geschlecht	Geschlecht
gender	soziales Geschlecht	Geschlechtsidentität

Diskurs: von Foucault geprägt. Etwa: mit Wahrheitswert beladener sprachlicher Austausch innerhalb eines Machtgefüges, z.B. Wissenschaften; ein Diskurs ist produktiv, er macht das betreffende Thema relevant.

Meine Terminologie

"*Essentialistische* Kategorie Frau(en)": beruft sich auf gemeinsame spezifisch weibliche Eigenschaften.

"*Plural(isiert)e* Kategorie Frau(en)": variabel, bildet Bündnisse, keine einheitliche Identität als Voraussetzung.

"Weiterbildung im Umweltschutz durch Fernstudium"

Uta Cupok
Fernstudienzentrum Karlsruhe, Modellprojekt ProFern
Karl-Friedrich-Straße 17, D-76133 Karlsruhe
Tel.: +49 721/93207-0

1. Fernstudium in Deutschland

Im Gegensatz zu den USA, England oder auch den neuen Bundesländern sind im Westen Deutschlands die Möglichkeiten des Fernstudiums vielfach noch nicht bekannt und bleiben somit häufig ungenutzt, obwohl das Fernstudium speziell für Berufstätige, Familientätige, Berufsrückkehrer/innen und Inmobile die ideale Form - manchmal auch die einzige Möglichkeit - des Studiums darstellt. Insbesondere für Frauen bietet sich die Form des Fernlernens an, weil Frauen nach wie vor stärker häuslich und familiär gebunden sind als Männer.

Für das Fernstudium in Deutschland ist in erster Linie die FernUniversität Hagen (FeU) zuständig, eine wissenschaftliche Hochschule des Landes Nordrhein-Westfalen. Zu den Aufgaben der FernUniversität zählen sowohl Aus- und Weiterbildung als auch Forschung. Die Prüfungsanforderungen und Studienabschlüsse entsprechen denen anderer wissenschaftlicher Hochschulen.

Ihr wesentlicher Unterschied zu herkömmlichen Präsenzhochschulen besteht in der Art der Vermittlung der Lehre, die nur in sehr geringem Umfang in einem Hörsaal und überwiegend durch Studienmaterialien stattfindet. Vorteil des Fernstudiums ist somit die weitgehend freie Zeiteinteilung an einem beliebigen Ort, was besonders für Frauen oftmals eine wichtige Voraussetzung ist, um überhaupt studieren zu können. Nachteil war allerdings bisher die relativ isolierte Form des Lernens für die Einzelnen. Dieser Nachteil wird zunehmend durch intensivierte Betreuung und durch stärkere Integration von Präsenzphasen zu beheben versucht.

Die FernUniversität Hagen bietet folgende Studienmöglichkeiten an:
- Wirtschaftswissenschaften,
- Elektrotechnik,
- Mathematik,
- Informatik,
- Rechtswissenschaften (als Nebenfach),
- Erziehungs-, Sozial- und Geisteswissenschaften

und darüber hinaus diverse Ergänzungs- und Zusatzstudiengänge - insgesamt ein Fächerkanon, der überwiegend "männliche Domänen" umfaßt.
Spezielle Angebote für Frauen sind z.B.
- Weiterbildungsprogramm: Frauenrecht (mit Zertifikat):
  Es beinhaltet 5 Kurse "Frauen im Recht", die sich mit den für Frauen wichtigen Rechtsfragen und den im Hinblick auf eine Gleichstellung und Herstellung von Chancengleichheit mit den Männern vorhandenen Defiziten befassen.

- Wiedereinstiegsstipendien/Werkverträge:
  Die Stipendien sollen Frauen den Wiedereinstieg in ihre wissenschaftliche Tätigkeit nach meist familienbedingter Unterbrechung ermöglichen. Ein abgebrochenes Forschungsprojekt kann abgeschlossen oder ein neues aufgenommen werden. Voraussetzung ist in der Regel eine Promotion mit dem Ziel auf Habilitation. Werkverträge werden für Projektarbeit ohne Habilitationsziel vergeben.

Im WS 94/95 waren insgesamt etwa 56.000 Fernstudierende an der FernUni Hagen eingeschrieben.

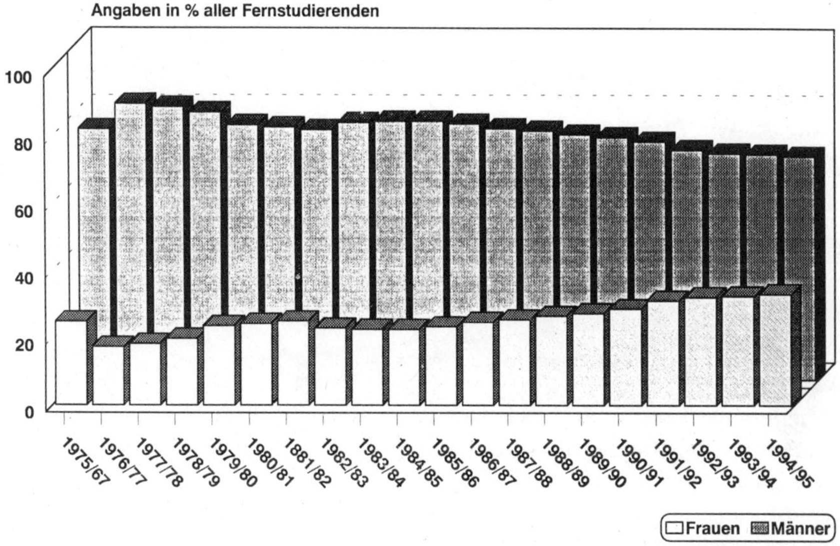

Abb.1: Entwicklung der Anteile der Frauen und Männer an den Studierenden der FeU. Aus: Beitrag der Frauenbeauftragten zur Festschrift der FeU, 1995

Aus Abbildung 1 geht hervor, daß der Frauenanteil unter den Studierenden der FernUniversität kontinuierlich gestiegen ist und heute bei etwa 33% liegt. Dieser Anteil ist aber noch deutlich unter dem durchschnittlichen Wert von 40% an herkömmlichen Präsenz-Universitäten, obwohl die Fern-Universität stärker als andere wissenschaftliche Hochschulen speziell Frauen als Zielgruppe erreichen will.

Die Verteilung der Frauenanteile auf die einzelnen Studiengänge zeigt eine klare Präferenz bei Erziehungs-, Geistes- und Sozialwissenschaften und einen deutlichen Abfall zu den Fachbereichen Mathematik, Informatik und Elektrotechnik (Abbildung 2)).

Um die Gründe für das relativ geringe Interesse von Frauen am Fernstudium zu erforschen und um den Frauenanteil besonders in den mathematisch-technischen und wirtschaftswissenschaftlichen Studiengängen zu erhöhen, führte die FeU von 1991 bis 1993 das Projekt "Erprobung frauenfördernder Maßnahmen in mathematisch-technischen und wirtschaftswissenschaftlichen Studiengängen der FernUniversität" durch.

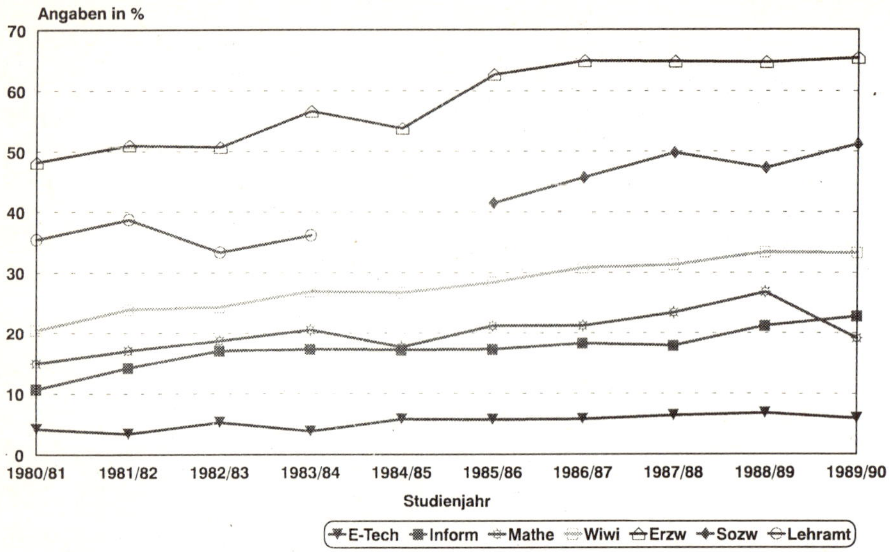

Abb. 2: Frauenanteil an Neuimmatrikulationen in den Studiengängen der FeU. Aus: Beitrag der Frauenbeauftragten zur Festschrift der FeU, 1995

Ziele waren:

1. Förderung der Bereitschaft von Frauen, ein mathematisch-technisches oder wirtschaftswissenschaftliches Studium aufzunehmen, unter der Berücksichtigung der Situation am Arbeitsmarkt.
2. Verbesserung der persönlichen und medialen Information und Beratung von Interessentinnen, um diesen eine reflektierte und kompetente Studienentscheidung zu ermöglichen.
3. Absicherung des Studienerfolgs von Fernstudentinnen durch eine verstärkte, mentorinnengeleitete Betreuung in den Studienzentren.

Das Projekt wurde vom Studienzentrum Minden aus durchgeführt, welches auch die Ergebnisse in einem Abschußbericht im Dezember 1993 vorgelegte. Zusammengefaßt läßt sich festhalten, daß den Frauen "kooperatives Lernen" sehr viel wichtiger ist als Männern: Bei intensivierter Beratung, Betreuung und vermehrten Präsenzphasen steigt die Motivation und der Spaß am Lernen auch in bisher frauenuntypischen Studiengängen. Als besonders positiv wurden von den Frauen mentoriell begleitete Arbeitsgruppen sowie die Einrichtung von Stammtischen bewertet. Auch das Erlernen von Vereinbarkeitsstrategien mit Beruf und Familie war ihnen sehr wichtig. Diese Mindener Erfahrungen fließen nun in die Fernstudienentwicklung und auch in die Aktivitäten anderer Studienzentren ein.

Die Studierenden der FeU werden durch 60 Fernstudienzentren in Deutschland und im angrenzenden Ausland dezentral betreut, d.h. beraten und mit Materialien und Informationen versorgt. Außerdem finden in den Studienzentren Präsenzphasen z.B. zur Vorbereitung auf Klausuren statt. In Baden-Württemberg existieren drei solcher

Studienzentren: In Schwäbisch-Gmünd, Villingen-Schwenningen und in Karlsruhe. Zusammen betreuen sie rund 4.800 Fernstudierende. Allein dem FSZ Karlsruhe sind derzeit rund 2.500 Studierende der FeU (darunter 816 Frauen = 33%) zugeordnet. Damit stellt es das fünftgrößte aller Fernstudienzentren dar. Angestrebt wird natürlich, daß noch mehr Frauen die Möglichkeiten des Fernstudiums kennenlernen und sie auch nutzen. Auch hier fließen die Mindener Erfahrungen mit ein.

Das Fernstudienzentrum (FSZ) Karlsruhe ist an die Universität Karlsruhe angegliedert, wodurch wertvolle Synergieeffekte entstehen, insbesondere bezüglich des Wissenstransfers von der Hochschule in die Arbeitswelt aber auch bezogen auf die Förderung der wissenschaftlichen Weiterbildung an der Universität selbst. Denn im FSZ wird neben der Betreuung von Fernstudierenden auch ein Modellprojekt zur Entwicklung und Erprobung neuer Lernformen durchgeführt. Später mehr dazu.

2. Weiterbildung durch Fernstudium

Im Mai diesen Jahres legte der Baden-Württembergische Wissenschaftsminister Klaus von Trotha (CDU) in Stuttgart den Grundstein für ein neues, landesweites wissenschaftliches Weiterbildungsprogramm an den Universitäten Karlsruhe, Heidelberg, Mannheim und an einigen anderen Hochschulen Baden-Württembergs. Gleichzeitig gab er bekannt, daß die Ende 1995 auslaufende Finanzierung des Fernstudienzentrums Karlsruhe aus dem Hochschulsonderprogramm (HSP) 1 erstmals vom Land Baden-Württemberg übernommen wird.

Damit wurden Signale gesetzt, die die wachsende Bedeutung des lebenslangen Lernens, also der Notwendigkeit der Weiterbildung, verdeutlichen. Präsenzhochschulen sollen verstärkt animiert werden, ihr Wissen durch Weiterbildungsangebote in die Arbeitswelt zu transferieren. Zusätzlich werden die Vorteil des Fernstudiums für die Weiterbildung immer interessanter. Ein effektives Zusammenwirken der universitären Weiterbildung und des Fernstudiums ist das Ziel.

3. Neuartige Fernstudienangebote zur Weiterbildung im Umweltschutz

Die oben genannte Tendenz, verstärkt wissenschaftliche Weiterbildung an Hochschulen und diese auch in Form von Fernstudium anzubieten, kann im Bereich des Umweltschutzes bestätigt werden. In den letzten Jahren ist nicht nur die Zahl der angebotenen Studiengänge im Umweltsektor rapide gestiegen, sondern auch die der weiterbildenden Angebote: In der Bundesrepublik bieten die Universitäten inzwischen 170 und die Fachhochschulen 120 umweltschutzrelevante Studiengänge an. Darunter fallen grundständige Umweltstudiengänge, Studiengänge mit umweltschutzrelevanten Schwerpunkten, Aufbau-, Zusatz-, Ergänzungs- und weiterbildende Studiengänge. Weiterbildende Studienangebote gibt es darunter insgesamt 29, zehn davon in Fernstudienform:

- Der überwiegende Teil der weiterbildenden Studienangebote ist als **berufsbegleitendes Präsenzstudium** mit speziellen Themenstellungen angelegt, die sich in der Regel nur über wenige Monate erstrecken. Insbesondere die FH Furtwangen bietet ihr Angebot in Tagesseminarform an.

- Zehn Angebote sind als **Fernstudium** konzipiert und dauern in der Regel zwischen ein und zwei Jahren. Die Inhalte sind meist breit angelegt und vermitteln Grundlagenkenntnisse z.B. zu den Themen "Umweltschutz", "Energie und Umwelt", "Umweltrecht/Umweltökonomie", "Wasser und Umwelt".
- Reine **Präsenzweiterbildungen** (zwischen 1 und 3 Jahren) bieten nur drei Universitäten und die FHTW Saarbrücken an.

Ausführlich informieren kann man sich inzwischen in diversen Studienführern. Beispielhaft sei hier auf den "Studienführer Umweltschutz" (1993) in zwei Bänden vom Umweltbundesamt und auf "Weiterführende Studienangebote an den Hochschulen in der Bundesrepublik" (1994) von der Hochschulrektorenkonferenz hingewiesen.

4. Das Modellprojekt ProFern

Wie schon erwähnt, führt das Fernstudienzentrum Karlsruhe das auf drei Jahre angelegte Modellprojekt ProFern durch:

"Fernstudium als Methode zur Verbesserung der Zusammenarbeit zwischen Hochschule und Arbeitswelt im Rahmen berufsbezogener wissenschaftlicher Weiterbildung".

Neuartige Fernstudienmodule (Bausteine) werden zu den Themenfeldern "Kommunalökologie/ betrieblicher Umweltschutz" und im Bereich "Pflegewissenschaft" entwickelt. Speziell im Bereich "Kommunalökologie/betrieblicher Umweltschutz" sollen den mit Umweltschutzaufgaben Betrauten in den Städten, Gemeinden sowie Wirtschaftsunternehmen berufsbegleitend und praxisorientiert die neuesten wissenschaftlichen Erkenntnisse mit modernen Lernmethoden vermittelt werden. Vorgesehen ist eine Kombination von Selbststudien-, Präsenz- und Telematikphase. Als Zielgruppe werden u.a. Biologinnen, Chemikerinnen und Geowissenschaftlerinnen angesprochen, die als Umweltschutzbeauftragte arbeiten oder arbeiten wollen. Frauen haben es oft doppelt schwer, zum Thema Umweltschutz Überzeugungsarbeit zu leisten.

Hinzu kommt, daß die Hochschulausbildung zum einen nur unzulänglich das fachliche Rüstzeug für diese Tätigkeit liefern. Zum anderen müssen Kenntnisse über Überzeugungsstrategien, Methoden der Öffentlichkeitsarbeit und Beratungsfähigkeiten in der Regel autodidaktisch berufsbegleitend angeeignet werden. Da es kein klar definiertes Berufsbild "Umweltschutzbeauftragter" gibt, stellen sich die Universitäten mit ihren Studienangeboten auch nur äußerst langsam auf die Erfordernisse der Arbeitswelt ein. Ein Schritt in diese Richtung soll durch ProFern erreicht werden, in dem wir bedarfsgerecht Weiterbildungsbausteine (Dauer: 3-6 Monate) anbieten werden.

Nach unserer fragebogengestützten Bedarfserhebung in baden-württembergischen Kommunen und in Betrieben des verarbeitenden Gewerbes im IHK-Bezirk Karlsruhe besteht derzeit besonderer Weiterbildungsbedarf zu folgenden Themenfeldern:
- Übergreifende Fähigkeiten: Öffentlichkeitsarbeit, Planungsmethoden, Rhetorik
- Planung ökologischer Ausgleichsmaßnahmen
- Ökologische Bauleitplanung
- Biotopschutz

- Ökonomische Bewertung von Umweltschutzmaßnahmen
- Umweltverträglichkeitsprüfung
- zum Thema Recht: Allgemeines Umweltrecht
- zum Thema Wasser: Gewässerschutz

Das erste Modul mit einer Auswahl der oben angeführten Themen wird noch in diesem Jahr erarbeitet und im Frühjahr 1996 erprobt und evaluiert werden. Sollte näheres Interesse an unserem Angebot bestehen, steht das ProFern-Team gerne für Auskünfte zur Verfügung.

Literatur

FernUniversität Hagen: Das Studium an der FernUniversität. Informationen zum Studium, Hagen 1994.

Ch. v. Prümmer/U. Rossié: Frauen im Fernstudium. Zentrum für Fernstudienentwicklung, Hagen 1990.

FernUniversität Hagen: Abschlußbericht des Projektes: Förderung von Frauen mathematisch-ingenieurwissenschaftlichen und wirtschaftswissenschaftlichen Studiengängen an der FernUniversität - Gesamthochschule - in Hagen. Hagen 1993.

Ministerium für Wissenschaft u. Wissenschaftliche Weiterbildung in Baden-Württemberg. Aktuelle

Forschung Baden-Württemberg: Reihe Nr. 6, Stuttgart 1995.

Fernstudienzentrum Karlsruhe: ProFern-Info, Heft 1/95 und Heft 2/95, Karlsruhe 1995.

Fachwissenschaftliche Beiträge, Fachgruppentreffen

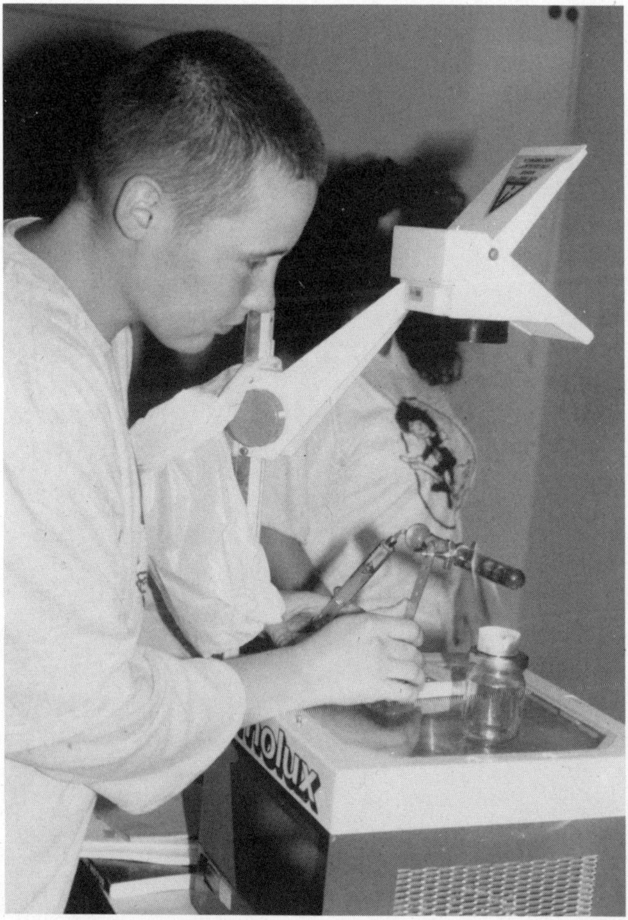

Sibylle Nägle beim
"Bau eines Reagenzglas-Stirlingmotors"

Maschinelles Lernen, Neuronale Netze und statistische Lernmethoden in der Ökonometrie

Fariba Jafar-Shaghaghi
Universität Karlsruhe, Institut für Statistik und Mathematische Wirtschaftstheorie
Tel.: +49 6221/ 840424

Die wesentlichen induktiven Lernverfahren, die in vielen Disziplinen zur Behandlung der Prognoseprobleme angewandt werden, kann man in drei Hauptgruppen einteilen:
1) Statistische Lernmethoden (Regressionsanalyse, Box-Jenkins)
2) Methode des Maschinellen Lernens (ML)
3) Methode der künstlichen Neuronalen Netze (NN)

Während die statistischen induktiven Lernmethoden unzählige Male zur Behandlung der ökonomischen bzw. ökonometrischen Probleme angewandt wurden, besteht wenig Erfahrung mit der Anwendung des ML und der NN. Das betrifft vor allem den Vergleich von statistischen Lernmethoden mit den Verfahren des ML und der NN.

Das Ziel dieses Vortrags besteht darin, die Anwendbarkeit dieser Lernmethoden, insbesondere ML und NN, zur Behandlung von Prognoseproblemen mit den Daten über den kurz- und langfristigen Zinssatz zu überprüfen und Vor- und Nachteile der verwendeten Methoden einander gegenüberzustellen. Der zweite Abschnitt befaßt sich mit den theoretischen Hintergründen der verwendeten Lernmethoden: Klassische statistische Lernmethode und Methode des Maschinellen Lernens (ML). Die empirischen Untersuchungen mit den oben genannten Methoden anhand von mehreren Zinsdatensätzen werden im dritten Abschnitt präsentiert.

Theoretische Hintergründe

Statistische Lernmethoden

Die bisherigen statistischen Lernmethoden zur Prognose kann man in zwei Hauptgruppen unterteilen: quantitative und qualitative Techniken. Diese Gruppierung bezieht sich auf den Umfang der Verwendung der Vergangenheitsdaten für die Prognose.

Die quantitativen Prognosemethoden basieren auf den Vergangenheitsdaten und verwenden bestimmte Regeln. Diese Methoden werden auch in zwei Untergruppen unterteilt: Kausale Methode und Zeitreihenanalyse. Bei den Kausalen Methoden werden zum Beispiel bei der Prognose der Zinsentwicklung die Wirkungen der ökonomischen Variablen, z.B. Preisniveau, Geldmenge, usw. auf die Zinsentwicklung überprüft. Ein weitverbreitetes Instrument dafür ist die Regressionsanalyse. Wenn die Zinsprognose sich auf die reine Auswertung der historischen Zinsreihen beschränkt, dann spricht man von Zeitreihenanalyse. Die Zeitreihenanalyse von Box-Jenkins ist ein mathematisch-statistisches Verfahren, das u.a. oft Anwendung findet.

Die qualitativen Methoden, die auch Technische Analyse genannt werden, sind dadurch charakterisiert, daß sie zum Beispiel bei der Zinsanalyse nicht auf Auswertung der historischen Zinsreihen oder relevanten Einflußfaktoren basieren, sondern vielmehr auf der Analyse der Experten. Häufig erfolgt eine visuelle Analyse durch grafische Darstellung der Datenreihen (Chart) oder durch technische Indikatoren (z.B. gleitender Durchschnitt). Die Technische Analyse wird als rein subjektives und heuristisches Verfahren bezeichnet, da bei dieser ein formal-theoretischer Hintergrund fehlt.

Weiterhin basiert die Technische Analyse im Gegensatz zu quantitativen Verfahren wie der Regressionsanalyse und der Zeitreihenanalyse, die mathematisch-statistisch fundiert sind, auf rein heuristischen Grundregeln. Hier wurde hauptsächlich die Regressionsanalyse verwendet.

Methode des Maschinellen Lernens

Die Methoden des Maschinellen Lernens und der Neuronalen Netze (Symbolische Induktionsverfahren), die als die wichtigste Alternative zu den oben erwähnten Verfahren betrachtet werden können, sind Teilgebiete der "Künstlichen Intelligenz". Dabei werden statt numerischer Algorithmen logische und graphische Strukturen zur Behandlung der Prognoseprobleme eingesetzt.

Maschinelles Lernen als ein Teilgebiet der Künstlichen Intelligenz ist eine noch relativ junge Disziplin. Erst mit dem ersten internationalen Workshop über ML (First International Workshop on Machine Learning, Cornegie Mellon University, Pittsburg USA, 1980) wurde ML als eine neue wissenschaftliche Fachrichtung im Bereich der KI anerkannt.

Der Schwerpunkt der Forschung im Bereich des ML liegt auf dem Gebiet des automatischen induktiven Lernens und vor allem des Lernens aus Beispielen, das die Aufgabe hat, mit Hilfe verschiedener Objekte, deren Klassen schon bekannt sind, ein allgemeines Prognosekonzept zur Klassifikation fremder Objekte abzuleiten.

Die Methoden des ML können bezüglich ihrer Problemlösungsmöglichkeiten in zwei Hauptgruppen unterteilt werden: 1) Behandlung diskreter Klassen (Klassifikationsprobleme) und 2) Behandlung stetiger Klassen (Prognoseprobleme).

Bei der Behandlung der stetigen Klassen, werden die Lernalgorithmen, deren Ausgabe ein Entscheidungsbaum ist, verwendet. Beim jetzigen Stand der Forschung kann man Entscheidungsbäume drei verschiedener Formen unterscheiden:

1) Klassifikationsbäume, 2) Regressionsbäume und 3) Modellbäume.

Die erste Form ist nur zur Behandlung von Klassifikationsproblemen geeignet. Die zweite Form ist für beides (Klassifikations- und Prognoseprobleme) einsetzbar. Die dritte Form kann nur stetige Klassen (Prognoseprobleme) behandeln.

Für diesen Vortrag ist die Behandlung der stetigen Klassen (Prognoseprobleme) relevant und deshalb wurde bei der empirischen Untersuchung ein Algorithmus, der einen Regressionsbaum erzeugt (Newid), verwendet.[1)]

Beim Regressionsbaum wird zunächst eine Regelmenge erlernt; dann wird bei einem neuen Beispiel durch einen Inferenzmechanismus entschieden, welche Regel zu diesem Beispiel paßt. Im Gegensatz zur Regression, wo für jedes Objekt ein neuer Prognosewert für die Zielvariable y berechnet wird, sind hier die Prognosewerte von Anfang an bekannt, da sie durch Lernvorgänge berechnet und den Endknoten zugewiesen werden. Außerdem ist die Anzahl der Prognosewerte auf die Anzahl der Endknoten begrenzt.

Neuronale Netze

Neuronale Netze als ein Forschungsgebiet der Künstlichen Intelligenz sind computerimplementierte Versuche, die Lern- und Verknüpfungsfähigkeit des Menschen bei komplizierten, nicht-linearen Wirkungszusammenhängen in übertragener Weise anzuwenden. Jedes künstliche Neuronale Netz besteht aus mehreren Verarbeitungselementen (Neuronen), die in verschiedenen Schichten liegen und nach bestimmten Regeln miteinander verbunden sind. Die Neuronen, die die Daten aus der externen Welt aufnehmen, sind Eingabeneuronen und liegen auf der Eingabeschicht. Die Ausgabeneuronen haben die Aufgabe, an der Ausgangsschicht Informationen an die externe Welt abzugeben. Dazwischen sind die verdeckten Neuronen, die in einer oder in mehreren Schichten liegen.

Zwei wichtige Ansätze gibt es in bezug auf den Ablauf der Informationsverarbeitung:

I) Rückkopplungsfreie Netze (feed forward network):
Hier erfolgt die Informationsverarbeitung von der Eingabeschicht über die verdeckten Schichten zur Ausgabeschicht.

II) Netze mit Rückkopplung (feedback network):
Einige Netze erlauben Rückvernetzungsmöglichkeiten innerhalb der Schichten (z.B. Hopfield-Netz und Boltzmann-Maschine).

Bei den durchgeführten empirischen Untersuchungen wurden rückkopplungsfreie Netze (Backpropagation-Netzwerk) verwendet.

Empirische Untersuchungen

Wie oben erwähnt, bestand das Ziel des Vortrags darin, die Anwendbarkeit der Methode des Maschinellen Lernens und der Neuronalen Netze zur Behandlung von Prognoseproblemen, insbesondere im Bereich der Zeitreihenanalyse und bei der Behandlung ökonometrischer Modelle zu überprüfen und das Verhalten dieser Verfahren mit dem der Regressionsanalyse zu vergleichen. Dafür wurden zwei vollständige Untersuchungen bezüglich der unterschiedlichen Zeitspannen: Fall 1: "1979:01" - "1991:12" und Fall 2: "1986:10" - "1991:12" zur Prognose des kurzfristigen Zinssatzes (Dreimonats-Geldmarktzinssatz) und des langfristigen Zinssatzes (Umlaufrendite inländischer Anleihen) durchgeführt. In jeder Zeitspanne wurden die folgenden zwei Modelle untersucht:

Modell 1: Einfache Niveauschätzung für den Dreimonats-Geldmarktzinssatz (Z3MO)
Zur Prognose der Z3MO wurden die folgenden vier Variablen herangezogen:

1) Leitzinssatz der Bundesbank: Lombardsatz (LO)
2) Zinssatz für dreimonatige Euro-Dollar-Anlagen (ZED)
3) Preisindex für die private Lebenshaltung (PILS)
4) Nachfrage nach kurzfristigen Krediten (KK)

Das Regressionsmodell mit Zeitreihenwerten für den Dreimonats-Geldmarktzinssatz als endogene Variable sieht folgendermaßen aus:

$$Z3MO = LO + ZED + PILS + KK \qquad (1)$$

Modell 2: Einfache Niveauschätzung für Umlaufrendite inländischer Anleihe (UML)
Zur Prognose der Umlaufrendite inländischer Anleihen wurden
die vier folgenden Variablen herangezogen:

1) Dreimonats-Geldmarktzinssatz (Z3MO),
2) Langfristiger US-Zins (USBOY),
3) Preisindex für die private Lebenshaltung (PILS),
4) Bankschuldverschreibungen im Umlauf (WBS).

Das ökonometrische Modell sieht wie folgt aus:

$$UML = Z3MO + USBOY + PILS + WBS \qquad (2)$$

Zur Durchführung der Untersuchungen wurde die Dreischritt-Prognose-Methode angewandt. Zur Evaluierung der Ergebnisse von verschiedenen Prognosemethoden wurde "RMSE" (root mean square error) als Kennzahl verwendet. Die verwendeten Algorithmen und Software-Produkte sind in der folgenden Tabelle aufgelistet.

Tabelle 1: Die angewandten Methoden und Software-Produkte

Prognosemethode	*Algorithmus*	*Software*
Statistik (Regression (REG))	Linear Regression	SAS
Neuronale Netze (NN)	Backpropagation	NEXUS
Maschinelles Lernen (ML)	NewId	NewId

Hier stehen zwei Aspekte des Vergleiches (Prognosegütevergleich) im Vordergrund. Zum einen behandelt die Vergleichsstudie verschiedene Prognosemethoden bezüglich ihrer Prognosegüte in jedem der zwei Untersuchungsfälle (Vergleich im Fall 1 und im Fall 2). Der zweite Aspekt betrifft das Verhalten der verschiedenen Methoden bezüglich der Menge der Lerndaten. Das heißt, die Änderungen der Ergebnisse von Fall 1 zu Fall 2, die wegen der "Verkürzung" der Lernmenge zustande gekommen sind, sollen auch betrachtet werden (Vergleich zwischen Fall 1 und Fall 2). Hier wird auf eine ausführliche Beschreibung der Ergebnisse verzichtet und auf Jafar-Shaghaghi (1995) verwiesen.

Die durchgeführten Untersuchungen haben gezeigt, daß alle drei Prognosemethoden Vor- und Nachteile haben. Deshalb kann man hinsichtlich des erforderlichen Aufwandes keiner Methode den Vorzug geben (wenn man RMSE als ein Kriterium zur Beurteilung der Prognosegüte betrachtet). Bei den Untersuchungen wurde festgestellt, daß die lineare Regression (REG) ein robusteres Prognoseverfahren als ML und NN ist. Dies kann an der funktionalen Modellierung der Beziehungen zwischen den exogenen und endogenen Variablen liegen.

Das ML-Verfahren könnte im Vergleich zur Regressionsanalyse gleichwertige, manchmal sogar bessere Ergebnisse liefern. Darüber hinaus können die erzeugten Regelmengen als Grundlage für Expertensysteme und als Ergänzung zum Expertenwissen verwendet werden.

Die NN-Methode kann als eine grundsätzlich einsetzbare Methode zu Prognosezwecken betrachtet werden, wenn keine starken linearen Zusammenhänge vorhanden sind. Ein Vorteil von NN gegenüber der Regressionsanalyse liegt darin, daß bei den ökonometrischen Methoden nur die Modellstrukturen, d.h. nur die relevanten Einflußfaktoren (modellspezifisch und aus der Sicht der Prognostiker) zur Prognose berücksichtigt werden, während es bei den NN zwei Möglichkeiten gibt. Einerseits kann die Prognose durch Modellstrukturen durchgeführt werden und andererseits können alle Einflußfaktoren zum Lernen bzw. zur Prognose verwendet werden. Dies ist besonders bei der Komplexität der Finanzmärkte vorteilhaft. Die obigen Anwendungen der NN zur Behandlung von Prognoseproblemen zeigen jedoch, daß diese Methode sich besonders für folgende Probleme eignet:

1. wenn die Zusammenhänge nicht genau bekannt sind,
2. wenn die Inputdaten nicht vollständig sind und
3. wenn die Zusammenhänge hochrangig nichtlinear sind.

Nach den erzielten Ergebnissen kann man feststellen, daß die drei obengenannten Prognoseverfahren als alternative Methoden für die verwendeten Datensätze angesehen werden können.

Anmerkung:

1) Eine ausführliche Beschreibung bezüglich der Behandlung der Klassifikations- bzw. Prognoseprobleme findet man in Jafar-Shaghaghi (1995).

Literatur:

Boswell, R. 1990: Manual for NewID version 4.1, Turing Institute.

Breiman, L. Friedman, J. H. Olshen, R. Ston, C. 1984: Classification and Regression Trees.Wadsworth, Inc.

Jafar-Shaghaghi, Fariba 1995: Maschinelles Lernen, neuronale Netze und statistische Lernverfahren zur Klassifikation und Prognose. Theoretische Analyse und ökonomische Anwendung. Dissertation, Universität Karlsruhe, im Druck.

Michalski, R. S., Carbonell, J. G. and Mitchell, T. M. (eds), 1983: Machine Learning. An Artificial Intelligence Approach, vol. I, Tioga, Palo Alto, Calif.

Michie, D. Spiegelhalter, D.J. und Taylor, C.C. (eds) 1994: Machine Learning, Neural and Statistical Classification, Ellis Horwood, New York.

Nakhaeizadeh, G. 1992: Inductive Expert Systems and their application in Statistics, in Faulbaum F.(ed), SoftStat 91. Advances in Statistical Software, Gustave-Fischer, 31-38.

Quinlan, J. R. 1992: Learning with continuous classes, Proceedings 5th Australian Joint Conference on Artificial Intelligence Singapore: World Scientific, 343-348.

Mikrosystemtechnik - ein neues Arbeitsgebiet für Physiker-, Chemiker- und IngenieurInnen

Ulrike Wallrabe
Forschungszentrum Karlsruhe, Institut für Mikrostrukturtechnik
Postfach 3640, D-76021 Karlsruhe

Einleitung

Die Forderung nach der Erhöhung des Integrationsgrades und der Funktionalität von technischen Systemen erfordert den Einsatz mikrotechnischer Fertigungsmethoden, mit denen dreidimensionale Mikrostrukturen hergestellt werden können, die in der Lage sind, mechanische, optische und fluidische Größen zu übertragen, und die über eine monolithische Integration oder eine geeignete hybride Integration mit elektronischen Schaltkreisen verknüpft werden können. Das Ergebnis dieser Entwicklungen sind komplexe hochintegrierte Mikrosysteme. Die Techniken für die Herstellung solcher Mikrokomponenten stehen mit der Siliziummikromechanik, der Oberflächenmikromechanik und dem LIGA-Verfahren heute zur Verfügung, Ansätze für den Aufbau von komplexen Mikrosystemen sind vorhanden.

Das seit Beginn der 80er Jahre am Forschungszentrum Karlsruhe entwickelte LIGA-Verfahren nutzt die Röntgentiefenlithographie, die Galvanoformung und die Mikroabformung für die Herstellung von dreidimensionalen Strukturen aus verschiedenen Metallen oder Metallegierungen, Kunststoffen und Keramiken. Es zeichnet sich im Vergleich zu den anderen Techniken durch die Materialvielfalt, durch die große Strukturhöhe bei gleichzeitig kleinen Lateralabmessungen (Aspektverhältnis) und durch die freie Geometriewahl aus /1/.

Die Anwendungsmöglichkeiten, bei denen zum einen die spezifischen Vorteile der Technik ausgenutzt werden, zum anderen aber auch durch die Kombination mit den anderen Mikrostrukturierungsmethoden neu Anwendungen erschlossen werden, reichen von der Mikromechanik, der Mikrooptik, der Mikrosensorik, der Verbindungstechnik bis hin zur Medizin- und Biotechnik. Aus den einzelnen Bereichen wurden erste funktionsfähige Muster von Mikrokomponenten erfolgreich hergestellt und getestet. Mikrosystemtechnische Lösungen unter Einbeziehung von LIGA-Mikrostrukturen sind in der Entwicklung. Daß dieses Verfahren eine immer breitere Beachtung findet, zeigen die in den letzten Jahren begonnenen Aktivitäten an anderen Stellen wie beispielsweise am IMM in Mainz /2/ oder an der Universität in Wisconsin /3/, um nur zwei Orte stellvertretend zu nennen. Außerdem wird das Verfahren von der Firma MicroParts, Dortmund für eine industrielle Fertigung von Mikrostrukturkomponenten angewendet /4/.

Fertigungsschritte des LIGA-Verfahrens und Fertigungsvarianten

Beim klassischen LIGA-Verfahren werden durch einen Lithographieprozeß mit Röntgenstrahlung primäre Mikrostrukturen mit großer Strukturhöhe erzeugt, von denen in wechselnder Folge komplementäre und formmäßig gleiche Kopien hergestellt werden. Dazu wird im ersten Fertigungsschritt eine mehrere hundert Mikrometer dicke Schicht eines röntgenempfindlichen Kunststoffes über eine Maske mit Röntgenstrahlung belichtet. Die Maske besteht aus einer dünnen, die Röntgenstrahlung nur schwach absorbierenden Membran aus einem Material niedriger Ordnungszahl und einem auf die Maske aufgebrachten Absorbermuster aus einem Material hoher Ordnungszahl, wie z.B. Gold. Als Strahlungsquelle dient ein Elektronensynchrotron, in dem durch die Ablenkung hochrelativistischer Elektronen in einem Magnetfeld hochintensive und extrem parallele Röntgenstrahlung mit einer Quantenenergie von mehreren keV erzeugt wird. Die im Resist absorbierte Strahlung führt zu chemischen Veränderungen des Kunststoffes, so daß die bestrahlten Bereiche in einem geeigneten Lösungsmittel selektiv entfernt werden können und eine zu den Absorberstrukturen der Maske identische mehrere hundert Mikrometer hohe Kunststoffstruktur entsteht.

Im nächsten Fertigungsschritt wird zwischen die Resiststrukturen galvanisch Metall abgeschieden. Zur Zeit können Nickel, Kupfer, Gold, Nickel/Eisen- und Nickel/Kobaltlegierungen abgeschieden werden. Die Abscheidung weiterer Metalle befindet sich in der Entwicklung. Nach dem Entfernen des unbestrahlten Resistes liegt eine erste metallische Mikrostruktur vor. Sie kann genauso wie die erste Kunststoffstruktur das Endprodukt des Fertigungsprozesses darstellen; sie kann aber auch als Werkzeug für eine nachfolgende Mikroabformung mit Spritz- oder Reaktionsguß oder für ein thermoplastisches Prägen eingesetzt werden. Damit ist es möglich, Mikrostrukturen aus verschiedenen Kunststoffen relativ kostengünstig und in großen Stückzahlen herzustellen. Die Kunststoffstrukturen können desweiteren als verlorene Formen für eine weitere Galvanik oder für die Herstellung von keramischen Mikrostrukturen eingesetzt werden.

Durch die Anwendung dieser grundlegenden Prozeßschritte können einerseits fest auf einem Substrat verankerte Strukturen oder vollständig vom Substrat gelöste Strukturen wie z.B. Membranen mit definierten Lochstrukturen hergestellt werden. Für eine Erweiterung der Anwendungsmöglichkeiten wurden in den letzten Jahren Modifikationen der Prozeßsequenz durchgeführt, bzw. der LIGA-Prozeß mit anderen Prozeßtechniken kombiniert /5/. Die Verwendung eines mehrschichtigen Kunststoffsystems in der Röntgentiefenlithographie oder in der Abformung führt zu planaren lichtleitenden Strukturen. Durch die Verwendung von Substraten mit einer vorstrukturierten Deckschicht, die als sogenannte Opferschicht eingesetzt wird, werden frei bewegliche Strukturen hergestellt /6/. Diese finden insbesondere Anwendung im Bereich der Sensorik (Beschleunigungssensor) und der Aktorik (z.B. Antriebe wie Turbinen und Schrittmotoren). Die Durchführung der Abformung auf der Oberfläche eines mit elektronischen Schaltkreisen versehenen Siliziumwafers erlaubt eine quasimonolithische Integration von mikromechanischen oder mikrooptischen LIGA-Strukturen mit integrierten Schaltungen /7/. Die Verbindung der LIGA-Technik mit Dünnschichttechnik und Membrantechnik führt zu fluidischen Strukturen wie Mikropumpen oder Mikroventilen /8/.

Durch die Kombination der LIGA-Technik mit Siliziummikromechanik wurden sowohl mikrooptische Aufbauplatten mit unterschiedlicher Stufenhöhe als auch fluidische Elemente mit integrierten vom Substrat isolierten Heizwiderständen hergestellt /9/.

Anwendungsbeispiele von LIGA-Strukturen

LIGA-Komponenten finden vor allem Anwendung in der Optik, der Sensorik, der Aktorik und der Fluidik wobei das Interesse einerseits bei dem Einsatz von Einzelkomponenten liegt, andererseits aber die Komponenten Bestandteile komplexerer Systeme darstellen. Im folgenden sollen exemplarisch einige Anwendungsbeispiele beschrieben werden.

Optik

Die Möglichkeit, LIGA-Strukturen direkt als mikrooptische Komponenten einzusetzen, ergibt sich aus der optischen Transparenz im sichtbaren und nahen infraroten Spektralbereich, der sowohl in der Röntgentiefenlithographie (PMMA, deuteriertes PMMA) als auch in der Abformung (z. B. PMMA, Polycarbonat) eingesetzten Materialien, der geringen Seitenwandrauhigkeit (< 30 nm) und der geringen Konizität der Strukturen (< 0.03 µm/100 µm). Es lassen sich somit direkt Zylinderlinsen, Mikroprismen und Intensitätsstrahlteiler herstellen. Durch den positionsgenauen Aufbau mehrerer solcher optischer Komponenten zusammen mit Haltestrukturen für z.B. Lichtleitfasern oder hybride optische Komponenten lassen sich auch Aufbauplatten für komplexere mikrooptische Bänke realisieren. Durch die Strukturierung eines lichtführenden Dreischichtaufbaus wurde ein planares Gitterspektrometer mit einem selbstfokusierenden Reflexionsgitter hergestellt /11/. Durch die freie Geometriewahl der Gitterzähne kann das Gitter so optimiert werden, daß Abbildungsfehler weitgehend vermieden werden und eine möglichst hohe Effizienz des Gitters erreicht wird. Diese beträgt bis zu 25 % im Bereich der Blaze-Wellenlänge. Für Gitter, die in erster Ordnung arbeiten und deren Gitterstufe etwa 0.3 nm über der gesamten Strukturhöhe von 125 µm beträgt, kann der gesamte Spektralbereich von 400 nm bis 1100 nm abgedeckt werden. Bei einer Gitterbreite von etwa 1 µm ergibt sich mit dem Gitter eine Auflösung von ca. 0.2 nm/µm. Wird an der Fokuszeile des Spektrographen eine 45° Kante erzeugt, mit der das Licht von der Horizontalen in die Vertikale umgelenkt wird, kann der Spektrograph direkt auf eine Diodenzeile aufgelegt werden, so das damit ein Gitterspektrometer zur Verfügung steht. Für eine Pixelbreite auf der Diodenzeile von 25 µm wird mit diesem Aufbau eine Auflösung gemäß dem Raleigh-Kriterium von etwa 5 nm ermittelt. Mit diesen Daten stellt das Gitterspektrometer eine kostengünstige Alternative zu konventionellen Spektrometern dar und erlaubt den Aufbau von einfachen, problemangepaßten Analysegeräten.

Sensorik

Aufbauend auf der in Verbindung mit dem LIGA-Verfahren entwickelten Opferschichttechnik wurde ein kapazitiver Beschleunigungssensor entwickelt /12/. Diese Sensoren sind inzwischen soweit ausgereift, daß sie in Zusammenarbeit mit Industriefirmen Anwendungen zugeführt werden können. Da sie auch durch Abformtechniken herstellbar sind, können sobald ein industrieller Prozeß vorliegt auch die Preise die Nutzervorstellungen erfüllen. Im Vergleich zu Siliziumsensoren zeichnen sich die LIGA-Beschleunigungssensoren durch einen vergleichsweise einfachen Herstellungsprozeß aus. Durch die direkte Abformung auf dem Schaltkreis ist langfristig auch eine quasimonolithische Integration der mikromechanischen Sensorelemente mit der elektronischen Schaltung möglich. Es ist aber auch die Verbindung von Sensorelement und Elektronik über eine modifizierte Flip-Chip-Technik vorstellbar. Aufgrund des fast idealen Dämpfungsverhaltens bei Betrieb unter Normalatmosphäre entfällt eine Verpakkung in einem hermetisch dichten Gehäuse, was den Verpackungsaufwand reduziert. Somit eröffnen sich für die Sensoren speziell im Low-g Bereich unterschiedliche Anwendungsmöglichkeiten.

Neben diesen schwingenden Strukturen wurden mit der Opferschichttechnik auch rotierende Strukturen hergestellt. Die Untersuchungen an derart frei beweglichen Strukturen zeigten, daß die tribologischen Eigenschaften eine wichtige Größe darstellen, die noch näher erfaßt werden müssen. Nach Optimierung der Materialeigenschaften sollte es möglich sein, diese Mikroturbinen als volumetrische Strömungssensoren einzusetzen.

Aktorik

Neben Anwendungen im Sensorbereich können die Mikroturbinen aber auch als Aktoren Anwendung finden. So wurde beim Betrieb der Mikroturbinen ein starker Abrieb an den als Abdeckmaterialien eingesetzten Plexiglasscheiben beobachtet. Derzeit werden darauf aufbauend Untersuchungen angestellt, inwieweit mit Flüssigkeiten angetriebene Turbinen als abrasive Werkzeuge in der Medizintechnik eingesetzt werden können.

Einen anwendungsnäheren Stand haben nach dem LIGA-Verfahren hergestellte elektrostatische Linearaktoren erreicht, bei denen sich die große Strukturhöhe des LIGA-Verfahrens vorteilhaft ausnutzen läßt /13/.

Da sich über den Galvanoformungsprozeß magnetische Materialien wie z.B. Nikkel oder aber auch Legierungen aus Eisen und Nickel vergleichbar zu Permalloy abscheiden lassen, ist das LIGA-Verfahren prädestiniert, um elektromagnetische Aktoren herzustellen. Solche Aktoren sind an verschiedenen Stellen (FZK, IMM /14/, Wisconsin /15/) in der Entwicklung.

Neben diesen Aktorprinzipien befinden sich am FZK auch Aktoren in der Entwicklung, die auf dem thermomechanischen Prinzip, auf der Volumenänderung von Gelen oder auf Formgedächtnislegierungen beruhen. Damit wird der Tatsache Rechnung getragen, daß gerade die Aktorentwicklung im Bercich der Siliziumtechnologie ihre Grenzen hat und sich die LIGA-Technik für die Aktorherstellung besonders eignet. Auch für die Herstellung fluidischer Elemente spielt die große Strukturhöhe und die Strukturtreue eine wichtige Rolle. Als ausschließlich auf die LIGA-Technik aufbauendes fluidisches Element wurde ein bistabiles Wandstrahlelement realisiert, das zum Schalten von Fluidströmen geeignet ist /9/.

Durch die Kombination der LIGA-Technik mit der Dünnschichttechnik und fortschrittlicher Verbindungstechniken wurde im FZK eine Mikropumpe (Abmessungen ca. 10 mm x 7 mm x 3 mm) realisiert, die aus zwei abgeformten Bauteilen durch Fügetechnik zusammengesetzt wird /8/. Die Pumpmembran besteht aus einer dünnen Polyimidmembran, auf die ein Heizmäander aufgebracht ist, über den das Volumen der Aktorkammer aufgeheizt, eine Membranauslenkung erzeugt wird und sich so eine Volumenänderung in der Pumpkammer ergibt. Da die Volumenänderung sehr groß ist, lassen sich nicht nur Flüssigkeiten, sondern auch Gase pumpen. In ersten Versuchen betrug das Pumpvolumen bei einer Pumpfrequenz von 5 Hz bis zu 40 µl/min; der maximale Gegendruck beträgt bis 40 hPa. die Ansteuerung der Pumpe erfolgte mit 60 ms langen Spannungsimpulsen von 15 Volt.

Systemtechnische Entwicklungen

Ziel der Forschungsarbeiten in der Mikrotechnik sind nicht nur die Herstellung von einzelnen Komponenten, sondern auch die Entwicklung von komplexen, intelligenten Systemen. Diese Mikrosysteme haben entsprechend ihrem Einsatzzweck verschiedene Aufgaben zu erfüllen wie autonome Kontrolle, Selbstkalibrierung, Fehlertests, Zwischenspeicherung von Daten, Regelung von Teilvorgängen und Kommunikation mit einem externen Rechner. Sie erfüllen damit die Anforderungen nach kompakten und zuverlässigen Detektions- oder Regeleinheiten mit hoher Funktionalität und Sicherheit.

Am Forschungszentrum Karlsruhe sind derzeit verschiedene Systeme in der Entwicklung. Drei davon bauen auf LIGA-Komponenten auf. Es handelt sich um ein mehrdimensionales Beschleunigungssensorsystem mit intelligenter Signalvorauswertung, ein Analysesystem zur Detektion von Gewässerschadstoffen, sowie eine optische Bypass-Schaltung für Monomodefasern mit einem mikromechanischen Schaltelement.

Nachdem die Fertigungstechniken in ihren grundlegenden Schritten entwickelt sind, wird inzwischen an einer industriellen Umsetzung des Verfahrens gearbeitet. Das FZK trägt dabei mit seinen Grundlagenarbeiten zu einer Stabilisierung der Prozeßtechniken und zu einer Ausdehnung der Material- und Strukturvielfalt bei. Außerdem werden am Forschungszentrum in Zusammenarbeit mit der Industrie industrienahe Prototypen entwickelt und bis zu einer Anwendungsreife geführt. Dabei werden solche Aktivitäten in Zusammenarbeit mit der Industrie oder aber auch als Entwicklungsauftrag der Industrie durchgeführt.

Zusammenfassung

Die dargestellten Fertigungsverfahren sowie die mikromechanischen, -optischen und -fluidischen Elemente verdeutlichen den fachübergreifenden Charakter der Mikrosystemtechnik. Im Bereich der Prozeßentwicklung und Optimierung ergeben sich dabei Aufgaben für alle Ausbildungszweige. Die Röntgentiefenlithographie beinhaltet in der Resistentwicklung Polymer- und Strahlenchemie. Die Einstellung der Bestrahlungsparamter sowie die Berechnung geeigneter Synchrotronquellen ist deutlich in der Physik angesiedelt. Bei der galvanischen Abscheidung von Metallen ist Elektrochemie und Verfahrentechnik, bei der Abformtechnik Maschinenkonstruktion und ebenfalls Polymerchemie und Verfahrentechnik erforderlich. Im Bereich der Komponenten und Mikrosystementwicklung ergeben sich besonders Entwicklungsaufgaben für IngenieurInnen der Fachrichtungen Maschinenbau und Elektrotechnik sowie für PhysikerInnen. Aufgrund des Systemgedankens, der wegen der wachsenden Integrationsmöglichkeiten zunehmend von Bedeutung ist, ist bei der Systementwicklung die Fachzugehörigkeit nicht eindeutig zuzuordnen. Daher erfordert die Mikrosystemtechnik von den EntwicklerInnen eine überdurchschnittliche Flexibilität sowie die Bereitschaft, Neues zu lernen und über die Grenzen des eigenen studierten Fachgebietes hinauszublicken.

Danksagung

Obenstehender Artikel beruht auf einer aktuellen Veröffentlichung meines Kollegen, Herrn Dr. Jürgen Mohr. Ich danke ihm für die freundliche Überlassung seines Manuskriptes, das ich für diesen Anlaß nur geringfügig ergänzt habe.

Literatur

/1/ E.W. Becker, W. Ehrfeld, P. Hagmann, A. Maner, D. Münchmeyer: Fabrication of Microstructures with High Aspect Ratio and Great Structural Heights by Synchrotron Radiation Lithography, Galvanoforming, and Plastic Molding (LIGA Process), Microelectronic Engineering 4, (1986), p. 35

/2/ W. Ehrfeld, H. Lehr: Deep X-Ray Lithography for the Production of threedimensional Microstructures from Metals, polymers and Ceramics, Radiation Physics and Chemistry

/3/ H. Guckel, K.J. Skrobis, T.R. Christenson, J. Klein, S. Han, B. Choi, E.G. Lovell: Fabrication of Assembled Micromechanical Components via Deep X-Ray Lithography, Proc. 5th IEEE Workshop MEMS 91, Nara (1991) p. 74

/4/ J. Eicher, R.-P. Peters, A. Rogner: Produkte und Einsatzgebiete des LIGA-Verfahrens, VDI Berichte 960 (1992) p. 683

/5/ J. Mohr, W. Bacher, P. Bley, M. Strohrmann, U. Wallrabe: The LIGA Process - a Tool for the Fabrication of Microstructures Used in Mechatronics, Proc. 1st Japanese-French Congress on Mechatronics, Besancon, (Okt. 1992)

/6/ J. Mohr, C. Burbaum, P. Bley, W. Menz, U. Wallrabe: Movable Microstructures Manufactured by the LIGA Process as Basic Elements for Microsystems, in H. Reichl (ed.): MICRO SYSTEMS Technologies 90, Springer Verlag (1990), p. 529

/7/ R. Ruprecht, A. Both, W. Bacher: Plastic Molding and Electroforming of LIGA Microstructures on Microelectronic Circuits, Proc. MicroMechanics Europe MME '93, Neuchatel (Okt. 1993) p. 93

/8/ B. Büstgens, W. Bacher, W. Menz, W.K. Schomburg: Micropump Manufactured by Thermoplastic Molding, Proc. 7th IEEE Workshop on MEMS, (Feb. 1994) p. 18

/9/ J. Vollmer, H. Hein, W. Menz, F. Walter: Bistable Fluidic elements in LIGA Technique as Microactuators, Proc. Transducers 1993, Yokohama (June 1993) p. 116

/10/ Grundlegende Untersuchungen zur Fertigung gestufter Mikrostrukturen aus fluorierten polymeren nach dem LIGA-Verfahren, Dissertation Uni Karlsruhe (1994)

/11/ C. Müller, J. Mohr: A Microspectrometer Fabricated by the LIGA Process, Interdisciplinary Science Reviews Vol. 18, No. 3 (1993) p. 273

/12/ M. Strohrmann, P. Bley, O. Fromhein, J. Mohr: Acceleration Sensor with Integrated Compensation of Temperature Effects Fabricated by the LIGA Process, to be published in: Sensors and Actuators

/13/ J. Mohr, M. Kohl, W. Menz: Micro Optical Switching by Electrostatic Linear Actuators with Large Displacements, Proc. Transducers 1993, Yokohama (June 1993) p. 120

/14/ H. Lehr, W. Ehrfeld, M. Schmidt, E. Kallenbach, A. Tuan: Application of the LIGA technique for the development of microactuators based on electromagnetic principles, J. Micromech. Microeng. 2 (1992) p. 229

/15/ H. Guckel, T.R. Christenson, K.J. Skrobis, J. Klein, M. Karnowsky: Design and Testing of Planar Magnetic Micromotors Fabricated by Deep X-Ray Lithography and Electroplating, Proc. Transducers 1993, Yokohama (June 1993) p. 76

Mehrwertige Logik

Barbara Messing
Universität Karlsruhe, Institut f. Angew. Informatik
und Formale Beschreibungsverfahren
Tel +49 721/608-4751, E-mail: bme@aifb.uni-karlsruhe.de

"All traditional logic habitually assumes that precise symbols are being employed. It is therefore not applicable this terrestrial life but only to an imaged celestial existence." - Bertrand Russell.

Wissen - und vor allem Alltagswissen- ist in aller Regel vage (wie groß ist "ein großer Mann"?), unvollständig, zeitabhängig und häufig auch widersprüchlich. In der Fuzzy Logik [z.B. DuP80, inzwischen sehr viele Lehrbücher] beschreiben Zugehörigkeitsfunktionen vage Aussagen, etwa könnte der Grad der Zugehörigkeit von 18 Grad Celsius zu der fuzzy Menge "angenehme Zimmertemperatur" 0.5 betragen, bei 22 Grad 1 und bei höheren Werten allmählich wieder abfallen.

Eine andere Sichtweise betrachtet Wahrheitswerte als epistemische, also auf die Erkenntnis bezogene Zustände [Bel77]. Zumindest vier Wahrheitswerte ergeben sich ganz natürlich: "unbekannt" - wenn wir nicht wissen, ob etwas stimmt oder nicht, "wahr", "falsch" und "überbestimmt", was bedeutet, daß widersprüchliche Angaben vorliegen. Diese Wahrheitswerte lassen sich auch jeder Formel in Bezug auf die Ableitbarkeit aus einer Formelmenge zuordnen.

Es gibt mittlerweile eine Reihe von Ansätzen, Methoden der logischen Programmierung auch auf mehrwertige Logiken anzuwenden. Sowohl signierte als auch annotierte Logik [KiS92, LMR94] benutzen Hornformeln, in denen an jedes Literal ein Wahrheitswert "angehängt" wird. Resolution ist ähnlich wie im klassischen Fall anwendbar, allerdings ergeben sich auch neue Probleme.

Für die Modellierung unscharfen Wissens mit mehrwertiger Logik ist die Definition der Menge der Wahrheitswerte wesentlich. Zumeist liegt eine geordnete Menge zugrunde, etwa ein Verband. Flexibel und anschaulich sind die sogenannten Bilattices [Gin88, Fit91], in denen Wahrheitswerte in Bezug auf ihren Wahrheits- und ihren Informationsgehalt verglichen werden. Verbandsstrukturen haben auch gewisse technische Vorteile.

Eine ausführliche Darstellung mehrwertiger Hornformeln, einer Beweisprozedur und verschiedener Wahrheitswerträume ist in [Mes95] zu finden.

Literatur:

[Bel77] N.D. Belnap, jr.: A useful four-valued logic. In: J.M. Dunn and G. Epstein (eds.) Modern uses of Multiple-valued logics. Reidel (1977), 8-37.

[DuP80] D. Dubois, H. Prade: Fuzzy Sets and Systems: Theory and Application. Academic Press, 1980.

[Gin88] M. Ginsberg: Multivalued logics. Computational Intelligence 4(3), 1988

[Fit91] M. Fitting: Bilattices and the semantics of logic programming. J. Logic Programming 11, 1991

[KiS92] M. Kifer, V.S. Subrahmanian: Theory of Generalized Annotated Logic Programming and its Applications. J. Logic Programming 12, 1992, 335-367

[LMR94] J.J. Lu, N.M. Murray, E. Rosenthal: Signed Formulas and Fuzzy operator Logics. Proceedings of the International Conference on Methodologies for Intelligent Systems ISMIS 94, Charlotte/NC USA, 75-84. Springer, LNCS, 869, 1994

[Mes95] B. Messing: REGULA: Knowledge Representation and Processing in Many-valued Logics. Forschungsbericht Nr. 320, Institut für Angewandte Informatik und Formale Beschreibungsverfahren, Universität Karlsruhe, 1995

Fachgruppentreffen Informatik

Protokollantin: Gudde

Einstieg war der Vortrag: „Mehrwertige Logik" von Barbara Messing mit anschließender Diskussion. „Fuzzy Logik bietet einen guten Ansatz, um von der zweiwertigen Logik der Information wegzukommen."

Von den etwa 24 Teilnehmerinnen sind etwa 50% an der Hochschule tätig oder studierend, und 50% sind außerhalb der Hochschulen tätig. Es waren sowohl Mathematikerinnen als auch Informatikerinnen anwesend. Drei Teilnehmerinnen kamen aus anderen Fachbereichen.

Die Idee von Veronika Oechtering, eine *Sommeruni für Frauen* zu organisieren, wurde diskutiert. Sie ist für 1997 geplant, Gelder werden beantragt. Zielgruppe sind Studentinnen. Allerdings scheint es schwer zu sein, Studentinnen für eine Teilnahme zu motivieren. Ursprünglich war die Idee, daß Frauen Frauen bilden und weiterbilden, daß also auch wissenschaftliche Mitarbeiterinnen daran teilnehmen sollten. Die Einschränkung auf Studentinnen ist auf politische Gründe zurückzuführen, da für diese Zielgruppe von Bonn Geld zu bekommen sein könnte. (Leider war Veronika nicht bei der Diskussion anwesend).

Softwareergonomie wird nur an wenigen Unis bzw. FHs als eigenständiges Thema behandelt. Zum Teil wird es in Softwaretechnik mitbehandelt, allerdings nur der formalistische Teil. BenutzerInnenbeteiligung bei der Entwicklung von Standardsoftware wird in der Ausbildung und in der Praxis nicht durchgeführt. Es gibt in der letzten Zeit einige positive Ansätze. Seit 1993 gibt es zur Gestaltung von Software eine EU-Richtlinie. Das Problem ist, daß sich Standards (wie z.B. Windows) durchsetzen und im Anschluß daran nicht mehr gefragt wird, ob ein Programm ergonomisch ist, sondern ob es dem bzw. einem Standard entspricht.

In Bochum ist ein Multimedia-Paket von einem ProfessorInnen-Paar entwickelt worden, das die Grundlagen der Objektorientierung behandelt. Die objektorientierte Vorgehensweise setzt in der Praxis einen ziemlich hohen Schulungsaufwand voraus.

Fazit:

Der Einstieg über einen Vortrag ist von der Idee her gut. Allerdings fiel der Übergang vom „konsumierenden" Zuhören zum aktiven Mitgestalten schwer. Zudem war die Unruhe im Verlaufe der Diskussion groß, da die teilnehmenden Frauen nach und nach das Treffen verließen. Erst als die Gruppe kleiner wurde, war eine konstruktive Diskussion möglich.

Idee:

Vielleicht sollte eine Verantwortliche das Fachgruppentreffen vorbereiten und strukturieren (müßte von der Vorbereitungsgruppe angeleiert werden).

Fachgruppentreffen Maschinenbau

Protokollantin: Anna Usbeck

Das Fachgruppentreffen Maschinenbau wurde von über 30 Frauen besucht, wobei sich die Fachgebiete der Frauen hauptsächlich auf die Bereiche Verfahrenstechnik, Umwelttechnik und Maschinenbau aufteilte. Zur Einführung gab Petra Möser eine kurze Einleitung zum von ihr und Margret angedachten Fachgruppentreffen, das die letzten Jahre im Gegensatz zu diesmal weniger gut besucht war.

Es ging ihnen dabei vor allem um Kontaktaufnahme zwischen Studentinnen und arbeitenden Frauen. Zum einen werden manchmal in Betrieben DiplomarbeiterInnen gesucht, wo dann keine Frau zur Verfügung steht, zum anderen sollen die Berufstätigen den Studentinnen Infos zum Berufsleben geben können, wie auch für Anfragen für Studien- und Diplomarbeiten zur Verfügung stehen.
Im folgenden soll der Ablauf des Treffens kurz zusammengefaßt werden:

- Einführung von Petra
- Alle Frauen stellen sich einzeln vor
- Es wird eine Adressenliste aufgesetzt, die über eine Frau an alle Teilnehmerinnen verschickt wird
- Es werden Fragen vor allem an die berufstätigen Frauen gestellt.
  (Einige Fragen werden hier kurz wiedergegeben.).

<u>Frage:</u> Wie ist die Situation auf dem derzeitigen Arbeitsmarkt?

Antw.:
- z. Zt. viele BewerberInnen, wenig Einstellungen
- wenn eingestellt wird, dann oft über LeiharbeiterInnen (auch im Ing.-Bereich)
- die Zulieferbetriebe verzeichnen einen Aufschwung, stellen aber nicht ein

<u>Frage:</u> Wie hoch ist der Frauenanteil in den Fächern Umwelttechnik/ Maschinenbau / Verfahrenstechnik?

Antw.:
- durch internen NC wurden z. T. Männer wg. Bundeswehr bevorzugt
- im Umwelttechnikbereich studieren proportional mehr Frauen

<u>Frage:</u> Wie ist die Erfahrung der Ingenieurinnen mit den Männern in ihrer Firma?

Antw.:
- die Einarbeitung in den Firmen ist generell schlecht (unabhängig vom Geschlecht)
- oft arbeiten die Frauen, ohne Eigenverantwortung übertragen zu bekommen
- extern mit Kunden gibt es keine Probleme mit der Anerkennung der Kompetenz, intern ja
- es wurde festgestellt, daß Frauen andere Kommunikationsformen haben als Männer

Weitere Themen der Diskussion:
- Inwieweit adaptieren die Frauen männliche Verhaltensweisen?
- Vergleich der Situation von Ingenieurinnen in verschiedenen Ländern (s. auch Vortrag von Kira Stein)

Fachgruppentreffen Geographie

Irmie Niemeyer
Adolfstr. 58, D-53111 Bonn

Weil die (feministische) Geographie bislang selten Thema auf dem Kongreß gewesen ist, möchte ich anfangs etwas weiter ausholen ...

Was ist überhaupt "Geographie"?

Geographie umfaßt eigentlich viele Teilbereiche. Ihnen gemeinsam ist, daß sie "den Raum" (Naturraum, Wirtschaftsraum, Lebensraum, Handlungsraum) in den Blickpunkt der Betrachtung stellen - Geographie wird deshalb auch gerne als "Wissenschaft vom Raum" bezeichnet.

Womit beschäftigen sich Geographinnen?

GeographInnen beschäftigen sich mit Fragen, wie dieser Raum aussieht, wie Menschen im Raum wirksam werden, wie sie "ihre" Kulturlandschaft gestalten und welche Konsequenzen dieses Verhalten mit sich bringt.

Was kritisiert die feministische Geographie?

Diese geographische Forschung über Raumnutzung, Raumgestaltung und Raumwahrnehmung klammert die vielfältigen Lebensbedingungen der Frauen aus, indem sie die zumeist männliche Lebenswelt zur Norm erklärt. Frauen werden Begriffen wie "Haushalte", "Familie", "Bevölkerung" untergeordnet, in "Fruchtbarkeits-" und "Reproduktionsziffern" verpackt, als typisierte "Frau" dargestellt usw.

Was will die feministische Geographie?

Feministische Geographie will aufzeigen, wie Frauen in wirtschaftlicher und politischer Sicht benachteiligt bzw. gar nicht beachtet werden und diese Situationen verändern. (Zum Weiterlesen sei besonders empfohlen: Bühler, E.; Meyer, H.; Reichert, D.; Scheller, A. (Hg.) (1993): Ortssuche. Zur Geographie der Geschlechterdifferenz. Zürich, Dortmund: eFeF-Verlag.)

Was passiert in der feministischen Geographie?

Auch in die (deutschsprachige) Geographie hat feministische Forschung bislang wenig Eingang gefunden. Im englischen Sprachraum und dort v. a. in den USA seit über 15 Jahren selbstverständlich, werden hierzulande derartige Forschungsansätze noch viel zu oft als "unwissenschaftlich" abgetan.

Lehrveranstaltungen und finanzierte Forschungsprojekte zur feministischen Geographie sind absolute Ausnahmefälle. Interessierte Studentinnen haben sich deshalb mittlerweile eigene Aktions- und Diskussionsräume geschaffen, um zu feministischen Themen zu arbeiten. Neben halbjährlichen bundesweiten Treffen ("Geographinnentreffen") bestehen auch vereinzelt Arbeitskreise und autonome Seminare an den Geographischen Instituten (z. Zt. lediglich in Berlin und Bonn). Und manchmal ein Fachgruppentreffen auf dem *Kongreß von Frauen in Naturwissenschaft und Technik*:

In der *Fachgruppe Geographie* kamen insgesamt 13 Geographie- und Geoökologiestudentinnen sowie "fertige" Geographinnen zusammen - aus Karlsruhe, Freiburg, Bonn, Frankfurt/M., Braunschweig, Erlangen, Hamburg und Würzburg. Neben der Möglichkeit, sich kennenzulernen und auszutauschen, sollte auch über das am Wochenende vorher stattgefundene bundesweite 13. Geographinnentreffen in Osnabrück berichtet werden.

Bereits in der ersten Austauschrunde über Studien- bzw. Arbeitsschwerpunkte sowie über das Interesse an feministischer Geographie stellte sich heraus, daß wir mit der physischen Geographie und - wenn überhaupt - mit der feministischen Geographie zu tun haben, feministisch also "nur" zu kultur- und sozialgeographischen Fragestellungen arbeiten. Physische Geographie und feministische Geographie - paßt das überhaupt zusammen? Lassen sich feministische Ansätze in der physischen Geographie verwirklichen?

Momentan beziehen sich die feministischen Geographinnen überwiegend auf Fragen aus der Anthropogeographie, während für "physische" Geographinnen bislang "nur" die theoretischen Ansätze aus der feministischen Naturwissenschaftskritik und der feministischen Ökologie bleiben, um in irgendeiner Art und Weise eine feministische Forschung zu betreiben. Sicherlich lassen sich auch in der physischen Geographie "feministische" Methoden anwenden, indem die persönliche Forschungsmotivation offengelegt wird, indem die Forschungsergebnisse zur Verfügung gestellt werden ... ist uns dies aber "ausreichend" feministisch? Wie können also Ansätze der feministischen Naturwissenschaftskritik und des Ökofeminismus in die Inhalte der physischen Geographie übertragen werden ?

Möglicherweise gehen hier feministische Theorie und physisch-geographische Forschung/Praxis einfach zu weit auseinander, als daß inhaltliche Verknüpfungen sinnvoll wären. Sicherlich aber ist es einen Versuch wert, für "unsere" Geographie Punkte der feministischen Naturwissenschaftskritik sowie des Ökofeminismus herauszugreifen und - modifiziert - in eine feministische physische Geographie einzubetten. Den Versuch wagen wollen wir auf dem nächsten Geographinnentreffen in Kiel (1.-3.12.1995).

Fachgruppentreffen Agrar

Auf dem Kongreß gab es einen Vortrag zum Thema Ökologischer Landbau und einen Vortrag zur Landschaftsplanung. Daraus ergab sich das Interesse, kurzfristig die noch nicht bestehende Fachgruppe Agrar zu bilden. Hier trafen sich 10 Frauen aus den Bereichen: Agrarwirtschaft/-wissenschaft, Gartenbau, Landschaftsökologie, Geoökologie und Landschaftsplanung.

In unserem einstündigen Austausch haben wir folgende Ziele und Themen formuliert:

- Einrichtung eines regelmäßigen Rundbriefes zum Informationsaustausch zu Stellen, Frauenprojekten, Weiterbildung, Studien- und Diplomarbeitsberatung etc.
- Stärkung von Frauen in Vorstandspositionen von Verbänden in Landwirtschaft und Naturschutz
- Auseinandersetzung mit ökofeministischen Ansätzen
- Wie wirken "Öko-Modelle" (Wohlstandsmodell von E. U. Weizsäcker)
- Agrartechnik
- Alte Pflanzensorten/Artenreichtum als mögliche Alternative zur Gentechnologie

Wir freuen uns, wenn auf dem nächsten Kongreß Veranstaltungen zu diesen (und anderen!) Themen angeboten werden.

Kontakt: über das Kongreßbüro
21. Kongreß von Frauen in Naturwissenschaft und Technik

Bau eines Reagenzglasstirlingmotors

Sibylle Nägle
Projekt zur Verbesserung der Chancen von Frauen in den Ingenieurwissenschaften, R 3209, Technikgebäude III/2, Kurt Wolters Str. 3, D-34125 Kassel

Der Stirlingmotor ist ein Motorprinzip, fast so alt wie die Dampfmaschine. Er kann im Prinzip mit sämtlicher Art von Wärme betrieben werden, da die Verbrennung außerhalb des Zylinders geschieht und nur das in den Kolben dauerhaft eingeschlossene Gas erwärmt wird. Das macht ihn umweltpolitisch interessant, da dadurch sowohl Sonnenenergie, Klärgase, eine stationäre Verbrennung mit guten Filteranlagen usw. für den Betrieb in Betracht kommen.

Es gibt zwei Arten von Stirlingmotoren:
Den Hochtemperaturstirling, der mit hohen Temperaturen gefahren wird. Um viel Leistung herauszuholen werden große Drücke gebraucht, was ihn technisch anspruchsvoll macht, und
den Niedertemperaturstirling von Kolin. Er wird bei normalem Luftdruck betrieben. Dadurch ist er technisch leichter handhabbar, aber auch nicht so leistungsfähig.

Auf dem Kongreß haben wir den einzigen momentan in Deutschland serienmäßig erhältlichen Stirlingmotor gebaut: den Reagenzglasstirling. Vom Prinzip her ist das ein Hochtemperaturstirling, der mit Spiritus betrieben werden kann. Er läuft bei niedrigen Drücken und ist darum nicht sehr leistungsfähig. Die Wärmeenergie der Flamme setzt er um in Lageenergie und bleibt so am Laufen.

Wie funktioniert ein Stirlingmotor vom Prinzip her?

Das Bild auf der rechten Seite zeigt eine geläufige Darstellungsart des Stirling Motors. Mensch sieht sehr schön die Funktionen der einzelnen Teile wie

- den Verdränger oder Regenerator, der das Gas hin- und herschiebt und dabei dessen Wärme aufnimmt und wieder abgibt,
- den Arbeitskolben,
- den Brenner, wo das Gas erhitzt, und
- den Kühler, wo das Gas gekühlt wird.

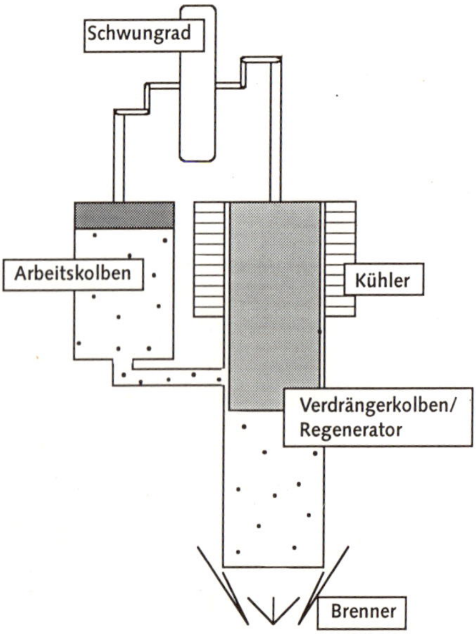

Zur Erklärung der einzelnen Vorgänge ist aber das nächste Modell besser geeignet.

Der Stirlingprozeß in Einzelschritten

Schritt 1-2[1)]

Dem Gas wird Wärme zugeführt. Es dehnt sich aus, setzt also die zugeführte Energie in Arbeit um. Dabei drückt es den dunkler gezeichneten Arbeitskolben nach hinten und treibt so beispielsweise ein Schwungrad an.

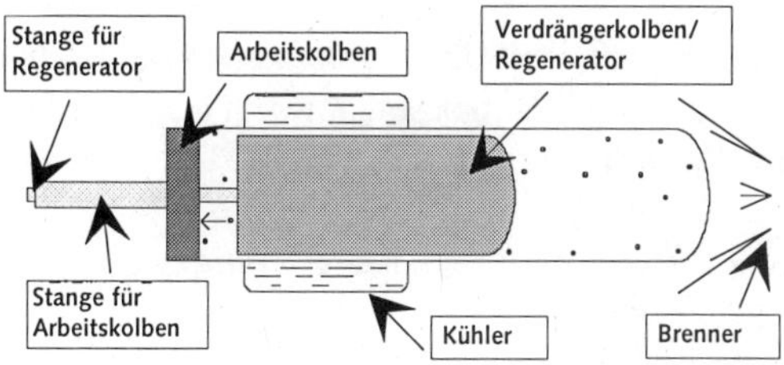

Schritt 2-3

Der Verdränger wird nach vorne geschoben und drückt das Gas dabei auf die kalte Seite. Das Volumen wird dabei nicht verändert. Beim "Seitenwechsel" gibt das Gas einen Teil seiner Wärme an den Regenerator ab. Dabei sinkt der Druck des Gases

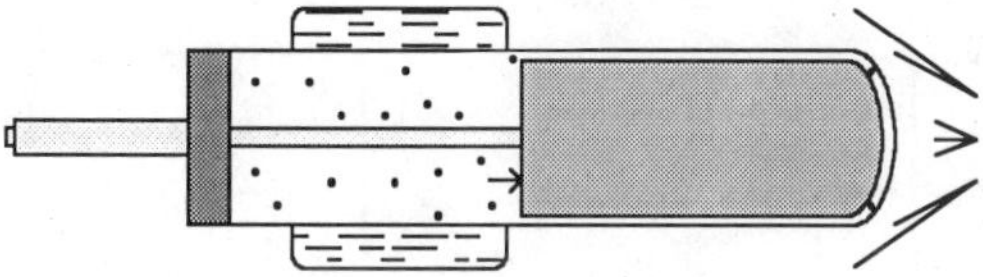

Schritt 3-4

Das kalte Gas wird komprimiert indem der Arbeitskolben zurückgeschoben wird. Dabei wird am Gas Arbeit verrichtet. Diese stammt z.B. aus dem Schwungrad. Um die Temperatur bei diesem Prozeß konstant zu halten, muß die Wärme, die sonst bei der Kompression entstehen würde, über die Kühlung abgeführt werden

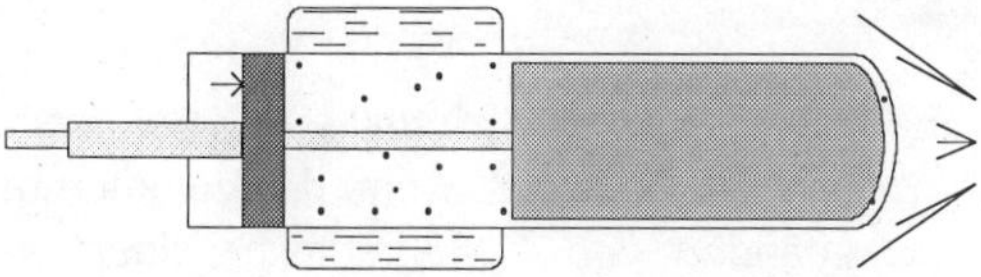

Schritt 4-1

Der Regenerator drückt das Gas wieder auf die heiße Seite. Dabei gibt er die in ihm gespeicherte Wärme wieder an das Gas ab.

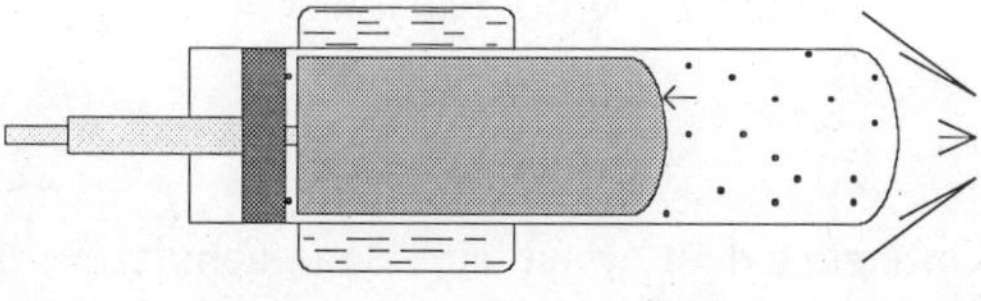

Wie kann ein Gas überhaupt Arbeit leisten?

Arbeit ist physikalisch gesehen das Produkt aus der aufgewendeten Kraft mal dem Weg der in der Kraftrichtung zurückgelegt wurde, verkürzt: Arbeit ist Kraft mal Weg. Gase nehmen ein Volumen ein. Dieses Volumen kann sich ändern. Außerdem üben sie einen bestimmten Druck aus.

Druck ist definiert als Kraft pro Fläche. Volumen ist Fläche mal Länge, bzw. wenn es sich ändert, Fläche mal Weg. Multipliziert mensch also den Druck eines Gases mit dessen sich änderndem Volumen ergibt sich:

$$\text{Druck} * \text{Volumenänderung} = \frac{\text{Kraft}}{\text{Fläche}} * \text{Fläche} * \text{Weg}$$

$\frac{\text{Fläche}}{\text{Fläche}}$ hebt sich heraus, bleibt also Kraft* Weg und das ist Arbeit

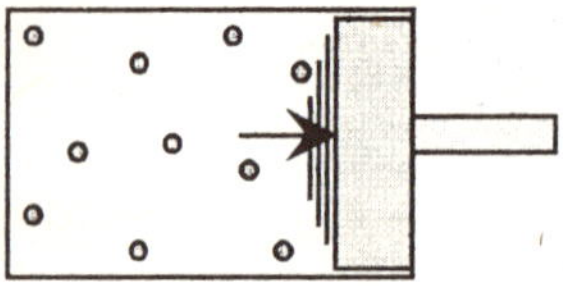

Das Gas kann Arbeit leisten, indem es den Kolben nach außen schiebt,

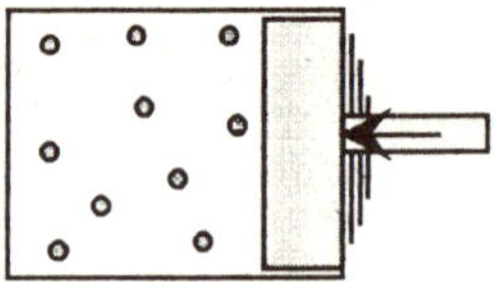

oder es kann Arbeit am Gas geleistet werden, wenn es von einer äußeren Kraft, z.B. dem Schwungrad, zusammengedrückt wird

Die Arbeit eines Gases ist sein Druck mal seiner Volumenänderung. Dabei wird mehr Arbeit geleistet, wenn das Volumen bei einem höheren Druck geändert wird als wenn das bei einem niedrigeren Druck passiert.

Diesen Umstand nutzt der Stirling Motor aus. Er komprimiert das Gas bei geringem Druck, und läßt das Gas dann bei hohem Druck expandieren.

Der Unterschied an Arbeit kann dann genutzt werden.

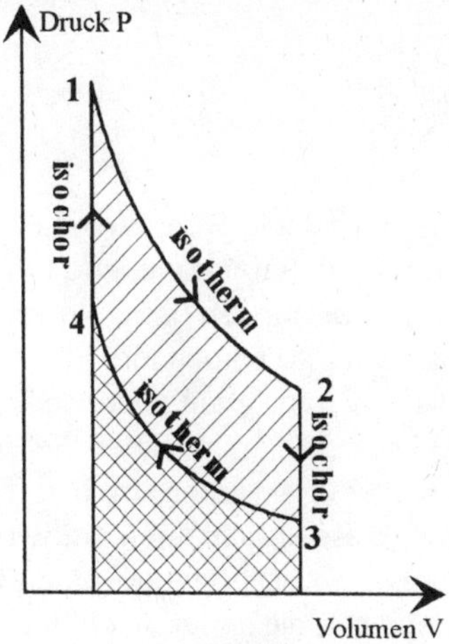

Der Stirlingprozess

Die Arbeit im Bild:

Die Volumenarbeit des Gases ist sein Druck mal seiner Volumenänderung, das ist die im Diagramm so schraffierte Fläche:
Die vom Schwungrad an das Gas zurückgegebene Volumenarbeit ist die im Diagramm so schraffierte Fläche:

Die vom Stirlingmotor produzierte Arbeit ist die Differenz der beiden Arbeiten, also die Differenz der großen mit der kleinen schraffierten Fläche.

Anmerkung:

1) Die Numerierungen beziehen sich auf das "Volumen-Druck-Diagramm" im Anschluß

Literatur:

Ivo Kolin: Stirling Motor, Dubrovnik, 1991: Ein echt geniales Technikbuch, mit vom Autor selbst gemalten Bildern und einer Auflistung sämtlicher patentierter Stirling Motoren. Ist zwar auf Englisch, aber leicht verständlich.

Gespür für die Erde

Eva Sassen, Oldenburg und Chris Buschhaus, Karlsruhe
Protokollantin: Ingrid Neumann, Karlsruhe

Zur Geomantie hatten wir uns eingefunden, Gespür für die Erde. Zuerst einmal benötigten wir jedoch das richtige Gespür für Gebäude- und Raumnummern, um das versteckte Fakultätszimmer zu finden. Wer diese Prüfung bestanden hatte, konnte an der Vorstellungsrunde teilnehmen, in der jede der ca. 15 bis 20 Frauen ihre Vorkenntnisse und ihre Gründe für die Teilnahme an gerade dieser Veranstaltung nennen konnte. Die meisten waren einfach neugierig. Sie kannten Leute, die an manchen Stellen in der Wohnung besser schlafen konnten als an anderen oder versprachen sich berufliche Einsichten (Architektur, Geologie), sei es im Glauben an diese unsichtbaren Kräfte oder weil sie durch zu ausführliche Kritik seitens ihrer Professoren hellhörig geworden waren. Eine Teilnehmerin hatte eine Wünschelrute mitgebracht, die anderen mußten sich auf ihre angewachsenen Gliedmaßen verlassen.

Wir lernten, daß in der Erde Wasser fließt, mal mehr, mal weniger, manchmal richtige unterirdische Wasserfälle existieren. Außerdem gebe es (elektrische?) Felder, die von Linien ausgehen, die mit je 2 Meter Abstand die Erde in Nord-Süd- und in Ost-West-Richtung umspannten. Jede sei in der Lage, Erdfelder oder Wasseradern zu spüren. Wir selber seien die Meßgeräte und müßten nur lernen, sie richtig abzulesen. Wie beim Essen bisher unbekannter Früchte müßte jedoch jede die Erfahrung halt erst einmal gemacht haben. Wichtig sei, daß wir "durchlässig" genug seien, das heißt unsere Gedanken an alles andere ausschalteten, uns auf den Augenblick konzentrierten und möglichst wenig Verspannungen im Körper hätten. Da es für eine Einstimmung mit Hilfe der Ernährung (Reis und kein feingemahlenes Getreide) zu spät war, begannen wir mit einigen Lockerungsübungen und fuhren dann mit der Straßenbahn zum Kurpark nach Reichenbach.

Als erste Übung gingen wir mit geschlossenen Augen unter den Hochspannungsleitungen der Straßenbahn hindurch. Das kribbelte bei mir kräftig in den Fingern. Dann folgten zwei ausgewählte Stellen auf dem Geomantie-Lehrpfad: eine kräftige Wasserader und Gitterpunkte des die Erde umspannenden Gitternetzes. So wankten wir Frauen mit geschlossenen Augen über den Weg und horchten in uns hinein. Eine bekam Kopfschmerzen, die andere spürte den Solarplexus, die Finger kribbelten oder die Schultern, die Augen zuckten leicht oder die Knie wurden weich. Die große Wasserader hatte noch mehr Struktur, die manch eine erspürte. Nach mehreren solchen Übungsläufen fühlte ich mich, als hätte ich drei Tassen starken Kaffee getrunken. Das sei die aufputschende Wirkung der Wasseradern, lernte ich. Deshalb führten früher die Wanderwege über Wasseradern. Die Tiere orientierten sich auch daran. Ameisen legten ihre Wege darauf, ihre Nester bevorzugt auf Kreuzungspunkte, Katzen liebten Wasseradern. Holunder, Brennesseln und Eichen gedeihten gut darauf. Manche Bäume mit geteiltem und verzwirbeltem Stamm deuteten auf Kreuzungspunkte (von Wasseradern oder elektrischen Linien?) hin, Mückentanzplätze ebenfalls.

Lange probierten wir aus, bis es wirklich allen genug war. Nun mußten wir die zuviel aufgenommene Energie wieder geeignet loswerden. Auch dafür gibt es mehrere Möglichkeiten: In der Nähe entsprang eine Quelle, an der wir Hände und Füße abspülen konnten. Duschen hilft und viel trinken. Leicht fanden wir auch eine Eiche, die wir umarmen konnten. Und für das Abendessen galt: Kartoffeln und Fleisch essen, das dichtet ab.

Auf dem Rückweg in der Straßenbahn waren wir sehr erschöpft. Die Exkursion hatte lange gedauert, Fachgruppentreffen und Treffen der Frauen aus den verschiedenen Bundesländern waren schon beendet. So sorgte ich für ein geeignetes Abendessen und war danach wirklich topfit für die große Fete. Der Nachmittag hatte mir großen Spaß gemacht.

VIELEN DANK, Eva und Chris!

Projektvorstellungen, Vereine

Infotische im Kongreß-Foyer

"Projekt zur Verbesserung der Chancen von Frauen in den Ingenieurwissenschaften"

Sibylle Nägle und Zohreh Almadani
Projekt zur Verbesserung der Chancen von Frauen in den Ingenieurwissenschaften, R 3209, Technikgebäude III/2, Kurt Wolters Str. 3, D- 34125 Kassel

Das Projekt wird momentan noch vom Land Hessen im Rahmen der Verbesserung von Lehre und Studium gefördert. Dabei haben wir 2 Schwerpunkte:

1. Frauen, die (noch) keine Ingenieurwissenschaft studieren, und
2. Frauen, die schon Maschinenbau, Elektrotechnik oder Bauingenieurwesen studieren.

Zu 1: Alljährlich führen wir die "Schnuppertage" durch, eine zweitägige Informationsveranstaltung für Schülerinnen und sonstige interessierte Frauen, dieses Jahr erstmalig für die Fächer Maschinenbau und Elektrotechnik. Die Schnuppertage finden in den Herbstferien der Schulen statt und beinhalten den Besuch einer Grundlagenvorlesung, Laborbesichtigungen, das Kennenlernen von Studentinnen, Ingenieurinnen, ProfessorInnen und bietet einen Einblick in Studienstruktur und Arbeitsmarktsituation.

Zu 2: Um alle interessierten Frauen, Studentinnen aller Fachrichtungen, aber auch alle außeruniversitären Frauen über Ingenieurwissenschaften informieren zu können, haben wir eine Bibliothek mit festen Öffnungszeiten angelegt, mit Studien über die Situation von Frauen in Universitäten und Schulen, Biographien bedeutender Frauen aus Naturwissenschaft und Technik, aber auch Bücher, die Naturwissenschaft und Technik auf lustige, anschauliche und bildreiche Art und Weise vermitteln. Zusätzlich gibt es bei uns eine Adressensammlung mit allen möglichen Projekten von und für Frauen in Ingenieurwissenschaften, Naturwissenschaften oder Handwerk.

Um die Studienlust der Studentinnen zu erhöhen, führen wir alle zwei Semester ein Praktikum zu den Hauptbereichen des Maschinenbaus durch. Das besondere an diesem Praktikum ist, daß die Studentinnen selbst die Themen auswählen, die Praktikumsteile für ihre Kommilitoninnen vorbereiten und vortragen. So sind alle gleichzeitig Lehrende und Lernende und bestimmen die Art der Vermittlung selbst.

Da wir einen Professor gefunden haben (eine Maschinenbauprofessorin haben wir nicht), der uns darin unterstützt und verantwortlich dafür zeichnet, kann in dem Praktikum ein Schein erworben werden. Zuvor hatte eine Studentin, die schon fertig mit dem Studium war, einen Lehrauftrag übernommen.

Aus diesem Praktikum sind die Experimente entnommen, die auf dem Kongreß gezeigt wurden.

Desweiteren veranstalten wir Exkursionen zu Betrieben und Museen, um den Anwendungsbezug des Studiums zu erhöhen und Einblicke in spätere Berufsfelder zu ermöglichen.

Hat professionelle ehrenamtliche Arbeit keine Zukunft mehr?

Brigitte Thiel
c/o Pfiffigunde, Hohenesch 70, D-22765 Hamburg
Tel.: +49 40 / 390 25 78

Diese Frage sollte schwerpunktmäßig in meiner Veranstaltung am Beispiel des Frauenprojektes „Pfiffigunde", einer Frauenmetallwerkstatt, behandelt werden.

„Pfiffigunde" ist eine Metall-, Auto- und Motorrad - Selbsthilfewerkstatt von FrauenLesben für FrauenLesben. Die Werkstatt ist ein autonom finanziertes Projekt, in dem überwiegend ehrenamtlich gearbeitet wird. Diese Projektstruktur hat besonders in den letzten Jahren die oben genannte Fragestellung zunehmend in die Diskussion gebracht.

In meiner Veranstaltung wollte ich gerade diese Thematik in einem größeren Rahmen mit all ihren (scheinbaren?) Widersprüchen beleuchten. Die Veranstaltung entwikkelte sich allerdings in eine etwas andere Richtung, da vergleichsweise wenig Frauen teilnahmen (7 FrauenLesben), so daß eine persönlichere Gesprächsatmosphäre entstand.

Wir diskutierten demzufolge in diese Richtungen: Bestandsaufnahme und Perspektive von autonomen Frauenprojekten und Feminismus im allgemeinen und die oft vorhandene Frustration über das Scheitern / die Veränderung der Strukturen. Das Gespräch führte uns dann doch indirekt wieder zur Ausgangsfrage zurück, in dem wir uns mit dem Thema „Professionalität" auseinandersetzten.

Im Titel meiner Veranstaltung hatte ich den Begriff „professionell" bewußt als Provokation gewählt, da ich der Meinung bin, daß er häufig unreflektiert und widersprüchlich im Zusammenhang mit Frauen und Arbeit benutzt wird. Einerseits gilt Arbeit als professionell, wenn Geld damit verdient wird, andererseits steht Professionalität als Bewertungsmaßstab für Qualität, Fachkundigkeit, Leistung etc. Mit dieser Doppeldeutigkeit werden wir beispielsweise in der täglichen Arbeit bei „Pfiffigunde" immer wieder konfrontiert: einerseits wird mit unserer <u>ehrenamtlichen</u> Arbeit automatisch Unprofessionalität verbunden (im negativen Sinne), andererseits machen die Frauen fachkundige, qualifizierte Arbeit und arbeiten in diesem Sinne sehr wohl „<u>professionell</u>".

Meiner Meinung nach hat der Begriff „Professionalität" zum gegenwärtigen Zeitpunkt Hochkonjunktur, wird allerdings selten klar mit Inhalt gefüllt. Zunehmend ist auch unter Frauen ein „Professionalitätsanspruch" zu bemerken, der letztendlich auf Effektivität abzielt und unhinterfragt die männlichen Bewertungsmaßstäbe übernimmt.

Auch der Gruppe ist diese Art von „Professionalitätsanspruch" im Rahmen des Kongresses negativ aufgefallen. Der Wunsch einer Kongreßteilnehmerin, die professionellere Referentinnen forderte, die schon im Vorwege auf ihre „Kompetenz" hin „geprüft" und ausgewählt werden sollen, steht exemplarisch dafür.

Was ist eine kompetente Referentin ? - eine mit Fragen oder eine mit Lösungen?

Steht „Feminismus oder Professionalität" im gleichen Gegensatz wie „Autonomie oder Institutionalisierung"?

In unserer Gruppe war ein spannender und intensiver Austausch. Es bleibt der Eindruck bestehen, daß das Thema und die Form meiner Veranstaltung nicht mit den Lösungsangeboten zur Professionalisierung konkurrieren konnte.

Mehr Informationen über „Pfiffigunde", Programm anfordern bei: Pfiffigunde (Adresse s. oben).

Beratung - Innovation - Training beim Frauenpunkt Courage e.V.

Dorothea Minuth
Frauenpunkt Courage e.V., Grevesmühlenerstr. 16, D-13059 Berlin

Die Frauen sind aufgrund der Strukturveränderungen in der Wirtschaft in einem höheren Maße aus dem Arbeitsmarkt herausgedrängt worden als ihre männlichen Kollegen. In einem Bericht über die dreijährige Gleichstellungsarbeit an der TU Dresden (10/94) wurde festgestellt, daß Frauen klar unterrepräsentiert sind. Weibliche Lehrstuhlinhaber (C4) gebe es nur ausnahmsweise, C3- und C2-Stellen wiesen mit 7,2% bzw. 15% einen etwas höheren Frauenanteil auf.

In der "taz" vom 30.03.95 hat Brita Baume unter der Überschrift "Demokratie geht anders" u.a. speziell zu den neuen Bundesländern festgestellt:

".. der Frauenanteil an den Universitäten wird noch weiter sinken. Zwar werden mindestens die Hälfte der höher dotierten Professorenstellen zwischen 1995 und 2005 wegen altersbedingter Emeritierungen neu besetzt werden müssen - ob auf diese Stellen jedoch viele Frauen nachrücken können werden, ist mehr als fraglich. Denn dann wird es womöglich gerade in den neuen Bundesländern an Bewerberinnen fehlen, die die erforderlichen Qualifikationsnachweise erbringen können. 1993 war die Zahl der Habilitationen an ostdeutschen Universitäten gegenüber 1989 um 82 Prozent zurückgegangen - insgesamt habilitierten sich nur 13 Frauen. Diese verschwindend geringe Zahl ist nicht zuletzt darauf zurückzuführen, daß gerade Frauen derzeit kaum Chancen haben, entsprechende Qualifizierungsstellen zu bekommen ..."

Die Ergebnisse der gesamten Studie von Baume/Felber werden Ende 1995 im trafo-verlag in Berlin erscheinen.

In der "taz" vom 06.01.95 wird unter der Überschrift "Und ein Studium lohnt sich doch" von Barbara Dribbusch u.a. dargelegt:

"...Am schwersten haben es Berufsanfänger, ergibt sich aus der Studie. 1991 waren bei den unter 35jährigen 12 Prozent der Männer und 18 Prozent der Frauen in niedrigeren Positionen beschäftigt. Bei den über 45jährigen saßen dagegen nur vier Prozent der Männer auf diesen Jobs. Die gute Nachricht daran: die meisten Berufsanfänger schaffen es nach oben. Die schlechte: die Frauen bleiben häufiger "unten" hängen. "Ausbildungsinadäquate Beschäftigung ist vor allem ein Problem der Frauen", betont die Studie. "Allzu optimistisch ist der Akademiker-Arbeitsmarkt dennoch nicht. Ein Bericht der Bund-Länder-Kommission für Bildungsplanung und Forschungsförderung (BLK) errechnete bis zum Jahr 2010 einen großen Überhang an AkademikerInnen ...". Es handelt sich hier um eine Studie des Nürnberger Instituts für Arbeitsmarkt- und Berufsforschung (JAB).

Die Frauenbeauftragte der Fachhochschule für Technik und Wirtschaft Frau Dr. Helga Engel informierte u.a. in der Hochschulzeitschrift 1/95 FHTW:

"...In unserer Gründungsveranstaltung wurde die FHTW als die Berliner Hochschule mit dem höchsten Professorinnenanteil herausgestellt, obwohl bereits im April der Rückgang um 3% in nur 6 Monaten bekannt war. Ende 1993 betrug der Professorinnenanteil fast 21%. Im Oktober 1994 waren an der FHTW nur noch 17,4% Professorinnen (104 männlich, 22 weiblich), und bei Ruferteilung für die im Senat für Wissenschaft und Forschung vorliegenden Unterlagen für 14 Männer auf Listenplatz 1 hätte die FHTW dann nur noch 15,7% Professorinnen. Die Arbeit der Frauenbeauftragten hat nicht dazu geführt, die Verringerung des Professorinnenanteils aufzuhalten. Die Bemühungen und Unterstützung der Berufungskommissionsmitglieder und der Hochschulleitung haben den Grad von Lippenbekenntnissen kaum überschritten.

Trotz der Frauenbeauftragten ist die Männerdominanz in den Berufungskommissionen gegeben. Dazu kommen real existierende "Männernetze". Leider hat die Zeit bisher nicht ausgereicht, das im Aufbau befindliche "Frauennetzwerk - Professorinnen an der Fachhochschule" so zu nutzen, daß sich immer ausreichend und hochqualifizierte promovierte Frauen mit Industriepraxis und pädagogischen Erfahrungen bewerben. Es wäre eine Illusion zu erwarten, daß allein durch die Verabschiedung der Frauenförderrichtlinien eine positive Änderung in Aussicht stände. Es bleibt für die Frauenbeauftragten viel Arbeit, hoffentlich auch mit Unterstützung der Hochschulleitung und der sonst zuständigen Organe der Hochschule ..."

Diese Fakten und Zahlen zeigen uns, daß sich die Auseinandersetzungen an den Hochschulen und Universitäten zwischen Männern und Frauen verschärfen werden. Ein sofortiges Handeln der verantwortlichen PolitikerInnen ist gefragt, wenn Frauenförderung nicht nur ein Lippenbekenntnis bleiben soll. Es ist aber auch eigenes Handeln angesagt.

Die Frauenbeauftragte der FHTW Frau Dr. Helga Engel und der Frauenpunkt Courage e.V. haben mit dem Aufbau eines "Akademikerinnennetzwerkes" eine Initiative ergriffen, die dem aufgezeigten Trend der Abdrängung von Frauen aus verantwortlichen Positionen in Hochschulen und Industrie entgegenwirken soll.

Bei dem im November 1994 gegründeten Projekt "Beratung - Innovation - Training" handelt es sich um ein Kooperationsprojekt zwischen der Frauenbeauftragten der Fachhochschule Technik und Wirtschaft Berlin und dem Frauenpunkt Courage e.V. Berlin-Hohenschönhausen. Zunächst war dieses Projekt insbesondere für Akademikerinnen aus den neuen Bundesländern gedacht, da hier durch den Niedergang der Industrie und der Wissenschaftszentren und den damit verbundenen Strukturveränderungen in der Wirtschaft die Naturwissenschaftlerinnen und Ingenieurinnen besonders hart getroffen wurden. Sie wurden in einem besonders hohen Maß vom Arbeitsmarkt gedrängt. Dies betrifft alle Berufs- und Bildungsgruppen, Akademikerinnen mit und ohne Berufserfahrung. Eine analoge Tendenz wie in den Wirtschafts- und Wissenschaftsbereichen setzt sich mehr und mehr auch an den Hochschulen der neuen Bundesländer durch.

Die Tagung der Gleichstellungsbeauftragten der Fachhochschulen der BRD in Osnabrück im Juni 1994 zeigte uns, daß diese Problematik der Benachteiligung der Frauen nicht nur eine Erscheinung in den neuen Bundesländern ist, sondern daß die Gleichstellungsbeauftragten in den alten Bundesländern schon jahrelang um die Erhöhung des Frauenanteils, bezogen auf die Berufung zur Professur an den Hochschulen, kämpfen.

Wir erkannten das gemeinsame Problem:
- auf der einer Seite stehen arbeitsuchende Akademikerinnen
- auf der anderen Seite steht das Defizit von Frauen an den Hochschulen als Professorinnen

Wenn es uns heute nicht gelingt, die Präsenz der Frauen als Professorinnen an den Hochschulen zu erhöhen, insbesondere in den naturwissenschaftlich-technischen Fachrichtungen, wird durch fehlende Vorbildwirkung die Anzahl der Studentinnen in diesen Fachbereichen keine Steigerung erfahren. Dies wiederum hätte zur Folge, daß immer weniger Akademikerinnen zur Verfügung stehen, die sich um eine Professur überhaupt bewerben könnten (siehe taz vom 30.3.1995).

Um einen Beitrag zur Lösung dieses Konfliktes bundesweit zu leisten, haben wir das Projekt **"Beratung - Innovation - Training"** initiiert. Dieses Projekt wendet sich insbesondere an arbeitsuchende und arbeitslose Akademikerinnen, die ein Betätigungsfeld im Hochschulbereich suchen, aber auch an Absolventinnen, die nach dem Hochschulabschluß keinen "Job" gefunden haben.

Was steckt hinter den drei Worten "Beratung - Innovation - Training"?

1. Beratung

Dahinter verbirgt sich ein Frauenberatungsservice, der das bundesweite Netz der Frauen- und Gleichstellungsbeauftragten der Hochschulen nutzt. Wir arbeiten mit Datenbanken und bauen einen Akademikerinnen-Pool auf, in dem sich Bewerberinnen befinden, die Interesse an einer Tätigkeit an einer Hochschule haben (per 30.4.1995 haben wir 152 Akademikerinnen und 186 Hochschulen erfaßt).

Die in diesem Sinne aufgebauten Datenbanken ermöglichen eine schnelle Reaktion sowohl zu den Gleichstellungsbeauftragten als auch zu den Akademikerinnen mit dem Ziel, letztere bei der Herausarbeitung ihres Berufsprofils in Zusammenhang mit den Ausschreibungen der Fachhochschule zu beraten und sie zu motivieren, sich zu bewerben. Durch den aktiven Kontakt zu den Fachhochschulen und anderen Informationsquellen konnten wir innerhalb von 6 Monaten 1076 Ausschreibungen erfassen und sie den Ausbildungsprofilen der Bewerberinnen gegenüberstellen. Bei 278 Ausschreibungen, bei denen Ausbildungsprofil und Ausschreibungen inhaltlich zusammenpaßten, konnten in Beratungsgesprächen konkrete Angebote an Bewerberinnen gemacht werden. Die für die relativ kurze Zeit hohe Anzahl an Bewerberinnen beruht auf einer außerordentlich vielfältigen Öffentlichkeitsarbeit:
- 23 Presseveröffentlichungen
- 134 Kontaktaufnahmen zu öffentlichen Institutionen und Einrichtungen, Frauenvereinen, Unternehmen

Mit den Bewerberinnen aus Berlin wurden in einzelnen persönlichen Gesprächen, aber auch in drei Gesprächsrunden mit mehreren Teilnehmerinnen Kriterien zur Herausarbeitung des Berufsprofils erörtert und Inhalt und Ziel des Projektes "Beratung - Innovation - Training" dargelegt. Mit Bewerberinnen aus anderen Bundesländern wurden Kontakte mittels Telefonaten und Briefen hergestellt. 156 mal gab es neben den Erstberatungen Kontakte zu den Bewerberinnen.

Mittels unserer Datenbanken ist es möglich, sehr schnell zu reagieren, wenn uns aktuelle Ausschreibungen der Hochschulen erreichen. Ein von uns erarbeiteter Fragebogen, basierend auf den Erfahrungen aus den Ausschreibungsanforderungen, soll die Akademikerinnen unterstützen, ihre Kenntnisse und Erfahrungen besser zu analysieren, richtig einzuordnen und zu einer beruflichen Zukunftsorientierung, eventuell auch Neuorientierung zu kommen.

Die Ausschreibungen werden nach den Anforderungskriterien, die bei den Fachgebieten und den Fachvertiefungsrichtungen auf der offiziellen Klassifizierung der Hochschulen beruhen, aufbereitet und damit eine Vergleichbarkeit zwischen Ausschreibung und Ausbildungsspektrum der Bewerberinnen geschaffen. Auf diese Weise ist es möglich, in den Datenbanken in jede Richtung zu recherchieren, für eine Bewerberin eine ihrem Berufsprofil entsprechende Ausschreibung oder für eine Ausschreibung passende Bewerberinnen zu suchen. Deshalb ist es wichtig, möglichst bundesweit alle Frauen- und Gleichstellungsbeauftragten in unser Vorhaben einzubeziehen, um Informationen zu Stellenausschreibungen und wissenschaftlichen Projekten ohne Zeitverzögerung zu erhalten, um mit deren Hilfe die geeigneten Bewerberinnen konkreter und besser beraten zu können.

Wird eine Akademikerin aktiv und bewirbt sich nach unserer Beratung an einer Hochschule, empfehlen wir ihr, eine Kopie des Bewerbungsschreibens an die jeweils zuständige Frauen- bzw. Gleichstellungsbeauftragte der betreffenden Hochschule zu schicken. Wir nehmen ebenfalls mit der Frauenbeauftragten Kontakt auf mit dem Ziel, daß sie sich an dem Berufungsvorgang beteiligt. Unsere Absicht ist es, gemeinsam schrittweise die Männerdomänen aufzubrechen und den existierenden Männernetzwerken neue Frauennetzwerke entgegenzustellen.

Unsere Datenbanken werden sukzessive erweitert. Je mehr Akademikerinnen den Mut haben, sich hier eintragen zu lassen, desto größer ist die Wahrscheinlichkeit, für die entsprechende Ausschreibung die jeweils passende Frau zu finden. Durch die bereits erwähnte Öffentlichkeitsarbeit, aber auch durch "Mund zu Mund" Propaganda zeigen immer mehr Akademikerinnen auch aus den alten Bundesländern Interesse, in unsere Datenbank aufgenommen zu werden.

Sobald der Fragebogen, der die fachlichen und beruflichen Qualifikationen der jeweiligen Bewerberin beinhaltet, ausgefüllt bei uns eingeht, werden die Daten in die Datenbank aufgenommen. Die Bewerberin könnte dann schon in wenigen Tagen die ersten Angebote bekommen.

Unser Frauenberatungsservice wird somit in drei Richtungen wirksam:

- aktiver Kontakt zu den Fachhochschulen, um Informationen zu den Ausschreibungen zu erhalten und kompetente qualifizierte Frauen zur Bewerbung zu motivieren, und
- aktiver Kontakt zu den interessierten Frauen, um ihnen schnell die Ausschreibungsbedingungen zukommen zu lassen und sie für die Bewerbung zu motivieren, und
- systematische Beratung bei der Analyse der vorhandenen Kenntnisse und Erfahrungen der interessierten Frauen verbunden mit einer Zukunftsorientierung, eventuell auch Neuorientierung.

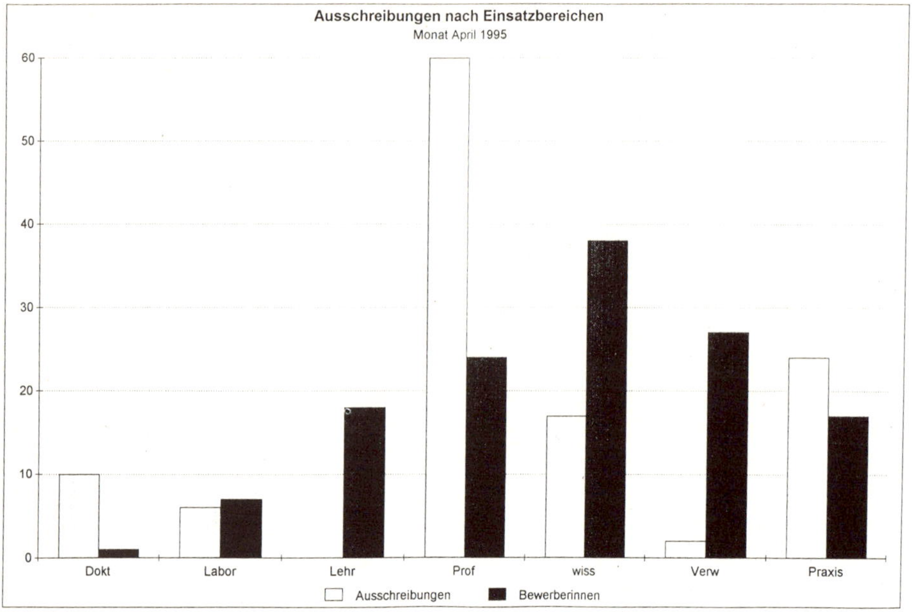

2. Innovation - Training

Ausgangspunkt dieser Idee war die Erkenntnis, daß Berufsanfängerinnen nach der Hochschulausbildung speziell auf den Gebieten von Naturwissenschaft und Technik es besonders schwer haben, einen ihrer Ausbildung entsprechenden adäquaten Arbeitsplatz zu erhalten. (Siehe auch Auszug aus der Studie des Nürnberger Instituts für Arbeitsmarkt und Berufsforschung von 1991). Diese Situation hat sich bis zum heutigen Zeitpunkt aufgrund des Wegfalls vieler Arbeitsplätze weiter zugespitzt. Das heißt die Auseinandersetzung zwischen Männern und Frauen bei adäquater Ausbildung hat sich verschärft. Diese Tatsache spiegelt sich auch in unserer Akademikerinnendatenbank wider.

Die Aufteilung der arbeitsuchenden Bewerberinnen nach Fachgebieten per 30.04.95 ergibt folgendes Bild:

Ingenieurtechnische Richtung	32,6 %
Naturwissenschaften	30,3 %
Geisteswissenschaften	20,5 %
Wirtschafts- und Sozialwesen	16,7 %

Das heißt der Anteil der Bewerberinnen aus Naturwissenschaft und Technik beträgt 62,9%.

Die besondere Relevanz speziell bei Akademikerinnen, die noch nicht in den Arbeitsprozeß als Arbeitnehmer nach dem Studium einbezogen wurden, besteht in folgenden Faktoren:

1. Je länger die Zeit der Arbeitsuche wird, desto geringer ist die Chance, jemals mit der erworbenen Qualifikation eingestellt zu werden.
   Die Gelegenheit, ihre erworbenen Kenntnisse in der Praxis unter Beweis zu stellen, wird ihnen nicht gegeben.
   Das heißt aber auch, daß die Aktualität ihres Kenntnis- und Wissenstandes mit jedem Tag der Arbeitslosigkeit abnimmt.

2. Die nicht in den Arbeitsprozeß eingegliederten Akademikerinnen werden zu Sozialhilfeempfängerinnen, oder sie sind auch nach dem Studium in finanzieller Hinsicht voll von den Eltern oder Ehepartner abhängig.
   Beides trägt dazu bei, das Selbstbewußtsein systematisch abzubauen und zu untergraben.

3. Eine freiberufliche Tätigkeit ist zu Beginn einer beruflichen Karriere in der Regel keine befriedigende Lösung, da die fehlende Berufserfahrung einer erfolgreichen Auftragslage entgegensteht.

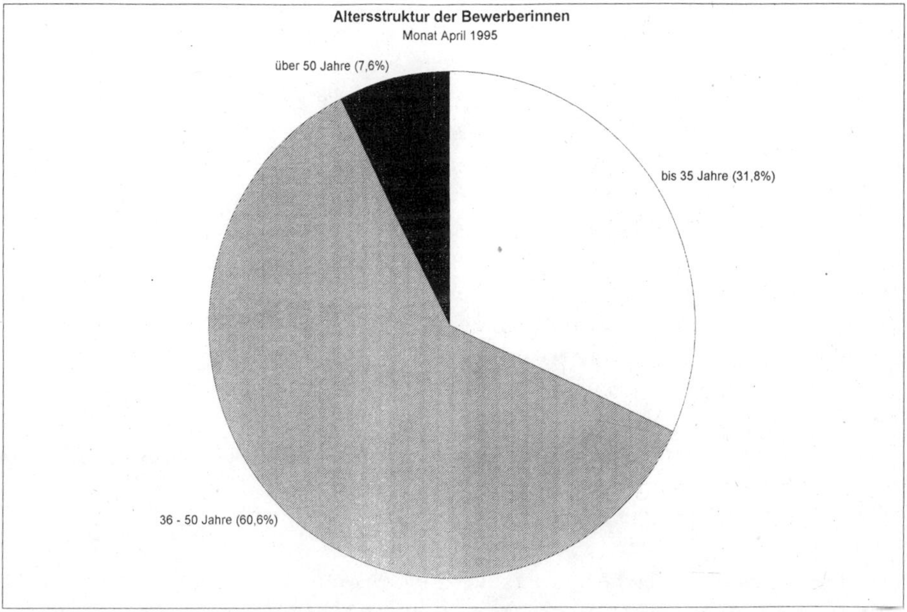

Im Ergebnis unserer Arbeit in den ersten 6 Monaten mußten wir feststellen, daß diese genannten Faktoren auch bei Akademikerinnen mit Berufserfahrung, die aber längere Zeit arbeitslos sind, eine ähnliche Wirkung zeigen. Aufgrund dieser Erkenntnis beziehen wir nicht nur Absolventinnen, sondern auch arbeitslose Akademikerinnen mit Berufserfahrung auf Wunsch in unser "Innovationstraining" mit ein.

Inhalt und Ziel dieses "Innovationstrainings" ist es, Innovationen aus dem täglichen Leben, aber auch zukunftsweisende Neuheiten in Form von konkreten Produktideen bis zur Schutzrechtsanmeldung (Gebrauchsmuster, Patent) zu erarbeiten.

Die Brisanz unseres Vorhabens liegt in folgenden Fakten:

1. Es erfolgt der Nachweis, daß Innovationen und Schutzrechtsanmeldungen durch systematisches Herangehen und Vermittlung der entsprechenden Kenntnisse von Frauen genauso gut realisiert werden können wie es den Männern nachgesagt wird.
2. Durch Aufspüren von Bedürfnissen und Engpässen in der Wirtschaft, Industrie, Umwelt und im täglichen Leben erkennen sie, wo es Innovationsdefizite gibt und tragen durch neue Produktideen mit dazu bei, diese abzubauen.
3. Die Akademikerinnen können mittels ihrer Innovationen selbst aktiv dazu beitragen, neue Arbeitsplätze zu schaffen, indem sie ihre Ideen
   - gegen einen festen Arbeitsplatz eintauschen
   - verkaufen
   - mit ihrer Idee eine eigene Existenz gründen
   - die erlernten innovativen Techniken Betrieben anbieten, die bei Rückgang ihres Umsatzes neue Produktinnovationen benötigen.
   - Vermittlung der Innovationstechniken an Mitarbeiter von Unternehmen ("Inhouse - Training")

Durch diese konkrete innovative Arbeit können die Akademikerinnen ihre erworbene Qualifikation unter Beweis stellen. Das im Studium erworbene Wissen sowie die gegebenenfalls erworbene Berufserfahrung wird nicht durch erzwungene Untätigkeit abgebaut, sondern gefestigt und ausgebaut. Das Selbstwertgefühl steigt und damit die Motivation, sich auf dem ersten Arbeitsmarkt bewußter einzubringen und zu behaupten.

Wie sind wir herangegangen, um diese aufgezeigte Zielstellung zu erreichen?

- Zunächst wurden geeignete Mitarbeiterinnen mit Berufserfahrung aus den verschiedensten Zweigen der Naturwissenschaft und Technik eingestellt.
- Diese Mitarbeiterinnen wurden systematisch qualifiziert und an die Innovationstechniken herangeführt.
- Die Anwendung dieser erlernten Innovationstechniken trainierten sie praktisch an eigenen Innovationen bis zur Schutzrechtsanmeldung (per 30.4.95 wurden 4 Schutzrechtsanmeldungen durch das Patentamt bestätigt.)

Durch diese theoretische und praktische Wissensvermittlung in Form von "Learning by doing" sind sie befähigt worden, aufgrund ihrer eigenen Erfahrung Schritt für Schritt das systematische Herangehen von der Idee bis zur Schutzrechtsanmeldung selbst zu dokumentieren. Sie erarbeiteten einen Algorithmus, mit dessen Hilfe sie jetzt in der Lage sind, diese Innovationstechniken an andere weiter zu vermitteln.

Zielgruppen sind:

- Arbeitsuchende Akademikerinnen,
- Mitarbeiter von kleinen und mittelständigen Unternehmen,
- kleine und mittelständige Unternehmen zur Initiierung neuer Produktinnovationen.

Die Qualifizierung erfolgt in zwei großen Abschnitten:

1.) Vermittlung der Innovationstechnik
2.) Praktische Anwendung dieser Technik anhand von eigenen Innovationen der TeilnehmerInnen.

Die wesentlichen Schritte des Innovationstrainings sind:

1. Ideenkonferenz zu einem vorgegebenen Thema (angewandte Methoden u.a. Brainstorming/-writing).
2. Sammlung, Erläuterung, Gruppierung der Ideen nach Bereichen.
3. Bewertung der Ideen durch alle Teilnehmer (die Ideen mit der höchsten Punktbewertung werden bevorzugt bearbeitet).
4. Teambildung zur Bearbeitung der bewerteten Produktideen.
5. Produktideenbearbeitung mittels der widerspruchsorientierten Innovationsstrategie (WOIS):
   Erarbeitung der Anforderungen, Bedingungen, Erwartungen, Restriktionen für die zu bearbeitende Produktidee unter dem Aspekt der Zweckmäßigkeit, Wirtschaftlichkeit, Beherrschbarkeit, Brauchbarkeit;
   Erarbeitung der Rangfolgematrix (sie dient der Orientierung auf den zentrierenden Parameter der gefundenen Lösungsvariante);
   Erarbeitung der Gegenläufigkeitsmatrix (sie dient der Ermittlung und Analyse der kooperativen Zusammenhänge).
6. Formulierung der Aufgabenstellung für die neue Produktidee (Erarbeitung der Anforderungslisten).
7. Ermittlung des Standes der Technik bezogen auf die erarbeitete Aufgabenstellung:
   Recherchen auf dem Patentamt (umfaßt eine Retrospektive von 10 Jahren und vom Umfang her das Minimum von festgelegten 8 Ländern), Literatur, Markt.
8. Erarbeitung einer Variante der Produktidee, die die Mängel, Widersprüche und unerwünschten Effekte der recherchierten Varianten eliminiert.
9. Überprüfung, ob mit Hilfe von Elementen des bekannten und verfügbaren Standes der Technik die Realisierung der neuen Produktidee möglich ist.

9a) Ist die Produktidee neu und mittels des bekannten und verfügbaren Standes der Technik realisierbar, beruht aber auf einem "erfinderischen Schritt" und ist gewerblich nutzbar, ist eine Schutzrechtsanmeldung möglich (Entscheidung liegt beim Patentamt).

9b) Ist die neue Produktidee mittels des bekannten und verfügbaren Standes der Technik **nicht** realisierbar, muß eine "erfinderische Aufgabenstellung" formuliert werden. Mittels einer "erfinderischen Ideenkonferenz " unter Anwendung verschiedener Methoden (die anspruchsvollste, aber auch erfolgreichste ist die Methode der Synektik) werden Ideen produziert, die dann analog der Punkte 2 bis 4, 6 bis 9 behandelt werden und (wenn man nicht aufgibt) im allgemeinen zur Schutzrechtsanmeldung führt.

10. Erarbeitung der Unterlagen für die Schutzrechtsanmeldung (Formulierung der Ansprüche, Beschreibung der Erfindung, Skizze der Erfindung).

11. Anmeldung beim Patentamt (mittels Anmeldeformular).
12. Nach Bestätigung durch das Patentamt konstruktive Gestaltung und technologische Bearbeitung sowie Kalkulation des neuen Produktes.
13. Bau eines Musters (Prototyp).
14. Praktische Erprobung des neuen Produktes.
15. Aufbau ciner Versuchsserie.
16. Vermarktung des Produktes.

Mit der Bearbeitung der Punkte 12 bis 16 wurde in unserem Projekt jetzt begonnen. Da die Schutzrechtsanmeldungen in den "Low-Tech-Bereich" fallen, besteht die Möglichkeit, die Prototypen selbst herzustellen und zu erproben. Bei Erfolg und entsprechender Nachfrage besteht durchaus die Chance, auf dieser Basis eine eigene Existenz aufzubauen.

Durch die aufgezeigte Vorgehensweise konnten wir nachweisen, daß unsere Mitarbeiterinnen das "Können eines Durchschnittsfachmannes" überbieten (Formulierung für Erfindungshöhe). Besonders bemerkenswert ist es, daß diese Frauen nie in Forschung und Entwicklung tätig waren und zuvor auch keine Schutzrechte angemeldet hatten. Sie hatten "nur" eine gute naturwissenschaftliche und/oder technische Ausbildung und auf ihren Fachgebiet Berufserfahrung.

Die Innovationstätigkeit ist eine wesentliche Grundlage für die Sicherung und Stärkung der Wettbewerbsfähigkeit, und dazu wollen und können auch von **Akademikerinnen** die Anzahl der Schutzrechte zum eigenen und gesellschaftlichen Nutzen gezielt gesteigert werden.

Ein Palast für Frauen e.V. - eine Projektvorstellung

Karin Wolff
Ein Palast für Frauen e.V., Markgrafenstr. 40, D-76133 Karlsruhe

Der Karlsruher Frauenpalast ist ein Projekt, das sich derzeit im Aufbau befindet: in Karlsruhe soll ein Frauenzentrum entstehen, das in seinem Inneren Bereich Freiräume für Frauengruppen und -initiativen, Informations- und Beratungsstellen bietet. Außerdem soll hier ein in Karlsruhe seit Jahren vermißtes Frauencafé seine Türen öffnen. Desweiteren sollen in einem Äußeren Bereich ein Existenzgründerinnenzentrum und eine Existenzgründerinnen-Beratungsstelle entstehen. Um diese Angebote für Frauen gut nutzbar zu machen, sollen flexible Kinderbetreuungseinrichtungen angeschlossen sein, die sowohl den Frauen, die im Palast beruflich tätig sind, wie auch deren Kundinnen, Klientinnen, Kursteilnehmerinnen zur Verfügung stehen.

Vor zwei Jahren gründete sich ein Trägerverein aus Vertreterinnen verschiedener Frauengruppen und interessierten Einzelfrauen. Der Verein betrieb bisher hauptsächlich Öffentlichkeitsarbeit und hat erreicht, daß das Projekt innerhalb Karlsruhes und der Region bekannt wurde. Der Gemeinderat und die Stadtverwaltung unterstützen den Palast durch freiwillige Mittel aus dem städtischen Haushalt und bei der Suche nach einem geeigneten Gebäude. Wir rechnen zukünftig mit einer Subventionierung in derselben Größenordnung wie die bisher bestehenden Existenzgründungszentren - die von Frauen nicht angenommen wurden.

Unser Infostand beim Kongreß im Foyer des Hauptveranstaltungsgebäudes war gut besucht. Frauen aus anderen Regionen waren von unserem Konzept begeistert: In dieser Verbindung - einen gesamten weiblichen Lebensentwurf von den finanziellen bis hin zu sozio-kulturellen und lebenspraktischen Aspekten umfassend - arbeitet bisher bundesweit noch kein uns bekanntes Haus.

Viele Frauen wollten diese Anregung mit nach Hause in ihre Gruppen und ihr Umfeld nehmen. Der Wunsch, daß Erfahrungen und Informationen möglichst in Netzwerke eingebracht und vielen Frauen und deren Projekten zur Verfügung gestellt werden sollten, wurde oft geäußert. (Wir haben im nachhinein Kontakte zum FemNet in Frankfurt aufgenommen, um uns wahrscheinlich dort anzuschließen.) Einige Frauen diskutierten mit uns über ihre Pläne und Erfahrungen mit beruflicher Selbständigkeit.

Unsere Infoveranstaltung mit Projektvorstellung war nur schwach besucht. Wir waren davon nicht überrascht, denn unser konkretes Angebot, sich mittelfristig innerhalb des Frauenpalastes niederzulassen, richtet sich an Frauen aus unserer Region; für viele der bundesweit angereisten Kongreßteilnehmerinnen kommt dies aus praktischen Gründen nicht in Frage.

Mit den Gesprächsteilnehmerinnen, die den Weg zu uns gefunden hatten, führten wir ein angeregtes Gespräch, teilweise sind diese Kontakte im nachhinein noch durch schriftlichen Informationsaustausch erhalten geblieben.

"Haß und Freundschaft mit Ausländerinnen" Film zum Thema "Ausländerfeindlichkeit"

Gertrud Schade
IB-Mädchentreff, Ettlinger Str. 9, D-76137 Karlsruhe

Im Sommer 1993 wurde in Karlsruhe ein Jugendfilmwettbewerb zum Thema "Ausländerfeindlichkeit und kulturelle Vielfalt" ausgeschrieben. Das war für eine Gruppe von Mädchen im Mädchentreff Anlaß, sich in den Sommerferien mit dem Thema auseinanderzusetzen und einen Videofilm zu drehen. Verschiedene Konzepte für diesen Film wurden überlegt, schließlich einigte sich die Gruppe darauf, Interviews mit Passanten durchzuführen und den Film mit Ausschnitten aus Sendungen verschiedener ausländischer Sender zu ergänzen. Die Mädchen wollten dadurch zeigen, wie Vorfälle in Deutschland und im Ausland aufgenommen werden.

Ausgangspunkt waren die ausländerfeindlichen Übergriffe. Aus zunächst 22 Fragen, die die Mädchen entwickelt hatten, wurden 7 Fragen ausgewählt. Anregungen für die Interviews erhielten die Mädchen durch Filme (Christians Reise; Dokumentation über türkische Jugendliche in Deutschland). Mit der Kamera machten sie sich danach auf den Weg, Passanten in der Innenstadt und im Schloßpark von Karlsruhe zu interviewen. Die unterschiedlichsten Meinungen, aber auch Ängste und Befürchtungen wurden sichtbar. Ergänzt wurde der Film nicht durch Filmausschnitte, sondern durch Szenen aus der Karlsruher Innenstadt.

Der Film wurde von Mädchen im Alter zwischen 12 und 19 Jahren erstellt, die selbst als Kinder ausländischer Eltern in Karlsruhe aufgewachsen sind. Viele der Antworten der Passanten machten sie daher zunächst sprachlos und wütend, so daß der Film immer wieder Anregungen zu Diskussionen in der Gruppe gab. Dabei wurde auch deutlich, wieviel verdeckte Ausländerfeindlichkeit den Mädchen auch in ihrem Alltag immer wieder begegnete und wie sehr sie sich schon daran gewöhnt hatten.

Die Reaktionen auf diesen Film waren sehr unterschiedlich. Während viele diese Form der Auseinandersetzung mit dem Thema gerade für Jugendliche sehr begrüßten und auch viele Passanten die Fragen der Mädchen sehr ernst nahmen, mußten sich die Mädchen schon bei den Aufnahmen immer wieder damit auseinandersetzen, daß ihr Engagement als "Spinnerei" und ihre videotechnischen Kenntnisse als "Spielerei" abgetan wurden. Trotzdem ließen sie sich nicht entmutigen, die entstandenen Aufnahmen wurden mit der Kursleiterin gesichtet und zu einem Film zusammengeschnitten, der eine Länge von ca. 30 Minuten hat.

Der Film ist als Einstieg gedacht für SchülerInnen, die sich mit dem Thema "Ausländerfeindlichkeit" auseinandersetzen wollen und wird bisher in Schulklassen und Jugendgruppen eingesetzt.

Was die Mädchen gefragt haben:

Guten Tag. Dürfen wir Ihnen bitte ein paar Fragen stellen?

1. Bestimmt haben Sie schon etwas von den Angriffen auf die Wohnheime für Asylbewerber in Rostock und anderswo gehört. Was sagen Sie dazu? Finden Sie es richtig, was dort passiert?
2. Im Fernsehen wurde gezeigt, wie Rostocker Bürger Beifall klatschten, als das Wohnheim angezündet wurde. Was hätten Sie getan, wenn Sie dabei gewesen wären?
3. Finden Sie, daß Flüchtlinge ein Recht haben, aus ihren Heimatländern hierher nach Deutschland zu kommen?
4. Angenommen, hier in Deutschland bricht Krieg oder Hungersnot aus. Könnten Sie sich vorstellen, in ein anderes Land zu flüchten, um sich und ihre Familie zu retten?
5. Wie würden Sie sich fühlen, wenn Sie dann in diesem anderen Land von Einheimischen so angegriffen würden wie die Ausländer hier?
6. Was sind Ihrer Meinung nach die Gründe, warum deutsche Jugendliche so aggressiv und brutal auf Ausländer losgehen?
7. Glauben Sie, daß Politiker an den Krawallen und Übergriffen auf Ausländer mitschuldig sind? Inwiefern?

deutscher ingenieurinnen bund e.V. - Wir stellen uns vor

Myriam-Ulrike Kuppinger
In der Au 17, D-79594 Inzlingen
Barbara Martin
Spitzwegstr. 5, D-81373 München

1.Historie

Der dib ist eng mit dem jährlichen Kongreß von Frauen in Naturwissenschaft und Technik verbunden. Auf dem Treffen 1986 in Oldenburg beschäftigte sich eine Arbeitsgruppe speziell mit der wirksamen Interessenvertretung von Ingenieurinnen. Ihnen sind in den "alteingesessenen" Vereinen und Verbänden Grenzen gesetzt. Entweder als Frauen im Verein Deutscher Ingenieure (VDI), Verband Deutscher Elektrotechniker (VDE), oder als Mitglieder aus dem technischen Bereich im Deutschen Akademikerinnenbund (DAB). Aus diesen Gründen formierte sich der deutsche ingenieurinnen bund e.V. im Juni 1986 in Darmstadt. Er wurde am 8.1.1987 ins überregionale Vereinsregister aufgenommen. Die erste ordentliche Mitgliederversammlung fand am 31.1.1987 in Darmstadt statt. Der Verein wurde vom Finanzamt Darmstadt als gemeinnützig anerkannt. Der dib ist außerdem Mitglied im Deutschen Frauenrat.

2. Ziele des Vereins

- Schaffung eines Forums für Kontakte und Erfahrungsaustausch zwischen Frauen in technischen Berufen und technischen Studiengängen
- Förderung von Ingenieurinnen und Ingenieurstudentinnen sowie die Vertretung ihrer Interessen in der Öffentlichkeit
- Motivierung von Mädchen und Frauen zum Ergreifen technischer Ausbildungen und technischer Studiengänge
- Steigerung des Anteils von Frauen in technischen Berufen und in leitenden Positionen
- Hinterfragung der bestehenden Normen im Berufs- und Privatleben (Arbeitszeit, Arbeitsinhalte, geschlechtsspezifische Rollenverteilung u.a.) und Durchsetzen notwendiger Veränderungen
- Überprüfung und Wertung der Verträglichkeit technischer Entwicklungen für Mensch und Umwelt
- Beobachtung der Wechselwirkungen zwischen technischen und gesellschaftlichen Entwicklungen und Untersuchung ihrer Auswirkungen, insbesondere im Hinblick auf Frauen
- Aufbau eines Netzwerkes zum Informationsaustausch und zur Koordinierung von Initiativen
- Förderung von Weiterbildungsmöglichkeiten für Ingenieurinnen, auch durch vereinseigene Angebote
- Zusammenarbeit mit technisch-wissenschaftlichen Verbänden und Frauenvereinigungen im In- und Ausland

3. Vereinsstruktur

3.1 Mitglieder

Ordentliches Mitglied kann werden:

- jede weibliche, natürliche Person, die Ingenieurin ist oder ein Ingenieurfach studiert oder in einem ingenieurähnlichen Berufsfeld arbeitet, die Aufgaben des Vereins unterstützt und sich zur Zahlung des festgelegten Mitgliedsbeitrags verpflichtet, gleich welcher Nationalität
- Personen, die nicht zu den oben aufgeführten gehören, aber deren Mitarbeit erwünscht ist und über deren Mitgliedschaft die MV entscheidet.

Fördernde Mitglieder können neben natürlichen Personen auch juristische Personen, Gesellschaften des BGB und Körperschaften sein, die bereit sind, den Zweck des dib ideell und materiell zu fördern. Fördernde Mitglieder haben kein Stimmrecht.

3.2 Orts- und Bezirksgruppen

Bezirks- oder Ortsgruppen sind laut Satzung des dib neben dem Vorstand und der Mitgliederversammlung Organe des Vereins, die selbständig und eigenverantwortlich handeln. Da sie sich im allgemeinen in kürzeren Abständen treffen (monatlich bis wöchentlich), sind sie handlungsfähiger als die anderen Organe.

Im Moment existieren Ortsgruppen in folgenden Städten: Aachen, Berlin, Bremen, Darmstadt, Frankfurt, Hagen, Hamburg, Hannover, München, Nürnberg, Stuttgart und Wiesbaden.

3.3 Mitgliederversammlung

Die Mitgliederversammlung (MV) findet mindestens einmal pro Jahr statt. Die MV berät und beschließt über die ihr vorgelegten Anträge und Unternehmungen des Vereins. Sie wählt den Vorstand und kann ihm Aufträge erteilen. Sie entlastet den Vorstand.

3.4 Vorstand

Der Vorstand (VS) besteht aus 5 bis 10 Frauen, die durch die MV gewählt werden. Im Vorstand sind 1 bis 2 Finanzreferentinnen sowie 1 Frau aus der Geschäftsstelle. Der VS führt die Geschäfte des Vereins und sorgt für die Durchführung der Beschlüsse der MV. Er ist an die Beschlüsse gebunden. Die Tätigkeit des VS ist ehrenamtlich.

3.5 Geschäftsstelle

Der Verein hat eine Geschäftsstelle, deren Aufgaben z.B. das Bearbeiten der eingehenden Post, das Verschicken von Informationsmaterialien und das Beantworten von Fragen an den dib sind.

3.6 Arbeitsgruppen

Die Arbeitsgruppen können überregional strukturiert sein und beschäftigen sich meist auf theoretischer Basis mit relevanten Themen. Ergebnisse solcher Arbeitsgruppen sind z.B. die von der Mitgliederversammlung autorisierten Papiere zur Quotierung und Arbeitszeit. Zudem gibt es noch Arbeitsgruppen, die sich um die Organisation und Durchführung bestimmter Veranstaltungen kümmern.

4. Vereinsaktivitäten

- Erstellung einer Vereinszeitschrift (Der Rundbrief erscheint viermal pro Jahr, wird jeweils zu einem anderen Schwerpunktthema von einer Ortsgruppe gestaltet und ist für Mitglieder kostenlos).
- Veranstaltung einer Vereinstagung pro Jahr (Sie findet dieses Jahr im November in Stuttgart statt)
- Infoveranstaltungen mit den Arbeitsämtern und den Hochschulen
- Organisation von Seminaren, Vorträgen und Exkursionen
- Teilnahme an und Mitorganisation von Mädchen-Technik-Tagen (MTT), Stand auf Fach- und Frauenmessen, z.B. Hannovermesse, Top ´95
- Teilnahme an den Naturwissenschafts–Kongressen
- Teilnahme an Hearings als Expertinnen
- Mitgliedschaft im Deutschen Frauenrat
- Netzwerk

5. Beschlüsse

Bisher wurden folgende, noch gültige, Beschlüsse erarbeitet:

- Quotenregelung (1988)
- Resolution zum §218 (1991)
- Menschengerechte Arbeitszeitgestaltung (1990)

6. Situation von Ingenieurinnen

Leider hat sich die Situation in den letzten Jahren nicht verbessert. Der Anteil von Frauen im Ingenieurberuf ist im Vergleich zu anderen Fachrichtungen sehr gering (siehe Abb. 1). Allerdings ist der Frauenanteil an allen Erwerbstätigen mit Hochschulabschluß insgesamt mit 36% relativ niedrig. Auch beim Nachwuchs sieht es nicht besser aus. Besonders im Vergleich mit dem europäischen Ausland fällt auf, daß mit weniger als 10% Frauen im Ingenieurstudium Deutschland (siehe Abb. 2) das Schlußlicht bildet. Hier sieht man eindeutig eine fehlende staatliche Förderung. Leider stehen uns im Moment keine Statistiken über Arbeitslosigkeit bei Ingenieurinnen zur Verfügung.

Postanschrift des Vereins (für weitere Informationen):
deutscher ingenieurinnen bund e.V.
Postfach 110 305, D-64218 Darmstadt

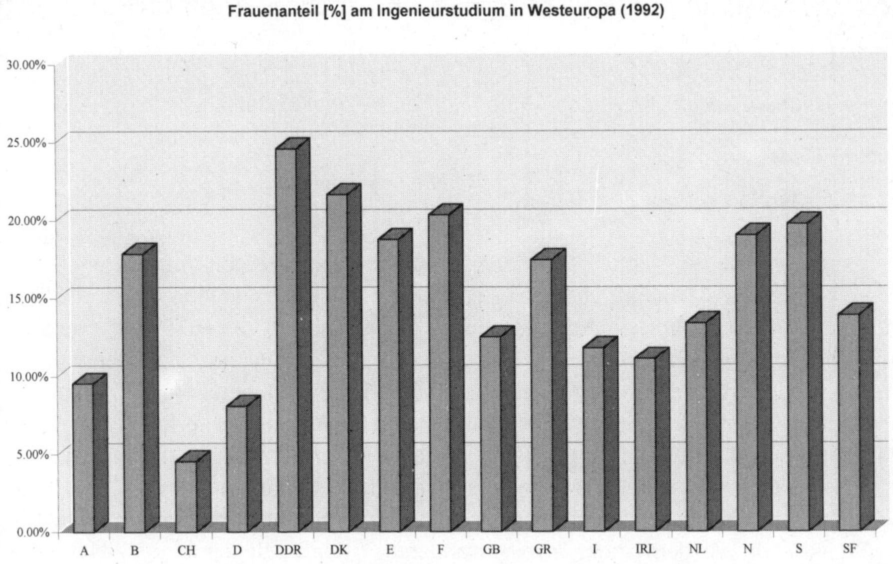

Abb.1. Frauenanteile bei Erwerbstätigen mit Hochschulabschluß

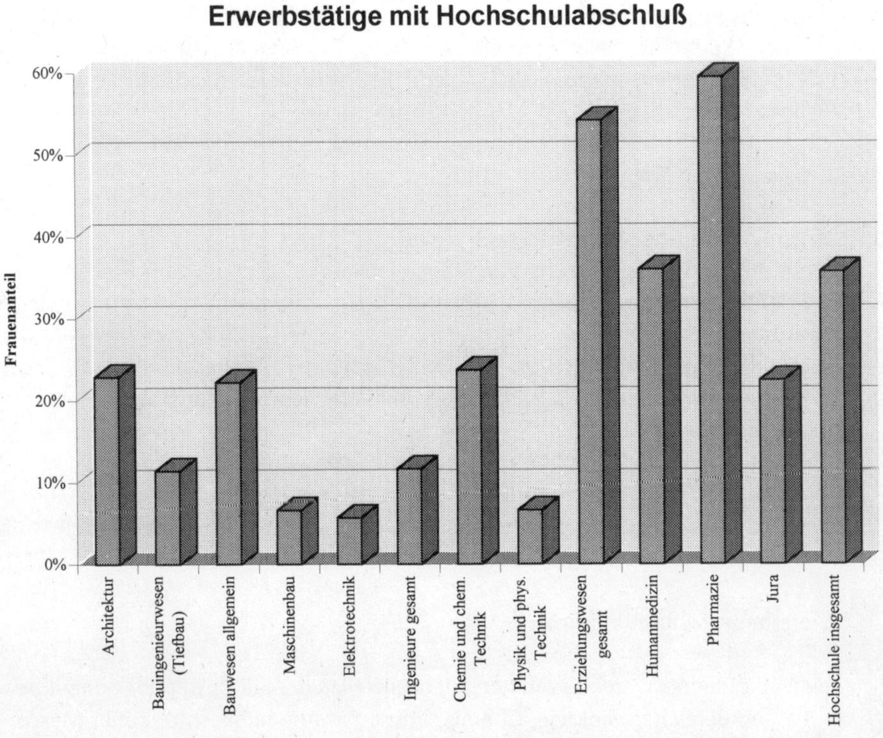

Abb. 2.: Frauenanteile im Ingenieurstudium im europäischen Vergleich

NUT - Frauen in Naturwissenschaft und Technik e.V.

Petra Stöcker, Darmstadt
Ingrid Lehmann, Brühl, stellte den Verein auf dem Kongreß vor.

Was wollen wir mit dem Verein?

Auf dem seit 1977 jährlich stattfindenden bundesweiten autonomen Kongreß von Frauen in Naturwissenschaft und Technik haben wir den Verein im Jahr 1988 in Göttingen nach einjähriger Vorbereitung gegründet. Der Gründung von NUT ging eine ausführliche Grundsatzdiskussion zur Notwendigkeit geregelter Vereinsstrukturen voraus. Immer wieder wurden von den beteiligten Frauen Bedenken geäußert, daß durch einen Verein zu feste Strukturen etabliert würden und die Autonomie verloren ginge. Der Zusammenschluß erfolgte unter anderem aus dem Bedürfnis der Naturwissenschaftlerinnen und Technikerinnen nach einer Interessenvertretung gegenüber der Öffentlichkeit. Eine größere Präsenz in der Öffentlichkeit erforderte eine kontinuierlich arbeitende Organisation. Mit dem jährlich an einem anderen Ort stattfindenden Kongreß konnten wir den über Berufsstandsinteressen hinausgehenden Informationsfluß nicht sicherstellen.

Auf der Mitgliederversammlung im Frühjahr 1993 haben wir die Abkürzung des Vereinsnamens aus verschiedenen Vorschlägen ausgewählt. Mit "NUT" ist nicht nur der technische Begriff der "Nut" gemeint, sondern insbesondere auch eine der ältesten ägyptischen Himmelsgöttinnen, die am Abend die Sonne verschluckt und sie am Morgen wieder gebiert.

Seit Herbst 1993 ist "NUT Frauen in Naturwissenschaft und Technik e.V." Mitglied des Deutschen Frauenrates.

Unsere Vereinsziele und -aufgaben sind:

- Förderung und Unterstützung von Frauen in Naturwissenschaft und Technik
- Bewußtmachung des widersprüchlichen Lebenszusammenhanges von Frauen in männerbeherrschten Berufen
- Abbau der Diskriminierung von Frauen in Ausbildung und Beruf
- Aufklärung der Öffentlichkeit über die gesellschaftliche Problematik männerdominierter Tätigkeitsfelder
- Informationsaustausch und interdisziplinäre Zusammenarbeit
- Förderung der Entwicklung umwelt- und sozialverträglicher Konzepte in Naturwissenschaft und Technik als Alternative zu den herkömmlichen Konzepten
- feministische Kritik der Naturwissenschaft und Technik.

Wie arbeiten wir im Verein?

Wir Mitfrauen des Vereins kommen aus allen Teilen der Bundesrepublik und arbeiten u.a. in den Bereichen Biologie, Chemie, Physik, Mathematik, Informatik, Maschinenbau und technischer Umweltschutz. Zwei der drei jährlichen Mitgliederversammlungen richten wir in Form von Tagungen mit inhaltlichen Schwerpunkten zu gesellschafts- und vereinsrelevanten Themen aus. Bisherige Themen waren:

- Quotierung
- Künstliche Intelligenz und Simulation
- Alternative Energieversorgung
- Forschungs- und Technologiepolitik
- Feministische Naturwissenschaft
- Frauenuniversität
- Internationale Konferenzen

Zum Informationsaustausch der Mitfrauen geben wir 3 mal jährlich einen Rundbrief heraus. Weiterhin veröffentlichen wir in unregelmäßiger Folge eine Schriftenreihe, um Analysen, Forderungen und Utopien aus dem Themenspektrum der Vereinsarbeit zu präsentieren und zur Diskussion zu stellen. Bisher erschien der Band: Sarah Jansen: "Naturwissenschaftlerinnen und Ingenieurinnen: Von der Forderung nach Gleichstellung zur feministischen Forschung," Wiesbaden 1991, ISBN 3-922229-12-3. Gegenwärtig bereiten wir die Ausgabe eines Bandes zur feministischen Naturwissenschaftskritik vor. Innerhalb einer der interdisziplinären bundesweiten Arbeitsgruppen haben wir ein Memorandum zum Bundesforschungsbericht 1993 erarbeitet.

In bundesweiten Gruppen findet die inhaltliche Arbeit des Vereins mit bestimmten Themenschwerpunkten statt.

Für Berlin existiert ein Projekt "Frauen fragen Fachfrauen aus Naturwissenschaft und Technik", das ein Beratungsangebot für Berufseinsteigerinnen und Umsteigerinnen bietet, wobei berufstätige Fachfrauen aus den verschiedensten Disziplinen und Berufsfeldern ihre Erfahrung weitergeben.

Die wichtigsten Ereignisse 1994

Im Frühjahr 1994 fand die Tagung unter dem Titel "Feministische Kritik der Naturwissenschaft und Technik - Austausch mit Frauen aus den Sozial- und Geisteswissenschaften" statt. Auf der Tagung im Herbst 1994 mit dem Titel "Zwischen feministischer Lesbenuniversität und Weiberlehranstalt" haben wir zum Thema Frauenhochschule eine Stellungnahme erarbeitet. Das Thema der Tagung im Frühjahr 1995 lautete "Internationale Konferenzen". Dabei war die umstrittene Rolle der 4. Weltfrauenkonferenz in Peking ein wesentlicher Punkt. Für die Mitgliederversammlung im Herbst 1995 planen wir ein Thema zur Integrierten Technikentwicklung am Beispiel Textilien.

Das Memorandum zum Bundesforschungsbericht 1993 war für den Verein eine inhaltliche Grundlage für den Kongreß "Wissenschaft in der Verantwortung - Politik in der Herausforderung" im Juni 1994, der von unserem Verein neben anderen Trägern ausgerichtet wurde. Dabei haben wir den Kongreß durch Vorträge und Arbeitsgruppen, in denen wir unsere Forderungen an eine integrierte Technikentwicklung vorbrachten, wesentlich mitgestaltet. Die Arbeit wird im "Dortmunder Kreis" fortgeführt.

Unter dem Titel "Arbeits- und Lebensbedingungen von Frauen in technischen Berufen" haben wir ein Seminar für Frauen aus Osteuropa und der Bundesrepublik im September 1994 organisiert. Im Mittelpunkt stand dabei ein Informations- und Meinungsaustausch zu den Fragen: "Wie ist die Situation in den verschiedenen Ländern, wie wirken sich Strukturveränderungen auf Frauen in technischen Berufen aus, wie steht frau zu umweltpolitischen und -technischen Fragen in Alltag und Beruf?" Im Anschluß an das Seminar fand eine 5-tägige Rundreise zu verschiedenen Projekten, Betrieben und Institutionen aus den Bereichen Ausbildung, Umwelt und Energie statt. Für 1995 planen wir eine Veranstaltung mit dem Titel "Kritik und Konzepte: Technologie, Naturwissenschaft aus der Sicht von Frauen. Vergleich und Austausch von Naturwissenschaftlerinnen und Technikerinnen aus Ländern der EU".

Inzwischen ist NUT in dem Kuratorium der Humboldt-Universität Berlin und dem Kooperationsbeirat der Berliner Kuratorialuniversitäten durch Delegierte vertreten.

Weitere Informationen:
NUT Frauen in Naturwissenschaft und Technik e.V.
Haus der Demokratie, Friedrichstr. 165, D-10117 Berlin
Tel.: +49 30/2291792

Protokoll des Abschlußplenums am 28. Mai 1995

Ankündigung "22. Kongreß von Frauen in Naturwissenschaft und Technik"

Pressespiegel

Adressen von Projekten, Initiativen, Verbänden und Vereinen

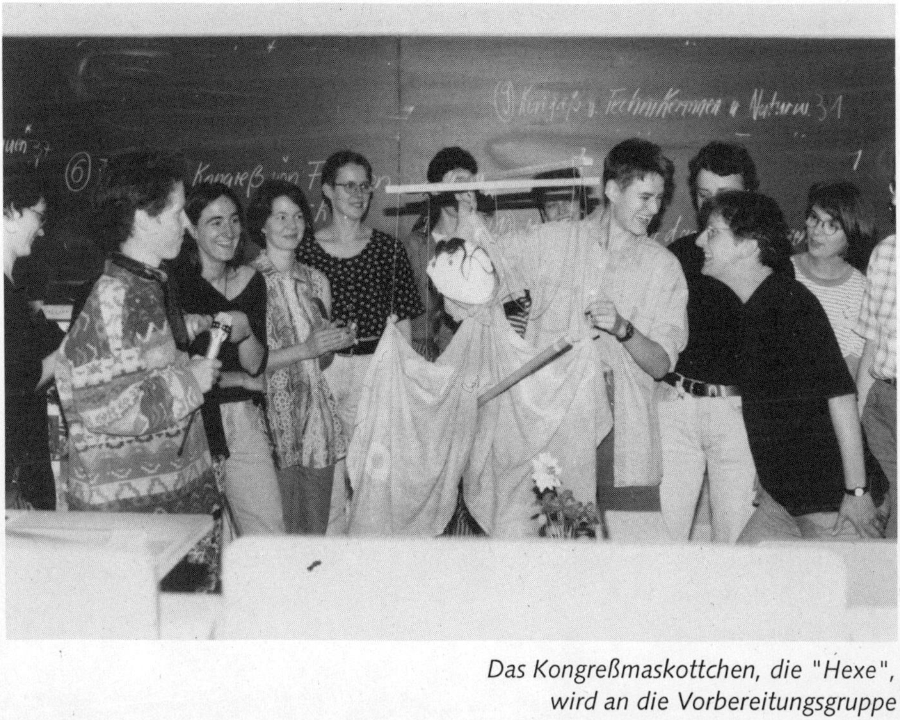

Das Kongreßmaskottchen, die "Hexe", wird an die Vorbereitungsgruppe des "22. Kongresses von Frauen in Naturwissenschaft und Technik" weitergegeben

Protokoll des Abschlußplenums am 28. Mai 1995

Protokollantin: Ulrike Stein

Tagesordnung:
Top 1: Organisatorisches, Finanzen
Top 2: Resolutionen, Statements, Ergebnisse aus den Arbeitsgruppen
Top 3: Diskussion und Abstimmung über den Kongreßnamen
Top 4: Lob und Kritik
Top 5: Wo findet der Kongreß 1997 statt?
Top 6: Ankündigung des 22. Kongresses in Braunschweig 1996 und Übergabe an die Braunschweigerinnen

Top 1: Organisatorisches, Finanzen

Bekanntgabe der Teilnehmerinnenzahl: 550 Teilnehmerinnen und Referentinnen kamen zum 21. Kongreß von Frauen in Naturwissenschaft und Technik in Karlsruhe zusammen!

Kurzzusammenstellung von Informationen über die Finanzierung des Kongresses; Auflistung der finanziellen UnterstützerInnen:

- Ministerium für Familie, Frauen, Weiterbildung und Kunst Baden-Württemberg: ca. 28100,- DM für Teilnehmerinnenbefragung und Referentinnen
- Bundesministerium für Bildung, Wissenschaft, Forschung und Technologie: bis 14100.- DM für Referentinnen und Dokumentation
- Universität Karlsruhe: 9500,- DM (z.T. als Sachleistungen) für Druck- und Bürokosten
- Stadt Karlsruhe: 6300,- DM (z.T. als Sachleistungen) für Druckkosten, Kinderbetreuung, Turnhallen und kulturelles Rahmenprogramm
- Karlsruher Studentendienst e.V.: bis 5000,- DM für kulturelles Rahmenprogramm
- Wirtschaftsministerium, Baden-Württemberg: bis 4000,- DM für Referentinnen
- Karlsruher Hochschulvereinigung e.V.: 2000,- DM in Aussicht gestellt für Dokumentation
- Studentisches Kulturzentrum an der Universität Karlsruhe gGmbH: bis 900,- DM für kulturelles Rahmenprogramm
- Landeszentrale für politische Bildung, Baden-Württemberg: 600,- DM für Referentinnen
- Frauenbeauftragte der Universität Karlsruhe: 500,- DM in Aussicht gestellt für Referentinnen

Der AStA der Uni Karlsruhe stellte die Infrastruktur zur Verfügung. Vom Arbeitsamt Karlsruhe wurde eine AB-Maßnahme für die Durchführung der Teilnehmerinnenbefragung, zur Koordination bei der Programmgestaltung und für die Kongreßdokumentation vollfinanziert. Das Ministerium für Familie, Frauen, Weiterbildung und Kunst Baden-Württemberg und die Stadt Karlsruhe luden zum Sektempfang im Anschluß an das Eröffnungsplenum ein.

Top 2: Resolutionen, Statements, Ergebnisse aus den Arbeitsgruppen

Resolutionen:

Petra Seibert stellte eine Resolution zur Diskussion, die aus der Veranstaltung "Von Tritium bis Plutonium" hervorging:

"Resolution für eine atomenergiefreie Zukunft"

Wir FrauenLesben aus Naturwissenschaft und Technik wollen keine weitere Reaktorkatastrophe erleben. Die einzige verantwortbare Alternative dazu ist eine effizientere Energienutzung und die Wende hin zu regenerativen Energien.

Wir fordern daher:

1. *Den unverzüglichen Ausstieg aus der Atomenergienutzung;*
2. *die Einstellung jeglicher Förderung von Nuklearenergieforschung, mit Ausnahme solcher Forschung, die den Ausstieg unterstützt;*
3. *keine weitere Förderung der Fusionsforschung.*

Die freiwerdenden Gelder sollen umgewidmet werden für effizientere Energienutzung und regenerative Energien, sowohl auf nationaler als auch auf internationaler Ebene, insbesondere innerhalb der EU. Gleichzeitig muß der EURATOM-Vertrag, in dem sich die Staaten der EU den Aufbau einer "mächtigen Kernindustrie" zum Ziel gesetzt haben, im Rahmen der anstehenden EU-Strukturrefom zur Diskussion gestellt werden.

Der Begriff "Geldumwidmung" wurde diskutiert. Der Zusatz "... als auch auf internationaler Ebene, insbesondere (innerhalb der EU)" wurde aufgenommen.

Bei der Abstimmung wurde die Resolution mit 134 Ja-Stimmen, 2 Nein-Stimmen und 5 Enthaltungen unverändert angenommen.

In der Arbeitsgruppe "Das Energieeinspeisegesetz und andere energiepolitische Lenkungsmechanismen", die im Rahmen mehrerer Treffen der "Energiefrauen" vorbereitet wurde, wurde anläßlich der aktuellen Situation folgende Resolution erarbeitet:

"Energie darf nicht billiger werden!"
Resolution zur Energiepolitik

Der 21. Kongreß von Frauen in Naturwissenschaft und Technik fordert:

1. Die Einführung einer Energiesteuer statt Stromverbilligung durch Wegfall des Kohlepfennigs.

Am 11.10.1994 wurde die Ausgleichsabgabe nach § 8 drittes Verstromungsgesetz (Kohlepfennig) für verfassungswidrig erklärt. Daraus resultiert eine Verbilligung des Stromes von ca. 8 % ab 1996.

Dies ist der geeignete Zeitpunkt für die Einführung einer Energiesteuer auf alle nicht regenerativen Energieträger.

Ziel dieser Steuer ist

a) *die Steigerung der Energieeffizienz, die Förderung von Energieeinsparung und die Nutzung regenerativer Energiequellen, sowie*

b) *den Einstieg in eine sozial gerechtere und ressourcenschonende, also ökologische Steuerreform.*

2. *Die Beibehaltung des Stromeinspeisegesetzes (StrEG vom 7.12.1990) in seiner derzeitigen Form, sowie die Ausweitung auf Anlagen mit Kraft-Wärme-Kopplung.*

Hintergrund zu 2.: Dieses Einspeisegesetz, welches die Energieversorger zur Abnahme von Strom aus regenerativen Energiequellen und Zahlung einer Vergütung (z.Z. 17,29 Pf/kWh für Solar- und Windstrom) verpflichtet, muß 1995 erneut verhandelt werden. Seitens der Stromversorgungsunternehmen bestehen Bestrebungen, nur ca. 50 % der jetzigen Einspeisevergütung zu zahlen.

Auch diese Resolution wurde im Plenum zur Diskussion gestellt, u.a. wurden die Vorschläge "Energie" durch "Elektroenergie" oder "Strom" zu ersetzen diskutiert, sowie die Problematik der Müllheizkraftwerke bei einer Forderung nach Ausweitung des Stromeinspeisegesetzes auf Anlagen mit Kraft-Wärme-Kopplung.

1. Abstimmung: Aufnahme des Zusatzes "außer Müllverbrennung"? Mit 36 Ja-Stimmen, 40 Nein-Stimmen und 61 Enthaltungen kam es nicht zu einer Aufnahme dieses Zusatzes, da der Anteil der Enthaltungen größer als 1/3 aller abgegebenen Stimmen war.

2. Abstimmung: "Elektroenergie" statt "Energie"? Bei 3 Ja-Stimmen, 68 Nein-Stimmen und 63 Enthaltungen blieb es bei "Energie", da der Anteil der Enthaltungen wieder größer als 1/3 der abgegebenen Stimmen war.

Bei der 3. Abstimmung wurde die Resolution mit 113 Ja-Stimmen, 2 Nein-Stimmen und 30 Enthaltungen unverändert angenommen.

Ergebnisse aus den Arbeitsgruppen:

Petra Seibert plädierte für eine elektronische Vernetzung von Frauen aus Naturwissenschaft und Technik, sie wünscht sich eine E-Mail-Diskussion und ruft zur Verbindungsaufnahme auf! Adresse: petra @zausun1.zamg.ac.at

Aus folgenden Veranstaltungen wurden Kurzberichte vorgetragen:

- Landschaftsplanung in der Praxis
- Frauenförderung ade?
- Nach den 20. Kongreß: Wie stellt sich die Situation von Frauen in Naturwissenschaft und Technik heute dar?

Die Koryphäe-Frauen berichteten über die Ergebnisse (Schnellauswertung) ihrer Umfrage auf dem Kongreß: Von den abgegebenen blauen Zettel mit der Frage "Mit welcher Sexualität identifizierst Du Dich politisch?" waren 28 nicht auswertbar, 5 Frauen bezeichneten sich als asexuell, 55 als Lesbe, 26 als bisexuell und 57 als Hetera.

Eine Teilnehmerin berichtete vom Workshop "Arbeitslosigkeit bittere Erkenntnis und/oder Chance zur Veränderung?". Sie bat um eine weitere Auseinandersetzung mit diesem Thema auf dem nächsten Kongreß in Braunschweig.

Top 3: Diskussion und Abstimmung über den Kongreßnamen

Dagmar Heymann stellte die Ergebnisse aus dem Diskussionsforum am Freitag vor. Zu diesem Forum hatten Patrizia Testa, Gudrun Fischer, Barbara Kleinen und Dagmar Heymann gemeinsam eine Diskussionsgrundlage erarbeitet. Diese Vorlage wurde im Forum ergänzt und kontrovers aber konstruktiv diskutiert. Ebenso wurde ein Vorschlag zur Vorgehensweise in der Abstimmung über die Namensfrage im Abschlußplenum entwickelt.

Im Plenum wurden 12 verschiedene Vorschläge für den Kongreßnamen vorgestellt:

1. Name bleibt. Plus Untertitel: "Kongreß für Lesben, Heteras, Migrantinnen, Jüdinnen und Behinderte".
2. Name bleibt. Zusätzlich wird das Wort "Frauen*" bunt oder kursiv geschrieben. Plus Erklärung für das *: "Frauen sind Lesben, Heteras, Schwarze, ..."
3. Lesben/Frauen bunt oder kursiv geschrieben, mit Sternchen: "Kongreß von *Frauen/Lesben** in Naturwissenschaft und Technik".
4. Neuer Name: "Kongreß von Frauen/Lesben* in Naturwissenschaft und Technik - gegen Rassismus-".
5. Neuer Name: "Kongreß von Lesben* in Naturwissenschaft und Technik". Plus Erklärung für Sternchen: "mit Lesben meinen wir: Heteras, Bifrauen, Migrantinnen, etc. zusammen."
6. Neuer Name: "Feministischer Kongreß von Frauen in Naturwissenschaft und Technik".
7. Neuer Name: "Kongreß für feministische Naturwissenschaft und Technik (ohne Männer)"

7a. Neuer Name: "Kongreß für feministische Naturwissenschaft und Technik "

8. Neuer Name: "Nicht-Männer in Naturwissenschaft und Technik"
9. Neuer Name: "Kongreß von Technikerinnen und Naturwissenschaftlerinnen"

9a. Neuer Name: "Feministischer Kongreß von Technikerinnen und Naturwissenschaftlerinnen"

10. Name bleibt, nur das Wort Frauen wird durch 22 2 ersetzt.
11. Name bleibt, keine Änderung.
12. Neuer Name: "Feministischer Kongreß von Frauen* in Naturwissenschaft und Technik". Plus Erklärung für *: "Frauen sind Lesben, Heteras, Schwarze,...."

Weiterhin wurde die Forumsdiskussion zu diesen Vorschlägen vorgestellt:
Zu 1 bis 5:
- – wir können nie alle Gruppen aufzählen, z.B. Mütter
- – Diversität kann auch im Programm deutlich gemacht werden
- + Lesben gestalten den Kongreß stark mit
- + es reicht nicht aus, wenn die Diversität nur im Programm aufgeführt wird
- – Lesben im Titel ungünstig für Finanzierung
- + gerade deshalb, weil es gefordert wird; wir schließen uns damit der Diskriminierung an
- – Aufzählung fördert Schubladendenken
- + Nennung im Titel ist Anlaß zur Diskussion/Auseinandersetzung mit Lesben

Zu 6 und 7a:
- – "feministisch" ohne "Frauen" gefährlich, da Männer sich angesprochen fühlen/kommen könnten
- – Frauen könnten durch "Feminismus" abgeschreckt werden
- + Feministisch ist das, was hier passiert, sollte benannt werden
- – Feminismus reicht nicht, um Diversität zu zeigen

Zu 8: (ursprünglich ironischer Vorschlag!)
Zu 9 und 9a:
- – Es sind nicht nur Naturwissenschaftlerinnen und Technikerinnen
- + Naturwissenschaftlerinnen und Technikerinnen stehen im Vordergrund

Während des Kongresses kamen von den Teilnehmerinnen am schwarzen Brett folgende Anmerkungen zu den Namensvorschlägen:

"Ich fände es wünschenswert, die Abstimmung nicht auf dem Abschlußplenum zu machen, sondern früher, weil viele Frauen dann schon nicht mehr da sind. Ihnen Desinteresse zu unterstellen, ist nicht fair."

"Keine Diskussion auf dem Plenum: Das halte ich für sehr unwahrscheinlich. Nicht jede kann am Diskussionsforum teilnehmen."

"Plenen sind zum Diskutieren da! Diskussion bedeutet Prozeß. Darum müssen Themen (scheinbar immer dasselbe) immer weiter diskutiert werden. Es ist nie was zu Ende, gut so. Jedes Jahr neue Frauen und politische Situationen."

"Ich finde der Name ist O.K.! Zu Vorschlag 8: ich definiere mich nicht über das, was ich nicht bin (Nicht-Männer). Oberbegriff Frauen hat den Vorteil: Alle fühlen sich angesprochen; keine Ausgrenzung; für Fördermittel wesentlich unproblematischer."

"Sind Lesben keine Frauen? Nicht-Lesben bezeichnen sich doch auch nicht als Hetero-Sexuelle, oder?"

"Sind Lesben eigentlich keine Frauen?"

"Vorschlag 7 und 8 sind völlig indiskutabel. Nur (manche) Heten müssen sich über Männer definieren."

"Ich will nicht mehr über den Namen diskutieren, ich finde den Namen in Ordnung."

"Hier kann ich mich nur voll anschließen, der Name soll so bleiben wie er ist!"

"Kann ich nur bestätigen. Ich möchte den Namen beibehalten und nicht uns Frauen weiter aufspalten in ..., ..., ... Nur gemeinsam sind wir stark!"

"Ich habe keine Lust mehr auf diese Diskussion. Mir gefällt der Name."

"Mir auch."

"Diese Namensdiskussion bin ich wirklich leid!!! Sie ist Energieverschwendung. Viel wichtiger als der Name des Kongresses, finde ich, was hier passiert, und daß hier etwas passiert. Und was die Lesben betrifft, find ich die Diskussion total peinlich, abgesehen davon, daß lesbisch oder anders sein ein privates Ding ist."

"Das Private ist politisch und lesbisch sein ist nicht peinlich"

Anschließend wurde der Abstimmungsvorgang vorgestellt. Erstaunlicherweise kam es ohne Diskussion zum 1. Wahlgang. Die o.g. Vorschläge wurden auf Zetteln zur Abstimmung verteilt, hierbei durfte jede Frau so viele Vorschläge ankreuzen wie sie mochte. Vorher eingegangene Stimmzettel wurden mitberücksichtigt. Plenumsteilnehmerinnen durften aber für Nichtanwesende keine Zettel ausfüllen.

Vorschlag Nr.	1	2	3	4	5	6	7	7a	8	9	9a	10	11	12
1. Wahlgang: Auszählung der Stimmzettel	10	37	29	11	4	59	2	6	1	31	21	32	12 9	12
2. Wahlgang: Abstimmung über die 5 Vorschläge mit den meisten Stimmen		18				27				2		5	98	

Vorschlag 6 und 11, die zwei Vorschläge mit den meisten Stimmen, gingen in den dritten Wahlgang. Die Abstimmung erfolgte nach den Abstimmungsmodalitäten, die in Gießen erarbeitet wurden (Ein Beschluß wird angenommen bei einer 2/3 Mehrheit der Ja-Stimmen. Dabei werden die Enthaltungen nicht mitgezählt. Bei mindestens 1/3 Enthaltungen wird das Thema um ein Jahr vertagt).

Abstimmung mit Handzeichen über Vorschlag 6: "Feministischer Kongreß von Frauen in Naturwissenschaft und Technik":

Ja-Stimmen: 34 Nein-Stimmen: 109 Enthaltungen: 2

Damit bleibt der Name unverändert!

Aus dem Plenum kam der Antrag, daß der Kongreßname für mindestens 5 Jahre festgelegt werden soll. Da wir uns jedoch nach den in Gießen erarbeiteten und durch Abstimmung bestätigten "Demokratischen Strukturen" richteten, können im Abschlußplenum keine Beschlüsse gefaßt werden, die weder beim Eröffnungsplenum noch in AG´s (also vorher) öffentlich gemacht wurden.

Top 4: Lob und Kritik

- Besonders gut angekommen ist bei uns natürlich das Lob der Gießenerinnen, die uns mit Blumen beschenkt haben. Euer Applaus hat uns gut getan!
- Kritisiert wurde, daß wir als Veranstalterinnen den Fragebogen der Koryphäe-Frauen nicht an der Anmeldung ausgelegt haben.
- Raumproblem: Es wäre schöner, wenn die Veranstaltungsräume näher zusammen liegen würden! Anregung: In FHs gibt es oft geeignetere Gebäude mit vielen kleineren Räumen und wenigen Hörsälen.
- Regionalgruppentreffen: Andere Aufteilungen wären wünschenswert; insbesondere alle östlichen Bundesländer zusammengelegt. Und bitte nicht wieder direkt nach dem Fachgruppentreffen!
- Resolutionen: Für die Zwischenabstimmungen (über Änderungsvorschläge) ist das gewählte Abstimmungsverfahren (2/3 Mehrheit und weniger als 1/3 Enthaltungen) sehr ungeeignet.
- Wegen weiterhin auftretender Schwierigkeiten: Wunsch nach wieder mehr Veranstaltungen zum Thema Lesben und Hetera.
- Ist es irgendwie möglich, größere Pausen zwischen den Veranstaltungen einzuplanen?!
- Beim nächsten Mal bitte Nichtraucherinnenzone im Eßbereich!

Top 5: Wo findet der Kongreß 1997 statt?

Allgemeiner Wunsch war eigentlich Ostdeutschland, jedoch gab es keine Stadt, aus der eine ausreichend große Gruppe von Frauen im Abschlußplenum anwesend gewesen wäre. Weitere Vorschläge gingen an die Darmstädterinnen und Münchnerinnen, auch aus Göttingen waren etliche da, aber dort hat der Kongreß schon zweimal stattgefunden. Aber zum Glück waren dann noch die mutigen Hannoveranerinnen da, und so wird der Kongreß 1997 in **Hannover** stattfinden!

Top 6: Ankündigung des 22. Kongresses in Braunschweig und Übergabe an die Braunschweigerinnen

Unter großem Applaus wurden nun die Frauen aus Braunschweig nach vorne gebeten. Traditionsgemäß wurde die Kongreß-Hexe von den Karlsruherinnen an die Braunschweigerinnen weitergegeben.

Die Braunschweigerinnen laden uns alle ganz herzlich nächstes Jahr zum 22. *Kongreß von Frauen in Naturwissenschaft und Technik* vom 16. bis zum 19. Mai 1996 nach Niedersachsen ein! Ein Schwerpunkt soll dort die Auseinandersetzung mit der Informationstechnologie werden.

Wir sind schon sehr gespannt darauf, und besonders wir Karlsruherinnen, die wir dieses Jahr doch so gerne an der einen oder anderen Veranstaltung teilgenommen hätten, holen das dann alles nächstes Jahr nach!

22. KONGRESS VON FRAUEN IN NATURWISSENSCHAFT UND TECHNIK 16. -19. Mai 1996 in Braunschweig

Liebe Frauen und Lesben,
Braunschweig schreit nach frauenpolitischen Signalen. Mit der sogenannten "Wiedervereinigung" änderte sich hier nichts als die relative geographische Lage: die Stadt ist jetzt von allen Seiten leicht zugänglich! Wir freuen uns schon darauf, Euch aus Süd und Nord, West und vor allem Ost mit zahlreichen Anregungen und Veranstaltungsangeboten in Braunschweig (wieder) zu sehen: vier spannende Kongreßtage warten auf uns!

Wir haben uns als Vorbereitungsgruppe für zwei Schwerpunktthemen mit aktueller gesellschaftspolitischer Relevanz entschieden:

- Kommunikation und Informationsgesellschaft
- Auswirkungen der Atompolitik auf die Region Braunschweig

Die neuen Medien und die von vielen Seiten favorisierte Datenautobahn bieten viele Punkte zur kritischen Auseinandersetzung:

- Diskussion der Möglichkeiten und Risiken dieser Technologien
- Auswirkungen, insbesondere auf das Leben von Frauen
- Beteiligung bzw. Einflußnahme von Frauen an der Entwicklung dieser Technologien

Im Jahr 1996 jährt sich der Reaktorunfall in Tschernobyl zum 10. Mal. Daher werden wir auf dem Kongreß

- die Atompolitik und hier zentral die Entsorgungsproblematik radioaktiver Stoffe, die die Region um Braunschweig stark betrifft, thematisieren
- in Zusammenarbeit mit regionalen Initiativen dokumentieren, wie aktiv Frauen im Widerstand / auf Befürworterinnnenseite sind
- die Einflußmöglichkeiten diskutieren.

Kongreßbüro: 22. Kongreß von Frauen in Naturwissenschaft und Technik
c/o AStA der TU Braunschweig, Katharinenstraße 1, 38106 Braunschweig
Bürozeit: Dienstags, 18-20 Uhr, Tel.: 0531/391-4548, Fax: 0531/391-8171, e-mail: finut96@tu-bs.de; weitere Informationen über www: http://www.tu-bs.de/asta/finut96
Verein: NuTanten - Verein zur Förderung von Frauen in Naturwissenschaft und Technik e.V. **Bankverb.:** Vereinskonto NuTanten e.V., CTB Bank Braunschweig, Kontonr.: 281.429 5 012, BLZ: 270 102 00; Spendenkonto NuTanten e.V., Verwendungszweck: 22. Kongreß FiNuT 1996, CTB Bank Braunschweig, Kontonr.: 281.429 5 021, BLZ: 270 102 00

„500 Frauen, wo sonst fast nur Männer sind“

Viertägiger Kongreß von Frauen in Naturwissenschaft und Technik an der Universität

„Oh, sie sind die einzige Gruppe von zwei Frauen“, habe der Assistent gefragt, „haben Sie das denn auch alleine gemacht?“ Eine andere Studentin erzählt, ein Kommilitone habe sie nicht in der Übungsgruppe mitarbeiten lassen wollen, „weil er dachte, ich wollte die Ergebnisse der Männer nur abschreiben“.

Studentinnen der Karlsruher Uni sagen, sie könnten viele Geschichten erzählen, von Wissenschaftlern, die sie komplett ignorierten oder Kommilitonen, die sie nie ausreden ließen. Was die Studentinnen gemeinsam haben: Sie studieren naturwissenschaftliche Fächer. Und: sie gehören zum Team der Organisatorinnen des 21. Kongresses von Frauen in Naturwissenschaft und Technik, der ab morgen, Donnerstag, bis einschließlich Sonntag, 28. Mai, auf dem Gelände der Universität Karlsruhe stattfindet.

Bis zu 500 Studentinnen, Technikerinnen und Wissenschaftlerinnen aus ganz Deutschland und dem benachbarten Ausland werden erwartet. Sie haben die Gelegenheit, an Veranstaltungen zu den beiden Schwerpunktthemen „Anwendungen von Naturwissenschaften und Technik“ und „Frauen im Nationalsozialismus“ teilzunehmen. Der Kongreß soll darüberhinaus ein Forum für Frauen sein, sich über ihre spezielle Arbeits- und Studiensituation auszutauschen und sich kritisch mit dem eigenen Fachgebiet auseinanderzusetzen. Knapp 85 verschiedene Veranstaltungen stehen auf dem Programm, über 100 Referentinnen haben ihr Kommen zugesagt. Der Kongreß ist nur für Frauen. „Gerade dadurch“, meint Gabriele Blodau, Informatikstudentin und eine der Organisatorinnen, „zeichnet er sich aus.“

„Diese Treffen“, sagt auch die Diplomchemikerin Christine Buschhaus, „waren lange Zeit die einzige Möglichkeit für Frauen, sich über die spezielle Studien- und Arbeitssituation in einem Bereich auszutauschen, in dem Frauen immer noch unterrepräsentiert sind.“ 1977 trafen sich Naturwissenschaftlerinnen und Technikerinnen deshalb zum ersten Mal. Für ein Resümee „in bezug auf die Motivation, die Erwartungen und die Kritik der Teilnehmerinnen am Kongreß“ erarbeiteten die Karlsruher Organisatorinnen eine Umfrage zur aktuellen Situation – als „Standortbestimmung“ nach mittlerweile 20 Kongressen. Dazu befragt wurden ausschließlich ehemalige Kongreßteilnehmerinnen. Die bis jetzt vorliegenden Ergebnisse entsprechen den anfangs geschilderten Erfahrungen der Frauen.

78 Prozent der befragten Studentinnen beispielsweise, die überwiegend die Studienfächer Biologie, Umwelttechnik/Umweltwissenschaften, Informatik, Physik und Mathematik gewählt haben, sind demnach der Meinung, daß sie ein hohes Maß an Durchsetzungskraft und Selbstbewußtsein haben müssen, um sich unter den Studenten behaupten zu können. In ihrem Studienalltag fühlten sich die Studentinnen weniger ernst genommen als ihre männlichen Kommilitonen. 36 Prozent würden ihr Fach außerdem nicht noch einmal wählen. „Das liegt“, meint die Diplombiologin Renate Michel, „an den nicht rosigen Berufsaussichten.“

Die Ergebnisse der Umfrage, so Dr. Uta Fahrenholz, die Frauenbeauftragte der Uni, spiegelten sich in ähnlicher Form auch in Karlsruhe wieder. 4 049 oder 20 574 hier Studierenden seien Frauen. Sie sagte, sie freue sich auf den Kongreß. „Neue Impulse“, erhofft sich auch Gabriele Blodau. „500 Frauen über das Unigelände schwemmen zu lassen, wo sonst fast nur Männer sind, das ist schon toll.“ Für den Kongreß gibt es auch Tageskarten. Nähere Informationen unter 9 64 03 13.

Inga Lindmayer

Bilanz des Uni-Kongresses

„Vernetzung“ ist Technikfrauen sehr wichtig

sab. „Es ist wie ein Hahnenkampf, wenn ich vor einem Männerpublikum rede: Fragen dienen dort oft nicht dem Informationsaustausch, sondern dem Abchecken von Macht.“ Andere Frauen haben die gleiche Beobachtung gemacht wie die Referentin, sind überzeugt, daß ein Kongreß „nur für Frauen“ nicht gleichbedeutend ist mit einer Diskriminierung von Männern: „Es ist einfacher, in einem Rahmen zu diskutieren, in dem einem nicht gleich von Anfang an die fachliche Kompetenz abgesprochen wird“, drückt es eine Teilnehmerin positiv aus. „Es gibt Institute, da ist die einzige Frau die Sekretärin: Die Männer sind unter sich. Die Frauen aus Naturwissenschaft und Technik wollen sich aber gerade über die Probleme und Erfahrungen austauschen, die Männer eben nicht haben“, beschreibt Gabi Blodau den Vorteil des Frauentreffens. Sie ist eine der Organisatorinnen des „21. Kongresses von Frauen in Wissenschaft und Technik“, zu dem in der vergangenen Woche 550 Teilnehmerinnen und Referentinnen aus dem gesamten Bundesgebiet an die Karlsruher Universität kamen (die BNN berichteten). Bei einer Pressekonferenz zogen die Frauen gestern eine positive Bilanz.

Kritisch betrachten die Teilnehmerinnen besonders die Energiepolitik. In zwei Resolutionen zur Energiepolitik fordern die Fachfrauen zum einen eine Energiesteuer, die den Kohlepfennig ersetzen soll, zum andern verlangen sie den sofortigen Ausstieg aus der Atomenergienutzung. Förderungen im Bereich der Atomenergie, die nicht dem Ausstieg dienten, seien einzustellen, die Gelder auf die Erforschung umweltverträglicher Energiegewinnung zu verwenden.

Wichtig ist den Frauen auch ihre „Vernetzung“ untereinander: Ein Drittel der Kongreßteilnehmerinnen steht schon im Beruf, zwei Drittel studieren noch. Informationen, Tips und Kontakte könnten beispielsweise über eine Mailbox vermittelt werden – um der Vereinzelung der Frauen in naturwissenschaftlichen Berufen oder an den technischen Universitäten entgegenzuwirken. „Frauen müssen sich viel stärker beweisen, sie werden offen oder unterschwellig diskriminiert. Den Zugang zu technischen oder naturwissenschaftlichen Berufen erschweren nicht äußere Beschränkungen wie ein Numerus clausus: Die Hürde ist das Studium und das Berufsumfeld“, beschreibt Bene Rösner vom Organisationsteam die frauenspezifischen Probleme in Technik und Naturwissenschaft. „Die Vernetzung ist die Chance, von Projekten zu erfahren oder auch einfach zu schauen, wie andere Frauen eine bestimmte Sache angehen.“ Eines der Themen könnten dann „männliche Strukturen“ in der Arbeitswelt sein: „Frauen möchten nicht als Einzelkämpferinnen arbeiten, können mit der extremen Leistungsorientierung nicht umgehen. Ihnen sind vor allem die Inhalte wichtig: Viele Frauen sind nicht bereit, an Gentechnik oder Atomenergie mitzuarbeiten“, so eine Teilnehmerin.

Badische Neueste Nachrichten vom 24./25.5.95 (links) und vom 29.5.95

Die Männerdomäne aufbrechen

In Karlsruhe diskutierten rund 550 Frauen über Naturwissenschaft und Technik ■ Von Andrea Melcher

Frauen brauchen auch heute noch ein hohes Maß an Selbstbewußtsein und Durchsetzungskraft, wenn sie sich in den Männerdomänen Naturwissenschaft und Technik behaupten wollen. Dies war ein Ergebnis des 21. Kongresses von Frauen in Naturwissenschaft und Technik, der gestern in Karlsruhe zu Ende ging. Vier Tage lang hatten sich über 550 Frauen aus dem gesamten Bundesgebiet mit den „Anwendungen von Naturwissenschaft und Technik", so einer der Schwerpunkte, kritisch auseinandergesetzt.

Themen waren unter anderem Umwelt-, Informations-, Bio- und Kommunikationstechnologien, ferner die Nutzung von Atomenergie und regenerative Energien, Technikfolgenabschätzung, Gentechnologie sowie deren Auswirkungen auf Frauen. Im Mittelpunkt stand dabei die Diskussion alternativer, feministischer Lösungsansätze in Verbindung mit einer grundlegenden Kritik an der „herrschenden" Lehre. Auf lebhaftes Interesse stießen die Thesen der US-amerikanischen Professorin für „Women's Studies", Londa Schiebinger von der Pennsylvania State University, die über den Einfluß von Frauen auf den wissenschaftlichen Prozeß referierte. Frauen brächten, so Schiebinger, die sich derzeit als Gast an der Göttinger Universität aufhält, eine neue Blickrichtung in die Wissenschaften ein.

Ein alternatives Wissenschaftsverständnis wurde auch in einem Vortrag über die Geschichte des Naturbegriffs entwickelt. Großen Raum nahm die gezielte Karriereplanung von Frauen ein. „Dies dokumentiert die neue Selbstverständlichkeit, mit der Frauen an ihrer Karriere arbeiten", erklärte Gabriele Blodau von der Vorbereitungsgruppe. Auf früheren Kongressen seien demgegenüber eher Themen wie „Frauenförderung" oder „Selbstbehauptung" behandelt worden. Erfreut zeigten sich die Organisatorinnen über die große Resonanz auf den Karlsruher Kongreß. Obwohl die Zahl der Teilnehmerinnen beim Gießener Kongreß im vergangenen Jahr auf 300 gegenüber 700 Interessentinnen im Jahr 1993 zurückgegangen war, konnten sie 1995 wieder einen deutlichen Anstieg verzeichnen. Dies zeigt, daß auch im achtzehnten Jahr seit Bestehen des Kongresses nach wie vor ein großes Bedürfnis nach Reflexion, Austausch und Diskussion von Frauen untereinander besteht.

„Der Kongreß ist in erster Linie dadurch geprägt, daß heute mehr Frauen in Naturwissenschaft und Technik tätig sind", beobachtete eine „Frau der ersten Stunde", die seit der Gründung des Kongresses – das war 1977 an der TU Aachen – die Entwicklung aufmerksam verfolgt. Die Veranstaltung sei, obwohl immer noch autonom organisiert, professioneller geworden im Hinblick auf Angebote, Inhalte und Rahmenprogramm. „Heute ist es einigermaßen selbstverständlich, daß Frauen selbst im traditionell männlich dominierten Maschinenbau vertreten sind, wenn auch deutlich unterrepräsentiert. In den 70er Jahren waren wir in diesem Fachbereich lediglich drei Frauen, wir wurden angestarrt wie fremde Wesen."

Frauen brauchen ein hohes Maß an Selbstbewußtsein und Durchsetzungskraft

Auch die Form der Diskriminierung von Frauen habe sich geändert. Sie sei subtiler, da heute selbst der größte Macho es kaum noch wage, sich offen frauenfeindlich zu gebärden. Viele Frauen fühlen sich fachlich akzeptiert, haben sie sich erst einmal etablieren können. „Allerdings müssen sich Frauen ständig neu beweisen, sobald sie ihr gewohntes Umfeld verlassen und eine neue Tätigkeit ausüben, sei es in der Industrie oder an der Hochschule. Es ist ein ewiger Anfängerinnenstatus", beklagte eine Frau, „außerdem wird kompetenten Frauen oftmals ihre Weiblichkeit abgesprochen."

Das Problem seien nach wie vor gesellschaftliche Vorurteile und die Benachteiligung vieler Frauen am Arbeitsplatz, wenn sie angemessen bezahlt werden oder in Führungspositionen aufsteigen wollen. Dies gelte auch für die deutschen Hochschulen, an denen der Professorinnenanteil lediglich fünf Prozent betrage. Die Frauenquote bei Habilitationen belaufe sich auf acht, bei Promotionen auf 25 Prozent.

„Alarmierend ist", so die Organisatorinnen, das Ergebnis einer Umfrage, bei der 1.300 Teilnehmerinnen früherer Kongresse zur Situation von Frauen in Naturwissenschaft und Technik befragt worden waren. „Besonders eklatant sind die Aussagen eines Großteils der befragten Studentinnen, berufstätigen und erwerbslosen Frauen, daß sie weder dieses Studi enfach noch einen Beruf auf diesem Gebiet noch einmal wählen würden", resümiert die Diplombiologin Renate Michel aus Karlsruhe. Sie hatte die Studie, die vom Ministerium für Familie, Frauen, Weiterbildung und Kunst in Baden-Württemberg finanziell unterstützt wird, zusammen mit den Sozialwissenschaftlerinnen Catrin Freyer und Karin Kleinn aus Freiburg erarbeitet. „Wir führen dies in erster Linie darauf zurück, daß Naturwissenschaftlerinnen wenig Chancen auf dem Arbeitsmarkt haben und häufig arbeitslos sind", so Renate Michel. Eine Dokumentation der Umfrage sowie der Kongreßbericht sollen im Oktober dieses Jahres erscheinen.

Positive Zukunftsaussichten entwerfen demgegenüber die Professorinnen Martha Samsel-Lerch und Cosima Schmauch von der Fachhochschule Karlsruhe: Aufgrund einer Überalterung der Professorenschaft vor allem in den Ingenieur- und Naturwissenschaften sowie in Mathematik werden an den deutschen Universitäten zwischen 1996 und dem Jahr 2005 rund 1.500 ProfessorInnenstellen frei. An den Fachhochschulen werden es sogar rund 4.000 Stellen in diesen Fachbereichen sein, die in den nächsten Jahren neu ausgeschrieben werden müssen. „Dadurch entstehen für qualifizierte Frauen vermehrt Chancen, berufen zu werden", unterstrich Samsel-Lerch ihren Optimismus. Attraktiv sei dies vor allem für Frauen, die Familie und Beruf vereinen wollen. „Frauen mit den entsprechenden Qualifikationen sollen sich unbedingt bewerben, damit die Zahl der Professorinnen endlich zunimmt."

taz vom 29.5.95

Frankfurter Rundschau vom 3.6.95

Wirkt das Vorurteil über Gehirn und Gebärfähigkeit immer noch?

Der Anteil der Frauen in Naturwissenschaft und Technik stagniert und sinkt teilweise sogar / Ein Kongreß in Karlsruhe

Von Gudrun Fischer

Warum treffen sich Naturwissenschaftlerinnen auf einem Kongreß, zu dem nur Frauen zugelassen sind? Längst geht es nicht mehr nur um Austausch und gegenseitige Unterstützung in der männlich geprägten Umgebung wie vor 19 Jahren, als der seither jährlich stattfindende „Kongreß von Frauen in Naturwissenschaft und Technik" mit diesem Hauptanliegen startete. Die Frage nach der Verantwortung auch weiblicher Forscher kam mit dem Blick auf Kriege und Umweltprobleme bald hinzu; in diesem Jahr waren die Folgen der Anwendung von Naturwissenschaft und Technik sowie die Beteiligung von Naturwissenschaftlerinnen an den Verbrechen der Nazis die Schwerpunktthemen des Treffens in Karlsruhe.

Eva Sassen, Redakteurin der *Koryphäe*, einer Zeitschrift für feministische Naturwissenschaft und Technik, erinnerte an die hochfliegenden Hoffnungen der Teilnehmerinnen der ersten Kongresse. Beispiel Informatik: In den 80er Jahren wurde das neue Studienfach etabliert, und Frauen stiegen gleich mit einem 25-Prozent-Anteil an den Studienplätzen in die zukunftsträchtige Disziplin ein. Inzwischen aber ist der Wert auf zehn Prozent gesunken, nicht viel mehr als in den „harten" Ingenieurfächern wie Physik oder Elektrotechnik. Eine Ausnahme macht die Biologie: Sie ist bei den Studentinnen so beliebt, daß sie inzwischen über 50 Prozent der Studienplätze belegen. Ansonsten kennzeichnen Stagnation und Rückschritt die Lage: Nur ein bis zwei Prozent der Professuren in den Naturwissenschaften, so Sassen, werden von Frauen besetzt (bei den Geisteswissenschaften sind es „immerhin" fünf Prozent) — nicht anders als vor 20 Jahren. Der Frauenanteil liegt allein im akademischen Mittelbau höher. An den Universitäten in der Ex-DDR gibt es heute viel weniger Stellen für Ingenieurinnen und Naturwissenschaftlerinnen als vor der Wende. Eine von fünf Beschäftigten wurde „abgewickelt".

Londa Schiebinger, Professorin für Geschichte der Naturwissenschaft aus den USA, erinnerte im zentralen Vortrag des Kongresses daran, daß die einzige Person, die je zwei Nobelpreise erhalten habe, die Chemikerin Marie Curie, trotzdem nie in die französische Akademie der Wissenschaft aufgenommen wurde. Erst in jüngerer Zeit sei erforscht geworden, wie viele Frauen trotz Widerständen sowie regelrechten Denk- und Arbeitsverboten neugierig auf die Vorgänge in der Natur waren, sagte die Wissenschaftlerin und Autorin mehrerer Bücher zum Thema. Diese „frühen Forscherinnen" veröffentlichten unter den Namen ihrer Männer, so die Astronomin Maria Winkelmann in Berlin zu Beginn des 19. Jahrhunderts. Oder sie verkleideten sich als Mann, um zu promovieren, wie im Jahr 1812 „Dr. Harry" an der Universität Edinburgh. Sie besuchten, protegiert von Professoren, Vorlesungen, wie Sonja Kowalewski, die 1883 33jährig nicht in Göttingen, wo sie ihren dreifachen Doktor gemacht hatte, sondern in Stockholm eine Professur für Mathematik fand. Die Intelligenz vieler Wissenschaftlerinnen, die selbstverständlich auch Kinder hatten, widerlege klar das Vorurteil, daß sich bei Frauen, die ihre Gehirne entwickelten, die Gebärfähigkeit zurückentwickelt.

Vorurteilsbelastet, „gendered", nannte Schiebinger die moderne Mikrobiologie. Bei Bakterien, die untereinander genetisches Material austauschen, von männlich oder weiblich zu sprechen, wenn diese Untersuchungsobjekte gleich aussehen und beide „Rollen" einnehmen können, sei überflüssig und wenig objektiv. Vorurteilsbeladene Forschung gebe es jedoch nicht nur bei Männern, sondern auch bei Frauen. Schiebinger warnte deswegen davor, nach einer „femininen" Naturwissenschaft zu suchen. Mit dem Wort „weiblich" sei schon zu viel frauenfeindliche Ideologie transportiert worden. Die Auswirkung von Naturwissenschaft und Technik auf die Gesellschaft sollten auch männliche Kollegen kritisch beurteilen.

Trotzdem gab es auf dem Karlsruher Kongreß natürlich auch einen feministischen wissenschaftskritischen Diskurs. Ein Schwerpunkt war auch hier die Genforschung. Beispiel: Obwohl die Suche nach einem „Homo-Gen", das die Erblichkeit von Homosexualität beweisen sollte, in der Wissenschaft inzwischen generell kritisch gesehen wird, sei das Schlagwort in der Öffentlichkeit weiter virulent, monierte Sabine Riewenherm, Mitarbeiterin des Berliner gen-ethischen Informationsdienstes. Sie argumentierte, die Suche nach genetischen Ursachen für Verhalten sei hauptsächlich vom Interesse der Pharmaindustrie geprägt, die neue Absatzmärkte suche, mit den Ängsten der Menschen vor angeborenen Defekten arbeite und auf die Ideologie einer glatten und „gesunden" Wirklichkeit setzt. Die Biologin monierte, die Forschung nach sogenannten Y-Faktoren — Genen, die auf dem Y-Chromosom liegen — sei rein anthropozentrisch. Im Tierreich lägen die Dinge oft ganz anders: Fische haben gar keine Y-Gene, bei Vögeln haben die Weibchen das Y, Männchen das X-Gen.

Einig waren sich die Kongreßteilnehmerinnen, daß die Gentechnologie in den nächsten Jahren ein extrem kompliziertes Arbeitsfeld in der Technikfolgeabschätzung (TA) sein wird. Gerade Frauen sollten sich mit dieser „Methode zur Politisierung von Wissenschaft" stärker befassen, forderten die Wissenschaftlerinnen Bärbel Epp und Johanna Wurbs, auch um von der bisherigen „Arbeitsteilung" wegzukommen, wonach Frauen negative Folgen von Wissenschaft und Technik zu beheben haben — Stichworte Aufräumarbeiten nach Kriegen, Müllsortierung, Suche nach unbelasteten Nahrungsmitteln. Reparaturarbeit sei nicht das Ziel von Feministinnen in den Naturwissenschaften. Sie müßten gesellschaftlich relevante Fragestellungen in die Natur- und Ingenieurwissenschaften hineintragen.

Londa Schiebinger griff dies in ihrem Schlußwort auf. Sie skizzierte folgende Aufgaben für Technikerinnen und Naturwissenschaftlerinnen: Sie sollen hinterfragen, welche politischen und militärischen Ziele hinter der Forschung stehen. Sie sollen sich mit den Strukturen, den Hierarchien und der Aufgabenteilung in den Naturwissenschaften auseinandersetzen. Und sie sollen die Auswahl der Gegenstände von Experimenten und die herrschenden Natur-Konzepte kritisieren. Kurz: Sie sollen andere Fragen stellen.

Adressen von Projekten, Initiativen, Verbänden und Vereinen

die sich auf dem Kongreß mit einem Veranstaltungsbeitrag
oder einem Info-Tisch vorstellten

- ⇨ Arbeitsgemeinschaft von Frauen im Bereich regenerative Energien
  c/o Petra Fischbach, Gunterstr. 6, D-70191 Stuttgart

- ⇨ Arbeitskreis feministische Naturwissenschaftsforschung und -kritik
  c/o Heike Wiesner, Buntentorsteinweg 268, D-28201 Bremen
  c/o Julia Lademann, Hastedter Osterdeich 210, D-28207 Bremen

- ⇨ deutscher ingenieurinnen bund e.V.
  Postfach 110 305, D-64218 Darmstadt

- ⇨ Frauenbrücke Ost-West
  Heinestr. 18, D-74889 Sinsheim

- ⇨ Frauenförderwerk Dresden e.V.
  An der Dreikönigskirche 5, D-01097 Dresden

- ⇨ Frauen in der Technik - FiT - e.V.
  Schloßgartenstr. 45, D-64289 Darmstadt

- ⇨ Frauenpunkt Courage e.V.
  Grevesmühlenerstr. 16, D-13059 Berlin

- ⇨ IG Wissenschaftlerinnen im Forschungszentrum Karlsruhe
  Postfach 3640, D-76021 Karlsruhe

- ⇨ Koryphäe - Medium für feministische Naturwissenschaft und Technik
  Cloppenburgerstr. 35, D-26135 Oldenburg

- ⇨ NUT Frauen in Naturwissenschaft und Technik e.V.
  Haus der Demokratie, Friedrichstr. 165, D-10117 Berlin

- ⇨ Ein Palast für Frauen e.V.
  Markgrafenstr. 40, D-76133 Karlsruhe

- ⇨ Pfiffigunde
  Hohenesch 70, D-22765 Hamburg

- ⇨ Projekt zur Verbesserung der Chancen
  von Frauen in den Ingenieurwissenschaften
  Raum 3209, Technikgebäude III/2, Kurt Wolters Str. 3, D-34125 Kassel

- ⇨ Verband Baden-Württembergischer Wissenschaftlerinnen (VBWW)
  Prof. Dr. Brigitte Frank, Maurenstr. 24, D-70599 Stuttgart

"Nach dem 20. Kongreß - Wie stellt sich die Situation von Frauen in Naturwissenschaft und Technik heute dar?"

Ergebnisse einer empirischen Untersuchung unter ehemaligen Kongreßteilnehmerinnen des Kongresses "Frauen in Naturwissenschaft und Technik"

Catrin Freyer M.A.
Karin Kleinn M.A.
Renate Michel Dipl.-Biol.

Die Untersuchung wurde vom Ministerium für Familie, Frauen, Weiterbildung und Kunst Baden-Württemberg finanziell gefördert.

Danksagung:

Wir danken dem Arbeitsamt Karlsruhe, das die Durchführung des Projektes im Rahmen einer AB-Maßnahme ermöglichte und dem Ministerium für Familie, Frauen, Weiterbildung und Kunst Baden-Württemberg für die finanzielle Unterstützung. Für ihre Mithilfe beim Versand der Fragebögen und bei der Dateneingabe danken wir Gabriele Blodau, Maria Rebel, Chris Buschhaus und Michael Heidenreich. Und ganz besonders möchten wir allen früheren Kongreßteilnehmerinnen danken, die sich die Mühe gemacht haben, den Fragebogen zu beantworten.

Inhalt

1. Problemstellung

Zweierlei Überlegungen gaben den Anstoß für die vorliegende Untersuchung zur aktuellen Situation der Teilnehmerinnen des "Kongresses von Frauen in Naturwissenschaft und Technik": erstens die besondere, durch Unterrepräsentanz gekennzeichnete Situation von Frauen in den Bereichen Naturwissenschaft und Technik sowie die nach wie vor - insbesondere für hochqualifizierte Frauen - schlechte Arbeitsmarktlage in diesen Bereichen. Von besonderem Interesse ist hierbei die subjektiv erlebte Studien- und Arbeitsrealität der Frauen, die je nach Fachbereich bzw. beruflicher Stellung stark variieren kann.

Der zweite Anlaß sind die Erfahrungen der Organisatorinnen des Kongresses in Gießen 1994, die sehr ernüchternd waren: nachdem der 19. Kongreß in Berlin 1993 ca. 700 Teilnehmerinnen zu verzeichnen hatte, erlitt der Kongreß in Gießen einen Einbruch in der Teilnehmerinnenzahl: nur 300 Frauen nahmen an diesem Kongreß teil. Dies war mit ein Grund, eine umfangreiche Befragung der Teilnehmerinnen in bezug auf ihre Motivation, Erwartungen und Kritikpunkte am Kongreß durchzuführen, um so Handlungsanleitungen und Ideen zur Weiterentwicklung der folgenden Kongresse zu bekommen.[1)]

1.1 Wirtschaftliche Situation und Perspektiven

Die Bereiche Naturwissenschaft und Technik sind nach wie vor durch Unterrepräsentanz von Frauen gekennzeichnet, das hat sich - so Kira Stein und Janitha Molvaer in einer vergleichenden Untersuchung zum Berufsbild und zur Berufsmotivation von zukünftigen Ingenieurinnen und Ingenieuren (Molvaer/Stein 1994) - seit der Gründung des Kongresses 1977 nicht grundlegend verändert.

Auch die vielfältigen Programme zur Förderung von Mädchen und Frauen in gewerblich-technischen Berufen, spezielle Bildungsangebote für Frauen im Bereich EDV oder die Modellprojekte zur Förderung von Frauen in naturwissenschaftlichen und technischen Studiengängen konnten den Frauenanteil in diesen Bereichen nicht erhöhen (vgl. Diegelmann 1994; Roloff 1993, S. 47f): So beträgt der durchschnittliche Studentinnenanteil der Jahre 1980-1988 z.B. in den Studienfächern Bauingenieurwesen 11.6%, Bergbau 6.2%, Elektrotechnik 2.7%, Maschinenbau 5.5%, Informatik 14.9%, Chemie 29% und Physik 9.6%. Davon schlagen nur wenige Frauen die wissenschaftliche Laufbahn ein: der Frauenanteil an Promotionen (Habilitationen) beträgt für den o.g. Zeitraum in den Fächern Bauingenieurwesen 1.5% (.0%), Bergbau 4.8% (.0%), Elektrotechnik 0.8% (.0%), Maschinenbau 2.1% (.0%), Informatik 6.3% (4.1%), Chemie 15.7% (3.5%) und Physik 4.8% (1.3%) (vgl. Wermuth 1992, S. 109). Auch auf dem Arbeitsmarkt spiegelt sich die Marginalität von Frauen in diesen Bereichen wider: nach Angaben der Bundesanstalt für Arbeit (BfA) betrug z.B. der Frauenanteil bei den sozialversicherungspflichtig beschäftigten MaschinenbauingieurInnen nur 1.7%, lag aber bei den arbeitslosen mit 8.2% fünfmal höher (vgl. Molvaer/Stein 1994, S. 34).

Diese Zahlen verdeutlichen, daß die Arbeitsmarktlage für Frauen in Naturwissenschaft und Technik nach wie vor schlecht ist. Seit der Wiedervereinigung hat sich die Situation - besonders in den neuen Bundesländern - noch verschärft. Dort hat eine

Angleichung der Situation an die alten Bundesländer stattgefunden: so sank z.B. der Frauenanteil im Maschinenbaustudium an der TU Dresden von 30% 1987 auf 9% 1993, ausgebildete Ingenieurinnen sind zu hohen Prozentsätzen arbeitslos und werden bevorzugt für geringer qualifizierte Berufe im kaufmännischen und sozialen Bereich umgeschult (vgl. Molvaer/Stein 1994, S. 13ff; Roloff 1993, S. 47ff). Auf diese Entwicklung verweisen auch die Ergebnisse einer 1992 durchgeführten Untersuchung des Hochschul-Informations-Systems (HIS) zur beruflichen Integration von Ingenieuren und Ingenieurinnen (Minks/Bathke 1993): während knapp drei Viertel der Männer als beruflich integriert betrachtet werden, sind es bei den Frauen deutlich weniger als die Hälfte. Alle anderen, so das Resultat, "sind entweder in unterqualifizierten Tätigkeiten, in beruflich wenig perspektivreicher Kurzarbeit, in Umschulung oder arbeitslos".

Die skizzierte Entwicklung korrespondiert mit der zum Teil schwierigen bzw. benachteiligenden Situation von Frauen, die entweder Studentinnen sind oder als Berufstätige in Hochschule bzw. Industrie in naturwissenschaftlichen bzw. technischen Bereichen tätig sind - mithin also in eine Männerdomäne eingedrungen sind. Auch heute noch erfahren Studentinnen (subtile) Benachteiligungen, werden von Dozenten bzw. Kommilitonen nicht ernst genommen oder müssen ein hohes Maß an Durchsetzungskraft und Selbstbewußtsein haben, um sich in ihrem Studienfach durchzusetzen (Vollrath 1988; Bargel u.a. 1989; Krüger 1989; Freyer 1993). Diese Erfahrungen machen auch berufstätige Frauen (Janshen/Rudolph 1987; Stein 1992; Huber 1994; Kühn 1995), darüber hinaus verdienen sie weniger als ihre Kollegen bzw. haben in der Regel seltener Führungspositionen inne; und auch wenn sie promoviert sind, wird häufig nichtpromovierten Männern der Vorrang gegeben (Stein 1992).

Angesichts dieser Entwicklungen wurde im vorliegenden Forschungsvorhaben

- die aktuelle Studien- und Berufssituation von Naturwissenschaftlerinnen und Technikerinnen beleuchtet, wobei das subjektive Erleben dieser Frauen im Vordergrund stand, und
- der Frage nachgegangen, ob bzw. inwieweit die Teilnehmerinnen den Rückzug in die Privatsphäre antreten und berufliche Arbeits- und Zukunftsperspektiven zugunsten einer Familienorientierung aufgeben.

Exkurs: Zur Diskussion möglicher Ursachen der geringen Beteiligung von Frauen in Naturwissenschaft und Technik

Innerhalb der Frauenforschung gibt es zur Zeit drei Ansätze, die die geringe Beteiligung von Frauen in Naturwissenschaft und Technik zu erklären versuchen. Erstens die *Defizit- bzw. Distanzperspektive* (zur Kritik daran: vgl. Metz-Göckel 1990), zweitens die Annahme *geschlechtsspezifischer Zugangs- und Umgangsweisen* (vgl. Schiersmann 1987, zur Kritik daran: z.B. Engler 1994, S. 59-70), denen drittens die *Latenzhypothese bzw. Kompetenzthese* (Metz-Göckel 1990; Roloff 1993) gegenüber steht.

Die vorliegende Untersuchung stützt sich auf die Annahme der Latenz- und Kompetenzthese von technischen Fähigkeiten bei Frauen, die besagt, daß "Frauen wie

Männer sich Wissen und Bildung nur im Rahmen von strukturellen Vorgaben aneignen können" (Metz-Göckel 1990, S. 143). Das heißt nicht eventuelle Defizite, Distanzen von Frauen zu oder ihre möglicherweise anderen Umgangsweisen mit Naturwissenschaft und Technik sind ursächlich für ihre Marginalität in diesen Bereichen, sondern deren Ursachen sind vielmehr in dem komplexen sozialen Prozeß zu suchen, in dem "die Ausprägung und Reproduktion geschlechtstypischer Relevanzen, Fachvorlieben und Entscheidungen geschieht", da hier "das Geschlechterverhältnis und weitere strukturelle Rahmenbedingungen und Vorgaben in wechselnden Kontexten und Konstellationen subjektiv aufgenommen und verarbeitet werden" (Roloff 1993, S. 58).

1.2 20 Kongresse "Frauen in Naturwissenschaft und Technik"

Es erschien sinnvoll und notwendig, nach 18-jährigem Bestehen[2)] des Kongresses "Frauen in Naturwissenschaft und Technik" und damit einhergehender aktiver feministischer Arbeit und der aber weiterhin bestehenden Marginalität von Frauen in diesen Bereichen Resümee zu ziehen. Zeit also, die Teilnehmerinnen selbst zu Wort kommen zu lassen, nach ihren Motiven zur Teilnahme, ihren Erwartungen an den Kongreß und nach ihrer Kritik daran zu fragen.
Von besonderem Interesse war hierbei,

- ob bzw. inwieweit die bisher von den Organisatorinnen formulierten Ziele des Kongresses - z.B. Stärkung der Frauen in ihrer Studien- und Arbeitssituation, Schaffen und Weiterentwickeln fachspezifischer und interdisziplinärer Netzwerke, Impulse zu geben für die Entwicklung neuer Projekte - auch tatsächlich von den Teilnehmerinnen selbst eingelöst werden können, und
- ob bzw. inwieweit der Anspruch des Kongresses, nämlich "Strategien zur Veränderung der Unterrepräsentanz von Frauen in Naturwissenschaft und Technik zu entwickeln" in der konkreten Arbeit der Naturwissenschaftlerinnen, Technikerinnen, Studentinnen etc. umgesetzt werden konnte, und damit auch eine gewisse Breitenwirkung erzielt wurde, oder
- ob bzw. inwieweit der Kongreß nicht vielmehr den Charakter einer alljährlich stattfindenden Diskussionsrunde hat, ohne wirklich konkrete Handlungsanleitungen und -konsequenzen für die alltägliche Arbeitssituation und für den Bereich Naturwissenschaft und Technik im Gesamten entwickelt zu haben.

Angesichts der Interessenvertretungen und Projekte, die durch den Kongreß ins Leben gerufen wurden - z.B. der Deutsche Ingenieurinnenbund (dib), Frauen in Naturwissenschaft und Technik (NUT e.V.) oder die Gründung der Energiegenossinnenschaft Windfang - scheint die Vernetzung von Frauen und die Entwicklung von alternativen Projekten in diesen Bereichen ein gutes Stück voran gekommen zu sein. Dennoch muß danach gefragt werden, wie sich die Situation der Frauen gestaltet, die z.B. als Physikerinnen in einer Forschungseinrichtung arbeiten oder als Informatikerinnen an der Universität lehren: inwieweit bekommen sie durch den Besuch des Kongresses Anregungen und Ideen für Ihre Arbeit, inwieweit können diese Frauen ihr kritisches Potential in ihrem Arbeitsalltag umsetzen? Welche gesellschaftliche Relevanz hat ihrer Ansicht nach ein Kongreß mit dem Namen "Frauen in Naturwissenschaft und Technik"?

2. Hypothesen und Fragestellungen

Gemäß den zwei Ausgangsüberlegungen teilte sich die empirische Untersuchung in zwei Bereiche: ein Bereich untersuchte die aktuelle Studien- und Arbeitssituation sowie die Berufs- und Arbeitsperspektiven der Teilnehmerinnen. Der zweite Untersuchungsbereich befaßte sich mit den Erwartungen an den Kongreß, den Motiven zur Teilnahme und der Kritik am Kongreß.

Handlungsleitend waren folgende Hypothesen:

Momentane Situation von Frauen in Naturwissenschaft und Technik

1. Angesichts der derzeitigen eher schlechten ökonomischen und sozialen Lage ziehen sich auch hochqualifizierte Frauen vermehrt vom beruflichen Feld in die Privatsphäre zurück.
2. Wir nehmen an, daß diese Entscheidung jedoch nur eine scheinbar freiwillige ist: eher lassen äußere Faktoren, wie der geschlechtsspezifische Arbeitsmarkt oder mangelnde flexible Unterbringungsmöglichkeiten für Kinder, den Frauen oft keine andere Wahl.

Konsequenzen aus der Teilnahme am Kongreß
"*Frauen in Naturwissenschaft und Technik*"

3. Frauen, die in Naturwissenschaft und Technik studieren bzw. arbeiten, werden durch die Teilnahme am Kongreß bestärkt, in diesen Bereichen weiter zu arbeiten, nach Gestaltungsmöglichkeiten in ihrem Fach zu suchen bzw. die Fachinhalte kritisch zu hinterfragen.
4. Die Umsetzung von Kritik an Naturwissenschaft und Technik in den konkreten Studien- und Arbeitsalltag ist den Teilnehmerinnen jedoch nur eingeschränkt möglich.

Insofern waren folgende Fragen von Interesse:

- In welchen Bereichen arbeiten die Teilnehmerinnen?
- Sind sie eher fachspezifisch oder eher fachfremd tätig?
- Wie wird der Frauenanteil in den Arbeitsbereichen bzw. Studiengängen eingeschätzt?
- Inwieweit möchten die Frauen mehr Kontakt zu anderen Frauen und Männern aus der eigenen Disziplin bzw. aus anderen Disziplinen haben?
- Wie erleben Sie ihren Studien- und Berufsalltag?
- Inwieweit herrscht hier nach Ansicht der Frauen ein Klima der (subtilen) Benachteiligung?
- Welche Berufs- und Arbeitsperspektiven haben sie?
- Wie oft haben die Frauen schon am Kongreß teilgenommen?
- Was sind die Gründe für die Teilnahme am Kongreß?
- Welche Erwartungen haben sie an einen Kongreß, der sich mit Frauen in Naturwissenschaft und Technik auseinandersetzt?
- Welche Aspekte des Kongresses werden von den Frauen positiv beurteilt? Welche Kritikpunkte haben sie?

3. Durchführung der empirischen Untersuchung

3.1 Wahl der Stichprobe

Im Sinne einer Vollerhebung wurden alle Teilnehmerinnen des Kongresses postalisch befragt, die sich in der Kartei der Vorbereitungsgruppe für den 21. Kongreß in Karlsruhe befanden. Die Stichprobe war äußerst heterogen und stellte daher besondere Anforderungen an das Untersuchungsdesign. So sind die Teilnehmerinnen Studentinnen, erwerbslose und berufstätige Frauen in den Bereichen Hochschule, Dienstleistung, Industrie und Handwerk, gleichzeitig sind sie in unterschiedlichen Bereichen von Naturwissenschaft und Technik tätig. Für die Konzeption des Fragebogens und für die Entwicklung der einzelnen Fragen bedeutete dies, daß die Antwortvorgaben so allgemein gehalten werden mußten, daß sie von allen Untersuchungsteilnehmerinnen auch beantwortet werden konnten. Das heißt, daß die spezifische Situation, die spezifischen Gestaltungsmöglichkeiten, die spezifische inhaltliche Kritik nicht für jeden einzelnen Fachbereich abgefragt werden konnte, vielmehr können nur Tendenzen aufgezeigt werden, die sich z.B. mit den Begriffen "sozialorientiert", "ökologieorientiert" etc. umschreiben lassen.

3.2 Wahl der Untersuchungsmethode

Um der beschriebenen Heterogenität der Stichprobe gerecht zu werden und angesichts des engen zeitlichen Spielraums wurde ein standardisierter Fragebogen entwickelt, der an die Teilnehmerinnen verschickt wurde. Standardisierte Erhebungsinstrumente, so die feministische Kritik an den Methoden sozialwissenschaftlicher Forschung, täusche Objektivität nur vor, denn die Antwortvorgaben seien mitnichten frei von der Subjektivität der forschenden Person, und zudem ließe dieses Instrument den eigentlich Betroffenen keinen Freiraum zur Artikulation ihrer Sicht der Welt. Vor diesem Hintergrund wurde dennoch an der Idee einer quantitativen Erhebung festgehalten, und dies aus zwei Gründen:

- angesichts der knapp bemessenen Ressourcen (zeitlich wie finanziell) war es uns nicht möglich, diese Studie qualitativ anzugehen, dafür müßten mehrere Jahre veranschlagt werden;
- mit Hilfe der standardisierten postalischen Befragung war es uns möglich, alle in der Kartei aufgenommenen Frauen zu befragen.

Zusätzlich wurden durch Gespräche mit Naturwissenschaftlerinnen und in einer Voruntersuchung, die Anfang Februar 1995 stattfand, die Fragen und Antwortvorgaben einer eingehenden Prüfung unterzogen; eventuellen Einseitigkeiten, die aus der Beobachterinnenperspektive der Forscherinnen hätten entstehen können, wurde so vorgebeugt.

3.3 Konzeption des standardisierten Fragebogens

Der Heterogenität der Stichprobe gemäß sind im Fragebogen die Fragen zur Studien- und Arbeitssituation für die Untersuchungsgruppen Studentinnen, berufstätige Frauen und erwerbslose Frauen spezifiziert. Die Fragen zur Schulbildung bzw. beruflichen Ausbildung, die soziodemographischen Fragen, die Fragen zum Kongreß sowie

Fragen zur Zukunft sind dagegen vergleichend konzipiert, das heißt sie konnten von allen drei Untersuchungsgruppen beantwortet werden.
Demzufolge gliedert sich der Fragebogen in folgende Bereiche:

- Soziodemographische Daten
- Schulbildung und berufliche Ausbildung
- Studien- und Arbeitssituation[3)]
- Zukunftsperspektiven
- Kongreßfragen

3.4 Durchführung der Voruntersuchung

Um den Fragebogen auf seine Validität (Gültigkeit) und Reabilität (Zuverlässigkeit) hin zu überprüfen (vgl. Friedrichs 1985, S. 153ff) wurden im Februar 1995 50 Teilnehmerinnen per Zufallsverfahren aus der Stichprobe ausgewählt und angeschrieben, in der die drei Untersuchungsgruppen (Studentinnen, Erwerbstätige und Frauen, die zur Zeit kein eigenes Einkommen aus Erwerbstätigkeit haben) enthalten waren. In einem Begleitschreiben wurde den Teilnehmerinnen die Funktion der Voruntersuchung (Pretest) erläutert und sie darin ausdrücklich aufgefordert, eventuelle Unklarheiten, Bemerkungen, Kommentare etc. zum Fragebogen zu notieren. Insgesamt schickten 70% der Frauen (N=35) den Fragebogen zurück.

Zusätzlich wurde der Fragebogen mit einem Mitarbeiter des "Zentrums für Umfragen, Methoden und Analysen" (ZUMA) in Mannheim in einem ExpertInnengespräch diskutiert. Aufgrund der Ergebnisse des Pretests und des Beratungsgespräches wurden einzelne Bereiche des Fragebogens modifiziert.

3.5 Durchführung der Hauptuntersuchung

Die Hauptuntersuchung wurde im März/April 1995 durchgeführt und umfaßte die postalische Befragung aller ehemaligen Teilnehmerinnen, die sich in der Adressenkartei der Vorbereitungsgruppe des 21. Kongresses in Karlsruhe befanden, mit Ausnahme derer, die für den Pretest ausgewählt worden waren. Ca. zwei Wochen nach dem Versand der Fragebögen wurde ein Mahnschreiben verschickt, in dem die Teilnehmerinnen nochmals gebeten wurden, an der Untersuchung teilzunehmen. Insgesamt wurden für die Hauptuntersuchung 1270 Frauen angeschrieben und gebeten, den Fragebogen auszufüllen. Bedingt durch Adressenänderung waren 126 Fragebögen nicht zustellbar und wurden an die Kongreßorganisatorinnen zurückgesandt, so daß letztlich 1144 Fragebögen die ehemaligen Kongreßteilnehmerinnen erreichten. Von diesen Fragebögen wurden 621 ausgefüllt zurückgesandt, somit beläuft sich der Rücklauf auf 54%.

Nicht alle der ausgefüllten Fragebögen wurden in die Auswertungen, deren Ergebnisse im folgenden dargestellt werden, einbezogen. Ausgeschlossen wurden insgesamt 19 Fragebögen. Im einzelnen handelt es sich um Fragebögen, die von Frauen ausgefüllt wurden, die noch nie am Kongreß teilgenommen hatten (denn unsere Zielgruppe sind die ehemaligen Kongreßteilnehmerinnen), sowie einige Fragebögen, in denen ganze Fragenbereiche nicht ausgefüllt worden waren. Die folgenden Darstellungen beziehen sich also auf eine Stichprobe von 602 Frauen.

4. Darstellung und Diskussion der Ergebnisse

4.1 Stichprobenbeschreibung

602 Frauen zwischen 21 und 60 Jahren wurden in die Untersuchung einbezogen, wobei das Durchschnittsalter bei 32 Jahren liegt. Mehr als die Hälfte der Frauen (55%) ist bis zu 31 Jahren alt. Daß die Teilnehmerinnen sehr jung sind, resultiert sicher daraus, daß recht viele Studentinnen an dem Kongreß teilnehmen: 36% der Befragten sind Studentinnen; die größte Gruppe in der Stichprobe sind die Erwerbstätigen mit 53%, und 11% der Frauen sind erwerbslos.4)

Das Bildungsniveau der Kongreßteilnehmerinnen ist hoch: 98% der Frauen haben Fachhochschul- oder allgemeine Hochschulreife. Von den acht Frauen, die keine Hochschulreife haben, sind fünf Frauen auf anderen Wegen zum Hochschulstudium gekommen. 95% der Erwerbstätigen und Erwerbslosen haben ein Hochschulstudium abgeschlossen.5) Auch unter den Studentinnen sind relativ viele zu finden, die schon ein Studium abgeschlossen haben: 25%. Gut die Hälfte (52%) dieser Studentinnen ist dabei zu promovieren, andere hingegen studieren ein weiteres Fach; beides kann für manche Frauen eine Ausweichmöglichkeit sein, da sie auf dem Arbeitsmarkt in ihrem Fach keine Chancen sehen. (Letzteres wurde durch Kommentare zum Fragebogen ausgedrückt, zahlenmäßig können wir das nicht belegen.) Nur 5% der Frauen haben nicht an einer Fachhochschule oder Universität studiert. Leider läßt sich nur über wenige dieser Frauen sagen, welche Berufsausbildung sie haben, da bei vielen genau diese Angaben fehlen.

Nicht-Akademikerinnen sind, wie die Zahlen zeigen, sehr schwach auf dem Kongreß vertreten. Inwieweit dies von den Kongreßteilnehmerinnen und -organisatorinnen gewünscht ist, und welche Auswirkungen dies auf den Charakter des Kongresses hat, wird noch zu diskutieren sein (vgl. Kap. 4.5 und 5). Die "typische" Kongreßteilnehmerin also hat Abitur und studiert bzw. hat einen Hochschulabschluß.

94% der Teilnehmerinnen reisen aus Deutschland zum Kongreß an, die übrigen Frauen hauptsächlich aus Österreich und der Schweiz. Die Beteiligung der Frauen aus den neuen Bundesländern ist noch relativ gering: nur 21 Frauen kommen von dort, das sind 3,6%. Von vielen wird diese geringe Beteiligung bedauert. Frauen aus den neuen Ländern haben zum Teil ganz andere Erfahrungen gemacht als ihre Kolleginnen aus der alten Bundesrepublik: Zum einen war der Frauenanteil in Naturwissenschaft und Technik zu DDR-Zeiten wesentlich höher als in der alten BRD (und auch als jetzt), zum anderen sind die Frauen im Osten derzeit von der Arbeitslosigkeit stärker betroffen. Trotz aller Unterschiede bestehen auch viele Gemeinsamkeiten zwischen Ost- und Westfrauen. Ein Austausch über diese gemeinsamen und unterschiedlichen Erfahrungen wäre eine Bereicherung für den Kongreß. Über Ursachen der geringen Beteiligung und mögliche Vorgehensweisen ihrer Änderung wird - ebenfalls im abschließenden Kapitel (Kap. 5) - diskutiert werden.

18% der befragten Frauen waren zum Zeitpunkt der Befragung Mütter bzw. wurden in den nächsten Monaten Mutter. Die meisten, nämlich 61% der Mütter, haben nur ein Kind, 30% haben zwei Kinder und 8% haben 3 Kinder. 23 Frauen, das sind 22% der Mütter, sind alleinerziehend.

Nicht alle Frauen, die an den Kongressen teilnehmen, sind Naturwissenschaftlerinnen oder Technikerinnen. Auch einige Sozial- und Geisteswissenschaftlerinnen beteiligen sich an den Kongressen. Sie beschäftigen sich mit den Ursachen, Voraussetzungen und Implikationen der Unterrepräsentanz von Frauen in Naturwissenschaft und Technik sowie mit deren Auswirkungen auf die Frauen und auf Wissenschaft, Forschung und Entwicklung. An unserer Untersuchung haben insgesamt 31 Sozialwissenschaftlerinnen (5% aller Frauen) teilgenommen, die weitaus meisten (94%) sind im Bereich Naturwissenschaft und Technik zu finden; zehn Frauen ließen sich (aufgrund mangelhafter Angaben) weder dem einen noch dem anderen Bereich zuordnen. Im folgenden werden die Sozialwissenschaftlerinnen nur dort in die Auswertungen einbezogen, wo es sinnvoll ist. Das ist bei den Fragen nach dem Kongreß der Fall. Fragen zur Studien- bzw. Arbeitssituation bzw. zur Situation der erwerbslosen Frauen werden hingegen nur für die Naturwissenschaftlerinnen und Technikerinnen betrachtet, da uns deren spezifische Situation interessiert.

Wir wollten - in geringem Umfang - auch der Frage nachgehen, welchen Zugang die Frauen aufgrund ihres Elternhauses zum Bereich Naturwissenschaft und Technik haben. Hierbei können wir auf keinen Fall den Anspruch einer umfassenden Untersuchung erheben; eine solche hätte den Rahmen unseres Fragebogens gesprengt. Uns ging es vielmehr darum, uns neben den vielen anderen Aspekten vor allem darüber Aufschluß zu verschaffen, wie selbstverständlich der Zugang zu den Naturwissenschaften für die Frauen war bzw. ist; und dementsprechend auch, wie selbstverständlich die Frauen sich im Bereich Naturwissenschaft und Technik "bewegen". Das bedeutet genauer: wir gehen davon aus, daß Frauen, die mit Naturwissenschaft und Technik durch die Berufstätigkeit der Eltern schon von Kindesbeinen an in Berührung kamen, es viel eher als selbstverständlich ansehen, auch selbst in diesem Bereich tätig zu sein, sich dementsprechend sicherer darin bewegen und eventuell auch zufriedener und erfolgreicher in ihrem Studium, in ihrem Beruf, ihrem Bemühen um Arbeit etc. sind. Dies könnte vor allem für die Frauen zutreffen, deren Mütter schon in Naturwissenschaft und Technik (NuT) tätig waren bzw. sind.

Auch in der Literatur wird auf diese Zusammenhänge hingewiesen: Betz und Fitzgerald[6)] faßten mehrere Forschungsarbeiten zum Zusammenhang zwischen sozialökonomischem Status von Familien und Karriere der Kinder zusammen. Sie stellten fest, daß Frauen in nichttraditionellen Berufen eher Akademiker als Väter haben; ebenso zeigte sich, daß die Eltern dieser Frauen im Vergleich zu ihren männlichen Kollegen eine höhere Ausbildung haben.

Unsere Stichprobe umfaßt ausschließlich Frauen in naturwissenschaftlichen und technischen Berufen bzw. Studiengängen. Daher können wir keine Vergleiche mit Männern in den gleichen Berufssparten oder mit Frauen in anderen Berufen oder Studiengängen anstellen. Soviel können wir jedoch sagen: 48% der Frauen haben Väter mit Hochschulabschluß, jedoch nur 22% der Frauen haben Mütter mit Hochschulabschluß. Umgekehrt haben nur 5% der Väter keine Ausbildung, jedoch 24% der Mütter. In Tabelle 1 sind die Berufsabschlüsse der Eltern aufgeführt:

Tabelle 1: Berufsausbildung der Eltern

	Mutter	Vater
keinen Berufsabschluß	24.3%	5.3%
Lehre	50.8%	34.2%
MeisterIn/TechnikerIn	2.9%	12.6%
Fachhochschule	7.9%	20.8%
Hochschule	14.1%	27.1%

Damit haben die Eltern der von uns befragten Frauen eher höhere Berufsabschlüsse als der Bundesdurchschnitt. Nach dem HIS Länder-Ergebnisspiegel (1994) hatten im Sommersemester 1991 15% aller StudentInnen Mütter mit (Fach-)Hochschulabschluß, und 32% hatten Väter mit (Fach-)Hochschulabschluß.[7)]

Beim Vergleich mit unserer Stichprobe muß berücksichtigt werden, daß die HIS-Studie sich nur auf StudentInnen bezieht. In unserer Stichprobe haben knapp zwei Drittel ihr Studium schon abgeschlossen. Betrachten wir jedoch nur die Studentinnen unserer Stichprobe, ergibt sich eine noch größere Differenz zu den Daten der HIS-Erhebung: 26% der Studentinnen haben Mütter und 57% haben Väter mit Hochschul- oder Fachhochschulabschluß. Es scheint, daß die von uns befragten Frauen überdurchschnittlich häufig aus AkademikerInnenfamilien stammen.[8)]

Von den Müttern der Frauen unserer Stichprobe, die einen Fachhochschul- oder Universitätsabschluß haben, haben nur 30% Fächer aus dem Bereich Naturwissenschaft und Technik studiert. Bei den Vätern dagegen sind es 56% derer, die ein Studium absolviert haben, die naturwissenschaftliche oder technische Fächer wählten. Hierzu liegen uns leider keine Vergleichszahlen zur Situation an deutschen Hochschulen insgesamt vor.

Wie in Deutschland erstmals Metz-Göckel (1988) berichtete, sind Frauen, die längere Zeit oder ausschließlich eine Mädchenschule besucht haben, überproportional unter den Studienanfängerinnen in naturwissenschaftlichen Fächern vertreten. Durch ihren Artikel wurde in Deutschland die neuerliche Koedukationsdiskussion ausgelöst. (In den USA gab es sie schon länger.) Es scheint, daß koedukative Schulerziehung dazu beiträgt, Geschlechterdifferenzen auszubilden oder zumindest aufrecht zu erhalten. Wir vermuteten, daß auch unter den von uns befragten Frauen der Anteil an ehemaligen Mädchenschülerinnen überdurchschnittlich hoch ist. Daher stellten wir die Frage, ob die Frauen eine Mädchenschule besucht haben. 21% der von uns befragten Frauen haben eine Mädchenschule besucht. Dieser Anteil scheint zunächst recht hoch, doch ist es sinnvoll, hier nach Altersgruppen zu unterscheiden, da sich erst in den 70er Jahren die Koedukation in allen Bundesländern als Regelschule etabliert hat (vgl. Brehmer 1987). Es gelangten also erst die Frauen, die ab ca. 1970 auf die weiterführende Schule wechselten, fast selbstverständlich auf eine koedukative Schule. Daher betrachteten wir die Frauen, die ab 1960 geboren sind, getrennt. Die Zahlen zeigen, daß unter den Frauen, die vor 1960 geboren sind, ein deutlich höherer Anteil eine Mädchenschule besucht hat: 46%. Auch die Korrelation zeigt einen Zusammenhang zwischen dem Alter und dem Besuch einer Mädchenschule.

Bilden wir nicht nur zwei Gruppen, sondern teilen die Frauen in Altersgruppen von je fünf Jahren ein, läßt sich eine deutliche Entwicklung erkennen: Der Anteil der Frauen, die eine Mädchenschule besucht haben, ist mit 49% am höchsten unter den 36-40jährigen, je jünger die Frauen sind, desto geringer wird der Anteil der Mädchenschülerinnen; der Anteil sinkt bis auf 10% unter den 21-25jährigen. Damit ist der Anteil der Naturwissenschaftlerinnen, die eine Mädchenschule besucht haben, höher als der Anteil der Absolventinnen von Mädchenschulen an Abiturientinnen insgesamt. Hier entsprechen unsere Daten den Ergebnissen aus der Literatur (Metz-Göckel 1988).

4.2 Zur Studien- und Arbeitssituation der Kongreßteilnehmerinnen

Intention der vorliegenden empirischen Untersuchung war unter anderem, mehr über die subjektiv erlebte Studien- bzw. Berufsrealität der Kongreßteilnehmerinnen zu erfahren. Im Vordergrund standen dabei Fragen zum studentischen und beruflichen Alltag, aber auch Fragen danach, inwieweit die Frauen in ihren beruflichen Plänen und Ambitionen von ihrer Familie, ihren FreundInnen etc. unterstützt werden, und inwieweit sie sich - da in überwiegend männerdominierten Bereichen tätig - vereinzelt fühlen. Wir fragten danach, wie häufig sie Kontakt zu anderen Frauen und auch Männern haben, und ob sie diese Kontakte weiter ausbauen möchten. Den Frauen, die zur Zeit ohne eigenes Einkommen sind, wurden spezifische Fragen bezüglich ihrer Situation als Erwerbslose gestellt. Hier interessierte insbesondere, inwieweit die Frauen Unterstützung durch das Arbeitsamt erfahren haben. Im folgenden werden die drei Untersuchungsgruppen - Erwerbstätige, Studentinnen und zur Zeit erwerbslose Frauen - im einzelnen beschrieben.

4.2.1 Erwerbstätige Frauen

Obwohl der Frauenanteil an den erwerbstätigen Personen im Bundesgebiet bei 41,5% liegt,9) ist der Anteil der erwerbstätigen, insbesondere hochqualifizierten Frauen in den Bereichen Naturwissenschaft und Technik nach wie vor gering. 1993 lag z.B. der Frauenanteil in den Ingenieurberufen bei 7% (1973 lag er noch bei 1,3%), jedoch ist er nach Fachrichtung unterschiedlich hoch: in den Bereichen Maschinen- und Fahrzeugbau, Elektroingenieurwesen und Bergbau-, Hütten und Gießereiwesen liegt der Frauenanteil jeweils unter 4%, wohingegen die Bereiche Architektur, Bauingenieurwesen und Vermessungswesen einen überdurchschnittlichen Frauenanteil zu verzeichnen haben (MatAB 3/1995).

Die Unterrepräsentanz von Frauen zeigt sich dabei umso deutlicher, je höher die berufliche Position ist. Diesbezügliche Angaben sind zwar recht unterschiedlich, die Aussage aber, daß Frauen in Führungspositionen eine verschwindende Minderheit darstellen, bleibt bestehen. So waren laut dem Magazin Wirtschaftswoche Mitte der 80er Jahre Frauen mit nur 2% unter den leitenden Angestellten vertreten, und gemäß einer Untersuchung der Zeitschrift Capital waren es 1991 5%. Der öffentliche Dienst hatte 1988 auf der Leitungsebene der obersten Bundesbehörden einen Frauenanteil von 3,6% zu verzeichnen, ähnlich gelagert ist die Situation in den Gewerkschaften, dort betrug 1986 der Frauenanteil unter den Gewerkschaftsvorsitzenden 5% (Winterfeldt 1993).

Die beschriebene Situation kennzeichnet eines deutlich: hochqualifizierte Frauen, insbesondere Naturwissenschaftlerinnen und Technikerinnen, haben nicht nur fachlich, sondern auch hierarchisch einen Exotinnenstatus (vgl. dazu auch Roloff 1989; Wetterer 1992, 1995; Schmitt 1993; Molvaer/Stein 1994).

Vor diesem Hintergrund zeigt sich die besondere Relevanz des Kongresses, denn hier können sich eine Vielzahl von Frauen unterschiedlichster Fachbereiche treffen und (nicht nur) über ihre beruflichen Erfahrungen sprechen. Die erwerbstätigen Kongreßteilnehmerinnen sind mit 53% die größte Gruppe in unserer Stichprobe (N=320). Das Durchschnittsalter liegt bei 35 Jahren. Die meisten erwerbstätigen Kongreßteilnehmerinnen haben Biologie (17%), Chemie (10%), Physik (10%), Mathematik (9%) oder Informatik (9%) studiert (vgl. dazu Tab. A1 im Anhang). Angesichts der beschriebenen Situation stellen die von uns befragten Kongreßteilnehmerinnen insofern eine Ausnahme dar, als zwar die meisten in einem Angestelltenverhältnis (88%) beschäftigt sind, aber der Anteil derjenigen, die nach eigenen Angaben eine leitende Position inne haben, mit 26% sehr hoch ist (davon sind 9% höhere Beamtinnen). Das heißt, daß viele Kongreßteilnehmerinnen in der beruflichen Hierarchie Positionen mit Leitungsfunktion erreicht haben, obwohl relativ wenige promoviert sind bzw. sich habilitiert haben. Der Anteil der Frauen, die in zeitlich befristeten Beschäftigungsverhältnissen arbeiten, ist mit 42% sehr hoch. Weit über die Hälfte, nämlich 66% arbeiten Vollzeit. 41% der Frauen sind in den Bereichen Industrie, Dienstleistung und Handwerk beschäftigt, 26% an der Hochschule, 24% im öffentlichen Dienst (ohne Universität) und 7% in außeruniversitären Forschungseinrichtungen. Weitaus die meisten (80%) arbeiten im eigenen Fachbereich und ebenfalls die meisten (84%) arbeiten entsprechend ihrer Qualifikation (vgl. dazu Tabelle A2 im Anhang).

Die erwerbstätigen Kongreßteilnehmerinnen wurden gebeten, den Frauenanteil in ihrer Firma bzw. - wenn sie an der Universität beschäftigt sind - an ihrer Fakultät anzugeben. Folgende Tabelle zeigt den geschätzten Frauenanteil:

Tabelle 2: Geschätzter Frauenanteil im Betrieb

Frauenanteil in der Firma bzw. an der Fakultät	Angaben in %
bis unter 10%	16
10% bis unter 30%	31
30% bis unter 50%	28
50% und mehr	26

4.2.1.1 Ideelle Unterstützung der erwerbstätigen Frauen

Während für Studentinnen, die naturwissenschaftliche bzw. technische Fächer studieren, die Relevanz familiärer bzw. freundschaftlicher Unterstützung belegt ist, weist die Literaturlage bezüglich berufstätiger Naturwissenschaftlerinnen und Technikerinnen diesbezüglich nur wenige Untersuchungen auf. In der Studie von Janshen/Rudolph (1987) betonten z.B. die befragten Ingenieurinnen, daß sie die gleichberechtigte Aufgabenverteilung im Haushalt in der Regel von ihrem Partner zwar einforderten, eine Gleichverteilung der häuslichen Aufgaben jedoch nicht erreicht wird (ebd., S. 270).

Überaus positiv zu bewerten ist, daß nahezu alle der von uns befragten erwerbstätigen Frauen angaben, ideell in ihrer Berufstätigkeit und in ihren weiteren beruflichen Plänen unterstützt zu werden (93%). Die meiste Unterstützung bieten der Partner bzw. die Partnerin und die Freundin(nen), gefolgt von der Mutter und dem Vater. Tabelle 3 zeigt im einzelnen, von welchen Personen bzw. Personengruppen die Frauen unterstützt werden:

Tabelle 3: Ideelle Unterstützung der berufstätigen Frauen

Ideelle Unterstützung der erwerbstätigen Frauen durch.....	Angaben in %
Mutter	57
Vater	46
Schwester/n	26
Bruder/Brüder	17
Verwandte	10
Partnerin	12
Partner	61
Freundin/nen	73
Freunde	38

4.2.1.2 Kontakte der erwerbstätigen Frauen

Hier zeigt sich, daß die Bezugspersonen der von uns befragten Naturwissenschaftlerinnen und Technikerinnen hauptsächlich Frauen sind: der Kontakt zu Frauen ist, ob als Kollegin, Freundin oder als Gesprächspartnerin aus einem anderen Fachbereich, generell häufiger vorhanden als zu Männern. Der häufige Kontakt zu Kolleginnen ist umso bemerkenswerter als viele Frauen in einem Umfeld arbeiten, in dem es wenig Koll*eginnen* gibt. Genaue Zahlen zeigt die folgende Tabelle:

Tabelle 4: Häufige Kontakte der erwerbstätigen Frauen

Kontakte der erwerbstätigen Frauen zu...	Angaben in %[10)]
Kolleginnen	45
Kollegen	42
Frauen anderer Fachbereiche	47
Männer anderer Fachbereiche	22
Freundinnen außerhalb des Arbeitsbereichs	69
Freunde außerhalb des Arbeitsbereichs	35

Unterscheiden wir die Kontakte nach dem Frauenanteil am Arbeitsplatz, so zeigt sich - wie zu erwarten -, daß die Frauen umso mehr Kontakte zu Kolleginnen haben, je mehr Kolleginnen sie haben. Über die Hälfte der Frauen mit leitender Position haben Kontakte zu Kolleginnen anderer Fachbereiche, aber nur ein gutes Drittel der anderen

Frauen. Dies könnte als Zeichen des größeren Handlungsspielraums von Frauen in leitenden Positionen gewertet werden.

Tabelle 5 zeigt, daß die befragten Frauen ebenfalls häufiger zu Frauen als zu Männern mehr Kontakt haben möchten:

Tabelle 5: Kontaktwunsch der erwerbstätigen Frauen

Mehr Kontakt gewünscht zu...	Angaben in %
Kolleginnen	63
Kollegen	28
Frauen anderer Fachbereiche	65
Männer anderer Fachbereiche	28
Freundinnen außerhalb des Arbeitsbereichs	62
Freunde außerhalb des Arbeitsbereichs	44

Interessant ist, daß die Frauen bereits mehr Kontakt zu Frauen haben und sich dennoch viel häufiger mehr Kontakt zu Frauen als zu Männern wünschen, insbesondere im beruflichen Umfeld. Besonders deutlich wird dies, wenn der Frauenanteil im Betrieb betrachtet wird: 74% der Frauen, die in einem Betrieb mit einem Frauenanteil von unter 10% arbeiten, möchten mehr Kontakte zu Kolleginnen haben, aber nur 23% zu Kollegen.

4.2.1.3 Subjektiv erlebter Berufsalltag

Hinsichtlich der beruflichen Situation hochqualifizierter Frauen, die in den Bereichen Naturwissenschaft und Technik tätig sind, gibt es eine Reihe von Untersuchungen, die die schwierige und benachteiligende Situation dieser Personengruppe beschreiben. Die Diskriminierungen umfassen ein breites Spektrum und reichen dabei von ungleichen Lohnverhältnissen, Barrieren beim beruflichen Aufstieg, Schwierigkeiten bei der Vereinbarkeit von Familie und Beruf bis hin zu alltäglichen Problemen im Umgang mit Kollegen, Vorgesetzten und Kunden.

So waren nach einer Studie des Hochschulinformationssystems im Jahr 1988 mehr vollzeitbeschäftigte Frauen mit Promotion in den untersten der fünf angegebenen Gehaltsklassen zu finden als vollzeitbeschäftigte Männer mit FH-Diplom. Dafür waren jedoch mehr Männer mit FH-Diplom in der obersten Gehaltsgruppe zu finden als promovierte Frauen (HIS 1990). Dem entsprechen die Resultate einer Studie (Bischoff 1990), die besagen, daß Frauen auch dann noch weniger verdienen als Männer, wenn sie auf der gleichen hierarchischen Ebene tätig sind, in derselben Branche arbeiten oder in derselben Funktion tätig sind. So weisen z.B. auch Informatikerinnen im Durchschnitt ein geringeres Nettoeinkommen auf als Informatiker: eine Untersuchung der Gesellschaft für Informatik belegt für 1985 ein um durchschnittlich 16.000,- DM geringeres Jahreseinkommen der Computerfrauen (Rohlfing 1986).

Doch nicht nur hinsichtlich der Bezahlung kann von formaler Gleichheit noch längst keine Rede sein, auch bezüglich der Teilnahme an Fort- und Weiterbildungsmaßnahmen sind Benachteiligungen zu verzeichnen. So konstatiert Waibel (1992) für die Informatik eine auffallend hohe Quote von Frauen ohne Fortbildung (28%). Und dies in einem Bereich, in dem die Anforderungen an Aus- und Weiterbildung für Fachkräfte als sehr hoch bezeichnet werden, da die "Halbwertzeit" der Qualifikation nur zwei bis drei Jahre beträgt (ebd., S. 84). Auch bezüglich der Einschätzung, eine höhere Position zu erreichen, sind die von Waibel befragten Informatikerinnen skeptisch: 38% der Frauen fühlen sich diesbezüglich benachteiligt, keine einzige hat sich als bevorzugt eingeschätzt (ebd., S. 92). Bemerkenswert ist jedoch, daß sich 80% dieser Informatikerinnen beruflich integriert fühlen und nicht als soziale Einzelgängerinnen, was - so die Autorin - auf ein gutes Betriebs- und Arbeitsklima schließen läßt (ebd., S. 97). Es sind dennoch "nur" 44% der Informatikerinnen, die ihren Kollegen ein sehr kollegiales Arbeitsverhältnis bescheinigen (ebd., S. 108). Auch die von Kühn (1995) befragten Fachhochschulabsolventinnen gaben zu 71% an, mit ihren Kollegen gleichgestellt zu sein.

Dieses heterogene Bild des subjektiv erlebten Arbeitsalltags, in dem (subtile) Benachteiligungen ebenso zu finden sind wie Kollegialität und ein gutes Arbeitsklima, zeichnet sich auch bei den von uns befragten berufstätigen Kongreßteilnehmerinnen ab. Auf einer fünfstufigen Skala sollten die Frauen zwölf Aussagen über die berufliche Situation und den beruflichen Alltag bewerten (vgl. auch Tab. A3 im Anhang). Es zeigte sich, daß das subjektive Erleben und die Einschätzung der beruflichen Realität sehr stark davon abhängen, wie hoch der Frauenanteil im jeweiligen Fachbereich ist, oder ob die Frauen zur Zeit eine andere Stelle suchen.

Insgesamt betrachtet erfordert der berufliche Alltag - so 79% der von uns befragten Naturwissenschaftlerinnen und Technikerinnen - ein hohes Maß an Selbstbewußtsein und Durchsetzungsfähigkeit, um sich unter den Kollegen behaupten zu können. Dies wird umso mehr betont, je geringer der Frauenanteil im Betrieb ist: 96% der Frauen, die einen Frauenanteil von unter 10% angaben gegenüber 67% der Frauen, die in einem Betrieb mit einem Frauenanteil von über 50% arbeiten, waren dieser Meinung. Ebenso sind weit über die Hälfte (61%) der Ansicht, daß Frauen ständig ihre Kompetenz unter Beweis stellen müssen, um von Kollegen anerkannt zu werden. Auch hier ist der Prozentsatz der Frauen, die in einem männerdominierten Betrieb arbeiten, deutlich höher als die Prozentwerte der Frauen, die in einem Betrieb mit einem hohen Frauenanteil arbeiten (71% zu 57%). Dieses subjektive Empfinden von der Notwendigkeit, ständig persönliche Stärke und eigene Fähigkeiten unter Beweis stellen zu müssen, geht für knapp die Hälfte (47%) der erwerbstätigen Kongreßteilnehmerinnen mit einem Verzicht auf Weiblichkeitsattribute wie z.B. figurbetonte Kleidung, Schmuck etc. einher; 53% meinten, daß es für sie "teils/teils" zutreffe, besser auf weibliche Attribute zu verzichten (keine einzige verneinte diese Aussage). Doch auch hier wird die Situation von denjenigen, die in einem Betrieb mit einem geringem Frauenanteil arbeiten, zugespitzter erlebt. Hier sind es 73% der Frauen, die es für besser halten, die eigene Weiblichkeit nicht noch zusätzlich zu betonen. (Zum Vergleich: Nur 33% der Frauen, die in einem Betrieb mit einem Frauenanteil von über 50% arbeiten, stimmten dem zu).

Daß von einer Verwirklichung der Chancengleichheit immer noch nicht gesprochen werden kann, beweist die Aussage der meisten von uns befragten erwerbstätigen Frauen (81%), daß es auch heute noch so ist, daß Frauen trotz gleicher oder höherer Qualifikation schlechtere Aufstiegschancen im Beruf haben als Männer. Dem entspricht, daß nur 32% der Frauen der Ansicht sind, daß in ihrem Betrieb ausschließlich nach Leistung und nicht nach Geschlecht beurteilt wird. Konkrete bzw. direkte Benachteiligungen spielen eine etwas geringere Rolle: jeweils ein Drittel der Frauen gab an, daß Beiträge und Lösungsvorschläge von Mitarbeiterinnen weniger ernst genommen werden als von Mitarbeitern, und daß Vorgesetzte Mitarbeiterinnen seltener zur Teilnahme an Fortbildungsmaßnahmen auffordern.

29% der Frauen können die Aussage bejahen, daß Frauen als ernst zu nehmende Konkurrentinnen von ihren männlichen Kollegen nicht wahrgenommen werden. Aber immerhin 35% können auch von einem solidarischen Verhältnis zwischen Kolleginnen und Kollegen sprechen. Dennoch sind fast zwei Drittel (65%) der Meinung, daß Männer deshalb in höhere Positionen aufsteigen, weil sie rigorosere Durchsetzungsstrategien anwenden als Frauen. Daß Frauen ein gespaltenes Verhältnis zur eigenen Macht haben und deshalb auf Leitungsfunktionen verzichten, können nur 28% bestätigen. Generell scheinen die meisten lieber mit anderen Frauen zusammenzuarbeiten, denn immerhin 53% sind der Ansicht, daß die Zusammenarbeit unter Frauen besser und kooperativer und ergebnisorientierter sei.

Auch hinsichtlich dieser Resultate zeigen sich erhebliche Unterschiede, wenn der Frauenanteil im Betrieb in die Betrachtung miteinbezogen wird. Erwerbstätige, die einen Frauenanteil von unter 10% angaben, sind wesentlich häufiger der Ansicht als solche, die in einem Umfeld von 50% und mehr Frauen arbeiten, daß Frauen schlechtere Aufstiegschancen haben als Männer, daß Männer rigorosere Durchsetzungsstrategien benutzen, um eine Führungsposition zu erreichen, und daß die Zusammenarbeit unter Frauen solidarischer sei als die mit Männern. Darüber hinaus erleben Frauen, die eine andere Stelle suchen, ihre berufliche Situation negativer als Erwerbstätige, die keine Stelle suchen. Interessant ist in diesem Zusammenhang auch, daß keine Unterschiede zwischen Frauen, die eine leitende Position inne haben, und den anderen Erwerbstätigen zu verzeichnen sind.

4.2.2 Studentinnen

Wie in Kapitel 4.1 beschrieben, sind die Studentinnen die zweitgrößte Gruppe unserer Stichprobe, wobei das Durchschnittsalter 28 Jahre beträgt. Dem relativ hohen Alter entspricht, daß sich die meisten Studentinnen, die den Kongreß besuchen, im Hauptstudium befinden - die durchschnittliche Semesterzahl liegt bei 12 Semestern. 16% der Studentinnen sind im Moment dabei zu promovieren. 96% der Studentinnen studieren naturwissenschaftliche oder technische Fächer. Studentinnen der Biologie (22%), Ökologie/angewandte Umweltwissenschaften (12%), Informatik (12%) und Physik (11%) sind auf dem Kongreß am meisten vertreten. Gefolgt von Mathematik (7%), Chemie (8%) und Verfahrenstechnik (7%) (siehe Tabelle A1 im Anhang). Der von den Studentinnen geschätzte Frauenanteil im jeweils gewählten Studienfach ist sehr unterschiedlich und streut je nach Studienfach erheblich. Werden die einzelnen %-Gruppen zusammengefaßt, so zeigt sich folgendes Bild:

Tabelle 6: Geschätzter Frauenanteil im jeweils gewählten Studienfach

Geschätzter Frauenanteil im Studienfach	Angaben in %
bis unter 10%	27
10% bis unter 30%	30
30% bis unter 50%	26
50% und mehr	17

Der Mittelwert des geschätzten Frauenanteils unter den HochschuldozentInnen liegt bei den wissenschaftlichen AssistentInnen ohne Promotion bei 17%, bei den Promovierten bei 7% und bei den ProfessorInnen bei 2%, was eine realistische Einschätzung der Situation von Frauen an den Hochschulen ist (vgl. Kapitel 1.1).

4.2.2.1 Ideelle Unterstützung der Studentinnen

Die Relevanz der Familie bzw. des Freundeskreises bei der Herausbildung von naturwissenschaftlichem bzw. technischem Interesse ist von verschiedenen Seiten immer wieder herausgestellt worden - jedoch mit durchaus unterschiedlichen Resultaten. So korreliert in einer Studie von Fauser/Schreiber (1990) das Aufwachsen in einer Ingenieur- bzw. Technikerfamilie nicht mit entsprechenden Berufswünschen der Töchter. Roloff u.a. (1987) hingegen betonen, daß die von ihnen befragten Informatikerinnen und Chemikerinnen besonders die Unterstützung des Vaters bei der Studienfachentscheidung hervorgehoben haben. Auch für Ingenieurinnen läßt sich die Vorbildfunktion des Vaters belegen (Janshen/Rudolph 1987). Hier wurde als bemerkenswert hervorgehoben, daß Zustimmung und Unterstützung bei der Ausbildungswahl häufiger vom Vater als von der Mutter zu kommen scheint, denn vor allem dieser hätte die Studienfachwahl der Töchter positiv bewertet und sie darin bestärkt (vgl. ebd., S. 147).

Bezüglich unserer Frage, ob die Studentinnen in ihrer Studien- und Berufsneigung von Personen außerhalb der Universität (ideell) unterstützt werden, gaben 84% an, daß dies der Fall sei. Auch für unsere Stichprobe gilt, daß die Unterstützung des Vaters nicht unwesentlich ist: immerhin 58% gaben an, von ihm ermutigt zu werden. Jedoch verweisen unsere Ergebnisse in erster Linie auf die Relevanz der gleichgeschlechtlichen Unterstützung: die von uns befragten Studentinnen finden offenbar häufiger von Frauen als von Männern Zuspruch: Mütter ermutigen häufiger als Väter; Freundinnen häufiger als Freunde; Schwestern häufiger als Brüder. Tabelle 7 zeigt die ideelle Unterstützung der einzelnen Personen.

Tabelle 7: Ideelle Unterstützung der Studentinnen

Ideelle Unterstützung der Studentinnen durch.....			(Angaben in %)
Mutter	67	Vater	58
Schwester/n	26	Bruder/Brüder	21
Verwandte	16	Partnerin	11
Partner	38	Freundin/nen	60
Freunde	41	Lehrerin	7
Lehrer	10		

4.2.2.2 Kontakte der Studentinnen

In der Studie von Janshen/Rudolph (1987) berichteten die befragten Studentinnen zunächst von einem Schock, als ihnen bei Studienbeginn deutlich wurde, wie wenige andere Frauen das Fach studieren. Daß wenige Frauen einer Mehrheit von Männern gegenüber stehen, mußte erst verarbeitet werden. Dieser anfängliche Schock scheint von der Mehrzahl der Studentinnen jedoch relativ rasch überwunden zu werden, und viele bezeichneten ihre Beziehung zu den Kommilitonen als "gut" (ebd., S. 172). Janshen/Rudolph äußerten jedoch die Vermutung, daß alltägliche Diskriminierungen bewußt ausgeblendet werden (müssen), um langfristig den Studienerfolg nicht zu gefährden. Dafür spricht auch, daß viele Studentinnen von Problemen mit Kommilitonen gesprochen haben (ebd., S. 173ff). Trotz der zum Teil problematischen Situation als Studentin in einem männerdominierten Umfeld gaben gut ein Drittel der von Janshen/Rudolph befragten Studentinnen an, andere Frauen in ihrem Studium nicht vermißt zu haben, wobei dies besonders von den Elektrotechnikerinnen betont wurde (ebd., S. 188). Ein knappes Fünftel aller Elektrotechnikerinnen suchte jedoch bewußt Kontakt mit anderen Studentinnen, und über die Hälfte dieser Frauen bezeichneten diesen Kontakt als wohltuend und als Erholung vom Sonderstatus (ebd., S. 189)[11)].

Nach einer Studie des BMBW (Bargel u.a. 1989) haben die meisten Studierenden am häufigsten Kontakt zu ihren Eltern und Geschwistern sowie zu Freunden und Bekannten außerhalb der Universität[12)]. Erst an dritter Stelle kommen Kontakte zu Kommilitonen und Kommilitoninnen des eigenen Faches und etwa jede(r) Zehnte hat während des Studiums häufiger Kontakt zu Berufstätigen im zukünftigen Berufsfeld. Zu den Dozenten und Dozentinnen sowie zu Studierenden anderer Fachbereiche haben nur wenige Studierende Kontakt, sie sind aber mehrheitlich, gerade was die Häufigkeit der Kontakte zu HochschullehrerInnen angeht, damit unzufrieden. (ebd., S. 126ff).

Auch für unsere Fragestellung war es wichtig zu erfahren, wie häufig die Studentinnen Kontakt zu anderen Studentinnen und Studenten haben - als "Maß" dafür, wie isoliert sie sich fühlen - und inwieweit sie Dozenten und Dozentinnen bzw. berufstätige Frauen und Männer in ihrem Fachbereich treffen. Gleichermaßen erschien es wichtig, nach dem Ausbau dieser Kontakte zu fragen, das heißt zu welchen Gruppen die Studentinnen mehr Kontakt wünschen. Wird das Ausmaß der Kontakte betrachtet, die die Studentinnen innerhalb und außerhalb der Universität haben, zeigt sich, daß sie diese überwiegend häufiger zu anderen Frauen haben als zu Männern. Zu Dozentinnen bzw. zu berufstätigen Frauen haben sie jedoch weniger Kontakt als zu Dozenten und berufstätigen Männern. Dies liegt sicherlich zu einem großen Teil an der bestehenden Marginalität von Frauen in diesen Bereichen und Positionen. Tabelle 8 zeigt die häufigen der Kontakte der Studentinnen.

Entsprechend dem geringen Kontakt zu Frauen, die im zukünftigen Berufsfeld arbeiten, wünschen sich die Studentinnen insbesondere diesbezüglich mehr Kontakte: 93% der Studentinnen möchten mehr mit berufstätigen Frauen zu tun haben und 78% wünschen sich mehr Kontakt zu Dozentinnen! Darüber hinaus besteht ein starker Wunsch, Frauen aus anderen Fachbereichen näher kennenzulernen (60%). Tabelle 9 zeigt, zu welchen Personen bzw. Personengruppen mehr Kontakt gewünscht wird.

Tabelle 8: Häufige Kontakte der Studentinnen

Kontakte der Studentinnen zu..	Angaben in %[13)]
Kommilitoninnen	65
Kommilitonen	53
Kommilitoninnen anderer Fächer	39
Kommilitonen anderer Fächer	20
Dozentinnen ihres Faches	9
Dozenten ihres Faches	20
Frauenbeauftragte der Universität	11
Berufstätige Frauen im Fachbereich	6
Berufstätige Männer im Fachbereich	10
Freundinnen außerhalb der Universität	67
Freunde außerhalb der Universität	42

Wird der Wunsch nach mehr Kontakten in Beziehung zum Frauenanteil im jeweiligen Studienfach gesetzt, so zeigt sich, daß der Kontakt zu bzw. die Freundschaft mit anderen Frauen umso wichtiger sind, je geringer der Frauenanteil im eigenen Studienfach ist: 78% bzw. 60% der Studentinnen, die einen Frauenanteil von bis zu 10% angaben, aber nur 37% bzw. 39% der Studentinnen, die einen Frauenanteil von über 50% angaben, streben mehr Kontakt zu Kommilitoninnen des eigenen Fachbereichs bzw. zu Freundinnen außerhalb der Universität an.

Tabelle 9: Kontaktwunsch der Studentinnen

Mehr Kontakt gewünscht zu..	Angaben in %
Kommilitoninnen	54
Kommilitonen	22
Kommilitoninnen anderer Fächer	60
Kommilitonen anderer Fächer	33
Dozentinnen ihres Faches	78
Dozenten ihres Faches	37
Frauenbeauftragte der Universität	46
Berufstätige Frauen im Fachbereich	93
Berufstätige Männer im Fachbereich	56
Freundinnen außerhalb der Universität	55
Freunde außerhalb der Universität	35

4.2.2.3 Subjektiv erlebte Studiensituation

Es gibt eine Reihe von Untersuchungen, die sich mit der besonderen Situation von Studentinnen in naturwissenschaftlichen bzw. technischen Studiengängen beschäftigen. Allen gemein ist die Beschreibung von vielfältigen Problemen, Problemkonstellationen, Barrieren und Hemmnissen, denen die Frauen ausgesetzt sind, die für Frauen "untypische" Fächer studieren. Insgesamt betrachtet konnten die von Janshen/Rudolph (1987, S. 173ff) befragten Ingenieurstudentinnen jedoch weniger von konkreten Benachteiligungen bzw. Diskriminierungen berichten, wohl aber von Problemen und Schwierigkeiten im Umgang mit Kommilitonen, die primär im sozialen Miteinander lagen.

Viele Studentinnen empfanden ihre Sonderstellung als Frau oft belastend, da viele von ihnen sich als schüchtern beschrieben und angaben, nur ungern aufzufallen. Viele berichteten von Pfeifkonzerten etc. seitens der Studenten und betonten, daß sie in erster Linie als Frau gesehen wurden und nicht als Kommilitonin, die auch Elektrotechnik studiert. Äußerlichkeiten, wie z.B. Figur oder Kleidung gäben oft Anlaß zu Sticheleien bzw. Bemerkungen. Ihre fachliche Kompetenz und Fähigkeiten würden oft nicht zur Kenntnis genommen, gerade aber diesbezüglich wollten die Studentinnen ernst genommen werden. Alle befragten Studentinnen dieser Studie versuchten, sich mit der männlichen Majorität zu arrangieren, und sie entwickelten soziale Strategien im Umgang mit ihren Kommilitonen. So bemühten sich viele, zu allen Mitstudenten möglichst gleich freundlich und nett zu sein, um Eifersüchteleien etc. zu vermeiden, andere wiederum orientierten sich an Studenten, von denen sie wußten, daß diese eine Freundin hatten, einige gaben an, immer wieder zu betonen, daß sie eine festen Freund hätten. Dem entspricht auch, daß viele Studentinnen sich Anpassungszwängen in Bezug auf Kleidung unterwarfen, das heißt sich möglichst zurückhaltend kleideten (ebd., S. 179). Dies bestätigen auch die Aussagen von Karlsruher Informatikerinnen: auch sie betonten, während des Studiums möglichst geschlechtslose Kleidung getragen zu haben, das heißt sie zogen hauptsächlich Jeans und weite Pullover an, um möglichst wenig aufzufallen. Erst während ihrer beruflichen Tätigkeit hätten sie nach und nach den Mut gefaßt, einen figurbetonten und "weiblichen" Stil zu tragen (Karlsruher Gespräch 1993).

Nicht nur das Verhältnis zu Kommilitonen, sondern ebenfalls das Verhältnis zu Dozenten gestaltet sich für Studentinnen in naturwissenschaftlichen und technischen Studiengängen problematisch. Gerade viele jüngere Assistenten hätten - so das Ergebnis von Janshen/Rudolph (1987, S. 183f) - ein "distanziert-problematisches" Verhältnis zu den Ingenieurstudentinnen. Insbesondere die Professoren tragen zur Belastung von Studentinnen im Ingenieurstudiengang bei (ebd., S. 184ff). So erklärten ein Fünftel der befragten Maschinenbaustudentinnen, daß Zeichnungen von Frauen schlechter bewertet würden und Frauen in Gruppenprüfungen bei gleichem Wissen schlechtere Zensuren bekämen. Weitaus häufiger seien jedoch subtile Diskriminierungen, die sich in der Form der Anrede in Vorlesungen ("meine Herren") oder in kleinen Scherzen auf Kosten der Frauen äußerte (ebd.). Auch eine Studie des BMBW (Bargel u.a. 1989) bestätigt die subtile Art von Benachteiligungen und Diskriminierungen, denen Frauen im Studium ausgesetzt sind. Zwar zeigte sich, daß die Mehrheit der Studierenden keine deutlichen und konkreten Nachteile von Frauen feststellen konnten, doch waren die befragten Studentinnen sensibler bezüglich geschlechtsspezifischer Diskriminierung an der Hochschule: so konstatierten die Frauen aller untersuchten Fächergruppen, daß Frauen und Männer unterschiedlich behandelt und respektiert werden. Das heißt, daß Studenten von Hochschullehrern mehr unterstützt und gefördert werden als Studentinnen, daß in Lehrveranstaltungen Beiträge von Studentinnen weniger ernst genommen werden, und daß die Hochschule immer noch weitgehend eine Männerinstitution ist, an der sich Studentinnen nur schwer zurechtfinden können (ebd., S. 155f)[14]. Ähnliche Erfahrungen haben auch die von Krüger (1989) befragten Studentinnen gemacht. Sie gaben an, daß ihre Beiträge in Veranstaltungen ignoriert bzw. nicht ernst genommen wurden (59%), und sie es als schwierig empfanden, sich aktiv in Veranstaltungen zu beteiligen, "wenn Männer den Ton angaben" (ebd., S. 39).

Ebenso konstatiert Dippelhofer-Stiem (1992) soziale Barrieren für Frauen im Laufe des Studiums. Die ungleiche Beachtung und Förderung zu Lasten von Frauen sieht sie nicht bedingt durch die einzelnen Fachkulturen, sondern durch die Universität als Institution. Sie ermögliche die Integration der Studentinnen nur unzureichend und trüge mit dazu bei, daß Studentinnen europaweit dem Bereich Wissenschaft und Forschung weniger Priorität in ihrer Lebensgestaltung einräumen und sich im Laufe ihrer beruflichen Orientierung eine berufliche Tätigkeit als Wissenschaftlerinnen seltener vorstellen können als Studenten (ebd., S. 61)[15].

Hinsichtlich des subjektiv erlebten Studienalltags wurden die von uns befragten Studentinnen gebeten, auf einer fünfstufigen Skala zwölf verschiedene Aussagen zu ihrer Studiensituation zu bewerten. Auch unsere Ergebnisse weisen - wie in der besprochenen Literatur - nicht eindeutig in eine negative bzw. positive Richtung. Vielmehr wird bei fast allen Aussagen die Antwortkategorie "teils/teils" sehr häufig angegeben (vgl. Tab. A4 im Anhang).

Eindeutig ist, daß die von uns befragten Studentinnen ihrer Meinung nach ein hohes Maß an Selbstbewußtsein benötigen, um sich unter den Studenten behaupten zu können (79%). Wird der Frauenanteil im jeweiligen Studienfach hinzugezogen, zeigt sich, daß Studentinnen, die einen Frauenanteil von unter 10% angaben, ein deutlich höheres Maß an Selbstbewußtsein bzw. Frustrationstoleranz mitbringen müssen als Studentinnen, die in einem Umfeld mit 50% und mehr Frauenanteil studieren. Über die Hälfte der Studentinnen betonte zudem, daß sie ständig ihre Kompetenz unter Beweis stellen müssen, um von den Studenten anerkannt zu werden (55%). Dies ist umso nötiger, je geringer der Frauenanteil im Studienfach ist: 93% bzw. 73% der Studentinnen, die einen Frauenanteil unter 10% angaben, betonten die Relevanz von Selbstbewußtsein und Durchsetzungsvermögen bzw. das Wissen um die eigene Kompetenz, aber "nur" 69% bzw. 36% der Studentinnen, die einen Frauenanteil von 50% und mehr angaben. Selbstbewußtsein und Kompetenz in einem männerdominierten Umfeld muß zwar nicht mit der eigenen Weiblichkeit kollidieren, immerhin aber 25% der Studentinnen stimmten der Aussage zu, daß es für sie als Frau am besten sei, auf weibliche Attribute wie Schmuck, figurbetonte Kleidung etc. zu verzichten. Und je geringer der Frauenanteil im Studienfach ist, umso stärker ist hier der Anpassungszwang: während 44% der Studentinnen, die einen Frauenanteil unter 10% angaben, dieser Meinung waren, waren es bei den Studentinnen mit einem Frauenanteil im Studium von über 50% nur 12%.

Die weiteren Antworten zur unterschiedlichen Behandlung durch HochschullehrerInnen und durch Studenten weisen nicht eindeutig in eine negative bzw. positive Richtung, die %-Werte (Kategorie trifft voll zu/trifft eher zu) bewegen sich hier zwischen 21% und 30%:

- "Als ernst zu nehmende Konkurrentinnen werden Studentinnen von ihren Kommilitonen nicht wahrgenommen": 30%

- "HochschullehrerInnen nehmen in Lehrveranstaltungen die Beiträge von Studentinnen weniger ernst als die von Studenten": 29%
- "Studenten bekommen von HochschullehrerInnen eher Hiwi-Stellen angeboten als Studentinnen": 27%
- "HochschullehrerInnen verlangen von Studentinnen mehr Leistung als von Studenten": 25%
- "An meiner Universität werden die Studierenden ausschließlich nach der Leistung und nicht nach dem Geschlecht beurteilt": 21%

Nur 25% der befragten Studentinnen konnten behaupten, daß das Verhältnis unter den Studierenden ausgesprochen solidarisch sei. Und daß Studentinnen gezielt gefördert werden, konnten nur 3% bejahen. Die Situation an der Universität scheint also nicht eindeutig benachteiligend, aber auch nicht eindeutig positiv für die Studentinnen zu sein, sondern ist vielmehr geprägt von subtilen Barrieren und Hemmnissen.

Die meisten der von uns befragten Studentinnen scheinen dennoch einigermaßen mit ihrem gewählten Studienfach zufrieden zu sein, da 64% die gleiche Ausbildung noch einmal machen würden[16)]. Dies ergab auch die Untersuchung von Molvaer/Stein (1994), in der 72% der befragten Maschinenbaustudentinnen (TH) angaben, daß sie - noch einmal vor die Wahl gestellt - unbedingt bzw. wahrscheinlich das gleiche Studienfach wieder wählen würden (ebd., S. 82).

4.2.2.4 Berufliche Ausbildung vor dem Studium

Eine Studie des Hochschulinformationssystems (HIS 1993) belegt, daß sich der Anteil der StudienanfängerInnen in den alten Bundesländern, die vor ihrem Studium eine Berufsausbildung abgeschlossen haben, von 13% 1983/84 auf 24% 1992/93 nahezu verdoppelt hat (HIS 1993, S. 119). In unserer Stichprobe ist der Anteil sogar noch höher: 39% haben vor Beginn ihres Studiums eine berufliche - zumeist eine naturwissenschaftlich-technische - Ausbildung abgeschlossen.

4.2.2.5 Arbeitstätigkeit neben dem Studium

Immerhin zwei Drittel der von uns befragten Studentinnen sind neben dem Studium erwerbstätig, davon 63% fachbezogen; die durchschnittliche Arbeitszeit beträgt 13 Stunden pro Woche. Einer Studie des BMBW (Bargel u.a. 1989) zufolge wird die eigene Erwerbstätigkeit der Studierenden immer mehr zur Hauptfinanzierungsquelle des Studiums: 77% der Studierenden an Universitäten gaben Arbeit neben dem Studium als hauptsächliche bzw. beitragende Finanzierungsquelle an (ebd., S. 160f). Auch die Studie des Hochschulinformationssystems (HIS 1993) weist auf die Zunahme eigener Arbeit zur Finanzierung des Studiums hin, allerdings sind es hier nur 26% der befragten Studierenden, die dies angaben (ebd., S.185).

4.2.3 Frauen, die zur Zeit kein eigenes Einkommen aus Erwerbstätigkeit haben

Nach Angaben der Bundesanstalt für Arbeit ist im Westen Deutschlands die Arbeitslosigkeit von Frauen nicht mehr höher als die von Männern: 1994 lag die Arbeitslosenquote in Westdeutschland von Männern wie Frauen bei 9,2% (MatAB 3/1995, S. 2)[17)]. Es zeigt sich, daß insbesondere Frauen mit naturwissenschaftlichen und technischen Berufsabschlüssen ungleich stärker von der Arbeitslosigkeit betroffen sind als ihre männlichen Kollegen. So sind in Westdeutschland 5% der Ingenieure, aber 11% der Ingenieurinnen arbeitslos gemeldet (MatAB 3/1995, S. 6). Demgemäß kann auch die Bundesanstalt für Arbeit nur konstatieren: "Je mehr die Berufe von Männern dominiert sind, desto schwieriger ist es für Frauen, dort unterzukommen - ein überzeugender Beleg für geschlechtsspezifisch segmentierte Arbeitsmärkte" (ebd.).

Die von uns befragten Naturwissenschaftlerinnen und Technikerinnen, die zur Zeit ohne eigenes Einkommen sind, stellen mit 11% (N=65) die kleinste Gruppe unserer Untersuchung. Das Durchschnittsalter liegt hier bei 34 Jahren. 17% der Frauen sind promoviert, weitere 19% sind im Moment dabei zu promovieren. Ein Großteil sind Biologinnen (30%) und Chemikerinnen (16%), gefolgt von Informatikerinnen (8%), Mathematikerinnen, Medizinerinnen und Agrarwissenschaftlerinnen (je 7%) (vgl. Tabelle A1 im Anhang).

11% der Frauen waren bis dato noch nicht erwerbstätig. Von denen, die schon einmal erwerbstätig waren, waren 84% in eigenen Fachbereich und 88% entsprechend ihrer Qualifikation tätig. Als Grund für ihre Erwerbslosigkeit gaben knapp die Hälfte der Frauen (49%) Ende des Zeitvertrages bzw. Kündigung an (wegen Rationalisierung, Abwicklung etc.), 36% gaben sonstige Gründe an: dies waren vor allem Frauen, die gerade ihr Studium oder ihre Promotion abgeschlossen hatten und noch keine Stelle gefunden hatten. Nur 9% hatten wegen Kinderbetreuung keine Stelle, und nur 6% hatten selbst gekündigt.

14% der Frauen waren seit 1993, 42% seit 1994 und ein Drittel der Frauen seit 1995 erwerbslos. 68% der Frauen gaben an, eine Stelle zu suchen. 47% dieser Frauen suchten seit 1995, 31% seit 1994, 14% seit 1993 und 8% seit 1992. Immerhin die Hälfte (52%) der Frauen wäre vielleicht bereit, eine Stelle unterhalb ihrer Qualifikation anzunehmen, und 7% würden dies sicher tun. Nur 5% wollten dies auf keinen Fall und 36% noch nicht. Die Frauen schrieben bis zu 150 Bewerbungen, davon die meisten auf ausgeschriebene Stellen.

Von den 19 Frauen, die keine Stelle suchten, gaben vier an, sich um die Erziehung ihrer Kinder kümmern zu wollen. Interessant ist dabei, daß keine einzige Frau angab, keine Unterbringungsmöglichkeiten für ihre Kinder zu haben. Drei Frauen möchten eine Fortbildung/Umschulung machen, vier Frauen promovieren, zwei Frauen sind im Moment finanziell versorgt und vier Frauen möchten sich selbständig machen. 14 Frauen gaben sonstige Gründe an.

Die Hälfte (51%) der Frauen erhielten Arbeitslosengeld bzw. -hilfe (davon 4% seit 1992, 11% seit 1993, 67% seit 1994 und 19% seit 1995). Die meisten erwerbslosen Frauen (86%) wandten sich bei der Suche nach einer adäquaten Stelle auch an das Arbeitsamt. Die Erfahrungen, die sie dabei machten, waren unterschiedlich, tendenziell jedoch negativ gefärbt: zwar verneinten 76% die Aussage, daß ihnen zu Umschulungsmaßnahmen unterhalb ihrer Qualifikation geraten wurde, und 54% verneinten ebenfalls die Aussage, daß ihre beruflichen Ambitionen und Pläne nicht ernst genommen wurden. Doch fühlten sich 63% der Frauen nicht gut beraten und 87% konnten die Aussage, daß ihnen viele verschiedene und interessante Wege zur beruflichen Integration aufgezeigt wurden, nicht bestätigen! Dementsprechend gaben nur 24% der Frauen an, daß ihnen Mut gemacht wurde, eine Stelle gemäß der eigenen Qualifikation zu bekommen. Ernüchternd ist ebenfalls das Ergebnis, daß 71% der Meinung sind, daß die Gespräche mit den ArbeitsberaterInnen in keiner Weise konstruktiv für ihre weiteren beruflichen Plänen waren.

4.3 Zur beruflichen und privaten Zukunft der Kongreßteilnehmerinnen

4.3.1 Faktoren, die die Chancen auf dem Arbeitsmarkt verbessern

Wir stellten den Kongreßteilnehmerinnen die Frage, welche Maßnahmen bzw. Faktoren die Chancen von Frauen auf dem Arbeitsmarkt verbessern könnten. Damit sollte die Annahme überprüft werden, daß die Frauen insbesondere externe Faktoren, wie z.B. das Fehlen von Kindertagesstätten etc. als die zentralen Hemmnisse für ihre Berufstätigkeit benennen und konkrete Forderungen - wie z.B. Frauenförderung bzw. -quote - zur Verbesserung ihrer Situation stellen. Wie oben bereits dargelegt (vgl. Kap. 1.1), haben Frauenfördermaßnahmen die Unterrepräsentanz von Frauen auf dem Arbeitsmarkt im Bereich Naturwissenschaft und Technik bisher wenig verbessert, und die wirtschaftliche Situation seit der Wiedervereinigung brachte in dieser Hinsicht eher eine Verschlechterung als eine Verbesserung.

Wir haben die Frauen befragt, inwieweit verschiedene Faktoren die Chancen von Frauen auf dem Arbeitsmarkt ihrer Meinung nach verbessern. Sie sollten zu jedem der angegebenen Faktoren auf einer fünfstufigen Skala ihre Einschätzung abgeben, ob sie die Arbeitsmarktchancen sehr, etwas, teils/teils, eher nicht oder überhaupt nicht verbessern. Diese Faktoren lassen sich in vier Gruppen unterteilen:

- *politische Maßnahmen*, wie Frauenförderpläne und Frauenquote;
- die eigene, *private Situation* betreffende Faktoren: Kinderlosigkeit, persönliche Ungebundenheit, flexible Unterbringungsmöglichkeiten für Kinder, gleichberechtigte Rollenverteilung zwischen den PartnerInnen;
- die eigene, *fachliche/berufliche Situation* betreffende Faktoren: Zusatzqualifikationen, überdurchschnittliche Leistungen im eigenen Fach, Konzentration auf Forschungs- und Arbeitsbereiche, die etwas außerhalb des eigenen Fachbereiches liegen;
- sowie *persönliche Fähigkeiten und Kompetenzen:* soziale Kompetenzen wie Kooperationsfähigkeit und Empathie etc. sowie männlich konnotierte Eigenschaften wie Durchsetzungsvermögen, Ausdauer, persönlicher Ehrgeiz.

Die folgende Tabelle zeigt die Verteilung der Antworten, wobei die Faktoren nach ihrem Einfluß, der ihnen von den Frauen beigemessen wird, geordnet sind, d.h. die Faktoren, die von den meisten Frauen als wirkungsvoll eingeschätzt wurden, werden an erster Stelle aufgeführt.

Tabelle 10: Einschätzung der Faktoren zur Verbesserung der Arbeitsmarktchancen für Frauen

	Die Chancen verbessern sich		
durch:	sehr/ etwas	teils/ teils	eher nicht/ überhaupt nicht
Zusatzqualifikationen	88%	10%	2%
persönliche Ungebundenheit	87%	7%	4%
überdurchschnittliche Leistungen im eigenen Fach	82%	13%	4%
flexible Unterbringungsmöglichkeiten für Kinder	79%	10%	4%
sog. „männliche" Durchsetzungsstrategien	76%	17%	5%
Kinderlosigkeit	76%	16%	5%
Frauenquote	65%	22%	11%
Frauenförderung	59%	25%	12%
gleichberechtigte Rollenverteilung zwischen den PartnerInnen	59%	16%	17%
soziale Kompetenzen	44%	34%	19%
Konzentration auf Forschungs- bzw. Arbeitsgebiete, die etwas außerhalb des eigenen Fachbereichs liegen	28%	31%	26%

Wie die Tabelle zeigt, wird am meisten Wirkung zur Verbesserung der Arbeitsmarktchancen denjenigen Faktoren beigemessen, die es zulassen, daß die Arbeitsuchenden flexibel auf den Arbeitsmarkt reagieren, sowohl räumlich: durch Ungebundenheit; zeitlich: durch Kinderlosigkeit bzw. flexible Unterbringungsmöglichkeiten für Kinder; als auch fachlich: durch Zusatzqualifikationen. Im Verhältnis dazu weniger Wirkung wird von Frauenförderung und Frauenquote erwartet. Auch Roloff (1989) stellte in ihrer Untersuchung zur Professionalisierung von Chemikerinnen und Informatikerinnen eine ablehnende Haltung gegenüber Frauenförderung und Frauenquote fest (wobei hier viele Frauen sich unter Frauenförderung nur Frauenquote vorstellten). Quote und dadurch vorrangige Berücksichtigung von Frauen werden als Zwänge gesehen, sowohl für Arbeitgeber als auch für Männer. Die Frauen befürchten, daß sich die Bevorzugung letztendlich gegen sie selbst wenden könnte: sie fürchten, als Quotenfrau in ihrer Qualifikation und Kompetenz nicht ernst genommen zu werden.

Auch von einer gleichberechtigten Rollenverteilung zwischen den PartnerInnen erwarten sich die von uns befragten Frauen im Verhältnis weniger. Dies scheint etwas im Widerspruch zu stehen zu dem Ergebnis, daß flexible Unterbringungsmöglichkeiten für Kinder die Chancen auf dem Arbeitsmarkt verbessern. Vielleicht wird aber eine gleichberechtigte Rollenverteilung nicht als ausreichende Unterbringungsmöglichkeit für Kinder angesehen.

In der Literatur ist gelegentlich von den besonderen Qualitäten und Qualifikationen von Frauen die Rede, die sie gegenüber Männern, die diese Qualifikationen nicht so stark ausgeprägt haben, auf dem Arbeitsmarkt in Vorteil setzen. Wanisch (1991) spricht von Schlüsselquafikationen, die die Frauen in ihrer Zeit als Hausfrau und Mutter erwerben, wie Verantwortungsgefühl, Flexibilität, Belastbarkeit und Empathie.[18] Aber nicht erst in der Familienarbeit erwerben die Frauen zusätzliche Qualifikationen. Größere kommunikative und sprachliche Fähigkeiten als Männer gibt Waibel (1992) an, Fähigkeiten, die besonders für Führungspositionen wichtig sind (vgl. auch Schmitt 1993). Auch die größere Bereitschaft und Fähigkeit zur Teamarbeit bringt den Frauen Vorteile gegenüber den Männern. Interessanterweise werden diese Sozialkompetenzen, was die Verbesserung ihrer Chancen auf dem Arbeitsmarkt angeht, von den befragten Frauen bei weitem nicht so wirkungsvoll eingeschätzt wie sogenannte männlich konnotierte Fähigkeiten wie Durchsetzungsvermögen, Ausdauer, Ehrgeiz etc. Möglicherweise entspringt diese Einschätzung auch der Erfahrung, daß den Frauen Führungsqualitäten abgesprochen werden (vgl. Ganseforth 1994): es falle ihnen schwer, Anweisungen zu geben, zu kontrollieren, zu korrigieren, Autorität zu zeigen, Hierarchie zu akzeptieren. Auf der anderen Seite seien Untergebene (beiderlei Geschlechts) einer Chefin gegenüber häufig kritischer und ablehnender.

Am wenigsten erwarten sich die Frauen von der Konzentration auf Forschungs- bzw. Arbeitsgebiete, die etwas außerhalb des eigenen Fachgebietes liegen. Sie scheinen für die Frauen keine Nischen auf dem Arbeitsmarkt darzustellen.

Im Vergleich zu den Studentinnen und Erwerbstätigen schätzen die Erwerbslosen insgesamt den Einfluß der verschiedenen Faktoren geringer ein. Dies mag aus konkreten Erfahrungen der Frauen resultieren, kann aber auch mit der insgesamt unbefriedigenden Lage der Frauen zusammenhängen. Bezüglich der Gewichtung der einzelnen Faktoren sind jedoch keine Unterschiede zwischen Erwerbslosen und anderen Frauen zu verzeichnen.

4.3.2 Zukunftspläne der Frauen

Wir fragten die Frauen nach ihren Zukunftsplänen. Zwei Bereiche sind hier von Bedeutung: Zum einen interessierten uns die Pläne im beruflichen Bereich, auf der anderen Seite die Planungen im privaten Bereich, was für viele Pläne bezüglich Kindern und Familie bedeutet. Jedoch nicht für alle Frauen bedeuten Planungen im privaten Bereich zugleich auch Kinder und Familie. Für Lesben, aber auch für viele heterosexuelle Frauen gehören Kinder und Familie nicht zu den Zukunftsplanungen, ohne daß sich damit dann alle Zukunftsplanungen auf den beruflichen Bereich konzentrieren. Der private Bereich kann ebensogut auch andere Schwerpunkte haben, z.B. politisches Engagement, einen FreundInnenkreis oder Hobbies.

Es handelt sich bei beruflichen und privaten Plänen aber nur scheinbar um zwei voneinander unabhängige Bereiche: vor allem wo private Pläne Kinder und Familie bedeuten, greifen die zwei Bereiche (zeitlich) ineinander, überlagern einander, stehen zum Teil - manchmal auch zum Großteil - im Widerspruch zueinander. Wie die Frauen ihre beruflichen und privaten Pläne sehen, und in welchem Verhältnis diese zueinander stehen, darum soll es im folgenden gehen.

4.3.2.1 Berufstätigkeit

Hohe Berufsmotivation und ausgeprägten beruflichen Leistungswillen stellte Roloff (1989) bei den von ihr befragten Chemikerinnen und Informatikerinnen fest. Auch bei den von uns befragten Frauen spielen Arbeit und Berufstätigkeit in den Zukunftsplänen eine große Rolle. Dies ist insofern nicht verwunderlich als der Kongreß von Frauen besucht wird, die in einem bestimmten *Berufs*feld arbeiten bzw. sich auf dieses *Berufs*feld vorbereiten. Es ist jedoch nicht selbstverständlich, daß die Frauen den Beruf als Schwerpunkt in ihrem Leben sehen. Vor allem in Zeiten eines knappen Arbeitsmarktes waren es immer die Frauen, die sich - mehr oder weniger freiwillig - als "Stille Reserve" ins Privatleben zurückgezogen haben (vgl. auch Brinkmann 1991). Dennoch steht zu vermuten, daß Frauen, die ihrem Beruf weniger Bedeutung beimessen - die es auch in den Bereichen Naturwissenschaft und Technik sicherlich gibt -, sich weniger für den Kongreß interessieren und daher in unserer Stichprobe - wenn überhaupt - zahlenmäßig nur äußerst gering vertreten sind. Tabelle 11 zeigt, zu welchem Anteil die Frauen jeweils die einzelnen Zukunftspläne bezüglich der Erwerbsarbeit für sich als zutreffend angeben:

Tabelle 11: Zukunftspläne bezüglich der Erwerbsarbeit

Zukunftspläne:	gesamt	Stud.	Erw.tä	Erwlos.
Ich möchte in meinem Fachbereich beruflich weiterkommen	66%	67%	67%	54%
Ich möchte mich nach beruflichen Möglichkeiten außerhalb meines Fachbereichs umsehen	33%	39%	26%	47%
Ich möchte mich selbständig machen	16%	19%	11%	25%
Ich möchte eine Umschulung machen	6%	6%	4%	13%
Ich möchte nur soviel arbeiten, wie für meinen Lebensunterhalt notwendig ist, da mir auch andere Bereiche sehr wichtig sind	58%	66%	53%	54%

Beruflich wollen die meisten Frauen in ihrem Fachbereich weiterkommen. 66%, also zwei Drittel der Frauen sagten das. Unter den Erwerbslosen sind es etwas weniger, nur 54% von ihnen sind in ihren beruflichen Planungen auf den eigenen Fachbereich orientiert. Dementsprechend gaben die Erwerbslosen auch wesentlich häufiger als die Erwerbstätigen an, daß sie eine Umschulung machen oder sich beruflich außerhalb ihres Faches umsehen möchten.

Auch die Frauen, die sich selbständig machen wollen, sind unter den Erwerbslosen stark vertreten. Es scheint, daß die erwerbslosen Frauen viel Phantasie entwickeln und verschiedene Wege und Möglichkeiten suchen, ins Erwerbsleben zurückzukehren. Selbständigkeit kann für manche Frauen eine bessere Möglichkeit bedeuten, Beruf und Familie zu vereinbaren (Janshen/Rudolph 1987). Selbständigkeit wird aber auch als Tätigkeit gesehen, die "Einblick in die verschiedenen Bereiche eines Unternehmens und damit Transparenz der betrieblichen Abläufe, die direkte Rückkopplung des eigenen Engagements und die Möglichkeit der Gestaltung des betrieblichen Umfeldes" bietet (Claussen 1994, S. 13), also als eine berufliche Herausforderung. Selbständigkeit ist für 16% der Kongreßfrauen eine Planung für die Zukunft. Dieser Prozentsatz erhöht sich noch, wenn wir diejenigen Frauen hinzunehmen, die schon selbständig tätig sind:

13% der Erwerbstätigen sind bereits selbständig. Damit liegt der Anteil der Frauen, die selbständig sind oder sich selbständig machen wollen, bei 21% der Stichprobe (128 Frauen).

Interessant ist auch, daß die Studentinnen zu einem relativ hohen Anteil sagen, daß sie sich nach beruflichen Möglichkeiten außerhalb ihres Faches umsehen wollen (39% gegenüber 26% Erwerbstätigen). Die Studentinnen scheinen sich mental schon auf einen schwierigen Arbeitsmarkt einzustellen, auf dem es heute nicht mehr selbstverständlich ist, eine Tätigkeit im eigenen Fachbereich auszuüben.

Insgesamt zeigt sich eine starke Berufsorientierung. Die meisten Frauen wollen in ihrem Fach weiterkommen. Sehr viele (nämlich 58%) sagen aber auch, daß sie nur soviel arbeiten möchten, daß sie ihren Lebensunterhalt verdienen, da sie auch andere wichtige Interessen haben. Der Anteil ist umso höher, je jünger die Frauen sind: 63% der bis zu 30jährigen wollen dies, 57% der 31-40jährigen, aber nur 44% der 41-50jährigen und nur noch eine Frau unter den 51-60jährigen.

4.3.2.2 Kinder

In unserer Stichprobe ist der Anteil der Mütter relativ gering (siehe Tab. 12): Nur 18% der Frauen haben Kinder bzw. bekommen in den nächsten Monaten ein Kind. Es gibt mehr Frauen (fast ein Viertel), die ausdrücklich sagen, daß sie keine Kinder wollen. Am stärksten sind diese Frauen unter den Erwerbslosen vertreten. Es scheint also nicht so zu sein, daß Frauen sich quasi aus der Arbeitslosigkeit in die Mutterschaft flüchten.

Tabelle 12: Kinder bzw. Kinderwunsch

	Häufigkeit	in Prozent
hat Kinder	96	17,6
will vielleicht Kinder	318	58,1
will keine Kinder	133	24,3
insgesamt	547[19)]	100,0

Die geringe Bereitschaft, Kinder zu bekommen, kann nicht nur mit der Berufsorientierung der Frauen zusammenhängen. Was die beruflichen Pläne angeht, unterscheiden sich die Frauen, die keine Kinder wollen, nicht deutlich von den Frauen, die Kinder haben oder vielleicht einmal Kinder wollen.

4.3.2.3 Kinder und Berufstätigkeit

Die Frage nach Kind oder nicht spielt für viele Frauen eine wichtige Rolle. Gewichtig ist die Frage deswegen, weil sie zugleich die Frage nach den Zielen und Plänen im beruflichen Leben aufwirft. Während für Männer die Vereinbarkeit von Familie und Beruf nie in Frage steht, bedeutet für Frauen die Entscheidung für Kinder meistens, daß sie von der "normalen" beruflichen Laufbahn, das heißt das ganze Leben Vollzeit zu arbeiten, abweichen.

Dementsprechend ist die Frage nach der Vereinbarkeit von Kind(ern) bzw. Familie und Erwerbstätigkeit immer ein vorherrschender Schwerpunkt, wenn das Thema "Frau und Beruf" betrachtet wird, gleichgültig unter welchem Blickwinkel die Betrachtung vorgenommen wird oder um welchen Beruf es sich handelt. Problematisch ist die Vereinbarkeit aber nicht erst für Frauen, die Kinder haben, sondern für alle Frauen, die die sogenannte Normalität einer heterosexuellen Zweierbeziehung irgendwann einmal (er)leben. Denn sie müssen sich mit der Möglichkeit, einmal Kinder zu bekommen und dann großzuziehen, auseinandersetzen. Selbst Frauen, die sich gegen Kinder entschieden haben, begegnen dem Problem, wenn auch von anderer Seite, denn "Arbeitgeber (orientieren) ihre Personaleinsatzstrategien häufig an stereotypen Vorstellungen von weiblichem Erwerbsverhalten" (Schmitt 1993, S. 31). Und dieses Stereotyp entspricht eben oben genannter "Normalität", daß Frauen in heterosexuellen Zweierbeziehungen leben und irgendwann Kinder bekommen, was ihrer Verfügbarkeit und Leistungsfähigkeit im Beruf abträglich ist. Insofern beeinflußt "die geschlechtliche Arbeitsteilung (...) die Lebens- und Berufsperspektive *aller* Frauen..." (ebd.; Hervorhebung im Original).

Dementsprechend sehen Frauen auch Maßnahmen, die es ermöglichen, den Beruf familienfreundlicher zu gestalten, als sehr wichtig an: Waibel (1992) stellte in ihrer Untersuchung über Informatikerinnen die Frage, welche Maßnahmen die Frauen für geeignet hielten, Frauen im Beruf zu unterstützen. Am häufigsten nannten die Frauen Maßnahmen, die die Vereinbarkeit von Familie und Beruf ermöglichen, wie Betriebskindergärten, Krabbelgruppen, Ganztagsschulen etc.

Abele (1994), die Karriereorientierungen von angehenden Akademikerinnen und Akademikern untersuchte, stellte fest, daß familiale Orientierung kein Hinderungsgrund für Karriere für die Frauen darstellt: zwar steigt, je eher die Frauen sich in Richtung Familie orientieren, der Stellenwert der außerberuflichen Belange, jedoch sinkt nicht die Karrieremotivation der Frauen. Abele folgert daraus, daß die Vereinbarkeit von Familie und Beruf zumindest *mental* kein Problem darstellt. Auch Born (1994) betont, daß es nicht die Auffassung von Mutterrolle oder die Orientierung am Wohl des Kindes ist, die Frauen zur Unterbrechung ihrer Erwerbsarbeit bewegen. Umgekehrt ist es auch nicht die ökonomische Notwendigkeit, die Frauen im Erwerbssystem hält. Vielmehr läßt sich feststellen, daß unterschiedliche Berufe sehr verschiedene Chancen zur Vereinbarkeit mit sich bringen. Zum Beispiel scheint die Vereinbarkeit von Hochschulkarriere und Kind/ern fast unmöglich zu sein (vgl. Ganseforth 1992). Und Kosuch (1994) stellte fest, daß Frauen in führenden Positionen tendenziell auf Kinder verzichten. Zugleich mit diesen berufstypischen Implikationen beeinflussen Arbeitsmarktvariablen (geschlechtsspezifischer Arbeitsmarkt) den weiblichen Erwerbslebenslauf erheblich. Born (1994) macht deutlich, daß insofern der "Erstberuf" den Erwerbslebenslauf von Frauen strukturiert: erschwert der erlernte Beruf die Vereinbarkeit von Familie und Beruf, so ist es auch sehr wahrscheinlich, daß die Frau mit der Geburt ihres Kindes aus dem Erwerbsleben gänzlich ausscheidet. Möglicherweise ist auch diese Schwierigkeit für einige der von uns befragten Frauen ein Grund, sich beruflich umzuorientieren, da sie in ihrem derzeitigen Beruf keine Chance sehen, Familie und Erwerbstätigkeit zu verbinden.

Wir haben die Frauen gefragt, in welchem Verhältnis Kinder und Berufstätigkeit in ihren Zukunftsplänen stehen. Für 24% der Frauen kommen Kinder gar nicht in Frage, wie wir oben gesehen haben. Leider läßt sich aus unseren Daten nicht bestimmen, aus welchen Gründen sich die Frauen gegen Kinder entschieden haben. Janshen/Rudolph (1987) drücken in ihrer Untersuchung über Ingenieurinnen die Vermutung aus, daß sie sich keine Chancen für die Vereinbarkeit von Beruf und Mutterrolle, wie sie sie sehen, vorstellen können. Die Mutterrolle wird manchmal allerdings auch sehr traditionell gesehen ("die Familie braucht dich ganz wichtig"). Für die meisten Lesben stellt sich die Frage nach einem Kinderwunsch nicht. Was auch immer der Grund für die Entscheidung gegen Kinder sein mag, für diese Frauen gibt es keine Kollisionen von Beruf und Kindern bei den Zukunftsplänen, die Frage der Vereinbarkeit stellt ist für sie nicht relevant.

Für die Mütter sehen die Pläne völlig anders aus als für Frauen, die noch keine Kinder haben, die aber auch nicht völlig ausschließen, daß sie in Zukunft welche haben wollen. Die folgende Tabelle zeigt, mit welcher Häufigkeit die Frauen den verschiedenen Möglichkeiten der Kombination von Kind und Beruf zustimmen:

Tabelle 13: Zukünftige Pläne bezüglich Kind/ern und Beruf (Ausschluß der Frauen, die ausdrücklich keine Kinder wollen)

Zukunftspläne:	mit Kindern	ohne Kinder
Ich möchte mich um die Erziehung meines/r Kindes/er kümmern und bin gleichzeitig stark an meinem beruflichen Fortkommen interessiert	61%	24%
Ich möchte nach meinem Erziehungsurlaub wieder aktiv in das Berufsleben einsteigen	13%	7%
Der Wunsch nach Kind/ern bzw. die Erziehung meines/r Kindes/er steht für mich im Vordergrund	7%	4%
Sobald meine Kinder groß genug sind, möchte ich wieder arbeiten	4%	4%
Ich möchte Kind/er nur dann, wenn sich Kinder und Berufstätigkeit vereinbaren lassen	2%	48%

Auch für die Frauen in unserer Untersuchung ist das wichtigste, daß Kind und Beruf sich vereinbaren lassen: 61% der Mütter gaben an, daß sie zugleich mit der Kindererziehung auch stark an ihrem beruflichen Fortkommen interessiert sind. Das heißt die beruflichen Pläne werden nicht für die Familie hintan gestellt. Dies bestätigen auch Lauterbach u.a. (1994): Beruf und Familie haben für viele Frauen den gleichen Stellenwert für die Lebensplanung. Nur 7% der Mütter aus unserer Stichprobe geben an, daß für sie die Erziehung der Kinder im Vordergrund steht. Und fast die Hälfte aller Frauen, die zwar keine Kinder haben, Mutterschaft für die Zukunft aber nicht ausschließen, wollen Kinder nur dann, wenn sich Kind und Beruf vereinbaren lassen.[20)]

Zusammengefaßt wird aus den von den Frauen geäußerten Zukunftsplänen deutlich, daß die Frauen sich nicht aus der Berufswelt zurückziehen wollen, und das trotz aller Schwierigkeiten sowohl des geschlechtsspezifischen Arbeitsmarkts, auf dem die Chancen von Frauen nicht die besten sind, als auch trotz der Schwierigkeit der Vereinbarkeit von Beruf und Familie.

Aber neben dem Beruf sind auch andere Bereiche wichtig, Beruf ist nicht der einzige Schwerpunkt im Leben der Frauen. Insofern sind sie den Frauen und Männern aus Abeles Untersuchung ähnlich. Abele (1994) kommt in ihrem Buch zu dem Schluß, daß

Geschlecht nicht die entscheidende Kategorie ist, aufgrund derer sich Karriereaspirationen unterscheiden, sondern daß die soziale Geschlechtsrollenorientierung einen stärkeren Einfluß hat. Die Geschlechtsrollenorientierung bestimmt sich nach Abele über die Ausprägung zweier Dimensionen bei einer Person, der Maskulinitäts- und der Feminitätsdimension. Sind beide Dimensionen stark ausgeprägt, so ist die Geschlechtsrollenorientierung androgyn. Ist jeweils eine der Dimensionen stark ausgeprägt, die andere jedoch niedrig, handelt es sich um eine weiblich typisierte bzw. männlich typisierte Geschlechtsrollenorientierung. Sind beide Dimensionen niedrig ausgeprägt, liegt ein undifferenzierter Typ vor. Alle vier Typen sind sowohl bei Frauen als auch bei Männern zu finden.

Ergebnis ihrer Untersuchung war unter anderem, daß Karriereorientierung nicht mit dem Geschlecht, sondern mit der Ausprägung der Maskulinitätsdimension korreliert und somit mit der sozialen Geschlechtsrollenorientierung; das heißt sowohl androgyn als auch männlich Typisierte sind deutlich auf Karriere orientiert. Der androgyne Typ zeigt allerdings keine einseitige Orientierung auf berufliche Karriere, sondern hat Karrierevorstellungen im Sinne einer "sanften Karriere": "Sie implizieren zwar nach wie vor die Kriterien des beruflichen Erfolgs, des Vorwärtskommens und des hohen Einkommens, gleichzeitig aber auch diejenigen von Spaß, Sinn, Verantwortung, Zeit für Familie und Freizeit" (Abele 1994, S.114).

Karriere in diesem Sinne scheinen auch viele der von uns befragten Frauen anzustreben. Zu beachten ist hier allerdings, daß es sich um *Vorstellungen und Planungen* (bei Abele von StudentInnen) handelt; die Verwirklichungschancen waren nicht Thema ihrer und auch nicht unserer Untersuchung. Jedoch steht zu hoffen, daß mit zunehmender Zahl von Akademikerinnen *und Akademikern*, die dem Freizeitbereich oder sozialen Beziehungen genauso viel Bedeutung beimessen wie dem Berufsbereich, auch die Möglichkeiten geschaffen werden, beides unter einen Hut zu bekommen.

Bisher war die Vereinbarkeitsproblematik nur auf Beruf und Familie bezogen und damit als Frauenproblem ausgewiesen worden. Das scheint es auch heute noch zu sein: viele Frauen sehen die Entscheidung für oder gegen ein Kind bzw. Kinder als eine Interessenabwägung, die sie allein zu leisten haben (Roloff 1989, S. 255). Hier scheint ein großer Bedarf an Frauenförderung zu bestehen und zugleich die Notwendigkeit eines gesellschaftlichen Wandels bezüglich der Akzeptanz von Männern, die sich in der Familie engagieren. Besonders letzterer Punkt ist wichtig, denn Frauenförderung alleine würde bedeuten, die Last der Kindererziehung wieder ganz selbstverständlich bei den Frauen zu sehen und damit die Verhältnisse zu verfestigen.

4.3.3 Politisches Engagement

Wie wir oben gesehen haben, sind den Frauen auch andere Bereiche wichtig. Entsprechend sind auch viele der Frauen, nämlich 60%, in ihrer Freizeit politisch aktiv, wobei es bei den Studentinnen am meisten sind: 65% der Studentinnen, 59% der Erwerbstätigen und 53% der Erwerbslosen gaben an, sich in einem oder mehreren Bereichen zu engagieren. Über die Hälfte der Frauen, die sich politisch betätigen, sind in mehr als einem Bereich aktiv. Im einzelnen handelt es sich um folgendes Engagement:

Tabelle 14: Politisches Engagement der Frauen (in % der Gesamtstichprobe)

	Anteil an allen Frauen der Stichprobe			
Aktivität:	Studentin	Erwerbstä.	Erwerbslos	insg.
feministisch/frauenpolitisch	51%	46%	46%	48%
umweltpolitisch	15%	21%	25%	19%
hochschulpolitisch	30%	11%	5%	17%
sozial/karitativ	5%	5%	7%	5%
gewerkschaftlich	3%	6%	2%	5%
parteipolitisch	4%	4%	3%	4%
sonstiges[21)]	9%	8%	10%	9%

Feministisches bzw. frauenpolitisches Engagement ist für die Frauen am wichtigsten. In diesen Bereich gehört auch der Kongreß(besuch), der für viele dazu dient, sich mit Frauen zu solidarisieren, Netzwerke zu knüpfen etc. (siehe Auswertungen der Kongreßfragen, Kap. 4.5). Das zweitwichtigste Engagement ist das umweltpolitische; hochschulpolitisch sind vor allem die Studentinnen aktiv. Es zeigt sich also, daß sich die Frauen auch über den Kongreß hinaus kritisch mit Problemen auseinandersetzen und sich politisch engagieren.

4.3.4 Zufriedenheit mit dem gewählten Studium bzw. Beruf

Wir fragten die Frauen, ob sie sich, nochmals vor die Wahl gestellt, auch jetzt wieder für den gleichen Beruf entscheiden würden. Damit sollte die Zufriedenheit mit dem derzeitigen Beruf bzw. Studium erfaßt werden. Das Thema Berufszufriedenheit kann mit dieser Information alleine selbstverständlich nicht erschöpfend behandelt werden, jedoch kann die Frage als ein Indikator neben anderen für die Zufriedenheit gelten.

Über ein Drittel der Frauen (38%) würde, noch einmal vor die Wahl gestellt, nicht mehr die gleiche Ausbildung wählen. Unter den Erwerbslosen sind es sogar fast die Hälfte (49%). Mit der Arbeitsmarktlage allein kann diese Unzufriedenheit mit dem eingeschlagenen Ausbildungs- und Berufsweg nicht zusammenhängen. Dies zeigt ein Vergleich der Quoten derer, die sich anders entscheiden würden, für die einzelnen Disziplinen: Überdurchschnittlich hoch ist die Quote nicht etwa durchgängig bei all den Fächern, die im Moment mit äußerst schlechten Berufsaussichten verbunden sind. Chemie ist mit 57% das einzige Fach, das aus den anderen Fächern deutlich herausragt. Auch Elektrotechnikerinnen sind im Durchschnitt etwas unzufriedener als die Frauen insgesamt: 42% würden dieses Fach nicht noch einmal wählen.

Besonders zufrieden mit ihrer Wahl sind die Bauingenieurinnen: 82 % würden das Fach wiederwählen. Auch Informatikerinnen (75%) und Architektinnen (73%) sind mit ihrer Wahl zufriedener als die Frauen in anderen Fachbereichen.

Die meisten, nämlich 82% derer, die mit ihrer Wahl nicht zufrieden sind, würden wieder studieren, aber ein anderes Studienfach wählen. Unter den Studienfächern, die die Frauen dann wählen würden, kommen die Naturwissenschaften und die technischen Fächer nicht so gut weg, wenn man bedenkt, daß alle Naturwissenschaftlerinnen oder Technikerinnen sind: 43% würden bei nochmaliger Wahl Fächer aus dem Bereich Kultur und Sozialwissenschaften vorziehen. 26% der Frauen würden eine andere bzw. zusätzlich eine Ausbildung machen. 9% der Frauen würden sowohl ein anderes Studium als auch einen anderen Ausbildungsweg einschlagen. Die Ausbildungen, die die Frauen machen würden, variieren sehr stark: Etwa die Hälfte würden einen technischen oder handwerklichen Beruf erlernen, ein gutes Viertel interessiert sich für soziale/karitative Berufe. Vier Frauen gaben als Alternative künstlerisch-kreative Ausbildungen an.

Ein weiterer Indikator für die Zufriedenheit mit dem eigenen Beruf ist die Frage, ob die Frauen, die erwerbstätig sind, zur Zeit eine andere Stelle suchen. 8% der erwerbstätigen Frauen gaben dies im Fragebogen an. Unter ihnen sind überdurchschnittlich viele Biologinnen, Chemikerinnen und Physikerinnen. Die Hälfte der Frauen, die zur Zeit eine andere Stelle suchen, würden ihr Fach nicht noch einmal wählen. Es steht zu vermuten, daß vor allem diejenigen, die befristet beschäftigt sind, eine neue Arbeitsstelle suchen, da das Ende ihres Arbeitsvertrages bevorsteht. Dies scheint jedoch nicht der Fall zu sein: Vergleichen wir die erwerbstätigen Frauen, die eine andere Stelle suchen, mit den erwerbstätigen Frauen insgesamt, so sehen wir, daß sie sich hinsichtlich der Arbeitsverträge nicht unterscheiden (vgl. Tabelle 15). Allerdings unterscheiden sie sich gravierend hinsichtlich der Qualität der Arbeitsstellen, die die Frauen im Moment innehaben: 41% der Frauen, die eine andere Stelle suchen, aber nur 17% aller von uns befragten erwerbstätigen Frauen sind *nicht* entsprechend ihrer Qualifikation beschäftigt. Und während 22% der erwerbstätigen Frauen fachfremd beschäftigt sind, finden sich unter den Stellensuchenden 31%. Zu vermuten ist, daß Frauen mit unterqualifizierten Stellungen unzufrieden sind und deswegen eine neue Stelle suchen.

Tabelle 15: Art der Beschäftigung der erwerbstätigen Frauen

	derzeitige Beschäftigung:		
Erwerbstätige Frauen	befristet	unterqualifiziert	fachfremd
die z.Z. eine Stelle suchen	41%	41%	31%
die z.Z. keine Stelle suchen	39%	12%	23%
insgesamt	41%	17%	22%

4.4 Einstellung zu Naturwissenschaft und Technik

Ein wichtiger Schwerpunkt der Kongresse von Frauen in Naturwissenschaft und Technik ist - neben der AußenseiterInnenposition der Frauen in ihren Fachbereichen und fachlichen Beiträgen - die Frage nach "weiblichen" Zugangsweisen zu und Umgangsweisen mit Technik. Zum einen soll damit der Frage nachgegangen werden, inwiefern die männlich geprägte Fachkultur in den Natur- und Ingenieurwissenschaften dazu beiträgt, Frauen auszuschließen, bzw. welche spezifischen Schwierigkeiten Frauen mit Naturwissenschaft und Technik - so wie sie sie vorfinden - haben. Zum anderen ist in diesem Zusammenhang auch die Frage wichtig, inwieweit gerade durch den anderen Umgang von Frauen nicht auch Veränderungen herbeigeführt werden könnten.

Die zwei Fragen lauten also: "Haben Frauen einen anderen Umgang mit Naturwissenschaft und Technik als Männer?" und "Können Frauen durch ihre Beteiligung an Naturwissenschaft und Technik Veränderungen bewirken?" Die zweite Frage überhaupt zu stellen bedeutet schon, die erste zu bejahen. Wenn diese Frage gestellt wird, dann wird immer davon ausgegangen, daß Frauen die Richtung von naturwissenschaftlicher und technischer Forschung und Entwicklung *positiv* verändern. Damit ist eine Wertung verbunden, daß nämlich die Herangehensweise von Frauen besser sei als die von Männern.

Viele der AutorInnen, die der Frage nach unterschiedlichen Zugangsweisen nachgehen, beziehen sich in ihren Überlegungen auf Gilligan (1984). Gilligan untersuchte das moralische Denken bei Männern und Frauen und stellte unterschiedliche Denkweisen fest: formales Regelanwenden bei Männern, Denken in Beziehungen bei Frauen. Oder, wie Müller-Fohrbrodt (1992) es ausdrückt, die sich auf Montada und Gilligan bezieht: die soziale Welt kann entweder als (Wett-)kampf zwischen verschiedenen Personen(gruppen) oder als Solidaritäts- und Verantwortungsgemeinschaft angesehen werden. Dementsprechend lassen sich verschiedene Denkweisen und wissenschaftliche Arbeitsweisen unterscheiden: auf der einen Seite steht das analytische Denken, Ergebnisse werden mit distanzierten Formulierungen dargebracht ("*so ist es*"); durch Ausschluß von Gefühlen soll Objektivität erreicht werden; die Auseinandersetzung mit anderen Theorien erfolgt in einem wissenschaftlichen Streit. Auf der anderen Seite steht synthetisches Denken und eine ganzheitliche Orientierung; Erfahrungen und Gefühle werden einbezogen, die Ergebnisse als vorläufig angesehen und ausgewiesen (durch Formulierungen wie "*mir scheint*", "*mein derzeitiger Stand des Nachdenkens ist...*"); die Auseinandersetzung mit anderen Theorien erfolgt im Diskurs und in Teamarbeit (vgl. Müller-Fohrbrodt 1992, S. 58ff.).

Viele Untersuchungen stellten entsprechende Unterschiede zwischen Männern und Frauen fest. Vor allem die ganzheitliche Sichtweise der Frauen wird immer wieder betont: ein wissenschaftliches Problem ist nicht an sich interessant, sondern dessen Lösung muß als sinnvoll ausgewiesen werden, um es für Frauen interessant erscheinen zu lassen. Insofern sei der Umgang von Frauen mit Technik kritischer und hinterfragender als der von Männern. Viele Beispiele aus der Informationstechnologie scheinen dies zu belegen:

Pflüger/Schurz (1987) berichten, daß Frauen "eine weniger intensive Bindung zu Rechenmaschinen aufweisen als Männer". Faulstich-Wieland (1987) berichtet aus ihrem Modellprojekt "Mädchenbildung und neue Technologien", daß das Interesse der Mädchen sich nicht auf die reine Bedienung oder Beherrschung der Maschine beschränkte, sondern alles einbezog, was mit dem Computer zu tun hat, also auch die Auswirkungen der Computertechnologie. Auch die von Waibel (1992) befragten "Computerfrauen" brachten häufig die unterschiedliche Umgangsweise von Frauen und Männern zum Ausdruck: Frauen hätten eine "weniger intensive" Beziehung zum Computer als Männer. Der Computer wird nicht als "Herrgott" gesehen, sondern als Werkzeug.

Ein bekanntes Beispiel sind auch die unterschiedlichen Programmierstile, die erstmals Turkle (1984) veröffentlichte. Sie spricht von hartem Programmierstil bei denjenigen, die den Computer als Gegner ansehen, den es zu beherrschen gilt. Sanfter Programmierstil baut eher auf Beziehung auf und sieht die Welt eher als etwas, an das es sich anzupassen gilt, denn als etwas Kontrollierbares. Turkle stellte bei Kindern fest, daß vor allem die Jungen harte Programmierer sind und die Mädchen eher sanfte Programmiererinnen[22]. Auch Funken (1992) stellte in ihrer SchülerInnen-Studie Unterschiede im Vorgehen beim Programmieren fest: Mädchen entwerfen eher erst theoretisch das Programm, bevor sie es eingeben, Jungen dagegen geben ihr Programm eher sofort ein und greifen erst zum Papier, um einen Entwurf zu machen, wenn es Probleme gibt. Waibel (1992) berichtet, daß nach Einschätzung der von ihr befragten Informatikerinnen Frauen strukturierter programmieren und Gesamtlösungen vor Detailproblemen sehen.

Für die verschiedenen Herangehensweisen werden unterschiedliche Ursachen gesehen. Manche wollen den Unterschied als quasi angeboren sehen: durch die größere Naturnähe seien Frauen eher dazu prädestiniert, dem Leben zu dienen und daher Kritik an der wenig menschenfreundlichen Technik zu üben[23]. Andere, wie z.B. Gilligan (1984), auf die sich viele AutorInnen beziehen, führen die unterschiedlichen Denkweisen auf die Sozialisation zurück, in der Jungen und Mädchen unterschiedliche Erfahrungen der Abhängigkeit und Ablösung/Individuation machen, die eng mit dem Erwerb der Geschlechtsidentität verbunden sind. Weitbrecht (1994) hingegen sieht eine Ursache in der Ambivalenzerfahrung der Frauen in der Arbeit: Sie beobachtet, daß Frauen im selben Ausmaß wie Männer die "bisweilen monomanisch anmutende Besessenheit gegenüber dem Technischen" (Weitbrecht 1994, S. 193) haben. Auch sie haben Spaß am Vertiefen in der Arbeit, erleben jedoch zugleich auch einen Mangel an Kommunikation und Kontakt zu anderen Menschen dabei. Diese Ambivalenzerfahrung bei intellektueller Arbeit weckt das Bedürfnis nach einem gesellschaftlichen Bezug der Arbeit, um den erfahrenen Mangel auszugleichen bzw. ihm entgegenzuwirken.

Allerdings gibt es auch kritische Stimmen bei der Betrachtung der unterschiedlichen Zugänge und Umgangsweisen von Frauen und Männern mit Technik. Schelhowe (1989) faßte verschiedene Untersuchungen zum Thema "geschlechtsspezifische Unterschiede" zusammen und stellte fest, daß sehr unterschiedliche Ergebnisse auftraten (ebd., S. 41ff.). Wo Unterschiede festgestellt wurden, wurde die Frage nach Ursachen und Gründen für Verhaltensunterschiede nicht ausreichend gestellt. Somit könnten die Forschungsresultate (fast) beliebig interpretiert werden.[24]

Wir wollten wissen, ob die Frauen konkrete Erfahrungen gemacht haben, in denen sich unterschiedliche Umgangsweisen von Frauen und Männern mit Technik zeigten.[25] Die folgenden Tabellen zeigen, wie die Eigenschaften bzw. Verhaltensweisen von den Frauen den Geschlechtern zugeordnet werden:

Tabelle 16 a: Zuordnung von Eigenschaften zum Geschlecht

	eher zu finden bei:		
Eigenschaften:	Frauen	beiden	Männern
Kreativität	30%	68%	2%
Kooperationsbereitschaft	73%	25%	2%
Ausdauer, Durchhaltevermögen	24%	61%	15%

Tabelle 16 b: Zuordnung von Verhaltensweisen zum Geschlecht

Verhaltensweisen:	eher zu finden bei: Frauen	beiden	Männern
Beschäftigung mit gesellschaftlichen Auswirkungen der naturwissenschaftlichen und technischen Entwicklungen	68%	30%	2%
kritisches Hinterfragen von Arbeitsmethoden	66%	32%	2%
Beschäftigung mit ökologischen Problemen in Naturwissenschaft und Technik	36%	62%	2%
Einsatz für Verbesserung der Studien- bzw. Arbeitsbedingungen	41%	54%	5%
Bemühungen um sozialorientierte Technikentwicklung	69%	31%	1%
Einbringen von alternativen Vorschlägen zu Studien- bzw. Arbeitsinhalten	33%	62%	5%
Interesse an interdisziplinärem Arbeiten	50%	48%	2%

Die Tabellen zeigen deutlich, daß nach Einschätzung und Erfahrung der Kongreßteilnehmerinnen Frauen den Männern in nichts nachstehen.[26)] Dennoch zeigt sich gerade in Tabelle 16 eine "traditionelle" Verteilung der Antworten: Während fast drei Viertel (73%) der Befragten Kooperationsbereitschaft eher bei Frauen sehen, werden Ausdauer und Durchhaltevermögen - traditionell eher Männern zugeordnete Eigenschaften - nur von einem Viertel (24%) eher bei Frauen vermutet. Kreativität dagegen wird von den meisten bei beiden Geschlechtern gesehen.

Bei der Zuordnung von verschiedenen Umgangsweisen mit Naturwissenschaft und Technik scheint sich kein einheitliches Bild zu ergeben. Die sozialen und gesellschaftlichen Auswirkungen und Probleme scheinen jedoch eher als "Frauenangelegenheiten" gesehen zu werden: Jeweils über zwei Drittel der Befragten erwarten und erfahren eine Sensibilität gegenüber gesellschaftlichen und sozialen Fragen in Naturwissenschaft und Technik eher bei Frauen. Ebenfalls zwei Drittel ordnen das kritische Hinterfragen von Arbeitsmethoden nur den Frauen zu. Dagegen scheint das konkrete Einbringen von alternativen Vorschlägen und der Einsatz für bessere Bedingungen im Studien- bzw. Berufsalltag, beides in gewisser Weise politische Betätigungen, weniger ausschließlich Sache der Frauen zu sein. Auch die Ökologie bzw. die Beschäftigung mit ökologischen Problemen wird nicht als reine Frauendomäne gesehen.

Interessant ist noch, daß die Befragten, je älter sie sind, um so eher die erfragten Eigenschaften und Umgangsweisen mit Naturwissenschaft und Technik nur bei Frauen sehen. Möglicherweise kommen hier Erfahrungen, die die Frauen im Verlaufe ihres Arbeitslebens mach(t)en, zum Tragen. Ob diese Einschätzungen tatsächlich mit dem Alter korrelieren, oder ob hier Kohorteneffekte[27)] vorliegen, ließe sich allerdings nur in einer Längsschnittuntersuchung überprüfen.

Auch wenn die Zuordnungen von Eigenschaften und Verhaltensweisen bzw. Umgangsweisen kein eindeutiges Bild ergaben, so bestätigen sie doch die Einschätzung der befragten Frauen, was eine höhere Beteiligung von Frauen an Naturwissenschaft und Technik bewirken würde. Nur 17% der Frauen glauben, daß sich die Richtung naturwissenschaftlicher und technischer Innovationen nicht ändern würden, weitaus die meisten, nämlich 83%, sind der Meinung, daß eine höhere Frauenbeteiligung die Entwicklungsrichtung im positiven Sinne verändern würde.[28)] Denn eine höhere Frauenbeteiligung würde ja bedeuten, (wenn wir die beiden vorigen Tabellen betrachten,) daß dann mehr Bemühungen um eine sozialorientierte Technikentwicklung und mehr Beschäftigung mit den gesellschaftlichen Auswirkungen von Naturwissenschaft und Technik stattfände.

4.5 Fragen zum Kongreß

4.5.1 Teilnahme am Kongreß

Jeweils über 40% der Teilnehmerinnen besuchten den Kongreß einmal und zwei- bis viermal (41% und 45%), 14% kamen fünfmal oder öfter. Die Aufschlüsselung nach unseren Untersuchungsgruppen zeigt, daß nur 5% der Studentinnen den Kongreß fünfmal oder häufiger besuchten, während dieser Anteil bei den erwerbstätigen und erwerbslosen Teilnehmerinnen immerhin 18% bzw. 24% beträgt, also jeweils ungefähr ein Fünftel. Eine Interpretationsmöglichkeit besteht darin, daß Studentinnen erst gegen Ende des Studiums am Kongreß teilnehmen, wenn das Berufsleben vor der Tür steht, und ihm dann auch nach Abschluß des Studiums verhältnismäßig "treu" bleiben. Das wird auch durch den hohen Anteil der Studentinnen, die im 5. Fachsemester oder höher studieren, nahegelegt (89%).

Viele Kongreßteilnehmerinnen haben bereits einmal bei der Organisation eines Treffens bzw. Kongresses von Frauen in Naturwissenschaft und Technik mitgearbeitet (15%). Als Referentin auf dem Kongreß haben sich sogar 22% der Teilnehmerinnen betätigt. Knapp ein Drittel (30%) haben sich also aktiv an der Gestaltung des Kongresses beteiligt, indem sie schon einmal Organisatorin und/oder Referentin waren. Damit wird ein Charakteristikum des Kongresses deutlich: er "lebt" von den Themen und Ideen, die die Teilnehmerinnen selbst einbringen, und unterscheidet sich von daher stark von anderen (Fach-)Kongressen.

Wir fragten danach, welches der letzte Kongreß war, den die Frauen besucht haben, mit dem Ziel, für die verschiedenen Kongresse ein "Feedback" zu bekommen (siehe Kap. 4.5.5). Insgesamt nahmen 73% aller Frauen, die den Fragebogen beantworteten, an den letzten beiden Kongressen letztmals teil (35% im Jahr 1993, 38% im Jahr 1994). Die übrigen 27% nahmen an den Kongressen 1988 bis 1992 zum letzten Mal teil. Auch hier ist ein Vergleich zwischen Studentinnen, Erwerbstätigen und Erwerbslosen interessant (siehe Tab. 17). Während 1993 nur 29% der nicht erwerbstätigen Frauen zum letzten Mal teilnahmen, waren es 1994 40%, wohingegen die Anteile bei den beiden anderen Gruppen in beiden Jahren nahezu gleich hoch waren. Bei der Gruppe der Studentinnen war die letzte Teilnahme fast ausschließlich 1992 - 1994 (94%), während die letzte Teilnahme bei erwerbstätigen und nicht erwerbstätigen Frauen gleichmäßiger auf die Kongreßjahre verteilt ist.

Tabelle 17: Letzte Teilnahme am Kongreß "Frauen in Naturwissenschaft und Technik"

	alle Frauen	Studentinnen	Erwerbstätige	Erwerbslose
1988 (Göttingen)	.7% (n=4)	-	1.0% (n=3)	1.6% (n=1)
1989 (Bonn)	.3% (n=2)	-	.7% (n=2)	-
1990 (Münster)	6.6% (n=38)	1.9% (n=4)	9.9% (n=30)	6.5% (n=4)
1991 (Kiel)	6.9% (n=40)	4.2% (n=9)	7.9% (n=24)	11.3% (n=7)
1992 (Bremen)	12.6% (n=73)	9.8% (n=21)	14.9% (n=45)	11.3% (n=7)
1993 (Berlin)	35.4% (n=205)	43.5% (n=93)	31.0% (n=94)	29.0% (n=18)
1994 (Gießen)	37.5% (n=217)	40.7% (n=87)	34.7% (n=105)	40.3% (n=25)

Beim Bekanntmachen des Kongresses spielten das Verschicken von Einladungen (an die früheren Teilnehmerinnen) mit 46%, persönliche Kontakte zu Teilnehmerinnen oder Referentinnen mit 39% und Mundpropaganda mit 36% die größte Rolle. 18% der Frauen gaben an, durch Plakate oder Werbung auf den zuletzt besuchten Kongreß aufmerksam geworden zu sein, und nur 7% über die Presse. Der Anteil der Frauen, die über ihre ArbeitgeberInnen von dem Kongreß erfahren haben, war verschwindend gering (1%). Studentinnen wurden mehr durch Mundpropaganda, persönliche Kontakte und Plakate angesprochen als die übrigen Teilnehmerinnen, was sicher daran liegt, daß der Kongreß an den Universitäten besser bekannt gemacht wird als an außeruniversitären Arbeitsplätzen. Für die berufstätigen Frauen waren die Einladungen und die Information aus der Presse wichtiger. Viele gaben auch "sonstige" Wege an, über die sie auf den Kongreß aufmerksam wurden. Hier wurden vor allem die vorherige Teilnahme am Kongreß (4%), Kontakte zur Organisationsgruppe bzw. die Tätigkeit als Organisatorin selbst (2%) und der universitäre Kontext (2%), z.B. das AStA-Frauenreferat, die Mitarbeit in einer Frauengruppe am Fachbereich oder die Ankündigung in Vorlesungen, genannt. Ein paar erfuhren durch die Vereine "NUT" und "dib" oder andere frauenpolitische Zusammenhänge von dem Kongreß (1%). Die geringe Bedeutung der Bekanntmachung über die Presse und m.E. über Plakate und Werbung macht deutlich, daß sich die Teilnehmerinnen hauptsächlich aus dem direkten Umfeld der früheren Teilnehmerinnen erneuern. Viele haben in der Frage nach der Kritik am Kongreß die mangelnde Öffentlichkeitsarbeit beklagt (siehe Kap. 4.5.5); sie möchten, daß der Kongreß eine größere Öffentlichkeit und damit auch mehr "neue" Frauen erreicht.

4.5.2 Erwartungen der Teilnehmerinnen an den Kongreß und ihre Motivation für die Teilnahme

Wir fragten die Teilnehmerinnen, was sie ganz allgemein von einem Kongreß mit dem Namen "Frauen in Naturwissenschaft und Technik" erwarten. Am wichtigsten ist ihnen mit 486 Nennungen (81%) das Schaffen und Weiterentwickeln fachspezifischer und interdisziplinärer Netzwerke. 76% erwarten, daß auf dem Kongreß feministische Ansätze der Naturwissenschafts- und Technikkritik vorgestellt und diskutiert werden (bei den Studentinnen sind es sogar 82%). Die Vorstellung weiterer kritischer Ansätze erwarten zwei Drittel der Teilnehmerinnen (67%) und steht demnach nicht ganz so stark im Vordergrund. Die Stärkung von Mädchen und Frauen in ihrer Ausbildungs-, Studien- und Arbeitssituation erhoffen sich 72% der Teilnehmerinnen, und 70% gaben an, daß sie auf dem Kongreß Frauen aus ihrem Fachbereich kennenlernen möchten. Bei vier weiteren Punkten, die nicht so häufig genannt wurden, zeigt sich ein sehr differenziertes Bild, wenn Studentinnen, Erwerbstätige und Erwerbslose getrennt betrachtet werden. Hier spiegeln sich die unterschiedlichen Interessen der jeweiligen Gruppen wider. Impulse für die fachliche Entwicklung von Projekten wollen vor allem die Studentinnen (45%) und die zur Zeit erwerbslosen Frauen (43%) erhalten, während nur ein Drittel (34%) der erwerbstätigen Frauen dies angab. Die Verbesserung der Bildungs- und Aufstiegschancen stellt sich für die Studentinnen (43%) als wichtiger heraus (Erwerbstätige: 37%, Erwerbslose: 29%). Aufklärung über die Rechte der Frauen wurde viel häufiger von Erwerbslosen genannt (41%) als von Studentinnen und erwerbstätigen Frauen (34% bzw. 30%).

Daß der Kongreß eine Möglichkeit bieten sollte, (eigene) wissenschaftliche Arbeiten und Texte zu veröffentlichen, wurde von "nur" 16% der Teilnehmerinnen angegeben, wobei diese Erwartung überdurchschnittlich oft von Studentinnen (22%) und unterdurchschnittlich oft von Erwerbstätigen (13%) geäußert wurde.

Als weitere Erwartungen wurden genannt:

- "*Mal wieder nur unter Frauen sein*", der Kongreß als Raum für Frauen, in dem "*Kommunikation mit Gleichgesinnten*" und "*Luftholen in anderer Atmosphäre*" möglich ist (3%).
- Eng damit verknüpft ist der Wunsch, sich "*persönliche Stärkung*" und "*Mut zum Weitermachen*" zu holen, sei es durch das "*Gefühl von gemeinsamer Stärke*", durch die "*Aufhebung der Isolation*" oder durch das "*Finden von Vorbildern*" (3%).
- Der Erfahrungsaustausch unter Frauen und das Kennenlernen von Frauen auch aus anderen als den eigenen Fachbereichen (4%).
- Politische Einflußnahme und Öffentlichkeitsarbeit, z.B. durch Lobby- und Aufklärungsarbeit oder durch öffentliche Stellungnahmen zur aktuellen Entwicklung in Naturwissenschaft, Technik und Gesellschaft (2%).
- Möglichkeiten zur Jobvermittlung und "*Kontakte für die berufliche Zukunft*" (1%).
- Neue Anregungen und die Erweiterung ihrer Kenntnisse über die Situation von Frauen erwarten sich 2% der Teilnehmerinnen. Eine geht dabei sehr weit: sie erhofft sich "*Inspiration fürs Leben*".
- Ganz einfach "*Spaß haben*" möchten 1% der Frauen.

Um die konkrete Motivation für eine Teilnahme am Kongreß herauszufinden, fragten wir danach, aus welchen Gründen die Frauen am zuletzt besuchten Kongreß teilnahmen. Für acht verschiedene Motive sollten die Frauen auf einer fünfstufigen Skala (trifft voll und ganz zu/ trifft eher zu/ teils-teils/ trifft eher nicht zu/ trifft überhaupt nicht zu) angeben, inwieweit diese für sie einen Grund für die Teilnahme am Kongreß darstellten. Im folgenden werden die Aussagen "trifft voll und ganz zu" und "trifft eher zu" zusammengefaßt dargestellt, sofern es nicht anders angegeben ist. Zwei Gruppen von Gründen lassen sich unterscheiden: zum einen persönliche, zum anderen fachliche Gründe.

Der am häufigsten genannte **persönliche Grund** für die Teilnahme war mit 83% der Erfahrungsaustausch mit anderen Frauen (für 52% trifft dies sogar "voll und ganz zu"), gefolgt von einfacher Neugierde (67%). Über die Hälfte der Teilnehmerinnen (52%) wollte "mal wieder nur unter Frauen sein". Interessant ist, daß erwerbstätige Frauen dies zu einem deutlich geringeren Prozentsatz angaben (47%) als die anderen Teilnehmerinnengruppen (Erwerbslose: 57%, Studentinnen: 56%). Auf der anderen Seite meinten 31% der Teilnehmerinnen, daß es für sie eher nicht bzw. überhaupt nicht zutrifft, mal wieder nur unter Frauen sein zu wollen. Das Verbinden des Kongreßbesuchs mit anderen Aktivitäten (z.B. die Stadt besichtigen, FreundInnen besuchen) spielte für die meisten keine Rolle (für 64% traf das eher nicht bzw. überhaupt nicht zu; 20% bejahten dies). Die Attraktivität der Stadt scheint aber doch einen gewissen Stellenwert zu haben. So waren es beim Kongreß in Berlin (1993) mehr Teilnehmerinnen, die neben dem Kongreßbesuch noch andere Dinge unternehmen wollten (27% gaben dies als zutreffend, 22% als zum Teil zutreffend, und nur 51% als nicht zutreffend an). Auch den Erfahrungsaustausch betreffend bestehen zwischen den Kongressen von 1990 in Münster bis 1994 in Gießen große Unterschiede. Der Kongreß in Kiel (1991) sticht hier mit dem größten Prozentwert (92%) heraus.

Bei den **inhaltlichen, fachlichen Gründen** stand das Veranstaltungsprogramm an erster Stelle: 71% fühlten sich zumindest von Teilen des Veranstaltungsprogramms angesprochen und weitere 20% teils/ teils. Im Kongreßvergleich liegt Berlin an letzter Stelle, wo es 14% waren, die sich vom Programm nicht angesprochen fühlten, während es bei den anderen Kongressen nur zwischen 3% und 8% waren. Die Diskussion feministischer Ansätze in Naturwissenschaft und Technik war für 39% ein weiterer Grund für die Teilnahme, allerdings spielte sie auch für 39% eher keine bzw. überhaupt keine Rolle. Möglicherweise haben diese Frauen andere Bezugsgruppen, in denen sie ihre Kritik erörtern und weiterentwickeln können, z.B. die mittlerweile ebenfalls jährlich stattfindenden Treffen von Frauen bestimmter Fachrichtungen, so daß der Kongreß nicht das einzige Diskussionsforum darstellt. Weitere 38% der Teilnehmerinnen verbanden den Kongreßbesuch mit der Diskussion eigener Arbeiten, wobei hier ein deutlicher Unterschied zwischen Studentinnen (29%) und erwerbstätigen Frauen besteht, von denen 44% ihre Arbeit im Bereich Naturwissenschaft und Technik mit anderen Frauen diskutieren wollten.

Die **ideelle Unterstützung** für den Kongreß ist überwältigend: 83% der Frauen kamen auch deshalb zum Kongreß, weil sie die Idee des Kongresses gut finden und den Kongreß durch ihre Teilnahme unterstützen möchten.

Der persönliche wie der fachliche Erfahrungsaustausch und die inhaltliche Auseinandersetzung sowohl mit fachlichen Themen als auch mit feministischen Ansätzen in Naturwissenschaft und Technik stehen demnach für die Teilnehmerinnen im Vordergrund. Der Kongreß wird dabei nicht als reine Fachtagung verstanden, bei der in erster Linie theoretische bzw. wissenschaftliche Texte zur Diskussion gestellt werden, sondern als ein Forum, in dem sich Frauen unterschiedlicher Fachbereiche treffen und ihre alltäglichen beruflichen und persönlichen Erfahrungen austauschen können. Dies in einem reinen Frauenraum zu tun, also in Abwesenheit von Männern, die im Studien- oder Arbeitsalltag dominieren, ist für die meisten Teilnehmerinnen die Voraussetzung dafür, sich (gegenseitig) zu (be)stärken und das im Alltag oft lähmende Gefühl der

Isoliertheit zu überwinden. Über den Erfahrungsaustausch hinaus erwarten die Teilnehmerinnen konkrete Handlungsvorschläge und -alternativen, die - je nach individueller Lage - Alternativen zur Erwerbslosigkeit oder die Verbesserung der beruflichen Chancen zum Inhalt haben.

4.5.3 Umsetzung der Kongreßerfahrungen und -inhalte

Hat die Teilnahme am Kongreß Auswirkungen auf die persönliche Situation der Teilnehmerinnen? Knapp zwei Drittel (62%) wurden dazu ermutigt, in ihrem Studium oder Beruf weiterzumachen, also "drin zu bleiben" im Bereich NuT. Die Frauen, die zur Zeit erwerbslos sind, gaben dies "nur" zu 54% an. Der Anspruch des Kongresses, Mädchen und Frauen in ihrer Studien- und Arbeitssituation zu stärken (vgl. Kap. 4.5.4), kann somit für die meisten Frauen als eingelöst betrachtet werden. Neue Anregungen für ihre Arbeit erhielten 42% der Teilnehmerinnen. Fünf Frauen, das entspricht knapp 1%, fanden eine Arbeitsstelle. Da auf dem Kongreß bisher keinerlei Aktivitäten hinsichtlich einer "Jobvermittlung" unternommen wurden, ist diese geringe Zahl erklärbar. Fast 30% der Frauen machten zusätzliche Angaben: Das Aufheben des Isoliertheitgefühls, das Knüpfen von Kontakten und Freundschaften und die Vernetzung untereinander stehen hier an erster Stelle (8%). Allgemeine Anregungen, Informationen und Denkanstöße erhielten 38 Frauen (6%). Eine persönliche Stärkung, Bereicherung und Erneuerung der Kraft erfuhren 27 Frauen (5%). Die neue oder kontinuierliche Auseinandersetzung mit feministischer Naturwissenschaftskritik eröffnete elf Frauen (2%) neue Perspektiven, und fünfzehn Frauen (3%) begannen, sich intensiver mit (allgemeinen) feministischen Inhalten auseinanderzusetzen. Einige gründeten Frauengruppen, Gesprächskreise oder organisierten selbst einen Kongreß (2%). Für 1% der Frauen war das Kennenlernen von Lesben, die Auseinandersetzung mit Lesben und die Neuorientierung in der eigenen Sexualität wichtig.

"Nichts" verändert hat sich für 9% der Studentinnen, für 15% der erwerbstätigen Teilnehmerinnen und für 17% der erwerbslosen Teilnehmerinnen, insgesamt für 77 Frauen, die den Fragebogen beantworteten. Die relativ hohen Prozentzahlen bei Erwerbstätigen und Erwerbslosen, für die sich nichts verändert hat, hängen möglicherweise mit der starken Ausrichtung der Kongreßinhalte auf Studentinnen zusammen, die von vielen kritisiert wurde (siehe Kap. 4.5.5).

Die praktische Umsetzung der Ideen und Anregungen, die sie durch den Kongreß gewonnen haben, in den Studien- oder Berufsalltag gelingt den Studentinnen (27%) besser als den berufstätigen Frauen (16%)[29)]. Der große Unterschied liegt zum einen sicher daran, daß Studentinnen gegenüber berufstätigen Frauen, die mit Hierarchien und u.U. großem Zeitdruck konfrontiert sind, mehr Freiräume haben und mehr experimentieren können. Zum anderen ist es möglich, daß berufstätige Frauen weniger "praktische" Ideen und Anregungen auf dem Kongreß erhalten als Studentinnen.

Aber bei den erwerbstätigen Teilnehmerinnen scheint auch eine "frauenarme" Umgebung die Umsetzung von Kongreßideen zu behindern: je höher der Frauenanteil an ihrem Arbeitsplatz ist, desto eher können sie diese umsetzen (11% bei unter 10% Frauenanteil, 21% bei über 50% Frauenanteil). Noch entscheidender ist die Stellung in der Hierarchie, denn Frauen mit leitender Position gaben zu 21% an, die Ideen und

Anregungen durch den Kongreß im Arbeitsalltag umsetzen zu können, während dies nur 7% derjenigen angaben, die keine leitende Position inne haben. Dies bedeutet, daß Frauen mit einem größeren Handlungs- und Entscheidungsspielraum auch verstärkt auf die Arbeitsinhalte Einfluß nehmen (können).

Bei den Studentinnen verhält es sich genau umgekehrt, wenn der Frauenanteil im Studienfach betrachtet wird: 35% der Studentinnen in einem Fach mit einem Frauenanteil von weniger als 10%, aber nur 22% in einem Fach mit einem Frauenanteil von über 50% gaben an, die durch den Kongreß gewonnenen Anregungen und Ideen im Studienalltag umsetzen zu können. Dieses Ergebnis weist darauf hin, daß vor allem die Studentinnen der "harten" naturwissenschaftlichen Fächer und Ingenieurstudiengänge von dem Kongreß profitieren.

4.5.4 Gesellschaftliche Funktion des Kongresses

In den letzten Jahren wurden von den jeweiligen Organisatorinnen Zielvorstellungen für den Kongreß formuliert und weiterentwickelt, die vor allem dazu dienten, den Kongreß bei (fördernden) Institutionen vorzustellen und bekannt zu machen. Diese Zielvorstellungen wurden unseres Wissens nicht auf den Kongressen diskutiert und in irgendeiner Form "verbindlich" festgehalten, sondern wurden aus den auf dem Kongreß diskutierten Themen heraus entwickelt. Als Kongreßziele werden das Schaffen und Weiterentwickeln von Netzwerken, die fachliche Entwicklung von Projekten, das Ermöglichen kontinuierlicher Kontakte von Fachgruppen, das Stärken von Frauen und Lesben in ihrer Studien- und Arbeitssituation, die Verbesserung der Bildungs- und Aufstiegschancen für Frauen und Lesben sowie das Entwickeln von Konzepten zur Mädchenarbeit genannt. Die Formulierungen machen deutlich, daß sich nicht nur für die Teilnehmerinnen persönlich etwas verändern soll (Stärkung, Kontakte, Mitarbeit in Projekten), sondern darüber hinaus eine Veränderung gesellschaftlicher Verhältnisse angestrebt wird. Die Möglichkeiten der Einflußnahme auf gesellschaftliche Prozesse sind aber sehr vage gehalten.

Wie beurteilen nun die Kongreßteilnehmerinnen die gesellschaftliche Funktion des Kongresses? 90% glauben, daß der Kongreß durch die Bildung von Netzwerken die Etablierung von Frauen in NuT unterstützt, und drei Viertel (75%) sind der Ansicht, daß der Kongreß zur Entwicklung kritischer bzw. feministischer Ansätze in NuT beiträgt. Doch nur jeweils die Hälfte der Teilnehmerinnen meinen, daß die auf dem Kongreß diskutierten Themen und deren gesamtgesellschaftliche Relevanz auch einer breiten Öffentlichkeit sichtbar gemacht werden (52%), der Kongreß zur Gleichstellung von Frauen in NuT beiträgt (50%) und dic Zugangschancen von Mädchen und Frauen zu NuT verbessert (47%). Daß der Kongreß einen Beitrag zur Verbesserung der Chancen von Frauen auf dem Arbeitsmarkt leistet, meinen weniger als ein Drittel der Teilnehmerinnen (31%). Als weitere gesellschaftliche Funktionen wurden von wenigen Teilnehmerinnen Gesellschaftskritik und die Einflußnahme auf politische Entscheidungen (4 Frauen) genannt, nur eine meinte, daß der Kongreß eine Lobby für Frauen in NuT darstellt. Vier Frauen übten Kritik: Der Kongreß habe keine bzw. nur eine minimale gesellschaftliche Funktion.

Im Vergleich mit den Erwartungen, die die Teilnehmerinnen an den Kongreß haben (vgl. Kap. 4.5.2), und den oben genannten Zielen des Kongresses zeigt sich, daß einige Erwartungen und Ansprüche an den Kongreß in Bezug auf seine gesellschaftliche Funktion eingelöst wurden bzw. werden. Dies sind die Etablierung durch das Schaffen und Weiterentwickeln von spezifischen Netzwerken und die Entwicklung feministischer/ kritischer Ansätze in NuT. Dem Anspruch, die Bildungs- und Aufstiegschancen respektive Zugangschancen von Mädchen und Frauen zu NuT zu verbessern, wird der Kongreß nur bedingt gerecht (über den Weg der persönlichen Motivierung); dies wurde aber bisher nicht über den Weg der gesellschaftspolitischen Einflußnahme versucht.[30)]

Die Einschätzung der Teilnehmerinnen über den Beitrag des Kongresses zur Gleichstellung von Frauen in NuT ist ernüchternd: denn immerhin die Hälfte glaubt **nicht**, daß der Kongreß diese Funktion erfüllt. Diese Einschätzung korrespondiert damit, daß ebenfalls die Hälfte der Teilnehmerinnen die Themen des Kongresses und deren gesellschaftliche Relevanz nicht einer breiten Öffentlichkeit gegenüber vertreten sehen. Somit sollten diese Ergebnisse unserer Befragung Anlaß geben, zum einen die Ziele des Kongresses, zum anderen die Möglichkeiten der gesellschaftlichen und politischen Einflußnahme neu zu diskutieren.

4.5.5 Kritik am Kongreß

Um ein "Feeedback" auf die Kongreßinhalte und die Kongreßorganisation zu erhalten, fragten wir danach, wie den Teilnehmerinnen die Veranstaltungen zu bestimmten Themen, der Austausch auf der persönlichen und inhaltlichen Ebene und die Organisation beim zuletzt besuchten Kongreß gefallen haben. In einer zusätzlichen Frage nach dem Gesamteindruck sollte ein "generelles" Urteil abgegeben werden. Da zu dem Kongreß in Gießen sehr viel weniger Teilnehmerinnen gekommen waren als von den Organisatorinnen erwartet, fragten wir auch nach den Gründen für die Nichtteilnahme in Gießen. Schließlich bestand die Gelegenheit, ausführlich Wünsche, Anregungen und Kritik zu äußern.

4.5.5.1 Was den Teilnehmerinnen gefallen hat

Beim **Veranstaltungsprogramm** stießen Veranstaltungen zur Situation von Frauen in Naturwissenschaft und Technik auf die größte Resonanz (63% gefielen sie sehr gut/ gut, und weiteren 29% gefielen sie teilweise). Nur 4% zeigten kein Interesse daran. Veranstaltungen zu fachwissenschaftlichen Themen folgen mit 50%, wobei sich 13% nicht für diese Themen interessierten. Etwas schlechter weg kamen Veranstaltungen zu Schwerpunktthemen[31)] mit 44%.

Der Vergleich zwischen den fünf Kongressen von 1990 in Münster bis 1994 in Gießen zeigt einige interessante Tendenzen auf (siehe Tab. 18).[32)]

Tabelle 18: Beurteilung des Veranstaltungsprogramms

	Kongr. 88-94	Münster 1990	Kiel 1991	Bremen 1992	Berlin 1993	Gießen 1994
Veranstaltungen						
zur Situation von Frauen in NuT						
sehr gut/gut gef.	63%	61%	75%	68%	59%	64%
teilweise gef.	29%	39%	15%	23%	34%	26%
weniger/gar nicht gef.	4%	-	8%	6%	4%	3%
nicht interessiert	4%	-	3%	3%	4%	7%
zu fachwissenschaftlichen Themen						
sehr gut/gut gef.	50%	47%	45%	52%	57%	46%
teilweise gef.	28%	27%	34%	29%	27%	28%
weniger/gar nicht gef.	9%	9%	11%	3%	6%	11%
nicht interessiert	13%	18%	11%	16%	10%	15%
zu Schwerpunktthemen						
sehr gut/gut gef.	44%	34%	57%	37%	49%	41%
teilweise gef.	30%	38%	24%	40%	25%	32%
weniger/gar nicht gef.	9%	13%	5%	10%	8%	10%
nicht interessiert	16%	16%	14%	14%	17%	18%

Obwohl das Interesse an Veranstaltungen zur Situation von Naturwissenschaftlerinnen und Technikerinnen mit den Jahren leicht abnahm, wurden sie beinahe gleichbleibend positiv aufgenommen; nur 1993 in Berlin war die Resonanz mit 59% etwas geringer als in den Jahren davor und danach (68% und 64%). Fachwissenschaftliche Themen wurden in den letzten Jahren zunehmend besser beurteilt, allerdings fiel die Beurteilung in Gießen 1994 schlechter aus. Die Resonanz auf Schwerpunktveranstaltungen schwankt sehr und hängt anscheinend vom Thema ab. Kiel erhielt die beste Kritik (57%), gefolgt von Berlin mit 49%. Bremen wurde mit 37% relativ schlecht bewertet.

Der **Erfahrungsaustausch** wurde sehr unterschiedlich bewertet (vgl. Tab. 19). Mit dem Austausch auf der persönlichen Ebene zwischen den Veranstaltungen waren zwei Drittel der Teilnehmerinnen zufrieden, weiteren 23% gefiel er wenigstens teilweise. Während es in Münster und Kiel immerhin um die 50% waren, denen der persönliche Austausch gut und sehr gut gefiel, waren es in Bremen und Berlin weit über 60% und in Gießen sogar über 70%. Das bedeutet, daß trotz steigender Teilnehmerinnenzahlen und einem damit verbundenen höheren organisatorischen Aufwand genug Zeit und Raum blieb, persönliche Kontakte zu knüpfen.

Tabelle 19: Beurteilung des Erfahrungsaustausches

	Kongr. 88-94	Münster 1990	Kiel 1991	Bremen 1992	Berlin 1993	Gießen 1994
Persönlicher Austausch						
sehr gut/gut gef.	66%	53%	49%	67%	64%	73%
teilweise gef.	23%	38%	36%	19%	25%	18%
weniger/gar nicht gef.	8%	6%	13%	7%	8%	8%
nicht interessiert	3%	3%	3%	7%	4%	1%
Erfahrungsaustausch im Fachgruppentreffen						
sehr gut/gut gef.	33%	39%	47%	47%	28%	31%
teilweise gef.	26%	42%	26%	20%	27%	23%
weniger/gar nicht gef.	15%	7%	8%	11%	20%	13%
nicht interessiert	26%	13%	18%	23%	26%	33%

Der Erfahrungsaustausch in Fachgruppentreffen wurde von den verschiedenen Teilnehmerinnengruppen sehr unterschiedlich gesehen: berufstätigen Frauen gefiel er weitaus besser als erwerbslosen Frauen und Studentinnen (38% gegenüber 25% bzw. 30% sehr gut/gut gefallen). Insgesamt interessierten sich über ein Viertel der Frauen (26%) gar nicht für einen solchen Austausch, aber auch hier bestand bei den berufstätigen Frauen relativ mehr Interesse, während die erwerbslosen Frauen sogar zu 34% desinteressiert waren. Diese Tendenz ist vielleicht aus der Situation der Frauen heraus erklärbar, denn Berufstätige haben viel konkretere Ansatzpunkte für den fachlichen Erfahrungsaustausch und daher - unterstellt - ein größeres Interesse an einer Vernetzung als Studentinnen und Erwerbslose. Studentinnen haben darüber hinaus im universitären Kontext mehr Gelegenheit zu einem Austausch untereinander. Auch der Austausch in Fachgruppentreffen wurde, vom Kongreß in Münster ausgehend, zunächst in jedem folgenden Jahr besser beurteilt. Der Kongreß in Berlin brachte hier aber einen starken Einbruch mit sich. Anstatt 47% wie in Bremen bewerteten nur 28% der Teilnehmerinnen mit gut und sehr gut. Diese Bewertung wiederholt sich für den Gießener Kongreß. Das schlechte Abschneiden der Fachgruppen kann darauf zurückgeführt werden, daß diese Treffen in Berlin und Gießen weder angekündigt noch inhaltlich vorbereitet waren. Die weiter unten beschriebene ausführlich geäußerte Kritik läßt darauf schließen, daß viele Frauen frustriert waren, da entweder kein (spontanes) Treffen ihres Fachbereichs zustande kam oder mangels Vorbereitung keine zufriedenstellende Diskussion in Gang kam.

Mit der **Organisation** des Kongresses waren drei Viertel der Teilnehmerinnen (73%) zufrieden, nur 7% hat sie nicht gefallen. Im Kongreßvergleich zeigt sich, daß die Organisation jedes Jahr besser beurteilt wurde, auch hier mit einem Einbruch beim Berliner Kongreß 1993. Am zufriedensten waren die Teilnehmerinnen in Gießen. Ebenso wurde das begleitende Kulturprogramm von Kongreß zu Kongreß besser beurteilt, wieder mit der Ausnahme Berlin. Im Kongreßdurchschnitt fanden 54% das Kulturprogramm gut oder sehr gut. 13% zeigten daran kein Interesse.

4.5.5.2 Der Gesamteindruck

Über zwei Drittel der Teilnehmerinnen fahren mit einem guten Gefühl nach Hause, obwohl manch einer das eine oder andere am Kongreß nicht gefallen hat, das heißt die positiven Eindrücke überwogen. Für ein gutes Fünftel waren die Eindrücke ungefähr ausgeglichen, und nur bei 6,3% überwogen die negativen Eindrücke. Spannend ist der Vergleich zwischen den Kongressen von 1990 in Münster bis 1994 in Gießen.[33)] Während die Kongresse in Münster und Kiel nur zu 58% bzw. 55% insgesamt gesehen als positiv beurteilt wurden, liegen die Kongresse jüngeren Datums bei 70% oder darüber. Am positivsten wurde der Kongreß in Bremen bewertet (75%), der Berliner Kongreß etwas schlechter mit 70%, und der Kongreß in Gießen wieder positiver mit 74%. Diese Reihenfolge trifft auch für die negativen Gesamteindrücke zu: nachdem in Bremen nur 3% enttäuscht waren, waren es in Berlin im Jahr darauf immerhin 7% und in Gießen mit 6% wieder etwas weniger.

Hervorzuheben ist die "mittlere" Beurteilung des Kieler Kongresses, da hier beinahe die Hälfte der Teilnehmerinnen (43%) den Gesamteindruck als ausgeglichen bezeichnete. Zu fragen ist hier allerdings auch, ob die schlechtere Beurteilung der älteren Kongresse mit der größeren zeitlichen Distanz zusammenhängt. Zudem sind die früheren Teilnehmerinnen, die den Kongreß seit drei oder vier Jahren nicht mehr besucht haben, dem Kongreß gegenüber wahrscheinlich nicht vorbehaltlos positiv eingestellt oder sie kamen deshalb nicht mehr, weil ihnen der besuchte Kongreß nicht gefallen hat.

Die Unterschiede zwischen den Teilnehmerinnengruppen, also Studentinnen, berufstätigen und arbeitslosen Frauen, müssen vorsichtig interpretiert werden, da die Frauen früher eventuell einen anderen "Status" hatten. Den Studentinnen gefiel der Kongreß in Bremen am besten, wo bei 84% die positiven Eindrücke überwogen. Bei den Frauen, die zur Zeit nicht erwerbstätig sind, schneiden die beiden letzten Kongresse (in Gießen und Berlin) um einiges schlechter ab als bei Studentinnen und Erwerbstätigen, nur noch 58% von ihnen waren mit dem Kongreß in Gießen vollauf zufrieden. Den erwerbstätigen Teilnehmerinnen gefiel der Kongreß kontinuierlich besser, sie waren bisher am meisten mit dem Gießener Kongreß zufrieden (80%). Während sich also tendenziell die Frauen, die im Berufsleben stehen, im Lauf der jüngeren Kongreßgeschichte besser repräsentiert fühlten, das heißt auch besser einbringen konnten, sahen sich die erwerbslosen Frauen weniger berücksichtigt. Das wird auch in der Kritik am Kongreß geäußert, wie weiter unten dargestellt wird.

4.5.5.3 Der Kongreß in Gießen (1994)

64% (381 Frauen), also knapp zwei Drittel der früheren Teilnehmerinnen, die den Fragebogen beantworteten, nahmen nicht am Kongreß in Gießen teil. Als Hypothesen für den Einbruch der Teilnehmerinnenzahl (von 700 in Berlin auf 300) wurden die geringe Attraktivität des Veranstaltungsortes, das Kongreßprogramm, ein eventuell geringeres Interesse der Frauen an einer Auseinandersetzung mit ihrer Situation in Naturwissenschaft und Technik, und die Art der Bekanntmachung des Kongresses diskutiert. Möglicherweise spielte auch der finanzielle Aspekt eine Rolle oder die Frauen hatten einfach keine Zeit.

77% der früheren Teilnehmerinnen gaben an, keine Zeit gehabt zu haben. Das heißt aber auch, daß sie sich keine Zeit für den Kongreß genommen haben. 22% der früheren Teilnehmerinnen beschäftigten sich zum Zeitpunkt des Kongresses nicht mit dem Thema "Frauen in Naturwissenschaft und Technik", davon nur 15% der Studentinnen, aber genau ein Drittel (33%) der arbeitslosen Frauen. Da sie sich mit ihren Problemen auf dem Kongreß auch nicht besonders repräsentiert fühlten (siehe weiter unten), ist es nicht verwunderlich, daß sie an einer Teilnahme kein großes Interesse hatten. 14% der Frauen gaben an, daß sie das Veranstaltungsprogramm nicht angesprochen hat. 9% fanden die Stadt Gießen nicht interessant, was in höherem Maße für die Studentinnen zutraf. Die Attraktivität des Veranstaltungsortes spielte also eine eher untergeordnete Rolle, wie auch aus dem Vergleich der Gründe für den Kongreßbesuch zwischen den Kongressen in Münster, Kiel, Bremen, Berlin und Gießen hervorging (vgl. Kap. 4.5.2). Finanzielle Gründe waren für das Fernbleiben von erwerbslosen Frauen (15%) und Studentinnen (13%) verantwortlich, was für diese wie zu erwarten ein größeres Problem darstellt als für berufstätige Frauen (4%). Die Höhe der Teilnahmegebühr betraf dies jedoch nicht (nur eine Frau fand sie zu hoch). Nur sehr wenige Frauen (2%), die nicht in Gießen waren, hatten nicht bzw. zu spät von dem Kongreß erfahren, so daß dies als Grund für die niedrige Teilnehmerinnenzahl ausgeschlossen werden kann.

Bei den "sonstigen" Gründen präzisierten 2% der Frauen, warum sie keine Zeit hatten, zumeist wegen hoher Belastung in Studium oder Beruf oder weil ihnen andere Vorhaben wichtiger waren. 13 Frauen (4%) kamen nicht (mehr) zum Gießener Kongreß, weil sie generelle Kritik am Kongreß haben, eine davon aus Enttäuschung über den Berliner Kongreß: der Kongreß sei uneffektiv, flach, immer mit denselben Diskussionen, zu groß geworden; eine andere schreibt: "*arbeitslos+Kongreß=Frust*". Andere fühlten sich nicht zur Zielgruppe gehörend. Vier Frauen brauchten eine Kongreßpause, vier weitere wollten nicht alleine nach Gießen fahren. Gesundheitliche Gründe wurden von 2% angegeben, ebenfalls 2% hielten sich im Ausland auf. Für fünf Frauen war der Weg nach Gießen zu weit, was wiederum zur finanziellen Seite gehört.

Mithin sind als Gründe für das Fernbleiben von potentiellen Teilnehmerinnen am ehesten die Unzufriedenheit mit dem Gießener Kongreßprogramm, die Unzufriedenheit mit dem Berliner Kongreß und die Situation vor allem der arbeitslosen Frauen auszumachen, die sich zum einen notgedrungen mehr damit beschäftigen müssen, einen Job zu finden (und sich von daher weniger mit dem Thema Frauen **in** Naturwissenschaft und Technik beschäftigen), und zum anderen wenig Geld haben, um die Kongreßteilnahme (inklusive Fahrt- und Verpflegungskosten) bezahlen zu können.

4.5.5.4 Kritik und Anregungen

Wir fragten: "Was könnte Ihrer Meinung nach bei den noch folgenden Kongressen verbessert werden?" 199 Frauen, das entspricht knapp einem Drittel, schrieben ausführlich ihre Anregungen, ihre Ideen und ihre Kritik zum Kongreß auf. Dabei wurden folgende Punkte angesprochen:[34)]

- Die **Zielgruppe**: An welche Frauen richtet sich der Kongreß? Welche Frauen sollten verstärkt angesprochen werden?
- Die **Zielsetzung** und die gesellschaftliche Relevanz des Kongresses.

- Das **Themenspektrum** des Veranstaltungsprogramms, die Gestaltung des Programms, die dominierenden Themen auf den Plenen der letzten Jahre (Stichwort: Namensdiskussion) und die Qualität der Veranstaltungsbeiträge (Stichwort: Professionalisierung).
- Der **Erfahrungsaustausch**, die persönlichen Kontakte und der allgemeine Umgang der Teilnehmerinnen miteinander.
- Die **Organisation** des Kongresses.
- Die **Öffentlichkeitsarbeit**.

4.5.5.4.1. Die Zielgruppe

Viele Frauen kritisierten, daß der Kongreß zu akademisch und zu stark auf Studentinnen ausgerichtet sei. Sie wünschen sich, daß berufstätige Frauen in Naturwissenschaft und Technik, auch aus dem nicht-akademischen Bereich, stärker angesprochen werden (16).

"Ich hätte gerne mehr nicht studierte Frauen auf diesem Kongreß, die in NUT arbeiten!" (f93)

"Der Kongreß war bisher interessant für mich, weil ich selbst aus dem Uni-Bereich komme. Seit zwei Jahren bin ich durch meine Selbständigkeit 'raus' aus der Uni. Wunsch: mehr 'normale' Berufstätige, auch aus Handwerksberufen." (f117)

"Nicht nur Akademikerinnen ansprechen. Es herrscht eine unvorstellbare Arroganz gegenüber Frauen ohne Uni-Abschluß (z.B. NUT). Frauen sollten zusammenhalten und nicht spalten." (f352)

"Zu stark auf Studentinnen angepaßt, die mehr Zeit haben." (f432)

"Mehr Teilnahme von Frauen außerhalb der Unis bzw. des Studiums (solche, die in Technik und Naturwissenschaft arbeiten!" (f590)

Als Teilnehmerinnen sollten auch Mädchen angesprochen werden, und hier ebenfalls aus gewerblich-technischen und Handwerksberufen (3).

Berufstätige Frauen aus dem nicht-universitären Bereich (Industrie, Handwerk) sind auf dem Kongreß kaum vertreten.[35)] Die "typische" Kongreßteilnehmerin hat einen Universitäts- oder Fachhochschulabschluß oder studiert. Ausbildungsberufe aus dem gewerblich-technischen Bereich sind quasi nicht vorhanden. Obwohl immer wieder der Anspruch geäußert worden ist, auch Frauen aus diesen Berufen anzusprechen, wurden keine großen Anstrengungen unternommen, dies auch umzusetzen, z.B. durch gezieltes Bekanntmachen des Kongresses außerhalb der "gewohnten Kreise" und durch Berücksichtigung im Veranstaltungsprogramm.

Ältere Frauen fühlten sich nicht repräsentiert, was mit der Kritik derjenigen Frauen korrespondiert, die meinten, daß der Kongreß zu sehr an Studentinnen angepaßt sei. Aber auch junge Frauen wünschten sich den Austausch mit älteren Frauen (4).

"Ich bin über 50. Es waren nicht viele ältere Frauen da, so daß deren Probleme etwas zu kurz kamen." (f8)

"Ich bin auf dem Kongreß leider nur jungen Frauen meines Alters begegnet. Gerne hätte ich auch mit Frauen aus der Generation meiner Mutter oder sogar Großmutter gesprochen." (f273)

"*Mehr Raum für Frauen aus den neuen Bundesländern*" und "*besseres Zugehen auf Ausländerinnen*" - diese Wünsche machen deutlich, daß Frauen aus dem Osten und ausländische Frauen bisher nicht integriert sind (6). Dies trifft anscheinend auch auf Teilnehmerinnen aus den Nachbarländern zu, da auch die "*Einbindung von Österreicherinnen und Schweizerinnen*" als verbesserungswürdig erachtet wird.

Eine Frau schrieb:

"*Nicht nur lesbische Frauen anzusprechen, sondern auch allen anderen Mut machen, dorthin zu kommen.*" *(f139)*

Was die Teilnahme von Frauen aus verschiedenen Disziplinen betrifft, kamen sehr gegensätzliche Statements. Für eine Einbeziehung von Frauen aus den Gesellschaftswissenschaften, der Medizin und der Psychologie sprachen sich vier Frauen aus, auf der anderen Seite kritisierten zwei Frauen, daß der Kongreß aufgrund seines breiten Spektrums nicht allen Fachrichtungen gerecht werden kann.

Von acht Frauen wurde die Teilnahme von Männern thematisiert. Von ihnen waren sieben der Meinung, daß sich der Kongreß auch für Männer öffnen sollte.

"*Kategorische Ablehnung von Männern unterlassen. Zwar sind männerfreie Räume wichtig, um Diskussionen unter Frauen fruchtbarer zu machen, aber die Nichtbeteiligung führt dazu, daß Frauenförderung und Gleichstellung als reine Frauenaufgabe dargestellt wird.*" *(f50)*

"*Interessierte Männer sollten als Zuhörer zugelassen werden.*" *(f562)*

Eine Frau drückte ihre Ablehnung gegen die Teilnahme von Männern so aus:

"*Bloß nicht weich werden und Männer reinlassen!*" *(f64)*

4.5.5.4.2 Zielsetzung und gesellschaftliche Relevanz des Kongresses

Immerhin 18 Kommentare beschäftigen sich mit der Zielsetzung und der gesellschaftlichen Relevanz des Kongresses. "*Es sollte auf ein Ziel hingearbeitet werden*" - so eine schlichte Feststellung. Einige Frauen kommentierten, wie dieses Ziel aussehen könnte. Im folgenden sind exemplarisch fünf Kommentare dazu wiedergegeben:

"*Viel feministischer, radikaler, linker (in Veranstaltungen und in Statements nach draußen).*" *(f178)*

"*Weniger Opferrolle - jetzt unsere Wege aufzeigen für die Zukunft.*" *(f259)*

"*Weniger feministische Ansätze (hat auf mich eher abschreckend gewirkt!)*" *(f272)*

"*Kritische Bewertung der Themen im GESAMTgesellschaftlichen Kontext sollte Ziel des Kongresses sein.*" *(f364)*

"*Weniger Grundsatzdiskussionen. Zu ermüdend, sich Gedanken zu machen, ob Frauen nun Lesben sind oder Lesben nun Frauen etc. PLÄNE STATT PROBLEME! Frauen brauchen heutzutage keine Ideologie mehr, um ihre Pläne umzusetzen, wohl aber Netzwerke.*" *(f447)*

Die gesellschaftliche Relevanz des Kongresses wird überwiegend als zu gering erachtet. Es werden "*noch mehr gesellschaftspolitische Signale*" und das "*Nutzen der politischen Kraft*" gefordert, z.B. indem auf den Plenen politische Entscheidungen und

Statements für gesellschaftlich brisante und aktuelle Themen diskutiert, verabschiedet und an die Öffentlichkeit gebracht werden. Das Defizit des Kongresses in diesem Bereich wurde auch bei der Bewertung der gesellschaftlichen Funktion deutlich (vgl. Kap. 4.5.4).

Die Statements zeigen, daß zumindest in den letzten Jahren die Diskussion darüber, welche Ziele verfolgt und umgesetzt werden sollen, und welche Wirkung auf die Gesellschaft und die Politik erreicht werden soll, vernachlässigt worden ist. Nach 18 Jahren "Naturwissenschaftlerinnen- und Technikerinnenbewegung" sollte also die Frage neu gestellt werden: "Was wollen wir mit dem Kongreß verändern?" Wenn diese Frage beantwortet ist, läßt sich auch die Frage: "Was hat sich denn eigentlich durch den Kongreß verändert?", leichter beantworten (diese Frage wurde den Gießener Organisatorinnen 1994 in einem Pressegespräch gestellt).

4.5.5.4.3 Themenspektrum und Veranstaltungsprogramm

In der weitaus größten Zahl setzten sich die Teilnehmerinnen kritisch mit dem Spektrum der auf dem Kongreß behandelten Themen und mit dem Veranstaltungsangebot auseinander. Hierzu kamen insgesamt 156 Anregungen, Wünsche und Kritikpunkte. Es fällt auf, daß sehr viele Frauen explizit mehr Veranstaltungen zu fachlichen Themen (39) sowie zur beruflichen Situation (31) fordern. Den Frauen ist dabei besonders wichtig, daß sie konkrete Tips und Hilfestellungen bekommen, wie sie sich im (Berufs-)Alltag durchsetzen können und wie sie ihre Chancen auf dem Arbeitsmarkt verbessern können.

1. Allgemeine Kritik am Veranstaltungsprogramm

Die allgemeine Kritik am Veranstaltungsprogramm fällt unterschiedlich aus. Inhaltlich werden mehr Schwerpunktsetzungen, neue Themen und mehr politische Themen gewünscht. Kritisiert wird die "*Beliebigkeit*" und "*Zufälligkeit*" des Programms, und es wird für eine stärkere Gestaltung und Straffung plädiert. Einige Beispiele:

"*Neue Themen, sonst wird es langweilig (d.h. inhaltliche Weiterentwicklung).*" *(f107)*

"*Ich wünsche mir mehr politische Auseinandersetzungen und Diskussionen.*" *(f239)*

"*Der Kongreß sollte stärker themenkonzentriert sein, also nicht nur die Veranstaltungen, die Frauen 'zufällig' anbieten, sondern stärker gestaltet.*" *(f412)*

"*Bessere Gliederung des Veranstaltungsprogramms, vieles wiederholt sich jedes Jahr. Schwerpunkte deutlich machen und einfordern.*" *(f506)*

Eine Frau lobt demgegenüber gerade die Themenvielfalt des Kongresses:

"*Mir gefällt es so. Besonders mag ich (was in Ihren Fragen sehr wenig vorkam) die Themenvielfalt: Vorträge über Feminismus, Ökologie, Physik, ..., Sportveranstaltungen, ... und daß es eine 'alternative' Veranstaltung auch für 'etablierte' Frauen ist.*" *(f307)*

Die Anzahl und Organisation der Veranstaltungen ist ein weiterer Kritikpunkt. Einige schlagen weniger Einzelveranstaltungen vor, um damit Interessenkonflikten bei der individuellen Programmwahl zu begegnen. Es werden andere Veranstaltungsformen vorgeschlagen: kleinere und intensivere Arbeitsgruppen, ein sinnvolles Arbeiten in Großgruppen, mehr kontroverse Vorträge, Diskussionsveranstaltungen mit begrenzter Teilnehmerinnenzahl, Theaterspielworkshops, Veranstaltungen für Wissenschaftlerinnen und Technikerinnen gemeinsam, Veranstaltungen für Frauen, die zum erstenmal den Kongreß besuchen. Mehr (zeitliche und räumliche) Möglichkeiten für Diskussion und Kommunikation sind für einige eng mit einem besseren Erfahrungsaustausch verknüpft:

"*Es muß genug Zeit zum Austausch und zu Diskussionen bleiben (in Kiel viel zu kurz).*" *(f308)*

"*Wenn ein Seminar überfüllt ist, zweiten Termin ansetzen. Häufig waren Diskussionen kaum möglich, weil zu viele Frauen auf beengtem Raum zusammengepfercht waren. Die Qualität mancher Veranstaltungen hat darunter sehr gelitten.*" *(f363)*

"*Möglichkeiten zum Erfahrungsaustausch in kleinen Gruppen; mehr Diskussionen, weniger Vorträge.*" *(f525)*

Eine Frau möchte darüber hinaus mehr "*Raum und Zeit für 'spirituelle' Wahrnehmungen zusammen mit anderen Frauen*" *(f584)*.

Obwohl über 60% der Teilnehmerinnen durch den Kongreß bestärkt wurden, in ihrem Studium oder Beruf weiterzumachen, schreibt eine Frau diesen Kommentar, aus dem Enttäuschung spricht:

"*Von Frauen bearbeitete Themen, Forschungen, Projekte vorstellen und diskutieren; ich will was lernen, ich will nicht 'nur' gestärkt rausgehen. Ohne die entsprechenden Inhalte bleibt doch hinterher ein leeres Gefühl, dann braucht es auch nicht 'Kongreß' heißen.*" *(f490)*

Vielleicht könnte dieser Vorschlag eine Lösung darstellen? "*Programm anbieten sowohl für Frauen, die intensiv arbeiten wollen wie auch für Frauen, die eher ein schönes Wochenende verbringen wollen.*" *(f486)* Und für das Rahmenprogramm werden "*Stadtrundgänge für Frauen*", "*mehr körperliche Betätigung zwischendurch*" und gar ein "*Damenprogramm für mitgebrachte Partner?*" vorgeschlagen.

2. Stichwort Professionalisierung

Die Kritik am Veranstaltungsprogramm wird von vielen Teilnehmerinnen direkt auf die Einzelveranstaltungen bezogen. Sie erwarten sich besser vorbereitete, "*inhaltlich hochwertigere*", kompetentere Vorträge und Arbeitsgruppen. Eine Professionalisierung fordern einige Frauen auch für die gesamte Organisation des Kongresses. Die Diskussion über eine Professionalisierung wurde bei der Vorstellung der ersten Resultate der Teilnehmerinnen-Befragung auf dem Kongreß in Karlsruhe sehr kontrovers geführt. Hier sind exemplarisch einige der 18 Beiträge, die sich unter dem Stichwort Professionalisierung fassen lassen, wiedergegeben.

"*Professionelle Organisation; professionelle Beiträge.*" *(f167)*

"*Weniger Veranstaltungen, dafür professionellere Veranstaltungsleiterinnen*". *(f280)*

"Konzentrierte Arbeit in vorbereiteten Gruppen, so daß während dem Kongreß intensiver gearbeitet werden kann, z.B. Literaturlisten vorher ausgeben. Die Arbeitsgruppen rutschen dann nicht so leicht ins Allgemeine ab." (f330)
"Einsatz bezahlter Frauen: mehr Professionalität und geringere Ausbeutung der Organisatorinnen." (f432)
"Es sollte mehr auf die Qualität des Vortragsstils geachtet werden." (f498)
"Etwas straffere Akzentgebung, die spezielle Themen betreffen. Sorgfältigere Auswahl der Referentinnen." (f503)
"Innerer Widerstreit: einerseits würde ich mir eine "Professionalisierung" wünschen, andrerseits fürchte ich, daß dann die angenehme, vertraute, lockere Atmosphäre flöten geht und sich der Kongreß nicht mehr von den öden traditionellen unterscheidet." (f529)

Die meisten der Statements machen sehr deutlich, daß die Frauen das Bedürfnis haben, auf dem Kongreß inhaltlich intensiver zu arbeiten. Das entspricht dem geäußerten Bedürfnis nach inhaltlicher Straffung des Kongreßprogramms und nach einem größeren Angebot an fachspezifischen Veranstaltungen (s. unten).

Die Anregungen zum Themenspektrum des Kongresses sind breit gefächert. Wie oben schon erwähnt, stehen dabei fachliche Themen und die Situation in Ausbildung und Beruf im Vordergrund. Weiter werden die Themen Netzwerke, Internationalisierung und Lesben in Naturwissenschaft und Technik angesprochen. Viele Anmerkungen kamen zur Diskussion um den Namen des Kongresses, die sich über die letzten Jahre erstreckte.

3. Fachliche Veranstaltungen

"Mehr Fachvorträge". "Mut zu fachwissenschaftlichen Veranstaltungen (von Frauen für Frauen)." "Noch mehr fachspezifische Themen, Forschungsergebnisse, ..." "Mehr fachlich-inhaltlicher Austausch." "Mehr Fachgruppen."

Das sind nur fünf von 39 gleich oder ähnlich lautenden Statements. Das Bedürfnis nach mehr fachlichem Austausch, sowohl innerhalb der eigenen Fachrichtung als auch interdisziplinär, ist sehr groß. Es werden aber nicht nur mehr Fachvorträge etc. gewünscht, die Beiträge sollten auch qualitativ besser sein. Folgendes Zitat bringt das gut zum Ausdruck:

"Mehr gezielte Veranstaltungen für Frauen in der Technik. Ich meine damit mehr naturwissenschaftliche Themen, und nicht nur reden und mit Frauen einfach reden." (f462)

Einige Teilnehmerinnen machten konkrete Vorschläge für Fachthemen. Es werden der Umweltschutzbereich, Veranstaltungen zu Neuen und alternativen Technologien, Planungsthemen (Umwelt-, Landschafts- und Stadtplanung), Ökologie, Chemie, Geographie und Medizin genannt. Weitere Themenwünsche sind "*mehr Wissenschaftskritik*" und die "*Verwirklichung feministischer Ansätze in den verschiedenen Forschungsbereichen*".

Bemerkenswert ist der Wunsch nach gut vorbereiteten Fachgruppentreffen. Aus der Kritik spricht, daß diese Treffen in der Vergangenheit nicht unbedingt dazu beigetragen haben, die Teilnehmerinnen zu ermutigen.

"*Bessere Vorbereitung/ Leitung der Fachgruppentreffen (habe dort massiven Pessimismus angetroffen).*" *(f250)*
"*Größerer fachwissenschaftlicher Austausch, denn ich lerne unheimlich gerne Naturwissenschaften von Frauen! ´Organisierte´ Fachgruppentreffen, wo eventuell eine Frau es in die Hand nimmt dafür zu sorgen, daß sie dazu beitragen, den (neuen) Frauen Mut zu machen und Unterstützung zu bekommen.*" *(f140)*

4. Veranstaltungen zur Situation in Ausbildung und Beruf

Genauso wichtig wie die Auseinandersetzung mit fachlichen Themen ist den Teilnehmerinnen die Auseinandersetzung mit ihrer Situation in Ausbildung und Beruf, und hier besonders im nicht-universitären Berufsalltag. Auch das Kennenlernen von Durchsetzungsstrategien und die Arbeitslosigkeit spielen eine große Rolle. 31 Kommentare befassen sich mit diesem Themenbereich. Einige Beispiele:

"*Für mich war die Wissenschaft zu sehr vertreten, konkrete Strategien zur Verbesserung der Situation von Frauen in der Industrie würden mich auch interessieren.*" *(f54)*
"*Veranstaltungen zu Arbeitslosigkeit und Arbeitsuche interessieren und betreffen mich.*" *(f59)*
"*Die Situation erwerbsloser Frauen beachten, Foren anbieten, in denen Frauen sich darüber austauschen können bzw. über Strategien, da rauszukommen!*" *(f179)*
"*Mehr Veranstaltungen auch für berufstätige Frauen.*" *(f202)*
"*Der Schwerpunkt liegt z. T. zu sehr auf Unis und Forschung, auch die ´angewandten´ Berufsfelder sowie Arbeitslosigkeit sollten stärker berücksichtigt werden.*" *(f378)*

Berufstätige Frauen wie angehende Naturwissenschaftlerinnen und Technikerinnen möchten mehr über den Berufsalltag erfahren:

"*Frauen einladen, die in naturwissenschaftlichen bzw. technischen Berufen etabliert sind, um durch Vorträge von ihnen etwas über den beruflichen Alltag von Frauen zu erfahren bzw. Tips zu bekommen.*" *(f35)*
"*Ich würde gerne mehr über alltägliche Probleme im Arbeitsalltag von Frauen in Naturwissenschaft und Technik erfahren. Außerdem würde mich interessieren, wie der Einstieg ins Berufsleben geschafft werden kann (Finden einer Stelle etc.).*" *(f603)*

Diese Statements lassen sich auch mit den Worten "*stärkerer Praxisbezug*" und "*mehr praktische Erfahrungsberichte*" umschreiben. Weiterhin werden die Weitergabe von Informationen über Weiterbildungsmöglichkeiten und das Einrichten einer "*Jobbörse*" oder einer "*Zukunftswerkstatt für Frauen in NW/T*" von einigen Frauen vorgeschlagen.

Das Eingehen auf die spezielle Situation behinderter Frauen wird nur von einer Teilnehmerin thematisiert:

> "*Chancen, Möglichkeiten, Ablehnung behinderter Frauen; technische Hilfen, soziale Stärkung = verbesserte Arbeitsmarktchancen; Verhaltenstraining.*" *(f565)*

Ein spezielles Training und das Erlernen von Durchsetzungsstrategien ist ebenfalls vielen anderen Frauen wichtig. Einige Beispiele:

> "*Hilfreicher als Theoriediskussionen fände ich es, Durchsetzungsvermögen und -willen der Frauen im Alltag zu stärken, z.B. durch Selbstbehauptungs- und Durchsetzungstraining.*" *(f225)*
>
> "*Mehr zu latentem und offenem Sexismus an der Uni, am Arbeitsplatz, beim Bewerbungsgespräch; mehr zum Thema Selbstsicherheit, Auftreten, Kompetenz.*" *(f250)*
>
> "*Spezielle Veranstaltungen zur Situation am Arbeitsplatz: Lust auf Macht, wie Frauen positiv Einfluß nehmen können.*" *(f290)*

In der konkreten Situation am Arbeitsplatz möchten Frauen außerdem die Themen Konkurrenz, Verhältnis Kollegen - Kolleginnen, Informationsfluß im Betrieb, die bestehenden hierarchischen Strukturen und das Meistern der Situation, als Frau alleine in einer "Männerrunde" zu sein, aufgegriffen wissen. Nur eine einzige Frau spricht sich gegen Veranstaltungen zu Durchsetzungsstrategien aus: "*Mehr Wissenschaftskritik, weniger erfolgreich handeln.*" *(f33)*.

Entsprechend dem verschwindend geringen Anteil an Frauen aus dem gewerblich-technischen Bereich möchte nur eine Frau mehr über "*Mädchen und Technik, Mädchen in der gewerblich-technischen Berufsausbildung und über Handwerkerinnen*" vertreten sehen. Darüber hinaus wird von Lehrerinnen der Wunsch nach einem stärkeren Austausch zwischen Lehrerinnen in naturwissenschaftlichen Fächern ausgesprochen.

<u>5.Netzwerke</u>

Obwohl sich in der langen Tradition des Kongresses schon viele Netzwerke gebildet und etabliert haben, wie zum Beispiel die Vereine dib und NUT, die TuNixen oder die AG Frauen im Bereich regenerative Energien, besteht nach wie vor ein großes Bedürfnis nach "*mehr Vernetzungsaktivitäten*" (12). Und zwar zum einen für die persönliche Erweiterung der Informationsmöglichkeiten:

> "*Ausbau von Netzwerken zur Erleichterung der Jobsuche.*" *(f257)*
>
> "*Speziell aus meiner Situation heraus fände ich natürlich eine Art Börse bzw. Gründung einer Infogruppe gut, wie frau wieder Zugang zu NW/T bekommt durch Weiterbildung, Um'schulung', Wiedereinstiegsmöglichkeiten. Sicher auch für andere Frauen interessant!*" *(f275)*
>
> "*Möglichkeiten zur Verbreitung von Adressen und Wissenswertem besser nutzen.*" *(f296)*

Zum anderen wird der Aufbau von Kontakten zu anderen Frauengruppen, -verbänden und Aktivitäten vorgeschlagen, zum Beispiel zur Messe TOP in Düsseldorf. Ein Zitat:

"*Eventuell Kontakte zu etwas konservativeren Frauenverbänden knüpfen, z.B. der entsprechenden Gruppierung des VDI. Es scheint mir zwar nicht sinnvoll, den Kongreß dahingehend umzugestalten, daß sich auch 'typische' ('angepaßtere') Ingenieurinnen verstärkt in den Themen wiederfinden, aber es sollte mehr gegenseitiger Respekt und Offenheit vorhanden sein, was durch gedanklichen Austausch ermöglicht werden könnte. Jede Frau kann von ihrem Standpunkt aus den einen oder anderen Schritt tun. Die allen Frauen (wider: 'Teile und herrsche') gemeinsamen Handicaps scheinen mir zu überwiegen.*" *(f91)*

Eine Internationalisierung wird nur von zwei Teilnehmerinnen angesprochen. Das verwundert nicht angesichts der ausgiebigen Beschäftigung des Kongresses mit sich selbst, wie aus den später zitierten Kommentaren zur Namensdiskussion hervorgeht.

6. Veranstaltungen zur Situation von Lesben in NuT

Mehr Veranstaltungsangebote zur spezifischen Situation von Lesben werden von sechs Teilnehmerinnen erwartet. Drei Beispiele:

"*Wieder mehr zu Lesben, Rassismus, ... Hat mir früher besser gefallen.*" *(f146)*
"*Thematisierung lesbischer Lebensweise, Berufschancen etc.*". *(f184)*
"*Mehr Veranstaltungen von, für, über Lesben und ihre besondere Situation in NUT.*" *(f401)*

Eine Frau möchte dagegen, daß das Programm "*nicht immer nur auf Lesben in NW+T konzentriert*" wird. Die "*Thematik Lesbe/ Nicht-Lesbe*" ist für einige eng mit den Diskussionen um den Namen des Kongresses verknüpft (s. unten). Sie lehnen vor allem die zwischen Lesben und "Nicht-Lesben" entstandene Konkurrenzsituation ab:

"*Die sexuelle Orientierung sollte nicht derart viel Gewicht bekommen, daß es zu zwei Sorten Frauen in NW/T kommt, nämlich den hetero- und den homosexuellen Frauen. (f223)*

7. Der Name des Kongresses

Bei der Diskussion um den Namen des Kongresses stehen die Befürworterinnen einer Namensänderung denjenigen gegenüber, die die Namensdiskussion als nicht wichtig erachten oder gerne beendet sehen würden, weil sie sie als nicht konstruktiv erfahren haben. Da dieses Thema in den letzten Jahren sehr emotional diskutiert worden ist, werden hier alle eingegangenen Statements zitiert (15).

Die Befürworterinnen:
" *Neuer Name, der Lesben einschließt und außerdem antirassistisch ist!*" *(f178)*
"*Der Name des Kongresses (Lesben ansprechen!).*" *(f226)*

"Lesbische Frauen nehmen zwar zu einem sehr hohen Prozentsatz teil, sind aber zu wenig sichtbar: im Namen des Kongresses z.B.; auch hier im Fragebogen fehlen sie!" (f241)

Diejenigen, die die Namensdiskussion als nicht so wichtig betrachten:
"Mehr Gemeinsames statt (meiner Meinung nach) unwichtiger Debatten um Namen etc." (f209)
"Keine sinnlosen Diskussionen, z.B. die Namensänderung Nr. X." (f259)
"Die ewige Diskussion, ob 'lesbisch', 'feministisch' oder sonstige Adjektive in den Titel aufzunehmen, sollte endlich eingestellt werden." (f351)
"Die ständig gleichen Diskussionen um Formalien (Name, Abstimmungsmodus) sind ermüdend und sollten endlich endgültig vom Tisch (der Gießener Anlauf war da sehr ermutigend! Weiter so!)." (f485)
"Weniger unsinnige Themen beim Plenum wie z.B. der Name des Kongresses." (f591)

Die Kritikerinnen des Diskussionsstils und des Umgangs miteinander anläßlich der Namensdiskussion:
"Die Thematik Lesbe/ Nicht-Lesbe sollte nicht so stark problematisiert werden, zumindest nicht im Begrüßungsplenum. Schreckt viele ab (Beispiel: Kiel). Konkurrenzkampf fast größer als bei Männern, wenn frau sich das Plenum angehört hat." (f11)
"Kontroverse Diskussionen finde ich gut; die lesbischen Diskussionen fand ich sehr wichtig, da sie uns alle und den Umgang miteinander neu klärten (Toleranz, Wertschätzung, Austausch); danach schienen mir kontroverse Diskussionen allerdings oft aufgesetzt und hochgeputscht (z.B. Namensgebung, Rassismus), diese Diskussionen fand ich oft auch ungut aggressiv." (f59)
"Das aufdringliche bis aggressive Auftreten lesbischer Interessenvertretungen fand ich abstoßend. Ich sehe nicht mehr und nicht weniger Gemeinsamkeiten von Naturwissenschaftlerinnen mit Geisteswissenschaftlerinnen als mit Lesben. Wenn wir die einen mit einbeziehen, müssen wir es mit den anderen auch. Das ist für mich kein Kongreß 'Frauen in NUT', sondern ein Kongreß 'Frauen in verschiedenen Umfeldern und Lebenslagen'." (f70)
"Die ewigen Diskussionen um den Kongreßnamen sind zu destruktiv! Ich finde Lesben sind auch Frauen und für mich immer inbegriffen, somit müßten auch Ausländerinnen, bisexuelle Frauen, behinderte Frauen usw. genannt werden." (f217)
"Ich empfand die Spannungen zwischen Hetero-Frauen und Lesben als störend, da sie breiten Raum einnahmen (Aggressionen der Frauen untereinander). Hilfreicher als Theoriediskussionen fände ich es, Durchsetzungsvermögen und -willen der Frauen im Alltag zu stärken." (f225)
"Ewige Diskussionen um Themen, die selbstverständlich sind, müssen anders gelenkt werden." (f340)
"Bei den letzten beiden Kongressen war mir die Mixtur aus lesbisch und feministisch zu kraß. Ich fühle mich zwar feministisch, aber bin nicht lesbisch und habe

sehr aggressive Angriffe in meine Richtung erlebt durch einige lesbische Frauen. Das finde ich sehr destruktiv und hält manch eine Frau ab, zum Kongreß zu kommen." (f595) *[Anm. d. Verf.: letzter Kongreß war 1993]*

4.5.5.4.4 Erfahrungsaustausch, persönliche Kontakte und Umgang der Teilnehmerinnen miteinander

Den Erfahrungsaustausch gaben die Teilnehmerinnen mit 83 % als wichtigstes Kriterium für ihren Kongreßbesuch an (s. Kap. 4.5.2). Durch die enorme Größe, die der Kongreß in den letzten Jahren angenommen hat, werden die spontanen Möglichkeiten für den persönlichen Erfahrungsaustausch jedoch eingeschränkt. Es wurde bereits beschrieben, daß durch eine Organisation des Veranstaltungsprogramms, die dem Bedürfnis nach Raum und Zeit für persönliche Diskussionen Rechnung trägt, der Austausch zwischen den Teilnehmerinnen gefördert werden kann. Diese Voraussetzung war anscheinend nicht bei jedem Kongreß gegeben, denn es wird "*mehr Raum für Austausch*", "*Raum für Kontakte*" gefordert (7). Eine Verbesserung des Erfahrungsaustauschs zwischen ost- und westdeutschen Frauen wird von zwei Teilnehmerinnen gewünscht:

> "*Vielen ostdeutschen Frauen sind die auf den Kongressen diskutierten Probleme noch etwas fremd. Sie kommen aus einer anderen Erfahrungswelt, vor allem die über 30, haben aber wichtige Erfahrungen zu bieten (v.a. auf sozialem Gebiet).*" *(f121).*

Für die Vermittlung von Erfahrungen "älterer Feministinnen" an "Nachwüchslerinnen" schlägt eine Teilnehmerin einführende Veranstaltungen vor. Frauen, die den Kongreß alleine besuchen, finden nur schwer Kontakt zu anderen Teilnehmerinnen (4):

> "*Auf dem letzten Kongreß war ich allein, d.h. ohne Freundinnen, und fand es schwierig, den Kontakt aufzunehmen, da es zahlreiche Kleingruppen gab, die gemeinsam anreisten, und lokale feste Insidergrüppchen, allesamt wenig offen für 'Fremde'. Im allgemeinen nicht mein Problem! Schade.*" *(f37)*
> "*Auf jeden Fall am ersten Tag die Fachgruppentreffen wieder einführen. Ein guter Anfang ist das Wesentliche jedes Kongresses. Die dabei entstehenden Kontakte beeinflussen die gesamte Stimmung des Kongresses: Offenheit, ... sonst ist die Isoliertheit vorprogrammiert.*" *(f70)*

Beim Umgang miteinander wird mangelnde Solidarität beklagt (2):

> "*Die Atmosphäre war für mich auch eher unkollegial, hatte das Gefühl, ein Fremdkörper (!) zu sein. Nix von Frauensolidarität.*" *(f421)*

Die zitierte Frau schrieb begleitend zum Fragebogen, daß sie stark schwerhörig sei.

Auch die Statements der Teilnehmerinnen, die den Diskussionsstil und den Umgang zwischen lesbischen und heterosexuellen Frauen kritisiert haben, sollten an dieser Stelle noch einmal erwähnt werden. Stellvertretend dafür: "*Weniger internes Hickhack.*" *(f113)*

4.5.5.4.5 Organisation des Kongresses

Hier gab es Kritik, aber natürlich auch Lob! Den Termin des Kongresses wollen zwei Teilnehmerinnen verschieben, da das bundesweite Lesbenfrühlingstreffen beinahe zeitgleich stattfindet. Drei andere hätten gerne, daß die Kongreßdauer verlängert wird, da ein weiterer Tag "*die geballte Themenvielfalt auflockern*" würde. Und eine ist zwar zufrieden mit den Kongressen, "*fände es aber schön, wenn im norddeutschen Raum mehr Kongresse stattfinden würden.*"

Die **allgemein-organisatorischen Kritikpunkte** (11) beziehen sich auf die Verpflegung (gut, billig und ausreichend), die Unterbringung (Angebot von Gemeinschaftsunterkünften), die (rechtzeitige) Ankündigung des Kongresses, die Kommunikation der Organisatorinnen mit den Teilnehmerinnen (hier wird eine E-Mail-Adresse vorgeschlagen), und das Erscheinungsdatum der Kongreßdokumentation (soll früher erscheinen). Eine generelle Kritik an der Organisation des Berliner Kongresses wird von zwei Frauen geübt.

Eine generelle Kritik, die nicht auf einen bestimmten Kongreß bezogen ist, setzt sich mit der "Konsumhaltung" auseinander (4). Der Kongreß solle "*weniger kommerziell*" sein, die Organisatorinnen sollten "*etwas gegen die stärker werdende Konsumhaltung tun*". Was hier unter Konsum bzw. Konsumhaltung verstanden wird, wird nicht näher erläutert; eine macht den Zusatz "*mehr Eigenverantwortlichkeit*" der Teilnehmerinnen. Eine weitere Frau möchte "*mehr Beteiligung der Teilnehmerinnen am gesamten Kongreßablauf*". Möglicherweise ist also mit der Kritik gemeint, daß die Teilnehmerinnen den Organisatorinnen unter die Arme greifen, wenn es notwendig ist. Das jedenfalls hätten die Gießener Organisatorinnen von "ihren" Teilnehmerinnen erwartet, wie in der Dokumentation des Gießener Kongresses (1994) unter der Frage: "Wie gehen wir mit der von Jahr zu Jahr zunehmenden Konsumhaltung der Teilnehmerinnen um?" (S. 4f) nachzulesen ist. Eine Teilnehmerin machte im Fragebogen folgende Anmerkung, die in diesem Sinne als Appell sowohl an die Organisatorinnen wie auch an die Teilnehmerinnen zu verstehen ist:

> "*Die Organisatorinnen brauchen sich nicht so nen Streß machen, lieber etwas lässiger sehen, auch wenn dann nicht alles so perfekt ist. Mehr Wohlwollen auf Seiten der Teilnehmerinnen.*" *(f209)*

Und stellvertretend für die, die den Kongreß durchweg gelobt haben (4), sei diese Teilnehmerin zitiert:

> "*Ich fand die von mir bisher besuchten Kongresse immer gut organisiert. Daß der Kongreß immer mehr Teilnehmerinnen hatte und sich dadurch Zeiten verzögerten, finde ich normal. Ich finde es schwierig, Verbesserungen vorzuschlagen, da die Organisatorinnen schon ihr Bestes geben.*" *(f500)*

Neben der konkreten Kongreßorganisation wurden zur **Organisationsstruktur** Vorschläge gemacht, zum Beispiel "*eine Art Vereinsstruktur als Arbeitsgrundlage*". "*Für die Orga-Frauen wäre es vielleicht angenehmer, eine nicht so autonome und dafür abgesichertere Organisationsstruktur zu finden?*" *(f485)* Zur Lösung der Probleme mit der Finanzierung werden die Streichung der Fahrgelder für Referentinnen und ein Anreiz für die Vorausbezahlung der Teilnahmegebühr vorgeschlagen.

Sieben Frauen thematisieren die Diskussionsstrukturen auf den Plenen. Allen gemeinsam ist, daß sie sie verbessern möchten:

"*Wiederbeleben des Eröffnungs- und Abschlußplenums, Diskussion über die Rolle der Plenen!*" *(f401)*
"*Effektivere Nutzung des Sonntags: im Abschlußplenum einige interessante Ergebnisse der Arbeitsgruppen vorstellen; keine sinnlosen, überflüssigen Diskussionen ohne Ergebnis; Resolutionen verabschieden.*" *(f405)*

4.5.5.4.6 Öffentlichkeitsarbeit

Mit der Diskussion über die Rolle des Abschlußplenums wird auf die Öffentlichkeitsarbeit verwiesen, die auf sehr viel Kritik stieß. 26 Teilnehmerinnen sprachen sich einhellig für eine bessere Öffentlichkeitsarbeit aus. Darunter wird sowohl die Ankündigung und Werbung im Vorfeld des Kongresses wie auch die Medienarbeit während und nach dem Kongreß verstanden.

"*Öffentlichkeitsarbeit! Mehr Werbung vorab (Bsp.: alle Hochschulen).*" *(f104)*
"*Die fachliche Kompetenz des Kongresses über den Einsatz diverser Medien besser nach außen tragen; ist der Kongreß im Internet angekündigt oder irgendwie vertreten?*" *(f181)*
"*Statements, Forderungen, Resolutionen beschließen und über die Presse veröffentlichen.*" *(f250)*
"*Mehr Öffentlichkeitsarbeit machen, um noch breitere Öffentlichkeit zu erreichen.*" *(f383)*
"*Mehr Öffentlichkeitsarbeit, damit auch weniger frauenbewegte Technikerinnen teilnehmen: mehr Breitenwirkung.*" *(f472)*
"*Für eine breite Presse-Information durch Journalistinnen sorgen.*" *(f524)*

Für zwei Frauen bedeutet eine bessere Öffentlichkeitsarbeit auch, daß das bisherige strikte Zugangsverbot für Männer aus den Medien aufgehoben wird:
"*Mehr Pressearbeit, auch wenn Kameramänner dabei sind.*" *(f301)*
"*Wenn männlichen Reportern sogar der Zutritt verwehrt wird, macht das die ganze Sache etwas lächerlich!*" *(f609)*

4.5.6 Standortbestimmung

"*Raus aus den ewig gleichen Kreisen!*" *(f167)*. Mit diesem Kommentar einer Teilnehmerin können einige der Hauptkritikpunkte am Kongreß zusammengefaßt werden. Zum einen wurde von vielen der Teilnehmerinnenkreis als zu eng kritisiert: es würden nur Hochschulfrauen angesprochen, es sollten verstärkt neue Teilnehmerinnen gewonnen werden, und neue Teilnehmerinnen hätten es schwer, Kontakte zu knüpfen. Die mangelnde Einbeziehung von Frauen aus Ostdeutschland wurde dagegen nur von wenigen angesprochen. Zum anderen werden neue Themen(kreise) gewünscht. Die "theoretischen" Diskussionen um den Namen des Kongresses wurden von vielen als unfruchtbar, abgehoben und sogar destruktiv abgelehnt, dafür werden mehr Fachthemen und die Beschäftigung mit der Situation von Naturwissenschaftlerinnen, Technikerinnen, Ingenieurinnen nach dem Studium gefordert: mit der Berufspraxis und mit der Arbeitslosigkeit. Studentinnen wünschen sich in diesem Zusammenhang mehr 'Vorbilder' und neben der kritischen Auseinandersetzung mit ihren Fachgebieten auch praktische Tips. Die Tendenz zu mehr Praxisbezug, von verstärkter Vernetzung bis zum Wunsch nach 'Jobbörsen', ist deutlich. Einige erwarten sich mehr Möglichkeiten, sich mit der Situation von Lesben in NuT auseinanderzusetzen. Dies wurde seit dem Kongreß in Bremen (1992) vernachlässigt, vielleicht auch deshalb, weil es von der Diskussion um die Änderung des Kongreßnamens (Aufnahme von 'Lesben') überlagert wurde.

Die weiteren Hauptkritikpunkte beziehen sich auf die Qualität der Veranstaltungen und des Programms allgemein, auf die Öffentlichkeitsarbeit, auf die (fehlende) Zielsetzung des Kongresses und dessen gesellschaftliche Wirksamkeit. Sie haben eines gemeinsam: Die "Frauen in Naturwissenschaft und Technik" sollten sich selbstbewußter und zielorientierter zeigen und mehr gesellschaftlichen Druck für eine gleiche und gleichberechtigte Teilhabe von Frauen in der männlich dominierten Welt der Naturwissenschaften und der Technik ausüben.

Die Kritik am Kongreß bedeutet aber nicht, daß die Teilnehmerinnen mit dem Kongreß unzufrieden sind. Im Gegenteil, sowohl die bisherigen inhaltlichen Themen als auch der Erfahrungsaustausch wurden von den meisten positiv bewertet, und die meisten wurden darin bestärkt, ihr gewähltes Fach weiter zu studieren bzw. weiter in ihrem Beruf zu arbeiten. Die Kritik macht vielmehr das Veränderungspotential für den Kongreß deutlich:

Der Kongreß sollte

- sich auch für Frauen außerhalb der Hochschulen öffnen (sowohl für Akademikerinnen in der Industrie etc. als auch für Nicht-Akademikerinnen);
- eine klare Zielsetzung entwickeln, vor allem im Hinblick darauf, wie auf gesellschaftliche Prozesse eingewirkt werden kann, um die Beteiligung von Frauen in NuT zu erhöhen;
- ein größeres Angebot an fachlichen Austauschmöglichkeiten schaffen;
- die Ausbildungs- und Berufssituation der Teilnehmerinnen stärker berücksichtigen, um Strategien zur Durchsetzung und Etablierung von Frauen in NuT zu entwickeln und zu vermitteln;
- durch eine "professionellere" Programmgestaltung eine inhaltlich intensivere Auseinandersetzung ermöglichen;
- eine verbesserte Öffentlichkeitsarbeit machen, damit die Ziele, Inhalte und Ergebnisse der Kongresse eine breitere Öffentlichkeit erreichen und eine größere Öffentlichkeitswirksamkeit haben;
- konstruktivere Diskussionsstrukturen entwickeln, um sich zum einen nicht zu "verzetteln" und zum anderen einen solidarischeren Umgang zwischen den Teilnehmerinnen zu ermöglichen.

Diese Punkte sind das Fazit aus den von den Teilnehmerinnen genannten Kritikpunkten, Anregungen und Ideen und sollten daher als Diskussionsgrundlage für eine Weiterentwicklung des Kongresses dienen.

5. Diskussion und Ausblick

Mit diesem Kapitel wollen wir anschließen an die im vorigen Kapitel begonnene Diskussion um die Standortbestimmung des Kongresses und einzelne Aspekte aufgreifen, die uns aufgrund der Auswertung der Daten wichtig erscheinen.

Der Kongreß wird fast ausschließlich von Akademikerinnen besucht, was auch den Charakter des Kongresses ausmacht. Ihren Grund hat diese Akademisierung zum Großteil sicher darin, daß zum einen die Kongresse immer auf Universitätsgelände stattfinden, wo Nicht-Akademikerinnen sonst kaum hinkommen, und daß zum anderen als neue Teilnehmerinnen fast ausschließlich Frauen aus dem direkten Umfeld früherer Teilnehmerinnen gewonnen werden. Auch die Vorbereitungsgruppe besteht meist nur aus Akademikerinnen. Ob und wie es möglich ist, Handwerkerinnen bzw. ganz allgemein Frauen und Mädchen aus dem gewerblich-technischen Bereich (wieder) verstärkt anzusprechen oder auch Frauen in technischen Assistenzberufen mit einzubeziehen, sollte angesichts der oft geäußerten Kritik an der Ausrichtung auf den Hochschulbereich auf einem der nächsten Kongresse thematisiert werden.

Seit der "Wende" versuchten die Organisatorinnen der Kongresse, Frauen aus den neuen Bundesländern als Teilnehmerinnen zu gewinnen. In Berlin wurde 1993 ein Schwerpunkt geplant, der die Frauen aus dem Osten explizit einbezog: "Frauen in Ost und West". Trotzdem beteiligen sich bisher nur sehr wenige Naturwissenschaftlerinnen und Technikerinnen aus den neuen Bundesländern. Dafür sind verschiedene Ursachen denkbar:

- es besteht *kein Interesse* oder *kein Bedarf* an einer Auseinandersetzung mit anderen Frauen über Naturwissenschaft und Technik bei den Frauen aus dem Osten;
- *mangelnde Information:* möglicherweise interessierte Frauen erfahren nicht von dem Kongreß;
- *finanzielle Probleme:* die Teilnahme am Kongreß einschließlich der Hin- und Rückfahrt sind möglicherweise zu teuer für viele der Frauen;
- *Verständigungsprobleme* vor dem Hintergrund einer unterschiedlichen geschichtlichen Erfahrung.

Wenn von seiten der Vorbereitungsgruppe ein Interesse daran besteht, die Frauen aus den neuen Bundesländern stärker einzubeziehen, müssen die möglichen Ursachen bei der Vorgehensweise immer mitgedacht und beachtet werden:

- Interesse könnte geweckt werden durch ein spezifisches Angebot für Ostfrauen; das bedeutet auch, gezielt Referentinnen aus den neuen Bundesländern anzusprechen. Wenn kein Bedarf an einem Austausch besteht, heißt das vielleicht auch, daß der Kongreß nicht auf ihre Bedürfnisse zugeschnitten ist. Um dem abzuhelfen, müßte das Programm so gestaltet werden, daß auch die Ostfrauen sich darin wiederfinden.
- Informationen über den Kongreß an die betreffenden Stellen zu bringen, ist nicht einfach. Hier ist die Zusammenarbeit zwischen Vorbereitungsgruppe und Frauen aus den neuen Ländern wichtig. Im Gespräch mit den Referentinnen aus dem Osten könnten neue Wege gefunden werden, eine größere Zahl von Frauen anzusprechen.

- Die finanzielle Seite ist ein Problem, das vom Kongreß und der Vorbereitungsgruppe kaum gelöst werden kann. Zwar könnte die Teilnahmegebühr für "bedürftige" Frauen (aus Ost und West), z.B. für arbeitslose Frauen, erlassen werden, doch bleibt die manchmal teure Anfahrt.
- Auch Verständigungsprobleme können nicht so einfach gelöst werden. Vielleicht würde es schon etwas nützen, wenn zunächst geklärt würde, worin diese genau bestehen. Denkbar wäre zum Beispiel, daß Frauen aus dem Osten, die die "Neue Frauenbewegung" nicht erfahren haben, Probleme mit der Sprache westdeutscher Feministinnen haben.

Wichtig wäre vor allem, schon im Vorfeld des Kongresses mit den Frauen aus den neuen Ländern Kontakt aufzunehmen, um mit ihnen die wichtigen Fragen des Interesses und der Bedürfnisse zu besprechen, sowie das Informationsvorgehen zu klären.

Die Ergebnisse zur Studien- und Arbeitssituation der Kongreßteilnehmerinnen zeigen ein differenziertes Bild. Die Kongreßteilnehmerinnen werden in ihren beruflichen Ambitionen und Plänen weitgehend unterstützt, wobei bei den Studentinnen vor allem die Mütter und Freundinnen, bei den berufstätigen Frauen außerdem der Partner oder die Partnerin eine große Rolle spielen. Interessant ist, daß sich Studentinnen und berufstätige Frauen gleichermaßen mehr Kontakte zu Frauen wünschen - gleich ob zu (Studien)Kolleginnen, zu Freundinnen, zu Dozentinnen oder zu Frauen im eigenen oder fremden Fachbereich. Dies ist umso erstaunlicher, als sie generell bereits häufiger Kontakte zu Frauen haben als zu Männern. Die bestehenden Kontakte zu Frauen und der Wunsch nach mehr Kontakten zu Frauen sind umso ausgeprägter, je geringer der Frauenanteil im Studienfach bzw. am Arbeitsplatz ist. Das heißt, daß die von uns befragten Frauen ihrer Unterrepräsentanz gezielt durch vermehrten Kontakt zu Frauen begegnen, und daß sie sich darüber hinaus ganz einfach mehr Kommilitoninnen und Kolleginnen wünschen.

Ihren Studien- und Berufsalltag erleben die Frauen nicht eindeutig nur negativ. Entscheidend ist der Frauenanteil im jeweiligen Studienfach bzw. im Betrieb: je geringer er ist, desto benachteiligender erleben die Frauen ihren Studien- und Berufsalltag. Dann ist auch ein umso größeres Maß an Selbstbewußtsein und Durchsetzungskraft nötig, um sich unter Studien- und Arbeitskollegen behaupten zu können. Dabei erscheint es vielen Frauen notwendig, ihre Weiblichkeit nicht noch zusätzlich zu betonen.

Im beruflichen Alltag sind offensichtlich Benachteiligungen stärker spürbar und greifbar als im Studium: Die meisten Studentinnen konnten aus ihrer Erfahrung heraus nicht bestätigten, daß ihre Kommilitonen von HochschullehrerInnen bevorzugt werden, allerdings fühlen sie sich auch in keinster Weise gefördert. Demgegenüber sehen sich die meisten erwerbstätigen Frauen in ihren Aufstiegschancen gegenüber Kollegen behindert und haben die Erfahrung gemacht, daß Mitarbeiterinnen und Mitarbeiter nicht nur nach ihrer Leistung, sondern auch nach Geschlecht beurteilt werden (die nach Geschlecht unterschiedliche Beurteilung trifft allerdings nach der Aussage der Studentinnen für sie in noch viel höherem Maße zu). Dies geht für viele mit weiteren subtilen Benachteiligungen einher, wie zum Beispiel der fehlenden Förderung im Bereich der beruflichen Fortbildung. Daß die Benachteiligung strukturell bedingt ist, und ein Aufstieg in höhere Positionen nicht am mangelnden Ehrgeiz der Frauen scheitert, wird durch die Selbsteinschätzung der Frauen belegt, die mehrheitlich nicht glauben, daß Frauen deshalb auf Leitungsfunktionen verzichten, weil sie keine Machtpositionen anstreben. Vielmehr machen sie bei Männern rigorosere Durchsetzungsstrategien aus, die diese anwenden, um in höhere Positionen zu gelangen. Die Relevanz frauenfördernder Maßnahmen wird hierbei besonders deutlich.

Es könnte vermutet werden, daß Frauen, die in der Hierarchie weiter nach oben gekommen sind, ihre Situation weniger benachteiligend erleben, weil sie mehr Handlungs- und Entscheidungsspielräume haben. Doch dies ist bei den von uns befragten Frauen nicht der Fall, was mit Sicherheit darauf zurückgeführt werden kann, daß in den männerdominierten naturwissenschaftlich-technischen Berufsfeldern in höheren Positionen noch weniger Frauen anzutreffen sind als in anderen, nicht so sehr männlich besetzten Berufsfeldern.

Die Konkurrenz zwischen Männern und Frauen scheint jedoch im Berufsleben nicht größer zu sein als an der Universität, im Gegenteil, denn über ein Drittel der erwerbstätigen Frauen gaben an, daß das Verhältnis zwischen Frauen und Männern an ihrem Arbeitsplatz ausgesprochen solidarisch sei, während nur ein Viertel der Studentinnen dies für ihr Studium bestätigen konnten. Sowohl im Studium als auch am Arbeitsplatz fühlen sich die meisten Frauen von ihren Kommilitonen bzw. Kollegen als Konkurrentinnen wahrgenommen, was sich im Berufsleben auf die Zusammenarbeit mit Kollegen auszuwirken scheint, denn über die Hälfte der erwerbstätigen Frauen glauben, daß die Zusammenarbeit mit Frauen kooperativer und ergebnisorientierter sei als mit Männern.

Die Erfahrungen der Frauen zeigen, daß ein Studien- und Berufsalltag, der Frauen in naturwissenschaftlich-technischen Berufen gleiche Chancen einräumt, noch in weiter Ferne ist. Das wird auch daraus ersichtlich, welchen Faktoren die Frauen am meisten Bedeutung zur Verbesserung ihrer Chancen auf dem Arbeitsmarkt beimessen. Neben der fachlichen Qualifikation sind dies persönliche Ungebundenheit, Kinderlosigkeit bzw. flexible Unterbringungsmöglichkeiten für Kinder und das Anwenden "männlicher" Durchsetzungsstrategien, also alles Bedingungen, die für den Konkurrenzkampf unter Männern gelten. Die Wirkung von Frauenquote und Frauenfördermaßnahmen wird dagegen geringer eingeschätzt, und weit abgeschlagen folgen soziale Kompetenzen, die Frauen stärker als Männern zugeschrieben werden, und die sie gegenüber Männern auf dem Arbeitsmarkt angeblich in Vorteil setzen.

Die Kongreßteilnehmerinnen scheinen sich auf diese Bedingungen eingestellt zu haben, denn ihre Zukunftspläne belegen ihre äußerst hohe Berufsorientierung. Sie geht für viele mit einem (bewußten) Verzicht auf Kinder einher, und die Hälfte derer, die vielleicht Kinder haben möchten, koppeln dies an die Bedingung der Vereinbarkeit mit der Berufstätigkeit. Dies gilt auch für die, die bereits Mütter sind. Die Hypothese, daß sich auch hochqualifizierte Frauen in Naturwissenschaft und Technik angesichts der allgemein schlechten Arbeitsmarktlage und einer damit einhergehenden Verschärfung auf dem geschlechtsspezifisch segmentierten Arbeitsmarkt vermehrt vom beruflichen Feld in die Privatsphäre zurückziehen, kann somit nicht bestätigt werden. Bei den direkt von Arbeitslosigkeit Betroffenen ist der Anteil derer, die keine Kinder haben wollen, sogar überdurchschnittlich hoch, die "Flucht in die Mutterschaft" ist für sie also kein gangbarer Weg. Bei diesen Schlußfolgerungen ist zu berücksichtigen, daß die Frauen unserer Stichprobe bereits durch ihre Teilnahme am Kongreß ihre hohe Motivation bekundeten, in den Bereichen Naturwissenschaft und Technik Fuß zu fassen. Trotzdem kann daraus abgeleitet werden, daß sich Naturwissenschaftlerinnen, Ingenieurinnen und Technikerinnen nicht so einfach als "Stille Reserve" aus der Berufswelt verdrängen lassen.

Ein Indiz dafür ist auch die Zufriedenheit mit dem gewählten Studienfach und Beruf: knapp zwei Drittel würden sich, vor die Wahl gestellt, wieder für ihr Fach bzw. ihren Beruf entscheiden, besonders zufrieden sind die Bauingenieurinnen. Natürlich spielt die persönliche Situation eine große Rolle: so würde fast die Hälfte der erwerbslosen Frauen heute einen anderen beruflichen Weg einschlagen. Auch die Frauen, die unterqualifiziert oder fachfremd beschäftigt sind, sind unzufriedener, denn von ihnen sind überdurchschnittlich viele auf der Suche nach einer anderen, adäquateren Stelle. Die Arbeitsmarktlage im jeweiligen Fachbereich hat allerdings eine geringere Bedeutung. So gaben zwar überdurchschnittlich viele Chemikerinnen an, bei nochmaliger Entscheidung eine andere Berufswahl zu treffen, aber nicht zum Beispiel die Biologinnen.

Für viele scheint die Selbständigkeit einen Ausweg darzustellen, um den Schwierigkeiten auf dem geschlechtsspezifisch segmentierten Arbeitsmarkt zu entgehen und trotzdem berufstätig zu sein. Rund ein Fünftel der Kongreßteilnehmerinnen sind entweder schon selbständig oder planen, sich selbständig zu machen. Vor allem für viele erwerbslose Frauen stellt die Selbständigkeit eine Alternative dar, um wieder ins Erwerbsleben zurückzukehren. Wir fragten im Fragebogen nicht nach der Einschätzung der Verwirklichungschancen, wie sie die Frauen sehen. Ob diese Pläne realisiert werden können, hängt unseres Erachtens davon ab, daß spezifische Beratungsmöglichkeiten für die Frauen geschaffen werden. Auch das rege Interesse, auf das Veranstaltungen zum Selbständigmachen auf den bisherigen Kongressen von Frauen in Naturwissenschaft und Technik stießen, läßt auf den Bedarf danach schließen.

Die Berufsorientierung der Kongreßteilnehmerinnen bedeutet nicht, daß sie sich ausschließlich dem Beruf und der Karriere widmen wollen. Knapp 60% möchten nur so viel arbeiten, wie für den eigenen Lebensunterhalt nötig ist, da ihnen auch andere Bereiche wichtig sind. Ihre Vorstellungen sind also nicht alleine auf Karriere im Sinne von Vorwärtskommen und hohem Einkommen fixiert. Vielmehr ist auch die Frage nach dem Sinn bei der beruflichen Tätigkeit wichtig, ebenso wie sinnvolle und erfüllende Beschäftigung außerhalb des Berufes, sei es im FreundInnenkreis, in der Familie oder im öffentlichen Leben. Das große politische Engagement der Kongreßteilnehmerinnen vor allem in den Bereichen Frauenpolitik, Umweltpolitik und Hochschule bestätigt, daß sie ihre Freizeit nutzen, um sich auch gesellschaftlichen Fragen und Problemen sowie sozialen Belangen und Beziehungen zu widmen.

Die Frage nach der Veränderung von Studien- und Arbeitsinhalten und ganz allgemein der Umgangsweisen mit Naturwissenschaft und Technik bei einer höheren Beteiligung von Frauen ist spekulativ, denn es gibt keine Vergleichsmöglichkeit, eben weil Frauen in nahezu allen naturwissenschaftlich-technischen Bereichen immer noch nur marginal beteiligt sind. Wir wollten trotzdem wissen, wie die Kongreßteilnehmerinnen das Veränderungspotential einschätzen, wenn Frauen in Forschung und Entwicklung stärker beteiligt wären, denn dies ist auch eine wichtige Voraussetzung für eine feministische Kritik.

Das Ergebnis, daß weitaus die meisten eine positive Veränderung der Richtung naturwissenschaftlicher und technischer Innovationen prognostizieren, spricht nicht nur für eine positive Selbsteinschätzung der Frauen, sondern zeigt im Vergleich mit den Eigenschaften und Umgangsweisen, die sich die Frauen selbst eher zuschreiben als Männern, worin das "innovative" Potential von Frauen liegt: die gesellschaftlichen Auswirkungen von naturwissenschaftlichen und technischen Entwicklungen würden stärker berücksichtigt, die Technikentwicklung würde stärker an sozialen Belangen orientiert und Arbeitsmethoden würden kritischer hinterfragt. Aber für eine solche Veränderung reicht es nicht aus, wenn Frauen einfach zahlreicher in Naturwissenschaft und Technik vertreten sind. Sie müssen ihre anderen Ansätze auch in Studien- und Arbeitsinhalte und in die berufliche Praxis umsetzen können. Dies gelingt bisher nur einem relativ geringen Teil der Kongreßteilnehmerinnen und hängt davon ab, wie groß die Gestaltungsspielräume sind, die sie sich erobert haben. Die Frauen darin zu unterstützen, sich mehr Gestaltungsspielraum und Entscheidungsmacht zu erkämpfen, darin sehen wir einen wichtigen Beitrag, den der Kongreß von Frauen in Naturwissenschaft und Technik leisten kann.

6. Zusammenfassung

1. Durchführung der Befragung:

Die postalische Befragung wurde im Frühjahr 1995 mit der finanziellen Unterstützung des Ministeriums für Familie, Frauen, Weiterbildung und Kunst Baden-Württembergs unter 1144 früheren Teilnehmerinnen des "Kongresses von Frauen in Naturwissenschaft und Technik" durchgeführt. Der Rücklauf betrug 54%.

Die Untersuchung hatte zum Ziel, die aktuelle Studien- und Arbeitssituation von (angehenden) Naturwissenschaftlerinnen, Ingenieurinnen und Technikerinnen zu beleuchten, insbesondere vor dem Hintergrund der für hochqualifizierte Frauen im naturwissenschaftlich-technischen Bereich nach wie vor schlechten Arbeitsmarktlage. Außerdem sollte nach 20 Kongressen von Frauen in Naturwissenschaft und Technik Resümee gezogen werden in Bezug auf die Motivation der Teilnehmerinnen, ihre Erwartungen an den Kongreß und ihre Kritik am Kongreß.

2. Stichprobenbeschreibung:

Von den befragten Kongreßteilnehmerinnen waren zum Zeitpunkt der Befragung 53% erwerbstätig, 36% studierten und 11% waren erwerbslos. 95% der erwerbstätigen und erwerbslosen Frauen gaben an, ein Fachhochschul- oder Hochschulstudium abgeschlossen zu haben.

Die meisten Erwerbstätigen kommen aus den Fachbereichen Biologie, Chemie, Physik, Mathematik oder Informatik. 88% waren in einem Angestelltenverhältnis beschäftigt, davon 26% mit leitender Funktion. 42% waren nur befristet beschäftigt. Die meisten waren im eigenen Fachbereich tätig (80%) und arbeiteten entsprechend ihrer Qualifikation (84%).

Die meisten Studentinnen hatten die Fächer Biologie, Ökologie/Angewandte Umweltwissenschaften, Informatik, Physik, Mathematik, Chemie oder Verfahrenstechnik gewählt. Nur 11% befanden sich zum Zeitpunkt der Befragung im Grundstudium (1.-4. Semester), 16% waren dabei zu promovieren. 39% der Studentinnen haben vor dem Studium eine Ausbildung - zumeist im naturwissenschaftlich-technischen Bereich - abgeschlossen. Zwei Drittel gaben eine Erwerbstätigkeit neben dem Studium an, zumeist im eigenen Fachgebiet.

Ein Großteil der erwerbslosen Frauen sind Biologinnen (30%) und Chemikerinnen (16%), gefolgt von Informatikerinnen, Mathematikerinnen, Medizinerinnen und Agrarwissenschaftlerinnen. Der am häufigsten genannte Grund für die Erwerbslosigkeit war Kündigung wegen Ende eines zeitlich befristeten Beschäftigungsverhältnisses. Über zwei Drittel (68%) der erwerbslosen Frauen gaben an, eine Stelle zu suchen, und 52% von ihnen wären sogar eventuell bereit, eine Stelle unterhalb ihrer Qualifikation anzunehmen. Das Arbeitsamt war für die meisten bei der Stellensuche nicht sehr hilfreich: obwohl zwar über die Hälfte (54%) derer, die sich an das Arbeitsamt gewandt hatten, ihre beruflichen Ambitionen und Pläne ernst genommen sahen, fühlten sich 63% nicht gut beraten, 71% waren der Meinung, daß die Gespräche mit den ArbeitsberaterInnen in keiner Weise konstruktiv waren, und nur 24% gaben an, daß ihnen Mut gemacht wurde, eine Stelle gemäß der eigenen Qualifikation zu bekommen.

3. Kontakte der Studentinnen und Erwerbstätigen:

Obwohl sehr viele der befragten Studentinnen (57%) ein Fach mit einem Frauenanteil von unter 30% studieren, haben sie sowohl zu ihren Kommilitoninnen als auch zu Freundinnen außerhalb der Universität häufiger Kontakte als zu ihren Kommilitonen bzw. zu Freunden. Entsprechendes gilt für die erwerbstätigen Frauen (von ihnen arbeiten 47% in einem Bereich mit einem Frauenanteil unter 30%). Trotzdem besteht sowohl bei den Studentinnen als auch bei den Erwerbstätigen viel häufiger der Wunsch nach noch mehr Kontakten zu Frauen als zu Männern: besonders hervorzuheben sind der starke Wunsch von Studentinnen, berufstätige Frauen ihres Fachbereichs kennenzulernen, und von erwerbstätigen Frauen nach mehr Kontakten zu Kolleginnen ihres Arbeitsgebietes und auch zu Frauen anderer Fachbereiche. Und je geringer der Frauenanteil im Studienfach bzw. am Arbeitsplatz ist, desto ausgeprägter ist der Wunsch nach mehr Kontakten zu Frauen.

4. Subjektiv erlebte Studien- und Arbeitssituation:

Sowohl die subjektiv erlebte Studien- als auch Arbeitssituation hängen stark vom Frauenanteil im Fach bzw. am Arbeitsplatz ab. Die Notwendigkeit eines hohen Maßes an Selbstbewußtsein und Durchsetzungsvermögen und das Gefühl, ständig die eigene Kompetenz unter Beweis stellen zu müssen, wurde von umso mehr Frauen betont, je geringer der Frauenanteil ist. In diesem Umfeld halten es erwerbstätige Frauen weitaus häufiger als Studentinnen für besser, auf Weiblichkeitsattribute wie Schmuck oder figurbetonte Kleidung zu verzichten, damit sie als Frau nicht noch mehr auffallen.

Erwerbstätige Frauen erleben ihre Situation hinsichtlich subtiler und direkter Benachteiligungen negativer als Studentinnen. Die meisten der befragten erwerbstätigen Kongreßteilnehmerinnen schätzen es nach ihrer Erfahrung so ein, daß Frauen auch heute noch schlechtere Aufstiegschancen als Männer haben, auch wenn sie genauso oder höher qualifiziert sind, und daß eine Beurteilung nicht nur nach Leistung, sondern auch nach Geschlecht erfolgt. Viele fühlen sich weniger ernst genommen als ihre männlichen Kollegen und erhalten weniger Möglichkeiten zur Teilnahme an beruflichen Fortbildungsmaßnahmen. Demgegenüber konnten die Studentinnen eine eindeutige Bevorzugung ihrer Kommilitonen nicht bestätigen, allerdings waren sie häufiger als die erwerbstätigen Frauen der Ansicht, daß an der Hochschule nicht nur nach Leistung, sondern auch nach Geschlecht beurteilt wird, und nur 3% meinten, daß sie als Studentinnen an ihrer Hochschule mehr unterstützt und gefördert würden als Studenten.

5. Berufliche und private Zukunft der Kongreßteilnehmerinnen:

Bei der Einschätzung der Faktoren, die ihre Chancen auf dem Arbeitsmarkt verbessern, wurde von allen befragten Frauen am meisten Wirkung denjenigen Faktoren beigemessen, die es zulassen, flexibel auf den Arbeitsmarkt zu reagieren: sowohl räumlich durch persönliche Ungebundenheit, zeitlich durch Kinderlosigkeit bzw. flexible Unterbringungsmöglichkeiten für Kinder als auch fachlich durch Zusatzqualifikationen. Die Wirkung von Frauenfördermaßnahmen und Frauenquote wurde dagegen skeptischer beurteilt. Auch von einer gleichberechtigten Rollenverteilung zwischen den PartnerInnen erwarten sich die Frauen im Verhältnis weniger.

Hinsichtlich ihrer beruflichen Zukunftspläne gaben zwei Drittel der Frauen an, in ihrem Fachbereich weiterkommen zu wollen, und ein Drittel gaben an, daß sie sich (auch) nach beruflichen Möglichkeiten außerhalb des eigenen Fachbereichs umsehen möchten. Ein relativ hoher Prozentsatz (16%) möchte sich selbständig machen, darunter besonders viele erwerbslose Frauen.

Bei den Planungen im privaten Bereich stehen Kinder für die meisten nicht an erster Stelle. Nur 18% der befragten Frauen waren bereits Mütter, 24% möchten keine Kinder haben (hier überdurchschnittlich viele erwerbslose Frauen), und 58% wollen vielleicht Kinder. Knapp die Hälfte der Frauen ohne Kinder gaben an, nur dann ein Kind zu wollen, wenn sich Kind und Berufstätigkeit vereinbaren ließen. Ebenso zeigte sich bei den Müttern eine starke Berufsorientiertheit. Die Hypothese, daß sich auch hochqualifizierte Frauen angesichts der schlechten ökonomischen und sozialen Lage, die mit hoher Arbeitslosigkeitsquote und einer Verschärfung auf dem geschlechtsspezifisch segmentierten Arbeitsmarkt einhergeht, vermehrt vom beruflichen Feld in die Privatsphäre zurückziehen, ließ sich somit nicht bestätigen.

Der Beruf ist nicht der einzige Schwerpunkt im Leben der befragten Frauen. 58% gaben an, nur soviel arbeiten zu wollen, wie für den eigenen Lebensunterhalt notwendig ist, da ihnen auch noch andere Bereiche wichtig seien. Dies weist darauf hin, daß sie Karrierevorstellungen im Sinne einer "sanften Karriere" haben, bei der neben beruflichem Erfolg und Vorwärtskommen auch Zeit für Freizeit und soziale Beziehungen eine wichtige Rolle spielen. Bestätigt wird diese Interpretation durch das große politische Engagement der Frauen, die sich in ihrer Freizeit vor allem feministisch und frauenpolitisch, umweltpolitisch und hochschulpolitisch betätigen.

Die Zufriedenheit mit dem gewählten Studium bzw. Beruf hängt in gewissem Maße von der Arbeitsmarktlage im jeweiligen Fach ab. So gaben 57% der Chemikerinnen bzw. Chemiestudentinnen an, sie würden eine andere Berufswahl treffen, wenn sie noch einmal entscheiden würden, aber Frauen aus anderen Fächern, in denen die Arbeitsmarktlage schlecht ist, waren nicht überdurchschnittlich unzufrieden. Zum anderen spielt die persönliche Situation eine große Rolle: knapp die Hälfte der erwerbslosen Frauen würde sich ebenfalls für ein anderes Studienfach oder einen Ausbildungsberuf entscheiden. Auch die erwerbstätigen Frauen, die in unterqualifizierter Stellung und/oder fachfremd beschäftigt waren, waren unzufriedener: sie suchten viel häufiger eine neue Stelle als diejenigen, die entsprechend ihrer Qualifikation beschäftigt waren.

6. Einstellung zu Naturwissenschaft und Technik:

Eine höhere Beteiligung von Frauen kann nach Ansicht von 83% der Kongreßteilnehmerinnen die Naturwissenschaft und Technik positiv verändern. Die meisten glauben, daß eher Frauen sich mit den gesellschaftlichen Auswirkungen naturwissenschaftlicher und technischer Entwicklungen beschäftigen, sich um eine sozial orientierte Technikentwicklung bemühen und Arbeitsmethoden kritisch hinterfragen als Männer. Der Einsatz für verbesserte Studien- und Arbeitsbedingungen, das Einbringen alternativer Vorschläge zu Studien- und Arbeitsinhalten und die Beschäftigung mit ökologischen Problemen werden dagegen nicht als reine "Frauendomäne" gesehen.

7. Der Kongreß "Frauen in Naturwissenschaft und Technik":

Die Teilnehmerinnen erwarten sich vor allem, daß auf dem Kongreß Netzwerke geschaffen und weiterentwickelt werden, daß feministische Ansätze einer Naturwissenschafts- und Technikkritik vorgestellt und diskutiert werden, und daß sie in ihrer Studien- und Arbeitssituation gestärkt werden. Bei den Gründen für ihren Kongreßbesuch standen an erster Stelle der Erfahrungsaustausch mit anderen Frauen und die ideelle Unterstützung des Kongresses, gefolgt vom Interesse am Veranstaltungsprogramm.

Knapp zwei Drittel der befragten Frauen wurden durch die Teilnahme am Kongreß ermutigt, weiter in ihrem gewählten Fach zu studieren oder weiter in ihrem Beruf zu arbeiten bzw. Arbeit zu suchen. Der Anspruch des Kongresses, Frauen in ihrer Studien- und Arbeitssituation zu stärken, kann somit als eingelöst betrachtet werden. Die praktische Umsetzung feministischer Inhalte und Kritik in den Studien- bzw. Arbeitsalltag ist nur relativ wenigen möglich, wobei dies den Studentinnen (27%) besser gelingt als den erwerbstätigen Frauen (16%), und bei diesen wiederum den Frauen besser, die eine leitende Position inne haben. Entscheidend ist also der größere Freiraum im Studium bzw. der größere Handlungs- und Entscheidungsspielraum in einer höheren Position.

Der Kongreß trägt nach Meinung der überwiegenden Zahl der Kongreßteilnehmerinnen zur Etablierung von Frauen in Naturwissenschaft und Technik und zur Entwicklung feministischer Naturwissenschaftskritik bei. Aber nur jeweils ca. die Hälfte meint, daß er einen Beitrag zur Gleichstellung von Frauen in Naturwissenschaft und Technik leistet, die gesamtgesellschaftliche Relevanz der diskutierten Themen einer breiten Öffentlichkeit sichtbar macht, und die Zugangschancen von Mädchen und Frauen verbessert. Etwas weniger als ein Drittel sehen einen Beitrag des Kongresses zur Verbesserung der Chancen von Naturwissenschaftlerinnen und Technikerinnen auf dem Arbeitsmarkt.

Bei der Bewertung der Kongreßinhalte der Kongresse von 1988 bis 1994 stießen Veranstaltungen zur Situation von Frauen in Naturwissenschaft und Technik auf die größte Resonanz, gefolgt von Veranstaltungen zu fachwissenschaftlichen Themen. Der Erfahrungsaustausch auf der persönlichen Ebene fand größeren Anklang als der Austausch in Fachgruppentreffen, was jedoch darauf zurückgeführt werden kann, daß die Fachgruppentreffen in den beiden letzten Kongreßjahren nicht im Programm angekündigt und nicht vorbereitet waren. Mit der Kongreßorganisation waren die meisten zufrieden. Auch beim Gesamteindruck des zuletzt besuchten Kongresses überwogen bei zwei Drittel der Teilnehmerinnen die positiven Eindrücke.

Als Gründe für die relativ geringe Teilnehmerinnenzahl des Kongresses in Gießen (1994) kommen am ehesten eine Unzufriedenheit mit dem Gießener Kongreßprogramm, eine Unzufriedenheit mit dem im Jahr zuvor besuchten Kongreß in Berlin und das Fernbleiben von erwerbslosen Frauen in Frage.

Bei der Kritik am Kongreß standen der als zu akademisch bezeichnete Teilnehmerinnenkreis, das Veranstaltungsspektrum, die Öffentlichkeitsarbeit und die gesellschaftliche Wirksamkeit des Kongresses im Zentrum. Die Teilnehmerinnen erwarten vor allem mehr Fachthemen und die verstärkte Beschäftigung mit ihrer Situation im Berufsleben und mit der Arbeitslosigkeit. Eine starke Tendenz zu mehr Praxisbezug wird deutlich. Für das Veranstaltungsprogramm und die Kongreßorganisation wird von vielen eine

"Professionalisierung" gewünscht, um inhaltlich intensiver arbeiten zu können. Bei der Öffentlichkeitsarbeit wurde kritisiert, daß Kongreßinhalte und -ergebnisse zu wenig an die Öffentlichkeit gebracht werden und damit auch die politische Kraft nicht ausreichend genutzt wird.

7. Anmerkungen:

1) Bisher existieren einige kleinere Befragungen der Kongreßteilnehmerinnen, die jedoch keine Fragen zum Kongreß selbst beinhalten: M. Greif u.a., haben die Teilnehmerinnen des 3. Treffens in Frankfurt 1978 befragt (Greif, M./Quandt-Stelling, A./Stein, K./ Stöcker, P., Unveröffentlichte Ergebnisse einer Befragung von Frauen in Naturwissenschaft und Technik (N=36) auf dem 3. Nationalen Treffen von Frauen aus Naturwissenschaft und Technik in Frankfurt, 4.-7.5. 1978), eine weitere Umfrage wurde von Margarete Maurer und Dagmar Kahnes auf dem Treffen in Berlin 1982 durchgeführt. Darüber hinaus hat Ingrid Heindrichs 1983 eine Staatsexamensarbeit über Frauen an der Hochschule geschrieben, auch sie hat eine Befragung von Kongreßteilnehmerinnen durchgeführt, sie jedoch nicht zum Kongreß selbst befragt (Heindrichs, I., Zur Situation von Frauen an der Hochschule - Dargestellt am Beispiel von Frauen in Naturwissenschaft und Technik, Aachen 1983).

2) Die "Treffen von Frauen in Naturwissenschaft und Technik" fanden anfänglich zweimal jährlich statt.

3) Hier sind einige Fragen sog. Replikationsfragen, d.h. sie wurden aus Gründen der Vergleichbarkeit einer Studie des BMBW (Bargel u.a. 1989) entnommen.

4) Diese Verteilung muß nicht der auf den einzelnen Kongressen entsprechen: Frauen, die jetzt erwerbstätig sind, haben möglicherweise zum Zeitpunkt ihrer letzten Kongreßteilnahme noch studiert. Nach dem Kongreß in Berlin (1993) wurde eine Statistik der Teilnehmerinnen in Bezug auf ihren Ausbildungsstatus erstellt (N=351). Danach waren 53% der Kongreßteilnehmerinnen Studentinnen, und weitere 46% hatten bereits ein Studium abgeschlossen.

5) genauer: 13% haben ein Fachhochschul- bzw. Ingenieurschulstudium abgeschlossen, 82% ein Hochschulstudium.

6) Vgl. Betz/Fitzgerald (1987). Zu beachten ist, daß diese Ergebnisse aus den USA kommen und nicht ohne weiteres auf hiesige Verhältnisse übertragen werden können. Vergleichende Untersuchungen, wie etwa die von Molvaer/Stein (1994) zeigen, daß große Unterschiede zwischen unterschiedlichen Kulturen bestehen können.

7) Allerdings ist der Anteil in den neuen Bundesländern höher: 46% der Väter und 26% der Mütter von StudentInnen haben hier einen Hochschul- oder Fachhochschulabschluß.
8) Leider sind die Daten der HIS-Studie nicht nach Geschlecht der Studierenden differenziert. Möglicherweise bestehen deutliche Unterschiede zwischen den Geschlechtern, so daß die von uns befragten Studentinnen sich nicht von der Gesamtheit der bundesdeutschen Studentinnen unterscheiden. (Dies würde allerdings bei den oben genannten Zahlen bedeuten, daß die Unterschiede zwischen den Geschlechtern sehr gravierend sein müßten, was nicht anzunehmen ist.)
9) In Ostdeutschland liegt der Frauenanteil mit 44,5% etwas höher als im Westen (40,8%) (MatAB3/1995).
10) Hier wurden die Kategorien "oft" und "sehr oft" zusammengefaßt.
11) Generell scheinen Studentinnen häufiger als ihre Kommilitonen Kontakte mit StudienkollegInnen in und außerhalb der Universität zu pflegen. So haben sie häufiger als diese noch Kontakt zu früheren FreundInnen, die nicht studieren und auch nicht am Hochschulort wohnen, insgesamt scheint ihr Bekanntenkreis heterogener zu sein als der der Studenten, was Geschlecht, Interessen, Anschauungen und Lebensstile angeht (vgl. Krüger 1986, S. 252ff).
12) Leider wurde in dieser Untersuchung bezüglich dieser Fragestellung keine geschlechtsspezifische Auswertung vorgenommen.
13) Hier wurden die Kategorien "oft" und "sehr oft" zusammengefaßt.
14) Die %-Werte bewegen sich hier zwischen 40% und 50% (ebd., S. 156).
15) Diese Abkehr geht jedoch auch einher mit Überlegungen zu alternativen Konzepten über Ziele und Aufgaben von Wissenschaft; insbesondere Studentinnen verfolgen das Ziel eines reflexiven Bezugs zwischen Wissenschaft, Praxis und Gesellschaft (Dippelhofer-Stiem, 1992, S. 61).
16) Von denjenigen, die dies nicht noch einmal tun würden, würden 81% ein anderes Studienfach wählen. Hier stehen Sozialwissenschaften (17%) Medizin (15%), Ökologie/angewandte Umweltwissenschaften (11%) im Vordergrund.
17) In den neuen Bundesländern ist die Arbeitslosenquote der Frauen jedoch fast doppelt so hoch wie die der Männer (1994: 21% zu 11%) (ebd.) (vgl. dazu auch: Minks/Bathke 1993; Schambortski 1992; Böckmann-Schewe u.a. 1993).
18) vgl. auch Glade 1991. Kettschau (1991) dagegen hält die Übertragung von Hausarbeitsqualifikationen auf Berufsqualifikationen nur für sehr begrenzt möglich.
19) Hier sind nur 547 Frauen aufgeführt, obwohl die Stichprobe hier 556 umfaßt (Frauen aus NuT, wobei von den Studentinnen nur die betrachtet werden, die jetzt NuT studieren). Für die restlichen 9 Frauen fehlten wesentliche Daten, um sie in diese Tabelle einzuordnen.
20) Nehmen wir die Frauen zusammen, die entweder a oder e (siehe Tabelle) oder beides für sich als zutreffend angaben, sind es sogar 62% der Frauen ohne Kinder.
21) Hinter "sonstiges" verbirgt sich eine Vielfalt von weiterem politischem Engagement: lesbenpolitisch, ausländerpolitisch, entwicklungspolitisch, schul- und bildungspolitisch, kulturpolitisch, verkehrspolitisch, Politik außerhalb der Parteien, antifaschistisches und antirassistisches Engagement, kirchliche Aktivitäten, Jugendarbeit.
22) Pflüger/Schurz (1987) konnten diese Ergebnisse in ihrer Untersuchung nicht bestätigen.
23) Zur Kritik dieser Auffassungen von z.B. Mary Daly oder Dale Spender siehe Segal 1989.
24) Zur Kritik siehe auch Hoffmann 1989.

25) Vermutlich ist es methodisch nicht möglich, hier die "reinen" Erfahrungen zu erfassen, die nicht durch Einstellungen und durch das Frauen-/Männerbild, das die Frauen im Verlauf ihres Lebens erworben haben, beeinflußt sind. So lassen sich aus den folgenden Antworten auch nicht die objektiven Seiten von Arbeits- oder Studiensituation erfassen, sondern eher die Bewertungen des eigenen sowie des anderen Geschlechts durch die Frauen. Diese Bewertung ist aufgrund von Erfahrungen, Wünschen, theoretischen Auseinandersetzungen etc. entstanden.

26) Erfahrungen aus anderen Untersuchungen zeigten, daß sich jedes Geschlecht jeweils positiver einschätzt als das andere.

27) Kohorteneffekt bedeutet, daß Unterschiede nicht zwischen Altersgruppen, sondern zwischen "Generationen" bestehen.

28) Daß eine höhere Frauenbeteiligung die Richtung von Naturwisenschaft und Technik in negativem Sinne verändern würde, gab keine der befragten Frauen an.

29) Die Kategorien "trifft voll und ganz zu" und "trifft eher zu" sind zusammengefaßt. In umgekehrter Betrachtungsweise gelingt die Umsetzung nur ca. einem Drittel der Studentinnen, aber über der Hälfte der Erwerbstätigen "eher nicht" bzw. "überhaupt nicht".

30) Zum Beispiel wurde die "neue" Koeduktionsdebatte auf dem Kongreß nicht breit diskutiert, es gab keine Stellungnahmen zu diesem Thema.

31) Von den Veranstalterinnen der Kongresse wurden erst in jüngerer Zeit inhaltliche Schwerpunkte gesetzt. In Kiel (1991), so die Veranstalterinnen in der Kongreßdokumentation, bildeten sich die Schwerpunkte "Feministische Naturwissenschaft und Naturwissenschaftskritik", "Berufliche Situation von Frauen in NuT" u.a. heraus. Auf dem Kongreß in Bremen (1992) waren "Rassismus und Antisemitismus" und "Lesben in Naturwissenschaft/ Technik und Gesellschaft" Schwerpunkte. In Berlin (1993) sollten diese Themen weitergeführt werden, darüber hinaus waren "Frauen in Ost und West" und "Frauenprojekte" Schwerpunktthemen. Vor 1990 wurde nur in Göttingen (1988) ein Schwerpunktthema ausgewiesen ("Neue Technologien"). Helene Götschel beschreibt, wie die Treffen in den Anfängen vorbereitet wurden und welche Themen in dieser Zeit im Vordergrund standen ("Naturwissenschaftlerinnen und Technikerinnen in Bewegung. Zu den Anfängen der Kongresse von Frauen in Naturwissenschaft und Technik", in diesem Band).

32) Bei der Interpretation der Angaben ist Vorsicht geboten: die Bewertung bezieht sich auf den zuletzt besuchten Kongreß, d.h. ein Kongreß wurde nicht von allen Teilnehmerinnen bewertet, sondern nur von denen, die nach dem betreffenden Kongreß keinen weiteren Kongresse mehr besucht haben. Dies trifft nicht für den Kongreß in Gießen (1994) zu, da dies der letzte Kongreß vor unserer Befragung war. Eine Bewertung aller besuchten Kongresse hätte jedoch den Rahmen unseres Fragebogens gesprengt. Es antworteten auch Frauen, die den Kongreß zuletzt 1988 oder 1989 besuchten, diese werden aber nicht berücksichtigt, da es nur sehr wenige waren.

33) vgl. Anmerkung 32.

34) Im folgenden Text wird die Anzahl der Statements zu den angesprochenen Punkten in Klammern angegeben. Nicht alle Statements können ausführlich zitiert werden. Zitate sind kursiv gedruckt, wobei die in Klammern stehenden kursiv gedruckten Zahlen mit voranstehendem "f" die jeweiligen Fragebogennummern angeben, die nach Eingang der Fragebögen vergeben wurden.

35) Handwerkerinnen nahmen in den Anfängen des Kongresses von 1977 bis 1982 in großer Zahl teil - auf jedem Treffen bildete sich mindestens eine "Handwerkerinnengruppe", in der die Ausbildungs- und Berufssituation und die beruflichen Perspektiven diskutiert wurden. 1983 trafen sich in Aachen zum letzten Mal Handwerkerinnen mit den "Frauen in Naturwissenschaft und Technik" - wie in der Dokumentation des Aachener Treffens (S.12) nachzulesen ist, organisierten die Handwerkerinnen seither ihre eigenen überregionalen Treffen, spalteten sich also ab. Die Gründe dafür sind nicht dokumentiert.

8. Literatur

Abele, A.: Karriereorientierungen angehender Akademikerinnen und Akademiker. Bielefeld 1994

Aulenbacher, B.: Technologieentwicklung und Geschlechterverhältnis. In: Aulenbacher, B., Goldmann, M. (Hg.): Transformationen im Geschlechterverhältnis. Frankfurt/Main, New York 1993, S. 17-46

Bäßler, R. u.a.: GI-Umfrage zur beruflichen Situation 1985. Bericht über eine Umfrage der Gesellschaft für Informatik e.V.. In: Informatik-Spektrum, H. 9, 1986, S. 189-202

Beckmann, P., Engelbrech, G. (Hg.): Arbeitsmarkt für Frauen 2000. Ein Schritt vor oder ein Schritt zurück? Nürnberg (Institut für Arbeitsmarkt- und Berufsforschung der Bundesanstalt für Arbeit) 1994

Beermann, L., Heller, K.A., Menacher, P.: Mathe - nichts für Mädchen? Begabung und Geschlecht am Beispiel von Mathematik, Naturwissenschaft und Technik. Bern u.a. 1992

Bargel, T., Framhein-Peisert, G., Sandberger, J.-U.: Studienerfahrungen und studentische Orientierungen in den 80er Jahren. Trends und Stabilitäten. Hrsg. v. BMBW, Bonn 1989

Behnke, R., Fuß., M.: Informationstechnik 2000: Was haben Frauen zu erwarten? In: Frauenarbeit und Informatik. Rundbrief der Fachgruppe 8.0.2. der Gesellschaft für Informatik, H. 2 1989, S. 9-11

Bischof, D.: Frauen und Technik. Eine Recherche des facta FrauenMedienBüros e.V. zu Ingenieurinnen in der Ex-DDR. Berlin 1992

Bischoff, S.: Frauen zwischen Macht und Mann - Männer in der Defensive. Führungskräfte in Zeiten des Umbruchs. Hamburg 1990

Böckmann-Schewe, L., Röhrig, A., Kulke, Chr.: Berufsverlauf und weiblicher Lebenszusammenhang: Kontinuitäten und Brüche im Leben von Frauen in den neuen Bundesländern. In: Frauenforschung 4/1993, S. 47-63

Born, C.: Beruf und weiblicher Lebenslauf. Plädoyer für einen Perspektivenwechsel in der Betrachtung der Frauenerwerbsarbeit. In: Beckmann, P., Engelbrech, G., a.a.O., S. 209-228

Brehmer, I.: Koedukation in der Schule: Benachteiligte Mädchen. In: Faulstich-Wieland, H. (Hg.): Abschied von der Koedukation? Frankfurt/Main 1987

Brinkmann, Ch.: Arbeitslosigkeit und Stille Reserve von Frauen. In: Mayer, K.U., Allmendinger, J., Huinink, J. (Hg.): Vom Regen in die Traufe: Frauen zwischen Beruf und Familie. Frankfurt/Main (Campus) 1991

Claussen, U.: Der Weg in die Selbständigkeit - Wagnis und Chance. In: Huber, S., Rose, M., a.a.O., S. 13 - 24

Clemens, B. u.a. (Hg.): Töchter der Alma Mater. Frankfurt/Main 1986

Diegelmann, K. u.a. (Hg.): Projekte und Modellversuche zur Förderung von Frauen in natur- und ingenieurwissenschaftlichen Studiengängen an bundesdeutschen Hochschulen. Eine Zusammenstellung. Darmstadt 1994

Dippelhofer-Stiem, B.: Techniksozialisation in Familie und Bildungsinstitutionen. Empirische Anhaltspunkte und weiterführende Überlegungen zu einem geschlechtsspezifisch akzentuierten Konstrukt: In: Frauenforschung 4/1991, S. 3-14

dies.: Hürden im Bildungsweg von Studentinnen - ein europäisches Problem? In: Frauenforschung 3/1992, S. 58-66

Dokumentation des 20. Bundesweiten Kongresses von Frauen in Naturwissenschaft und Technik 12.-15. Mai 1994 in Gießen: Hrsg. von der Gießener Organisationsgruppe, Gießen 1994. Zu beziehen über: Kleine Freiheit Buchladen GmbH, Postfach 110644, D-35351 Gießen

Engler, St.: Frauenforschung und Technik. In : Frauenforschung 3/1993, S: 59-70

dies.: Fachkultur, Geschlecht und soziale Reproduktion. Eine Untersuchung über Studentinnen und Studenten der Erziehungswissenschaften, Rechtswissenschaft, Elektrotechnik und des Maschinenbaus. Weinheim 1993

Faulstich-Wieland, H.: Geschlechterverhältnis und neue Technologien: Neue Probleme in der Schule. In: Prengel, A. u.a. (Hg.): Schulbildung und Gleichberechtigung. Frankfurt 1987

Fauser, R., Schreiber, N.: Das Interesse von Frauen an informationstechnischen Berufen. Personale und soziale Voraussetzungen für den Wunsch nach Computertätigkeiten. Arbeitsbericht 5 der Forschungsstelle für Informationstechnische Bildung, Konstanz 1990

Freyer, C.: "Ich komm' mir vor wie ein bunter Hund" - Zur Studiensituation von Informatikstudentinnen, Dokumentation zur Arbeitsgruppe. In: Dokumentation des 19. bundesweiten Kongreß von "Frauen in Naturwissenschaft und Technik", 20.5-23.5.1993 in Berlin. Berlin 1993

Friedrichs, J.: Methoden empirischer Sozialforschung. 13. Aufl., Opladen 1985

Funken, Ch.: Geschlechtsunterschiede im Informatikunterricht. In: Grabosch, A., Zwölfer, A. (Hg.): Frauen und Mathematik. Die allmähliche Rückeroberung der Normalität? Tübingen (Attempto) 1992

Gilligan, C.: Die andere Stimme. Lebenskonflikte und Moral der Frau. München Zürich (Piper) 1984

Ganseforth, M.: Arbeitsmarktsituation von Frauen im Wissenschaftsbereich. In: Frauen in natur- und ingenieurwissenschaftlichen Berufen. Chancen und Hemmnisse. Dokumentation einer Tagung an der Universität - Gesamthochschule -Paderborn, 29.-30.11.1990. Düsseldorf 1992

dies.: Frauen in Naturwissenschaft und Technik - von der Natur nicht vorgesehen? In: Huber, S., Rose, M., a.a.O.

Glade, A.: Qualifikationen aus Familientätigkeit - Baustein zur Weiterbildung und zum Berufs(wieder-)einstieg. In: Stadelhofer, C. (Hg.), a.a.O., S. 70 - 79

Hille, B.: Geschlechtstypische Präferenzen und Benachteiligungen - Weibliche Jugendliche in Bildung, Ausbildung und Studium. In: Helwig, G., Nickel, H.M. (Hg.): Frauen in Deutschland 1945-1992. Hrsg. v. Bundeszentrale für politische Bildung, Bd. 318, Bonn 1993

HIS Ergebnisspiegel 1990. Hrsg. v. HIS Hochschul-Informations-System GmbH und BMBW, Hannover 1990.

HIS Ergebnisspiegel 1993. Hrsg. v. HIS Hochschul-Informations-System GmbH und BMBW, Hannover 1993

HIS Länder-Ergebnisspiegel 1994. Hrsg. v. HIS Hochschul-Informations-System GmbH, Hannover 1994

Hoffmann, U.: "Frauenspezifische" Zugangsweisen zur (Computer-)Technik. Für und Wider ein Konzept der Frauenforschung. In: Rammert, W., Bechmann, G. (Hg.): Technik und Gesellschaft. Jahrbuch 5, Frankfurt/Main, New York (Campus) 1989

Huber, S., Rose, M. (Hg.): Frauenwege. Frauen in mathematisch-naturwissenschaftlichen und technischen Berufen. Mössingen-Talheim (Talheimer) 1994

Horstkemper, M.: "Mädchen-Sein" - "Junge-Sein" im Schulunterricht. Zum Zusammenhang von Geschlechterrolle und Affinität zu Technik während der Pubertät. In: Frauenforschung 4/1991, S. 30-39

Janshen, D., Rudolph, H. u.a.: Ingenieurinnen. Frauen für die Zukunft. Berlin, New York (de Gruyter) 1987

dies.: Frauen gestalten Technik. Pfaffenweiler 1988

Kahle, I., Schaeper, H.: Bildungswege von Frauen. Vom Abitur bis zum Berufseintritt. Hrsg. v. HIS, Hannover 1991

Karlsruher Gespräch mit Informatikerinnen im Januar 1994: initiiert von der Frauenbeauftragten der Universität Karlsruhe, unveröff. Protokoll

Katz, M., Vieland, V.: UniKnigge für Frauen. Wegweiser durch den patriarchalen Hochschuldschungel. Frankfurt/Main 1993

Kettschau, I.: "Schlüssel für welches Schloß?" - Probleme beim Transfer von Hausarbeitsqualifikationen in berufliche Anwendungsfelder. In: Stadelhofer, C. (Hg.), a.a.O., S. 52 - 63

Knapp, G.-A.: Männliche Technik - weibliche Frau? Zur Analyse einer problematischen Beziehung. In: Becker, D. u.a. (Hg.): Zeitbilder der Technik. Bonn 1989, S. 193-253

dies.: Der "weibliche Sozialcharakter" - Mythos oder Realität? Soziologische und sozialpsychologische Aspekte des Sozialcharakter-Konstrukts. In: Krüger, M. (Hg.): Was heißt hier eigentlich feministisch? Zur theoretischen Diskussion in den Geistes- und Sozialwissenschaften. Bremen 1993

Kolk, S.: Von der Selbsterfahrung über die Selbsterkenntnis zur Einsicht. Ein Befreiungsweg im Kontext feministischer Bildungsarbeit. Bielefeld 1994

Kort-Krieger, U.: Feminisierung des Studiums? Eine empirische Untersuchung zur Situation der Studentinnen an der Technischen Universität München im Auftrag der Frauenbeauftragten der TU München. München 1991

Kosuch, R.: Beruflicher Alltag in Naturwissenschaft und Ingenieurwesen. Eine geschlechtsvergleichende Untersuchung des Konflikterlebens in einer Männerdomäne. Weinheim (Deutscher Studien Verlag) 1994

Krüger, H.: Frauen im Studium - Studieren mit weiblichem Arbeitsvermögen? In: Clemens, B. u.a. (Hg.): Töchter der Alma Mater. Frankfurt/Main 1986, S. 252-270

dies.: Aspekte des Frauenstudiums an bundesdeutschen Hochschulen. Kassel 1989

Kühn, I.: Berufliche Situation von Absolventinnen. In: Magazin der Fachhochschule Karlsruhe 31/1995, S. 39-41

Landeszentrale für politische Bildung Baden-Württemberg: Der Bürger im Staat. H. 3, 43. Jg. (Frau und Mann zwischen Tradition und Emanzipation), August 1993

Lauterbach, W., Huinink, J., Becker, R.: Erwerbsbeteiligung und Berufschancen von Frauen. Theoretische Ansätze, methodische Verfahren und empirische Ergebnisse aus der Lebensverlaufsperspektive. In: Beckmann, P., Engelbrech, G., a.a.O., S. 175-208

Macha, H.: Das Verhältnis von Jungen und Mädchen im Vorschulalter zu Technik: Weichenstellungen in Familie und Kindergarten. In: Frauenforschung 4/1991, S. 22-29

MatAB 3/1995: Dostal, W., Troll, L.: Frauen und Technik am Arbeitsmarkt. Aspekte der Frauenbeschäftigung im Strukturwandel. MatAB Nr. 3 1995, Nürnberg 1995

Metz-Göckel, S.: Licht und Schatten der Koedukation. Eine alte Debatte neu gewendet. In: Zeitschrift für Pädagogik 33 (1988), Heft 4

Metz-Göckel, S., Nyssen E. (Hg.): Frauen leben Widersprüche. Zwischenbilanz der Frauenforschung. Weinheim/Basel 1990

dies.: Von der Technikdistanz zur Technikkompetenz. In: dies. (Hg.): Frauen leben Widersprüche. Zwischenbilanz der Frauenforschung. Weinheim, Basel 1990, S. 139 - 152

Minks, K.-H., Bathke, G.-W.: Berufliche Integration und Weiterbildung von Ingenieurinnen der neuen Länder. Hrsg. v. BMBW, Bildung und Wissenschaft Aktuell, Bonn 1993

dies.: Berufliche Befindlichkeit von Ingenieurinnen in den neuen Ländern. HIS Kurzinformation A1/1993

Molvaer, J., Stein K.: Ingenieurin - warum nicht? Berufsbild und Berufsmotivation von zukünftigen Ingenieurinnen und Ingenieuren. Ein interkultureller Vergleich. Frankfurt/ Main 1994

Montada, L.: In: Oerter, R./Montada, L. (Hg.): Entwicklungspsychologie. München 1987.

Müller-Fohrbrodt, G.: Geschlechtsspezifische Formen wissenschaftlicher Erkenntnisgewinnung. In: Frauen in Naturwissenschaft und Technik. Tagungsbericht zu einer Informationsveranstaltung am 29. Januar 1992 im Forschungszentrum Jülich. S. 53 - 70

Neumann, J.: Lückenbüßer auf dem Arbeitsmarkt. Geschlechterdifferenz in Arbeitsverhalten und Arbeitsmarktlagen. In: Landeszentrale für politische Bildung Baden-Württemberg (Hg.): Der Bürger im Staat. 43. Jg., H 3, 1993, S. 197-204

Onnen-Isemann, C., Oßwald, U.: Aufstiegsbarrieren für Frauen im Universitätsbereich. Hrsg. v. BMBW, Schriftenreihe "Studien zu Bildung und Wissenschaft" Nr. 99, Bonn 1991

Reinberg, B., Roßbach, E.: Stichprobe: Lesben. Erfahrungen lesbischer Frauen mit ihrer heterosexuellen Umwelt. Pfaffenweiler (Centaurus) 1985

Rohlfing, D.: Weitere Ergebnisse der GI-Umfrage 1985. In: Informatik-Spektrum 1986, S. 54-56

Roloff, Chr.: Weiblichkeit und Männlichkeit im Feld der Technik. Zum Erwerb technischer Kompetenz: In: Aulenbacher, B., Goldman M. (Hg.): Transformationen im Geschlechterverhältnis. Frankfurt/ Main 1993

dies.: Weiblicher Sachverstand und Technikkompetenz oder Die stereotype Unverträglichkeit. In: Frauenforschung 4/1991, S. 40-52

dies.: Von der Schmiegsamkeit zur Einmischung. Professionalisierung der Chemikerinnen und Informatikerinnen. Pfaffenweiler (Centaurus) 1989

dies. u.a.: Nicht nur ein gutes Examen. Forschungsergebnisse aus dem Projekt: Studienverlauf und Berufseinstieg in Naturwissenschaft und Technologie - Die Chemikerinnen und Informatikerinnen. Dortmunder Diskussionsbeiträge zur Hochschuldidaktik, Bd. 11, August 1987

Schambortski, H.: "Ab jetzt ist man ja echt gehandikapt, wenn man eine Frau ist". Die Vereinigung Deutschlands aus der Sicht von Frauen aus der ehemaligen DDR - Eine Interviewstudie. In: Frauenforschung 4/1992, S. 77-88

Schelhowe, H.: Frauenspezifische Zugänge zur und Umgangsweisen mit Computertechnologie. Werkstattbericht Nr. 74, o.O. 1989

Schiersmann, Chr.: Computerkultur und weiblicher Lebenszusammenhang. Zugangsweisen von Frauen und Mädchen zu neuen Technologien. Hrsg. v. BMBW, Bonn 1987.

Schmitt, B.: Neue Wege - alte Barrieren. Beteiligungschancen von Frauen in der Informatik. Berlin (Edition Sigma) 1993

Segal, L.: Ist die Zukunft weiblich? Probleme des Feminismus heute. Frankfurt/Main (Fischer) 1989

Stadelhofer, C. (Hg.): Zukunft der Erwerbsarbeit von Frauen und Männern. Dokumentation der Tagung für Multiplikator/innen in der berufsorientierten Weiterbildung. Ulm (Universitätsverlag) 1991

Stein, K.: Quotenregelung - Instrument gegen die Bevorzugung von Männern im Arbeitsleben. In: Forschungszentrum Jülich GmbH (Hg.): Frauen in Naturwissenschaft und Technik. Tagungsbericht zu einer Informationsveranstaltung am 29. Januar 1992 im Forschungszentrum Jülich, 1992, S. 17-36

Turkle, Sh.: Die Wunschmaschine. Vom Entstehen der Computerkultur. Reinbek (Rowohlt) 1984

Vogel, U.: Studienstrategien von Studenten. Biographische Analysen. Frankfurt/Main, New York 1986

Vollrath, M.: Studentinnen: Streß und Streßbewältigung im Studium. Frankfurt/Main, New York 1988

Waibel, A.-M.: Computerfrauen zwischen Hackerkultur und Technologiekritik. Konstanz (Universitätsverlag Konstanz GmbH) 1992

Wald, R. u.a.: Ich habe mich für den Beruf entschieden. Frauen in technikorientierten Berufen. Frankfurt/Main , New York 1992

Wanisch, M.: Frauen in Führungspositionen - ein Modellversuch im Einzelhandel. In: Stadelhofer, C., a.a.O., S. 80 - 84

Weitbrecht, S.: Kampf um Gleichberechtigung oder Aufbruch in eine veränderte Praxis? Frauen eröffnen Technikdiskurse. In: Huber, S., Rose, M., a.a.O., S. 187 - 202

Wermuth, N.: Frauen an Hochschulen. Hrsg. v. BMBW, Schriftenreihe "Studien zu Bildung und Wissenschaft" Nr. 105, Bonn 1992

Wetterer, A. (Hg.): Profession und Geschlecht. Über die Marginalität von Frauen in hochqualifizierten Berufen. Frankfurt/Main, New York 1992

dies. (Hg.): Die soziale Konstruktion von Geschlecht in Professionalisierungsprozessen. Frankfurt/Main, New York 1995

Winterfeldt, V.: Frauen in Führungspositionen. Benachteiligung: Befunde, Erklärungen, Wandlungstendenzen. In: Landeszentrale für politische Bildung Baden-Württemberg: Der Bürger im Staat, H. 3, 43. Jg. (Frau und Mann zwischen Tradition und Emanzipation), August 1993, S. 205-217

Tabelle A1: Studienfächer der befragten Naturwissenschaftlerinnen und Technikerinnen

	Stud.		Erw.		Erlos.		alle	
	N	%	N	%	N	%	N	%
Mathematik	15	7.3	27	9.2	4	6.6	46	8.2
Informatik	24	11.7	25	8.5	5	8.2	54	9.6
Physik	23	11.2	30	10.2	3	4.9	56	10.0
Chemie	16	7.8	30	10.2	10	16.4	56	10.0
Pharmazie	1	.5					1	.2
Biologie	44	21.5	50	16.9	18	29.5	112	20.0
Geologie	5	2.4	17	5.8	2	3.3	24	4.3
Ökologie/ Angew. Umweltwissenschaften	25	12.2	7	2.4	2	3.3	34	6.1
Humanmedizin	5	2.4	4	1.4	4	6.6	13	2.3
Agrarwissenschaft	2	1.0	17	5.8	4	6.6	23	4.1
Gartenbau			3	1.0	1	1.6	4	.7
Forstwissenschaft			1	.3			1	.2
Ernährungswissenschaft	4	2.0	2	.7			6	1.1
Bergbau	2	1.0	2	.7			4	.7
Maschinenbau	11	5.4	15	5.1	2	3.3	28	5.0
Verfahrenstechnik	14	6.8	21	7.1	3	4.9	38	6.8
Elektrotechnik	7	3.4	13	4.4	1	1.6	21	3.7
Architektur	1	.5	10	3.4			11	2.0
Raumplanung	2	1.0	3	1.0	1	1.6	6	1.1
Bauingenieurwesen	4	2.0	8	2.7			12	2.1
Vermessungswesen			1	.3			1	.2
Ausbildung in NuT			9	3.1	1	1.6	10	1.8
Gesamt	205	100.0	295	100.0	61	100.0	561	100.0

Tabelle A2: Beschäftigungsprofil der erwerbstätigen Frauen

	N	%
Berufliche Stellung		
Beamtin einfacher/mittlerer Dienst	1	.3
Beamtin gehobener Dienst	8	2.5
Beamtin höherer Dienst	30	9.4
Auszubildende	3	.9
ausführende Angestellte	5	1.6
Angestellte	131	41.2
leitende Angestellte	84	26.4
Arbeiterin ungelernt	2	.6
Facharbeiterin	1	.3
Meisterin/Poliererin	1	.3
kleinere Selbständige	3	.9
mittlere Selbständige	1	.3
Freie Berufe	30	9.4
selbständige Landwirtin	1	.3
Kooperative/Genossinnenschaft	4	1.3
Sonstiges	13	4.1
Art der Beschäftigung		
Selbständig	37	11.9
Angestellt/Beamtet	275	88.1
Arbeitsverhältnis		
Unbefristet	159	58.2
Befristet	114	41.8
Voll-/Teilzeit		
Teilzeit	106	34.0
Vollzeit	206	66.0
Arbeitsbereich		
Industrie/Dienstleistung/Handwerk	128	41.0
Hochschule/univ. Forschungseinr.	81	26.0
außeruniv. Forschungseinrichtung	22	7.1
öffentlicher Dienst (außeruniv.)	75	24.0
Verein/freier Träger	6	1.9
im Fachbereich/Fachfremd ?		
im eigenen Fachbereich	249	79.6
Fachfremd	64	20.4
entsprechend Qualifikation beschäftigt?		
Nein	49	15.6
Ja	265	84.4

Tabelle A3: Subjektiv erlebter Berufsalltag der erwerbstätigen Frauen

	N	%
Beiträge von Mitarbeiterinnen werden weniger ernst genommen als die von Mitarbeitern		
trifft voll und ganz/eher zu	101	33.3
teils/teils	63	20.8
trifft eher nicht/überhaupt nicht zu	139	45.9
Die Umsetzung der Kongreßideen in den Arbeitsalltag ist sehr gut möglich		
trifft voll und ganz/eher zu	49	16.0
teils/teils	97	31.7
trifft eher nicht/überhaupt nicht zu	160	52.3
Weibliche und männliche Mitarbeiter werden nach Leistung und nicht nach dem Geschlecht beurteilt		
trifft voll und ganz/eher zu	95	31.8
teils/teils	81	27.1
trifft eher nicht/überhaupt nicht zu	123	41.1
Mitarbeiterinnen werden seltener zu Karriereschritten ermutigt		
trifft voll und ganz/eher zu	89	30.8
teils/teils	51	17.6
trifft eher nicht/überhaupt nicht zu	149	51.6
Frauen müssen ständig ihre Kompetenz unter Beweis stellen, um von den Männern anerkannt zu werden		
trifft voll und ganz/eher zu	186	60.8
teils/teils	53	17.3
trifft eher nicht/überhaupt nicht zu	67	21.9
Frauen werden von Kollegen nicht als ernst zu nehmende Konkurrentinnen wahrgenommen		
trifft voll und ganz/eher zu	89	29.4
teils/teils	82	27.1
trifft eher nicht/überhaupt nicht zu	132	43.6
Ein hohes Maß an Durchsetzungskraft und Selbstbewußtsein ist notwendig, um sich unter den männlichen Mitarbeitern behaupten zu können		
trifft voll und ganz/eher zu	242	79.1
teils/teils	36	11.8
trifft eher nicht/überhaupt nicht zu	28	9.2
Als Frau ist es am besten, auf weibliche Attribute wie Schmuck oder figurbetonte Kleidung zu verzichten		
trifft voll und ganz zu/eher zu	139	46.8
teils/teils	158	53.2

Das Verhältnis zwischen Frauen und Männern am Arbeitsplatz ist ausgesprochen solidarisch		
trifft voll und ganz/eher zu	107	35.3
teils/teils	109	36.0
trifft eher nicht/überhaupt nicht zu	87	28.7
In Leitungspositionen sind deshalb wenig Frauen, weil viele von ihnen nicht das Bestreben haben, eine Machtposition zu bekleiden		
trifft voll und ganz/eher zu	83	28.1
teils/teils	67	22.7
trifft eher nicht/überhaupt nicht zu	145	49.2
Frauen haben auch heute noch schlechtere Aufstiegschancen als Männer trotz gleicher oder höherer Qualifikation		
trifft voll und ganz/eher zu	247	81.0
teils/teils	31	10.2
trifft eher nicht/überhaupt nicht zu	27	8.9
Männer steigen deswegen in höhere Positionen auf, weil sie rigorosere Durchsetzungsstrategien anwenden als Frauen		
trifft voll und ganz/eher zu	193	64.8
teils/teils	66	22.1
trifft eher nicht/überhaupt nicht zu	39	13.1
Die Zusammenarbeit mit Frauen ist kooperativer und ergebnisorientierter als mit Männern		
trifft voll und ganz/eher zu	163	53.3
teils/teils	102	33.3
trifft eher nicht/überhaupt nicht zu	41	13.4

Tabelle A4: Subjektiv erlebte Studiensituation der Studentinnen

	N	%
Studenten bekommen von HochschulleherInnen eher Hiwi-Stellen angeboten als Studentinnen		
trifft voll und ganz/eher zu	56	26.8
teils/teils	63	30.1
trifft eher nicht/überhaupt nicht zu	90	43.1
Als Frau ist es am besten, auf weibliche Attribute wie Schmuck oder figurbetonte Kleidung zu verzichten		
trifft voll und ganz/eher zu	52	24.6
teils/teils	56	26.5
trifft eher nicht/überhaupt nicht zu	103	48.8
Die Studierenden werden ausschließlich nach Leistung und nicht nach dem Geschlecht beurteilt		
trifft voll und ganz/eher zu	44	20.5
teils/teils	83	38.6
trifft eher nicht/überhaupt nicht zu	88	40.9
Studentinnen erhalten von HochschullehreInnen mehr Unterstützung und Förderung als Studenten		
trifft voll und ganz/eher zu	6	2.8
teils/teils	28	13.1
trifft eher nicht/überhaupt nicht zu	179	84.0
Studentinnen werden von ihren Kommilitonen nicht als ernst zu nehmende Konkurrentinnen wahrgenommen		
trifft voll und ganz/eher zu	64	29.9
teils/teils	68	31.8
trifft eher nicht/überhaupt nicht zu	82	38.3
Studentinnen müssen ihre Kompetenz dauernd unter Beweis stellen, um von den Studenten anerkannt zu werden		
trifft voll und ganz/eher zu	117	54.7
teils/teils	39	18.2
trifft eher nicht/überhaupt nicht zu	58	27.1
Die Beiträge von Studentinnen werden in Lehrveranstaltungen weniger ernst genommen als die von Studenten		
trifft voll und ganz/eher zu	61	28.9
teils/teils	68	32.2
trifft eher nicht/überhaupt nicht zu	82	38.9
Ein hohes Maß an Durchsetzungskraft und Selbstbewußtsein ist notwendig, um sich unter den Studenten behaupten zu können		
trifft voll und ganz zu	169	78.6
teils/teils	23	10.7
trifft eher nicht/überhaupt nicht zu	23	10.7

HochschullehrerInnen verlangen von Studentinnen mehr Leistungen als von Studenten		
trifft voll und ganz/eher zu	54	25.4
teils/teils	76	35.7
trifft eher nicht/überhaupt nicht zu	83	39.0
Das Verhältnis zwischen Studentinnen und Studenten ist ausgesprochen solidarisch		
trifft voll und ganz/eher zu	54	25.0
teils/teils	79	36.6
trifft eher nicht/überhaupt nicht zu	83	38.4
Die Umsetzung der Kongreßideen in den Studienalltag ist sehr gut möglich		
trifft voll und ganz/eher zu	57	26.9
teils/teils	78	36.8
trifft eher nicht/überhaupt nicht zu	77	36.3